Thermodynamik

Hans Dieter Baehr · Stephan Kabelac

Thermodynamik

Grundlagen und technische Anwendungen

16., aktualisierte Auflage

Hans Dieter Baehr
Stephan Kabelac
Leibniz Universität Hannover
Hannover, Deutschland

ISBN 978-3-662-49567-4   ISBN 978-3-662-49568-1   (eBook)
DOI 10.1007/978-3-662-49568-1

Die Deutsche Nationalbibliothek verzeichnet diese Publikation in der Deutschen Nationalbibliografie; detaillierte bibliografische Daten sind im Internet über http://dnb.d-nb.de abrufbar.

Springer Vieweg

Gedruckt auf säurefreiem und chlorfrei gebleichtem Papier

Springer Vieweg ist Teil von Springer Nature
Die eingetragene Gesellschaft ist Springer-Verlag GmbH Germany
Die Anschrift der Gesellschaft ist: Heidelberger Platz 3, 14197 Berlin, Germany

Vorwort zur sechzehnten Auflage

> Wenn du die Mythen und Worte
> entleert hast, sollst du gehn.
> *Gottfried Benn* (1886-1956)

Hans-Dieter Baehr
1928 - 2014

Am 25. Januar 2014, zwei Jahre nach Erscheinen der 15. Auflage, verstarb der Urheber und langjährige Alleinautor dieses Lehrbuchs, Hans-Dieter Baehr, im Alter von 85 Jahren. Herr Baehr hat die erste Auflage dieses Lehrbuchs im Verlauf des Jahres 1961 geschrieben, nachdem er bereits einige Jahre Vorlesungen über die Grundlagen der Thermodynamik an der TU Berlin gehalten hatte. Mit dem Buch strebte Herr Baehr eine geradlinige, präzise Anleitung zum Verständnis und zur Anwendung der technischen Thermodynamik an, die schon vorher in US-amerikanischen Lehrbüchern zu erkennen war. Diese Intention, wie sie im nachstehend abgedruckten Vorwort zur ersten Auflage erläutert wird, ist in der Umsetzung eindrucksvoll gelungen. Das Buch entwickelte sich rasant zu einem Standard-Lehrbuch zur Thermodynamik in den Ingenieurwissenschaften. Diese Stellung konnte das Lehrbuch bis heute halten, da Herr Baehr in den nachfolgenden Auflagen sehr konsequent und kontinuierlich an der Aktualisierung und Erweiterung des Buches gearbeitet hat. So wurde z.B. die sechste Auflage, an welcher ich als wissenschaftlicher Mitarbeiter am Institut von Herrn Baehr mitarbeiten durfte, nahezu vollständig neu geschrieben. Neben der Präzisierung der Grundlagen wurde dabei insbesondere die Energietechnik aktualisiert und erweitert. So ist das Lehrbuch trotz oder eher wegen seiner langen Historie ein ebenso geläutertes wie hoch aktuelles Werk geblieben. Es wird eine große Herausforderung sein, diese besondere Kombination aus wissenschaftlicher Präzision und didaktisch kluger Vermittlung auch in Zukunft zu erhalten.

In der vorliegenden 16. Auflage wurde durch vorsichtiges Straffen des Textes und durch Überarbeiten einiger Kapitel der Versuch unternommen, den oben skizzierten Geist des Buches zu bewahren. Die ersten drei Kapitel sind nach wie vor den Grundlagen der Thermodynamik gewidmet. Die zur quantitativen Formulierung der beiden Hauptsätze der Thermodynamik zentralen Zustandsgrößen Energie und Entropie werden wieder durch Postulate eingeführt. Diese pragmatische Methode hat sich bewährt, da sie schneller zu den grundlegenden Energie- und Entropiebilanzgleichungen führt. Diese Bilanzgleichungen sind für die thermodynamische Analyse in verschiedensten Anwendungen unentbehrlich, wie in den anwendungsnahen Kapiteln 6 bis 9 deutlich wird. Die für die Auswertung der Bilanzgleichungen notwendigen Zustandsgleichungen zur Beschreibung der individuellen energetischen und entropischen Stoffeigenschaften werden in den Kapiteln 4 und 5 behandelt.

Stellvertretend für viele helfende Hände möchte ich Frau A. Gedik und den Herren Niculovic, Stegmann und Kelle sehr für die geduldige und kluge Unterstützung bei der Erstellung der Druckvorlage danken.

Herr Baehr hat die Thermodynamik nicht erfunden, aber er hat sie so erklärt und aufbereitet, dass sie besser verstanden wird und dadurch ihren wichtigen Platz in den Ingenieurwissenschaften wahrnehmen und festigen konnte. Meinem verehrten Lehrer widme ich die vorliegende Auflage des Lehrbuchs mit den obenstehenden Zeilen aus einem Gedicht von Gottfried Benn, so wie er es sich explizit gewünscht hat.

Hannover, im August 2016   *S. Kabelac*

Aus dem Vorwort zur ersten Auflage

Dieses Buch ist aus meinen Vorlesungen an der Technischen Universität Berlin entstanden. Es ist ein Lehrbuch für Studenten zum Gebrauch neben und nach den Vorlesungen. Es dürfte auch allen Ingenieuren nützlich sein, die sich um ein Verständnis der Grundlagen der Thermodynamik bemühen. Grundlagen und technische Anwendungen der Thermodynamik werden etwa in dem Umfang behandelt, wie es an Technischen Hochschulen in einer Vorlesung über zwei Semester üblich ist. Auf einigen Gebieten wurde die Darstellung durch die Aufnahme von Themen abgerundet, deren Behandlung nicht Aufgabe einer einführenden Grundvorlesung ist; sie sollen dem Studenten weitere Anwendungen der Thermodynamik zeigen und ihm Anregungen zu vertiefenden Studien geben.

Bekanntlich rechnet man die Thermodynamik wegen der Eigenart ihrer Begriffsbildung und wegen der ihr eigentümlichen Methodik zu den schwierigeren Gebieten der Physik, die sich besonders dem Anfänger nicht ohne Mühe erschließen. Man hat häufig versucht, diese Schwierigkeiten dadurch zu umgehen, dass man die Darstellung der allgemeinen Grundlagen eng mit den technischen Anwendungen verknüpft. Der Student erwirbt dabei zwar eine gewisse Fertigkeit im Umgang mit Formeln und mit Ergebnissen, die für Sonderfälle gültig sind; ihm fehlt aber oft ein tieferes Verständnis für die logischen Zusammenhänge. Er versteht dann häufig nicht, Grundlegendes und Allgemeingültiges von dem zu unterscheiden, was nur unter einschränkenden Voraussetzungen gewonnen wurde und unwesentliches Ergebnis für den technischen Sonderfall ist. Da der Anwendungsbereich der Thermodynamik außerordentlich gewachsen ist, bedeutet das Betonen der allgemeinen Methoden der Thermodynamik und das Aufdecken ihrer logischen Struktur nicht nur einen didaktischen oder pädagogischen Fortschritt, sondern ist notwendig, um die Ingenieure auch in der Zukunft für ihre Aufgaben geeignet vorzubilden. Dieser Wandel in der Lehre der Thermodynamik wird im Ausland klar erkannt[1] und gefördert, was ein Blick in die Lehrbücher besonders der englisch sprechenden Länder zeigt.

In den drei ersten Kapiteln dieses Buches habe ich mich daher bemüht, die Grundlagen der Thermodynamik ausführlich, in logischer Strenge und so allgemein wie nötig darzustellen. Hierdurch sind auch einige Besonderheiten dieses Buches bedingt. Erwähnt seien die strenge Unterscheidung zwischen offenen und geschlossenen Systemen, zwischen Prozess und Zustandsänderung. Die Wärme wird als abgeleitete Größe durch den 1. Hauptsatz definiert, sie ist von der inneren Energie begrifflich streng unterschieden und bedeutet nur Energie beim Übergang über die Systemgrenze. Diese Auffassung der Wärme wirkt sich auch bei der Einführung der Entropie aus. Nicht die Wärme, sondern die reversiblen und irreversiblen Prozesse adiabater Systeme geben die Grundlage zur Konstruktion der Entropie. Diese wird auch nicht durch die Betrachtung von Carnot-Prozessen eingeführt, um nicht die historisch verständliche, aber falsche Vorstellung zu bestärken, der Carnot-Prozess stünde in besonders enger Beziehung zum 2. Hauptsatz.

Im letzten Kapitel bin ich auf die mit Größen, Größengleichungen, Einheiten und Einheitensystemen zusammenhängenden Fragen eingegangen. Eine kurze zusammenfassende Darstellung dieses für die quantitative Formulierung der Naturgesetze und für ihre rechnerische Auswertung so wichtigen Gebietes schien mir gerade für den Studenten sehr nützlich. Durch eine Klärung dieser Begriffe können auch manche Widerstände beseitigt werden, die sich der Einführung des internationalen (MKS-)Einheitensystems entgegenstellen. Im übrigen werden ausnahmslos Größengleichungen verwendet, und es wird auch konsequent mit Größen, nicht mit Zahlenwerten, gerechnet. Möge dieses Buch den Studenten an den ausschließlichen Gebrauch von Größengleichungen gewöhnen und ihm außerdem die praktischen Vorteile des internationalen MKS-Einheitensystems zeigen!

Braunschweig, im Februar 1962   *H. D. Baehr*

---

[1] Vgl. z.B. BIRD, G.L.H.: Differences in the Method of Teaching Engineering Thermodynamics. Kältetechnik 13 (1961) S. 79

Inhaltsverzeichnis

Häufig verwendete Formelzeichen

a. Lateinische Formelbuchstaben

A	Fläche; Affinität einer Reaktion
a	Schallgeschwindigkeit
a_{ki}	Zahl der Atome des Elements k in der Verbindung i
B	zweiter Virialkoeffizient
$\dot{B}_Q$	Anergie eines Wärmestroms
b	spezifische Anergie der Enthalpie; Kovolumen
C	dritter Virialkoeffizient
$C_{m,p}$	molare isobare Wärmekapazität
$C_{m,p}^{iG}$	molare isobare Wärmekapazität eines idealen Gases
c	spezifische Wärmekapazität
c_i	Stoffmengenkonzentration der Komponente i
c_p, c_v	spezifische isobare bzw. isochore Wärmekapazität
c_p^{iG}, c_v^{iG}	spezifische isobare bzw. isochore Wärmekapazität idealer Gase
$\bar{c}_p^{iG}$	mittlere spezifische isobare Wärmekapazität idealer Gase
d	Stoffmengendichte
E	Gesamtenergie eines Systems
$\dot{E}x$	Exergiestrom
$\dot{E}x_Q$	Exergie eines Wärmestroms
$\dot{E}x_v$	Exergieverluststrom, Leistungsverlust
e	elektrische Elementarladung
ex	spezifische Exergie der Enthalpie
ex_v	spezifischer Exergieverlust
F	Helmholtz-Funktion; Kraft; Faraday-Konstante
f	spezifische Helmholtz-Funktion
f_i	Fugazität der Komponente i
G	Gibbs-Funktion; Gewichtskraft
$\bar{G}_{m,i}$	partielle molare Gibbs-Funktion der Komponente i
g	spezifische Gibbs-Funktion; Fallbeschleunigung
H	Enthalpie
$H^{f\square}$	molare Standard-Bildungsenthalpie
$H_{i,Lm}$	Henry-Koeffizient der Komponente i in einem Lösungsmittel
H_o	spezifischer Brennwert
H_u	spezifischer Heizwert
$\bar{H}_{m,i}$	partielle molare Enthalpie der Komponente i
h	spezifische Enthalpie; Planck-Konstante
h^+	spezifische Totalenthalpie

h^* spezifische Enthalpie feuchter Luft

I_{el} elektrische Stromstärke

j spezifische Dissipationsenergie; spezifische Massieu-Funktion

K Gleichgewichtskonstante einer Reaktion; kritischer Punkt

k Isentropenexponent; Wärmedurchgangskoeffizient; Boltzmann-Konstante

L molare Luftmenge

l spezifische Luftmenge

M molare Masse

m Masse

$\dot{m}$ Massenstrom

N Anzahl der Komponenten eines Gemisches; Teilchenzahl

N_A Avogadro-Konstante

n Stoffmenge; Polytropenexponent

$\dot{n}$ Stoffmengenstrom

P Leistung

p Druck

p_i Partialdruck der Komponente i

Q Wärme

$\dot{Q}$ Wärmestrom

q auf die Masse bezogene Wärme

$\dot{q}$ Wärmestromdichte

R spezifische (individuelle) Gaskonstante

R_{el} elektrischer Widerstand

R_m molare (universelle) Gaskonstante

r_i Raum- oder Volumenanteil der Komponente i

S Entropie

$S^{\square}$ molare Standardentropie

$\dot{S}$ Entropiestrom

$\dot{S}_Q$ Entropietransportstrom

$\dot{S}_{irr}$ Entropieproduktionsstrom, Entropieerzeugungsrate

$\bar{S}_{m,i}$ partielle molare Entropie der Komponente i

s spezifische Entropie

s_{irr} spezifische Entropieerzeugungsrate

s^* spezifische Entropie feuchter Luft

T thermodynamische Temperatur

T_m thermodynamische Mitteltemperatur der Wärmeaufnahme

t Zeit

U innere Energie

U_{el} elektrische Spannung

$\bar{U}_{m,i}$	partielle molare innere Energie der Komponente i
u	spezifische innere Energie
V	Volumen
$\dot{V}$	Volumenstrom
$\bar{V}_{m,i}$	partielles molares Volumen der Komponente i
v	spezifisches Volumen
v^*	spezifisches Volumen feuchter Luft
W	Arbeit
W_m	molare Arbeit
w	spezifische Arbeit, Geschwindigkeit
w_t	spezifische technische Arbeit
X	Wasserbeladung feuchter Luft
$\tilde{X}$	molare Beladung einer Flüssigkeit
x	Dampfgehalt; Stoffmengenanteil der leichtsiedenden Komponente
x_i	Stoffmengenanteil der Komponente i
$\tilde{Y}$	molare Beladung eines Gases
y	spezifische Strömungsarbeit
Z	Realgasfaktor
z	Reaktionsumsatz; Höhenkoordinate
z_i	Ladungszahl
$\dot{z}$	Umsatzrate einer Reaktion

b. Griechische Formelbuchstaben

β	Wärmeverhältnis, Stoffübergangskoeffizient
γ_i	Aktivitätskoeffizient der Komponente i; Massenanteil in der Elementaranalyse
Γ^E	dimensionslose molare Exzess-Gibbs-Funktion
Δh_v	spezifische Verdampfungsenthalpie
Δh_s	isentrope Enthalpiedifferenz
$\Delta^M Z$	Mischungsgröße Z
$\Delta^R Z$	Reaktionsgröße Z
ε	Umsatzgrad einer Reaktion; Leistungszahl
ζ	exergetischer Wirkungsgrad
η	(energetischer) Wirkungsgrad
η_C	Carnot-Faktor
η_{th}	thermischer Wirkungsgrad einer Wärmekraftmaschine
η_s	isentroper Wirkungsgrad
η_ν	polytroper Wirkungsgrad
Θ	Temperatur des idealen Gasthermometers
ϑ	empirische Temperatur; Celsius-Temperatur

κ	Isentropenexponent idealer Gase
λ	Luftverhältnis
$\lambda_{i,Lm}$	technischer Löslichkeitskoeffizient der Komponente i in einem Lösungsmittel
μ	auf die Brennstoffmasse bezogene Masse
μ_i	chemisches Potenzial der Komponente i
$\tilde{\mu}_i$	elektrochemisches Potenzial der geladenen Komponente i
ν	auf die Stoffmenge des Brennstoffs bezogene Stoffmenge; Polytropenverhältnis
ν_i	stöchiometrische Zahl der Verbindung i
π	Druckverhältnis
π_{0i}	Poynting-Korrektur des Stoffes i
ρ	Dichte
ρ_i	Partialdichte (Massenkonzentration) der Komponente i
σ	Salinität des Meerwassers; Oberflächenspannung
ξ	Heizzahl
ξ_i	Massenanteil der Komponente i
Φ	elektrisches Potenzial
φ	relative Feuchte
φ_i	Fugazitätskoeffizient der Komponente i
ω	Nutzungsfaktor; Winkelgeschwindigkeit

c. Indizes

0	Bezugszustand
0i	Doppelindex: reiner Stoff i
1, 2, ...	Zustände $1, 2, \ldots$; Komponenten $1, 2, \ldots$ eines Gemisches
12	Doppelindex: Prozessgröße eines Prozesses, der vom Zustand 1 zum Zustand 2 führt
A, B, ...	Systeme A, B, ...
a	Austrittsquerschnitt, Austrittszustand
ad	adiabat
B	Brennstoff; Brüdendampf
BZ	Brennstoffzelle
D	Destillat, Kopfprodukt
E	Eis; hochgestellt: Exzeßgröße
e	Eintrittsquerschnitt, Eintrittszustand, Erstarrung
el	elektrisch
EM	Elektromotor
fl	flüssig
G	Gas; Gut

g	gasförmig
i	Komponente i eines Gemisches
iG	hochgestellt: ideales Gas
iGM	hochgestellt: ideales Gasgemisch
iL	hochgestellt: ideale Lösung
irr	irreversibel
K	Kessel; Konzentrat
KM	Kältemaschine
k	kritisch, am kritischen Punkt
L	Luft; Lösung
Lm	Lösungsmittel
m	molar, stoffmengenbezogen
max	maximal
min	minimal
n	Normzustand
r	reduziert
R	Rücklauf, Reformat
Re	hochgestellt: Realanteil
rev	reversibel
s	Sättigung; isentrop
T	Taupunkt; Turbine; hochgestellt: Temperaturfunktion
tr	Tripelpunkt, trockenes Verbrennungsgas
u	Umgebung
V	Verdichter; Verbrennungsgas
v	Verlust; Verdampfung
W	Wasser; Welle
WE	Wärmeerzeuger
WKM	Wärmekraftmaschine
WP	Wärmepumpe
Z	Zulauf
'	auf der Siedelinie; Brennstoff und Luft
''	auf der Taulinie; Verbrennungsgas
Θ	Zustand beim Standarddruck p^{Θ}

d. Besondere Zeichen

:=	definiert durch
(1.1)	Gleichungsnummer. Die erste Zahl gibt die Nummer des Kapitels an.
[1.1]	Nummer des Literaturverzeichnisses am Ende des Buches

1 Allgemeine Grundlagen

Ein Gelehrter in seinem Laboratorium
ist nicht nur ein Techniker;
er steht auch vor den Naturgesetzten
wie ein Kind vor der Märchenwelt.
Marie Curie (1867–1934)

Am Anfang dieses einführenden Kapitels steht die Frage, mit welchen Bereichen der Natur- und Technikwissenschaften sich die Thermodynamik beschäftigt und welches ingenieurwissenschaftliche Aufgabenspektrum sie bedient. Nach einem kurzen Rückblick auf die historische Entwicklung der Thermodynamik[1], also ihrem mühsamen Weg von der einfachen Beobachtung von Abläufen hin zu sehr allgemeingültigen und entsprechend abstrakten grundlegenden Zusammenhängen, werden unterschiedliche Ausprägungen vorgestellt, die sich neben der hier behandelten klassischen technischen Thermodynamik entwickelt haben. In den darauffolgenden Abschnitten werden Grundbegriffe eingeführt, die zu jeder thermodynamischen Analyse benötigt werden. So wird das zu betrachtende thermodynamische System definiert und seine Beschreibung durch Zustandsgrößen behandelt. Dabei wird der für die klassische Thermodynamik grundlegende Begriff der Phase eingeführt. Eine erste Betrachtung von thermodynamischen Prozessen führt auf das Prinzip der Irreversibilität und somit auf eine erste Formulierung des 2. Hauptsatzes der Thermodynamik. Als wichtige typisch thermodynamische Zustandsgröße wird schließlich die Temperatur eingeführt.

1.1 Einordnung der Thermodynamik als Wissenschaft

Die eindeutige, umfassende Beschreibung einer bestimmten Wissenschaft, einschließlich deren scharfer Abgrenzung zu ihren Nachbarwissenschaften, ist nicht einfach. Dies trifft auch auf die Thermodynamik zu, die aus technischen Fragestellungen entstanden ist, im Zuge ihrer Weiterentwicklung aber mit ihren beiden Hauptsätzen grundlegende und allgemeingültige Gesetze der Physik und Chemie enthält.

---

[1] Zur Geschichte der Thermodynamik vgl. man die Darstellungen von C. Truesdell [1.1], D.S.L. Cardwell [1.2] und R. Plank [1.3]. Ausführliche Biographien bedeutender Forscher und Wissenschaftler findet man in [1.4].

1.1.1 Was ist Thermodynamik?

Die Thermodynamik ist eine grundlagenorientierte Wissenschaft, die als eine *allgemeine Energielehre*, als ‚Energietheorie' umschrieben werden kann. Sie lehrt verschiedene *Erscheinungsformen der Energie* zu unterscheiden und zu berechnen. Der 1. Hauptsatz der Thermodynamik postuliert die Energie als eine Erhaltungsgröße, sodass die verschiedenen Energieformen durch die technisch wichtige Energiebilanzgleichung verknüpft werden können, vgl. das nachfolgende Kapitel 2. Da die Energie als Zustandsgröße erhalten bleibt, können Prozesse und Zustandsänderungen nur durch die *Umwandlung* von einer Energieerscheinungsform in eine andere Energieform ablaufen. Entsprechend können erwünschte Energieformen wie z.B. elektrische Energie nur durch die Umwandlung von anderen Energieformen bereitgestellt werden. Diese Umwandlung von Energieformen wird durch die Aussagen des 2. Hauptsatzes der Thermodynamik gesteuert und begrenzt. Auf der Grundlage des 2. Hauptsatzes wird die *Entropie* eingeführt und durch Postulate einer quantitativen Berechnung zugänglich gemacht, vgl. Kapitel 3. Die Entropie ist, im Gegensatz zur Energie, keine Erhaltungsgröße. Sie kann zwar erzeugt, aber nicht vernichtet werden. Durch diese Asymmetrie erlaubt die Thermodynamik grundlegende Aussagen über den Ablauf aller natürlichen und technischen Prozesse.

Jeder Prozess, der sich durch eine Zustandsänderung eines Systems bemerkbar macht, ist mit einem Energiefluss verknüpft; der Ablauf dieses Prozesses wird durch das Verhalten der Entropie gesteuert. Energie und Entropie sind die zentralen Größen bei der thermodynamischen Analyse von Prozessen in der Natur und der Technik. Mit der Energiebilanz- und der Entropiebilanzgleichung, die aus dem 1. und dem 2. Hauptsatz folgen, werden von der Thermodynamik grundlegende Gesetze der Physik und der Chemie bereitgestellt.

Das Herausarbeiten von allgemeingültigen und somit zugegebenermaßen etwas abstrakten Systemen zur Beschreibung und zur Vorhersage von Prozessen allein durch Beobachtung natürlicher Abläufe ist eine große Leistung der Wissenschaft, welche der Thermodynamik zugrunde liegt. Weder die Energie noch die Entropie sind einer direkten Messung zugänglich. Es sind abstrakte Größen, an denen zwar die thermodynamischen Grundsätze verankert sind, die aber nur indirekt mit Hilfe von messbaren Zustandsgrößen wie der Temperatur, dem Druck und der Dichte berechnet werden können. Daher hat sich die Thermodynamik zusätzlich im Rahmen einer *allgemeinen Materialtheorie* mit dem energetischen und entropischen Verhalten der Materie auseinandergesetzt. Hierbei spielt die innere Energie der Materie eine besondere Rolle, die über die Gibb'sche Fundamentalgleichung mit allen anderen Erscheinungsformen der Energie verknüpft ist, vgl. Abschnitt 3.2.4. Auch hier steuert das Verhalten der Entropie mittels der daraus folgenden Stabilitätskriterien die entsprechenden Zustandsänderungen einschließlich der Aggregatzustände der Materie. Für immaterielle Potenzialfelder wie das elektromagnetische Feld gelten die thermodynamischen Aussagen analog. Aus der Gibb'schen Fundamentalgleichung folgen Zustandsgleichungen, welche die Zustandsgrößen von materiellen Systemen untereinander in Beziehung setzen. Beim elektromagnetischen Feld sind dies die Maxwell'schen Gleichungen. Die Zustandsgleichungen sind stoffspezifisch und müssen durch Messungen oder durch molekulare Modelle bereitgestellt werden. Weitere ordnende Beziehungen für die makroskopischen Eigenschaften der Materie folgen aus den Stabilitätsbedingungen, die der 2. Hauptsatz bereitstellt. Hieraus können Berechnungsgleichungen für Phasen- und Reaktionsgleichgewichte für fluide Gemische hergeleitet werden, die u.a. Grundlage der thermischen Verfahrenstechnik sind.

Somit ist die Thermodynamik vor allem Basis für zwei Bereiche der Ingenieurwissenschaften, der Energietechnik und der Verfahrenstechnik. Da Energie als Erhaltungsgröße weder erzeugt noch vernichtet werden kann, ist nur die Umwandlung der Energie von einer in der Natur vorkommenden Erscheinungsform in andere, dem Menschen nützliche, Erscheinungsformen möglich, die Umwandlung von Primärenergie in Nutzenergie. Die Anwendung des 1. und des 2. Hauptsatzes ist Grundlage für die Energietechnik, welche die Planung, Errichtung und den Betrieb energietechnischer Anlagen, wie z.B. der Kraftwerke, zum Inhalt hat. Hierzu gehören neben Prozessen zur kontinuierlichen Wandlung auch Komponenten von Energieanlagen, wie Turbinen und Verdichter, Wärmeübertrager, wie auch die Gebäudeenergietechnik als Kälte-, Klima- und Heizungstechnik. Da aber jeder Prozess mit einer Energiewandlung verknüpft ist und da bei jeder realen Energiewandlung Energie als Wärmeenergie dissipiert wird, vgl. Kapitel 3, müssen die Gesetze der Thermodynamik auch in anderen Bereichen der Ingenieurwissenschaften beachtet werden.

Für die Verfahrenstechnik haben dagegen die allgemeinen Aussagen der Thermodynamik über das Verhalten der Materie in ihren Aggregatzuständen und über die Stoffumwandlungen (in Analogie zur Energieumwandlung) große Bedeutung. Hier liefert die Thermodynamik, in Gestalt der Gibb'schen Fundamentalgleichung, die allgemeingültigen und ordnenden Beziehungen, denen alle Materialgesetze für reine Stoffe und Gemische genügen müssen. Man kann daher die Thermodynamik auch als eine *allgemeine Materialtheorie* bezeichnen. Kennzeichnend für beide Aspekte der Thermodynamik – Energietheorie und Materialtheorie – ist die Allgemeingültigkeit ihrer Aussagen, die nicht an besondere Vorstellungen über den molekularen oder atomistischen Aufbau der Materie gebunden sind. Dies hat andererseits zur Folge, dass die Thermodynamik die konkreten Materialgesetze eines bestimmten Stoffes, die in der Thermodynamik als Zustandsgleichungen bezeichnet werden, allein nicht liefern kann.

Die nun folgende Darstellung ist auf die klassische (oder phänomenologische) Thermodynamik beschränkt. Diese zeichnet sich dadurch aus, dass Zustandsgrößen wie die Temperatur oder die Geschwindigkeit von Systemen oder Teilsystemen nicht als Felder in Abhängigkeit von Zeit *und* Ort beschrieben werden, sondern vereinfacht als *ortsunabhängig* betrachtet werden. Ein (Teil)system, welches durch ortsunabhängige Zustandsgrößen beschrieben werden kann, wird als Phase bezeichnet. Die thermodynamische Beschreibung dieser homogenen (Teil)systeme vereinfacht sich durch Wegfall der Feldgrößen enorm, sodass mit diesem Trick viele weitreichende Aussagen durch recht einfache Gleichungen möglich werden. Durch diese Vereinfachung ist eine gewisse Abstraktion verbunden, sodass diese Einfachheit paradoxerweise als schwierig empfunden wird. Auf die anderen Darstellungsformen der Thermodynamik wird in Abschnitt 1.1.3 eingegangen.

1.1.2 Historische Entwicklung der Thermodynamik

Die Entwicklung von empirischen Beobachtungen hin zur heutigen allgemeingültigen, aber abstrakten Energietheorie der Thermodynamik war, wie bei vielen anderen Wissenschaften auch, ein langwieriger Erkenntnisprozess, der sich über mehrere Jahrhunderte hinzog. Eine erste Beschleunigung dieses Erkenntnisprozesses war im 17. Jahrhundert erkennbar, als die verbesserte Glasbläserkunst die systematische Beobachtung ermöglichte. So wurden nicht nur gute optische Geräte (Galilei) verfügbar, sondern auch Geräte zum Messen von Temperatur und Druck. Die Entwicklung der „Gasgleichung" unter anderem von Robert Boyle (1627-1691) und Edme Mariotte (1620-1684) ist ein Beispiel hierfür, ebenso das „Luftthermometer", welches Galileo Galilei (1564-1642) zugeschrieben wird[2]. Die eigentliche Geburt der Energietheorie ist im 19. Jahrhundert u.a. durch das ,Wärmeäquivalent' und durch die Einführung der Entropie zu verzeichnen, sodass die kurze Darstellung der historischen Entwicklung der Thermodynamik Anfang des 19. Jahrhunderts beginnen soll.

Die Geburtsstunde der Thermodynamik als eigene Wissenschaft wird mit der Veröffentlichung des französischen Ingenieur-Offiziers N.L.S. Carnot[3], Abb. 1.1, im Jahre 1824 verknüpft, seiner einzigen, später berühmt gewordenen Schrift „Réflexions sur la puissance motrice de feu et sur les machines propres à développer cette puissance" [1.6]. Schon lange Zeit zuvor hatte man sich mit den Wärmeerscheinungen beschäftigt, und man hatte auch praktische Erfahrungen im Bau von Wärmekraftmaschinen, besonders von Dampfmaschinen, gewonnen. Carnot jedoch behandelte das Problem der Gewinnung von Nutzarbeit aus Wärme erstmals in allgemeiner Weise. Als gedank-

---

[2] Eine lesenswerte Geschichte der Temperaturmessung ist in [1.5] dargestellt.

[3] Nicolas Léonard Sadi Carnot (1796–1832) entstammt einem traditionsreichen französischen Familienstamm, den Carnots, der heute noch den Familienstammsitz „Burg La Rochepot" in Bourgogne-Franche-Comté besitzt. Er schloss mit 18 Jahren sein Studium an der Ecole Polytechnique in Paris ab. Nach einem zweijährigen Militär-Ingenieur Studium an der Ecole du Génie in Metz diente er als Ingenieur-Offizier. 1819 wurde er aus dem Militärdienst entlassen und widmete sich seitdem wissenschaftlichen Studien. Am 24. August 1832 starb er in Paris während einer Choleraepidemie.

Abbildung 1.1. N.L.S. Carnot
im Alter von 17 Jahren

Abbildung 1.2. Rudolf Clausius

liche Hilfsmittel schuf er die Begriffe der vollkommenen Maschine und des reversiblen (umkehrbaren) Kreisprozesses. Seine von realen Maschinenkonstruktionen und von bestimmten Arbeitsmedien wie Wasserdampf oder Luft abstrahierten Überlegungen führten ihn zur Entdeckung eines allgemeingültigen Naturgesetzes, welches heute als der 2. Hauptsatz der Thermodynamik bezeichnet wird.

Nach Carnot lässt sich mit einer Wärmekraftmaschine nur dann Arbeit gewinnen, wenn ihr Wärme bei höherer Temperatur zugeführt und bei niedrigerer Temperatur entzogen wird. Die größte Arbeit liefert dabei die reversibel arbeitende Maschine. Diese maximale Arbeit hängt nur von den Temperaturen der Wärmeaufnahme und Wärmeabgabe ab. Carnot legte 1824 seinen „Réflexions" die damals vorherrschende Stofftheorie der Wärme zugrunde, wonach Wärme eine unzerstörbare Substanz (caloricum) ist, die in der Wärmekraftmaschine nicht verbraucht wird, sondern Arbeit durch ihr Absinken von der hohen Temperatur zur niedrigen Temperatur erzeugt.

Zwischen 1840 und 1850 setzte sich eine andere Auffassung über die Natur der Wärme durch, das Prinzip der Äquivalenz von Wärme und Arbeit, wonach Arbeit in Wärme und auch Wärme in Arbeit umwandelbar sind. An der Entdeckung und Formulierung dieses ersten großen Schrittes in Richtung einer universellen Zustandsgröße Energie waren mehrere Forscher beteiligt. J.R. Mayer[4] beschäftigte sich mit dem Äquivalenzprinzip in mehreren

---

[4] Julius Robert Mayer (1814–1878) war praktischer Arzt in Heilbronn. Er behandelte in seinen zwischen 1842 und 1848 veröffentlichten Arbeiten naturwissenschaftliche Probleme, insbesondere die Erhaltung der „Kraft" (Energie). Da

theoretischen Arbeiten und erweiterte es in spekulativer Weise zum allgemeinen Satz von der Erhaltung der Energie. Er berechnete als Erster das „mechanische Wärmeäquivalent" durch die korrekte Anwendung des Energieerhaltungssatzes auf die Erwärmung eines idealen Gases unter konstantem Druck. Unabhängig von Mayers theoretischen Überlegungen bestimmte J.P. Joule[5] das „mechanische Wärmeäquivalent" in zahlreichen, geschickt ausgeführten Versuchen. Dabei untersuchte er auch die Umwandlung elektrischer Energie in Wärme und fand, dass die Wärmeabgabe eines von elektrischem Strom durchflossenen Leiters proportional zu seinem elektrischen Widerstand und dem Quadrat der Stromstärke ist.

Aufbauend auf den Ergebnissen von Carnot, Mayer und Joule gelang es 1850 erstmals R. Clausius[6], Abb. 1.2, die beiden Hauptsätze der Thermodynamik zu formulieren. Er fand die erste quantitative Formulierung des 1. Hauptsatzes durch Gleichungen zwischen den Größen Wärme, Arbeit und der von ihm erstmals eingeführten inneren Energie, einer Zustandsgröße des Systems. Zur quantitativen Formulierung des 2. Hauptsatzes führte er 1854 eine neue Größe ein, die er als „Äquivalenzwert einer Verwandlung", später (1865) als *Entropie* bezeichnete. Der von Clausius geschaffene Entropiebegriff nimmt eine Schlüsselstellung im Gebäude der Thermodynamik ein. In dem von Clausius erstmals formulierten Prinzip von der Vermehrung der Entropie bei irreversiblen Prozessen finden die Aussagen des 2. Hauptsatzes über die Richtung aller natürlichen Vorgänge ihren prägnanten Ausdruck.

Unabhängig von Clausius gelangte nur wenig später (1851) W. Thomson[7] (Lord Kelvin), Abb. 1.3, zu einer anderen Formulierung des 2. Hauptsatzes als

Mayer ein wissenschaftlicher Außenseiter ohne gründliche mathematische und physikalische Kenntnisse war, fanden seine Arbeiten kaum Beachtung. Erst spät und nach einem Prioritätsstreit mit J.P. Joule wurde J.R. Mayer volle Anerkennung zuteil.

[5] James Prescott Joule (1818–1889) lebte als finanziell unabhängiger Privatgelehrter in Manchester, England. Neben den Experimenten zur Bestimmung des „mechanischen Wärmeäquivalents" und seinen Untersuchungen über die Erwärmung stromdurchflossener Leiter (Joulesche „Wärme") sind die gemeinsam mit W. Thomson ausgeführten Versuche über die Drosselung von Gasen (Joule-Thomson-Effekt) zu nennen.

[6] Rudolf Julius Emanuel Clausius (1818–1888) studierte in Berlin. 1855 wurde er als Professor für Theoretische Physik an das neue Eidgenössische Polytechnikum in Zürich berufen. 1867 wechselte er zur Universität Würzburg, von 1869 bis zu seinem Tode lehrte er in Bonn. Clausius gehörte zu den hervorragenden Physikern seiner Zeit. Neben seinen berühmten thermodynamischen Untersuchungen sind besonders seine Arbeiten zur kinetischen Gastheorie hervorzuheben.

[7] William Thomson (1824–1907), seit 1892 Baron Kelvin of the Largs, studierte in Glasgow und Cambridge. Er war von 1846 bis 1899 Professor für Naturphilosophie und theoretische Physik an der Universität Glasgow. Neben seinen grundlegenden thermodynamischen Untersuchungen behandelte er vor allem Probleme der Elektrizitätslehre. Er beteiligte sich an der Verlegung des ersten transatlantischen Ka-

Abbildung 1.3. W. Thomson im Jahre 1846

Abbildung 1.4. Josiah W. Gibbs

Verbot, Arbeit durch Abkühlen eines Stoffes unter die Umgebungstemperatur zu gewinnen. Bekannt wurde der von ihm 1852 aufgestellte Satz von der Zerstreuung der mechanischen Energie (dissipation of mechanical energy), dass sich nämlich bei allen natürlichen (irreversiblen) Prozessen der Vorrat an umwandelbarer oder arbeitsfähiger Energie vermindert. Schon früh (1848) erkannte Thomson, dass aus den Carnotschen Überlegungen, also aus dem 2. Hauptsatz, die Existenz einer universellen „absoluten" Temperaturskala folgt, die von den Eigenschaften spezieller Thermometer unabhängig ist. Ihm zu Ehren wird die Einheit dieser *thermodynamischen Temperatur* als das Kelvin bezeichnet.

Mit den klassischen Arbeiten von Clausius und Thomson hatte die phänomenologische Thermodynamik im zweiten Drittel des 19. Jahrhunderts einen ersten Abschluss ihrer Entwicklung erreicht. Es ist bemerkenswert, wie eng dabei reine und angewandte Forschung zusammenwirkten. Ein technisches Problem, die Gewinnung von Nutzarbeit aus Wärme durch die Dampfmaschine, hatte ein neues Gebiet der Physik entstehen lassen, an dessen Ausbau Ingenieure, Ärzte und Physiker in gleicher Weise beteiligt waren. Von den Ingenieuren, die Wesentliches zur Entwicklung der Thermodynamik beitrugen, sei besonders W. J. Rankine[8], ein Zeitgenosse von Clausius und Thomson, genannt. Wie diese erforschte er die Grundlagen der Thermodynamik; seine Veröffentlichungen

---

bels (1856–1865). Er konstruierte eine Reihe von Apparaten für physikalische Messungen, unter ihnen das Spiegelgalvanometer und das Quadrantenelektrometer.

[8] William John MacQuorn Rankine (1820–1872), schottischer Ingenieur, war auf mehreren Gebieten des Ingenieurwesens tätig: Eisenbahnbau, Schiffbau, Dampfmaschinenbau. Von 1855 bis zu seinem Tode war er Professor für Ingenieurwesen an der Universität Glasgow. Er schrieb mehrere Lehrbücher über angewandte Me-

standen, vielleicht zu Unrecht, im Schatten seiner beiden bedeutenden Zeitgenossen.

Die thermodynamische Temperatur und der von Clausius geschaffene Entropiebegriff gestatteten es, aus den Hauptsätzen der Thermodynamik zahlreiche neue und allgemeingültige Gesetze für des Verhalten der Materie in ihren Aggregatzuständen herzuleiten. Diese auch auf Gemische, auf chemische Reaktionen und auf elektrochemische Prozesse ausgedehnten Untersuchungen ließen gegen Ende des 19. Jahrhunderts eine neue Wissenschaft enstehen: die *physikalische Chemie*. Ihre Grundlagen wurden vor allem von J.W. Gibbs[9] gelegt, Abb. 1.4, der erstmals die Massen der Komponenten eines Gemisches als Variablen in die Thermodynamik einführte und Kriterien für das thermodynamische Gleichgewicht von Systemen aus mehreren Phasen aufstellte. Zur Beschreibung des Verhaltens von Gemischen definierte er die chemischen Potenziale der Komponenten. Die Thermodynamik der Gemische hat auch ein anderer amerikanischer Forscher, G.N. Lewis[10], erheblich gefördert. Mit den von ihm geschaffenen Größen Fugazität (1901) und Aktivität (1907) lassen sich die thermodynamischen Eigenschaften realer Gemische meist einfacher und übersichtlicher darstellen und berechnen als mit den von Gibbs eingeführten chemischen Potenzialen.

Wendet man die Hauptsätze der Thermodynamik auf chemisch reagierende Gemische an, so kann man das sich am Ende der Reaktion einstellende chemische Gleichgewicht zwischen den reagierenden Stoffen bestimmen. Es war aber nicht möglich, das chemische Gleichgewicht allein aus thermischen und kalorischen Daten zu berechnen, weil die hierzu benötigten Entropiewerte der verschiedenen Stoffe nur bis auf eine unbekannte Konstante bestimm-

---

chanik, Bauingenieurwesen und Dampfmaschinen, die zahlreiche Auflagen erlebten.

[9] Josiah Willard Gibbs (1839–1903) verbrachte bis auf drei Studienjahre in Paris, Berlin und Heidelberg sein ganzes Leben in New Haven (Connecticut, USA) an der Yale-Universität, wo er studierte und von 1871 bis zu seinem Tode Professor für mathematische Physik war. Er lebte zurückgezogen bei seiner Schwester und blieb unverheiratet. Seine berühmten thermodynamischen Untersuchungen sind in einer großen Abhandlung „On the equilibrium of heterogeneous substances" (1876–1878) enthalten, die zuerst unbeachtet blieb, weil sie in einer wenig verbreiteten Zeitschrift veröffentlicht wurde. Gibbs schrieb auch ein bedeutendes Werk über statistische Mechanik, das zum Ausgangspunkt der modernen Quantenstatistik wurde.

[10] Gilbert Newton Lewis (1875–1946) studierte an der Harvard-Universität und ein Jahr bei W. Nernst in Göttingen. Von 1906 bis 1912 arbeitete er am Massachusetts Institut of Technology (MIT) in Boston, danach bis zu seinem Tod als Dekan des College of Chemistry der Universität Berkeley in Kalifornien. Seine Untersuchungen zur Thermodynamik sind in dem mit M. Randall verfassten Standardwerk „Thermodynamics and the free energy of chemical substances" (New York 1923) zusammengefasst.

bar waren. Diesen Mangel beseitigte ein neuer „Wärmesatz", den W. Nernst[11] 1906 aufstellte. Dieses Theorem, das M. Planck[12] 1911 erweiterte, macht eine allgemeingültige Aussage über das Verhalten der Entropie am absoluten Nullpunkt der Temperatur, womit die unbestimmten Entropiekonstanten festgelegt werden konnten. Das Wärmetheorem wird heute von einigen Wissenschaftlern als 3. Hauptsatz der Thermodynamik bezeichnet.

Gegen Ende des 19. Jahrhunderts beschäftigten sich verschiedene Forscher erneut mit den Grundlagen der Thermodynamik. Bis dahin war insbesondere die Bedeutung des Wärmebegriffs unklar, vgl. [1.7], und Hilfsvorstellungen in Gestalt von Hypothesen über den molekularen Aufbau der Materie dienten zur Erklärung der Wärmeerscheinungen im Sinne einer „mechanischen Wärmetheorie". Eine Neuorientierung der Thermodynamik als Lehre von *makroskopisch* messbaren Eigenschaften physikalischer Systeme auf der Grundlage des Energieerhaltungssatzes und des 2. Hauptsatzes gaben 1888 H. Poincaré[13] und 1897 Max Planck, der seine thermodynamischen Untersuchungen aus den Jahren 1879 bis 1896 in einem berühmten Lehrbuch [1.8] zusammenfasste. Von diesen Forschern wird die mechanische Wärmetheorie ausdrücklich aufgegeben; die Thermodynamik wird auf ein System makroskopisch messbarer Größen ohne Bezug auf molekulare Vorstellungen aufgebaut.

Zu Beginn des 20. Jahrhunderts wies G.H. Bryan[14] in seinen Arbeiten über die Grundlagen der Thermodynamik erstmals darauf hin, dass die innere

---

[11] Walter Hermann Nernst (1864–1941) war von 1894–1905 Professor in Göttingen und von 1906–1933 Professor in Berlin mit Ausnahme einiger Jahre, in denen er Präsident der Physikalisch-Technischen Reichsanstalt war. Er gehört zu den Begründern der physikalischen Chemie. Seine Arbeiten behandeln vornehmlich Probleme der Elektrochemie und der Thermochemie. Für die Aufstellung seines Wärmesatzes wurde er durch den Nobelpreis für Chemie des Jahres 1920 geehrt.

[12] Max Planck (1858–1947) wurde schon während seines Studiums durch die Arbeiten von Clausius zur Beschäftigung mit thermodynamischen Problemen angeregt. In seiner Dissertation (1879) und seiner Habilitationsschrift sowie in weiteren Arbeiten lieferte er wertvolle Beiträge zur Thermodynamik. 1885 wurde er Professor in Kiel; von 1889–1926 war er Professor für theoretische Physik in Berlin. Auch sein berühmtes Strahlungsgesetz leitete er aus thermodynamischen Überlegungen über die Entropie der Strahlung her. Hierbei führte er 1900 die Hypothese der quantenhaften Energieänderung ein und begründete damit die Quantentheorie. Für diese wissenschaftliche Leistung erhielt er 1918 den Nobelpreis für Physik.

[13] Jules Henri Poincaré (1854–1912), bedeutender französischer Mathematiker, war nach kurzer Ingenieurtätigkeit Professor an der Universität Caen. Von 1881 bis zu seinem Tod lehrte er an der Sorbonne in Paris. Schon 1892 wurde er Mitglied der Académie des Sciences, seit 1908 gehörte er der Académie Francaise an. Seine umfangreichen wissenschaftlichen Arbeiten behandeln Fragen der Mathematik und der Himmelsmechanik sowie philosophische Probleme der Naturwissenschaften.

[14] George Hartley Bryan (1864–1928) war Professor für Mathematik an der Universität von North Wales. Neben dem Artikel „Allgemeine Grundlagen der Ther-

Energie die wesentliche Größe zur Darstellung des 1. Hauptsatzes ist und dass die Größe Wärme eine untergeordnete Rolle spielt. Er betonte den Begriff der verfügbaren Energie (available energy), mit dessen Hilfe er sogar die Entropie definierte. An die Gedanken von Bryan anknüpfend, gab C. Carathéodory[15] 1909 eine axiomatische Begründung der Thermodynamik unter der Annahme, dass der Wärmebegriff ganz entbehrt werden kann [1.10]. Den 2. Hauptsatz gründete er auf ein Axiom über die Erreichbarkeit von Zuständen eines Systems unter adiabater (wärmedichter) Isolierung.

Ingenieure wie N.L.S. Carnot und W.J. Rankine hatten wesentlichen Anteil an der Grundlegung und Entwicklung der Thermodynamik im 19. Jahrhundert; denn auch technische Probleme gaben Anlass, thermodynamische Theorien zu entwickeln. Die neuen thermodynamischen Erkenntnisse wurden schon früh für die Technik nutzbar gemacht. Bereits 1854 veröffentlichte R. Clausius [1.11] einen umfangreichen Aufsatz über die Theorie der Dampfmaschine, und 1859 erschien das erste *Lehrbuch der technischen Thermodynamik* [1.12]. Sein Autor G.A. Zeuner[16] gab darin eine strenge Darstellung der thermodynamischen Grundlagen und behandelte zahlreiche technische Anwendungen. Dieses bedeutende Lehrbuch erlebte mehrere Auflagen und wurde von seinem Autor erweitert und der wissenschaftlichen Entwicklung angepasst. Zeuner berechnete auch Tabellen der thermodynamischen Eigenschaften vieler dampfförmiger Stoffe. Dieser Aufgabe widmete sich auch sein Nachfolger an der Technischen Hochschule Dresden, R. Mollier[17]. Er wurde besonders durch das von ihm geschaffene Enthalpie-Entropie-Diagramm für Wasser bekannt. Wie G.A. Zeuner hatte er mehrere bedeutende Schüler; sein Beitrag zur Weiterentwicklung der thermodynamischen Grundlagen war jedoch unerheblich.

---

modynamik" (1903) in der Enzyklopädie der Mathematischen Wissenschaften ist sein Buch [1.9] über Thermodynamik zu nennen.

[15] Constantin Carathéodory (1873–1950) wurde als Sohn griechischer Eltern in Berlin geboren. Als Professor für Mathematik wirkte er an den Technischen Hochschulen Hannover und Breslau und an den Universitäten Göttingen, Berlin, Athen und München. Seine wissenschaftlichen Veröffentlichungen behandeln hauptsächlich Probleme der Variationsrechnung und der Funktionentheorie.

[16] Gustav Anton Zeuner (1828–1907) war ab 1855 Professor für Theoretische Maschinenlehre am Polytechnikum Zürich und von 1871 bis 1875 Direktor der Bergakademie Freiberg. Von 1873 bis 1897 lehrte er als Professor an der Technischen Hochschule Dresden. Neben den Grundlagen der technischen Thermodynamik und ihren Anwendungen auf die Gas- und Dampfmaschinen behandelte er eingehend die Strömung von kompressiblen Fluiden in Kanälen, insbesondere in Düsen.

[17] Richard Mollier (1863–1935) war ein Jahr lang Professor für Angewandte Physik und Maschinenlehre an der Unversität Göttingen. 1897 wurde er an die TH Dresden berufen, wo er bis 1933 lehrte und forschte. Neben dem berühmten Enthalpie-Entropie-Diagramm erlangte das von ihm vorgeschlagene Enthalpie-Wasserbeladung-Diagramm für feuchte Luft besondere Bedeutung.

Die Entwicklung der thermodynamischen Theorie seit 1900 blieb in der Lehre der technischen Thermodynamik, besonders in Deutschland, lange unbeachtet, weil Anwendungen der Thermodynamik wie die Kältetechnik, die Gas- und Dampfturbinen und die Verbrennungsmotoren bevorzugt behandelt wurden. Außerdem entwickelte sich die Wärmeübertragung als ein neues wissenschaftliches Gebiet, das sich inzwischen von der Thermodynamik weitgehend gelöst hat. Erst 1941 veröffentlichte J.H. Keenan[18] eine logisch strenge Darstellung der Thermodynamik, die an die Gedanken von Poincaré und Gibbs anknüpfte [1.13].

Ein wichtiges Ziel der technischen Thermodynamik ist die klare und möglichst anschauliche Formulierung der einschränkenden Aussagen des 2. Hauptsatzes über Energieumwandlungen. Hierzu eignet sich der schon von G.H. Bryan und anderen Forschern benutzte Begriff der verfügbaren Energie (available energy). Seine Bedeutung für die technischen Anwendungen hat seit 1938 F. Bošnjaković[19] hervorgehoben und an zahlreichen Beispielen demonstriert. Z. Rant[20] hat diese Überlegungen verallgemeinert und zwischen 1953 und 1963 die Größen Exergie und Anergie eingeführt, vgl. Abschnitt 3.3. Mit ihnen lassen sich die Aussagen des 2. Hauptsatzes über Energieumwandlungen einprägsam formulieren, wobei auch der begrenzende Einfluss der irdischen Umgebung berücksichtigt wird.

Um die allgemeingültigen Beziehungen der Thermodynamik zur Lösung konkreter energie- oder verfahrenstechnischer Probleme anwenden zu können, muss man die thermodynamischen Eigenschaften der Arbeitsstoffe kennen, nämlich ihre Dichte, ihre Energie und ihre Entropie in Abhängigkeit von Temperatur und Druck. Seit G.A. Zeuner und R. Mollier haben sich daher viele Forscher der technischen Thermodynamik mit der Messung und Berechnung der thermodynamischen Eigenschaften und ihrer Darstellung durch Zustandsgleichungen, Tabellen und Diagramme beschäftigt. In der Chemie-

---

[18] Joseph Henry Keenan (1900–1977) arbeitete nach dem Studium am Massachusetts Institute of Technology (MIT) in Cambridge, Massachusetts (USA), von 1922 bis 1928 als Ingenieur bei der General Electric Co. in Schenactady. Er lehrte von 1928 bis 1971 als Professor am MIT und war von 1940 bis 1953 Mitglied der American Academy of Arts and Sciences. Sein Hauptforschungsgebiet waren die thermodynamischen Eigenschaften von Wasser.

[19] Fran Bošnjaković (1902–1993), kroatischer Wissenschaftler, war der bedeutendste Schüler von R. Mollier in Dresden. Er lehrte als Professor für Thermodynamik an den Universitäten Beograd und Zagreb. 1953 wurde er an die TH Braunschweig berufen und wechselte 1961 zur TH Stuttgart. Er bevorzugte graphische Methoden zur Untersuchung von Prozessen und lieferte zahlreiche Beiträge auf allen Gebieten der technischen Thermodynamik, von denen sein umfassendes Lehrbuch [0.1] hervorgehoben sei.

[20] Zoran Rant (1904–1972), slowenischer Ingenieur und Wissenschaftler, war seit 1962 Professor für Verfahrenstechnik an der TH Braunschweig. Neben seinen thermodynamischen Arbeiten sind seine Bücher über Soda-Herstellung und Verdampfer bekannt geworden.

technik, die in Deutschland meistens als Verfahrenstechnik bezeichnet wird, werden derartige Daten auch für Gemische aus zwei oder mehreren Stoffen benötigt. Hier spielt die seit dem Ende des 19. Jahrhunderts entwickelte Thermodynamik der Gemische eine wichtige Rolle bei der Berechnung von Prozessen zur thermischen Stofftrennung (Destillation, Rektifikation, Absorption, Extraktion) und der quantitativen Behandlung von chemischen Reaktionen. Die bedeutende Entwicklung der chemischen Industrie in der ersten Hälfte des 20. Jahrhunderts beruhte auch auf der Anwendung dieser sogenannten chemischen Thermodynamik.

1.1.3 Die Entwicklungslinien der Thermodynamik

Ausgehend von der „Wärmelehre", also der Einordnung der Wärme als eine Erscheinungsform der Energie, hat sich die Thermodynamik in unterschiedlichen Ausprägungen weiterentwickelt. Aus der *klassischen Thermodynamik* hat sich, nachdem hier der Begriff der Entropie etabliert wurde, gegen Ende des 19. Jahrhunderts die *statistische Thermodynamik* aus der kinetischen Gastheorie heraus entwickelt. Sie wurde besonders durch die Arbeiten von L. Boltzmann[21] und J.W. Gibbs befördert. Die statistische Thermodynamik geht im Gegensatz zur klassischen Thermodynamik vom atomistischen Aufbau der Materie aus. Auf diese Atome bzw. Moleküle werden die Gesetze der Quantenmechanik angewendet, um deren quantisierte translatorische, rotatorische und schwingende Bewegungszustände zu beschreiben. Durch statistische Methoden (Zustandssummen) wird dann ein Zusammenhang dieser Energiezustände der Teilchen und den makroskopischen Eigenschaften eines aus sehr vielen Teilchen bestehenden Systems gewonnen, vgl. hierzu die einführenden Werke z.B. von J.E. Mayer [1.14], von H.B. Callen [1.15] oder von P.T. Landsberg [1.16]. Zur realistischen Beschreibung der energetischen und entropischen Eigenschaften der Basisteilchen, z.B. der Moleküle, müssen hier physikalische Modelle oder auch Messdaten aus der Atomphysik über die individuellen intra- und intermolekularen Wechselwirkungsenergien einfließen. Für einfache Systeme wie Gase oder auch Kristalle ist dieser Ansatz von großer praktischer Bedeutung.

Eine andere Entwicklung wurde durch die *Thermodynamik der irreversiblen Prozesse* verfolgt, wie sie durch die Arbeiten von L. Onsager[22] initiiert

---

[21] Ludwig Boltzmann (1844–1906) war Professor in Graz, München, Wien, Leipzig und wieder in Wien. Er leitete das von Stefan empirisch gefundene Strahlungsgesetz aus der Maxwellschen Lichttheorie und den Hauptsätzen der Thermodynamik her. Durch die Anwendung statistischer Methoden fand er den grundlegenden Zusammenhang zwischen der Entropie und der „thermodynamischen Wahrscheinlichkeit" eines Zustands.

[22] Lars Onsager (1903–1976), norwegischer Chemiker und Physiker, arbeitete seit 1928 in den USA, davon 39 Jahre an der Yale University in New Haven, Connec-

wurde. Hier wird, im Gegensatz zur *klassischen phänomenologischen Thermodynamik*, die Materie als inhomogenes Kontinuum aufgefasst. Das Verhalten der Materie wird damit durch zeit- *und* ortsaufgelöste Zustandsgrößen (Feldgrößen) beschrieben, die Bilanzgleichungen werden zu partiellen Differenzialgleichungen. Um das resultierende System von Differenzialgleichungen zu schließen, müssen weitere Variablen, sogenannte innere dissipative Variablen und deren konstitutive Gleichungen eingeführt werden. Hierzu gibt es unterschiedliche Ansätze, wie sie von W. Muschik [1.17] zusammenfassend dargestellt werden. Die Thermodynamik irreversibler Prozesse setzt einen linearen Zusammenhang zwischen den thermodynamischen Flüssen (Wärmefluss, Impulsfluss, Ladungsfluss usw.) und den in inhomogenen Systemen vorhandenen Gradienten von thermodynamischen Potenzialen (Temperaturgradient, chemischer Potenzialgradient, elektrischer Feldgradient usw.) als treibende Kräfte dieser Flüsse voraus. Stark irreversible Vorgänge, wie die Wärmeleitung oder die Strömung viskoser Fluide, oder stark gekoppelte Vorgänge, wie der Seebeck-Effekt oder der Ionentransport, werden durch die Thermodynamik irreversibler Prozesse vorteilhaft beschrieben. Einführende Literatur ist z.B. das klassische Werk von P. Mazur [1.18] oder S. Kjelstrup [1.19].

Mit den Grundlagen der klassischen Thermodynamik und ihrer begrifflichen und mathematischen Struktur haben sich in den letzten Jahrzehnten verschiedene Autoren beschäftigt. Auf der berühmten Abhandlung von J.W. Gibbs [1.20] aufbauend, entwickelten L. Tisza [1.21] und H.B. Callen [1.15] eine Theorie, in der die Existenz und die Eigenschaften der Zustandsgrößen Energie und Entropie von homogenen Systemen (Phasen) durch *Postulate* begründet werden. In ähnlicher Weise wurde in diesem Buch der 1. und 2. Hauptsatz in den Abschnitten 2.1 und 3.1.2 behandelt. Als Beispiele einer mathematisch strengen Axiomatisierung der klassischen Thermodynamik seien die Bücher von D.R. Owen [1.22] und R. Giles [1.23] sowie die Untersuchungen von E.H. Lieb und J. Yngvason [1.24] genannt.

In diesem Lehrbuch wird die phänomenologische technische Thermodynamik dargestellt, wie sie sich in den Ingenieurwissenschaften als unverzichtbares Werkzeug etabliert hat. Hier werden die betrachteten Systeme bzw. Teilsysteme in der Regel als homogen angenommen, also als eine Phase mit örtlich einheitlichen Zustandsgrößen. Dadurch entfallen die Differenziale nach dem Ort und die Bilanzgleichungen vereinfachen sich erheblich. Innerhalb einer Phase treten keine Gradienten auf.

---

ticut, wo er die J. Willard Gibbs-Professur für Theoretische Chemie innehatte. Für die Aufstellung der nach ihm benannten Reziprozitätsbeziehungen, die zu den Grundaussagen der Thermodynamik irreversibler Prozesse gehören, erhielt er 1968 den Nobelpreis für Chemie.

1.2 System und Zustand

In diesem Abschnitt wird das *thermodynamische System* eingeführt und seine Eigenschaften, die Zustandsgrößen erörtert. Die oft zutreffende Annahme, dass ein System homogen ist, also als Phase behandelt werden kann, vereinfacht die Beschreibung des Systemverhaltens deutlich, weil hierzu keine Feldgrößen, sondern nur wenige makroskopische Zustandsgrößen erforderlich sind.

1.2.1 System und Systemgrenzen

Eine thermodynamische Analyse beginnt mit der Abgrenzung des zu untersuchenden Objektes. Dieses hervorgehobene Gebiet wird das thermodynamische System genannt. Dieses System ist in aller Regel materieller Natur, es kann sich aber auch um ein immaterielles Feld handeln. Alles außerhalb des Systems heißt Umgebung, wobei hiermit nicht notwendigerweise die natürliche Umgebung gemeint sein muss. Teile der Umgebung können als weitere Systeme hervorgehoben werden. Das thermodynamische System wird durch materielle oder oft auch nur gedachte Begrenzungsflächen, die sogenannten *Systemgrenzen*, von der Umgebung getrennt. Die Festlegung des Systems und der zugehörigen Systemgrenzen ist willkürlich, eine geschickte Wahl der Systemgrenze kann die Lösung der thermodynamischen Aufgabe erheblich vereinfachen. So können einer gut gewählten Systemgrenze häufig idealisierte Eigenschaften zugeschrieben werden, z.B. hinsichtlich ihrer Durchlässigkeit für Materie und Energie.

Die Grenzen eines geschlossenen Systems sind für Materie undurchlässig. Ein *geschlossenes System* enthält daher stets dieselbe Masse; sein Volumen braucht jedoch nicht konstant zu sein, denn die Systemgrenzen dürfen sich bewegen. Das im Zylinder von Abb. 1.5 enthaltene Gas bildet ein geschlossenes System, wenn der Kolben vereinfachend als dicht betrachtet wird. Hier ist die Systemgrenze auf der Innenseite von Kolben und Zylinder gewählt worden, sodass bei den thermodynamischen Beschreibungen des Systems nur die Eigenschaften des Gases von Bedeutung sind, nicht die Eigenschaften der Wandung. Bei diesem beliebten abstrakten ‚Kolben-Zylinder' System werden bereits einige typische Merkmale in der thermodynamischen Analyse von geschlossenen Systemen deutlich. Zur Vereinfachung wird hier z.B. ein reibungsfreier Kolben ohne Leckage angenommen, was natürlich nicht genau der Realität entspricht, aber die Bilanzierung sehr vereinfacht. Durch die geschickte Wahl der Systemgrenze können bereits einfache Gleichungen die gesuchten Zustandsänderungen des Gases als zu betrachtendes System beschreiben.

Lassen die Grenzen eines Systems Materie hindurch, so handelt es sich um ein *offenes System*. Die in den technischen Anwendungen der Thermodynamik vorkommenden offenen Systeme haben meistens fest im Raume liegende Grenzen, die von einem oder mehreren Stoffströmen durchflossen werden. Ein

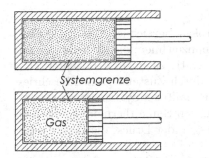

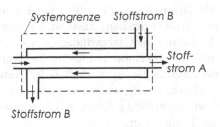

Abbildung 1.5. Gas im Zylinder als Beispiel eines geschlossenen Systems. Trotz Volumenänderung bleibt die Gasmasse gleich

Abbildung 1.6. Wärmeübertrager, der von zwei Stoffströmen A und B durchflossen wird, als Beispiel eines offenen Systems (Kontrollraums)

solches offenes System mit ortsfesten Systemgrenzen wird auch als *Kontrollraum* bezeichnet. Der von einer festliegenden Systemgrenze oder Bilanzhülle umgebene Wärmeübertrager von Abb. 1.6 ist ein Beispiel eines offenen Systems.

Sind die Grenzen eines Systems nicht nur für Materie undurchlässig, verhindern sie vielmehr jede Wechselwirkung (z.B. auch einen Energieaustausch) zwischen dem System und seiner Umgebung, so spricht man von einem *abgeschlossenen* oder *isolierten System*. Jedes abgeschlossene System ist notwendigerweise auch ein geschlossenes System, während das Umgekehrte nicht zutrifft. Ein abgeschlossenes System erhält man auch dadurch, dass man ein System und jene Teile seiner Umgebung, mit denen es in Wechselwirkung steht, zu einem abgeschlossenen Gesamtsystem zusammenfasst. Man legt hier also eine Systemgrenze so, dass über sie hinweg keine merklichen, d.h. keine messbaren Einwirkungen stattfinden. Abgeschlossene Systeme werden nur selten für die Beschreibung technischer Objekte gewählt, sie sind aber für die Axiomatik der Thermodynamik von Bedeutung.
Diese Zusammenfassung mehrerer Systeme zu einem abgeschlossenen Gesamtsystem ist ein Beispiel für die grundsätzlich willkürliche Verlegung der Systemgrenze.

1.2.2 Zustand und Zustandsgrößen

Die Abgrenzung eines Systems gegenüber seiner Umgebung ist nur ein notwendiger erster Teil der Systembeschreibung.

Einem System können außerdem physikalische Größen oder Variablen zugeordnet werden, die seine (thermodynamischen) Eigenschaften beschreiben. Das System befindet sich in einem bestimmten *Zustand*, wenn dieser Zustand in jedem Moment durch einen eindeutigen Satz von Variablen beschrieben werden kann. Diese Variable wird auch als *Zustandsgröße* des Systems bezeichnet, wie z.B. seine Masse m, seine Temperatur T, sein Druck p oder sein

Volumen V und weitere Zustandsgrößen.

Als äußere Zustandsgrößen werden jene Größen bezeichnet, die den „äuße-ren" (mechanischen) Zustand des Systems kennzeichnen: die Koordinaten im Raum und die Geschwindigkeit des Systems relativ zu einem Beobachter. Der „innere" (thermodynamische) Zustand wird durch Zustandsgrößen beschrie-ben, welche die Eigenschaften der Materie innerhalb der Systemgrenzen kenn-zeichnen. Zu diesen inneren oder im eigentlichen Sinne thermodynamischen Zustandsgrößen gehören z.B. die innere Energie, der Druck, die Dichte oder die Temperatur.

Flüssige und gasförmige Stoffe gehören zu den wichtigsten Systemen, die in der Thermodynamik behandelt werden. Man fasst sie unter der gemeinsa-men Bezeichnung *Fluide* zusammen. Einige ihrer einfachen thermodynami-schen Zustandsgrößen werden in den folgenden Absätzen besprochen.

Um die Menge der Materie zu kennzeichnen, die ein fluides System enthält, kann man die Teilchenzahl N, die Stoffmenge n und die Masse m des Fluids benutzen. Diese Größen werden ausführlich in Abschnitt 10.1 behandelt. In den technischen Anwendungen bevorzugt man die Masse als Mengenmaß, während die Stoffmenge vorzugsweise bei der Behandlung von Gemischen und chemischen Reaktionen in der Chemietechnik benutzt wird.

Die räumliche Ausdehnung eines fluiden Systems wird durch sein Volumen V gekennzeichnet. Die Gestalt des von einem Fluid eingenommenen Raums spielt dagegen so lange keine Rolle, als Oberflächeneffekte vernachlässigbar sind. Dies ist aber, abgesehen von wenigen Ausnahmen wie kleinen Blasen oder Tropfen, stets der Fall. Es genügt also in der Regel das Volumen V als Variable, die die Größe des vom Fluid erfüllten Raums beschreibt, während seine Gestalt ohne Bedeutung ist.

Es wird nun ein Volumenelement ΔV eines Fluids und die darin enthaltene Masse Δm betrachtet. Bildet man den Quotienten $\Delta m / \Delta V$ und geht zur Grenze $\Delta V \to 0$ über, so erhält man eine neue Zustandsgröße, die (örtliche) Dichte

$$\rho := \lim_{\Delta V \to 0} (\Delta m / \Delta V) \,.$$

Innerhalb eines fluiden Systems ändert sich die Dichte von Ort zu Ort und mit der Zeit t. Die räumliche Verteilung der Masse wird durch das Dichtefeld

$$\rho = \rho(x, y, z, t)$$

im fluiden System beschrieben.

Eine weitere Zustandsgröße fluider Systeme ist der Druck. Zu seiner Defini-tion wird ein beliebig orientiertes Flächenelement ΔA in einem ruhenden Fluid betrachtet. Ein *ruhendes* Fluid kann keine Schubkräfte und auch keine Zugkräfte aufnehmen. Auf das Flächenelement wirkt nur eine Druckkraft in Richtung der Flä-chennormalen. Der Druck p in einem ruhenden Fluid ist nun als der Quotient aus dem Betrag ΔF der Druckkraft und der Größe des Flächenelements ΔA definiert, wobei der Grenzübergang $\Delta A \to 0$ vorgenommen wird:

$$p = \lim_{\Delta A \to 0} (\Delta F / \Delta A) \,.$$

Der Druck hängt, wie man durch eine Gleichgewichtsbetrachtung zeigen kann, von der Orientierung des Flächenelements im Fluid nicht ab, er ist eine skalare Größe. Wie die Dichte gehört auch der Druck zu den Feldgrößen:

$$p = p(x, y, z, t) \ .$$

Ein System heißt *homogen*, wenn seine chemische Zusammensetzung und seine physikalischen Eigenschaften innerhalb der Systemgrenzen überall gleich sind. Gleiche chemische Zusammensetzung liegt nicht nur dann vor, wenn das System aus einem einzigen reinen Stoff besteht, auch Gemische verschiedener Stoffe erfüllen diese Forderung, wenn nur das Mischungsverhältnis im ganzen System konstant ist. Jeden homogenen Bereich eines Systems bezeichnet man nach J.W. Gibbs [1.20] als *Phase*. Ein homogenes System besteht demnach aus einer einzigen Phase.

Ein System aus zwei oder mehreren Phasen (homogenen Bereichen) bezeichnet man als *heterogenes* System. An den Grenzen der Phasen ändern sich die Zustandsgrößen des Systems sprunghaft. Ein mit Wasser und Wasserdampf gefüllter Behälter ist ein heterogenes Zweiphasensystem. Hier ist zwar die chemische Zusammensetzung im ganzen System konstant, doch die Dichte und andere physikalische Eigenschaften des Wassers (der flüssigen Phase) unterscheiden sich erheblich von denen des Wasserdampfes.

Die Möglichkeit, ein System als Phase oder als heterogenes Mehrphasensystem aufzufassen, bedeutet eine kaum zu unterschätzende Vereinfachung der thermodynamischen Betrachtungsweise. Alle Zustandsgrößen hängen nicht von den Ortskoordinaten innerhalb der Phase ab, sondern sind räumlich konstant. Dagegen sind die Zustandsgrößen eines Systems, das nicht als Phase aufgefasst werden kann, Funktionen der Ortskoordinaten, also Feldgrößen. Ihre räumliche und zeitliche Änderung muss in einer Kontinuumstheorie in der Regel durch partielle Differenzialgleichungen beschrieben werden.

Für eine Phase vereinfacht sich die Definition der Dichte. Wegen der vorausgesetzten Homogenität ist es nicht erforderlich, ein Volumenelement herauszugreifen und durch den Grenzübergang $\Delta V \to 0$ eine örtliche Dichte zu definieren. Es gilt vielmehr

$$\rho := m/V \ ,$$

worin m die Masse und V das Volumen der Phase sind. Das Reziproke der Dichte ist das spezifische Volumen

$$v := V/m$$

der Phase, also der Quotient aus ihrem Volumen und ihrer Masse. Eine Phase hat in einem bestimmten Zustand nur eine Dichte, ein spezifisches Volumen und einen Druck. Diese Zustandsgrößen sind im ganzen homogenen System räumlich konstant. Sie ändern sich mit der Zeit, wenn sich der Zustand der Phase durch einen Prozess des Systems verändert, vgl. Abschnitt 1.4.

Besondere Verhältnisse liegen vor, wenn man ein System unter dem Einfluss eines äußeren stationären Kraftfelds untersucht. Das wichtigste Beispiel ist das Schwerefeld der Erde. In einer senkrechten Gas- oder Flüssigkeitssäule nimmt der Druck p mit der Höhe z ab:

$$\mathrm{d}p = -g\,\rho\,\mathrm{d}z \,,$$

wobei $g \approx 9{,}81\,\mathrm{m/s^2}$ die Fallbeschleunigung ist. Da die Dichte von Flüssigkeiten vom Druck kaum abhängt, gilt für die Druckdifferenz zwischen zwei Höhen z_1 und z_2

$$p_2 - p_1 = -g\,\rho\,(z_2 - z_1) \,.$$

Druckdifferenzen lassen sich durch Flüssigkeitssäulen bestimmter Höhe darstellen, was zur Druckmessung genutzt wird. Gase haben eine sehr kleine Dichte, sodass in einem Gasbehälter zwischen verschiedenen Höhen vernachlässigbar kleine Druckunterschiede auftreten. Das Gas kann in guter Näherung als Phase angesehen werden. Nur wenn man es mit Höhenunterschieden von mehreren Kilometern, wie z.B. in der Erdatmosphäre, zu tun hat, spielt die Druckänderung infolge des Schwerefelds eine Rolle.

1.2.3 Extensive, intensive, spezifische und molare Zustandsgrößen

Eine Zustandsgröße, deren Wert sich bei der gedachten Teilung eines Systems als Summe der entsprechenden Zustandsgrößen der Teile ergibt, nennt man eine *extensive Zustandsgröße*. Beispiele extensiver Zustandsgrößen sind das Volumen V, die Masse m und die Stoffmenge n. Setzt man die Teilsysteme $A, B, C, \ldots$ mit den Werten $Z_\mathrm{A}, Z_\mathrm{B}, Z_\mathrm{C}, \ldots$ einer extensiven Zustandsgröße zu einem Gesamtsystem zusammen, so gilt für die extensive Zustandsgröße Z des Gesamtsystems

$$Z = Z_\mathrm{A} + Z_\mathrm{B} + Z_\mathrm{C} + \ldots \,.$$

Zustandsgrößen, die sich bei der Systemteilung oder beim Zusammenfügen von Teilsystemen zu einem Gesamtsystem nicht additiv, also nicht wie extensive Zustandsgrößen verhalten, heißen *intensive Zustandsgrößen*. Zu ihnen gehört beispielsweise der Druck p.

Dividiert man die extensive Zustandsgröße Z eines Systems durch seine Masse, seine Stoffmenge oder sein Volumen, so erhält man drei neue Arten von Zustandsgrößen, die man als spezifische Zustandsgrößen, molare Zustandsgrößen und als Dichten bezeichnet. Da in diesen drei Fällen eine extensive Zustandsgröße durch eine andere extensive Zustandsgröße dividiert wird, gehören die drei neuen Arten von Zustandsgrößen nicht zu den extensiven Zustandsgrößen; sie verhalten sich vielmehr wie intensive Zustandsgrößen.

Die zu einer extensiven Zustandsgröße Z gehörige *spezifische Zustandsgröße* ist durch die Gleichung

$$z := Z/m$$

definiert. Spezifische Größen sind massebezogene Größen. Das spezifische Volumen ist bereits bekannt

$$v = V/m \,.$$

Alle spezifischen Größen werden durch kleine Buchstaben gekennzeichnet, während für extensive Zustandsgrößen große Buchstaben verwendet[23] werden. Im folgenden Text werden spezifische Größen jedoch nicht immer wörtlich hervorgehoben, wenn durch den Zusammenhang und durch die Formelzeichen (kleine Buchstaben) klar ist, dass spezifische Größen gemeint sind[24].

Spezifische Größen gehören zu den intensiven Zustandsgrößen, denn bei Systemteilungen oder Systemzusammensetzungen verhalten sie sich nicht additiv. Dies wird besonders deutlich, wenn eine Phase betrachtet wird. Bei der Teilung einer Phase werden die extensive Größe Z, z.B. das Volumen V, und die im Nenner stehende Masse m im gleichen Verhältnis geteilt: Die spezifische Größe z der Phase, also z.B. ihr spezifisches Volumen v, hat in allen ihren Teilen denselben Wert.

Die zu einer extensiven Zustandsgröße Z gehörige *molare Zustandsgröße* ist durch die Gleichung

$$Z_{\mathrm{m}} := Z/n$$

definiert. Molare Zustandsgrößen sind stoffmengenbezogene Größen. Gekennzeichnet werden ihre Formelzeichen entsprechend der Norm DIN 1304 durch den Index m. Als Beispiel sei das molare Volumen genannt:

$$V_{\mathrm{m}} := V/n \,.$$

---

[23] Eine Ausnahme macht die Masse, die ja auch eine extensive Größe ist. Hierfür ist der kleine Buchstabe m allgemein gebräuchlich. Dasselbe gilt für die Stoffmenge n.

[24] Häufig trifft man folgende Ausdrucksweise an: Eine spezifische Größe, z.B. das spezifische Volumen, sei das Volumen der Masse*einheit* (1 kg) oder sei das Volumen des Systems bezogen auf die Masse*einheit*. Beides ist falsch. Das spezifische Volumen ist kein Volumen, sondern eine Größe anderer Art mit der Dimension Volumen dividiert durch Masse. Das spezifische Volumen ist auch nicht das durch die Masse*einheit* dividierte Volumen. Beispielsweise wäre bei $V = 3\,\mathrm{m}^3$ und $m = 5\,\mathrm{kg}$ das spezifische Volumen

$$v = \frac{3\,\mathrm{m}^3}{1\,\mathrm{kg}} = 3\,\mathrm{m}^3/\mathrm{kg} \quad (\text{falsch!})$$

statt richtig

$$v = \frac{3\,\mathrm{m}^3}{5\,\mathrm{kg}} = 0{,}6\,\mathrm{m}^3/\mathrm{kg} \,.$$

Dividiert man die Masse m eines Systems durch seine Stoffmenge n, so erhält man die *molare Masse*

$$M := m/n \ .$$

Solange im System keine chemischen Reaktionen ablaufen, ändern sich weder n noch M. Die molare Masse ist dann eine vom Zustand des Systems unabhängige Größe. Besteht das System aus einem einzigen Stoff, so ist seine molare Masse eine Stoffeigenschaft, die für jeden Stoff einen festen Wert hat. Sie lässt sich für chemische Verbindungen aus den molaren Massen der Atome berechnen, aus denen die Verbindung besteht[25]. Die molare Masse von Kohlenstoff hat den Wert $M(\mathrm{C}) = (12{,}0107 \pm 0{,}0008)\,\mathrm{kg/kmol}$, die von Sauerstoff ist $M(\mathrm{O}) = (15{,}9994 \pm 0{,}0003)\,\mathrm{kg/kmol}$. Für die molare Masse von CO_2 erhält man daraus

$$M(CO_2) = M(\mathrm{C}) + 2\,M(\mathrm{O}) = (44{,}0095 \pm 0{,}0014)\,\mathrm{kg/kmol}$$
$$= 44{,}010\,\mathrm{kg/kmol} \ .$$

Eine Zusammenstellung der molaren Massen wichtiger Stoffe findet man in Tabelle 10.6.

Mit Hilfe der molaren Masse lassen sich spezifische und molare Zustandsgrößen eines Systems ineinander umrechnen. Es gilt für spezifische Zustandsgrößen

$$z := \frac{Z}{m} = \frac{Z}{n}\,\frac{n}{m} = \frac{Z_\mathrm{m}}{M}$$

und für molare Zustandsgrößen

$$Z_\mathrm{m} = M\,z \ .$$

Zwischen spezifischen und molaren Zustandsgrößen eines Systems besteht eine einfache Proportionalität.

Dividiert man die extensive Zustandsgröße Z eines Systems durch sein Volumen, so erhält man die zu Z gehörige *Dichte*. Sie ist somit durch die Gleichung

$$Z_\mathrm{v} := Z/V$$

definiert. Gekennzeichnet wurde hier die Dichte durch den Index v. Meistens verwendet man besondere Formelzeichen, vor allem für die Massendichte

$$\rho := m/V \ .$$

Sie wird oft nur als Dichte bezeichnet. Die *Stoffmengendichte* d ist durch

---

[25] Eine Zusammenstellung der Bestwerte von molaren Massen der Atome („Atomgewichte") erscheint alle zwei Jahre in den Zeitschriften Pure and Applied Chemistry und Journal of Physical and Chemical Reference Data.

Tabelle 1.1. Mit V, n und m gebildete spezifische und molare Größen sowie Dichten

Z	Spezifische Größe	Molare Größe	Dichte
V	$v := \dfrac{V}{m} = \dfrac{1}{\rho}$	$V_{\mathrm{m}} := \dfrac{V}{n} = \dfrac{1}{d}$	—
	spezifisches Volumen	molares Volumen	
n	$\dfrac{n}{m} = \dfrac{1}{M}$	—	$d := \dfrac{n}{V} = \dfrac{1}{V_{\mathrm{m}}}$
	spezifische Stoffmenge*		Stoffmengendichte
m	—	$M := \dfrac{m}{n}$	$\rho := \dfrac{m}{V} = \dfrac{1}{v}$
		molare Masse	(Massen-)dichte

* Diese Bezeichnung ist ungebräuchlich.

$$d := \frac{n}{V} = \frac{1}{V_{\mathrm{m}}} = \frac{n}{m}\frac{m}{V} = \frac{\rho}{M}$$

definiert. Bei Gemischen bezieht man die Stoffmengen der einzelnen Komponenten oft auf das Volumen des Gemisches. Diese Quotienten werden nicht Stoffmengendichten der Komponenten genannt, sondern als *Konzentrationen* bezeichnet. Es wird hierauf in Abschnitt 5.1.1 zurückgekommen.

In Tabelle 1.1 sind die mit den extensiven Größen V, m und n gebildeten spezifischen und molaren Größen sowie Dichten aufgeführt. Weitere spezifische und molare Größen werden in späteren Abschnitten vorgestellt.

Beispiel 1.1. In einem Behälter mit dem Innenvolumen $V = 2{,}350\,\mathrm{m}^3$ befindet sich gasförmiges Ammoniak mit der Masse $m = 4{,}215\,\mathrm{kg}$. Man berechne die Stoffmenge des Ammoniaks, sein spezifisches und sein molares Volumen sowie die (Massen-) Dichte und die Stoffmengendichte.

Der Tabelle 10.6 wird die molare Masse von Ammoniak, $M = 17{,}0305\,\mathrm{kg}/\mathrm{kmol}$ entnommen, man erhält für die Stoffmenge

$$n = m/M = 4{,}215\,\mathrm{kg}/(17{,}0305\,\mathrm{kg}/\mathrm{kmol}) = 0{,}2475\,\mathrm{kmol} \ .$$

Das spezifische Volumen ist

$$v := V/m = 2{,}350\,\mathrm{m}^3/4{,}215\,\mathrm{kg} = 0{,}5575\,\mathrm{m}^3/\mathrm{kg} \ .$$

Daraus ergibt sich das molare Volumen zu

$$V_{\mathrm{m}} = M\,v = 17{,}0305\,(\mathrm{kg}/\mathrm{kmol}) \cdot 0{,}5575\,(\mathrm{m}^3/\mathrm{kg}) = 9{,}495\,\mathrm{m}^3/\mathrm{kmol} \ .$$

Die (Massen-)dichte erhält man als Kehrwert des spezifischen Volumens:

$$\rho = 1/v = (1/0{,}5575)\,\text{kg/m}^3 = 1{,}7936\,\text{kg/m}^3\ .$$

Die Stoffmengendichte wird

$$d = 1/V_\text{m} = 0{,}1053\,\text{kmol/m}^3\ .$$

1.2.4 Zustandsgleichungen

Die Zahl der voneinander unabhängigen Zustandsgrößen, die man benötigt, um den Zustand eines Systems festzulegen, hängt von der Art des Systems ab und ist um so größer, je komplizierter sein Aufbau ist. Bei den meisten technischen Anwendungen der Thermodynamik hat man es jedoch mit relativ einfachen Systemen zu tun: Es sind Gase und Flüssigkeiten, also Fluide, deren elektrische und magnetische Eigenschaften nicht berücksichtigt werden. Auch Oberflächeneffekte (Kapillarwirkungen) spielen nur dann eine Rolle, wenn Tropfen oder Blasen als thermodynamische Systeme betrachtet werden.

Es wurde schon mehrfach betont, welch beträchtliche Vereinfachungen sich ergeben, wenn sich das Fluid wie eine Phase, also wie ein homogenes System verhält. Man vermeidet die komplizierte Beschreibung durch Feldgrößen, die sich innerhalb des Systems von Ort zu Ort verändern. In einer fluiden Phase haben alle intensiven Zustandsgrößen – und dazu gehören auch die spezifischen und molaren Zustandsgrößen – an jeder Stelle denselben Wert. Eine Phase hat also nur einen Druck, eine Dichte, ein spezifisches Volumen und ein molares Volumen; diese intensiven Zustandsgrößen ändern sich nur, wenn sich der Zustand der Phase ändert.

Besteht die fluide Phase aus einem reinen Stoff, so genügen wenige Zustandsgrößen, um ihren Zustand festzulegen. Es gilt der Erfahrungssatz:

> Der Zustand einer fluiden Phase eines reinen Stoffs wird durch zwei unabhängige intensive Zustandsgrößen und eine extensive Zustandsgröße festgelegt.

Die extensive Zustandsgröße (z.B. die Masse) beschreibt die Größe der Phase. Sie ändert sich bei einer Teilung der Phase, während die intensiven Zustandsgrößen der Teile dieselben Werte wie in der ungeteilten Phase haben. Interessiert man sich nicht für die Größe der Phase, so genügen bereits die beiden intensiven Zustandsgrößen, um ihren Zustand festzulegen, der auch als der intensive Zustand bezeichnet wird. Die intensiven Zustände einer Phase lassen sich als Punkte in einem Diagramm darstellen, als dessen Koordinaten die beiden intensiven Zustandsgrößen dienen. Häufig wird das p, v-Diagramm, vgl. Abb. 1.7, benutzt. Verschiedene Zustände kennzeichnet man durch Ziffern, die auch als Indizes an den Formelzeichen der Zustandsgrößen eines Zustands erscheinen.

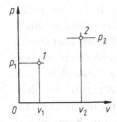

Abbildung 1.7. p, v-Diagramm zur Darstellung der Zustände einer fluiden Phase

Da eine fluide Phase eines reinen Stoffes nur zwei unabhängige intensive Zustandsgrößen hat, hängen alle weiteren intensiven Zustandsgrößen von diesen beiden ab. Es bestehen also Materialgesetze der Form

$$z = f(x, y) \,,$$

die *Zustandsgleichungen* genannt werden. Es werden in späteren Abschnitten verschiedene Zustandsgleichungen vorgestellt, z.B. die thermische Zustandsgleichung, in der z für die Temperatur T steht, die von den intensiven Zustandsgrößen Druck p und spezifischen Volumen v als Parameter x und y abhängt. Zustandsgleichungen bringen die Materialeigenschaften eines Fluids zum Ausdruck; sie enthalten nur intensive Zustandsgrößen, denn Materialgesetze sind von der Größe des Systems unabhängig. Dies erklärt auch die Einführung von spezifischen oder molaren Größen anstelle der entsprechenden extensiven Größen. Nur mit spezifischen oder molaren Zustandsgrößen und mit anderen intensiven Zustandsgrößen (wie Druck und Temperatur) lassen sich Materialgesetze und andere Beziehungen formulieren, die von der Größe des Systems unabhängig sind.

1.3 Die Temperatur als Zustandgröße

Durch den Wärmesinn des Körpers besitzt man qualitative Vorstellungen über den thermischen Zustand eines Systems, für den Bezeichnungen wie „heiß" oder „kalt" benutzt werden. Hierdurch kann man gewisse, wenn auch ungenaue Angaben über die „Temperatur" des Systems machen. Die folgenden Überlegungen dienen dazu, den Temperaturbegriff zu präzisieren, die Temperatur als Zustandsgröße zu definieren und Verfahren zu ihrer Messung zu behandeln.

1.3.1 Thermisches Gleichgewicht

Es werden zwei Systeme A und B betrachtet; sie befinden sich zunächst, jedes für sich, in einem Gleichgewichtszustand. Die Systeme werden so in Berührung gebracht, dass sie nur über eine starre Trennwand aufeinander einwirken können, von ihrer Umgebung aber völlig isoliert sind, Abb. 1.8. Die

Trennwand zwischen A und B soll den Stoffübergang und jede mechanische, elektrische oder magnetische Wechselwirkung zwischen den beiden Systemen verhindern. Trotzdem wird eine Änderung ihrer Zustände beobachtet, wenn die Systeme nach unserem subjektiven Empfinden unterschiedlich „warm" sind. Dies ist ein Zeichen dafür, dass eine Wechselwirkung besonderer Art zwischen A und B auftritt, die man als *thermische* Wechselwirkung bezeichnet. In Abschnitt 2.2.8 wird sie als eine bestimmte Art der Energieübertragung identifiziert, nämlich als den *Wärmeübergang* zwischen den Systemen A und B. Eine Wand, die allein diese thermische Wechselwirkung zulässt, nennt man *diatherme Wand*.

Im Augenblick des Zusammenbringens der Systeme A und B befindet sich das aus ihnen gebildete Gesamtsystem nicht in einem Gleichgewichtszustand. Dieser stellt sich erst infolge der thermischen Wechselwirkung zwischen A und B in einem Ausgleichsprozess ein, bei dem Wärme, vgl. Abschnitt 2.2.8, durch die diatherme Wand vom „wärmeren" zum „kälteren" System übergeht. Den sich am Ende des Ausgleichsprozesses einstellenden Gleichgewichtszustand des Gesamtsystems nennt man das *thermische Gleichgewicht* zwischen A und B. Im Zustand des thermischen Gleichgewichts werden beide Systeme als gleich „warm" empfunden. Um dies zu präzisieren, wird im Folgenden das thermische Gleichgewicht mit einer Eigenschaft der Systeme, ihrer Temperatur verknüpft.

Hierzu wird das thermische Gleichgewicht zwischen drei Systemen A, B und C betrachtet. Das System A stehe im thermischen Gleichgewicht mit dem System C, und ebenso möge thermisches Gleichgewicht zwischen B und C bestehen. Trennt man nun die Systeme A und B vom System C, ohne ihren Zustand zu ändern, und bringt sie über eine diatherme Wand in Kontakt, so besteht, wie die Erfahrung lehrt, auch zwischen A und B thermisches Gleichgewicht:

> Zwei Systeme im thermischen Gleichgewicht mit einem dritten stehen auch untereinander im thermischen Gleichgewicht.

Dieser Erfahrungssatz drückt eine wichtige Eigenschaft des thermischen Gleichgewichts aus: es ist transitiv[26]. Neben der Transitivität hat das thermische Gleichgewicht zwei weitere Eigenschaften. Es ist symmetrisch, d.h.

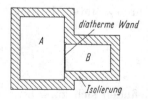

Abbildung 1.8. Thermisches Gleichgewicht zwischen den Systemen A und B

---

[26] Nach R.H. Fowler bezeichnet man diesen Erfahrungssatz als Nullten Hauptsatz der Thermodynamik. Es bleibe dahingestellt, ob eine derartige Hervorhebung des thermischen Gleichgewichts gerechtfertigt ist; denn auch andere Formen des

steht A mit B im thermischen Gleichgewicht, so gilt dies auch für B mit A; und es ist reflexiv, denn jedes System steht mit sich selbst im thermischen Gleichgewicht.

Jedes thermische Gleichgewicht gehört zu einem bestimmten Zustand, dem eindeutig ein Wert einer Zustandsgröße zugeordnet werden kann. Man nennt diese Zustandsgröße *Temperatur*, und es gilt:

Systeme im thermischen Gleichgewicht haben die gleiche Temperatur. Systeme, die nicht im thermischen Gleichgewicht stehen, haben verschiedene Temperaturen.

Die neue Zustandsgröße Temperatur gestattet es zunächst nur festzustellen, ob sich zwei Systeme im thermischen Gleichgewicht befinden, also gleich „warm" sind. Da die Vorschrift noch weitgehend willkürlich ist, mit der den einzelnen Klassen gleicher Temperatur bestimmte Werte dieser Variablen zugeordnet werden, lässt sich nicht allgemein sagen, was höhere oder tiefere Temperaturen bedeuten. Auf dieses Problem, für Temperaturen eine willkürfreie oder natürliche Anordnung zu finden, wird in den beiden nächsten Abschnitten zurückgekommen.

Teilt man eine Phase gedanklich in zwei oder mehrere Teile, so stehen diese im thermischen Gleichgewicht; sie haben die gleiche Temperatur, die mit der Temperatur der ungeteilten Phase übereinstimmt. Die Temperatur gehört somit zu den intensiven Zustandsgrößen. Wäre sie eine extensive Zustandsgröße, so müsste sich die Temperatur der Phase als Summe der Temperaturen ihrer Teile ergeben, was der Tatsache widerspricht, dass zwischen diesen Teilen thermisches Gleichgewicht besteht.

Die Temperatur ϑ der Phase eines reinen Stoffes ist neben p und v die dritte ihrer intensiven Zustandsgrößen. Nach Abschnitt 1.2.4 muss daher eine Zustandsgleichung

$$\vartheta = \vartheta(p, v)$$

oder allgemeiner

$$F(p, v, \vartheta) = 0$$

existieren. Dieses für jede Phase geltende Stoffgesetz nennt man ihre *thermische Zustandsgleichung*. Druck, spezifisches Volumen und Temperatur werden dem entsprechend auch thermische Zustandsgrößen genannt.

Die thermische Zustandsgleichung ist im p, v-Diagramm von Abb. 1.9 schematisch dargestellt, indem Kurven $\vartheta =$ konst. eingezeichnet wurden. Diese Isothermen (Linien gleicher Temperatur) verbinden jeweils alle Zustände der Phase, die untereinander im thermischen Gleichgewicht stehen, also dieselbe Temperatur haben. Dabei erlaubt es die bisher gegebene Definition der

---

Gleichgewichts wie das mechanische oder das stoffliche Gleichgewicht sind transitiv.

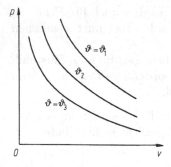

Abbildung 1.9. Darstellung der thermischen Zustandsgleichung im p, v-Diagramm durch Isothermen $\vartheta = $ konst. (schematisch)

Temperatur über das thermische Gleichgewicht nicht, die einzelnen Isothermen zu beziffern. Noch kann nicht angeben werden, welche Zustände höhere oder niedrigere Temperaturen haben. Der Einteilung der Zustände in Äquivalenzklassen gleicher Temperatur fehlt noch eine Anordnung oder Metrik.

1.3.2 Thermometer und empirische Temperatur

Das thermische Gleichgewicht erlaubt die eindeutige Zuordnung einer Zustandsgröße Temperatur. Daraus ergibt sich die folgende Vorschrift für die Messung von Temperaturen. Man wähle ein besonderes System, ein *Thermometer*; jeder seiner Zustände realisiert die Temperatur einer Äquivalenzklasse. Um die Temperatur eines beliebigen Systems zu messen, stellt man das thermische Gleichgewicht zwischen diesem System und dem Thermometer her. Das Thermometer hat dann dieselbe Temperatur wie das zu untersuchende System. Bei dieser Operation ist darauf zu achten, dass sich nur der Zustand des Thermometers ändert, der Zustand des untersuchten Systems aber praktisch konstant bleibt. Das Thermometer muss also „klein" gegenüber dem System sein, damit sich bei der Einstellung des thermischen Gleichgewichts allein seine Temperatur ändert, aber die des Systems nur im Rahmen der zulässigen Messunsicherheit. Die Temperatur des Thermometers muss an einer leicht und genau messbaren Eigenschaft ablesbar sein, die in eindeutiger Weise von der Temperatur abhängt. Als Thermometer kommen nur solche Systeme in Frage, die die hier geforderten Eigenschaften besitzen.

Als Thermometer eignen sich beispielsweise Flüssigkeiten, die in einem gläsernen Gefäß mit angeschlossener Kapillare eingeschlossen sind, Abb. 1.10. Da sich das spezifische Volumen einer Flüssigkeit bei einer Druckänderung nur sehr wenig ändert, kann man in guter Näherung $v = v(\vartheta)$ als thermische Zustandsgleichung der Flüssigkeit annehmen. Bei einer bestimmten Temperatur ϑ_0 möge die Flüssigkeit mit der Masse m das Volumen V_0 einnehmen und die Kapillare bis zur Länge l_0 füllen. Bei einer anderen Temperatur ϑ gilt für das Flüssigkeitsvolumen

$$V = V_0 + \Delta V = V_0 + A\,(l - l_0)$$

mit A als konstant angenommener Querschnittsfläche der Kapillare. Die Volumenänderung

$$\Delta V = V - V_0 = m\left[v(\vartheta) - v(\vartheta_0)\right] = A\left(l - l_0\right)$$

wird also durch die Längenänderung $(l - l_0)$ des Flüssigkeitsfadens in der Kapillare sichtbar und messbar gemacht. Da v nur von ϑ abhängt, m und A konstant sind, ist die Fadenlänge l die Eigenschaft des Flüssigkeitsthermometers, die die Temperatur anzeigt:

$$\vartheta = f(l)\,.$$

Man nennt l die thermometrische Eigenschaft des Flüssigkeitsthermometers. Die Funktion $f(l)$ kann willkürlich gewählt werden. Üblicherweise benutzt man die lineare Zuordnung

$$\vartheta = \vartheta_0 + \frac{\vartheta_1 - \vartheta_0}{l_1 - l_0}\left(l - l_0\right)\,,$$

indem man zwei Fixpunkte festlegt, bei denen zu den Längen l_0 und l_1 die Temperaturen ϑ_0 und ϑ_1 gehören. Bisher ist es üblich, größeren Fadenlängen $(l_1 > l_0)$ höhere Temperaturen $(\vartheta_1 > \vartheta_0)$ zuzuordnen.

Am eben behandelten Beispiel des Flüssigkeitsthermometers kommt die Willkür der Vorschrift zum Ausdruck, mit der den Zuständen des Thermometers Temperaturwerte zugeordnet werden. Man nennt eine über die speziellen Eigenschaften eines Thermometers weitgehend willkürlich definierte Temperatur ϑ eine *empirische Temperatur*. Offenbar gibt es beliebig viele empirische Temperaturen; jedes Thermometer zeigt seine eigene empirische Temperatur an.

Neben den Flüssigkeitsthermometern benutzt man Gasthermometer, Widerstandsthermometer und Thermoelemente zur Temperaturmessung. Bei einem Gasthermometer kann man den Druck (bei konstantem spezifischen Volumen) oder das spezifische Volumen (bei konstant gehaltenem Druck) als thermometrische Eigenschaften benutzen. Die Temperaturmessung mit dem Widerstandsthermometer beruht auf der Tatsache, dass der elektrische Widerstand von Metallen – es wird vorzugsweise Platin verwendet – von der Temperatur abhängt. Thermoelemente sind im Wesentlichen zwei Drähte aus verschiedenen Metallen, die zu einem Stromkreis zusammengelötet sind. Hält man die beiden Lötstellen auf verschiedenen Temperaturen, so entsteht unter definierten

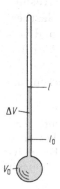

Abbildung 1.10. Schema eines Flüssigkeitsthermometers

Versuchsbedingungen eine elektrische Spannung, die Thermospannung; sie ist ein Maß für die Temperaturdifferenz zwischen den beiden Lötstellen. Ausführliche Darstellungen der Thermometer und der Probleme der Temperaturmessung findet man in mehreren Büchern, [1.25] bis [1.27].

Jedes dieser Thermometer bestimmt seine eigene empirische Temperatur oder Temperaturskala, auf der die Anordnung der Temperaturwerte willkürlich ist. Um diese Willkür zu beseitigen, müsste man eine bestimmte empirische Temperatur als allgemeingültig vereinbaren oder die Frage prüfen, ob es eine absolute oder universelle Temperatur derart gibt, dass man einem Zustand stets denselben Wert der Temperatur zuordnen kann unabhängig davon, mit welchem Thermometer gemessen wird. In die Definition dieser absoluten Temperatur dürfen also keine Eigenschaften der verwendeten Thermometer eingehen. Wie in Abschnitt 3.1.2 gezeigt werden wird, lässt sich eine solche Temperatur aufgrund eines Naturgesetzes, nämlich des 2. Hauptsatzes der Thermodynamik, finden. Dies hat 1848 W. Thomson (späterer Lord Kelvin) als Erster erkannt[27]. Ihm zu Ehren nennt man die absolute Temperatur auch Kelvin-Temperatur. Sie wird als *thermodynamische Temperatur* bezeichnet. Sie lässt sich durch die geeignet definierte Temperatur eines (idealen) Gasthermometers verwirklichen. Auch dies folgt aus dem 2. Hauptsatz. Im nächsten Abschnitt wird daher die Temperatur des Gasthermometers als zunächst konventionell vereinbart eingeführt. In Abschnitt 3.2.2 wird nachgewiesen, dass die Temperatur des idealen Gasthermometers mit der universell gültigen thermodynamischen Temperatur übereinstimmt. Es ist somit möglich, thermodynamische Temperaturen mit dem Gasthermometer zu messen.

1.3.3 Die Temperatur des idealen Gasthermometers

Die Temperaturmessung mit dem Gasthermometer beruht darauf, dass für die gasförmige Phase eines reinen Stoffes die thermische Zustandsgleichung

$$\vartheta = \vartheta(p, V_\mathrm{m})$$

existiert. Aus Messungen des Drucks p und des molaren Volumens V_m kann man auf die Temperatur ϑ des Gases schließen. Es gibt verschiedene Ausführungen von Gasthermometern. Abbildung 1.11 zeigt schematisch ein Gasthermometer konstanten Volumens, bei dem der Druck gemessen wird und verschieden große Stoffmengen n des Gases eingefüllt werden können. Man benutzt auch Gasthermometer, die bei konstantem Druck arbeiten.

Die thermische Zustandsgleichung der Gase hat bei niedrigen Drücken eine besondere Gestalt, die in Form der Reihe

---

[27] In seiner Arbeit [1.28] von 1848 schlug W. Thomson zunächst eine absolute Temperatur vor, die logarithmisch von der heute benutzten thermodynamischen Temperatur abhängt. Zu der absoluten Temperatur, die mit der heutigen thermodynamischen Temperatur übereinstimmt, gelangte Thomson erst 1854 in einem mit J.P. Joule [1.29] veröffentlichten Aufsatz.

$$p\,V_\mathrm{m} = A(\vartheta) + B(\vartheta)\,p + \ldots$$

geschrieben werden kann. Die Koeffizienten A und B hängen dabei nur von der Temperatur ϑ ab, nehmen also für eine Isotherme $\vartheta = \mathrm{konst.}$ feste Werte an. In einem Diagramm mit p als Abszisse und $p\,V_\mathrm{m}$ als Ordinate erscheinen die Isothermen bei niedrigen Drücken als gerade Linien, was in Abb. 1.12 schematisch dargestellt ist. Untersucht man nun den Verlauf einer Isothermen (derselben Temperatur) für verschiedene Gase, so findet man ein bemerkenswertes Resultat: Die Isothermen verschiedener Gase schneiden sich in *einem* Punkt auf der Ordinatenachse. Dies ist beispielhaft in Abb. 1.13 für die in Gasthermometern vorzugsweise verwendeten Gase He, Ar und N_2 bei der Temperatur des Tripelpunkts von Wasser[28] dargestellt. Der Koeffizient

$$A(\vartheta) = \lim_{p\to 0}(p\,V_\mathrm{m})_{\vartheta=\mathrm{konst.}}$$

erweist sich als eine von der Gasart unabhängige universelle Temperaturfunktion. Dagegen hängt der sogenannte 2. Virialkoeffizient B, vgl. Abschnitt 4.1.3, der die Steigung der Isothermen im $p\,V_\mathrm{m}, p$-Diagramm angibt, von der Gasart ab.

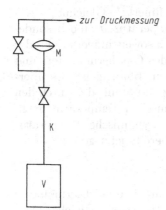

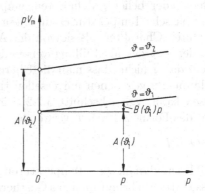

Abbildung 1.11. Schema eines Gasthermometers konstanten Volumens. V Gasthermometergefäß, K Kapillare zur Membran M, die das Messgas vom Gas in der Druckmesseinrichtung trennt

Abbildung 1.12. Isothermen eines Gases bei kleinen Drücken im $p\,V_\mathrm{m}, p$-Diagramm (schematisch; die Steigung der Isothermen ist übertrieben groß dargestellt)

---

[28] Der Tripelpunkt eines Stoffes ist jener (einzige) intensive Zustand, in dem die drei Phasen Gas, Flüssigkeit und Festkörper – bei Wasser: Wasserdampf, flüssiges Wasser und Eis – im Gleichgewicht koexistieren können, vgl. Abschnitt 3.2.5 und 4.1.2. Solange alle drei Phasen vorhanden sind, bleiben Temperatur und Druck des Dreiphasensystems unabhängig von den Mengen der Phasen konstant. Druck und Temperatur des Tripelpunkts sind stoffspezifische Konstanten.

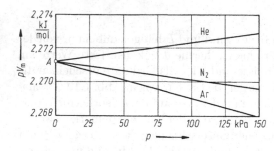

Abbildung 1.13. Isothermen des Produkts pV_m für die Gase He, Ar und N_2 bei der Temperatur des Tripelpunkts von Wasser

Es liegt nun nahe, durch $A(\vartheta)$ eine besondere empirische Temperatur zu definieren. Man setzt

$$A(\vartheta) = R_m\,\Theta(\vartheta)$$

mit R_m als einer universellen Konstante und hat damit bzw. durch

$$\Theta(\vartheta) = \frac{1}{R_m}\lim_{p\to 0}(p\,V_m)_{\vartheta=\text{konst.}} \tag{1.1}$$

die Temperatur des idealen Gasthermometers definiert[29]. Gleichung (1.1) ordnet jeder beliebig definierten, empirischen Temperatur ϑ eine besondere empirische Temperatur Θ zu: Diese hat bereits insoweit universellen oder absoluten Charakter, als sie von der Ausführung des Gasthermometers und von der Art des als Füllung verwendeten Gases unabhängig ist. Es überrascht daher nicht, dass man die Übereinstimmung von Θ mit der durch den 2. Hauptsatz gegebenen universellen thermodynamischen Temperatur nachweisen kann, vgl. Abschnitt 3.2.2. Für die thermodynamische Temperatur wird das Formelzeichen T verwendet; daher wird bereits jetzt gesetzt

$$\Theta = T\,.$$

Thermodynamische Temperaturen lassen sich mit dem Gasthermometer messen. Hierzu bringt man das Gasthermometer ins thermische Gleichgewicht mit dem System, dessen thermodynamische Temperatur bestimmt werden soll, misst p und V_m der Thermometerfüllung bei hinreichend kleinen Drücken und berechnet aus diesen Messwerten den Grenzwert nach Gl.(1.1). Die hier auftretende Größe R_m ist eine Naturkonstante, die *universelle* oder *molare Gaskonstante* genannt wird. Ihr Zahlenwert hängt von der Einheit der thermodynamischen Temperatur T ab. Diese Einheit ist das Kelvin (Kurzzeichen K), das 1954 auf Beschluss der 10. Generalkonferenz für Maß und Gewicht durch

$$1\,\text{K} := \frac{T_{tr}}{273{,}16} \tag{1.2}$$

---

[29] Das Adjektiv ideal wird wegen der Extrapolation auf den experimentell nicht realisierbaren Zustand verschwindenden Drucks hinzugefügt.

definiert worden ist, wobei T_{tr} die thermodynamische Temperatur des Tripelpunkts von Wasser bedeutet.

Dieser Temperatur hat man mit Rücksicht auf die historische Entwicklung den „unrunden", als absolut genau vereinbarten Wert $T_{tr} = 273,16$ K zugewiesen, damit das Kelvin genau so groß ist wie die vor 1954 verwendete Temperatureinheit Grad Kelvin mit dem Kurzzeichen °K. Der Grad Kelvin wurde, anders als das Kelvin, mit Hilfe zweier Fixpunkte durch die Gleichung

$$1\,°\mathrm{K} := (T_s - T_0)/100$$

definiert, worin T_s die Temperatur des Siedepunktes und T_0 die des Eispunktes (Erstarrungspunktes) von Wasser unter dem Druck von 101 325 Pa bedeuten.

Nach neueren Präzisionsmessungen von L.A. Guildner und R.E. Edsinger [1.30] mit dem Gasthermometer, die durch strahlungsthermometrische Messungen von T.J. Quinn und J.E. Martin [1.31] bestätigt wurden, liegt die Siedetemperatur T_s von Wasser aber nicht genau 100 K über der Eispunkttemperatur T_0, wie es mit der Festlegung des Zahlenwerts 273,16 für T_{tr} beabsichtigt war. Die Differenz $T_s - T_0$ beträgt vielmehr nur 99,975 K, woraus 1 K $= 1,00025$ °K folgt. Das Kelvin ist also etwas zu groß geraten. Eine Umdefinition des Kelvin ist aber nicht zu erwarten, denn die dadurch hervorgerufenen Umstellungen sind weitaus nachteiliger als die Tatsache, dass der Abstand zwischen Wassersiedepunkt und Eispunkt nicht genau 100 K beträgt, was nur noch historische Bedeutung hat.

Um die *universelle Gaskonstante* zu bestimmen, misst man bei hinreichend kleinen Drücken Werte von $p\,V_m$ bei der Temperatur T_{tr} und berechnet daraus den Grenzwert

$$R_m = \frac{1}{T_{tr}} \lim_{p \to 0} (p\,V_m)_{T=T_{tr}} \; .$$

Eine genauere Methode beruht auf Messungen der Schallgeschwindigkeit von Gasen bei $T = T_{tr}$ und niedrigen Drücken und ihrer Extrapolation auf $p \to 0$, vgl. Abschnitt 4.4.3. Aus derartigen Messungen wurde der 2014 von CODATA [10.9] empfohlene Bestwert $R_m = (8,314\,459\,8 \pm 0,000\,004\,8)$J/(mol K), vgl. Tabelle 10.5, gewonnen. In diesem Buch wird der Wert

$$R_m = 8,314\,46 \; \mathrm{J/(mol\,K)}$$

verwendet.

1.3.4 Temperaturskalen

Neben der thermodynamischen Temperatur, deren Nullpunkt $T = 0$ durch den 2. Hauptsatz naturgesetzlich festgelegt ist, benutzt man, besonders im täglichen Leben, eine Temperatur mit willkürlich festgesetztem Nullpunkt. Es ist dies eine besondere Differenz zweier thermodynamischer Temperaturen, die als (thermodynamische) *Celsius-Temperatur*

$$\vartheta := T - T_0 = T - 273{,}15\,\mathrm{K} \tag{1.3}$$

bezeichnet wird[30]. Hierin bedeutet T_0 die thermodynamische Temperatur des Eispunkts. Dies ist jener Zustand, bei dem luftgesättigtes Wasser unter dem Druck von 101,325 kPa erstarrt. Nach besten Messungen liegt T_0 um 9,8 mK unter der Temperatur des Tripelpunktes von Wasser. Man hat diese Differenz aufgerundet und $T_0 = 273{,}15\,\mathrm{K}$ als absolut genauen Zahlenwert international vereinbart. Der Nullpunkt der Celsius-Temperatur entspricht damit sehr genau der Temperatur des Eispunkts.

Die Einheit der Celsius-Temperatur ist entsprechend ihrer Definitionsgleichung das Kelvin, $[\vartheta] = \mathrm{K}$. Man benutzt jedoch bei der Angabe von Celsius-Temperaturen eine besondere Bezeichnung für das Kelvin: den Grad Celsius mit dem Einheitenzeichen °C. Somit kann man bereits an der verwendeten Einheit erkennen, dass eine Celsius-Temperatur gemeint ist. Man spricht dann nicht von einer Celsius-Temperatur von 20 K, sondern kürzer von 20 °C. Um Schwierigkeiten bei der Verwendung der besonderen Bezeichnung Grad Celsius für das Kelvin zu vermeiden, befolge man zwei Regeln:

1. In allen Größengleichungen darf stets der Grad Celsius (°C) durch das Kelvin (K) ersetzt werden.
2. Das Kelvin (K) darf nur dann durch den Grad Celsius (°C) ersetzt werden, wenn der Größenwert einer Celsius-Temperatur angegeben werden soll.

Beispiel 1.2. Ein System hat die Celsius-Temperatur $\vartheta = 15{,}00\,°\mathrm{C}$. Wie groß ist seine thermodynamische Temperatur T?

Aus der Definitionsgleichung (1.3) der Celsius-Temperatur folgt

$$T = \vartheta + T_0 = 15{,}00\,°\mathrm{C} + 273{,}15\,\mathrm{K}\ .$$

In Größengleichungen darf stets °C durch K ersetzt werden; hier muss dies geschehen, weil der Wert einer thermodynamischen Temperatur angegeben werden soll. Also ergibt sich

$$T = 15{,}00\,\mathrm{K} + 273{,}15\,\mathrm{K} = 288{,}15\,\mathrm{K}\ .$$

Wie groß ist die Celsius-Temperatur ϑ_{tr} des Tripelpunkts von Wasser? Aus Gl.(1.3) erhält man

$$\vartheta_{\mathrm{tr}} = T_{\mathrm{tr}} - T_0 = 273{,}16\,\mathrm{K} - 273{,}15\,\mathrm{K} = 0{,}01\,\mathrm{K}\ .$$

---

[30] Anders Celsius (1701–1744), schwedischer Astronom, lehrte an der Universität Uppsala Mathematik und Astronomie. In seinem 1742 veröffentlichten Aufsatz „Observationer om twänne beständige grader på en thermometer" führte er erstmals den Eispunkt und den Siedepunkt von Wasser (bei Atmosphärendruck) als Fixpunkte einer Temperaturskala ein. Er ordnete dem Eispunkt 100 Grad und dem Siedepunkt 0 Grad zu. Die heute gebräuchliche umgekehrte Festsetzung wurde 1747 vom astronomischen Observatorium der Universität Uppsala eingeführt.

Dieses Ergebnis ist korrekt und könnte so stehen bleiben. Die Gleichung sagt aus: Die Celsius-Temperatur des Wassertripelpunkts beträgt 0,01 Kelvin. Da aber eine Celsius-Temperatur angegeben werden soll, ist es zulässig und üblich, K durch die besondere Bezeichnung °C zu ersetzen, also $\vartheta_{\text{tr}} = 0{,}01\,°C$ zu schreiben.

Die zur Bestimmung thermodynamischer Temperaturen erforderlichen genauen Messungen mit Gasthermometern sind außerordentlich schwierig und zeitraubend. Nur wenige Laboratorien verfügen über die hierzu erforderlichen Einrichtungen. Aus diesem Grund hat man eine praktisch einfacher zu handhabende Temperaturskala vereinbart, die sog. *Internationale Praktische Temperaturskala*. Sie soll die thermodynamische Temperatur möglichst genau approximieren. Zu diesem Zweck wurden eine Reihe von genau reproduzierbaren Fixpunkten festgelegt, denen bestimmte Temperaturen zugeordnet sind. Temperaturen zwischen diesen Festpunken werden mit Normalgeräten gemessen. Am 1.1.1990 wurde die Internationale Praktische Temperaturskala 1968 (IPTS-68) von der *Internationalen Temperaturskala 1990* (ITS-90) abgelöst, die die thermodynamische Temperatur erheblich genauer annähert als die IPTS-68, vgl. [1.33], [1.34]. Die ITS-90 beginnt bei 0,65 K und erstreckt sich bis zu den höchsten Temperaturen, die mit Spektralpyrometern gemessen werden können, vgl. Abschnitt 3.2.2. Im wichtigen Temperaturbereich zwischen den Fixpunkten 13,8033 K (Tripelpunkt des Gleichgewichtswasserstoffs) und 1234,93 K (Silbererstarrungspunkt) dienen Platin-Widerstandsthermometer besonderer Bauart als Normalgeräte; oberhalb 1234,93 K werden Spektralpyrometer eingesetzt. Die mit dem Widerstandsthermometer erreichbare Messunsicherheit beträgt etwa 1 mK bei 13,8 K und steigt über 5 mK beim Aluminiumerstarrungspunkt (933,473 K) auf etwa 10 mK beim Silbererstarrungspunkt.

In den angelsächsischen Ländern hat sich seit einer Veröffentlichung im Jahr 1724 [1.35] die empirische Temperaturskala des deutsch niederländischen Glasbläsers Daniel Gabriel Fahrenheit etabliert. Sie wurde ursprünglich durch die beiden Fixpunkte 0°F (-17,8°C), der damals niedrigsten reproduzierbaren Temperatur eines bestimmten Gemisches aus Eis, Wasser und Salmiaksalz, und 96°F (37°C) als der Temperatur eines gesunden Menschen definiert [1.35]. Nach den neuen Erkenntnissen über die thermodynamische Temperaturskala musste diese empirische Temperaturskala angepasst werden. Dazu wurde 1859 die Rankine-Skala als Fahrenheit-Skala mit verschobenem Nullpunkt eingeführt. Zusätzlich wurde der Eispunkt des Wassers genau bei 32°F als neuer Fixpunkt eingeführt, sodass die zugeschnittene Größengleichung

$$(\vartheta/°C) = \frac{5}{9}\left[\left(\vartheta^{\text{F}}/°F\right) - 32\right] \quad \text{mit} \quad 1\,°F = 1\,R = \frac{5}{9}\,K$$

gilt. Für die Umrechnung von Fahrenheit-Temperaturen in thermodynamische Temperaturen ergibt sich

$$(T/K) = (\vartheta/°C) + 273,15 = \frac{5}{9}\left[\left(\vartheta^{\text{F}}/°F\right) - 32\right] + 273{,}15.$$

Das Rankine hat sich nicht durchgesetzt, die SI-Basiseinheit für die Temperatur ist das Kelvin.

1.3.5 Die thermische Zustandsgleichung idealer Gase

Der in Abb. 1.13 dargestellte Verlauf einer Isothermen verschiedener Gase zeigt, dass sich Gase mit immer kleiner werdendem Druck gleich verhalten. Für den Grenzfall verschwindenden Drucks gilt das von der Gasart unabhängige Grenzgesetz

$$\lim_{p \to 0} (p V_m)_{T=\text{konst.}} = R_m T \tag{1.4}$$

mit R_m als der universellen Gaskonstante. Die thermische Zustandsgleichung der Gase geht also in ein für alle Gase gleiches, universell gültiges Grenzgesetz über.

Man kann nun ein Modellgas als Ersatz und Annäherung an wirkliche Gase definieren, welches die einfache, durch Gl.(1.4) nahe gelegte thermische Zustandsgleichung

$$p V_m = R_m T \tag{1.5}$$

exakt erfüllt. Ein solches Gas, das *ideales Gas* genannt wird, existiert nicht in der Realität. Es ist ein Modellfluid, welches das Verhalten wirklicher Gase bei verschwindend kleinen Dichten, bzw. bei genügend kleinen Drücken approximiert. Die Einfachheit der thermischen Zustandsgleichung verleitet dazu, das Stoffmodell des idealen Gases, das durch Gl.(1.5) definiert wird, auch dann anzuwenden, wenn die Abweichungen von der thermischen Zustandsgleichung wirklicher Gase merklich und nicht mehr zu vernachlässigen sind. Die Abweichungen werden bei den meisten Anwendungen tragbar sein, solange $p < 1\,\text{MPa}$ ist, vgl. Abschnitt 4.3.1.

Führt man in Gl.(1.5) die Stoffmenge n und die Masse m des idealen Gases explizit ein, so erhält man

$$p V = n R_m T = m \frac{R_m}{M} T = m R T \,. \tag{1.6}$$

Hier wurde die spezifische, spezielle oder individuelle Gaskonstante

$$R := R_m / M$$

eingeführt. Sie ist eine stoffspezifische Konstante, welche für jedes Gas einen festen, seiner molaren Masse M entsprechenden Wert hat. Dividiert man Gl.(1.6) durch die Masse m, so erhält die thermische Zustandsgleichung eines idealen Gases die einfache Gestalt

$$p v = R T \,. \tag{1.7}$$

Beispiel 1.3. 3,750 kg Stickstoff nehmen bei $p = 1,000\,\text{atm}$ und $T = 300,0\,\text{K}$ das Volumen $V = 3,294\,\text{m}^3$ ein. Man bestimme die Gaskonstante R des Stickstoffs unter der Annahme, dass bei dem angegebenen Druck die thermische Zustandsgleichung idealer Gase genügend genau gilt.

Aus Gl.(1.7) erhält man für die Gaskonstante

$$R = \frac{p\,v}{T} = \frac{p\,V}{T\,m} = \frac{1{,}000\,\text{atm} \cdot 3{,}294\,\text{m}^3}{300{,}0\,\text{K} \cdot 3{,}750\,\text{kg}} \frac{101\,325\,\text{Pa}}{1\,\text{atm}}\ ,$$

also

$$R = 296{,}7\,\frac{\text{N\,m}}{\text{kg\,K}} = 0{,}2967\,\frac{\text{kJ}}{\text{kg\,K}}\ .$$

Dieser Wert wird mit der Gaskonstanten des Stickstoffs in Tabelle 10.6 verglichen, nämlich $R = 0{,}29680\,\text{kJ/kg\,K}$. Die Abweichung dieser beiden Werte beträgt weniger als 0,5 ‰. Sie ist für die meisten Zwecke unbedeutend und darauf zurückzuführen, dass die Zustandsgleichung der idealen Gase schon bei dem niedrigen Druck von 1 atm nicht mehr ganz genau gilt.

1.4 Prozesse

Im Folgenden werden die Begriffe Prozess und Zustandsänderung erläutert. Die für die Thermodynamik grundlegende Unterscheidung zwischen reversiblen und irreversiblen Prozessen führt zu einer ersten Formulierung des 2. Hauptsatzes der Thermodynamik als Prinzip der Irreversibilität.

1.4.1 Prozess und Zustandsänderung

Steht ein thermodynamisches System in energetischer Wechselwirkung mit seiner Umgebung, wird also Energie z.B. in Form von Wärme oder Arbeit über die Systemgrenze zu- oder abgeführt, so ändert sich der Zustand des Systems, es durchläuft einen *Prozess*. Ein Großteil der Aufgaben in der Energie- und Verfahrenstechnik besteht darin, ein System wie z.B. ein Fluid in einen bestimmten, durch konkrete Zustandsgrößen vorgegebenen Zustand zu bringen. Die Thermodynamik kann mögliche Prozesse und *Prozessgrößen* benennen, um das betrachtete System in diesen gewünschten Zustand zu bringen. Hierbei können entweder die zur Verfügung stehenden Prozessgrößen Wärme und/oder Arbeit, vgl. Kapitel 2, vorgegeben werden und der resultierende Endzustand nach Zu- oder Abfuhr dieser Prozessgrößen berechnet werden; oder es kann der gewünschte Endzustand vorgegeben werden und die notwendigen energetischen Prozessgrößen berechnet werden, die zum Erreichen dieses Zustands zu- oder abgeführt werden müssen. Für diese Berechnungen müssen zum einen Stoffdaten z.B. in Form von Zustandsgleichungen für das betrachtete System zur Verfügung stehen; zum anderen muss der 1. und der 2. Hauptsatz in Form der Energie- und Entropiebilanzgleichung zur Anwendung kommen. Zum Beispiel sei 1 kg Wasser bei einer Anfangstemperatur von $T_1 = 300\,\text{K}$ ($\vartheta_1 = 26{,}85\,°\text{C}$) und einem Anfangsdruck von $p_1 = 1\,\text{bar}$ gegeben. Das Wasser soll durch einen Prozess in einen durch $T_2 = 500\,\text{K}$, $p_2 = 4\,\text{bar}$ gekennzeichneten Endzustand überführt werden. Dieses kann in unterschiedlicher Weise durch Zu- bzw. Abfuhr von Wärme und/oder Arbeit geschehen.

Mit dem 1. Hauptsatz (Energiebilanzgleichung) kann die Summe aus Wärme und Arbeit berechnet werden, mit der diese konkrete Zustandsänderung erreicht wird, vgl. Kapitel 2, mit dem 2. Hauptsatz (Entropiebilanzgleichung) kann zwischen den beiden Prozessgrößen Wärme und Arbeit differenziert werden. Umgekehrt kann nach Vorgabe konkreter Werte für die Prozessgröße Wärme und/oder Arbeit der sich dann einstellende Endzustand berechnet werden. Mit Hilfe der Zustandsgleichungen kann untersucht werden, in welchem Aggregatzustand das System im Endzustand (auch im Anfangszustand) vorliegt.

Obwohl eine enge Kopplung zwischen Prozess und Zustandsänderung besteht, muss man beide Begriffe unterscheiden. Zur Beschreibung einer Zustandsänderung genügt es, nur die Zustände anzugeben, die das System durchläuft. So wird eine Zustandsänderung bereits dadurch festgelegt, dass eine Zustandsgröße des Systems konstant bleibt. Bleibt der Druck konstant, spricht man von einer *isobaren* Zustandsänderung; eine Zustandsänderung konstanten (spezifischen) Volumens nennt man *isochore* Zustandsänderung. Die Beschreibung des Prozesses erfordert dagegen nicht nur eine Angabe der Zustandsänderung; es müssen auch die Wechselwirkungen zwischen dem System und seiner Umgebung, also die näheren Umstände festgelegt werden, unter denen die Zustandsänderung zustande kommt. So kann eine bestimmte Zustandsänderung durch zwei ganz verschiedene Prozesse bewirkt werden. Der Begriff des Prozesses ist weitergehend und umfassender als der Begriff der Zustandsänderung. Diese ergibt sich als Folge des Prozesses und ist ein Zeichen dafür, dass ein Prozess stattfindet.

Als Sonderfall können auch Prozesse in einem abgeschlossenen System ablaufen, also ohne energetische oder materielle Wechselwirkung mit seiner Umgebung. Diese setzt voraus, dass sich das System zu Anfang des Prozesses in einem inhomogenen Zustand befindet, dass also im System Gradienten in der Temperatur, im Druck, in der lokalen Geschwindigkeit oder in der Konzentration vorliegen. Diese Gradienten können z.B. durch eine innere Hemmung einer Membran oder das vorherige Einwirken einer lokalen Wärmequelle verursacht worden sein. Bei Wegfall dieser Hemmungen strebt das abgeschlossene System von selbst einen Gleichgewichtszustand an, der dann in der Regel eine homogene Verteilung der Zustandsgrößen im System aufweist. Im 3. Kapitel wird gezeigt, dass dieser resultierende Gleichgewichtszustand durch ein Maximum der Entropie gekennzeichnet ist, welches das abgeschlossene System bei den gegebenen Randbedingungen einnehmen kann. Ist dieser Gleichgewichtszustand erreicht, verändert er sich (ohne einen Einfluss von außen) zeitlich nicht mehr. Diese speziellen Prozesse werden Ausgleichsprozesse genannt. Das Besondere dieser Ausgleichsprozesse ist, dass sie wie schon erwähnt, von selbst ablaufen.

Die Umkehrung eines Ausgleichsprozesses wurde dagegen noch nie beobachtet. Das System verlässt den Gleichgewichtszustand nicht von selbst und kehrt nicht z.B. in den Anfangszustand zurück. Dies kann nur durch einen äu-

ßeren Eingriff erzwungen werden. Diese einseitige Richtung aller Ausgleichsvorgänge zum Gleichgewicht hin zeigt, dass diese Prozesse (wie alle anderen
realen Prozesse) irreversibel (nicht umkehrbar) sind.

1.4.2 Reversible und irreversible Prozesse

Es deutet sich in diesem einführenden Kapitel schon an, dass die Irreversibilität, die „Nichtumkehrbarkeit" von Prozessen, ein zentrales Thema der
Thermodynamik ist. Nicht umkehrbar bedeutet, dass ein System, welches,
ausgehend von einem Anfangszustand einen Prozess zu einem Endzustand
durchlaufen hat, nicht wieder in den Anfangszustand zurück versetzt werden kann *ohne* eine Veränderung in seiner Umgebung zu hinterlassen. Ein
gedachter, idealisierter Prozess, der dieses könnte, wird als *reversibler Prozess* bezeichnet. Thermodynamisch wird die Irreversibilität durch eine Entropie*erzeugung* beschrieben. Da Entropie erzeugt, aber nie wieder vernichtet
werden kann, hinterlässt ein irreversibler Prozess Spuren, nämlich eine Zunahme an Entropie, was im 3. Kapitel in Form der Entropiebilanzgleichung
auch quantitativ beschrieben wird. Die Erzeugung von Entropie ist immer
auf Transportvorgänge von Impuls, Energie und/oder Materie im Inneren
eines Systems zurückzuführen, die wiederum auf Gradienten in den jeweils
treibenden Kräften basieren. Der Impulstransport beruht auf einem Gradienten des Drucks, der Wärmeenergietransport auf einen Temperaturgradienten
und der Stofftransport beruht auf einem Gradienten im chemischen Potenzial,
vgl. Kapitel 5. Sobald Gradienten, also Inhomogenitäten im System vorhanden sind, setzen lokale Ausgleichsprozesse ein, diese sind inhärent irreversibel.
Oft werden in einem ersten Schritt die Inhomogenitäten vernachlässigt, wie
es die phänomenologischen Thermodynamik häufig voraussetzt. Reale Prozesse finden aber nur statt, wenn tatsächlich einen Transport irgendeiner Art
stattfindet. Alle realen Prozesse sind somit irreversibel. Wenn ein Prozess sehr
langsam abläuft darf man näherungsweise annehmen, dass das Gleichgewicht
zwischen den einzelnen Bereichen im Inneren des Systems gewahrt bleibt.
Eine Zustandsänderung, bei der sich das System stets wie eine Phase verhält
und von einem Gleichgewichtszustand in den anderen übergeht, sodass alle
irreversiblen Ausgleichsvorgänge zwischen verschiedenen Teilen des Systems
unterdrückt werden, nennt man eine quasistatische Zustandsänderung. Es
gibt einige reale Prozesse, die fast reversibel verlaufen, wie z.B. die Bewegung
der Planeten, das Schwingen eines mechanischen Federpendels im Vakuum
oder Supraleitung von elektrischem Strom. Für andere Prozesse muss, bei
Annahme eines reversiblen Prozessverlaufes, stärker idealisiert werden.

Eine quasistatische Zustandsänderung nimmt man häufig an, wenn man
die Strömung eines Fluids durch einen Kanal, z.B. durch ein Rohr, untersucht. Die Zustandsgrößen des strömenden Fluids sind aber ohne Zweifel
Feldgrößen; sie ändern sich nicht nur längs der Kanalachse, also in Strömungsrichtung, sondern auch in jedem Querschnitt des Kanals quer zur Strömungsrichtung. Um trotzdem die Vorteile der Beschreibung durch Phasen zu

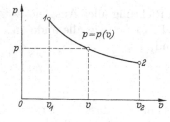

Abbildung 1.14. Darstellung einer quasistatischen Zustandsänderung durch eine stetige Kurve im p, v-Diagramm

nutzen, mittelt man die Zustandsgrößen in jedem Querschnitt und betrachtet nur diese Querschnittsmittelwerte, die sich allein in Strömungsrichtung ändern. Bei dieser eindimensionalen Betrachtungsweise nimmt man an, das Fluid verhielte sich in jedem Querschnitt wie eine sehr dünne Phase. Die Zustandsänderung des Fluids längs des Strömungsweges wird dann als quasistatisch angesehen. Die durch die Querschnittsmittelwerte definierte dünne Phase im Eintrittsquerschnitt ändert ihren Zustand kontinuierlich, bis sie den Austrittsquerschnitt erreicht. Man kann dann beispielsweise die Querschnittsmittelwerte des Drucks p und des spezifischen Volumens v als stetige Kurve $p = p(v)$ in ein p, v-Diagramm einzeichnen. Sie beginnt im Eintrittszustand 1 und endet im Austrittszustand 2. Die in Abb. 1.14 wiedergegebene Zustandslinie kann man also auch als die quasistatische Zustandsänderung der Querschnittsmittelwerte von p und v eines strömenden Fluids interpretieren.

1.4.3 Stationäre Prozesse

Bei den bisher betrachteten Prozessen ändern sich die Zustandsgrößen der daran beteiligten Systeme mit der Zeit. Prozesse sind zeitabhängige Vorgänge. Es gibt aber auch Prozesse, bei denen sich der Zustand des Systems mit der Zeit nicht ändert. Wird beispielsweise ein Ventilator zur Belüftung eines Raumes kontinuierlich betrieben, wenn also der Motor des Ventilators kontinuierlich mit einem gleichbleibenden Strom an elektrischer Energie versorgt wird und die Zustandsgrößen der resultierenden Luftströmung zeitlich unverändert bleiben, handelt es sich um einen stationären Prozess. Erst wenn der Ventilator von der Energiezufuhr getrennt würde, strebte das betrachtete System in einem neuen, zeitabhängigen Prozess einem Gleichgewichtszustand zu, in dem seine Temperaturen ausgeglichen sind und die Luft zur Ruhe kommt. Der Begriff des stationären Prozesses kann auf solche Systeme erweitert werden, in denen streng periodische Änderungen auftreten.

2 Der 1. Hauptsatz der Thermodynamik

Reibung erzeugt Wärme,
Reibereien Hitze.
Ernst Reinhardt (*1932)

Der 1. Hauptsatz der Thermodynamik bringt das Prinzip von der Erhaltung der Energie zum Ausdruck und überführt diese grundlegende physikalische Erkenntnis durch die Energiebilanzgleichung in ein wichtiges Arbeitswerkzeug der Ingenieurwissenschaften. Das präzise Herausarbeiten der physikalischen Größe Energie in ihren unterschiedlichen Erscheinungsformen und deren Berechnung ist die zentrale Aufgabe der Thermodynamik, die sich, wie im 1. Kapitel dargestellt, als eine ‚allgemeine Energielehre' versteht. Energie tritt in verschiedenen Erscheinungsformen auf, die der 1. Hauptsatz in einem Zusammenhang stellt: er stellt die Unmöglichkeit der Erzeugung wie auch der Vernichtung von Energie fest. Erscheinungsformen der Energie sind zum Beispiel die innere Energie der Materie, Wärmeenergie, kinetische Energie, elektrische Energie und weitere Erscheinungsformen, wie sie in Tabelle 2.1 in Abschnitt 2.2.7. zusammengestellt sind. Diese Energieformen werden in den folgenden Abschnitten erläutert. Keine dieser Energieformen ist direkt messbar, so dass zur Anwendung der Energiebilanzgleichung weitere Gleichungen notwenig sind. Die kalorischen Zustandsgleichungen verknüpfen die Zustandsgröße Energie mit messbaren Zustandsgrößen, die Arbeitsgleichungen verknüpfen messbare physikalische Größen mit der Prozessgröße Energie, also mit den Energieerscheinungsformen Wärme und Arbeit.

Die Umwandlung der Energie von einer Energieerscheinungsform in andere ist nur im beschränktem Maß möglich. Die Umwandelbarkeit wird durch den 2. Hauptsatz der Thermodynamik beschrieben und durch die Entropie quantifiziert. Die Entropie und der 2. Hauptsatz werden im nachfolgenden 3. Kapitel eingeführt. Die Äquivalenz von Energie E und Masse m, wie sie in der Relativitätstheorie durch die berühmte Gleichung $E = m \cdot c_\mathrm{L}^2$ mit der Lichtgeschwindigkeit c_L zum Ausdruck gebracht wird, unterliegt ebenso den Gesetzmäßigkeiten des 1. und 2. Hauptsatzes. Diese relativistischen Betrachtungen seien im Folgenden ausgeklammert, sie werden z.B. in [2.1] dargestellt.

2.1 Die Postulate zum 1. Hauptsatz

Der 1. Hauptsatz der Thermodynamik lässt sich nicht über andere grundlegende Gesetze der Physik herleiten, er ist ein Erfahrungssatz. Daher wird hier der 1. Hauptsatz als Fundamentalsatz der Naturwissenschaften durch Postulate eingeführt, die gemäß K. Popper [2.2] nur durch experimentell überprüfbare Folgerungen falsifiziert werden könnten. Seit dem Bekanntwerden des 1. Hauptsatzes in seiner jetzigen Form haben alle bekannten Untersuchungen diese Postulate bestätigt. Ein Perpetuum Mobile der 1. Art[1] ist nicht bekannt.

Für die Belange der technischen Thermodynamik, wie sie in diesem Lehrbuch behandelt wird, reichen drei Postulate zur nachfolgenden quantitativen Formulierung des 1. Hauptsatzes:

1. Jedes System besitzt eine extensive Zustandsgröße Energie E. Kinetische und potenzielle Energie eines Systems sind Teile dieser *Systemenergie E*.
2. Die Energie eines Systems kann sich nur durch Energietransport über die Systemgrenze ändern. Die Erscheinungsformen dieses Energietransportes sind
   – das Verrichten von Arbeit,
   – der Übergang von Wärme,
   – der Transport von Materie.
3. Für die Energie gilt ein Erhaltungssatz: Energie kann weder erzeugt nocht vernichtet werden.

Die Energie eines Systems wird durch den 1. Hauptsatz als eine extensive Zustandsgröße eingeführt. Besteht ein System aus mehreren Teilsystemen A, B, C, ... mit den Energien E_A, E_B, E_C, ... , so gilt für seine Energie

$$E = E_A + E_B + E_C + \dots.$$

Betrachtet man ein Massenelement, welches die Masse Δm und die Energie ΔE enthält, so kann man die spezifische Energie durch den Grenzübergang

$$e := \lim_{\Delta m \to 0} \Delta E / \Delta m$$

definieren. Sie ist eine Feldgröße, die sich innerhalb des Systems von Ort zu Ort und außerdem mit der Zeit ändert. Ist dagegen das System eine Phase, so erhält man seine spezifische Energie einfach durch

$$e := E/m \,.$$

---

[1] Ein Perpetuum Mobile der 1. Art ist eine Maschine, die dem 1. Hauptsatz widerspricht und mehr Energie bereitstellt als ihr zugeht.

In jedem ihrer Zustände hat eine *Phase* nur *einen* Wert der spezifischen Energie, der für das ganze homogene System charakteristisch ist. Der Begriff der Phase wurde ausführlich in Abschnitt 1.2.2 erläutert.

Die SI-Einheit für die Energie wird zu Ehren von J.P. Joule, vgl. Abschnitt 1.1.2, als Joule bezeichnet (gesprochen mit langem U):

$$1\,\text{Joule} = 1\,\text{J} = 1\,\text{N\,m} = 1\,\text{kg\,m}^2/\text{s}^2 = 1\,\text{W\,s}\,.$$

Alle Energien haben die gleiche Einheit. Die Einheit der spezifischen Energie ist dann $\text{J/kg} = \text{m}^2/\text{s}^2$.

Bewegt sich ein System in einem konservativen Kraftfeld, so besitzt es die kinetische Energie E^{kin} und die potenzielle Energie E^{pot}. Für den Massenpunkt werden diese mechanischen Energien im Abschnitt 2.2.1 behandelt. Sie sind der Masse proportional – also extensive Zustandsgrößen – und hängen von der Geschwindigkeit und den Ortskoordinaten ab, die die Bewegung des ganzen Systems, genauer des Massenschwerpunkts des Systems beschreiben.

Kinetische und potenzielle Energien sind aber nur Teile der Gesamtenergie des Systems, denn auch ein ruhendes System hat Energie. Man bezeichnet sie als *innere Energie* U und definiert sie durch

$$U := E - E^{\text{kin}} - E^{\text{pot}}\,. \tag{2.1}$$

Diese wichtige Energieform wird in Abschnitt 2.2.2 ausführlich behandelt.

Im 1. Hauptsatz werden drei Formen des Energietransports über die Systemgrenze gegannt. Das *Verrichten von Arbeit* ist aus der Mechanik bekannt. Die Energie des Systems wird dadurch geändert, dass eine Kraft auf die Systemgrenze wirkt und sich der Angriffspunkt der Kraft verschiebt. Die mechanischen Energien werden in Abschnitt 2.2.1 behandelt.

Neu und typisch thermodynamisch ist dagegen der als *Wärmeübergang* oder als *Wärmeübertragung* bezeichnete Energietransport über die Systemgrenze, er wurde in Abschnitt 1.3.1 bei der Einstellung des thermischen Gleichgewichts zwischen zwei Systemen mit anfänglich unterschiedlichen Temperaturen eingeführt. Ein Wärmeübergang kommt einfach dadurch zustande, dass das System und seine unmittelbare Umgebung, z.B. ein angrenzendes zweites System, unterschiedliche Temperaturen haben. Allein aufgrund dieses Temperaturunterschieds zwischen dem System und seiner Umgebung fließt Energie, die als *Wärme* bezeichnet wird, über die Systemgrenze. Die Temperaturdifferenz tritt als treibendes Potenzial für diesen Energietransport auf, der nur durch eine adiabate Systemgrenze unterbunden werden kann. Diese Form des Energietransports über die Systemgrenze wird ausführlicher in den Abschnitten 2.2.3 und 3.1.4 behandelt.

Wird schließlich Materie über die Systemgrenze transportiert, fließt mit dieser Materie auch Energie über die Systemgrenze. Dies ist beispielsweise beim Füllen eines Gasbehälters der Fall, oder wenn ein Fluid durch eine Rohrleitung strömt. Der an den Übergang von Materie gebundene Energietransport tritt nur bei offenen Systemen auf, vgl. Abschnitte 2.3.2 und 2.3.4.

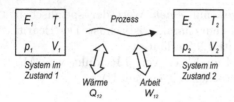

Abbildung 2.1. Ein geschlossenes System, welches durch einen Prozess von Zustand 1 in den Zustand 2 überführt wird

Über die Grenze geschlossener Systeme kann Energie nur als Arbeit und als Wärme transportiert werden, vgl. Abschnitt 2.3.1.

Aus dem durch die obenstehenden Postulate eingeführten 1. Hauptsatz der Thermodynamik lässt sich eine Bilanzgleichung für die Zustandsgröße Energie E eines Systems formulieren. Zur Ableitung dieser wichtigen Bilanzgleichung soll zunächst vereinfachend ein *geschlossenes* System betrachtet werden. Die Systemgrenze ist für Materie undurchlässig; der Energietransport über die Systemgrenze geschieht nur durch das Verrichten von Arbeit und durch den Übergang von Wärme. Zu Beginn des Prozesses befinde sich das System im Zustand 1, in dem es die Energie E_1 hat; im Endzustand 2 des Prozesses habe es die Energie E_2, vgl. Abb. 2.1. Nach dem 1. Hauptsatz kommt die Energieänderung $E_2 - E_1$ allein durch den Energietransport über die Systemgrenze zustande, der während des Prozesses $1 \rightarrow 2$ stattgefunden hat.

Die Energie, die während eines Prozesses als *Arbeit* über die Systemgrenze transportiert wird, hat das Formelzeichen W_{12}. Energie, die während eines Prozesses als Wärme über die Systemgrenze transportiert wird, sei als Wärme Q_{12} bezeichnet. Arbeit und Wärme sind also besondere Bezeichnungen für Energien, die während des Prozesses $1 \rightarrow 2$ die Systemgrenze überschreiten. Diese Energien im Übergang über die Systemgrenze treten nur so lange auf, wie der Prozess abläuft. Sie sind keine Zustandsgrößen, sondern *Prozessgrößen*, worauf auch der Doppelindex 12 hinweisen soll.

Mit den Prozessgrößen Wärme und Arbeit wird nun die *Energiebilanzgleichung* für den Prozess eines geschlossenen Systems aufgestellt. Aus dem 1. Hauptsatz (Energieerhaltungssatz) folgt: Die beim Prozess eingetretene Energieänderung $E_2 - E_1$ des geschlossenen Systems ist durch die als Wärme Q_{12} und die als Arbeit W_{12} über die Systemgrenze transportierte Energie bewirkt worden. Es gilt also

$$Q_{12} + W_{12} = E_2 - E_1 \ .$$

Bei der Aufstellung dieser Energiebilanzgleichung wurde die dem System zugeführte Energie mit positivem Vorzeichen eingesetzt. Es soll grundsätzlich vereinbart werden, dass stets $Q_{12} > 0$ und $W_{12} > 0$ gilt, wenn Energie dem System als Wärme bzw. Arbeit *zugeführt* wird. Negative Werte von Q_{12} und W_{12} bedeuten, dass Wärme bzw. Arbeit vom System *ab*gegeben wird. Diese Vereinbarung wird auch als ‚egoistische Vorzeichenregelung' bezeichnet.

Der Prozess eines geschlossenen Systems läuft in der Zeit ab. Der Zustand 1 gehört zum Zeitpunkt t_1 zu Beginn des Prozesses; mit $t_2 > t_1$ ist die Zeit, bei der das System den Zustand 2 erreicht. Es wird nun das Zeitintervall Δt betrachtet, das zwischen t_1 und t_2 liegt und in dem das System die Wärme ΔQ und die Arbeit ΔW aufnimmt oder abgibt. Hierfür gilt die Energiebilanzgleichung

$$\Delta Q + \Delta W = E(t + \Delta t) - E(t) \, .$$

Diese Gleichung wird durch Δt dividiert und anschließend der Grenzübergang $\Delta t \to 0$ ausgeführt. Mit den Definitionen

$$\dot{Q}(t) := \lim_{\Delta t \to 0} \frac{\Delta Q}{\Delta t}$$

und

$$P(t) := \lim_{\Delta t \to 0} \frac{\Delta W}{\Delta t}$$

werden zwei zeitabhängige Prozessgrößen eingeführt: der *Wärmestrom* $\dot{Q}$, der auch Wärmeleistung genannt wird, und die (mechanische oder elektrische) *Leistung P*, die man auch als Arbeitsstrom $\dot{W}$ bezeichnen könnte. Damit erhält man die *Leistungsbilanz* für ein geschlossenes System

$$\frac{\mathrm{d}E}{\mathrm{d}t} = \dot{Q}(t) + P(t) \, .$$

Sie gilt für jeden Augenblick des Prozesses und verknüpft die zeitliche Energieänderung des Systems mit den Energieströmen, die seine Grenze überqueren. Für $\dot{Q}$ und P gelten dabei die gleichen ,egoistischen' Vorzeichenvereinbarungen wie für Q_{12} und W_{12}.

Der zeitliche Verlauf des Prozesses eines geschlossenen Systems wird durch die Vorgabe der beiden Zeitfunktionen Wärmestrom $\dot{Q}(t)$ und Leistung $P(t)$ bestimmt. Dabei fasst $\dot{Q}(t)$ alle zu- und abgeführten Wärmeströme zusammen, die an verschiedenen Stellen die Grenze des geschlossenen Systems überschreiten; das Gleiche gilt für die Leistung $P(t)$.

Nach ihren Definitionsgleichungen haben $\dot{Q}$ und P die Einheit J/s. Diese *Leistungseinheit* wird zu Ehren von James Watt[2] als Watt bezeichnet. Es gilt 1 Watt = 1 W = 1 J/s. Häufig wählt man zur Angabe von Energien das Produkt aus einer Leistungseinheit und einer Zeiteinheit, beispielsweise 1 W s = 1 J. Besonders für elektrische Energien wird die größere Einheit

---

[2] James Watt (1736 - 1819), englischer Ingenieur, war der Erfinder der direkt wirkenden Niederdruck-Dampfmaschine mit vom Zylinder getrenntem Kondensator (Patentierung 1769). Er erfand den nach ihm benannten Fliehkraftregler, führte die Leistungseinheit „Pferdestärke" ein und gründete mit M. Boulton 1775 die erste Dampfmaschinenfabrik der Welt.

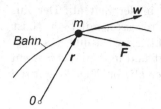

Abbildung 2.2. Bewegung eines Massenpunkts unter der Einwirkung einer Kraft $\boldsymbol{F}$

$$1\,\mathrm{kW\,h} = 3600\,\mathrm{kW\,s} = 3{,}6 \cdot 10^6\,\mathrm{J} = 3{,}6\,\mathrm{MJ}$$

verwendet.

Bevor die Energiebilanzgleichung auf offene Systeme erweitert wird, sollen im nachfolgenden Abschnitt die wichtigsten Energieformen ausführlich vorgestellt werden.

2.2 Energieformen

2.2.1 Kinetische und potenzielle Energie

Die Energie eines Systems setzt sich aus der inneren Energie U, der kinetischen Energie E^{kin} und der potenziellen Energie E^{pot} zusammen. Die kinetische und die potenzielle Energie gehören zu den mechanischen Energien, sie beziehen sich in der vereinfachten Betrachtung auf den Massenschwerpunkt des Systems. Die Bewegung eines Massenpunktes in einem Kraftfeld lässt sich durch zwei Vektoren beschreiben, den Ortsvektor $\boldsymbol{r}$ und den Impuls $\boldsymbol{I}$, Abb. 2.2. Der Impuls hängt mit der Geschwindigkeit $\boldsymbol{w}$ des Massenpunkts und seiner Masse m durch die einfache Gleichung

$$\boldsymbol{I} = m\,\boldsymbol{w} = m\,(\mathrm{d}\boldsymbol{r}/\mathrm{d}t)$$

zusammen. Impuls und Geschwindigkeit sind zueinander proportional. Die Geschwindigkeit ist die zeitliche Ableitung des Ortsvektors $\boldsymbol{r}$; der Geschwindigkeitsvektor $\boldsymbol{w}$ zeigt stets in Richtung der Bahntangente.

Nach Newtons lex secunda wird die zeitliche Änderung des Impulses durch die auf den Massenpunkt wirkende Kraft $\boldsymbol{F}$ hervorgerufen. Es gilt also

$$\frac{\mathrm{d}\boldsymbol{I}}{\mathrm{d}t} = \frac{\mathrm{d}}{\mathrm{d}t}(m\,\boldsymbol{w}) = \boldsymbol{F} \tag{2.2}$$

als Grundgesetz der Mechanik. Beide Seiten dieser Gleichung werden mit der Geschwindigkeit multipliziert, um

$$\boldsymbol{w}\,\frac{\mathrm{d}\boldsymbol{I}}{\mathrm{d}t} = \boldsymbol{F}\,\frac{\mathrm{d}\boldsymbol{r}}{\mathrm{d}t}\,,$$

also

$$\boldsymbol{w}\,\mathrm{d}\boldsymbol{I} = m\,\boldsymbol{w}\,\mathrm{d}\boldsymbol{w} = \boldsymbol{F}\,\mathrm{d}\boldsymbol{r}\;.$$

zu erhalten. Integration dieser Beziehung längs der Bahnkurve des Massenpunkts zwischen zwei Zuständen 1 und 2:

$$m\int_{1}^{2} \boldsymbol{w}\,\mathrm{d}\boldsymbol{w} = \int_{1}^{2} \boldsymbol{F}\,\mathrm{d}\boldsymbol{r}$$

ergibt

$$\frac{m}{2}\,(w_2^2 - w_1^2) = \int_{1}^{2} \boldsymbol{F}\,\mathrm{d}\boldsymbol{r}\;.$$

Das rechts stehende Integral, eine skalare Größe, bezeichnet man nach J. Poncelet[3] als die Arbeit W_{12}, die von der Kraft $\boldsymbol{F}$ verrichtet wird. Man führt ferner die kinetische Energie

$$E^{\mathrm{kin}} := m\,\frac{w^2}{2} + E_0^{\mathrm{kin}}$$

des Massenpunkts ein und erhält

$$E_2^{\mathrm{kin}} - E_1^{\mathrm{kin}} = \int_{1}^{2} \boldsymbol{F}\,\mathrm{d}\boldsymbol{r} = W_{12}\;. \tag{2.3}$$

Die Arbeit, welche die am Massenpunkt wirkende Kraft während der Bewegung auf der Bahnkurve verrichtet, ist gleich der Änderung der kinetischen Energie des Massenpunkts zwischen Anfangs- und Endpunkt der Bahn.

Die Arbeit W_{12} ist eine Prozessgröße; denn sie hängt von der Gestalt der Bahn ab sowie von Größe und Richtung des Kraftvektors während des Prozesses, also während des Durchlaufens der Bahn. Es wird nun der Sonderfall betrachtet, dass $\boldsymbol{F}$ durch ein konservatives Kraftfeld gegeben ist. Der Kraftvektor ergibt sich dann als Gradient einer skalaren Ortsfunktion, die potenzielle Energie genannt wird:

$$\boldsymbol{F} = -\mathrm{grad}\,E^{\mathrm{pot}}(\boldsymbol{r}) = -\frac{\mathrm{d}E^{\mathrm{pot}}}{\mathrm{d}\boldsymbol{r}}\;.$$

Das Arbeitsintegral hängt für ein konservatives Kraftfeld nicht mehr von der Gestalt der Bahnkurve ab, sondern nur von der Differenz der potenziellen Energie zwischen dem Anfangs- und Endpunkt der Bahn. Es wird

$$W_{12} = \int_{1}^{2} \boldsymbol{F}\,\mathrm{d}\boldsymbol{r} = -\int_{1}^{2} \frac{\mathrm{d}E^{\mathrm{pot}}}{\mathrm{d}\boldsymbol{r}}\,\mathrm{d}\boldsymbol{r} = -\left(E_2^{\mathrm{pot}} - E_1^{\mathrm{pot}}\right)\;.$$

---

[3] Jean Victor Poncelet (1788-1867), französischer Mathematiker und Physiker, war Mitbegründer der projektiven Geometrie; er erfand das nach ihm benannte unterschlächtige Wasserrad.

Die Prozessgröße Arbeit ergibt sich für ein konservatives Kraftfeld als Differenz der Zustandsgröße potenzielle Energie zwischen Anfangs- und Endzustand des Prozesses.

Aus Gl.(2.3) erhält man als spezielle Form des Energieerhaltungssatzes für ein abgeschlossenes System

$$E_2^{\text{kin}} - E_1^{\text{kin}} = - \left(E_2^{\text{pot}} - E_1^{\text{pot}} \right)$$

oder

$$E_2^{\text{kin}} + E_2^{\text{pot}} = E_1^{\text{kin}} + E_1^{\text{pot}} \, .$$

Bei der Bewegung eines Massenpunkts in einem konservativen Kraftfeld bleibt die Summe aus seiner kinetischen und potenziellen Energie konstant und ist unabhängig von den Einzelheiten der Bewegung, etwa von der Gestalt der Bahnkurve. Man bezeichnet

$$E(\boldsymbol{w}, \boldsymbol{r}) = E^{\text{kin}}(\boldsymbol{w}) + E^{\text{pot}}(\boldsymbol{r})$$

als (mechanische) Gesamtenergie des Massenpunkts. Bei seiner Bewegung im konservativen Kraftfeld gilt $E = konst.$.

Beispiel 2.1. Ein Körper mit der Masse $m = 0{,}200 \, \text{kg}$ fällt im Schwerefeld der Erde (Fallbeschleunigung $g = 9{,}81 \, \text{m/s}^2$) von der Höhe $z_1 = 250 \, \text{m}$, wo er die Geschwindigkeit $w_1 = 0$ hat, auf die Höhe $z_2 = 3 \, \text{m}$ und erreicht dabei die Geschwindigkeit $w_2 = 60 \, \text{m/s}$. Man prüfe, ob außer der Gewichtskraft (Schwerkraft) noch eine andere Kraft auf den Körper gewirkt hat, und berechne die von ihr verrichtete Arbeit.

Die an einem Körper angreifende Gewichtskraft G ergibt sich als Gradient der potenziellen Energie

$$E^{\text{pot}}(z) = m\,g\,z + E_0^{\text{pot}}$$

des Körpers im Schwerefeld der Erde; also gilt

$$G = -\frac{\mathrm{d}E^{\text{pot}}}{\mathrm{d}z} = -m\,g \, .$$

Da alle Kräfte nur in z-Richtung wirken, wurde der Richtungssinn durch die Vorzeichen ($+$ und $-$) und nicht durch die Vektorschreibweise gekennzeichnet. Wirkt noch eine weitere Kraft F auf den Körper, so verrichtet sie bei seinem Fall eine Arbeit

$$W_{12}^* = \int_{z_1}^{z_2} F \, \mathrm{d}z \, ,$$

die nicht gleich null ist. Aus der Energiebilanzgleichung für den Körper als geschlossenes System erhält man:

$$W_{12}^* = E_2^{\text{kin}} - E_1^{\text{kin}} + E_2^{\text{pot}} - E_1^{\text{pot}} = m\,\frac{w_2^2}{2} + m\,g\,(z_2 - z_1)$$

$$= 0{,}200 \, \text{kg} \left(\frac{60^2}{2} \, \frac{\text{m}^2}{\text{s}^2} - 9{,}81 \, \frac{\text{m}}{\text{s}^2} \; 247 \, \text{m} \right) = -124{,}6 \, \text{N\,m} \, .$$

Da $W_{12}^* \neq 0$ ist, tritt neben G eine weitere Kraft F auf, die der Bewegung entgegengerichtet ist. Dies folgt aus dem negativen Vorzeichen der Arbeit W_{12}^*; dz und F haben entgegengesetzte Vorzeichen. Diese Kraft ist der Luftwiderstand; er bewirkt, dass die Zunahme der kinetischen Energie des fallenden Körpers kleiner ist als die Abnahme seiner potenziellen Energie. Ein Teil der potenziellen Energie wird als Arbeit gegen den Luftwiderstand abgegeben. Wäre die Fallbewegung reibungsfrei ($F \equiv 0$), so wäre $W_{12}^* = 0$, und der fallende Körper könnte die kinetische Energie

$$E_{2\,\mathrm{max}}^{\mathrm{kin}} = \frac{m}{2}\, w_{\mathrm{max}}^2 = m\,g\,(z_1 - z_2)\,,$$

also die Geschwindigkeit $w_{\mathrm{max}} = 69{,}6\,\mathrm{m/s}$ erreichen.

2.2.2 Die innere Energie

Von der Gesamtenergie E des Systems werden die kinetische und die potenzielle Energie, die zur Bewegung des Systems als Ganzes gehören, abgezogen, um die innere Energie U zu erhalten:

$$U := E - E^{\mathrm{kin}} - E^{\mathrm{pot}} \tag{2.4}$$

Jedes System, materiell wie auch immateriell, verfügt über eine innere Energie, sie ist eine zentrale Zustandsgröße im Gebäude der Thermodynamik. Für die auf makroskopischer Ebene operierende technische Thermodynamik ist Gl.(2.4) die Definitionsgleichung der inneren Energie, sie ist eine Ergänzung des ersten Postulats des 1. Hauptsatzes. Für die auf molekularer Ebene operierende statistische Thermodynamik ist die innere Energie, ebenso wie für die physikalische Chemie und die statistische Physik, die Summe aller intramolekularen und intermolekularen Energien.

Aufgrund ihrer Bewegung durch den Raum besitzen Moleküle die kinetische Energie der Translationsbewegung. Bei mehratomigen Molekülen kommt noch die Rotationsenergie des Moleküls und die Schwingungsenergie der Atome oder Radikale um ein gemeinsames Massenzentrum hinzu. Zwischen den Molekülen wirken außerdem Anziehungs- und Abstoßungskräfte, die sich mit dem Abstand zwischen den Molekülen, also mit der Dichte bzw. mit dem spezifischen Volumen der Phase, ändern und sich aus potenziellen Energien von Molekülpaaren und Molekülhaufen ableiten lassen. Diese zwischenmolekularen Energien hängen im Wesentlichen vom spezifischen Volumen ab, während die kinetische Energie der einzelnen Moleküle von der Temperatur abhängt und mit steigender Temperatur zunimmt. Die innere Energie eines Gases, in dem keine zwischenmolekularen Kräfte wirken, hängt damit nur von der Temperatur ab. Dies ist das ideale Gas, dessen thermische Zustandsgleichung in Abschnitt 1.3.5 behandelt wurde.

Die Atome eines Moleküls werden durch molekulare Bindungskräfte zusammengehalten, die als Coulomb'sche und Massenanziehungskräfte ein Potenzial besitzen. Diese intramolekulare potenzielle Energie oder Bindungsenergie zwischen den Elektronen und Kernen ist sehr groß. Sie wird durch chemische Reaktionen verändert, bei denen sich die Atome und die sie umgebenden Elektronen umgruppieren. Dabei können große Beträge an Bindungsenergie frei werden und zu einer entsprechenden Erhöhung der kinetischen Energie der Moleküle beitragen, die sich in einer starken Temperaturzunahme bemerkbar macht. Durch Kernreaktionen kann schließlich die Bindungsenergie der Nukleonen, der Kernbestandteile, verändert werden, wodurch noch größere Energien als bei chemischen Reaktionen frei werden. Die Berechnung der makroskopischen inneren Energie gelingt mit Modellen einzelner Moleküle einschließlich deren intermolekularen Wechselwirkungsenergien, die im Rahmen der molekularen Thermodynamik und der physikalischen Chemie erstellt werden [2.3]. Aufgrund der sehr großen Zahl von Molekülen können diese molekularen Energien nicht individuell aufsummiert werden, sie müssen durch statistische Ansätze auf makroskopische Größen hochgerechnet werden. Diese Ansätze verfolgt die statistische Thermodynamik.

Im Folgenden wird die innere Energie als extensive Zustandsgröße betrachtet, die neben der Entropie die wichtigste thermodynamische Zustandsgröße des Systems darstellt. Es ist nützlich, die innere Energie der Materie in drei Gruppen einzuteilen, in thermische, chemische und nukleare innere Energie:

$$U = U_{\text{term.}} + U_{\text{chem.}} + U_{\text{nukl.}} \; .$$

Die thermische innere Energie umfasst die kinetische und potenzielle Energie der Molekularbewegung. Dabei tritt keine Änderung in der Elektronenkonfiguration der Moleküle ein. Die thermische innere Energie wird durch Änderungen der Temperatur und des spezifischen Volumens beeinflusst, chemische Veränderungen sind hier ausgeschlossen. Bei chemischen Reaktionen verändert sich die molekulare Bindungsenergie und damit die chemische innere Energie. Die nukleare innere Energie spielt erst bei Kernreaktionen eine Rolle. Bei vielen Prozessen der Thermodynamik ändert sich nur die thermische innere Energie; chemische und nukleare innere Energien bleiben unverändert und brauchen nicht berücksichtigt zu werden, wenn man Prozesse wie das Erwärmen und Abkühlen eines Fluids oder eine Energieänderung durch Vergrößern oder Verkleinern des Volumens untersucht. Bei chemischen Reaktionen, insbesondere bei den technisch wichtigen Verbrennungsreaktionen, verändert sich die chemische innere Energie. Nimmt sie im Verlauf der Reaktion ab, so nimmt die thermische innere Energie zu, was sich in einer starken Temperatursteigerung bemerkbar macht, die man z. B. bei einem Verbrennungsprozess beobachten kann. Gleiches gilt für Kernreaktionen, bei denen sich die nukleare innere Energie in thermische innere Energie des Spaltstoff verwandelt. Durch Bezug auf die Masse m des Systems erhält man die spezifische innere Energie. Für eine Phase gilt

$$u := U/m \; .$$

Da der Zustand einer Phase durch zwei unabhängige intensive Zustandsgrößen festgelegt ist, vgl. Abschnitt 1.2.4, besteht zwischen u und diesen beiden Zustandsgrößen eine Zustandsgleichung, die neben der thermischen Zustandsgleichung ein weiteres Materialgesetz der Phase ausdrückt. Wählt man T und v als unabhängige intensive Zustandsgrößen, so wird dieses Materialgesetz als *kalorische Zustandsgleichung*

$$u = u(T, v)$$

der Phase bezeichnet.

Diese und ähnliche kalorischen Zustandsgleichungen haben in der technischen Thermodynamik eine große Bedeutung, da sie die nicht direkte messbare Zustandsgröße u mit messbaren Zustandsgrößen wie die Temperatur T, dem spezifischen Volumen v oder auch dem Druck p verknüpfen. Erst mit Hilfe dieser Zustandsgleichungen kann die Energiebilanz-gleichung genutzt und für konkrete Fragestellungen ausgewertet werden.

Die kalorische Zustandsgleichung ist, wie die thermische Zustandsgleichung $p = p(T, v)$ eine komplizierte stoffspezifische Funktion von T und v. Der 2. Hauptsatz liefert jedoch Beziehungen zwischen der thermischen und kalorischen Zustandsgleichung, auf die in den Abschnitten 3.2.4 und 4.4.1 eingegangen wird. Hierdurch wird es möglich, die kalorische Zustandsgleichung bei Kenntnis der thermischen Zustandsgleichung weitgehend zu berechnen, ohne auf Messungen zurückgreifen zu müssen. Abbildung 2.3 veranschaulicht die kalorische Zustandsgleichung am Beispiel von CO_2. Die spezifische innere Energie ist hier für verschiedene Werte der Dichte $\rho = 1/v$ als Funktion der Temperatur T dargestellt.

Da die innere Energie eine Zustandsfunktion ist, besitzt sie ein vollständiges Differenzial:

$$\mathrm{d}u = \left(\frac{\partial u}{\partial T}\right)_{\mathrm{v}} \mathrm{d}T + \left(\frac{\partial u}{\partial v}\right)_{\mathrm{T}} \mathrm{d}v \ .$$

Die partielle Ableitung

$$c_{\mathrm{v}}(T, v) := \left(\frac{\partial u}{\partial T}\right)_{\mathrm{v}}$$

führt aus historischen Gründen eine besondere Bezeichnung: c_{v} wird *spezifische isochore Wärmekapazität* (oder spezifische Wärmekapazität bei konstantem Volumen) genannt. Diese Bezeichnung geht auf die längst aufgegebene Auffassung zurück, Wärme wäre ein unzerstörbarer Stoff. Wird einem Körper „Wärmestoff" zugeführt, so steigt seine Temperatur; bei gleicher Temperaturänderung kann ein Körper umso mehr Wärmestoff aufnehmen, je größer seine Wärmekapazität ist. Unter c_{v} wird im Folgenden nur eine besondere Bezeichnung für die Ableitung der spezifischen inneren Energie nach der Temperatur verstanden, die wie in Abschnitt 3.2.5 gezeigt stets positiv ist. Bei $v = $ konst. wächst daher u monoton mit steigender Temperatur, was man auch an den in Abb. 2.3 eingezeichneten Isochoren erkennt.

Ändert sich das spezifische Volumen bei einem Prozess nur wenig ($\mathrm{d}v \approx 0$) oder ist $(\partial u/\partial v)_{\mathrm{T}}$ vernachlässigbar klein, so kommt es nur auf die Temperaturabhängigkeit der spezifischen inneren Energie an. Man erhält für die Differenz der inneren Energien zwischen Zuständen verschiedener Temperatur, aber gleichen spezifischen Volumens

$$u(T_2, v) - u(T_1, v) = \int_{T_1}^{T_2} c_\mathrm{v}(T, v)\,\mathrm{d}T \ .$$

Man kann diese Beziehung näherungsweise auch dann anwenden, wenn die beiden Zustände 1 und 2 nicht genau das gleiche spezifische Volumen haben.

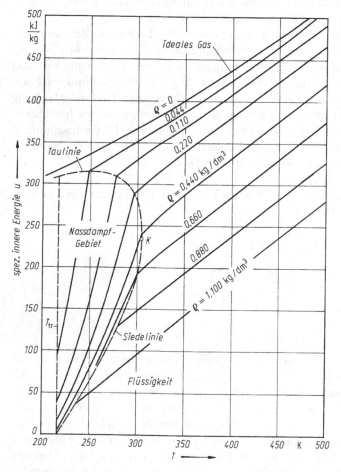

Abbildung 2.3. Darstellung der kalorischen Zustandsgleichung $u = u(T, v)$ von CO_2 durch Isochoren $v = 1/\rho =$ konst. im u, T-Diagramm. Die spezifische innere Energie von flüssigem CO_2 am Tripelpunkt ($T = T_\mathrm{tr}$) wurde willkürlich gleich null gesetzt. K kritischer Punkt. Das Nassdampfgebiet, seine Grenzen Siedelinie und Taulinie sowie der kritische Punkt werden in den Abschnitten 4.1.1 und 4.2 erläutert.

Besonders einfache Verhältnisse liegen bei *idealen Gasen* vor. Eine Materialgleichung dieses Stoffmodells ist die Beziehung[4]

$$(\partial u^{\mathrm{iG}}/\partial v)_T \equiv 0 \ .$$

Die spezifische innere Energie idealer Gase hängt nur von der Temperatur ab. Es gilt also

$$u^{\mathrm{iG}} = u(T) \quad \text{und} \quad c_v^{\mathrm{iG}} = \frac{\mathrm{d}u}{\mathrm{d}T} = c_v^{\mathrm{iG}}(T) \ .$$

Damit ist die spezifische *innere Energie idealer Gase* durch

$$u^{\mathrm{iG}}(T) = \int\limits_{T_0}^{T} c_v^{\mathrm{iG}}(T)\,\mathrm{d}T + u_0$$

darzustellen, wobei die Konstante u_0 die innere Energie bei der Temperatur T_0 bedeutet. Bei manchen Gasen kann man außerdem in gewissen Temperaturbereichen c_v^{iG} als konstant ansehen, vgl. Abschnitt 4.3.2; was dann zu der besonders einfachen kalorischen Zustandsgleichung

$$u^{\mathrm{iG}}(T) = c_v^{\mathrm{iG}}(T - T_0) + u_0$$

führt. Wahrscheinlich aufgrund ihrer Einfachheit ist diese Gleichung sehr verbreitet. Sie gilt, wie hier gezeigt wurde, nur für ein ideales Gas mit näherungsweise temperaturunabhängiger isochorer Wärmekapazität.

2.2.3 Arbeit und Wärme

Arbeit und Wärme bezeichnen Energieformen, welche die Systemgrenze überschreiten. Ihre Unterscheidung ist für das Verständnis des 1. Hauptsatzes wichtig, weswegen im Folgenden ausführlich auf ihre Definition und Berechnung eingegangen wird.

2.2.4 Mechanische Arbeit und Leistung

Um die Energie zu berechnen, die während eines Prozesses als Arbeit über die Systemgrenze übertragen wird, sollen die Methoden und Ergebnisse der Mechanik übernommen werden. Durch Integration der Prozessgröße Leistung

---

[4] $(\partial u/\partial v)_T \equiv 0$ bedeutet, dass die spezifische innere Energie idealer Gase bei konstanter Temperatur nicht vom spezifischen Volumen abhängt. Diese Beziehung wird durch Experimente nahe gelegt, die schon J.L. Gay-Lussac (1807) und 1845 J.P. Joule [2.4] mit Gasen kleiner Dichte ausgeführt haben.

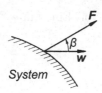

Abbildung 2.4. Zur Berechnung der mechanischen Leistung

$P(t)$ zwischen den Zeiten t_1 und t_2 zu Beginn und am Ende des Prozesses erhält man die Prozessgröße Arbeit

$$W_{12} = \int_{t_1}^{t_2} P(t)\,\mathrm{d}t\,. \tag{2.5}$$

Der zeitliche Verlauf der Leistung während des Prozesses bestimmt die Größe der beim Prozess verrichteten Arbeit.

Um festzustellen, ob eine mechanische Leistung auftritt und damit Energie als Arbeit die Systemgrenze überschreitet, wird der Begriff der mechanischen Leistung wie folgt definiert:

Wirkt eine äußere Kraft auf die Systemgrenze und verschiebt sich der Angriffspunkt der Kraft, so entsteht eine mechanische Leistung. Ihre Größe ist das skalare Produkt aus dem Kraftvektor $\boldsymbol{F}$ und der Geschwindigkeit $\boldsymbol{w}$ des Kraftangriffspunktes:

$$P = \boldsymbol{F}\boldsymbol{w}\,. \tag{2.6}$$

Damit Energie als mechanische Leistung oder mechanische Arbeit übertragen wird, müssen zwei Bedingungen erfüllt sein: Eine äußere Kraft muss auf die Systemgrenze wirken, und diese muss sich unter der Einwirkung der Kraft bewegen, so dass sich der Kraftangriffspunkt verschiebt.

Bilden der Kraftvektor $\boldsymbol{F}$ und der Vektor der Geschwindigkeit $\boldsymbol{w}$, mit der sich der Kraftangriffspunkt an der Systemgrenze bewegt, den Winkel β, vgl. Abb. 2.4, so gilt für die Leistung

$$P = |\boldsymbol{F}||\boldsymbol{w}|\cos\beta\,.$$

Die Leistung ist null, wenn entweder $\boldsymbol{F}$ oder $\boldsymbol{w}$ gleich null sind oder wenn diese Vektoren senkrecht zueinander stehen, so dass $\cos\beta = 0$ wird. Verschiebt sich der Angriffspunkt in der gleichen Richtung wie die Kraft, so ist $P > 0$, dem System wird Leistung zugeführt. Zeigt die äußere Kraft gegen die Verschiebungsrichtung, so gibt das System mechanische Leistung ab.

Setzt man in Gl.(2.5) für die Arbeit W_{12} die Leistung nach Gl.(2.6) ein, so erhält man

$$W_{12} = \int_{t_1}^{t_2} \boldsymbol{F}\,\boldsymbol{w}\,\mathrm{d}t = \int_{t_1}^{t_2} \boldsymbol{F}\,\frac{\mathrm{d}\boldsymbol{r}}{\mathrm{d}t}\,\mathrm{d}t = \int_{1}^{2} \boldsymbol{F}\,\mathrm{d}\boldsymbol{r}\,.$$

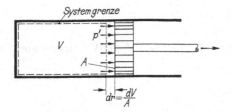

Abbildung 2.5. Zur Berechnung der Volumenänderungsarbeit

Die Arbeit ergibt sich also auch durch Integration des Skalarprodukts aus dem Kraftvektor F und dem Verschiebungsvektor dr des Kraftangriffspunkts an der Systemgrenze. In dieser Weise wurde schon in Abschnitt 2.2.1 die mechanische Arbeit definiert. Zur Berechnung von W_{12} muss entweder der zeitliche Verlauf der Leistung $P(t)$ bekannt sein oder die Abhängigkeit des Kraftvektors vom Ortsvektor seines Angriffspunktes.

In den folgenden Abschnitten wird die Leistung und die Arbeit in verschiedenen für die Thermodynamik wichtigen Fällen berechnet. Dabei interessiert weniger die Arbeit jener Kräfte, die die Bewegung des Systems als Ganzes beeinflussen, also zur Änderung der kinetischen und potenziellen Energie des ganzen Systems beitragen. Für die Thermodynamik sind die Arbeiten von Bedeutung, die zur Änderung der inneren Energie des Systems führen. Hierzu gehören insbesondere die Volumenänderungsarbeit, die Wellenarbeit und die elektrische Arbeit.

2.2.5 Volumenänderungsarbeit

Es werden im Folgenden *ruhende* geschlossene Systeme betrachtet. Die einem solchen System zugeführte Arbeit bewirkt eine Änderung seines „inneren" Zustands, beeinflusst dagegen nicht seine Lage im Raum oder die Geschwindigkeit des Systems als Ganzes. Wirken auf das ruhende System Kräfte senkrecht zu seinen Grenzen, so können diese eine Verschiebung der Systemgrenze und damit eine Volumenänderung zur Folge haben. Die hiermit verbundene Arbeit wird *Volumenänderungsarbeit* genannt. Sie tritt insbesondere bei den fluiden Systemen, also bei Gasen und Flüssigkeiten, auf.

Um die Volumenänderungsarbeit zu berechnen, wird ein Fluid betrachtet, das in einem Zylinder mit beweglichem Kolben eingeschlossen ist, Abb. 2.5. Das Fluid bildet das thermodynamische System; der bewegte Teil der Systemgrenze ist die Fläche A, auf welcher sich der Kolben und das Fluid berühren. Hier übt der Kolben auf das Fluid die Kraft

$$F = -p'A$$

aus, wobei $p' = p'(t)$ der Mittelwert des Drucks ist, der vom Fluid zur Zeit t auf die Kolbenfläche wirkt. Mit der Kolbengeschwindigkeit $w = dr/dt$ erhält man nach Gl.(2.6)

$$P_V(t) = Fw = -p'(t)\, A\, \frac{\mathrm{d}r}{\mathrm{d}t}$$

für die Leistung bei der Volumenänderung. Da $A\, \mathrm{d}r = \mathrm{d}V$ die Volumenänderung des Fluids ist, ergibt sich

$$P_V(t) = -p'(t)\, \frac{\mathrm{d}V}{\mathrm{d}t}$$

für die Leistung sowie

$$\mathrm{d}W^V = P_V(t)\, \mathrm{d}t = -p'(t)\, \mathrm{d}V \tag{2.7}$$

für die Volumenänderungsarbeit, die im Zeitintervall $\mathrm{d}t$ verrichtet wird.

Bei der Verdichtung des Fluids ($\mathrm{d}V < 0$) geht Energie als Arbeit von der Kolbenfläche an das Fluid über, $\mathrm{d}W^V > 0$. Bei der Expansion ($\mathrm{d}V > 0$) gibt das Fluid Energie als Arbeit an den Kolben ab, $\mathrm{d}W^V < 0$. Bei bekannter Kolbenbewegung und damit bekanntem $\mathrm{d}V/\mathrm{d}t$ lassen sich $P_V(t)$ und $\mathrm{d}W^V$ nur dann bestimmen, wenn auch die Abhängigkeit des Drucks $p'(t)$ von der Zeit bekannt ist. Diese Funktion hängt von der Kolbengeschwindigkeit, von der Gestalt des Gasraums und vom Zustand des Gases ab.

Die Berechnung von Leistung und Arbeit vereinfacht sich, wenn man die Volumenänderung als *innerlich reversibel* annimmt. Das Fluid verhält sich dann wie ein Phase, und der Druck p' stimmt mit dem Druck

$$p(t) = p(T, v) = p(T, V/m)$$

überein, der mit der thermischen Zustandsgleichung der fluiden Phase aus ihrer Temperatur und ihrem Volumen zur Zeit t berechnet werden kann. Man erhält dann

$$P_V^{\mathrm{rev}}(t) = -p(t)\, \frac{\mathrm{d}V}{\mathrm{d}t} \; . \tag{2.8}$$

Daraus ergibt sich nach Gl.(2.5) für die Volumenänderungsarbeit bei einem innerlich reversiblen Prozess

$$(W_{12}^V)_{\mathrm{rev}} = \int_{t_1}^{t_2} P_V^{\mathrm{rev}}(t)\, \mathrm{d}t = -\int_1^2 p\, \mathrm{d}V \; . \tag{2.9}$$

Zu jeder Zeit t hat die Phase einen bestimmten Druck p und ein bestimmtes Volumen V. Mit diesen zusammengehörigen Paaren (p, V) lässt sich die quasistatische Zustandsänderung der Phase im p,V-Diagramm als stetige Kurve darstellen, Abb. 2.6. Jeden Punkt dieser Kurve könnte man mit der zugehörigen Zeit t als Parameter beziffern. Die Fläche unter der Kurve bedeutet nach Gl.(2.9) den Betrag der Volumenänderungsarbeit. Sie hängt vom Verlauf der Zustandsänderung, also von der Prozessführung ab: Die Volumenänderungsarbeit ist eine Prozessgröße, keine Zustandsgröße. Bezieht

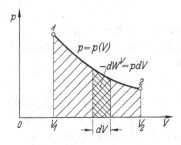

Abbildung 2.6. Veranschaulichung der Volumenänderungsarbeit als Fläche im p,V-Diagramm

man $(W_{12}^{V})_{\mathrm{rev}}$ auf die Masse m des Fluids, so erhält man die spezifische Volumenänderungsarbeit

$$(w_{12}^{V})_{\mathrm{rev}} = \frac{(W_{12}^{V})_{\mathrm{rev}}}{m} = -\int_{1}^{2} p \, \mathrm{d}v \; .$$

Die *Volumenänderungsarbeit* bei einem *innerlich irreversiblen Prozess* unterscheidet sich von dem eben gewonnenen Resultat für den reversiblen Prozess. Bei der Volumenänderung treten im Fluid lokale Geschwindigkeits- und Druckunterschiede und zusätzlich zum Druck Reibungsspannungen auf, die von der Viskosität des Fluids und den Geschwindigkeitsgradienten im Fluid abhängen. Diese inneren Irreversibilitäten führen dazu, dass der Druck p' in Gl.(2.7) bei der Verdichtung etwas größer als p ist. Es muss also eine größere Arbeit als bei reversibler Verdichtung zugeführt werden. Bei der Expansion ist dagegen der Betrag der abgegebenen Volumenänderungsarbeit ist kleiner als beim reversiblen Prozess.

Da die genannten Irreversibilitäten nur bei sehr schnellen Volumenänderungen, also nur bei hohen Kolbengeschwindigkeiten (nahe der Schallgeschwindigkeit) eine merkliche Rolle spielen, nimmt man eine quasistatische Zustandsänderung an und verwendet

$$W_{12}^{V} = -\int_{1}^{2} p \, \mathrm{d}V$$

als eine im Allgemeinen gute Näherung für die Arbeit bei der irreversiblen Verdichtung oder Entspannung eines Fluids.

Befindet sich das Fluid bei der Volumenänderung in einer Umgebung mit konstantem Druck p_{u}, z. B. in der irdischen Atmosphäre, so wird durch die Volumenänderung des Systems auch das Volumen der Umgebung geändert. Nach Abb. 2.7 wirkt am Kolben die Druckdifferenz $p - p_{\mathrm{u}}$, und man erhält an der Kolbenstange die sogenannte *Nutzarbeit*.

$$W_{12}^{\mathrm{n}} = -\int_{1}^{2} (p - p_{\mathrm{u}}) \, \mathrm{d}V = W_{12}^{V} + p_{\mathrm{u}}(V_2 - V_1).$$

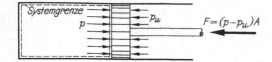

Abbildung 2.7. Expansion gegen die Wirkung des Umgebungsdrucks p_u

Bei der Expansion eines Fluids mit $p > p_u$ ist der Betrag der Nutzarbeit kleiner als der Betrag der Volumenänderungsarbeit, die über die Systemgrenze an den Kolben übergeht; denn die *Verdrängungs-* oder *Verschiebearbeit* $p_u(V_2 - V_1)$ geht an die Umgebung verloren. Bei der Verdichtung ist die aufzuwendende Nutzarbeit kleiner als die Volumenänderungsarbeit, die das Fluid aufnimmt, denn der Anteil $p_u(V_2 - V_1)$ wird von der Umgebung beigesteuert. Die Expansion eines Fluids mit $p < p_u$ wird im folgenden Beispiel 2.2 behandelt.

Die Nutzarbeit W_{12}^n steht nur dann an der Kolbenstange zur Verfügung, wenn zwischen Kolben und Zylinder keine Reibung auftritt. Diese äußere Irreversibilität erhöht die aufzuwendende Nutzarbeit, weil eine größere Kraft als $F = (p - p_u)\,A$ an der Kolbenstange angreifen muss, um auch die Reibungskraft zu überwinden. Bei der Expansion ist der Betrag der gewonnenen Nutzarbeit kleiner als $|W_{12}^n|$, weil ein Teil von W_{12}^n durch die Reibung dissipiert wird. Man beschreibt den Unterschied zwischen Nutzarbeit und der effektiven Arbeit durch Einführen eines mechanischen Wirkungsgrads $\eta_{\text{mech}} \leq 1$. Für die effektive Arbeit bei der Kompression setzt man

$$W_{12}^{\text{eff}} = \frac{W_{12}^n}{\eta_{\text{mech}}}, \quad \text{dagegen} \quad W_{12}^{\text{eff}} = \eta_{\text{mech}}\, W_{12}^n$$

bei der Expansion.

Beispiel 2.2. Ein Zylinder mit dem Volumen $V_1 = 0{,}25$ dm^3 enthält Luft, deren Druck $p_1 = 100$ kPa mit dem Druck p_u der umgebenden Atmosphäre übereinstimmt. Durch Verschieben des reibungsfrei beweglichen Kolbens wird das Volumen der Luft auf $V_2 = 1{,}50$ dm^3 isotherm vergrößert. Die Zustandsänderung der Luft werde als quasistatisch angenommen. Man berechne den Enddruck p_2, die Volumenänderungsarbeit W_{12}^V und die Nutzarbeit W_{12}^n.

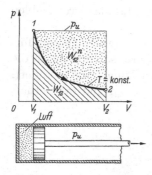

Abbildung 2.8. Expansion von Luft gegen die Wirkung der Atmosphäre. Die schraffierte Fläche bedeutet die von der Luft abgegebene Volumenänderungsarbeit $(-W_{12})$; die gepunktete Fläche entspricht der zuzuführenden Nutzarbeit W_{12}^n

Bei den hier vorliegenden niedrigen Drücken verhält sich die Luft wie ein ideales Gas. Aus der Zustandsgleichung

$$p = RT/v = m\,RT/V$$

folgt für die isotherme Zustandsänderung (T = konst.) $pV = p_1 V_1$ und

$$p_2 = p_1 V_1/V_2 = 100\,\text{kPa} \cdot 0{,}25\,\text{dm}^3/1{,}50\,\text{dm}^3 = 16{,}67\,\text{kPa}$$

als Druck am Ende der Expansion. Für die Volumenänderungsarbeit der Luft ergibt sich

$$W_{12}^{\text{V}} = -\int_1^2 p\,\mathrm{d}V = -p_1 V_1 \int_1^2 \frac{\mathrm{d}V}{V} = -p_1 V_1 \ln\left(\frac{V_2}{V_1}\right) = -44{,}8\,\text{J}\,.$$

Die Luft gibt bei der Expansion Energie als Arbeit an die Kolbenfläche ab, vgl. Abb. 2.8. Die an der Kolbenstange aufzuwendende Nutzarbeit setzt sich aus zwei Teilen zusammen, aus der Volumenänderungsarbeit der Luft und aus der Verdrängungsarbeit, die der Atmosphäre zugeführt wird:

$$W_{12}^{\text{n}} = -\int_1^2 p\,\mathrm{d}V + p_{\text{u}}\,(V_2 - V_1) = -44{,}8\,\text{J} + 125{,}0\,\text{J} = 80{,}2\,\text{J}\,.$$

Die Nutzarbeit ist aufzuwenden, um den Kolben gegen den Atmosphärendruck zu verschieben. Ein Teil der Verdrängungsarbeit wird jedoch von der expandierenden Luft beigesteuert, so dass $W_{12}^{\text{n}} < p_{\text{u}}(V_2 - V_1)$ ist.

2.2.6 Wellenarbeit

In ein offenes oder geschlossenes System rage eine Welle hinein, Abb. 2.9. Beispiele sind die Welle eines Motors, einer Turbine, eines Verdichters oder eines Rührers. Beim Drehen der Welle kann dem System Energie als Arbeit zugeführt werden, so beim Verdichter oder bei einem Rührer. Das System kann auch Arbeit über die Welle abgeben; dies ist bei einer Turbine oder einem Motor der Fall. Die Wechselwirkung zwischen dem System und seiner Umgebung tritt an der Stelle auf, wo die Systemgrenze die Welle schneidet. An der Schnittfläche greifen Schubspannungen an, die zu einem Kräftepaar zusammengefasst werden können, Abb. 2.10, so dass an diesem bewegten, rotierenden Teil der Systemgrenze Energie übertragen wird, die als *Wellenarbeit* bezeichnet wird.

Zur Berechnung der Wellenarbeit sollen an der Schnittfläche (Systemgrenze) auftretenden Schubspannungen durch das Kräftepaar mit dem Drehmoment

$$M_{\text{d}} = 2F\,\frac{b}{2} = F\,b\,,$$

vgl. Abb. 2.10, ersetzt werden. Für die Geschwindigkeit des Kraftangriffspunkts erhält man

$$w = \frac{b}{2}\,\omega\,,$$

wobei $\omega := \mathrm{d}\alpha/\mathrm{d}t$ die Winkelgeschwindigkeit der sich drehenden Welle ist. Wie F zeigt auch w stets in tangentialer Richtung. Damit erhält man für die Wellenleistung

$$P_{\mathrm{W}} = 2\,F\,w = 2\,F\,\frac{b}{2}\,\omega = M_{\mathrm{d}}\,\omega\,.$$

Anstelle der Winkelgeschwindigkeit benutzt man häufig die Drehzahl

$$n_{\mathrm{d}} = \frac{\omega}{2\,\pi}\,.$$

Damit ergibt sich für die Wellenleistung

$$P_{\mathrm{W}}(t) = 2\,\pi\,M_{\mathrm{d}}(t)\,n_{\mathrm{d}}(t)\,,$$

wobei explizit berücksichtigt wurde, dass das Drehmoment M_{d} und die Drehzahl n_{d} auch von der Zeit t abhängen können. Durch Integration über die Zeit zwischen t_1 (Anfang des Prozesses) bis zur Zeit t_2 (Ende des Prozesses) erhält man schließlich die Wellenarbeit

$$W_{12}^{\mathrm{W}} = 2\,\pi \int\limits_{t_1}^{t_2} n_{\mathrm{d}}(t)\,M_{\mathrm{d}}(t)\,\mathrm{d}t\,.$$

Zur Berechnung der Wellenarbeit werden nur Größen benötigt, die an der Systemgrenze bestimmt werden können.

Ein geschlossenes System bestehe, wie in Abb. 2.11 gezeigt wird, aus der Welle mit einem Schaufelrad und aus einem Fluid. Das Fluid sei eine Phase. Diesem System kann Energie als Wellenarbeit nur zugeführt werden; somit gilt $W_{12}^{\mathrm{W}} \geq 0$. Es ist noch nie beobachtet worden, dass sich das Schaufelrad

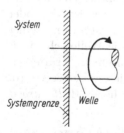

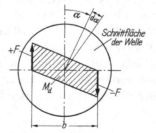

Abbildung 2.9. Rotierende Welle, die in ein offenes oder geschlossenes System hineinragt

Abbildung 2.10. Die von der Systemgrenze geschnittene Welle mit dem Kräftepaar, welches die Wirkung der Schubspannungen ersetzt; Drehmoment $M_{\mathrm{d}} = F\,b$

ohne äußere Einwirkung in Bewegung gesetzt und das in Abb. 2.11 gezeigte Gewichtsstück gehoben hätte. Das Verrichten von Wellenarbeit an einem
geschlossenen System, das aus einem Fluid besteht, ist somit, wie die Erfahrung lehrt, ein typisch irreversibler Prozess. Das Fluid ist nicht in der Lage,
die ihm als Wellenarbeit zugeführte Energie so zu speichern, dass sie wieder
als Wellenarbeit abgegeben werden könnte. Es nimmt die als Wellenarbeit
über die Systemgrenze gegangene Energie als innere Energie über die Arbeit
der Reibungsspannungen auf, die zwischen den einzelnen Elementen des in
sich bewegten, im Ganzen aber ruhenden Fluids auftreten. Man bezeichnet
diesen im Inneren des Systems ablaufenden irreversiblen Prozess als *Dissipation* von Wellenarbeit. Ein rein mechanisches System, z. B. eine mit der Welle
verbundene elastische Feder, vermag dagegen die als Wellenarbeit zugeführte Energie so aufzunehmen, dass sie nicht dissipiert wird, sondern wiederum
als Wellenarbeit abgegeben werden kann. Ein offenes System, das von einem
Fluid durchströmt wird, kann Wellenarbeit aufnehmen oder auch abgeben.
Beispiele sind die Verdichter und Turbinen, die in Abschnitt 6.2.4 ausführlich
behandelt werden.

Dem ruhenden Fluid mit konstanter Stoffmenge (geschlossenes System)
von Abb. 2.12 wird Wellenarbeit W_{12}^{W} zugeführt. Durch Verschieben des Kolbens kann außerdem Volumenänderungsarbeit W_{12}^{V} aufgenommen oder abgegeben werden. Die gesamte als Arbeit über die Systemgrenze gehende Energie
ist dann

$$W_{12} = W_{12}^{V} + W_{12}^{W} \ .$$

Dabei gilt stets $W_{12}^{W} \geqq 0$; ein ruhendes Fluid kann Energie nur als Volumenänderungsarbeit, nicht als Wellenarbeit abgeben. Da die Zufuhr von Wellenarbeit ein irreversibler Prozess ist, erhält man für den Sonderfall des reversiblen
Prozesses mit $W_{12}^{W} = 0$

$$W_{12}^{rev} = W_{12}^{V} = - \int_{1}^{2} p \ dV \ .$$

Da eine analoge Erkenntnis auch für elektrische Arbeit gilt, folgt aus diesen
Betrachtungen die wichtige Aussage:

*In einem reversiblen Prozess kann ein ruhendes Fluid Arbeit nur als Vo-
lumenänderungsarbeit aufnehmen oder abgeben.*

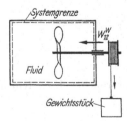

Abbildung 2.11. Fluid mit Schaufelrad, das durch das
herabsinkende Gewichtsstück in Bewegung gesetzt wird

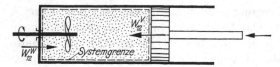

Abbildung 2.12. Kombination von Volumenänderungsarbeit W_{12}^{V} und Wellenarbeit W_{12}^{W}

2.2.7 Elektrische Arbeit und Arbeit nichtfluider Systeme

Die in den drei letzten Abschnitten behandelte mechanische Arbeit ist jene Art der Energieübertragung, die durch mechanische Kräfte auf die sich bewegende Systemgrenze bewirkt wird. Ein Energietransport über die Systemgrenze kommt auch durch den Transport elektrischer Ladungen zwischen Stellen mit unterschiedlichem elektrischen Potenzial zustande. Obwohl es sich hier um einen Energietransport durch geladene Teilchen handelt, ordnet man diese Art der Energieübertragung dem Arbeitsbegriff zu. Die Mengenströme der zu- und abfließenden Ladungsträger sind zu jedem Zeitpunkt gleich groß, und die durch sie über die Systemgrenze transportierte Energie lässt sich durch reversible Prozesse *vollständig* in mechanische Energie, insbesondere in mechanische Arbeit umwandeln. Man spricht daher von *elektrischer Arbeit* und bei Bezug auf die Zeit von *elektrischer Leistung*.

Zur Berechnung der elektrischen Leistung wird der einfache in Abb. 2.13 a dargestellte Stromkreis betrachtet, der aus der Spannungsquelle, dem Verbraucher, z. B. einem Widerstand, und den verbindenden Leitungen besteht. In der Elektrotechnik wird die Richtung des elektrischen Stroms so festgelegt, dass dieser außerhalb der Spannungsquelle vom Pluspol zum Minuspol fließt, obwohl sich die Ladungsträger, die negativ geladenen Elektronen, in der Gegenrichtung bewegen. Sieht man den Verbraucher als System an, Abb. 2.13 b, so fließt der Strom in Richtung des Potenzialgefälles, und die elektrische Leistung ist durch

$$P_{\mathrm{el}}(t) = U_{\mathrm{el}}(t) \cdot I_{\mathrm{el}}(t)$$

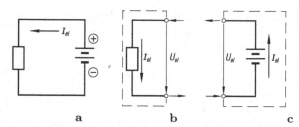

a   b   c

Abbildung 2.13. a Stromkreis mit Spannungsquelle und Verbraucher; **b** System ist der Verbraucher; **c** System ist die Spannungsquelle

gegeben. Sie ist positiv, wird also dem Verbraucher zugeführt. Hierbei bedeutet U_{el} die positive Potenzialdifferenz oder Spannung (Einheit Volt = V) zwischen den Schnittstellen der Systemgrenze mit den beiden elektrischen Leitern. Mit I_{el} wird die Stromstärke (Einheit Ampere = A) bezeichnet. Betrachtet man dagegen die Spannungsquelle als System, Abb. 2.13 c, so fließt der Strom entgegen dem Potenzialgefälle. Spannung und Stromstärke haben entgegengesetzte Richtungen. Für die elektrische Leistung gilt nun

$$P_{el}(t) = -U_{el}(t) \cdot I_{el}(t) \,.$$

Sie ist negativ, wird also von der Spannungsquelle abgegeben.

Elektrische Spannung und Stromstärke hängen im Allgemeinen von der Zeit t ab. Für die während der Zeit $t_2 - t_1$ verrichtete elektrische Arbeit erhält man

$$W_{12}^{el} = \int_{t_1}^{t_2} P_{el}(t)\,\mathrm{d}t = \int_{t_1}^{t_2} U_{el}(t)\, I_{el}(t)\,\mathrm{d}t \,. \tag{2.10}$$

Die Gleichungen für die elektrische Leistung und die elektrische Arbeit enthalten nur Größen, die an der Systemgrenze bestimmbar sind. Diese Gleichungen gelten also unabhängig vom inneren Aufbau des Systems und auch unabhängig davon, ob der Prozess reversibel oder irreversibel ist.

Als einen besonders einfachen Fall wird ein System betrachtet, das nur aus einem Leiter mit dem elektrischen Widerstand[5]

$$R_{el} = U_{el}/I_{el} \tag{2.11}$$

besteht, Abb. 2.14. Ein solcher Leiter kann elektrische Arbeit nur aufnehmen, aber nicht abgeben, denn ähnlich wie Wellenarbeit in einem Fluid wird

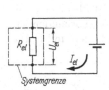

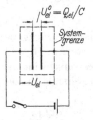

Abbildung 2.14. System, bestehend aus einem Leiterstück mit dem elektrischen Widerstand R_{el}

Abbildung 2.15. Plattenkondensator als thermodynamisches System

---

[5] Einen Leiter, z.B. ein Stück Metall, mit dem elektrischen (ohmschen) Widerstand R_{el} bezeichnet man häufig einfach als „Widerstand", obwohl mit diesem Wort die physikalische Größe R_{el}, also nur eine Eigenschaft des Leiters bezeichnet werden sollte.

in einem elektrischen Leiter elektrische Arbeit dissipiert. Stromdurchgang durch einen elektrischen Leiter gehört zu den dissipativen, also irreversiblen Prozessen. Für die elektrische Arbeit erhält man aus den Gl.(2.10) und (2.11)

$$W_{12}^{el} = \int_{t_1}^{t_2} I_{el}^2 R_{el} \, dt = \int_{t_1}^{t_2} (\frac{U_{el}^2}{R_{el}}) \, dt \ . \tag{2.12}$$

Nach dem Ohmschen Gesetz ist der elektrische Widerstand eine Materialeigenschaft des Leiters, die stets positiv ist. Somit wird beim irreversiblen Stromdurchgang durch den Leiter $W_{12}^{el} > 0$ in Übereinstimmung mit der Erfahrung, wonach ein einfacher elektrischer Leiter keine Arbeit abgeben kann.

Soll ein System elektrische Arbeit aufnehmen und auch abgeben können, so muss das System im Gegensatz zu einem einfachen elektrischen Leiter fähig sein, elektrische Ladungen zu speichern. Dies ist bei einem Kondensator oder einer elektrochemischen Zelle, etwa einem Akkumulator der Fall. Ein Kondensator nach Abb. 2.15 kann elektrische Ladungen auf den beiden Platten speichern, zwischen denen die Spannung

$$U_{el}^0 = Q_{el}/C$$

mit C als der Kapazität des Kondensators besteht. Die gespeicherte Ladung Q_{el} ist wie die Kapazität C eine Zustandsgröße des Kondensators. Die an der Systemgrenze auftretende Klemmenspannung

$$U_{el} = R_{el}I_{el} + U_{el}^0 = R_{el}I_{el} + Q_{el}/C$$

setzt sich aus dem Spannungsabfall über dem inneren Widerstand R_{el} des Kondensators und aus der Spannung zwischen den beiden Platten zusammen. Beim Laden des Kondensators ($I_{el} > 0$) wird die elektrische Arbeit

$$dW^{el} = U_{el}I_{el} \, dt = (R_{el}I_{el}^2 + I_{el}Q_{el}/C) \, dt$$

zugeführt. Beim Entladen ($I_{el} < 0$) wird nur der zweite Term in dieser Gleichung negativ. Die beim Entladen zurückgewonnene elektrische Arbeit ist also kleiner als die beim Laden zugeführte Arbeit, weil ein innerer Widerstand R_{el} vorhanden ist.

Nur im Grenzfall des verschwindenden Widerstands sind das Laden und Entladen des Kondensators reversible Prozesse. Es gilt dann

$$dW_{rev}^{el} = U_{el}^0 I_{el} \, dt = \frac{Q_{el}}{C} \, dQ_{el} \ .$$

Bei einem Fluid konnte die Arbeit eines reversiblen Prozesses als Volumenänderungsarbeit

$$dW_{rev} = -p \, dV$$

durch Zustandsgrößen des Systems ausgedrückt werden. Ebenso kann die Arbeit beim reversiblen „Verändern des Ladungszustands" des Kondensators durch seine

Zustandsgrößen Q_{el} und C ausgedrückt werden, deren Quotient gleich der Klemmenspannung

$$(U_{el})_{rev} = U_{el}^0 = Q_{el}/C$$

beim reversiblen Prozess ist.

Der Kondensator ist ein Beispiel für ein System, das keine fluide Phase ist. Wie beim einfachen Fluid erhält man für die Arbeit bei einem reversiblen Prozess einen Ausdruck der Form

$$dW_{rev} = y\,dX\ ,$$

in dem X und y Zustandsgrößen des Systems sind. Auch für andere Energieformen findet man einen gleichartigen Ausdruck für die reversible Arbeit. Man bezeichnet daher allgemein die Zustandsgrößen y als *Arbeitskoeffizienten* oder als verallgemeinerte Kräfte, die Zustandsgrößen X als *Arbeitskoordinaten* oder als verallgemeinerte Verschiebungen bzw. Flüsse. Als Arbeitskoeffizienten wurden schon früher $(-p)$ und Q_{el}/C, als zugehörige Arbeitskoordinaten V und Q_{el} eingeführt. Ein weiteres Beispiel ist das Paar Grenzflächenspannung σ und Grenzfläche Ω, durch welches die Arbeit

$$dW^\Omega = \sigma\,d\Omega$$

beim Verändern der Oberfläche eines Systems gegeben ist. In Tabelle 2.1 sind die energiekonjugierten Kräfte und Flüsse unterschiedlicher Energieerscheinungsformen zusammengestellt.

2.2.8 Wärme und Wärmestrom

Neben dem Verrichten von Arbeit gibt es eine weitere Möglichkeit, Energie über die Systemgrenze zu transportieren: das Übertragen von Wärme, vgl. Abschnitt 1.3.1 und 2.2.2. Die bei einem Prozess als Wärme übertragene Energie lässt sich als jene Energie definieren, die nicht als Arbeit und nicht mit einem Materiestrom die Systemgrenze überschreitet. Daraus ergibt sich als Berechnungsgleichung der Wärme Q_{12}, die beim Prozess $1 \to 2$ über die Grenze eines geschlossenen Systems übertragen wird,

$$Q_{12} = E_2 - E_1 - W_{12}\ .$$

Die Wärme Q_{12} ist nicht direkt messbar, sondern muss aus der Änderung der Energie des Systems und aus der Arbeit des Prozesses bestimmt werden.

Will man den zeitlichen Verlauf eines Prozesses näher untersuchen, so verwendet man neben der mechanischen Leistung $P(t)$ den Wärmestrom $\dot{Q}(t)$. Nach seiner Definition, vgl. Abschnitt 1.3.1, bestimmt sein zeitlicher Verlauf die bei einem Prozess übertragene Wärme

$$Q_{12} = \int\limits_{t_1}^{t_2} \dot{Q}(t)\,dt\ .$$

Tabelle 2.1. In der Thermodynamik bedeutsame Erscheinungsformen* der Energie

Bezeichnung der Energieform	verallg. Fluss X (extensive Variable)	verallg. Kraft y (intensive Variable)	dE	$=$	ydX
Innere Energie U $U = U_{\text{therm}} + U_{\text{chem}} + U_{\text{Nukl.}}$ Enthalpie** $\quad H = U + pV$ Freie Energie $\quad F = U - TS$ Freie Enthalpie $G = H - TS$	Stoffmenge n_i	chem. Potential μ_i	dU	$=$	$\mu_i dn_i$
Wärmeenergie Q	Entropie S	Temperatur T	dQ	$=$	TdS
kinetische Energie E^{kin}	Impuls I_{p}	Geschwindigkeit w	dE^{kin}	$=$	wdI_{p}
potentielle Energie E^{pot}	Höhe z	Gewichtskraft $F = m \cdot g$	dE^{pot}	$=$	$mgdz$
Elektr. Energie W^{el}	el. Ladung Q_{el}	el. Potential Φ	dW^{el}	$=$	ΦdQ_{el}
Volumenänderungsarbeit W^{V}	Volumen V	Druck p	dW^{V}	$=$	$-pdV$
Wellenarbeit W^{W}	Drehzahl n_{D}	Drehmoment M_{D}	dW^{W}	$=$	$M_{\text{D}}dn_{\text{D}}$
Oberflächenenergie W^{Ω}	Grenzfläche Ω	Grenzflächenspannung σ	dW^{Ω}	$=$	$\sigma d\Omega$
Rotationsenergie E^{rot}	Drehimpuls L_{p}	Winkelgeschwindigkeit ω	dE^{rot}	$=$	ωdL_{p}
Strahlungsenergie*** E^{Str}	Durchtrittsfläche A	Poynting-Vektor $\vec{S}$ $\quad \vec{S} = \vec{E} \times \vec{H}$	dE^{Str}	$=$	$\vec{S}dA$
Polarisationsenergie E^{EPol}	el. Dipolmoment $\vec{p}$	el. Feldstärke $\vec{E}$	dE^{EPol}	$=$	$\vec{E}d\vec{p}$
Magnetisierungsenergie E^{MPol}	magn. Dipolmoment $\vec{\mu}$	magn. Feldstärke $\vec{H}$	dE^{MPol}	$=$	$\vec{H}d\vec{\mu}$

* Die genannten Energieformen sind nicht zwingend unabhängig voneinander. So sind z.B. bei geladenen Teilchen elektrische und chemische Energie verkoppelt, siehe Abschnitt 7.4. Eine Übersicht zu diesen und weiteren Energieformen findet sich in [0.4].
** Für die Energieformen H, F und G vgl. Abschnitt 5.1.4.
*** Für die Strahlungsenergie sind innere Variablen relevant, die durch die Maxwell'schen Gleichungen beschrieben werden.

Ist der Wärmestrom $\dot{Q}(t) \equiv 0$, wird also keine Energie als Wärme übertragen, so spricht man von einem *adiabaten* Prozess. Ein adiabater Prozess lässt sich durch eine besondere Gestaltung der Systemgrenze herbeiführen. Das System muss wärmedicht abgeschlossen sein, also von adiabaten Wänden umgeben sein. Man spricht dann von einem adiabaten System. *Über die Grenzen eines adiabaten Systems kann Energie als Wärme weder zu- noch abgeführt werden.* Ein adiabates System ist natürlich eine Idealisierung, denn es erfordert einen hohen Aufwand, um Wände herzustellen, die einen Wärmetransport so weit unterbinden, dass $\dot{Q}$ bzw. Q_{12} vernachlässigbar klein werden.

Soll Energie als Wärme über die Systemgrenze übertragen werden, so darf diese nicht adiabat sein. Außerdem muss ein Temperaturunterschied zu beiden Seiten der Systemgrenze bestehen. Allein dieser Temperaturunterschied bewirkt einen Energietransport über die Systemgrenze, ohne dass hierzu eine mechanische, chemische, elektrische oder magnetische Wechselwirkung zwischen dem System und seiner Umgebung erforderlich wäre. Es genügt, dass sich zwei Systeme mit unterschiedlichen Temperaturen berühren, um zwischen ihnen Energie als Wärme zu übertragen. Daher wird Wärme wie folgt definiert:

> *Wärme ist Energie, die allein auf Grund eines Temperaturunterschieds zwischen einem System und seiner Umgebung (oder zwischen zwei Systemen) über die gemeinsame Systemgrenze übertragen wird.*

Wie die Erfahrung lehrt, geht bei diesem Prozess Wärme stets vom System mit der höheren thermodynamischen Temperatur zum System mit der niedrigeren Temperatur über. Dies folgt aus dem 2. Hauptsatz der Thermodynamik, vgl. Abschnitt 3.1.4.

Der Wärmestrom $\dot{Q}$, von einem System A mit der Temperatur T_A auf ein System B mit der Temperatur $T_B < T_A$ übertragen wird, kann mit dem empirischen Ansatz

$$\dot{Q} = k\, A\, (T_A - T_B) \tag{2.13}$$

berechnet werden. Hierin bedeutet A die Fläche der Systemgrenze, über die der Wärmestrom $\dot{Q}$ fließt. Der Wärmedurchgangskoeffizient k hängt, wie in der Lehre von der Wärmeübertragung, vgl. [2.4], gezeigt wird, von zahlreichen Größen ab, die den Transportprozess kennzeichnen. Gleichung (2.13) berücksichtigt die Tatsache, dass Wärme nur dann übertragen wird, wenn ein Temperaturunterschied $(T_B - T_A)$ zwischen den beiden Systemen besteht. Der Grenzfall $k \to 0$ kennzeichnet die adiabate Wand.

Beispiel 2.3. Ein elektrischer Leiter wird von einem zeitlich konstanten Gleichstrom durchflossen. Der Abschnitt des Leiters, der zwischen zwei Punkten mit dem Potenzialunterschied $U_{el} = 15{,}5\,\mathrm{V}$ liegt, hat den elektrischen Widerstand $R_{el} = 2{,}15\,\Omega$, Abb. 2.16. Dieser Leiterabschnitt wird so gekühlt, dass sich seine Temperatur und damit sein Zustand nicht ändern. Man bestimme die Energie, die während $\Delta t = 1{,}0\,\mathrm{h}$ als Wärme abgeführt werden muss.

Der Leiterabschnitt ist ein ruhendes geschlossenes System. Für die abgeführte Wärme gilt zunächst

$$Q_{12} = \int_{t_1}^{t_2} \dot{Q}(t)\,\mathrm{d}t\,.$$

Den Wärmestrom $\dot{Q}$ erhält man aus der Leistungsbilanzgleichung

$$\dot{Q}(t) + P_{\mathrm{el}}(t) = \frac{\mathrm{d}E}{\mathrm{d}t}\,.$$

Da sich der Zustand des Leiters nicht ändert (stationärer Prozess), ist $\mathrm{d}E/\mathrm{d}t = 0$; der Wärmestrom $\dot{Q}$ und die Leistung P_{el} hängen nicht von der Zeit ab, so dass

$$\dot{Q} = -P_{\mathrm{el}} = -U_{\mathrm{el}}\,I_{\mathrm{el}} = -U_{\mathrm{el}}^2/R_{\mathrm{el}} = -15{,}5^2\,\mathrm{V}^2/2{,}15\,\Omega = -111{,}7\,\mathrm{W}$$

wird. Damit erhält man für die Wärme

$$Q_{12} = \dot{Q}\,\Delta t = -P_{\mathrm{el}}\,\Delta t = -W_{12}^{\mathrm{el}} = -111{,}7\,\mathrm{Wh} = -402\,\mathrm{kJ}\,.$$

Die bei der Kühlung des Leiterabschnitts abzuführende Wärme ist dem Betrag nach ebenso groß wie die als elektrische Arbeit zugeführte Energie. Man kann daher diesen Prozess auch als Umwandlung von elektrischer Arbeit in Wärme bezeichnen. Der Prozess ist irreversibel, denn seine Umkehrung, Zufuhr von Wärme und Gewinnung von elektrischer Arbeit, ist offensichtlich für den hier betrachteten einfachen Leiterabschnitt unmöglich. Wie schon in Abschnitt 2.2.7 erwähnt, wird die zugeführte elektrische Arbeit im Leiter dissipiert; die dissipierte Energie wird im vorliegenden Beispiel als Wärme abgeführt.

2.3 Energiebilanzgleichungen

Aufbauend auf den 1. Hauptsatz gemäß Abschnitt 2.1 und unter Berücksichtigung der in Abschnitt 2.2 diskutierten unterschiedlichen Erscheinungsformen der Energie soll in diesem Abschnitt die Energiebilanzgleichung zunächst für geschlossene, dann allgemein für offene Systeme aufgestellt und diskutiert werden.

2.3.1 Energiebilanzgleichungen für geschlossene Systeme

Als ersten quantitativen Ausdruck einer auf den 1. Hauptsatz aufbauenden Energiebilanz wurde in Abschnitt 2.1 für ein geschlossenes System die Gleichung

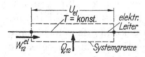

Abbildung 2.16. Gekühlter elektrischer Leiter

$$E_2 - E_1 = Q_{12} + W_{12} \tag{2.14}$$

aufgestellt. Sie gilt für einen Prozess, der ein geschlossenes System vom Anfangszustand 1 (zur Zeit t_1) in den Endzustand 2 (zur Zeit $t_2 > t_1$) führt.

Gleichung (2.14) gilt für ein bewegtes geschlossenes System. E enthält neben der inneren Energie U auch die kinetische und potenzielle Energie des Systems. In der Thermodynamik werden oft ruhende geschlossene Systeme betrachtet. Ihre kinetische und potenzielle Energie ändert sich nicht; die Differenz $E_2 - E_1$ ist dann durch $U_2 - U_1$ zu ersetzen. Man erhält damit Energiebilanzgleichung für ein *ruhendes geschlossenes* System

$$U_2 - U_1 = Q_{12} + W_{12} \; . \tag{2.15}$$

In W_{12} sind nur die Arbeiten enthalten, die eine Änderung des inneren Zustands des Systems bewirken, die Volumenänderungsarbeit W_{12}^{V}, die Wellenarbeit W_{12}^{W} und die elektrische Arbeit W_{12}^{el}. Diese Arbeiten können gleichzeitig auftreten:

$$W_{12} = W_{12}^{\mathrm{V}} + W_{12}^{\mathrm{W}} + W_{12}^{\mathrm{el}} \; .$$

Es können aber auch einzelne Terme in dieser Gleichung gleich null sein, wenn die betreffende Art, Energie als Arbeit über die Systemgrenze zu transportieren, nicht vorhanden ist.

Der 1. Hauptsatz ergibt in Form der Gl.(2.15) einen quantitativen Zusammenhang zwischen den drei Energieformen Wärme, Arbeit und innere Energie. Eine Aufgabe der Energiebilanzgleichung ist es, die als Arbeit und/oder Wärme zugeführte oder entzogene Energie zu berechnen, die für eine bestimmte Zustandsänderung des Systems benötigt wird. Es ist hierbei zu beachten, dass nur die *Summe* $Q_{12} + W_{12}$ die Änderung der inneren Energie bestimmt. Will man etwas über die Einzelwerte Q_{12} und W_{12} aussagen, so müssen weitere Angaben über den Prozess vorliegen, z.B., dass der Prozess mit einem adiabaten System ($Q_{12} = 0$) ausgeführt wird. Eine allgemeingültige Unterscheidung zwischen den Prozessgrößen Wärme und Arbeit ist erst mit Hilfe der Entropie möglich, vgl. Kapitel 3.

Anstelle der inneren Energie U kann die spezifische innere Energie

$$u = U/m$$

eingeführt werden, da bei geschlossenen Systemen deren Masse konstant bleibt. Werden auch Arbeit und Wärme auf die Masse m des Systems bezogen, so so lautet der 1. Hauptsatz für ruhende geschlossene Systeme

$$u_2 - u_1 = q_{12} + w_{12} \; .$$

Handelt es sich bei dem betrachteten geschlossenen System um ein Fluid, was seinerseits als eine Phase behandelt werden darf, können nur innerlich reversible Prozesse durchlaufen werden. Für die spezifische innere Energie dieser Phase gilt eine kalorische Zustandsgleichung

$$u = u(T, v) \quad \text{bzw.} \quad u = u(T, p) \,,$$

so dass der Prozess, den das System durchläuft, durch eine Veränderung einer oder mehrerer messbaren Zustandsgrößen p, T, v verfolgt werden kann. Die der fluiden Phase als Arbeit zugeführte oder entzogene Energie ist nur Volumenänderungsarbeit

$$w_{12}^{\text{rev}} = - \int\limits_1^2 p \, \mathrm{d}v \,,$$

und nach dem 1. Hauptsatz ergibt sich für die Wärme

$$q_{12}^{\text{rev}} = u_2 - u_1 + \int\limits_1^2 p \, \mathrm{d}v \,.$$

Es ist in diesem Sonderfall möglich, die Wärme q_{12}^{rev} und die Arbeit w_{12}^{rev} getrennt durch Zustandsgrößen des Systems auszudrücken. Sind für einen innerlich reversiblen Prozess Anfangs- und Endzustand und der Verlauf der Zustandsänderung bekannt, so lassen sich Wärme und Arbeit vollständig berechnen.

Die drei Größen innere Energie, Wärme und Arbeit sind grundlegend für den 1. Hauptsatz der Thermodynamik, und es ist wichtig, diese Begriffe streng zu unterscheiden. Mit Wärme und Arbeit werden stets Energien beim Übergang über die Systemgrenze bezeichnet. Wenn Wärme und Arbeit die Systemgrenze überschritten haben, besteht keine Veranlassung mehr, von Wärme oder Arbeit zu sprechen: Wärme und Arbeit sind zu innerer Energie des Systems geworden. Es ist falsch, vom Wärme- oder Arbeitsinhalt eines Systems zu sprechen, entsprechend ist ein „Wärmespeicher" ein Speicher für (erhöhte) innere Energie eines Speichermaterials. Wärmezufuhr oder das Verrichten von Arbeit sind Verfahren, die innere Energie eines Systems zu ändern. Es ist unmöglich, die innere Energie in einen mechanischen (Arbeits-) und einen thermischen (Wärme-)Anteil aufzuspalten.

Neben der Energiebilanzgl. (2.14) wurde in Abschnitt 2.1 auch die Leistungsbilanzgleichung

$$\frac{\mathrm{d}E}{\mathrm{d}t} = \dot{Q}(t) + P(t)$$

aufgestellt. Sie gilt für jeden Zeitpunkt des Prozesses: Die Energieströme, die als Wärmestrom $\dot{Q}$ und als Leistung P die Systemgrenze überqueren, bewirken die zeitliche Änderung des Energieinhalts des geschlossenen Systems. Betrachtet man ein ruhendes geschlossenes System, so ändert sich nur seine innere Energie U mit der Zeit, und die Leistungsbilanzgleichung erhält die Form

$$\frac{\mathrm{d}U}{\mathrm{d}t} = \dot{Q}(t) + P(t) \,.$$

In $P(t)$ sind jene Leistungen zusammengefasst, die die innere Energie verändern. Dies sind die Wellenleistung P_W, die elektrische Leistung P_el und die Leistung P_V bei der Volumenänderung des Systems.

Wenn der betrachtete Prozess zeitlich stationär ist, vgl. Abschnitt 1.4.3, hängen alle in der Leistungsbilanzgleichung eines geschlossenen Systems auftretenden Größen nicht von der Zeit ab. Es gilt $\mathrm{d}U/\mathrm{d}t \equiv 0$; Wärmestrom und Leistung sind konstante, den Prozess kennzeichnende Größen. Die Leistungsbilanzgleichung nimmt die einfache Gestalt

$$\dot{Q} + P = 0$$

an. Es können auch mehrere Wärmeströme $\dot{Q}_\mathrm{i}$ und mehrere Leistungen P_j die Grenze des geschlossenen Systems an verschiedenen Stellen überqueren. Es gilt daher allgemeiner

$$\sum_i \dot{Q}_\mathrm{i} + \sum_j P_\mathrm{j} = 0 \,. \tag{2.16}$$

Die Summe aller zu- und abgeführten Energieströme muss bei einem stationären Prozess eines geschlossenen Systems null ergeben.

Die Summe aller mechanischen oder elektrischen Leistungen bezeichnet man als *Nettoleistung* oder *Nutzleistung*

$$P := \sum_j P_\mathrm{j} \,.$$

Für die abgegebene Nettoleistung $(-P)$ gilt dann nach Gl.(2.16)

$$-P = \sum_i \dot{Q}_\mathrm{i} = \sum_{\mathrm{zu}} \dot{Q}_\mathrm{i}^\mathrm{zu} - \sum_{\mathrm{ab}} |\dot{Q}_\mathrm{i}^\mathrm{ab}| \,;$$

sie ergibt sich als Überschuss der zugeführten Wärmeströme über den Betrag der abgeführten Wärmeströme. Ist die Nettoleistung $P < 0$, gibt das System mehr mechanische oder elektrische Leistung ab, als es aufnimmt. Dies ist beispielsweise bei einer Wärmekraftmaschine der Fall, auf die in Abschnitt 3.1.5 eingegangen wird. Ist dagegen $P > 0$, so wird dem System mehr Leistung zugeführt, als es abgibt. Dies trifft auf Wärmepumpen und Kältemaschinen zu, die in Kapitel 9 behandelt werden.

Beispiel 2.4. Der in Abb. 2.17 dargestellte Zylinder A und der zugehörige bis zum Ventil reichende Leitungsabschnitt enthalten Luft, die anfänglich das Volumen $V_1 = 5{,}0\ \mathrm{dm^3}$ einnimmt. Der reibungsfrei bewegliche Kolben übt auf die Luft den Druck

$p = 135$ kPa aus. Der rechte Behälter und der zugehörige Leitungsabschnitt haben das konstante Volumen $V_\text{B} = 10{,}0$ dm^3; sie sind ebenfalls mit Luft gefüllt, die unter dem Druck $p_\text{B} = 650$ kPa steht. Das ganze System hat die Anfangstemperatur $\vartheta_1 = 15{,}0\,^\circ$C. Nach dem Öffnen des Ventils strömt Luft aus dem Behälter langsam in den Zylinder über; der Kolben hebt sich, bis der Druck im ganzen System denselben Wert erreicht. Für diesen Zustand berechne man die Temperatur ϑ_2 sowie das Volumen V_2 der Luft im Zylinder unter der Annahme, dass die Luft während des Prozesses $1 \to 2$ ein adiabates System ist. Danach wird Wärme zwischen der Luft und ihrer Umgebung übertragen, so dass die Luft schließlich die Temperatur $\vartheta_3 = \vartheta_1 = 15{,}0\,^\circ$C erreicht. Wie groß ist die bei diesem Prozess $2 \to 3$ übertragene Wärme Q_{23}?

Die Luftmengen im Zylinder A und im Behälter B bilden zusammen ein (ruhendes) geschlossenes System, dessen Anfangszustand 1 gegeben und dessen Endzustand 2 gesucht ist. Es gilt die Energiebilanzgleichung

$$U_2 - U_1 = Q_{12} + W_{12}$$

mit $Q_{12} = 0$ und

$$W_{12} = -\int_1^2 p\,\mathrm{d}V = -p\,(V_2 - V_1)\,,$$

weil die Arbeit nur aus der Volumenänderungsarbeit beim Heben des Kolbens gegen den konstanten Druck p besteht. Die innere Energie U_1 der Luft im Anfangszustand setzt sich aus den Anteilen der Luft im Zylinder (Masse m_1) und im Behälter (Masse m_B) additiv zusammen:

$$U_1 = m_1\,u(T_1, p) + m_\text{B}\,u(T_1, p_\text{B})\,.$$

Die Drücke p und p_B sind so niedrig, dass die Luft als ideales Gas behandelt werden darf. Die spezifische innere Energie u hängt dann nur von der Temperatur ab, und man erhält mit $m = m_1 + m_\text{B}$ als Gesamtmasse der Luft

$$U_1 = m\,u(T_1)\,.$$

Da für U_2 eine analoge Beziehung gilt, ergibt sich als kalorische Zustandsgleichung

$$U_2 - U_1 = m\,[u(T_2) - u(T_1)] = m\,c_v^{\text{iG}}\,(T_2 - T_1)\,,$$

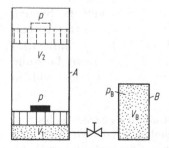

Abbildung 2.17. Zylinder A mit beweglichem Kolben und Druckluftbehälter B

wenn ein konstantes $c_v^{iG} = 0{,}717$ kJ/kg K angenommen wird. Damit ergibt sich aus der Energiebilanzgleichung in Kombination mit der kalorischen Zustandsgleichung

$$-p\,(V_2 - V_1) = m\,c_v^{iG}(T_2 - T_1)\;. \tag{2.17}$$

Diese Gleichung verknüpft die beiden gesuchten Zustandsgrößen V_2 und T_2. Eine Expansion der Luft ($V_2 > V_1$) bewirkt ihre Abkühlung ($T_2 < T_1$); denn die abgegebene Volumenänderungsarbeit verringert die innere Energie der Luft. Die Masse m der Luft erhält man durch Anwenden der thermischen Zustandsgleichung auf den Anfangszustand. Mit $R = 0{,}287$ kJ/kg K als Gaskonstante der Luft ergibt sich

$$m = m_1 + m_B = \frac{p\,V_1}{R\,T_1} + \frac{p_B V_B}{R\,T_1} = 0{,}0867\,\text{kg}\;.$$

Eine zweite Beziehung zwischen V_2 und T_2 liefert die thermische Zustandsgleichung, wenn man sie auf den Endzustand 2 anwendet:

$$p\,(V_2 + V_B) = m\,R\,T_2\;. \tag{2.18}$$

Die Gl.(2.17) und (2.18) werden nach T_2 und V_2 aufgelöst und man erhält

$$T_2 = \frac{c_v^{iG}}{c_v^{iG} + R}\,T_1 + \frac{p}{m}\,\frac{V_1 + V_B}{c_v^{iG} + R} = 229{,}04\,\text{K}$$

oder $\vartheta_2 = -44{,}1\,°\text{C}$ und

$$V_2 = m\,\frac{R\,T_2}{p} - V_B = 32{,}2\,\text{dm}^3\;.$$

Die Abgabe der Volumenänderungsarbeit $W_{12} = -p\,(V_2 - V_1) = -3{,}67$ kJ führt zu einer gleich großen Abnahme der inneren Energie, die sich in der erheblichen Temperatursenkung der Luft bemerkbar macht.

Bei dem nichtadiabaten Prozess $2 \to 3$ erwärmt sich die Luft bei konstantem Druck von ϑ_2 auf $\vartheta_3 = \vartheta_1$. In die Energiebilanzgleichung

$$Q_{23} + W_{23} = U_3 - U_2 = m\,c_v^{iG}(T_3 - T_2)$$

wird die Volumenänderungsarbeit

$$W_{23} = -p\,(V_3 - V_2) = -m\,R\,(T_3 - T_2)$$

eingesetzt, man erhält für die von der Luft aufgenommene Wärme mit $T_3 = T_1 = 288{,}15$ K

$$Q_{23} = m\,(c_v^{iG} + R)(T_3 - T_2) = 5{,}15\,\text{kJ}\;.$$

Diese Energiezufuhr erhöht die innere Energie der Luft um

$$U_3 - U_2 = m\,c_v^{iG}(T_3 - T_2) = 3{,}67\,\text{kJ}\;;$$

sie macht also die Energieabnahme bei der adiabaten Expansion $1 \to 2$ wieder rückgängig. Die Differenz

$$Q_{23} - (U_3 - U_2) = -W_{23} = 1{,}47\,\text{kJ}$$

ist der Betrag der bei der isobaren Expansion von V_2 auf $V_3 = 43{,}1$ dm^3 abgegebenen Volumenänderungsarbeit.

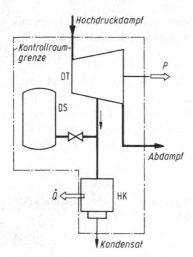

Abbildung 2.18. Beispiel eines Kontrollraums mit Dampfturbine DT, Dampfspeicher DS und Heizkondensator HK

2.3.2 Massenbilanz und Energiebilanz für einen Kontrollraum

Über die Grenze eines *offenen* Systems, das bei den technischen Anwendungen der Thermodynamik oft als Kontrollraum bezeichnet wird, kann Energie als Arbeit, als Wärme *und* mit Materie, d.h. mit einem oder mehreren Stoffströmen übertragen werden. Abbildung 2.18 zeigt als Beispiel einen Kontrollraum, über dessen Grenze Wellenarbeit, Wärme und die drei Massenströme übertragen werden. Hochdruckdampf strömt in den Kontrollraum hinein, Niederdruckdampf, der in der Turbine expandiert hat, und Kondensat verlassen den Kontrollraum. Außerdem ist ein Dampfspeicher im Inneren des Kontrollraums vorhanden. Die Begrenzung des Kontrollraums kann willkürlich gewählt werden; man wird sie so legen, dass das gestellte Problem möglichst einfach gelöst werden kann. Die Kontrollraumgrenze wird meistens als fest im Raum liegend angenommen. Zur Untersuchung von Turbomaschinen benutzt man aber auch bewegliche, z. B. rotierende Kontrollräume. Im Folgenden wird stets vorausgesetzt, dass die Kontrollraumgrenzen „starr" sind; der Kontrollraum soll weder expandieren noch sich zusammenziehen.

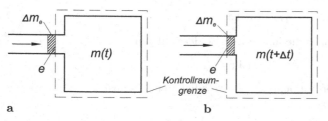

Abbildung 2.19. Kontrollraum zur Herleitung der Massenbilanzgleichung: **a** zur Zeit t, **b** zur Zeit $t + \Delta t$

Bevor auf die Energien eingegangen wird, die mit Stoffströmen über die Grenzen eines Kontrollraums transportiert werden, wird eine Massenbilanzgleichung aufgestellt. Während eines Zeitintervalls Δt möge durch den Eintrittsquerschnitt e des in Abb. 2.19 dargestellten Kontrollraums Materie mit der Masse Δm_e in den Kontrollraum hineinströmen. Mit $m(t)$ wird die Masse des Fluids bezeichnet, welches sich zur Zeit t innerhalb des Kontrollraums befindet. Dann gilt die Massenbilanz

$$m(t + \Delta t) - m(t) = \Delta m_e \, . \tag{2.19}$$

Gl.(2.19) wird durch Δt dividiert und der Grenzübergang $\Delta t \to 0$ vollzogen:

$$\lim_{\Delta t \to 0} \frac{m(t + \Delta t) - m(t)}{\Delta t} = \lim_{\Delta t \to 0} \frac{\Delta m_e}{\Delta t} \, .$$

Dies ergibt die Massenbilanzgleichung

$$\frac{dm}{dt} = \dot{m}_e(t) \, , \tag{2.20}$$

wobei der *Massenstrom*

$$\dot{m}(t) := \lim_{\Delta t \to 0} (\Delta m / \Delta t)$$

des durch einen Querschnitt strömenden Fluids eingeführt wurde. Der Massenstrom wird auch als Durchsatz bezeichnet; er kennzeichnet die „Stromstärke" des Fluidstroms, der durch einen Kanalquerschnitt fließt.

Sind mehrere Querschnitte vorhanden, durch die Materie ein- oder ausströmen kann, so hat man auch mehrere Massenströme zu berücksichtigen. Die Gl.(2.20) lautet in allgemeiner Form:

$$\frac{dm}{dt} = \sum_{ein} \dot{m}_e(t) - \sum_{aus} \dot{m}_a(t) \, . \tag{2.21}$$

Die linke Seite dieser Massenbilanzgleichung bedeutet die Änderungsgeschwindigkeit der im Kontrollraum vorhandenen Masse. Sie wird durch die Differenz der Massenströme der ein- und austretenden Fluidströme bestimmt.

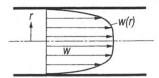

Abbildung 2.20. Geschwindigkeitsprofil $w = w(r)$ einer Rohrströmung; r radiale Koordinate

Der Massenstrom $\dot{m}$ hängt von der Geschwindigkeit des strömenden Fluids im betrachteten Querschnitt ab. Dabei bildet sich ein Geschwindigkeitsprofil aus, Abb. 2.20. Dies ist eine Folge der Reibungskräfte, die zwischen dem strömenden Fluid und der Wand sowie zwischen Schichten verschiedener Strömungsgeschwindigkeit wirken. Bei der Strömung durch ein gerades Rohr hat das Geschwindigkeitsprofil in der Kanalmitte ein Maximum und besitzt starke Geschwindigkeitsgradienten zu den Kanalwänden hin, vgl. Abb. 2.20. An der Kanalwand selbst ist die Geschwindigkeit wegen der Haftbedingung null.

Bei den folgenden Betrachtungen soll mit einem Mittelwert der Geschwindigkeit über den Querschnitt gerechnet werden. Diesen gewinnt man aus dem Massenstrom $\dot{m}$, aus der Fläche A des Strömungsquerschnitts und dem Querschnittsmittelwert der Dichte $\rho = 1/v$ zu:

$$w = \frac{\dot{m}}{\rho A} = \frac{\dot{m}\,v}{A} = \frac{\dot{V}}{A} \,.$$

Diese Gleichung ist auf jeden Strömungsquerschnitt anzuwenden, um den Mittelwert w der Strömungsgeschwindigkeit zu erhalten. Das Produkt

$$\dot{V} = \dot{m}\,v = w\,A$$

bezeichnet man als den *Volumenstrom* des Fluids. Während der Massenstrom $\dot{m}$ den Durchsatz durch einen Querschnitt ohne zusätzliche Angabe eindeutig kennzeichnet, ist dies beim Volumenstrom $\dot{V}$ nicht der Fall. Da das spezifische Volumen v des Fluids von Druck und Temperatur abhängt, trifft dies auch auf $\dot{V}$ zu. Die Angabe des Volumenstroms allein erfasst nicht die durchströmende Menge, auch der Zustand des Fluids muss gegeben sein.

Es soll nun die *Energiebilanzgleichung für ein offenes System* hergeleitet werden. Dabei wird angenommen, dass nur an einer Stelle ein Fluid in den Kontrollraum einströmt. Es wird ein *geschlossenes System*, vgl. Abb. 2.21, abgegrenzt, das zur Zeit t (Abb. 2.21 a) den Inhalt des Kontrollraums und eine kleine Menge des Fluids vor dem Eintrittsquerschnitt e des Kontrollraums umfasst. Diese Fluidmenge mit der Masse Δm_e sei so bemessen, dass sie während des Zeitintervalls Δt in den Kontrollraum einströmt. Zur Zeit $t + \Delta t$ befindet sie sich daher gerade ganz im Kontrollraum, Abb. 2.21 b.

Für das geschlossene System ist die Bilanzgleichung des 1. Hauptsatzes bekannt:

$$E_2 - E_1 = Q_{12} + W_{12} \,.$$

Dabei entspricht der Zustand 1 der Zeit t und der Zustand 2 der Zeit $t + \Delta t$. Es gilt somit

$$E_{\mathrm{gS}}(t + \Delta t) - E_{\mathrm{gS}}(t) = Q_{\Delta t} + W_{\Delta t} \,. \tag{2.22}$$

Hierin bezeichnen $Q_{\Delta t}$ und $W_{\Delta t}$ Wärme und Arbeit, die die Grenze des geschlossenen Systems während der Zeit Δt überschreiten. Mit $E_{\mathrm{gS}}(t)$ ist sein Energieinhalt zur Zeit t, entsprechend Abb. 2.21 a, bezeichnet. Für ihn gilt

$$E_{\mathrm{gS}}(t) = E(t) + e_{\mathrm{e}}(t)\,\Delta m_{\mathrm{e}} \ ,$$

wobei $E(t)$ den Energieinhalt des Kontrollraums zur Zeit t bedeutet. Die Energie des einströmenden Fluidelements lässt sich nur dann durch $e_{\mathrm{e}}(t)\Delta m_{\mathrm{e}}$ ausdrücken, wenn Δt und damit Δm_{e} als so klein angenommen werden, dass das Fluidelement als dünne Phase angesehen werden kann , deren spezifische Energie

$$e_{\mathrm{e}} = u_{\mathrm{e}} + w_{\mathrm{e}}^2/2 + g\,z_{\mathrm{e}}$$

durch die Querschnittsmittelwerte der Zustandsgrößen im Eintrittsquerschnitt hinreichend genau gegeben ist. Zur Zeit $t + \Delta t$ gilt einfach

$$E_{\mathrm{gS}}(t + \Delta t) = E(t + \Delta t) \ ,$$

weil das geschlossene System mit dem Inhalt des Kontrollraums übereinstimmt.

Die während der Zeit Δt über die Grenze des geschlossenen Systems übertragene Wärme ist

$$Q_{\Delta t} = \int\limits_{t}^{t+\Delta t} \dot{Q}(t)\,\mathrm{d}t \ ,$$

worin $\dot{Q}(t)$ den Wärmestrom bedeutet, der die Grenze des Kontrollraums überschreitet.

Die während der Zeit Δt verrichtete Arbeit besteht aus zwei Teilen. An der sich drehenden Welle wird Wellenarbeit übertragen; am Eintrittsquerschnitt wird Volumenänderungsarbeit verrichtet, weil sich hier das Volumen des geschlossenen Systems um ΔV_{e} verringert. Man erhält daher

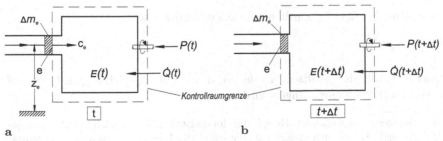

Abbildung 2.21. Zur Herleitung der Energiebilanzgleichung für einen Kontrollraum; **a** einströmendes Fluidelement zur Zeit t, **b** zur Zeit $t + \Delta t$

$$W_{\Delta t} = \int\limits_{t}^{t+\Delta t} P(t)\,\mathrm{d}t - \int\limits_{V+\Delta V_e}^{V} p(t)\,\mathrm{d}V \;,$$

wobei V das konstante Volumen des Kontrollraums bedeutet. Für den Betrag der Volumenabnahme des geschlossenen Systems am Eintrittsquerschnitt gilt

$$\Delta V_e = v_e(t)\,\Delta m_e \;,$$

wenn Δt und Δm_e wieder hinreichend klein angenommen werden. Den Druck $p(t)$, der an der bewegten Systemgrenze herrscht, kann man dann in ausreichender Näherung durch den Querschnittsmittelwert p_e des Drucks im Eintrittsquerschnitt zur Zeit t ersetzen[6]. Damit ergibt sich

$$W_{\Delta t} = \int\limits_{t}^{t+\Delta t} P(t)\,\mathrm{d}t + p_e(t)\,v_e(t)\,\Delta m_e \;.$$

Die eben gewonnenen Einzelergebnisse werden in die Energiebilanzgl. (2.22) für das geschlossene System eingesetzt und die Terme zusammengefasst, die Δm_e enthalten. Dies ergibt für die Änderung der Energie des Kontrollraums

$$E(t+\Delta t) - E(t) = \int\limits_{t}^{t+\Delta t} \dot{Q}(t)\,\mathrm{d}t + \int\limits_{t}^{t+\Delta t} P(t)\,\mathrm{d}t$$

$$+ \Delta m_e \left(u_e + p_e v_e + \frac{w_e^2}{2} + g\,z_e \right)_t \;.$$

Sie kommt durch den Wärmeübergang, die Wellenarbeit und durch die mit dem Fluidelement einströmenden Energie zustande. Die Energiebilanzgleichung wird durch Δt dividiert und der Grenzübergang $\Delta t \to 0$ ausgeführt, wodurch man die Leistungsbilanzgleichung

$$\frac{\mathrm{d}E}{\mathrm{d}t} = \dot{Q}(t) + P(t) + \dot{m}_e(t)(h_e + w_e^2/2 + g\,z_e)_t \tag{2.23}$$

erhält. Zur Abkürzung wurde die neue Zustandsgröße

$$h := u + p\,v$$

eingeführt, die als *spezifische Enthalpie* des Fluids bezeichnet wird, worauf in Abschnitt 2.3.5 eingegangen wird.

---

[6] Da bei der noch folgenden Herleitung der Leistungsbilanzgleichung $\Delta t \to 0$ geführt wird, wobei auch $\Delta m_e \to 0$ geht, sind die hier vorgenommenen Vereinfachungen bei der Berechnung der Volumenänderungsarbeit zulässig und führen zu einem exakten Ergebnis.

Die Leistungsbilanzgl. (2.23) berücksichtigt alle drei Arten der Leistungs-übertragung: den Wärmestrom $\dot{Q}$, die mechanische Leistung (Wellenleistung) P und mit dem letzten Term den Energiestrom, der mit dem einströmenden Fluid die Grenze des Kontrollraums überschreitet. Die mit dem Fluidstrom transportierte Energie besteht aus seiner Enthalpie, seiner kinetischen und seiner potenziellen Energie im Zustand des Übergangs über die Systemgrenze.

Die hier hergeleitete Leistungsbilanzgleichung lässt sich in verschiedener Weise verallgemeinern. Der Wärmestrom $\dot{Q}$ kann als die Zusammenfassung aller Wärmeströme aufgefasst werden, die die Grenze des Kontrollraums überschreiten. Gehen also an mehreren Stellen Wärmeströme $\dot{Q}_i$ über die Kontrollraumgrenze, so bedeutet

$$\dot{Q}(t) = \sum_i \dot{Q}_i(t) \tag{2.24}$$

die Summe dieser zu- oder abfließenden Wärmeströme. Eine noch allgemeinere Interpretation von $\dot{Q}$ erhält man, wenn sich der Wärmeübergang über die Oberfläche des Kontrollraums kontinuierlich verteilt. Ist ΔA ein Element der Kontrollraum-Begrenzungsfläche und $\Delta \dot{Q}$ der hier übertragene Wärmestrom, so definiert man die *Wärmestromdichte*

$$\dot{q} := \lim_{\Delta A \to 0} \Delta \dot{Q}/\Delta A \, .$$

Sie variiert über die Oberfläche, und man erhält

$$\dot{Q}(t) = \int_{A_{\mathrm{KR}}} \dot{q}(t, A)\, \mathrm{d}A \tag{2.25}$$

durch Integration von $\dot{q}$ über die ganze Oberfläche A_{KR} des Kontrollraums. Auch die Leistung $P(t)$ fasst alle mechanischen und elektrischen Leistungen zusammen, die über die Grenze des Kontrollraums transportiert werden. Als mechanische Leistung kommt dabei nur Wellenleistung in Frage, weil die Grenze des Kontrollraums als unverschiebbar angenommen wurde und somit Volumenänderungsleistung am System (außerhalb der zu- und abströmenden Massenströme) nicht auftritt. Somit kann

$$P(t) = P_{\mathrm{W}}(t) + P_{\mathrm{el}}(t) \tag{2.26}$$

gesetzt werden. Da schließlich mehrere Fluidströme in den Kontrollraum einströmen und ihn verlassen können, ist dies durch eine Verallgemeinerung des letzten Terms in Gl.(2.23) zu berücksichtigen. Die Leistungsbilanzgleichung lautet in der allgemein gültigen Form

$$\frac{\mathrm{d}E}{\mathrm{d}t} = \dot{Q} + P + \sum_{\text{ein}} \dot{m}_e(h_e + \frac{w_e^2}{2} + g\,z_e) - \sum_{\text{aus}} \dot{m}_a(h_a + \frac{w_a^2}{2} + g\,z_a) \,,$$

$$(2.27)$$

wobei $\dot{Q}$ und P gegebenenfalls die in den Gl.(2.24) bis (2.26) erfassten Bedeutungen haben. In dieser Gleichung wurde nicht ausdrücklich vermerkt, dass alle hier auftretenden Größen von der Zeit abhängen. Nicht nur $\dot{Q}$ und P, sondern auch die Massenströme und die spezifischen Energien der Fluidströme können sich mit der Zeit ändern. Gleichung (2.27) gilt für einen beliebigen instationären Prozess. Ihre Integration wird selbst dann schwierig sein, wenn die Zeitabhängigkeit aller Größen explizit bekannt ist. Man führt daher vereinfachende Annahmen ein, worauf in den beiden nächsten Abschnitten eingegangen wird.

2.3.3 Instationäre Prozesse offener Systeme

Die im letzten Abschnitt hergeleiteten Massen- und Leistungsbilanzgleichungen für einen Kontrollraum werden häufig auf instationäre Prozesse wie das Füllen oder Entleeren von Behältern angewendet. Dabei sind in der Regel vereinfachende Annahmen zulässig. So lässt sich das Fluid im Inneren des Kontrollraums als Phase oder als ein Mehrphasensystem behandeln. Darüber hinaus ist oft die zeitliche Änderung der kinetischen und potenziellen Energie des Kontrollraums zu vernachlässigen. Die Energie E der Materie im Kontrollraum braucht dann nicht durch eine Integration über die Volumenelemente des Kontrollraums berechnet zu werden. Man kann vielmehr E durch

$$U = U^\alpha + U^\beta + \ldots = m^\alpha u^\alpha + m^\beta u^\beta + \ldots \tag{2.28}$$

ersetzen, worin m^α die Masse und u^α die spezifische innere Energie der Phase α bedeuten. Diese Größen hängen von der Zeit, aber nicht von den Ortskoordinaten im Kontrollraum ab.

Bei bei der weiteren Behandlung instationärer Prozesse soll nur der Fall betrachtet werden, dass in den Kontrollraum nur ein Stoffstrom mit dem Massenstrom $\dot{m}_e$ einströmt und ein Stoffstrom mit dem Massenstrom $\dot{m}_a$ ausströmt. Integration der Massenbilanzgleichung

$$\frac{\mathrm{d}m}{\mathrm{d}t} = \dot{m}_e(t) - \dot{m}_a(t)$$

zwischen den Zeiten t_1 und t_2 ergibt

$$m(t_2) - m(t_1) = m_2 - m_1 = m_{e12} - m_{a12} \,.$$

Dabei bedeutet

$$m_{e12} = \int\limits_{t_1}^{t_2} \dot{m}_e(t)\, \mathrm{d}t$$

die während des betrachteten Zeitabschnitts $(t_2 - t_1)$ eingeströmte Masse; m_{a12} bedeutet dementsprechend die ausgeströmte Masse. Die zur Zeit t im Kontrollraum enthaltende Masse $m(t)$ setzt sich gegebenenfalls aus den Massen der einzelnen Phasen $\alpha, \beta, \ldots$ zusammen:

$$m(t) = m^{\alpha}(t) + m^{\beta}(t) + \ldots.$$

Integration der Leistungsbilanzgl. (2.27), die hier die Gestalt

$$\dot{Q}(t) + P(t) = \frac{\mathrm{d}U}{\mathrm{d}t} + \dot{m}_a \left(h_a + \frac{w_a^2}{2} + g\, z_a \right) - \dot{m}_e \left(h_e + \frac{w_e^2}{2} + g\, z_e \right)$$

erhält, zwischen den Zeiten t_1 und t_2 ergibt

$$Q_{12} + W_{12} = U_2 - U_1 + \int\limits_{t_1}^{t_2} \dot{m}_a \left(h_a + \frac{w_a^2}{2} + g\, z_a \right) \mathrm{d}t$$

$$- \int\limits_{t_1}^{t_2} \dot{m}_e \left(h_e + \frac{w_e^2}{2} + g\, z_e \right) \mathrm{d}t, \qquad (2.29)$$

wobei die innere Energie U nach Gl.(2.28) zu bestimmen ist. Q_{12} bedeutet die Wärme, die während des Zeitabschnitts $t_2 - t_1$ über die Grenze des Kontrollraums transportiert wird. Unter W_{12} ist die Summe aus der Wellenarbeit und der elektrischen Arbeit zu verstehen, die während des instationären Prozesses dem Kontrollraum zugeführt oder entzogen werden.

Manchmal ist die Annahme zulässig, dass die Zustandsgrößen des ein- und ausströmenden Fluids zeitlich unverändert bleiben, obwohl sich $\dot{m}_a$ und $\dot{m}_e$ mit der Zeit ändern. Dann lassen sich die beiden Integrale in Gl.(2.29) berechnen, und man erhält

$$Q_{12} + W_{12} = U_2 - U_1 + m_{a12} \left(h_a + \frac{w_a^2}{2} + g\, z_a \right) - m_{e12} \left(h_e + \frac{w_e^2}{2} + g\, z_e \right).$$
$$(2.30)$$

Trifft die Annahme der zeitlichen Konstanz von $(h + w^2/2 + g\, z)$ im Ein- und Austrittsquerschnitt nicht zu, so teilt man den Prozessverlauf in mehrere Zeitabschnitte und wendet Gl.(2.30) auf jeden dieser Abschnitte an, wobei man für die Zustandsgrößen des Fluids im Eintritts- und Austrittsquerschnitt jeweils konstante Mittelwerte verwendet.

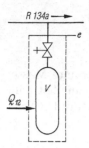

Abbildung 2.22. Füllen einer Gasflasche aus einer Leitung, in der das Kältemittel R 134 a strömt

Beispiel 2.5. Für dieses Beispiel wird die Kenntnis der Zustandsgrößen im Nassdampfgebiet, Abschnitt 4.2, vorausgesetzt. Eine Gasflasche mit dem Volumen $V = 2{,}00\ \mathrm{dm}^3$ enthält das gasförmige Kältemittel R 134 a (CF_3CH_2F) bei $\vartheta_1 = 20\,^\circ\mathrm{C}$ und $p_1 = 100$ kPa ($\rho_1 = 4{,}2784\ \mathrm{kg/m}^3$, $h_1 = 420{,}31$ kJ/kg). Die Flasche wird zur Füllung an eine Leitung angeschlossen, in der ein Strom von gasförmigem R 134 a mit $p_e = 600$ kPa, $\vartheta_e = 50\,^\circ\mathrm{C}$ und $h_e = 438{,}42$ kJ/kg zur Verfügung steht, Abb. 2.22. Die Flasche wird gekühlt und so gefüllt, dass am Ende des Prozesses bei $\vartheta_2 = 20\,^\circ\mathrm{C}$ gerade 80% ihres Volumens von siedender Flüssigkeit, der Rest von gesättigtem Dampf eingenommen wird. Man bestimme die Masse des einzufüllenden R 134 a und die Wärme, die während des Füllens abzuführen ist. Die angegebenen Zustandsgrößen des R 134 a und die folgenden Werte für das Nassdampfgebiet bei $20\,^\circ\mathrm{C}$ sind der Dampftafel [2.7] entnommen.

p_s	ρ'	ρ''	h'	h''
571,7 kPa	1225,6 kg/m³	27,780 kg/m³	227,46 kJ/kg	409,75 kJ/kg

Zu Beginn des Füllens enthält die Flasche gasförmiges R 134 a, dessen Masse sich zu

$$m_1 = \rho_1 V = 4{,}2784\,(\mathrm{kg/m}^3)\,2{,}00\,\mathrm{dm}^3 = 0{,}0086\,\mathrm{kg}$$

ergibt. Die Masse m_2 am Ende des Prozesses setzt sich additiv aus den Massen der beiden Phasen, also der siedenden Flüssigkeit, gekennzeichnet mit ', und des gesättigten Dampfes, gekennzeichnet mit ", zusammen:

$$m_2 = m_2' + m_2'' = (0{,}8\,\rho' + 0{,}2\,\rho'')V = 1{,}9716\,\mathrm{kg}\ .$$

Die einzufüllende R 134 a-Menge hat somit die Masse

$$m_{e12} = m_2 - m_1 = 1{,}963\,\mathrm{kg}\ .$$

Um die abzuführende Wärme Q_{12} zu finden, wird der 1. Hauptsatz auf den in Abb. 2.22 eingezeichneten Kontrollraum angewendet. Nur ein Stoffstrom fließt über seine Grenze, der Eintrittszustand e ist zeitlich konstant; Wellenarbeit wird nicht verrichtet ($W_{12} = 0$), kinetische und potenzielle Energien sind zu vernachlässigen. Daher folgt aus Gl.(2.30)

$$Q_{12} = U_2 - U_1 - m_{e12}\,h_e\ .$$

Für die innere Energie des gasförmigen R 134 a vor dem Füllen gilt

$$U_1 = m_1 u_1 = m_1(h_1 - p_1 v_1) = (\rho_1 h_1 - p_1)\, V = 3{,}40\,\text{kJ}\ .$$

Am Ende des Prozesses enthält der Kontrollraum ein Zweiphasensystem, das bei $\vartheta_2 = 20\,^\circ\text{C}$ unter seinem Dampfdruck $p_s = 571{,}7$ kPa steht. Seine innere Energie ist

$$
\begin{aligned}
U_2 &= m_2' u' + m_2'' u'' = m_2'(h' - p_s v') + m_2''(h'' - p_s v'') \\
&= (0{,}8\ \rho' h' + 0{,}2\ \rho'' h'' - p_s)\, V\ .
\end{aligned}
$$

Mit den Stoffwerten der Tabelle ergibt dies $U_2 = 449{,}45$ kJ, und man erhält für die Wärme

$$Q_{12} = (449{,}45 - 3{,}40)\,\text{kJ} - 1{,}963\,\text{kg} \cdot 438{,}42\,\text{kJ/kg} = -414{,}6\,\text{kJ}\ .$$

Damit das eingefüllte Gas kondensiert, muss Wärme abgeführt, die Gasflasche also gekühlt werden.

2.3.4 Der 1. Hauptsatz für stationäre Fließprozesse

In den technischen Anwendungen der Thermodynamik kommen häufig Maschinen und Apparate vor, die von Stoffströmen *zeitlich stationär* durchflossen werden. Für diese schon in Abschnitt 1.4.3 besprochenen stationären Fließprozesse vereinfachen sich die in Abschnitt 2.3.2 hergeleiteten Massen- und Energiebilanzgleichungen erheblich. Da die Masse der Materie im Inneren des Kontrollraums sich nicht mit der Zeit ändert, ist in Gl.(2.21) $\mathrm{d}m/\mathrm{d}t = 0$ zu setzen, und man erhält die einfache Bilanz der Massenströme

$$\sum_{\text{ein}} \dot{m}_e = \sum_{\text{aus}} \dot{m}_a\ .$$

Dabei ist jeder der eintretenden und austretenden Massenströme konstant.

Bei einem stationären Fließprozess bleibt auch der Energieinhalt der Materie im Kontrollraum trotz Zu- und Abfluss zeitlich konstant. In Gl.(2.27) ist daher $\mathrm{d}E/\mathrm{d}t = 0$ zu setzen, und man erhält die Leistungsbilanzgleichung

$$\dot{Q} + P = \sum_{\text{aus}} \dot{m}_a \left(h + \frac{w^2}{2} + g\,z \right)_a - \sum_{\text{ein}} \dot{m}_e \left(h + \frac{w^2}{2} + g\,z \right)_e\ . \tag{2.31}$$

Sie unterscheidet sich formal nur wenig von Gl.(2.27), die für den allgemeineren Fall des instationären Prozesses gilt, doch sind alle in Gl.(2.31) auftretenden Größen zeitlich konstant. Das gilt für Wärmeströme, mechanische und elektrische Leistungen und für Massenströme ebenso wie für die Querschnittsmittelwerte der spezifischen Zustandsgrößen in den Eintritts- und Austrittsquerschnitten.

Es soll nun der häufig vorkommende Sonderfall betrachtet werden, dass nur ein Fluidstrom in einem stationären Fließprozess durch den Kontrollraum strömt. Der Massenstrom des Fluids ist nicht nur zeitlich konstant, sondern hat in jedem Strömungsquerschnitt denselben Wert. Dies gilt insbesondere für den Eintritts- und Austrittsquerschnitt:

$$\dot{m} = \dot{m}_e = \dot{m}_a \,.$$

Wie in Abschnitt 2.3.2 kann man $\dot{m}$ durch das Produkt aus mittlerer Strömungsgeschwindigkeit w, Querschnittsmittelwert ρ der Dichte und Fläche A des Strömungsquerschnitts ausdrücken und erhält

$$\dot{m} = w\,\rho\,A = w_e\,\rho_e\,A_e = w_a\,\rho_a\,A_a \,.$$

Diese Beziehung ist der für einen stationären Fließprozess geltende Sonderfall der Kontinuitätsgleichung. Man benutzt sie, um zu gegebenen Zustandsgrößen w und ρ die zugehörige Fläche A des Querschnitts zu berechnen. Ist dagegen A gegeben, so erhält man die mittlere Geschwindigkeit w aus dem bekannten Massenstrom $\dot{m}$ und der Dichte ρ des Fluids.

Die Leistungsbilanzgl. (2.31) vereinfacht sich für nur einen Fluidstrom zu

$$\dot{Q} + P = \dot{m}\left[\left(h + \frac{w^2}{2} + g\,z\right)_a - \left(h + \frac{w^2}{2} + g\,z\right)_e\right], \qquad (2.32)$$

wobei der Index a die Querschnittsmittelwerte der Zustandsgrößen des Fluids im Austrittsquerschnitt bezeichnet und der Index e auf den Eintrittsquerschnitt hinweist. Mit $\dot{Q}$ wird der Wärmestrom, mit P die Summe aus Wellenleistung und elektrischer Leistung bezeichnet, die dem Kontrollraum zwischen dem Eintrittsquerschnitt und dem Austrittsquerschnitt zugeführt oder entzogen werden.

Bei der Anwendung der Leistungsbilanzgleichung auf einen Fluidstrom, der nacheinander mehrere Kontrollräume durchströmt, ist es vorteilhaft, die Strömungsquerschnitte an den Grenzen der Kontrollräume durch die Ziffern $1, 2, 3, \ldots$ zu kennzeichnen, wie es Abb. 2.23 zeigt, und nicht durch die Indizes e und a. Anstelle von Gl.(2.32) schreibt man dann die Leistungsbilanzgleichung für den ersten Kontrollraum

$$\dot{Q}_{12} + P_{12} = \dot{m}\left[h_2 - h_1 + \frac{1}{2}(w_2^2 - w_1^2) + g\,(z_2 - z_1)\right] \qquad (2.33)$$

und mit entsprechend geänderten Indizes 2, 3 usw. für die folgenden Kontrollräume in Abb. 2.23. Die Indizes 1 und 2 bezeichnen bei einem stationären Fließprozess aufeinander folgende, räumlich getrennte Strömungsquerschnitte, während bei Prozessen geschlossener Systeme durch diese Indizes Zustände eines Systems zu verschiedenen Zeiten gekennzeichnet werden.

Man kann Gl.(2.33) auch auf die Masse des strömenden Fluids beziehen, indem sie durch den Massenstrom $\dot{m}$ dividiert wird. Die so entstehende Gleichung

$$q_{12} + w_{t12} = h_2 - h_1 + \frac{1}{2}\left(w_2^2 - w_1^2\right) + g\left(z_2 - z_1\right) \tag{2.34}$$

enthält nur spezifische Energien. Es wurden dabei die Quotienten

$$q_{12} := \dot{Q}_{12}/\dot{m} \quad \text{und} \quad w_{t12} := P_{12}/\dot{m}$$

eingeführt. Man nennt w_{t12} die spezifische *technische Arbeit*. Diese Bezeichnung fasst die auf die Masse des Fluids bezogene Energie zusammen, die als Wellenarbeit und als elektrische Arbeit über die Grenze eines Kontrollraums mit feststehender Systemgrenze transportiert wird. Diese Arbeiten können als abgegebene Arbeiten technisch genutzt werden oder müssen dem Kontrollraum mit technischen Mitteln von außen zugeführt werden.

Gleichung (2.34) gehört zu den für die Anwendungen der Thermodynamik besonders wichtigen Energiebilanzgleichungen. Sie verknüpft die als Wärme und als technische Arbeit über die Grenze des Kontrollraums übertragenen Energien mit der Änderung der spezifischen Enthalpie, der spezifischen kinetischen und potenziellen Energie des Fluids beim Durchströmen des Kontrollraums. Gleichung (2.34) gilt für jeden stationären Fließprozess, an dem nur ein Stoffstrom beteiligt ist, also auch für irreversible Prozesse. Da die Gl.(2.33) und (2.34) nur Größen enthalten, die an der Grenze des Kontrollraums auftreten, gelten diese Beziehungen auch dann, wenn im Inneren des Kontrollraums Prozesse ablaufen, die nicht im strengen Sinn stationär sind, z. B. periodische Vorgänge. Die Forderung nach zeitlicher Konstanz müssen nur die Zustandsgrößen in den Ein- und Austrittsquerschnitten und die Energieflüsse über die Grenze des Kontrollraums erfüllen.

Die Anwendung der in diesem Abschnitt hergeleiteten Beziehungen auf stationäre Fließprozesse, die in Maschinen und Apparaten der Energie- und Verfahrenstechnik ablaufen, wird in Kapitel 6 behandelt.

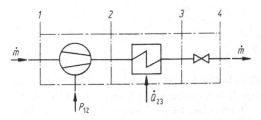

Abbildung 2.23. Stationärer Fließprozess, der ein Fluid durch drei hintereinander liegende Kontrollräume führt: Verdichter 12, Wärmeübertrager 23, Drosselventil 34

2.3.5 Enthalpie

Wie die in Abschnitt 2.3.2 hergeleiteten Leistungsbilanzgleichungen (2.23)
und (2.27) zeigen, transportiert ein Fluid, das die Grenze eines Kontrollraums
überquert, den Energiestrom

$$\dot{m}\left(h + \frac{w^2}{2} + g\,z\right)$$

in den Kontrollraum hinein bzw. aus dem Kontrollraum heraus. Dabei ist

$$h := u + p\,v$$

die spezifische *Enthalpie* des Fluids. Diese Bezeichnung wurde 1909 von
H. Kamerlingh Onnes[7] vorgeschlagen, vgl. [2.9]. Die spezifische Enthalpie
setzt sich additiv aus der spezifischen inneren Energie u und dem Produkt $p\,v$
zusammen, das manchmal auch als spezifische Strömungsenergie bezeichnet
wird.

Die spezifische Enthalpie einer fluiden Phase gehört zu ihren intensiven
Zustandsgrößen. Nach Abschnitt 1.2.4 hängt sie von zwei unabhängigen Zustandsgrößen, z. B. von T und p, ab. Dieses Materialgesetz

$$h = h(T, p)$$

bezeichnet man ebenso wie die Beziehung $u = u(T, v)$ als *kalorische Zustandsgleichung*. Man ermittelt sie meistens aus der thermischen Zustandsgleichung
$v = v(T, p)$ unter Benutzung allgemein gültiger thermodynamischer Zusammenhänge, worauf in Abschnitt 4.4.1 eingegangen wird. Abbildung 2.24 zeigt
als Beispiel einer kalorischen Zustandsgleichung die spezifische Enthalpie von
Wasser und Wasserdampf als Funktion der Celsius-Temperatur für verschiedene Drücke.

Im Differenzial der spezifischen Enthalpie,

$$\mathrm{d}h = \left(\frac{\partial h}{\partial T}\right)_{\mathrm{p}} \mathrm{d}T + \left(\frac{\partial h}{\partial p}\right)_{\mathrm{T}} \mathrm{d}p\,,$$

nennt man die partielle Ableitung

$$c_{\mathrm{p}} := (\partial h / \partial T)_{\mathrm{p}}\,,$$

---

[7] Heike Kamerlingh Onnes (1853–1926), holländischer Physiker, wurde 1882 Professor und Direktor des Physikalischen Laboratoriums der Universität Leiden, wo
er vor allem die Eigenschaften der Materie bei tiefen Temperaturen erforschte.
1908 gelang ihm als Erstem die Verflüssigung von Helium (bei 4,2 K); 1911 entdeckte er die Supraleitfähigkeit, das Verschwinden des elektrischen Widerstands
von Metallen bei sehr tiefen Temperaturen. 1913 erhielt er den Nobel-Preis für
Physik.

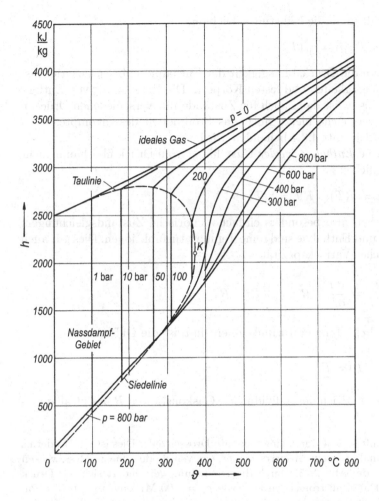

Abbildung 2.24. Darstellung der kalorischen Zustandsgleichung $h = h(\vartheta, p)$ von H_2O durch Isobaren p = konst. im h,ϑ-Diagramm. 1 bar = 0,1 MPa

die *spezifische isobare Wärmekapazität*. Diese Bezeichnung geht, wie schon bei der spezifischen isochoren Wärmekapazität $c_v := (\partial u/\partial T)_v$, noch auf die längst aufgegebene Stofftheorie der Wärme zurück. Mit c_p kann man Enthalpiedifferenzen zwischen Zuständen gleichen Drucks berechnen:

$$h(T_2, p) - h(T_1, p) = \int\limits_{T_1}^{T_2} c_p(T, p)\, dT .$$

Diese Rechnung wird besonders einfach, wenn man, etwa in kleinen Temperaturintervallen $T_2 - T_1$, die Temperaturabhängigkeit von c_p vernachlässigen kann. Man erhält dann die Näherungsgleichung

$$h(T_2, p) - h(T_1, p) = c_p\,(T_2 - T_1)\,.$$

Häufig kann man die Druckabhängigkeit der Enthalpie unberücksichtigt lassen, z. B. bei Flüssigkeiten und festen Körpern. Die Berechnung von Enthalpiedifferenzen aus c_p ist dann auch für Zustände mit verschiedenen Drücken zulässig. Man vergleiche hierzu auch das Stoffmodell des inkompressiblen Fluids, das in Abschnitt 4.3.4 behandelt wird.

Die spezifische *Enthalpie idealer Gase* hängt vom Druck überhaupt nicht ab. Es gilt nämlich

$$h = u + p\,v = u(T) + RT = h(T)\,.$$

Ideale Gase haben also besonders einfache kalorische Zustandsgleichungen: Innere Energie und Enthalpie sind reine Temperaturfunktionen. Dies gilt auch für die spezifische Wärmekapazität

$$c_p^{\mathrm{iG}}(T) = \frac{\mathrm{d}h}{\mathrm{d}T} = \frac{\mathrm{d}u}{\mathrm{d}T} + R = c_v^{\mathrm{iG}}(T) + R\,.$$

Obwohl c_p^{iG} und c_v^{iG} Temperaturfunktionen sind, ist die Differenz

$$c_p^{\mathrm{iG}}(T) - c_v^{\mathrm{iG}}(T) = R$$

unabhängig von T gleich der individuellen Gaskonstanten R des idealen Gases.

Beispiel 2.6. Luft strömt durch eine adiabate Drosselstelle. Dies ist ein Hindernis im Strömungskanal, z. B. ein Absperrschieber, ein Ventil oder eine zu Messzwecken angebrachte Blende, Abb. 2.25. Durch die Drosselung vermindert sich der Druck der mit $T_1 = 300{,}0$ K anströmenden Luft von $p_1 = 1{,}00$ MPa auf $p_2 = 0{,}70$ MPa. Unter Vernachlässigung der Änderungen von kinetischer und potenzieller Energie bestimme man die Temperatur T_2. Wie verändert sich das Ergebnis durch Berücksichtigung der kinetischen Energie, wenn die Geschwindigkeit $w_1 = 20$ m/s ist und die Querschnittsflächen A_1 und A_2 des Kanals vor und hinter der Drosselstelle gleich groß sind?

Zu Lösung wird der in Abb. 2.25 gezeigte Kontrollraum abgegrenzt. Nach dem 1. Hauptsatz für stationäre Fließprozesse gilt

$$q_{12} + w_{\mathrm{t}12} = h_2 - h_1 + \frac{1}{2}\left(w_2^2 - w_1^2\right) + g\left(z_2 - z_1\right).$$

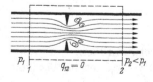

Abbildung 2.25. Schema einer adiabaten Drosselung

Da keine technische Arbeit verrichtet wird ($w_{t12} = 0$) und das offene System adiabat ist ($q_{12} = 0$), folgt hieraus bei Vernachlässigung von kinetischer und potenzieller Energie

$$h_2 = h_1 \,.$$

Die Enthalpie des strömenden Fluids ist in genügendem Abstand hinter der Drosselstelle genauso groß wie davor[8]. Daraus lässt sich bei bekannter kalorischer Zustandsgleichung die Temperatur T_2 aus p_2 und $h_2 = h_1$ berechnen.

Nimmt man die Luft als ideales Gas an, so erhält man $T_2 = T_1 = 300{,}0$ K; denn die Enthalpie idealer Gase hängt nur von der Temperatur ab. Obwohl der Druck sinkt, tritt keine Temperaturänderung auf. Bei der Drosselung eines realen Gases, dessen Enthalpie auch vom Druck abhängt, beobachtet man jedoch eine Temperaturänderung. Diese Erscheinung wird *Joule-Thomson-Effekt* genannt. Für das vorliegende Beispiel findet man aus einer genauen Tafel der Zustandsgrößen des realen Gases Luft [2.8] $h_1 = 298{,}49$ kJ/kg und auf der Isobare $p = p_2 = 0{,}70$ MPa die Werte $h(290$ K$) = 288{,}97$ kJ/kg und $h(300$ K$) = 299{,}14$ kJ/kg. Die Bedingung $h_2 = h_1$ ist, wie man durch Interpolation zwischen den beiden letzten Werten findet, für $T_2 = 299{,}35$ K erfüllt. Die Luft kühlt sich also bei der Drosselung um 0,65 K ab, weil sich ihre Enthalpie schon bei den hier vorliegenden niedrigen Drücken geringfügig mit dem Druck ändert. Die Messung des Joule-Thomson-Effekts, also der Temperaturänderung bei der adiabaten Drosselung, bietet eine Möglichkeit, die Druckabhängigkeit der Enthalpie experimentell zu bestimmen.

Es wird nun noch untersucht, ob es zulässig war, die Änderung der kinetischen Energie zu vernachlässigen. Hierzu wird die Luft wieder als ideales Gas behandelt und die Kontinuitätsgleichung angewendet, um die Geschwindigkeit w_2 zu bestimmen. Aus

$$w_1\, \rho_1\, A_1 = w_2\, \rho_2\, A_2$$

folgt mit $A_2 = A_1$

$$w_2 = w_1\, \frac{\rho_1}{\rho_2} = w_1\, \frac{p_1\, T_2}{p_2\, T_1} \,. \tag{2.35}$$

Hierin ist T_2 unbekannt; doch steht noch die Gleichung

$$h_2 - h_1 + \frac{1}{2}\left(w_2^2 - w_1^2\right) = 0$$

des 1. Hauptsatzes zur Verfügung. Hierin wird die kalorische Zustandsgleichung gesetzt

$$h_2^{\mathrm{iG}} - h_1^{\mathrm{iG}} = c_{\mathrm{p}}^{\mathrm{iG}}\,(T_2 - T_1)\,,$$

---

[8] Dies bedeutet nicht, dass die Enthalpie während der adiabaten Drosselung konstant bleibt. Das Fluid kann zwischen den Querschnitten 1 und 2 beschleunigt und dann verzögert werden, wobei seine Enthalpie zuerst abnimmt und dann zunimmt. Außerdem ist die Zustandsänderung wegen der Wirbelbildung nicht mehr quasistatisch, so dass über sie thermodynamisch keine einfache Aussage möglich ist.

denn wegen der zu erwartenden geringen Temperaturänderung kann mit konstanter spezifischen Wärmekapazität

$$c_p^{iG} = c_v^{iG} + R = (0{,}717 + 0{,}287)(\mathrm{kJ/kg\,K}) = 1{,}004\,\mathrm{kJ/kg\,K}$$

gerechnet werden. Somit wird

$$T_2 = T_1 - \frac{w_2^2 - w_1^2}{2\,c_p^{iG}}\,. \qquad (2.36)$$

Nun stehen die Gl.(2.35) und (2.36) zu Verfügung, um T_2 und w_2 zu berechnen. Sie müssen iterativ gelöst werden, als erste Näherung wird $T_2^{(1)} = T_1 = 300$ K gesetzt, man erhält aus Gl.(2.35) den Näherungswert $w_2^{(1)} = 28{,}6$ m/s. Damit ergibt sich aus Gl.(2.36) ein neuer Wert für T_2, nämlich $T_2^{(2)} = 299{,}79$ K. Gleichung (2.35) liefert mit dieser Temperatur $w_2^{(2)} = 28{,}55$ m/s, was in Gl.(2.36) eingesetzt für T_2 einen Wert ergibt, der sich von $T_2^{(2)}$ um weniger als $0{,}01$ K unterscheidet. Damit erhält man $T_2 = 299{,}79$ K als Temperatur hinter der Drosselstelle. Obwohl sich der Druck bei der Drosselung erheblich vermindert, führt dies nicht zu einer nennenswerten Beschleunigung der Strömung. Infolge Reibung und Wirbelbildung tritt hier die bei reibungsfreier Strömung zu erwartende Zunahme der kinetischen Energie, verbunden mit einer entsprechend großen Enthalpieabnahme, nicht ein.

Im vorliegenden Beispiel liefert die Lösung des Problems unter den vereinfachenden Annahmen ideales Gas und Vernachlässigung der kinetischen Energie ein Ergebnis, das im Rahmen der technischen Anforderungen genügend genau sein dürfte. Die Druckabhängigkeit der Enthalpie spielt jedoch eine größere Rolle bei höheren Drücken und bei niedrigeren Temperaturen. Dies wird bei dem in Abschnitt 9.3.4 behandelten Linde-Verfahren zur Luftverflüssigung ausgenutzt. Die kinetische Energie ist bei größeren Strömungsgeschwindigkeiten nicht zu vernachlässigen, worauf nochmals in Abschnitt 6.2.1 eingegangen wird.

3 Der 2. Hauptsatz der Thermodynamik

Das Prinzip der Naturwissenschaft
ist die Gesetzmäßigkeit des Geschehens.
Friedrich Paulsen (1846–1908)

Analog zur Zustandsgröße Energie, die auf Basis der Postulate des 1. Hauptsatzes eingeführt wurde, wird durch die Postulate des 2. Hauptsatzes die Existenz der Zustandsgröße Entropie begründet. Die Entropie ermöglicht quantitative Aussagen über die Ausführbarkeit von Prozessen und den Ablauf von Ausgleichsvorgängen. Der 2. Hauptsatz wurde in Abschnitt 1.4 allgemein als Prinzip der Irreversibilität formuliert. Danach ist nicht jeder Prozess ausführbar, und nicht alle Energieumwandlungen, die der 1. Hauptsatz der Thermodynamik zulässt, sind möglich. Der 2. Hauptsatz stellt eine Asymmetrie in der Richtung von Energieumwandlungen fest. Arbeit, andere mechanische Energieformen und elektrische Energie lassen sich ohne Einschränkungen vollständig in innere Energie der Materie oder in Wärme umwandeln. Dagegen ist innere Energie oder Wärme unter irdischen Bedingungen niemals vollständig in Arbeit wie mechanische oder elektrische Energie umwandelbar. Diese durch den 2. Hauptsatz eingeschränkte Umwandelbarkeit von Wärme und innerer Energie in Arbeit hat für die Energietechnik eine zentrale Bedeutung und führt zu einer unterschiedlichen Bewertung der verschiedenen Energieformen.

Neben diesen Einschränkungen in der Ausführbarkeit von Energieumwandlungsprozessen ergeben sich aus dem 2. Hauptsatz Beziehungen zwischen den Zustandsgrößen von reinen Stoffen und Gemischen, insbesondere eine enge Verknüpfung von thermischer und kalorischer Zustandsgleichung. Dies hängt mit der aus dem 2. Hauptsatz folgenden, universellen und an kein Thermometer gebundenen *thermodynamischen Temperatur* zusammen. Auch beschreibt der 2. Hauptsatz den Ablauf von Ausgleichsprozessen, die ein System von einem beliebigen Nichtgleichgewichtszustand in den durch die jeweiligen Randbedingungen festgelegten Gleichgewichtszustand überführen. Die hierauf aufbauende quantitative Beschreibung von Phasen- und Reaktionsgleichgewichten hat für die Stoffumwandlung eine zentrale Bedeutung.

Die Aussagen des 2. Hauptsatzes lassen sich quantitativ mit der 1865 von R. Clausius eingeführten Entropie formulieren. Daher werden die folgenden

Abschnitte mit der quantitativen Formulierung des 2. Hauptsatzes durch die Entropie und der thermodynamischen Temperatur beginnen. Daraus werden die für Prozesse und Energieumwandlungen geltenden einschränkenden Bedingungen hergeleitet und danach die ordnenden Beziehungen behandelt, die zwischen den Zustandsgrößen einer Phase bestehen. Schließlich wird der Exergiebegriff eingeführt; mit ihm lassen sich die für Energieumwandlungen geltenden Einschränkungen des 2. Hauptsatzes besonders einprägsam formulieren und der Einfluss der irdischen Umgebung auf Energieumwandlungen berücksichtigen.

3.1 Entropie und Entropiebilanzen

Analog zur Energie werden die Entropie und die thermodynamische Temperatur durch Postulate eingeführt. Darauf aufbauend werden die Bilanzgleichungen für die Entropie formuliert. Diese werden auf den Wärmeübergang zwischen zwei Systemen unterschiedlicher Temperatur angewendet und auf die Umwandlung von Wärme in Nutzarbeit durch die Wärmekraftmaschine.

3.1.1 Einführende Überlegungen

Eine erste, sehr allgemeine Formulierung des 2. Hauptsatzes ist das durch Beobachtung gewonnene Prinzip der Irreversibilität: *Alle natürlichen Prozesse sind irreversibel.* Es gibt in Natur und Technik keinen Prozess, der sich in allen seinen Auswirkungen vollständig rückgängig machen lässt. Im Prinzip der Irreversibilität kommt eine grundsätzliche Einschränkung in der Richtung und der Ausführbarkeit von Prozessen zum Ausdruck.

Um dies zu erläutern, wird die schon in Abschnitt 2.2.3 behandelte Dissipation von Wellenarbeit in einem ruhenden Fluid und die Dissipation elektrischer Arbeit in einem elektrischen Leiter betrachtet, vgl. Abschnitt 2.2.4. Arbeit verwandelt sich bei diesen Prozessen in innere Energie, aber die Umkehrung dieser Prozesse, nämlich die vollständige Rückgewinnung der Arbeit aus der inneren Energie ist nach dem Prinzip der Irreversibilität unmöglich. Man kann zwar das Fluid und den elektrischen Leiter dadurch wieder in ihren Anfangszustand versetzen, in dem man ihnen so viel Energie als Wärme entzieht, wie es der erforderlichen Abnahme ihrer inneren Energie entspricht. Die Umkehrung des irreversiblen Prozesses verlangt aber noch die vollständige Umwandlung dieser Wärme in Arbeit, ohne dass sonst eine Änderung eintritt. Eine Einrichtung oder Maschine, die dies bewirken würde, nennt man ein *perpetuum mobile 2. Art.* Es verstößt nicht gegen den 1. Hauptsatz, aber das Prinzip der Irreversibilität verbietet seine Existenz. Die Unmöglichkeit eines perpetuum mobile 2. Art und das Prinzip der Irreversibilität sind somit gleichwertige Formulierungen des 2. Hauptsatzes.

M. Planck [3.1] formulierte 1897 den Satz von der Unmöglichkeit des perpetuum mobile 2. Art in folgender Weise:

Es ist unmöglich, eine periodisch funktionierende Maschine zu konstruieren, die weiter nichts bewirkt als Hebung einer Last und Abkühlung eines Wärmereservoirs.

Die „periodisch funktionierende Maschine" erreicht nach Aufnahme der Wärme und Abgabe der Arbeit („Hebung einer Last") wieder ihren Anfangszustand, so dass die Umwandlung von Wärme in Arbeit ohne sonstige Veränderung vor sich geht. W. Thomson (Lord Kelvin) hatte dieses Prinzip schon 1851 [3.2] etwas anders ausgedrückt:

It is impossible, by means of inanimate material agency, to derive mechanical effect from any portion of matter by cooling it below the temperature of the coldest of the surrounding objects.

Hierdurch wird insbesondere die Gewinnung von Arbeit aus der inneren Energie der Umgebung ausgeschlossen.

Ein Ziel der weiteren Überlegungen wird sein, quantitative Kriterien für die durch den 2. Hauptsatz eingeschränkte Umwandelbarkeit von Energieformen zu gewinnen, worauf in Abschnitt 3.3 ausführlich eingegangen wird. Hierbei spielt die Betrachtung von *reversiblen* Prozessen eine besondere Rolle. Reversible Prozesse bilden idealisierte Grenzfälle der realen irreversiblen Prozesse. Sie setzen eine obere Grenze für die Ausführbarkeit von Energieumwandlungen und bieten einen Maßstab für die Bewertung von energiewandelnden Prozessen, indem man das tatsächlich Erreichte an dem misst, was nach den Naturgesetzen höchstens erreichbar ist.

In Naturwissenschaft und Technik ist man bestrebt, die experimentellen Beobachtungen in quantitativer Form, nämlich durch mathematische Beziehungen zwischen physikalischen Größen auszudrücken. Daher wird eine allgemein anwendbare quantitative Formulierung des 2. Hauptsatzes gesucht. Eine solche ergab sich für den 1. Hauptsatz durch die Einführung der Zustandsgröße (innere) Energie in Verbindung mit den Prozessgrößen Arbeit und Wärme. Die gesuchten Größen sollen es ermöglichen, den Richtungssinn der natürlichen Prozesse quantitativ zu beschreiben, reversible, irreversible und unmögliche Prozesse zu unterscheiden sowie ein Maß für die Irreversibilität eines Prozesses zu liefern.

Die gesuchte Zustandsgröße hat R. Clausius eingeführt und 1865 als *Entropie* bezeichnet [3.3]. Im Verlauf der historischen Entwicklung der Thermodynamik haben verschiedene Forscher unterschiedliche Wege eingeschlagen, um aus einer qualitativen Formulierungen des 2. Hauptsatzes die Existenz der Zustandsgröße Entropie und ihre Eigenschaften herzuleiten. Diese Schritte werden nicht weiter ausgeführt, sondern es wird direkt, wie bei der Formulierung des 1. Hauptsatzes in Abschnitt 2.1, die Entropie mit ihren wichtigsten Eigenschaften durch Postulate eingeführt. Dann wird gezeigt, dass die so definierte Entropie alle Erfahrungstatsachen, die mit dem 2. Hauptsatz zusammenhängen, in systematischer Weise quantitativ erfasst.

Insbesondere werden Kriterien zur Unterscheidung irreversibler, reversibler und nicht ausführbarer Prozesse erhalten und in der bei einem irreversiblen Prozess erzeugten Entropie das gesuchte Irreversibilitätsmaß gefunden.

Wie der 1. Hauptsatz in einer Energiebilanz zum Ausdruck kommt, so führt der 2. Hauptsatz zu einer Entropiebilanz. Sie unterscheidet sich von der Energiebilanz durch einen Quellterm. Es gibt keinen Entropieerhaltungssatz; vielmehr kennzeichnet die Produktion von Entropie die Irreversibilität eines Prozesses. Dem Verbot, Entropie zu vernichten, entspricht die Unmöglichkeit, irreversible Prozesse umzukehren.

Der Leser, der die Konstruktion der Entropie aufgrund einer qualitativen Formulierung des 2. Hauptsatzes vermisst, sei auf frühere Auflagen dieses Buches [3.4] verwiesen. Dort wurde versucht, die Entropie unter möglichst wenigen zusätzlichen Annahmen aus dem Prinzip der Irreversibilität zu gewinnen. Die meisten Lehrbücher der Thermodynamik enthalten derartige Herleitungen, wobei oft eine andere qualitative Formulierung des 2. Hauptsatzes zum Ausgangspunkt gewählt wird. Die klassische Herleitung der Entropie aus dem Satz von der Unmöglichkeit des perpetuum mobile 2. Art hat M. Planck in seinem berühmten Lehrbuch [1.7] behandelt.

3.1.2 Die Formulierung des 2. Hauptsatzes durch Postulate

Zur quantitativen Formulierung des 2. Hauptsatzes wird die Entropie durch die folgenden vier Postulate eingeführt. Sie begründen die Existenz dieser Zustandsgröße, legen ihre Eigenschaften und ihre Beziehung zur thermodynamischen Temperatur fest und bilden die Grundlage ihrer Berechnung. In dieser Formulierung lautet der *2. Hauptsatz der Thermodynamik*:

1. Jedes System besitzt eine extensive Zustandsgröße *Entropie S*.
2. Die Entropie eines Systems ändert sich
   - durch *Wärmetransport* über die Systemgrenze,
   - durch *Materietransport* über die Systemgrenze,
   - durch *Entropieerzeugung* infolge irreversibler Prozesse im Inneren des Systems.
3. Mit dem Wärmestrom $\dot{Q}$ geht der Entropiestrom

$$\dot{S}_Q = \frac{\dot{Q}}{T} \tag{3.1}$$

   über die Systemgrenze. Dabei ist T eine intensive Zustandsgröße, die *thermodynamische Temperatur* an der Stelle der Systemgrenze, an der $\dot{Q}$ übergeht. Die thermodynamische Temperatur ist eine universelle, nicht negative Temperatur.
4. Die durch irreversible Prozesse im Inneren des Systems erzeugte Entropie ist positiv; sie verschwindet nur für reversible Prozesse des Systems.

Diese Postulate lassen sich nicht beweisen, sie drücken Erfahrungstatsachen aus. Im Folgenden werden die einzelnen Aussagen des 2. Hauptsatzes erläutert.

Die Entropie ist als extensive Zustandsgröße definiert. Besteht ein System aus Teilsystemen A, B, C, ... mit den Entropien S_A, S_B, S_C, ..., so gilt für die Entropie des Gesamtsystems

$$S = S_A + S_B + S_C + \dots .$$

Ist das betrachtete System eine Phase erhält man durch Division mit der Masse die *spezifische Entropie*

$$s := S/m$$

der Phase. Nach Gl.(3.1) hat der Entropiestrom $\dot{S}_Q$ die Dimension Energiestrom/Temperatur, somit die Entropie S die Dimension Energie/Temperatur. Daher ist die Einheit der Entropie J/K, die der spezifischen Entropie J/(kg K) und die des Entropiestroms J/(s K) = W/K.

Die vorstehenden Aussagen des 2. Hauptsatzes über die Änderung der Entropie ermöglichen es, für jeden Prozess eine *Entropiebilanzgleichung* aufzustellen. Es werden zunächst geschlossene Systeme behandelt und damit eine Entropieänderung durch Materietransport über die Systemgrenze ausgeschlossen. Die Entropiebilanzgleichung offener Systeme werden in Abschnitt 3.1.6 hergeleitet.

Betrachtet wird ein Zeitintervall Δt eines Prozesses. Die Entropie des geschlossenen Systems ändert sich um $S(t + \Delta t) - S(t)$, weil während Δt Wärme über die Systemgrenze fließt und mit ihr die Entropie ΔS_Q. Außerdem wird die Entropie ΔS_{irr} durch irreversible Prozesse im Systeminneren erzeugt. Es gilt somit

$$S(t + \Delta t) - S(t) = \Delta S_Q + \Delta S_{irr} . \tag{3.2}$$

Dividiert man Gl.(3.2) durch Δt und bildet die Grenzwerte für $\Delta t \to 0$ folgt

$$\frac{dS}{dt} = \lim_{\Delta t \to 0} \frac{S(t + \Delta t) - S(t)}{\Delta t} = \lim_{\Delta t \to 0} \frac{\Delta S_Q}{\Delta t} + \lim_{\Delta t \to 0} \frac{\Delta S_{irr}}{\Delta t} .$$

Die beiden Grenzwerte auf der rechten Seite dieser Gleichung definieren zwei zeitabhängige Prozessgrößen, nämlich den *Entropietransportstrom*

$$\dot{S}_Q(t) := \lim_{\Delta t \to 0} \frac{\Delta S_Q}{\Delta t}$$

und den *Entropieproduktionsstrom*

$$\dot{S}_{irr}(t) := \lim_{\Delta t \to 0} \frac{\Delta S_{irr}}{\Delta t} .$$

Diese Prozessgrößen erfassen quantitativ den Entropiestrom, der mit Wärme über die Systemgrenze fließt, und den im Inneren des Systems erzeugten Entropiestrom; sie bestimmen die zeitliche Änderung der Entropie S des Systems. Damit erhält man die *Entropiebilanzgleichung für geschlossene Systeme*

$$\frac{\mathrm{d}S}{\mathrm{d}t} = \dot{S}_{\mathrm{Q}}(t) + \dot{S}_{\mathrm{irr}}(t) \ . \tag{3.3}$$

Der Wärmestrom $\dot{Q}$ und der mit ihm über die Systemgrenze transportierte Entropiestrom $\dot{S}_{\mathrm{Q}}$ sind nach Gl.(3.1) durch eine Zustandsgröße des Systems, die *thermodynamische Temperatur T*, verknüpft. Die thermodynamische Temperatur ist keine empirische Temperatur, denn sie wird nicht durch die Eigenschaften eines Thermometers, sondern durch den universell gültigen Zusammenhang zwischen Wärmestrom und dem von ihm mitgeführten Entropietransportstrom nach Gl.(3.1) festgelegt. Dass die so durch den 2. Hauptsatz definierte thermodynamische Temperatur alle Eigenschaften besitzt, die man mit dem Temperaturbegriff verbindet, wird in Abschnitt 3.1.4 gezeigt; auf ihre Messung wird in Abschnitt 3.2.2 eingegangen.

Nach dem 2. Hauptsatz wird T niemals negativ; der Entropietransportstrom hat *immer* dieselbe Richtung wie der Wärmestrom. Somit hat die thermodynamische Temperatur einen naturgesetzlich bestimmten Nullpunkt, der oft als absoluter Nullpunkt der Temperatur bezeichnet wird. Ob diese tiefste Temperatur $T = 0$ erreicht werden kann, lässt der 2. Hauptsatz allerdings offen. Aus dem 3. Hauptsatz der Thermodynamik folgt aber, dass sich Zustände mit $T = 0$ nicht erreichen lassen, vgl. Abschnitt 5.5.4. Daher wird $T > 0$ vorausgesetzt. Damit haben $\dot{Q}(t)$ und $\dot{S}_{\mathrm{Q}}(t)$ das gleiche Vorzeichen. In der Gleichung

$$\dot{S}_{\mathrm{Q}}(t) = \frac{\dot{Q}(t)}{T} \tag{3.4}$$

bedeutet T die thermodynamische Temperatur jener Stelle des Systems, an der der Wärmestrom $\dot{Q}$ die Systemgrenze überschreitet, Abb. 3.1. Im Verlauf eines Prozesses kann sich auch T mit der Zeit ändern. Um die Schreibweise durchsichtiger zu halten, wurde dies in Gl.(3.4) nicht ausdrücklich vermerkt und anstelle von $T(t)$ einfach T geschrieben.

Für ein System, dessen Grenzen mehrere Wärmeströme überqueren, Abb. 3.2, ist Gl.(3.4) allgemeiner zu formulieren. Da jeder Wärmestrom $\dot{Q}_{\mathrm{i}}$ von einem Entropiestrom $\dot{Q}_{\mathrm{i}}/T_{\mathrm{i}}$ begleitet wird, erhält man für den gesamten Entropietransportstrom

$$\dot{S}_{\mathrm{Q}} = \sum_i \frac{\dot{Q}_{\mathrm{i}}}{T_{\mathrm{i}}} \ . \tag{3.5}$$

Hierbei bedeutet T_{i} die thermodynamische Temperatur an jener Stelle der Systemgrenze, an der der Wärmestrom $\dot{Q}_{\mathrm{i}}$ übertragen wird. Durch Entropietransport kann ein System Entropie in der gleichen Weise erhalten ($\dot{S}_Q > 0$) oder abgeben ($\dot{S}_Q < 0$), wie es Energie durch Wärmetransport erhält oder abgibt. Die transportierte Entropie kann auch null sein; dies ist stets beim adiabaten System der Fall, denn dann sind in Gl.(3.5) alle $\dot{Q}_i \equiv 0$.

Entropie kann nur mit Wärme bzw. mit einem Wärmestrom über die Grenze eines geschlossenen Systems transportiert werden. Arbeit bzw. mechanische oder elektrische Leistung wird niemals von Entropie oder einem Entropiestrom begleitet. Die bei der Formulierung des 1. Hauptsatzes vorgenommene Unterscheidung zwischen Wärme und Arbeit bzw. zwischen Wärmestrom und mechanischer (oder elektrischer) Leistung findet ihre tiefere Begründung erst durch den 2. Hauptsatz: *Der Energietransport in Form von Wärme ist grundsätzlich von einem Entropietransport begleitet; der als Arbeit bezeichnete Energietransport über die Systemgrenze ist dagegen entropielos.*

Während die mit Wärme transportierte Entropie keinen Einschränkungen hinsichtlich ihres Vorzeichens unterliegt – es richtet sich wegen $T > 0$ nach dem Vorzeichen des Wärmestroms –, gibt es für die im Systeminneren erzeugte Entropie eine entscheidende Einschränkung: Für den Entropieproduktionsstrom, den man auch als *Entropieerzeugungsrate* bezeichnet, gilt

$$\dot{S}_{\mathrm{irr}}(t) \begin{cases} > 0 & \text{für irreversible Prozesse} \\ = 0 & \text{für reversible Prozesse} . \end{cases}$$

Bei allen irreversiblen (natürlichen) Prozessen wird Entropie erzeugt; nur im Grenzfall des reversiblen Prozesses verschwindet die Entropieerzeugungsrate. *Eine Vernichtung von Entropie ist unmöglich.* Durch diese Einschränkung kommt die Asymmetrie in der Richtung aller wirklich ablaufenden Prozesse zum Ausdruck, hierdurch wird der Ablauf realer Prozesse in der Zeit festgelegt (Zeitpfeil). Die erzeugte Entropie ist ein Maß für die Irreversibilität eines Vorgangs. Mit ihrer Hilfe kann man entscheiden, ob ein Prozess reversibel, irreversibel oder unmöglich ist und wie weit er sich vom Ideal des reversiblen Prozesses entfernt.

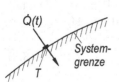

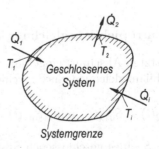

Abbildung 3.1. Zur Erläuterung von Gl.(3.4)

Abbildung 3.2. Geschlossenes System, dessen Grenze mehrere Wärmeströme überqueren

Beispiel 3.1. Der im Beispiel 2.3 behandelte elektrische Leiter, der von einem zeitlich konstanten Gleichstrom durchflossen wird, werde durch Kühlung auf der Temperatur $T = 295\,\mathrm{K}$ gehalten. Man zeige, dass dieser geschlossene Prozess irreversibel ist.

In Beispiel 2.3 erhielt man für den abzuführenden Wärmestrom $\dot{Q} = -P_{\mathrm{el}} = -111{,}7\,\mathrm{W}$, wobei P_{el} die zugeführte und im Leiter als Folge seines elektrischen Widerstands dissipierte elektrische Leistung war. Um zu zeigen, dass ein irreversibler Prozess abläuft, wird aus der Entropiebilanzgleichung

$$\frac{\mathrm{d}S}{\mathrm{d}t} = \dot{S}_{\mathrm{Q}}(t) + \dot{S}_{\mathrm{irr}}(t)$$

der Entropieproduktionsstrom $\dot{S}_{\mathrm{irr}}$ berechnet. Da der Prozess stationär ist, ändert sich die Entropie S des Leiters nicht mit der Zeit: $\mathrm{d}S/\mathrm{d}t = 0$. Deswegen muss der Entropieproduktionsstrom $\dot{S}_{\mathrm{irr}}$ kontinuierlich als Entropietransportstrom $\dot{S}_{\mathrm{Q}}$ mit dem Wärmestrom $\dot{Q}$ abgeführt werden. Es ergibt sich

$$\dot{S}_{\mathrm{irr}} = -\dot{S}_{\mathrm{Q}} = -\frac{\dot{Q}}{T} = \frac{P_{\mathrm{el}}}{T} = \frac{111{,}7\,\mathrm{W}}{295\,\mathrm{K}} = 0{,}379\,\frac{\mathrm{W}}{\mathrm{K}},$$

also $\dot{S}_{\mathrm{irr}} > 0$: Der Prozess ist irreversibel. Dies bestätigt diese Erfahrung, vgl. Abschnitt 2.2.4, wonach die Umkehrung des Prozesses, nämlich die Zufuhr eines Wärmestroms unter Umwandlung in elektrische Leistung, noch nie beobachtet wurde und geradezu absurd erscheint.

Der durch die Dissipation der elektrischen Leistung P_{el} erzeugte Entropiestrom $\dot{S}_{\mathrm{irr}}$ wird bei konstantem P_{el} mit steigender Temperatur T kleiner, obwohl der Prozess der Dissipation unabhängig von der Temperatur des Leiters stattfindet. Durch die Dissipation wird P_{el} in einen Wärmestrom $\dot{Q}$ umgewandelt, dessen Betrag unabhängig von T mit der dissipierten Leistung P_{el} übereinstimmt; aber die „Qualität" des Wärmestroms nimmt mit steigender Temperatur zu. Wie Abschnitt 3.1.5 gezeigt werden wird, lässt sich ein mit steigendem T zunehmender Anteil von $\dot{Q}$ wieder in (mechanische oder elektrische) Leistung umwandeln. Daher ist die Irreversibilität des Dissipationsprozesses, gemessen an ihren Folgen, umso kleiner, je höher die Temperatur T ist, bei der dieser irreversible Prozess stattfindet. Die dissipierte elektrische Leistung ist noch nicht vollständig als Verlust zu werten, sondern nur in dem Maße, wie der durch die Dissipation erzeugte Wärmestrom nicht mehr in eine Nutzleistung zurückverwandelt werden kann.

3.1.3 Die Entropiebilanzgleichung für geschlossene Systeme

Mit den im letzten Abschnitt eingeführten und erläuterten Prozessgrößen hat die Entropiebilanzgleichung eines geschlossenen Systems die Gestalt

$$\frac{\mathrm{d}S}{\mathrm{d}t} = \dot{S}_{\mathrm{Q}}(t) + \dot{S}_{\mathrm{irr}}(t) \quad \text{mit} \quad \dot{S}_{\mathrm{irr}}(t) \geq 0 \ . \tag{3.6}$$

Die Entropie S eines geschlossenen Systems ändert sich infolge zweier verschiedener Ursachen: Durch den an Wärme gekoppelten Transport von Entropie über die Systemgrenze und die Erzeugung von Entropie durch irreversible

Prozesse im Systeminneren. Somit gibt es keinen allgemein gültigen Entropie-Erhaltungssatz. Nur im reversiblen Grenzfall ($\dot{S}_{\text{irr}} = 0$) bleibt die Entropie erhalten. Die Entropie eines geschlossenen Systems kann auch abnehmen, aber nur dadurch, dass das System Wärme und damit Entropie abgibt, $\dot{S}_{\text{Q}} < 0$.

Der Entropietransportstrom $\dot{S}_{\text{Q}}(t)$ ergibt sich aus den Wärmeströmen $\dot{Q}_{\text{i}}(t)$, welche die Systemgrenze überqueren, und den dort herrschenden thermodynamischen Temperaturen T_{i}, vgl. Abb. 3.2, zu

$$\dot{S}_{\text{Q}}(t) = \sum_{\text{i}} \frac{\dot{Q}_{\text{i}}(t)}{T_{\text{i}}} \ .$$

Geht nur ein Wärmestrom über die Systemgrenze, so enthält diese Summe nur einen Term. Ist das geschlossene System eine *Phase*, so ist ihre Temperatur an allen Stellen und auch auf der Systemgrenze gleich. Alle Entropietransportströme haben denselben Nenner, so dass man alle Wärmeströme zusammenfassen kann

$$\dot{Q}(t) = \sum_{\text{i}} \dot{Q}_{\text{i}}(t) = \dot{Q}_{\text{rev}}(t) \ ,$$

weil eine Phase nur reversible Prozesse ausführen kann. Daraus ergeben sich die einfachen, aber nur für Phasen gültigen Gleichungen

$$\dot{S}_{\text{Q}}(t) = \frac{\dot{Q}_{\text{rev}}(t)}{T} \quad \text{und} \quad \dot{S}_{\text{irr}}(t) = 0 \ . \tag{3.7}$$

Hierin ist $T = T(t)$ die räumlich konstante, aber sich mit der Zeit ändernde thermodynamische Temperatur der Phase.

Betrachtet wird nun einen Prozess, der ein System vom Anfangszustand 1 (zur Zeit t_1) in den Endzustand 2 (zur Zeit t_2) führt. Dabei soll nur *ein* Wärmestrom $\dot{Q}(t)$ über die Systemgrenze fließen. Integriert man

$$\frac{\text{d}S}{\text{d}t} = \frac{\dot{Q}(t)}{T} + \dot{S}_{\text{irr}}(t)$$

von t_1 bis t_2, so erhält man für die Entropieänderung des Systems

$$S_2 - S_1 = S(t_2) - S(t_1) = \int_{t_1}^{t_2} \frac{\dot{Q}(t)}{T} \, \text{d}t + S_{12}^{\text{irr}} \ , \tag{3.8}$$

wobei die während des Prozesses erzeugte Entropie mit

$$S_{12}^{\text{irr}} := \int_{t_1}^{t_2} \dot{S}_{\text{irr}}(t) \, \text{d}t \geq 0$$

bezeichnet wurde. Um das in Gl. (3.8) auftretende Integral über den Entropie-transportstrom zu berechnen, muss man den zeitlichen Verlauf des übergehen-den Wärmestroms $\dot{Q}(t)$ und der thermodynamischen Temperatur $T = T(t)$ an der Stelle des Wärmeübergangs kennen. Nur wenn hier $T = T_1 = T_2 =$ konst. ist, erhält man das einfache Ergebnis Q_{12}/T für die über die System-grenze transportierte Entropie.

Behandelt werden nun zwei Sonderfälle der Entropiebilanzgl. (3.6), in-dem man sich einmal auf adiabate geschlossene Systeme beschränkt und zum anderen stationäre Prozesse betrachtet. Dadurch erhält man für die Anwen-dungen wichtige und besonders einprägsame Aussagen des 2. Hauptsatzes, die auch die Eigenschaften der Entropie verdeutlichen.

Für *adiabate Systeme* nimmt die Entropiebilanzgl. (3.6) die einfache Form

$$\left(\frac{\mathrm{d}S}{\mathrm{d}t} \right)_{\text{adiabat}} = \dot{S}_{\text{irr}}(t) \geq 0 \tag{3.9}$$

an. Da der Entropietransportstrom $\dot{S}_Q \equiv 0$ ist, kann sich die Entropie eines adiabaten geschlossenen Systems nur durch Entropieerzeugung als Folge ir-reversibler Prozesse ändern. Somit folgt aus dem 2. Hauptsatz:

Die Entropie eines geschlossenen adiabaten Systems kann nicht ab-nehmen. Sie nimmt bei irreversiblen Prozessen zu und bleibt nur bei reversiblen Prozessen konstant.

Bei einem adiabaten System ist die erzeugte Entropie gleich der Entropieän-derung des Systems. Integration von Gl.(3.9) liefert hierfür

$$(S_2 - S_1)_{\text{adiabat}} = \int_{t_1}^{t_2} \dot{S}_{\text{irr}}(t)\,\mathrm{d}t = S_{12}^{\text{irr}} \geq 0\,.$$

Durchläuft das adiabate System einen reversiblen Prozess, so bleibt sei-ne Entropie wegen $\dot{S}_{\text{irr}}(t) \equiv 0$ konstant. Es gilt $S_2 = S_1$ oder $\mathrm{d}S = 0$. Eine Zustandsänderung, bei der die Entropie konstant bleibt, heißt nach J.W. Gibbs [3.5] *isentrope Zustandsänderung*; die zugehörige Zustandslinie ist die *Isentrope* $S =$ konst.[1].

Will man bei der Aufstellung einer Entropiebilanzgleichung die Berech-nung von Entropietransportströmen vermeiden, so fasst man zwei oder meh-rere Systeme, zwischen denen Entropie mit Wärme transportiert wird, zu ei-nem *adiabaten Gesamtsystem* zusammen. Jedes seiner Teilsysteme A, B, ... erfährt dann bei einem Prozess $1 \rightarrow 2$ eine bestimmte Entropieänderung

$$\Delta S_K = S_{K2} - S_{K1}\,, \quad K = A, B, \ldots$$

---

[1] Die Bezeichnung isentrop ist nicht zu verwechseln mit isotrop. Letzteres bedeutet: ,in alle Raumrichtungen gleichbleibende Eigenschaft'.

Sie kann positiv, negativ oder auch gleich null sein. Die Summe der Entropieänderungen aller Teilsysteme ist gleich der Entropieänderung

$$(S_2 - S_1)_{\text{adiabat}} = \sum_K \Delta S_K = S_{12}^{\text{irr}} \geq 0$$

des adiabaten Gesamtsystems. Sie stimmt mit der beim Prozess erzeugten Entropie überein, ist nicht negativ und verschwindet nur für den reversiblen Prozess.

Nun wird die Entropiebilanzgleichung auf ein geschlossenes System angewendet, das einen zeitlich *stationären Prozess* ausführt. Dem System werden mehrere Wärmeströme $\dot{Q}_i$ zugeführt oder entzogen. Sie hängen nun nicht von der Zeit ab, sondern sind konstante Größen wie die Temperaturen T_i an den Stellen der Systemgrenze, an denen die Wärmeströme übergehen. Natürlich können diesem System auch Leistungen P_i zugeführt oder entzogen werden, diese spielen jedoch bei der Entropiebilanzgleichung keine Rolle. Auch die Entropie des Systems ändert sich nicht mit der Zeit. Daher gilt die Entropiebilanzgleichung

$$\frac{\mathrm{d}S}{\mathrm{d}t} = \sum_i \frac{\dot{Q}_i}{T_i} + \dot{S}_{\text{irr}} = 0 \, ;$$

jeder Entropietransportstrom $\dot{Q}_i/T_i$ und der Entropieproduktionsstrom $\dot{S}_{\text{irr}}$ sind dabei konstante Größen. Für den Entropieproduktionsstrom erhält man

$$\dot{S}_{\text{irr}} = -\sum_i \frac{\dot{Q}_i}{T_i} \geq 0 \, . \qquad (3.10)$$

Damit die Entropie des Systems konstant bleibt, muss die in das System mit Wärme einströmende und die im System durch irreversible Prozesse erzeugte Entropie mit Wärme über die Systemgrenze abgeführt werden. Unter den Wärmeströmen $\dot{Q}_i$, die die Systemgrenze überqueren und zur Summe in Gl.(3.10) beitragen, muss wenigstens ein Wärmestrom negativ und in seinem Betrag so groß sein, dass sich ein nicht negativer Entropieproduktionsstrom ergibt, wie es der 2. Hauptsatz verlangt.

Aus Gl.(3.10) lassen sich mehrere technisch wichtige Folgerungen herleiten, von denen hier die bereits in Abschnitt 3.1.1 erwähnte *Unmöglichkeit des perpetuum mobile 2. Art* behandelt wird. Ein perpetuum mobile 2. Art ist eine stationär arbeitende Einrichtung, die einen Wärmestrom aufnimmt und eine im Betrag gleich große mechanische oder elektrische Leistung abgibt. Man sagt auch, ein perpetuum mobile 2. Art verwandle einen Wärmestrom vollständig in eine mechanische oder elektrische Leistung. Dies widerspricht nicht dem 1. Hauptsatz, denn aus

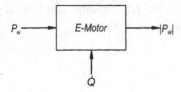

Abbildung 3.3. Elektromotor mit schematischer Darstellung der Energieströme

$$\frac{\mathrm{d}U}{\mathrm{d}t} = \dot{Q} + P = 0$$

erhält man für die gewonnene Leistung

$$-P = \dot{Q} \, .$$

Es wird also nicht etwa mechanische Leistung aus nichts erzeugt – eine solche Einrichtung bezeichnet man als perpetuum mobile 1. Art –, sondern eine Energieform (Wärme) wird unter Beachtung des Energieerhaltungssatzes in eine andere (Arbeit) umgewandelt.

Das perpetuum mobile 2. Art ist jedoch nach dem 2. Hauptsatz unmöglich, denn es müsste den mit dem zugeführten Wärmestrom zufließenden Entropietransportstrom vernichten. Es ist ja kein abfließender Wärme- bzw. Entropietransportstrom vorhanden, der die zugeführte und die erzeugte Entropie abtransportiert. Der einer stationär arbeitenden Anlage zugeführte Wärmestrom lässt sich daher nicht vollständig in eine mechanische oder elektrische Nutzleistung umwandeln.

Will man überhaupt eine kontinuierliche Umwandlung von Wärme in Arbeit erreichen, so müssen die mit dem Wärmestrom $\dot{Q}$ zugeführte und die in der Anlage erzeugte Entropie durch einen Abwärmestrom $\dot{Q}_{\mathrm{ab}} < 0$ kontinuierlich abgeführt werden. Der zugeführte Wärmestrom lässt sich also nur zum Teil in Nutzleistung umwandeln, ein Teil des Wärmestroms muss als Abwärmestrom wieder abgegeben werden. Diese Einschränkung, die der 2. Hauptsatz der Umwandlung von Wärme durch eine so genannte Wärmekraftmaschine auferlegt, wird ausführlich in Abschnitt 3.1.5 behandelt.

Beispiel 3.2. Ein Elektromotor hat die Aufgabe, eine Wellenleistung P_{W} abzugeben. Zu seinem Antrieb wird die elektrische Leistung P_{el} zugeführt. Man untersuche den stationären Betrieb des Elektromotors durch Anwenden der beiden Hauptsätze und berücksichtige dabei einen möglichen Wärmestrom $\dot{Q}$.

In Abb. 3.3 sind die Energieströme, die die Grenze des geschlossenen Systems „Elektromotor" überschreiten, schematisch dargestellt. Diese Energieströme sind zeitlich konstant. Die Leistungsbilanz ergibt

$$\frac{\mathrm{d}U}{\mathrm{d}t} = \dot{Q} + P_{\mathrm{W}} + P_{\mathrm{el}} = 0 \, .$$

Daraus erhält man für die abgegebene Wellenleistung

$$-P_\mathrm{W} = P_\mathrm{el} + \dot{Q} \; .$$

Danach könnte man die abgegebene Wellenleistung dadurch steigern, dass man den Elektromotor beheizt, ihm also einen Wärmestrom zuführt ($\dot{Q} > 0$). Wie die Entropiebilanzgleichung zeigt, verbietet jedoch der 2. Hauptsatz diese günstige Art der Leistungssteigerung. Es gilt

$$\frac{\mathrm{d}S}{\mathrm{d}t} = \dot{S}_\mathrm{Q} + \dot{S}_\mathrm{irr} = 0 \; .$$

Da nur ein Wärmestrom die Systemgrenze überschreitet, ist der Entropietransportstrom

$$\dot{S}_\mathrm{Q} = \dot{Q}/T \; ,$$

wobei T die (zeitlich konstante) thermodynamische Temperatur an der Stelle des Elektromotors bedeutet, an der $\dot{Q}$ übergeht. Aus

$$\dot{S}_\mathrm{Q} = \dot{Q}/T = -\dot{S}_\mathrm{irr}$$

erhält man

$$\dot{Q} = -T\,\dot{S}_\mathrm{irr} \leq 0 \; .$$

Nach dem 2. Hauptsatz kann der Wärmestrom $\dot{Q}$ nur abgeführt werden. Dies ist der Verlustwärmestrom

$$\dot{Q} = -|\dot{Q}_\mathrm{v}| = -T\,\dot{S}_\mathrm{irr} \; ,$$

der die im Elektromotor durch irreversible Prozesse erzeugte Entropie abtransportiert. Diese entsteht durch mechanische Reibung und Dissipation elektrischer Energie.

Der Verlustwärmestrom $\dot{Q}_\mathrm{v}$ bzw. der Entropieproduktionsstrom führt zu einer Verringerung der abgegebenen Wellenleistung

$$-P_\mathrm{W} = P_\mathrm{el} - |\dot{Q}_\mathrm{v}| = P_\mathrm{el} - T\,\dot{S}_\mathrm{irr} \; .$$

Nur im Idealfall des reversibel arbeitenden Elektromotors stimmen abgegebene Wellenleistung und zugeführte elektrische Leistung überein. Man erfasst die Verluste auch durch den Wirkungsgrad

$$\eta_\mathrm{EM} := \frac{-P_\mathrm{W}}{P_\mathrm{el}} = \frac{P_\mathrm{el} - |\dot{Q}_\mathrm{v}|}{P_\mathrm{el}} = 1 - \frac{|\dot{Q}_\mathrm{v}|}{P_\mathrm{el}} = 1 - \frac{T\,\dot{S}_\mathrm{irr}}{P_\mathrm{el}} \leq 1$$

des Elektromotors. Er weicht umso mehr vom Idealwert 1 ab, je größer der Entropieproduktionsstrom $\dot{S}_\mathrm{irr}$ ist. Die erzeugte Entropie ist also ein Maß für den Leistungsverlust, der durch irreversible Prozesse verursacht wird. Diese für die Nutzung „verlorene" Leistung wird dissipierte Leistung genannt.

3.1.4 Die Irreversibilität des Wärmeübergangs und die thermodynamische Temperatur

Der irreversible Prozess des Wärmeübergangs, der bei der Einstellung des thermischen Gleichgewichts in Abschnitt 1.3.1 behandelt wurde, steht in enger Beziehung zum 2. Hauptsatz und seiner quantitativen Formulierung durch die Entropie und die thermodynamische Temperatur. Der Wärmeübergang gehört außerdem zu den Prozessen, die in den technischen Anwendungen der Thermodynamik häufig vorkommen und dort große Bedeutung haben. Daher wird der 2. Hauptsatz zunächst auf die Einstellung des thermischen Gleichgewichts mit dem Ziel angewendet, die Entropieproduktion dieses irreversiblen Prozesses zu berechnen, und um nachzuweisen, dass die durch den 2. Hauptsatz eingeführte Zustandsgröße T tatsächlich eine Temperatur ist. Danach wird auf den technisch wichtigen Prozess der Wärmeübertragung zwischen zwei strömenden Fluiden eingegangen, die durch eine Wand getrennt sind, wie es in den Apparaten zur Wärmeübertragung, den *Wärmeübertragern*, der Fall ist.

Es wird der Wärmeübergang zwischen zwei geschlossenen Systemen A und B betrachtet, die ein *adiabates* Gesamtsystem bilden, Abb. 3.4. Alle Arbeitskoordinaten der Systeme, z. B. ihre Volumina, seien konstant. Vereinfachend sei angenommen, dass beide Systeme je für sich homogen sind, dass also die Temperatur T_A im ganzen System A und die Temperatur T_B im ganzen System B räumlich konstant ist. Es gelte jedoch $T_A \neq T_B$. Auch wenn die beiden Systeme über die diatherme Wand Wärme aufnehmen oder abgeben, sollen dadurch im Inneren der Systeme keine Temperaturdifferenzen auftreten. Unter diesen Annahmen verhält sich jedes der beiden Systeme wie eine Phase und durchläuft für sich genommen einen innerlich reversiblen Prozess. Der Prozess des adiabaten Gesamtsystems ist aber irreversibel, denn Wärme wird zwischen Teilsystemen unterschiedlicher Temperatur übertragen.

Der Wärmestrom $\dot{Q}_A$, den das System A empfängt (oder abgibt), ist dem Betrag nach ebenso groß wie der Wärmestrom $\dot{Q}_B$, den das System B abgibt (bzw. empfängt). Beide Wärmeströme haben aber entgegengesetzte Vorzeichen.

$$\dot{Q}(t) = \dot{Q}_A(t) = -\dot{Q}_B(t) \, .$$

Für die Entropieänderung des adiabaten Gesamtsystems, bestehend aus den beiden Teilsystemen A und B, gilt

$$\frac{dS}{dt} = \frac{dS_A}{dt} + \frac{dS_B}{dt} = \dot{S}_{irr}(t) \geq 0 \, .$$

Die Entropie $S = S_A + S_B$ nimmt so lange zu, bis sich das thermische Gleichgewicht als Endzustand des Temperatur-Ausgleichsprozesses eingestellt hat. Die Entropieproduktion hört dann auf und S erreicht ein Maximum bei $dS/dt = 0$.

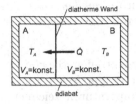

Abbildung 3.4. Wärmeübergang zwischen zwei Systemen A und B, die ein adiabates Gesamtsystem bilden

Beim Berechnen der Entropieänderungen der beiden Teilsysteme wird beachtet, dass sie als Phasen je für sich einen innerlich reversiblen Prozess durchlaufen. Es ist also $\dot{S}_{irr}^{A} = 0$ und $\dot{S}_{irr}^{B} = 0$, so dass man

$$\frac{dS_A}{dt} = \dot{S}_Q^A(t) = \frac{\dot{Q}_A}{T_A} = \frac{\dot{Q}}{T_A}$$

und

$$\frac{dS_B}{dt} = \dot{S}_Q^B(t) = \frac{\dot{Q}_B}{T_B} = -\frac{\dot{Q}}{T_B}$$

erhält. Wächst die Entropie des einen Teilsystems als Folge des Entropietransports, so nimmt die Entropie des anderen Teilsystems ab, doch sind die Beträge der beiden Entropietransportströme wegen $T_A \neq T_B$ verschieden groß. Die Entropieänderung des adiabaten Gesamtsystems und damit die beim Wärmeübergang erzeugte Entropie wird

$$\dot{S}_{irr} = \frac{dS}{dt} = \frac{\dot{Q}}{T_A} - \frac{\dot{Q}}{T_B} = \frac{T_B - T_A}{T_A T_B} \dot{Q} \geq 0 \ . \tag{3.11}$$

Solange $\dot{S}_{irr} > 0$ ist, sind T_A und T_B verschieden; erst im thermischen Gleichgewicht, nämlich im Maximum der Entropie ($dS/dt = \dot{S}_{irr} = 0$), wird $T_A = T_B$. Damit hat die durch den 2. Hauptsatz eingeführte Zustandsgröße T gerade die Eigenschaften, welche der in Abschnitt 1.3.1 gegebenen Definition der Temperatur zugrunde liegen. Es wurde also nachgewiesen, dass die in ganz anderer Weise, nämlich durch Gl.(3.1), eingeführte thermodynamische Temperatur tatsächlich eine Temperatur ist. Sie ist aber eine besondere Temperatur, die sich von den empirischen Temperaturen durch ihre Metrik, nämlich durch einen naturgesetzlich gegebenen Nullpunkt und durch die eindeutige Anordnung der Temperaturen unterscheidet. Hierfür ist die Richtung des Wärmeübergangs maßgebend. Nach dem 2. Hauptsatz ist $\dot{S}_{irr}$ nicht negativ. Geht daher Wärme vom System B zum System A über ($\dot{Q} > 0$), so muss nach Gl.(3.11) $T_B > T_A$ gelten. Ist dagegen $T_B < T_A$, so muss $\dot{Q}$ negativ werden, Wärme also vom System A an das System B übergehen. Es wurde somit aus dem 2. Hauptsatz folgender Satz hergeleitet:

Wärme geht stets von dem System mit der höheren *thermodynamischen* Temperatur auf das System mit der niedrigeren *thermodynamischen* Temperatur über.

Dieser Satz braucht für empirische Temperaturen nicht zuzutreffen. Sie könnten auch so definiert sein, dass Wärme in Richtung höherer *empirischer* Temperatur fließt. Die Anordnung thermodynamischer Temperaturen zeichnet sich dagegen dadurch aus, dass ein Wärmeübergang stets in Richtung fallender thermodynamischer Temperatur stattfindet.

In der Lehre von der Wärmeübertragung wird der zwischen den beiden Systemen von Abb. 3.4 übertragene Wärmestrom durch

$$\dot{Q} = k\,A\,(T_\mathrm{B} - T_\mathrm{A}) \tag{3.12}$$

mit der „treibenden" Temperaturdifferenz $(T_\mathrm{B} - T_\mathrm{A})$ verknüpft, vgl. [3.6]. Dabei sind A die Fläche der Wand durch die der Wärmestrom übertragen wird, k der auf A bezogene Wärmedurchgangskoeffizient und das Produkt kA die Wärmedurchlässigkeit. Setzt man $\dot{Q}$ nach Gl.(3.12) in Gl.(3.11) ein, so ergibt sich für den Entropieproduktionsstrom

$$\dot{S}_\mathrm{irr} = k\,A\,\frac{(T_\mathrm{B} - T_\mathrm{A})^2}{T_\mathrm{A}\,T_\mathrm{B}}\;. \tag{3.13}$$

Das Produkt der beiden thermodynamischen Temperaturen T_A und T_B ist ein Maß für die Höhe des Temperaturniveaus, auf dem sich der Wärmedurchgang abspielt. Nicht nur die Größe der Temperaturdifferenz, auch die Höhe des Temperaturniveaus beeinflusst die Irreversibilität des Wärmeübergangs. Bei gleich großer Temperaturdifferenz wird umso mehr Entropie erzeugt, je niedriger die Temperaturen der Systeme sind, zwischen denen die Wärme übergeht.

Der *reversible Wärmeübergang* ist durch einen verschwindend kleinen Entropieproduktionsstrom $\dot{S}_\mathrm{irr} \to 0$ gegeben. Man kommt dieser Forderung nahe, indem man sehr kleine Temperaturdifferenzen anstrebt. Dann wird zwar der übertragene Wärmestrom sehr klein, doch $\dot{S}_\mathrm{irr}$ geht mit verschwindender Temperaturdifferenz noch schneller, nämlich *quadratisch* gegen null, während $\dot{Q}$ nur *linear* gegen null geht.

Der durch den instationären Wärmeübergang zwischen zwei geschlossenen Systemen verursachte Entropieproduktionstrom $\dot{S}_\mathrm{irr}$ ergibt sich in formal gleicher Weise für den technisch wichtigeren Fall, dass ein Wärmestrom zwischen zwei stationär strömenden Fluiden übertragen wird, die durch eine diatherme Wand getrennt sind. Dies ist besonders bei den Wärmeübertragern der Fall, auf die in Abschnitt 6.3 eingegangen wird. Abb. 3.5 zeigt den Abschnitt eines Wärmeübertragers, in dem der Wärmestrom $\mathrm{d}\dot{Q}$ vom Fluid B auf das Fluid A übertragen wird. Der Temperaturverlauf an dieser Stelle des Wärmeübertragers ist in Abb. 3.6 schematisch dargestellt. Zu beiden Seiten der Trennwand

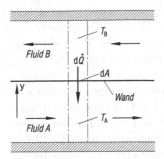

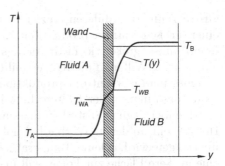

Abbildung 3.5. Abschnitt eines Wärmeübertragers. Durch das Flächenelement dA wird vom Fluid B der Wärmestrom d$\dot{Q}$ an das Fluid A übertragen

Abbildung 3.6. Temperaturverlauf $T = T(y)$ in den Fluiden A und B in Abhängigkeit von der Koordinate y senkrecht zum Flächenelement dA in Abb. 3.5

bildet sich in den strömenden Fluiden eine dünne *Grenzschicht* aus, in der sich die Temperatur mit steilem Gradienten zwischen der Wandtemperatur und der Fluidtemperatur in größerem Abstand von der Wand ändert. Der komplizierte Temperaturverlauf in den beiden Fluiden wird durch die jeweiligen Querschnittsmittelwerte T_A und T_B ersetzt. Dies sind die maßgebenden Temperaturen für die Berechnung des übertragenen Wärmestroms d$\dot{Q}$ und des Entropieproduktionsstroms d$\dot{S}_{irr}$, der durch den Wärmedurchgang verursacht wird.

In der Lehre von der Wärmeübertragung, vgl. [3.6], setzt man für den Wärmestrom mit k als dem Wärmedurchgangskoeffizienten

$$d\dot{Q} = k\,dA\,(T_B - T_A)\,. \tag{3.14}$$

Dabei bedeutet dA die Größe des Flächenelements der Trennwand durch die d$\dot{Q}$ übertragen wird. Für den durch den Wärmedurchgang hervorgerufenen Entropieproduktionsstrom findet man mit

$$d\dot{S}_{irr} = \frac{T_B - T_A}{T_A\,T_B}\,d\dot{Q}\,, \tag{3.15}$$

eine zu Gl.(3.11) analoge Beziehung. Setzt man Gl.(3.14) in Gl.(3.15) ein, so folgt die Gl.(3.13) entsprechende Beziehung

$$d\dot{S}_{irr} = k\,dA\,\frac{(T_B - T_A)^2}{T_A\,T_B}\,. \tag{3.16}$$

Für den Entropieproduktionsstrom des Wärmedurchgangs gelten formal die gleichen Beziehungen, die für den Wärmeübergang zwischen zwei geschlossenen Systemen hergeleitet wurden, und damit auch die gleichen Folgerungen:

Große Temperaturdifferenzen zwischen den beiden Fluidströmen verursachen einen großen Entropieproduktionsstrom; er ist bei gleicher Temperaturdifferenz umso größer, je niedriger das Temperaturniveau des Wärmedurchgangs liegt. Will man die Irreversibilität des Wärmedurchgangs klein halten, so muss man den Entropieproduktionsstrom begrenzen. Aus Gl.(3.15) folgt dann, dass man in der Kältetechnik kleinere Temperaturdifferenzen bei der Wärmeübertragung anstreben muss als etwa beim Bau von Feuerungen oder Heizkesseln, in denen Wärme bei hohen thermodynamischen Temperaturen übertragen wird. Kleine Temperaturdifferenzen haben aber nach Gl.(3.14) eine größere Fläche zur Folge, will man bei gleich bleibendem Wärmedurchgangskoeffizienten k einen gleich großen Wärmestrom übertragen. Das Vermeiden von Irreversibilitäten erfordert somit einen größeren Bauaufwand für den die Wärme übertragenden Apparat.

Die in Gl.(3.16) auftretenden Größen hängen nicht von der Zeit ab (stationärer Fließprozess!), sondern ändern sich in Strömungsrichtung längs des Wärmeübertragers. Um den gesamten durch den Wärmeübergang verursachten Entropieproduktionsstrom $\dot{S}_{\mathrm{irr}}$ zu berechnen, hat man $\mathrm{d}\dot{S}_{\mathrm{irr}}$ über alle Flächenelemente $\mathrm{d}A$ des Wärmeübertragers zu integrieren, wozu der Verlauf der Temperaturen T_{A} und T_{B} im ganzen Wärmeübertrager bekannt sein muss. Einfacher ist es, $\dot{S}_{\mathrm{irr}}$ aus einer Entropiebilanzgleichung für den stationär durchströmten Wärmeübertrager zu bestimmen, vgl. hierzu Abschnitt 3.1.7.

Beispiel 3.3. Der in den Beispielen 2.3 und 3.1 behandelte elektrische Leiter befindet sich in atmosphärischer Luft, deren Temperatur $T_{\mathrm{A}} = 288\,\mathrm{K}$ sich trotz Aufnahme des vom Leiter abgegebenen Wärmestroms $|\dot{Q}| = P_{\mathrm{el}} = 111{,}7\,\mathrm{W}$ nicht ändert. Man berechne die Temperatur T des Leiters, wenn für den Wärmestrom

$$-\dot{Q} = |\dot{Q}| = k\,A\,(T - T_{\mathrm{A}}) \tag{3.17}$$

mit $k\,A = 0{,}198\,\mathrm{W/K}$ gilt. Man bestimme den von der Umgebung aufgenommenen Entropiestrom und den Entropiestrom $\dot{S}_{\mathrm{irr}}^{\mathrm{W}}$, der durch den irreversiblen Wärmeübergang vom Leiter zur Umgebung erzeugt wird.

Für die Temperatur des elektrischen Leiters erhält man aus Gl.(3.17)

$$T = T_{\mathrm{A}} + \frac{|\dot{Q}|}{k\,A} = T_{\mathrm{A}} + \frac{P_{\mathrm{el}}}{k\,A} = 852\,\mathrm{K}\ .$$

Der Leiter erscheint rot glühend, denn seine Temperatur liegt über dem so genannten Draper-Punkt von $798\,\mathrm{K}$, bei dem ein erwärmter Körper dem menschlichen Auge als dunkelrotes Objekt sichtbar wird.

Der von der Umgebung aufgenommene Entropiestrom ist der mit dem Wärmestrom $\dot{Q}$ bei der Umgebungstemperatur T_{A} ankommende Entropietransportstrom

$$\dot{S}_{\mathrm{Q}}^{\mathrm{A}} = \dot{S}_{\mathrm{Q}}(T_{\mathrm{A}}) = \frac{|\dot{Q}|}{T_{\mathrm{A}}} = \frac{P_{\mathrm{el}}}{T_{\mathrm{A}}} = \frac{111{,}7\,\mathrm{W}}{288\,\mathrm{K}} = 0{,}388\,\frac{\mathrm{W}}{\mathrm{K}}\ .$$

Der vom Leiter bei der Temperatur $T > T_{\mathrm{A}}$ abgegebene Wärmestrom führt den kleineren Entropietransportstrom

$$|\dot{S}_{\mathrm{Q}}(T)| = \frac{|\dot{Q}|}{T} = \frac{111{,}7\,\mathrm{W}}{852\,\mathrm{K}} = 0{,}131\,\frac{\mathrm{W}}{\mathrm{K}}$$

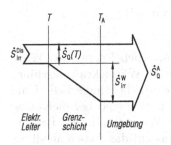

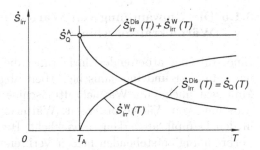

Abbildung 3.7. Schema der von einem elektrischen Leiter ausgehenden Entropieströme

Abbildung 3.8. Verlauf der Entropieproduktionsströme $\dot{S}_{\mathrm{irr}}^{\mathrm{Dis}}$ und $\dot{S}_{\mathrm{irr}}^{\mathrm{W}}$ als Funktionen der Temperatur T des elektrischen Leiters

mit sich. Somit wird durch das irreversible Absinken des Wärmestroms $\dot{Q}$ von der Temperatur T des elektrischen Leiters auf die Temperatur T_{A} der Umgebung der Entropieproduktionsstrom

$$\dot{S}_{\mathrm{irr}}^{\mathrm{W}} = \dot{S}_{\mathrm{Q}}(T_{\mathrm{A}}) - |\dot{S}_{\mathrm{Q}}(T)| = |\dot{Q}| \left(\frac{1}{T_{\mathrm{A}}} - \frac{1}{T} \right) = 0{,}257 \, \frac{\mathrm{W}}{\mathrm{K}}$$

erzeugt. Auch der Entropietransportstrom $\dot{S}_{\mathrm{Q}}(T)$ ist durch einen irreversiblen Prozess entstanden; er wurde durch die Dissipation von P_{el} im elektrischen Leiter erzeugt, vgl. Beispiel 3.1:

$$|\dot{S}_{\mathrm{Q}}(T)| = \frac{|\dot{Q}|}{T} = \frac{P_{\mathrm{el}}}{T} = \dot{S}_{\mathrm{irr}}^{\mathrm{Dis}} \ .$$

Abb. 3.7 veranschaulicht diese Zusammenhänge.

Die Summe der beiden Entropieproduktionsströme $\dot{S}_{\mathrm{irr}}^{\mathrm{Dis}}$ und $\dot{S}_{\mathrm{irr}}^{\mathrm{W}}$ erfasst die Irreversibilität des Gesamtprozesses, der aus der Dissipation der elektrischen Leistung (= Umwandlung von P_{el} in $\dot{Q}$ bei der Leitertemperatur T) und dem Übergang des Wärmestroms $\dot{Q}$ von T auf die niedrigere Umgebungstemperatur T_{A} besteht. Hierfür erhält man

$$\dot{S}_{\mathrm{irr}} := \dot{S}_{\mathrm{irr}}^{\mathrm{Dis}} + \dot{S}_{\mathrm{irr}}^{\mathrm{W}} = \frac{P_{\mathrm{el}}}{T} + |\dot{Q}| \left(\frac{1}{T_{\mathrm{A}}} - \frac{1}{T} \right) = \frac{P_{\mathrm{el}}}{T_{\mathrm{A}}} = \dot{S}_{\mathrm{Q}}^{\mathrm{A}} \ .$$

Dieser Gesamt-Entropieproduktionsstrom hängt nicht von der Temperatur T des elektrischen Leiters ab. Geht der durch die Dissipation von P_{el} erzeugte Wärmestrom $\dot{Q}$ an eine Umgebung mit gegebener Temperatur T_{A} über, so ist es gleichgültig, bei welcher Temperatur T die elektrische Leistung dissipiert wird. Bei hoher Leitertemperatur T überwiegt der durch den irreversiblen Wärmeübergang erzeugte Entropiestrom $\dot{S}_{\mathrm{irr}}^{\mathrm{W}}$; bei niedriger Leitertemperatur ist $\dot{S}_{\mathrm{irr}}^{\mathrm{Dis}} > \dot{S}_{\mathrm{irr}}^{\mathrm{W}}$. Ihre Summe $\dot{S}_{\mathrm{irr}}$ bleibt jedoch gleich groß und stimmt mit dem Entropiestrom $\dot{S}_{\mathrm{Q}}^{\mathrm{A}}$ überein, den die Umgebung mit dem Wärmestrom $\dot{Q}$ aufnimmt, Abb. 3.8.

3.1.5 Die Umwandlung von Wärme in Nutzarbeit. Wärmekraftmaschinen

Eine stationär arbeitende Einrichtung, die kontinuierlich Energie als Wärme aufnimmt und mechanische Arbeit abgibt, heißt Wärmekraftmaschine. Man sagt auch, eine Wärmekraftmaschine bewirke die kontinuierliche Umwandlung von Wärme in Arbeit. Wärmekraftmaschinen sind beispielsweise in den Dampfkraftwerken verwirklicht. Hier geht Wärme von dem bei der Verbrennung entstehenden heißen Verbrennungsgas auf das Arbeitsmedium der Wärmekraftmaschine, den Wasserdampf, über. Die Arbeit wird als Wellenarbeit eines Turbinensatzes gewonnen, in dem der Wasserdampf unter Arbeitsabgabe expandiert. Das Arbeitsmedium einer Wärmekraftmaschine führt einen Kreisprozess aus, bei dem es immer wieder die gleichen Zustände durchläuft, damit ein zeitlich stationäres Arbeiten der Wärmekraftmaschine ermöglicht wird. Auf diesen Kreisprozess und die Vorgänge im Inneren der Wärmekraftmaschine wird in Abschnitt 8.1.4 eingegangen. Wenn eine Wärmekraftmaschine (WKM) aus mehreren Apparaten besteht wird sie auch als Wärmekraftanlage bezeichnet.

Eine Wärmekraftmaschine ist ein geschlossenes System, in dem ein zeitlich stationärer Prozess abläuft. Wie in Abschnitt 3.1.3 nachgewiesen wurde, verbietet es der 2. Hauptsatz, dass die zugeführte Wärme vollständig in Arbeit umgewandelt wird. Es muss stets ein Abwärmestrom vorhanden sein, der die zugeführte Entropie und die in der Wärmekraftmaschine erzeugte Entropie abführt. Daher wird den folgenden Betrachtungen das geschlossene System von Abb. 3.9 zugrunde gelegt. Die Wärmekraftmaschine nimmt den Wärmestrom $\dot{Q}$ bei der Temperatur T auf und gibt neben der Wellenleistung P den Abwärmestrom $\dot{Q}_0$ bei der Temperatur T_0 ab. Alle diese Größen sind zeitlich konstant, das System sei ruhend.

Aus dem 1. Hauptsatz erhält man die Leistungsbilanzgleichung

$$\frac{dU}{dt} = \dot{Q} + \dot{Q}_0 + P = 0\,,$$

woraus sich die gewonnene Leistung zu

$$-P = \dot{Q} + \dot{Q}_0 = \dot{Q} - |\dot{Q}_0| \tag{3.18}$$

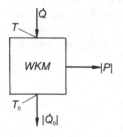

Abbildung 3.9. Schema einer Wärmekraftmaschine (WKM) mit zu- und abgeführten Energieströmen

ergibt. Um den zugeführten Wärmestrom $\dot{Q}$ möglichst weitgehend in mechanische Leistung umzusetzen, sollte der Abwärmestrom (dem Betrag nach) so klein wie möglich sein. Dann nimmt der *thermische Wirkungsgrad*

$$\eta_{\text{th}} := \frac{-P}{\dot{Q}} = 1 - \frac{|\dot{Q}_0|}{\dot{Q}}$$

der Wärmekraftmaschine seinen höchsten Wert an. Wie aus der Untersuchung des perpetuum mobile bekannt ist, kann $\dot{Q}_0$ nicht gleich null sein; somit kann η_{th} den Wert eins nie erreichen.

Um den Abwärmestrom zu berechnen, wird der 2. Hauptsatz angewendet. Aus der Entropiebilanzgleichung

$$\frac{dS}{dt} = \frac{\dot{Q}}{T} + \frac{\dot{Q}_0}{T_0} + \dot{S}_{\text{irr}} = 0$$

erhält man für den Abwärmestrom

$$\dot{Q}_0 = -T_0 \left(\frac{\dot{Q}}{T} + \dot{S}_{\text{irr}} \right) . \tag{3.19}$$

Die beiden Terme in der Klammer bedeuten den Entropietransportstrom, der den Wärmestrom $\dot{Q}$ begleitet, und den Entropieproduktionsstrom, der die Irreversibilitäten innerhalb des geschlossenen Systems Wärmekraftmaschine kennzeichnet. Beide Terme sind positiv, $\dot{Q}_0$ ist negativ, also ein abzuführender Wärmestrom. Dessen Betrag ist umso größer, je „schlechter" die Wärmekraftmaschine arbeitet, d.h. je größer der Entropieproduktionsstrom $\dot{S}_{\text{irr}}$ ist.

Wird nun $\dot{Q}_0$ nach Gl.(3.19) in die Leistungsbilanzgl. (3.18) des 1. Hauptsatzes eingesetzt, erhält man für die gewonnene Leistung

$$-P = \left(1 - \frac{T_0}{T} \right) \dot{Q} - T_0 \dot{S}_{\text{irr}}$$

und für den thermischen Wirkungsgrad der Wärmekraftmaschine

$$\eta_{\text{th}} = 1 - \frac{T_0}{T} - \frac{T_0 \dot{S}_{\text{irr}}}{\dot{Q}} .$$

Die Höchstwerte von $-P$ und η_{th} ergeben sich für eine *reversibel* arbeitende Wärmekraftmaschine mit $\dot{S}_{\text{irr}} = 0$ zu

$$-P_{\text{max}} = -P_{\text{rev}} = \left(1 - \frac{T_0}{T} \right) \dot{Q} = \eta_{\text{C}} \cdot \dot{Q} \tag{3.20}$$

und

$$\eta_{\text{th}}^{\text{rev}} = \eta_{\text{C}} = 1 - \frac{T_0}{T} \, .$$

Jede Irreversibilität verringert die gewonnene Leistung und damit den Wirkungsgrad gegenüber der reversibel arbeitenden WKM. Es sei noch einmal ausdrücklich darauf hingewiesen, dass dieser Wirkungsgrad auch im reversiblen Fall *nicht* den Wert eins annimmt. Reversible Prozesse bilden auch hier die obere Grenze für gewünschte Energieumwandlungen.

Der thermische Wirkungsgrad $\eta_{\text{th}}^{\text{rev}}$ der reversibel arbeitenden Wärmekraftmaschine wird zu Ehren von S. Carnot[2] der *Carnot-Faktor* η_{C} genannt. Er hängt nicht vom Aufbau der Wärmekraftmaschine und vom verwendeten Arbeitsmedium ab, sondern ist eine universelle Funktion der thermodynamischen Temperaturen T und T_0 der Wärmeaufnahme bzw. der Wärmeabgabe; er hängt nur vom Temperaturverhältnis T_0/T ab, was in der Bezeichnung

$$\eta_{\text{C}} = \eta_{\text{C}}(T_0, T) := 1 - \frac{T_0}{T}$$

festgehalten wird. Wie Gl.(3.20) zeigt, bewertet der Carnot-Faktor den Wärmestrom $\dot{Q}$ hinsichtlich seiner Umwandelbarkeit in mechanische Leistung. Nur der Anteil $\eta_{\text{C}}\dot{Q}$ ist *bestenfalls* umwandelbar. Diese grundsätzlich beschränkte Umwandelbarkeit von Wärme in Arbeit ist also der Tatsache geschuldet, dass der WKM mit dem Wärmestrom $\dot{Q}$ ein Entropiestrom zufliesst, der im stationären Fall das System auch wieder verlassen muss. Eine Vernichtung ist ausgeschlossen. Da die abgegebene Leistung entropiefrei ist,

Tabelle 3.1. Werte des Carnot-Faktors $\eta_{\text{C}} = 1 - T_{\text{u}}/T$ für Celsius-Temperaturen ϑ der Wärmeaufnahme und ϑ_{u} der Umgebung. Der Zusammenhang zwischen ϑ und T wird in Abschnitt 1.3.4 erläutert.

ϑ_{u}	$\vartheta =$ 100 °C	200 °C	300 °C	400 °C	500 °C	600 °C	800 °C	1000 °C	1200 °C
0 °C	0,2680	0,4227	0,5234	0,5942	0,6467	0,6872	0,7455	0,7855	0,8146
20 °C	0,2144	0,3804	0,4885	0,5645	0,6208	0,6643	0,7268	0,7697	0,8010
40 °C	0,1608	0,3382	0,4536	0,5348	0,5950	0,6414	0,7082	0,7540	0,7874
60 °C	0,1072	0,2959	0,4187	0,5051	0,5691	0,6185	0,6896	0,7383	0,7739

---

[2] In seiner berühmten, auf S. 1 erwähnten Abhandlung aus dem Jahre 1824 hatte S. Carnot entdeckt, dass η_{C} nur von den Temperaturen der Wärmeaufnahme und Wärmeabgabe abhängt: „La puissance motrice de la chaleur est indépendante des agents mis en œuvre pour la réaliser: sa quantité est fixée uniquement par les températures des corps entre lesquels se fait, en dernier résultat, le transport du calorique." Es gelang ihm jedoch nicht herauszufinden, in welcher Weise η_{C} von T und T_0 abhängt. Diesen Zusammenhang hat erstmals W.J. Rankine [3.7] 1851 gefunden.

muss ein (unerwünschter) Abwärmestrom $\dot{Q}_0 (< 0)$ diesen Entropieabfluss sicherstellen. Dies folgt aus einem Naturgesetz, dem 2. Hauptsatz der Thermodynamik, und gilt unabhängig vom Stand der Technik. Der Carnot-Faktor ist umso größer, je höher die Temperatur T der Wärmeaufnahme und je niedriger die Temperatur T_0 ist, bei welcher der Abwärmestrom abgegeben wird. Diese Temperatur hat unter irdischen Verhältnissen eine untere Grenze, die Umgebungstemperatur T_u, denn es muss ein System vorhanden sein, welches den Abwärmestrom aufnimmt. Dies ist in der Regel die Umgebung, also die Atmosphäre oder das Kühlwasser aus Meeren, Seen und Flüssen. Die Bedingung $T_0 \geq T_u$ beschneidet den Carnot-Faktor erheblich, wie man aus Tabelle 3.1 erkennt. Die thermodynamische Temperatur T der Wärmeaufnahme sollte möglichst hoch liegen, sie wird durch die vorhandene Wärmequelle (z. B. ein Verbrennungsgas), die mit steigender Temperatur abnehmende Festigkeit der Werkstoffe und durch die Prozessführung bestimmt. Hierauf wird in den Abschnitten 8.1.3 und 8.2 zurückgekommen.

In der Regel wird der zugeführte Wärmestrom nicht bei einer einzigen Temperatur T aufgenommen, sondern in einem Temperaturintervall. Die Wärmekraftmaschine soll den Wärmestrom $\dot{Q}_{12}$ zwischen T_1 und T_2 aufnehmen. Der damit verbundene Entropietransportstrom ergibt sich zu

$$\dot{S}_{Q12} = \int_{T_1}^{T_2} \frac{\mathrm{d}\dot{Q}}{T} = \frac{\dot{Q}_{12}}{T_m} \, .$$

Die zweite Gleichung definiert die *thermodynamische Mitteltemperatur*

$$T_m := \dot{Q}_{12}/\dot{S}_{Q12}$$

der Wärmeaufnahme bei gleitender Temperatur. Als Quotient aus dem Wärmestrom und dem insgesamt aufgenommenen Entropietransportstrom kennzeichnet T_m den „Entropiegehalt" des aufgenommenen Wärmestroms. Bei hohem T_m ist der Entropietransportstrom klein; damit muss die Wärmekraftmaschine auch weniger Entropie mit der Abwärme abtransportieren. Hohe thermodynamische Mitteltemperaturen sind für einen günstigen Betrieb der Wärmekraftmaschine erwünscht, denn dadurch vergrößert sich der Anteil von $\dot{Q}_{12}$, der als mechanische Leistung gewonnen werden kann, während sich zugleich der Abwärmestrom verringert.

Ersetzt man in den Gleichungen für die gewonnene Nutzleistung und den thermischen Wirkungsgrad T durch T_m, so gelten diese Beziehungen auch für die Wärmeaufnahme bei gleitender Temperatur. Maßgebend ist der mit T_m gebildete Carnot-Faktor

$$\eta_C(T_0, T_m) := 1 - \frac{T_0}{T_m} = \frac{T_m - T_0}{T_m} \, .$$

Zur Berechnung von T_m muss jedoch bekannt sein, wie sich der gesamte Wärmestrom auf das Temperaturintervall (T_1, T_2) verteilt, wie also $d\dot{Q}$ mit T zusammenhängt. Hierauf wird in Beispiel 3.6 eingegangen.

Beispiel 3.4. Eine Wärmekraftmaschine gebe die Nutzleistung $P = -100\,\text{MW}$ und den Wärmestrom $\dot{Q}_0 = -180\,\text{MW}$ bei der Temperatur $T_0 = 300\,\text{K}$ ab. Der Entropieproduktionsstrom $\dot{S}_{\text{irr}}$ der Wärmekraftmaschine sei ebenso groß wie der Entropietransportstrom $\dot{S}_Q$, den sie mit dem zugeführten Wärmestrom $\dot{Q}$ aufnimmt. Man bestimme den thermischen Wirkungsgrad η_{th} sowie seinen Höchstwert bei in beiden Fällen gleichen Temperaturen der Wärmeaufnahme und Wärmeabgabe.

Aus der Leistungsbilanzgleichung des 1. Hauptsatzes erhält man den aufgenommenen Wärmestrom

$$\dot{Q} = -\dot{Q}_0 - P = 180\,\text{MW} + 100\,\text{MW} = 280\,\text{MW}$$

und damit den thermischen Wirkungsgrad

$$\eta_{\text{th}} = \frac{-P}{\dot{Q}} = \frac{100\,\text{MW}}{280\,\text{MW}} = 0{,}357\,.$$

Der Höchstwert des thermischen Wirkungsgrads ergibt sich für die reversibel arbeitende Wärmekraftmaschine zu

$$\eta_{\text{th}}^{\text{rev}} = \eta_C = 1 - T_0/T\,.$$

Um die noch unbekannte Temperatur T der Wärmeaufnahme zu bestimmen, geht man von $T = \dot{Q}/\dot{S}_Q$ aus. Den Entropietransportstrom $\dot{S}_Q$ erhält man aus dem Abwärmestrom

$$|\dot{Q}_0| = T_0(\dot{S}_Q + \dot{S}_{\text{irr}}) = 2\,T_0\,\dot{S}_Q\,,$$

weil in diesem Beispiel $\dot{S}_{\text{irr}} = \dot{S}_Q$ sein soll, zu $\dot{S}_Q = |\dot{Q}_0|/2\,T_0 = 0{,}300\,\text{MW/K}$. Damit wird

$$T = \dot{Q}/\dot{S}_Q = 280\,\text{MW}/0{,}300\,(\text{MW/K}) = 933\,\text{K}\,,$$

und der Carnot-Faktor ergibt sich zu $\eta_C = 0{,}679$.

Würde die Wärmekraftmaschine reversibel arbeiten, so könnte sie diesen thermischen Wirkungsgrad erreichen. Bei unverändertem Wärmestrom $\dot{Q}$ stiege die Nutzleistung auf

$$-P_{\text{rev}} = \eta_C\,\dot{Q} = 0{,}679 \cdot 280\,\text{MW} = 190\,\text{MW}\,,$$

und der Abwärmestrom wäre nur noch $\dot{Q}_0^{\text{rev}} = -90\,\text{MW}$, also halb so groß wie bei der irreversibel arbeitenden Wärmekraftmaschine. Der durch Entropieerzeugung bewirkte Teil $T_0\dot{S}_Q = 90\,\text{MW}$ des Abwärmestroms mindert die Nutzleistung der irreversibel arbeitenden Wärmekraftmaschine gegenüber dem reversiblen Idealfall:

$$(-P) = (-P_{\text{rev}}) - T_0\dot{S}_{\text{irr}} = (190 - 90)\,\text{MW} = 100\,\text{MW}\,.$$

3.1.6 Die Entropiebilanzgleichung für einen Kontrollraum

Die in Abschnitt 3.1.3 aufgestellte und bereits mehrfach angewandte Entropiebilanzgleichung gilt für ein geschlossenes System. Sie werden nun auf offene

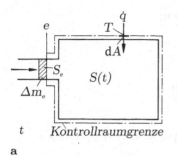
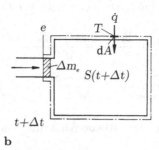

t   Kontrollraumgrenze $t+\Delta t$

a   b

Abb. 3.10 a,b. Zur Herleitung der Entropiebilanzgleichung für einen Kontrollraum. Das gedachte geschlossene System **a** besteht zur Zeit t aus dem Kontrollraum und dem Fluidelement mit der Masse Δm_e; in **b** zur Zeit $t+\Delta t$ umfasst das geschlossene System nur den Kontrollraum

Systeme (Kontrollräume) erweitert, so dass also auch der Entropietransport berücksichtigt wird, den ein Materietransport über die Systemgrenze bewirkt. Hierzu wird der in Abb. 3.10 dargestellte Kontrollraum betrachtet. Während des Zeitintervalls Δt, das zwischen den Abb. 3.10 a und 3.10 b verstreicht, strömt Materie mit der Masse Δm_e in den Kontrollraum hinein. Die Zeit Δt sei so klein gewählt, dass das eintretende Fluidelement als Phase behandeln werden kann.

Definiert wird zunächst übergangsweise ein *geschlossenes* System: Es besteht aus der Materie, die sich zur Zeit t innerhalb der Grenzen des Kontrollraums befindet, und aus dem Fluidelement mit der Masse Δm_e gerade vor dem Eintrittsquerschnitt e, Abb. 3.10 a. Zur Zeit $t + \Delta t$, vgl. Abb. 3.10 b, hat das Fluidelement den Eintrittsquerschnitt gerade überschritten und ist im Kontrollraum verschwunden. Die Entropie S_{GS} des geschlossenen Systems setzt sich zur Zeit t aus der Entropie $S(t)$ der im Kontrollraum befindlichen Materie und der Entropie $s_e \Delta m_e$ des Fluidelements zusammen, dessen spezifische Entropie mit s_e bezeichnet wird:

$$S_{GS}(t) = S(t) + s_e(t)\Delta m_e \ .$$

Zur Zeit $t + \Delta t$ gilt

$$S_{GS}(t + \Delta t) = S(t + \Delta t) \ ,$$

weil jetzt geschlossenes System und Kontrollraum übereinstimmen. Für die Ableitung dS_{GS}/dt, die in der Entropiebilanzgleichung

$$\frac{dS_{GS}}{dt} = \dot{S}_Q(t) + \dot{S}_{irr}(t)$$

des geschlossenen Systems auftritt, erhält man nun

$$\frac{\mathrm{d}S_{\mathrm{GS}}}{\mathrm{d}t} = \lim_{\Delta t \to 0} \frac{S_{\mathrm{GS}}(t + \Delta t) - S_{\mathrm{GS}}(t)}{\Delta t}$$

$$= \lim_{\Delta t \to 0} \frac{S(t + \Delta t) - S(t)}{\Delta t} - s_{\mathrm{e}} \lim_{\Delta t \to 0} \frac{\Delta m_{\mathrm{e}}}{\Delta t} \,.$$

Dies ergibt für die zeitliche Änderung der Entropie *des Kontrollraums*

$$\frac{\mathrm{d}S}{\mathrm{d}t} = s_{\mathrm{e}}(t)\, \dot{m}_{\mathrm{e}}(t) + \dot{S}_{\mathrm{Q}}(t) + \dot{S}_{\mathrm{irr}}(t) \,, \tag{3.21}$$

wobei $\dot{m}_{\mathrm{e}}(t)$ den Massenstrom und $s_{\mathrm{e}}(t)$ die spezifische Entropie des Fluids im Eintrittsquerschnitt bedeuten; beide Größen hängen von der Zeit t ab. Wie Gl. (3.21) zeigt, ändert sich die Entropie S des Kontrollraums durch den Entropietransport mit dem einströmenden Fluid, durch den Entropietransport mit Wärme und durch die Entropieproduktion im Inneren des Kontrollraums.

Die Entropiebilanzgl. (3.21) lässt sich leicht auf den Fall mehrerer ein- und austretender Fluidströme verallgemeinern. Jeder Fluidstrom i führt einen Entropiestrom mit sich, der durch $\dot{m}_i s_i$ gegeben ist. Dabei sind eintretende Entropieströme positiv, austretende negativ zu rechnen. Damit ergibt sich die Entropiebilanzgleichung für einen instationären Prozess in einem Kontrollraum, der von mehreren Fluidströmen durchströmt wird, zu

$$\frac{\mathrm{d}S}{\mathrm{d}t} = \sum_{\mathrm{ein}} \dot{m}_{\mathrm{e}}(t)\, s_{\mathrm{e}}(t) - \sum_{\mathrm{aus}} \dot{m}_{\mathrm{a}}(t)\, s_{\mathrm{a}}(t) + \dot{S}_{\mathrm{Q}}(t) + \dot{S}_{\mathrm{irr}}(t) \,. \tag{3.22}$$

Sie unterscheidet sich von der Entropiebilanz eines geschlossenen Systems durch die beiden Summen. Diese ergeben den Überschuss der mit Materie einströmenden Entropie über die mit Materie abströmende Entropie. Alle in der Bilanzgleichung auftretenden Größen hängen von der Zeit ab. Der Entropieproduktionsstrom $\dot{S}_{\mathrm{irr}}(t) \geq 0$ umfasst die gesamte Entropie, die innerhalb der Kontrollraumgrenzen erzeugt wird, wobei das Gleichheitszeichen nur für den reversiblen Prozess gilt.

Für ein adiabates offenes System ($\dot{S}_{\mathrm{Q}} \equiv 0$) gilt nicht immer $\mathrm{d}S/\mathrm{d}t \geq 0$. Solange nämlich mehr Entropie mit Materie abströmt als Entropie erzeugt wird und mit Materie zuströmt, kann die Entropie des adiabaten Kontrollraums abnehmen. Die auf geschlossene adiabate Systeme zutreffende Aussage $\mathrm{d}S/\mathrm{d}t \geq 0$ kann, muss aber nicht für offene Systeme (Kontrollräume) gelten.

In der Entropiebilanzgl. (3.22) bedeutet $\dot{S}_{\mathrm{Q}}$ den Entropietransportstrom, der die Wärmeströme begleitet, die die Grenze des Kontrollraums überqueren. Betrachtet wird nun ein Flächenelement $\mathrm{d}A$ der Kontrollraumgrenze, Abb. 3.10. Der hier übertragene Wärmestrom, bezogen auf die Fläche, also die Wärmestromdichte, sei $\dot{q}(A, t)$, vgl. Abschnitt 2.3.2. Dann wird über dieses Flächenelement die Entropie

$$\frac{\mathrm{d}\dot{Q}}{T} = \frac{\dot{q}(A,t)}{T}\,\mathrm{d}A$$

transportiert, wobei $T = T(A,t)$ die thermodynamische Temperatur an dieser Stelle ist. Sie kann ebenso wie $\dot{q}$ über die ganze Oberfläche des Kontrollraums variieren. Der gesamte durch Wärmeübertragung verursachte Entropietransportstrom wird dann

$$\dot{S}_\mathrm{Q}(t) = \int\limits_{(A)} \frac{\dot{q}}{T}\,\mathrm{d}A\,, \tag{3.23}$$

wobei das Flächenintegral über die ganze Kontrollraumgrenze zu erstrecken ist. Wird Wärme nur an bestimmten Stellen der Kontrollraumgrenze übertragen, wo die Temperatur T_i herrscht, so erhält man für den Entropietransportstrom

$$\dot{S}_\mathrm{Q}(t) = \sum_\mathrm{i} \frac{\dot{Q}_\mathrm{i}}{T_\mathrm{i}}\,. \tag{3.24}$$

Jeder Wärmestrom $\dot{Q}_\mathrm{i}$ und die zugehörige Temperatur T_i hängen von der Zeit ab, denn betrachtet wird ein instationärer Prozess.

Beispiel 3.5. Ein Behälter mit starren Wänden und dem Innenvolumen V sei vollständig evakuiert. Durch ein kleines Leck ströme langsam Luft aus der Umgebung in den Behälter, bis dieser ganz mit Luft gefüllt ist. Man berechne die durch diesen Prozess erzeugte Entropie S_{12}^irr.

Ein Kontrollraum werde um das Innere des Behälters abgegrenzt. Zu Beginn des instationären Prozesses (Zeit t_1) sei der Behälter leer. Am Ende des Prozesses (Zeit t_2) sei er mit Luft gefüllt, die den Druck p_u und die Temperatur T_u der Umgebung hat. Da der Füllvorgang langsam verläuft, sei angenommen, dass die Luft im Behälter stets die Umgebungstemperatur T_u annimmt.

Zur Berechnung der erzeugten Entropie wird die Entropiebilanzgl. (3.21) integriert und dabei beachtet, dass die spezifische Entropie der einströmenden Luft zeitlich konstant ist und den Wert $s_\mathrm{e} = s(T_\mathrm{u}, p_\mathrm{u}) = s_\mathrm{u}$ hat:

$$S(t_2) - S(t_1) = m_\mathrm{e12}\,s_\mathrm{u} + \int\limits_{t_1}^{t_2} \dot{S}_\mathrm{Q}(t)\,\mathrm{d}t + S_{12}^\mathrm{irr}\,.$$

Hierin bedeutet m_e12 die Masse der Luft, die zwischen t_1 und t_2 in den Behälter einströmt. Für die Entropie der Luft im Behälter gilt $S(t_1) = 0$ und

$$S(t_2) = m_2\,s(T_\mathrm{u}, p_\mathrm{u}) = m_\mathrm{e12}\,s_\mathrm{u}\,.$$

Damit erhält man für die erzeugte Entropie

$$S_{12}^\mathrm{irr} = -\int\limits_{t_1}^{t_2} \dot{S}_\mathrm{Q}(t)\,\mathrm{d}t = -\int\limits_{t_1}^{t_2} \frac{\mathrm{d}\dot{Q}}{T} = -\frac{Q_{12}}{T_\mathrm{u}}\,.$$

Da $S_{12}^\mathrm{irr} > 0$ ist, gilt $Q_{12} < 0$: Wärme geht vom Behälterinhalt an die Umgebung über, wodurch die Temperatur im Behälter konstant gehalten wird. Die bei dem irreversiblen Füllprozess im Behälter erzeugte Entropie wird mit der Wärme Q_{12} an die Umgebung abgegeben, während die mit der Luft eingeströmte Entropie am Ende des Prozesses im Behälter gespeichert ist.

Um die Wärme Q_{12} zu bestimmen, wird der 1. Hauptsatz angewendet. Aus Gl.(2.30) von Abschnitt 2.3.3 erhält man unter Vernachlässigung der kinetischen und potenziellen Energie

$$Q_{12} = U_2 - U_1 - m_{\mathrm{e12}} \, h_{\mathrm{u}} \; .$$

Hierin ist $U_1 = 0$ und $U_2 = U(t_2) = m_2 \, u(T_{\mathrm{u}}, p_{\mathrm{u}}) = m_{\mathrm{e12}} \, u_{\mathrm{u}}$. Die Luft wird als ideales Gas behandelt. Dann erhält man für ihre spezifische Enthalpie $h_{\mathrm{u}} = u_{\mathrm{u}} + R T_{\mathrm{u}}$, und es ergibt sich

$$Q_{12} = m_{\mathrm{e12}} \left[u_{\mathrm{u}} - (u_{\mathrm{u}} + R T_{\mathrm{u}}) \right] = -m_{\mathrm{e12}} \, R T_{\mathrm{u}} = -m_2 \, R T_{\mathrm{u}}$$

für die Wärme. Schließlich erhält man die beim isothermen Einströmen der Luft erzeugte Entropie zu

$$S_{12}^{\mathrm{irr}} = -\frac{Q_{12}}{T_{\mathrm{u}}} = m_{\mathrm{e12}} \, R = m_2 \, R \; .$$

Sie ist der Masse der eingeströmten Luft proportional und stets positiv. Das Einströmen der Luft in den evakuierten Behälter ist ein irreversibler Prozess, was unsere Erfahrung bestätigt.

3.1.7 Die Entropiebilanzgleichung für stationäre Fließprozesse

Die im letzten Abschnitt hergeleitete Entropiebilanzgl. (3.22) für einen instationären Prozess in einem offenen System (Kontrollraum) enthält den Sonderfall des stationären Fließprozesses. Hier sind alle Größen unabhängig von der Zeit; es gilt $\mathrm{d}S/\mathrm{d}t = 0$, und aus Gl.(3.22) folgt

$$\sum_{\mathrm{aus}} \dot{m}_{\mathrm{a}} \, s_{\mathrm{a}} = \sum_{\mathrm{ein}} \dot{m}_{\mathrm{e}} \, s_{\mathrm{e}} + \dot{S}_{\mathrm{Q}} + \dot{S}_{\mathrm{irr}} \tag{3.25}$$

als Entropiebilanzgleichung des stationären Fließprozesses. Der Entropietransportstrom $\dot{S}_{\mathrm{Q}}$ ist durch Gl.(3.23) bzw. (3.24) gegeben, wobei jedoch alle dort auftretenden Größen (zeitlich) konstant sind. Die Entropiebilanzgl. (3.25) sagt aus: Die mit Materie aus dem Kontrollraum abfließende Entropie ergibt sich als Summe der Entropien, die mit eintretender Materie zufließen, mit Wärme über die Kontrollraumgrenze transportiert und/oder durch Irreversibilitäten im Kontrollraum erzeugt werden.

Für einen *adiabaten Kontrollraum* ist $\dot{S}_{\mathrm{Q}} \equiv 0$. Aus Gl.(3.25) erhält man den Entropieproduktionsstrom zu

$$\dot{S}_{\mathrm{irr}} = \left[\sum_{\mathrm{aus}} \dot{m}_{\mathrm{a}} \, s_{\mathrm{a}} - \sum_{\mathrm{ein}} \dot{m}_{\mathrm{e}} \, s_{\mathrm{e}} \right]_{\mathrm{ad}} \geq 0 \; .$$

Die Entropieerzeugung bewirkt den Überschuss der mit den austretenden Stoffströmen abfließenden Entropie über die einströmende Entropie. Diese Bilanzgleichung dient zur Berechnung des Entropieproduktionsstroms aus Zustandsgrößen, die an der Grenze des adiabaten Kontrollraums bestimmbar sind; sie hat daher erhebliche praktische Bedeutung.

Fließt nur ein Fluidstrom durch den Kontrollraum, $\dot{m}_e = \dot{m}_a = \dot{m}$, so folgt aus Gl.(3.25)

$$\dot{m}\,(s_2 - s_1) = \dot{S}_Q + \dot{S}_{irr}\ ,$$

wenn man, wie oft üblich, den Eintrittsquerschnitt mit 1 und den Austrittsquerschnitt mit 2 bezeichnet. Ist der Kontrollraum *adiabat*, so ergibt sich mit $\dot{S}_Q = 0$

$$(s_2 - s_1)_{ad} = \dot{S}_{irr}/\dot{m} = s_{irr} \geq 0\ .$$

Strömt ein Fluid stationär durch einen adiabaten Kontrollraum, so kann seine spezifische Entropie nicht abnehmen. Sie nimmt zu, wenn der stationäre Fließprozess irreversibel ist. Im Grenzfall des reversiblen adiabaten Prozesses bleibt die spezifische Entropie zwischen Eintritts- und Austrittsquerschnitt konstant, das Fluid erfährt eine isentrope Zustandsänderung.

Es wird nun ein Fluid betrachtet, das einen kanalartigen Kontrollraum stationär durchströmt. Zudem wird ein Zusammenhang zwischen der Zustandsänderung des Fluids und der erzeugten Entropie gesucht. Zur Aufstellung der Entropiebilanz werden die Zustandsgrößen des Fluids über den Kanalquerschnitt gemittelt. Das Fluid wird in jedem Querschnitt als eine sehr dünne Phase behandelt, deren Zustandsgrößen die Querschnittsmittelwerte sind. Diese ändern sich nur in Strömungsrichtung. Für den in Abb. 3.11 abgegrenzten, sehr dünnen Kontrollraum gilt dann die Entropiebilanzgleichung

$$\dot{m}\,(s + \mathrm{d}s) - \dot{m}\,s = \frac{\mathrm{d}\dot{Q}}{T_W} + \mathrm{d}\dot{S}_{irr}\ . \tag{3.26}$$

Hierin bedeutet $\mathrm{d}\dot{Q}$ den Wärmestrom, der bei der Wandtemperatur T_W in den schmalen Kontrollraum übergeht. Der Entropieproduktionsstrom $\mathrm{d}\dot{S}_{irr}$ enthält zwei Beiträge: die Entropieerzeugung durch den Wärmeübergang zwischen der Wandtemperatur T_W und dem Querschnittsmittelwert T der

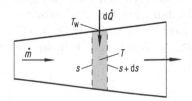

Abbildung 3.11. Kontrollraum in einem stationär strömenden Fluid

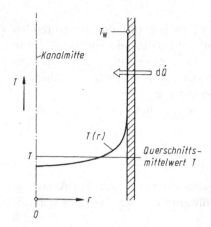

Abbildung 3.12. Temperaturprofil $T = T(r)$ eines Fluids in einem Kanalquerschnitt bei Wärmezufuhr über die Kanalwand

Fluidtemperatur sowie die Entropieerzeugung durch Reibung im strömenden Fluid. Daher wird gesetzt

$$\mathrm{d}\dot{S}_{\mathrm{irr}} = \mathrm{d}\dot{S}_{\mathrm{irr}}^{\mathrm{W}} + \mathrm{d}\dot{S}_{\mathrm{irr}}^{\mathrm{R}} \;. \tag{3.27}$$

In Abb. 3.12 ist das Temperaturprofil im Kanalquerschnitt dargestellt. Der durch den irreversiblen Wärmeübergang in der wandnahen Temperaturgrenzschicht verursachte Entropieproduktionsstrom ergibt sich zu

$$\mathrm{d}\dot{S}_{\mathrm{irr}}^{\mathrm{W}} = \frac{\mathrm{d}\dot{Q}}{T} - \frac{\mathrm{d}\dot{Q}}{T_{\mathrm{W}}} \;;$$

denn das Fluid empfängt den Entropietransportstrom $\mathrm{d}\dot{Q}/T$, der um $\mathrm{d}\dot{S}_{\mathrm{irr}}^{\mathrm{W}}$ größer ist als der Entropietransportstrom $\mathrm{d}\dot{Q}/T_{\mathrm{W}}$, der von der Wand in die Grenzschicht fließt, vgl. Abb. 3.12.

Wird $\mathrm{d}\dot{S}_{\mathrm{irr}}^{\mathrm{W}}$ in Gl.(3.27) und dies in die Entropiebilanzgl. (3.26) eingesetzt, erhält man

$$\dot{m}\,\mathrm{d}s = \frac{\mathrm{d}\dot{Q}}{T} + \mathrm{d}\dot{S}_{\mathrm{irr}}^{\mathrm{R}} \;, \tag{3.28}$$

weil sich der Entropietransportstrom mit der unbekannten Wandtemperatur T_{W} herauskürzt. Der erste Term auf der rechten Seite dieser Gleichung bedeutet den Entropiestrom, der im Fluidkern ankommt; er besteht aus „echter" transportierter Entropie, die über die Kanalwand in den Kontrollraum einfließt, und aus der in der Grenzschicht des Fluids erzeugten Entropie. Der zweite Term $\mathrm{d}\dot{S}_{\mathrm{irr}}^{\mathrm{R}}$ bedeutet die im Fluid durch Reibung produzierte Entropie; sie wird durch die Dissipation von kinetischer Energie in innere Energie des Fluids erzeugt. Durch Integration von Gl.(3.28) zwischen zwei Kanalquerschnitten erhält man

$$\dot{m}\,(s_2 - s_1) = \int\limits_1^2 \frac{\mathrm{d}\dot{Q}}{T} + \dot{S}_{\mathrm{irr},12}^{\mathrm{R}} \tag{3.29}$$

als Entropiebilanzgleichung für den Kontrollraum zwischen den beiden Kanalquerschnitten 1 und 2. Hierbei bezeichnet $\dot{S}_{\mathrm{irr},12}^{\mathrm{R}}$ den in diesem Kanalabschnitt durch Reibung insgesamt verursachten Entropieproduktionsstrom.

In die Entropiebilanzgl. (3.28) werden die spezifischen Größen

$$\mathrm{d}q := \frac{\mathrm{d}\dot{Q}}{\dot{m}} \quad \text{und} \quad \mathrm{d}s_{\mathrm{irr}}^{\mathrm{R}} = \frac{\mathrm{d}\dot{S}_{\mathrm{irr}}^{\mathrm{R}}}{\dot{m}}\;.$$

eingeführt. Man erhält

$$\mathrm{d}s = \frac{\mathrm{d}q}{T} + \mathrm{d}s_{\mathrm{irr}}^{\mathrm{R}}\;. \tag{3.30}$$

Ebenso ergibt sich aus Gl.(3.29)

$$s_2 - s_1 = \int\limits_1^2 \frac{\mathrm{d}q}{T} + s_{\mathrm{irr},12}^{\mathrm{R}}\;, \tag{3.31}$$

wobei $s_{\mathrm{irr},12}^{\mathrm{R}} := \dot{S}_{\mathrm{irr},12}^{\mathrm{R}}/\dot{m}$ ist. Diese Gleichungen verknüpfen die Änderung der spezifischen Entropie des strömenden Fluids mit den Querschnittsmittelwerten seiner Temperatur, der massebezogenen Wärme $\mathrm{d}q$ und der im Querschnitt durch Reibung (Dissipation) erzeugten Entropie. Um das in Gl.(3.31) auftretende Integral zu berechnen, muss man den Verlauf der zu- oder abgeführten Wärme und der Fluidtemperatur in Strömungsrichtung kennen. Die beiden Gl.(3.30) und (3.31) bedeuten anschaulich: Wärmezufuhr ($\mathrm{d}q > 0$) und Reibung vergrößern die Entropie des strömenden Fluids.

Beispiel 3.6. Man berechne die in Abschnitt 3.1.5 eingeführte thermodynamische Mitteltemperatur T_{m} für ein stationär strömendes Fluid, das sich durch die Aufnahme des Wärmestroms $\dot{Q}_{12}$ von T_1 auf T_2 erwärmt.

Die thermodynamische Mitteltemperatur T_{m} wurde in Abschnitt 3.1.5 durch

$$T_{\mathrm{m}} := \dot{Q}_{12}/\dot{S}_{\mathrm{Q}12}$$

definiert, wobei $\dot{S}_{\mathrm{Q}12}$ den Entropietransportstrom bedeutet, den das strömende Fluid mit dem Wärmestrom $\dot{Q}_{12}$ aufnimmt. Dieser Entropiestrom besteht aus der Entropie, die mit $\dot{Q}_{12}$ in die Grenzschicht des Fluids transportiert wird, und aus der in der Grenzschicht erzeugten Entropie. Mit T als dem sich von T_1 auf T_2 ändernden Querschnittsmittelwert der Fluidtemperatur erhält man

$$\dot{S}_{\mathrm{Q}12} = \int\limits_1^2 \frac{\mathrm{d}\dot{Q}}{T} = \dot{m} \int\limits_1^2 \frac{\mathrm{d}q}{T}$$

und nach Gl.(3.31)

$$\dot{S}_{Q12} = \dot{m}\left(s_2 - s_1 - s_{\text{irr},12}^{\text{R}}\right) .$$

Für den Wärmestrom ergibt sich aus der Leistungsbilanzgleichung des 1. Hauptsatzes mit $P_{12} = 0$ (Strömungsprozess)

$$\dot{Q}_{12} = \dot{m}\left[h_2 - h_1 + \frac{1}{2}\left(w_2^2 - w_1^2\right) + g\left(z_2 - z_1\right)\right] .$$

Man erhält dann

$$T_{\text{m}} = \frac{h_2 - h_1 + \frac{1}{2}\left(w_2^2 - w_1^2\right) + g\left(z_2 - z_1\right)}{s_2 - s_1 - s_{\text{irr},12}^{\text{R}}} . \tag{3.32}$$

In der Regel können die Änderungen der kinetischen und potenziellen Energie gegenüber der Enthalpieänderung vernachlässigt werden. Die spezifische Entropieproduktion $s_{\text{irr},12}^{\text{R}}$ ist meistens sehr viel kleiner als die Entropieänderung $s_2 - s_1$. Deswegen vernachlässigt man $s_{\text{irr},12}^{\text{R}}$ in Gl.(3.32); man nimmt also reibungsfreie Strömung als eine meistens brauchbare Näherung an. Wie in Abschnitt 6.2.1 gezeigt werden wird, verläuft dann die Zustandsänderung des strömenden Fluids isobar ($p =$ konst.). Unter diesen vereinfachenden Annahmen erhält man für die thermodynamische Mitteltemperatur

$$T_{\text{m}} = (h_2 - h_1)/(s_2 - s_1) ; \tag{3.33}$$

sie hängt nur von Zustandsgrößen zu Beginn und Ende der Wärmeaufnahme ab. Da $s_{\text{irr},12}^{\text{R}} \geq 0$ ist, erhält man aus Gl.(3.33) eine etwas zu kleine thermodynamische Mitteltemperatur der Wärme*aufnahme* und einen etwas zu hohen Wert von T_{m}, wenn das Fluid den Wärmestrom $\dot{Q}_{12}$ abgibt.

Nimmt man außer reibungsfreier Strömung an, das Fluid habe im Temperaturintervall (T_1, T_2) eine *konstante spezifische isobare Wärmekapazität* c_{p}, so gilt

$$h_2 - h_1 = c_{\text{p}}\left(T_2 - T_1\right)$$

und, wie in den Abschnitten 3.2.2 und 4.4.1 gezeigt werden wird,

$$s_2 - s_1 = c_{\text{p}}\ln(T_2/T_1) .$$

Die thermodynamische Mitteltemperatur ergibt sich unter diesen einschränkenden Voraussetzungen zu

$$T_{\text{m}} = \frac{T_2 - T_1}{\ln(T_2/T_1)} .$$

Sie ist der logarithmische Mittelwert aus den Temperaturen T_1 und T_2, der stets etwas kleiner als der arithmetische Mittelwert $\frac{1}{2}(T_1 + T_2)$ ist.

3.2 Die Entropie als Zustandsgröße

In den Abschnitten 3.1.3 bis 3.1.7 wurden die Entropiebilanzen aufgestellt und wichtige Anwendungen des 2. Hauptsatzes erörtert, ohne auf die Berechnung der Entropie als Zustandsgröße eines Systems einzugehen. Weitere folgende Themen sind die Messung thermodynamischer Temperaturen, das T,s-Diagramm, die Fundamentalgleichung, aus der alle thermodynamischen Eigenschaften einer fluiden Phase berechnet werden können, und schließlich die charakteristischen Funktionen, mit denen sich die Bedingungen des thermodynamischen Gleichgewichts formulieren lassen.

3.2.1 Die Entropie reiner Stoffe

Jede Materie ist Träger von Entropie. Die Entropie ist, neben der Inneren Energie, die zentrale Zustandsgröße zur Beschreibung der thermodynamischen Eigenschaften von Stoffen. Bei der Herleitung der Entropiebilanzgleichung für offene Systeme ist durch Gl.(3.21) diese stoffgebundene Entropie $s = \dot{S}/\dot{m} = S/m$ als spezifische Entropie eingeführt worden. Die spezifische Entropie von reinen Stoffen ist, wie alle anderen thermodynamischen Zustandsgrößen auch, eine Funktion von zwei anderen unabhängigen Zustandsgrößen, z.B. von der Temperatur T und dem Druck p oder von der Temperatur T und dem spezifischen Volumen v:

$$s = s(T,p) = s(T,v) \ .$$

Die spezifische Entropie ist nicht direkt messbar, sie muss aus messbaren Zustandsgrößen wie T, p und v berechnet werden.

Zur Berechnung dieser stoffgebundenen Entropie als Zustandsgröße wird ein kleines Volumen eines reinen Stoffes betrachtet. Die Systemgrenze soll massedicht sein, so dass es sich um ein geschlossenes System handelt. Durch Integration des Entropiedifferenzials dS zwischen einem Bezugszustand mit dem Index 0 und einem beliebigen Zustand eines reinen Stoffes erhält man die Entropiedifferenz $S - S_0$ zwischen diesen Zuständen. Hierzu hat man das aus der Entropiebilanzgl. (3.6) folgende Differenzial

$$dS = \int \left(\dot{S}_Q + \dot{S}_{\mathrm{irr}} \right) dt$$

entlang eines Pfads zu integrieren, der die beiden Zustände verbindet. Da die Entropie eine Zustandsgröße ist, hängt die gesuchte Entropiedifferenz nicht von der Wahl des Integrationswegs ab. Um dS durch Zustandsgrößen des Systems auszudrücken, wird das System als *Phase eines reinen Stoffes* angenommen. Da eine Phase nur reversible Prozesse ausführen kann, vgl. Abschnitt 1.4.2, wird $\dot{S}_{\mathrm{irr}} = 0$, und es gilt nach Gl.(3.7) in Abschnitt 3.1.3

$$\dot{S}_Q = \dot{Q}_{\mathrm{rev}}/T$$

mit T als der thermodynamischen Temperatur der Phase. Für den Wärmestrom folgt aus dem 1. Hauptsatz

$$\dot{Q}_{\mathrm{rev}} = \frac{dU}{dt} - P_{\mathrm{rev}} = \frac{dU}{dt} + p\,\frac{dV}{dt} \ ,$$

weil eine fluide Phase Arbeit nur als Volumenänderungsarbeit aufnehmen oder abgeben kann, vgl. Abschnitt 2.3.1. Das Differenzial der Entropie wird damit

$$\mathrm{d}S = \frac{\mathrm{d}U + p\,\mathrm{d}V}{T} = \frac{1}{T}\,\mathrm{d}U + \frac{p}{T}\,\mathrm{d}V\,.$$

Wird $\mathrm{d}S$ auf die Masse m der Phase bezogen, erhält man das Differenzial

$$\mathrm{d}s = \frac{1}{T}\,\mathrm{d}u + \frac{p}{T}\,\mathrm{d}v \tag{3.34}$$

ihrer spezifischen Entropie s.

Das Entropiedifferenzial einer Phase eines reinen Stoffes enthält, zumindest indirekt, nur messbare Zustandsgrößen. Dass auch die thermodynamische Temperatur T gemessen werden kann wird im nächsten Abschnitt nachgewiesen. Durch Integration von $\mathrm{d}s$ erhält man die spezifische Entropie bis auf eine Integrationskonstante, die Entropie s_0 im Bezugszustand, als Funktion der spezifischen inneren Energie u und des spezifischen Volumens v:

$$s = s(u,v)\,.$$

Dieser Zusammenhang zwischen der spezifischen Entropie s, einer kalorischen Zustandsgröße (u) und einer thermischen Zustandsgröße (v) ist eine Zustandsgleichung besonderer Art, die M. Planck [3.8] als *kanonische Zustandsgleichung* bezeichnete. J.W. Gibbs [3.9] nannte jeden Zusammenhang zwischen den Variablen s, u und v eine *Fundamentalgleichung* der Phase; hierauf wird in Abschnitt 3.2.4 eingegangen.

Aus der Definitionsgleichung $h := u + p\,v$ der spezifischen Enthalpie folgt für ihr Differenzial

$$\mathrm{d}h = \mathrm{d}u + p\,\mathrm{d}v + v\,\mathrm{d}p$$

und damit aus Gl.(3.34)

$$\mathrm{d}s = \frac{1}{T}\,\mathrm{d}h - \frac{v}{T}\,\mathrm{d}p\,. \tag{3.35}$$

Integration dieser Gleichung ergibt die spezifische Entropie $s = s(h,p)$ bis auf eine additive Konstante. Die Gleichungen (3.34) und (3.35) verknüpfen die Differenziale der Zustandsgrößen s, u und v bzw. s, h und p. Man schreibt sie meist in symmetrischer Form als sogenannte $T\,\mathrm{d}s$-Gleichungen

$$T\,\mathrm{d}s = \mathrm{d}u + p\,\mathrm{d}v = \mathrm{d}h - v\,\mathrm{d}p\,,$$

die vielfach angewendet werden[3].

---

[3] Die Beziehung $\mathrm{d}u = T\,\mathrm{d}s - p\,\mathrm{d}v$ wird auch als Gibbs'sche Gleichung oder Gibbs'sche Hauptgleichung bezeichnet, weil sie 1873 von J.W. Gibbs [3.5] hergeleitet wurde. Diese Gleichung war aber schon früher bekannt; sie wurde beispielsweise 1869 von F. Massieu [3.20] angegeben.

Um die spezifische Entropie s als Funktion der gewohnten unabhängigen Zustandsgrößen T und v durch Integration des Differenzials ds zu erhalten, muss man in Gl.(3.34) die thermische Zustandsgleichung $p = p(T, v)$ einsetzen und das Differenzial du aus der kalorischen Zustandsgleichung $u = u(T, v)$ berechnen. Man erhält so die *Entropie-Zustandsgleichung* $s = s(T, v)$. Will man die Entropie-Zustandsgleichung in der Form $s = s(T, p)$ durch Integration von Gl.(3.35) erhalten, so muss man die thermische Zustandsgleichung $v = v(T, p)$ und das Differenzial dh der spezifischen Enthalpie $h = h(T, p)$ für das betrachtete Fluid kennen. Da die thermischen Zustandsgleichungen wie auch die kalorischen Zustandsgleichungen stoffspezifische Parameter enthalten, vgl. Kapitel 4, sind auch die integralen Entropie-Zustandsgleichungen individuell für jeden Stoff unterschiedlich. Die differenzielle Form der Entropie-Zustandsgleichung, Gl.(3.35), gilt aber für alle Stoffe gleichermaßen. Die Aufstellung der Entropie-Zustandsgleichung wird im nächsten Abschnitt für das ideale Gas sowie in allgemeiner Form in Abschnitt 4.4.1 gezeigt.

Zur Berechnung der Entropiedifferenz $s_2 - s_1$ zwischen zwei Zuständen 1 und 2 einer Phase hat man das Integral

$$s_2 - s_1 = \int_1^2 \left(\frac{1}{T} \, du + \frac{p}{T} \, dv \right) = \int_1^2 \left(\frac{1}{T} \, dh - \frac{v}{T} \, dp \right) \tag{3.36}$$

zu bilden. Da die Entropie eine Zustandsgröße ist, hängt die Entropiedifferenz $s_2 - s_1$ nicht von der Wahl des Integrationsweges ab. Man kann also einen rechentechnisch besonders bequemen Weg benutzen. Er braucht nicht mit der Zustandsänderung des Systems übereinzustimmen, die es bei einem reversiblen oder irreversiblen Prozess zwischen den Zuständen 1 und 2 durchläuft. Kennt man bereits die Entropie-Zustandsgleichung, so braucht man sich nicht mehr um den Integrationsweg in Gl.(3.36) zu kümmern, denn man erhält $s_1 = s(T_1, v_1)$ und $s_2 = s(T_2, v_2)$ bzw. $s_1 = s(T_1, p_1)$ und $s_2 = s(T_2, p_2)$ durch Einsetzen der unabhängigen Zustandsgrößen in die Entropie-Zustandsgleichungen $s = s(T, v)$ bzw. $s = s(T, p)$.

Die hier hergeleiteten Beziehungen gelten nur für Phasen. Ein System möge sich nun im Anfangszustand eines innerlich irreversiblen Prozesses wie eine Phase verhalten. Im Verlauf des irreversiblen Prozesses wird das anfänglich homogene System inhomogen; es lässt sich nicht mehr als Phase beschreiben, denn seine Zustandsgrößen sind Feldgrößen, die auch von den Ortskoordinaten innerhalb des Systems abhängen. Erreicht nun das System am Ende des irreversiblen Prozesses einen Zustand 2, in dem es sich wie im Anfangszustand als Phase verhält, so kann man Gl.(3.36) oder die Entropie-Zustandsgleichung zur Berechnung der Entropiedifferenz $s_2 - s_1$ ohne weiteres anwenden, denn der Wert von $s_2 - s_1$ hängt nicht davon ab, auf welche Weise und auf welchem Weg das System vom Zustand 1 in den Zustand 2 gelangt ist.

Will man die Änderung der Entropie während eines innerlich irreversiblen Prozesses im Einzelnen verfolgen, also s auch für die Zwischenzustände berechnen, so muss man zusätzliche Annahmen machen. Kann man eine quasistatische Zustandsänderung annehmen, so gelten die Gl.(3.34) bis (3.36) unverändert, denn das System wird während des irreversiblen Prozesses stets als Phase behandelt, vgl. Abschnitt 1.2.2. Trifft die Annahme einer quasistatischen Zustandsänderung nicht genügend genau zu, so muss man die Inhomogenität des Systems während des irreversiblen Prozesses berücksichtigen und alle Zustandsgrößen unter Einschluss der spezifischen Entropie als Feldgrößen behandeln. Für reibungsbehaftete und wärmeleitende Fluide gelten die für Phasen hergeleiteten drei Zustandsgleichungen $p = p(T, v)$, $u = u(T, v)$ und $s = s(T, v)$ unverändert auch für strömende Fluide und verknüpfen die Zustandsgrößen lokal, d. h. in jedem Massenelement, vgl. die in [3.10] gegebene Herleitung.

Es leuchtet ein, dass nun die Beschreibung des Systems und seiner Zustandsänderung viel komplizierter wird als bei Systemen, die als Phasen aufgefasst werden können. Die hier angedeutete Thermodynamik kontinuierlicher Systeme oder Kontinuumsthermodynamik wird oft als Thermodynamik irreversibler Prozesse bezeichnet. Dies ist nicht ganz zutreffend, denn auch die klassische, meist mit Phasen arbeitende Thermodynamik kann recht weitgehend Aussagen über irreversible Prozesse machen. Von einer Darstellung der Kontinuumsthermodynamik wird abgesehen und für die interessierten Leser auf die einschlägige Literatur [3.11] bis [3.13] verwiesen.

Beispiel 3.7. Man berechne die spezifische, durch Reibung erzeugte Entropie $s_{\mathrm{irr},12}^{\mathrm{R}}$ für die in Beispiel 2.6 behandelte adiabate Drosselung von Luft.

In den Querschnitten 1 und 2 in genügendem Abstand vor bzw. hinter der Drosselstelle kann man die strömende Luft wie eine (dünne) Phase behandeln, deren Zustandsgrößen die Querschnittsmittelwerte sind. Die beiden Zustände sind durch die Bedingung $h_2 = h_1$ verknüpft, wenn man die Änderungen von kinetischer und potenzieller Energie vernachlässigt. Für die bei der adiabaten Drosselung erzeugte Entropie erhält man aus Gl.(3.31) mit $\mathrm{d}q \equiv 0$

$$s_{\mathrm{irr},12}^{\mathrm{R}} = s_2 - s_1 = s(p_2, h_1) - s(p_1, h_1) \ .$$

Die hier auftretende Entropiedifferenz lässt sich nach Gl.(3.36) mit $\mathrm{d}h = 0$ berechnen, obwohl die Zustandsänderung der Luft keine Isenthalpe $h = h_1$ ist; es genügt, dass die Luft in den Zuständen 1 und 2 als Phase mit $h_1 = h_2$ angesehen werden kann. Aus Gl.(3.36) ergibt sich

$$s_{\mathrm{irr},12}^{\mathrm{R}} = s_2 - s_1 = - \int\limits_1^2 \frac{v}{T}\,\mathrm{d}p \ ,$$

wobei das Integral für $h = h_1 = $ konst. auszuwerten ist. Da der Integrand positiv ist, muss $\mathrm{d}p < 0$ sein, damit $s_{\mathrm{irr},12}^{\mathrm{R}} > 0$ wird. Aus dem 2. Hauptsatz folgt also für alle Fluide: *Bei der adiabaten Drosselung sinkt der Druck des Fluids in Strömungsrichtung.*

In Beispiel 2.6 wird Luft von $p_1 = 1{,}00\,\mathrm{MPa}$ auf $p_2 = 0{,}70\,\mathrm{MPa}$ gedrosselt. Da die Luft als ideales Gas behandelt werden kann, ist $v/T = R/p$, und man erhält

$$s_{\mathrm{irr},12}^{\mathrm{R}} = -\int_1^2 \frac{R}{p}\,\mathrm{d}p = R\ln\frac{p_1}{p_2} = 0{,}1024\,\frac{\mathrm{kJ}}{\mathrm{kg\,K}}\;.$$

Dieses Ergebnis gilt nur unter Vernachlässigung der Änderung der kinetischen Energie. Wird ihre Änderung berücksichtigt, so gilt nicht mehr $h_2 = h_1$, und in Gl.(3.36) darf nicht $\mathrm{d}h = 0$ gesetzt werden. Die Entropieänderung muss nun nach

$$s_2 - s_1 = s(T_2, p_2) - s(T_1, p_1)$$

aus der Entropiezustandsgleichung $s = s(T, p)$ der Luft berechnet werden, wobei neben $T_1 = 300{,}0\,\mathrm{K}$ die in Beispiel 2.6 bestimmte Temperatur $T_2 = 299{,}79\,\mathrm{K}$ einzusetzen ist. Die Entropie-Zustandsgleichung idealer Gase wird erst im nächsten Abschnitt hergeleitet. Unter Verwendung der dort gewonnenen Gl.(3.41) ergibt sich $s_{\mathrm{irr},12}^{\mathrm{R}} = 0{,}1017\,\mathrm{kJ/kg\,K}$. Die durch Reibung erzeugte Entropie ist nun etwas kleiner als unter der Annahme $w_2 = w_1$, weil ein Teil des Druckabfalls $p_1 - p_2$ der Beschleunigung der Luft von $w_1 = 20{,}0\,\mathrm{m/s}$ auf $w_2 = 28{,}55\,\mathrm{m/s}$ und nicht nur der Überwindung des Strömungswiderstands in der Drosselstelle dient.

3.2.2 Die Messung thermodynamischer Temperaturen und die Entropie idealer Gase

Die Entropie ist eine nicht messbare Zustandsgröße. Man muss sie aus anderen, messbaren Zustandsgrößen berechnen, und zwar durch Integration von

$$\mathrm{d}s = \frac{1}{T}\left(\mathrm{d}u + p\,\mathrm{d}v\right)\;.$$

Neben den messbaren Größen u, v und p muss auch die thermodynamische Temperatur T bekannt, also einer Messung zugänglich sein. Gemessen werden jedoch empirische Temperaturen ϑ, so dass der noch unbekannte Zusammenhang $T = T(\vartheta)$ bestimmt werden muss. Hier soll nun gezeigt werden, dass die thermodynamische Temperatur mit einer besonderen empirischen Temperatur, nämlich mit der Temperatur Θ des idealen Gasthermometers, eng verknüpft ist. Dieser Zusammenhang wurde bereits in Abschnitt 1.3.3 vorweggenommen und ohne Beweis $T = \Theta$ gesetzt. Diese Behauptung, die thermodynamische Temperatur werde durch die Temperatur des idealen Gasthermometers realisiert, wird nun mit Hilfe der Entropie bewiesen.

Die thermische und die kalorische Zustandsgleichung sind Materialgesetze einer fluiden Phase, die experimentell nur mit einer empirischen Temperatur ϑ bestimmt werden können. Es gilt daher

$$p = p(\vartheta, v) \quad \text{und} \quad u = u(\vartheta, v)\;.$$

Mit

$$\mathrm{d}u = \left(\frac{\partial u}{\partial \vartheta}\right)_v \mathrm{d}\vartheta + \left(\frac{\partial u}{\partial v}\right)_\vartheta \mathrm{d}v$$

folgt daraus für das Entropiedifferenzial

$$\mathrm{d}s = \frac{1}{T(\vartheta)} \left\{ \left(\frac{\partial u}{\partial \vartheta} \right)_v \mathrm{d}\vartheta + \left[\left(\frac{\partial u}{\partial v} \right)_\vartheta + p(\vartheta, v) \right] \mathrm{d}v \right\} .$$

Da $\mathrm{d}s$ nach dem 2. Hauptsatz das Differenzial einer Zustandsgröße ist, muss die Integrabilitätsbedingung

$$\frac{\partial}{\partial v} \left(\frac{\partial s}{\partial \vartheta} \right) = \frac{\partial}{\partial \vartheta} \left(\frac{\partial s}{\partial v} \right) \tag{3.37}$$

erfüllt sein. Dies führt unter Beachtung der zu Gl.(3.37) analogen Integrabilitätsbedingung für u auf

$$\frac{1}{T} \frac{\mathrm{d}T}{\mathrm{d}\vartheta} = \frac{(\partial p/\partial \vartheta)_v}{(\partial u/\partial v)_\vartheta + p} . \tag{3.38}$$

Die thermodynamische Temperatur T ist nach dieser Gleichung aus der thermischen Zustandsgleichung $p = p(\vartheta, v)$ und der Ableitung $(\partial u/\partial v)_\vartheta$ berechenbar. Kennt man für ein einziges Fluid diese Materialeigenschaften, so lässt sich die gesuchte Abhängigkeit $T = T(\vartheta)$ durch Integration von Gl.(3.38) bestimmen. Hier bietet sich das ideale Gas an, denn es bildet die Grundlage der Temperaturmessung mit dem Gasthermometer, vgl. Abschnitt 1.3.3, und seine thermische und kalorische Zustandsgleichung sind bekannt. Mit der durch

$$\Theta := \frac{1}{R_\mathrm{m}} \lim_{p \to 0} (p V_\mathrm{m})_\vartheta$$

definierten Temperatur des idealen Gasthermometers erhält man die thermische Zustandsgleichung eines idealen Gases in spezifischen Größen: $p = R\Theta/v$. Nach Abschnitt 2.2.2 ist außerdem $(\partial u/\partial v)_\Theta = 0$. Damit ergibt sich aus Gl.(3.38) mit $\vartheta = \Theta$

$$\frac{1}{T} \frac{\mathrm{d}T}{\mathrm{d}\Theta} = \frac{(\partial p/\partial \Theta)_v}{p(\Theta, v)} = \frac{1}{\Theta} .$$

Diese einfache Differenzialgleichung hat die Lösung

$$T(\Theta) = \frac{T(\Theta_0)}{\Theta_0} \Theta .$$

Die mit dem Gasthermometer gemessene Temperatur Θ ist der thermodynamischen Temperatur direkt proportional. Setzt man für den beliebigen, durch den Index 0 gekennzeichneten Fixpunkt, z. B. für den Tripelpunkt von Wasser, $T(\Theta_0) = \Theta_0$, so gilt einfach

$$T(\Theta) = \Theta .$$

Die thermodynamische Temperatur wird durch die Temperatur des (idealen) Gasthermometers realisiert. Damit wurde das in Abschnitt 1.3.3 vorweggenommene Ergebnis aus dem 2. Hauptsatz hergeleitet.

Thermodynamische Temperaturen können nicht nur mit dem Gasthermometer gemessen, sondern auch aufgrund jeder thermodynamisch exakten Beziehung zwischen messbaren Größen und der thermodynamischen Temperatur bestimmt werden. Hierzu gehören z. B. die Strahlungsgesetze des Schwarzen Körpers (Hohlraumstrahlung), die Temperaturabhängigkeit der Schallgeschwindigkeit idealer Gase und die Temperaturabhängigkeit der Brownschen Bewegung der Elektronen in einem unbelasteten elektrischen Widerstand, vgl. [3.14]. Da Gasthermometer bei Temperaturen über 1400 K nicht mehr verwendet werden können, haben hier die auf den Strahlungsgesetzen beruhenden Temperaturmessverfahren besondere Bedeutung erlangt, vgl. [3.15] und [3.16] sowie Beispiel 3.8.

Aus der Integrabilitätsbedingungsgl. (3.38) ergeben sich wichtige Folgerungen, wenn man die thermodynamische Temperatur als messbar und die thermische Zustandsgleichung in der Form $p = p(T, v)$, also mit der thermodynamischen Temperatur als Variable, als bekannt voraussetzt. Ersetzt man in Gl.(3.38) ϑ durch T, so erhält man mit $\mathrm{d}T/\mathrm{d}\vartheta = 1$

$$\left(\frac{\partial u}{\partial v}\right)_{\mathrm{T}} = T \left(\frac{\partial p}{\partial T}\right)_{\mathrm{v}} - p(T, v) . \qquad (3.39)$$

Mit dieser Beziehung lässt sich die Volumenabhängigkeit der spezifischen inneren Energie aus der thermischen Zustandsgleichung berechnen; $(\partial u/\partial v)_{\mathrm{T}}$ braucht nicht experimentell bestimmt zu werden. Nach dem 2. Hauptsatz sind also thermische und kalorische Zustandsgleichung keine unabhängigen Materialgesetze; sie können nicht beliebig gewählt werden, sondern müssen „thermodynamisch konsistent" sein. Der 2. Hauptsatz liefert neben Gl.(3.39) weitere exakte und ordnende Beziehungen zwischen thermischen und kalorischen Zustandsgrößen eines Stoffes. Hierauf wird in Abschnitt 3.2.4 ausführlicher eingegangen.

Die thermodynamische Temperatur hat für die Bestimmung der thermodynamischen Eigenschaften eines Stoffes, nämlich für die Messung seiner Zustandsgrößen und die Aufstellung der Zustandsgleichungen, eine besondere Bedeutung. Nur bei Verwendung der *thermodynamischen* Temperatur gelten die aus dem 2. Hauptsatz folgenden Beziehungen zwischen thermischen und kalorischen Größen, für die Gl.(3.39) ein Beispiel ist. Man versucht daher, bei der praktischen Temperaturmessung thermodynamische Temperaturen möglichst genau anzunähern. Dem dient die Anwendung der in Abschnitt 1.3.4 erwähnten Internationalen (Praktischen) Temperaturskalen, die seit 1927 in unregelmäßigen Abständen – zuletzt 1990 – verbessert wurden, um eine immer genauere Realisierung der thermodynamischen Temperatur zu erreichen. Selbst einfache Thermometer, etwa das in Abschnitt 1.3.2 behandelte Flüssigkeitsthermometer, werden so kalibriert, dass sie die thermodynamische Temperatur bzw. die thermodynamische Celsius-Temperatur innerhalb gewisser Unsicherheitsgrenzen gut annähern.

Da die thermische und die kalorische Zustandsgleichung idealer Gase bekannt sind, kann man auch ihre *Entropie-Zustandsgleichungen* $s = s(T, v)$ und $s = s(T, p)$ bestimmen. Dazu wird

$$ds = \frac{1}{T}\,du + \frac{p}{T}\,dv \quad \text{bzw.} \quad ds = \frac{1}{T}\,dh - \frac{v}{T}\,dp \tag{3.40}$$

integriert. Um $s = s(T, v)$ zu erhalten, setzt man $du = c_v^{iG}(T)\,dT$ und $p/T = R/v$ ein, was

$$ds^{iG} = \frac{c_v^{iG}(T)}{T}\,dT + \frac{R}{v}\,dv$$

ergibt. Dieses Differenzial wird zwischen einem festen Zustand (T_0, v_0) und dem beliebigen Zustand (T, v) auf dem in Abb. 3.13 eingezeichneten Integrationsweg integriert. Zuerst wird mit $dT = 0$ die isotherme Entropiedifferenz bestimmt

$$s^{iG}(T, v) - s^{iG}(T, v_0) = \int_{v_0}^{v} \frac{R}{v}\,dv = R\ln\frac{v}{v_0}$$

und dann mit $dv = 0$ die isochore Differenz

$$s^{iG}(T, v_0) - s^{iG}(T_0, v_0) = \int_{T_0}^{T} c_v^{iG}(T)\,\frac{dT}{T}\,.$$

Dieses Integral lässt sich nicht weiter ausrechnen, solange nicht die Temperaturabhängigkeit der spezifischen isochoren Wärmekapazität c_v^{iG} bekannt ist. Addition der beiden Entropiedifferenzen ergibt schließlich

$$s^{iG}(T, v) = s^{iG}(T_0, v_0) + \int_{T_0}^{T} c_v^{iG}(T)\,\frac{dT}{T} + R\ln\frac{v}{v_0}\,,$$

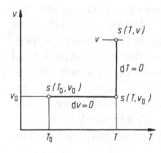

Abbildung 3.13. Zur Integration des Entropiedifferenzials

die gesuchte Entropie-Zustandsgleichung. Die spezifische Entropie eines idealen Gases nimmt mit steigender Temperatur und mit wachsendem spezifischem Volumen zu. Bildet man Entropiedifferenzen, so entfällt die unbestimmte Entropiekonstante $s(T_0, v_0)$; ihr Wert ist ohne Bedeutung.

Um die Entropie-Zustandsgleichung in der Form $s = s(T, p)$ zu bestimmen, wird $dh^{\mathrm{iG}} = c_{\mathrm{p}}^{\mathrm{iG}}(T)\,dT$ und $v/T = R/p$ in Gl.(3.40) eingesetzt und erhält das Entropiedifferenzial

$$ds^{\mathrm{iG}} = \frac{c_{\mathrm{p}}^{\mathrm{iG}}(T)}{T}\,dT - \frac{R}{T}\,dp \;.$$

Seine Integration zwischen dem Bezugszustand (T_0, p_0) und dem Zustand (T, p) wird wieder in zwei Schritten ausgeführt, nämlich bei konstanter Temperatur T von p_0 bis p und bei konstantem Druck p_0 von T_0 bis T. Dies ergibt die Entropie-Zustandsgleichung

$$s^{\mathrm{iG}}(T, p) = s^{\mathrm{iG}}(T_0, p_0) + \int_{T_0}^{T} c_{\mathrm{p}}^{\mathrm{iG}}(T)\,\frac{dT}{T} - R \ln \frac{p}{p_0} \;. \tag{3.41}$$

Mit steigendem Druck sinkt die spezifische Entropie eines idealen Gases, während sie auf einer Isobare mit T zunimmt. Auf die spezifische Entropie idealer Gase wird in Abschnitt 4.3.3 erneut zurückgekommen.

Beispiel 3.8. In einem evakuierten und adiabaten Hohlraum bilde sich unabhängig von der Materialbeschaffenheit der Wände eine Gleichgewichtsstrahlung aus, die von den Wänden emittiert und absorbiert wird, vgl. [3.28]. Sie sollen dabei eine räumlich konstante thermodynamische Temperatur T annehmen. Die den Hohlraum erfüllende Strahlung wird als Hohlraumstrahlung oder schwarze Strahlung bezeichnet; man kann sie auch als ein besonderes ideales Gas, das *Photonengas*, auffassen. Seine Teilchen, die Photonen, bewegen sich mit der Lichtgeschwindigkeit c, sie haben keine (Ruhe-)Masse. Ihre Anzahl ist nicht konstant, sondern stellt sich entsprechend der Temperatur T und dem Volumen V des Hohlraums von selbst ein und ändert sich bei einer Änderung dieser beiden Zustandsgrößen des Photonengases. Dessen innere Energie U ist dem Volumen direkt proportional; somit hängt die Energiedichte

$$u_{\mathrm{v}} := U/V = u_{\mathrm{v}}(T)$$

nur von der Temperatur ab. Der Druck des Photonengases, der als Strahlungsdruck bezeichnet wird, hat nach der klassischen elektromagnetischen Theorie der Hohlraumstrahlung den Wert

$$p = \frac{1}{3}\frac{U}{V} = \frac{1}{3}\,u_{\mathrm{v}}(T) \;.$$

Man bestimme aus diesen beiden Eigenschaften die Temperaturabhängigkeit der Energiedichte $u_{\mathrm{v}}(T)$ des Photonengases.

Da U dem Volumen V direkt proportional ist, gilt $(\partial u/\partial v)_T = (\partial U/\partial V)_T = u_{\mathrm{v}}(T)$. Aus Gl.(3.39) erhält man dann

$$u_{\mathrm{v}}(T) = T\,\frac{\mathrm{d}p}{\mathrm{d}T} - p = \frac{1}{3}\left(T\,\frac{\mathrm{d}u_{\mathrm{v}}(T)}{\mathrm{d}T} - u_{\mathrm{v}}(T)\right)\,.$$

Dies ergibt die Differenzialgleichung

$$\frac{\mathrm{d}u_{\mathrm{v}}(T)}{\mathrm{d}T} = \frac{4}{T}\,u_{\mathrm{v}}(T)$$

für die Energiedichte, deren Lösung

$$u_{\mathrm{v}}(T) = a\,T^4$$

ist. Die hier auftretende Integrationskonstante a lässt sich im Rahmen der Thermodynamik nicht bestimmen. Aus der Quantentheorie des Photonengases ergibt sich

$$a = \frac{8}{15}\,\pi^5\,\frac{k^4}{h^3\,w^3} = 7{,}5658\cdot 10^{-16}\,\frac{\mathrm{J}}{\mathrm{m}^3\mathrm{K}^4}\,,$$

wobei w die Lichtgeschwindigkeit im Vakuum, h das Planck'sche Wirkungsquantum und $k = R_{\mathrm{m}}/N_{\mathrm{A}}$ die Boltzmann-Konstante ist, vgl. Tabelle 10.5.

Zur Temperaturmessung bestimmt man die Energiestromdichte M_{s} der Hohlraumstrahlung, die durch eine kleine Öffnung in der Wand des Hohlraums nach außen dringt. Unter der Energiestromdichte versteht man dabei den Energiestrom (die Strahlungsleistung), geteilt durch die Fläche der Öffnung, durch die er hindurchtritt. Für schwarze oder Hohlraumstrahlung gilt

$$M_{\mathrm{s}} = \frac{w}{4}\,u_{\mathrm{v}} = \frac{a\,w}{4}\,T^4 = \sigma\,T^4$$

mit $\sigma = 5{,}6704\cdot 10^{-8}\,\mathrm{W/m^2\,K^4}$. Dies ist das berühmte Strahlungsgesetz von Stefan und Boltzmann. Es verknüpft die vierte Potenz der thermodynamischen Temperatur über eine universelle Naturkonstante, die Stefan-Boltzmann-Konstante σ, mit der messbaren Energiestromdichte der Hohlraumstrahlung. Zur Temperaturmessung vergleicht man die Energiestromdichte $M_{\mathrm{s}}(T)$ mit der eines Hohlraumstrahlers bei einer bekannten Referenztemperatur T_0. Man erhält

$$T = T_0[M_{\mathrm{s}}(T)/M_{\mathrm{s}}(T_0)]^{1/4}$$

durch Messung der Energiestromdichten $M_{\mathrm{s}}(T)$ und $M_{\mathrm{s}}(T_0)$. Auf diese Weise haben T.J. Quinn und J.E. Martin [1.28] thermodynamische Temperaturen zwischen 235 und 375 K bestimmt und die kleinen Abweichungen der Internationalen Praktischen Temperaturskala 1968 (IPTS 68) von der thermodynamischen Temperatur ermittelt.

In der Praxis misst man nicht das Verhältnis der Energiestromdichten M_{s}, sondern das Verhältnis der spektralen Strahldichten bei der gleichen Wellenlänge für Strahler mit der gesuchten Temperatur T und der Referenztemperatur T_0, weil diese Messungen weniger aufwendig sind, vgl. [3.15] und [3.16].

3.2.3 Das T,s-Diagramm

Nach dem 2. Hauptsatz besteht ein enger Zusammenhang zwischen der Entropieänderung einer Phase und der Wärme, die sie bei einem *innerlich reversiblen Prozess* aufnimmt oder abgibt: Die Entropieänderung ist proportional zur reversibel aufgenommenen oder abgegebenen Wärme. Aus

$$\frac{\mathrm{d}S}{\mathrm{d}t} = \dot{S}_\mathrm{Q}(t) + \dot{S}_\mathrm{irr}(t) = \frac{\dot{Q}_\mathrm{rev}(t)}{T}$$

folgt nämlich

$$\mathrm{d}Q_\mathrm{rev} = \dot{Q}_\mathrm{rev}(t)\,\mathrm{d}t = T\,\mathrm{d}S \,, \tag{3.42}$$

so dass die thermodynamische Temperatur den Proportionalitätsfaktor zwischen Wärme und Entropieänderung bildet. Reversible Wärmeaufnahme und Wärmeabgabe sind mit der Änderung der Entropie in ähnlicher Weise verknüpft wie das reversible Verrichten von Arbeit mit der Änderung des Volumens, denn es gilt

$$\mathrm{d}W_\mathrm{rev} = P_\mathrm{rev}(t)\,\mathrm{d}t = -p\,\mathrm{d}V \,.$$

Ebenso wie sich die Volumenänderungsarbeit als Fläche im p,V-Diagramm darstellen lässt, ist auch die Wärme als Fläche unter der Zustandslinie darstellbar, wenn man ein Diagramm mit T als Ordinate und S als Abszisse benutzt. Integration von Gl.(3.42) zwischen Anfangs- und Endzustand des Prozesses ergibt

$$Q_{12}^\mathrm{rev} = \int\limits_{t_1}^{t_2} \dot{Q}_\mathrm{rev}(t)\,\mathrm{d}t = \int\limits_{1}^{2} T\,\mathrm{d}S \,.$$

Die bei einem innerlich reversiblen Prozess zu- oder abgeführte Wärme erscheint im T,S-Diagramm als Fläche unter der Zustandslinie.

Häufig ist es zweckmäßig, Entropie und Wärme auf die Masse der Phase zu beziehen. Für die massebezogene Wärme bei einem reversiblen Prozess gilt dann

$$q_{12}^\mathrm{rev} = \int\limits_{1}^{2} T\,\mathrm{d}s \,.$$

Im T,s-Diagramm von Abb. 3.14 sind die Zustandslinien zweier reversibler Prozesse eingezeichnet. Die Fläche unter diesen Linien bedeutet die bei diesen Prozessen übergehende Wärme. Bei reversibler Wärmeaufnahme wächst die Entropie ($\mathrm{d}s > 0$), bei reversibler Wärmeabgabe nimmt die Entropie des

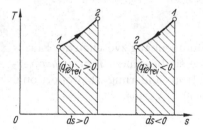

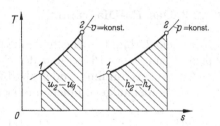

Abbildung 3.14. Zustandslinien reversibler Prozesse im T,s-Diagramm. Links: Wärmezufuhr, rechts: Wärmeabfuhr

Abbildung 3.15. Darstellung der Differenzen $u_2 - u_1$ und $h_2 - h_1$ im T,s-Diagramm

Systems ab ($ds < 0$). Bei einem reversiblen *adiabaten* Prozess ist $q_{12}^{\text{rev}} = 0$. Das System durchläuft eine isentrope Zustandsänderung ($ds = 0$), die im T,s-Diagramm als senkrechte Strecke erscheint.

Im T,s-Diagramm lassen sich auch Differenzen der inneren Energie und der Enthalpie als Flächen darstellen. Zwei Zustände 1 und 2 werden auf derselben Isochore $v = v_1 = v_2$ betrachtet. Durch Integration von

$$T\,ds = du + p\,dv$$

erhält man mit $dv = 0$

$$u_2 - u_1 = \int_1^2 T\,ds \quad (v = \text{konst.})\,.$$

Diese Differenz bedeutet im T,s-Diagramm die Fläche unter der Isochoren, Abb. 3.15. In gleicher Weise erhält man aus

$$T\,ds = dh - v\,dp$$

für eine Isobare ($dp = 0$)

$$h_2 - h_1 = \int_1^2 T\,ds \quad (p = \text{konst.})\,.$$

Im T,s-Diagramm wird die Enthalpiedifferenz zweier Zustände mit gleichem Druck als Fläche unter der gemeinsamen Isobare dargestellt, Abb. 3.15.

Quasistatische Zustandsänderungen irreversibler Prozesse lassen sich auch im T,s-Diagramm als Kurven darstellen. Die Fläche unter diesen Zustandslinien bedeutet jedoch *nicht* die Wärme q_{12}. Hierauf wird in Abschnitt 6.1.1 zurückgekommen. Unabhängig von der Bedeutung von Flächen unter den Zustandslinien bietet das T,s-Diagramm eine graphische Darstellung der

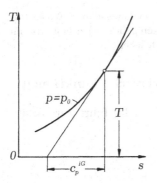

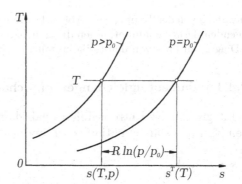

Abbildung 3.16. Isobare $p = p_0$ eines idealen Gases im $T{,}s$-Diagramm mit Subtangente $c_{\mathrm{p}}^{\mathrm{iG}}$

Abbildung 3.17. Die Isobaren eines idealen Gases gehen durch Parallelverschiebung in Richtung der s-Achse auseinander hervor

Entropie-Zustandsgleichung $s = s(T, p)$, wenn man Isobaren in das Diagramm einzeichnet. Gleiches gilt für ein $T{,}s$-Diagramm mit Isochoren; es veranschaulicht die Entropie-Zustandsgleichung $s = s(T, v)$. Auf $T{,}s$-Diagramme, die die Entropie-Zustandsgleichung für das Gasgebiet, das Flüssigkeitsgebiet und das Nassdampfgebiet eines Fluids veranschaulichen, wird in Abschnitt 4.4.5 eingegangen.

Beispiel 3.9. Es soll der Verlauf der Isobaren ($p = $ konst.) im $T{,}s$-Diagramm eines idealen Gases untersucht werden.

Nach Abschnitt 3.2.2 gilt für die spezifische Entropie eines idealen Gases

$$s^{\mathrm{iG}}(T, p) = s^{\mathrm{iG}}(T_0, p_0) + \int_{T_0}^{T} c_{\mathrm{p}}^{\mathrm{iG}}(T)\, \frac{\mathrm{d}T}{T} - R \ln \frac{p}{p_0} = s^{\mathrm{T}}(T) - R \ln \frac{p}{p_0}$$

mit $s^{\mathrm{T}}(T)$ als der Entropie beim Bezugsdruck $p = p_0$. Sie wächst monoton mit steigender Temperatur. Da

$$\left(\frac{\partial T}{\partial s} \right)_{\mathrm{p}} = \left(\frac{\partial s}{\partial T} \right)_{\mathrm{p}}^{-1} = \left(\frac{\mathrm{d}s^{\mathrm{T}}}{\mathrm{d}T} \right)^{-1} = \frac{T}{c_{\mathrm{p}}^{\mathrm{iG}}}$$

gilt, ist die Subtangente der Isobaren $p = p_0$ (und jeder anderen Isobaren) gleich der spezifischen Wärmekapazität $c_{\mathrm{p}}^{\mathrm{iG}}$, Abb. 3.16. Eine Isobare verläuft im $T{,}s$-Diagramm umso steiler, je kleiner $c_{\mathrm{p}}^{\mathrm{iG}}$ ist. Hängt $c_{\mathrm{p}}^{\mathrm{iG}}$ nicht von der Temperatur ab, so erhält man eine Exponentialkurve; denn diese besitzt die geometrische Eigenschaft, in jedem ihrer Punkte eine gleich große Subtangente zu haben.

Die Isobaren, die zu Drücken $p \neq p_0$ gehören, gehen aus der Isobaren $p = p_0$ durch Parallelverschiebung in Richtung der s-Achse hervor. Für zwei Zustände gleicher Temperatur auf einer beliebigen Isobaren und der Isobaren $p = p_0$ gilt nämlich

$$s^{\mathrm{iG}}(T, p) - s^{\mathrm{iG}}(T, p_0) = s^{\mathrm{iG}}(T, p) - s^{\mathrm{T}}(T) = -R \ln(p/p_0)$$

unabhängig von der Temperatur, Abb. 3.17. Da die Entropie eines idealen Gases mit steigendem Druck abnimmt, liegen die zu höheren Drücken gehörenden Isobaren im T,s-Diagramm links von den Isobaren mit niedrigeren Drücken.

3.2.4 Fundamentalgleichungen und charakteristische Funktionen

Die Integration des Entropiedifferenzials ds nach Gl.(3.34) führt zur spezifischen Entropie s als Funktion von u und v:

$$s = s(u, v) \ .$$

Es ist ungewöhnlich, eine kalorische Zustandsgröße, die spezifische innere Energie u, als unabhängige Variable einer Zustandsgleichung anzutreffen, denn gewöhnt ist man an die gut messbaren Variablenpaare T, v oder T, p in der thermischen und kalorischen Zustandsgleichung. Die sich als Folge des 2. Hauptsatzes ergebende Beziehung $s = s(u, v)$ ist aber eine Zustandsgleichung besonderer Art. Sie enthält nämlich die vollständige Information über alle thermodynamischen Eigenschaften der Phase, denn sie vereinigt in sich die drei Zustandsgleichungen, die man sonst zur vollständigen Beschreibung der thermodynamischen Eigenschaften des Systems benötigt: Die thermische Zustandsgleichung $p = p(T, v)$, die kalorische Zustandsgleichung $u = u(T, v)$ und die Entropie-Zustandsgleichung $s = s(T, v)$.

Eine solche Gleichung zwischen einem besonderen Satz von drei Zustandsgrößen, hier s, u und v, nennt man nach J.W. Gibbs [3.9] eine *Fundamentalgleichung* der Phase. Bewiesen wird nun die Äquivalenz zwischen der Fundamentalgleichung und den drei Zustandsgleichungen anhand der Umkehrfunktion

$$u = u(s, v) \ . \tag{3.43}$$

Diese lässt sich eindeutig aus $s = s(u, v)$ gewinnen, weil s bei konstantem v mit zunehmendem u monoton wächst. Nach dem 2. Hauptsatz ist die Ableitung

$$(\partial s / \partial u)_{\mathrm{v}} = 1/T > 0 \ .$$

Man bezeichnet $s = s(u, v)$ als Entropieform der Fundamentalgleichung und $u = u(s, v)$ als ihre Energieform; diese ist in der Regel bequemer anwendbar.

Nach Gl.(3.34) ist das Differenzial von $u = u(s, v)$ durch

$$\mathrm{d}u = T\,\mathrm{d}s - p\,\mathrm{d}v \tag{3.44}$$

gegeben. Differenzieren von u nach s ergibt die thermodynamische Temperatur

$$T = T(s, v) = (\partial u / \partial s)_{\mathrm{v}} \ , \tag{3.45}$$

und Differenzieren nach v liefert den Druck

$$p = p(s,v) = -(\partial u/\partial v)_s \ . \tag{3.46}$$

Gebildet wird die Umkehrfunktion [4] $s = s(T,v)$ von Gl.(3.45). Sie ist die Entropie-Zustandsgleichung mit den üblichen unabhängigen Variablen T und v. Mit ihrer Hilfe wird s aus Gl.(3.46) eliminiert und man erhält die thermische Zustandsgleichung $p = p(T,v)$. Ersetzt man in gleicher Weise s in der Fundamentalgl. (3.43), so ergibt sich schließlich auch die kalorische Zustandsgleichung $u = u(T,v)$. Die hier genannten Umformungen lassen sich nur bei besonders einfachen Fundamentalgleichungen explizit vornehmen; sie sind aber prinzipiell immer ausführbar: Aus der Fundamentalgleichung lassen sich die thermische, die kalorische und die Entropie - Zustandsgleichung herleiten.

Die Existenz der Fundamentalgleichung ist eine bemerkenswerte Folge des 2. Hauptsatzes. Thermische, kalorische und Entropie-Zustandsgleichung sind demnach keine unabhängigen Materialgesetze, wenn man sie mit der thermodynamischen Temperatur formuliert, vgl. Abschnitt 3.2.2. Die exakten und ordnenden Beziehungen des 2. Hauptsatzes verknüpfen vielmehr thermische mit kalorischen Zustandsgrößen, und eine Fundamentalgleichung ist die umfassenste und prägnanteste Form, in der sich die thermodynamischen Zusammenhänge zwischen den Zustandsgrößen zeigen. Dabei ist es nicht immer erforderlich, die Fundamentalgleichung tatsächlich aufzustellen. Von großer Bedeutung sind bereits die aus der Existenz der Fundamentalgleichung folgenden Differenzialbeziehungen zwischen thermischen und kalorischen Zustandsgrößen und der Entropie, auf die im Folgenden noch näher eingegangen wird.

Neben $s = s(u,v)$ und ihrer Umkehrfunktion $u = u(s,v)$ gibt es weitere Fundamentalgleichungen zwischen anderen Tripeln von Zustandsgrößen, vgl. hierzu auch [3.17]. So erhält man durch Integration von Gl.(3.35) die Fundamentalgleichung $s = s(h,p)$ und ihre Energieform (Umkehrfunktion) $h = h(s,p)$ mit dem Differenzial

$$\mathrm{d}h = T\,\mathrm{d}s + v\,\mathrm{d}p \ . \tag{3.47}$$

Für die Anwendungen wertvoll sind Fundamentalgleichungen mit den leicht messbaren unabhängigen Variablen T,v und T,p. Man erhält sie durch Legendre-Transformation[5] aus $u = u(s,v)$. Dies führt zu den neuen Zustands-

---

[4] Auch diese Umkehrung ist eindeutig ausführbar. Nach dem 2. Hauptsatz ist nämlich auch $(\partial T/\partial s)_v = T/c_v$ stets positiv, was im nächsten Abschnitt gezeigt wird.

[5] Vgl. hierzu die Ausführungen von H.B. Callen [3.18]. Die Legendre-Transformation verbürgt, dass beim Wechsel der unabhängigen Variablen $s \to T$ und $v \to p$ kein Informationsverlust auftritt. Helmholtz-Funktion $f = f(T,v)$ und Gibbs-Funktion $g = g(T,p)$ sind daher zu $u = u(s,v)$ bzw. $h = h(s,p)$ völlig gleichwertige, aber einfacher anzuwendende Fundamentalgleichungen.

größen spezifische *Helmholtz-Funktion*[6] (oder spezifische freie Energie)

$$f := u - Ts = f(T, v)$$

und spezifische *Gibbs-Funktion* (oder spezifische freie Enthalpie)

$$g := h - Ts = g(T, p) \, .$$

Die Helmholtz-Funktion bildet eine Fundamentalgleichung in Abhängigkeit von thermodynamischer Temperatur und spezifischem Volumen; die Gibbs-Funktion eine Fundamentalgleichung mit T und p als den unabhängigen Variablen.

Die Funktionen $u = u(s, v)$, $h = h(s, p)$, $f = f(T, v)$ und $g = g(T, p)$, welche die Energieformen der Fundamentalgleichung bei der Wahl unterschiedlicher Paare von unabhängigen Zustandsgrößen bilden, bezeichnet man als *charakteristische Funktionen*[7]. Gleiches gilt für die zugehörigen Entropieformen $s = s(u, v)$, $s = s(h, p)$, die spezifische Massieu-Funktion $j := s - u/T = -f(T, v)/T = j(T, v)$ und die spezifische Planck-Funktion $y := s - h/T = -g(T, p)/T = y(T, p)$. Alle thermodynamischen Eigenschaften einer Phase eines reinen Stoffes können aus einer seiner charakteristischen Funktionen berechnet werden und zwar, wie sogleich am Beispiel von $f = f(T, v)$ und $g = g(T, p)$ gezeigt werden wird, durch Differenzieren nach den beiden unabhängigen Variablen. Die Wahl einer der prinzipiell gleichberechtigten charakteristischen Funktionen richtet sich nach der Wahl der beiden unabhängigen Variablen, wobei die Paare T, v und T, p die größte praktische Bedeutung haben. Die Rolle der charakteristischen Funktionen bei der Bestimmung thermodynamischer Gleichgewichte wird im nächsten Abschnitt behandelt; auf ihre Bedeutung für die Berechnung und Darstellung der thermodynamischen Eigenschaften eines Fluids wird in Abschnitt 4.4.2 eingegangen.

Aus den Definitionsgleichungen von f und g ergeben sich in Verbindung mit den Gl.(3.44) und (3.47), die den 2. Hauptsatz ausdrücken, die in Tabelle 3.2 verzeichneten Ausdrücke für die Differenziale df und dg. Wie diese Tabelle weiter zeigt, erhält man die thermische, die kalorische und die Entropie-Zustandsgleichung durch einfaches Differenzieren von f und g nach den unabhängigen Variablen.

Weitere nützliche Beziehungen ergeben sich durch Bilden der zweiten Ableitungen, wobei zu beachten ist, dass die „gemischten" zweiten Ableitungen

---

[6] Benannt nach Hermann Ludwig Ferdinand Helmholtz (1821–1894), einem der bedeutensten und einflussreichsten Physiker des ausgehenden 19. Jahrhunderts. Er führte $F := U - TS$ bei der thermodynamischen Untersuchung von elektrochemischen Prozessen ein, die in galvanischen Elementen ablaufen [3.19].

[7] Die Bezeichnung charakteristische Funktion geht auf den französischen Geologen und Mineralogen François Massieu (1832–1896) zurück, der 1869 als Erster die entropieartigen Funktionen $-f(T, v)/T$ und $-g(T, p)/T$ einführte und erkannte, dass aus ihnen alle thermodynamischen Eigenschaften einer Phase berechenbar sind [3.20].

Tabelle 3.2. Helmholtz-Funktion $f = f(T, v)$ und Gibbs-Funktion $g = g(T, p)$ mit ihren Ableitungen

	Helmholtz-Funktion	Gibbs-Funktion
Definition	$f = f(T, v) := u - Ts$	$g = g(T, p) := h - Ts$
Differenzial	$df = -s\,dT - p\,dv$	$dg = -s\,dT + v\,dp$
Zustands-gleichungen	$s(T, v) = -(\partial f/\partial T)_v$	$s(T, p) = -(\partial g/\partial T)_p$
	$p(T, v) = -(\partial f/\partial v)_T$	$v(T, p) = (\partial g/\partial p)_T$
	$u(T, v) = f - T\,(\partial f/\partial T)_v$	$h(T, p) = g - T\,(\partial g/\partial T)_p$
Ableitungen der kalorischen Zustandsgleichungen	$c_v(T, v) := (\partial u/\partial T)_v$ $= -T\,(\partial^2 f/\partial T^2)_v$ $(\partial u/\partial v)_T = -p + T\,(\partial p/\partial T)_v$	$c_p(T, p) := (\partial h/\partial T)_p$ $= -T\,(\partial^2 g/\partial T^2)_p$ $(\partial h/\partial p)_T = v - T\,(\partial v/\partial T)_p$
Ableitungen der Entropie	$(\partial s/\partial T)_v = c_v(T, v)/T$ $(\partial s/\partial v)_T = (\partial p/\partial T)_v$	$(\partial s/\partial T)_p = c_p(T, p)/T$ $(\partial s/\partial p)_T = -(\partial v/\partial T)_p$

nicht von der Reihenfolge der Differenziation abhängen. Es gilt also beispielsweise

$$\frac{\partial}{\partial v}\left(\frac{\partial f}{\partial T}\right) = \frac{\partial}{\partial T}\left(\frac{\partial f}{\partial v}\right),$$

was der Gleichung

$$(\partial s/\partial v)_T = (\partial p/\partial T)_v$$

entspricht. Diese Gleichung zeigt, dass die Abhängigkeit der spezifischen Entropie vom spezifischen Volumen v durch die thermische Zustandsgleichung bestimmt wird. Derartige Beziehungen werden als Maxwell-Relationen bezeichnet, weil J.Cl. Maxwell[8] sie 1871 in seinem Lehrbuch [3.21] zusammenfassend dargestellt hat. Einige dieser Gleichungen wurden jedoch schon früher von verschiedenen Autoren veröffentlicht. Auf die in Tabelle 3.2 verzeichneten Beziehungen wird im Folgenden wiederholt zurückgegriffen.

Beispiel 3.10. Man bestimme die Differenz der spezifischen Wärmekapazitäten c_p und c_v eines (realen) Fluids als Funktion von T und v.

---

[8] James Clerk Maxwell (1831–1879), schottischer Physiker, veröffentlichte seine erste wissenschaftliche Arbeit im Alter von 15 Jahren. Er war Professor in Aberdeen, London und Cambridge. Neben Arbeiten zur kinetischen Gastheorie (Maxwell'sche Geschwindigkeitsverteilung, Maxwell'scher Dämon) veröffentlichte er Aufsätze über thermodynamische Probleme und ein Lehrbuch der Thermodynamik [3.21], das in 20 Jahren zehn Auflagen erlebte. Er wurde berühmt durch die Aufstellung der nach ihm benannten Gleichungen für das elektromagnetische Feld.

Nach Tabelle 3.2 gilt für die spezifische isobare Wärmekapazität

$$c_{\mathrm{p}} = T \, (\partial s / \partial T)_{\mathrm{p}} \, .$$

Die bei konstantem p zu bildende Ableitung wird umgeformt und es folgt

$$\left(\frac{\partial s}{\partial T} \right)_{\mathrm{p}} = \left(\frac{\partial s}{\partial T} \right)_{\mathrm{v}} + \left(\frac{\partial s}{\partial v} \right)_{\mathrm{T}} \left(\frac{\partial v}{\partial T} \right)_{\mathrm{p}} = \frac{c_{\mathrm{v}}(T, v)}{T} + \left(\frac{\partial p}{\partial T} \right)_{\mathrm{v}} \left(\frac{\partial v}{\partial T} \right)_{\mathrm{p}} .$$

Die Ableitung $(\partial v / \partial T)_{\mathrm{p}}$ lässt sich durch Ableitungen der thermischen Zustandsgleichung $p = p(T, v)$ ausdrücken:

$$\left(\frac{\partial v}{\partial T} \right)_{\mathrm{p}} = - \frac{(\partial p / \partial T)_{\mathrm{v}}}{(\partial p / \partial v)_{\mathrm{T}}} \, .$$

Daraus erhält man die gesuchte Beziehung

$$c_{\mathrm{p}}(T, v) = c_{\mathrm{v}}(T, v) - T \, \frac{(\partial p / \partial T)_{\mathrm{v}}^2}{(\partial p / \partial v)_{\mathrm{T}}} \, . \tag{3.48}$$

Der Unterschied zwischen c_{p} und c_{v} wird durch die thermische Zustandsgleichung bestimmt. Für die Zustandsgleichung $p = RT/v$ des idealen Gases erhält man $c_{\mathrm{p}} = c_{\mathrm{v}} + R$, was schon in Abschnitt 2.3.5 hergeleitet wurde. Wie im nächsten Abschnitt gezeigt werden wird, gilt stets $c_{\mathrm{v}} > 0$ und $(\partial p / \partial v)_{\mathrm{T}} < 0$. Aus Gl.(3.48) folgt dann, dass allgemein $c_{\mathrm{p}}(T, v) > c_{\mathrm{v}}(T, v) > 0$ gilt. Nur für ein Fluid, dessen spezifisches Volumen nicht vom Druck abhängt, für das $(\partial v / \partial p)_{\mathrm{T}} = 0$ gilt, also $(\partial p / \partial v)_{\mathrm{T}} \to \infty$ geht, wird $c_{\mathrm{p}} = c_{\mathrm{v}}$. Dies trifft auf das Stoffmodell des inkompressiblen Fluids zu, das in Abschnitt 4.3.4 behandelt wird.

3.2.5 Gleichgewichts- und Stabilitätsbedingungen. Phasengleichgewicht

In Abschnitt 1.3.1 wurde der Gleichgewichtszustand eines abgeschlossenen Systems als Endzustand von Ausgleichsprozessen definiert, die im Inneren des Systems ablaufen. Als Beispiel sei das in den Abschnitten 1.3.1 und 3.1.4 behandelte thermische Gleichgewicht genannt, bei dem ein Austausch innerer Energie zwischen Teilen eines abgeschlossenen Systems stattfindet, bis sich die unterschiedlichen Temperaturen der Systemteile ausgeglichen haben und das abgeschlossene Gesamtsystem eine einheitliche Temperatur annimmt.

Um allgemein gültige Gleichgewichtskriterien zu gewinnen, werden die beiden Hauptsätze auf ein abgeschlossenes System angewendet. Alle Prozesse, die in diesem System ablaufen, also auch die Ausgleichsprozesse zwischen gedachten Teilsystemen, müssen den folgenden Bedingungen genügen. Aus dem 1. Hauptsatz ergibt sich wegen $Q_{12} = 0$ und $W_{12} = 0$

$$U_2 - U_1 = 0 \, .$$

Da ein abgeschlossenes System stets auch ein adiabates System ist, folgt aus dem 2. Hauptsatz

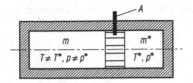

Abbildung 3.18. Abgeschlossenes System aus zwei Phasen. Der anfänglich durch die Arretierung A festgehaltene Kolben ist wärmedurchlässig und frei beweglich

$$S_2 - S_1 \geq 0 \ .$$

Bei allen Prozessen, die in einem abgeschlossenen System ablaufen, bleibt die innere Energie des Systems konstant; seine Entropie nimmt zu, bis sie ein Maximum erreicht[9]. Dieser Zustand maximaler Entropie, von dem aus keine Änderungen mehr möglich sind – eine Entropieabnahme verstieße gegen den 2. Hauptsatz –, ist der Gleichgewichtszustand des abgeschlossenen Systems. Damit erhält man das allgemein gültige Gleichgewichtskriterium:

Der Gleichgewichtszustand eines abgeschlossenen Systems ist durch das Maximum seiner Entropie gekennzeichnet.

Als Anwendung dieses Kriteriums wird das Gleichgewicht zwischen zwei Phasen behandelt, die durch einen wärmedurchlässigen und frei beweglichen Kolben getrennt sind, Abb. 3.18. Die Temperaturen und Drücke der beiden Phasen haben zunächst unterschiedliche Werte; der Kolben sei durch eine Arretierung festgehalten. Nach Lösen der Arretierung werden sich die Drücke durch eine Verschiebung des Kolbens und die Temperatur durch Wärmeübertragung ausgleichen, so dass sich als Endzustand des Ausgleichsprozesses das mechanische und das thermische Gleichgewicht zwischen den beiden Phasen einstellt. Gezeigt wird, dass dies aus dem Gleichgewichtskriterium vom Maximum der Entropie des Gesamtsystems folgt. Aus der Bedingung, dass die Entropie im Gleichgewichtszustand ein Maximum (und nicht ein Minimum) annimmt, werden die Stabilitätsbedingungen hergeleitet, nämlich allgemein gültige Einschränkungen, denen die charakteristischen Funktionen einer Phase genügen müssen.

Die Zustandsgrößen der einen Phase werden durch einen Stern gekennzeichnet, die der anderen bleiben ohne Auszeichnung. Die Eigenschaften der beiden Phasen werden durch ihre charakteristischen Funktionen $s = s(u,v)$ und $s^* = s^*(u^*,v^*)$ vollständig beschrieben. Im Gleichgewicht nimmt die Entropie

$$S_{\text{ges}} = m\,s(u,v) + m^*\,s^*(u^*,v^*)$$

---

[9] Diese Eigenschaft eines abgeschlossenen Systems hat R. Clausius in seiner 1865 erschienenen Arbeit [3.3], in der er erstmals die Entropie einführte, auf das Universum übertragen und durch die berühmt gewordenen Sätze ausgedrückt: „Die Energie der Welt ist konstant. Die Entropie der Welt strebt einem Maximum zu". Diese Aussagen haben zu philosophischen Spekulationen („Wärmetod der Welt") und zu berechtigter Kritik Anlass gegeben.

des Gesamtsystems von Abb. 3.18 ein Maximum an. Dabei gelten die Nebenbedingungen

$$V_{ges} = V + V^* = m\,v + m^*\,v^* = \text{konst.}$$

und

$$U_{ges} = U + U^* = m\,u + m^*\,u^* = \text{konst.}\,.$$

Einen Prozess, bei dem die Summe gleichartiger extensiver Zustandsgrößen zweier Systeme konstant bleibt, nennt man nach G. Falk [3.22] einen *Austauschprozess*. Im vorliegenden Fall tauschen die beiden Phasen Volumen und Energie aus. Was die eine Phase durch Verschieben des Kolbens an Volumen gewinnt, gibt die andere Phase ab. Gleiches gilt für die innere Energie. Geschrieben werden die Nebenbedingungen in differenzieller Form als

$$m\,\mathrm{d}v + m^*\,\mathrm{d}v^* = 0 \quad \text{und} \quad m\,\mathrm{d}u + m^*\,\mathrm{d}u^* = 0\,.$$

Notwendige Bedingung für das Maximum der Entropie S_{ges} ist das Verschwinden ihres Differenzials

$$\mathrm{d}S_{ges} = m\,\mathrm{d}s + m^*\,\mathrm{d}s^* = m\left(\frac{\mathrm{d}u}{T} + \frac{p}{T}\,\mathrm{d}v\right) + m^*\left(\frac{\mathrm{d}u^*}{T^*} + \frac{p^*}{T^*}\,\mathrm{d}v^*\right) = 0\,.$$

Unter Berücksichtigung der Nebenbedingungen ergibt sich daraus

$$\left(\frac{1}{T} - \frac{1}{T^*}\right)\mathrm{d}u + \left(\frac{p}{T} - \frac{p^*}{T^*}\right)\mathrm{d}v = 0\,.$$

Da u und v unabhängige Veränderliche sind, müssen die beiden Klammern je für sich gleich null sein. Dies führt zur bekannten Bedingung $T = T^*$ für das thermische Gleichgewicht. Außerdem sind die Drücke der beiden Phasen gleich: $p = p^*$. Das ist die Bedingung des mechanischen Gleichgewichts.

Das Verschwinden des Differenzials $\mathrm{d}S_{ges}$ ist zwar eine notwendige Bedingung für einen Extremwert der Entropie S_{ges}, aber nicht hinreichend dafür, dass die Entropie ein *Maximum* annimmt. Soll ein Maximum auftreten, darf das Differenzial zweiter Ordnung, $\mathrm{d}^2 S_{ges}$, nur negative Werte in der Umgebung des Extremums annehmen. Die sich hieraus ergebenden Bedingungen für $s = s(u, v)$ nennt man *Stabilitätsbedingungen*. Denn nur das *Maximum* der Entropie kennzeichnet einen stabilen Gleichgewichtszustand, in den das System bei kleinen Störungen des Gleichgewichts von selbst, nämlich unter Entropieerzeugung zurückkehrt. Für den stabilen Gleichgewichtszustand gilt also

$$\mathrm{d}^2 S_{ges} = m\,\mathrm{d}^2 s + m^*\,\mathrm{d}^2 s^* < 0\,.$$

Diese Bedingung ist nur dann für beliebige Größen der beiden Phasen, also für beliebige Werte des Verhältnisses m/m^* ihrer Massen erfüllt, wenn $\mathrm{d}^2 s$ und $\mathrm{d}^2 s^*$ je für sich negativ sind. Es genügt daher, das Vorzeichen von

$$\mathrm{d}^2 s = \frac{1}{2}(s_{uu}\,\mathrm{d}u^2 + 2\,s_{uv}\,\mathrm{d}u\,\mathrm{d}v + s_{vv}\,\mathrm{d}v^2)$$

zu untersuchen. Zur Vereinfachung der Schreibweise wurden die Ableitungen von s

nach u und v durch tiefgestellte Indizes gekennzeichnet. Der in Klammern stehende Ausdruck muss eine in $\mathrm{d}u$ und $\mathrm{d}v$ negativ definite quadratische Form sein. Um dies zu entscheiden, wird $\mathrm{d}^2 s$ so umgeformt, dass sich die Summe zweier Quadrate ergibt:

$$\mathrm{d}^2 s = \frac{1}{2}\left[\frac{1}{s_{\mathrm{uu}}}\left(s_{\mathrm{uu}}\,\mathrm{d}u + s_{\mathrm{uv}}\,\mathrm{d}v\right)^2 + \left(s_{\mathrm{vv}} - \frac{s_{\mathrm{uv}}^2}{s_{\mathrm{uu}}}\right)\mathrm{d}v^2\right]\,.$$

Eine negativ definite quadratische Form liegt dann vor, wenn

$$\frac{1}{s_{\mathrm{uu}}} < 0 \quad \text{und} \quad s_{\mathrm{vv}} - \frac{s_{\mathrm{uv}}^2}{s_{\mathrm{uu}}} < 0$$

sind. Diese Stabilitätsbedingungen erscheinen als Ungleichungen, denen die charakteristische Funktion $s = s(u, v)$ jeder Phase genügen muss.

Die hier auftretenden zweiten Ableitungen von s nach u und v entziehen sich der Anschauung, weswegen die Stabilitätsbedingungen weiter umgeformt werden müssen. Aus $s_{\mathrm{u}} = (\partial s/\partial u)_{\mathrm{v}} = 1/T$ folgt

$$s_{\mathrm{uu}} = \frac{\partial}{\partial u}\left(\frac{1}{T}\right) = -\frac{1}{T^2}\left(\frac{\partial T}{\partial u}\right)_{\mathrm{v}} = -\frac{1}{T^2}\frac{1}{(\partial u/\partial T)_{\mathrm{v}}} = -\frac{1}{T^2\,c_{\mathrm{v}}}\,.$$

Die Umformung des Faktor vor $\mathrm{d}v^2$ ist umständlicher, hat aber ein einfaches Ergebnis:

$$s_{\mathrm{vv}} - \frac{s_{\mathrm{uv}}^2}{s_{\mathrm{uu}}} = \frac{1}{T}\left(\frac{\partial p}{\partial v}\right)_{\mathrm{T}}\,.$$

Da

$$s_{\mathrm{uu}}\,\mathrm{d}u + s_{\mathrm{uv}}\,\mathrm{d}v = \mathrm{d}(s_{\mathrm{u}}) = \mathrm{d}(1/T) = -\mathrm{d}T/T^2$$

ist, wird

$$\mathrm{d}^2 s = \frac{1}{2}\left[-\frac{c_{\mathrm{v}}}{T^2}\,\mathrm{d}T^2 + \frac{1}{T}\left(\frac{\partial p}{\partial v}\right)_{\mathrm{T}}\,\mathrm{d}v^2\right]\,.$$

Aus der für das Maximum der Entropie geltenden Bedingung $\mathrm{d}^2 s < 0$ ergeben sich nun die *Stabilitätsbedingungen*

$$c_{\mathrm{v}} > 0 \quad \text{und} \quad \left(\frac{\partial p}{\partial v}\right)_{\mathrm{T}} < 0\,, \tag{3.49}$$

die alle Zustände einer Phase erfüllen müssen. Sie lassen sich einfach deuten. Ist $c_{\mathrm{v}} > 0$, erhöht sich die Temperatur der Phase bei isochorer Wärmeaufnahme. Wäre dies nicht der Fall, könnte sich das thermische Gleichgewicht zwischen zwei Phasen nicht einstellen. Eine zwischen den Phasen bestehende Temperaturdifferenz würde sich nämlich bei negativem c_{v} durch den Wärmeübergang immer weiter vergrößern. Wäre die Ableitung $(\partial p/\partial v)_{\mathrm{T}}$ positiv, so stiege der Druck bei einer isothermen Expansion oder fiele bei einer isothermen Kompression, was jeder Erfahrung widerspricht. Auch könnte sich das Druckgleichgewicht zwischen zwei Phasen nicht einstellen, denn bei positivem $(\partial p/\partial v)_T$ würde eine bestehende Druckdifferenz durch den Volumenaustausch vergrößert werden.

Zustände, in denen die Stabilitätsbedingungen verletzt sind, können nicht auftreten. Es sind Zustände, in denen ein Stoff als Phase, also als homogenes System nicht existieren kann. Der Verletzung der Stabilitätsbedingungen entgeht eine Phase durch Bildung einer zweiten Phase. So wird ein Gas teilweise kondensieren, bevor es an die Stabilitätsgrenze $(\partial p/\partial v)_T = 0$ gelangt. Das Zweiphasensystem ist dann in den Zuständen, in denen ein homogenes System instabil ist, stabil und existent. Um zu untersuchen, unter welchen Bedingungen zwei Phasen eines Stoffes in einem abgeschlossenen System im Gleichgewicht sind, also koexistieren können, kann wieder das Gleichgewichtskriterium vom Maximum der Entropie herangezogen werden. Um Wiederholungen zu vermeiden, wird dies zurückgestellt und zuerst dieses Gleichgewichtskriterium so umgeformt, dass es einfacher zu handhaben ist.

Innere Energie und Volumen sind nämlich nur selten die in der Praxis vorgegebenen Variablen. Meistens werden Temperatur und Volumen oder Temperatur und Druck gegeben sein. In diesen Fällen wird der Gleichgewichtszustand durch das Maximum anderer Funktionen gekennzeichnet. Man erhält diese Funktionen aus der Entropie S durch Anwenden der Legendre-Transformation. Hierauf wird nicht eingegangen, denn statt dieser charakteristischen Funktionen von der Dimension der Entropie werden vorteilhaftere energieartige Funktionen verwendet, nämlich die im letzten Abschnitt eingeführten charakteristischen Funktionen $U = U(S,V)$, $H = H(S,p)$, $F = F(T,V)$ und $G = G(T,p)$. Mit ihnen lässt sich das folgende Gleichgewichtskriterium formulieren:

Für fest vorgegebene Werte ihrer jeweiligen unabhängigen Variablen bestimmt das *Minimum* der charakteristischen Funktionen $U = U(S,V)$, $H = H(S,p)$, $F = F(T,V)$ und $G = G(T,p)$ den stabilen Gleichgewichtszustand eines geschlossenen Systems.

Dies sind vier Formulierungen der Gleichgewichtsbedingung, die sich nur durch die Vorgabe der bei der Gleichgewichtseinstellung festgehaltenen Variablen unterscheiden. Praktisch wichtig sind vor allem T und V sowie T und p als Paare festgehaltener Zustandsgrößen. Daher werden die Helmholtz-Funktion F und die Gibbs-Funktion G besonders häufig zur Bestimmung des Gleichgewichts herangezogen.

Auf die vollständige Herleitung des oben genannten Satzes wird verzichtet und beispielhaft gezeigt, wie das Gleichgewichtskriterium als Minimum der Gibbs-Funktion G bei gegebenen Werten von T und p hergeleitet werden kann. Die Bedingung konstanter Temperatur wird dem geschlossenen System dadurch aufgezwungen, dass es in einen Thermostaten gesetzt, also in thermischen Kontakt mit einem System gebracht wird, das trotz Wärmeaufnahme oder Wärmeabgabe seine Temperatur $T^* = T$ konstant hält, Abb. 3.19. Der vorgegebene Druck lässt sich durch einen belasteten Kolben aufzwingen, der reibungsfrei beweglich ist und dafür

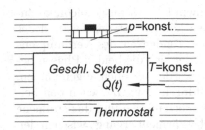

Abbildung 3.19. Geschlossenes System in einem Thermostaten

sorgt, dass sich Volumenänderungen des Systems während der in seinem Inneren ablaufenden Prozesse unter der Bedingung $p = $ konst. vollziehen.

Für die zeitliche Änderung der inneren Energie des geschlossenen Systems gilt nach dem 1. Hauptsatz

$$\frac{dU}{dt} = P(t) + \dot{Q}(t) = -p\,\frac{dV}{dt} + \dot{Q}(t)\,,$$

wobei $\dot{Q}(t)$ den Wärmestrom bedeutet, der zwischen System und Thermostat übertragen wird. Da der Druck konstant gehalten wird, folgt aus der Leistungsbilanzgleichung

$$\frac{dU}{dt} + p\,\frac{dV}{dt} = \frac{d}{dt}(U + pV) = \frac{dH}{dt} = \dot{Q}(t)\,.$$

Nach dem 2. Hauptsatz gilt für die Entropieänderung des geschlossenen Systems

$$\frac{dS}{dt} = \dot{S}_{\mathrm{Q}}(t) + \dot{S}_{\mathrm{irr}}(t) = \frac{\dot{Q}(t)}{T} + \dot{S}_{\mathrm{irr}}(t)\,,$$

weil die Temperatur des Systems konstant gehalten wird. Eliminiert man den Wärmestrom aus den beiden letzten Gleichungen, so ergibt sich

$$\frac{dH}{dt} - T\,\frac{dS}{dt} = \frac{d}{dt}(H - TS) = \frac{dG}{dt} = -T\,\dot{S}_{\mathrm{irr}}(t) \leq 0\,.$$

Da der Entropieproduktionsstrom $\dot{S}_{\mathrm{irr}}(t) \geq 0$ ist, kann die Gibbs-Funktion G des geschlossenen Systems nur abnehmen, bis sie im Gleichgewichtszustand ($\dot{S}_{\mathrm{irr}} = 0$) ihr Minimum erreicht.

Für zwei Phasen, z. B. für die Flüssigkeitsphase und die Gasphase von Abb. 3.20, werden die Bedingungen gesucht, unter denen sie nebeneinander existieren können, ohne dass die Flüssigkeitsphase vollständig verdampft

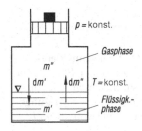

Abbildung 3.20. Koexistierende Gas- und Flüssigkeitsphase bei konstanten Werten von T und p

oder die Gasphase durch Kondensation verschwindet. Der ausgezeichnete Zustand, in dem die beiden Phasen koexistieren können, ist der Zustand des *Phasengleichgewichts*; in ihm halten sich die Tendenzen des Verdampfens und Kondensierens die Waage. Die Fläche, an der sich die beiden Phasen berühren, bezeichnet man als Phasengrenze; sie werden als eben angenommen. Sie ist wärmedurchlässig, beweglich und stoffdurchlässig. Zwischen den beiden Phasen können sich das thermische, das mechanische und das stoffliche Gleichgewicht einstellen. Dies geschieht durch Wärmeübergang zwischen den Phasen und durch Kondensieren oder Verdampfen. Stellt sich das thermische Gleichgewicht ein, haben beide Phasen die gleiche Temperatur T; stellt sich das mechanische Gleichgewicht ein, haben sie auch den gleichen Druck p. Die Bedingung für das stoffliche Gleichgewicht sind noch nicht bekannt. Gefunden wird es aus dem Minimum der Gibbs-Funktion G des Zweiphasen-Systems unter der Annahme, dass sich das thermische und das mechanische Gleichgewicht bereits eingestellt haben.

Die Zustandsgrößen der flüssigen Phase werden durch einen Strich gekennzeichnet, die der gasförmigen Phase durch zwei Striche. Die Gibbs-Funktion des Zweiphasen-Systems ist dann durch

$$G = G' + G'' = m' \, g'(T,p) + m'' \, g''(T,p)$$

gegeben. Notwendige Bedingung für ihr Minimum bei gegebenen Werten von T und p ist

$$\mathrm{d}G = g'(T,p) \, \mathrm{d}m' + g''(T,p) \, \mathrm{d}m'' = 0$$

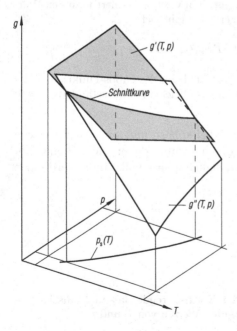

Abbildung 3.21. Sich schneidende g'- und g''-Flächen eines reinen Stoffes. Die Projektion der räumlichen Schnittkurve auf die p, T-Ebene ist die Sättigungskurve (Dampfdruckkurve) $p_\mathrm{s} = p_\mathrm{s}(T)$

unter der Nebenbedingung

$$\mathrm{d}m' = -\mathrm{d}m'' \,,$$

weil die Masse $m = m' + m''$ des Zweiphasen-Systems konstant ist. Daraus erhält man

$$g'(T,p) = g''(T,p)$$

als Bedingung für das Phasengleichgewicht.

Im Phasengleichgewicht haben koexistierende Phasen eines reinen Stoffes die gleiche Temperatur, den gleichen Druck und gleiche Werte ihrer spezifischen Gibbs-Funktionen $g = g(T,p)$.

Zwei Phasen können nur bei solchen Werten von Druck und Temperatur koexistieren, für die ihre jeweiligen spezifischen Gibbs-Funktionen gleiche Werte annehmen. Dies veranschaulicht Abb. 3.21. Über der p, T-Ebene sind die Gibbs-Funktionen der beiden Phasen als Flächen im Raum dargestellt; sie schneiden sich in einer Raumkurve, deren Projektion auf die p, T-Ebene eine ebene Kurve, nämlich die sogenannte *Gleichgewichts-* oder *Sättigungskurve* $p_\mathrm{s} = p_\mathrm{s}(T)$ ergibt. Diese Kurve hat besondere Namen: Beim Gleichgewicht zwischen einer Flüssigkeits- und einer Gasphase spricht man von der Dampfdruckkurve, beim Gleichgewicht fest-flüssig von der Schmelzdruckkurve und beim Gleichgewicht zwischen Gas und Festkörper von der Sublimationsdruckkurve. Hierauf wird in den Abschnitten 4.1.1, 4.1.2 und 4.2.2 ausführlich eingegangen.

Es ist auch ein Gleichgewicht zwischen drei Phasen eines reinen Stoffes möglich. Neben der Gleichheit der Temperaturen und Drücke der drei Phasen existieren die Bedingungen

$$g'(T,p) = g''(T,p) = g'''(T,p) \,.$$

Diese Doppelgleichung hat nur eine Lösung, nämlich bestimmte, für den betreffenden Stoff charakteristische Werte T_tr und p_tr. Dies sind die Zustandsgrößen seines *Tripelpunkts*, des einzigen intensiven Zustands, in dem die drei Phasen Gas, Flüssigkeit und Festkörper koexistieren können. In Abschnitt 1.3.3 wurde bereits der Tripelpunkt von Wasser bei der Definition der Temperatureinheit Kelvin erwähnt. Seine Daten sind $T_\mathrm{tr} = 273{,}16$ K und $p_\mathrm{tr} = (611{,}657 \pm 0{,}010)$ Pa. Der Wert für den Tripelpunktsdruck ist ein mit einer Unsicherheit behafteter Messwert [3.23], während T_tr aufgrund der Definition des Kelvin absolut genau ist. Kommt ein Stoff in makroskopisch unterschiedlichen Festkörpermodifikationen vor, so treten weitere Tripelpunkte auf, nämlich zwischen zwei festen Phasen und der flüssigen Phase. Dies ist relativ selten, aber beispielsweise bei Wasser der Fall, das auf seiner Schmelzdruckkurve vier weitere Tripelpunkte hat, vgl. Abb. 3.22 und [3.24]. Außerdem treten weitere Tripelpunkte zwischen drei verschiedenen Modifikationen von Eis auf.

3.3 Die Anwendung des 2. Hauptsatzes auf Energieumwandlungen: Exergie und Anergie

Für die technischen Anwendungen der Thermodynamik sind die Aussagen des 2. Hauptsatzes über Energieumwandlungen von besonderer Bedeutung. Sie lassen sich anschaulich und einprägsam formulieren, wenn zwei neue Größen von der Dimension „Energie", nämlich Exergie und Anergie eingeführt werden, vgl. hierzu die umfassenden Darstellungen [3.25] bis [3.27].

3.3.1 Die beschränkte Umwandelbarkeit der Energie

Nach dem 1. Hauptsatz kann bei keinem Prozess Energie erzeugt oder vernichtet werden; es gibt nur Energieumwandlungen von einer Energieform in andere Energieformen. Die Bilanzgleichungen des 1. Hauptsatzes enthalten jedoch keine Aussage darüber, ob eine bestimmte Energieumwandlung überhaupt möglich ist. Hierüber gibt der 2. Hauptsatz Auskunft: *Es ist nicht jede Energieform in beliebige andere Energieformen umwandelbar; denn Energiewandlungsprozesse, bei denen Entropie vernichtet werden müsste, sind nicht ausführbar.* Für diese Beschränkung von Energieumwandlungen durch den 2. Hauptsatz wurden schon Beispiele vorgestellt.

Wie in den Abschnitten 3.1.3 und 3.1.5 gezeigt wurde, ist es in einem stationären Prozess nicht möglich, einen Wärmestrom vollständig in mechanische oder elektrische Leistung umzuwandeln. Dies geläge nur mit einem

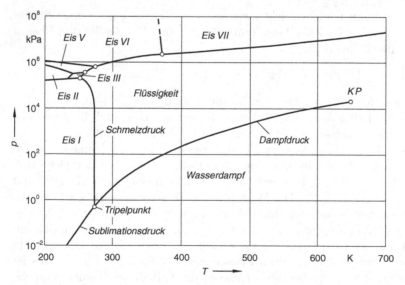

Abbildung 3.22. p, T-Diagramm für Wasser mit Gleichgewichtskurven und Tripelpunkten. Durch Kreise hervorgehoben sind die weiteren Tripelpunkte auf der Schmelzdruckkurve. KP kritischer Punkt, vgl. Abschnitt 4.1.1

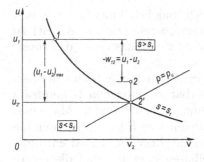

Abbildung 3.23. Zur Umwandlung der inneren Energie eines geschlossenen adiabaten Systems in Arbeit. Die Endzustände 2 können nur rechts von der Isentrope $s = s_1$ liegen

perpetuum mobile 2. Art, dessen Existenz durch den 2. Hauptsatz ausgeschlossen ist. Daher kann in einer Wärmekraftmaschine Wärme selbst bei reversibler Prozessführung nur zu einem Teil in Arbeit verwandelt werden. Es muss stets ein Teil der zugeführten Wärme wieder als Wärme abgegeben werden, und zwar bei einer möglichst niedrigen Temperatur.

Auch die innere Energie eines Systems lässt sich nicht in beliebigem Ausmaß in Arbeit verwandeln. Bei einem adiabaten System gilt zwar nach dem 1. Hauptsatz für die gewonnene Arbeit

$$-w_{12} = u_1 - u_2 \,,$$

aber von einem gegebenen Anfangszustand 1 aus lassen sich nicht Endzustände 2 mit beliebig kleinen inneren Energien u_2 erreichen. Nach dem 2. Hauptsatz besteht nämlich die Einschränkung

$$s_2 \geq s_1 \,.$$

Ist ein bestimmtes Endvolumen v_2 oder ein Enddruck p_2, z. B. der Umgebungsdruck p_u, vorgeschrieben, der nicht unterschritten werden kann, so gibt es eine obere Grenze für den in Arbeit umwandelbaren Teil der inneren Energie eines adiabaten Systems, vgl. Abb. 3.23. Man erreicht sie beim reversiblen Prozess, für den $s_2 = s_{2'} = s_1$ gilt.

Umgekehrt ist es stets möglich, Arbeit in beliebigem Ausmaß in innere Energie zu verwandeln. Dies geschieht durch jeden irreversiblen Prozess, bei dem Arbeit dissipiert wird. Arbeit lässt sich aber auch in andere mechanische Energieformen verwandeln. Mit *reversiblen* Prozessen ist es sogar möglich, die als Arbeit zugeführte Energie *vollständig* in kinetische und potenzielle Energie zu transformieren und umgekehrt kinetische und potenzielle Energie *vollständig* in Arbeit zu verwandeln. Auch elektrische und mechanische Energien lassen sich grundsätzlich vollständig ineinander umwandeln, nämlich durch reversibel arbeitende elektrische Generatoren (mechanische Energie → elektrische Energie) und durch reversible Elektromotoren (elektrische Energie → mechanische Energie), vgl. Beispiel 3.2.

An diesen Beispielen wird eine ausgeprägte Asymmetrie in der Richtung der Energieumwandlungen erkannt. Auf der einen Seite lassen sich mechanische und elektrische Energien ohne Einschränkung in innere Energie und in Wärme umwandeln. Andererseits ist es nicht möglich, innere Energie und Wärme in beliebigem Ausmaß in mechanische Energie (z. B. in Arbeit) zu verwandeln. Der 2. Hauptsatz setzt hier eine obere Grenze durch den reversiblen Prozess, bei dem keine Entropie erzeugt wird.

Somit gibt es zwei Energieklassen: Energien, die sich in jede andere Energieform umwandeln lassen, deren Transformierbarkeit durch den 2. Hauptsatz nicht eingeschränkt wird, und Energien, die nur in beschränktem Maße umwandelbar sind. Zu den unbeschränkt umwandelbaren Energien gehören die mechanischen Energieformen und die elektrische Energie; es sind entropiefreie Energien. Die nur begrenzt umwandelbaren Energien sind die innere Energie, die Enthalpie und die Energie, die als Wärme die Systemgrenze überschreitet. Diese Energien sind von Entropie begleitet. Die unbeschränkt umwandelbaren Energieformen sind, wie noch ausgeführt werden wird, technisch und wirtschaftlich wichtiger und wertvoller als die Energieformen, deren Umwandelbarkeit der 2. Hauptsatz empfindlich beschneidet. Alle *unbeschränkt umwandelbaren Energien*, deren Umwandlung in jede andere Energieform nach dem 2. Hauptsatz gestattet ist, werden unter dem kurzen Oberbegriff *Exergie* zusammengefasst, eine Bezeichnung, die 1953 Z. Rant [3.30] geprägt hat.

Will man eine entropiebehaftete und damit nur beschränkt umwandelbare Energieform so weit, wie es der 2. Hauptsatz zulässt, in Exergie, also in eine entropiefreie Energieform, umwandeln, so muss die Möglichkeit bestehen, die Restentropie an ein anderes System abzugeben. Als solches steht nur die irdische Umgebung zur Verfügung; sie nimmt Entropie mit der Abwärme des energiewandelnden Prozesses auf oder dadurch, dass ein „abgearbeiteter" Stoffstrom als Energie- und Entropieträger in die Umgebung übergeht. Die Umwandlung beschränkt umwandelbarer Energien in entropieärmere Energieformen oder im Grenzfall in die entropiefreie Exergie ist somit nur unter Mitwirkung der irdischen Umgebung möglich und wird von ihren Eigenschaften, besonders von der Umgebungstemperatur T_u, beeinflusst und begrenzt. Die irdische Umgebung nimmt an den Energiewandlungsprozessen als ein großer Speicher teil, der bei technischen Prozessen Energie, Entropie und Materie aufnehmen oder abgeben kann, ohne dabei seine intensiven Zustandsgrößen merklich zu ändern.

Eine weitere Möglichkeit, Entropie aus einem System an die Umgebung abzuführen, bietet die elektromagnetische Strahlung. Ein Strahlungsenergiestrom wird von einem Strahlungsentropiestrom begleitet, die Ausnahme bildet Laserstrahlung, vgl. [3.28]. Jede Oberfläche eines Körpers, die elektromagnetische Strahlung abgibt, empfängt auch Strahlung aus der Umgebung. Daher ist es schwierig, Oberflächen so mit Strahlungseigenschaften auszustatten, dass diese netto mehr Strahlungsentropie abgeben als empfangen, vgl. [3.29]. Somit wird auf diesen Sonderfall nicht weiter eingegangen.

Die Einschränkungen von Energieumwandlungen durch den 2. Hauptsatz und die irdische Umgebung wird nicht nur durch die Verwendung der Entropie, sondern anschaulicher durch energetische Größen quantitativ ausgedrückt. Dazu verwendet man die Größen Exergie und Anergie, deren Definitionen und Eigenschaften im nächsten Abschnitt behandelt werden.

3.3.2 Die Definitionen von Exergie, Anergie und thermodynamischer Umgebung

Wie im letzten Abschnitt gezeigt wurde, gibt es Energieformen, die sich in jede andere Energieform umwandeln lassen, deren Umwandlung weder durch den 2. Hauptsatz begrenzt noch von den Eigenschaften der Umgebung beeinflusst wird. Hierzu gehören die mechanischen Energieformen Nutzarbeit und technische Arbeit, kinetische und potenzielle Energie sowie die elektrische Energie. Diese unter dem Oberbegriff *Exergie* zusammengefassten Energieformen lassen sich bei reversiblen Prozessen vollständig ineinander umwandeln und durch reversible und irreversible Prozesse auch in nur beschränkt umwandelbare Energieformen wie innere Energie, Enthalpie und Wärme transformieren.

Es ist dagegen nicht möglich, beschränkt umwandelbare Energieformen in beliebigem Ausmaß in Exergie umzuwandeln. Hier setzt der 2. Hauptsatz bestimmte obere Grenzen, die nicht nur von der Energieform und dem Zustand des Energieträgers abhängen, sondern auch vom Zustand der Umgebung. Diese nur beschränkt umwandelbaren Energieformen sind entropiebehaftete Energieformen, sie bringen Entropie in das betrachtete System, den Energiewandler, ein. Diese Entropie muss das System im stationären Fall wieder abgeben, typischerweise mit einem Wärme- oder Stoffstrom an die Umgebung. Somit ist der Zustand der Umgebung von Einfluss auf die Umwandelbarkeit eine Energieform. Die beschränkt umwandelbaren Energieformen haben einen unbeschränkt umwandelbaren Teil, der als die Exergie der betreffenden Energieform, beispielsweise als Exergie der Wärme, bezeichnet wird, und einen nicht in Exergie umwandelbaren Teil, der nach Z. Rant [3.31] die *Anergie* der betreffenden Energieform genannt wird. Jede Energie besteht also aus Exergie und Anergie; es gilt für jede Energieform die Gleichung

$$\text{Energie} = \text{Exergie} + \text{Anergie} \,.$$

Dabei kann auch einer der beiden Anteile gleich null sein. Ebenso wie eine bestimmte Materiemenge oder ein Stoffstrom Träger von Energie und Entropie sind, führen sie auch Exergie und Anergie mit sich. Daher wird auch von der Exergie und der Anergie eines Stoffes oder eines Stoffstroms gesprochen.

Mit Exergie und Anergie stehen zwei komplementäre Begriffe zur Bezeichnung der unbeschränkt umwandelbaren und der nicht umwandelbaren Energien zur Verfügung. Präzisiert werden diese Begriffe durch die folgende Definition:

> *Exergie* ist Energie, die sich unter Mitwirkung einer vorgegebenen Umgebung in jede andere Energieform vollständig umwandeln lässt.
> *Anergie* ist Energie, die sich nicht in Exergie umwandeln lässt.

Zu den Energieformen, die nur aus Exergie bestehen, gehört die Arbeit, genauer die in Abschnitt 2.2.2 eingeführte Nutzarbeit und die technische Arbeit, die auch die elektrische Arbeit, die Wellenarbeit und die Volumenänderungsarbeit umfasst. Der Exergieanteil einer Energieform stimmt daher mit der aus dieser Energieform bestenfalls gewinnbaren Nutzarbeit oder technischen Arbeit überein, die man als *maximale (Nutz-)Arbeit* bezeichnet. Man kann somit auch die folgende Exergiedefinition verwenden:

> Die Exergie einer Energieform ist die aus dieser Energie unter Mitwirkung einer vorgegebenen Umgebung maximal gewinnbare Arbeit.

An diese Definition wird in Abschnitt 3.3.4 bei der Berechnung der Exergie der Wärme und der Exergie angeknüpft, die von einem Stoffstrom mitgeführt wird.

Da die Umgebung die Umwandlung beschränkt umwandelbarer Energien beeinflusst, enthält die Exergiedefinition die Festlegung einer Umgebung. Sie nimmt die Entropie auf, die bei der Umwandlung der beschränkt umwandelbaren Energie in die entropiefreie maximale Arbeit oder allgemeiner in Exergie übrig bleibt. Exergie und Anergie sind damit Eigenschaften eines Systempaares, das aus dem Energieträger und der Umgebung besteht. Um den Einfluss der Umgebung quantitativ zu erfassen, müss die irdische Umgebung durch ein thermodynamisches System modelliert werden, das an den Umwandlungsprozessen beschränkt umwandelbarer Energien teilnimmt. Wie J. Ahrendts [3.32] gezeigt hat, stehen Exergiebilanzen und die Aussagen der beiden Hauptsätze dann und nur dann nicht im Widerspruch, wenn in der Umgebung vollständiges thermodynamisches Gleichgewicht herrscht. Es gibt dann zwischen Teilen der Umgebung keine Temperaturdifferenzen (thermisches Gleichgewicht) und keine Druckdifferenzen (mechanisches Gleichgewicht); außerdem besteht zwischen den Umgebungskomponenten stoffliches und chemisches Gleichgewicht. Aus dieser Gleichgewichtsumgebung lässt sich keine Nutzarbeit gewinnen; ihre innere Energie besteht aus Anergie, sie ist exergielos. Diese Gleichgewichtsumgebung wird zur Unterscheidung von der irdischen Umwelt *thermodynamische* Umgebung genannt und definiert als:

> Die *thermodynamische Umgebung* ist ein ruhendes System, das sich im thermodynamischen Gleichgewicht befindet und welches so groß ist, dass dessen intensive Zustandsgrößen trotz Aufnahme oder Abgabe von Energie und Materie konstant bleiben.

Anders als die irdische Atmosphäre, in der Temperatur- und Druckunterschiede bestehen und Winde mit unterschiedlichen Geschwindigkeiten wehen, soll die thermodynamische Umgebung ein ruhendes Gleichgewichtssystem sein, ein Reservoir für Energie, Entropie und Materie. Als Reservoir wird ein sehr großes System bezeichnet, dessen thermodynamischen Eigenschaften trotz Abgabe oder Aufnahme von Energie-, Entropie- und Materieströmen als konstant betrachtet werden können.

Will man die intensiven Zustandsgrößen der thermodynamischen Umgebung festlegen, so wirft die Bestimmung ihrer chemischen Zusammensetzung erhebliche Probleme auf, wenn die Forderung des chemischen Gleichgewichts in der thermodynamischen Umgebung erfüllt sein soll. Dies wurde in zwei Arbeiten untersucht, vgl. [3.32], [3.33] und die dort diskutierten Lösungsvorschläge. Schließt man jedoch die Behandlung von Prozessen aus, bei denen Materie mit der thermodynamischen Umgebung ausgetauscht wird, so genügen bereits die Angabe der Umgebungstemperatur T_u und des Umgebungsdrucks p_u sowie die Annahme der *Existenz* einer Gleichgewichtsumgebung (ohne Spezifikation ihrer chemischen Zusammensetzung), damit kein Widerspruch zwischen Exergiebilanzen und den Energie- und Entropiebilanzen der beiden Hauptsätze besteht, [3.32]. Daher beschränkt man sich zunächst auf solche Prozesse, bei denen kein Stoffaustausch mit der Umgebung stattfindet. An die Umgebung wird nur Energie als Wärme oder als Verdrängungsarbeit gegen den Umgebungsdruck p_u übertragen. Bei diesen Prozessen, die in einem weiten Bereich energietechnischer Anwendungen, beispielsweise in Wärmekraftmaschinen, Wärmepumpen und Kälteanlagen vorkommen, genügt es, Umgebungstemperatur und Umgebungsdruck festzulegen. Auf die Spezifizierung der chemischen Zusammensetzung der thermodynamischen Umgebung wird erst in Abschnitt 5.5.6 im Zusammenhang mit der exergetischen Behandlung chemisch reagierender Systeme und in Abschnitt 7.2.6 bei der Berechnung der Exergie von Brennstoffen eingegangen.

Hat ein System (oder ein Stoffstrom) den Zustand des thermodynamischen Gleichgewichts mit der Umgebung erreicht, so befindet es sich im *Umgebungszustand*. Im Umgebungszustand hat auch der Energieinhalt des Systems seine Umwandlungsfähigkeit in Exergie vollständig verloren, er besteht nur aus Anergie. Ein bewegtes System ruht im Umgebungszustand relativ zur Umgebung und befindet sich auf dem Höhenniveau der Umgebung; seine kinetische und potenzielle Energie sind relativ zur Umgebung gleich null. Im Umgebungszustand sollen sich zunächst nur das thermische und das mechanische Gleichgewicht einstellen, der Stoff oder Stoffstrom die Umgebungstemperatur T_u und den Umgebungsdruck p_u annehmen. Man bezeichnet den unter dieser Annahme berechneten Teil der Exergie als *physikalische Exergie*. Der Stoff oder Stoffstrom ist bei T_u und p_u aber erst dann exergielos, wenn sich auch das chemische Gleichgewicht mit der Umgebung eingestellt hat. Bei diesem Teilprozess, der bei $T = T_u$ und $p = p_u$ abläuft, lässt sich die *chemische Exergie* des Stoffstroms als maximale Nutzarbeit gewinnen.

Die thermodynamische Umgebung stimmt keineswegs mit der irdischen Umwelt überein, weil sich die Erde nicht im thermodynamischen Gleichgewicht befindet. In allen Teilen der Atmosphäre und der Hydrosphäre findet ein Materie- und Energietransport statt, der vor allem durch die Sonnenstrahlung in Gang gehalten wird. Die thermodynamische Umgebung kann allenfalls einem Teilsystem der irdischen Umwelt ähnlich sein, etwa der Atmosphäre am Ort des technischen Prozesses, und der verständlichen Forderung des Praktikers entsprechen, energiewandelnde Prozesse, die auf der Erde ablaufen, mit einer „erdähnlichen" Umgebung zu bewerten.

Beispiel 3.11. Man bestimme die Exergie eines geschlossenen Systems bei Vernachlässigung von kinetischer und potenzieller Energie.

Die Exergie wird bestimmt, indem die maximale Nutzarbeit berechnet wird, die das System unter Mitwirkung einer Gleichgewichtsumgebung mit der Temperatur T_u und dem Druck p_u abzugeben imstande ist. Die stoffliche Zusammensetzung der Gleichgewichtsumgebung braucht nicht angegeben zu werden, weil das *geschlossene* System keine Materie mit der Umgebung austauschen kann. Um die maximale Nutzarbeit zu erhalten, bringt man das System von seinem Anfangszustand, dessen Zustandsgrößen ohne Index gelassen wird, in einem *reversiblen* Prozess in das thermische und mechanische Gleichgewicht mit der thermodynamischen Umgebung. Die Zustandsgrößen des Umgebungszustands werden durch den Index u gekennzeichnet.

Der 1. Hauptsatz wird auf das geschlossene System angewendet und man erhält

$$W_{\mathrm{rev}} + Q_{\mathrm{rev}} = U_u - U .$$

Für die Wärme, die zwischen dem geschlossenen System und der Umgebung mit der konstanten Temperatur T_u übergeht, folgt aus dem 2. Hauptsatz mit $\dot{S}_{\mathrm{irr}} = 0$

$$Q_{\mathrm{rev}} = T_u(S_u - S) ,$$

so dass sich für die Volumenänderungsarbeit

$$W_{\mathrm{rev}} = U_u - U - T_u(S_u - S)$$

ergibt. Sie stimmt nicht mit der gesuchten Nutzarbeit $W_{\mathrm{rev}}^{\mathrm{n}}$ überein, weil noch die Verdrängungsarbeit gegen den Umgebungsdruck berücksichtigt werden muss, vgl. Abschnitt 2.2.2:

$$W_{\mathrm{rev}} = W_{\mathrm{rev}}^{\mathrm{n}} - p_u(V_u - V) .$$

Die gewonnene maximale Arbeit ist das Negative der Nutzarbeit, so dass man schließlich

$$Ex^* := -W_{\mathrm{rev}}^{\mathrm{n}} = U - U_u - T_u(S - S_u) + p_u(V - V_u) \tag{3.50}$$

erhält. Diese Größe ist die gesuchte Exergie des geschlossenen Systems, genauer die physikalische Exergie Ex^* seiner inneren Energie. Sie ist stets positiv und nur im Umgebungszustand gleich null.

Für ein ideales Gas mit konstantem $c_v^{\mathrm{iG}} = (3/2)R$ (Edelgas) sind in Abb. 3.24 Linien konstanter Werte der dimensionslosen spezifischen Exergie $\varepsilon^* := Ex^*/(m\,R\,T_u)$ in einem $(p/p_u, T/T_u)$-Diagramm dargestellt. Wie man erkennt, nimmt ε^* sein Minimum $\varepsilon^* = 0$ im Gleichgewicht mit der Umgebung an. Die gestrichelten Linien verbinden die Maxima und Minima der Kurven konstanter Exergie ε^* bzw. die Stellen mit senkrecht verlaufenden Tangenten.

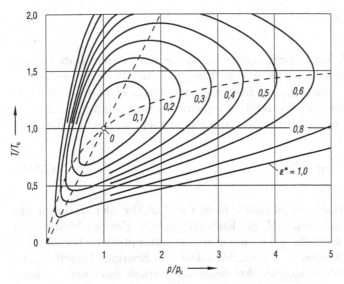

Abbildung 3.24. Linien konstanter dimensionsloser Exergie ε^* der inneren Energie eines einatomigen idealen Gases im $(T/T_\mathrm{u}, p/p_\mathrm{u})$-Diagramm

3.3.3 Die Rolle der Exergie in der Thermodynamik und ihren technischen Anwendungen

Mit Exergie und Anergie lassen sich die beiden Hauptsätze der Thermodynamik einprägsam formulieren. Der 1. Hauptsatz als Erhaltungssatz der Energie macht die Aussage:

> Bei allen Prozessen bleibt die Summe von Exergie und Anergie der am Prozess beteiligten Energieträger konstant.

Dies gilt nur für die *Summe* aus Exergie und Anergie, nicht jedoch für Exergie und Anergie allein. Hierfür gelten die Aussagen des 2. Hauptsatzes:

> Bei allen irreversiblen Prozessen verwandelt sich Exergie in Anergie. Nur bei reversiblen Prozessen bleibt die Summe der Exergien der am Prozess beteiligten Energieträger erhalten. Die Umwandlung von Anergie in Exergie ist unmöglich.

Man bezeichnet den bei einem irreversiblen Prozess in Anergie umgewandelten Teil der Exergie als den *Exergieverlust des irreversiblen Prozesses*.

Für Exergien gilt kein allgemeiner Erhaltungssatz. Will man für einen Prozess eine Exergiebilanzgleichung aufstellen, so muss man die in Anergie umgewandelte Exergie, also den Exergieverlust des irreversiblen Prozesses berücksichtigen. Für die Exergiebilanz eines Kontrollraums, in dem ein stationärer Prozess abläuft, erhält man

$$\sum_{\text{ein}} \dot{E}x_\text{i} = \sum_{\text{aus}} \dot{E}x_\text{i} + \dot{E}x_\text{v} \quad \text{mit} \quad \dot{E}x_\text{v} \geq 0 \,. \tag{3.51a}$$

Diese allgemeine Bilanzgleichung sagt aus, dass die Summe aller eintretenden Exergieströme (Exergie/Zeit) $\dot{E}x_\text{i}$ um den Exergieverluststrom $\dot{E}x_\text{v}$ größer ist als die Summe aller austretenden Exergieströme. Rechnet man eintretende Exergieströme positiv und austretende negativ, so kann man alle Exergieströme zu *einer* algebraischen Summe zusammenfassen; man erhält dann die Exergiebilanzgleichung

$$\sum_{\text{i}} \dot{E}x_\text{i} = \dot{E}x_\text{v} \quad \text{mit} \quad \dot{E}x_\text{v} \geq 0 \,. \tag{3.51b}$$

Exergetische Betrachtungen haben nicht die Aufgabe, den 2. Hauptsatz neu zu formulieren mit dem Ziel, die Entropie und die Entropiebilanzen zu ersetzen. Es sollen vielmehr jene Aussagen des 2. Hauptsatzes hervorgehoben werden, die die begrenzte Umwandelbarkeit von Energien betreffen. Die durch den 2. Hauptsatz eingeschränkte Umwandelbarkeit von Energien lässt sich mit der Entropie ebenso wie mit der Exergie quantitativ erfassen. Die erzeugte Entropie ist wie der Exergieverlust ein Irreversibilitätsmaß. Ein wesentlicher Unterschied zwischen der Anwendung der Entropie und der Anwendung der Exergie besteht jedoch darin, dass mit der Exergie zusätzlich zu den Aussagen des 2. Hauptsatzes auch der Einfluss der Umgebung berücksichtigt wird. Die exergetische Analyse ist mehr als die Anwendung des 2. Hauptsatzes: Sie ermittelt nicht nur die Größe der Irreversibilitäten, sondern gibt auch Auskunft über die Umwandelbarkeit der Energieformen bei einer vorgegebenen Umgebung zur Aufnahme der oft unerwünschten Entropie.

Energie*verbrauch* und Energie*verlust* sind Begriffe, die dem 1. Hauptsatz widersprechen, denn Energie kann nicht verbraucht werden und kann nicht verloren gehen. Diese Begriffe werden jedoch sinnvoll für die Exergie, die durch irreversible Prozesse unwiederbringlich in Anergie umgewandelt wird.

Hier klingt an, dass zwischen Exergie und Wirtschaftlichkeit ein engerer Zusammenhang bestehen könnte als zwischen Energie und Wirtschaftlichkeit. So hatte man gehofft, die exergetische Untersuchung in einfacher Weise zu einer ökonomischen Analyse ausbauen und in der Exergie ein direktes Maß für die Kosten eines Energieträgers finden zu können, vgl. z.B. [3.34]. Dies hat sich leider nicht bestätigt; der thermodynamische Begriff der Exergie lässt sich nicht in einfacher Weise für wirtschaftliche Untersuchungen verwenden, vgl. [3.33] und [3.35]. Die Exergie kann jedoch als Hilfsmittel bei der so genannten thermo-ökonomischen Optimierung von energietechnischen Anlagen eingesetzt werden [3.25]. Ihre wichtigste Anwendung findet sie jedoch bei der Klärung und anschaulichen Darstellung grundsätzlicher thermodynamischer Zusammenhänge, nämlich bei der quantitativen Erfassung der durch den 2. Hauptsatz eingeschränkten Umwandelbarkeit von Energien.

3.3.4 Die Berechnung von Exergien und Exergieverlusten

Auf Basis der in Abschnitt 3.3.2 behandelten Definitionen von Exergie und Anergie wird die Exergie der Wärme und die Exergie berechnet, die ein Stoffstrom mit sich führt. Es soll hier nur die physikalische Exergie des Stoffstroms bestimmt werden. Seine chemische Exergie wird in Abschnitt 5.5.6 behandelt. Betrachtet wird der in Abb. 3.25 dargestellte Kontrollraum, den der Stoffstrom stationär durchströmt. Über die Welle wird dem Kontrollraum die Leistung P zugeführt oder entzogen; ihm fließt ein Wärmestrom $\dot{Q}$ bei der thermodynamischen Temperatur T zu, ein weiterer Wärmestrom $\dot{Q}_\mathrm{u}$ soll bei der Temperatur T_u mit der Umgebung ausgetauscht werden. Ziel der Untersuchung ist die Berechnung der Exergie des Wärmestroms $\dot{Q}$ und der Exergie, die der eintretende Stoffstrom mit sich führt. Außerdem wird eine Beziehung zur Berechnung des Exergieverlustes erhalten.

Zunächst werden die beiden Hauptsätze auf den Kontrollraum angewendet, ohne zusätzliche Annahmen zu machen. Die Leistungsbilanzgleichung des 1. Hauptsatzes lautet für den stationären Fall

$$\dot{Q} + \dot{Q}_\mathrm{u} + P = \dot{m}\left[h_2 - h_1 + \frac{1}{2}\left(w_2^2 - w_1^2\right) + g\left(z_2 - z_1\right)\right] .$$

Die Entropiebilanzgleichung ist

$$\dot{m}\left(s_2 - s_1\right) = \frac{\dot{Q}}{T} + \frac{\dot{Q}_\mathrm{u}}{T_\mathrm{u}} + \dot{S}_\mathrm{irr} ,$$

wobei nach dem 2. Hauptsatz für den im Kontrollraum erzeugten Entropiestrom $\dot{S}_\mathrm{irr} \geq 0$ gilt. Eliminiert wird der Wärmestrom $\dot{Q}_\mathrm{u}$, indem aus der Entropiebilanzgleichung

$$\dot{Q}_\mathrm{u} = \dot{m}\,T_\mathrm{u}(s_2 - s_1) - \frac{T_\mathrm{u}}{T}\,\dot{Q} - T_\mathrm{u}\,\dot{S}_\mathrm{irr}$$

berechnet wird und in die Leistungsbilanzgleichung eingesetzt wird. Dies ergibt für die abgegebene Wellenleistung

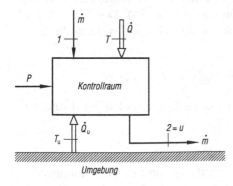

Abbildung 3.25. Kontrollraum, der von einem Fluid stationär durchströmt wird

$$-P = \left(1 - \frac{T_u}{T}\right) \dot{Q} \tag{3.52}$$

$$+ \dot{m} \left[\left(h - T_u s + \frac{w^2}{2} + g z\right)_1 - \left(h - T_u s + \frac{w^2}{2} + g z\right)_2\right] - T_u \dot{S}_{irr} .$$

Es wird nun angenommen, dass der Prozess im Kontrollraum reversibel ist, $\dot{S}_{irr} = 0$, und dass der Stoffstrom am Austritt aus dem Kontrollraum in das thermische und mechanische Gleichgewicht mit der Umgebung gebracht wird, also die Temperatur T_u und den Druck p_u der Umgebung annimmt, ohne sich mit der Umgebung zu vermischen. Dieser Umgebungszustand wird mit dem Index u gekennzeichnet und in Gl.(3.52) wird der Index 2 durch u eingesetzt. Damit erhält man

$$-P_{rev} = \left(1 - \frac{T_u}{T}\right) \dot{Q} \tag{3.53}$$

$$+ \dot{m} \left[h_1 - h_u - T_u(s_1 - s_u) + \frac{1}{2}\left(w_1^2 - w_u^2\right) + g\left(z_1 - z_u\right)\right] .$$

Da die Exergie bei einem reversiblen Prozess erhalten bleibt, kann man diese Leistungsbilanzgleichung als Bilanz von Exergieströmen interpretieren: $(-P_{rev})$ ist der als Wellenleistung abgegebene Exergiestrom; er ist ebenso groß wie die beiden aufgenommenen Exergieströme, nämlich der mit $\dot{Q}$ zugeführte Exergiestrom und der mit dem Stoffstrom in den Kontrollraum einströmende Exergiestrom.

Damit erhält man den Exergiestrom des Wärmestroms zu

$$\dot{E}x_Q = \left(1 - \frac{T_u}{T}\right) \dot{Q} = \eta_C(T_u, T)\, \dot{Q} .$$

Er ist der mit dem Carnot-Faktor multiplizierte Wärmestrom, wobei der Carnot-Faktor mit der Umgebungstemperatur und der Temperatur zu bilden ist, bei der der Wärmestrom die Systemgrenze überschreitet. Im nächsten Abschnitt wird ausführlicher auf die Exergie der Wärme eingegangen.

Der Exergiestrom, der mit dem Stoffstrom in den Kontrollraum transportiert wird, ist das Produkt aus dem Massenstrom $\dot{m}$ und der spezifischen physikalischen Exergie ex_{St1} des im Querschnitt 1 eintretenden Stoffstroms. Diese Größe entspricht der eckigen Klammer in Gl.(3.53). Der Index 1 wird fortgelassen und man erhält allgemein für die spezifische physikalische Exergie eines Stoffstroms

$$ex_{St} = h - h_u - T_u\left(s - s_u\right) + \frac{1}{2}\left(w^2 - w_u^2\right) + g\left(z - z_u\right) .$$

Wenn kinetische und potenzielle Energien keine Rolle spielen, wird ex_{St} zu

$$ex := h - h_u - T_u\left(s - s_u\right) .$$

Bezeichnet wird diese Größe als die spezifische physikalische Exergie der Enthalpie. In Abschnitt 3.3.5 wird nochmals auf ex_{St} und ex eingegangen.

Eingesetzt werden nun die Exergieströme in die Leistungsbilanzgl. (3.52) des *irreversiblen* Fließprozesses, geschrieben als

$$\dot{E}x_Q + \dot{m}\,ex_{St1} = -P + \dot{m}\,ex_{St2} + T_u\,\dot{S}_{irr}\,.$$

Diese Bilanz der Exergieströme entspricht der allgemeinen Exergiebilanzgl. (3.51) und besagt: Die zufließenden Exergieströme $\dot{E}x_Q$ und $\dot{m}\,ex_{St1}$ sind größer als die abfließenden Exergieströme $(-P)$ und $\dot{m}\,ex_{St2}$ und zwar um den Exergieverluststrom $\dot{E}x_v$, nämlich den durch den irreversiblen Prozess unwiederbringlich in Anergie verwandelten Exergiestrom. Für diesen gilt somit

$$\dot{E}x_v = T_u\,\dot{S}_{irr} \geq 0\,. \tag{3.54}$$

Der Exergieverluststrom ergibt sich als Produkt aus der Umgebungstemperatur und dem Entropieproduktionsstrom. Damit erhält der Entropieproduktionsstrom eine anschauliche und technisch wichtige Bedeutung: Er bestimmt den Exergieverluststrom des irreversiblen Prozesses. Auch der Exergieverluststrom eines *geschlossenen Systems* lässt sich nach Gl.(3.54) berechnen[10]. Die allgemein gültige Gl.(3.54) wertet man durch Einsetzen des Entropieproduktionsstroms $\dot{S}_{irr}$ aus, der schon für verschiedene Anwendungsfälle berechnet wurde.

Betrachtet wird beispielhaft der in Abschnitt 3.1.4 berechnete Entropieproduktionsstrom, der bei der irreversiblen *Übertragung eines Wärmestroms* $d\dot{Q}$ von einem stationär strömenden Fluid B mit der Temperatur T_B auf das Fluid A mit $T_A < T_B$ entsteht. Nach den Gl.(3.15) und (3.54) erhält man

$$d\dot{E}x_v = T_u\,d\dot{S}_{irr} = T_u\,\frac{T_B - T_A}{T_A\,T_B}\,d\dot{Q} \tag{3.55}$$

für den dabei auftretenden Exergieverluststrom. Die sich aus Gl.(3.15) ergebenden und in Abschnitt 3.1.4 besprochenen praktischen Folgerungen gelten unverändert für den Exergieverluststrom $d\dot{E}x_v$, der in einem Wärmeübertrager auftritt, worauf nochmals in Abschnitt 6.3.3 zurückgekommen werden wird. In Abschnitt 3.1.7 wurde $\dot{S}_{irr}$ für einen *adiabaten Kontrollraum* berechnet, der von mehreren Stoffströmen stationär durchflossen wird. Hieraus erhält man

$$\dot{E}x_v = T_u\left(\sum_{aus} \dot{m}_a\,s_a - \sum_{ein} \dot{m}_e\,s_e\right)_{ad}$$

---

[10] Um dies zu beweisen, berechnet man die zeitliche Änderung der Exergie Ex^* eines geschlossenen Systems nach Gl.(3.50) und ersetzt die Ableitungen dU/dt und dS/dt durch die Ausdrücke, die sich nach dem 1. Hauptsatz bzw. aus der Entropiebilanzgleichung von Abschnitt 3.1.3 ergeben. Die so entstehende Exergiebilanzgleichung enthält den Term $T_u\,\dot{S}_{irr}$ als Verlustglied.

als Exergieverluststrom eines adiabaten Kontrollraums. Auf den Exergieverlust, der durch *Reibung* in einem strömenden Fluid hervorgerufen wird, wird
in Abschnitt 6.2.1 eingegangen.

Beispiel 3.12. Wasser siedet unter dem Umgebungsdruck $p_u = 101{,}325\,\mathrm{kPa}$ bei
$\vartheta = 100\,^\circ\mathrm{C}$. Man bestimme die physikalische Exergie der Enthalpie von siedendem
Wasser unter der vereinfachenden Annahme, dass die spezifische isobare Wärme-
kapazität zwischen der Umgebungstemperatur $\vartheta_u = 15\,^\circ\mathrm{C}$ und $\vartheta = 100\,^\circ\mathrm{C}$ den
konstanten Wert $c_p = 4{,}19\,\mathrm{kJ/(kg\,K)}$ hat. Wie groß ist der spezifische Exergieverlust, wenn Wasser in einem elektrisch beheizten Durchlauferhitzer von ϑ_u auf
$\vartheta = 100\,^\circ\mathrm{C}$ erwärmt wird?

Die Enthalpie- und Entropiedifferenzen in der Gleichung für die spezifische Exergie der Enthalpie,

$$ex = h - h_u - T_u\,(s - s_u)\,,$$

ergeben sich mit unseren bisher bekannten vereinfachten Stoffgesetzen für $p = p_u$
und für konstantes c_p zu

$$h - h_u = c_p\,(T - T_u) = 356\,\mathrm{kJ/kg}$$

und

$$s - s_u = c_p\,\ln(T/T_u)$$
$$= 1{,}083\,\mathrm{kJ/(kg\,K)}\,.$$

Damit erhält man

$$ex = ex(T, p_u) = c_p\,[T - T_u - T_u\ln(T/T_u)] = 44\,\mathrm{kJ/kg}$$

als spezifische physikalische Exergie des bei $100\,^\circ\mathrm{C}$ siedenden Wassers.

Der (gut wärmeisolierte) elektrische Durchlauferhitzer wird als adiabaten Kontrollraum behandelt. Er wird von einem Wasserstrom durchflossen, der sich von
$T_1 = T_u$ auf $T_2 = T = 373{,}15\,\mathrm{K}$ erwärmt. Der spezifische Exergieverlust ergibt sich
zu

$$ex_{v12} = T_u\,s_{irr} = T_u\,(s_2 - s_1) = T_u\,(s - s_u) = T_u\,c_p\,\ln(T/T_u) = 312\,\mathrm{kJ/kg}\,,$$

ein Wert, der viel größer ist als die spezifische Exergie ex des abströmenden Wassers.
Dies weist darauf hin, dass die Wassererwärmung in einem elektrisch beheizten
Durchlauferhitzer ein stark irreversibler Prozess ist. Dem adiabaten Kontrollraum
(Durchlauferhitzer) wird nach dem 1. Hauptsatz die spezifische technische Arbeit

$$w_{t12} = h_2 - h_1 = h - h_u = c_p\,(T - T_u) = 356\,\mathrm{kJ/kg}$$

als elektrische Energie (= Exergie) zugeführt. Davon dient nur der kleine Teil
$ex = 44\,\mathrm{kJ/kg}$ zur Exergieerhöhung des Wassers, der Rest ist der Exergieverlust, was auch die Exergiebilanz $w_{t12} = ex + ex_{v12}$ zeigt.

Wassererwärmung in einem elektrisch beheizten Durchlauferhitzer ist ein technisch einfacher, aber thermodynamisch ungünstiger Prozess, bei dem sich nur der
bescheidene Anteil

$$\zeta = ex/w_{\mathrm{t}12} = 44/356 = 0,124$$

der elektrisch zugeführten Exergie als Exergie des abfließenden siedenden Wassers wiederfindet. Würde man diesen Prozess umkehren wollen, also aus der Enthalpie des siedenden Wassers wieder elektrische Energie bereitstellen wollen, käme man auch mit ideal reversiblen Energiewandlern nur auf 12,4% der elektrischen Ausgangsleistung. Der Rest wird durch zwei irreversible Prozesse in Anergie verwandelt: 1. Die elektrische Energie wird im elektrischen Widerstand vollständig dissipiert, also irreversibel in innere Energie umgewandelt, wodurch sich der Widerstand erhitzt. 2. Vom erhitzten Widerstand geht Wärme an das kältere Wasser über, wodurch ebenfalls Entropie erzeugt und Exergie in Anergie verwandelt wird. Wie in Beispiel 3.3 gezeigt wurde, ist es gleichgültig, welche Temperatur dabei der elektrische Leiter (Widerstand) annimmt. Die Summe der durch die beiden Teilprozesse erzeugten Entropien und damit die Summe der beiden Exergieverluste hängt von dieser Temperatur nicht ab und hat den schon berechneten Wert $ex_{\mathrm{v}12} = 312\,\mathrm{kJ/kg}$. Dieser große Exergieverlust lässt sich nur mit einem anderen Verfahren zur Wassererwärmung verringern. Man könnte die technisch aufwendigere Wärmepumpe einsetzen, vgl. Abschnitt 9.2.3, oder als Wärmequelle Abwärme heranziehen, falls diese auf einem geeigneten Temperaturniveau zur Verfügung steht.

3.3.5 Exergie und Anergie der Wärme

Im letzten Abschnitt wurde der Exergiestrom $\dot{Ex}_{\mathrm{Q}}$ berechnet, der zu einem Wärmestrom $\dot{Q}$ gehört:

$$\dot{Ex}_{\mathrm{Q}} = \left(1 - \frac{T_{\mathrm{u}}}{T}\right)\dot{Q} = \eta_{\mathrm{C}}(T_{\mathrm{u}}, T)\,\dot{Q}\,.$$

Maßgebend für den Exergiegehalt eines Wärmestroms, der bei der Temperatur T die Grenze eines Systems überquert, ist der mit dieser Temperatur und der Umgebungstemperatur T_{u} gebildete Carnot-Faktor

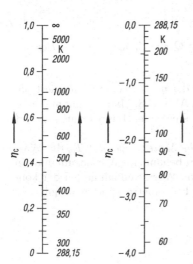

Abbildung 3.26. Thermodynamische Temperatur T und Carnot-Faktor $\eta_{\mathrm{C}} = \eta_{\mathrm{C}}(T_{\mathrm{u}}, T)$ für $T_{\mathrm{u}} = 288,15\,\mathrm{K}$

$$\eta_{\mathrm{C}}(T_{\mathrm{u}}, T) = 1 - (T_{\mathrm{u}}/T) \ .$$

Er wird manchmal als dimensionslose exergetische Temperatur bezeichnet [3.25], [3.26], denn bei fest vorgegebener Umgebungstemperatur T_{u} wird jeder thermodynamischen Temperatur T ein bestimmter Wert von η_{C} zugeordnet. Dieser Zusammenhang ist in Abb. 3.26 für $T_{\mathrm{u}} = 288{,}15\,\mathrm{K}$ ($\vartheta_{\mathrm{u}} = 15{,}0\,^{\circ}\mathrm{C}$) beispielhaft dargestellt. Da $\eta_{\mathrm{C}}(T_{\mathrm{u}}, T)$ mit steigender Temperatur T größer wird, entspricht die exergetische Temperatur einer verzerrten, aber monoton wachsenden Temperaturskala, wobei $\eta_{\mathrm{C}} = 0$ der Umgebungstemperatur zugeordnet ist und $\eta_{\mathrm{C}} = 1$ dem Grenzwert $T \to \infty$. Negative Werte des Carnot-Faktors gehören zu Temperaturen unterhalb der Umgebungstemperatur T_{u}. Der absolute Nullpunkt $T \to 0$ entspricht $\eta_{\mathrm{C}} \to -\infty$. Hierauf wird am Ende des Abschnitts zurückgekommen.

Der Wärmestrom soll nun nicht bei einer festen Temperatur, sondern in einem von T_1 und T_2 begrenzten Temperaturintervall aufgenommen (oder abgegeben) werden, z. B. von einem Fluid, das sich von T_1 auf T_2 erwärmt. Für die Exergie $\mathrm{d}\dot{E}x_{\mathrm{Q}}$, die mit einem Element $\mathrm{d}\dot{Q}$ des Wärmestroms bei der Temperatur T aufgenommen wird, gilt

$$\mathrm{d}\dot{E}x_{\mathrm{Q}} = \eta_{\mathrm{C}}(T_{\mathrm{u}}, T)\,\mathrm{d}\dot{Q} = \left(1 - \frac{T_{\mathrm{u}}}{T}\right)\mathrm{d}\dot{Q} \ .$$

Es sei nun bekannt, bei welcher Temperatur T jeweils $\mathrm{d}\dot{Q}$ aufgenommen wird. Man kann dann den Temperaturverlauf des wärmeaufnehmenden Systems als Funktion des bereits aufgenommenen Wärmestroms $\dot{Q}$ und auch den Carnot-Faktor $\eta_{\mathrm{C}}(T_{\mathrm{u}}, T)$ als Funktion von $\dot{Q}$ darstellen. In einem $\eta_{\mathrm{C}}, \dot{Q}$-Diagramm wird der mit $\mathrm{d}\dot{Q}$ übertragene Exergiestrom $\mathrm{d}\dot{E}x_{\mathrm{Q}}$ durch die in Abb. 3.27 schraffierte Fläche dargestellt. Der Anergiestrom $\mathrm{d}\dot{B}_{\mathrm{Q}}$ entspricht der Fläche oberhalb der η_{C}-Kurve bis zur Grenzordinate $\eta_{\mathrm{C}} = 1$. Den insgesamt übertragenen Exergiestrom erhält man durch Integration:

$$\dot{E}x_{\mathrm{Q}12} = \int_{1}^{2}\left(1 - \frac{T_{\mathrm{u}}}{T}\right)\mathrm{d}\dot{Q} = \dot{Q}_{12} - T_{\mathrm{u}}\int_{1}^{2}\frac{\mathrm{d}\dot{Q}}{T} = \dot{Q}_{12} - T_{\mathrm{u}}\,\dot{S}_{\mathrm{Q}12} = \dot{Q}_{12} - \dot{B}_{\mathrm{Q}12} \ .$$

Er erscheint im $\eta_{\mathrm{C}}, \dot{Q}$-Diagramm als Fläche unter der η_{C}-Kurve. Der Anergiestrom $\dot{B}_{\mathrm{Q}12}$ entspricht der Fläche oberhalb dieser Kurve, Abb. 3.28. Man erkennt anschaulich, wie der Exergieanteil des Wärmestroms mit steigender Temperatur, also mit größeren Werten des Carnot-Faktors zunimmt.

In Abschnitt 3.1.5 wurde die *thermodynamische Mitteltemperatur* T_{m} der Wärmeaufnahme definiert. Sie ermöglichte es, die eben behandelte Wärmeaufnahme in einem Temperaturintervall (T_1, T_2) formal auf eine Wärmeaufnahme bei der konstanten Temperatur T_{m} zurückzuführen. Für den Entropietransportstrom gilt

$$\dot{S}_{\mathrm{Q}12} = \dot{Q}_{12}/T_{\mathrm{m}} \ .$$

Damit erhält man für den Exergiestrom

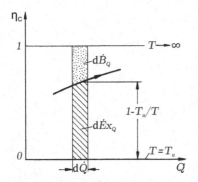 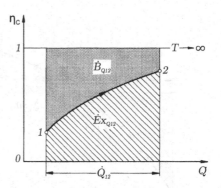

Abbildung 3.27. $\eta_C, \dot{Q}$-Diagramm zur Darstellung der Exergie $d\dot{E}x_Q$ und der Anergie $d\dot{B}_Q$ als Flächen

Abbildung 3.28. Darstellung des mit dem Wärmestrom $\dot{Q}_{12}$ übertragenen Exergiestroms $\dot{E}x_{Q12}$ und des Anergiestroms $\dot{B}_{Q12}$ im $\eta_C, \dot{Q}$-Diagramm

$$\dot{E}x_{Q12} = \left(1 - \frac{T_u}{T_m}\right)\dot{Q}_{12} = \eta_C(T_u, T_m)\,\dot{Q}_{12}\,,$$

also das gleiche Ergebnis wie für die Wärmeaufnahme bei der konstanten Temperatur T_m. Die Berechnung von T_m wurde in Beispiel 3.6 für den Fall behandelt, dass ein Fluid den Wärmestrom $\dot{Q}_{12}$ in einem stationären Fließprozess aufnimmt und sich dabei von T_1 auf T_2 erwärmt.

Es wird nun auf die Exergie eines Wärmestroms eingegangen, der bei einer Temperatur unterhalb der Umgebungstemperatur T_u aufgenommen oder abgegeben wird. Für $T < T_u$ wird der Carnot-Faktor $\eta_C(T_u, T)$ negativ, und man erhält

$$\dot{E}x_Q = \left(1 - \frac{T_u}{T}\right)\dot{Q} = -\left(\frac{T_u}{T} - 1\right)\dot{Q}$$

als Exergiestrom. Für $\dot{Q} > 0$ ist $\dot{E}x_Q < 0$: Der Wärmestrom und sein Exergiestrom haben unterschiedliche Vorzeichen; $\dot{Q}$ und $\dot{E}x_Q$ strömen in entgegengesetzte Richtungen. Wärmeaufnahme bei $T < T_u$ bedeutet Exergie*abgabe*, Wärmeabgabe bei $T < T_u$ bedeutet Exergie*aufnahme*. Gleiches gilt für Wärmeaufnahme und Wärmeabgabe in einem Temperaturintervall unterhalb von T_u. Hier haben $\dot{Q}_{12}$ und $\dot{E}x_{Q12}$ unterschiedliche Vorzeichen: Sie strömen in entgegengesetzte Richtungen.

In beiden Fällen – Abkühlung und Erwärmung – muss dem Körper zur Veränderung seines Zustands gegenüber dem Umgebungszustand Exergie zugeführt, also aufgewendet werden.

Das Verhalten der Exergie bei Temperaturen über und unter T_u ist in Abb. 3.29 veranschaulicht. Hier sind im $\eta_C, \dot{Q}$-Diagramm die Erwärmung und die Abkühlung eines Stoffstroms dargestellt. Der Stoffstrom wird, ausgehend von der Umgebungstemperatur ($T_1 = T_u$), einmal auf $T_2 > T_u$ erwärmt

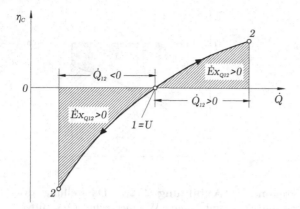

Abbildung 3.29. Abkühlung und Erwärmung eines Stoffstroms zwischen dem Umgebungszustand (U = 1) und einem Zustand 2 im $\eta_C, \dot{Q}$-Diagramm mit Darstellung des jeweils aufgenommenen Exergiestroms $\dot{E}x_{Q12}$ als Fläche

und zum anderen auf $T_2 < T_u$ abgekühlt. Der dabei aufgenommene bzw. entzogene Wärmestrom $\dot{Q}_{12}$ erscheint als Differenz zwischen den Abszissen der Zustände 2 und 1 = U. Der Exergiestrom $\dot{E}x_{Q12}$ wird durch die Fläche zwischen der Zustandslinie 1 → 2 und der Achse $\eta_C = 0$ dargestellt. Beide Flächen, auch die bei der Abkühlung, sind positiv. Stets wird dem Stoffstrom Exergie zugeführt gleichgültig, ob er sich auf $T_2 > T_u$ erwärmt oder sich auf eine Temperatur $T_2 < T_u$ abkühlt.

Dieses Verhalten der Exergie der Wärme ist grundlegend für das Verständnis der Kältetechnik. Sie hat die Aufgabe, Stoffe (oder Stoffströme) auf Temperaturen unter T_u abzukühlen oder Räume, die dann als Kühlräume bezeichnet werden, auf einer Temperatur zu halten, die unter der Umgebungstemperatur liegt. Dabei wird den Stoffströmen und den Kühlräumen durch die Kälteanlage Energie als Wärme entzogen, aber zugleich Exergie zugeführt. Diese Exergie muss der Kälteanlage als mechanische oder elektrische Antriebsleistung oder einer Absorptionskältemaschine als Exergieanteil eines Antriebswärmestroms mit genügend hoher Temperatur $T_A > T_u$ zugeführt werden. Auf diese Grundaufgabe der Kältetechnik wird in Abschnitt 9.1.1 ausführlicher eingegangen.

Beispiel 3.13. Einer Absorptionskältemaschine (AKM), vgl. hierzu Abschnitt 9.3.2, wird der Wärmestrom $\dot{Q}_A = 100\,\text{kW}$ bei $\vartheta_A = 105\,°\text{C}$ zugeführt. Sie nimmt den Wärmestrom $\dot{Q}_0 = 44{,}0\,\text{kW}$, die sogenannte *Kälteleistung*, aus einem Kühlraum mit der Temperatur $\vartheta_0 = -30\,°\text{C}$ auf und gibt ihren Abwärmestrom $\dot{Q}_u$ an die Umgebung (Kühlwasser) bei $\vartheta_u = 20\,°\text{C}$ ab. Weitere Energieströme treten nicht auf oder sollen vernachlässigt werden. Aus einer Exergiebilanz der AKM berechne man den Exergieverluststrom $\dot{E}x_v$. Welche Kälteleistung könnte die AKM bei den gegebenen Temperaturen höchstens erreichen?

Die drei in Abb. 3.30 dargestellten Wärmeströme sind von Exergieströmen begleitet. Mit dem Antriebs-Wärmestrom $\dot{Q}_A$ wird der AKM der Exergiestrom

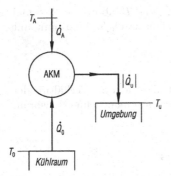

Abbildung 3.30. Wärmeströme einer Absorptionskältemaschine (AKM)

$$\dot{E}x_{Q_A} = \eta_C(T_u, T_A)\,\dot{Q}_A = \frac{T_A - T_u}{T_A}\,\dot{Q}_A = \frac{85\,\text{K}}{378\,\text{K}}\,100\,\text{kW} = 22{,}5\,\text{kW}$$

zugeführt. Der aus dem Kühlraum aufgenommene Wärmestrom $\dot{Q}_0$ wird vom Exergiestrom

$$\dot{E}x_{Q_0} = \eta_C(T_u, T_0)\,\dot{Q}_0 = \frac{T_0 - T_u}{T_0}\,\dot{Q}_0 = -\frac{T_u - T_0}{T_0}\,\dot{Q}_0$$

$$= -\frac{50\,\text{K}}{243\,\text{K}}\,44{,}0\,\text{kW} = -9{,}05\,\text{kW}$$

begleitet. Das negative Vorzeichen bedeutet: Der Exergiestrom $\dot{E}x_{Q_0}$ fließt entgegen der Richtung des Wärmestroms $\dot{Q}_0$ von der AKM in den Kühlraum. Der Exergiestrom, der den Abwärmestrom $\dot{Q}_u$ begleitet, ist null. Denn die Abwärme wird bei der Temperatur T_u der Umgebung abgegeben, so dass der Carnot-Faktor verschwindet. Der Abwärmestrom $\dot{Q}_u$ besteht nur aus Anergie.

Zur Berechnung des Exergieverluststroms, des Leistungsverlusts $\dot{E}x_v$, wird die Exergiebilanzgl. (3.51) herangezogen. Sie ergibt

$$\dot{E}x_v = \dot{E}x_{Q_A} + \dot{E}x_{Q_0} = (22{,}5 - 9{,}05)\,\text{kW} = 13{,}4\,\text{kW}\,.$$

Mehr als die Hälfte, nämlich 60% der mit dem Antriebswärmestrom $\dot{Q}_A$ zugeführten Exergie, gelangt nicht in den Kühlraum, sondern wird durch irreversible Prozesse in der AKM in Anergie verwandelt. Würde die AKM im Idealfall reversibel arbeiten ($\dot{E}x_v = 0$), so könnte der ganze Exergiestrom $\dot{E}x_{Q_A}$ in den Kühlraum gelangen. Aus $|\dot{E}x_{Q_0}^{\text{rev}}| = \dot{E}x_{Q_A}$ folgt dann

$$\frac{T_u - T_0}{T_0}\,\dot{Q}_0^{\text{rev}} = \frac{T_A - T_u}{T_A}\,\dot{Q}_A\,,$$

woraus sich die höchstens erreichbare Kälteleistung

$$\dot{Q}_0^{\text{rev}} = \frac{T_0}{T_u - T_0}\,\frac{T_A - T_u}{T_A}\,\dot{Q}_A = 1{,}093\,\dot{Q}_A = 109{,}3\,\text{kW}$$

ergibt. Sie hängt nur von den drei Temperaturen T_A, T_0 und T_u ab und ist 2,48 mal größer als die tatsächliche Kälteleistung $\dot{Q}_0$. Das Verhältnis $\dot{Q}_0/\dot{Q}_0^{rev}$ stimmt mit dem exergetischen Wirkungsgrad

$$\zeta := |\dot{Ex}_{Q_0}|/\dot{Ex}_{Q_A} = 9,05\,\text{kW}/22,5\,\text{kW} = 0,402$$

der AKM überein. Der exergetische Wirkungsgrad ist allgemein als Verhältnis der genutzten Exergieströme zu den aufgewendeten Exergieströmen definiert, worauf in Abschnitt 3.3.7 zurückgekommen werden wird.

3.3.6 Exergie und Anergie eines Stoffstroms

In Abschnitt 3.3.4 wurde die physikalische Exergie eines stationär strömenden Stoffstroms berechnet. Für seine spezifische Exergie galt

$$ex_{St} = h - h_u - T_u\left(s - s_u\right) + \frac{1}{2}\left(w^2 - w_u^2\right) + g\left(z - z_u\right).$$

Nimmt man eine ruhende Umgebung an, so ist $w_u = 0$ zu setzen; denn der Stoffstrom muss im Umgebungszustand die Geschwindigkeit der Umgebung annehmen. Die Anergie ist der Teil der mit dem Stoffstrom eingebrachten Energie, der nicht Exergie ist. Man erhält somit die spezifische Anergie eines Stoffstroms zu

$$b_{St} = h + \frac{1}{2}\left(w^2 - w_u^2\right) + g\left(z - z_u\right) - ex_{St} = h_u + T_u\left(s - s_u\right).$$

In vielen Fällen können die kinetischen und potenziellen Energien vernachlässigt werden. Dann erhält man die spezifische Exergie ex und die spezifische Anergie b der Enthalpie, nämlich

$$ex = h - h_u - T_u\left(s - s_u\right) \quad \text{und} \quad b = h_u + T_u\left(s - s_u\right).$$

Die physikalische Exergie der Enthalpie hat ihren Nullpunkt im Umgebungszustand ($h = h_u$, $s = s_u$). Die Anergie der Enthalpie ist jedoch wie die Enthalpie selbst nur bis auf eine additive Konstante bestimmt. Diese hebt sich heraus, wenn man Anergiedifferenzen zwischen verschiedenen Zuständen bildet. Exergiedifferenzen

$$ex_2 - ex_1 = h_2 - h_1 - T_u\left(s_2 - s_1\right)$$

enthalten noch die Umgebungstemperatur T_u. Legt man T_u fest, so kann man mit ex und b wie mit Zustandsgrößen des Stoffstroms rechnen, denn Differenzen der Exergie und Anergie der Enthalpie hängen nur von den beiden Zuständen, nicht dagegen von der Art ab, wie man von dem einen Zustand in den anderen gelangt. Im T,s-Diagramm des Stoffstroms lässt sich die Exergie der Enthalpie als Fläche veranschaulichen, wenn man die Isenthalpe $h = h_u$ mit der Isobare $p = $ konst. zum Schnitt bringt, vgl. Abb. 3.31.

Die spezifische physikalische Exergie der Enthalpie kann auch negativ werden. Dies ist für Drücke $p < p_u$ möglich. Dann müssen der Stoffstrom

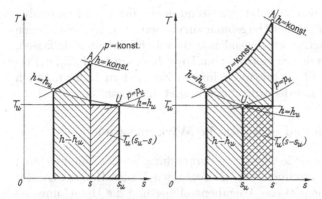

Abbildung 3.31. Veranschaulichung der spezifischen Exergie $ex = h - h_u - T_u\,(s - s_u)$ als die stark umrandete Fläche im T,s-Diagramm. Links: $s < s_u$; rechts: $s > s_u$

verdichtet und Nutzarbeit aufgewendet werden, um ihn in den exergielosen Umgebungszustand zu bringen. Abb. 3.32 zeigt Linien konstanter dimensionsloser Exergie $\varepsilon := ex/RT_u$ für ein ideales Gas mit konstantem $c_p^{iG} = (5/2)R$ (Edelgas). Im Umgebungszustand (T_u, p_u) ist $\varepsilon = 0$. Im Gegensatz zur Exergie der inneren Energie, vgl. Abb. 3.24, ist dies nicht das absolute Minimum der physikalischen Exergie der Enthalpie. Sie hat jedoch auf jeder Isobare ein relatives Minimum bei $T = T_u$, denn es wird

$$\left(\frac{\partial ex}{\partial T}\right)_p = \left(\frac{\partial h}{\partial T}\right)_p - T_u \left(\frac{\partial s}{\partial T}\right)_p = c_p \left(1 - \frac{T_u}{T}\right)$$

gleich null für $T = T_u$, während $(\partial^2 ex/\partial T^2)_p = c_p\,T_u/T^2 > 0$ ist.

Die physikalischen Exergien ex_{St} und ex können auch als maximal gewinnbare technische Arbeiten gedeutet werden, die man erhält, wenn der

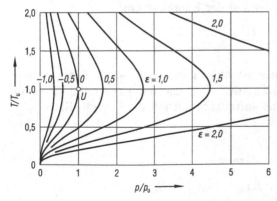

Abbildung 3.32. Linien konstanter dimensionsloser Exergie ε der Enthalpie eines einatomigen idealen Gases im $(T/T_u, p/p_u)$-Diagramm

Stoffstrom reversibel in den Umgebungszustand übergeführt wird und dabei ein Wärmeübergang nur mit der Umgebung zugelassen ist. Umgekehrt lassen sich ex_{St} und ex als kleinste aufzuwendende technische Arbeiten auffassen, die benötigt werden, um den Stoffstrom vom Umgebungszustand (T_u, p_u) reversibel in einen durch (T, p) gekennzeichneten Zustand zu bringen. Auch hierbei darf Wärme nur mit der Umgebung ausgetauscht werden.

3.3.7 Exergiebilanzen und exergetische Wirkungsgrade

Der Exergiebegriff findet seine wichtigste Anwendung bei der Untersuchung von Anlagen der Energietechnik, um die Aussagen beider Hauptsätze der Thermodynamik, die energetische Aufgabenstellung und die Umgebungsbedingungen zu berücksichtigen. Hierzu stellt man Exergiebilanzen für die ganze Anlage und ihre Komponenten auf, berechnet die Exergieverluste und bewertet die Anlage durch exergetische Wirkungsgrade. Im Folgenden wird eine solche exergetische Analyse am einfachen Beispiel der Wärmekraftmaschine gezeigt, die schon in Abschnitt 3.1.5 einführend behandelt wurde. Diese Analyse führt zum Prinzip der Kraft-Wärme-Kopplung, der gleichzeitigen Abgabe von mechanischer oder elektrischer Leistung („Kraft") und eines Heizwärmestroms.

Der Wärmekraftmaschine werde der Wärmestrom $\dot{Q}$ bei der thermodynamischen Mitteltemperatur T_m zugeführt. Sie gibt die Leistung P und den Abwärmestrom $\dot{Q}_0$ bei der Temperatur T_0 ab, die nicht kleiner als die Umgebungstemperatur T_u sein kann, $T_0 \geq T_u$. Anstelle der in Abschnitt 3.1.5 aufgestellten Leistungs- und Entropiebilanz wird hier von der Exergiebilanzgleichung ausgegangen. Die Grenze des Systems Wärmekraftmaschine überschreiten drei Exergieströme: die Leistung P, der Exergiestrom

$$\dot{Ex}_Q = \eta_C(T_u, T_m)\, \dot{Q} = \frac{T_m - T_u}{T_m}\, \dot{Q}$$

des aufgenommenen Wärmestroms und der Exergiestrom

$$\dot{Ex}_{Q_0} = \eta_C(T_u, T_0)\, \dot{Q}_0 = \frac{T_0 - T_u}{T_0}\, \dot{Q}_0$$

des Abwärmestroms. Ihre Summe ist nicht gleich null, sondern ergibt den Exergieverluststrom $\dot{Ex}_v = T_u \dot{S}_{irr}$, der als Folge der Irreversibilitäten im Inneren der Wärmekraftmaschine auftritt. Somit gilt die Exergiebilanz

$$P + \dot{Ex}_Q + \dot{Ex}_{Q_0} = \dot{Ex}_v \,.$$

Für die gewonnene Leistung folgt daraus

$$-P = \dot{Ex}_Q + \dot{Ex}_{Q_0} - \dot{Ex}_v = \dot{Ex}_Q - |\dot{Ex}_{Q_0}| - \dot{Ex}_v$$

$$= \frac{T_m - T_u}{T_m}\, \dot{Q} - \frac{T_0 - T_u}{T_0}\, |\dot{Q}_0| - \dot{Ex}_v \,. \tag{3.56}$$

Diese Bilanz der Exergieströme lässt sich in einem *Exergie-Anergie-Fluss-bild* veranschaulichen. Es ist eine Weiterentwicklung des bekannten Sankey-Diagramms[11], in dem die Energieflüsse durch gerichtete „Ströme" dargestellt werden, deren Breite ihre Größe wiedergibt. Im Sankey- oder Energiefluss-Diagramm wird jedoch nur der 1. Hauptsatz berücksichtigt. Um die durch den 2. Hauptsatz eingeschränkte Umwandelbarkeit der Energie zu erfassen, teilt man die Energieflüsse in ihre beiden Anteile, den Exergiefluss und den Anergiefluss. Die Aussagen des 2. Hauptsatzes kommen in diesem Exergie-Anergie-Flussbild vor allem durch den sich vermindernden Fluss der Exergie zum Ausdruck, der durch jede Irreversibilität geschmälert wird. Ein Exergie-Anergie-Flussbild haben schon 1930 P. J. Kiefer und M. C. Stuart in ihrem Lehrbuch der Thermodynamik [3.36] als Flussbild der „available and un-available energy" in einem Dampfkraftwerk angegeben. Etwa 30 Jahre später haben P. Graßmann [3.37] und Z. Rant [3.38] Exergie-Anergie-Flussbilder verwendet sowie reine Exergie-Flussbilder, in denen nur der sich durch jede Irreversibilität vermindernde Fluss der Exergie dargestellt ist.

Abb. 3.33 zeigt das Exergie-Anergie-Flussbild einer Wärmekraftmaschine. In ihm kommen die Leistungsbilanz des 1. Hauptsatzes und die Exergiebilanz auf Basis des 2. Hauptsatzes zum Ausdruck. Da hier nur eine exergetische Gesamtbilanz der Wärmekraftmaschine aufgestellt wird, zeigt Abb. 3.33 nicht den komplizierten Exergie- und Anergie-Fluss innerhalb der Systemgrenze der Wärmekraftmaschine, sondern fasst alle Exergieverluste im Inneren der Wärmekraftmaschine zu einem Exergieverluststrom $\dot{E}x_\mathrm{v}$ zusammen, der, zu Anergie geworden, als Teil des Abwärmestroms abgeführt wird.

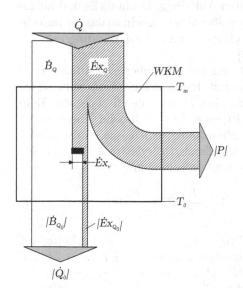

Abbildung 3.33. Exergie-Anergie-Flussbild einer Wärmekraftmaschine

[11] Ein solches Energieflussbild hat erstmals der irische Ingenieur Captain Henry Riall Sankey 1898 veröffentlicht, vgl. The Engineer 86 (1898) 236.

Die Aufgabe der Wärmekraftmaschine besteht darin, den bei der Temperatur T_m zur Verfügung stehenden Wärmestrom $\dot{Q}$ möglichst weitgehend in die Nutzleistung $|P|$ umzuwandeln, wobei die vorgegebene thermodynamische Umgebung mit der Temperatur T_u die Wärmesenke mit der niedrigsten Temperatur ist. Man erkennt aus Abb. 3.33 und der Exergiebilanzgl. (3.56): Unabhängig von der Bauart und der Betriebsweise der Wärmekraftmaschine ist die größte überhaupt erreichbare Nutzleistung durch die Exergie $\dot{E}x_\mathrm{Q}$ des aufgenommenen Wärmestroms gegeben:

$$|P_\mathrm{max}| = \dot{E}x_\mathrm{Q} = \frac{T_\mathrm{m} - T_\mathrm{u}}{T_\mathrm{m}}\, \dot{Q}\ .$$

Im wirklichen Betrieb vermindert sich die gewonnene Nutzleistung nicht nur durch den innerhalb der Wärmekraftmaschine auftretenden Exergieverluststrom $\dot{E}x_\mathrm{v} = T_\mathrm{u}\dot{S}_\mathrm{irr}$, sondern auch um die Exergie $\dot{E}x_{\mathrm{Q}_0}$ des Abwärmestroms, weil $T_0 \geq T_\mathrm{u}$ ist. Aus Gl.(3.56) liest man unmittelbar ab, wie wichtig es ist, T_0 der Umgebungstemperatur anzunähern und welche Leistungseinbuße man in Kauf nehmen muss, wenn aus technischen oder wirschaftlichen Gründen T_0 nicht auf T_u abgesenkt werden kann.

Zur Bewertung der Wärmekraftmaschine wird ein *exergetischer Wirkungsgrad* ζ an Hand der allgemeinen Regel definiert

$$\zeta := \frac{\text{nützliche Exergieströme}}{\text{aufgewendete Exergieströme}}\ .$$

Dabei geht man von der Exergiebilanzgleichung des vorliegenden Problems aus, die alle Exergieströme enthält. Deren Aufteilung in nützliche und aufgewendete Exergieströme ist nicht immer willkürfrei möglich, so dass es manchmal verschiedene Möglichkeiten gibt, einen exergetischen Wirkungsgrad zu definieren, vgl. hierzu [3.39] und [3.40].

Bei der Wärmekraftmaschine zählt man die abgegebene Leistung $-P$ zu den nützlichen Exergieströmen, weil der mit dem Abwärmestrom abfließende Exergiestrom $\dot{E}x_{\mathrm{Q}_0}$ wegen der nur wenig über T_u liegenden Temperatur T_0 in der Regel nicht genutzt werden kann. Er verwandelt sich beim Übergang an die Umgebung (Kühlwasser oder Umgebungsluft) in Anergie. Aufgewendet wird nur der mit dem Wärmestrom $\dot{Q}$ zufließende Exergiestrom $\dot{E}x_\mathrm{Q}$, so dass als exergetischen Wirkungsgrad der Wärmekraftmaschine

$$\zeta := \frac{-P}{\dot{E}x_\mathrm{Q}} = \frac{\dot{E}x_\mathrm{Q} + \dot{E}x_{\mathrm{Q}_0} - \dot{E}x_\mathrm{v}}{\dot{E}x_\mathrm{Q}} = 1 - \frac{|\dot{E}x_{\mathrm{Q}_0}|}{\dot{E}x_\mathrm{Q}} - \frac{\dot{E}x_\mathrm{v}}{\dot{E}x_\mathrm{Q}} \tag{3.57}$$

definiert wird. Sein Höchstwert $\zeta = 1$ wird von der reversibel arbeitenden Wärmekraftmaschine erreicht, deren Exergieverluststrom $\dot{E}x_\mathrm{v} = 0$ ist und die ihren Abwärmestrom bei $T_0 = T_\mathrm{u}$ abgibt, so dass auch $\dot{E}x_{\mathrm{Q}_0} = 0$ ist.

Für den thermischen Wirkungsgrad der Wärmekraftmaschine erhält man aus den Definitionsgleichungen von η_th und ζ

$$\eta_{\mathrm{th}} := \frac{-P}{\dot{Q}} = \frac{-P}{\dot{E}x_{\mathrm{Q}}} \, \frac{\dot{E}x_{\mathrm{Q}}}{\dot{Q}} = \zeta \, \frac{T_{\mathrm{m}} - T_{\mathrm{u}}}{T_{\mathrm{m}}} = \zeta \cdot \eta_{\mathrm{C}}(T_{\mathrm{u}}, T_{\mathrm{m}}) \,.$$

Er besteht aus zwei Faktoren: Der exergetische Wirkungsgrad ζ bewertet die Wärmekraftmaschine, der Carnot-Faktor die Qualität der Wärmequelle. Daher erreicht der thermische Wirkungsgrad einer idealen Wärmekraftmaschine ($\zeta = 1$) nicht den Wert eins, sondern nur den Carnot-Faktor $\eta_{\mathrm{C}}(T_{\mathrm{u}}, T_{\mathrm{m}}) < 1$ als Grenzwert. Die Abweichung des thermischen Wirkungsgrades vom Wert eins erfasst somit nicht allein die durch technische Verbesserungen vermeidbaren Verluste, sondern zeigt, dass der zugeführte Wärmestrom $\dot{Q}$ nicht nur aus Exergie besteht, sondern auch immer Anergie enthält. Nur der mit Exergien gebildete Wirkungsgrad ζ nimmt im Idealfall des reversiblen Prozesses den Wert eins an und lässt in den Abweichungen von diesem Grenzwert die Verluste erkennen, die durch günstigere Prozessführung und bessere Konstruktion der Anlagekomponenten vermindert oder vermieden werden können.

Setzt man die Ausdrücke für $\dot{E}x_{\mathrm{Q}}$ und $\dot{E}x_{\mathrm{Q}_0}$ in Gl.(3.57) ein, so erhält man den exergetischen Wirkungsgrad ζ als Funktion der maßgebenden Temperaturen T_{m}, T_0 und T_{u}. Nach einigen Umformungen ergibt sich

$$\zeta = \frac{T_{\mathrm{m}} - T_0}{T_{\mathrm{m}} - T_{\mathrm{u}}} - \frac{T_0}{T_{\mathrm{m}} - T_{\mathrm{u}}} \, \frac{\dot{E}x_{\mathrm{v}}}{\dot{B}_{\mathrm{Q}}} = \frac{T_{\mathrm{m}} - T_0}{T_{\mathrm{m}} - T_{\mathrm{u}}} - \frac{T_0}{T_{\mathrm{m}} - T_{\mathrm{u}}} \, \frac{\dot{S}_{\mathrm{irr}}}{\dot{S}_{\mathrm{Q}}} \,. \tag{3.58}$$

In dieser Gleichung tritt $\dot{E}x_{\mathrm{v}}/\dot{B}_{\mathrm{Q}} = \dot{S}_{\mathrm{irr}}/\dot{S}_{\mathrm{Q}}$ auf, das Verhältnis der aus Exergie entstandenen Anergie zur Anergie, die mit dem Wärmestrom $\dot{Q}$ zugeführt wird. Dies ist ein Irreversibilitätsmaß; es kann Werte zwischen null für die reversibel arbeitende Wärmekraftmaschine und dem Höchstwert $\dot{E}x_{\mathrm{v}}^{\mathrm{max}}/\dot{B}_{\mathrm{Q}} = \dot{E}x_{\mathrm{Q}}/\dot{B}_{\mathrm{Q}} = (T_{\mathrm{m}}/T_{\mathrm{u}}) - 1$ annehmen, den eine Wärmekraftmaschine ohne jede Leistungsabgabe ($P = 0$) erreichen würde. Für ein modernes Dampfkraftwerk sind typische Werte: $T_{\mathrm{m}} = 670\,\mathrm{K}$, $T_{\mathrm{u}} = 290\,\mathrm{K}$ und $T_0 = 310\,\mathrm{K}$. Sinkt das Irreversibilitätsmaß $\dot{S}_{\mathrm{irr}}/\dot{S}_{\mathrm{Q}} = \dot{E}x_{\mathrm{v}}/\dot{B}_{\mathrm{Q}}$ von 0,20 auf 0,15, verbessert sich ζ von 0,784 auf $\zeta = 0{,}825$.

Solange T_0 nur wenig größer als T_{u} ist, kann der abgegebene Wärmestrom $\dot{Q}_0$ nicht genutzt werden. Hat dagegen T_0 Werte zwischen $360\,\mathrm{K}$ und $400\,\mathrm{K}$, lässt sich $\dot{Q}_0$ zur Gebäudeheizung und bei noch höheren Temperaturen industriell als Prozesswärmestrom nutzen. Besteht eine derartige Nutzungsmöglichkeit, kann man die Wärmekraftmaschine so auslegen, dass sie $\dot{Q}_0$ als nutzbaren Heizwärmestrom in ein Fernwärmenetz oder als Prozesswärmestrom abgibt. Die Wärmekraftmaschine ist dann Teil eines *Heizkraftwerks*, welches zwei Koppelprodukte, die mechanische oder elektrische Leistung P und den Heizwärmestrom $\dot{Q}_0$, erzeugt. Man spricht von *Kraft-Wärme-Kopplung*, einer thermodynamisch günstigen Nutzung des aufgenommenen Wärmestroms $\dot{Q}$. Auf weitere Möglichkeiten der Kraft-Wärme-Kopplung wird in Abschnitt 9.2.4 eingegangen.

Da nun zwei nützliche Exergieströme vorhanden sind, definiert man den exergetischen Wirkungsgrad des Gegendruck-Heizkraftwerks durch

$$\zeta^* := \frac{|P| + |\dot{E}x_{Q_0}|}{\dot{E}x_Q} = 1 - \frac{\dot{E}x_v}{\dot{E}x_Q} = 1 - \frac{T_u}{T_m - T_u} \frac{\dot{E}x_v}{\dot{B}_Q} .$$ (3.59)

Er hängt nicht von der Temperatur T_0 ab, bei der die Heizwärme abgegeben wird, weil nur die Summe der beiden nützlichen Exergieströme in der Definition von ζ^* auftritt. Da jedoch $|\dot{E}x_{Q_0}|$ mit steigendem T_0 wächst, nimmt die Leistung $|P|$ mit T_0 ab und wird bei einer höchsten Temperatur T_0 gleich null. Das Heizkraftwerk entartet dann zu einem Wärmeübertrager, in dem der bei T_m aufgenommene Wärmestrom $\dot{Q} = |\dot{Q}_0|$ bei der niedrigeren Temperatur T_0 abgegeben wird. Der Wärmeübertrager löst dann immer noch die Heizaufgabe, allerdings nicht in idealer Weise.

In Abb. 3.34 sind der exergetische Wirkungsgrad ζ^* und der als Leistung $|P|$ abgegebene Teil des zugeführten Exergiestroms $\dot{E}x_Q$ als Funktionen des Irreversibilitätsmaßes $\dot{S}_{irr}/\dot{S}_Q = \dot{E}x_v/\dot{B}_Q$ dargestellt, wobei $T = 500\,\mathrm{K}$ und $T_u = 275\,\mathrm{K}$ gewählt wurden. Das Verhältnis $\delta := |P|/\dot{E}x_Q$ stimmt mit dem exergetischen Wirkungsgrad ζ nach Gl.(3.58) der Wärmekraftmaschine ohne Abwärmenutzung überein. Wie Abb. 3.34 zeigt, ist $\zeta^* > \delta$. Damit ist auch der exergetische Wirkungsgrad des Heizkraftwerks bei gleichem Irreversibilitätsmaß $\dot{S}_{irr}/\dot{S}_Q$ stets größer als der exergetische Wirkungsgrad ζ der Wärmekraftmaschine, weil der Exergiestrom $|\dot{E}x_{Q_0}|$ zum Heizen genutzt wird und nicht nutzlos an die Umgebung übergeht. Hierin wird ein energetischer Vorteil der Kraft-Wärme-Kopplung sichtbar, die allerdings nur dann anwendbar ist, wenn neben der mechanischen oder elektrischen Leistungsabgabe ein Bedarf für die Lieferung von Heiz- oder Prozesswärme besteht.

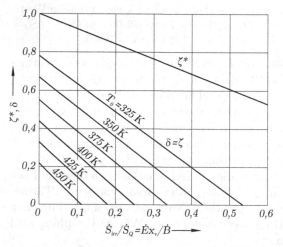

Abbildung 3.34. Exergetischer Wirkungsgrad ζ^* eines Gegendruck-Heizkraftwerks nach Gl.(3.59) sowie Anteil $\delta = |P|/\dot{E}x_Q$ des aufgenommenen Exergiestroms, der als mechanische Leistung abgegeben wird, als Funktionen des Irreversibilitätsmaßes $\dot{S}_{irr}/\dot{S}_Q = \dot{E}x_v/\dot{B}_Q$

4 Die thermodynamischen Eigenschaften reiner Fluide

> Jedes Naturgesetz, das sich dem Beobachter offenbart,
> lässt auf ein höheres, noch unbekanntes schließen.
> *Alexander von Humboldt* (1769–1859)

Die für die Thermodynamik zentralen Größen Energie E und Entropie S, wie sie im zweiten bzw. dritten Kapitel eingeführt wurden, sind einer direkten Messung nicht zugänglich. Sie müssen über Zustandsgleichungen berechnet werden, die messbare Zustandsgrößen wie Temperatur, Druck, Volumen und Schallgeschwindigkeit mit den gesuchten Zustandsgrößen E und S verknüpfen. Diese Zustandsgleichungen sind stoffspezifisch, sie müssen durch Messungen bestimmt werden, weil man nur in wenigen Fällen über zutreffende, molekulartheoretisch begründete Stoffmodelle verfügt, aus denen sich Zustandsgleichungen herleiten lassen, vgl. hierzu [4.1]. Die Thermodynamik kann über die Zustandsgleichungen nur insoweit Aussagen machen, als sie die ordnenden Beziehungen bereitstellt, die auf Basis des 2. Hauptsatzes zwischen den thermischen und kalorischen Zustandsgrößen einer Phase und für das Zweiphasen-Gleichgewicht bestehen.

Zuerst werden die thermischen Zustandsgleichungen betrachtet, welche die thermischen Zustandsgrößen Temperatur, Druck und Volumen für eine Substanz in Beziehung setzten. Danach werden zwei einfache Stoffmodelle erörtert, das ideale Gas und das inkompressible Fluid. Anschließend werden die thermodynamischen Zusammenhänge zwischen den thermischen und kalorischen Zustandsgrößen behandelt, die Aufstellung von Fundamentalgleichungen sowie die Tabellen und Diagramme der thermodynamischen Eigenschaften reiner Fluide.

4.1 Die thermischen Zustandsgrößen

Von den messbaren Zustandsgrößen sind die thermischen Zustandsgrößen Druck, spezifisches Volumen und Temperatur experimentell am einfachsten zu bestimmen. Zusammengehörige Werte von p, v und T wurden daher für viele Fluide in umfangreichen und genauen Messreihen ermittelt, zugehörige Messmethoden sind weit entwickelt. Aufgrund derartiger Messungen kennt man die thermische Zustandsgleichung, den Zusammenhang zwischen p, v

und T, sehr genau. Auch in Zukunft werden solche Messungen die Basis unserer Kenntnis der thermodynamischen Eigenschaften von Fluiden bilden, die als neue Arbeitsstoffe in der Energie- und Verfahrenstechnik verwendet werden.

4.1.1 Die p, v, T-Fläche

Wie in Abschnitt 1.3.5 gezeigt wurde, gilt für jeden homogenen reinen Stoff eine thermische Zustandsgleichung $F(p, v, T) = 0$. Sie lässt sich geometrisch als Fläche im Raum darstellen, indem man über der v, T-Ebene den Druck $p = p(v, T)$ als Ordinate aufträgt, Abb. 4.1. Auf der p, v, T-Fläche lassen sich verschiedene Gebiete unterscheiden, unter anderem die Aggregatzustände gasförmig, flüssig und fest. Gas, Flüssigkeit und Festkörper werden in der Regel vereinfacht als Phase betrachtet. Zwischen den einphasigen Bereichen liegen die Bereiche, in denen zwei Phasen gleichzeitig vorhanden sind. Diese Zweiphasengebiete sind das *Nassdampfgebiet* (Gleichgewicht Gas–Flüssigkeit), das *Schmelzgebiet* (Gleichgewicht Festkörper–Flüssigkeit) und das *Sublimationsgebiet* (Gleichgewicht Festkörper–Gas).

Bei kleinen spezifischen Volumina befindet sich das Gebiet des Festkörpers; hier ändert sich das spezifische Volumen selbst bei großen Druck- und Temperaturänderungen nur wenig. Geht man auf einer Höhenlinie $p = $ konst. von A nach B weiter, so steigt die Temperatur bei geringer Volumenvergrößerung. Dies entspricht der Erwärmung eines festen Körpers unter konstantem Druck. Erreicht man die als *Schmelzlinie* bezeichnete Grenze des festen Zustands im Punkt B, so beginnt der feste Körper zu schmelzen. Nun bleibt bei konstantem Druck auch die Temperatur konstant und es bildet sich Flüssigkeit. Zwischen B und C ist der Stoff nicht mehr homogen, er besteht aus zwei Phasen, nämlich aus der Flüssigkeit und dem schmelzenden Festkörper. Im Punkt C endet das Schmelzen, es ist nur noch Flüssigkeit vorhanden. Diese Grenze des Flüssigkeitsgebiets gegenüber dem Schmelzgebiet wird als *Erstarrungslinie* bezeichnet, weil hier die Flüssigkeit zu erstarren beginnt, wenn man ihr Energie als Wärme entzieht.

Erwärmt man die Flüssigkeit von Zustand C unter konstantem Druck weiter, so dehnt sie sich aus, wobei ihre Temperatur ansteigt. Im Punkt D auf der *Siedelinie* wird das Nassdampfgebiet erreicht, das in Abschnitt 4.2 ausführlich behandelt wird. Auf der Siedelinie beginnt die Flüssigkeit zu verdampfen. Bei weiterer isobarer Wärmezufuhr bleibt die Temperatur T konstant; es bildet sich immer mehr Dampf, wobei sich das spezifische Volumen v des aus den beiden Phasen Flüssigkeit und Dampf (Gas) bestehenden Systems stark vergrößert. Im Punkt E verschwindet der letzte Flüssigkeitstropfen und es beginnt das Gasgebiet. Die im Bild rechte Grenze des Nassdampfgebiets wird *Taulinie* genannt. Sie verbindet alle Zustände, in denen das Gas zu kondensieren (auszu„tauen") beginnt. Bei isobarer Wärmezufuhr von E nach F steigt die Temperatur. Es ist üblich, ein Gas, dessen Zustand in der Nähe der Taulinie liegt, als überhitzten Dampf zu bezeichnen. Das Gemisch aus

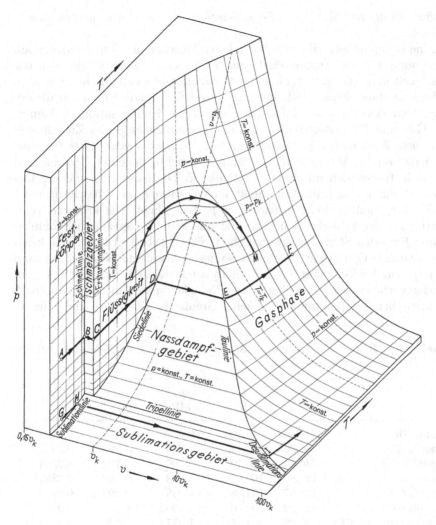

Abbildung 4.1. p, v, T-Fläche eines reinen Stoffes, maßstäblich gezeichnet für CO_2. Man beachte, daß das spezifische Volumen v logarithmisch aufgetragen ist

der siedenden Flüssigkeit und dem mit ihr im Gleichgewicht stehenden Gas nennt man nassen Dampf. Ein Gas in einem Zustand auf der Taulinie führt die Bezeichnung gesättigter Dampf.

Führt man einem festen Körper bei sehr niedrigem Druck, z.B. ausgehend vom Punkt G in Abb. 4.1, Wärme zu, so erreicht er im Punkt H die als *Sublimationslinie* bezeichnete Grenzkurve, wo er nicht schmilzt, sondern verdampft. Diesen direkten Übergang von der festen Phase in die Gasphase bezeichnet man als Sublimation. Den rückläufigen Prozess des Übergangs von der Gasphase zur festen Phase kann man als Desublimation bezeichnen;

er setzt auf der in Abb. 4.1 mit *Desublimationslinie* gekennzeichneten Grenzkurve ein.

Eine Besonderheit trifft man bei höheren Drücken und Temperaturen an.
Führt man z.B. die Zustandsänderung LM aus, so gelangt man von der
Flüssigkeit in das Gasgebiet, ohne das Nassdampfgebiet zu durchlaufen. Man
beobachtet dabei keine Verdampfung. Umgekehrt gelangt man auf diesem
Wege vom Gasgebiet zur Flüssigkeit, ohne eine Kondensation zu bemer-
ken. Gas und Flüssigkeit bilden also ein zusammenhängendes Zustandsgebiet. Diese *Kontinuität der flüssigen und gasförmigen Zustandsbereiche* wurde zuerst von Th. Andrews[1] 1869 erkannt und richtig gedeutet. Taulinie und
Siedelinie treffen sich im *kritischen Punkt K*. Die Isotherme und die Isobare, die durch den kritischen Punkt laufen, werden als kritische Isotherme $T = T_k$ und kritische Isobare $p = p_k$ bezeichnet. Die kritische Temperatur T_k, der kritische Druck p_k und das kritische spezifische Volumen
v_k sind für jeden Stoff charakteristische Größen. Tabelle 4.1 zeigt die kritischen Daten einiger Stoffe. Eine umfassendere Zusammenstellung findet man
in [4.2]. Nur bei Temperaturen unterhalb der kritischen Temperatur ist ein
Gleichgewicht zwischen Gasphase und Flüssigkeitsphase möglich. Oberhalb
der kritischen Temperatur gibt es keine Grenze zwischen Gas und Flüssig-

Tabelle 4.1. Kritische Daten einiger Stoffe. $Z_k := p_k v_k/(R T_k)$ ist der kritische
Realgasfaktor, vgl. Abschnitt 4.1.3

Stoff	ϑ_k °C	T_k K	p_k MPa	v_k dm^3/kg	Z_k
Helium, He	−267,955	5,195	0,2276	14,37	0,3029
Wasserstoff, H_2	−240,005	33,145	1,296	31,99	0,3033
Stickstoff, N_2	−146,96	126,19	3,396	3,192	0,2894
Argon, Ar	−122,46	150,69	4,863	1,867	0,2895
Sauerstoff, O_2	−118,57	154,58	5,043	2,293	0,2879
Methan, CH_4	−82,59	190,56	4,5992	6,148	0,2863
Kohlenstoffdioxid, CO_2	30,98	304,13	7,3773	2,139	0,2746
Propan, C_3H_8	96,74	369,89	4,251	4,536	0,2765
Ammoniak, NH_3	132,25	405,40	11,333	4,444	0,2545
Methanol, CH_3OH	239,45	512,60	8,104	3,629	0,2211
Wasser, H_2O	373,95	647,10	22,064	3,106	0,2295

[1] Thomas Andrews (1813–1885) ließ sich nach einem Studium der Chemie und
der Medizin als praktischer Arzt in Belfast nieder. Er gab 1845 seine Praxis
auf und widmete sich der wissenschaftlichen Arbeit, deren Ergebnisse in den
Abhandlungen „On the Continuity of the Gaseous and Liquid States of Matter"
(1869) und „On the Gaseous State of Matter" (1876) zusammengefasst sind.
(Deutsche Übersetzung in Ostwalds Klassikern der exakten Wissensch. Nr. 132,
Leipzig 1902).

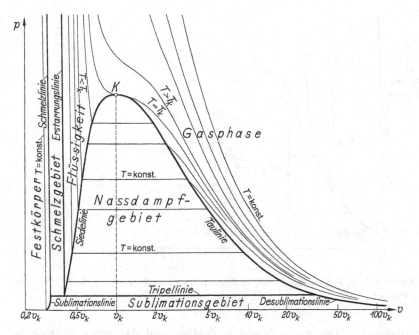

Abbildung 4.2. p, v-Diagramm mit Isothermen und den Grenzkurven der Zwei-phasengebiete. Das spezifische Volumen v ist wie in Abb. 4.1 logarithmisch aufge-tragen

keit. Verdampfung und Kondensation sind nur bei Temperaturen $T < T_k$ möglich.

Eine ebene Darstellung der p, v, T-Fläche erhält man im p, v-Diagramm, das Abb. 4.2 zeigt. Es entsteht durch Projektion der p, v, T-Fläche auf die p, v-Ebene und enthält die Kurvenschar der Isothermen $T =$ konst.. Diese fallen im Nassdampfgebiet, im Schmelzgebiet und im Sublimationsgebiet mit den Isobaren zusammen, laufen dort also horizontal.

4.1.2 Das p, T-Diagramm und die Gleichung von Clausius-Clapeyron

Projiziert man die p, v, T-Fläche auf die p, T-Ebene, so entsteht das p, T-Diagramm, Abb. 4.3. Hier werden wieder die Gebiete des Festkörpers, der Flüssigkeit und des Gases unterschieden. Sie sind nun durch drei Kurven, die *Schmelzdruckkurve*, die *Dampfdruckkurve* und die *Sublimationsdruck-kurve* getrennt. Diese Kurven sind die Projektionen der Raumkurven, die das Schmelzgebiet, das Nassdampfgebiet und das Sublimationsgebiet umschlie-ßen. Da innerhalb dieser Gebiete bei konstantem Druck auch die Temperatur konstant ist, fallen die linken und rechten Äste der Raumkurven, z.B. die Siedelinie und die Taulinie, bei der Projektion auf die p, T-Ebene in einer

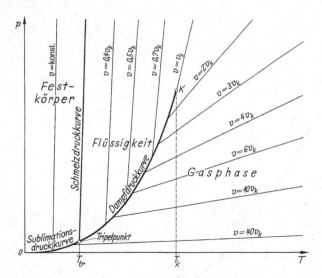

Abbildung 4.3. p, T-Diagramm mit Isochoren $v = $ konst. und den drei Grenzkurven der Phasen

Kurve zusammen. Das ganze Nassdampfgebiet und das ganze Schmelzgebiet schrumpfen somit im p, T-Diagramm auf die Dampfdruckkurve und die Schmelzdruckkurve zusammen, ebenso das Sublimationsgebiet auf die Sublimationsdruckkurve.

Im p, T-Diagramm treffen sich die Dampfdruckkurve, die Schmelzdruckkurve und die Sublimationsdruckkurve in einem Punkt, der als *Tripelpunkt* bezeichnet wird. Er entspricht jenem einzigen Zustand, in dem alle drei Phasen Gas, Flüssigkeit und Festkörper miteinander im thermodynamischen Gleichgewicht sind, vgl. Abschnitt 3.2.5. Bei Wasser ist dieser Zustand durch $T_{\mathrm{tr}} = 273{,}16$ K und dem sehr kleinen Druck $p_{\mathrm{tr}} = 611{,}66$ Pa gekennzeichnet. Die Dampfdruckkurve endet im kritischen Punkt, weil sich hier die Siede- und Taulinie treffen. Bei höheren Temperaturen als der kritischen Temperatur gibt es keine scharf definierte Grenze zwischen der Gasphase und der flüssigen Phase. Man fasst daher Flüssigkeiten und Gase unter der gemeinsamen Bezeichnung Fluide zusammen.

Auf der Dampfdruckkurve, der Sublimationsdruckkurve und der Schmelzdruckkurve besteht Gleichgewicht zwischen jeweils zwei der drei Phasen Gas, Flüssigkeit und Festkörper. Der Verlauf $p_{\mathrm{s}} = p_{\mathrm{s}}(T)$ dieser drei Gleichgewichtskurven im p, T-Diagramm ergibt sich aus der in Abschnitt 3.2.5 hergeleiteten Bedingung des Zweiphasengleichgewichts. Für das Verdampfungsgleichgewicht lautet die Gleichgewichtsbedingung hier für einen Reinstoff

$$g'(T, p) = g''(T, p) \,, \tag{4.1}$$

wobei g' die spezifische Gibbs-Funktion der Flüssigkeit, g'' die des Gases bedeutet. Sind diese charakteristischen Funktionen der beiden koexistierenden

Phasen bekannt, so lässt sich der Verlauf der Dampfdruckkurve durch Lösen von Gl.(4.1) berechnen. Praktisch ist dies selten möglich; die Gleichgewichtskurven werden daher in der Regel durch Messen des Drucks in Abhängigkeit von der Temperatur experimentell ermittelt. Den Dampfdruck kann man auch aus einer thermischen Zustandsgleichung berechnen, die für das ganze fluide Gebiet, also für Gas und Flüssigkeit, gilt. Hierauf wird im nächsten Abschnitt eingegangen.

Man erhält einen allgemein gültigen Ausdruck für die Steigung dp_s/dT der Dampfdruckkurve, wenn man das Differenzial von Gl.(4.1) bildet:

$$dg'(T,p) = dg''(T,p) \, . \tag{4.2}$$

Nach Tabelle 3.2 gilt für diese Form der Gibbs'schen Fundamentalgleichung für Reinstoffe

$$dg = -s \, dT + v \, dp$$

und damit folgt aus Gl.(4.2) mit $dp = dp_s$ als dem Differenzial des Dampfdrucks

$$-s' dT + v' dp_s = -s'' dT + v'' dp_s \, .$$

Daraus ergibt sich die gesuchte Beziehung

$$\frac{dp_s}{dT} = \frac{s'' - s'}{v'' - v'} \, .$$

Sie ist als Gleichung von Clausius-Clapeyron[2] bekannt.

Auf der rechten Seite der Gleichung von Clausius-Clapeyron steht im Zähler die Differenz der spezifischen Entropien des gesättigten Dampfes und der siedenden Flüssigkeit; im Nenner die entsprechende Differenz der spezifischen Volumina. Anstelle der Entropiedifferenz $s'' - s'$ führt man die einer Messung zugängliche Enthalpiedifferenz $h'' - h'$ ein. Aus Gl.(4.1) folgt nämlich mit $g = h - T \cdot s$

$$h'' - h' = T \left(s'' - s' \right) ,$$

und damit ergibt sich

$$T \frac{dp_s}{dT} = \frac{h'' - h'}{v'' - v'} \tag{4.3}$$

---

[2] Benoit Pierre Emile Clapeyron (1799–1864), französischer Ingenieur, befasste sich vorwiegend mit der Konstruktion und dem Bau von Dampflokomotiven. 1844 wurde er Professor an der École des Ponts et Chaussées und 1848 Mitglied der Académie des Sciences in Paris. Er veröffentlichte 1834 eine analytische und graphische Darstellung [4.3] der 1824 erschienenen Schrift von N.L.S. Carnot, wodurch dessen bahnbrechende Gedanken überhaupt erst einem größeren Kreis von Wissenschaftlern bekannt wurden.

als oft angewandte Form der Gleichung von Clausius-Clapeyron[3]. Man verwendet sie häufig, um die als spezifische Verdampfungsenthalpie $\Delta h_{\mathrm{v}} :=$ $h'' - h'$ bezeichnete Enthalpiedifferenz aus thermischen Zustandsgrößen zu berechnen, nämlich aus der Steigung der Dampfdruckkurve und der Differenz der spezifischen Volumina von gesättigtem Dampf und siedender Flüssigkeit, vgl. auch Abschnitt 4.2.3.

Die Gleichung von Clausius-Clapeyron kann auch auf die beiden anderen Phasengleichgewichte angewendet werden. Dann bedeutet $\mathrm{d}p_{\mathrm{s}}/\mathrm{d}T$ die Steigung der Schmelzdruckkurve oder der Sublimationsdruckkurve. Die Enthalpiedifferenz auf der rechten Seite ist nun die Schmelzenthalpie $\Delta h_{\mathrm{sch}} := h' - h'''$ bzw. die Sublimationsenthalpie $\Delta h_{\mathrm{sub}} := h'' - h'''$, wobei h''' die spezifische Enthalpie des gerade schmelzenden bzw. gerade sublimierenden Festkörpers bedeutet. Als Differenz der spezifischen Volumina ist beim Schmelzen $v' - v'''$ und beim Sublimieren $v'' - v'''$ zu setzen mit v''' als dem spezifischen Volumen des Festkörpers auf der Schmelzlinie bzw. der Sublimationslinie.

Beispiel 4.1. Am Tripelpunkt des Wassers ($T_{\mathrm{tr}} = 273{,}16$ K, $p_{\mathrm{tr}} = 611{,}657$ Pa) haben die spezifischen Volumina von (flüssigem) Wasser, von Wasserdampf und von Eis die folgenden Werte: $v' = 1{,}0002$ dm^3/kg, $v'' = 205{,}99$ m^3/kg und $v''' = 1{,}0909$ dm^3/kg. Außerdem sind die spezifische Verdampfungsenthalpie $\Delta h_{\mathrm{v}} = h'' - h' = 2500{,}9$ kJ/kg und die spezifische Schmelzenthalpie $\Delta h_{\mathrm{sch}} = h' - h''' = 333{,}5$ kJ/kg bekannt. Man berechne die Steigungen der drei sich am Tripelpunkt treffenden Gleichgewichtskurven.

Aus der Gleichung von Clausius-Clapeyron erhält man für die Steigung der Dampfdruckkurve

$$\left(\frac{\mathrm{d}p_{\mathrm{s}}}{\mathrm{d}T}\right)_{\mathrm{v}} = \frac{1}{T_{\mathrm{tr}}}\frac{h'' - h'}{v'' - v'} = \frac{1}{273{,}16\,\mathrm{K}}\frac{2500{,}9\,\mathrm{kJ/kg}}{205{,}99\,\mathrm{m}^3/\mathrm{kg}} = 44{,}45\,\frac{\mathrm{J}}{\mathrm{m}^3\mathrm{K}} = 44{,}45\,\frac{\mathrm{Pa}}{\mathrm{K}}\ .$$

Für die Schmelzdruckkurve ergibt sich

$$\left(\frac{\mathrm{d}p_{\mathrm{s}}}{\mathrm{d}T}\right)_{\mathrm{sch}} = \frac{1}{T_{\mathrm{tr}}}\frac{h' - h'''}{v' - v'''} = \frac{1}{273{,}16\,\mathrm{K}}\frac{333{,}5\,\mathrm{kJ/kg}}{(1{,}0002 - 1{,}0909)\,\mathrm{dm}^3/\mathrm{kg}}$$
$$= -13{,}46\,\frac{\mathrm{MPa}}{\mathrm{K}}\ .$$

Da das spezifische Volumen von Eis größer als das von Wasser ist, tritt – anders als bei fast allen anderen Stoffen – beim Schmelzen von Eis eine Volumen*abnahme* auf. Daher ist die Schmelzdruckkurve von Wasser im p, T-Diagramm nach *links* geneigt; sie verläuft sehr viel steiler als die Dampfdruckkurve.

Die Steigung der Sublimationsdruckkurve lässt sich am Tripelpunkt aus

$$\left(\frac{\mathrm{d}p_{\mathrm{s}}}{\mathrm{d}T}\right)_{\mathrm{sub}} = \frac{1}{T_{\mathrm{tr}}}\frac{h'' - h'''}{v'' - v'''} = \frac{1}{T_{\mathrm{tr}}}\frac{(h'' - h') + (h' - h''')}{v'' - v'''}$$

---

[3] Sie wurde in dieser Form 1834 von E. Clapeyron [4.3] und 1850 von R. Clausius [4.4] hergeleitet. Anstelle des Faktors T steht bei Clapeyron eine universelle, aber noch unbekannte Temperaturfunktion C. Clausius zeigte, dass C mit der Temperatur des idealen Gasthermometers übereinstimmt.

berechnen. Die Enthalpiedifferenz $\Delta h_{sub} := h'' - h'''$ ist die Enthalpieänderung bei der Sublimation; sie ergibt sich am Tripelpunkt (und nur dort!) als Summe der Verdampfungs- und der Schmelzenthalpie zu

$$\Delta h_{sub} = \Delta h_v + \Delta h_{sch} = (2500{,}9 + 333{,}5)\,\text{kJ/kg} = 2834{,}4\,\text{kJ/kg}\ .$$

Damit erhält man

$$\left(\frac{dp_s}{dT}\right)_{sub} = \frac{1}{T_{tr}}\,\frac{\Delta h_{sub}}{v'' - v'''} = 50{,}37\,\frac{\text{Pa}}{\text{K}}\ .$$

Die Sublimationsdruckkurve mündet etwas steiler in den Tripelpunkt als die dort beginnende Dampfdruckkurve.

4.1.3 Die thermische Zustandsgleichung

Die thermische Zustandsgleichung $p = p(T, v)$ ist, wie Abb. 4.1 zeigt, eine komplizierte Funktion. Sie ist an den Übergängen von einphasigen in zweiphasige Gebiete nicht stetig differenzierbar, sodass sich keine einfachen Funktionen finden lassen, welche die gesamte Zustandsfläche beschreiben können. Sie muss in der Regel durch Messungen von T, p und v bestimmt werden und ist nur für eine Reihe wichtiger Fluide auf Grund umfangreicher Präzisionsmessungen genau bekannt. Bei kleinen Drücken bzw. kleinen Dichten geht die thermische Zustandsgleichung in das für alle Gase gültige Grenzgesetz

$$p\,v = R\,T \quad \text{oder} \quad p\,V_m = R_m\,T$$

über, die Zustandsgleichung idealer Gase. Hierfür kann auch

$$Z := \frac{p\,v}{R\,T} = \frac{p\,V_m}{R_m\,T} = 1$$

geschrieben werden. Man bezeichnet Z als *Realgasfaktor*, weil sein von $Z = 1$ abweichender Wert die Abweichung des realen Gases vom Grenzgesetz des idealen Gases kennzeichnet.

Bei der *Virialzustandsgleichung*, mit der sich das Verhalten realer Fluide im Gasgebiet beschreiben lässt, wird vom Realgasfaktor Z ausgegangen. Die Virialzustandsgleichung ist eine Reihenentwicklung des Realgasfaktors nach der Stoffmengendichte $d = 1/V_m$:

$$Z = 1 + \frac{B(T)}{V_m} + \frac{C(T)}{V_m^2} + \dots = 1 + B(T)\,d + C(T)\,d^2 + \dots\ . \tag{4.4}$$

Die hierin auftretenden Temperaturfunktionen $B(T)$, $C(T)$, ... werden als 2., 3., ... Virialkoeffizienten bezeichnet. Abbildung 4.4 zeigt die Temperaturabhängigkeit des zweiten Virialkoeffizienten $B(T)$ für einige ausgewählte Gase. Bei niedrigen Temperaturen ist $B(T)$ negativ. Die Temperatur, bei der $B(T) = 0$ wird, bezeichnet man als Boyle-Temperatur T_B. Hier gilt das sogenannte Gesetz von R. Boyle[4], nach dem auf einer Isotherme das Produkt

---

[4] Robert Boyle (1627–1691) war ein englischer Physiker und Chemiker. Er gehörte zu den Stiftern der Royal Society in London.

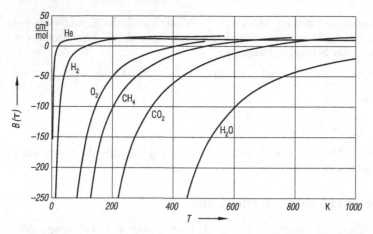

Abbildung 4.4. Verlauf des 2. Virialkoeffizienten $B = B(T)$ als Funktion der Temperatur

$p\,V_\mathrm{m}$ konstant sein soll, nicht nur für das ideale Gas, sondern näherungsweise auch bei höheren Dichten oder Drücken.

Die Virialzustandsgleichung wurde 1901 von H. Kamerling-Onnes [4.5] als empirische Darstellung des Verhaltens realer Gase entwickelt. Ihr formaler Aufbau lässt sich auch molekulartheoretisch herleiten, vgl. hierzu [4.6], [4.7]. Unter bestimmten Annahmen über die zwischenmolekularen Kräfte kann der zweite Virialkoeffizient mit den Wechselwirkungen zwischen Molekülpaaren, $C(T)$ mit den Wechselwirkungen zwischen Dreiergruppen usw. in Verbindung gebracht werden [4.1], [4.6]. Werte der Virialkoeffizienten zahlreicher Gase findet man in [4.8] und [4.56].

Die Virialzustandsgleichung eignet sich sehr gut zur genauen Wiedergabe des Gasgebiets, weil die Dichteabhängigkeit durch eine theoretisch begründete Funktion erfasst wird. Auch für die Temperaturabhängigkeit der Virialkoeffizienten gibt es Modellfunktionen, die aus dem Verlauf des Potenzials der Wechselwirkungskräfte zwischen den Molekülen hervorgehen, vgl. [4.1]. Meistens ist man jedoch darauf angewiesen, die Temperaturabhängigkeit der Virialkoeffizienten durch Anpassung an Messwerte zu bestimmen. Bei kleinen Dichten genügt es, nur den zweiten Virialkoeffizienten zu berücksichtigen.

Die Virialzustandsgleichung eignet sich nicht zur Wiedergabe des Flüssigkeitsgebiets und damit auch nicht zur umfassenden Darstellung des gesamten fluiden Zustandsgebiets, da eine zufriedenstellende Genauigkeit erst nach einer großen Zahl von Termen in der Reihenentwicklung (4.4) erreicht wird. Daher hat man die Virialzustandsgleichung durch andersartige Terme erweitert, die auch Exponentialfunktionen der Dichte enthalten. Die erste derartig erweiterte Zustandsgleichung war die 1940 von M. Benedict, G.B. Webb und L.C. Rubin [4.9] aufgestellte Gleichung mit einem Term proportional zu $\exp(-\beta d^2)$. Diese sogenannte BWR-Gleichung wurde mehrfach modifiziert und erweitert. Derartige Zustandsgleichungen erlauben die genaue Wiedergabe des gesamten fluiden Gebiets, wenn man genügend viele Terme wählt und die stoff-spezifischen Koeffizienten an zahlreiche genaue Messwerte anpasst. Auch die Form der Zustandsgleichung sollte an die Messwerte des Fluids angepasst werden. Eine nahezu optimale Auswahl der Terme lässt sich durch Anwenden der von W. Wagner [4.10] ent-wickelten Strukturoptimierung erreichen. Mit dieser mathematisch-statistischen Me-thode erhält man Zustandsgleichungen mit etwa 20 bis 40 Termen, welche die Messwer-te innerhalb ihrer Unsicherheiten wiederzugeben imstande sind. Die Aufstellung einer solchen individuellen, nämlich an einen bestimmten Stoff angepassten Zustandsglei-chung, ist sehr aufwendig und nur dann sinnvoll und möglich, wenn sehr viele (ca. 1000) Messwerte hoher Genauigkeit für die betrachtete Substanz vorliegen. Hierauf wird in Abschnitt 4.4.2 im Zusammenhang mit der Aufstellung von Fundamentalgleichungen zurückgekommen.

Eine Zustandsgleichung, die das ganze fluide Zustandsgebiet wiedergeben kann, zeigt bei unterkritischen Temperaturen ($T < T_k$) einen Isothermen-verlauf, der von der Gestalt der unterkritischen Isothermen realer Fluide ab-weicht. Wie Abb. 4.2 zeigt, bestehen die Isothermen realer Fluide aus drei Abschnitten, dem steilen Flüssigkeitsast, dem waagerechten Abschnitt im Nassdampfgebiet und dem sich daran anschließenden Gasast. Eine stetig dif-ferenzierbare Funktion $p = p(T, v)$ kann die beiden Knicke der Isotherme an der Siede- und Taulinie und auch das dem Nassdampfgebiet entsprechende horizontale Stück nicht liefern. Stattdessen zeigt eine mit der Zustandsglei-chung berechnete unterkritische Isotherme ein ausgeprägtes Minimum und ein Maximum zwischen dem Flüssigkeits- und dem Gasgebiet, vgl. Abb. 4.5. Zwischen dem Minimum und dem Maximum steigt der Druck mit zunehmen-dem spezifischen Volumen an; die in Abschnitt 3.2.5 hergeleitete Stabilitäts-bedingung

$$\left(\frac{\partial p}{\partial v}\right)_T < 0$$

ist verletzt: Die sich hier aus der thermischen Zustandsgleichung ergebenden Zustände eines homogenen Systems sind instabil und nicht realisierbar. Das Fluid entzieht sich dieser Instabilität dadurch, dass es nicht mehr homogen bleibt, sondern sich in die beiden koexistierenden Phasen Gas und Flüssigkeit aufspaltet.

Für dieses Phasengleichgewicht zwischen Flüssigkeit und Gas gilt nach Abschnitt 3.2.5 und 4.1.2 die Bedingung $g'' = g'$ oder

$$u'' + p\,v'' - T s'' = u' + p\,v' - T s' \,.$$

Mit $p = p_s(T)$ als dem zur Temperatur T gehörigen Dampfdruck erhält man daraus

$$p_s(v'' - v') = (u - T\,s)' - (u - T\,s)'' = f(T, v') - f(T, v'') \,, \qquad (4.5)$$

wobei $f = f(T, v)$ die spezifische Helmholtz-Funktion bedeutet. Die Diffe-renz der Helmholtz-Funktionen der siedenden Flüssigkeit und des gesättigten

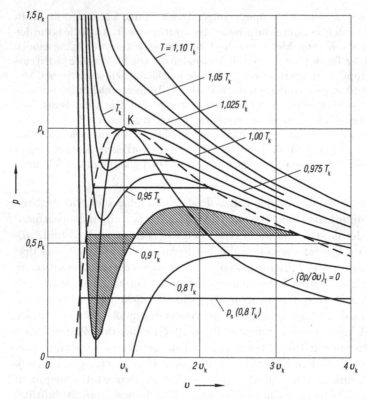

Abbildung 4.5. p, v-Diagramm mit Isothermen in der Nähe des kritischen Punkts K mit Stabilitätsgrenze $(\partial p/\partial v)_T = 0$. Veranschaulichung des Maxwell-Kriteriums: die schraffierten Flächen sind gleich groß. Gestrichelt: Siede- und Taulinie

Dampfes lässt sich aus der thermischen Zustandsgleichung berechnen. Nach Tabelle 3.2 gilt nämlich bei konstanter Temperatur $(\mathrm{d}T = 0)$

$$\mathrm{d}f = -p(T,v)\,\mathrm{d}v\,.$$

Die Integration dieser Gleichung zwischen v' und v'' ergibt die Differenz der Helmholtz-Funktionen in Gl. (4.5), sodass man aus dieser Gleichung

$$p_{\mathrm{s}}(T)\,(v'' - v') = \int_{v'}^{v''} p\,(T,v)\,\mathrm{d}v \tag{4.6}$$

erhält. Diese thermodynamisch exakte Beziehung wird als *Maxwell-Kriterium* bezeichnet. In geometrischer Form hat sie zuerst J. C. Maxwell [4.11] 1875 hergeleitet: Man findet den zu einer unterkritischen Temperatur gehörenden Dampfdruck $p_{\mathrm{s}}(T)$ dadurch, dass man die beiden in Abb. 4.5 schraffierten Flächenstücke gleich groß macht. Diese Konstruktion bestimmt außerdem die spezifischen Volumina $v'(T)$ und $v''(T)$ der beiden koexistierenden Phasen; denn neben dem Maxwell-Kriterium gelten die beiden Gleichungen

$$p_s(T) = p(T, v') = p(T, v'') \,.$$

Aus einer thermischen Zustandsgleichung $p = p(T, v)$ für das gesamte fluide Gebiet lassen sich also der Dampfdruck und die spezifischen Volumina der siedenden Flüssigkeit und des gesättigten Dampfes für jede unterkritische Temperatur berechnen, ohne dass es zusätzlicher Informationen bedarf.

Die beiden Phasengrenzen, die Siede- und Taulinie, fallen nicht mit den Stabilitätsgrenzen von Flüssigkeit und Gas zusammen; diese sind durch die Verbindungslinien der Minima bzw. Maxima der unterkritischen Isothermen gegeben. Auf jeder unterkritischen Isotherme gibt es somit zwei Bereiche, nämlich zwischen der Siedelinie und der Stabilitätsgrenze der Flüssigkeit (Minimum der Isotherme) sowie zwischen der Stabilitätsgrenze des Gases (Maximum der Isotherme) und der Taulinie, in denen ein homogenes System existieren kann, obwohl das heterogene Zweiphasensystem aus siedender Flüssigkeit und gesättigtem Dampf stabiler ist. In diesem metastabilen Zustandsbereich kann man eine bei konstantem Druck über ihre Siedetemperatur hinaus erhitzte Flüssigkeit bei sehr vorsichtigem Experimentieren realisieren, sogenannter Siedeverzug. Gleiches gilt für einen Dampf, der unter seine Kondensationstemperatur abgekühlt wird. Bei einer kleinen Störung geht der metastabile Zustand jedoch spontan in den stabilen Zustand des Zweiphasensystems über.

Das Maxwell-Kriterium dient nicht nur der Berechnung der Sättigungsgrößen, es muss auch bei der Aufstellung einer thermischen Zustandsgleichung, die für das ganze fluide Gebiet gelten soll, berücksichtigt werden. Passt man nämlich die Zustandsgleichung nur an Messwerte an, die in den homogenen Gebieten liegen, so liefert diese Zustandsgleichung Sättigungsgrößen, die von den Messwerten erheblich abweichen. Diese Messwerte, vor allem die meistens sehr genauen Messungen des Dampfdrucks, müssen also bei der Aufstellung der Zustandsgleichung verwendet werden. Ein hierfür geeignetes Verfahren haben 1970 erstmals E. Bender [4.12] und W. Wagner [4.13] angegeben. Es wurde 1979 von J. Ahrendts und H.D. Baehr [4.14] erweitert.

Man hat auch Zustandsgleichungen entwickelt, die nur für Flüssigkeiten gültig sind. Bei niedrigen Drücken und in einem nicht zu großen Temperaturbereich kann man Flüssigkeiten als inkompressibel ansehen, ihr spezifisches Volumen also als konstant annehmen: $v = v_0$. Auf dieses einfache Stoffmodell wird in Abschnitt 4.3.4 ausführlicher eingegangen. Anstelle dieser groben Näherung benutzt man für Flüssigkeiten häufig den in T und p linearen Ansatz

$$v(T, p) = v_0 \left[1 + \beta_0 (T - T_0) - \kappa_0 (p - p_0) \right] \,.$$

Hierin sind β_0 und κ_0 die Werte des Volumen-Ausdehnungskoeffizienten

$$\beta := \frac{1}{v} \left(\frac{\partial v}{\partial T} \right)_p$$

bzw. des isothermen Kompressibilitätskoeffizienten

$$\kappa := -\frac{1}{v}\left(\frac{\partial v}{\partial p}\right)_{\mathrm{T}}$$

in dem durch den Index 0 gekennzeichneten Bezugszustand. Werte von β und κ findet man z.B. in den Tabellen von Landolt-Börnstein [4.15].

Beispiel 4.2. Ein Behälter mit konstantem Volumen enthält flüssiges Benzol bei der Temperatur $\vartheta_0 = 20\,°\mathrm{C}$ und dem Druck $p_0 = 100$ kPa. Das Benzol wird bei konstantem Volumen auf $\vartheta_1 = 30\,°\mathrm{C}$ erwärmt. Man schätze die dabei auftretende Drucksteigerung ab, wenn $\beta_0 = 1{,}23 \cdot 10^{-3}$ K^{-1} und $\kappa_0 = 0{,}95 \cdot 10^{-6}$ kPa^{-1} gegeben sind.

Für die gesuchte Druckänderung bei konstantem Volumen erhält man aus

$$v(T,p) = v_0\left[1 + \beta_0\left(T - T_0\right) - \kappa_0\left(p - p_0\right)\right]$$

mit $v(T_1, p_1) = v(T_0, p_0) = v_0$ den Wert

$$p_1 - p_0 = \frac{\beta_0}{\kappa_0}\left(T_1 - T_0\right) = \frac{1{,}23 \cdot 10^{-3}\,\mathrm{MPa}}{0{,}95 \cdot 10^{-6}\,\mathrm{K}}\,(30 - 20)\,\mathrm{K} = 12{,}9\,\mathrm{MPa}\,.$$

Der Druck einer Flüssigkeit steigt sehr stark an, wenn sie bei *konstantem Volumen* erwärmt wird. Dies muss bei der Lagerung und beim Transport von Flüssigkeiten in Druckbehältern beachtet werden, wo man diese gefährliche Drucksteigerung durch nicht vollständiges Füllen des Behälters vermeiden kann.

4.1.4 Das Prinzip der korrespondierenden Zustände

Wie alle quantitativen Beziehungen der Physik und Technik lässt sich auch die thermische Zustandsgleichung in dimensionsloser Form schreiben. Hierzu bezieht man die drei Zustandsgrößen p, T und v auf ihre Werte in einem bestimmten Zustand. Als natürliche, nicht willkürlich gewählte Bezugsgrößen bieten sich die Werte im kritischen Zustand an: p_k, T_k und v_k. Die mit diesen Werten dimensionslos gemachten Zustandsgrößen

$$p_\mathrm{r} := p/p_\mathrm{k}, \quad T_\mathrm{r} := T/T_\mathrm{k} \quad \text{und} \quad v_\mathrm{r} := v/v_\mathrm{k} \tag{4.7}$$

nennt man *reduzierte Zustandsgrößen*. Zustände verschiedener Stoffe mit gleichen Werten zweier reduzierter Zustandsgrößen bezeichnet man als *korrespondierende Zustände*. Die dimensionslose oder reduzierte thermische Zustandsgleichung hat die allgemeine Form

$$F(p_\mathrm{r}, T_\mathrm{r}, v_\mathrm{r}) = 0\,.$$

Diese Funktion hat wie die nicht reduzierte Zustandsgleichung, aus der sie hervorgeht, eine Struktur, die im Allgemeinen von Stoff zu Stoff verschieden ist, und enthält eine Reihe stoffspezifischer Konstanten.

Auf J.D. van der Waals[5] geht die Annahme zurück, dass die reduzierte thermische Zustandsgleichung für alle Fluide die gleiche Gestalt habe und keine stoffspezifischen Parameter enthielte. Diese stark vereinfachende Annahme bezeichnet man als *Prinzip der korrespondierenden Zustände* oder kürzer als *Korrespondenzprinzip*. Würde das Korrespondenzprinzip gelten, so hätten alle Fluide bei gleichen Werten von T_r und v_r, also in korrespondierenden Zuständen, auch den gleichen reduzierten Druck p_r, und die reduzierte Zustandsgleichung wäre eine universelle Funktion ohne stoffspezifische Parameter. Man brauchte diese Funktion nur durch Messungen mit *einem* Stoff zu bestimmen und erhielte daraus die Zustandsgleichungen der anderen Stoffe, indem man nur deren kritische Daten T_k, p_k, v_k misst und mit diesen Werten die reduzierten Größen p_r, T_r, v_r in die Zustandsgrößen p, T und v des betreffenden Stoffes umrechnet.

Leider hat sich diese Erwartung nicht erfüllt. Dies zeigt sich besonders deutlich am Verlauf der Dampfdruckkurve $p_s = p_s(T)$, die sich aus der thermischen Zustandsgleichung berechnen lässt, vgl. Abschnitt 4.1.3. In Abb. 4.6 sind die Dampfdruckkurven verschiedener Stoffe unter Benutzung der reduzierten Größen nach Gl.(4.7), also in der Form $p_{r,s} = p_{r,s}(T_r)$ dargestellt. Wäre das Korrespondenzprinzip gültig, müssten alle Dampfdruckkurven eine einzige Kurve bilden, was nicht der Fall ist.

Da in Abb. 4.6 die Kurvenverläufe für die verschiedenen Fluide einander ähnlich sind, liegt es nahe, das Korrespondenzprinzip nicht einfach zu verwerfen, sondern es durch Zufügen eines von Stoff zu Stoff veränderlichen Parameters zu erweitern. Nach dem so *erweiterten Korrespondenzprinzip* sollen alle Fluide der gleichen dimensionslosen Zustandsgleichung der Form

$$F(p_r, T_r, v_r, \omega) = 0$$

genügen, in der ω den stoffspezifischen Parameter bedeutet. Die Dampfdruckkurven bilden eine Kurvenschar $p_{r,s} = p_{r,s}(T_r, \omega)$. Das erweiterte Korrespondenzprinzip trifft in recht guter Näherung auf die sogenannten Normalfluide zu, jedoch nicht auf Stoffe mit stark polaren oder assoziierenden Molekülen. Man könnte es durch Zufügen weiterer stoffspezifischer Parameter in seiner Genauigkeit verbessern, doch geht dann die Möglichkeit verloren, aus sehr wenigen Messwerten eines Stoffes seine thermische Zustandsgleichung vorherzusagen. In der Regel wird daher das erweiterte Korrespondenzprinzip

---

[5] Johann Diderik van der Waals (1837–1923) war ein holländischer Physiker. In seiner 1873 veröffentlichten Dissertation: „Over de continuiteit van den gas en vloeistof toestand" gab er eine Zustandsgleichung an, die erstmals das Verhalten von Fluiden im Gas- und Flüssigkeitsgebiet qualitativ richtig darstellte, vgl. [4.16]. Van der Waals veröffentlichte auch thermodynamische Untersuchungen über Gemische, die heute weitgehend vergessen sind. Er erhielt 1910 den Nobelpreis für Physik.

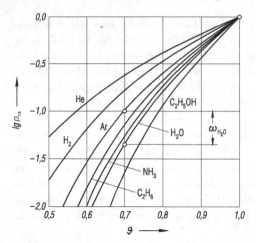

Abbildung 4.6. Reduzierter Dampfdruck $p_{r,s} = p_s/p_k$ verschiedener Stoffe als Funktion der reduzierten Temperatur $T_r = T/T_k$ sowie Darstellung des azentrischen Faktors ω nach Gl.(4.8) für H_2O

mit einem einzigen stoffspezifischen Parameter benutzt. Hierfür hat sich der von K.S. Pitzer [4.17] vorgeschlagene „azentrische Faktor"

$$\omega := -\lg\left[p_s(T_r = 0{,}7)/p_k\right] - 1 = -\lg p_{r,s}(0{,}7) - 1 \tag{4.8}$$

als brauchbar erwiesen. Darin bedeutet $p_s(T_r = 0{,}7)$ den Dampfdruck des betreffenden Stoffes bei der reduzierten Temperatur $T_r = 0{,}7$. Dieser Wert ist relativ leicht aus wenigen gemessenen Dampfdrücken zu bestimmen. Für die Edelgase (mit Ausnahme des „Quantengases" He) findet man $\lg\left[p_{r,s}(T_r = 0{,}7)\right] \approx -1$, sodass $\omega \approx 0$ wird, vgl. Abb. 4.6, in der ω als senkrechte Strecke bei $T_r = 0{,}7$ erscheint. Werte von ω für eine Reihe von Stoffen sind in [4.2] vertafelt.

Eine thermische Zustandsgleichung in reduzierten Zustandsgrößen, die eine festgelegte Struktur hat und nur einen (oder einige wenige) stoffspezifischen Parameter enthält, bezeichnet man als *generalisierte Zustandsgleichung*. Sie gilt, wenn auch nicht genau, für eine größere Zahl von Fluiden. Im Gegensatz dazu nennt man eine aufwendige Zustandsgleichung mit vielen Termen, die an zahlreiche genaue Messwerte *eines* Stoffes angepasst wurde, eine *individuelle Zustandsgleichung*.

Die Genauigkeit, mit der eine generalisierte Zustandsgleichung die p, v, T-Messwerte verschiedener Fluide wiedergibt, hängt vor allem von der Struktur der Zustandsgleichung ab. Eine Diskussion der verschiedenen Formen und Gruppen generalisierter Zustandsgleichungen findet man bei R. Span [4.48], S. 277–318. Die im nächsten Abschnitt behandelten kubischen Zustandsgleichungen lassen sich relativ einfach generalisieren; sie werden vielfach angewendet, um das Zustandsverhalten von Fluiden, für die nur wenige Messwerte vorliegen, in meist befriedigender Näherung vorauszuberechnen.

4.1.5 Kubische Zustandsgleichungen

Bei nicht so hohen Genauigkeitsansprüchen bieten kubische Zustandsgleichungen die Möglichkeit, das ganze fluide Zustandsgebiet durch eine einfache Gleichung wiederzugeben, deren Koeffizienten aus nur wenigen Messwerten bestimmbar sind. Die erste kubische Zustandsgleichung hat 1873 J.D. van der Waals, vgl. [4.16], mit näherungsweise gültigen molekular-theoretischen Ansätzen hergeleitet. Sie zeigt jedoch große Abweichungen von den Messwerten, weswegen sie nicht weiter behandelt wird. Es soll zunächst die allgemeine Form der kubischen Zustandsgleichung vorgestellt und deren Eigenschaften an einer einfachen Gleichung erklärt werden. Danach soll eine generalisierte Zustandsgleichung eingeführt werden, die für eine größere Zahl von Fluiden gültig ist.

Die allgemeine kubische Zustandsgleichung lässt sich, wie H.D. Baehr [4.18] 1953 in einer systematischen Untersuchung gezeigt hat, in verschiedenen Formen schreiben, nämlich als Quotient zweier Polynome,

$$p = \frac{RTv^2 + A(T)\,v + B(T)}{v^3 + C(T)\,v^2 + D(T)\,v + E(T)} \,,$$

oder nach Faktorisierung des kubischen Nennerpolynoms als Partialbruchzerlegung in der Gestalt

$$p = \frac{RT}{v - b_1} + \frac{\alpha(T)}{(v - b_1)(v - b_2)} + \frac{\beta(T)}{(v - b_1)(v - b_2)(v - b_3)} \,.$$

Dabei können die sogenannten Kovolumina b_1, b_2 und b_3 von der Temperatur abhängen; sie werden jedoch meistens als Konstanten behandelt. Der Name kubische Zustandsgleichung rührt daher, dass das Nennerpolynom den Grad drei hat. Wie man ferner erkennt, treten in der allgemeinen kubischen Zustandsgleichung neben RT bis zu fünf Temperaturfunktionen auf, deren Gestalt noch nicht festlegt und die an Messwerte angepasst werden müssen.

Die allgemeine kubische Zustandsgleichung wird in der Praxis nicht verwendet; es werden verkürzte Gleichungen benutzt, die sich meistens als Sonderfälle von

$$p = \frac{RT}{v - b} - \frac{a(T)}{v^2 + u\,b\,v + w\,b^2} \tag{4.9}$$

ergeben, wobei u und w dimensionslose Größen sind. In den meisten Gleichungen hängt nur a von der Temperatur ab; die Größen b, u und w sieht man als Konstanten an. Der erste Term mit dem Kovolumen b wird den Abstoßungskräften zwischen den Molekülen zugeordnet; er vergrößert bei gegebenen Werten T und v den Druck p. Der zweite Term soll die Anziehungskräfte beschreiben; er verringert den Druck. Für sehr große Werte von v geht die Zustandsgleichung in das für ideale Gase gültige Grenzgesetz über. Bei Annäherung an das Kovolumen b wird der Druck unendlich groß; die Gleichung hat hier eine Polstelle. Dies beschreibt den steilen Anstieg der Isothermen im Flüssigkeitsgebiet. Tabelle 4.2 zeigt einige kubische Zustandsgleichungen, die Sonderfälle von Gl.(4.9) sind, darunter auch die nur noch aus historischen Gründen bemerkenswerte Gleichung von van der Waals. Jeweils drei Gleichungen enthalten zwei Parameter, nämlich $a(T)$ und b, drei Parameter, neben $a(T)$ und b als dritten u oder c, sowie die Höchstzahl von vier Parametern: Neben $a(T)$ und b die Größen c und d. Auf die Bestimmung der Parameter wird im Folgenden eingegangen.

Im p, v-Diagramm, Abb. 4.5, ist zu erkennen, dass die kritische Isotherme $T = T_k$ im kritischen Punkt K einen Wendepunkt mit horizontaler Tangente

Tabelle 4.2. Ausgewählte kubische Zustandsgleichungen, die Sonderfälle von Gl.(4.9) sind

Autoren	Zustandsgleichung	u	w
van der Waals [4.16] 1873	$p = \dfrac{RT}{v-b} - \dfrac{a(T)}{v^2}$	0	0
Redlich-Kwong [4.19] 1949	$p = \dfrac{RT}{v-b} - \dfrac{a(T)}{v(v+b)}$	1	0
Peng-Robinson [4.20] 1976	$p = \dfrac{RT}{v-b} - \dfrac{a(T)}{v(v+b)+b(v-b)}$	2	-1
Schmidt-Wenzel [4.21] 1980	$p = \dfrac{RT}{v-b} - \dfrac{a(T)}{v^2+ubv+(1-u)b^2}$	u	$1-u$
Iwai-Margerum-Lu [4.22] 1988	$p = \dfrac{RT}{v-b} - \dfrac{a(T)}{v^2+ub(v-b)}$	u	$-u$
Guo-Du [4.23] 1989	$p = \dfrac{RT}{v-b} - \dfrac{a(T)}{v(v+c)+c(v-b)}$	$2c/b$	$-c/b$
Adachi-Lu-Sugie [4.24] 1983	$p = \dfrac{RT}{v-b} - \dfrac{a(T)}{(v-c)(v+d)}$	$\dfrac{d-c}{b}$	$\dfrac{-cd}{b^2}$
Schreiner [4.25] 1986	$p = \dfrac{RT}{v-b} - \dfrac{a(T)}{v-c} + \dfrac{a(T)}{v-d}$	a	
Trebble-Bischnoi [4.26] 1987	$p = \dfrac{RT}{v-b} - \dfrac{a(T)}{v^2+(b+c)v-bc-d^2}$	$1+\dfrac{c}{b}$	$-\dfrac{bc+d^2}{b^2}$

[a] Ersetzt man d durch $-d$ und dann $(c+d)a(T)$ durch $a(T)$, so geht die Gleichung von Schreiner in die von Adachi-Lu-Sugie über.

hat. Für $T = T_k$ und $v = v_k$ muss also

$$\left(\frac{\partial p}{\partial v}\right)_T = 0 \quad \text{und} \quad \left(\frac{\partial^2 p}{\partial v^2}\right)_T = 0 \tag{4.10}$$

sowie

$$p_k = p(T_k, v_k)$$

gelten. Diese drei Bedingungen erlauben es, drei Parameter der kubischen Zustandsgleichung durch die Zustandsgrößen am kritischen Punkt auszudrücken, nämlich durch p_k, T_k und v_k. Die kubische Zustandsgleichung gibt dann den kritischen Zustand genau wieder. Wie sich in zahlreichen Untersuchungen gezeigt hat, erhält man eine bessere Wiedergabe aller Messwerte eines Stoffes, wenn man auf die exakte Wiedergabe des experimentell nur ungenau zu bestimmenden v_k verzichtet und allein die Erfüllung der beiden Bedingungen nach Gl.(4.10) verlangt. Der Wendepunkt mit horizontaler Tangente liegt dann auf der kritischen Isotherme beim experimentell bestimmten kritischen Druck, aber bei einem spezifischen Volumen v_k^{ber}, das sich aus der Zustandsgleichung ergibt und nicht mit dem gemessenen Wert von v_k übereinstimmen muss. Damit ist es nicht mehr sinnvoll, v_k als Bezugsgröße zur Definition des reduzierten Volumens heranzuziehen. Man verwendet neben $p_r = p/p_k$ und $T_r = T/T_k$ das reduzierte spezifische Volumen

$$\psi := \frac{v}{R\,T_k/p_k} = v_r\,Z_k \; . \tag{4.11}$$

Die Bestimmung der Parameter soll am Beispiel der häufig angewendeten zweiparametrigen Gleichung von O. Redlich und J.S.N. Kwong [4.19] gezeigt werden. Sie lautet nach Tabelle 4.2

$$p = \frac{R\,T}{v - b} - \frac{a(T)}{v\,(v + b)} \; .$$

In der ursprünglich von Redlich und Kwong angegebenen Gleichung hatte die Temperaturfunktion die spezielle Form $a(T) = a/\sqrt{T}$. Allgemeiner gilt

$$a(T) = a(T_k)\,\alpha(T/T_k) = a(T_k)\,\alpha(T_r) \; ,$$

wobei die noch zu bestimmende Funktion $\alpha(T/T_k)$ für $T = T_k$ den Wert eins annimmt. Um die beiden Konstanten $a(T_k)$ und b durch T_k und p_k auszudrücken, werden die reduzierten Variablen p_r, T_r und ψ eingeführt:

$$p_r = \frac{T_r}{\psi - \beta} - \frac{\alpha_k\,\alpha(T_r)}{\psi\,(\psi + \beta)} \; . \tag{4.12}$$

Dabei sind

$$\beta := \frac{b\,p_k}{R\,T_k} \quad \text{und} \quad \alpha_k := \frac{a(T_k)\,p_k}{(R\,T_k)^2} \tag{4.13}$$

dimensionslose Konstanten, die durch die Bedingungen (4.10) festgelegt werden. Sie sind erfüllt, wenn sich die kritische Isotherme der Zustandsgleichung am Wendepunkt mit horizontaler Tangente wie die Funktion $(\psi - \psi_k)^3 = 0$ verhält. Mit $T_r = 1$, $p_r = 1$ und $\alpha(T_r = 1) = 1$ erhält man aus Gl.(4.12) die kubische Gleichung

$$\psi^3 - \psi^2 + (\alpha_k - \beta^2 - \beta)\,\psi - \alpha_k\,\beta = 0 \ .$$

Durch Koeffizientenvergleich mit

$$(\psi - \psi_k)^3 = \psi^3 - 3\,\psi_k\,\psi^2 + 3\,\psi_k^2\,\psi - \psi_k^3 = 0$$

resultiert

$$\psi_k = 1/3, \quad \alpha_k - \beta^2 - \beta = 3\,\psi_k^2 \quad \text{und} \quad \alpha_k = \psi_k^3/\beta$$

und damit für β die Gleichung

$$\beta^3 + \beta^2 + \frac{1}{3}\,\beta - \frac{1}{27} = 0$$

mit der Lösung $\beta = (\sqrt[3]{2} - 1)/3 = 0{,}08664$. Damit wird $\alpha_k = (27\,\beta)^{-1} = 0{,}42748$.

Für das mit der Gleichung von Redlich-Kwong berechnete kritische Volumen folgt aus $\psi_k = 1/3$

$$v_k^{\text{ber}} = \frac{1}{3}\,\frac{R\,T_k}{p_k} \ .$$

Danach hat der kritische Realgasfaktor

$$\zeta_k := \frac{p_k\,v_k^{\text{ber}}}{R\,T_k} = \frac{1}{3}$$

für alle Stoffe denselben Wert, was nur in grober Näherung zutrifft, vgl. Tabelle 4.1. Man wählt daher für den Realgasfaktor, der mit dem aus einer kubischen Zustandsgleichung berechneten kritischen Volumen v_k^{ber} gebildet wird, das Symbol ζ_k anstelle von $Z_k = p_k v_k/(R\,T_k)$.

Die reduzierte Gleichung von Redlich-Kwong,

$$p_r = \frac{T_r}{\psi - \beta} - \frac{\alpha(T_r)}{27\,\beta\,\psi\,(\psi + \beta)} \ , \tag{4.14}$$

enthält, abgesehen von der noch festzulegenden Funktion $\alpha(T_r)$, keine stoffspezifischen Konstanten. Redlich und Kwong setzten ursprünglich $\alpha(T_r) = 1/\sqrt{T_r}$, sodass ihre Gleichung das nicht zutreffende Theorem der korrespondierenden Zustände wiedergibt. Dies hat zur Folge, dass diese kubische Zustandsgleichung zwar besser mit Messwerten übereinstimmt als die Gleichung von van der Waals, aber für die meisten Stoffe erhebliche Abweichungen zeigt. Eine Verbesserung im Sinne des erweiterten Korrespondenzprinzips erzielt man durch eine Wahl der Funktion $\alpha(T_r)$, die einen stoffspezifischen Parameter, z.B. den azentrischen Faktor ω, enthält. G. Soave [4.27] hat eine solche Modifikation vorgenommen und durch Anpassung an eine Reihe von Stoffen

$$\alpha(T_r, \omega) = \left[1 + \left(0{,}480 + 1{,}574\,\omega - 0{,}176\,\omega^2\right)\left(1 - \sqrt{T_r}\right)\right]^2 \tag{4.15}$$

gefunden. Gleichung (4.14) mit α nach Gl.(4.15) wird als Zustandsgleichung von Redlich-Kwong-Soave bezeichnet. Wie A. Köbe [4.28] zeigte, bestimmt die Funktion $\alpha(T_r)$ vor allem die Wiedergabegenauigkeit der Dampfdruckkurve. Es ist daher sinnvoll, $\alpha(T_r)$ an gemessene Dampfdrücke anzupassen, wofür sich ein Ansatz von P.M. Mathias [4.29] bewährt hat.

A. Köbe [4.28] hat 1996 die kubische Zustandsgleichung (4.9) in reduzierter Form,

$$p_r = \frac{T_r}{\psi - \beta} - \frac{\alpha_k\, \alpha(T_r)}{\psi^2 + u\,\beta\,\psi + w\,\beta^2}\,, \tag{4.16}$$

mit β und α_k nach Gl.(4.13) systematisch untersucht und ihre Parameter optimiert. Im Sinne des erweiterten Korrespondenzprinzips sollen $\alpha(T_r)$ und die vier Koeffizienten α_k, β, u und w von einem stoffspezifischen Parameter, dem azentrischen Faktor ω nach Gl.(4.8), abhängen. Durch optimale Anpassung an die Daten von 18 experimentell gut untersuchten „Normalstoffen" findet Köbe zunächst, dass zwischen u und w der Zusammenhang

$$w = -\left(0{,}2883 + 0{,}4528\,u + 0{,}08948\,u^2\right)$$

besteht. Es genügen also bereits drei Parameter zur Wiedergabe der Messwerte. Für u findet er die lineare Abhängigkeit

$$u(\omega) = 1{,}5679 + 2{,}3284\,\omega \tag{4.17}$$

vom azentrischen Faktor. Der Koeffizient β ist die kleinste positive Wurzel der kubischen Gleichung

$$(u+2)^3\beta^3 + 3(9\,w - u^2 + 5\,u + 5)\beta^2 + 3(u+2)\,\beta - 1 = 0\,.$$

Mit diesem Wert für β errechnet man

$$\zeta_k := \frac{p_k v_k^{ber}}{R\,T_k} = \frac{1}{3}\left[(1-u)\,\beta + 1\right],$$

wobei $v_k^{ber} \neq v_k$ das kritische Volumen ist, das sich aus der Zustandsgleichung ergibt. Schließlich wird

$$\alpha_k = 3\,\zeta_k^2 + (u-w)\beta^2 + u\,\beta\,.$$

Da α_k, β und ζ_k von u abhängen, sind diese Größen wegen Gl.(4.17) Funktionen von ω. Für die Temperaturfunktion $\alpha(T_r)$ findet Köbe den Ansatz

$$\alpha(T_r, \omega) = T_r\left[1 - (1{,}35833 + 1{,}19855\,\omega)(1 - 1/T_r)\right.$$
$$\left. + (0{,}0825273 + 0{,}583166\,\omega)(1 - 1/T_r)^2\right].$$

Die hier angegebene generalisierte Zustandsgleichung gilt für „Normalstoffe" und übertrifft, wie A. Köbe [4.28] gezeigt hat, alle bekannten kubischen Zustandsgleichungen des Typs nach Gl.(4.16) hinsichtlich der Wiedergabegenauigkeit des Gas- und Flüssigkeitsgebiets und auch der Sättigungsgrößen. A. Köbe hat noch andere Abhängigkeiten der Koeffizienten von ω angegeben, mit denen polare Stoffe wie Wasser, Ammoniak, Difluormethan (R 32) und Alkohole erfasst werden können.

Beispiel 4.3. Als *normale Siedetemperatur* eines Stoffes wird die zum Druck von 1 atm = 101,325 kPa gehörige Siedetemperatur bezeichnet. Sie hat für Methan nach [4.30] den Wert $T_{ns} = 111,667$ K. Man prüfe, wie genau der mit der kubischen Zustandsgleichung von Redlich-Kwong-Soave für $T = T_{ns}$ berechnete Dampfdruck mit 101,325 kPa übereinstimmt.

Um die Zustandsgleichung auszuwerten, benötigt man nur drei Daten, die kritische Temperatur $T_k = 190,564$ K und den kritischen Druck $p_k = 4599,2$ kPa nach [4.30] sowie den azentrischen Faktor ω, der mit Gl.(4.8) aus der in Abschnitt 4.2.2 angegebenen Dampfdruckgleichung für Methan zu $\omega = 0,011406$ berechnet wird. Zur Bestimmung des Dampfdrucks wird das Maxwell-Kriterium (4.6) herangezogen; in dimensionsloser Form lautet es

$$p_{r,s}(T_r) = \frac{1}{\psi'' - \psi'} \int_{\psi'}^{\psi''} p_r(T_r, \psi)\, d\psi \; .$$

Mit Gl.(4.14) folgt daraus

$$p_{r,s}(T_r) = \frac{1}{\psi'' - \psi'} \left\{ T_r \ln\frac{\psi'' - \beta}{\psi' - \beta} - \frac{\alpha(T_r)}{27\,\beta^2} \ln\left[\frac{\psi''}{\psi'}\frac{\psi' + \beta}{\psi'' + \beta}\right] \right\} \; . \tag{4.18}$$

Die reduzierten Volumina ψ' und ψ'' ergeben sich als die kleinste bzw. größte Wurzel der aus Gl.(4.14) folgenden kubischen Gleichung

$$\psi^3 - \frac{T_r}{p_r}\,\psi^2 + \left[\frac{\alpha(T_r)/(27\beta) - \beta\,T_r}{p_r} - \beta^2\right]\psi - \frac{\alpha(T_r)}{27\,\pi} = 0 \; . \tag{4.19}$$

Um aus diesen beiden Gleichungen die Sättigungsgrößen $p_{r,s}$, ψ' und ψ'' zu erhalten, beginnt man mit einem Schätzwert $p_{r,s}^0$ für den Dampfdruck und berechnet aus Gl.(4.19) mit $p_r = p_{r,s}^0$ die Näherungswerte ψ_0' und ψ_0''. Für diese Werte liefert das Maxwell-Kriterium (4.18) einen verbesserten Wert $p_{r,s}^1$; mit $p_r = p_{r,s}^1$ erhält man dann aus Gl.(4.19) verbesserte Werte ψ_1' und ψ_1''. Dieses rasch konvergierende Iterationsverfahren wird so lange fortgesetzt, bis die Werte für $p_{r,s}$, ψ' und ψ'' „stehen".

Die reduzierte Temperatur des normalen Siedepunkts ist $T_r = T_{ns}/T_k = 0,58598$. Für diese Temperatur erhält man aus Gl.(4.15) $\alpha(T_r, \omega) = 1,24717$. Mit $\beta = 0,08664$ ergeben sich die beiden Iterationsgleichungen

$$p_{r,s} = \frac{1}{\psi'' - \psi'}\left\{0,58598\,\ln\frac{\psi'' - 0,08664}{\psi' - 0,08664} - 6,15349\,\ln\left[\frac{\psi''}{\psi'}\frac{\psi' + 0,08664}{\psi'' + 0,08664}\right]\right\}$$

und

$$\psi^3 - \frac{0,58598}{p_r}\,\psi^2 + \left(\frac{0,48237}{p_r} - 0,007507\right)\psi - \frac{0,0461915}{p_r} = 0 \; .$$

Für die spezifischen Volumina der siedenden Flüssigkeit und des gesättigten Dampfes erhält man mit $R\,T_k/p_k = 21,4737$ dm^3/kg nach wenigen Iterationsschritten

$$v' = \psi' R\,T_k/p_k = 2,3749\,\text{dm}^3/\text{kg} \quad \text{und} \quad v'' = \psi'' R\,T_k/p_k = 569,32\,\text{dm}^3/\text{kg} \; .$$

Die sich aus der Fundamentalgleichung von U. Setzmann und W. Wagner [4.30] ergebenden genaueren Werte sind $v' = 2,3676$ dm^3/kg und $v'' = 550,54$ dm^3/kg. Die Abweichungen der kubischen Zustandsgleichung betragen 0,31 % bzw. 3,41 %.

Führt man die gleiche Berechnung mit der Zustandsgleichung von A. Köbe [4.28] aus, so erhält man genauere Ergebnisse: $p_s = 100,75$ kPa mit einer Abweichung von $-0,57$ %, $v' = 2,3633$ dm^3/kg mit einer Abweichung von $-0,18$ % und $v'' = 555,68$ dm^3/kg mit 0,93 % Abweichung gegenüber der Fundamentalgleichung.

4.2 Das Nassdampfgebiet

Von den Zweiphasengebieten der Zustandsfläche hat das Nassdampfgebiet die größte technische Bedeutung, weil zahlreiche technische Prozesse im Nassdampfgebiet verlaufen, z.B. die Kondensation und die Verdampfung des Arbeitsfluids in einem Clausius-Rankine Kreisprozesses, vgl. Kapitel 8. Die folgenden Überlegungen gelten jedoch sinngemäß auch für das Schmelzgebiet und für das Sublimationsgebiet.

4.2.1 Nasser Dampf

Nasser Dampf ist ein Gemisch aus siedender Flüssigkeit und gesättigtem Dampf (Gas), die miteinander im thermodynamischen Gleichgewicht stehen, also denselben Druck und dieselbe Temperatur haben. Als siedende Flüssigkeit wird die Flüssigkeit in den Zuständen auf der Siedelinie bezeichnet, vgl. Abb. 4.1. Unter gesättigtem Dampf wird ein Gas in einem Zustand auf der Taulinie verstanden.

Als Beispiel wird die Verdampfung von Wasser unter dem konstanten Druck von 100 kPa betrachtet. Bei der Umgebungstemperatur ist das Wasser flüssig und hat ein bestimmtes spezifisches Volumen v_1, Zustand 1 in

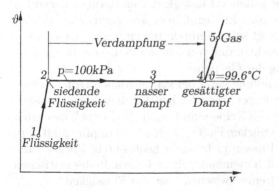

Abbildung 4.7. Zustandsänderung beim Erwärmen und Verdampfen von Wasser unter dem konstanten Druck $p = 100$ kPa. Die Abbildung ist nicht maßstäblich; das spezifische Volumen des gesättigten Wasserdampfes bei 100 kPa ist 1625mal größer als das spezifische Volumen der siedenden Flüssigkeit!

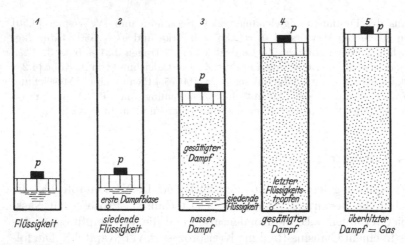

Abbildung 4.8. Schematische Darstellung des Verdampfungsvorganges bei konstantem Druck. Die Zustände 1 bis 5 entsprechen den Zuständen 1 bis 5 in Abb. 4.7

Abb. 4.7. Durch Erwärmen des Wassers steigt seine Temperatur, und sein spezifisches Volumen vergrößert sich. Im Zustand 2 mit $\vartheta = 99{,}6\,°C$ bildet sich die erste Dampfblase; das Wasser hat den Siedezustand erreicht, vgl. Abb. 4.8. Die Temperatur $\vartheta_2 = 99{,}6\,°C$ ist die zum Druck 100 kPa gehörende Siedetemperatur des Wassers. Bei weiterer Wärmezufuhr bildet sich mehr Dampf, das spezifische Volumen des nassen Dampfes vergrößert sich, aber die Temperatur bleibt während des isobaren Verdampfungsvorgangs konstant. Schließlich verdampft der letzte Flüssigkeitstropfen, es liegt im Zustand 4 gesättigten Dampf vor. Im Zustand 3 und ebenso in allen anderen Zwischenzuständen zwischen 2 und 4 besteht der Nassdampf aus siedender Flüssigkeit (Zustand 2) und gesättigtem Dampf (Zustand 4). Infolge der Schwerkraft bildet sich ein Spiegel aus, der die siedende Flüssigkeit vom darüber liegenden leichteren gesättigten Dampf trennt. Erwärmt man den gesättigten Dampf vom Zustand 4 aus weiter, so steigt seine Temperatur an, und auch sein Volumen vergrößert sich. Man spricht dann von überhitztem Dampf; dies ist aber nur eine andere Benennung der Gasphase.

Die hier beschriebene Verdampfung kann bei verschiedenen Drücken wiederholt werden. Man beobachtet stets die gleichen Erscheinungen, solange der Druck zwischen dem Druck des Tripelpunkts und dem Druck des kritischen Punkts liegt. Bei höheren Drücken lässt sich eine Verdampfung mit dem gleichzeitigen Auftreten zweier Phasen nicht mehr beobachten. Flüssigkeits- und Gasgebiet gehen kontinuierlich ineinander über. Oberhalb des kritischen Punkts gibt es keine sinnvolle Grenze zwischen Gas und Flüssigkeit.

4.2.2 Dampfdruck und Siedetemperatur

Bei der Verdampfung unter konstantem Druck bleibt die Temperatur konstant. Zu jedem Druck zwischen dem Druck p_{tr} des Tripelpunkts und dem kritischen Druck p_k gehört eine bestimmte Siedetemperatur, und umgekehrt gehört zu jeder Temperatur zwischen T_{tr} und T_k ein bestimmter Druck, bei dem die Flüssigkeit verdampft. Diesen Druck nennt man den *Dampfdruck* der Flüssigkeit; den Zusammenhang zwischen Dampfdruck oder Sättigungsdruck und der zugehörigen Siedetemperatur gibt die Gleichung der Dampfdruckkurve

$$p_s = p_s(T) \ .$$

Bei gegebener Temperatur kann nasser Dampf nur bei $p = p_s$ existieren. Ist $p > p_s$, so ist das Fluid flüssig, bei $p < p_s$ gasförmig.

Die Dampfdruckkurve erscheint im p, T-Diagramm als Projektion der räumlichen Grenzkurven des Nassdampfgebiets. Sie läuft vom Tripelpunkt bis zum kritischen Punkt. Jeder Stoff besitzt eine ihm eigentümliche Dampfdruckkurve, die im Allgemeinen experimentell bestimmt werden muss. Wie in den Abschnitten 4.1.3 und 4.1.5 gezeigt wurde, lässt sich der Dampfdruck auch aus einer thermischen Zustandsgleichung berechnen, die für das gesamte fluide Zustandsgebiet gilt. Abbildung 4.9 zeigt Dampfdruckkurven verschiedener Stoffe.

Da die Dampfdruckkurven aller Stoffe mit zunehmender Temperatur steil ansteigen, benutzt man Dampfdruckgleichungen der Form

$$p_s = p_0 \exp[f(T)] \quad \text{oder} \quad \ln(p_s/p_0) = f(T) \ .$$

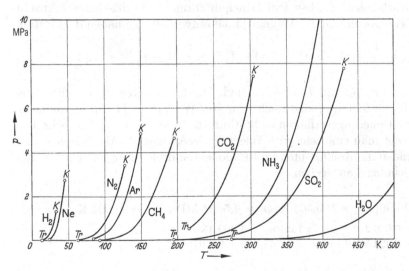

Abbildung 4.9. Dampfdruckkurven verschiedener Stoffe im p, T-Diagramm. K kritischer Punkt, Tr Tripelpunkt

Zu den ältesten und einfachsten Dampfdruckgleichungen gehört die Beziehung

$$\ln(p_{\mathrm{s}}/p_0) = A - B/T \tag{4.20}$$

mit nur zwei Koeffizienten A und B. Diese Gleichung lässt sich aus der Gleichung von Clausius-Clapeyron, vgl. Gl.(4.3) in Abschnitt 4.1.2, herleiten, wenn man drei vereinfachende Annahmen macht, die nur bei niedrigen Drücken zutreffen: 1. Der gesättigte Dampf wird als ideales Gas behandelt, also $v'' = R\,T/p_{\mathrm{s}}$ gesetzt. 2. Das spezifische Volumen v' der siedenden Flüssigkeit wird gegenüber v'' vernachlässigt. 3. Die Temperaturabhägigkeit der Verdampfungsenthalpie Δh_{v}, vgl. hierzu Abb. 4.12 in Abschnitt 4.2.3, wird vernachlässigt, also $\Delta h_{\mathrm{v}} = $ konst.. gesetzt.

Eine hinreichend genaue Wiedergabe von Messwerten ist durch die einfache Gl.(4.20) nur bei niedrigen Drücken und für ein kurzes Stück der Dampfdruckkurve möglich. Bessere Resultate erzielt man mit der Dampfdruckgleichung von Ch. Antoine [4.31],

$$\ln\frac{p_{\mathrm{s}}}{p_0} = A - \frac{B}{T - C}\,.$$

Sie enthält drei Koeffizienten, die an Messwerte anzupassen sind. Auch diese häufig benutzte Gleichung vermag Dampfdrücke nur in einem begrenzten Temperaturintervall ausreichend genau wiederzugeben. Sie lässt sich jedoch wie Gl.(4.20) nach der Siedetemperatur T explizit auflösen. Werte der Koeffizienten A, B und C sind für zahlreiche Stoffe in [4.32] zu finden.

Dampfdruckgleichungen, die Messwerte des Dampfdrucks im gesamten Temperaturbereich zwischen dem Tripelpunkt und dem kritischen Punkt sehr genau wiedergeben, hat W. Wagner [4.33] entwickelt. Sie haben die Gestalt

$$\ln p_{\mathrm{r,s}} = \frac{1}{T_{\mathrm{r}}}\left[a_1(1 - T_{\mathrm{r}})^{n_1} + a_2(1 - T_{\mathrm{r}})^{n_2} + a_3(1 - T_{\mathrm{r}})^{n_3} + \ldots\right],$$

wobei $p_{\mathrm{r,s}} = p_{\mathrm{s}}/p_{\mathrm{k}}$ und $T_{\mathrm{r}} = T/T_{\mathrm{k}}$ sind. Die Exponenten n_{i} und die zugehörigen Koeffizienten a_{i} sind nach dem von W. Wagner [4.10] angegebenen Strukturoptimierungsverfahren zu bestimmen. Bereits mit vier bis sechs Termen erreicht man eine sehr gute Wiedergabegenauigkeit. Als Beispiele sind im Folgenden die Koeffizienten und Exponenten dreier sehr genauer Dampfdruckgleichungen angegeben.

Methan [4.30]: $T_{\mathrm{k}} = 190{,}564$ K, $p_{\mathrm{k}} = 4{,}5992$ MPa, $T_{\mathrm{tr}} = 90{,}694$ K

$\quad a_1 = -6{,}036\,219 \quad n_1 = 1{,}0 \quad a_2 = 1{,}409\,353 \quad n_2 = 1{,}5$

$\quad a_3 = -0{,}494\,519\,9 \quad n_3 = 2{,}0 \quad a_4 = -1{,}443\,048 \quad n_4 = 4{,}5$

Propan [4.34]: $T_\mathrm{k} = 369{,}89$ K, $p_\mathrm{k} = 4{,}2512$ MPa, $T_\mathrm{tr} = 85{,}525$ K

$$
\begin{array}{llll}
a_1 = -6{,}772\,2 & n_1 = 1{,}0 & a_2 = 1{,}693\,8 & n_2 = 1{,}5 \\
a_3 = -1{,}334\,1 & n_3 = 2{,}2 & a_4 = -3{,}187\,6 & n_4 = 4{,}8 \\
a_5 = 0{,}949\,37\,9 & n_5 = 6{,}2 & &
\end{array}
$$

Wasser [4.35]: $T_\mathrm{k} = 647{,}096$ K, $p_\mathrm{k} = 22{,}064$ MPa, $T_\mathrm{tr} = 273{,}16$ K

$$
\begin{array}{llll}
a_1 = -7{,}859\,517\,83 & n_1 = 1{,}0 & a_2 = 1{,}844\,082\,59 & n_2 = 1{,}5 \\
a_3 = -11{,}786\,649\,7 & n_3 = 3{,}0 & a_4 = 22{,}680\,741\,1 & n_4 = 3{,}5 \\
a_5 = -15{,}961\,871\,9 & n_5 = 4{,}0 & a_6 = 1{,}801\,225\,02 & n_6 = 7{,}5
\end{array}
$$

Jede der drei Gleichungen gilt bis zum Tripelpunkt, also bis zur jeweils angegebenen Temperatur T_tr. Eine umfangreiche Zusammenstellung von Dampfdruckgleichungen des „Wagner-Typs" hat J. McGerry [4.36] angegeben.

4.2.3 Die spezifischen Zustandsgrößen im Nassdampfgebiet

Im Nassdampfgebiet ist das spezifische Volumen durch den Druck p und die Temperatur T nicht bestimmt, weil zu jeder Temperatur ein bestimmter Dampfdruck gehört, der zwischen Siedelinie und Taulinie konstant bleibt. Um den Zustand des nassen Dampfes festzulegen, braucht man neben dem Druck oder neben der Temperatur eine weitere Zustandsgröße, welche die Zusammensetzung des heterogenen Systems, bestehend aus siedender Flüssigkeit und gesättigtem Dampf, beschreibt. Hierzu dient der *Dampfgehalt x*; er ist definiert durch

$$
x = \frac{\text{Masse des gesättigten Dampfes}}{\text{Masse des nassen Dampfes}} \, .
$$

Wird mit m' die Masse der siedenden Flüssigkeit bezeichnet und mit m'' die Masse des mit ihr im thermodynamischen Gleichgewicht stehenden gesättigten Dampfes, erhält man die Definitionsgleichung

$$
x := \frac{m''}{m' + m''} \, .
$$

Danach ist für die siedende Flüssigkeit (Siedelinie) $x = 0$, weil $m'' = 0$ ist; für den gesättigten Dampf (Taulinie) wird $x = 1$, da $m' = 0$ ist.

Die extensiven Zustandsgrößen des nassen Dampfes wie sein Volumen V, seine Enthalpie H und seine Entropie S setzen sich additiv aus den Anteilen der beiden Phasen zusammen. Das Volumen des nassen Dampfes ist also gleich der Summe der Volumina der siedenden Flüssigkeit und des gesättigten Dampfes:

$$
V = V' + V'' \, .
$$

Wird mit v' das spezifische Volumen der siedenden Flüssigkeit bezeichnet, mit v'' das spezifische Volumen des gesättigten Dampfes, so erhält man

$$V = m'v' + m''v'' \,.$$

Das über beide Phasen gemittelte spezifische Volumen des nassen Dampfes mit der Masse

$$m = m' + m''$$

ist

$$v = \frac{V}{m} = \frac{m'}{m' + m''}\,v' + \frac{m''}{m' + m''}\,v'' \,.$$

Nach der Definition des Dampfgehalts x erhält man daraus

$$v = (1 - x)\,v' + x\,v'' = v' + x\,(v'' - v') \,. \tag{4.21}$$

Die Grenzvolumina v' und v'' sind Funktionen des Drucks *oder* der Temperatur. Sie ergeben sich aus der thermischen Zustandsgleichung der Flüssigkeit bzw. des Gases, wenn man T und für p den Dampfdruck $p_\mathrm{s}(T)$ einsetzt. Aus einer für das gesamte fluide Zustandsgebiet gültigen Zustandsgleichung $p = p(T, v)$ erhält man v' und v'' nach dem in Abschnitt 4.1.3 erläuterten Verfahren, vgl. auch Beispiel 4.3. Bei gegebenem Druck *oder* vorgeschriebener Temperatur ist der Zustand des nassen Dampfes festgelegt, wenn man den Dampfgehalt x kennt, sodass man nach Gl.(4.21) sein spezifisches Volumen berechnen kann. In der Form

$$\frac{v - v'}{v'' - v} = \frac{x}{1 - x} = \frac{m''}{m'}$$

kann Gl.(4.21) geometrisch im p, v-Diagramm, Abb. 4.10, gedeutet werden. Der Zustandspunkt des Nassdampfes teilt die zwischen den Grenzkurven liegende Strecke der Isobare bzw. Isotherme im Verhältnis der Massen von gesättigtem Dampf und siedender Flüssigkeit. Dieses sogenannte „Hebelgesetz der Phasenmengen" kann man benutzen, um zu bekannten Siede- und Taulinien im p, v-Diagramm die Kurven konstanten Dampfgehalts $x = $ konst. einzuzeichnen. Man braucht nur die Isobaren- oder Isothermen-Abschnitte zwischen den Grenzkurven entsprechend einzuteilen und die Teilpunkte miteinander zu verbinden. Alle Linien $x = $ konst. laufen im kritischen Punkt zusammen.

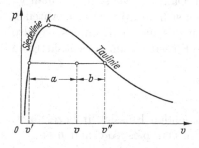

Abbildung 4.10. Geometrische Deutung des „Hebelgesetzes der Phasenmengen" im p, v-Diagramm. Die Strecken a und b stehen im Verhältnis $a/b = m''/m' = x/(1 - x)$

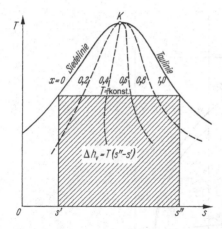

Abbildung 4.11. T, s-Diagramm mit Linien konstantem Dampfgehalts x. Veranschaulichung der Verdampfungsenthalpie $\Delta h_\mathrm{v} = h'' - h' = T(s'' - s')$ als Fläche

Ebenso wie das spezifische Volumen lassen sich die spezifische Entropie und die spezifische Enthalpie nasser Dämpfe berechnen. Hierzu müssen die Werte der Entropie bzw. der Enthalpie auf den Grenzkurven bekannt sein, die für die siedende Flüssigkeit wieder mit einem Strich, für den gesättigten Dampf gleicher Temperatur und gleichen Drucks mit zwei Strichen gekennzeichnet seien. Dann gilt

$$s = (1 - x)\, s' + x\, s'' = s' + x\,(s'' - s')$$

und

$$h = (1 - x)\, h' + x\, h'' = h' + x\,(h'' - h')\,.$$

In ein T, s-Diagramm, vgl. Abb. 4.11, kann man in der gleichen Weise wie in das p, v-Diagramm Linien konstanten Dampfgehalts einzeichnen, da auch hier das „Hebelgesetz der Phasenmengen" in der Form

$$\frac{s - s'}{s'' - s} = \frac{x}{1 - x} = \frac{m''}{m'}$$

gilt.

Die Differenz der spezifischen Enthalpien $h''(T)$ des gesättigten Dampfes und $h'(T)$ der siedenden Flüssigkeit bei der gleichen Temperatur und damit gleichem Druck nennt man die *spezifische Verdampfungsenthalpie*

$$\Delta h_\mathrm{v} := h''(T) - h'(T)\,. \tag{4.22}$$

Δh_v stimmt mit der massebezogenen Wärme überein, die man der siedenden Flüssigkeit zur vollständigen isotherm-isobaren Verdampfung zuführen muss. Man bezeichnete daher, besonders im älteren Schrifttum, Δh_v auch als spezifische Verdampfungswärme. Mit $h := u + p\,v$ erhält man aus Gl.(4.22)

$$\Delta h_\mathrm{v} = h'' - h' = u'' - u' + p_\mathrm{s}(v'' - v')\,.$$

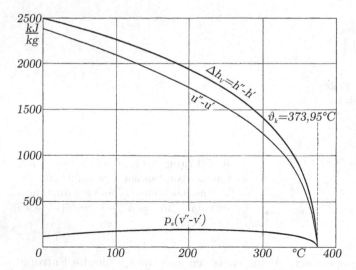

Abbildung 4.12. Verdampfungsenthalpie $\Delta h_{\mathrm{v}} = h'' - h'$, Volumenänderungsarbeit $p_{\mathrm{s}}(v'' - v')$ und Änderung $u'' - u'$ der inneren Energie beim Verdampfen von Wasser als Funktionen der Temperatur

Trotz der meist großen Volumenänderung $v'' - v'$ beim Verdampfen bildet die Volumenänderungsarbeit $p_{\mathrm{s}}(v'' - v')$ nur einen kleinen Teil der Verdampfungsenthalpie, vgl. Abb. 4.12. Der größere Teil ist die Änderung $u'' - u'$ der inneren Energie, die eintritt, wenn der relativ innige Zusammenhalt der Moleküle in der Flüssigkeit aufgebrochen wird, um die weitaus losere Molekülbindung des gesättigten Dampfes herzustellen. Am kritischen Punkt $(T = T_{\mathrm{k}})$ gilt $h'' = h'$, $u'' = u'$ und $v'' = v'$. Daher werden hier Δh_{v} und die beiden Anteile $\Delta u_{\mathrm{v}} := u'' - u'$ und $p_{\mathrm{s}}(v'' - v')$ gleich null; sie erreichen diesen Grenzwert mit *senkrechter* Tangente.

Zwischen der spezifischen Enthalpie h und der spezifischen Entropie s besteht im Nassdampfgebiet ein enger Zusammenhang. Bei konstanter Temperatur und damit konstantem Dampfdruck folgt aus

$$\mathrm{d}h = T\,\mathrm{d}s + v\,\mathrm{d}p = T\,\mathrm{d}s$$

durch Integration zwischen dem Zustand der siedenden Flüssigkeit (h', s') und einem Zustand im Nassdampfgebiet

$$h - h' = T\,(s - s')\,,$$

also

$$h(T, s) = h'(T) + T\,[s - s'(T)]\,.$$

Auf jeder Isotherme bzw. Isobare des Nassdampfgebiets wächst h *linear* mit s. Für $h = h''$ und $s = s''$ erhält man die schon in Abschnitt 4.1.2 hergeleitete wichtige Beziehung

$$\Delta h_{\mathrm{v}} = h'' - h' = T\,(s'' - s')$$

zwischen der Verdampfungsenthalpie und der Verdampfungsentropie $\Delta s_{\mathrm{v}} := s'' - s'$. Sie ist auch aus dem T,s-Diagramm, Abb. 4.11, abzulesen. Die Verdampfungsenthalpie erscheint hier als Rechteckfläche unter der mit der Isotherme zusammenfallenden Isobare.

Beispiel 4.4. Ein Behälter mit dem konstanten Volumen $V = 2{,}00\ \mathrm{dm}^3$ enthält gesättigten Wasserdampf mit $\vartheta_1 = 250\,°\mathrm{C}$, der sich auf $\vartheta_2 = 130\,°\mathrm{C}$ abkühlt. Man berechne die Masse des Wasserdampfes, der im Zustand 2 kondensiert ist, das vom Kondensat eingenommene Volumen und die bei der Abkühlung abgegebene Wärme.

Der Endzustand der Abkühlung liegt im Nassdampfgebiet, vgl. Abb. 4.13. Die Masse des kondensierten Dampfes ist daher

$$m' = (1 - x_2)\,m\;,$$

wobei m die Masse des nassen Dampfes und x_2 den Dampfgehalt im Zustand 2 bedeuten. Die Masse m ergibt sich zu

$$m = \frac{V}{v_1} = \frac{V}{v_1''} = \frac{2{,}00\ \mathrm{dm}^3}{50{,}08\ \mathrm{dm}^3/\mathrm{kg}} = 0{,}03994\ \mathrm{kg}$$

mit $v_1'' = v''(250\,°\mathrm{C})$ nach Tabelle 10.12, weil im Zustand 1 nur gesättigter Dampf vorhanden ist. Da sich der Dampf isochor, also unter der Bedingung $v_2 = v_1''$ abkühlt, erhält man für den Dampfgehalt im Endzustand

$$x_2 = \frac{v_2 - v_2'}{v_2'' - v_2'} = \frac{v_1'' - v_2'}{v_2'' - v_2'} = \frac{50{,}08 - 1{,}07}{668{,}0 - 1{,}07} = 0{,}07349\;.$$

Dabei wurden die Werte für die spezifischen Volumina der siedenden Flüssigkeit und des gesättigten Dampfes bei $\vartheta_2 = 130\,°\mathrm{C}$ der Tabelle 10.12 entnommen. Der Dampfgehalt ist sehr gering, was aus Abb. 4.13 wegen der logarithmischen Teilung der v-Achse nicht unmittelbar ersichtlich ist. Der größte Teil des nassen Dampfes ist kondensiert:

$$m' = (1 - x_2)\,m = (1 - 0{,}07349)\cdot 0{,}03994\ \mathrm{kg} = 0{,}03700\ \mathrm{kg}\;.$$

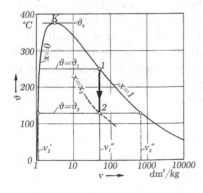

Abbildung 4.13. ϑ, v-Diagramm von Wasser mit isochorer Abkühlung gesättigten Dampfes. Das spezifische Volumen v ist logarithmisch aufgetragen!

Das Kondensat füllt jedoch nur einen kleinen Teil des Behältervolumens aus,

$$V' = m'v'_2 = 0{,}03958\,\text{dm}^3 = 0{,}0198 \cdot V \;.$$

Rund 98 % des Behältervolumens werden vom gesättigten Dampf eingenommen, dessen Masse nur 7,35 % der Gesamtmasse ausmacht.

Nach dem 1. Hauptsatz für geschlossene Systeme und der Definition der Enthalpie gilt für die Wärme

$$Q_{12} + W_{12} = U_2 - U_1 = H_2 - H_1 - (p_2 V_2 - p_1 V_1) \;.$$

Da bei der Abkühlung keine Volumenänderung auftreten soll, folgt mit $W_{12} = 0$ und $V_2 = V_1 = V$, dem Behältervolumen,

$$Q_{12} = m \left(h_2 - h_1\right) - (p_2 - p_1)\,V \;.$$

Hierin ist $h_1 = h''_1 = 2801{,}0$ kJ/kg wieder Tabelle 10.12 zu entnehmen. Für die Enthalpie des nassen Dampfes am Ende der Abkühlung ergibt sich

$$\begin{aligned}
h_2 &= h'_2 + x_2 \left(h''_2 - h'_2\right) = [546{,}4 + 0{,}07349\,(2720{,}1 - 546{,}4)]\,\text{kJ/kg} \\
&= 706{,}1\,\text{kJ/kg} \;.
\end{aligned}$$

Die Dampfdrücke $p_1 = p_s(250\,^\circ\text{C})$ und $p_2 = p_s(130\,^\circ\text{C})$ werden Tabelle 10.11 entnommen, um schließlich

$$\begin{aligned}
Q_{12} &= 0{,}03994\,\text{kg}\,(706{,}1 - 2801{,}0)\,\text{kJ/kg} - (270{,}28 - 3976{,}2)\,\text{kPa} \cdot 2{,}00\,\text{dm}^3 \\
&= -76{,}26\,\text{kJ}
\end{aligned}$$

die abgegebene Wärme zu erhalten.

4.3 Zwei Stoffmodelle: ideales Gas und inkompressibles Fluid

Die komplizierte Zustandsgleichung einer fluiden Phase kann für viele, aber nicht für alle Anwendungen durch einfachere Beziehungen ersetzt werden, indem man zwei Stoffmodelle, das ideale Gas und das inkompressible Fluid, benutzt. Das ideale Gas ist ein Modell zur Beschreibung des Zustandsverhaltens von Gasen bei niedrigen Drücken oder geringen Dichten. Das inkompressible Fluid dient zur einfachen Modellierung von Flüssigkeiten; dieses Stoffmodell wird auch in der Strömungslehre (Fluiddynamik) und in der Lehre von der Wärmeübertragung verwendet, vgl. [4.37]. In den folgenden Abschnitten werden die thermodynamischen Eigenschaften der beiden Stoffmodelle behandelt und die Grenzen ihrer Anwendbarkeit aufgezeigt.

4.3.1 Die Zustandsgleichungen des idealen Gases

Bei niedrigen Drücken zeigen alle realen Gase ein besonders einfaches Verhalten: die thermische und die kalorische Zustandsgleichung nähern sich einfachen Grenzgesetzen, die für $p \to 0$ exakt erfüllt werden. Diese Grenzgesetze sind

$$p v = R T \quad \text{und} \quad u = u(T) \,. \tag{4.23}$$

Ein Gas, das diesen einfachen Materialgesetzen genügt, wird als *ideales Gas* bezeichnet. Das ideale Gas ist jedoch ein hypothetischer Stoff; wirkliche Gase erfüllen Gl.(4.23) nur für $p \to 0$. Da die Abweichungen von den Zustandsgleichungen idealer Gase bei mäßig hohen Drücken, etwa für $p < 0,5$ MPa, klein bleiben, kann man diese einfachen, weit verbreiteten Beziehungen bei praktischen Rechnungen auch auf reale Gase anwenden. Es ist jedoch wichtig, sich stets vor Augen zu halten, dass das ideale Gas ein vereinfachtes Stoffmodell ist und die aus ihm gezogenen Folgerungen nur näherungsweise gelten.

Die thermische, die kalorische und die Entropie-Zustandsgleichung eines idealen Gases sind bereits behandelt worden, sie sind in Tabelle 4.3 zusammengestellt. Jedes ideale Gas wird durch seine Gaskonstante R und seine spezifischen Wärmekapazitäten $c_p^{iG}(T)$ und $c_v^{iG}(T)$ gekennzeichnet. Zwischen diesen drei Größen besteht noch der Zusammenhang, vgl. Abschnitt 2.3.5,

$$c_p^{iG}(T) - c_v^{iG}(T) = R \,,$$

so dass bereits zwei stoffspezifische Modellparameter, die Gaskonstante R und eine der beiden Temperaturfunktionen $c_p^{iG}(T)$ oder $c_v^{iG}(T)$, ein ideales Gas eindeutig charakterisieren.

Man erhält die Gaskonstante R, indem man die universelle Gaskonstante R_m durch die molare Masse M des Gases dividiert,

Tabelle 4.3. Thermische und kalorische Zustandsgleichung sowie Entropie-Zustandsgleichung idealer Gase

Unabhängige Zustandsgrößen sind p und T	Unabhängige Zustandsgrößen sind v und T
$v = \dfrac{RT}{p}$	$p = \dfrac{RT}{v}$
$h = \displaystyle\int_{T_0}^{T} c_p^{iG}(T)\,\mathrm{d}T + h_0$	$u = \displaystyle\int_{T_0}^{T} c_v^{iG}(T)\,\mathrm{d}T + u_0$
$s = \displaystyle\int_{T_0}^{T} c_p^{iG}(T)\,\dfrac{\mathrm{d}T}{T} - R \ln\dfrac{p}{p_0} + s_0$	$s = \displaystyle\int_{T_0}^{T} c_v^{iG}(T)\,\dfrac{\mathrm{d}T}{T} + R \ln\dfrac{v}{v_0} + s_0$

$$R = R_{\mathrm{m}}/M \ .$$

Werte von R enthält Tabelle 10.6 in Abschnitt 10.3.1. Mit dem molaren Volumen

$$V_{\mathrm{m}} = V/n = M\,v$$

nimmt die thermische Zustandsgleichung die für alle idealen Gase gleiche Gestalt

$$p\,V_{\mathrm{m}} = R_{\mathrm{m}}\,T$$

an. Das molare Volumen aller idealen Gase hat danach bei gleichem Druck und gleicher Temperatur denselben Wert. So nimmt es im *Normzustand*, einem vereinbarten Bezugszustand mit $\vartheta_{\mathrm{n}} = 0\,^{\circ}\mathrm{C}$ und $p_{\mathrm{n}} = 101{,}325$ kPa $= 1$ bar, den Wert

$$V_{\mathrm{mn}} = V_0 = 22{,}414\,\mathrm{m}^3/\mathrm{kmol}$$

an, vgl. [4.38] und Abschnitt 10.1.3.

Die Stoffmenge n eines Gases kann man aus Druck-, Volumen- und Temperaturmessungen bestimmen. Für ideale Gase erhält man

$$n = p\,V/R_{\mathrm{m}}\,T \ .$$

Die Stoffmenge ist der Zahl N der Moleküle proportional, $n = N/N_{\mathrm{A}}$, wobei N_{A} die Avogadro-Konstante bedeutet. Somit gilt der als Gesetz von Avogadro[6] [4.39] bezeichnete Satz: Bei gegebenen Werten von T und p enthalten gleich große Volumina verschiedener idealer Gase gleich viele Moleküle.

Um die begrenzte Gültigkeit der thermischen Zustandsgleichung idealer Gase zu zeigen, wurden für einige Gase die Abweichungen des spezifischen Volumens v'' des gesättigten Dampfes von den Werten berechnet, die man unter der Annahme erhält, der gesättigte Dampf verhielte sich wie ein ideales Gas. Abbildung 4.14 zeigt den Betrag von $\Delta v''/v'' = (v'' - R\,T^{\mathrm{s}}/p)/v''$ als Funktion von p, wobei T^{s} die zum Druck p gehörige Siedetemperatur bedeutet. Dies ist ein scharfer Test der Gültigkeit der Zustandsgleichung idealer Gase, denn auf jeder unterkritischen Isobare ($p < p_{\mathrm{k}}$) des Gasgebiets sind die Abweichungen vom Verhalten idealer Gase auf der Taulinie am größten. Wie Abb. 4.14 zeigt, erreichen die Abweichungen $|\Delta v''|$ schon beim Umgebungsdruck ($p \approx 100$ kPa) mehrere Prozent von v''. Das Stoffmodell ideales

---

[6] Amedeo Avogadro (1776–1856), italienischer Physiker und Chemiker, studierte zunächst Rechtswissenschaft und später privat Mathematik und Physik. 1809 wurde er Professor für Naturphilosophie und erhielt 1820 in Turin den ersten Lehrstuhl Italiens für mathematische Physik. Da er wenig Kontakt zu anderen europäischen Naturwissenschaftlern hatte, fanden seine Arbeiten über den atomaren und molekularen Aufbau der Materie erst spät Beachtung.

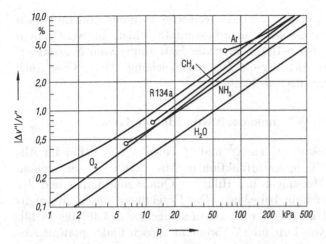

Abbildung 4.14. Relative Abweichung $\Delta v''/v'' = (v'' - RT^s/p)/v''$ des spezifischen Volumens v'' auf der Taulinie vom Wert RT^s/p, der sich aus der Zustandsgleichung idealer Gase ergibt

Gas eignet sich also nicht zur Beschreibung des Verhaltens realer Gase in der Nähe ihrer Taulinie. Die Beträge der Abweichungen $\Delta v = (v - RT/p)$ werden jedoch mit größerem Abstand von der Taulinie rasch kleiner. Bei überkritischen Temperaturen ist die Zustandsgleichung idealer Gase selbst bei Drücken bis 1 MPa ohne große Fehler anwendbar. Abbildung 4.15 zeigt

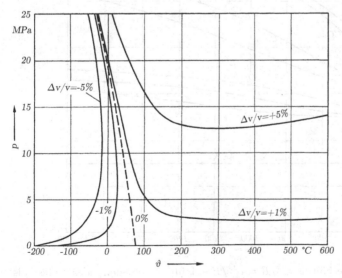

Abbildung 4.15. Relative Abweichung $\Delta v/v = (v - RT/p)/v$ des spezifischen Volumens der Luft von den Werten nach der Zustandsgleichung idealer Gase

die Zustandsbereiche, in denen sich das spezifische Volumen von Luft nach $v = RT/p$ berechnen lässt, solange man bestimmte Fehler zulässt. Da man sich bei Temperaturen über $-100\,°C$ in weiter Entfernung vom Nassdampf- gebiet der Luft befindet, gilt hier die Zustandsgleichung idealer Gase auch bei relativ hohen Drücken noch recht genau.

4.3.2 Die spezifischen Wärmekapazitäten idealer Gase

Die spezifischen Wärmekapazitäten c_p^{iG} und c_v^{iG} idealer Gase sind im All- gemeinen komplizierte Temperaturfunktionen. Man kann sie sehr genau aus spektroskopischen Messungen mit Hilfe der Quantenmechanik und der statistischen Thermodynamik berechnen. Die Ergebnisse dieser aufwendi- gen Berechnungen sind in Tafelwerken zusammengefasst, [4.40] bis [4.43]. Für die Komponenten von Luft und Verbrennungsgasen findet man in Ab- schnitt 10.3.2 Polynome, mit denen c_p^{iG} und die noch zu behandelnde mittlere spezifische Wärmekapazität $\bar{c}_p^{iG}$ bis etwa 2250 °C sehr genau berechnet werden können, vgl. auch [4.57]. In Abb. 4.16 ist das Verhältnis $c_v^{iG}/R = (c_p^{iG}/R) - 1$ für einige Gase dargestellt. Nur die (einatomigen) Edelgase He, Ne, Ar, Kr und Xe zeigen ein einfaches Verhalten: c_p^{iG} und c_v^{iG} hängen nicht von der Temperatur ab; sie haben konstante Werte

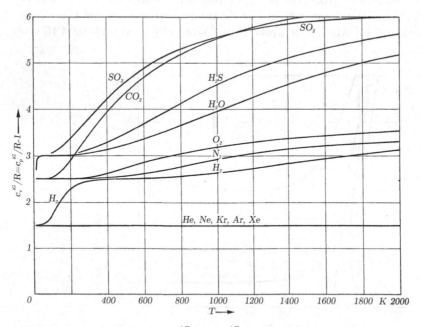

Abbildung 4.16. Verhältnis $c_v^{iG}/R = c_p^{iG}/R - 1$ für verschiedene ideale Gase als Funktion der Temperatur T

$$c_{\mathrm{p}}^{\mathrm{iG}} = \frac{5}{2}\,R \quad \text{und} \quad c_{\mathrm{v}}^{\mathrm{iG}} = \frac{3}{2}\,R\;.$$

Die spezifischen Wärmekapazitäten der zwei- und mehratomigen Gase wachsen dagegen mit zunehmender Temperatur.

Will man die Temperaturabhängigkeit von $c_{\mathrm{p}}^{\mathrm{iG}}$ berücksichtigen, so benutzt man vorteilhaft vertafelte Werte der *mittleren spezifischen Wärmekapazität*. Definiert wird diese Größe durch die Gleichung

$$\bar c_{\mathrm{p}}^{\mathrm{iG}}(\vartheta) := \frac{1}{\vartheta} \int_0^{\vartheta} c_{\mathrm{p}}^{\mathrm{iG}}(\vartheta)\,\mathrm{d}\vartheta\;. \tag{4.24}$$

Sie stellt den Mittelwert von $c_{\mathrm{p}}^{\mathrm{iG}}$ zwischen $0\,^\circ\mathrm{C}$ und einer beliebigen Celsius-Temperatur ϑ dar, vgl. Abb. 4.17. Mit ihrer Hilfe lassen sich Enthalpiedifferenzen in einfacher Weise berechnen. Aus Gl.(4.24) ergibt sich die spezifische Enthalpie zu

$$h(\vartheta) = h(0\,^\circ\mathrm{C}) + \int_0^{\vartheta} c_{\mathrm{p}}^{\mathrm{iG}}(\vartheta)\,\mathrm{d}\vartheta = h(0\,^\circ\mathrm{C}) + \bar c_{\mathrm{p}}^{\mathrm{iG}}(\vartheta)\cdot\vartheta\;,$$

und daraus folgt für beliebige Celsius-Temperaturen ϑ_1 und ϑ_2

$$h(\vartheta_2) - h(\vartheta_1) = \bar c_{\mathrm{p}}^{\mathrm{iG}}(\vartheta_2)\cdot\vartheta_2 - \bar c_{\mathrm{p}}^{\mathrm{iG}}(\vartheta_1)\cdot\vartheta_1\;.$$

Für einige wichtige Gase enthält Tabelle 10.9 Werte der mittleren spezifischen Wärmekapazität $\bar c_{\mathrm{p}}^{\mathrm{iG}}$. Da $\bar c_{\mathrm{p}}^{\mathrm{iG}}$ mit der Temperatur wesentlich langsamer wächst als die spezifische Enthalpie h, braucht man die $\bar c_{\mathrm{p}}^{\mathrm{iG}}$-Werte nur in relativ großen Intervallen von ϑ zu vertafeln, ohne den Vorteil der linearen Interpolation aufzugeben.

Bezieht man die Enthalpie auf die Stoffmenge n des idealen Gases, so erhält man die *molare Enthalpie*

$$H_{\mathrm{m}}(T) := H(T)/n = M\,h(T)$$

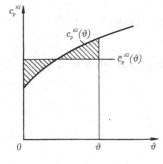

Abbildung 4.17. Zur Definition der mittleren spezifischen Wärmekapazität $\bar c_{\mathrm{p}}^{\mathrm{iG}}(\vartheta)$ nach Gl.(4.24). Die schraffierten Flächen sind gleich groß

und daraus die molare isobare Wärmekapazität

$$C_{m,p}^{iG}(T) := dH_m/dT = M c_p^{iG}(T) \,.$$

Diese Größen gehen durch Multiplikation mit der molaren Masse M aus den entsprechenden spezifischen Größen hervor. Dies gilt auch für die mittlere molare Wärmekapazität

$$\bar{C}_{m,p}^{\,iG}(\vartheta) = M \bar{c}_p^{\,iG}(\vartheta)$$

zwischen $\vartheta = 0\,^\circ\text{C}$ und einer beliebigen Celsius-Temperatur.

Will man Differenzen der spezifischen inneren Energie u unter Berücksichtigung der Temperaturabhängigkeit der spezifischen Wärmekapazität berechnen, so geht man von der Definition der spezifischen Enthalpie aus. Daraus folgt

$$u(\vartheta_2) - u(\vartheta_1) = h(\vartheta_2) - h(\vartheta_1) - R\,(\vartheta_2 - \vartheta_1) \,.$$

Unter Verwendung der vertafelten Werte von $\bar{c}_p^{\,iG}$ erhält man

$$u(\vartheta_2) - u(\vartheta_1) = \bar{c}_p^{\,iG}(\vartheta_2)\,\vartheta_2 - \bar{c}_p^{\,iG}(\vartheta_1)\,\vartheta_1 - R\,(\vartheta_2 - \vartheta_1) \,.$$

Beispiel 4.5. In einem Lufterhitzer soll ein Luftstrom, dessen Volumenstrom im Normzustand $\dot{V}_n = 1000 \text{ m}^3/\text{h}$ beträgt, von $\vartheta_1 = 25\,^\circ\text{C}$ auf $\vartheta_2 = 950\,^\circ\text{C}$ erhitzt werden. Die Luft ist als ideales Gas zu behandeln; Änderungen der kinetischen Energie sind zu vernachlässigen. Man berechne den Wärmestrom $\dot{Q}_{12}$, der dem Luftstrom zuzuführen ist.

Nach dem 1. Hauptsatz für stationäre Fließprozesse gilt mit $P_{12} = 0$

$$\dot{Q}_{12} = \dot{m}\,(h_2 - h_1) = \dot{m}\left[\bar{c}_p^{\,iG}(\vartheta_2)\,\vartheta_2 - \bar{c}_p^{\,iG}(\vartheta_1)\,\vartheta_1 \right] \,.$$

Für den Massenstrom $\dot{m}$ gilt

$$\dot{m} = \dot{V}_n/v_n = \frac{p_n}{R\,T_n}\,\dot{V}_n = \frac{M}{V_{mn}}\,\dot{V}_n$$

und mit $M = 28{,}965 \text{ kg/kmol}$ als der molaren Masse der Luft

$$\dot{m} = \frac{28{,}965\,\text{kg/kmol}}{22{,}414\,\text{m}^3/\text{kmol}}\,1000\,\frac{\text{m}^3}{\text{h}}\,\frac{1\,\text{h}}{3600\,\text{s}} = 0{,}3590\,\frac{\text{kg}}{\text{s}} \,.$$

Die mittleren spezifischen Wärmekapazitäten werden Tabelle 10.9 entnommen; es folgt dann

$$\dot{Q}_{12} = 0{,}3590\,\frac{\text{kg}}{\text{s}}\,(1{,}0862 \cdot 950 - 1{,}0042 \cdot 25)\,\frac{\text{kJ}}{\text{kg}} = 361{,}4\,\text{kW} \,.$$

4.3.3 Entropie und isentrope Zustandsänderungen idealer Gase

Die spezifische Entropie idealer Gase, also die Funktion

$$s^{iG}(T,p) := s_0 + \int_{T_0}^{T} c_p^{iG}(T)\,\frac{dT}{T} - R \ln \frac{p}{p_0} \qquad (4.25)$$

besteht aus zwei Teilen, aus einer Temperaturfunktion

$$s^{\mathrm{T}}(T) = s_0 + \int_{T_0}^{T} c_{\mathrm{p}}^{\mathrm{iG}}(T)\,\frac{\mathrm{d}T}{T}\,, \tag{4.26}$$

in der die individuellen Eigenschaften der einzelnen Gase zum Ausdruck kommen, und aus dem druckabhängigen Term, der für alle Gase die gleiche Gestalt hat. Mit Gl.(10.6) in Abschnitt 10.3.2 lässt sich $s^{\mathrm{T}}(T)$ für mehrere technisch wichtige Gase berechnen.

Mit der Temperaturfunktion $s^{\mathrm{T}}(T)$ nach Gl.(4.26) kann man den Zusammenhang zwischen T und p auf einer Isentrope bestimmen. Für zwei Zustände 1 und 2 mit $s_1 = s_2$ gilt

$$s(T_2, p_2) - s(T_1, p_1) = s^{\mathrm{T}}(T_2) - s^{\mathrm{T}}(T_1) - R\ln(p_2/p_1) = 0\,,$$

also

$$s^{\mathrm{T}}(T_2) = s^{\mathrm{T}}(T_1) + R\ln(p_2/p_1)\,. \tag{4.27}$$

Sind beispielsweise T_1, p_1 und der Enddruck p_2 gegeben, so berechnet man $s^{\mathrm{T}}(T_2)$ nach Gl.(4.27) und bestimmt durch inverse Interpolation die Temperatur T_2, die zu diesem Wert von s^{T} gehört.

Mit den vertafelten mittleren spezifischen Wärmekapazitäten $\bar{c}_{\mathrm{p}}^{\mathrm{iG}}(T)$ und der Funktion $s^{\mathrm{T}}(T)$ lässt sich auch eine in der Praxis häufig gestellte Aufgabe für ideale Gase exakt und einfach lösen: die *Berechnung der isentropen Enthalpiedifferenz*

$$\Delta h_{\mathrm{s}} := h(p_2, s_1) - h(p_1, s_1)\,.$$

Hier wird der Enthalpieunterschied zweier Zustände mit den Drücken p_1 und p_2 auf der Isentrope $s = s_1 = s_2$ gesucht. Der Rechengang besteht aus zwei Schritten. Mit den Daten des Anfangszustands 1 und dem Enddruck p_2 wird zunächst nach Gl.(4.27) die Endtemperatur T_2 bzw. ϑ_2 berechnet. Danach erhält man

$$\Delta h_{\mathrm{s}} = \bar{c}_{\mathrm{p}}^{\mathrm{iG}}(\vartheta_2)\,\vartheta_2 - \bar{c}_{\mathrm{p}}^{\mathrm{iG}}(\vartheta_1)\,\vartheta_1$$

mittels der in Tabelle 10.9 angegebenen Werte von $\bar{c}_{\mathrm{p}}^{\mathrm{iG}}(\vartheta)$. Auf eine angenäherte Berechnung isentroper Enthalpiedifferenzen für reale Fluide wird Abschnitt 4.4.3 eingegangen.

Bildet man das Differenzial $\mathrm{d}s$ der Entropie eines idealen Gases, so ergibt sich hierfür aus Gl.(4.25)

$$\mathrm{d}s = c_{\mathrm{p}}^{\mathrm{iG}}(T)\,\frac{\mathrm{d}T}{T} - R\,\frac{\mathrm{d}p}{p} = c_{\mathrm{v}}^{\mathrm{iG}}(T)\,\frac{\mathrm{d}p}{p} + c_{\mathrm{p}}^{\mathrm{iG}}(T)\,\frac{\mathrm{d}v}{v}\,,$$

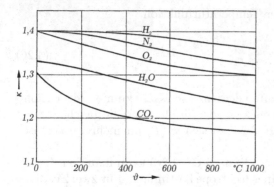

Abbildung 4.18. Isentropenexponent $\kappa(T) = c_{\mathrm{p}}^{\mathrm{iG}}(T)/c_{\mathrm{v}}^{\mathrm{iG}}(T)$ einiger idealer Gase

wenn man noch die thermische Zustandsgleichung und die Relation $c_{\mathrm{p}}^{\mathrm{iG}} - c_{\mathrm{v}}^{\mathrm{iG}} = R$ beachtet. Für eine isentrope Zustandsänderung erhält man daraus mit $\mathrm{d}s = 0$

$$\frac{\mathrm{d}T}{T} = \frac{R}{c_{\mathrm{v}}^{\mathrm{iG}}(T)}\,\frac{\mathrm{d}p}{p} = \frac{\kappa(T)-1}{\kappa(T)}\,\frac{\mathrm{d}p}{p} \tag{4.28}$$

und

$$\frac{\mathrm{d}p}{p} = -\frac{c_{\mathrm{p}}^{\mathrm{iG}}}{c_{\mathrm{v}}^{\mathrm{iG}}}\,\frac{\mathrm{d}v}{v} = -\kappa(T)\,\frac{\mathrm{d}v}{v}\,. \tag{4.29}$$

Dabei wurde das temperaturabhängige Verhältnis der beiden spezifischen Wärmekapazitäten, der Isentropenexponent des idealen Gases, mit

$$\kappa(T) := c_{\mathrm{p}}^{\mathrm{iG}}(T)/c_{\mathrm{v}}^{\mathrm{iG}}(T)$$

bezeichnet. In Abb. 4.18 ist $\kappa(T)$ für einige ideale Gase dargestellt.

Durch Integration der Gl.(4.28) und (4.29) erhält man nützliche Näherungsgleichungen für die Isentrope eines idealen Gases, wenn man die Temperaturabhängigkeit der spezifischen Wärmekapazität vernachlässigt, also $c_{\mathrm{p}}^{\mathrm{iG}} = \text{konst.}$ und dementsprechend $\kappa = \text{konst.}$ annimmt:

$$\frac{T}{T_0} = \left(\frac{p}{p_0}\right)^{R/c_{\mathrm{p}}^{\mathrm{iG}}} = \left(\frac{p}{p_0}\right)^{(\kappa-1)/\kappa} \tag{4.30}$$

sowie

$$\frac{p}{p_0} = \left(\frac{v_0}{v}\right)^{c_{\mathrm{p}}^{\mathrm{iG}}/c_{\mathrm{v}}^{\mathrm{iG}}} = \left(\frac{v_0}{v}\right)^{\kappa}\,. \tag{4.31}$$

Die letzte Gleichung wird oft in der Form

$$p\,v^{\kappa} = p_0 v_0^{\kappa} = \text{konst.}$$

geschrieben, die erstmals 1823 S.-D. Poisson [4.44] angegeben hat. Die Näherungsgleichungen (4.30) und (4.31) gelten exakt nur für Edelgase, denn diese haben nach Abschnitt 4.3.2 die von der Temperatur unabhängige Wärmekapazität $c_p^{iG} = (5/2)R$, woraus sich $\kappa = 5/3$ ergibt. Häufig vernachlässigt man bei den anderen idealen Gasen die schwache Temperaturabhängigkeit von c_p^{iG} bzw. von κ und benutzt zum Verfolgen isentroper Zustandsänderungen anstelle der exakten Beziehung (4.27) die Näherungsgleichungen (4.30) und (4.31).

Für die isentrope Enthalpiedifferenz zwischen zwei Zuständen 1 und 2 auf der Isentrope $s = s_1 = s_2$ erhält man mit $c_p^{iG} = $ konst. zunächst

$$\Delta h_s = h(T_2, s_1) - h(T_1, s_1) = c_p^{iG}\,(T_2 - T_1) = c_p^{iG}\,T_1\left(\frac{T_2}{T_1} - 1\right)\ .$$

Mit der Isentropengleichung (4.30) folgt

$$\Delta h_s = c_p^{iG}\,T_1\left[\left(\frac{p_2}{p_1}\right)^{R/c_p^{iG}} - 1\right] = \frac{\kappa}{\kappa - 1}\,R\,T_1\left[\left(\frac{p_2}{p_1}\right)^{(\kappa-1)/\kappa} - 1\right]\ ,$$

$$(4.32)$$

eine Beziehung, aus der sich Δh_s ohne Kenntnis der Endtemperatur T_2 der isentropen Zustandsänderung berechnen lässt.

Beispiel 4.6. Luft expandiert isentrop von $p_1 = 650$ kPa, $\vartheta_1 = 700{,}0\,°$C auf den Druck $p_2 = 100$ kPa. Man berechne die dabei auftretende Enthalpieänderung, die isentrope Enthalpiedifferenz.

Zuerst wird die Endtemperatur ϑ_2 aus der Bedingung $s = $ konst. nach Gl.(4.27) bestimmt:

$$s^{T}(\vartheta_2) = s^{T}(\vartheta_1) + R\,\ln(p_2/p_1)\ .$$

Nach Tabelle 10.11 und mit $R = 0{,}28705$ kJ/kg K erhält man

$$s^{T}(\vartheta_2) = [8{,}1057 + 0{,}28705\,\ln(1/6{,}5)]\,\text{kJ/kg K} = 7{,}5684\,\text{kJ/kg K}\ .$$

Die zu diesem Wert gehörende Temperatur wird durch inverse Interpolation aus Tabelle 10.11 zu $\vartheta_2 = 321{,}4\,°$C berechnet. Damit wird unter Benutzung von Tabelle 10.9

$$\Delta h_s = \bar{c}_p^{iG}(\vartheta_2) \cdot \vartheta_2 - \bar{c}_p^{iG}(\vartheta_1) \cdot \vartheta_1 = (1{,}0211 \cdot 321{,}4 - 1{,}0606 \cdot 700{,}0)\,\text{kJ/kg}$$
$$= -414{,}2\,\text{kJ/kg}\ .$$

Dieser exakten Werte werden die Ergebnisse der Näherungsrechnung mit konstantem c_p^{iG} gegenübergestellt. Hierzu wird mit Gl.(10.3) $c_p^{iG}(700{,}0\,°$C$) = 1{,}1359$ kJ/kg K und aus Gl.(4.30) die Endtemperatur

$$T_2 = T_1(p_2/p_1)^{R/c_p^{iG}} = 973{,}15\,\text{K}\,(1/6{,}5)^{0{,}2527} = 606{,}4\,\text{K}\ ,$$

also $\vartheta_2 = 333{,}2\,^\circ\mathrm{C}$ statt des genauen Werts $\vartheta_2 = 321{,}4\,^\circ\mathrm{C}$ berechnet. Für die isentrope Enthalpiedifferenz ergibt sich aus Gl.(4.32) $\Delta h_\mathrm{s} = -416{,}6$ kJ/kg, ein Wert, der nur um 0,58 % vom genauen Resultat abweicht.

4.3.4 Das inkompressible Fluid

Das inkompressible Fluid ist durch seine einfache thermische Zustandsgleichung

$$v = v_0 = \text{konst.}$$

definiert. Sein spezifisches Volumen hängt weder von der Temperatur noch vom Druck ab. Dieses Stoffmodell ist in engen Temperatur- und Druckbereichen auf Flüssigkeiten anwendbar. Die Näherung $v = \text{konst.}$ trifft dabei auf einer Isotherme auch bei relativ großen Druckänderungen von mehreren MPa recht gut zu, während eine Temperaturänderung von mehr als 20 K größere Änderungen des spezifischen Volumens zur Folge hat, welche die Anwendbarkeit des Modells in Frage stellen. Dies zeigt Tabelle 4.4 beispielhaft für Wasser. Trotz dieser Einschränkungen wird das inkompressible Fluid wegen seiner Einfachheit in der Strömungslehre und in der Lehre von der Wärmeübertragung bevorzugt verwendet, siehe z.B. [4.37].

Unter Benutzung der aus dem 2. Hauptsatz folgenden, allgemein gültigen Beziehungen von Abschnitt 3.2.4 können die kalorische Zustandsgleichung $h = h(T, p)$ und die Entropie-Zustandsgleichung $s = s(T, p)$ des inkompressiblen Fluids bestimmt werden. Nach Tabelle 3.2 erhält man

$$\mathrm{d}h = \left(\frac{\partial h}{\partial T}\right)_\mathrm{p} \mathrm{d}T + \left(\frac{\partial h}{\partial p}\right)_\mathrm{T} \mathrm{d}p = c_\mathrm{p}(T, p)\,\mathrm{d}T + \left[v - T\left(\frac{\partial v}{\partial T}\right)_\mathrm{p}\right]\mathrm{d}p\,.$$

Für das inkompressible Fluid gilt

$$(\partial v/\partial T)_\mathrm{p} \equiv 0\,,$$

und damit ergibt sich für das Differenzial der spezifischen Enthalpie

Tabelle 4.4. Änderung des spezifischen Volumens $v = 1{,}00177$ dm^3/kg von Wasser bei $\vartheta = 20\,^\circ\mathrm{C}$ und $p = 0{,}10$ MPa durch isotherme Druck- bzw. isobare Temperaturerhöhung

Abnahme um	Druckerhöhung um	Zunahme um	Temperaturerhöhung um
0,1 %	2,18 MPa	0,1 %	4,24 K
0,5 %	11,10 MPa	0,5 %	17,09 K
1,0 %	22,60 MPa	1,0 %	29,26 K
2,0 %	46,79 MPa	2,0 %	48,42 K

$$\mathrm{d}h = c_\mathrm{p}(T,p)\,\mathrm{d}T + v_0\,\mathrm{d}p \ .$$

Da $\mathrm{d}h$ Differenzial einer Zustandsfunktion ist, muss

$$\left(\frac{\partial c_\mathrm{p}}{\partial p}\right)_\mathrm{T} = \left(\frac{\partial v_0}{\partial T}\right)_\mathrm{p} \equiv 0$$

gelten. Die spezifische Wärmekapazität eines inkompressiblen Fluids hängt nicht vom Druck, sondern nur von der Temperatur ab: $c_\mathrm{p} = c_\mathrm{p}(T)$. Die spezifische Enthalpie erhält man nun durch Integration von $\mathrm{d}h$ zu

$$h(T,p) = h(T_0,p_0) + \int_{T_0}^{T} c_\mathrm{p}(T)\,\mathrm{d}T + v_0(p - p_0) \ .$$

Die spezifische innere Energie des inkompressiblen Fluids hängt wegen

$$u = h - p\,v = h - R\,T = h(T_0,p_0) - p_0\,v_0 + \int_{T_0}^{T} c_\mathrm{p}(T)\,\mathrm{d}T = u(T)$$

nur von der Temperatur ab. Die spezifische isochore Wärmekapazität c_v ergibt sich daraus zu

$$c_\mathrm{v}(T) = \frac{\mathrm{d}u}{\mathrm{d}T} = c_\mathrm{p}(T) \ .$$

Für ein inkompressibles Fluid stimmen die isobare und isochore spezifische Wärmekapazität überein. Daher werden die Indizes p und v fortgelassen und es wird geschrieben

$$h(T,p) = h(T_0,p_0) + \int_{T_0}^{T} c(T)\,\mathrm{d}T + v_0(p - p_0) \ .$$

Das Entropiedifferenzial $\mathrm{d}s$ ergibt sich nach Tabelle 3.2 zu

$$\mathrm{d}s = \left(\frac{\partial s}{\partial T}\right)_\mathrm{p}\mathrm{d}T + \left(\frac{\partial s}{\partial p}\right)_\mathrm{T}\mathrm{d}p = \frac{c_\mathrm{p}(T,p)}{T}\,\mathrm{d}T - \left(\frac{\partial v}{\partial T}\right)_\mathrm{p}\mathrm{d}p \ .$$

Für das inkompressible Fluid folgt daraus mit $c_\mathrm{p} = c(T)$ und $(\partial v/\partial T)_\mathrm{p} \equiv 0$ das einfache Resultat

$$\mathrm{d}s = c(T)\,\frac{\mathrm{d}T}{T} \ .$$

Die Entropie eines inkompressiblen Fluides hängt nur von der Temperatur ab:

$$s(T) = s(T_0) + \int\limits_{T_0}^{T} c(T)\,\frac{\mathrm{d}T}{T}\;.$$

Die Isentropen eines inkompressiblen Fluids fallen mit den Isothermen zusammen. Für die Enthalpieänderung auf einer Isentrope $s = s_1$ (gleich Isotherme $T = T_1$) gilt daher einfach

$$\Delta h_{\mathrm{s}} = h(p_2, s_1) - h(p_1, s_1) = v_0(p_2 - p_1)\;.$$

Das Stoffmodell des inkompressiblen Fluids ist in der Regel nur in recht engen Temperaturbereichen anwendbar. Es ist daher sinnvoll, die Temperaturabhängigkeit der spezifischen Wärmekapazität nicht zu berücksichtigen und mit konstantem c zu rechnen. Die Gleichungen für h und s vereinfachen sich erheblich:

$$h(T,p) = h_0 + c\,(T - T_0) + v_0(p - p_0)\;,$$
$$s(T) = s_0 + c\,\ln(T/T_0)\;.$$

Zur Abkürzung wurden $h_0 = h(T_0, p_0)$ und $s_0 = s(T_0)$ gesetzt. Ein inkompressibles Fluid wird dann durch nur zwei Modellparameter charakterisiert: sein konstantes spezifisches Volumen v_0 und seine konstante spezifische Wärmekapazität c.

Beispiel 4.7. Eine adiabate Speisepumpe fördert Wasser in einem stationären Fließprozess von $p_1 = 10{,}0$ kPa, $\vartheta_1 = 40{,}0\,°\mathrm{C}$ auf $p_2 = 12{,}0$ MPa, wobei die Temperatur auf $\vartheta_2 = 41{,}3\,°\mathrm{C}$ steigt. Man berechne die spezifische technische Arbeit $w_{\mathrm{t}12}$ und die erzeugte Entropie $s_{\mathrm{irr},12}$ unter der Annahme, Wasser sei ein inkompressibles Fluid mit $v_0 = 1{,}005$ dm³/kg und $c = 4{,}18$ kJ/kg K.

Unter Vernachlässigung der Änderungen von kinetischer und potenzieller Energie erhält man aus dem 1. Hauptsatz für stationäre Fließprozesse,

$$q_{12} + w_{\mathrm{t}12} = h_2 - h_1 + \frac{1}{2}\,(w_2^2 - w_1^2) + g\,(z_2 - z_1)\;,$$

für die spezifische technische Arbeit

$$w_{\mathrm{t}12} = h_2 - h_1 = c\,(T_2 - T_1) + v_0(p_2 - p_1)\;.$$

Dies ergibt

$$w_{\mathrm{t}12} = 4{,}18\,\frac{\mathrm{kJ}}{\mathrm{kg\,K}}\,(41{,}3 - 40{,}0)\,\mathrm{K} + 1{,}005\,\frac{\mathrm{dm}^3}{\mathrm{kg}}\,(12{,}0 - 0{,}01)\,\mathrm{MPa} = 17{,}5\,\frac{\mathrm{kJ}}{\mathrm{kg}}\;.$$

Da die Speisepumpe ein adiabates System ist, gilt für die erzeugte Entropie

$$s_{\mathrm{irr},12} = s_2 - s_1 = c\,\ln(T_2/T_1) = 0{,}0173\,\mathrm{kJ/kg\,K}\;.$$

Diese Ergebnisse können verglichen werden mit Ergebnissen, die man unter Benutzung der Dampftafel [4.45] erhält. Die Enthalpiedifferenz wird

$$h_2 - h_1 = (183{,}54 - 167{,}54)\,\text{kJ/kg} = 16{,}00\,\text{kJ/kg}$$

und die Entropiedifferenz

$$s_2 - s_1 = (0{,}5849 - 0{,}5724)\,\text{kJ/kg K} = 0{,}0125\,\text{kJ/kg K}\,.$$

Die unter der Annahme eines inkompressiblen Fluids berechneten Werte weichen von den genaueren Dampftafelwerten merklich ab. Dies weist auf die Gültigkeitsgrenzen dieses einfachen Stoffmodells hin, das bei höheren Genauigkeitsansprüchen nicht angewendet werden sollte.

4.4 Zustandsgleichungen, Tafeln und Diagramme

Die zur Auswertung der thermodynamischen Beziehungen benötigten Zustandsgrößen können in drei verschiedenen Formen als praktisch verwendbare Arbeitsunterlage dargeboten werden: als Zustandsgleichungen, als Tafeln der Zustandsgrößen und als Diagramme. *Zustandsdiagramme* gehören besonders in Form der noch zu besprechenden T, s- und h, s-Diagramme zu den ältesten Darstellungs- und Arbeitsmitteln des Ingenieurs. Sie sind beliebt, weil sie eine Veranschaulichung der Prozesse ermöglichen. Außerdem war früher die Genauigkeit, mit der man Zustandsgrößen experimentell ermitteln konnte, so begrenzt, dass die Genauigkeit der graphischen Darstellung ausreichte. Heute dienen Zustandsdiagramme noch zur schnellen Veranschaulichung von Prozessen und der dabei umgesetzten Energien.

Im Gegensatz zu den Diagrammen erlauben *Tafeln der Zustandsgrößen*, die Genauigkeit gemessener Zustandsgrößen voll auszuschöpfen. Tafeln sind seit langem in Gebrauch und werden auch in Zukunft ein nützliches Arbeitsmittel bleiben, um einzelne Werte von Zustandsgrößen ohne aufwendige Hilfsmittel rasch zu bestimmen.

Zustandsdiagramme und Tafeln müssen mit *Zustandsgleichungen* berechnet werden; entweder mit einer Fundamentalgleichung oder mit den dazu äquivalenten drei Zustandsgleichungen, der thermischen, der kalorischen und der Entropie-Zustandsgleichung. Bei Verwendung von Computern ist es häufig rationeller, selbst komplizierte Zustandsgleichungen und ihre Auswertung zu programmieren, als Diagramme und Tafeln zu benutzen. Dies gilt besonders dann, wenn die Berechnung der Zustandsgrößen Teil einer umfangreichen Prozessberechnung und Anlagenoptimierung ist.

Im folgenden Abschnitt werden die thermodynamischen Zusammenhänge zwischen thermischen und kalorischen Zustandsgrößen hergeleitet und die Aufstellung und Verwendung von Fundamentalgleichungen behandelt. Danach wird auf die Schallgeschwindigkeit und den mit ihr zusammenhängenden Isentropenexponenten eingegangen. In den beiden letzten Abschnitten wird der Aufbau und die Anwendung von Tabellen und Diagrammen der Zustandsgrößen besprochen.

4.4.1 Die Bestimmung von Enthalpie und Entropie mit Hilfe der thermischen Zustandsgleichung

Nur selten werden Enthalpiedifferenzen mit Hilfe von Kalorimetern direkt gemessen, weil der hierfür erforderliche experimentelle Aufwand sehr groß ist. Die thermischen Zustandsgrößen lassen sich dagegen einfacher und mit hoher Genauigkeit messen. Auf Grund des 2. Hauptsatzes bestehen zwischen thermischen und kalorischen Zustandsgrößen Zusammenhänge; sie ermöglichen es, aus der thermischen Zustandsgleichung $v = v(T, p)$ oder $p = p(T, v)$ die spezifische Enthalpie h und die spezifische Entropie s weitgehend zu berechnen.

Es sei die thermische Zustandsgleichung des Fluids in der volumenexpliziten Form

$$v = v(T, p)$$

bekannt. Nach Tabelle 3.2 von Abschnitt 3.2.4 gilt für das Differenzial der spezifischen Enthalpie $h = h(T, p)$

$$\mathrm{d}h = c_\mathrm{p}(T, p)\,\mathrm{d}T + \left[v - T \left(\frac{\partial v}{\partial T} \right)_\mathrm{p} \right] \mathrm{d}p \,. \tag{4.33}$$

Um die Enthalpiedifferenz $h(T, p) - h(T_0, p_0)$ gegenüber einem willkürlich wählbaren Bezugszustand (T_0, p_0) zu berechnen, wird Gl.(4.33) integriert. Dazu wird wie in Abschnitt 3.2.2 ein aus zwei Teilen bestehenden Integrationsweg gewählt, der den Bezugszustand (T_0, p_0) isobar mit einem Zwischenzustand (T, p_0) verbindet, von dem aus man isotherm zum Zustand (T, p) gelangt. Diese Integration ergibt

$$h(T, p) = h(T_0, p_0) + \int\limits_{T_0}^{T} c_p(T, p_0)\,\mathrm{d}T + \int\limits_{p_0}^{p} \left[v - T \left(\frac{\partial v}{\partial T} \right)_\mathrm{p} \right] \mathrm{d}p \,.$$

Die kalorische Zustandsgleichung $h = h(T, p)$ lässt sich also aus der thermischen Zustandsgleichung $v = v(T, p)$ berechnen, wenn man noch zusätzlich für eine einzige Isobare $p = p_0$ den Verlauf von c_p kennt. Hier ist es nun vorteilhaft, $p_0 = 0$ zu wählen, denn dann ist $c_\mathrm{p}(T, 0) = c_\mathrm{p}^\mathrm{iG}(T)$ die spezifische Wärmekapazität im *idealen* Gaszustand, vgl. Abschnitt 4.3.2. Mit $p_0 = 0$ folgt nun

$$h(T, p) = h_0 + \int\limits_{T_0}^{T} c_\mathrm{p}^\mathrm{iG}(T)\,\mathrm{d}T + \int\limits_{0}^{p} \left[v - T \left(\frac{\partial v}{\partial T} \right)_\mathrm{p} \right] \mathrm{d}p \,.$$

Die Konstante h_0 bedeutet die Enthalpie des idealen Gases bei der Bezugstemperatur T_0. Das erste Integral gibt die nur von der Temperatur abhängige

Enthalpie des idealen Gases an, das zweite Integral berücksichtigt die Druck-abhängigkeit der Enthalpie und damit das Abweichen des realen Fluids vom Verhalten eines idealen Gases.

Auch die spezifische Entropie $s(T,p)$ lässt sich aus der thermischen Zustandsgleichung $v = v(T,p)$ und der spezifischen Wärmekapazität $c_p^{iG}(T)$ im idealen Gaszustand berechnen. Nach Tabelle 3.2 ergibt sich das Differenzial der spezifischen Entropie zu

$$ds = c_p(T,p) \frac{dT}{T} - \left(\frac{\partial v}{\partial T} \right)_p dp .$$

Für das ideale Gas folgt daraus

$$ds^{iG} = c_p^{iG}(T) \frac{dT}{T} - R \frac{dp}{p} .$$

Es wird nun die Differenz der Entropien eines realen und eines idealen Gases bei derselben Temperatur berechnet. Dazu wird die Differenz ($dT = 0$!)

$$ds - ds^{iG} = - \left(\frac{\partial v}{\partial T} \right)_p dp + R \frac{dp}{p} = - \left[\left(\frac{\partial v}{\partial T} \right)_p - \frac{R}{p} \right] dp$$

zwischen den Grenzen $p = 0$ und p berechnet und dabei beachtet, dass für $p \to 0$ kein Unterschied zwischen einem realen und einem idealen Gas besteht. Es ergibt sich dann

$$s(T,p) - s^{iG}(T,p) = - \int_0^p \left[\left(\frac{\partial v}{\partial T} \right)_p - \frac{R}{p} \right] dp .$$

Wird hierin die Entropie des idealen Gases nach Gl.(4.25) eingesetzt, so folgt

$$s(T,p) = s_0 + \int_{T_0}^T c_p^{iG}(T) \frac{dT}{T} - R \ln \frac{p}{p_0} - \int_0^p \left[\left(\frac{\partial v}{\partial T} \right)_p - \frac{R}{p} \right] dp$$

als Entropie eines realen Fluids.

Die hier hergeleiteten Beziehungen zur Berechnung von h und s lassen sich häufig deswegen nicht anwenden, weil die thermische Zustandsgleichung nicht wie angenommen in der Form $v = v(T,p)$, sondern druckexplizit als

$$p = p(T,v)$$

mit T und v als den unabhängigen Variablen vorliegt. Eine Zustandsglei-chung, die das Verhalten von Gas und Flüssigkeit, also das ganze fluide Gebiet wiedergeben soll, hat stets die Form $p = p(T,v)$, weil der Druck überall (auch im Nassdampfgebiet) eine eindeutige Funktion des spezifischen Volumens ist. In diesem Fall erhält man die Enthalpie aus ihrer Definitionsgleichung

$$h(T,v) = u(T,v) + p(T,v) \cdot v \, .$$

Die spezifische innere Energie ergibt sich, was nicht im Einzelnen hergeleitet werden soll, durch Integration der in Tabelle 3.2 verzeichneten Ableitungen der Helmholtz-Funktion zu

$$u(T,v) = u_0 + \int_{T_0}^{T} c_v^{\mathrm{iG}}(T)\, \mathrm{d}T + \int_{\infty}^{v} \left[T \left(\frac{\partial p}{\partial T} \right)_v - p \right] \mathrm{d}v \, . \qquad (4.34)$$

Hierin ist u_0 die spezifische innere Energie des idealen Gases bei $T = T_0$. Das erste Integral gibt die Temperaturabhängigkeit von u für das ideale Gas ($v \to \infty$), das zweite Integral berücksichtigt die Volumenabhängigkeit von u und damit die Abweichungen vom Grenzgesetz des idealen Gases; dieses Integral lässt sich mit der thermischen Zustandsgleichung $p = p(T,v)$ auswerten.

Für die spezifische Entropie erhält man die Gleichung

$$s(T,v) = s_0 + \int_{T_0}^{T} c_v^{\mathrm{iG}}(T)\, \frac{\mathrm{d}T}{T} + R \ln \frac{v}{v_0} + \int_{\infty}^{v} \left[\left(\frac{\partial p}{\partial T} \right)_v - \frac{R}{v} \right] \mathrm{d}v \, .$$

Hierin ist s_0 die spezifische Entropie des idealen Gases im Bezugszustand (T_0, v_0). Das letzte Integral, welches die Abweichungen vom idealen Gaszustand erfasst, ist trotz des sich bis $v \to \infty$ erstreckenden Integrationsintervalles endlich.

Wie die Gleichungen für $u(T,v)$ und $s(T,v)$ zeigen, genügen die thermische Zustandsgleichung $p = p(T,v)$ und die spezifische Wärmekapazität $c_v^{\mathrm{iG}} = c_v^{\mathrm{iG}}(T)$ im idealen Gaszustand, um die kalorische Zustandsgleichung und die Entropie-Zustandsgleichung zu bestimmen. Die drei Zustandsgleichungen $p = p(T,v)$, $u = u(T,v)$ und $s = s(T,v)$ sind, wie in Abschnitt 3.2.4 gezeigt wurde, äquivalent zur Fundamentalgleichung $f = f(T,v)$, der Helmholtz-Funktion. Somit genügen die thermische Zustandsgleichung und $c_v^{\mathrm{iG}}(T)$, um auch die Fundamentalgleichung eines Fluids festzulegen; $p = p(T,v)$ und $c_v^{\mathrm{iG}}(T)$ enthalten bereits alle Informationen über die thermodynamischen Eigenschaften eines Fluids. Weitere Daten sind aufgrund des 2. Hauptsatzes nicht erforderlich und müssen daher auch nicht durch meist aufwendige Messungen bestimmt werden. Sie können jedoch als zusätzliche unabhängige Daten zur Stützung und Kontrolle der gemessenen thermischen Zustandsgrößen dienen. Das Gleiche gilt für die Gibbs-Funktion $g = g(T,p)$. Zu ihrer Bestimmung benötigt man nur die thermische Zustandsgleichung $v = v(T,p)$ im ganzen interessierenden Bereich der Variablen T und p sowie die spezifische Wärmekapazität $c_p^{\mathrm{iG}}(T)$ im idealen Gaszustand.

4.4.2 Fundamentalgleichungen

Liegen für einen Stoff im ganzen fluiden Gebiet zahlreiche genaue Messwerte seiner Zustandsgrößen vor, so lohnt es sich, eine Fundamentalgleichung aufzustellen. Wie in Abschnitt 3.2.4 gezeigt wurde, lassen sich aus einer solchen Gleichung sämtliche thermodynamischen Eigenschaften berechnen. Eine genaue Fundamentalgleichung fasst somit alle Informationen über die thermodynamischen Eigenschaften eines Fluids ordnend zusammen; sie kann den Hauptbestandteil eines Computerprogramms zur Berechnung der thermodynamischen Eigenschaften bilden oder dazu dienen, Tafeln der Zustandsgrößen zu berechnen und einfacher aufgebaute Arbeitsgleichungen für begrenzte Zustandsbereiche aufzustellen. Ein Ziel der thermodynamischen Stoffwertforschung ist es, für wichtige Arbeitsstoffe der Energie- und Verfahrenstechnik genaue Fundamentalgleichungen zu gewinnen, die auf zuverlässigen Messwerten basieren.

Die erste Fundamentalgleichung, mit der sich das gesamte, durch Messwerte erschlossene fluide Zustandsgebiet eines Stoffes durch eine einzige charakteristische Funktion mit hoher Genauigkeit wiedergeben ließ, hat 1974 R. Pollak [4.46] für Wasser angegeben. In den folgenden Jahren wurden Fundamentalgleichungen für eine Reihe experimentell gut untersuchter Stoffe aufgestellt. Eine Zusammenstellung von etwa 30 veröffentlichten Fundamentalgleichungen, findet man bei R. Tillner-Roth [4.47] und im Buch von R. Span [4.48]. Als Beispiele seien die hochgenauen Gleichungen für Methan [4.30] und das Kältemittel R 134 a [4.34] genannt sowie die Fundamentalgleichung für Wasser [4.49], aus der ein System von Arbeitsgleichungen, der sogenannte Industrie-Standard IAWPS-IF 97 zur praktischen und schnellen Berechnung der Zustandsgrößen entwickelt wurde [4.45], [4.50].

Um das gesamte fluide Zustandsgebiet mit einer einzigen Fundamentalgleichung darzustellen, wählt man T und v als unabhängige Variable. Die zugehörige charakteristische Funktion ist die spezifische Helmholtz-Funktion $f = f(T, v)$. R. Pollak [4.46] und die Autoren der später aufgestellten Fundamentalgleichungen haben f durch Division mit RT dimensionslos gemacht. Die dadurch entstehende Funktion

$$\Phi := f/RT = \Phi(T, v)$$

gehört nicht mehr zu den energieartigen charakteristischen Funktionen, sondern wegen der Division durch T zu den *entropieartigen* Funktionen. Es ist daher thermodynamisch nicht ganz korrekt, Φ als dimensionslose Helmholtz-Funktion oder als dimensionslose freie Energie zu bezeichnen; Φ ist vielmehr das Negative der dimensionslosen Massieu-Funktion

$$\frac{j}{R} = \frac{s}{R} - \frac{u/T}{R} = -\frac{f}{RT} = -\Phi \,,$$

vgl. Abschnitt 3.2.4 und [4.51]. Das Differential von Φ ist

$$\mathrm{d}\Phi = -\frac{u}{RT^2}\,\mathrm{d}T - \frac{p}{RT}\,\mathrm{d}v = \frac{u}{R}\,\mathrm{d}\!\left(\frac{1}{T}\right) + \frac{pv}{RT}\frac{\mathrm{d}\varrho}{\varrho} \,.$$

Wie diese Gleichung zeigt, ist Φ charakteristische Funktion für die unabhängigen Variablen T und v oder $1/T$ und $1/v = \varrho$.

Tabelle 4.5. Zusammenhänge zwischen thermodynamischen Zustandsgrößen und der dimensionslosen Massieu-Funktion $\Phi = -j/R = \Phi(\tau, \delta)$

Realgasfaktor $Z := p\,v/(R\,T)$	$Z(\tau, \delta) = 1 + \delta\,\Phi_\delta^{\mathrm{r}}$
spezifische innere Energie	$\dfrac{u(\tau, \delta)}{R\,T_{\mathrm{k}}} = \Phi_\tau^{\mathrm{iG}} + \Phi_\tau^{\mathrm{r}}$
spezifische Enthalpie	$\dfrac{h(\tau, \delta)}{R\,T_{\mathrm{k}}} = \Phi_\tau^{\mathrm{iG}} + \Phi_\tau^{\mathrm{r}} + \dfrac{1}{\tau} + \dfrac{\delta}{\tau}\,\Phi_\delta^{\mathrm{r}}$
spezifische Entropie	$\dfrac{s(\tau, \delta)}{R} = \tau\,(\Phi_\tau^{\mathrm{iG}} + \Phi_\tau^{\mathrm{r}}) - (\Phi^{\mathrm{iG}} + \Phi^{\mathrm{r}})$
spezifische isochore Wärmekapazität	$\dfrac{c_{\mathrm{v}}(\tau, \delta)}{R} = -\tau^2(\Phi_{\tau\tau}^{\mathrm{iG}} + \Phi_{\tau\tau}^{\mathrm{r}})$
spezifische isobare Wärmekapazität	$\dfrac{c_{\mathrm{p}}(\tau, \delta)}{R} = \dfrac{c_{\mathrm{v}}}{R} + \dfrac{(1 + \delta\,\Phi_\delta^{\mathrm{r}} - \delta\,\tau\,\Phi_{\delta\tau}^{\mathrm{r}})^2}{1 + 2\,\delta\,\Phi_\delta^{\mathrm{r}} + \delta^2\Phi_{\delta\delta}^{\mathrm{r}}}$
Schallgeschwindigkeit a	$\dfrac{a^2(\tau, \delta)}{R\,T_{\mathrm{k}}} = \dfrac{1}{\tau}\,(1 + 2\,\delta\,\Phi_\delta^{\mathrm{r}} + \delta^2\Phi_{\delta\delta}^{\mathrm{r}})\,\dfrac{c_{\mathrm{p}}}{c_{\mathrm{v}}}$

Abkürzung der partiellen Ableitungen:
$\Phi_\tau = \partial\Phi/\partial\tau$, $\quad \Phi_\delta = \partial\Phi/\partial\delta$, $\quad \Phi_{\tau\tau} = \partial^2\Phi/\partial\tau^2$, $\quad \Phi_{\tau\delta} = \partial^2\Phi/\partial\tau\partial\delta$,
$\Phi_{\delta\delta} = \partial^2\Phi/\partial\delta^2$.

Um auch die unabhängigen Zustandsgrößen dimensionslos zu machen, bezieht man sie auf ihre Werte im kritischen Punkt und benutzt die Variablen

$$\tau := T_{\mathrm{k}}/T \quad \text{und} \quad \delta := v_{\mathrm{k}}/v = \varrho/\varrho_{\mathrm{k}} = d/d_{\mathrm{k}}\,.$$

Die dimensionslose Fundamentalgleichung erhält dann die Form

$$\Phi = \frac{-j}{R} = \Phi(\tau, \delta) = \Phi^{\mathrm{iG}}(\tau, \delta) + \Phi^{\mathrm{r}}(\tau, \delta)\,,$$

wobei ihr Idealteil Φ^{iG} das Fluid im Grenzzustand des idealen Gases beschreibt und der Realteil Φ^{r} die Abweichungen vom idealen Gaszustand erfasst. In Tabelle 4.5 sind die Beziehungen zusammengestellt, mit denen die wichtigsten thermodynamischen Eigenschaften des Fluids aus der Fundamentalgleichung zu berechnen sind. Diese Beziehungen sind noch durch die Gleichungen zu ergänzen, mit denen man bei gegebenem T die drei Sättigungsgrößen Dampfdruck p_{s}, Siededichte $\varrho' = \delta'\varrho_{\mathrm{k}}$ und Taudichte $\varrho'' = \delta''\varrho_{\mathrm{k}}$ aus der Fundamentalgleichung erhalten kann:

$$\frac{p_{\mathrm{s}}}{R\,T_{\mathrm{k}}\varrho_{\mathrm{k}}} = \frac{\delta'\,\delta''}{\tau\,(\delta' - \delta'')}\,[\Phi^{\mathrm{r}}(\tau, \delta') - \Phi^{\mathrm{r}}(\tau, \delta'') + \ln(\delta'/\delta'')]\,, \tag{4.35}$$

$$\frac{p_{\mathrm{s}}}{R\,T_{\mathrm{k}}\varrho_{\mathrm{k}}} = \frac{\delta'}{\tau}\,[1 + \delta'\,\Phi_\delta^{\mathrm{r}}(\tau, \delta')] = \frac{\delta''}{\tau}\,[1 + \delta''\Phi_\delta^{\mathrm{r}}(\tau, \delta'')]\,.$$

Gleichung (4.35) entspricht der in Abschnitt 4.1.3 hergeleiteten Beziehung, aus der das Maxwell-Kriterium hervorgeht. Außerdem muss der Dampfdruck mit dem Druck auf der Siedelinie und der Taulinie übereinstimmen.

Die thermodynamischen Beziehungen von Tabelle 4.5 dienen dazu, aus einer gegebenen Fundamentalgleichung die gewünschten Zustandsgrößen zu berechnen. Man benutzt sie auch zur Aufstellung der Fundamentalgleichung; denn diese Gleichungen verknüpfen die Messwerte unterschiedlicher Zustandsgrößen mit der gesuchten charakteristischen Funktion $\Phi(\tau, \delta)$ und ihren Ableitungen. Wesentliche Elemente der Aufstellung einer Fundamentalgleichung sind die kritische Auswahl der Messreihen, die Optimierung der Gleichungsstruktur und die Verwendung aller zuverlässigen Messwerte unterschiedlicher Zustandsgrößen zur optimalen Anpassung der Koeffizienten der Fundamentalgleichung, das sogenannte multiproperty-fitting. Weitere Angaben zum zeitraubenden und komplizierten Prozess der Aufstellung einer Fundamentalgleichung findet man in [4.51] und vor allem in der umfassenden und ausführlichen Darstellung von R. Span [4.48].

4.4.3 Schallgeschwindigkeit und Isentropenexponent

Zu den Zustandsgrößen, die sich genau messen lassen, gehört auch die Schallgeschwindigkeit. Messwerte der Schallgeschwindigkeit werden daher oft zur Aufstellung einer Fundamentalgleichung herangezogen, vgl. [4.52]. Außerdem tritt die Schallgeschwindigkeit bei der Behandlung von Strömungsprozessen kompressibler Fluide auf, vgl. die Abschnitte 6.2.1 bis 6.2.3. Deren Dichte ändert sich nicht nur mit der Temperatur, sondern auch durch eine Druckänderung. Der isentrope Druck-Dichte-Gradient $(\partial p / \partial \rho)_s$ hängt eng mit der Schallgeschwindigkeit zusammen. Sie spielt auch in der Aerodynamik schnell bewegter Flugkörper eine bedeutende Rolle. Hier bezeichnet man das Verhältnis der Fluggeschwindigkeit w zur Schallgeschwindigkeit a des umgebenden Fluids als Mach-Zahl[7] $Ma := w/a$.

Eine Schallwelle ist eine periodische longitudinale Druck- und Dichteschwankung kleiner Amplitude. Unter der Annahme, dass diese Schwankungen adiabat und reversibel, also isentrop verlaufen, erhält man für die Fortpflanzungsgeschwindigkeit der Schallwelle den als (isentrope) *Schallgeschwindigkeit* bezeichneten Ausdruck

$$a = \sqrt{(\partial p / \partial \varrho)_s} = v \sqrt{-(\partial p / \partial v)_s} \, .$$

Die Schallgeschwindigkeit ist eine intensive Zustandsgröße des betreffenden Fluids, die von zwei unabhängigen intensiven Zustandsgrößen, z.B. von T und p, abhängt: $a = a(T, p)$.

---

[7] Ernst Mach (1838–1916), österreichischer Physiker und Philosoph, war Professor für Physik in Wien, Graz und Prag. Von 1895 bis 1901 lehrte er Philosophie an der Universität Wien. Seine physikalischen Arbeiten behandeln vor allem Themen aus der Optik (Mach-Zehnder-Interferometer) und der Gasdynamik bei Überschallgeschwindigkeiten (Machsche Wellen, Machscher Kegel). Sein Buch „Die Prinzipien der Wärmelehre. Historisch-kritisch entwickelt" (1896) gehört zu den ersten Darstellungen grundlegender Probleme der Thermodynamik.

Für *ideale Gase* lässt sich die bei konstanter Entropie zu bildende Ableitung $(\partial p/\partial v)_\mathrm{s}$ einfach berechnen. Aus der in Abschnitt 4.3.3 hergeleiteten und für $s = $ konst. gültigen Gl.(4.29)

$$\frac{\mathrm{d}p}{p} = -\kappa(T)\,\frac{\mathrm{d}v}{v}\,,$$

mit $\kappa(T) := c_\mathrm{p}^\mathrm{iG}(T)/c_\mathrm{v}^\mathrm{iG}(T)$ erhält man

$$\left(\frac{\partial p}{\partial v}\right)_\mathrm{s} = -\frac{p}{v}\,\frac{c_\mathrm{p}^\mathrm{iG}(T)}{c_\mathrm{v}^\mathrm{iG}(T)} = -\frac{RT}{v^2}\,\kappa(T)\,. \tag{4.36}$$

Damit wird die Schallgeschwindigkeit idealer Gase eine reine Temperaturfunktion:

$$a = a(T) = \sqrt{\kappa(T)RT} = \sqrt{\kappa(T)(R_\mathrm{m}/M)\,T}\,.$$

Da $\kappa(T)$ mit T nur wenig abnimmt, wächst die Schallgeschwindigkeit etwa mit der Wurzel aus der thermodynamischen Temperatur. Sie ist für jene idealen Gase am größten, die eine kleine molare Masse M haben, vgl. Tabelle 4.6.

Aus Messungen der Schallgeschwindigkeit bei kleinen Drücken kann man durch Extrapolation auf $p \to 0$ die thermodynamische Temperatur bestimmen. Dieses „akustische Thermometer" wird bevorzugt bei Temperaturen unter 20 K angewendet. Derartige Messungen der Schallgeschwindigkeit dienen auch zur genauen Bestimmung der universellen Gaskonstante R_m. Man wählt ein einatomiges Gas, z.B. Argon, für das κ den exakten Wert 5/3 hat, und misst a bei der exakt bekannten Temperatur $T_\mathrm{tr} = 273{,}16$ K des Tripelpunkts von Wasser. Diese sehr aufwendigen Präzisionsmessungen [1.30] lieferten den sehr genauen Wert $R_\mathrm{m} = (8{,}314\,471 \pm 0{,}000\,014)$ J/mol K.

Die *Schallgeschwindigkeit realer Fluide* hängt nicht nur von T, sondern auch von v oder p ab. Hierfür gelten die exakten Beziehungen

$$a^2 = -v^2 \left(\frac{\partial p}{\partial v}\right)_\mathrm{s} = v^2 \left[\frac{T}{c_\mathrm{v}}\left(\frac{\partial p}{\partial T}\right)_\mathrm{v}^2 - \left(\frac{\partial p}{\partial v}\right)_\mathrm{T}\right] = -v^2 \left(\frac{\partial p}{\partial v}\right)_\mathrm{T}\frac{c_\mathrm{p}}{c_\mathrm{v}}\,,$$

deren Herleitung dem Leser überlassen bleibe. Danach ist die Schallgeschwindigkeit aus der thermischen Zustandsgleichung $p = p(T,v)$ und aus $c_\mathrm{v}^\mathrm{iG}(T)$, der spezifischen isochoren Wärmekapazität im idealen Gaszustand berechenbar; denn für c_v folgt durch Differenzieren von Gl.(4.34)

Tabelle 4.6. Schallgeschwindigkeit idealer Gase bei 25 °C

Gas	H_2	He	Ar	N_2	Luft	CO_2	CH_4	H_2O	R 134a
a in m/s	1315	1016	321,6	351,9	346,2	269,3	456,3	427,7	164,1

$$c_v(T,v) = c_v^{\mathrm{iG}}(T) + T \int\limits_{\infty}^{v} \left(\frac{\partial^2 p}{\partial T^2} \right)_v \, \mathrm{d}v \; .$$

Man kann auch den in Tabelle 4.5 aufgeführten Zusammenhang benutzen, um a aus einer Fundamentalgleichung zu berechnen.

Die Schallgeschwindigkeit hängt mit einer weiteren Zustandsgröße eng zusammen, dem *Isentropenexponenten*

$$k := -\frac{v}{p} \left(\frac{\partial p}{\partial v} \right)_s = \frac{a^2}{pv} \; . \tag{4.37}$$

Für ideale Gase stimmt k mit dem nur von T abhängigen Verhältnis κ der beiden spezifischen Wärmekapazitäten überein. Mit dem Isentropenexponenten lassen sich isentrope Zustandsänderungen beliebiger Fluide durch die Potenzfunktion

$$p\,v^k = p_1\,v_1^k \tag{4.38}$$

recht genau annähern. Dabei erhält man eine besonders gute Approximation, wenn der Exponent k bei (v_1, p_1) aus dem Verlauf der wahren Isentrope $s = s_1 = s(p_1, v_1)$ nach Gl.(4.37) ermittelt wird. Beide Kurven stimmen dann im Zustand 1 im Funktionswert sowie in der ersten und zweiten Ableitung überein.

Der *Isentropenexponent* k dient zur Berechnung der *isentropen Enthalpiedifferenz*

$$\Delta h_s := h(p_2, s_1) - h(p_1, s_1) \; ,$$

die bei stationären Fließprozessen in adiabaten Kontrollräumen auftritt, vgl. Abschnitte 6.2.2 und 6.2.4. Man erhält Δh_s durch Integration von

$$\mathrm{d}h = T\,\mathrm{d}s + v\,\mathrm{d}p \; ,$$

was mit $\mathrm{d}s = 0$

$$\Delta h_s = \int\limits_{p_1}^{p_2} v(p, s_1)\,\mathrm{d}p$$

ergibt. Für die Druckabhängigkeit des spezifischen Volumens auf der Isentrope $s = s_1$ benutzt man nun die Potenzfunktion nach Gl.(4.38) mit dem passend gewählten Isentropenexponenten k und erhält

$$\Delta h_s = \frac{k}{k-1}\,p_1\,v_1 \left[(p_2/p_1)^{(k-1)/k} - 1 \right] \tag{4.39}$$

als explizite Näherungsgleichung.

4.4.4 Tafeln der Zustandsgrößen

Mit Hilfe einer Fundamentalgleichung oder mit den dazu äquivalenten drei Zustandsgleichungen kann man für gegebene Werte von T und p die Zustandsgrößen v, h und s eines Fluids berechnen und in Tafeln zusammenstellen. Tafeln der Zustandsgrößen, aus historischen Gründen auch *Dampftafeln* genannt, enthalten zwei Gruppen von Tabellen: die Tafeln für die homogenen Zustandsgebiete (Gas und Flüssigkeit) mit Temperatur *und* Druck als den unabhängigen Variablen und die Tafeln für das Nassdampfgebiet mit Temperatur *oder* Druck als unabhängiger Veränderlicher.

Die Tafeln für das Nassdampfgebiet zeigen für gegebene Temperaturen Werte des Dampfdrucks $p_s(T)$ sowie Werte des spezifischen Volumens, der Enthalpie und der Entropie auf der Siedelinie und der Taulinie, also die Größen $v'(T)$, $v''(T)$, $h'(T)$, $h''(T)$, $s'(T)$ und $s''(T)$. Mit ihnen lassen sich nach Abschnitt 4.2.3 alle spezifischen Zustandsgrößen im Nassdampfgebiet bestimmen. Zur Bequemlichkeit des Benutzers enthalten die Dampftafeln auch Werte der Verdampfungsenthalpie $\Delta h_v = h'' - h'$. Eine grob gestufte Tafel für das Nassdampfgebiet von Wasser ist Tabelle 10.12. Häufig wird auch der Druck als unabhängige Zustandsgröße gewählt. Dann findet man die Siedetemperatur $T^s(p)$ und die Größen $v'(p)$, $v''(p)$, $h'(p)$, $h''(p)$, $s'(p)$ und $s''(p)$ vertafelt.

In den Tafeln für die homogenen Zustandsgebiete ordnet man die Angaben nach Isobaren $p = $ konst.. Für jede Isobare findet man in Abhängigkeit von der Temperatur die Werte von v, h und s. Da zwei unabhängige Zustandsgrößen vorhanden sind, haben die Tafeln zwei „Eingänge", und man muss gegebenenfalls zweifach interpolieren, sowohl hinsichtlich der Temperatur als auch zwischen den vertafelten Isobaren, um die Werte von v, h und s für einen bestimmten Zustand (T, p) zu erhalten.

Tafeln der Zustandsgrößen gibt es für eine Reihe technisch wichtiger Stoffe, insbesondere für Wasser und die in Kompressions-Kältemaschinen und Wärmepumpen eingesetzten Arbeitsstoffe, die sogenannten *Kältemittel*, vgl. Abschnitt 9.3.3. Tafeln der thermodynamischen Eigenschaften umweltverträglicher Kältemittel haben H.D. Baehr und R. Tillner-Roth [4.53] berechnet.

Die Dampftafeln für Wasser basieren auf einem internationalen Programm zur experimentellen und theoretischen Erforschung der thermodynamischen Eigenschaften dieses Stoffes, das von der „International Association for the Properties of Water and Steam" (IAPWS) koordiniert wird. Auf der Basis der von A. Pruß u. W. Wagner [4.49] entwickelten Fundamentalgleichung wurde das schon in Abschnitt 4.4.2 erwähnte System umfangreicher und recht verwickelter Gleichungen erstellt, das trotz seines Umfangs eine sehr schnelle und genaue Computerberechnung der thermodynamischen Eigenschaften ermöglicht [4.50]. Dieses als Industriestandard IAPWS-IF 97 bezeichnete Gleichungssystem haben W. Wagner und A. Kruse beschrieben und zur Berechnung von Tafeln der Zustandsgrößen verwendet [4.45]. Diese Tafeln enthalten auch Werte von c_p, der Schallgeschwindigkeit und des Isentropenexponenten. Die Stufung der Isobaren und das für die Angaben der Tafelwerte im homogenen Zustandsgebiet gewählte Temperaturintervall von 10 K sind in einigen Teilbereichen zu grob, um eine fehlerfreie lineare Interpolation zuzulassen. Man muss daher prüfen, ob eine quadratische Interpolation erforderlich ist. In Teilbereichen ist außerdem das spezifische Volumen v mit einer zu geringen Stellenzahl angegeben. Es empfiehlt sich daher die Computerberechnung mit den angegebenen Gleichungen des Industriestandards. Auf die ältere, recht genaue Dampftafel von L. Haar u.a. [4.54] sei hingewiesen.

Beispiel 4.8. Häufig hat man zu gegebenen Werten von Druck und Entropie die spezifische Enthalpie zu berechnen, etwa um die Enthalpie am Ende einer isentropen Expansion oder Verdichtung zu bestimmen. Für $p = 0{,}722$ MPa und $s = 5{,}6250$ kJ/kg K ermittle man die spezifische Enthalpie h von Ammoniak (NH_3) unter Benutzung der Dampftafel [4.53].

Da der gegebene Zustand (s, p) mit der gesuchten spezifischen Enthalpie $h(s, p)$ in der Tafel nicht enthalten ist, muss zweimal linear interpoliert werden. Zuerst ist die Temperatur T aus den gegebenen Werten von s und p durch inverse Interpolation zu bestimmen. Mit dieser Temperatur erhält man dann $h(T, p)$ durch lineare Interpolation zwischen den Tafelwerten.

Die zweimalige Interpolation lässt sich vermeiden, wenn man von der Taylor-Entwicklung der spezifischen Enthalpie um einen in der Tafel enthaltenen Zustand 0 ausgeht, der in der Nähe des Zustands (s, p) liegt. Die Taylor-Entwicklung

$$h(s, p) = h_0 + \left(\frac{\partial h}{\partial s}\right)_{p_0} (s - s_0) + \left(\frac{\partial h}{\partial p}\right)_{s_0} (p - p_0) + \dots$$

wird nach den linearen Gliedern abgebrochen. Aus $\mathrm{d}h = T\,\mathrm{d}s + v\,\mathrm{d}p$ folgen die Beziehungen

$$\left(\frac{\partial h}{\partial s}\right)_p = T \quad \text{und} \quad \left(\frac{\partial h}{\partial p}\right)_s = v\,.$$

Es wird dann

$$h(s, p) = h_0 + T_0(s - s_0) + v_0(p - p_0)\,. \tag{4.40}$$

In der Nähe des gegebenen Zustands (s, p) liegt der in der Tafel verzeichnete Zustand 0 mit $\vartheta_0 = 30\,°\mathrm{C}$, $p_0 = 0{,}70$ MPa und den Werten $\varrho_0 = 5{,}1004$ kg/m^3, $h_0 = 1520{,}3$ kJ/kg, $s_0 = 5{,}6009$ kJ/kg K. Mit $T_0 = (30{,}00 + 273{,}15)$ K $= 303{,}15$ K und $v_0 = 1/\varrho_0 = (5{,}1004$ kg/m$^3)^{-1}$ erhält man aus Gl.(4.40) $h(s, p) = 1531{,}9$ kJ/kg in Übereinstimmung mit dem durch zweifache Interpolation viel umständlicher zu berechnenden Wert.

4.4.5 Zustandsdiagramme

Als Projektionen der p, v, T-Fläche erhält man die p, v-, p, T- und v, T-Diagramme, die das thermische Verhalten eines Fluids in Form von Kurvenscharen wiedergeben, vgl. Abschnitt 4.1.1. Diagramme mit der spezifischen Entropie s oder der spezifischen Enthalpie h als einer der Koordinaten sind von größerer Bedeutung; denn h ist die für stationäre Fließprozesse charakteristische Zustandsgröße des 1. Hauptsatzes, während s Aussagen des 2. Hauptsatzes quantitativ zum Ausdruck bringt. Daher sollen im folgenden das T, s-Diagramm, das h, s- und das p, h-Diagramm realer Fluide besprochen werden.

Abbildung 4.19 zeigt das T, s-Diagramm von drei Kältemitteln mit der Siedelinie $x = 0$, der Taulinie $x = 1$ sowie zwei Isobaren $p = 0,1$ MPa und 2,0 MPa. Dies sind die Druckgrenzen, zwischen denen in der Regel Kälteprozesse ablaufen, in denen die Kältemittel als Arbeitsfluide von Kompressionskältemaschinen verwendet werden, vgl. Abschnitt 9.3.1. Unter der Siede- und der Taulinie liegt das Nassdampfgebiet, das nach unten durch die Isotherme $T = T_{\mathrm{tr}}$ der Tripelpunkttemperatur begrenzt wird. Im Nassdampfgebiet verlaufen die Isobaren horizontal, weil sie mit den Isothermen zusammenfallen. Im Gasgebiet sind die Isobaren ansteigende, schwach gekrümmte Kurven; im Flüssigkeitsgebiet liegen sie eng beieinander und unterscheiden sich fast nicht von der Siedelinie. In Abb. 4.19 fallen die Isobaren im Rahmen der Zeichengenauigkeit mit der Siedelinie $x = 0$ zusammen. Bei der isentropen Kompression einer Flüssigkeit steigt nämlich ihre Temperatur nur geringfügig an. Beim Stoffmodell der inkompressiblen Flüssigkeit, vgl. Abschnitt 4.3.4, bleibt die Temperatur auf einer Isentrope exakt konstant, und alle Isobaren sind mit der Siedelinie identisch.

Die Siede- und Taulinien der drei Kältemittel haben in Abb. 4.19 ein ganz verschiedenes Aussehen. Bei Ammoniak sind sie fast symmetrisch zur kritischen Isentrope $s = s_{\mathrm{k}}$; bei R 134 a verläuft die Taulinie wesentlich steiler als die Siedelinie; die Taulinie von R 123 hängt in einem Bereich sogar nach rechts über, sodass eine isentrope Expansion des gesättigten Dampfes ins Gasgebiet und nicht in das Nassdampfgebiet führt. Siede- und Taulinie von Wasser verlaufen ähnlich wie die von Ammoniak. Abbildung 4.20 ist ein maßstäblich gezeichnetes T, s-Diagramm für Wasser. Man erkennt, wie eng die Isobaren im Flüssigkeitsgebiet beieinanderliegen. In das Diagramm sind außerdem Isochoren $v = $ konst. und Isenthalpen $h = $ konst. eingezeichnet.

Das 1904 von R. Mollier [4.55] vorgeschlagene h, s-Diagramm bietet den Vorteil, dass Enthalpiedifferenzen als senkrechte Strecken abgegriffen wer-

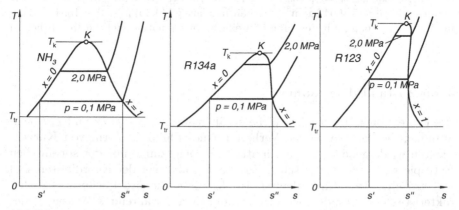

Abbildung 4.19. T, s-Diagramme dreier Kältemittel: Ammoniak (NH$_3$), R 134 a (CF$_3$CH$_2$F) und R 123 (CHCl$_2$CF$_3$)

den können. Man erhält die Grenzen des Nassdampfgebiets, indem man zusammengehörige Werte h' und s' sowie h'' und s'' einträgt. Der kritische Punkt liegt im h, s-Diagramm am linken Hang der Grenzkurve und zwar an der steilsten Stelle, wo die ineinander übergehende Siede- und Taulinie einen gemeinsamen Wendepunkt haben, Abb. 4.21. Die Taulinie hat im h, s-Diagramm ein Maximum. Die Isobaren im homogenen Zustandsgebiet sind schwach gekrümmte Kurven mit der Steigung $(\partial h / \partial s)_\mathrm{p} = T$. Sie verlaufen umso steiler, je höher die Temperatur ist. Im Nassdampfgebiet bleibt bei $p =$ konst. auch T konstant. Daher sind hier die Isobaren *gerade Linien*, die um so steiler ansteigen, je höher die Siedetemperatur und damit der zugehörige Dampfdruck ist. Die kritische Isobare berührt die Grenzkurve an ihrer steils-

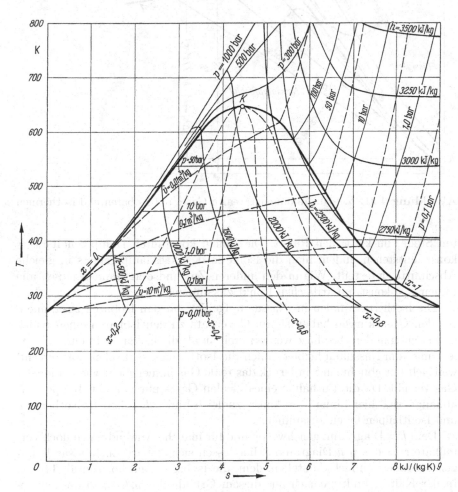

Abbildung 4.20. T, s-Diagramm für Wasser mit Isobaren, Isochoren und Isenthalpen, 1 bar = 0,1 MPa

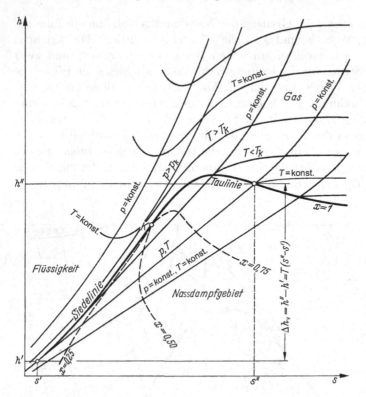

Abbildung 4.21. h, s-Diagramm eines realen Gases mit Isobaren und Isothermen

ten Stelle, im kritischen Punkt. Die Linien konstanten Dampfgehalts $x =$ konst. entstehen, indem man die Isobaren des Nassdampfgebiets in gleiche Abschnitte unterteilt. Wie in den anderen Zustandsdiagrammen laufen alle Linien $x =$ konst. im kritischen Punkt zusammen.

Die Isothermen fallen im Nassdampfgebiet mit den Isobaren zusammen. An den Grenzkurven haben sie im Gegensatz zu den Isobaren einen Knick und steigen in der Gasphase weniger steil an als die Isobaren. In einiger Entfernung vom Nassdampfgebiet laufen die Isothermen schließlich waagerecht, weil sich mit abnehmendem Druck das reale Gas immer mehr wie ein ideales Gas verhält. Da die Enthalpie eines idealen Gases nur von der Temperatur abhängt, sind hier Linien $T =$ konst. zugleich Linien $h =$ konst.: Isothermen und Isenthalpen fallen zusammen.

Dem h, s-Diagramm gleichwertig und für manche Anwendungen noch vorteilhafter ist das p, h-Diagramm. Hier lassen sich isobare Zustandsänderungen besonders einfach darstellen, denn die Isobaren sind horizontale Linien. In der Kältetechnik hat sich aus diesem Grunde das p, h-Diagramm eingebürgert. Meistens wird der Druck logarithmisch aufgetragen, um einen größeren Druckbereich günstig darzustellen. Diese Diagramme werden dann oft

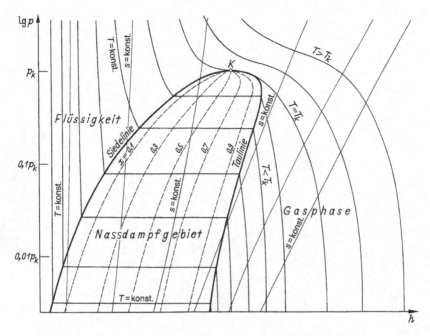

Abbildung 4.22. lg p,h-Diagramm eines realen Gases mit Isothermen und Isentropen

als lg p,h-Diagramme bezeichnet. Abbildung 4.22 zeigt ein lg p,h-Diagramm mit Isothermen und Isentropen. Im Flüssigkeitsgebiet verlaufen die Isothermen näherungsweise wie fast senkrecht stehende Geraden, weil die spezifische Enthalpie von Flüssigkeiten nur sehr wenig vom Druck abhängt. Auch die Isentropen zeigen hier ein ähnliches Verhalten; denn nach Abschnitt 4.3.4 fallen die Isentropen inkompressibler Fluide mit den Isothermen zusammen. Im Gasgebiet verlaufen die Isothermen bei kleinen Drücken fast senkrecht, weil sich hier das reale Gas wie ein ideales verhält und damit Isothermen und Isenthalpen zusammenfallen.

5 Gemische und chemische Reaktionen

The meeting of two personalities
is like the contact of two chemical substances:
if there is any reaction, both are transformed
Carl Gustav Jung (1875–1961)

In den meisten Anwendungen der Thermodynamik treten keine reinen Stoffe auf, sondern Gemische aus mehreren Stoffen. Dies ist zum einen in der Verfahrenstechnik der Fall, wo beispielsweise die Zerlegung von Gemischen in ihre reinen Komponenten eine große Rolle spielt. Zum anderen ist es die Natur selbst, in welcher eine nennenswerte Menge eines Reinstoffes eine absolute Ausnahme darstellt. Viele grundlegende Beziehungen der thermodynamischen Zustandsgrößen untereinander werden schon an den (einfacheren) Reinstoffen deutlich, und viele Gleichungen der Gemischthermodynamik bauen auf Reinstoffgleichungen auf. Somit ist eine solide Einführung in das Zustandsverhalten von Reinstoffen, vgl. Kapitel 4, eine sinnvolle Grundlage für die Gemischthermodynamik, die in diesem Kapitel behandelt wird. Zunächst werden Gemische betrachtet, deren Komponenten chemisch nicht reagieren. Nach der Darstellung allgemeiner thermodynamischer Beziehungen in Abschnitt 5.1 werden in den beiden folgenden Abschnitten einfache, aber wichtige Stoffmodelle vorgestellt: das ideale Gasgemisch, die ideale Lösung und das ideale Gas-Dampf-Gemisch. In Abschnitt 5.4 werden die Grundzüge der Thermodynamik realer Gemische behandelt mit dem Ziel, wichtige Begriffe einzuführen und ihre Anwendung auf die technisch bedeutsame Berechnung des Phasengleichgewichts zu zeigen.

Die Abschnitte 5.5 und 5.6 sind den chemisch reagierenden Gemischen gewidmet. Hierbei werden die Stöchiometrie, die Berechnung von Enthalpie und Entropie, die Anwendungen des 2. Hauptsatzes und die Exergie für reagierende Gemische eingeführt. Danach werden die Bedingungen des Reaktionsgleichgewichts und die Berechnung der Gleichgewichtszusammensetzung erörtert. Die technisch wichtigen Verbrennungsreaktionen werden als Spezialfall der chemischen Reaktionen ausführlich in Kapitel 7 behandelt.

5.1 Mischphasen und Phasengleichgewichte

Gemische aus Gasen bilden grundsätzlich eine homogene Phase, während flüssige Gemische auch aus zwei oder mehreren Phasen bestehen können.

Eine Phase, die aus mehreren Stoffen besteht, heißt Mischphase. Gasförmige Mischphasen nennt man meistens Gasgemische, flüssige Mischphasen auch Lösungen. Sofern man feste Gemische als Phasen behandeln kann, bezeichnet man eine feste Mischphase als Mischkristall oder als feste Lösung. Der Schwerpunkt dieser Darstellung liegt bei fluiden Gemischen, die für die Werkstoffkunde grundlegende thermodynamische Behandlung von festen Gemischen ist z.B. in [5.1] dargestellt. Häufig werden Mischphasen behandelt, die nur aus zwei Komponenten bestehen. Man nennt sie binäre Mischphasen, binäre Gemische oder Zweistoff-Gemische. Im Folgenden werden alle Gemische zur Vereinfachung als Phasen angesehen, auch wenn die Bezeichnung Gemisch anstelle des Wortes Mischphase verwendet wird.

5.1.1 Größen zur Beschreibung der Zusammensetzung

Die Komponenten einer Mischphase werden durch Anbringen der Indizes $1, 2, \ldots i, \ldots N$ an den Formelzeichen der Größen, die den einzelnen Komponenten zuzuordnen sind, unterschieden. Dies ist einfacher und allgemeiner als die Verwendung chemischer Symbole wie H_2O oder NH_3 als Indizes. Zur Beschreibung der Zusammensetzung einer Mischphase verwendet man für jede Komponente i entweder ihre Stoffmenge n_i oder ihre Masse m_i. Dabei ist die Stoffmenge das bei der Entwicklung der Theorie bevorzugte Mengenmaß, denn die Eigenschaften von Gemischen hängen eher von der Anzahl der Moleküle einer jeweiligen Art ab als von der Molekülmasse. Die Massen der Komponenten werden dagegen bei einigen technischen Anwendungen als Mengenmaße verwendet.

Die Stoffmenge der Mischphase ergibt sich als Summe der Stoffmengen ihrer Komponenten:

$$n = n_1 + n_2 + \ldots + n_N = \sum_{i=1}^{N} n_i \; ;$$

für ihre Masse gilt entsprechend

$$m = m_1 + m_2 + \ldots + m_N = \sum_{i=1}^{N} m_i \; .$$

Durch die Vorgabe aller n_i oder aller m_i werden die Größe (Gesamtmenge) und die Zusammensetzung der Mischphase festgelegt. Will man die Zusammensetzung unabhängig von der Größe der Mischphase angeben, so bildet man die Verhältnisse

$$x_i := \frac{n_i}{n} \; , \quad i = 1, 2, \ldots N \; .$$

Dabei heißt x_i der *Stoffmengenanteil* oder *Molanteil* der Komponente i. Die Stoffmengenanteile sind intensive Zustandsgrößen; sie sind nicht alle unabhängig voneinander, denn wegen

$$\sum_{i=1}^{N} x_i = 1$$

kann ein Stoffmengenanteil aus den $N-1$ anderen Stoffmengenanteilen berechnet werden. Für binäre Mischphasen ($N=2$) gibt es nur einen unabhängigen Stoffmengenanteil, der häufig mit x bezeichnet wird. Es wird im Folgenden $x = x_1$ festgesetzt, so dass $1 - x$ den Stoffmengenanteil x_2 der zweiten Komponente bezeichnet.

Analog zum Stoffmengenanteil x_i ist der Massenanteil ξ_i der Komponente i definiert:

$$\xi_i := \frac{m_i}{m} \,.$$

Für die Massenanteile gilt

$$\sum_{i=1}^{N} \xi_i = 1 \,,$$

so dass ein Massenanteil aus den $N-1$ anderen Anteilen berechnet werden kann.

Der Zustand einer Mischphase aus N Komponenten wird durch zwei unabhängige intensive Zustandsgrößen und die Vorgabe der Stoffmengen n_i aller Komponenten festgelegt. Die hierbei bevorzugten intensiven Zustandsgrößen sind die Temperatur T und der Druck p. Die $N+2$ Zustandsgrößen

$$T, p, n_1, n_2, \ldots n_N$$

kennzeichnen somit den Zustand der Mischphase. Dazu gleichwertig ist die Angabe *einer* extensiven Größe, etwa der Stoffmenge n der Mischphase, und von $N+1$ unabhängigen intensiven Zustandsgrößen, welche den intensiven Zustand der Mischphase festlegen. Es soll vereinbart werden, dass der Stoffmengenanteil

$$x_N = 1 - \sum_{i=1}^{N-1} x_i$$

der letzten Komponente durch die $N-1$ Stoffmengenanteile der übrigen Komponenten ausgedrückt wird. Diese Annahme entspricht der zuvor für ein Zweistoffgemisch getroffenen Vereinbarung, den Stoffmengenanteil $x_2 = 1-x$ durch den Stoffmengenanteil $x = x_1$ der ersten Komponente auszudrücken. Ein Zustand der Mischphase wird dann dadurch bestimmt, dass die Größen

$$n, T, p, x_1, x_2, \ldots x_{N-1}$$

feste Werte annehmen. Im Folgenden wird die Menge der $N-1$ unabhängigen Stoffmengenanteile durch

$$\{x_i\} := x_1, x_2, \ldots x_{N-1} \tag{5.1}$$

abgekürzt.

An die Stelle der Stoffmenge kann auch die Masse treten, so dass feste Werte der unabhängigen Zustandsgrößen

$$T, p, m_1, m_2, \ldots m_N \quad \text{oder} \quad m, T, p, \xi_1, \xi_2, \ldots \xi_{N-1}$$

den Zustand einer Mischphase bestimmen.

Massen- und Stoffmengenanteile lassen sich ineinander umrechnen. Für jeden reinen Stoff i mit der molaren Masse M_i gilt

$$m_i = M_i \, n_i \, .$$

Analog hierzu wird durch die Gleichung

$$M := \frac{m}{n}$$

die *molare Masse M des Gemisches* definiert. Durch Division von m_i durch m folgt

$$\xi_i = \frac{M_i}{M} \, x_i \, . \tag{5.2}$$

Damit kann man den Stoffmengenanteil x_i der Komponente i in ihren Massenanteil ξ_i umrechnen, falls die molare Masse M des Gemisches bekannt ist. Hierfür gilt

$$M := \frac{m}{n} = \frac{1}{n} \sum_{i=1}^{N} m_i = \frac{1}{n} \sum_{i=1}^{N} M_i \, n_i \, ,$$

also

$$M = \sum_{i=1}^{N} x_i \, M_i \, . \tag{5.3}$$

Nach dieser Beziehung ergibt sich die molare Masse des Gemisches, wenn seine Zusammensetzung in Stoffmengenanteilen gegeben ist. Kennt man dagegen die Zusammensetzung in Massenanteilen, so erhält man in ähnlicher Weise

$$\frac{1}{M} = \sum_{i=1}^{N} \frac{\xi_i}{M_i} \tag{5.4}$$

und kann mit

$$x_i = \frac{M}{M_i} \xi_i \tag{5.5}$$

die Stoffmengenanteile aus den Massenanteilen berechnen.

Der *Partialdruck* p_i der Komponente i einer Mischphase wird durch die Gleichung

$$p_i := x_i \, p$$

definiert. Dabei bedeutet p den Druck der Mischphase; er wird zur Unterscheidung von p_i auch Gesamtdruck genannt. Nach dieser Definition ist die Summe der Partialdrücke gleich dem Gesamtdruck,

$$\sum_{i=1}^{N} p_i = \sum_{i=1}^{N} x_i\, p = p\,.$$

Die Zusammensetzung einer Mischphase kann man auch durch die Partialdrücke der Komponenten festlegen, was der Angabe der Stoffmengenanteile gleichwertig ist. Bei Gasgemischen lassen sich die Partialdrücke einfach veranschaulichen, weswegen sie bei diesen Gemischen bevorzugt verwendet werden.

Bezieht man die Stoffmenge n_i und die Masse m_i der Komponente i auf das Volumen V der Mischphase, so erhält man die

Stoffmengenkonzentration $c_i := n_i/V$

bzw. die

Massenkonzentration $\varrho_i := m_i/V = \xi_i/v$

der Komponente i als intensive Größen zur Kennzeichnung der Zusammensetzung. Statt Stoffmengenkonzentration sagt man meist kürzer Konzentration; die Massenkonzentration ϱ_i wird auch als *Partialdichte* der Komponente i bezeichnet. Die Summe der Stoffmengenkonzentrationen ergibt die schon in Abschnitt 1.2.3 eingeführte Stoffmengendichte

$$d := \frac{n}{V} = \sum_{i=1}^{N} c_i\,,$$

die Summe der Partialdichten die Massendichte

$$\varrho := \frac{m}{V} = \sum_{i=1}^{N} \varrho_i$$

der Mischphase.

Beispiel 5.1. Bodennahes Ozon (O_3) bildet sich bei stärkerer Sonneneinstrahlung unter Mitwirkung von Stickstoffoxiden in der Atmosphäre. Da Ozon möglicherweise gesundheitsschädigend ist, sollen bei Erreichen bestimmter Grenzwerte die Bevölkerung gewarnt und Maßnahmen zur Verminderung des Ausstoßes von Stickstoffoxiden durch Kraftfahrzeuge eingeleitet werden. Als ein typischer Grenzwert wird die Massenkonzentration (Partialdichte) des Ozons $\varrho_i = 180\ \mu g/m^3$ genannt. Für diesen Wert berechne man die Stoffmengenkonzentration c_i und den Stoffmengenanteil x_i des Ozons in der Luft.

Für die Stoffmengenkonzentration gilt

$$c_i := \frac{n_i}{V} = \frac{m_i}{M_i\, V} = \frac{\varrho_i}{M_i}\,,$$

wobei M_i die molare Masse des Ozons bedeutet. Hierfür erhält man unter Benutzung von Tabelle 10.6:

$$M_i = M(O_3) = 3\,M(O) = 3 \cdot 15{,}9994\,\text{g/mol} = 47{,}998\,\text{g/mol} \,.$$

Damit ergibt sich $c_i = 3{,}75\ \mu\text{mol/m}^3$. Der gesuchte Stoffmengenanteil wird dann

$$x_i := \frac{n_i}{n} = \frac{n_i}{V}\frac{V}{n} = c_i\,V_m \,.$$

Das molare Volumen der Luft wird aus der Zustandsgleichung idealer Gase für $T = 298{,}15\ \text{K}$ und $p = 100\ \text{kPa}$ zu

$$V_m = \frac{R_m T}{p} = 0{,}02479\,\frac{\text{m}^3}{\text{mol}}$$

berechnet, somit wird $x_i = 92{,}96 \cdot 10^{-9}$. Diesen kleinen Stoffmengenanteil kann man sich als Verhältnis von Teilchenzahlen veranschaulichen: Eine Milliarde (10^9) Luftmoleküle (Stickstoff-, Sauerstoff-, Argon- usw. Moleküle) enthalten nur etwa 93 Ozonmoleküle. Dass es berechtigt ist, das molare Volumen von Luft – eines Gas*gemisches* – mit der einfachen Zustandsgleichung idealer Gase zu berechnen, wird in Abschnitt 5.2.2 nachgewiesen.

5.1.2 Mischungsgrößen und die Irreversibilität des Mischungsvorgangs

Stellt man eine Mischphase aus ihren Komponenten her, so ergeben sich Stoffmenge und Masse der (chemisch nicht reagierenden) Mischphase als Summe der Stoffmengen bzw. der Massen der Komponenten. Dies trifft im Allgemeinen nicht auf andere extensive Größen zu. Das Volumen der Mischphase wird nicht mit der Summe der Volumina der einzelnen Komponenten übereinstimmen, selbst wenn Temperatur und Druck der Mischphase mit der Temperatur und dem Druck übereinstimmen, die alle Komponenten vor dem Herstellen des Gemisches hatten. Es gilt vielmehr

$$V(T, p, n_1, n_2, \ldots n_N) = \sum_{i=1}^{N} n_i\,V_{m,0i}(T, p) + \Delta^M V(T, p, n_1, n_2, \ldots n_N) \,.$$

Dabei wird das molare Volumen des reinen Stoffes i mit $V_{m,0i}$ bezeichnet; es hängt nur von T und p ab[1]. Der zusätzliche „Korrektur"-Term $\Delta^M V$ ist das *Mischungsvolumen*, das von T, p und den Stoffmengen aller N Komponenten abhängt; denn $\Delta^M V$ ist eine Eigenschaft der Mischphase, nämlich die Volumenänderung, die beim Herstellen der Mischphase aus den reinen Komponenten auftritt, wenn man dabei T und p konstant hält.

---

[1] Auch andere molare Zustandsgrößen reiner Stoffe wie $H_{m,0i}(T, p)$ oder $S_{m,0i}(T, p)$ werden in diesem Kapitel durch den Doppelindex m,0i gekennzeichnet, wobei 0 auf den reinen Stoff hinweist und m auf eine molare Größe.

Allgemein wird eine Mischungsgröße $\Delta^M Z$, also die Änderung der extensiven Zustandsgröße Z beim isotherm-isobaren Herstellen der Mischphase durch

$$\Delta^M Z := Z(T, p, n_1, n_2, \ldots n_N) - \sum_{i=1}^{N} n_i\, Z_{m,0i}(T, p)$$

definiert. Dabei bedeutet $Z(T, p, n_1, n_2, \ldots n_N)$ eine extensive Zustandsgröße der Mischphase wie das Volumen, die Enthalpie H, die Entropie S oder die Gibbs-Funktion G. Die Kennzeichnung des Mischungseffekts durch die Mischungsgröße $\Delta^M Z$ ist vor allem dann sinnvoll, wenn sich die Mischphase und alle Komponenten bei den gegebenen Werten von T und p im gleichen Aggregatzustand befinden, also beispielsweise alle gasförmig oder alle flüssig sind.

Bezieht man eine Mischungsgröße auf die Stoffmenge der Mischphase, so erhält man die molare Mischungsgröße

$$\Delta^M Z_m := \Delta^M Z/n = Z_m(T, p, \{x_i\}) - \sum_{i=1}^{N} x_i\, Z_{m,0i}(T, p)\,,$$

wobei Z_m die molare Zustandsgröße Z/n des Gemisches bedeutet, die nur von $N + 1$ intensiven Zustandsgrößen abhängt. Außerdem wurde die abkürzende Schreibweise $\{x_i\}$ für die $N - 1$ unabhängigen Stoffmengenanteile nach Gl. (5.1) benutzt. Mischungsgrößen und molare Mischungsgrößen können positiv, negativ und auch gleich null sein. Abbildung 5.1 zeigt, wie die molare Mischungsenthalpie des Gemisches aus Wasser und Ethanol von der Temperatur und der Zusammensetzung abhängt. Große Beträge der Mischungsgrößen sind ein Zeichen

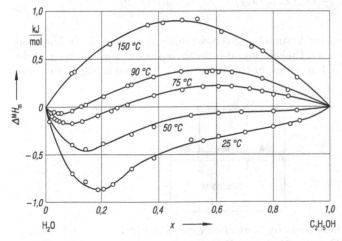

Abbildung 5.1. Molare Mischungsenthalpie $\Delta^M H_m$ des (flüssigen) Gemisches Ethanol-Wasser nach Messungen von M. Krumbeck [5.2]

für starke Wechselwirkungen zwischen den Molekülen unterschiedlicher Komponenten. Es gibt auch Gemische, bei denen bestimmte Mischungsgrößen identisch null sind, also für alle Werte von T, p und den Stoffmengenanteilen verschwinden. Dies trifft auf idealisierte Stoffmodelle zu, z.B. auf das ideale Gasgemisch, dessen Mischungsvolumen $\Delta^M V \equiv 0$ und dessen Mischungsenthalpie $\Delta^M H \equiv 0$ sind; sie werden in Abschnitt 5.2 behandelt.

Mischungsvolumina und Mischungsenthalpien sind messbare Größen. Man erhält $\Delta^M V_m$, indem man das molare Volumen des Gemisches als Funktion von T, p und der Zusammensetzung misst und davon die Summe der mit den Stoffmengenanteilen gewichteten molaren Volumina der reinen Komponenten abzieht, die wie alle Eigenschaften reiner Stoffe in der Mischphasenthermodynamik als bekannt angesehen werden. Zur experimentellen Bestimmung der Mischungsenthalpie setzt man Kalorimeter unterschiedlicher Bauart ein, vgl. [5.3].

Das isotherm-isobare Herstellen einer Mischphase aus den Komponenten ist ein irreversibler Prozess. Der Gemischzustand ist der Endzustand eines Ausgleichsprozesses, bei dem sich nach Aufheben der „Hemmungen", nämlich nach dem Entfernen der Trennwände zwischen den Komponenten, Unterschiede in der Zusammensetzung durch Diffusion ausgleichen, vgl. Abb. 5.2. Nach Abschnitt 3.2.5 kann dabei die Gibbs-Funktion des geschlossenen Systems nur abnehmen, so dass für die Gibbs-Funktion der Mischphase

$$G(T, p, n_1, n_2, \ldots n_N) < \sum_{i=1}^{N} n_i\, G_{m,0i}(T, p)$$

gilt. Daher sind die Mischungs-Gibbs-Funktion $\Delta^M G$ und die molare Mischungs-Gibbs-Funktion stets negativ:

$$\Delta^M G_m(T, p, \{x_i\}) = G_m(T, p, \{x_i\}) - \sum_{i=1}^{N} x_i\, G_{m,0i}(T, p) < 0\,.$$

Da die isotherm-isobare Vermischung verschiedener reiner Stoffe ein irreversibler Prozess ist, kann seine Umkehrung, die *isotherm-isobare Entmischung*, nicht von selbst ablaufen, sondern muss durch Zufuhr von Arbeit oder allgemeiner von

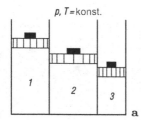 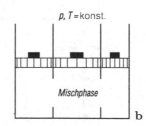

Abbildung 5.2. Isotherm-isobares Herstellen einer Mischphase aus drei Komponenten in einem geschlossenen System. **a** Komponenten vor Beginn des Prozesses, **b** Mischphase am Ende des Prozesses

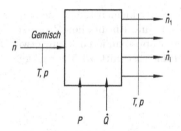

Abbildung 5.3. Isotherm-isobare Zerlegung eines Gemisches in einem stationären Fließprozess

Exergie erzwungen werden. Zur Berechnung der Entmischungsarbeit werden die beiden Hauptsätze auf den in Abb. 5.3 schematisch dargestellten Kontrollraum angewendet, dem ein Gemisch in einem stationären Fließprozess zuströmt und in seine Komponenten zerlegt wird, die getrennt unter dem Druck p mit der Temperatur T abströmen. Unter Vernachlässigung der Änderungen von kinetischer und potenzieller Energie erhält man nach dem 1. Hauptsatz

$$P + \dot{Q} = \sum_{i=1}^{N} \dot{n}_i \, H_{m,0i}(T,p) - \dot{n} \, H_m(T,p,\{x_i\}) = -\dot{n} \, \Delta^M H_m \,.$$

Da der Wärmestrom $\dot{Q}$ nur bei der Temperatur T übertragen wird, lautet die Entropiebilanzgleichung des 2. Hauptsatzes

$$\frac{\dot{Q}}{T} + \dot{S}_{irr} = \sum_{i=1}^{N} \dot{n}_i \, S_{m,0i}(T,p) - \dot{n} \, S_m(T,p,\{x_i\}) = -\dot{n} \, \Delta^M S_m(T,p,\{x_i\}) \,.$$

Der Wärmestrom $\dot{Q}$ wird aus diesen Bilanzgleichungen eliminiert, man erhält für die zuzuführende Leistung

$$P = -\dot{n} \left(\Delta^M H_m - T \, \Delta^M S_m \right) + T \, \dot{S}_{irr} = -\dot{n} \, \Delta^M G_m + T \, \dot{S}_{irr} \,.$$

Nach dem 2. Hauptsatz ist P stets positiv, weil die molare Mischungs-Gibbs-Funktion $\Delta^M G_m < 0$ und der Entropieproduktionsstrom $\dot{S}_{irr} \geq 0$ sind. Zur isotherm-isobaren Zerlegung eines Gemisches muss mechanische oder elektrische Leistung oder allgemein ein Exergiestrom zugeführt werden.

Selbst wenn es gelänge, ein Gemisch *reversibel* zu trennen, ist hierzu die Mindestleistung

$$P^{rev} = -\dot{n} \, \Delta^M G_m(T,p,\{x_i\}) > 0 \,.$$

aufzuwenden. Bezieht man P^{rev} auf den Stoffmengenstrom des Gemisches, so erhält man die (molare) *reversible Entmischungsarbeit*

$$W_{t,m}^{rev,entm} := P^{rev}/\dot{n} = -\Delta^M G_m(T,p,\{x_i\}) > 0 \,.$$

Sie ist eine Eigenschaft des Gemisches und in der Regel klein, vgl. hierzu Beispiel 5.4 in Abschnitt 5.2.2. Wegen der Irreversibilitäten, die gerade bei der Zerlegung von Gemischen sehr groß sind, muss jedoch Exergie aufgewendet werden, die ein Vielfaches der Entmischungsarbeit beträgt. Umgekehrt folgt aus der Existenz der reversiblen Entmischungsarbeit, dass beim reversiblen Herstellen eines Gemisches Arbeit (oder Exergie) gewonnen werden könnte. Auf diesen relativ kleinen Exergiegewinn verzichtet man in der Praxis, weil das reversible Mischen und Entmischen Prozesse sind, die man nur unter großem apparativem Aufwand approximieren kann, etwa durch den Einsatz semipermeabler Membrane, worauf in Abschnitt 5.1.5 zurückgekommen wird.

5.1.3 Partielle molare Größen

Neben der quantitativen Erfassung des Mischungseffekts beim isotherm-isobaren Mischen ist die Erörterung der Frage wichtig, wie sich eine extensive Zustandsgröße

$$Z = Z(T, p, n_1, n_2, \ldots n_N) \,,$$

etwa das Volumen V, bei einer Änderung der Zusammensetzung der Mischphase verhält, die durch die Zugabe der Stoffmenge dn_i verursacht wird. Das Differenzial von Z ist

$$\mathrm{d}Z = \left(\frac{\partial Z}{\partial T}\right)_{p,\,n_i} \mathrm{d}T + \left(\frac{\partial Z}{\partial p}\right)_{T,\,n_i} \mathrm{d}p + \sum_{i=1}^{N} \left(\frac{\partial Z}{\partial n_i}\right)_{T,\,p,\,n_j \neq n_i} \mathrm{d}n_i \,. \qquad (5.6)$$

Die hierin auftretende partielle Ableitung von Z nach der Stoffmenge der Komponente i,

$$\overline{Z}_{m,i} := \left(\frac{\partial Z}{\partial n_i}\right)_{T,\,p,\,n_j \neq n_i} \,,$$

bezeichnet man nach G.N. Lewis [5.4] als die *partielle molare Z-Größe der Komponente i*. So ist $\overline{V}_{m,i}$ das partielle molare Volumen der Komponente i, nämlich die partielle Ableitung des Gemischvolumens nach der Stoffmenge n_i bei *festgehaltener Temperatur und festgehaltenem Druck* sowie konstanten Werten der Stoffmengen der anderen Komponenten. $\overline{V}_{m,i}$ gibt an, wie stark sich das Volumen des Gemisches ändert, wenn dem Gemisch eine kleine Menge des Stoffes i isotherm und isobar zugefügt wird.

Alle partiellen molaren Größen sind *intensive* Zustandsgrößen der Mischphase. Sie hängen daher nicht von den Stoffmengen n_i, sondern von den $N + 1$ unabhängigen intensiven Zustandsgrößen der Mischphase ab:

$$\overline{Z}_{m,i} := \overline{Z}_{m,i}(T, p, \{x_i\}) \,.$$

Für die partiellen molaren Zustandsgrößen einer Mischphase gelten zwei nützliche Beziehungen. Die *Homogenitätsrelation*

$$Z(T, p, n_1, n_2, \ldots n_N) = \sum_{i=1}^{N} n_i \, \overline{Z}_{m,i}(T, p, \{x_i\}) \qquad (5.7)$$

erlaubt es, jede extensive Zustandsgröße des Gemisches aus den partiellen molaren Größen zu berechnen, ohne dass weitere Größen, die einen Mischungseffekt beschreiben, erforderlich sind. Dividiert man Gl.(5.7) durch die Stoffmenge n der Mischphase, so erhält man für ihre molare Zustandsgröße

$$Z_m(T,p,\{x_i\}) = \sum_{i=1}^{N} x_i\, \overline{Z}_{m,i}(T,p,\{x_i\})\,.$$

Eine zweite Beziehung verknüpft die Differenziale der $N+2$ intensiven Zustandsgrößen $T,p,\overline{Z}_{m,1}$ bis $\overline{Z}_{m,N}$:

$$\sum_{i=1}^{N} n_i\, d\overline{Z}_{m,i} = \left(\frac{\partial Z}{\partial T}\right)_{p,\,n_i} dT + \left(\frac{\partial Z}{\partial p}\right)_{T,\,n_i} dp\,.$$

Sie erlaubt wenigstens grundsätzlich die Berechnung einer dieser Größen als Funktion der $N+1$ anderen unabhängigen intensiven Zustandsgrößen. Nach Division durch n erhält man

$$\sum_{i=1}^{N} x_i\, d\overline{Z}_{m,i} = \left(\frac{\partial Z_m}{\partial T}\right)_{p,\,x_i} dT + \left(\frac{\partial Z_m}{\partial p}\right)_{T,\,x_i} dp\,, \qquad (5.8)$$

eine Beziehung, die als *verallgemeinerte Gleichung von Gibbs-Duhem*[2] bezeichnet wird. Oft verwendet man sie bei konstanten Werten von T und p. Dann verschwindet die rechte Seite von Gl.(5.8), und es gilt

$$\sum_{i=1}^{N} x_i\, d\overline{Z}_{m,i} = \sum_{i=1}^{N} x_i \sum_{j=1}^{N-1} \frac{\partial \overline{Z}_{m,i}}{\partial x_j}\, dx_j = 0\,, \quad T = \text{konst.}, \; p = \text{konst.}\,.$$

$$(5.9)$$

Zur Herleitung der Gl.(5.7) und (5.8) muss beachtet werden, dass jede extensive Zustandsgröße Z einer Mischphase eine homogene Funktion 1. Grades der Stoffmengen ihrer Komponenten ist. Vergrößert man nämlich jede Stoffmenge n_i um den gleichen Faktor λ, so gilt bei festem T und p

$$Z(T,p,\lambda n_1, \lambda n_2, \dots \lambda n_N) = \lambda\, Z(T,p,n_1,n_2,\dots n_N)\,.$$

Nach einem Satz von L. Euler über homogene Funktionen 1. Grades gilt

---

[2] Pierre-Maurice-Marie Duhem (1861–1916), französischer Physiker, veröffentlichte 22 Bücher und fast 400 wissenschaftliche Abhandlungen über Kontinuumsmechanik, Thermodynamik und Elektrizitätslehre sowie über Geschichte und Philosophie der Naturwissenschaften. Er versuchte, eine die ganze Physik und Chemie umfassende Kontinuumstheorie auf der Grundlage einer verallgemeinerten Thermodynamik ohne Verwendung molekularer oder atomistischer Anschauungen aufzustellen.

$$Z(T, p, n_1, n_2, \ldots n_\text{N}) = \sum_{i=1}^{N} n_\text{i} \left(\frac{\partial Z}{\partial n_\text{i}} \right)_{T, p, n_\text{j} \neq n_\text{i}} = \sum_{i=1}^{N} n_\text{i} \, \overline{Z}_{\text{m,i}}(T, p, \{x_\text{i}\}) \; .$$

Um Gl.(5.8) herzuleiten, wird das Differenzial dZ der extensiven Zustandsgröße Z unter Beachtung der Homogenitätsrelation (5.7) gebildet, um

$$dZ = \sum_{i=1}^{N} n_\text{i} \, d\overline{Z}_{\text{m,i}} + \sum_{i=1}^{N} \overline{Z}_{\text{m,i}} \, dn_\text{i} \; .$$

zu erhalten. Da für dZ auch Gl.(5.6) gilt, folgt daraus die Gibbs-Duhem-Gleichung (5.8).

Homogenitätsrelation und Gibbs-Duhem-Gleichung verwendet man, um die partiellen molaren Größen $\overline{Z}_{\text{m,i}}$ der Komponenten aus der molaren Größe Z_m der Mischphase zu berechnen. Dabei sei bekannt, wie Z_m von den Stoffmengenanteilen x_i abhängt. Die Herleitung der Berechnungsgleichungen für die $\overline{Z}_{\text{m,i}}$ soll am einfachen Beispiel einer binären Mischphase ($N = 2$) gezeigt werden. Hier hängt Z_m von T, p und dem Stoffmengenanteil x der Komponente 1 ab, und es gilt

$$Z_\text{m}(T, p, x) = x \, \overline{Z}_{\text{m,1}}(T, p, x) + (1 - x) \, \overline{Z}_{\text{m,2}}(T, p, x) \tag{5.10}$$

mit der Ableitung

$$\left(\frac{\partial Z_\text{m}}{\partial x} \right)_{T, p} = x \left(\frac{\partial \overline{Z}_{\text{m,1}}}{\partial x} \right)_{T, p} + (1 - x) \left(\frac{\partial \overline{Z}_{\text{m,2}}}{\partial x} \right)_{T, p} + \overline{Z}_{\text{m,1}} - \overline{Z}_{\text{m,2}} \; .$$

Die beiden ersten Terme dieser Gleichung verschwinden nach Gl.(5.9), so dass

$$(\partial Z_\text{m} / \partial x)_{T, p} = \overline{Z}_{\text{m,1}} - \overline{Z}_{\text{m,2}}$$

folgt. Mit Gl.(5.10) stehen nun zwei Gleichungen für die Berechnung von $\overline{Z}_{\text{m,1}}$ und $\overline{Z}_{\text{m,2}}$ zur Verfügung, aus denen sich

$$\overline{Z}_{\text{m,1}}(T, p, x) = Z_\text{m}(T, p, x) + (1 - x) \left(\frac{\partial Z_\text{m}}{\partial x} \right)_{T, p} \tag{5.11}$$

und

$$\overline{Z}_{\text{m,2}}(T, p, x) = Z_\text{m}(T, p, x) - x \left(\frac{\partial Z_\text{m}}{\partial x} \right)_{T, p} \tag{5.12}$$

ergeben.

Man erhält die beiden partiellen molaren Größen $\overline{Z}_{\text{m,1}}$ und $\overline{Z}_{\text{m,2}}$ auch durch eine einfache graphische Konstruktion, die Abb. 5.4 zeigt. Hier ist der Verlauf von Z_m bei konstantem T und p über x dargestellt. Legt man in einem

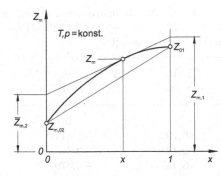

Abbildung 5.4. Graphische Bestimmung der partiellen molaren Größen $\overline{Z}_{m,1}$ und $\overline{Z}_{m,2}$ eines binären Gemisches

bestimmten Punkt die Tangente an diese Kurve, so schneidet sie auf den Senkrechten $x = 0$ und $x = 1$ die partiellen molaren Größen $\overline{Z}_{m,2}$ bzw. $\overline{Z}_{m,1}$ ab. Man erkennt aus dieser Konstruktion anschaulich, dass die Grenzgesetze

$$\lim_{x \to 0} \overline{Z}_{m,2}(T,p,x) = Z_{m,02}(T,p) \quad \text{und} \quad \lim_{x \to 1} \overline{Z}_{m,1}(T,p,x) = Z_{m,01}(T,p)$$

oder allgemein

$$\lim_{x_i \to 1} \overline{Z}_{m,i} = Z_{m,0i}(T,p)$$

gelten: Die partielle molare Größe $\overline{Z}_{m,i}$ geht für $x_i \to 1$ in die entsprechende molare Größe der reinen Komponente i über. Dabei kann

$$\lim_{x_i \to 1} \frac{\partial \overline{Z}_{m,i}}{\partial x_i} = \begin{cases} 0 \\ \text{endlich} \end{cases}$$

sein. Für $\overline{V}_{m,i}$, $\overline{H}_{m,i}$ und $\overline{U}_{m,i}$ verschwindet diese Ableitung; jede dieser partiellen molaren Größen mündet mit horizontaler Tangente in ihre zugehörige molare Größe. Für $\overline{S}_{m,i}$ und $\overline{G}_{m,i}$ nimmt die Ableitung einen von Null verschiedenen Wert an. Den Grund für dieses unterschiedliche Verhalten wird in Abschnitt 5.4.1 erläutert.

Liegt eine Mischphase aus N Komponenten vor, so erhält man die partiellen molaren Größen aus $Z_m = Z_m(T,p,\{x_i\})$ mittels der Beziehung

$$\overline{Z}_{m,i}(T,p,\{x_i\}) = Z_m(T,p,\{x_i\}) - \sum_{j=1, j \neq i}^{N-1} x_j \left(\frac{\partial Z_m}{\partial x_j}\right)_{T,p,x_k \neq x_j}, \quad (5.13)$$

$$i = 1, 2, \ldots N.$$

Ihre Herleitung findet man z.B. bei K. Stephan in [5.5].

Beispiel 5.2. F. Harms-Watzenberg [5.6] hat die Dichte von flüssigen Ammoniak-Wasser-Gemischen in weiten Temperatur- und Druckbereichen gemessen. Seine Ergebnisse für $T = 393,15$ K und $p = 29,726$ MPa sind in den beiden ersten Spalten

Tabelle 5.1. Dichte ϱ, molares Volumen V_m, molares Mischungsvolumen $\Delta^M V_m$ des Gemisches aus Wasser und Ammoniak bei $T = 393{,}15$ K und $p = 29{,}726$ MPa als Funktionen des Stoffmengenanteils x_1 von Ammoniak nach [5.6].

x_1	ϱ kg/m^3	V_m cm^3/mol	$\Delta^M V_m$ cm^3/mol	$\Delta^M V_m$ nach (5.15) cm^3/mol
0,0000	957,26	18,820	0	0
0,0980	912,75	19,362	−0,799	−0,811
0,3019	829,50	21,360	−2,423	−2,358
0,5032	741,36	23,632	−3,459	−3,479
0,6993	648,38	26,723	−3,591	−3,634
0,9010	540,25	31,704	−1,926	−1,916
1,0000	483,04	35,257	0	0

der Tabelle 5.1 wiedergegeben. Man berechne das molare Mischungsvolumen $\Delta^M V_m$ und die partiellen molaren Volumina $\overline{V}_{m,1}$ des Ammoniaks und $\overline{V}_{m,2}$ des Wassers.

Das molare Mischungsvolumen des Gemisches aus Ammoniak (1) und Wasser (2) ist

$$\Delta^M V_m = V_m(T, p, x) - x_1 V_{m,01}(T, p) - x_2 V_{m,02}(T, p) \ . \tag{5.14}$$

Das molare Volumen V_m des Gemisches erhält man aus den gemessenen Werten der Dichte ϱ zu

$$V_m = v\, M = \frac{M}{\varrho} = \frac{1}{\varrho}\,(x_1 M_1 + x_2 M_2)$$

mit den molaren Massen $M_1 = 17{,}0305$ kg/kmol von Ammoniak und $M_2 = 18{,}0153$ kg/kmol von Wasser. Die so berechneten Werte von V_m sowie $V_{m,01} = V_m(x_1 = 1)$ und $V_{m,02} = V_m(x_1 = 0)$ enthält die dritte Spalte von Tabelle 5.1. Die vierte Spalte zeigt die nach Gl.(5.14) berechneten molaren Mischungsvolumina. Sie sind negativ und im Betrag relativ groß (bis zu $-15\,\%$ von V_m).

Zur Berechnung der partiellen molaren Volumina $\overline{V}_{m,1}$ und $\overline{V}_{m,2}$ empfiehlt es sich, die Abhängigkeit des molaren Volumens von der Zusammensetzung durch eine Funktion $V_m = V_m(x_1)$ explizit auszudrücken. Dazu sucht man einen geeigneten Ansatz für das molare Mischungsvolumen in der Form

$$\Delta^M V_m = x_1 x_2\,(A + B\,x_1 + C\,x_1^2 + \dots) \ . \tag{5.15}$$

Er berücksichtigt, dass $\Delta^M V_m$ für $x_1 = 0$ und $x_2 = 0$ verschwindet. Wie die Anpassung an die Messwerte zeigt, sind in der runden Klammer drei Terme notwendig, aber auch ausreichend. Die drei Koeffizienten haben die Werte $A = -8{,}4792$ cm^3/mol, $B = -6{,}2171$ cm^3/mol und $C = -9{,}1119$ cm^3/mol. Die letzte Spalte von Tabelle 5.1 enthält die mit diesen Koeffizienten berechneten Werte des Mischungsvolumens.

Damit lassen sich die beiden partiellen molaren Volumina nach den Gl.(5.11) und (5.12) aus dem molaren Volumen ($x = x_1$)

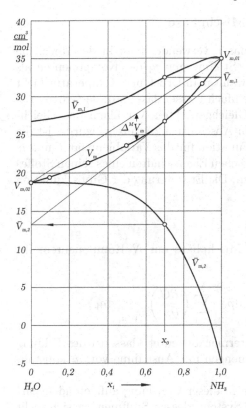

Abbildung 5.5. Molares Volumen V_m, partielle molare Volumina $\overline{V}_{m,1}$ und $\overline{V}_{m,2}$ für flüssige Ammoniak-Wasser-Gemische bei $\vartheta = 120\,^\circ\text{C}$ und $p = 29{,}7$ MPa. Kreise: Messwerte nach [5.6]

$$V_m = x\,V_{m,01} + (1-x)\,V_{m,02} + x\,(1-x)\,(A + B\,x + C\,x^2)$$

berechnen. Nach Bilden der Ableitung $(\partial V_m/\partial x)_{T,p}$ und Ordnen der Terme ergibt sich

$$\overline{V}_{m,1} = V_{m,01} + (1-x)^2 (A + 2\,B\,x + 3\,C\,x^2)$$

und

$$\overline{V}_{m,2} = V_{m,02} + x^2 [A - B + 2\,(B - C)\,x + 3\,C\,x^2]\,.$$

Wie diese Gleichungen zeigen, mündet $\overline{V}_{m,1}$ bei $x = 1$ mit *horizontaler* Tangente in seinen Grenzwert $V_{m,01}$, das molare Volumen des reinen Ammoniaks; Gleiches gilt für $\overline{V}_{m,2}$ bei $x = 0$ $(x_2 = 1)$.

Abbildung 5.5 zeigt den Verlauf von $\overline{V}_{m,1}$ und $\overline{V}_{m,2}$. Da $\overline{V}_{m,1} > \overline{V}_{m,2}$ ist, bewirkt die Zugabe einer kleinen Stoffmenge von Ammoniak eine größere Volumenzunahme des Gemisches als die Zugabe einer gleich großen Stoffmenge Wasser. Für $x > 0{,}94$ wird $\overline{V}_{m,2}$ negativ. In diesem Bereich nimmt das Volumen des Gemisches ab, wenn man eine kleine Stoffmenge Wasser zugibt. In Abb. 5.5 sind auch der Verlauf von V_m und die graphische Konstruktion von $\overline{V}_{m,1}$ und $\overline{V}_{m,2}$ für $x = x_0 = 0{,}70$ dargestellt.

5.1.4 Die Gibbs-Funktion einer Mischphase

In der Thermodynamik der Mischphasen verwendet man in der Regel die Temperatur T, den Druck p und die Stoffmengen n_i der Komponenten als unabhängige Zustandsgrößen. Dabei wählt man Druck und Temperatur nicht nur, weil sie sich genau und relativ einfach messen lassen; diese Größen bestimmen auch die Einstellung von Gleichgewichten, vor allem das Gleichgewicht zwischen zwei Phasen. Wie in Abschnitt 3.2.4 gezeigt wurde, ist die Gibbs-Funktion G charakteristische Funktion für das Variablenpaar T und p. Aus ihr lassen sich alle thermodynamischen Eigenschaften eines reinen Stoffes als Funktionen von T und p berechnen. Die Erweiterung der Gibbs-Funktion auf Mischphasen führt zu

$$G = G(T, p, n_1, n_2, \ldots n_N)$$

als charakteristische Funktion einer Mischphase aus N Komponenten. Ihr Differenzial ergibt sich zu

$$\mathrm{d}G = \left(\frac{\partial G}{\partial T}\right)_{p,\, n_i} \mathrm{d}T + \left(\frac{\partial G}{\partial p}\right)_{T,\, n_i} \mathrm{d}p + \sum_{i=1}^{N} \left(\frac{\partial G}{\partial n_i}\right)_{T,\, p,\, n_j} \mathrm{d}n_i \,,$$

wobei der Index n_j an den Summentermen bedeutet, dass bei der Bildung der partiellen Ableitungen alle Stoffmengen mit Ausnahme von n_i konstant gehalten werden.

Welche Bedeutung haben nun die in dieser Gleichung auftretenden partiellen Ableitungen? Ein homogenes System, dessen Stoffmengen sich nicht ändern können (also alle $\mathrm{d}n_i = 0$ sind), verhält sich wie eine Phase, die aus nur einem Stoff besteht. Hierfür gilt nach Abschnitt 3.2.4

$$\mathrm{d}G = -S\,\mathrm{d}T + V\,\mathrm{d}p \,.$$

Somit erhält man für die beiden ersten Ableitungen durch Koeffizientenvergleich

$$(\partial G/\partial T)_{p,n_i} = -S \quad \text{und} \quad (\partial G/\partial p)_{T,n_i} = V \,.$$

Die Ableitungen der Gibbs-Funktion nach den Stoffmengen der Komponenten sind die partiellen molaren Gibbs-Funktionen $\overline{G}_{m,i}$. J.W. Gibbs, der 1875 diese Größen als erster eingeführt hat, gab ihnen einen besonderen Namen[3]. Man nennt $\overline{G}_{m,i}$ das *chemische Potenzial der Komponente* i in der Mischphase und bezeichnet es mit μ_i:

$$\mu_i(T, p, \{x_i\}) := \overline{G}_{m,i}(T, p, \{x_i\}) = \left(\frac{\partial G}{\partial n_i}\right)_{T,\, p,\, n_j} . \tag{5.16}$$

---

[3] J.W. Gibbs [5.7] definierte das chemische Potenzial ursprünglich durch die partielle Ableitung nach der *Masse* m_i: $\mu_i := (\partial G/\partial m_i)_{T,p,m_j}$ und bezeichnete es als Potenzial der Komponente i.

Dabei ist zu beachten: Die chemischen Potenziale sind als partielle molare Zustandsgrößen *intensive* Zustandsgrößen und hängen von T, p und den $N-1$ Stoffmengenanteilen x_1 bis x_{N-1} ab.

Mit den chemischen Potenzialen der Komponenten lässt sich das Differenzial der Gibbs-Funktion einer Mischphase in der Form

$$\mathrm{d}G = -S\,\mathrm{d}T + V\,\mathrm{d}p + \sum_{i=1}^{N} \mu_i\,\mathrm{d}n_i \qquad (5.17)$$

schreiben. Diese Beziehung wird *Gibbssche Hauptgleichung* genannt. Da die chemischen Potenziale partielle molare Zustandsgrößen sind, gilt die Homogenitätsrelation (5.7)

$$G(T, p, n_1, n_2, \ldots n_N) = \sum_{i=1}^{N} n_i\,\mu_i(T, p, \{x_i\})\,. \qquad (5.18)$$

Für die molare Gibbs-Funktion der Mischphase gilt entsprechend

$$G_m(T, p, \{x_i\}) = \sum_{i=1}^{N} x_i\,\mu_i(T, p, \{x_i\})\,. \qquad (5.19)$$

Kennt man die chemischen Potenziale μ_i der Komponenten, so ist die Gibbs-Funktion der Mischphase nach diesen Gleichungen leicht berechenbar. Ist umgekehrt $G_m(T, p, \{x_i\})$ bekannt, so erhält man die chemischen Potenziale aus Gl.(5.13), in der Z_m durch G_m und die $\overline{Z}_{m,i}$ durch μ_i zu ersetzen sind.

Da G_m die charakteristische Funktion der Mischphase ist, lassen sich deren sämtliche thermodynamischen Eigenschaften aus G_m und ihren Ableitungen bzw. aus den chemischen Potenzialen und ihren Ableitungen berechnen. Man erhält das molare Volumen

$$V_m(T, p, \{x_i\}) = \left(\frac{\partial G_m}{\partial p}\right)_{T, x_i} = \sum_{i=1}^{N} x_i \left(\frac{\partial \mu_i}{\partial p}\right)_{T, x_i} = \sum_{i=1}^{N} x_i\,\overline{V}_{m,i} \qquad (5.20)$$

und die molare Entropie

$$S_m(T, p, \{x_i\}) = -\left(\frac{\partial G_m}{\partial T}\right)_{p, x_i} = -\sum_{i=1}^{N} x_i \left(\frac{\partial \mu_i}{\partial T}\right)_{p, x_i} = \sum_{i=1}^{N} x_i\,\overline{S}_{m,i}$$

$$(5.21)$$

der Mischphase. Aus

$$H_m = G_m + T\,S_m = G_m - T\left(\frac{\partial G_m}{\partial T}\right)_{p, x_i} = -T^2\left(\frac{\partial (G_m/T)}{\partial T}\right)_{p, x_i},$$

der so genannten *Gleichung von Gibbs-Helmholtz*, ergibt sich die molare Enthalpie zu

$$H_{\mathrm{m}}(T,p,\{x_{\mathrm{i}}\}) = -T^2 \left(\frac{\partial(G_{\mathrm{m}}/T)}{\partial T}\right)_{\mathrm{p,x_i}} = -T^2 \sum_{i=1}^{N} x_{\mathrm{i}} \left(\frac{\partial(\mu_{\mathrm{i}}/T)}{\partial T}\right)_{\mathrm{p,x_i}}$$

$$= \sum_{i=1}^{N} x_{\mathrm{i}} \, \overline{H}_{\mathrm{m,i}} \, . \tag{5.22}$$

Aus diesen Gleichungen liest man die folgenden Beziehungen zwischen partiellen molaren Größen ab:

$$\overline{V}_{\mathrm{m,i}} = (\partial \mu_{\mathrm{i}}/\partial p)_{\mathrm{T,x_i}}, \quad \overline{S}_{\mathrm{m,i}} = -(\partial \mu_{\mathrm{i}}/\partial T)_{\mathrm{p,x_i}} \tag{5.23}$$

und

$$\overline{H}_{\mathrm{m,i}} = -T^2 \left(\frac{\partial(\mu_{\mathrm{i}}/T)}{\partial T}\right)_{\mathrm{p,\, x_i}} . \tag{5.24}$$

Sie dienen vor allem zur Bestimmung der Temperatur- und Druckabhängigkeit des chemischen Potenzials aus $\overline{H}_{\mathrm{m,i}}$ und $\overline{V}_{\mathrm{m,i}}$, weil diese partiellen molaren Größen aus der thermischen bzw. kalorischen Zustandsgleichung der Mischphase berechenbar sind.

Das als partielle molare Gibbs-Funktion definierte chemische Potenzial μ_{i} lässt sich auch aus anderen charakteristischen Funktionen der Mischphase berechnen. Dazu wird in das Differenzial der Helmholtz-Funktion $F = G - pV$, nämlich

$$\mathrm{d}F = \mathrm{d}G - p\,\mathrm{d}V - V\,\mathrm{d}p \, ,$$

das Differenzial $\mathrm{d}G$ nach der Gibbsschen Hauptgleichung (5.17) eingeführt. Man erhält

$$\mathrm{d}F = -S\,\mathrm{d}T - p\,\mathrm{d}V + \sum_{i=1}^{N} \mu_{\mathrm{i}}\,\mathrm{d}n_{\mathrm{i}} \, . \tag{5.25}$$

In ähnlicher Weise ergeben sich

$$\mathrm{d}H = T\,\mathrm{d}S + V\,\mathrm{d}p + \sum_{i=1}^{N} \mu_{\mathrm{i}}\,\mathrm{d}n_{\mathrm{i}}$$

und

$$\mathrm{d}U = T\,\mathrm{d}S - p\,\mathrm{d}V + \sum_{i=1}^{N} \mu_{\mathrm{i}}\,\mathrm{d}n_{\mathrm{i}} \, .$$

Wie man aus diesen Gleichungen abliest, erhält man das durch Gl.(5.16) *definierte* chemische Potenzial der Komponente i auch durch die Ableitungen

$$\mu_{\mathrm{i}} = \left(\frac{\partial F}{\partial n_{\mathrm{i}}}\right)_{\mathrm{T,\,V,\,n_j}} = \left(\frac{\partial H}{\partial n_{\mathrm{i}}}\right)_{\mathrm{S,\,p,\,n_j}} = \left(\frac{\partial U}{\partial n_{\mathrm{i}}}\right)_{\mathrm{S,\,V,\,n_j}} .$$

Die charakteristischen Funktionen werden dabei nach der Stoffmenge n_{i} partiell abgeleitet, wobei jeweils ihre zugehörigen unabhängigen Variablen konstant gehalten werden.

5.1.5 Chemische Potenziale. Membrangleichgewicht

Das im letzten Abschnitt eingeführte chemische Potenzial μ_i der Komponente i hat in der Thermodynamik der Mischphasen eine große Bedeutung, weil es den Stofftransport zwischen verschiedenen Phasen regelt. Wie die Temperatur T das Potenzial für den Wärmetransport und die Einstellung des thermischen Gleichgewichts ist, so sind Unterschiede des chemischen Potenzials einer jeden Komponente i die treibende Kraft für den Stofftransport dieser Komponente und maßgebend für die Einstellung des stofflichen Gleichgewichts.

Um dies zu erläutern, sollen zwei Mischphasen α und β betrachtet werden, die beide die Komponente i enthalten, vgl. Abb. 5.6. Sie sind durch eine starre, aber diatherme Wand getrennt, so dass sich zwischen α und β das thermische Gleichgewicht mit $T^\alpha = T^\beta = T$ einstellt. Die trennende Wand soll noch eine weitere Eigenschaft haben: Sie ist nur für die Komponente i durchlässig, unterbindet aber den Übergang aller anderen Komponenten. Eine solche Wand wird *semipermeable Wand* oder semipermeable Membran genannt. Sie stellt eine sehr weitgehende Idealisierung dar, deren Verwirklichung man sich weit schwerer vorstellen kann als etwa die einer adiabaten Wand. In den letzten Jahren hat man jedoch Membrane herstellen können, die eine beachtliche Selektivität besitzen, d.h. eine bestimmte gasförmige oder flüssige Komponente erheblich leichter durchlassen als andere, gleichzeitig vorhandene Komponenten. Damit lassen sich technisch wichtige Verfahren der Stofftrennung (Hyperfiltration und Umkehrosmose) z.B. zur Entsalzung von Meerwasser ausführen, vgl. [5.8], [5.9]. Im Folgenden wird vereinfachend die Existenz semipermeabler Wände, die allein *eine* Komponente durchlassen, vorausgesetzt.

Die beiden Mischphasen von Abb. 5.6 haben dieselbe Temperatur T und jeweils feste Volumina V^α bzw. V^β. Bei Vorgabe dieser Bedingungen ist die Helmholtz-Funktion $F = U - TS$ die charakteristische Funktion des Zweiphasensystems. Ihr Differenzial ist durch Gl.(5.25) gegeben. Das Differenzial der Helmholtz-Funktion F_{ges} des aus den beiden Mischphasen bestehenden Gesamtsystems wird dann

$$\mathrm{d}F_{\text{ges}} = \mathrm{d}F^\alpha + \mathrm{d}F^\beta = \mu_i^\alpha \mathrm{d}n_i^\alpha + \mu_i^\beta \mathrm{d}n_i^\beta ,$$

weil T, V^α, V^β und alle anderen Stoffmengen n_j^α und n_j^β ($j \neq i$) konstant sind. Die Stoffmenge $n_i = n_i^\alpha + n_i^\beta$ der in den beiden Mischphasen *insgesamt* vorhandenen Komponente i ist konstant; daher gilt $\mathrm{d}n_i^\beta = -\mathrm{d}n_i^\alpha$, und man erhält

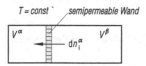

Abbildung 5.6. Isothermes Membrangleichgewicht zwischen zwei Mischphasen α und β, die durch eine nur für die Komponente i durchlässige Wand getrennt sind

$$\mathrm{d}F_{\mathrm{ges}} = \left(\mu_{\mathrm{i}}^{\alpha} - \mu_{\mathrm{i}}^{\beta}\right)\mathrm{d}n_{\mathrm{i}}^{\alpha} \leq 0 \,, \tag{5.26}$$

weil die Helmholtz-Funktion bei fester Temperatur und konstantem Volumen nur abnehmen kann, bis sie im Gleichgewicht ein Minimum annimmt.

Gl. (5.26) zeigt, wie das chemische Potenzial den Stofftransport einer Komponente in einem isothermen System regelt. Ist $\mu_{\mathrm{i}}^{\alpha} > \mu_{\mathrm{i}}^{\beta}$, muss $\mathrm{d}n_{\mathrm{i}}^{\alpha} < 0$ sein: Die Komponente i geht von der α-Phase durch die semipermeable Wand in die β-Phase über. Ist dagegen $\mu_{\mathrm{i}}^{\beta} > \mu_{\mathrm{i}}^{\alpha}$, so muss $\mathrm{d}n_{\mathrm{i}}^{\alpha} > 0$ sein: Die Komponente i geht von der β-Phase durch die semipermeable Wand in die α-Phase über. In beiden Fällen wandert die Komponente i von der Phase mit dem höheren chemischen Potenzial μ_{i} zur Phase mit dem niedrigeren μ_{i}. Der Stofftransport durch die semipermeable Wand von Abb. 5.6 kommt zum Erliegen, wenn die chemischen Potenziale dieser Komponente i zu beiden Seiten der Wand gleich groß sind:

$$\mu_{\mathrm{i}}^{\alpha}(T, p^{\alpha}, \{x_{\mathrm{i}}^{\alpha}\}) = \mu_{\mathrm{i}}^{\beta}(T, p^{\beta}, \{x_{\mathrm{i}}^{\beta}\}) \,.$$

Dies ist der Zustand des stofflichen Gleichgewichts; er wird als *Membran-gleichgewicht* bezeichnet. Da die semipermeable Wand als starr angenommen wurde, sind die Drücke der Phasen zu beiden Seiten der Wand auch im Gleichgewicht verschieden: $p^{\alpha} \neq p^{\beta}$. Beim Membrangleichgewicht ist thermisches Gleichgewicht und stoffliches Gleichgewicht für die Transferkomponente i gegeben, nicht aber mechanisches Gleichgewicht und stoffliches Gleichgewicht für die restlichen Komponenten j.

Ein *stabiler* Gleichgewichtszustand stellt sich nur dann ein, wenn das chemische Potenzial μ_{i} bei einer Vergrößerung der Stoffmenge n_{i} zunimmt und bei einer Verringerung von n_{i} abnimmt. Beim Übergang einer Stoffmenge $\mathrm{d}n_{\mathrm{i}}$ von der Phase mit dem höheren chemischen Potenzial zur Phase mit dem kleineren μ_{i} gleichen sich dann die chemischen Potenziale $\mu_{\mathrm{i}}^{\alpha}$ und μ_{i}^{β} dadurch an, dass das größere chemische Potenzial abnimmt und das kleinere zunimmt, bis das Gleichgewicht erreicht ist. Es muss also stets $(\partial \mu_{\mathrm{i}} / \partial n_{\mathrm{i}})_{\mathrm{T,p,n_j}} > 0$ gelten. Wäre diese Bedingung verletzt, könnte sich das stoffliche Gleichgewicht bei einer kleinen Störung nicht wieder einstellen, es wäre kein stabiles Gleichgewicht.

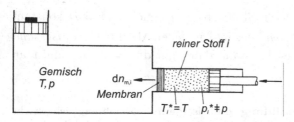

Abbildung 5.7. Membrangleichgewicht zwischen einer Mischphase und dem reinen Stoff i

Ein Sonderfall des Membrangleichgewichts, wird in Abb. 5.7 dargestellt:
Eine Mischphase ist durch die semipermeable Membran von einer Phase getrennt, die aus dem *reinen Stoff i* besteht. Beide Phasen sollen die gleiche
Temperatur T haben; sie stehen aber unter verschiedenen Drücken p und
p_i^*, wobei p_i^* den Druck des reinen Stoffes i im Membrangleichgewicht mit
der Mischphase bezeichnet. In diesem Zustand sind das chemische Potenzial
$\mu_i(T, p, \{x_i\})$ der Komponente i des Gemisches und das chemische Potenzial
$\mu_{0i}(T, p_i^*)$ des reinen Stoffes i gleich groß. Für den reinen Stoff i folgt aus
Gl.(5.18) $G = n_i\, \mu_{0i}$. Das chemische Potenzial eines reinen Stoffes stimmt
mit seiner molaren Gibbs-Funktion $G/n_i = G_{m,0i}(T, p)$ überein:

$$\mu_{0i}(T, p) \equiv G_{m,0i}(T, p) \ .$$

Um dies hervorzuheben, wird im Folgenden stets $G_{m,0i}$ statt μ_{0i} geschrieben.

Die Bedingung für das Membrangleichgewicht zwischen einer Mischphase
und dem reinen Stoff i lautet damit

$$\mu_i(T, p, \{x_i\}) = G_{m,0i}(T, p_i^*) \ .$$

Sie bietet die Möglichkeit, das chemische Potenzial μ_i durch Messen der
Drücke p und p_i^* im Membrangleichgewicht zu bestimmen. Dabei ist der
Druck p_i^* der reinen Phase stets kleiner als der Druck p der Mischphase.
Die Differenz $p_{os} := p - p_i^*$ wird *osmotischer Druck* genannt, sofern es sich
um das Membrangleichgewicht zwischen einer flüssigen Mischphase (Lösung)
und einer reinen Flüssigkeit handelt.

Mischungsprozesse sind irreversibel, und Entmischungsprozesse können
als Umkehrung irreversibler Prozesse niemals von selbst ablaufen. Mit Hilfe einer semipermeablen Membran ist es aber grundsätzlich möglich, einem
Gemisch eine Komponente *reversibel* zuzufügen oder zu entziehen. Will man
die Komponente i dem Gemisch nahezu reversibel zufügen, so darf der Druck
des reinen Stoffes i nur ein wenig größer als der Druck p_i^* im Membrangleichgewicht sein. Ist dagegen der Druck des reinen Stoffes ein wenig kleiner als
p_i^*, so gelangt die Komponente i nahezu reversibel aus dem Gemisch durch
die Membran.

Als partielle molare Zustandsgrößen sind die chemischen Potenziale nicht
unabhängig voneinander: Ein chemisches Potenzial kann aus den chemischen Potenzialen der anderen Komponenten berechnet werden. Setzt man
in der verallgemeinerten Gleichung von Gibbs-Duhem, Gl.(5.8), $Z = G$ und
$\overline{Z}_{m,i} = \mu_i$, so erhält man die Beziehung

$$\sum_{i=1}^{N} x_i\, d\mu_i = -S_m\, dT + V_m\, dp \ ,$$

die als *Gleichung von Gibbs-Duhem* bezeichnet wird. Man verwendet sie häufig bei konstanten Werten von T und p als Beziehung zwischen den chemischen
Potenzialen der Komponenten:

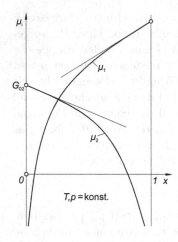

Abbildung 5.8. Verlauf der chemischen Potenziale μ_1 und μ_2 eines Zweistoffgemisches (schematisch)

$$\sum_{i=1}^{N} x_i\, d\mu_i = 0, \quad T = \text{konst.}, \; p = \text{konst.} .\tag{5.27}$$

Für ein binäres Gemisch liefert Gl.(5.27) mit $x_1 = x$ und $x_2 = 1 - x$ die Differenzialgleichung

$$x\left(\frac{\partial \mu_1}{\partial x}\right)_{T,p} + (1 - x)\left(\frac{\partial \mu_2}{\partial x}\right)_{T,p} = 0, \quad T = \text{konst.}, \; p = \text{konst.} .$$

Kennt man die Abhängigkeit des chemischen Potenzials der einen Komponente vom Stoffmengenanteil x, lässt sich das chemische Potenzial der anderen Komponente berechnen. Die Integration von

$$\frac{\partial \mu_2}{\partial x} = -\frac{x}{1 - x}\frac{\partial \mu_1}{\partial x}$$

zwischen $x = 0$ und x ergibt

$$\mu_2(T,p,x) - \mu_2(T,p,x=0) = \int_0^x \frac{\partial \mu_2}{\partial x}\, dx = -\int_0^x \frac{x}{1-x}\frac{\partial \mu_1}{\partial x}\, dx .$$

Da für $x = 0$ die *reine* Komponente 2 vorliegt, gilt $\mu_2(T,p,x=0) = G_{m,02}(T,p)$, und man erhält

$$\mu_2(T,p,x) = G_{m,02}(T,p) - \int_0^x \frac{x}{1-x}\left(\frac{\partial \mu_1}{\partial x}\right)_{T,p}\, dx .\tag{5.28}$$

In der gleichen Weise ergibt sich

$$\mu_1(T,p,x) = G_{m,01}(T,p) - \int_1^x \frac{1-x}{x}\left(\frac{\partial \mu_2}{\partial x}\right)_{T,p}\, dx .\tag{5.29}$$

Das chemische Potenzial μ_i gehört zu jenen partiellen molaren Größen, die für $x_i \rightarrow 1$ in den Grenzwert $\mu_{0i} = G_{m,0i}$ mit einer Tangente einmünden, die nicht horizontal verläuft: $(\partial\mu_i/\partial x_i)_{x_i=1} \neq 0$, vgl. Abb. 5.8. Daher geht der Integrand in Gl. (5.28) mit $x \rightarrow 1$ wie $(1-x)^{-1}$ gegen unendlich, und das chemische Potenzial μ_2 strebt wie $\ln(1-x)$ gegen $-\infty$. Für $x \rightarrow 0$ gehen dagegen der Integrand in Gl. (5.29) wie $1/x$ gegen unendlich und das chemische Potenzial μ_1 wie $\ln x$ gegen $-\infty$. Die chemischen Potenziale zeigen somit an der Rändern des Stoffmengenintervalls $(0,1)$ ein besonders ausgeprägtes Verhalten, das in Abb. 5.8 schematisch dargestellt ist.

Beispiel 5.3. Um Trinkwasser, nämlich annähernd reines Wasser, aus Meerwasser zu gewinnen, kann man das Stofftrennverfahren der *Umkehrosmose* anwenden: Meerwasser wird durch eine semipermeable Membran gepresst, die (im Idealfall) nur für reines Wasser durchlässig ist. Dabei muss der Druck des Meerwassers den Druck p_0 des Trinkwassers auf der anderen Seite der Membran mindestens um den osmotischen Druck p_{os} übersteigen. – Man berechne den osmotischen Druck von Meerwasser.

Im Membrangleichgewicht oder osmotischen Gleichgewicht ist der Druck des Meerwassers $p = p_0 + p_{os}$, und es gilt für das chemische Potenzial μ_W des Wassers in der Salzlösung (im Meerwasser) die Bedingung

$$\mu_W(T, p, \sigma) = G_{m,0W}(T, p_0) . \tag{5.30}$$

Dabei ist $G_{m,0W}(T, p_0)$ die molare Gibbs-Funktion des reinen Wassers. Die *Salinität* σ des Meerwassers stimmt in guter Näherung mit dem Massenanteil aller im Meerwasser gelösten Salze überein; wegen der genauen Definition von σ vgl. man [5.10]. Die Meere haben unterschiedliche Salinitäten zwischen 7 g/kg (Ostsee) und 43 g/kg (Rotes Meer). Das so genannte Standard-Seewasser hat die Salinität $\sigma = 34{,}449$ g/kg $= 0{,}034449$.

Das chemische Potenzial des Wassers hängt nach

$$\mu_W(T, p, \sigma) = G_{m,0W}(T, p) + R_m T \ln(1 - A\sigma)$$

von der Salinität ab, wobei $A = 0{,}537$ eine empirische Konstante ist [5.10]. Mit steigender Salinität nimmt μ_W ab. Aus der Gleichgewichtsbedingung (5.30) folgt

$$G_{m,0W}(T, p) - G_{m,0W}(T, p_0) = -R_m T \ln(1 - A\sigma)$$

$$= R_m T \left[A\sigma + \frac{1}{2}(A\sigma)^2 + \ldots \right] .$$

Im osmotischen Gleichgewicht wird die durch die Salinität hervorgerufene Abnahme von μ_W durch die Druckerhöhung des Meerwassers um den osmotischen Druck ausgeglichen. Für die Druckabhängigkeit von $G_{m,0W}$ gilt nach Tabelle 3.2

$$G_{m,0W}(T, p) - G_{m,0W}(T, p_0) = \int\limits_{p_0}^{p} V_{m,0W}(T, p)\, dp = V_{m,0W}(T)\,(p - p_0)$$

$$= V_{m,0W}(T)\, p_{os} ,$$

wenn die geringe Druckabhängigkeit des molaren Volumens von Wasser vernachlässigt wird.

Damit erhält man für den osmotischen Druck von Meerwasser

$$p_{os} = -\frac{R_m T}{V_{m,ow}(T)} \ln(1 - A\sigma) = -\frac{R_{0w} T}{v_{ow}(T)} \ln(1 - A\sigma)$$

$$= \frac{R_{0w} T}{v_{ow}(T)} \left[A\sigma + \frac{1}{2}(A\sigma)^2 + \dots \right]$$

mit R_{0w} als Gaskonstante des reinen Wassers und v_w als seinem spezifischen Volumen. Der osmotische Druck steigt etwas stärker als linear mit wachsender Salinität. Für Standard-Seewasser bei 15 °C ergibt sich

$$p_{os} = -\frac{0{,}4615\,(\text{kJ/kg\,K})\ 288{,}15\,\text{K}}{0{,}001001\,\text{m}^3/\text{kg}} \ln(1 - 0{,}537 \cdot 0{,}03445) = 2{,}481\,\text{MPa}\,.$$

In der Praxis müssen drei- bis viermal so große Drücke angewendet werden, wodurch sich der hier nicht berechnete Arbeitsaufwand für das Pressen des Wassers durch die Membran erheblich vergrößert [5.11]. Da es keine allein für Wasser durchlässige Membran gibt, enthält das durch Umkehrosmose gewonnene Wasser noch Salze in geringer Menge.

5.1.6 Phasengleichgewichte

Zu den wichtigsten Aufgaben der Mischphasenthermodynamik gehört die Berechnung von Gleichgewichten zwischen zwei oder mehreren Mischphasen. In den verfahrenstechnischen Anwendungen ist das Gleichgewicht zwischen einem flüssigen Gemisch und dem daraus entstehenden Dampf von besonderer Bedeutung, etwa für die Auslegung von Apparaten der thermischen Verfahrenstechnik wie der Destillation und der Rektifikation. Um die Bedingungen für das Zweiphasen-Gleichgewicht zu erhalten, wird das in Abb. 5.9 dargestellte System aus der Phase α, beispielsweise einer Flüssigphase, und der Phase β, einer Gas- oder Dampfphase betrachtet. Das heterogene System steht unter einem vorgegebenen Druck p, den der belastete und bewegliche Kolben ausübt; es wird durch Thermostatisierung auf einer bestimmten Temperatur T gehalten. Anders als bei dem im letzten Abschnitt behandelten Membrangleichgewicht hat die Grenze zwischen den beiden Phasen die folgenden Eigenschaften:

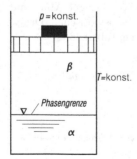

Abbildung 5.9. Zweiphasensystem aus Flüssigphase α und Gasphase β

1. Sie ist diatherm; folglich haben im Gleichgewicht beide Phasen die gleiche Temperatur: $T^\alpha = T^\beta = T$, die Phasen sind im thermischen Gleichgewicht.
2. Sie ist frei verschiebbar; daher haben im Gleichgewicht beide Phasen den gleichen Druck: $p^\alpha = p^\beta = p$, die Phasen sind im mechanischen Gleichgewicht.
3. Sie ist stoffdurchlässig für alle Komponenten, die Phasen sind im stofflichen Gleichgewicht.

Die Bedingung für das stoffliche Gleichgewicht zwischen den beiden Mischphasen wird nun aus der Forderung hergeleitet, dass die Gibbs-Funktion des aus den beiden Phasen bestehenden Gesamtsystems ein Minimum annimmt. Außer den gegebenen Werten von T und p sind als Nebenbedingungen die Konstanz der Stoffmengen n_i der Komponenten vorgeschrieben. Jede der Stoffmengen n_i verteilt sich im Gleichgewicht in ganz bestimmter Weise auf die beiden Phasen, wobei für jede Komponente die Gleichungen

$$n_i = n_i^\alpha + n_i^\beta = \text{konst.}, \quad i = 1, 2, \ldots N \,,$$

oder

$$\mathrm{d}n_i^\alpha + \mathrm{d}n_i^\beta = 0, \quad i = 1, 2, \ldots N, \tag{5.31}$$

gelten. Das Minimum der Gibbs-Funktion des Gesamtsystems wird durch die notwendige Bedingung

$$\mathrm{d}G = \mathrm{d}G^\alpha + \mathrm{d}G^\beta = 0$$

bestimmt. Nach der Gibbsschen Hauptgleichung ist das Differenzial der Gibbs-Funktion der α-Phase

$$\mathrm{d}G^\alpha = -S^\alpha \mathrm{d}T + V^\alpha \mathrm{d}p + \sum_{i=1}^{N} \mu_i^\alpha \mathrm{d}n_i^\alpha \,.$$

Eine entsprechende Gleichung gilt für $\mathrm{d}G^\beta$. Mit $\mathrm{d}T = 0$ und $\mathrm{d}p = 0$ und unter Berücksichtigung von Gl.(5.31) erhält man

$$\mathrm{d}G = \sum_{i=1}^{N} (\mu_i^\alpha - \mu_i^\beta) \, \mathrm{d}n_i^\alpha = 0 \,.$$

Da die $\mathrm{d}n_i^\alpha$ Differenziale unabhängiger Variablen sind, muss jedes Glied dieser Summe einzeln gleich null sein. Es gilt damit als Bedingung für das stoffliche Gleichgewicht zwischen zwei Mischphasen

$$\mu_i^\alpha = \mu_i^\beta, \quad i = 1, 2, \ldots N \,.$$

Somit gilt:

> Gleichgewicht zwischen zwei Mischphasen besteht dann, wenn ihre Temperaturen und Drücke gleich sind und für jede Komponente die chemischen Potenziale in den beiden Phasen übereinstimmen.

Die Verallgemeinerung der Gleichgewichtsbedingungen auf eine Zahl $\varphi > 2$ von Mischphasen, die untereinander im Gleichgewicht stehen, ist unmittelbar naheliegend:

> Gleichgewicht zwischen φ Mischphasen besteht dann, wenn alle Phasen die gleiche Temperatur und den gleichen Druck haben und wenn für jede Komponente die chemischen Potenziale in allen Phasen übereinstimmen:

$$\mu_i^\alpha = \mu_i^\beta = \ldots = \mu_i^\varphi, \quad i = 1, 2, \ldots N \,.$$

Aus diesen Gleichgewichtsbedingungen lässt sich die Gibbs'sche *Phasenregel* herleiten. Sie beantwortet die Frage: Wie viele frei wählbare, unabhängige intensive Zustandsgrößen hat ein System aus N Komponenten, das φ Mischphasen bildet? Man nennt diese intensiven Zustandsgrößen auch die *Freiheitsgrade* des Systems, weil sie frei vorgebbar sind. Sie *müssen* vorgegeben werden, wenn man den Zustand des Mehrphasensystems eindeutig festlegen und berechnen will.

Jede der Phasen hat für sich genommen $N + 1$ Freiheitsgrade, nämlich die intensiven Zustandsgrößen T, p, x_1, x_2, $\ldots$ x_{N-1}. Lägen die φ Phasen getrennt voneinander vor, so hätten sie zusammen $\varphi(N + 1)$ Freiheitsgrade. Die Bedingungen des Phasengleichgewichts verringern diese Zahl. Zwischen den φ Phasen bestehen jeweils $(\varphi - 1)$ Gleichheiten von $(N + 2)$ Zustandsgrößen, nämlich von T, p und den N chemischen Potenzialen. Dies ergibt $(\varphi - 1)(N + 2)$ Bedingungen, welche die Zahl der Freiheitsgrade der getrennten Phasen verringern:

$$\varphi\,(N + 1) - (\varphi - 1)(N + 2) = N + 2 - \varphi \,.$$

Bezeichnet man nun mit f die Anzahl der Freiheitsgrade, so lautet die auf J.W. Gibbs [5.7] zurückgehende Phasenregel

$$f = N + 2 - \varphi \,.$$

Sie gilt in dieser Form für Phasen, in denen keine chemischen Reaktionen auftreten. Außerdem wird der freie Austausch von Energie und Entropie, von Volumen und den Stoffmengen aller Komponenten über die Phasengrenzen vorausgesetzt.

5.1.7 Phasengleichgewichte in Zweistoffsystemen

Für ein binäres System nimmt die Phasenregel mit $N = 2$ die Gestalt $f = 4 - \varphi$ an. Ist nur eine Phase vorhanden, so sind $f = 3$ intensive Zustandsgrößen frei wählbar, nämlich T und p und der Stoffmengenanteil einer der beiden Komponenten, wofür $x = x_1$ gewählt wird. Besteht Gleichgewicht zwischen zwei Phasen α und β, so hat dieses heterogene System wegen $\varphi = 2$ noch zwei Freiheitsgrade. Somit ist eines der aus den vier intensiven Zustandsgrößen T, p, x^α und x^β gebildeten Paare frei wählbar. Die beiden anderen intensiven Zustandsgrößen ergeben sich aus den Gleichgewichtsbedingungen

$$\mu_1^\alpha(T, p, x^\alpha) = \mu_1^\beta(T, p, x^\beta) \quad \text{und} \quad \mu_2^\alpha(T, p, x^\alpha) = \mu_2^\beta(T, p, x^\beta) .$$

Sind beispielsweise Druck und Temperatur gegeben, so lassen sich die Stoffmengenanteile x^α und x^β in den beiden koexistierenden Phasen berechnen.

Bei Gemischen hat das Verdampfungsgleichgewicht die größte technische Bedeutung, weil die meisten Verfahren zur Stofftrennung auf dem Phasenübergang zwischen Flüssigkeit und Gas beruhen. Anders als bei einem reinen Stoff ist bei Gemischen auch ein Gleichgewicht zwischen zwei flüssigen Phasen möglich, die sich in ihrer Zusammensetzung unterscheiden. Schließlich gibt es Gleichgewichte zwischen fluiden und festen Phasen sowie Gleichgewichte zwischen festen Phasen unterschiedlicher Zusammensetzung. Zur Veranschaulichung des Zustandsverhaltens benutzt man verschiedene Diagramme, die zusammenfassend als Phasendiagramme bezeichnet werden.

Beim *Verdampfungsgleichgewicht* eines binären Systems sollen die Zustandsgrößen der koexistierenden Phasen statt mit α und β durch einen Strich für die Flüssigphase und durch zwei Striche für die Gasphase, gekennzeichnet werden. Im *Siedediagramm*, das für $p = $ konst. gilt, ist die Temperatur T über dem Stoffmengenanteil x der Komponente 1 aufgetragen, vgl. Abb. 5.10. Bei niedrigen Temperaturen ist das Gemisch flüssig, bei hohen Temperaturen gasförmig. Dazwischen liegt das Zweiphasengebiet oder Nassdampfgebiet. Die Grenze zwischen dem Flüssigkeitsgebiet und dem Zweiphasengebiet nennt man *Siedelinie*, die Grenze zwischen Gasgebiet und Zweiphasengebiet *Taulinie*. Siede- und Taulinie treffen sich für $x = 0$ bei der Siedetemperatur $T_{02}^s(p)$ der reinen Komponente 2 und für $x = 1$ bei der Siedetemperatur $T_{01}^s(p)$ der reinen Komponente 1. Die Komponente, die bei gegebenem Druck die kleinere Siedetemperatur hat, wird als die *leichter siedende Komponente* bezeichnet. Im Allgemeinen wird als Komponente 1 mit dem Stoffmengenanteil x die leichter siedende Komponente ausgewählt, so dass wie in Abb. 5.10 $T_{01}^s(p) < T_{02}^s(p)$ ist.

Zu einem Zustandspunkt (x, T) im Zweiphasengebiet des Siedediagramms gehören eine Gasphase und die mit ihr koexistierende Flüssigkeitsphase. Sie haben die Temperatur T des Zustandspunktes, aber von x verschiedene Stoffmengenanteile, nämlich $x' < x$ für die siedende Flüssigkeit und $x'' > x$ für den gesättigten Dampf. Der Stoffmengenanteil $x = n_1/n$ wird mit der Stoffmenge n_1 der in den beiden Phasen *insgesamt* vorhandenen Komponente 1

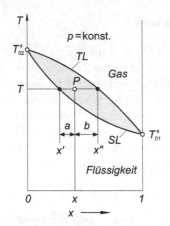

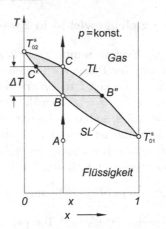

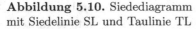

Abbildung 5.10. Siedediagramm mit Siedelinie SL und Taulinie TL

Abbildung 5.11. Geschlossene Verdampfung eines binären Gemisches im Siedediagramm. ΔT Temperaturanstieg beim Verdampfen

gebildet. Aus bekannten Werten von x, x' und x'' lässt sich das Verhältnis der Stoffmengen n' und n'' der beiden Phasen berechnen. Es gelten die Bilanzgleichungen

$$n' + n'' = n \quad \text{und} \quad x' n' + x'' n'' = x n \,,$$

aus denen sich

$$\frac{n''}{n'} = \frac{x - x'}{x'' - x}$$

ergibt, was dem Verhältnis der beiden Strecken a und b in Abb. 5.10 entspricht.

Es wird die *Verdampfung eines binären Gemisches* bei konstantem Druck und konstanten Gesamtstoffmengen (geschlossene Verdampfung) im Siedediagramm verfolgt. Erwärmt man eine flüssige Mischphase, Zustand A in Abb. 5.11, so steigt ihre Temperatur und die Siedelinie wird im Zustand B erreicht. Hier steht die siedende Flüssigkeit ($x = x'$ und $T = T(x', p)$) im Gleichgewicht mit der ersten Dampfblase, die die gleiche Temperatur, aber einen größeren Stoffmengenanteil x'' hat, Zustand B''. Im weiteren Verlauf des Verdampfungsvorgangs verarmt die Flüssigkeit an der Komponente 1. Die Stoffmengenanteile x' und x'' nehmen ab, doch stets ist der gesättigte Dampf reicher an der leichter siedenden Komponente 1 als die siedende Flüssigkeit, aus der er entsteht. Beim Verdampfen steigt die Siedetemperatur, obwohl der Druck konstant gehalten wird. Auch hierin unterscheidet sich die Verdampfung eines Gemisches von der eines reinen Stoffes. Wenn der letzte Flüssigkeitstropfen im Zustand C' mit dem Stoffmengenanteil $x' < x$ verdampft, hat der gesättigte Dampf, Zustand C, die gleiche Zusammensetzung wie die Flüssigkeit beim Beginn des Verdampfens ($x'' = x$), und die Siedetemperatur erreicht für die gege-

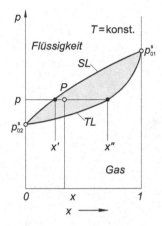

Abbildung 5.12. Dampfdruckdiagramm mit Siedelinie SL und Taulinie TL

benen Werte von p und x ihren höchsten Wert. Eine weitere Wärmezufuhr führt zu einer Temperaturerhöhung des Dampfes.

Anstatt bei konstantem Druck kann man das Verdampfungsgleichgewicht auch bei konstanter Temperatur betrachten. Man benutzt dann das für $T =$ konst. geltende *Dampfdruckdiagramm*, vgl. Abb. 5.12, in dem der Druck p über x aufgetragen ist. Bei niedrigen Drücken ist das Gemisch gasförmig, bei höheren Drücken flüssig. Die leichter siedende Komponente 1 hat bei gegebenem T den größeren Dampfdruck: $p_{01}^s(T) > p_{02}^s(T)$. Die Siedelinie $p = p(x', T)$ begrenzt das Zweiphasengebiet nach oben zur Flüssigkeit, die Taulinie $p = p(x'', T)$ verläuft unterhalb der Siedelinie und bildet die Grenze zum Gasgebiet. Verdampft ein binäres Gemisch bei konstanter Temperatur, so sinkt der Druck; der gebildete Dampf ist stets reicher an der leichter siedenden Komponente als die siedende Flüssigkeit.

Im p,x-Diagramm von Abb. 5.13 sind Siede- und Taulinien für verschiedene Temperaturen $T =$ konst. eingezeichnet. Nur für $T \leq T_{k,01}$, der kritischen Temperatur der leichter siedenden Komponente 1, reicht das Zweiphasengebiet über die ganze Breite des Intervalls $0 \leq x \leq 1$. Bei höheren Temperaturen löst sich die das Zweiphasengebiet darstellende „Siedelinse" zunächst von der Senkrechten $x = 1$ und für $T > T_{k,02}$ auch von der Senkrechten $x = 0$. Bei jeder Temperatur treffen sich Siede- und Taulinie mit *horizontaler* Tangente im kritischen Punkt K bzw. in den beiden kritischen Punkten des Gemisches. Die Verbindungslinie aller kritischen Punkte K bezeichnet man als *kritische Kurve* des Gemisches. Eine ausführliche Diskussion des kritischen Gebiets findet man bei P. Stephan et al. [5.12], wo auch die im kritischen Gebiet auftretende retrograde Kondensation erläutert wird.

Die in den Abb. 5.10 bis 5.12 gezeigten Siede- und Taulinien verlaufen ohne Maxima oder Minima zwischen den Siedetemperaturen bzw. den Dampfdrücken der beiden Komponenten. Wenn jedoch starke Wechselwirkungen zwischen den Molekülen auftreten oder die Siedetemperaturen T_{01}^s und T_{02}^s nahe beieinander liegen, können auch Maxima oder Minima der Siedetem-

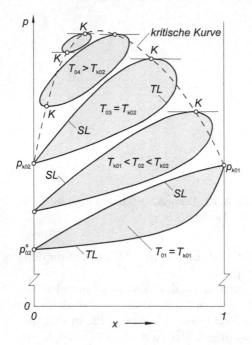

Abbildung 5.13. Siede- und Taulinien für verschiedene Temperaturen im kritischen Gebiet. K kritische Punkte des Gemisches

peratur und des Dampfdrucks auftreten. Diese Zustände werden *azeotrope Punkte* genannt. In einem azeotropen Punkt A berühren sich Siede- und Taulinie mit gemeinsamer horizontaler Tangente; es gilt hier $x'_A = x''_A$. Dabei gehört zu einem Minimum der Siedetemperatur im T,x-Diagramm stets ein Maximum des Dampfdrucks im p,x-Diagramm, vgl. die beiden oberen Bilder in Abb. 5.14. Umgekehrt gehört zu einem Maximum der Siedetemperatur ein Dampfdruck-Minimum, wie es die beiden unteren Bilder in Abb. 5.14 zeigen. Destillations- und Rektifikationsverfahren zur Zerlegung von Gemischen in ihre Komponenten beruhen darauf, dass der Dampf eine andere Zusammensetzung hat als die siedende Flüssigkeit. Somit ist es nicht möglich, ein binäres Gemisch durch Destillation oder Rektifikation über den azeotropen Punkt hinaus zu trennen; denn Dampf und Flüssigkeit haben hier die gleiche Zusammensetzung. Man muss dann andere Verfahren zur Stofftrennung einsetzen. Manchmal genügt es bereits, den Druck zu ändern, weil sich die Zusammensetzung des azeotropen Punktes mit dem Druck verschiebt und das Azeotrop auch ganz verschwinden kann.

Zur Berechnung von Destillations- und Rektifikationsprozessen benutzt man häufig das so genannte *Gleichgewichtsdiagramm*, in dem für konstanten Druck x'' über x' aufgetragen ist. Dieses Diagramm wird auch als McCabe-Thiele Diagramm bezeichnet. Jeder Punkt dieser Kurve gehört zu einer anderen Temperatur. Für ein Gemisch ohne azeotropen Punkt ergibt sich eine Gleichgewichtslinie $x'' = f(x', p = \text{konst.})$, die wie die Kurve a in Abb. 5.15 verläuft, weil stets $x'' > x'$ ist. Hat das Gemisch einen azeotropen Punkt,

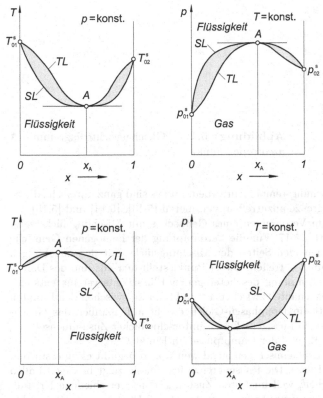

Abbildung 5.14. Binäre Gemische mit einem azeotropen Punkt A. Obere Reihe: Siedetemperatur-Minimum mit Dampfdruck-Maximum, untere Reihe: Siedetemperatur-Maximum mit Dampfdruck-Minimum

so schneidet die Gleichgewichtskurve die Diagonale $x'' = x'$ im azeotropen Punkt A. Kurve b in Abb. 5.15 gehört zu einem azeotropen Punkt mit Temperaturminimum im T,x-Diagramm, Kurve c zu einem azeotropen Punkt mit Temperaturmaximum.

Neben dem bisher besprochenen Verdampfungsgleichgewicht gibt es bei Gemischen auch ein Gleichgewicht zwischen zwei flüssigen Phasen. Das hierbei auftretende Zweiphasengebiet bezeichnet man als *Mischungslücke*. Zwei Flüssigkeiten, z.B. Wasser und Öl, sind nicht in jedem Verhältnis mischbar. Nur in der Nähe der Ränder des Zusammensetzungsintervalls bilden sie homogene Gemische; dazwischen treten zwei Phasen unterschiedlicher Zusammensetzung mit den Stoffmengenanteilen

$$x^\alpha = x^\alpha(T,p) \quad \text{und} \quad x^\beta = x^\beta(T,p)$$

auf, Abb. 5.16. Die Berandung des Zweiphasengebiets wird als Löslichkeitsgrenze bezeichnet. Ihre Lage ändert sich kaum mit dem Druck. Häufig endet die Mischungslücke wie in Abb. 5.16 bei der oberen kritischen Mischungstemperatur. Es kann auch

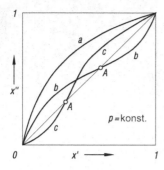

Abbildung 5.15. Gleichgewichtsdiagramm. A azeotroper Punkt

eine untere kritische Mischungstemperatur geben, und es sind ganz unterschiedliche Formen der Löslichkeitsgrenze anzutreffen, vgl. hierzu [5.13], [5.14] und [5.15].

Die Verhältnisse beim Verdampfen eines Gemisches mit Mischungslücke zeigt das T, x-Diagramm in Abb. 5.17. Für die Verdampfung der homogenen Gemische gelten die Siedelinien zu beiden Seiten der Mischungslücke mit den zugehörigen Taulinien, die sich im Punkt C treffen. Dieser Punkt stellt den Zustand des Dampfes dar, der bei der Verdampfung des heterogenen Flüssigkeitssystems entsteht, dessen mittlerer Stoffmengenanteil zwischen x^α und x^β, also zwischen den Punkten A und B liegt. Hier tritt ein Dreiphasen-Gleichgewicht auf, nämlich das Gleichgewicht zwischen den beiden flüssigen Phasen unterschiedlicher Zusammensetzung (Zustandspunkte A und B) und der Dampfphase im Punkt C.

Kühlt man ein flüssiges Gemisch genügend weit ab, so beginnt es zu erstarren; es bildet sich eine feste Phase. Die Phasengrenze fest-flüssig zeigt in vielen Fällen einen komplizierten Verlauf, weil im festen Zustandsgebiet verschiedene Kristallarten und Mischungslücken auftreten können. Als Beispiel sei das gut untersuchte und aus der Werkstoffkunde bekannte Eisen-Kohlenstoff-Diagramm genannt. In der einführenden Darstellung wird auf das Gleichgewicht fest-flüssig nicht eingegangen; es sei auf weiterführende Literatur, z.B. auf [5.5], S. 82–85, sowie auf [5.15] verwie-

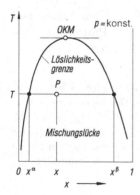

Abbildung 5.16. T, x-Diagramm mit Mischungslücke. OKM oberer kritischer Mischungspunkt

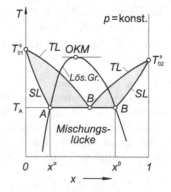

Abbildung 5.17. Verdampfungsgleichgewicht eines binären Gemisches mit Mischungslücke im T, x-Diagramm

sen. Die in diesem Abschnitt vorgestellten thermodynamischen Beziehungen zum Phasengleichgewicht gelten auch für fest-flüssig Gleichgewichte, die z.B. ausführlich in [5.5] und [5.15] behandelt werden.

5.2 Ideale Gemische

Um Phasengleichgewichte zu berechnen und weitere Aufgaben der Mischphasenthermodynamik zu lösen, benötigt man Stoffmodelle zur Berechnung der molaren Gibbs-Funktion $G_m = G_m(T, p, \{x_i\})$ oder der chemischen Potenziale μ_i. Stoffmodelle für Gemische verknüpfen die Zustandsgrößen der Mischphase mit denen der reinen Komponenten, wobei man die thermodynamischen Eigenschaften reiner Stoffe als bekannt voraussetzt. Bevor in Abschnitt 5.4 auf die Methoden zur Beschreibung realer Gemische eingegangen wird, sollen in den beiden folgenden Abschnitten einfache, idealisierte Stoffmodelle behandelt werden.

5.2.1 Ideale Gasgemische

Wie reine Gase zeigen auch Gasgemische ein einfaches Verhalten, wenn $p \to 0$ geht. Sie lassen sich bei hinreichend kleinen Drücken durch das Modell des idealen Gasgemisches beschreiben. Um seine thermodynamischen Eigenschaften zu erhalten, wird das in Abschnitt 5.1.5 behandelte Membrangleichgewicht zwischen einem idealen Gasgemisch und einer seiner reinen Komponenten betrachtet. Diese verhält sich bei den hier vorausgesetzten niedrigen Drücken wie ein reines ideales Gas. Die in Abb. 5.18 gezeigte semipermeable Membran lässt nur die Komponente i des idealen Gasgemisches hindurch. Im Membrangleichgewicht haben das ideale Gasgemisch und das reine ideale Gas i dieselbe Temperatur; der Druck p_i^* des reinen Gases ist aber kleiner als der Druck p des Gemisches. Das ideale Gasgemisch ist nun dadurch gekennzeichnet, dass im Membrangleichgewicht für jede Komponente

$$p_i^* = p_i = x_i\, p, \quad i = 1, 2, \ldots N\,,$$

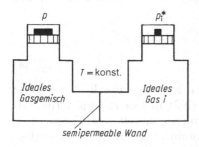

Abbildung 5.18. Membrangleichgewicht zwischen einem idealen Gasgemisch und dem reinen idealen Gas i

gilt. Der Druck p_i^* des reinen idealen Gases i stimmt mit dem Partialdruck p_i der Komponente i im idealen Gasgemisch überein.

Nach Abschnitt 5.1.5 ist das chemische Potenzial der Komponente i gleich der molaren Gibbs-Funktion des reinen idealen Gases i, mit dem es im Membrangleichgewicht steht:

$$\mu_i^{iGM}(T, p, x_i) = G_{m,0i}^{iG}(T, x_i\, p) \ . \tag{5.32}$$

Dabei weist der hochgestellte Index iGM auf das ideale Gasgemisch und der Index iG auf das reine ideale Gas hin. Um diese Gleichung auszuwerten, hat man die molare Gibbs-Funktion eines reinen idealen Gases zu berechnen. Nach den Ergebnissen der Abschnitte 4.3.2 und 4.3.3 erhält man

$$G_{m,0i}^{iG}(T, p) = G_{m,0i}^{0}(T) + R_m T \, \ln(p/p_0) \ , \tag{5.33}$$

wobei

$$G_{m,0i}^{0}(T) := H_{m,0i}^{0}(T_0) - T\, S_{m,0i}^{0}(T_0)$$

$$+ \int_{T_0}^{T} C_{m,p,0i}^{iG}(T)\, \mathrm{d}T - T \int_{T_0}^{T} C_{m,p,0i}^{iG}(T)\, \frac{\mathrm{d}T}{T}$$

die molare Gibbs-Funktion im idealen Gaszustand beim Bezugsdruck p_0 ist. Bei bekannter molarer Wärmekapazität $C_{m,p,0i}^{iG}(T) = M_i\, c_{p,0i}^{iG}(T)$, vgl. Abschnitt 4.3.2, lässt sich $G_{m,0i}^{0}(T)$ bis auf die beiden Konstanten $H_{m,0i}^{0}(T_0)$ und $S_{m,0i}^{0}(T_0)$ berechnen. Sie sind die molare Enthalpie bzw. Entropie im Bezugszustand T_0, p_0. Hierfür wählt man in der Regel den *thermochemischen Standardzustand* mit der Standardtemperatur $T_0 = 298{,}15$ K ($\vartheta_0 = 25{,}00\,°\mathrm{C}$) und dem Standarddruck $p_0 = 100$ kPa $= 1$ bar. $H_{m,0i}^{0}(T_0)$ wird dann als molare Standard-Bildungsenthalpie und $S_{m,0i}^{0}(T_0)$ als molare Standard-Entropie des reinen Gases i bezeichnet; die Bestimmung dieser Größen wird in den Abschnitten 5.5.3 und 5.5.4 behandelt. Für viele ideale Gase liegt $G_{m,0i}^{0}(T)$ vertafelt vor, z.B. in [4.41] und [4.42], so dass sich die Berechnung mit Hilfe der molaren isobaren Wärmekapazität erübrigt.

Im Membrangleichgewicht mit dem idealen Gasgemisch ist $G_{m,0i}^{iG}$ für T und den Partialdruck $x_i\, p$ zu berechnen. Aus Gl.(5.32) folgt dann für das chemische Potenzial der Komponente i

$$\mu_i^{iGM}(T, p, x_i) = G_{m,0i}^{0}(T) + R_m T \ln(p/p_0) + R_m T \ln x_i$$

$$= G_{m,0i}^{iG}(T, p) + R_m T \ln x_i \ . \tag{5.34}$$

Diese Gleichung zeigt: Das ideale Gasgemisch ist ein Gemisch idealer Gase mit einem besonders einfachen Mischungsverhalten. Der stets negative Mischungsterm hängt allein vom eigenen Stoffmengenanteil x_i ab. Fasst man die beiden Terme mit dem Logarithmus zusammen, so erhält man mit dem Partialdruck $p_i = x_i\, p$

$$\mu_i^{\mathrm{iGM}}(T, p_i) = G_{\mathrm{m},0i}^0(T) + R_{\mathrm{m}} T \ln(p_i/p_0) \ .$$

Der erste Term enthält die Eigenschaften des reinen idealen Gases i beim Standarddruck p_0; der zweite Term beschreibt durch den Partialdruck p_i die Druckabhängigkeit von μ_i^{iGM} und zugleich das Mischungsverhalten.

Mit den chemischen Potenzialen μ_i^{iGM} der Komponenten erhält man die molare Gibbs-Funktion des idealen Gasgemisches nach Gl.(5.19):

$$G_{\mathrm{m}}^{\mathrm{iGM}}(T, p, \{x_i\}) = \sum_{i=1}^{N} x_i\, G_{\mathrm{m},0i}^0(T) + R_{\mathrm{m}} T \ln(p/p_0) + R_{\mathrm{m}} T \sum_{i=1}^{N} x_i \ln x_i \ . \tag{5.35}$$

Aus $G_{\mathrm{m}}^{\mathrm{iGM}}$ lassen sich alle thermodynamischen Eigenschaften des idealen Gasgemisches berechnen.

5.2.2 Die Zustandsgleichungen idealer Gasgemische

Die thermische, die kalorische und die Entropie-Zustandsgleichung ergeben sich aus der molaren Gibbs-Funktion $G_{\mathrm{m}}^{\mathrm{iGM}}$ nach Gl.(5.35) durch Anwenden der allgemein gültigen thermodynamischen Beziehungen von Abschnitt 5.1.4.

Durch Ableiten der molaren Gibbs-Funktion nach dem Druck erhält man das molare Volumen, also die *thermische Zustandsgleichung*

$$V_{\mathrm{m}}^{\mathrm{iGM}} = R_{\mathrm{m}}\, T/p \ .$$

Sie hat dieselbe Gestalt wie die thermische Zustandsgleichung eines reinen idealen Gases. Daraus folgt: Ein ideales Gasgemisch hat kein molares Mischungsvolumen; beim isobar-isothermen Herstellen aus den reinen idealen Gasen tritt keine Volumenänderung auf: $\Delta^{\mathrm{M}} V_{\mathrm{m}} \equiv 0$.

Dividiert man V_{m} durch die molare Masse M des Gemisches, so erhält man das spezifische Volumen

$$v^{\mathrm{iGM}} = R\, T/p$$

des idealen Gasgemisches. Nach Gl.(5.4) ergibt sich seine spezifische Gaskonstante zu

$$R = \frac{R_{\mathrm{m}}}{M} = R_{\mathrm{m}} \sum_{i=1}^{N} \frac{\xi_i}{M_i} = \sum_{i=1}^{N} \xi_i\, R_i \ . \tag{5.36}$$

Mit der „richtigen" Gaskonstante R nach Gl.(5.36)[4] gilt für ideale Gasgemische die gleiche thermische Zustandsgleichung wie für reine ideale Gase.

---

[4] Der hochgestellte Index iGM für die spezifische Gaskonstante des idealen Gasgemisches wird im Folgenden weggelassen: $R^{\mathrm{iGM}} = R$.

Für den Partialdruck p_i der Komponente i des idealen Gasgemisches erhält man

$$p_i := x_i\, p = n_i\, \frac{p}{n} = n_i\, \frac{R_m T}{V^{iGM}} = m_i\, \frac{R_i\, T}{V^{iGM}} \, . \qquad (5.37)$$

Danach ist der Partialdruck der Komponente i gleich dem Druck, den sie als einzelnes reines Gas bei der Temperatur des Gemisches annimmt, wenn sie das ganze Volumen V^{iGM} des Gemisches allein ausfüllt. Diese nur für ideale Gasgemische gültige Beziehung ist als *Gesetz von Dalton*[5] bekannt. Manchmal wird als Gesetz von Dalton der folgende Satz bezeichnet: Im idealen Gasgemisch ist die Summe der Partialdrücke gleich dem Gesamtdruck. Nach der benutzten Definition des Partialdrucks, $p_i := x_i\, p$, gilt dieser Satz für jedes beliebige Gemisch, weil er unmittelbar aus der Definition folgt. Definiert man dagegen den Partialdruck p_i als den Druck, den die Komponente i bei der Temperatur des Gemisches annimmt, wenn ihr das Volumen des Gemisches allein zur Verfügung steht, dann gilt die Aussage $p = \sum_i p_i$ nur für *ideale* Gasgemische.

Die Zusammensetzung idealer Gasgemische gibt man häufig in *Volumen-* oder *Raumanteilen* an, die durch

$$r_i := V_i^{iGM}(T, p, n_i)/V^{iGM}, \quad i = 1, 2, \dots N \, ,$$

definiert sind, wobei

$$V_i^{iGM}(T, p, n_i) = n_i\, V_{0i}^{iGM}(T, p) = n_i\, R_m T/p = m_i\, R_i\, T/p$$

das Volumen des reinen Gases i bei der Temperatur und dem Druck des Gemisches ist. Nach dem Gesetz von Dalton erhält man

$$r_i = \frac{V_i^{iGM}}{V^{iGM}} = n_i\, \frac{R_m T}{p\, V} = \frac{p_i}{p} = x_i \, .$$

Volumenanteile und Stoffmengenanteile stimmen bei einem idealen Gasgemisch überein. Für die Stoffmengen-Konzentration erhält man nach dem Gesetz von Dalton

$$c_i := \frac{n_i}{V^{iGM}} = \frac{p_i}{R_m T} \, .$$

Die *kalorische Zustandsgleichung*, nämlich die molare Enthalpie des idealen Gasgemisches, erhält man aus Gl.(5.22) und (5.35) zu

---

[5] John Dalton (1766–1844), englischer Physiker und Chemiker, entdeckte 1801 das nach ihm benannte Gesetz. Er wurde zum Begründer der neueren chemischen Atomistik durch seine Atomtheorie, nach der sich die Elemente in „konstanten und multiplen Proportionen" zu chemischen Verbindungen vereinigen. Er beschrieb als erster die Rot-grün-Blindheit, an der er selber litt.

$$H_{\mathrm{m}}^{\mathrm{iGM}}(T) = \sum_{i=1}^{N} x_i \, H_{\mathrm{m},0i}^{\mathrm{iG}}(T) \, . \tag{5.38}$$

Für die molare Mischungsenthalpie gilt somit $\Delta^{\mathrm{M}} H_{\mathrm{m}}^{\mathrm{iGM}} \equiv 0$; beim isobar-isothermen Herstellen eines idealen Gasgemisches tritt keine „Wärmetönung" auf. Wie man leicht zeigen kann, bedeutet dies, dass bei der *adiabaten* Vermischung von idealen Gasen mit gleicher Temperatur keine Temperaturänderung auftritt.

Die spezifische Enthalpie eines idealen Gasgemisches ergibt sich aus Gl.(5.38) durch Division mit der molaren Masse des Gemisches zu

$$h^{\mathrm{iGM}}(T) = \sum_{i=1}^{N} \xi_i \, h_{0i}^{\mathrm{iG}}(T) \, ,$$

worin $h_0^{\mathrm{iG}}i(T)$ die spezifische Enthalpie des reinen Gases i bedeutet. Durch Differenzieren dieser Gleichung erhält man die spezifische Wärmekapazität

$$c_{\mathrm{p}}^{\mathrm{iGM}}(T) = \sum_{i=1}^{N} \xi_i \, c_{\mathrm{p},0i}^{\mathrm{iG}}(T) \, .$$

Analog dazu ergeben sich die mittlere spezifische Wärmekapazität zwischen $0\,^{\circ}\mathrm{C}$ und einer beliebigen Celsius-Temperatur, die spezifische innere Energie und die spezifische isochore Wärmekapazität $c_{\mathrm{v}}^{\mathrm{iGM}}$ eines idealen Gasgemisches in der gleichen einfachen Weise aus den entsprechenden Größen der reinen idealen Gase durch Gewichtung mit den Massenanteilen ξ_i.

Die *Entropie-Zustandsgleichung* des idealen Gasgemisches erhält man nach Gl.(5.21) als negative Ableitung von $G_{\mathrm{m}}^{\mathrm{iGM}}$ nach der Temperatur. Aus Gl.(5.35) ergibt sich

$$S_{\mathrm{m}}^{\mathrm{iGM}}(T, p, \{x_i\}) = \sum_{i=1}^{N} x_i \, S_{\mathrm{m},0i}^{0}(T) - R_{\mathrm{m}} \ln(p/p_0) - R_{\mathrm{m}} \sum_{i=1}^{N} x_i \ln x_i \, .$$
$$\tag{5.39}$$

Hier tritt im Gegensatz zur thermischen und kalorischen Zustandsgleichung ein Mischungsglied auf, die *molare Mischungsentropie*

$$\Delta^{\mathrm{M}} S_{\mathrm{m}}^{\mathrm{iGM}} = -R_{\mathrm{m}} \sum_{i=1}^{N} x_i \ln x_i \, . \tag{5.40}$$

Sie ist stets positiv und hängt nur von der Zusammensetzung des idealen Gasgemisches ab, nicht aber von seiner Temperatur und seinem Druck. Aus Gl.(5.39) erhält man die spezifische Entropie des idealen Gasgemisches zu

Tabelle 5.2. Molare Massen M_i, Stoffmengenanteile x_i und Massenanteile ξ_i der Komponenten trockener Luft

Komponente i	M_i in kg/kmol	x_i	ξ_i
Stickstoff, N_2	28,0134	0,78081	0,75514
Sauerstoff, O_2	31,9988	0,20942	0,23135
Argon, Ar	39,9480	0,00934	0,01288
Kohlendioxid, CO_2	44,0100	0,00041	0,00062
Neon, Ne	20,1797	0,00002	0,00001

$$s^{iGM} = \sum_{i=1}^{N} \xi_i\, s_{0i}^{T}(T) - R\, \ln(p/p_0) - R \sum_{i=1}^{N} x_i \ln x_i$$

$$= \sum_{i=1}^{N} \xi_i\, s_{0i}^{iG}(T,p) - R \sum_{i=1}^{N} x_i \ln x_i \ .$$

Sie ergibt sich aus den mit den Massenanteilen gewichteten spezifischen Entropien $s_{0i}^{iG}(T,p)$ der reinen idealen Gase, berechnet bei der Temperatur und dem Druck des Gemisches, aber vermehrt um die *spezifische Mischungsentropie*

$$\Delta^M s^{iGM} = -R \sum_{i=1}^{N} x_i \ln x_i = - \sum_{i=1}^{N} \xi_i\, R_i \ln(p_i/p) > 0 \tag{5.41}$$

mit der spezifischen Gaskonstante R nach Gl.(5.36). Sofern sich bei einer Zustandsänderung die Zusammensetzung des idealen Gasgemisches nicht ändert, fällt $\Delta^M s$ bei der Bildung von Entropiedifferenzen heraus. Man kann in diesen Fällen so rechnen, als ob ein reines ideales Gas vorläge.

Beispiel 5.4. Trockene Luft ist ein Gemisch aus N_2, O_2, Ar, CO_2 und Ne, deren Stoffmengenanteile in Tabelle 5.2 angegeben sind, sowie einiger anderer Gase (Kr, He, H_2, Xe, O_3) in vernachlässigbar kleiner Menge. Man bestimme die molare Masse, die Gaskonstante, die Mischungsentropie und die reversible Entmischungsarbeit der Luft und gebe ihre Zusammensetzung in Massenanteilen an.

Die molare Masse der trockenen Luft ergibt sich aus den in Tabelle 5.2 angegebenen Stoffmengenanteilen x_i und den molaren Massen M_i der fünf Komponenten zu

$$M = \sum_{i=1}^{5} x_i\, M_i = 28{,}9659\,\text{kg/kmol} \ .$$

Damit können die Massenanteile ξ_i nach Gl.(5.2) berechnet werden; sie sind zusätzlich in Tabelle 5.2 verzeichnet.

Für die Gaskonstante der trockenen Luft erhält man

$$R = \frac{R_{\mathrm{m}}}{M} = \frac{8{,}314471\,\mathrm{kJ/kmol\,K}}{28{,}9659\,\mathrm{kg/kmol}} = 0{,}28704\,\frac{\mathrm{kJ}}{\mathrm{kg\,K}}\ .$$

Die spezifische Mischungsentropie ergibt sich zu

$$\Delta^{\mathrm{M}} s = -R \sum_{i=1}^{5} x_{\mathrm{i}} \ln x_{\mathrm{i}} = 0{,}16294\,\mathrm{kJ/kg\,K}\ .$$

Die in Abschnitt 5.1.2 behandelte reversible Entmischungsarbeit, bezogen auf die Masse der Luft, ist

$$w_{\mathrm{t}}^{\mathrm{rev,entm}} = -\Delta^{\mathrm{M}} g = -\Delta^{\mathrm{M}} h + T\,\Delta^{\mathrm{M}} s = T\,\Delta^{\mathrm{M}} s\ ,$$

weil keine Mischungsenthalpie auftritt. Nach Gl.(5.41) wird

$$w_{\mathrm{t}}^{\mathrm{rev,entm}} = -R\,T \sum_{i=1}^{5} x_{\mathrm{i}} \ln x_{\mathrm{i}} = \sum_{i=1}^{5} \xi_{\mathrm{i}}\,R_{\mathrm{i}}\,T \ln(p/p_{\mathrm{i}})\ .$$

Sie stimmt mit der Summe der technischen Arbeiten überein, die zur reversiblen isothermen Verdichtung der einzelnen Komponenten von ihrem Partialdruck p_{i} auf den Druck p der Luft aufzuwenden ist. Die isotherm-isobare Entmischung der Luft lässt sich unter Verwendung semipermeabler Wände grundsätzlich reversibel ausführen, vgl. Abschnitt 5.1.5. Hierzu ist kein Arbeitsaufwand erforderlich. Die Komponenten liegen dann jedoch unter ihren Partialdrücken vor, und die Entmischungsarbeit dient nur ihrer reversiblen isothermen Verdichtung auf den Druck p. Für den Standardzustand mit $T = T_0 = 298{,}15$ K und $p = p_0 = 100$ kPa ergibt sich $w_{\mathrm{t}}^{\mathrm{rev,entm}} = 48{,}58$ kJ/kg.

5.2.3 Ideale Lösungen

Das in den Abschnitten 5.2.1 und 5.2.2 behandelte ideale Gasgemisch hat folgende bemerkenswerte Eigenschaft: Seine Zustandsgrößen lassen sich aus den Eigenschaften der reinen idealen Gase berechnen. Außer der Gemischzusammensetzung werden keine weiteren Informationen über das Gemisch benötigt. Dies trifft auch auf die ideale Lösung zu. Ihre Definition lautet:

Die ideale Lösung ist ein Gemisch realer Stoffe mit den Mischungsgrößen des idealen Gasgemisches.

Für das chemische Potenzial der Komponente i einer idealen Lösung, die mit den hochgestellten Index iL gekennzeichnet wird, gilt dann definitionsgemäß

$$\mu_{\mathrm{i}}^{\mathrm{iL}}(T,p,x_{\mathrm{i}}) = G_{\mathrm{m,0i}}(T,p) + R_{\mathrm{m}}T \ln x_{\mathrm{i}}\ . \tag{5.42}$$

Daraus folgt für die molare Gibbs-Funktion der idealen Lösung

$$G_{\mathrm{m}}^{\mathrm{iL}}(T,p,\{x_{\mathrm{i}}\}) = \sum_{i=1}^{N} x_{\mathrm{i}}\,G_{\mathrm{m,0i}}(T,p) + R_{\mathrm{m}}T \sum_{i=1}^{N} x_{\mathrm{i}} \ln x_{\mathrm{i}}\ .$$

Hierin bedeutet $G_{m,0i}(T,p)$ die molare Gibbs-Funktion der reinen realen Komponente i bei der Temperatur T und dem Druck p des Gemisches. Das Gemisch kann dabei gasförmig, flüssig oder sogar fest sein[6].

Abbildung 5.19 zeigt die chemischen Potenziale μ_1^{iL} und μ_2^{iL} und die molare Gibbs-Funktion G_m^{iL} einer binären idealen Lösung als Funktionen des Stoffmengenanteils $x = x_2$ bei festen Werten von T und p. Der Mischungsterm

$$\Delta^M G_m^{iL} = R_m T \sum_{i=1}^{N} x_i \ln x_i$$

ist negativ, so dass G_m^{iL} ein Minimum erreicht, in dem sich auch die Kurven der beiden chemischen Potenziale schneiden. Da μ_1^{iL} für $x \to 0$ und μ_2^{iL} für $x \to 1$ gegen $-\infty$ gehen, mündet G_m^{iL} mit senkrechter Tangente in die Grenzwerte $G_{m,01}$ und $G_{m,02}$.

Ideales Gasgemisch und ideale Lösung haben die gleichen Mischungsgrößen. Sie unterscheiden sich jedoch dadurch, dass das ideale Gasgemisch ein Gemisch reiner idealer Gase, die ideale Lösung dagegen ein Gemisch reiner realer Stoffe ist. Die Differenz der chemischen Potenziale μ_i^{iL} und μ_i^{iGM} ergibt sich nach den Gl.(5.34) und (5.42) zu

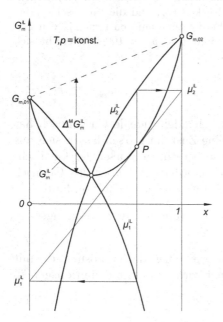

Abbildung 5.19. Molare Gibbsfunktion G_m^{iL} und chemische Potenziale μ_1^{iL} und μ_2^{iL} einer binären idealen Lösung

---

[6] Man kann die ideale Lösung auch durch die Bedingung $\Delta^M V_m \equiv 0$ definieren: Die ideale Lösung ist ein Gemisch, dessen partielle molare Volumina $\overline{V}_{m,i}$ mit den molaren Volumina V_{0i} der reinen Komponenten im betrachteten Temperaturbereich zwischen $p = 0$ und dem Druck p des Gemisches übereinstimmen.

$$\mu_i^{iL} - \mu_i^{iGM} = G_{m,0i}(T,p) - G_{m,0i}^{iG}(T,p) = G_{m,0i}^{Re}(T,p) \ .$$

Sie stimmt mit der Differenz der molaren Gibbs-Funktion des Fluids i in zwei Zuständen überein, dem realen Fluidzustand $(T,\ p)$ und dem idealen Gaszustand bei gleichen Werten von T und p. Diese Differenz bezeichnet man als den *Realanteil* $G_{m,0i}^{Re}(T,p)$ der Gibbs-Funktion. Er lässt sich mit der thermischen Zustandsgleichung $V_{m,0i} = V_{m,0i}(T,p)$ des reinen Fluids i berechnen. Aus

$$(\partial G_{m,0i}/\partial p)_T = V_{m,0i}(T,p) \quad \text{und} \quad (\partial G_{m,0i}^{iG}/\partial p)_T = R_m T/p$$

erhält man durch Integration bei $T = $ konst.

$$G_{m,0i}^{Re}(T,p) = \int\limits_0^p \left[V_{m,0i}(T,p) - \frac{R_m T}{p} \right] \mathrm{d}p \ . \tag{5.43}$$

Damit ergeben sich die molare Gibbs-Funktion zu

$$\begin{aligned} G_{m,0i}(T,p) &= G_{m,0i}^{iG}(T,p) + G_{m,0i}^{Re}(T,p) \\ &= G_{m,0i}^0(T) + R_m T \ln(p/p_0) + G_{m,0i}^{Re}(T,p) \end{aligned}$$

und das chemische Potenzial von i in der idealen Lösung zu

$$\mu_i^{iL}(T,p,x_i) = \mu_i^{iGM}(T,p,x_i) + G_{m,0i}^{Re}(T,p) \ .$$

Nach G.N. Lewis lässt sich der Realanteil von $G_{m,0i}$ auch durch eine dimensionslose Größe, den *Fugazitätskoeffizienten* φ_{0i} des reinen Stoffes i darstellen, indem man

$$G_{m,0i}^{Re}(T,p) := R_m T \ln \varphi_{0i}(T,p) \tag{5.44}$$

setzt. Damit erhält man für die molare Gibbs-Funktion

$$\begin{aligned} G_{m,0i}(T,p) &= G_{m,0i}^0(T) + R_m T \ln(p/p_0) + R_m T \ln \varphi_{0i}(T,p) \tag{5.45} \\ &= G_{m,0i}^{iG}(T, \varphi_{0i} \cdot p) \ . \end{aligned}$$

In dieser Darstellungweise kann $G_{m,0i}(T,p)$ mit der für das ideale Gas geltenden Gleichung berechnet werden, wenn man den Druck p durch das Produkt $\varphi_{0i} \cdot p$ ersetzt, das auch als *Fugazität*

$$f_{0i}(T,p) := \varphi_{0i}(T,p) \cdot p \tag{5.46}$$

des Stoffes i bezeichnet wird. Das chemische Potenzial der Komponente i in der idealen Lösung ergibt sich schließlich zu

$$\begin{aligned} \mu_i^{iL}(T,p,x_i) &= \mu_i^{iGM}(T,p,x_i) + R_m T \ln \varphi_{0i}(T,p) \tag{5.47} \\ &= G_{m,0i}^0(T) + R_m T \ln[x_i\, f_{0i}(T,p)/p_0] \ . \end{aligned}$$

Man erhält es aus den für μ_i^{iGM} geltenden Gleichungen, indem man den Druck p durch die Fugazität $f_{0i}(T,p) = \varphi_{0i}(T,p) \cdot p$ ersetzt.

Durch die Realkorrektur der Gibbs-Funktionen der reinen Komponenten macht man einen ersten Schritt zur Verbesserung des einfachsten Modells, des idealen Gasgemisches. Die ideale Lösung berücksichtigt aber nicht die eigentlichen realen Mischungseffekte, worauf in Abschnitt 5.4 eingegangen wird.

Verbreitete Anwendung findet die ideale Lösung bei der Beschreibung der thermodynamischen Eigenschaften von flüssigen Mischphasen, also von Lösungen. Hier bedeutet $G_{\mathrm{m},0i}(T,p)$ die molare Gibbs-Funktion der *reinen Flüssigkeit i* bei der Temperatur und dem Druck der Lösung; ihre Berechnung wird in Beispiel 5.5 gezeigt. Das Modell der idealen flüssigen Lösung trifft leider nur sehr selten zu; denn es werden hierbei nur die Wechselwirkungen zwischen *gleichartigen* Molekülen berücksichtigt. Die ideale Lösung ist nur bei Lösungen aus sehr ähnlichen Molekülen eine brauchbare Approximation, z.B. bei Lösungen aus Isomeren, Isotopen oder benachbarten Gliedern homologer Reihen wie n-Hexan/n-Heptan oder Ethanol/Propanol. Es gibt jedoch ein Grenzgesetz, wonach eine Komponente i, deren Stoffmengenanteil x_i die Anteile der anderen Komponenten bei weitem überwiegt, sich für $x_i \to 1$ wie in einer idealen Lösung verhält. Man benutzt daher die ideale Lösung als Bestandteil von Stoffmodellen zur Beschreibung realer Lösungen, worauf in Abschnitt 5.4.4 zurückgekommen wird.

Abschließend sollen die Zustandsgleichungen einer idealen Lösung zusammengestellt werden. Da Mischungsvolumen und Mischungsenthalpie definitionsgemäß gleich null sind, gelten die einfachen Gleichungen

$$V_{\mathrm{m}}^{\mathrm{iL}}(T,p,\{x_i\}) = \sum_{i=1}^{N} x_i\, V_{\mathrm{m},0i}(T,p) \quad \text{und}$$

$$H_{\mathrm{m}}^{\mathrm{iL}}(T,p,\{x_i\}) = \sum_{i=1}^{N} x_i\, H_{\mathrm{m},0i}(T,p)\,.$$

Die molare Entropie enthält dagegen wieder einen Mischungsterm:

$$S_{\mathrm{m}}^{\mathrm{iL}}(T,p,\{x_i\}) = \sum_{i=1}^{N} x_i\, S_{\mathrm{m},0i}(T,p) - R_{\mathrm{m}} \sum_{i=1}^{N} x_i \ln x_i\,. \tag{5.48}$$

Beispiel 5.5. Man berechne den Realanteil der Gibbs-Funktion $G_{\mathrm{m},0i}^{\mathrm{Re}}$, den Fugazitätskoeffizienten φ_{0i} sowie die Fugazität f_{0i} von (flüssigem) Wasser für $\vartheta = 30\,^\circ\mathrm{C}$ und $p = 2{,}50$ MPa.

Der isotherme Integrationsweg von Gl.(5.43) verläuft vom Druck $p = 0$ bis zum Dampfdruck $p_{0i}^{\mathrm{s}}(T)$ im Gasgebiet und vom Dampfdruck bis zum Druck p im Flüssigkeitsgebiet:

$$G_{\mathrm{m,0i}}^{\mathrm{Re,fl}}(T,p) = \int\limits_{0}^{p_{\mathrm{0i}}^{\mathrm{s}}} \left[V_{\mathrm{m,0i}}^{\mathrm{Gas}}(T,p) - \frac{R_{\mathrm{m}}T}{p} \right] \mathrm{d}p + \int\limits_{p_{\mathrm{0i}}^{\mathrm{s}}}^{p} \left[V_{\mathrm{m,0i}}^{\mathrm{fl}}(T,p) - \frac{R_{\mathrm{m}}T}{p} \right] \mathrm{d}p \; .$$

Das erste Integral ist der Realanteil der Gibbs-Funktion des gesättigten Dampfes,

$$G_{\mathrm{m,0i}}^{\mathrm{Re}}(T,p_{\mathrm{0i}}^{\mathrm{s}}) = \int\limits_{0}^{p_{\mathrm{0i}}^{\mathrm{s}}} \left[V_{\mathrm{m,0i}}^{\mathrm{Gas}}(T,p) - \frac{R_{\mathrm{m}}T}{p} \right] \mathrm{d}p$$

$$= R_{\mathrm{m}}T \ln \varphi_{\mathrm{0i}}(T,p_{\mathrm{0i}}^{\mathrm{s}}) = R_{\mathrm{m}}T \ln \varphi_{\mathrm{0i}}''(T) \; ,$$

wobei $\varphi_{\mathrm{0i}}''(T)$ sein Fugazitätskoeffizient ist. Man setzt ferner

$$R_{\mathrm{m}}T \ln \pi_{\mathrm{0i}}(T,p) := \int\limits_{p_{\mathrm{0i}}^{\mathrm{s}}}^{p} V_{\mathrm{m,0i}}^{\mathrm{fl}}(T,p) \, \mathrm{d}p \qquad (5.49)$$

und definiert damit die dimensionslose *Poynting-Korrektur*[7] $\pi_{\mathrm{0i}}(T,p)$, eine Eigenschaft der reinen Flüssigkeit. Man erhält dann für den Realanteil der Gibbs-Funktion der Flüssigkeit

$$G_{\mathrm{m,0i}}^{\mathrm{Re,fl}}(T,p) = R_{\mathrm{m}}T \left[\ln \varphi_{\mathrm{0i}}''(T) + \ln \pi_{\mathrm{0i}}(T,p) + \ln(p_{\mathrm{0i}}^{\mathrm{s}}/p) \right] \; . \qquad (5.50)$$

Der Fugazitätskoeffizient $\varphi_{\mathrm{0i}}^{\mathrm{fl}}$ der Flüssigkeit ergibt sich hieraus mit Gl.(5.44) und nach Entlogarithmieren zu

$$\varphi_{\mathrm{0i}}^{\mathrm{fl}}(T,p) = \varphi_{\mathrm{0i}}''(T) \, \frac{p_{\mathrm{0i}}^{\mathrm{s}}(T)}{p} \, \pi_{\mathrm{0i}}(T,p) \; . \qquad (5.51)$$

Daraus folgt mit Gl.(5.46)

$$f_{\mathrm{0i}}^{\mathrm{fl}}(T,p) = \varphi_{\mathrm{0i}}''(T) \, p_{\mathrm{0i}}^{\mathrm{s}}(T) \, \pi_{\mathrm{0i}}(T,p) = f_{\mathrm{0i}}''(T) \, \pi_{\mathrm{0i}}(T,p) \qquad (5.52)$$

als Fugazität der reinen Flüssigkeit.

Zur Auswertung dieser allgemein gültigen Beziehung für Wasser wird die die Schreibweise vereinfacht, indem der Index 0i durch W ersetzt wird. Da der Dampfdruck $p_{\mathrm{W}}^{\mathrm{s}}(30\,^{\circ}\mathrm{C}) = 4{,}2469$ kPa niedrig ist, kann man das molare Volumen des Wasserdampfs mit einer nach dem 2. Virialkoeffizienten abgebrochenen Virialzustandsgleichung berechnen, vgl. Abschnitt 4.1.3:

$$V_{\mathrm{m,W}}^{\mathrm{Gas}}(T,p) = R_{\mathrm{m}}T/p + B_{\mathrm{W}}(T) \; .$$

Damit erhält man für den gesättigten Wasserdampf

$$G_{\mathrm{m,W}}^{\mathrm{Re}}(T,p_{\mathrm{W}}^{\mathrm{s}}) = B_{\mathrm{W}} \, p_{\mathrm{W}}^{\mathrm{s}}(T) = R_{\mathrm{m}}T \ln \varphi_{\mathrm{W}}''(T) \; .$$

---

[7] John Henry Poynting (1852–1914), englischer Physiker, wurde 1880 Professor am Mason College, der späteren Universität Birmingham, wo er bis zu seinem Lebensende wirkte. Durch sorgfältige Messungen bestimmte er die universelle Gravitationskonstante und leitete 1884 aus der Maxwellschen Theorie des elektromagnetischen Feldes den als Poynting-Vektor bekannten Flussvektor der Energiestromdichte, $\boldsymbol{S} = \boldsymbol{E} \times \boldsymbol{H}$, als Vektorprodukt der elektrischen und magnetischen Feldstärke her.

In der Dampftafel [4.54] findet man den auf die Masse bezogenen 2. Virialkoeffizienten $B_W^*(30\,^\circ\text{C}) = -59{,}19\ \text{dm}^3/\text{kg}$. Durch Multiplikation mit der molaren Masse $M_W = 18{,}0153\ \text{kg/kmol}$ ergibt sich $B_W(30\,^\circ\text{C}) = -1{,}066\ \text{dm}^3/\text{mol}$, so dass man

$$G_{\text{m,W}}^{\text{Re}}(T, p_W^\text{s}) = -4{,}529\ \text{J/mol} \quad \text{und} \quad \varphi_W'' = 0{,}9982$$

erhält. Die geringe Abweichung des Fugazitätskoeffizienten vom Wert eins zeigt, dass sich der gesättigte Wasserdampf fast wie ein ideales Gas verhält, vgl. auch Abb. 4.14.

Zur Berechnung der Poynting-Korrektur nach Gl.(5.49) wird das flüssige Wasser als inkompressibel angenommen, um mit dem spezifischen Volumen $v_W'(30\,^\circ\text{C}) = 1{,}0044\ \text{dm}^3/\text{kg}$

$$R_m T \ln \pi_W(T, p) = \int\limits_{p_W^\text{s}}^{p} V_{\text{m,W}}(T, p)\,\mathrm{d}p = M_W\, v_W'(T)\,[p - p_W^\text{s}(T)] = 45{,}16\ \text{J/mol}$$

und daraus $\pi_W = 1{,}0181$ zu erhalten. Mit diesen Werten ergibt sich nach Gl.(5.50) der Realanteil der Gibbs-Funktion des flüssigen Wassers zu $G_{\text{m,W}}^{\text{Re,fl}} = -16{,}035\ \text{kJ/mol}$. Um die Richtigkeit dieses Wertes zu überprüfen, kann man den Realanteil $g_W^{\text{Re,fl}}$ der spezifischen Gibbs-Funktion $g_W = h_W - T\,s_W$ mit Hilfe einer Dampftafel oder einer Zustandsgleichung bestimmen, indem man die Differenz der Gibbs-Funktion beim hier betrachteten Zustand gegenüber dem idealen Gaszustand berechnet. Mit der Dampftafel [4.45] findet man $g_W^{\text{Re,fl}} = -890{,}07\ \text{kJ/kg}$, was mit dem aus $G_{\text{m,W}}^{\text{Re,fl}}$ zu berechnenden Wert $g_W^{\text{Re,fl}} = G_{\text{m,W}}^{\text{Re,fl}}/M_W$ übereinstimmt.

Aus Gl.(5.44) erhält man den Fugazitätskoeffizienten $\varphi_W^\text{fl} = 0{,}001726$ sowie aus Gl.(5.46) die Fugazität $f_W^\text{fl} = 4{,}3158\ \text{kPa}$. Sie ist nur um $1{,}62\,\%$ größer als der Dampfdruck, obwohl der Druck der Flüssigkeit 589 mal größer als der Dampfdruck ist. Dies bestätigt die Regel, dass die Eigenschaften von Flüssigkeiten nur wenig vom Druck abhängen.

5.2.4 Phasengleichgewicht. Gesetz von Raoult

Als Anwendung der in den letzten Abschnitten behandelten idealen Stoffmodelle soll das Verdampfungsgleichgewicht zwischen einer idealen Lösung (Flüssigphase) und einem idealen Gasgemisch, das die Dampfphase bilden soll, berechnet werden. Diese stark vereinfachenden Annahmen werden in der Praxis nicht oft erfüllt sein. Ideales Verhalten der Gasphase tritt bei genügend kleinen Drücken auf und kann bis etwa $p = 0{,}1\ \text{MPa}$ in guter Näherung vorausgesetzt werden. Dagegen ist die Annahme einer idealen Lösung für die Flüssigphase nur selten und dann eigentlich nur zufällig erfüllt. Die folgenden Betrachtungen dienen daher mehr der Einführung in die Methoden zur Berechnung von Phasengleichgewichten als der Gewinnung praktisch anwendbarer Ergebnisse.

Das in Abb. 5.20 dargestellte Zweiphasen-System besteht aus der idealen Gasphase, deren Zusammensetzung durch die Stoffmengenanteile x_1'' bis x_N'' beschrieben wird, und der Flüssigphase mit den Stoffmengenanteilen x_1'

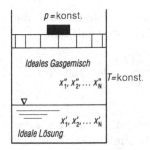

Abbildung 5.20. Zweiphasen-System aus einer idealen Gasphase und einer idealen Lösung als flüssiger Phase

bis x'_N. Beide Phasen haben im Gleichgewicht die gleiche Temperatur T und den gleichen Druck p. Damit auch stoffliches Gleichgewicht herrscht, müssen die chemischen Potenziale einer jeden Komponente in den beiden Phasen die gleichen Werte annehmen:

$$\mu'_i = \mu''_i \quad \text{für} \quad i = 1, 2, \ldots N . \tag{5.53}$$

Hierbei ist zu beachten, dass der Begriff der Phase, vgl. Abschnitt 1.2, nicht nur Temperatur- und Druckgradienten in diesem Teilsystem vernachlässigt, sondern auch alle Gradienten in der Zusammensetzung dieser Teilsysteme. Das chemische Potenzial in der idealen Gasphase ist nach Gl.(5.34)

$$\mu''_i = \mu_i^{\mathrm{iGM}}(T, p, x''_i) = G_{\mathrm{m},0i}^0(T) + R_\mathrm{m} T \ln \frac{p}{p_0} + R_\mathrm{m} T \ln x''_i .$$

Für das chemische Potenzial der Komponente i in der Flüssigphase gilt nach dem Modell der idealen Lösung und nach Gl.(5.47)

$$\mu'_i = \mu_i^{\mathrm{iL}}(T, p, x'_i) = \mu_i^{\mathrm{iGM}}(T, p, x'_i) + R_\mathrm{m} T \ln \varphi_{0i}^{\mathrm{fl}}(T, p) ,$$

wobei $\varphi_{0i}^{\mathrm{fl}}$ der Fugazitätskoeffizient der reinen Flüssigkeit i ist. Diese Größe wurde in Beispiel 5.5 bestimmt und durch Gl.(5.51) gefunden. Mit diesen Beziehungen folgt aus der Gleichgewichtsbedingung (5.53) nach Entlogarithmieren

$$x''_i = x'_i \, \varphi''_{0i}(T) \, \frac{p_{0i}^{\mathrm{s}}}{p} \, \pi_{0i}(T, p). \tag{5.54}$$

Da eine ideale Gasphase angenommen wird, gilt für den Fugazitätskoeffizienten des gesättigten (reinen) Dampfes i: $\varphi''_{0i}(T) = 1$. Die schon in Beispiel 5.5 eingeführte *Poynting-Korrektur*

$$\pi_{0i}(T, p) := \exp \left[\int_{p_{0i}^{\mathrm{s}}}^{p} \frac{V_{\mathrm{m},0i}^{\mathrm{fl}}(T, p)}{R_\mathrm{m} T} \, \mathrm{d}p \right] ,$$

vgl. Gl.(5.49), ist eine Eigenschaft der reinen Flüssigkeit i. Nimmt man die Flüssigkeit als inkompressibel an, $V_{\mathrm{m},0i}^{\mathrm{fl}}(T,p) = V_{\mathrm{m},0i}'(T)$, so erhält man

$$\pi_{0i}(T,p) = \exp\left\{ \frac{V_{\mathrm{m},0i}'(T)}{R_{\mathrm{m}}T}\,[p - p_{0i}^{\mathrm{s}}(T)] \right\} \approx 1 + \frac{V_{\mathrm{m},0i}'(T)}{R_{\mathrm{m}}T}\,[p - p_{0i}^{\mathrm{s}}(T)]\,. \tag{5.55}$$

Da das molare Volumen der siedenden Flüssigkeit klein ist und p wegen der Annahme einer idealen Gasphase keine großen Werte annehmen kann, ist die Poynting-Korrektur nur wenig größer als 1. Sie bleibt daher in der Regel unberücksichtigt, und aus Gl.(5.54) folgt

$$x_i'' p = x_i' p_{0i}^{\mathrm{s}}(T) \quad \text{für} \quad i = 1, 2, \ldots N\,. \tag{5.56}$$

Dies ist das so genannte *Gesetz von Raoult*[8], [5.16]. Hiernach gilt im Phasengleichgewicht zwischen einer idealen Lösung und einem idealen Gasgemisch: Der Partialdruck $p_i'' = x_i'' p$ der Komponente i in der Gasphase ist gleich ihrem Dampfdruck, multipliziert mit ihrem Stoffmengenanteil in der Flüssigkeit. Damit stehen N sehr einfache Gleichungen zur Berechnung des Verdampfungsgleichgewichts zur Verfügung, in denen neben T, p und den Stoffmengenanteilen nur die Dampfdrücke der reinen Komponenten, aber keine Eigenschaften des Gemisches auftreten. Die Berechnung des Verdampfungsgleichgewichts realer Mischphasen, auf die in den Abschnitten 5.4.3 und 5.4.5 eingegangen wird, ist erheblich schwieriger.

Es wird nun noch der Sonderfall der binären Lösung, $N = 2$ betrachtet, deren Dampfdruckdiagramm in Abb. 5.21 dargestellt ist. Nach dem Gesetz von Raoult gelten die beiden Gleichungen

$$x'' p = x' p_{01}^{\mathrm{s}}(T) \quad \text{und} \quad (1 - x'') p = (1 - x') p_{02}^{\mathrm{s}}(T)\,.$$

Ihre Addition ergibt die Gleichung der Siedelinie

$$p = p(T, x') = x'\,p_{01}^{\mathrm{s}}(T) + (1 - x')\,p_{02}^{\mathrm{s}}(T)\,. \tag{5.57}$$

Sie ist im Dampfdruckdiagramm eine gerade Linie, die auch *Raoultsche Gerade* genannt wird. Die Taulinie $p = p(T, x'')$ lässt sich mit

$$x'' = x'\,\frac{p_{01}^{\mathrm{s}}(T)}{p} \tag{5.58}$$

---

[8] François Marie Raoult (1830–1901), französischer Chemiker, lehrte von 1867 bis zu seinem Tode an der Universität Grenoble. In umfangreichen Experimenten bestimmte er die Gefrierpunkterniedrigung wässeriger Lösungen und zeigte, wie man daraus die molare Masse der gelösten Stoffe berechnet. Seine zwischen 1887 und 1890 ausgeführten Messungen des Dampfdrucks verdünnter Lösungen bildeten die experimentelle Basis für die von van't Hoff, Arrhenius, Ostwald und Planck entwickelten Theorien idealer Gemische.

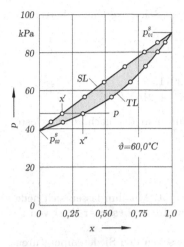

Abbildung 5.21. Dampfdruckdiagramm einer binären idealen Lösung mit idealer Gasphase. Die Kreise sind Messwerte nach [5.17] für das Gemisch aus Triethylamin (Komponente 1) und 1-Hexen (Komponente 2) bei 60,0 °C

punktweise konstruieren. Die explizite Gleichung der Taulinie erhält man durch Eliminieren von x' aus den Gl.(5.57) und (5.58) zu

$$p = p(T, x'') = \frac{p_{01}^s(T)\, p_{02}^s(T)}{x''\, p_{02}^s(T) + (1 - x'')\, p_{01}^s(T)}\ .$$

Die Taulinie wird durch ein Stück einer Hyperbel dargestellt, welche die Dampfdrücke der beiden reinen Komponenten verbindet.

Beispiel 5.6. Das Gemisch aus n-Hexan (C_6H_{14}) und n-Heptan (C_7H_{16}) verhält sich in guter Näherung wie eine ideale Lösung. Für $p = 100,0$ kPa und $x' = 0,333$ berechne man die Siedetemperatur und den Stoffmengenanteil x'' des n-Hexan in der Dampfphase. Die Dampfdrücke der reinen Komponenten können aus den Antoine-Gleichungen, vgl. Abschnitt 4.2.2,

$$\text{n-Hexan:} \quad \ln\frac{p_{01}^s(\vartheta)}{\text{kPa}} = 13,8216 - \frac{2697,55}{(\vartheta/\degree\text{C}) + 224,37}\ ,$$

$$\text{n-Heptan:} \quad \ln\frac{p_{02}^s(\vartheta)}{\text{kPa}} = 13,8587 - \frac{2911,32}{(\vartheta/\degree\text{C}) + 216,64}$$

berechnet werden.

Die gesuchte Siedetemperatur $\vartheta = \vartheta(p, x')$ ergibt sich aus der Gleichung der Siedelinie, nämlich aus

$$p = x'\, p_{01}^s(\vartheta) + (1 - x')\, p_{02}^s(\vartheta) = p_{02}^s(\vartheta)\left[x'\, \frac{p_{01}^s(\vartheta)}{p_{02}^s(\vartheta)} + (1 - x') \right]$$

durch Lösen der Gleichung

$$p_{02}^s(\vartheta) = \frac{p}{x'\, \alpha_{12}(\vartheta) + 1 - x'}\ . \tag{5.59}$$

Das hier eingeführte Dampfdruckverhältnis

$$\alpha_{12}(\vartheta) := p_{01}^s(\vartheta)/p_{02}^s(\vartheta)$$

hängt nur schwach von der Temperatur ab. Mit einem Schätzwert für ϑ berechnet man $\alpha_{12}(\vartheta)$ aus

$$
\begin{aligned}
\ln \alpha_{12}(\vartheta) &= \ln \frac{p_{01}^s(\vartheta)}{\text{kPa}} - \ln \frac{p_{02}^s(\vartheta)}{\text{kPa}} \\
&= -0{,}0371 - \frac{2697{,}55}{(\vartheta/°\text{C}) + 224{,}37} + \frac{2911{,}32}{(\vartheta/°\text{C}) + 216{,}64} \;.
\end{aligned}
$$

Gleichung (5.59) liefert einen Wert für $p_{02}^s(\vartheta)$, mit dem die nach ϑ aufgelöste Antoine-Gleichung

$$
\frac{\vartheta_{02}^s}{°\text{C}} = \frac{2911{,}32}{13{,}8587 - \ln(p_{02}^s/\text{kPa})} - 216{,}64
$$

einen verbesserten Wert für die Siedetemperatur ergibt. Mit ihm lassen sich neue Werte für $\alpha_{12}(\vartheta)$ und $p_{02}^s(\vartheta)$ bestimmen sowie ein weiter verbesserter Wert von ϑ. Das Iterationsverfahren konvergiert rasch.

Die Siedetemperatur ϑ^s des Gemisches muss zwischen den Siedetemperaturen der reinen Komponenten liegen. Diese Temperaturen erhält man mit $p_{01}^s = p$ bzw. $p_{02}^s = p$ aus den beiden Antoine-Gleichungen zu $\vartheta_{01}^s = 68{,}3\,°\text{C}$ und $\vartheta_{02}^s = 98{,}0\,°\text{C}$. Somit kann die Iteration mit $\vartheta^s = x'\vartheta_{01}^s + (1 - x')\vartheta_{02}^s = 88{,}1\,°\text{C}$ begonnen werden. Nach vier Iterationsschritten erhält man das Ergebnis $\vartheta^s = 85{,}16\,°\text{C}$. Damit wird nach Gl.(5.58)

$$
x'' = x' \frac{p_{01}^s(\vartheta^s)}{p} = 0{,}333 \, \frac{165{,}1\,\text{kPa}}{100{,}0\,\text{kPa}} = 0{,}550 \;.
$$

In [5.18] ist die Berechnung der Siedetemperatur und der Gasphasen-Zusammensetzung von idealen Lösungen aus mehreren Komponenten ausführlich dargestellt. Man findet dort auch die Lösungsverfahren für weitere Aufgabenstellungen des Verdampfungsgleichgewichts idealer Lösungen aus beliebig vielen Komponenten: die Bestimmung von ϑ und $\{x_i'\}$ für gegebene Werte von p und $\{x_i'\}$, die Berechnung von p und $\{x_i''\}$ für gegebenes ϑ und $\{x_i'\}$, von p und $\{x_i'\}$ für gegebenes ϑ und $\{x_i''\}$ sowie die so genannte flash-Rechnung, nämlich die Bestimmung der Zusammensetzungen $\{x_i'\}$ der flüssigen und $\{x_i''\}$ der gasförmigen Phase für gegebene Werte von ϑ, p und einer (mittleren) Zusammensetzung $\{x_i\}$ des Gemisches.

5.3 Ideale Gas-Dampf-Gemische. Feuchte Luft

Gas-Dampf-Gemische sind ideale Gasgemische mit der Besonderheit, dass im betrachteten Temperaturbereich eine Komponente des Gemisches kondensieren kann, weswegen sie als „Dampf" bezeichnet wird. Die anderen, nicht kondensierenden Komponenten fasst man zu *einem* „Gas" unveränderlicher Zusammensetzung zusammen. Das Gas-Dampf-Gemisch wird damit wie ein Zweistoffgemisch behandelt. In den meisten Anwendungsfällen ist die kondensierende Komponente Wasser(dampf). Wichtige Beispiele von Gas-Dampf-Gemischen sind die feuchte Luft, ein Gemisch aus trockener Luft und Wasserdampf, und feuchte Verbrennungsgase, die den bei der Verbrennung entstehenden Wasserdampf enthalten, vgl. Abschnitte 7.1.3 und 7.2.1.

In den folgenden Abschnitten soll die Theorie der idealen Gas-Dampf-Gemische am Beispiel der feuchten Luft entwickelt werden, aus der die bodennahe irdische Atmosphäre besteht. *Feuchte Luft ist ein Gemisch aus trockener Luft und Wasser.* Die trockene Luft, nämlich das Gemisch aus N_2, O_2, Ar und CO_2, bildet das „Gas", das Wasser den „Dampf" im binären Gas-Dampf-Gemisch. Das Wasser ist in der feuchten Luft als Wasserdampf ebenso unsichtbar vorhanden wie die trockene Luft. Wenn der Wasserdampf kondensiert, erscheint das Kondensat in flüssiger Form als Nebel, Wolken oder als zusammenhängende Flüssigkeitsphase. Bei Temperaturen unterhalb der Temperatur des Tripelpunkts von Wasser ($\vartheta < 0{,}01\,°C$) kondensiert der Wasserdampf als Eis oder Eisnebel, also in fester Form. Ist kein Kondensat vorhanden, spricht man von *ungesättigter feuchter Luft*, einem „gewöhnlichen" idealen Gasgemisch. *Gesättigte feuchte Luft* besteht aus zwei Phasen, nämlich aus der Gasphase und der Kondensatphase, die sich im Phasengleichgewicht befinden. Dabei wird die sehr geringe Menge der im Kondensat gelösten Gase vernachlässigt; die Kondensatphase bestehe nur aus reinem Wasser oder aus reinem Eis.

5.3.1 Der Sättigungspartialdruck des Wasserdampfes und der Taupunkt

Zunächst wird ungesättigte feuchte Luft betrachtet, also ein ideales Gasgemisch aus trockener Luft und Wasserdampf, das bei der Temperatur T das Volumen V einnimmt. Die Masse m_W des im Gemisch enthaltenen Wasserdampfes ergibt sich nach dem Gesetz von Dalton, Gl.(5.37), zu

$$m_W = \frac{p_W\, V}{R_W\, T}, \tag{5.60}$$

wobei p_W den Partialdruck des Wasserdampfes und R_W seine Gaskonstante bedeuten. Fügt man nun isotherm Wasserdampf hinzu oder Wasser, das in der ungesättigten feuchten Luft verdunstet, so vergrößern sich m_W und der Partialdruck p_W. Es gibt aber einen Maximalwert von m_W, bei dessen Überschreiten Wasser in flüssiger oder fester Form auskondensiert. Die feuchte Luft ist dann mit Wasserdampf gesättigt, der überschüssige Wasserdampf kondensiert und bildet die Kondensatphase. Dem Maximalwert der gasförmig aufnehmbaren Masse m_W entspricht nach Gl.(5.60) ein Maximalwert des Wasserdampfpartialdrucks p_W; man bezeichnet ihn als den *Sättigungspartialdruck* p_{Ws} des Wasserdampfes in der feuchten Luft. Solange bei einer bestimmten Temperatur $p_W < p_{Ws}$ bleibt, ist die feuchte Luft ungesättigt. Bei $p_W = p_{Ws}$ ist die feuchte Luft gesättigt; die weitere Zugabe von Wasser erhöht p_W nicht über p_{Ws} hinaus, denn es bildet sich die Kondensatphase, die das überschüssige Wasser enthält.

Um den Sättigungspartialdruck p_{Ws} zu bestimmen, wird das Kriterium für das Gleichgewicht zwischen einer idealen Gasphase und einer reinen Kondensatphase

Tabelle 5.3. Dampfdruck $p_{0W}^s(\vartheta)$ und Poynting-Korrektur $\pi_{0W}(\vartheta, p)$ von Wasser

ϑ °C	$p_{0W}^s(\vartheta)$ kPa	$\pi_{0W}(\vartheta, p)$ für p in kPa			
		100	200	500	1000
0,01	0,61166	1,00079	1,00158	1,00397	1,00796
20,0	2,3392	1,00072	1,00146	1,00369	1,00741
40,0	7,3851	1,00065	1,00134	1,00344	1,00695
60,0	19,9474	1,00053	1,00119	1,00318	1,00650

angewendet. Dieses Phasengleichgewicht ist jener Sonderfall des in Abschnitt 5.2.4 behandelten Gleichgewichts zwischen einem idealen Gasgemisch und einer idealen Lösung, bei dem die ideale Lösung mit $x_i' \to 1$ in die reine Komponente i übergeht. Mit $i = W$, $x_i' = 1$ und $\varphi_{0i}'' = 1$ erhält man aus Gl.(5.54) die Gleichgewichtsbedingung

$$p_{Ws} = x_W'' p = p_{0W}^s(T) \, \pi_{0W}(T, p) \, .$$

Danach ist der gesuchte Sättigungspartialdruck $p_{Ws} = x_W'' \, p$ des Wasserdampfes gleich dem Produkt aus dem Dampfdruck $p_{0W}^s(T)$ und der Poynting-Korrektur $\pi_{0W}(T, p)$ des Wassers. Der Sättigungspartialdruck des Wasserdampfes hängt von der Temperatur T und über die Poynting-Korrektur auch vom Druck p des Gas-Dampf-Gemisches ab; er ist jedoch unabhängig von den Eigenschaften der trockenen Luft. In einem anderen Gas-Wasser-Gemisch als feuchter Luft, z.B. in feuchtem Verbrennungsgas, ergibt sich p_{Ws} nach der gleichen Beziehung. Die Druckabhängigkeit von p_{Ws} ist sehr gering. Tabelle 5.3 zeigt einige Werte des Dampfdrucks $p_{0W}^s(\vartheta)$ von Wasser und Werte der Poynting-Korrektur, die nach Gl.(5.55) bzw. nach

$$\pi_{0W}(T, p) = \exp\left\{ \frac{v_W'(T)}{R_W T} \left[p - p_{0W}^s(T) \right] \right\}$$

berechnet wurden. Dabei bedeutet v_W' das spezifische Volumen des siedenden Wassers. Selbst beim Druck $p = 1000$ kPa, wo die Annahme einer idealen Gasphase schon zu merklichen Fehlern führt, bewirkt die Poynting-Korrektur nur eine geringe Erhöhung des Sättigungspartialdrucks p_{Ws} gegenüber dem Dampfdruck p_{0W}^s, die noch unter 1% von p_{0W}^s bleibt.

Zur Vereinfachung der folgenden Betrachtungen wird daher die Poynting-Korrektur und damit die Druckabhängigkeit des Sättigungspartialdrucks vernachlässigt und im Folgenden stets

$$p_{Ws} = p_{0W}^s(T) = p_W^s(T)$$

angenommen, wobei nachfolgend der Index 0W durch W ersetzt wird. *Der Sättigungspartialdruck des Wasserdampfes wird dem Dampfdruck des reinen*

Kondensats bei der Temperatur der feuchten Luft gleichgesetzt. Diese Vereinfachung verursacht in der Regel einen kleineren Fehler als die Annahme, die Gasphase verhielte sich wie ein ideales Gasgemisch.

Die begrenzte Aufnahmefähigkeit feuchter Luft für Wasserdampf wird in Abb. 5.22 veranschaulicht, in der p_W über der Temperatur aufgetragen ist. In dieser Abbildung lassen sich die Zustandsänderungen des in der ungesättigten feuchten Luft enthaltenen Wasserdampfs verfolgen. Die durch den Zustand (p_W, T) verlaufende Isotherme entspricht der Zustandsänderung beim isothermen Zufügen von Wasserdampf. Sie endet auf der Dampfdruckkurve des Wassers beim Wert $p_W^s(T)$; hier ist die feuchte Luft gesättigt, und der Partialdruck p_W hat seinen Höchstwert erreicht. Bei der *isobaren Abkühlung* der ungesättigten feuchten Luft bleiben zunächst die Masse m_W und der Partialdruck p_W des Wasserdampfes konstant, so dass sich als Zustandsänderung die in Abb. 5.22 waagerecht eingezeichnete Linie ergibt. Bei einer bestimmten Temperatur T_T wird $p_W = p_W^s$; die feuchte Luft ist gesättigt, und es bildet sich das erste Kondensat. Dieser Zustand wird als *Taupunkt* der feuchten Luft bezeichnet. Die Temperatur, bei der die Kondensation einsetzt, heißt *Taupunkttemperatur T_T*. Zu jedem Zustand ungesättigter feuchter Luft gehört eine bestimmte Taupunkttemperatur, die sich aus der Bedingung

$$p_W^s(T_T) = p_W$$

berechnen lässt. Der Taupunkt liegt bei umso höheren Temperaturen, je größer p_W und damit der Wasserdampfgehalt der feuchten Luft sind. Dabei gilt jedoch stets $T_T \leq T$, wenn T die Lufttemperatur bedeutet.

Der Tripelpunkt von Wasser hat die Celsius-Temperatur $\vartheta_{tr} = 0{,}01\,°C$. Kondensiert Wasserdampf oberhalb dieser Temperatur, so ist das Kondensat flüssig. Unterhalb der Tripelpunkttemperatur besteht das Kondensat aus Eis oder Eisnebel. In diesem Bereich bedeutet $p_W^s(\vartheta)$ den Sublimationsdruck des

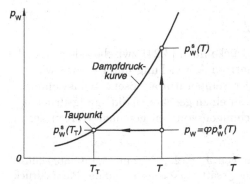

Abbildung 5.22. p_W,T-Diagramm mit Zustandsänderungen des Wasserdampfes: Isothermes Zufügen von Wasserdampf sowie isobare Abkühlung der ungesättigten feuchten Luft bis zum Taupunkt

Wassers. Danach muss man bei feuchter Luft vier Zustandsbereiche unterscheiden:

1. *Ungesättigte feuchte Luft* mit einem Wasserdampf-Partialdruck $p_W <$ $p_W^s(\vartheta)$, wobei $p_W^s(\vartheta)$ den Dampfdruck bzw. den Sublimationsdruck von Wasser bei der Celsius-Temperatur ϑ der feuchten Luft bedeutet. Sie enthält Wasser in Form von überhitztem Wasserdampf und für $p_W = p_W^s(\vartheta)$ gerade noch kein Kondensat.

2. *Gesättigte feuchte Luft mit flüssigem Kondensat* ($\vartheta > 0{,}01\,°\text{C}$). Sie enthält in der Gasphase gesättigten Wasserdampf mit $p_W = p_W^s(\vartheta)$ und als Kondensatphase Wasser in Form von Nebel oder flüssigem Niederschlag.

3. *Gesättigte feuchte Luft mit festem Kondensat* ($\vartheta < 0{,}01\,°\text{C}$). Sie enthält außer gesättigtem Wasserdampf mit $p_W = p_W^s(\vartheta)$ noch Eis, meistens in Form von Reif oder Eisnebel.

4. *Gesättigte feuchte Luft bei der Temperatur des Tripelpunkts von Wasser* ($\vartheta = 0{,}01\,°\text{C}$). Das Kondensat ist ein Gemenge aus Wasser oder Wassernebel und Eis oder Eisnebel. Es liegt ein Dreiphasensystem vor, bestehend aus der Gasphase und zwei unterschiedlichen Kondensatphasen.

Zur Auswertung der für feuchte Luft geltenden Beziehungen benötigt man möglichst einfache Gleichungen für den Dampfdruck von Wasser, falls $\vartheta > 0{,}01\,°\text{C}$ ist, und für den Sublimationsdruck, falls $\vartheta < 0{,}01\,°\text{C}$ ist. Die sehr genauen Dampfdruckwerte nach [5.19] werden durch die Antoine-Gleichung, vgl. Abschnitt 4.2.2,

$$\ln \frac{p_W^s}{p_{tr}} = 17{,}2799 - \frac{4102{,}99}{(\vartheta/°\text{C}) + 237{,}431} \tag{5.61}$$

mit dem Tripelpunktsdruck $p_{tr} = 0{,}611657$ kPa im Bereich $0{,}01\,°\text{C} \le \vartheta \le 60\,°\text{C}$ mit einer Abweichung unter $0{,}05\,\%$ wiedergegeben. Für den Sublimationsdruck kann man die Gleichung

$$\ln \frac{p_W^s}{p_{tr}} = 22{,}5129 \left(1 - \frac{273{,}16\,\text{K}}{T} \right) \tag{5.62}$$

benutzen. Sie gibt die Sublimationsdrücke nach [3.24] zwischen dem Tripelpunkt und $\vartheta = -50\,°\text{C}$ mit einer relativen Abweichung unter $0{,}06\,\%$ wieder. Beide Gleichungen lassen sich nach der Temperatur auflösen, so dass man die Siede- bzw. Sublimationstemperatur für einen gegebenen Sättigungsdruck p_W^s explizit berechnen kann. Die Abweichungen von den genauen Werten liegen dabei unter $0{,}01$ K.

Beispiel 5.7. Feuchte Luft wird isobar von $\vartheta_1 = 22{,}6\,°\text{C}$ auf $15{,}5\,°\text{C}$ abgekühlt; sie ist bei der unteren Temperatur gerade gesättigt. Wie groß sind der Partialdruck und die Masse des Wasserdampfes, der in $5{,}0$ m^3 feuchter Luft enthalten ist? Feuchte Luft wird von $22{,}6\,°\text{C}$ aus *isochor* abgekühlt; bei welcher Temperatur erreicht sie den Sättigungszustand?

Die Temperatur von 15,5 °C ist die Taupunkttemperatur ϑ_T. Somit gilt für den Partialdruck des Wasserdampfes

$$p_\mathrm{W} = p_\mathrm{W}^\mathrm{s}(\vartheta_\mathrm{T}) = p_\mathrm{W}^\mathrm{s}(15{,}5°\mathrm{C}) = 1{,}7622\,\mathrm{kPa}\ .$$

Dieser Wert ergibt sich aus der Dampfdruckgleichung (5.61). Für die Masse des Wasserdampfes folgt aus Gl.(5.60)

$$m_\mathrm{W} = \frac{p_\mathrm{W}\,V}{R_\mathrm{W}\,T_1} = \frac{1{,}7622\,\mathrm{kPa}\cdot 5{,}0\,\mathrm{m}^3}{0{,}46152\,(\mathrm{kJ/kg\,K})\,295{,}75\,\mathrm{K}} = 64{,}55\,\mathrm{g}\ .$$

Bei der isochoren Abkühlung bleibt die Masse m_W des Wasserdampfes bis zum Kondensationsbeginn konstant, aber nicht der Partialdruck p_W, weil der Gesamtdruck der feuchten Luft sinkt. Für den Anfangszustand 1 zu Beginn der Abkühlung gilt nach dem Gesetz von Dalton

$$p_\mathrm{W1} = m_\mathrm{W}\,\frac{R_\mathrm{W}\,T_1}{V}$$

und für den Sättigungszustand 2 mit der gesuchten Temperatur T_2

$$p_\mathrm{W2} = p_\mathrm{W}^\mathrm{s}(T_2) = m_\mathrm{W}\,\frac{R_\mathrm{W}\,T_2}{V}\ .$$

Aus diesen Gleichungen folgt

$$\frac{T_2}{p_\mathrm{W}^\mathrm{s}(T_2)} = \frac{T_1}{p_\mathrm{W1}} = \frac{295{,}75\,\mathrm{K}}{1{,}7622\,\mathrm{kPa}} = 167{,}83\,\frac{\mathrm{K}}{\mathrm{kPa}}\ .$$

Die Temperatur des Kondensationsbeginns errechnet man aus dieser Beziehung zu $T_2 = 288{,}25$ K bzw. $\vartheta_2 = 15{,}1\,°\mathrm{C}$. Sie liegt etwas niedriger als die Taupunkttemperatur $\vartheta_\mathrm{T} = 15{,}5\,°\mathrm{C}$, die bei isobarer Abkühlung erreicht wird. Der Dampfdruck $p_\mathrm{W}^\mathrm{s}(T_2)$ wurde dabei nach Gl.(5.61) berechnet; man erhält $p_\mathrm{W}^\mathrm{s}(15{,}1\,°\mathrm{C}) = 1{,}7175$ kPa.

5.3.2 Absolute und relative Feuchte

Der intensive Zustand *ungesättigter* feuchter Luft als binäres Gasgemisch aus trockener Luft (Index L) und Wasserdampf (Index W) wird durch drei unabhängige Zustandsgrößen festgelegt: durch ihre Temperatur T, ihren Druck p und eine Variable, die den Wasserdampfgehalt dieses idealen Gasgemisches beschreibt. Dafür könnte man den Stoffmengenanteil des Wasserdampfes, seinen Partialdruck oder die Taupunkttemperatur verwenden. Häufig und besonders in der Meteorologie ist es üblich, den Wasserdampfgehalt durch die *absolute Feuchte*

$$\varrho_\mathrm{W} := m_\mathrm{W}/V \tag{5.63}$$

zu kennzeichnen. Man bezieht also die Masse m_W des Wasserdampfes auf das Volumen V der feuchten Luft. Dieser Quotient kann nach DIN 1310 [5.20] und Abschnitt 5.1.1 auch als Massenkonzentration oder Partialdichte des Wasserdampfes bezeichnet werden.

Mit Gl.(5.60), dem Gesetz von Dalton, erhält man aus Gl.(5.63) den einfachen Zusammenhang

$$\varrho_W = \frac{p_W}{R_W\,T} = \varrho_W(T, p_W)$$

zwischen absoluter Feuchte und Partialdruck des Wasserdampfes. Bei einer gegebenen Temperatur sind p_W und die absolute Feuchte am größten, wenn die feuchte Luft gesättigt ist. Mit $p_W = p_W^s(T)$ ergibt sich für diesen Maximalwert oder Sättigungswert der absoluten Feuchte

$$\varrho_{Ws} = \varrho_{Ws}(T) = p_W^s(T)/R_W\,T\;.$$

Ein gegebenes Volumen feuchter Luft kann demnach nur eine allein von der Temperatur abhängige Höchstmenge Wasser als Wasser*dampf* aufnehmen. Wird diese Menge überschritten, so bildet sich eine Kondensatphase, nämlich flüssiges Wasser bei $\vartheta \geq 0{,}01\,°C$ bzw. Eis bei $\vartheta \leq 0{,}01\,°C$. Tabelle 5.4 enthält neben Werten von p_W^s die Maximalwerte ϱ_{Ws} der absoluten Feuchte.

Als *relative Feuchte* wird das Verhältnis der absoluten Feuchte zu ihrem Maximalwert bei der herrschenden Lufttemperatur bezeichnet:

$$\varphi := \varrho_W(T, p_W)/\varrho_{Ws}(T)\;.$$

Diese Größe, das wohl am häufigsten verwendete Feuchtemaß, ist auch als Verhältnis zweier Partialdrücke,

$$\varphi = p_W/p_W^s(T)\;, \tag{5.64}$$

darstellbar, vgl. Abb. 5.22. Kühlt man ungesättigte feuchte Luft isobar ab, so bleibt p_W konstant, bis der Taupunkt erreicht ist. In diesem Zustand ist die feuchte Luft gerade gesättigt, und es gilt $p_W = p_W^s(T_T)$ mit T_T als Taupunkttemperatur. Man erhält damit

$$\varphi = p_W^s(T_T)/p_W^s(T)\;;$$

Tabelle 5.4. Sättigungspartialdruck p_W^s des Wasserdampfes, absolute Feuchte ϱ_{Ws} und Wasserdampfbeladung X_s (für $p = 100$ kPa) gesättigter feuchter Luft

ϑ °C	p_W^s kPa	ϱ_{Ws} g/m³	X_s g/kg	ϑ °C	p_W^s kPa	ϱ_{Ws} g/m³	X_s g/kg
−40,0	0,01284	0,119	0,080	20,0	2,3392	17,29	14,90
−30,0	0,03801	0,339	0,237	30,0	4,2469	30,35	27,59
−20,0	0,10326	0,884	0,643	40,0	7,3851	51,10	49,60
−10,0	0,25990	2,140	1,621	50,0	12,3525	82,82	87,66
0,01	0,61166	4,852	3,828	60,0	19,9474	129,73	154,98
10,0	1,22811	9,398	7,733	70,0	31,202	197,02	282,08

die relative Feuchte kann auch als Verhältnis des Dampfdrucks von Wasser bei der Taupunkttemperatur T_T zum Dampfdruck bei der Lufttemperatur $T \geq T_T$ gedeutet werden, vgl. Abb. 5.22. Hierauf beruht ein recht genaues Messverfahren, die Bestimmung von φ mit dem Taupunktspiegel, vgl. [5.21], wo man auch Angaben über weitere Messverfahren für φ findet.

Beispiel 5.8. Feuchte Luft mit $\vartheta = 25,0\,°\mathrm{C}$ und $p = 99,8$ kPa hat eine Taupunkttemperatur $\vartheta_T = 16,5\,°\mathrm{C}$. Man berechne ihre absolute und relative Feuchte sowie ihre Dichte ϱ.

Da der Partialdruck des Wasserdampfes mit dem Sättigungspartialdruck bei der Taupunktemperatur übereinstimmt, erhält man für die absolute Feuchte

$$\varrho_W = \frac{p_W}{R_W\,T} = \frac{p_W^s(\vartheta_T)}{R_W\,T} = \frac{1,8784\,\mathrm{kPa}}{0,4615\,(\mathrm{kJ/kg\,K})\,298,15\,\mathrm{K}} = 13,65\,\mathrm{g/m^3}\ .$$

Dabei wurde p_W^s nach Gl.(5.61) berechnet. Die relative Feuchte ergibt sich zu

$$\varphi = p_W^s(\vartheta_T)/p_W^s(\vartheta) = 1,8784\,\mathrm{kPa}/3,1701\,\mathrm{kPa} = 0,5925\ .$$

Die *Dichte ϱ ungesättigter feuchter Luft* setzt sich additiv aus den Partialdichten ϱ_L der trockenen Luft und ϱ_W des Wasserdampfs zusammen:

$$\varrho = \frac{m}{V} = \frac{m_L}{V} + \frac{m_W}{V} = \varrho_L + \varrho_W = \frac{p_L}{R_L\,T} + \frac{p_W}{R_W\,T}\ .$$

Ersetzt man den Partialdruck der Luft durch $p_L = p - p_W$, so ergibt sich

$$\varrho = \frac{p - p_W}{R_L\,T} + \frac{p_W}{R_W\,T} = \frac{p}{R_L\,T}\left[1 - \frac{p_W}{p}\left(1 - \frac{R_L}{R_W}\right)\right]\ .$$

Mit $R_L/R_W = 0,622$ erhält man für die Dichte der feuchten Luft

$$\varrho = \frac{p}{R_L\,T}\left(1 - 0,378\,\frac{p_W}{p}\right) = \frac{p}{R_L\,T}\,(1 - 0,378\,x_W)\ .$$

Der Term vor der Klammer bedeutet die Dichte trockener Luft bei der Temperatur und dem Druck der feuchten Luft. Feuchte Luft hat demnach eine kleinere Dichte als trockene Luft gleichen Drucks und gleicher Temperatur; sie ist „leichter" als trockene Luft. Mit den Daten dieses Beispiels und mit $R_L = 0,28705$ kJ/kg K ergibt sich $\varrho = 1,158$ kg/m^3, wobei der Faktor in der runden Klammer den Wert 0,9929 hat.

5.3.3 Die Wasserbeladung

Der Partialdruck des Wasserdampfes, absolute und relative Feuchte kennzeichnen den Wassergehalt nur dann, wenn die feuchte Luft ungesättigt ist. Eine auch auf gesättigte feuchte Luft anwendbare Größe ist dagegen die *Wasserbeladung*

$$X := m_W/m_L\ .$$

Hier ist die Masse des Wassers in gasförmiger, flüssiger oder fester Form auf die Masse der *trockenen* Luft bezogen. Dieses Massenverhältnis kann Werte zwischen $X = 0$ für trockene Luft und $X \to \infty$ für reines Wasser annehmen; meistens bleibt X auf Werte kleiner als 0,1 beschränkt. Da sich bei Zustandsänderungen feuchter Luft die Masse m_L der trockenen Luft nicht ändert, bietet die Wasserbeladung den Vorteil, dass die durch Verdampfen, Kondensieren oder Mischen variable Masse m_W des Wassers auf eine *konstant* bleibende Größe bezogen ist. Auch wenn zwei Phasen vorhanden sind, die feuchte Luft also gesättigt ist, kennzeichnet die Wasserbeladung die gesamte in den beiden Phasen enthaltene Wassermenge. Die Gasphase der gesättigten feuchten Luft enthält Wasser*dampf* mit der Masse $X_\mathrm{s}\, m_\mathrm{L}$, wobei X_s den noch zu berechnenden Sättigungswert der Wasserdampfbeladung bedeutet. Die Kondensatphase besteht aus Wasser (oder bei Temperaturen unter 0,01 °C aus Eis) mit der Masse $(X - X_\mathrm{s})\, m_\mathrm{L}$, so dass die Wasserbeladung X stets die gesamte Masse des Wassers, nämlich $m_\mathrm{W} = X\, m_\mathrm{L}$ erfasst.

Es wird nun der Zusammenhang zwischen X und den Feuchtemaßen hergestellt, die im letzten Abschnitt behandelt wurden. Solange die feuchte Luft ungesättigt ist, können die Massen von Wasserdampf und trockener Luft nach dem Gesetz von Dalton berechnet werden:

$$m_\mathrm{W} = \frac{p_\mathrm{W}\, V}{R_\mathrm{W}\, T} \quad \text{und} \quad m_\mathrm{L} = \frac{p_\mathrm{L}\, V}{R_\mathrm{L}\, T} = \frac{p - p_\mathrm{W}}{R_\mathrm{L}}\, \frac{V}{T}\; .$$

Daraus erhält man

$$X := \frac{m_\mathrm{W}}{m_\mathrm{L}} = \frac{R_\mathrm{L}}{R_\mathrm{W}}\, \frac{p_\mathrm{W}}{p - p_\mathrm{W}}$$

als Zusammenhang zwischen dem Partialdruck des Wasserdampfes und der Wasserbeladung, die bei ungesättigter feuchter Luft auch als Wasser*dampf*beladung bezeichnet wird. Das Verhältnis der Gaskonstanten $R_\mathrm{L} = 0{,}28705$ kJ/kg K von trockener Luft und $R_\mathrm{W} = 0{,}46152$ kJ/kg K von Wasserdampf hat den Wert $R_\mathrm{L}/R_\mathrm{W} = 0{,}62197 \approx 0{,}622$. Es wird noch die relative Feuchte φ nach Gl.(5.64) eingeführt und man erhält

$$X = 0{,}622\, \frac{p_\mathrm{W}^\mathrm{s}(T)}{(p/\varphi) - p_\mathrm{W}^\mathrm{s}(T)}\; . \tag{5.65}$$

Löst man diese Gleichung nach φ auf, so folgt

$$\varphi = \frac{X}{0{,}622 + X}\, \frac{p}{p_\mathrm{W}^\mathrm{s}(T)}\; . \tag{5.66}$$

Die größte Wasser*dampf*beladung X_s ergibt sich für gesättigte feuchte Luft. Mit $\varphi = 1$ folgt aus Gl.(5.65)

$$X_\mathrm{s}(T, p) = 0{,}622\, \frac{p_\mathrm{W}^\mathrm{s}(T)}{p - p_\mathrm{W}^\mathrm{s}(T)}\; . \tag{5.67}$$

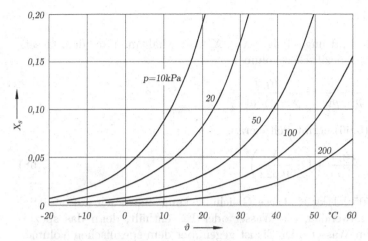

Abbildung 5.23. Sättigungswert X_s der Wasserdampfbeladung nach Gl.(5.67)

Diese Größe, der Sättigungswert der Wasserdampfbeladung, hängt von der Temperatur und vom Gesamtdruck ab. Da $p_W^s(T)$ mit steigender Temperatur rasch größer wird, nimmt auch X_s mit steigender Temperatur zu. Mit steigendem Druck der feuchten Luft nimmt dagegen die Wasserdampfbeladung ab. Feuchte Luft kann also, bezogen auf die Masse m_L der in ihr enthaltenen trockenen Luft, umso mehr Wasser *dampfförmig* aufnehmen, je höher ihre Temperatur und je niedriger ihr Druck ist, vgl. Abb. 5.23. Tabelle 5.4 enthält Werte von X_s für $p = 100$ kPa. Ist $X > X_s$, tritt eine Kondensatphase auf. Nur die Wassermasse $X_s\, m_L$ ist gasförmig in der feuchten Luft, der Rest $(X - X_s)\, m_L$ ist kondensiert.

5.3.4 Das spezifische Volumen feuchter Luft

Als Bezugsgröße für die spezifischen Zustandsgrößen feuchter Luft verwendet man nicht die Masse der feuchten Luft, sondern die kleinere Masse m_L der in ihr enthaltenen *trockenen* Luft. Dies bietet wie bei der Definition der Wasserbeladung den Vorteil, dass die Bezugsgröße bei vielen Prozessen konstant bleibt, weil sich in der Regel nur die Masse m_W des Wassers ändert. Man definiert deshalb das spezifische Volumen durch

$$v^* := \frac{V}{m_L} = \frac{\text{Volumen der feuchten Luft}}{\text{Masse der trockenen Luft}} \, .$$

Dieses spezifische Volumen unterscheidet sich von der gewöhnlichen Definition, die auf die Gesamtmasse Bezug nimmt:

$$v := \frac{V}{m_L + m_W} = \frac{\text{Volumen der feuchten Luft}}{\text{Masse der feuchten Luft}} \, .$$

Zwischen v^* und v besteht der einfache Zusammenhang

$$v^* = (1 + X)\,v\;.$$

Ist die feuchte Luft ungesättigt ($X \leq X_{\mathrm{s}}$), so erhält man aus dem Gesetz von Dalton für ihr spezifisches Volumen

$$v^* := \frac{V}{m_{\mathrm{L}}} = \frac{R_{\mathrm{L}}\,T}{p - p_{\mathrm{W}}} = \frac{R_{\mathrm{L}}\,T}{p - \varphi\,p_{\mathrm{W}}^{\mathrm{s}}(T)}\;.$$

Mit φ nach Gl. (5.66) ergibt sich hieraus

$$v^*(T, p, X) = \frac{R_{\mathrm{L}}\,T}{p}\left(1 + \frac{X}{0{,}622}\right) \tag{5.68}$$

mit $R_{\mathrm{L}} = 0{,}28705$ kJ/kg K. Diese Gleichung kann man auch auf gesättigte feuchte Luft anwenden, die Wasser oder Eis enthält, denn das spezifische Volumen von Wasser oder Eis ist gegenüber dem spezifischen Volumen $v^*(T, p, X_{\mathrm{s}})$ gerade gesättigter feuchter Luft zu vernachlässigen.

Beispiel 5.9. Ein Behälter mit dem Innenvolumen $V = 0{,}425$ m³ ist mit feuchter Luft gefüllt, deren Zustand durch $\vartheta = 40{,}0\,^{\circ}\mathrm{C}$, $p = 120{,}5$ kPa und $\varphi = 0{,}680$ bestimmt ist. Man berechne die Massen m_{L} der trockenen Luft und m_{W} des Wasserdampfes.

Die Masse der trockenen Luft ergibt sich aus $m_{\mathrm{L}} = V/v^*$ mit dem spezifischen Volumen

$$v^* = \frac{R_{\mathrm{L}}\,T}{p - \varphi\,p_{\mathrm{W}}^{\mathrm{s}}(T)} = \frac{0{,}28705\,(\mathrm{kJ/kg\,K}) \cdot 313{,}15\,\mathrm{K}}{120{,}5\,\mathrm{kPa} - 0{,}680 \cdot 7{,}385\,\mathrm{kPa}} = 0{,}7784\,\frac{\mathrm{m}^3}{\mathrm{kg}}\;.$$

Der Sättigungsdruck $p_{\mathrm{W}}^{\mathrm{s}}(40\,^{\circ}\mathrm{C})$ wurde dabei Tabelle 5.4 entnommen. Damit erhält man $m_{\mathrm{L}} = 0{,}425$ m³$/0{,}7784\,(\mathrm{m}^3/\mathrm{kg}) = 0{,}5460$ kg. Um die Masse des Wasserdampfs aus $m_{\mathrm{W}} = X\,m_{\mathrm{L}}$ zu bestimmen, wird die Wasserbeladung nach Gl.(5.65) zu $X = 0{,}02705$ berechnet, womit sich $m_{\mathrm{W}} = 0{,}0148$ kg ergibt.

5.3.5 Die spezifische Enthalpie feuchter Luft

Die Enthalpie H der feuchten Luft setzt sich, unter Annahme eines idealen Gasgemisches, additiv aus den Enthalpien von trockener Luft und Wasser zusammen:

$$H = m_{\mathrm{L}}\,h_{\mathrm{L}} + m_{\mathrm{W}}\,h_{\mathrm{W}}\;.$$

Hierbei bedeuten h_{L} die spezifische Enthalpie der trockenen Luft und h_{W} die spezifische Enthalpie des Wassers. Die Enthalpie der feuchten Luft wird auf die Masse m_{L} der trockenen Luft bezogen, bezeichnet wird die so gebildete spezifische Enthalpie mit

$$h^* := \frac{H}{m_{\mathrm{L}}} = h_{\mathrm{L}} + X\,h_{\mathrm{W}}\;. \tag{5.69}$$

Somit bedeutet h^* die Enthalpie der feuchten Luft, bezogen auf die Masse der darin enthaltenen trockenen Luft.

Bei der Berechnung von h^* kann man die Nullpunkte von h_L und h_W willkürlich festlegen. Es ist praktisch, wenn die spezifische Enthalpie h_L der trockenen Luft bei der Temperatur $T_{tr} = 273{,}16$ K des Tripelpunkts von Wasser den Wert null erhält. Bei derselben Temperatur wird die spezifische Enthalpie h_W von *flüssigem* Wasser gleich null gesetzt. Zur Vereinfachung werden ferner die spezifischen isobaren Wärmekapazitäten von trockener Luft und von Wasserdampf als temperaturunabhängig angenommen, es gelten die Werte

$$c_{pL}^{iG} = 1{,}0046 \,\text{kJ/kg K} \quad \text{und} \quad c_{pW}^{iG} = 1{,}863 \,\text{kJ/kg K} \;.$$

Diese Vereinfachung ist im Temperaturbereich zwischen $-50\,^{\circ}\text{C}$ und $70\,^{\circ}\text{C}$ ohne größere Fehler zulässig. Bei genaueren Rechnungen und für einen größeren Temperaturbereich muss man die Temperaturabhängigkeit der spezifischen isobaren Wärmekapazitäten berücksichtigen.

Für die spezifische Enthalpie von trockener Luft erhält man die einfache Beziehung

$$h_L(T) = c_{pL}^{iG}(T - T_{tr}) \;.$$

Die spezifische Enthalpie h_W von Wasser ist etwas komplizierter zu berechnen, weil Wasser als Wasserdampf – hier behandelt als ideales Gas –, als Flüssigkeit und als Eis auftreten kann. Für gasförmiges Wasser (Wasserdampf) erhält man unter Berücksichtigung der Nullpunktwahl

$$h_W(T) = \Delta h_v(T_{tr}) + c_{pW}^{iG}(T - T_{tr}) \;.$$

Hierin bedeutet $\Delta h_v(T_{tr}) = 2500{,}9$ kJ/kg die spezifische Verdampfungsenthalpie des Wassers bei der Tripelpunkttemperatur. Dieser Term entspricht der spezifischen Enthalpie von gesättigtem Wasserdampf bei T_{tr}; der zweite Term gibt die Änderung der spezifischen Enthalpie des Wasserdampfes an, wenn man von diesem Zustand zum Zustand mit der Temperatur T übergeht. Für die spezifische Enthalpie von flüssigem Wasser erhält man die einfache Gleichung

$$h_W^{fl}(T) = c_W(T - T_{tr})$$

mit der spezifischen Wärmekapazität $c_W = 4{,}191$ kJ/kg K von flüssigem Wasser. Bei Temperaturen unterhalb der Tripelpunkttemperatur tritt Wasser in fester Form als Eis auf. Für seine spezifische Enthalpie gilt

$$h_E(T) = -\Delta h_e(T_{tr}) + c_E(T - T_{tr}) \;.$$

Dabei bedeuten $\Delta h_e(T_{tr}) = 333{,}4$ kJ/kg die Erstarrungsenthalpie von Eis am Tripelpunkt und $c_E = 2{,}07$ kJ/kg K die spezifische Wärmekapazität von

Eis. Die spezifische Enthalpie h_E nimmt nur negative Werte an, sie ist stets kleiner als die spezifische Enthalpie von flüssigem Wasser am Tripelpunkt, die gleich null gesetzt wird.

Mit den Beziehungen für die spezifischen Enthalpien von trockener Luft und von Wasser ergeben sich aus Gl.(5.69) die folgenden Gleichungen für die spezifische Enthalpie feuchter Luft:

a) *Ungesättigte feuchte Luft*: $X \leq X_s$. Es liegt ein ideales Gasgemisch vor mit der spezifischen Enthalpie

$$h^*(T, X) = c_{pL}^{iG} (T - T_{tr}) + X [\Delta h_v(T_{tr}) + c_{pW}^{iG} (T - T_{tr})] \ . \tag{5.70}$$

Erreicht die Wasserbeladung ihren Sättigungswert X_s, tritt aber noch keine Kondensatphase auf, so nimmt h^* seinen Sättigungswert

$$h_s^* = h^*(T, X_s) = c_{pL}^{iG} (T - T_{tr}) + X_s [\Delta h_v(T_{tr}) + c_{pW}^{iG} (T - T_{tr})] \tag{5.71}$$

an.

b) *Gesättigte feuchte Luft mit flüssigem Wasser als Kondensatphase*: $X > X_s$, $T > T_{tr}$. Zur spezifischen Enthalpie h_s^* der gesättigten Gasphase ist die spezifische Enthalpie des flüssigen Kondensats zu addieren. Dies ergibt

$$h^*(T, X) = h^*(T, X_s) + (X - X_s) c_W (T - T_{tr}) \ , \tag{5.72}$$

wobei $h^*(T, X_s)$ nach Gl.(5.71) zu berechnen ist.

c) *Gesättigte feuchte Luft mit Eis als Kondensatphase*: $X > X_s$, $T < T_{tr}$. Zur spezifischen Enthalpie h_s^* der gesättigten Gasphase ist nun die spezifische Enthalpie des festen Kondensats zu addieren. Dies ergibt

$$h^*(T, X) = h^*(T, X_s) + (X - X_s)[-\Delta h_e(T_{tr}) + c_E (T - T_{tr})] \ . \tag{5.73}$$

Die spezifische Enthalpie des Dreiphasensystems aus Gas, flüssigem Wasser und Eis, das bei $T = T_{tr}$ auftritt, lässt sich in der gleichen Weise berechnen. Dabei tritt jedoch eine weitere Variable auf, der Eisgehalt. Er gibt an, welcher Teil des gesamten Kondensats fest ist.

In den Gl.(5.70) bis (5.73) für die spezifische Enthalpie $h^*(T, X)$ der feuchten Luft tritt die Temperaturdifferenz

$$T - T_{tr} = \vartheta - \vartheta_{tr}$$

auf. In der technischen Praxis lassen sich Lufttemperaturen selten auf 0,01 K genau angeben. Man kann daher in der Regel $\vartheta_{tr} = 0,01\,°C$ gegenüber der Celsius-Temperatur ϑ vernachlässigen und $T - T_{tr} \approx \vartheta$ setzen. Mit dieser meistens zulässigen Vereinfachung erhält man für die spezifische Enthalpie feuchter Luft die folgenden Gleichungen:

Ungesättigte feuchte Luft

$$h^*(\vartheta, X) = c_{pL}^{iG}\, \vartheta + X\left[\Delta h_v(\vartheta_{tr}) + c_{pW}^{iG}\, \vartheta\right].\tag{5.74}$$

Gesättigte feuchte Luft mit Wasser als Kondensat

$$h^*(\vartheta, X) = c_{pL}^{iG}\, \vartheta + X_s\left[\Delta h_v(\vartheta_{tr}) + c_{pW}^{iG}\, \vartheta\right] + (X - X_s)\, c_W\, \vartheta.\tag{5.75}$$

Gesättigte feuchte Luft mit Eis als Kondensat

$$h^*(\vartheta, X) = c_{pL}^{iG}\, \vartheta + X_s\left[\Delta h_v(t_{tr}) + c_{pW}^{iG}\, \vartheta\right] - (X - X_s)[\Delta h_e(\vartheta_{tr}) - c_E\, \vartheta].\tag{5.76}$$

Die in diesen Gleichungen auftretenden Zustandsgrößen von trockener Luft und von Wasser sind im Folgenden nochmals zusammengestellt:

$$c_{pL}^{iG} = 1{,}0046\,\mathrm{kJ/kg\,K}; \quad c_{pW}^{iG} = 1{,}863\,\mathrm{kJ/kg\,K}; \quad \Delta h_v(\vartheta_{tr}) = 2500{,}9\,\mathrm{kJ/kg}$$

$$c_W = 4{,}191\,\mathrm{kJ/kg\,K}; \quad c_E = 2{,}07\,\mathrm{kJ/kg\,K}; \quad \Delta h_e(\vartheta_{tr}) = 333{,}4\,\mathrm{kJ/kg}.$$

Diese Gleichungen liegen auch dem Enthalpie-Wasserbeladungs-Diagramm zugrunde, das im nächsten Abschnitt behandelt wird. Sie gelten aber entsprechend für beliebige Gas-Dampf Gemische, die als ideales Gasgemisch behandelt werden können und bei denen die Festlegung der Bezugspunkte in analoger Weise erfolgen kann.

Beispiel 5.10. Ein Kühlturm dient der Abgabe von Abwärme an die atmosphärische Luft, vgl. z.B. [5.22]. Das Kühlwasser des Kondensators in einem Dampfkraftwerk (Massenstrom $\dot{m}_W = 15{,}50\,\mathrm{t/s}$) wird mit $\vartheta_{We} = 34{,}5\,°\mathrm{C}$ in den Kühlturm geleitet, vgl. Abb. 5.24; es rieselt über die Einbauten herunter und steht dabei im intensiven Wärme- und Stoffaustausch (Verdunstung) mit Luft, die mit $\vartheta_1 = 9{,}0\,°\mathrm{C}$, $p_1 = 101{,}0\,\mathrm{kPa}$ und $\varphi_1 = 0{,}750$ in den Kühlturm eintritt. Das Wasser kühlt sich auf $\vartheta_{Wa} = 20{,}0\,°\mathrm{C}$ ab. Die mit $p_2 = 99{,}5\,\mathrm{kPa}$ an der Kühlturmkrone abströmende gesättigte feuchte Luft hat sich auf $\vartheta_2 = 27{,}1\,°\mathrm{C}$ erwärmt. Da sie von den Einbauten feine Wassertröpfchen mitreißt, gilt für ihre Wasserbeladung $X_2 = X_s(t_2, p_2) + 0{,}00015$. Der Kühlturm werde als ein insgesamt adiabates System betrachtet. Man berechne den Massenstrom $\Delta\dot{m}_W$ des mit $\vartheta_{Wz} = 12{,}0\,°\mathrm{C}$ zugeführten Zusatzwassers zur Deckung der Verdunstungsverluste, den Massenstrom $\dot{m}_L$ der angesaugten trockenen Luft sowie den vom Kühlwasser an die Atmosphäre abgegebenen Energiestrom.

Man erhält den Massenstrom des Zusatzwassers aus einer Wasserbilanz des Kühlturms:

$$\Delta\dot{m}_W = \dot{m}_L\,(X_2 - X_1).$$

Die Wasserdampfbeladung X_1 der eintretenden Luft wird nach Gl.(5.65)

$$X_1 = 0{,}622\,\frac{p_W^s(\vartheta_1)}{(p_1/\varphi_1) - p_W^s(\vartheta_1)} = 0{,}00535.$$

Dabei wurde der Sättigungspartialdruck $p_W^s(\vartheta_1) = 1{,}149\,\mathrm{kPa}$ aus der Dampfdruckgleichung (5.61) berechnet. In der gleichen Weise ergibt sich $X_s(\vartheta_2, p_2) = 0{,}02328$,

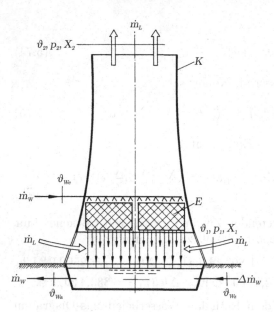

Abbildung 5.24. Schema eines Kühlturms. E Einbauten, K Kühlturmkrone

also unter Berücksichtigung der mitgerissenen Wassertröpfchen $X_2 = 0{,}02343$. Man erhält damit

$$\Delta \dot{m}_W / \dot{m}_L = X_2 - X_1 = 0{,}01808 \ .$$

Um den Massenstrom $\dot{m}_L$ der trockenen Luft zu berechnen, wird von einer Leistungsbilanz des adiabaten Kühlturms ausgegangen. Da keine mechanische Leistung auftritt und die kinetischen Energien vernachlässigt werden können, ergibt sich eine Bilanz der Enthalpieströme:

$$\dot{m}_L \left[h^*(\vartheta_2, X_2) - h^*(\vartheta_1, X_1) \right] = \dot{m}_W (h_{We} - h_{Wa}) + \Delta \dot{m}_W \, h_{Wz}$$
$$= \dot{m}_W \, c_W (\vartheta_{We} - \vartheta_{Wa}) + \dot{m}_L (X_2 - X_1) \, c_W \, \vartheta_{Wz} \ .$$

Daraus folgt

$$\dot{m}_L = \frac{\dot{m}_W \, c_W (\vartheta_{We} - \vartheta_{Wa})}{h^*(\vartheta_2, X_2) - h^*(\vartheta_1, X_1) - (X_2 - X_1) \, c_W \, \vartheta_{Wz}} \ .$$

Erwartungsgemäß wächst der Luftmassenstrom mit dem Massenstrom und der Abkühlspanne des abzukühlenden Wassers. Die spezifischen Enthalpien der feuchten Luft ergeben sich nach Gl.(5.74) bzw. (5.75) zu

$$h^*(\vartheta_1, X_1) = c_{pL}^{iG} \, \vartheta_1 + X_1 (\Delta h_v + c_{pW}^{iG} \, \vartheta_1) = 22{,}50 \, \text{kJ/kg}$$

und

$$h^*(\vartheta_2, X_2) = c_{pL}^{iG} \, \vartheta_2 + X_s \, (\Delta h_v + c_{pW}^{iG} \, \vartheta_2) + (X_2 - X_s) \, c_W \, \vartheta_2 = 86{,}60 \, \text{kJ/kg} \ .$$

Mit diesen Werten erhält man $\dot{m}_L = 14{,}90 \, \text{t/s}$; der benötigte Massenstrom des Zusatzwassers ergibt sich zu $\Delta \dot{m}_W = 0{,}269 \, \text{t/s} = 0{,}0174 \, \dot{m}_W$. Es verdunsten also

1,74 % des Kühlwassers und müssen durch Zusatzwasser ersetzt werden, während bei direkter Kühlung mit Frischwasser (Flusswasser) der volle Massenstrom $\dot{m}_W$ erforderlich wäre.

Das Kühlwasser erwärmt sich im Kondensator des Dampfkraftwerks von $t_{Wa} =$ 20,0 °C auf $t_{We} = 34,5$ °C. Es nimmt dort den Wärmestrom

$$\dot{Q} = \dot{m}_W \, c_W \, (\vartheta_{Wa} - \vartheta_{We}) = 15,50 \, (\text{t/s}) \cdot 4,19 \, (\text{kJ/kg K}) \cdot 14,5 \, \text{K} = 942 \, \text{MW}$$

auf. Dieser Energiestrom wird über den Kühlturm an die Atmosphäre abgegeben; er entspricht dem Abwärmestrom eines großen Kohlekraftwerks von etwa 700 MW elektrischer Leistung.

5.3.6 Das Enthalpie,Wasserbeladungs-Diagramm

Um Zustandsänderungen feuchter Luft zu veranschaulichen, hat R. Mollier [5.23] 1923 ein Diagramm mit der spezifischen Enthalpie als Ordinate und mit der Wasserbeladung als Abszisse vorgeschlagen. Dieses Diagramm wird für einen bestimmten Druck, meistens den atmosphärischen Luftdruck, entworfen; es enthält Isothermen und Linien konstanter relativer Feuchte. In den USA wird ein nach einem Vorschlag von W.H. Carrier [5.24] entworfenes und als „psychrometric chart" bezeichnetes Diagramm bevorzugt, in dem die Wasserbeladung über der Lufttemperatur als Abszisse aufgetragen ist. Es enthält Linien konstanter Enthalpie und konstanter relativer Feuchte. Im Folgenden soll der Aufbau des von Mollier vorgeschlagenen h^*, X-Diagramms erläutert werden.

Der graphischen Darstellung der Eigenschaften feuchter Luft legt man die Gl.(5.74) bis (5.76) für die spezifische Enthalpie zugrunde. In einem h^*, X-Diagramm erscheinen alle Isothermen $\vartheta =$ konst. als gerade Linien, denn h^* hängt linear von X ab. Da für die Enthalpie gesättigter feuchter Luft andere Gleichungen gelten als für die Enthalpie ungesättigter feuchter Luft, besteht jede Isotherme aus zwei Geradenstücken, die an der Sättigungslinie $\varphi = 1$ mit einem Knick aneinanderstoßen. Um geometrisch günstige Verhältnisse zu schaffen, benutzt man nach R. Mollier ein schiefwinkliges h^*, X-Diagramm. Die Koordinatenlinien $h^* =$ konst. verlaufen dabei von links oben nach rechts unten, während die Linien $X =$ konst. senkrecht bleiben.

Abbildung 5.25 zeigt die Konstruktion einer Isotherme. Die X-Achse wird im Allgemeinen so weit nach unten gedreht, dass die Isotherme $\vartheta = 0$ °C im Gebiet der ungesättigten feuchten Luft horizontal verläuft. Hier gilt die Gleichung

$$h^*(\vartheta, X) = c_{pL}^{iG} \, \vartheta + X \, [\Delta h_v(\vartheta_{tr}) + c_{pW}^{iG} \, iG] \tag{5.77}$$

bis $X = X_s(T, p)$. Die Koordinaten X_s und $h_s^* = h^*(\vartheta, X_s)$ bestimmen den Knickpunkt der Isotherme auf der Sättigungslinie $\varphi = 1$. Für $X > X_s$, im so genannten *Nebelgebiet*, gilt die Geradengleichung der Nebelisotherme

$$h^* = h_s^* + (X - X_s) \, c_W \, \vartheta$$

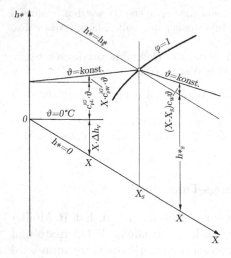

Abbildung 5.25. Konstruktion einer Isotherme im h^*, X-Diagramm für feuchte Luft

bei Temperaturen $\vartheta > 0\,°C$. Ist dagegen $\vartheta < 0\,°C$, so enthält die gesättigte feuchte Luft Eisnebel, und es gilt

$$h^* = h_s^* - (X - X_s)\left[\Delta h_e(\vartheta_{tr}) - c_E\,\vartheta\right]$$

als Gleichung der Nebelisotherme. Für $\vartheta = 0\,°C$ gibt es zwei Nebelisothermen; das von ihnen eingeschlossene keilförmige Gebiet ist das Dreiphasen-Gebiet mit Wasser und Eis als den beiden Kondensatphasen, vgl. Abb. 5.26.

In das Gebiet der ungesättigten feuchten Luft kann man Linien konstanter relativer Feuchte φ einzeichnen. Hierzu bestimmt man für gegebene Werte

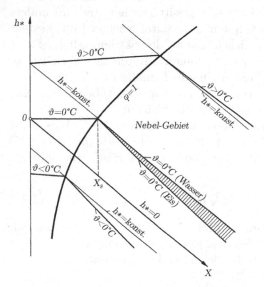

Abbildung 5.26. h^*, X-Diagramm mit Nebelgebiet

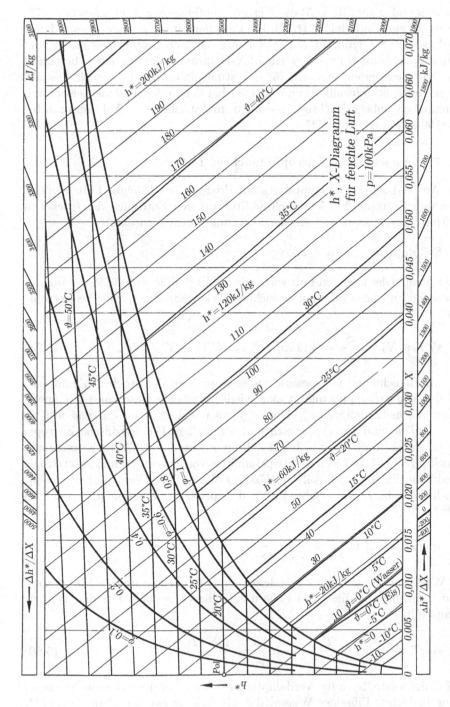

Abbildung 5.27. h^*, X-Diagramm für feuchte Luft. Gesamtdruck $p = 100$ kPa

von ϑ, p und φ aus Gl.(5.65) die Wasserdampfbeladung X und aus Gl.(5.77) die zugehörige Enthalpie $h^*(t, X)$. Die Lage der Linien $\varphi = $ konst. und damit die Lage der Sättigungsgrenze $\varphi = 1$ und der Nebelisothermen hängt vom Druck p ab. Man kann daher ein h^*, X-Diagramm nur für einen bestimmten Druck entwerfen, meistens für den atmosphärischen Luftdruck. Die üblichen Luftdruckschwankungen darf man bei der in der Technik geforderten Genauigkeit unberücksichtigt lassen. Ein maßstäbliches h^*, X-Diagramm für $p = 100$ kPa zeigt Abb. 5.27.

5.3.7 Die spezifische Entropie feuchter Luft

Zur Anwendung des 2. Hauptsatzes auf Prozesse mit feuchter Luft benötigt man ihre Entropie. Sie setzt sich additiv aus den Entropien der trockenen Luft und des Wassers und aus der Mischungsentropie zusammen:

$$S = m_L \, s_L + m_W \, s_W + \Delta^M S \; .$$

Die Entropie der feuchten Luft wird, wie die Enthalpie, auf die Masse m_L der trockenen Luft bezogen. Man bezeichnet die so gebildete spezifische Entropie mit

$$s^*(T, p, X) := \frac{S}{m_L} = s_L(T, p) + X \, s_W(T, p) + \Delta^M s^*(X) \; . \tag{5.78}$$

Zur Berechnung der spezifischen Entropien s_L der trockenen Luft und s_W des Wasserdampfes nimmt man wieder für beide Gase konstante spezifische Wärmekapazitäten c_{pL}^{iG} bzw. c_{pW}^{iG} an und legt einen Zustand fest, in dem $s_L(T, p)$ und $s_W(T, p)$ gleich null sein sollen. Die spezifische Entropie der trockenen Luft s_L wird bei der Temperatur $T_{tr} = 273{,}16$ K und beim Druck $p_{tr} = 0{,}611657$ kPa des Tripelpunktes von Wasser zu null gesetzt. Die spezifische Entropie s_W soll für *flüssiges* Wasser bei $T = T_{tr}$ und $p = p_{tr}$ gleich null sein. Damit ergibt sich für die spezifische Entropie der trockenen Luft

$$s_L(T, p) = c_{pL}^{iG} \ln \frac{T}{T_{tr}} - R_L \ln \frac{p}{p_{tr}} \; . \tag{5.79}$$

Da Wasser als Wasserdampf (ideales Gas) als Flüssigkeit und als Eis vorkommen kann, müssen diese drei Fälle unterschieden werden. Für den Wasserdampf gilt

$$s_W(T, p) = c_{pW}^{iG} \ln \frac{T}{T_{tr}} - R_W \ln \frac{p}{p_{tr}} + \frac{\Delta h_v(T_{tr})}{T_{tr}} \; , \tag{5.80}$$

wobei der letzte Term die Verdampfungsentropie bei der Tripelpunkttemperatur bedeutet. Flüssiges Wasser, das als inkompressibles Fluid behandelt wird, hat eine spezifische Entropie, die nur von der Temperatur abhängt:

$$s_W^{fl}(T) = c_W \ln(T/T_{tr}) \; .$$

Für die spezifische Entropie von Eis erhält man

$$s_E(T) = -\frac{\Delta h_e(T_{tr})}{T_{tr}} + c_E \ln \frac{T}{T_{tr}} \; .$$

Die hier auftretenden Zustandsgrößen c_W, c_E und Δh_e wurden schon in Abschnitt 5.3.5 bei der Berechnung der Enthalpie erläutert.

Zur Berechnung der spezifischen Mischungsentropie $\Delta^M s^*(X)$ geht man von den in Abschnitt 5.2.2 hergeleiteten Beziehungen aus. Danach gilt für die Mischungsentropie eines idealen Gasgemisches aus den beiden Komponenten trockene Luft und Wasserdampf

$$\Delta^M S = -R_m(n_L \ln x_L + n_W \ln x_W) = -m_L R_L \ln x_L - m_W R_W \ln x_W \; ,$$

woraus

$$\Delta^M s^*(X) := \frac{\Delta^M S}{m_L} = -R_L \ln x_L - X R_W \ln x_W$$

folgt. Nun sind noch die beiden Stoffmengenanteile x_L und x_W durch die Wasserbeladung X auszudrücken. Dies ergibt

$$x_L = \frac{R_L/R_W}{(R_L/R_W) + X} \quad \text{und} \quad x_W = \frac{X}{(R_L/R_W) + X} \; .$$

Daraus erhält man für die spezifische Mischungsentropie

$$\Delta^M s^*(X) = R_W \left[\left(\frac{R_L}{R_W} + X \right) \ln \left(\frac{R_L}{R_W} + X \right) - X \ln X - \frac{R_L}{R_W} \ln \frac{R_L}{R_W} \right]$$

mit $R_L/R_W = 0{,}622$. Wie man leicht zeigen kann, wird $\Delta^M s^*(X)$ zu null für $X = 0$ und wächst monoton mit zunehmender Wasserbeladung X.

Mit den Gl.(5.78) bis (5.80) erhält man die spezifische Entropie *ungesättigter* feuchter Luft ($X \leq X_s$),

$$s^*(T, p, X) = (c_{pL}^{iG} + X c_{pW}^{iG}) \ln \frac{T}{T_{tr}} - (R_L + X R_W) \ln \frac{p}{p_{tr}}$$

$$+ X \frac{\Delta h_v(T_{tr})}{T_{tr}} + \Delta^M s^*(X). \tag{5.81}$$

Ihr Sättigungswert s_s^* ergibt sich, wenn man in dieser Gleichung $X = X_s$ nach Gl.(5.67) setzt:

$$s_s^* = s^*(T, p, X_s) \; .$$

Damit erhält man für *gesättigte feuchte Luft mit flüssigem Kondensat* ($X > X_s$; $T > T_{tr}$)

$$s^*(T, p, X) = s^*(T, p, X_s) + (X - X_s) c_W \ln(T/T_{tr})$$

und für *gesättigte feuchte Luft mit Eis als Kondensat* $(X > X_s; T < T_{tr})$

$$s^*(T, p, X) = s^*(T, p, X_s) - (X - X_s) \left[\frac{\Delta h_e(T_{tr})}{T_{tr}} - c_E \ln \frac{T}{T_{tr}} \right].$$

Beispiel 5.11. Feuchte Luft expandiert vom Zustand 1 ($p_1 = 250{,}0$ kPa, $\vartheta_1 = 60{,}0\,°C$, $\varphi_1 = 0{,}650$) isentrop auf den Druck $p_2 = 100{,}0$ kPa. Man bestimme den Druck p_{kd} und die Temperatur ϑ_{kd} des Kondensationsbeginns sowie die Temperatur ϑ_2 am Ende der Expansion und die isentrope Enthalpiedifferenz Δh_s^*, bezogen auf die Masse der trockenen Luft.

Bis zum Einsetzen der Kondensation des Wasserdampfs expandiert die feuchte Luft wie ein ideales Gasgemisch. Da mit konstantem c_p^{iGM} gerechnet wird, gilt

$$T_{kd} = T_1 (p_{kd}/p_1)^{(\kappa-1)/\kappa} = T_1 (p_{kd}/p_1)^{R/c_p^{iGM}}.$$

Außerdem muss bei Kondensationsbeginn die Bedingung $X_1 = X_s(T_{kd}, p_{kd})$ erfüllt sein, also

$$X_1 = 0{,}6220 \, \frac{p_W^s(T_{kd})}{p_{kd} - p_W^s(T_{kd})}$$

gelten. Aus diesen beiden Gleichungen lassen sich T_{kd} und p_{kd} iterativ berechnen, wobei Gl.(5.61) für den Dampfdruck $p_W^s(T)$ benutzt wird.

Die Wasserdampfbeladung X_1 erhält man aus den gegebenen Daten mit Gl.(5.65) zu $X_1 = 0{,}0340$. Für das Verhältnis R/c_p^{iGM} ergibt sich

$$\frac{R}{c_p^{iGM}} = \frac{R_L + X_1 R_W}{c_{pL}^{iG} + X_1 c_{pW}^{iG}} = \frac{0{,}30274\,\text{kJ/kg K}}{1{,}0679\,\text{kJ/kg K}} = 0{,}28349 \, .$$

Das Ergebnis der Iteration ist $\vartheta_{kd} = 48{,}47\,°C$ und $p_{kd} = 220{,}8$ kPa. Die Kondensation setzt ein, bevor der Enddruck p_2 erreicht wird. Im Zustand 2 am Ende der isentropen Expansion ist daher die feuchte Luft gesättigt, und es ist Wasser als fein verteilter Nebel oder als Niederschlag auskondensiert.

Die Endtemperatur ϑ_2 ergibt sich aus der Bedingung

$$s^*(T_2, p_2, X_1) = s^*(T_1, p_1, X_1) \tag{5.82}$$

der isentropen Zustandsänderung. Setzt man die Werte für T_1, p_1, X_1 in Gl.(5.81) ein, so erhält man $s^*(T_1, p_1, X_1) = -1{,}22354$ kJ/kg K, wobei die Mischungsentropie den Wert $\Delta^M s^*(X_1) = 0{,}0617$ kJ/kg K hat. Für die spezifische Entropie am Ende der Expansion ergibt sich, da ein Zweiphasensystem aus gesättigter feuchter Luft und flüssigem Wasser vorliegt,

$$s^*(T_2, p_2, X_1) = (c_{pL}^{iG} + X_s c_{pW}^{iG}) \ln \frac{T_2}{T_{tr}} - (R_L + X_s R_W) \ln \frac{p_2}{p_{tr}} + X_s \frac{\Delta h_v(T_{tr})}{T_{tr}}$$

$$+ \Delta^M s^*(X_s) + (X_1 - X_s) c_W^{iG} \ln \frac{T_2}{T_{tr}} \, .$$

Dabei ist die Sättigungsbeladung X_s nach

$$X_\mathrm{s} = X_\mathrm{s}(T_2, p_2) = 0{,}6220 \; \frac{p_\mathrm{W}^\mathrm{s}(T_2)}{p_2 - p_\mathrm{W}^\mathrm{s}(T_2)}$$

zu berechnen. Da $s^*(T_2, p_2, X_1)$ über $X_\mathrm{s}(T_2, p_2)$ in komplizierter Weise von T_2 abhängt, lässt sich Gl.(5.82) nicht explizit nach T_2 auflösen. Man muss $s^*(T_2, p_2, X_1)$ bei festem $p = p_2$ für verschiedene Temperaturen berechnen und Gl.(5.82) iterativ lösen.

Auf diese Weise findet man schließlich, dass Gl.(5.82) für $\vartheta_2 = 21{,}26\,°\mathrm{C}$, entsprechend $T = 294{,}41$ K, mit $p_\mathrm{W}^\mathrm{s}(\vartheta_2) = 2{,}5288$ kPa, $X_\mathrm{s} = 0{,}01614$ und $\Delta^\mathrm{M} s^*(X_\mathrm{s}) = 0{,}0347$ kJ/kg K erfüllt ist. Im Endzustand 2 sind nur noch $X_\mathrm{s}/X_1 = 0{,}01614/0{,}0340 = 47{,}4\%$ des anfänglich vorhandenen Wasserdampfes gasförmig in der feuchten Luft enthalten; mehr als die Hälfte ist kondensiert. Träte keine Kondensation ein, würde die merklich niedrigere Temperatur von $-16{,}2\,°\mathrm{C}$ am Ende der Expansion erreicht werden.

Nachdem die Zustandsgrößen des Endzustands 2 bekannt sind, ist die isentrope Enthalpiedifferenz

$$\Delta h_\mathrm{s}^* := h^*(p_2, s_1^*, X_1) - h^*(p_1, s_1^*, X_1) = h^*(\vartheta_2, p_2, X_1) - h^*(\vartheta_1, p_1, X_1)$$

leicht zu berechnen. Im Zustand 1 ist die feuchte Luft ungesättigt, und man erhält aus Gl.(5.74) $h^*(\vartheta_1, X_1) = 149{,}09$ kJ/kg. Für die Enthalpie im Zustand 2 gilt Gl.(5.75), aus der sich $h^*(\vartheta_2, X_1) = 63{,}95$ kJ/kg ergibt. Damit wird $\Delta h_\mathrm{s}^* = -106{,}4$ kJ/kg.

5.4 Reale fluide Gemische

Bei der Beschreibung der thermodynamischen Eigenschaften realer Gemische geht man von den Gleichungen für die chemischen Potenziale der Komponenten idealer Gasgemische aus und ergänzt sie so, dass sie den Unterschied zwischen realem und idealem Gemischverhalten erfassen. Dabei liefert die Thermodynamik mit ihren exakten und ordnenden Beziehungen nur den formalen Rahmen. Die oft komplizierten Funktionen, welche die realen Gemischeigenschaften darstellen, müssen durch das Experiment oder mit Hilfe molekularer Modelle bestimmt werden.

Im Abschnitt 5.4.1 werden das Realpotenzial und der Fugazitätskoeffizient eingeführt und ihre Berechnung aus der thermischen Zustandsgleichung des Gemisches, die in Abschnitt 5.4.2 behandelt wird, gezeigt. Der dann folgende Abschnitt erläutert, wie sich das Verdampfungsgleichgewicht als technisch wichtiges Beispiel für das Gleichgewicht zwischen zwei oder mehreren Phasen allein mit der thermischen Zustandsgleichung des Gemisches berechnen lässt. In Abschnitt 5.4.4 werden die besonders bei Lösungen, also flüssigen Phasen, anzuwendenden Exzessgrößen behandelt wie auch die mit ihnen zusammenhängenden Aktivitätskoeffizienten. Schließlich wird gezeigt, wie man mit diesen Größen Verdampfungsgleichgewichte bei mäßigen Drücken vereinfacht berechnen kann.

5.4.1 Realpotenzial und Fugazitätskoeffizient

Ausgangspunkt zur Einführung des Realpotenzials ist das chemische Potenzial $\mu_i = \mu_i(T, p, \{x_i\})$ der Komponente i; denn mit den chemischen Potenzialen können alle Eigenschaften eines realen Gemisches berechnet werden. Im idealen Gasgemisch hat die Komponente i nach Abschnitt 5.2.1 das chemische Potenzial

$$\mu_i^{\mathrm{iGM}}(T, p, x_i) = G_{m,0i}^0(T) + R_m T \ln(p/p_0) + R_m T \ln x_i \ . \tag{5.83}$$

Hierin ist $G_{m,0i}^0(T)$ die molare Gibbs-Funktion des reinen idealen Gases i beim Standarddruck p_0. Die Abweichung vom idealen Gasgemisch erfasst ein Zusatzterm μ_i^{Re}, der als *Realpotenzial* – im Englischen als residual potential – bezeichnet wird:

$$\mu_i(T, p, \{x_i\}) = \mu_i^{\mathrm{iGM}}(T, p, x_i) + \mu_i^{\mathrm{Re}}(T, p, \{x_i\}) \ .$$

Da das reale Gemisch für $p \to 0$ in das ideale Gasgemisch übergeht, gilt die Grenzbedingung

$$\lim_{p \to 0} \mu_i^{\mathrm{Re}}(T, p, \{x_i\}) = 0 \ . \tag{5.84}$$

Das Realpotenzial μ_i^{Re} lässt sich aus der thermischen Zustandsgleichung des Gemisches berechnen. Für seine Druckabhängigkeit gilt nämlich

$$\left(\frac{\partial \mu_i^{\mathrm{Re}}}{\partial p} \right)_{T, x_i} = \left(\frac{\partial \mu_i}{\partial p} \right)_{T, x_i} - \left(\frac{\partial \mu_i^{\mathrm{iGM}}}{\partial p} \right)_{T, x_i} = \overline{V}_{m,i}(T, p, \{x_i\}) - \frac{R_m T}{p} \ .$$

Die Integration von $p = 0$ bis zum Druck p des Gemisches ergibt unter Beachtung von Gl.(5.84)

$$\mu_i^{\mathrm{Re}}(T, p, \{x_i\}) = \int\limits_0^p \left[\overline{V}_{m,i}(T, p, \{x_i\}) - \frac{R_m T}{p} \right] \mathrm{d}p \ . \tag{5.85}$$

Die thermische Zustandsgleichung $V_m = V_m(T, p, \{x_i\})$ des Gemisches liefert mit Gl.(5.13) das zur Berechnung von μ_i^{Re} benötigte partielle molare Volumen $\overline{V}_{m,i}$.

Mit Gl.(5.85) lassen sich nicht nur die Realpotenziale gasförmiger Gemische bestimmen, auch die Berechnung der Realpotenziale von flüssigen Gemischen (Lösungen) ist möglich. Es muss aber die thermische Zustandsgleichung bei der betrachteten Temperatur von $p = 0$ bis zum Druck des Gemisches gelten. Zustandsgleichungen, die das gesamte fluide Gebiet erfassen, haben aber nicht die hier vorausgesetzte Form $V_m = V_m(T, p, \{x_i\})$. Sie sind druck- und nicht volumenexplizit, haben also die Form $p = p(T, V_m, \{x_i\})$. Man muss daher auf eine andere Beziehung zwischen dem chemischen Potenzial und der thermischen Zustandsgleichung zurückgreifen. Man verwendet die Zustandsgleichung in der Form $p = p(T, V, n_1, n_2, \ldots n_N)$ und erhält

$$\mu_i^{\text{Re}} = \int\limits_{V}^{\infty} \left[\left(\frac{\partial p}{\partial n_i} \right)_{T,V,n_j} - \frac{R_m T}{V} \right] dV - R_m T \ln Z \tag{5.86}$$

mit $Z := p\,V_m/R_m T$ als dem Realgasfaktor des Gemisches. Eine Herleitung dieser Gleichung geben K. Stephan et al. in [5.5].

Nach G.N. Lewis[9] beschreibt man den Unterschied zwischen dem chemischen Potenzial im realen Gemisch und im idealen Gasgemisch statt durch μ_i^{Re} durch eine dimensionslose Größe, den *Fugazitätskoeffizienten* φ_i *der Komponente* i. Es gilt

$$R_m T \ln \varphi_i(T, p, \{x_i\}) := \mu_i^{\text{Re}}(T, p, \{x_i\}) \,, \tag{5.87}$$

wodurch der Fugazitätskoeffizient φ_i definiert wird. Aus Gl.(5.84) folgen die Grenzbedingungen

$$\lim_{p \to 0} \ln \varphi_i = 0 \quad \text{und} \quad \lim_{p \to 0} \varphi_i = 1 \,.$$

Die Fugazitätskoeffizienten aller Komponenten eines idealen Gasgemisches haben jeweils den Wert $\varphi_i = 1$.

Die Einführung des Fugazitätskoeffizienten ermöglicht eine einfache Darstellung des chemischen Potenzials. Aus

$$\mu_i(T, p, \{x_i\}) = \mu_i^{\text{iGM}}(T, p, x_i) + R_m T \ln \varphi_i(T, p, \{x_i\}) \tag{5.88}$$

folgt wegen der mit Gl.(5.87) eingeführten logarithmischen Abhängigkeit

$$\mu_i(T, p, \{x_i\}) = G_{m,0i}^0(T) + R_m T \ln(p/p_0) + R_m T \ln(x_i\,\varphi_i) \,. \tag{5.89}$$

Das chemische Potenzial μ_i lässt sich mit der für ideale Gasgemische gültigen Gl.(5.83) berechnen, wenn man den Stoffmengenanteil x_i durch das Produkt $x_i\,\varphi_i$ ersetzt. Gleichung (5.89) legt es nahe, die beiden logarithmischen Terme zusammenzufassen und nach G.N. Lewis die *Fugazität der Komponente* i durch

$$f_i(T, p, \{x_i\}) := x_i\,p \cdot \varphi_i(T, p, \{x_i\})$$

zu definieren. Dies ergibt

$$\mu_i(T, p, \{x_i\}) = G_{m,0i}^0(T) + R_m T \ln \frac{f_i(T, p, \{x_i\})}{p_0} \,. \tag{5.90}$$

Die Fugazität erscheint als ein korrigierter Partialdruck $p_i = x_i\,p$. Sie ist so definiert, dass sich μ_i mit der Gleichung für μ_i^{iGM} berechnen lässt, wenn man

---

[9] G.N. Lewis hat die im Folgenden behandelten Größen Fugazität, Fugazitätskoeffizient, Aktivität und Aktivitätskoeffizient in mehreren Aufsätzen [5.4], [5.25] 1901 und 1907 eingeführt. Ihre heute gebräuchliche Definition geht aber auf das 1923 von ihm und M. Randall verfasste Lehrbuch der chemischen Thermodynamik [5.26] zurück.

$x_i\,p$ durch f_i ersetzt. Für $p \to 0$ geht die Fugazität f_i in den Partialdruck p_i über.

Mit den neuen Größen φ_i und f_i lassen sich die *Bedingungen für das Phasengleichgewicht* einprägsam formulieren. Nach Abschnitt 5.1.6 stimmen im Phasengleichgewicht die Temperaturen und Drücke der beiden Phasen α und β sowie die chemischen Potenziale einer jeden Komponente überein:

$$\mu_i^{\alpha}(T,p,\{x_i^{\alpha}\}) = \mu_i^{\beta}(T,p,\{x_i^{\beta}\}), \quad i = 1,2,\ldots N\,.$$

Wegen der Gleichheit der Temperaturen und Drücke folgt daraus mit Gl.(5.89)

$$x_i^{\alpha}\,\varphi_i^{\alpha}(T,p,\{x_i^{\alpha}\}) = x_i^{\beta}\,\varphi_i^{\beta}(T,p,\{x_i^{\beta}\}), \quad i = 1,2,\ldots N\,. \tag{5.91}$$

Für die Fugazitäten ergibt sich hieraus durch Multiplikation mit p

$$f_i^{\alpha}(T,p,\{x_i^{\alpha}\}) = f_i^{\beta}(T,p,\{x_i^{\beta}\}), \quad i = 1,2,\ldots N\,.$$

Im Phasengleichgewicht stimmen für jede Komponente die Fugazitäten in den koexistierenden Phasen überein. Damit bestimmen die Fugazitäten das Phasengleichgewicht in der gleichen Weise wie die chemischen Potenziale. Da sich die Fugazitätskoeffizienten aus einer im ganzen fluiden Gebiet gültigen thermischen Zustandsgleichung berechnen lassen, wird das Verdampfungsgleichgewicht auch bei Gemischen allein durch die thermische Zustandsgleichung bestimmt; dies wurde für reine Stoffe schon in Abschnitt 4.1.3 dargestellt.

Im Folgenden sollen die Fugazität f_i^{iL} und der Fugazitätskoeffizient φ_i^{iL} der Komponente i einer *idealen Lösung* bestimmt werden. Nach den Gl.(5.88) und (5.90) gilt

$$\mu_i^{iL} = \mu_i^{iGM}(T,p,x_i) + R_m T\,\ln\varphi_i^{iL} = G_{m,0i}^0(T) + R_m T\,\ln(f_i^{iL}/p_0)\,.$$

Durch Vergleich mit der in Abschnitt 5.2.3 für μ_i^{iL} hergeleiteten Gl.(5.47) findet man das einfache Resultat

$$\varphi_i^{iL} = \varphi_{0i}(T,p) \quad \text{und} \quad f_i^{iL} = x_i\,f_{0i}(T,p)\,. \tag{5.92}$$

Der Fugazitätskoeffizient φ_i^{iL} der Komponente i einer idealen Lösung hängt nicht von der Zusammensetzung des Gemisches ab und stimmt mit dem Fugazitätskoeffizienten φ_{0i} des reinen Stoffes überein. Gleichung (5.92) wird als *Lewissche Fugazitätsregel* bezeichnet. Die Berechnung von φ_{0i} wurde in Abschnitt 5.2.3 behandelt.

Die Gleichungen für das chemische Potenzial μ_i enthalten als Grenzfall für $x_i \to 1$ die Beziehungen für den reinen Stoff i. Mit $x_i \to 1$ gehen μ_i in die molare Gibbs-Funktion $G_{m,0i}(T,p)$ des reinen Stoffes i, das Realpotenzial μ_i^{Re} in den Realanteil $G_{m,0i}^{Re}(T,p)$ der Gibbs-Funktion und der Fugazitätskoeffizient φ_i in φ_{0i}, den Fugazitätskoeffizienten des reinen Stoffes i über. Es soll nun genauer untersucht werden, wie sich das Realpotenzial μ_i^{Re}, der Fugazitätskoeffizient φ_i und die Fugazität f_i verhalten, wenn $x_i \to 1$ geht. Hierzu wird die Gleichung von Gibbs-Duhem auf den isotherm-isobaren Übergang zur reinen Komponente i angewendet. Aus Gl.(5.27) und (5.89) folgt

$$\sum_{k=1}^{N} x_k \, d\mu_k = \sum_{k=1}^{N} x_k \, d\ln(x_k \, \varphi_k) = 0, \quad T = \text{konst.}, \ p = \text{konst.} \,.$$

Nun gilt

$$\sum_{k=1}^{N} x_k \, d\ln(x_k \, \varphi_k) = \sum_{k=1}^{N} dx_k + \sum_{k=1}^{N} x_k \, d\ln\varphi_k = \sum_{k=1}^{N} x_k \, d\ln\varphi_k \,.$$

Für die Fugazitätskoeffizienten und die Realpotenziale der Komponenten folgt somit aus der Gleichung von Gibbs-Duhem

$$\sum_{k=1}^{N} x_k \, d\ln\varphi_k = \sum_{k=1}^{N} x_k \, d\mu_k^{\text{Re}} = 0, \quad T = \text{konst.}, \ p = \text{konst.} \,.$$

Durch den Grenzübergang $x_i \to 1$ entfallen in diesen Summen alle Terme mit $k \neq i$, weil in diesen Termen $x_k \to 0$ geht. Somit wird

$$\lim_{x_i \to 1} d\ln\varphi_i = \lim_{x_i \to 1} d\mu_i^{\text{Re}} = 0, \quad T = \text{konst.}, \ p = \text{konst.} \,. \tag{5.93}$$

Dies bedeutet geometrisch: Das Realpotenzial μ_i^{Re} und der Fugazitätskoeffizient φ_i münden mit *horizontaler Tangente* in die Grenzwerte $G_{m,0i}^{\text{Re}}(T,p) = R_m T \ln\varphi_{0i}(T,p)$ bzw. $\varphi_{0i}(T,p)$ des reinen Stoffes ein, vgl. Abb. 5.28 a und 5.28 b. Diese Grenzwerte stimmen mit den Werten für die ideale Lösung überein: *In unmittelbarer Nähe von $x_i = 1$ verhält sich die Komponente i so, als wäre sie Bestandteil einer idealen Lösung.* Dieses Verhalten erklärt sich durch die etwas willkürlichen Annahmen, die einer idealen Lösung zugrunde liegen. Bei der idealen Lösung, vgl. Abschnitt 5.2.3, werden *reale* Reinstoffe *ideal* vermischt. Dies bedeutet, dass die intermolekularen Wechselwirkungen *gleichartiger* Moleküle i berücksichtigt sind, die Wechselwirkungen zwischen den Molekülen von unterschiedlichen Komponenten i und j aber vernachlässigt werden. Dieser ‚Modellfehler' wird kleiner, je weniger Moleküle j im binären Gemisch aus i und j vorhanden sind.

Damit gilt für die Ableitungen aller partiellen molaren Größen nach x_i

$$\lim_{x_i \to 1} (\partial \overline{Z}_{m,i}/\partial x_i) = \lim_{x_i \to 1} (\partial \overline{Z}_{m,i}^{iL}/\partial x_i) \,.$$

Dieser Grenzwert verschwindet für $\overline{Z}_{m,i} = \overline{V}_{m,i}, \overline{H}_{m,i}, \overline{U}_{m,i}$, weil $\overline{V}_{m,i}^{iL}, \overline{H}_{m,i}^{iL}$ und $\overline{U}_{m,i}^{iL}$ nicht von x_i abhängen. Diese drei partiellen molaren Größen münden mit horizontaler Tangente in die entsprechenden molaren Größen der Komponente i. Für $\overline{S}_{m,i}$ nimmt die Ableitung nach Abschnitt 5.2.3 den Grenzwert $-R_m$ an, und für $\overline{G}_{m,i} = \mu_i$ ergibt sich der Grenzwert $R_m T$. Dies bestätigt die schon am Ende von Abschnitt 5.1.3 genannten unterschiedlichen Werte der Ableitung $\partial \overline{Z}_{m,i}/\partial x_i$ für $x_i \to 1$.

Abbildung 5.28 c zeigt den Verlauf der Fugazität $f_i = x_i \, p \, \varphi_i$. Für $x_i \to 1$ tangiert f_i die Gerade $f_i^{iL} = x_i \, p \, \varphi_{0i}(T,p) = x_i \, f_{0i}(T,p)$, die den Verlauf der Fugazität von i in der idealen Lösung darstellt. Bei sehr starker Verdünnung, nämlich für $x_i \to 0$, nimmt der Fugazitätskoeffizient φ_i den Grenzwert φ_i^{∞} an, vgl. Abb. 5.28 b.

Dem entspricht in Abb. 5.28 c die Tangente $f_i^H = x_i\, p\, \varphi_i^\infty$ an den Fugazitätsverlauf im Nullpunkt. Sie wird auch als Henry-Gerade bezeichnet. Ihre Bedeutung wird in Abschnitt 5.4.6 erläutert.

5.4.2 Thermische Zustandsgleichungen für Gemische

Zur Berechnung des Realpotenzials bzw. des Fugazitätskoeffizienten benötigt man die thermische Zustandsgleichung des Gemisches, die hierdurch in der Verfahrenstechnik und der Chemietechnik eine zentrale Rolle einnimmt. Im Gasgebiet, besonders bei mäßigen Drücken, ist die schon in Abschnitt 4.1.3 behandelte Virial-Zustandsgleichung vorteilhaft anzuwenden. Die Virialkoeffizienten hängen bei Gemischen nicht nur von der Temperatur, sondern auch von der Zusammensetzung ab:

$$Z(T, V_m, \{x_i\}) := \frac{p\, V_m}{R_m\, T} = 1 + \frac{B(T, \{x_i\})}{V_m} + \frac{C(T, \{x_i\})}{V_m^2} + \dots \ .$$

Es ist ein exaktes Ergebnis der statistischen Thermodynamik, dass die Abhängigkeit des 2. Virialkoeffizienten von der Zusammensetzung durch eine quadratische Form der Stoffmengenanteile x_i gegeben ist [5.27]. Somit gilt

$$B(T, \{x_i\}) = \sum_{i=1}^{N} \sum_{j=1}^{N} x_i\, x_j\, B_{ij}(T) \quad \text{mit} \quad B_{ij}(T) = B_{ji}(T)\ .$$

Die Temperaturfunktionen $B_{ii}(T)$ sind die 2. Virialkoeffizienten der reinen Komponenten. Die Funktionen $B_{ij}(T)$ kennzeichnen die Wechselwirkung von Paaren aus je einem Molekül des Stoffes i und des Stoffes j; sie werden auch als Kreuz-Virialkoeffizienten bezeichnet. Werte von B_{ij} findet man in [5.70]. Für ein Zweistoffgemisch erhält man mit $x_1 = x$ und $x_2 = 1 - x$

$$B(T, x) = x^2\, B_{11}(T) + 2\, x\, (1 - x)\, B_{12}(T) + (1 - x)^2\, B_{22}(T)\ .$$

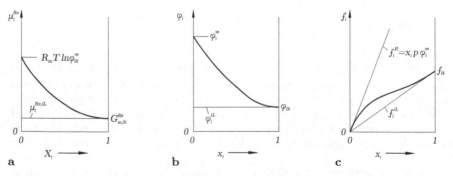

Abbildung 5.28. Isotherm-isobarer Verlauf von **a** Realpotenzial $\mu_i^{Re} = R_m T \ln \varphi_i$, **b** Fugazitätskoeffizient φ_i und **c** Fugazität $f_i = x_i\, p\, \varphi_i$ in Abhängigkeit vom Stoffmengenanteil x_i

Nur der Wechselwirkungs- oder Kreuz-Virialkoeffizient $B_{12}(T)$ ist eine Gemischeigenschaft. Zu seiner Bestimmung sind Messwerte des Gemisches erforderlich. Da diese oft fehlen, führt man hilfsweise B_{12} auf B_{11} und B_{22} durch so genannte *Kombinationsregeln* oder auch *Mischungsregeln* zurück und setzt z.B.

$$B_{12} = \frac{1}{2}(B_{11} + B_{22}), \quad B_{12} = \sqrt{B_{11}B_{22}} \quad \text{oder}$$

$$B_{12} = \frac{1}{8}\left(B_{11}^{1/3} + B_{22}^{1/3}\right)^3 .$$

Diese empirischen Regeln lassen sich nicht exakt begründen. E.A. Mason und T.H. Spurling [5.27], S. 257, bezeichnen sie als „educated guesses".

Für den dritten Virialkoeffizienten ergibt sich aus der statistischen Theorie ein ähnliches Ergebnis; $C(T, \{x_i\})$ ist eine kubische Form der Stoffmengenanteile:

$$C(T, \{x_i\}) = \sum_{i=1}^{N} \sum_{j=1}^{N} \sum_{k=1}^{N} x_i\, x_j\, x_k\, C_{ijk}(T) .$$

Dabei sind Temperaturfunktionen $C_{ijk}(T)$, bei denen nur die Reihenfolge der Indizes verändert ist, einander gleich.

In vielen Fällen genügt es, nur den zweiten Virialkoeffizienten zu berücksichtigen. Mit dem molaren Volumen des Gemisches,

$$V_m(T, p, \{x_i\}) = \frac{R_m T}{p} + B(T, \{x_i\}) ,$$

ergibt sich nach Gl.(5.13) das partielle molare Volumen

$$\overline{V}_{m,i} = \frac{R_m T}{p} - B(T, \{x_i\}) + 2 \sum_{j=1}^{N} x_j\, B_{ij}(T)$$

und aus Gl.(5.85) schließlich

$$\frac{\mu_i^{Re}}{R_m T} = \ln \varphi_i(T, p, \{x_i\}) = \left[2 \sum_{j=1}^{N} x_j\, B_{ij}(T) - B(T, \{x_i\})\right] \frac{p}{R_m T} .$$

Für ein binäres Gemisch erhält man daraus

$$\ln \varphi_1 = (B_{11} + (1-x)^2\, \Delta B)\, \frac{p}{R_m T} \quad \text{und}$$

$$\ln \varphi_2 = (B_{22} + x^2\, \Delta B)\, \frac{p}{R_m T} \tag{5.94}$$

mit

$$\Delta B := 2\, B_{12} - B_{11} - B_{22} .$$

Diese Gleichungen gelten für mäßige Drücke bis etwa 2 MPa. Für $x = 0$ und $x = 1$, aber auch für $\Delta B = 0$ ergeben sich die Fugazitätskoeffizienten der reinen Komponenten.

Kubische Zustandsgleichungen beschreiben das ganze fluide Zustandsgebiet; sie ermöglichen eine relativ einfache Berechnung der Fugazitätskoeffizienten der Komponenten gasförmiger und flüssiger Gemische. Obwohl kubische Zustandsgleichungen nicht besonders genau sind, haben sie sich bei der Berechnung von Phasengleichgewichten überraschend gut bewährt. Am Beispiel der Gleichung von Redlich-Kwong, vgl. Abschnitt 4.1.5, soll die Erweiterung kubischer Reinstoff-Zustandsgleichungen auf Gemische sowie die Berechnung der Fugazitätskoeffizienten gezeigt werden.

Die für reine Stoffe geltende Zustandsgleichung von Redlich-Kwong,

$$p = \frac{R_m T}{V_m - b} - \frac{a(T)}{V_m(V_m + b)} \, ,$$

lässt sich auf Gemische anwenden, wenn die Koeffizienten $a(T)$ und b von der Zusammensetzung abhängen, so dass die Zustandsgleichung die Gestalt

$$p = p(T, V_m, \{x_i\}) = \frac{R_m T}{V_m - b(\{x_i\})} - \frac{a(T, \{x_i\})}{V_m[V_m + b(\{x_i\})]} \tag{5.95}$$

erhält. Die Koeffizienten a und b werden durch empirische *Mischungsregeln* mit den Koeffizienten der reinen Stoffe verknüpft. Um die Wiedergabegenauigkeit zu erhöhen, führt man zusätzliche Parameter ein, die an Messwerte des Gemisches angepasst werden.

Zuerst bestimmt man die Koeffizienten der reinen Komponenten aus ihren kritischen Daten, was schon in Abschnitt 4.1.5 gezeigt wurde. Für die Komponente i erhält man

$$a_{ii}(T) = 0{,}42748 \, \frac{R_m^2 \, T_{k,0i}^2}{p_{k,0i}} \, \alpha_i(T/T_{k,0i}) \, ,$$

wobei $T_{k,0i}$ die kritische Temperatur und $p_{k,0i}$ der kritische Druck des reinen Stoffes i sind. Für $\alpha_i(T/T_{k,0i})$ kann man verschiedene Funktionen verwenden, z.B. die von G. Soave [4.27] angegebene Gl.(4.15) heranziehen oder die Koeffizienten der von P.M. Mathias [4.28] empfohlenen Funktionen an Messwerte des Dampfdrucks anpassen, vgl. Abschnitt 4.1.5. Dabei ist die Bedingung $\alpha_i = 1$ für $T = T_{k,0i}$ zu beachten. Das Kovolumen der Komponente i ergibt sich zu

$$b_i = 0{,}08664 \, R_m \, T_{k,0i}/p_{k,0i} \, .$$

Die Koeffizienten $a(T, \{x_i\})$ und $b(\{x_i\})$ der Gemischzustandsgleichung erhält man durch die Mischungsregeln aus den Koeffizienten der Komponenten. Man bevorzugt für $a(T, \{x_i\})$ die quadratische Mischungsregel

$$a(T, \{x_i\}) = \sum_{i=1}^{N} \sum_{j=1}^{N} x_i \, x_j \, a_{ij}(T) \, , \tag{5.96a}$$

wobei die $a_{ij}(T)$ mit $i \neq j$ durch eine der schon für den Kreuzvirialkoeffizienten B_{ij} angegebenen Kombinationsregeln aus a_{ii} und a_{jj} bestimmt werden. Meistens setzt man

$$a_{ij}(T) = \sqrt{a_{ii}(T)\,a_{jj}(T)}\,[\,1 - k_{ij}(T)\,] \,. \tag{5.96b}$$

Der binäre Wechselwirkungskoeffizient $k_{ij}(T)$ ist an Messwerte des Gemisches anzupassen. Für $b(\{x_i\})$ verwendet man häufig die lineare Mischungsregel

$$b(\{x_i\}) = \sum_{i=1}^{N} x_i\,b_i \,. \tag{5.97}$$

Manchmal wird auch für b eine quadratische Mischungsregel gewählt, wobei dann wie in Gl.(5.96b) Wechselwirkungskoeffizienten eingeführt werden, die an Messwerte des Gemisches anzupassen sind.

Aus der kubischen Zustandsgleichung (5.95) mit den Mischungsregeln (5.96) und (5.97) erhält man das Realpotenzial und den Fugazitätskoeffizienten der Komponente i durch Auswerten der Gl.(5.86) zu

$$\frac{\mu_i^{\mathrm{Re}}(T, V_\mathrm{m}, \{x_i\})}{R_\mathrm{m} T} = \ln \varphi_i(T, V_\mathrm{m}, \{x_i\}) = \frac{b_i}{b}\,(Z - 1) - \ln\left[Z \left(1 - \frac{b}{V_\mathrm{m}} \right) \right]$$

$$+ \frac{1}{R_\mathrm{m} T b} \left(\frac{a\,b_i}{b} - 2 \sum_{j=1}^{N} x_j\,a_{ij}(T) \right) \ln \left(1 + \frac{b}{V_\mathrm{m}} \right) \,.$$

Dabei ist $Z = p V_\mathrm{m} / R_\mathrm{m} T$ der Realgasfaktor des Gemisches, in dem p aus der Zustandsgleichung (5.95) zu berechnen ist.

In jüngster Zeit wurden auch *Fundamentalgleichungen für Gemische* aufgestellt, wodurch eine genaue Berechnung aller thermodynamischen Eigenschaften experimentell gut untersuchter Gemische möglich ist. Wie R. Tillner-Roth [4.47] zeigte, erhält man die Fundamentalgleichung des Gemisches aus den Fundamentalgleichungen der Komponenten, vgl. Abschnitt 4.4.2, unter Benutzung besonderer Mischungsregeln sowie mit einer Zusatzfunktion, die an Messwerte des Gemisches anzupassen ist. Es existieren Fundamentalgleichungen für Gemische aus Kohlenwasserstoffen [4.47], aus Kältemitteln [5.28] und für das wichtige Gemisch aus Ammoniak und Wasser [5.29].

5.4.3 Die Berechnung des Verdampfungsgleichgewichts mit der thermischen Zustandsgleichung des Gemisches

Das Verdampfungsgleichgewicht lässt sich auch bei Gemischen allein mit einer thermischen Zustandsgleichung berechnen, die im Gas- und im Flüssigkeitsgebiet gültig ist, vgl. Abschnitt 5.4.1. Mit einer solchen Zustandsgleichung, z.B. einer kubischen Zustandsgleichung, erhält man die Fugazitätskoeffizienten jeder Komponente als Funktionen der Temperatur T, des molaren Volumens V_m des Gemisches und der $N - 1$ unabhängigen Stoffmengenanteile $\{x_i\}$. Jede dieser Funktionen $\varphi_i(T, V_m, \{x_i\})$ gilt im ganzen fluiden Gebiet, also gleichermaßen für die siedende Lösung und den gesättigten Dampf. Daher erhält man aus der in Abschnitt 5.4.1 hergeleiteten Gleichgewichtsbedingung (5.91)

$$x_i' \cdot \varphi_i(T, V_m', \{x_i'\}) = x_i'' \cdot \varphi_i(T, V_m'', \{x_i''\}), \quad i = 1, 2, \ldots N .$$

In diesen N Gleichungen bezeichnen ein Strich die Zustandsgrößen der siedenden Flüssigkeit und zwei Striche die des gesättigten Dampfes.

Für binäre Gemische ($N = 2$) gelten die beiden Gleichgewichtsbedingungen

$$x' \cdot \varphi_1(T, V_m', x') = x'' \cdot \varphi_1(T, V_m'', x'') \tag{5.98a}$$

und

$$(1 - x') \cdot \varphi_2(T, V_m', x') = (1 - x'') \cdot \varphi_2(T, V_m'', x'') . \tag{5.98b}$$

Die unbekannten molaren Volumina V_m' der siedenden Lösung und V_m'' des gesättigten Dampfes sind aus der Zustandsgleichung zu berechnen:

$$p = p(T, V_m', x') = p(T, V_m'', x'') . \tag{5.99}$$

Damit stehen vier Beziehungen zur Verfügung, welche die sechs Größen T, p, V_m', V_m'', x' und x'' verknüpfen. In Übereinstimmung mit der Phasenregel von Abschnitt 5.1.6 müssen zwei intensive Zustandsgrößen (Freiheitsgrade) vorgegeben werden, damit sich das Verdampfungsgleichgewicht berechnen lässt.

Die Berechnung der vier nicht gegebenen Größen mit den Gl. (5.98) und (5.99) kann selbst bei den relativ einfachen kubischen Zustandsgleichungen nur iterativ und mit Hilfe eines Computerprogramms bewältigt werden. Dabei haben kubische Zustandsgleichungen den Vorteil, dass sich das molare Volumen V_m explizit durch Lösen einer algebraischen Gleichung 3. Grades berechnen lässt. Auch aus diesem Grunde werden kubische Zustandsgleichungen zur Berechnung des Verdampfungsgleichgewichts häufig herangezogen. Ihre Genauigkeit reicht in den meisten Fällen aus, um das Phasengleichgewicht mit Abweichungen zu bestimmen, die nicht allzuviel größer als die Messunsicherheiten der berechneten Zustandsgrößen sind. Besonders bei höheren Drücken und im kritischen Gebiet des Gemisches ist die Berechnung des Verdampfungsgleichgewichts mit einer Zustandsgleichung die beste verfügbare Methode.

5.4.4 Exzesspotenzial und Aktivitätskoeffizient

Zur Berechnung des Realpotenzials μ_i^{Re} oder des Fugazitätskoeffizienten φ_i braucht man die thermische Zustandsgleichung des Gemisches, die vom idealen Gasgemisch ($p = 0$) bis zum Druck p des Gemisches gültig und hinreichend genau sein muss. Für flüssige Gemische bei mäßigen Drücken trifft diese Voraussetzung häufig nicht zu, so dass man einen anderen Weg zur Bestimmung der realen Gemischeigenschaften einschlägt. Da das Realverhalten der reinen Komponenten als bekannt vorausgesetzt wird, bietet es sich an, von der *idealen Lösung* bei der Temperatur T und dem Druck p des Gemisches auszugehen und das chemische Potenzial

$$\mu_i^{iL}(T, p, x_i) = G_{m,0i}(T, p) + R_m T \ln x_i$$

durch einen Zusatzterm, das *Exzesspotenzial* oder *Zusatzpotenzial*, zu ergänzen:

$$\mu_i(T, p, \{x_i\}) = \mu_i^{iL}(T, p, x_i) + \mu_i^{E}(T, p, \{x_i\}).$$

Nach G.N. Lewis führt man anstelle des Exzesspotenzials den *Aktivitätskoeffizienten* γ_i der Komponente i ein, indem man

$$\mu_i^{E}(T, p, \{x_i\}) = R_m T \ln \gamma_i(T, p, \{x_i\})$$

setzt. Damit erhält man

$$\mu_i = G_{m,0i}(T, p) + R_m T \ln x_i + R_m T \ln \gamma_i = G_{m,0i}(T, p) + R_m T \ln(x_i \gamma_i).$$
$$(5.100)$$

Der Aktivitätskoeffizient γ_i korrigiert den Stoffmengenanteil x_i so, dass sich das chemische Potenzial μ_i im realen Gemisch formal mit der für die ideale Lösung geltenden Gleichung berechnen lässt. Abbildung 5.29 veranschaulicht die Beziehungen, mit denen, ausgehend von der molaren Gibbs-Funktion $G_{m,0i}^{iG}$ des idealen Gases i, das chemische Potenzial μ_i der Komponente i berechnet werden kann.

Wird in Gl.(5.100) μ_i nach Gl.(5.89) und $G_{m,0i}(T, p)$ nach Gl.(5.34) eingesetzt, erhält man den einfachen Zusammenhang

$$\varphi_i(T, p, \{x_i\}) = \varphi_{0i}(T, p) \cdot \gamma_i(T, p, \{x_i\})$$
$$(5.101)$$

zwischen dem Aktivitätskoeffizienten γ_i und den Fugazitätskoeffizienten der Komponente i im Gemisch (φ_i) und im reinen Zustand (φ_{0i}), den man auch Abb. 5.29 entnehmen kann. Die Bedingung $\gamma_i \equiv 1$ kennzeichnet die ideale Lösung. Der Aktivitätskoeffizient γ_i nimmt auch dann den Wert 1 an, wenn der Stoffmengenanteil $x_i \to 1$ geht, weil das Gemisch in den reinen Stoff i übergeht. Somit gilt

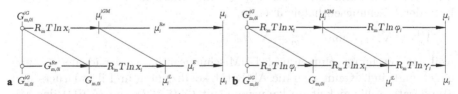

Abbildung 5.29. Veranschaulichung der Beziehungen zur Berechnung des chemischen Potenzials μ_i: **a** mit dem Realpotenzial μ_i^{Re} oder mit dem Realanteil G_{0i}^{Re} der Gibbs-Funktion nach Gl.(5.43) und dem Exzesspotenzial μ_i^{E}, **b** mit dem Fugazitätskoeffizienten φ_i oder mit dem Fugazitätskoeffizienten φ_{0i} des reinen Stoffes i nach Gl.(5.44) und dem Aktivitätskoeffizienten γ_i

$$\lim_{x_i \to 1} \gamma_i = 1 \quad \text{und} \quad \lim_{x_i \to 1} \ln \gamma_i = \lim_{x_i \to 1} \mu_i^E = 0$$

sowie nach Gl.(5.93) und (5.101)

$$\lim_{x_i \to 1} d\gamma_i = 0 \quad \text{und} \quad \lim_{x_i \to 1} d\ln \gamma_i = \lim_{x_i \to 1} d\mu_i^E = 0 \,. \tag{5.102}$$

Der Aktivitätskoeffizient und das Exzesspotenzial münden mit *horizontaler Tangente* in ihre Grenzwerte $\gamma_i = 1$ bzw. $\mu_i^E = 0$.

Aktivitätskoeffizienten werden aus Messungen gewonnen, häufig aus Messungen des Verdampfungsgleichgewichts, den so genannten VLE-Messungen (Vapour-Liquid-Equilibrium), vgl. Abschnitt 5.4.5 und die umfangreichen Datensammlungen [5.30], [5.31]. Aus den Aktivitätskoeffizienten erhält man die *Exzess-Gibbs-Funktion*

$$G_m^E(T, p, \{x_i\}) = \sum_{i=1}^{N} x_i \,\mu_i^E(T, p, \{x_i\}) = R_m T \sum_{i=1}^{N} x_i \ln \gamma_i(T, p, \{x_i\})$$

des flüssigen Gemisches; mit ihr lassen sich alle weiteren Exzess- oder Zusatzgrößen berechnen. So erhält man nach Gl.(5.20) bis (5.22) von Abschnitt 5.1.4 das Exzess-Volumen

$$V_m^E(T, p, \{x_i\}) = (\partial G_m^E / \partial p)_{T, x_i} = R_m T \sum_{i=1}^{N} (\partial \ln \gamma_i / \partial p)_{T, x_i} \,, \tag{5.103}$$

die Exzess-Entropie

$$S_m^E(T, p, \{x_i\}) = -(\partial G_m^E / \partial T)_{p, x_i} = -R_m \sum_{i=1}^{N} x_i \left[\ln \gamma_i + T \, (\partial \ln \gamma_i / \partial T)_{p, x_i} \right]$$

und die Exzess-Enthalpie

$$H_m^E(T, p, \{x_i\}) = -T^2 \left(\frac{\partial (G_m^E / T)}{\partial T} \right)_{p, x_i} = -R_m T^2 \sum_{i=1}^{N} x_i \left(\frac{\partial \ln \gamma_i}{\partial T} \right)_{p, x_i} \,. \tag{5.104}$$

Exzess-Volumen und Exzess-Enthalpie stimmen mit dem Mischungsvolumen bzw. der Mischungsenthalpie überein,

$$V_m^E = \Delta^M V_m \quad \text{und} \quad H_m^E = \Delta^M H_m \,,$$

weil das Mischungsvolumen und die Mischungsenthalpie der idealen Lösung gleich null sind. Kennt man die Aktivitätskoeffizienten und ihre Druck- und Temperaturabhängigkeit, so kann man mit Gl.(5.103) und (5.104) das Mischungsvolumen und die Mischungsenthalpie berechnen. Aus Messwerten dieser Größen kann man umgekehrt auf die Druck- und Temperaturabhängigkeit der Aktivitätskoeffizienten schließen.

Die molare Exzess-Gibbs-Funktion G_m^E flüssiger Gemische hängt bei mäßigen Drücken von der Temperatur und vor allem von der Gemischzusammensetzung ab, dagegen kaum vom Druck. Nach Gl.(5.103) bedeutet dies, dass das Exzess-Volumen V_m^E sehr klein ist, was bei mäßigen Drücken zutrifft. Im Folgenden wird die Druckabhängigkeit der Aktivitätskoeffizienten vernachlässigt und damit der Exzess-Gibbs-Funktion G_m^E. Um deren Abhängigkeit von der Zusammensetzung zu beschreiben, wurden so genannte G^E-*Modelle* vorgeschlagen und zum Teil aus molekular-theoretischen Vorstellungen entwickelt [5.32]. Die G^E-Modelle dienen der zusammenfassenden Darstellung gemessener Aktivitätskoeffizienten und der Weiterverarbeitung (Extrapolation) der in den Messwerten enthaltenen Informationen.

Fast alle G^E-Modelle wurden für binäre flüssige Gemische aufgestellt, deren dimensionslose molare Exzess-Gibbs-Funktion durch

$$\Gamma^E(T,x) := G_m^E(T,x)/(R_m T) = x \ln \gamma_1(T,x) + (1-x)\ln \gamma_2(T,x)$$
$$(5.105)$$

gegeben ist. Sie nimmt für $x = 0$ und $x = 1$ den Wert Null an; denn für $x = 0$ ist auch $\ln \gamma_2 = 0$, weil das Gemisch in den reinen Stoff 2 übergeht. Dem entsprechend wird $\ln \gamma_1 = 0$ bei $x = 1$. Nach Gl.(5.102) gehen dabei $\ln \gamma_1$ und $\ln \gamma_2$ mit *horizontaler Tangente* gegen null, Abb. 5.30. Aus $\Gamma^E(T,x)$ lassen sich mit Gl.(5.11) und Gl.(5.12) die beiden Aktivitätskoeffizienten berechnen:

$$\ln \gamma_1 = \Gamma^E + (1-x)(\partial\Gamma^E/\partial x)_T \quad \text{und} \quad \ln \gamma_2 = \Gamma^E - x(\partial\Gamma^E/\partial x)_T .$$

Zur Darstellung von $\Gamma^E(T,x)$ hat sich der empirische Ansatz

$$\Gamma^E = x_1 x_2 [A(T) + B(T)(x_1 - x_2) + C(T)(x_1 - x_2)^2 + \dots]$$
$$= x(1-x)[A(T) + B(T)(2x - 1) + C(T)(2x - 1)^2 + \dots]$$

von O. Redlich und A.T. Kister [5.33] bewährt. Er enthält als einfachsten Sonderfall mit $B = C = \dots = 0$ den Ansatz von A.W. Porter [5.34], der jedoch nur dann brauchbar ist, wenn die Exzess-Größen symmetrisch zu $x = 0{,}5$

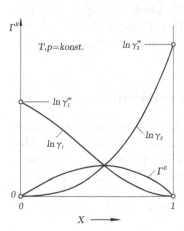

Abbildung 5.30. Dimensionslose Exzess-Gibbs-Funktion $\Gamma^E(T,x)$ sowie $\ln \gamma_1$ und $\ln \gamma_2$ einer binären Lösung bei konstantem T

verlaufen. Dies trifft nur auf wenige Gemische zu. Mit den beiden ersten Termen des Redlich-Kister-Ansatzes erhält man die Gleichung von M. Margules [5.35],

$$\Gamma^{\mathrm{E}} = x_1\, x_2\, [A + B\, (x_1 - x_2)] = x\, (1-x)[A + B\, (2\, x - 1)]\ . \qquad (5.106)$$

Die beiden Aktivitätskoeffizienten ergeben sich zu

$$\ln \gamma_1 = [(A - B) + 4\, B\, x](1-x)^2 \quad \text{und} \quad \ln \gamma_2 = [(A - 3\, B) + 4\, B\, x]\, x^2\ . \qquad (5.107)$$

Für praktische Anwendungen, z.B. zur Berechnung von Stofftrennprozessen, sind die genaue Bestimmung und Wiedergabe der *Grenz-Aktivitätskoeffizienten*

$$\gamma_{\mathrm{i}}^{\infty} = \lim_{x_{\mathrm{i}} \to 0} \gamma(x_{\mathrm{i}}), \qquad i = 1, 2\ ,$$

bei unendlicher Verdünnung von Bedeutung. Hierfür erhält man aus Gl.(5.107)

$$\ln \gamma_1^{\infty} = A - B \quad \text{und} \quad \ln \gamma_2^{\infty} = A + B\ .$$

Zur Bestimmung der Grenzaktivitätskoeffizienten wurden besondere Messverfahren entwickelt, vgl. [5.36], und es gibt eine umfangreiche Datensammlung [5.37].

In neuerer Zeit wurden G^{E}-Modelle auf der Basis molekular-theoretischer Vorstellungen entwickelt. Hier sind vor allem der 1964 angegebene Ansatz von G.M. Wilson [5.38] und die bisher erfolgreichste, aber auch etwas kompliziertere Beziehung von D.S. Abrams und J.M. Prausnitz [5.39], die 1975 veröffentlichte UNIQUAC-Gleichung (UNIversal QuAsi Chemical) zu nennen. Dieser Ansatz wurde für Gemische, von denen keine zuverlässigen Messwerte bekannt sind, durch die von A. Fredenslund und seinen Mitarbeitern [5.40], [5.41], entwickelte Methode der Gruppenbeiträge und die UNIFAC-Gleichung ergänzt. Diese G^{E}-Modelle haben J.M. Prausnitz u.a. [5.42] und K. Stephan u.a. [5.43] sowie D. Lüdecke und C. Lüdecke [5.15], S. 505–540, zusammenfassend beschrieben; es sei auch auf [5.44] hingewiesen. In diesen Büchern werden auch weitere G^{E}-Modelle behandelt und man findet Hinweise für ihre praktische Anwendung.

5.4.5 Das Verdampfungsgleichgewicht bei mäßigen Drücken

In Abschnitt 5.4.3 wurde die Berechnung des Verdampfungsgleichgewichts mit der thermischen Zustandsgleichung des Gemisches behandelt. Diese Methode eignet sich besonders für höhere Drücke und setzt eine möglichst genaue Zustandsgleichung voraus. Bei niedrigen und mäßigen Drücken empfiehlt es sich, das Gleichgewicht mit Hilfe von Fugazitäts- und Aktivitätskoeffizienten zu berechnen. Dabei geht man wieder von der Gleichgewichtsbedingung

$$x_i' \, \varphi_i^{\mathrm{fl}}(T, p, \{x_i'\}) = x_i'' \, \varphi_i(T, p, \{x_i''\}), \quad i = 1, 2, \ldots N \, ,$$

aus. Der Fugazitätskoeffizient der Komponente i in der siedenden Flüssigkeit wird nun nach Gl.(5.101) und (5.51) umgeformt:

$$\varphi_i^{\mathrm{fl}}(T, p, \{x_i'\}) = \varphi_{0i}^{\mathrm{fl}}(T, p) \, \gamma_i(T, \{x_i'\}) = \frac{p_{0i}^{\mathrm{s}}(T)}{p} \, \varphi_{0i}''(T) \, \pi_{0i}(T, p) \, \gamma_i(T, \{x_i'\}) \, .$$

Man erhält dann die Gleichgewichtsbedingung

$$x_i' \, \gamma_i(T, \{x_i'\}) \, p_{0i}^{\mathrm{s}}(T) = x_i'' p \, \Phi_i(T, p, \{x_i''\}), \quad i = 1, 2, \ldots N \, , \tag{5.108}$$

wobei der Fugazitätskoeffizient φ_i in der Gasphase sowie die Sättigungsfugazität φ_{0i}'' und die Poynting-Korrektur π_{0i} des reinen Stoffes i in der Funktion

$$\Phi_i(T, p, \{x_i''\}) := \frac{\varphi_i(T, p, \{x_i''\})}{\varphi_{0i}''(T) \, \pi_{0i}(T, p)} \tag{5.109}$$

zusammengefasst sind.

Bei der Berechnung des Verdampfungsgleichgewichts lassen sich mehrere Aufgaben unterscheiden je nachdem, welche Variablen vorgegeben sind. Dies können die Temperatur T und die Stoffmengenanteile einer Phase sein; zu berechnen sind dann der sich im Gleichgewicht einstellende Druck p und die Zusammensetzung der anderen Phase. Gibt man dagegen p und die Zusammensetzung einer Phase vor, so sind T und die Zusammensetzung der anderen Phase zu berechnen. Zu diesen Aufgaben tritt noch die so genannte flash-Rechnung. Hier sind die Stoffmengenanteile $\{x_i\}$ des ganzen Systems und bestimmte Werte von T und p gegeben; gesucht werden die Stoffmengenanteile $\{x_i'\}$ und $\{x_i''\}$ der beiden Phasen im Gleichgewicht bei den gegebenen Werten von T und p. Diese Aufgabe tritt z.B. dann auf, wenn ein flüssiges Gemisch auf einen solchen Druck entspannt wird, dass es teilweise verdampft und einen Zustand im Zweiphasengebiet erreicht.

Zur Gleichgewichtsberechnung, also zur Auflösung der Gl.(5.108) nach den gesuchten Variablen, wird man in der Regel ein Computer-Programm einsetzen. Dies gilt auch für den einfachsten Fall des binären Gemisches mit den beiden Gleichgewichtsbedingungen

$$x' \, \gamma_1(T, x') \, p_{01}^{\mathrm{s}}(T) = x'' p \, \Phi_1(T, p, x'') \tag{5.110a}$$

und

$$(1 - x') \, \gamma_2(T, x') \, p_{02}^{\mathrm{s}}(T) = (1 - x'') \, p \, \Phi_2(T, p, x'') \, . \tag{5.110b}$$

Eine erhebliche Vereinfachung ergibt sich durch die Annahme, dass der gesättigte Dampf ein ideales Gasgemisch bildet, was für genügend kleine Drücke zutrifft. Man kann dann $\Phi_i = 1$ setzen, weil die beiden Fugazitätskoeffizienten oder zumindest deren Quotient in guter Näherung gleich eins sind und die Poyntingkorrektur sich nur unwesentlich von eins unterscheidet. Addition der beiden Gleichgewichtsbedingungen ergibt dann die explizite Gleichung der Siedelinie,

$$p = p(T, x') = x' \, \gamma_1(T, x') \, p_{01}^{\mathrm{s}}(T) + (1 - x') \, \gamma_2(T, x') \, p_{02}^{\mathrm{s}}(T) \;.$$

Die Taulinie lässt sich punktweise mit

$$x'' = x' \, \gamma_1(T, x') \, p_{01}^{\mathrm{s}}(T)/p$$

konstruieren. Mit $\gamma_1 = \gamma_2 = 1$ erhält man die für die ideale Lösung geltenden Gl.(5.57) und (5.58); die Siedelinie wird zur Raoultschen Gerade.

Die Annahme einer idealen Gasphase führt bereits bei Drücken um 100 kPa zu Ungenauigkeiten. Deswegen empfiehlt es sich, die Gasphase mit einer Virialzustandsgleichung zu beschreiben, die nach dem 2. Virialkoeffizienten abgebrochen wird. Statt $\Phi_{\mathrm{i}} = 1$ erhält man aus Gl.(5.109) mit den Gl.(5.55) und (5.94) für ein Zweistoffgemisch

$$\ln \Phi_1(T, p, x'') = \frac{B_{11} - V'_{\mathrm{m},01}}{R_{\mathrm{m}}T} \, (p - p_{01}^{\mathrm{s}}) - (1 - x'')^2 \, \frac{\Delta B}{R_{\mathrm{m}}T} \, p \qquad (5.111\mathrm{a})$$

und

$$\ln \Phi_2(T, p, x'') = \frac{B_{22} - V'_{\mathrm{m},02}}{R_{\mathrm{m}}T} \, (p - p_{02}^{\mathrm{s}}) - x''^2 \, \frac{\Delta B}{R_{\mathrm{m}}T} \, p \;. \qquad (5.111\mathrm{b})$$

Hierbei hängen die Dampfdrücke, die molaren Volumina der siedenden Flüssigkeit und die Virialkoeffizienten der beiden Komponenten von T ab; dies gilt auch für $\Delta B = 2\, B_{12} - B_{11} - B_{22}$.

Um aus Messungen des Verdampfungsgleichgewichts die Aktivitätskoeffizienten zu erhalten, löst man die Gleichgewichtsbedingung (5.108) nach γ_{i} auf und erhält

$$\gamma_{\mathrm{i}}(T, \{x_{\mathrm{i}}\}) = \gamma_{\mathrm{i}}(T, \{x'_{\mathrm{i}}\}) = \frac{x''_{\mathrm{i}} \, p}{x'_{\mathrm{i}} \, p_{0\mathrm{i}}^{\mathrm{s}}(T)} \, \Phi_{\mathrm{i}}(T, p, \{x''_{\mathrm{i}}\}) \;.$$

Mit den Gl.(5.111) für Φ_1 und Φ_2 erhält man für ein binäres Gemisch die Beziehungen

$$\ln \gamma_1 = \ln \frac{x'' \, p}{x' \, p_{01}^{\mathrm{s}}} + \ln \Phi_1(T, p, x'') \quad \text{und}$$

$$\ln \gamma_2 = \ln \frac{(1 - x'') \, p}{(1 - x') \, p_{02}^{\mathrm{s}}} + \ln \Phi_2(T, p, x'') \qquad (5.112)$$

zur Berechnung der beiden Aktivitätskoeffizienten γ_1 und γ_2. Gemessen werden müssen T, p sowie die Stoffmengenanteile x' und x''. Zur Berechnung von $\ln \Phi_1$ und $\ln \Phi_2$ benötigt man noch den Dampfdruck, das molare Volumen der siedenden Flüssigkeit und den 2. Virialkoeffizienten der beiden reinen Komponenten. Schließlich muss der Kreuzvirialkoeffizient B_{12} bekannt sein.

Es wird nun einen Sonderfall des Verdampfungsgleichgewichts behandelt, der in der Praxis häufig vorkommt, nämlich das Gleichgewicht zwischen einer

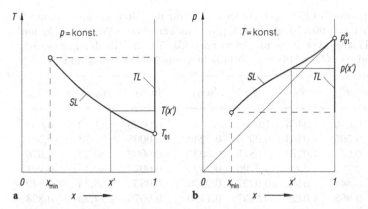

Abbildung 5.31. a Siedediagramm (p = konst.) und **b** Dampfdruckdiagramm eines Gemisches mit einer nicht verdampfenden Komponente 2 (Feststoff); x_{min} kennzeichnet die Löslichkeitsgrenze

Lösung und einem reinen Gas. Liegt die Siedetemperatur T_{02} der schwerer siedenden Komponente 2 beim gegebenen Druck p sehr viel höher als die Siedetemperatur T_{01} der leichter siedenden Komponente 1, kann man den Anteil der schwerer siedenden Komponente 2 im gesättigten Dampf vernachlässigen und $x'' = 1$ annehmen. Dies ist typischerweise der Fall, wenn der Siedepunktabstand $T_{02}(p) - T_{01}(p)$ größer als 100 K ist. Ist die Komponente 2 ein in der Flüssigkeit 1 gelöster Feststoff, z.B. ein Salz, so wird diese Bedingung sicher erfüllt sein; der gesättigte Dampf enthält dann nur vernachlässigbare Spuren des Dampfes des Feststoffes.

Abbildung 5.31 zeigt das Siede- und Dampfdruck-Diagramm eines solchen Gemisches. Die Taulinien fallen über einen größeren Temperatur- bzw. Druckbereich mit der Senkrechten $x = 1$ zusammen. Wie man aus Abb. 5.31 a erkennt, ist die Siedetemperatur der Lösung größer als die des reinen Lösungsmittels 1, $T(p, x') > T_{01}(p)$. Durch die Zugabe des nicht verdampfenden Stoffes 2 tritt eine *Siedepunkterhöhung* ein; der aus der Lösung entstehende reine Dampf ist überhitzt. Der Siedepunkterhöhung entspricht bei T = konst. eine *Dampfdruckerniedrigung*, vgl. Abb. 5.31 b: $p(T, x') < p_{01}^s(T)$.

Zur Berechnung des Dampfdrucks $p(T, x')$ setzt man in Gl.(5.110a) $x'' = 1$ und erhält für die Siedelinie im p,x-Diagramm

$$p = p(T, x') = \frac{x'\, \gamma_1(T, x')\, p_{01}^s(T)}{\Phi_{01}(T, p)} \, ,$$

wobei

$$\Phi_{01}(T, p) = \frac{\varphi_{01}(T, p)}{\varphi_{01}''(T)\, \pi_{01}(T, p)}$$

allein aus Daten des reinen Stoffes 1 zu berechnen ist.

Tabelle 5.5. Isotherme VLE-Messwerte (p, x', x'') für das Gemisch aus Argon (1) und Methan (2) bei $T = 90{,}67$ K nach [5.45], daraus berechnete Werte von Φ_1 und Φ_2 nach Gl.(5.111) sowie von $\ln \gamma_1$ und $\ln \gamma_2$ nach Gl.(5.112). Mit den gemessenen Werten von x' und den Gl.(5.114) und (5.115) berechnete Werte p_{ber} und x''_{ber}

p/kPa	x'	x''	Φ_1	Φ_2	$\ln \gamma_1$	$\ln \gamma_2$	p_{ber}/kPa	x''_{ber}
11,70	0,000	0,000	1,0446	1,0000		0,0000	11,70	0,000
26,71	0,0832	0,595	1,0390	0,9909	0,3249	−0,0008	26,73	0,594
32,38	0,117	0,677	1,0370	0,9875	0,3037	−0,0002	32,43	0,676
46,06	0,204	0,792	1,0323	0,9796	0,2524	0,0077	46,13	0,791
58,29	0,289	0,848	1,0282	0,9727	0,2039	0,0353	58,35	0,849
74,26	0,411	0,898	1,0228	0,9637	0,1460	0,0575	74,29	0,898
85,97	0,508	0,924	1,0189	0,9572	0,1052	0,0829	85,99	0,923
109,21	0,712	0,961	1,0112	0,9444	0,0385	0,1771	109,21	0,960
125,20	0,852	0,980	1,0059	0,9358	0,0100	0,3024	125,14	0,980
132,44	0,913	0,988	1,0036	0,9319	0,0029	0,3750	132,49	0,988
143,41	1,000	1,000	1,0000	0,9261	0,0000		143,41	1,000

Bei bekanntem $\gamma_1(T, x)$ kann man aus dieser Gleichung die Siedelinie explizit berechnen. Aus Messungen zusammengehöriger Werte von T, p und x' erhält man den Aktivitätskoeffizienten γ_1. Mit $x' \to 1$ gehen auch γ_1 und Φ_{01} gegen eins, und man erhält für die Siedelinie das Grenzgesetz $p = x' \, p_{01}^{\text{s}}(T)$; sie tangiert die Gerade, die den Nullpunkt des Dampfdruckdiagramms mit dem Dampfdruck $p_{01}^{\text{s}}(T)$ bei $x = 1$ verbindet, Abb. 5.31 b.

Beispiel 5.12. Für das Gemisch aus Argon (1) und Methan (2) liegen bei $T = 90{,}67$ K die in Tabelle 5.5 verzeichneten (p, x', x'')-Messwerte von F.B. Sprow und J.M. Prausnitz [5.45] vor. Man bestimme die Aktivitätskoeffizienten und die Parameter A und B des Margules-Ansatzes nach Gl.(5.106) und prüfe, wie gut die VLE-Messwerte mit diesem Γ^{E}-Modell wiedergegeben werden.

Es wird $\ln \gamma_1$ und $\ln \gamma_2$ nach den Gl.(5.112) berechnet. Hierzu werden die Virialkoeffizienten benötigt, die Sprow u. Prausnitz zu $B_{11} = -216{,}3$ cm^3/mol, $B_{22} = -456{,}9$ cm^3/mol und $B_{12} = -312{,}2$ cm^3/mol abgeschätzt haben, woraus sich $\Delta B = 2 B_{12} - B_{11} - B_{22} = 48{,}8$ cm^3/mol ergibt. Die molaren Volumina der beiden siedenden Komponenten sind $V'_{\text{m},01} = 29{,}1$ cm^3/mol und $V'_{\text{m},02} = 35{,}5$ cm^3/mol. Obwohl die Drücke recht niedrig liegen, ist die Realkorrektur der Gasphase nicht zu vernachlässigen. Die nach Gl.(5.111) berechneten Werte von Φ_1 und Φ_2 weichen nämlich, wie Tabelle 5.5 zeigt, merklich von eins ab, so dass die Annahme einer idealen Gasphase nicht gerechtfertigt ist. Die aus den Messwerten berechneten Werte von $\ln \gamma_1$ und $\ln \gamma_2$ sind in den Spalten 6 und 7 von Tabelle 5.5 verzeichnet und in Abb. 5.32 dargestellt.

Um die Parameter A und B des Γ^{E}-Modells zu erhalten, wurden die Koeffizienten der Funktion für $\ln \gamma_1$ nach Gl.(5.107) an die Messwerte in der 6. Spalte von Tabelle 5.5 angepasst. Diese Werte zeigen nämlich nach Abb. 5.32 einen regelmäßigen Verlauf. Man erhält

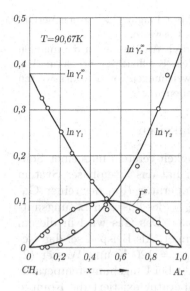

Abbildung 5.32. Verlauf von $\ln \gamma_1$, $\ln \gamma_2$ und Γ^E, berechnet mit den Gl.(5.113) und (5.105). Kreise: aus den Messwerten berechnete Werte, vgl. Tabelle 5.5

$$\ln \gamma_1 = (0{,}3770 + 0{,}1062\, x)\,(1 - x)^2, \tag{5.113a}$$

woraus sich die Parameter des Γ^E-Ansatzes (5.106) zu $A = 0{,}4036$ und $B = 0{,}02655$ ergeben. Nach Gl.(5.107) wird dann

$$\ln \gamma_2 = (0{,}3239 + 0{,}1062\, x)\, x^2. \tag{5.113b}$$

Wie Abb. 5.32 zeigt, geben diese Gleichungen die aus den Messwerten berechneten Aktivitätskoeffizienten gut wieder.

Einen schärferen Test für die Güte des Γ^E-Modells und zugleich für die thermodynamische Konsistenz der Messwerte bietet der Vergleich der berechneten Werte des Gleichgewichtsdrucks p und des Stoffmengenanteils x'' der Dampfphase mit den gemessenen Werten für jeden Messwert von x'. Hierzu wurde der Druck mit

$$p = x'\, \frac{\gamma_1(T, x')}{\Phi_1(T, p, x'')}\, p_{01}^s(T) + (1 - x')\, \frac{\gamma_2(T, x')}{\Phi_2(T, p, x'')}\, p_{02}^s(T) \tag{5.114}$$

und x'' aus

$$x'' = x'\, \frac{\gamma_1(T, x')}{\Phi_1(T, p, x'')}\, \frac{p_{01}^s(T)}{p} \tag{5.115}$$

iterativ berechnet. Da Φ_1 und Φ_2 nur schwach von p und x'' abhängen, konvergiert diese Rechnung sehr rasch. Das Ergebnis zeigen die beiden letzten Spalten von Tabelle 5.5. Die berechneten Drücke liegen geringfügig über den Messwerten – maximale Abweichung 0,15%. Die Stoffmengenanteile x'' weichen um höchstens $\pm 0{,}001$ von den gemessenen Werte ab. Damit liegen die Abweichungen innerhalb der von Sprow und Prausnitz angegebenen Messunsicherheiten. Die Messungen sind innerhalb der Messunsicherheiten thermodynamisch konsistent, und das einfache Γ^E-

Modell nach Gl.(5.106) liefert genaue Ergebnisse. Abbildung 5.33 zeigt den Verlauf der berechneten Siede- und Taulinie und die VLE-Messwerte.

F.B. Sprow und J.M. Prausnitz [5.45] haben durch Anpassung an die aus den Messwerten berechneten Werte von Γ^E etwas andere Koeffizienten erhalten: $A = 0,3870$ und $B = 0,0276$. Dies führt zu größeren Abweichungen von den Messwerten des Drucks und des Stoffmengenanteils x'' bei gegebenem x'.

5.4.6 Die Löslichkeit von Gasen in Flüssigkeiten

Unter der Löslichkeit eines Gases in einer Flüssigkeit versteht man einen Sonderfall des Verdampfungsgleichgewichts. Dabei hat das Zweiphasen-System eine Temperatur T, die *über* der kritischen Temperatur $T_{k,01}$ des reinen Gases 1, aber *unter* der kritischen Temperatur $T_{k,02}$ des flüssigen Lösungsmittels 2 liegt, vgl. das p,T-Diagramm in Abb. 5.34. Das Gas wird in diesem Fall auch als überkritische Komponente bezeichnet. Als Beispiel sei das Gemisch aus gasförmigem Stickstoff (1) mit $T_{k,01} = 126$ K und Wasser (2) mit $T_{k,02} = 647$ K genannt, dessen Gleichgewicht bei Umgebungstemperatur ($T \approx 290$ K) betrachtet wird. Bei dieser Temperatur existiert die Komponente 1 nicht mehr als Flüssigkeit, auch nicht unter einem höheren Druck. Das Zweiphasengebiet erstreckt sich in das kritische Gebiet des Gemisches, und man wird das Gleichgewicht nach Abschnitt 5.4.3 mit der thermischen Zustandsgleichung des Gemisches berechnen.

Beschränkt man sich auf mäßige Drücke, so ist nur wenig Gas in der Flüssigkeit gelöst, und man wird eine einfachere Methode bevorzugen, um den allein interessierenden unteren Teil der Siedelinie zu berechnen, vgl. das p,x-Diagramm, vgl. Abb. 5.34 b. Man bezeichnet dieses Gleichgewicht auch als *Absorptionsgleichgewicht* und die Aufnahme des Gases in der Flüssigkeit als

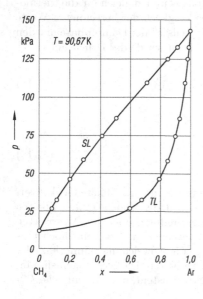

Abbildung 5.33. Siede- und Taulinie des Systems Argon-Methan bei $T = 90{,}67$ K, berechnet mit dem Margules-Ansatz (5.106). Kreise: Messwerte nach [5.45]

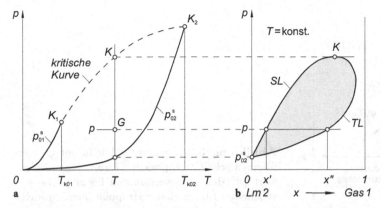

Abbildung 5.34. a p, T-Diagramm mit den Dampfdruckkurven des Gases 1 und des flüssigen Lösungsmittels (LM) 2. G ist der Zustand des Zweiphasen-Systems. **b** Dampfdruckdiagramm des Gemisches für die Temperatur T

Absorption. Absorptionsgleichgewichte haben technische Bedeutung bei der Gaswäsche; hier wird aus einem Gasgemisch eine Komponente bevorzugt ausgewaschen, nämlich von der flüssigen Phase stärker absorbiert als die übrigen Komponenten, vgl. Abschnitt 6.4.4. Auch in der Natur spielen Absorptionsgleichgewichte eine wichtige Rolle, es sei an die Löslichkeit von Sauerstoff in Blut erinnert. Im Folgenden wird die Berechnung des Absorptionsgleichgewichts behandelt, wobei nur binäre Gemische aus dem gasförmigen gelösten Stoff 1 und dem flüssigen Lösungsmittel 2 betrachtet werden.

Ausgangspunkt ist die bekannte, mit den Fugazitätskoeffizienten formulierte Gleichgewichtsbedingung

$$x_i' \, \varphi_i(T, p, x_i') = x_i'' \, \varphi_i(T, p, x_i''), \quad i = 1, 2 \, .$$

Wie in Abschnitt 5.4.5 wird der Fugazitätskoeffizient der flüssigen Komponente durch den Aktivitätskoeffizienten γ_i und den Fugazitätskoeffizienten φ_{0i} der reinen Flüssigkeit ersetzt. Da die Komponente 1 bei den betrachteten Werten von T und p nicht als reine Flüssigkeit, sondern nur als Gas existiert, lässt sich dies nur für das Lösungsmittel 2 ausführen:

$$(1 - x') \, \varphi_{02}''(T, p_{02}^s) \, \gamma_2(T, x') \, \frac{p_{02}^s(T)}{p} \, \pi_{02}(T, p) = (1 - x'') \, \varphi_2(T, p, x'') \, .$$

$$(5.116)$$

Für das gelöste Gas 1 gibt es keinen Fugazitätskoeffizienten $\varphi_{01}(T, p)$ der reinen Flüssigkeit und auch keinen Dampfdruck $p_{01}^s(T)$. Der in Abb. 5.35 dargestellte Verlauf von $\varphi_1(T, p, x)$ lässt sich nicht mit $\varphi_1(T, p, x) = \gamma_1(T, x) \, \varphi_{0i}(T, p)$ berechnen. Man erhält daher den Fugazitätskoeffizienten φ_1 nicht durch Korrektur des Fugazitätkoeffizienten φ_1^{iL} in der idealen Lösung, der mit dem Fugazitätskoeffizienten φ_{01} der reinen Flüssigkeit übereinstimmt, sondern durch Korrektur des Fugazitätskoeffizienten

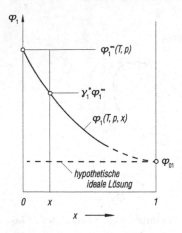

Abbildung 5.35. Fugazitätskoeffizient φ_1 der überkritischen Komponente 1 mit dem Grenzwert φ_1^∞ der ideal verdünnten Lösung. Die gestrichelten Linien sind Extrapolationen zu nicht existierenden Zuständen

$$\varphi_1^\infty(T,p) := \lim_{x \to 0} \varphi_1(T,p,x) \tag{5.117}$$

der stark oder *ideal verdünnten Lösung*, Abb. 5.35. Hierzu führt man den *rationellen Aktivitätskoeffizienten*

$$\gamma_1^*(T,x) := \frac{\varphi_1(T,p,x)}{\varphi_1^\infty(T,p)} \tag{5.118}$$

ein; für ihn gilt die Grenzbedingung

$$\lim_{x \to 0} \gamma_1^*(T,x) = 1 .$$

Damit erhält man für das gelöste Gas die Gleichgewichtsbedingung

$$x' \, \gamma_1^*(T,x') \, \varphi_1^\infty(T,p) = x'' \, \varphi_1(T,p,x'') . \tag{5.119}$$

Die Gleichgewichtsbedingungen (5.116) und (5.119) gelten auch bei höheren Drücken und erlauben die Berechnung der Siede- und der Taulinie, sofern man die Fugazitätskoeffizienten φ_1 und φ_2 der Gasphase, den Aktivitätskoeffizienten γ_2 des Lösungsmittels sowie die neu eingeführten Größen φ_1^∞ und γ_1^* kennt, die alle Eigenschaften des Gemisches sind und experimentell oder mit Hilfe molekularer Modelle bestimmt werden müssen.

Es wird nun der praktisch wichtige Fall betrachtet, dass der Stoffmengenanteil x' des gelösten Gases sehr klein ist und außerdem so niedrige Drücke vorliegen, dass sich die Gasphase ideal verhält. Mit $\gamma_1^* = 1$ und $\varphi_1 = 1$ erhält man dann aus Gl.(5.119)

$$x' = \frac{x''}{\varphi_1^\infty(T,p)} = \frac{x'' \, p}{H_{12}(T,p)} . \tag{5.120}$$

Diese einfache Beziehung, wonach der Stoffmengenanteil des in der Flüssigkeit gelösten Gases seinem Partialdruck in der Gasphase proportional ist, wird als

Gesetz von Henry[10] [5.46] bezeichnet. Die Größe

$$H_{12}(T,p) := p\,\varphi_1^\infty(T,p) \tag{5.121}$$

ist der *Henry-Koeffizient* des im Lösungsmittel 2 gelösten Gases 1. Nach Gl.(5.120) bedeutet ein großer Henry-Koeffizient, dass x' klein ist, sich also nur wenig Gas in der Flüssigkeit löst. Der Henry-Koeffizient ist keine Eigenschaft des Gases allein, sondern hängt auch vom Lösungmittel ab. Ein bestimmtes Gas 1 hat unterschiedliche Henry-Koeffizienten in verschiedenen Lösungsmitteln. Durch Messung des Absorptionsgleichgewichts bei hinreichend kleinen Drücken und kleinen Werten von x' kann H_{12} mittels Gl.(5.120) bestimmt werden. Der Henry-Koeffizient hängt nur schwach vom Druck ab. Daher kann man die meistens beim Dampfdruck $p_{02}^s(T)$ des Lösungsmittels oder bei $p \approx 100$ kPa in der Literatur angegebenen Werte auch bei höheren Drücken verwenden.

Das Henry'sche Gesetz wird nicht nur in der durch Gl.(5.120) gegebenen Form verwendet, sondern in unterschiedlicher Weise mit einer Reihe von *Löslichkeitskoeffizienten* formuliert. Dabei wird die Menge des gelösten Gases, gemessen durch sein Normvolumen oder seine Stoffmenge, mit der Masse, dem Volumen oder der Stoffmenge des flüssigen Lösungsmittels und dem Partialdruck des Gases verknüpft. Eine Übersicht über die verschiedenen Definitionen der Löslichkeitskoeffizienten findet man in [5.47], wo auch zahlreiche Messwerte von Absorptionsgleichgewichten zusammengestellt sind.

Im Gültigkeitsbereich des Henryschen Gesetzes, nämlich für die ideal verdünnte Lösung ($x' \to 0$) mit idealer Gasphase, lassen sich einfache Gleichungen für die Siede- und Taulinie angeben. Da $\ln \gamma_2 \sim x^2$ ist, wird $\gamma_2(T, x') = 1$, und mit $\pi_{02} = 1$ und $\varphi_2 = 1$ erhält man aus Gl.(5.116)

$$(1 - x')\,p_{02}^s(T) = (1 - x'')\,p\,. \tag{5.122}$$

Für die Siedelinie ergibt sich damit und mit Gl.(5.120) die Gerade

$$p(T, x') = p_{02}^s(T) + x'\,[H_{12}(T,p) - p_{02}^s(T)] \approx p_{02}^s(T) + x'\,H_{12}(T,p)\,. \tag{5.123}$$

Durch Eliminieren von x' aus den Gl.(5.122) und (5.123) erhält man die Gleichung der Taulinie

$$p(T, x'') = \frac{p_{02}^s(T)\,H_{12}(T,p)}{(1 - x'')\,H_{12}(T,p) + x''\,p_{02}^s(T)} \approx \frac{p_{02}^s(T)}{1 - x''}\,. \tag{5.124}$$

Da der Henry-Koeffizient sehr viel größer als p_{02}^s ist, ergeben sich die angegebenen Vereinfachungen. Die Grenzgesetze (5.123) und (5.124) sind in

---

[10] William Henry (1774–1836), englischer Chemiker, studierte zunächst Medizin an der Universität Edinburgh. Er erforschte experimentell das Verhalten von Gasgemischen und die Löslichkeit von Gasen in Wasser. Seine Experimente trugen zur Klärung und zum Erfolg der Atomtheorie von J. Dalton bei, mit dem er befreundet war.

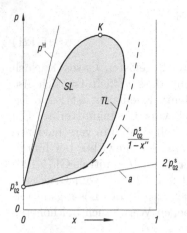

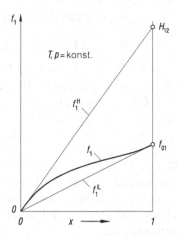

Abbildung 5.36. Isothermes Absorptionsgleichgewicht im p,x-Diagramm. Die mit p^H bezeichnete Gerade nach Gl.(5.123) ist die Tangente an die Siedelinie SL, die Gerade a mit der Steigung p_{02}^s ist die Tangente an die Taulinie TL bei $x = 0$

Abbildung 5.37. Verlauf der Fugazität f_1 bei konstantem T und p mit der Henryschen Geraden $f_1^H = x\,H_{12}$ der ideal verdünnten Lösung und der Raoultschen Geraden $f_1^{iL} = x\,f_{01}$ der idealen Lösung

Abb. 5.36 veranschaulicht. Sie gelten für alle Absorptionsgleichgewichte, auch wenn das gelöste Gas 1 keine überkritische Komponente ist, sondern bei der Gleichgewichtstemperatur $T < T_{k,01}$ als reine Flüssigkeit existieren kann. Wie Abb. 5.36 zeigt, weichen Siede- und Taulinie bei höheren Drücken und größeren Werten von x' von diesen Grenzgesetzen ab. Die Erweiterung des Henryschen Gesetzes zu höheren Drücken durch Berücksichtigung des rationellen Aktivitätskoeffizienten γ_1^*, der Druckabhängigkeit von H_{12} und der Nichtidealität der Gasphase findet man in [5.42] und [5.48]. Dort wird auch die Veränderung des gelösten Stoffmengenanteils x' bei einer Änderung von Druck und Temperatur behandelt.

Das Modell der ideal verdünnten Lösung liefert auch für die Fugazität $f_1 := x\,p\,\varphi_1(T,p,x)$ der flüssigen Komponente 1 ein bei $x = 0$ gültiges Grenzgesetz. Die Fugazität der Komponente 1 in der ideal verdünnten Lösung,

$$f_1^H(T,p,x) = x\,p\,\varphi_1^\infty(T,p) = x\,H_{12}(T,p)\,,$$

wird in Abb. 5.37 durch die so genannte *Henry'sche Gerade* dargestellt. Sie tangiert den Verlauf von f_1 bei $x = 0$, denn es gilt dort $f_1 = 0$ und $\partial f_1/\partial x = H_{12}(T,p)$, was man durch Differenzieren der Definitionsgleichung von f_1 erhält. Damit lässt sich der Henry-Koeffizient statt durch Gl.(5.121) auch durch

$$H_{12}(T,p) := \lim_{x \to 0}[f_1(T,p,x)/x]$$

definieren.

Im Gültigkeitsbereich des Gesetzes von Henry lässt sich auch das Absorptionsgleichgewicht für mehrere Gase, die von einem Lösungsmittel gleichzeitig absorbiert werden, einfach berechnen. Die ideale Gasphase bestehe aus $N-1$ Gasen ($i = 1, 2, \ldots N - 1$) und dem Dampf des Lösungsmittels ($N = \mathrm{Lm}$). Es gelten dann die zu den Gl.(5.120) und (5.122) analogen Gleichgewichtsbedingungen

$$x_i' \, H_{i,\mathrm{Lm}}(T, p) = x_i'' \, p, \quad i = 1, 2, \ldots N - 1 \, , \tag{5.125a}$$

und

$$x_{\mathrm{Lm}}' \, p_{0,\mathrm{Lm}}^{\mathrm{s}}(T) = x_{\mathrm{Lm}}'' \, p \, . \tag{5.125b}$$

Dieses Gleichungssystem entspricht in seinem formalen Aufbau den in Abschnitt 5.2.4 behandelten Bedingungen für das Phasengleichgewicht zwischen einer idealen Gasphase und einer idealen Lösung, dem Raoult'schen Gesetz. Die dort auftretenden Dampfdrücke der Komponenten 1 bis $N-1$ sind hier durch ihre Henry-Koeffizienten im Lösungsmittel ersetzt. Die Berechnung der Absorption von Gasen in Lösungsmitteln, die reale Lösungen aus zwei oder mehreren Komponenten bilden, ist ein schwierigeres Problem, das z.B. in [5.42] behandelt wird.

Beispiel 5.13. Bei der Modellierung gesättigter feuchter Luft in Abschnitt 5.3 wurde die im Wasser gelöste Luft vernachlässigt. Um zu prüfen, ob diese Vereinfachung zulässig ist, berechne man den Stoffmengenanteil der Luft, der bei $\vartheta = 20\,°\mathrm{C}$ und $p = 100$ kPa höchstens im Wasser gelöst ist.

Der größte Stoffmengenanteil eines gelösten Gases tritt dann auf, wenn sich das Absorptionsgleichgewicht einstellt. Zu seiner Berechnung wird die gesättigte feuchte Luft als ideales Gasgemisch behandelt und die Gültigkeit des Henryschen Gesetzes angenommen. Der Stoffmengenanteil x_{L}' der im Wasser ($\mathrm{Lm} = \mathrm{W}$) gelösten Luft ergibt sich als Summe der Stoffmengenanteile der gelösten Gase:

$$x_{\mathrm{L}}' = x_{\mathrm{N}_2}' + x_{\mathrm{O}_2}' + x_{\mathrm{Ar}}' + x_{\mathrm{CO}_2}' \, .$$

Für sie gilt (Gesetz von Henry) nach Gl.(5.125a)

$$x_i' \, H_{i,\mathrm{W}}(T, p) = x_i'' \, p \, , \quad i = \{\mathrm{N}_2, \mathrm{O}_2, \mathrm{Ar}, \mathrm{CO}_2\} \, , \tag{5.126a}$$

und für das Lösungsmittel Wasser

$$x_{\mathrm{W}}' \, p_{0\mathrm{W}}^{\mathrm{s}}(T) = (1 - x_{\mathrm{L}}') \, p_{0\mathrm{W}}^{\mathrm{s}}(T) = x_{\mathrm{W}}'' \, p \, . \tag{5.126b}$$

Danach ist der Sättigungspartialdruck $p_{\mathrm{W}} = x_{\mathrm{W}}'' \, p$ des Wasserdampfes wegen $x_{\mathrm{L}}' > 0$ etwas kleiner als der Dampfdruck $p_{0\mathrm{W}}^{\mathrm{s}}$ des Wassers und nicht wie in Abschnitt 5.3.1, wo $x_{\mathrm{L}}' = 0$ gesetzt wurde, gleich $p_{0\mathrm{W}}^{\mathrm{s}}$. Die Stoffmengenanteile x_i'' der vier Gase erhält man aus den in Tabelle 5.2 angegebenen Werten x_i^{tr} der trockenen Luft zu

$$x_i'' = x_i^{\mathrm{tr}} \, (1 - x_{\mathrm{W}}'') \, , \quad i = \{\mathrm{N}_2, \mathrm{O}_2, \mathrm{Ar}, \mathrm{CO}_2\} \, , \tag{5.127}$$

wobei der sehr kleine Neon-Anteil dem Stoffmengenanteil $x_{\mathrm{Ar}}^{\mathrm{tr}}$ zugeschlagen wurde, vgl. Tabelle 5.6.

Um das hier aufgestellte Gleichungssystem zu lösen, werden neben $p_{0W}^s(20\,^\circ\text{C}) = 2{,}3392$ kPa die Henry-Koeffizienten der vier Gase benötigt. Die Werte $H_{N_2,w}$, $H_{O_2,w}$ und $H_{CO_2,w}$ hat J. Tokunaga [5.49] bei $20\,^\circ\text{C}$ aus eigenen Messungen bestimmt. Der Henry-Koeffizienten $H_{Ar,w}$ ergibt sich aus dem in [5.47] angegebenen „technischen Löslichkeitskoeffizienten"

$$\lambda_{Ar,W} := \frac{V'_{n,Ar}}{m'_W\, x''_{Ar}\, p} = 0{,}0331\ \frac{\text{m}_N^3}{\text{t} \cdot \text{at}}\ .$$

Hierin sind $V'_{n,Ar}$ das Normvolumen des absorbierten Argon und m'_W die Masse des flüssigen Lösungsmittels Wasser. Mit n'_{Ar} als der Stoffmenge des absorbierten Argon und $V_{m,0} = 22{,}414\ \text{m}_N^3/\text{kmol}$ als dem molaren Volumen aller idealen Gase im Normzustand, vgl. Abschnitt 10.1.3, erhält man

$$V'_{n,Ar} = n'_{Ar} \cdot V_{m,0} = x'_{Ar}\, n'\, V_{m,0}\ ,$$

wobei n' die Stoffmenge der flüssigen Phase bedeutet. Die Masse des Lösungsmittels ist

$$m'_W = n'_W\, M_W = (1 - x'_{Ar})\, n'\, M_W$$

mit $M_W = 18{,}0153$ kg/kmol, der molaren Masse von Wasser. Mit diesen beiden Gleichungen erhält man aus der Definitionsgleichung des technischen Löslichkeitskoeffizienten für den Henry-Koeffizienten

$$H_{Ar,W} = \frac{x''_{Ar}\, p}{x'_{Ar}} = \frac{V_{m,0}}{(1 - x'_{Ar})\, \lambda_{Ar,W}\, M_W} \approx \frac{V_{m,0}}{\lambda_{Ar,W}\, M_W} = 3{,}69 \cdot 10^3\ \text{MPa}\ .$$

Die Werte der vier Henry-Koeffizienten sind in Tabelle 5.6 zusammengestellt.

Die Lösungen der Gleichungen zur Berechnung des Absorptionsgleichgewichts erfolgt iterativ, indem als Ausgangsnäherung in Gl.(5.126b) $x'_L = 0$ gesetzt und mit $x''_W = p_{0W}^s/p = 0{,}023392$ die vier in der 4. Spalte von Tabelle 5.6 aufgeführten Werte von x''_i nach Gl.(5.127) berechnet werden. Aus Gl.(5.126a) ergeben sich die Stoffmengenanteile x'_i der im Wasser gelösten Gase. Sie sind sehr klein; ihre Summe ergibt nur $x'_L = 15{,}85 \cdot 10^{-6}$ als Stoffmengenanteil der gelösten Luft. Berücksichtigt man diesen Wert in Gl.(5.126b), so erhält man für x''_W einen Wert, der mit

Tabelle 5.6. Henry-Koeffizienten $H_{i,W}$ für $\vartheta = 20\,^\circ\text{C}$ und kleine Drücke sowie Stoffmengenanteile x'_i und x''_i im Absorptionsgleichgewicht zwischen Luft und Wasser bei $p = 100$ kPa

i	$H_{i,W}/\text{MPa}$	x_i^{tr}	x''_i	$10^6 \cdot x'_i$
N_2	$7{,}55 \cdot 10^3$	0,78081	0,76255	10,10
O_2	$3{,}89 \cdot 10^3$	0,20942	0,20452	5,26
Ar	$3{,}69 \cdot 10^3$	0,00936	0,00914	0,25
CO_2	$0{,}145 \cdot 10^3$	0,00041	0,00040	0,28
Luft	$6{,}16 \cdot 10^3$	1,00000	0,97661	15,89

der Ausgangsnäherung in allen angegebenen Ziffern übereinstimmt. Damit ändern sich auch die übrigen Stoffmengenanteile x_i'' nicht, so dass Tabelle 5.6 bereits die endgültigen Gleichgewichtswerte enthält.

Die Vernachlässigung der im Wasser gelösten Luft ist damit vollauf gerechtfertigt. Selbst beim Druck $p = 1$ MPa, bei dem die Stoffmengenanteile x_i' und x_L' zehnmal größer sind, verringert sich x_W'' nur sehr wenig auf $x_W'' = 0{,}023388$, und die Werte von x_i'' bleiben innerhalb der in Tabelle 5.6 angegebenen Stellenzahl unverändert.

Man kann schließlich einen Henry-Koeffizienten $H_{L,W}$ für die Absorption von Luft in Wasser durch

$$ x_L' \, H_{L,W}(T,p) = x_L'' \, p = (x_{N_2}'' + x_{O_2}'' + x_{Ar}'' + x_{CO_2}'')\, p $$

definieren und erhält mit dieser Gleichung den in der letzten Zeile von Tabelle 5.6 angegebenen Wert.

5.5 Chemisch reagierende Gemische

Die Zusammensetzung chemisch reagierender Gemische ändert sich durch Stoffumwandlungen innerhalb des Systems, durch *chemischen Reaktionen*, wie sie bei den bisherigen Betrachtungen ausgeschlossen waren. Sie laufen unter der Bedingung ab, dass die Stoffmengen der *chemischen* Elemente, im Gegensatz zu den Stoffmengen der beteiligten Komponenten, erhalten bleiben. Die quantitative Formulierung dieser Bedingung ist Gegenstand der Stöchiometrie, auf die in den beiden ersten Abschnitten eingegangen wird. Danach wird die Reaktionsenthalpie behandelt, mit der die Enthalpien der an einer Reaktion teilnehmenden Stoffe aufeinander bezogen werden. Der 3. Hauptsatz der Thermodynamik löst dieses Problem für die Entropien. Damit können der 2. Hauptsatz auf chemische Reaktionen angewendet und die chemischen Exergien von Stoffen berechnet werden.

5.5.1 Reaktionen und Reaktionsgleichungen

Chemische Reaktionen sind Stoffumwandlungen zwischen den Komponenten eines Gemisches. Aus den *Ausgangsstoffen*, den *Edukten*, bilden sich neue chemische Verbindungen, die *Produkte*. Neben diesen Reaktionsteilnehmern kann es weitere, an den chemischen Reaktionen nicht beteiligte Komponenten geben; sie werden inerte Komponenten genannt. Im Folgenden werden die Komponenten eines chemisch reagierenden Gemisches auch als chemische Verbindungen oder kurz als Verbindungen bezeichnet. Nach J.J. Berzelius[11] kenn-

---

[11] Jöns Jacob Berzelius (1779–1848), schwedischer Chemiker, wurde nach einem Medizinstudium 1807 Professor für Chemie und Pharmazie in Stockholm und 1808 Mitglied der Schwedischen Akademie der Wissenschaften. Berzelius bestimmte experimentell zahlreiche Atomgewichte und entdeckte neue Elemente wie Cer, Thorium, Selen und Lithium. Er stellte 1824 Silizium, Tantal und Zirkon in reiner Form dar.

zeichnet das chemische Symbol einer Verbindung ihren Aufbau aus den chemischen Elementen, den Atomen. So bedeutet das chemische Symbol CH_4O für Methanol, dass sich diese Verbindung aus einem Atom Kohlenstoff, vier Wasserstoffatomen und einem Sauerstoffatom zusammensetzt[12].

Die anschauliche Beschreibung der Element-Zusammensetzung durch das chemische Symbol einer Verbindung ist für die quantitative Erfassung von chemischen Reaktionen wichtig. Der Stöchiometrie liegt ein Erhaltungssatz zugrunde:

> Die Zahl der Atome eines jeden chemischen Elements bleibt bei chemischen Reaktionen erhalten.

Daraus ergeben sich einschränkende Bedingungen, denen die Stoffmengen der Verbindungen gehorchen müssen. Diese Bedingungen lassen sich durch Elementbilanzgleichungen und anschaulicher durch Reaktionsgleichungen formulieren. Es wird in diesem Abschnitt auf die Reaktionsgleichungen eingegangen, die in der Chemie bevorzugt werden[13]. Beispiele einfacher Reaktionsgleichungen sind

$$H_2 + \frac{1}{2}\,O_2 \;\rightarrow\; H_2O \qquad \text{Oxidation (Verbrennung) von Wasserstoff,}$$

$$O_2 \;\rightarrow\; 2\,O \qquad \text{Dissoziation von Sauerstoff,}$$

$$CO + H_2O \;\rightarrow\; CO_2 + H_2 \quad \text{homogene Wassergasreaktion.}$$

Sie beschreiben, wie sich die Atome der Ausgangsstoffe zu den Produkten umgruppieren. Dabei stehen auf beiden Seiten der Reaktionsgleichung stets gleich viele Atome von Wasserstoff, Kohlenstoff und Sauerstoff, worin die Elementerhaltung zum Ausdruck kommt. Der Pfeil ordnet der Reaktion einen Richtungssinn zu. So beschreibt die Reaktion

$$H_2 + \frac{1}{2}\,O_2 \;\rightarrow\; H_2O$$

die Verbrennung von Wasserstoff, dagegen

$$H_2O \;\rightarrow\; H_2 + \frac{1}{2}\,O_2$$

die Zersetzung von Wasser, beispielsweise durch Elektrolyse.

Statt die Reaktionsrichtung durch einen Pfeil zu kennzeichnen, schreibt man alle Verbindungen auf eine Seite der Reaktionsgleichung und setzt die

---

[12] Das chemische Symbol CH_4O wird auch als Bruttoformel bezeichnet zum Unterschied zur Strukturformel CH_3OH, die andeutet, dass Methanol aus einer Methylgruppe (CH_3) und einer OH-Gruppe gebildet wird.

[13] Reaktionsgleichungen sollen außerdem den Reaktionsablauf beschreiben. Dies ist für die Thermodynamik ohne Bedeutung, weil sie sich nur mit bestimmten Zuständen des Gemisches und nicht mit dem Reaktionsablauf und der Reaktionskinetik befasst.

Produkte mit positivem Vorzeichen, die Edukte mit negativem Vorzeichen ein. Für die Verbrennung von Wasserstoff gilt dann die Reaktionsgleichung

$$H_2O - H_2 - \frac{1}{2}O_2 = 0 \ .$$

Bezeichnet man allgemein das chemische Symbol der Verbindung (Komponente) i mit A_i, so lautet die Reaktionsgleichung

$$\sum_i \nu_i A_i = 0 \ .$$

Hierin ist ν_i die *stöchiometrische Zahl* oder der stöchiometrische Koeffizient der Verbindung i. In der Reaktionsgleichung haben die Produkte positive stöchiometrische Zahlen ($\nu_i > 0$), die Ausgangsstoffe werden mit negativen stöchiometrischen Zahlen ($\nu_i < 0$) eingesetzt. Die stöchiometrischen Zahlen der Reaktionsgleichung für die Ammoniaksynthese,

$$2\,NH_3 - N_2 - 3\,H_2 = 0 \ ,$$

sind $\nu_{NH_3} = +2$, $\nu_{N_2} = -1$ und $\nu_{H_2} = -3$.

Jede chemische Verbindung wird hinsichtlich ihrer Zusammensetzung aus den Elementen durch einen Satz von Zahlen a_{ki} eindeutig gekennzeichnet. Sie sind durch

$$a_{ki} := \text{Zahl der Atome des Elements } k \text{ in der Verbindung } i$$

definiert. Die Zahlen a_{ki} erscheinen im chemischen Symbol A_i der Verbindung als die Indizes der Elementsymbole. Man fasst nun die Zahlen a_{ki} nach S.R. Brinkley [5.50] als Komponenten eines Vektors in einem Vektorraum auf, der von den chemischen Elementen aufgespannt wird. Dieser *Formelvektor* ist als Spaltenvektor

$$\boldsymbol{a}_i := (a_{1i}, a_{2i}, \ldots a_{ki}, \ldots a_{Mi})^T$$

definiert, wobei M die Anzahl der an der Reaktion teilnehmenden Elemente bedeutet. Das chemische Symbol A_i und der Formelvektor $\boldsymbol{a}_i$ beschreiben die Zusammensetzung einer Verbindung aus den Elementen in prinzipiell gleicher Weise. Einer Reaktionsgleichung

$$\sum_{i=1}^{N} \nu_i A_i = 0$$

entspricht die Vektorgleichung

$$\sum_{i=1}^{N} \nu_i \boldsymbol{a}_i = 0 \ . \tag{5.128}$$

Wegen der Erhaltung der Elemente sind die Formelvektoren der reagierenden Verbindungen mit solchen stöchiometrischen Zahlen ν_i zu multiplizieren, dass sie den Nullvektor ergeben.

Treten in einer Reaktionsgleichung M Elemente auf, so entsprechen der Vektorgleichung (5.128) M lineare Gleichungen

$$\sum_{i=1}^{N} \nu_i \, a_{ki} = 0 \quad \text{mit} \quad k = 1, 2, \dots M \, . \tag{5.129}$$

Jede dieser Gleichungen bringt die Erhaltung eines Elements bei der Reaktion zum Ausdruck. Die stöchiometrischen Zahlen ν_i sind Lösungen des homogenen linearen Gleichungssystems (5.129). In der Praxis ist es nicht erforderlich, dieses Gleichungssystem aufzustellen und zu lösen. Man erkennt vielmehr beim Anschreiben der Reaktionsgleichung unmittelbar, welche Werte die stöchiometrischen Zahlen haben müssen, damit die Elementbilanzen erfüllt sind.

Als Folge der Erhaltungssätze der Elemente sind die Stoffmengen der Reaktionsteilnehmer nicht unabhängig voneinander. Bildet sich beispielsweise eine bestimmte Stoffmenge n_{H_2O} aus Wasserstoff und Sauerstoff, so wird dadurch eine gleich große Stoffmenge H_2 und eine halb so große Stoffmenge O_2 verbraucht. Es wird zunächst den Fall behandelt, dass *eine* Reaktionsgleichung genügt, um die Erhaltung der Elemente zu beschreiben. Die Stoffmengen der Reaktionsteilnehmer sind dann über die stöchiometrischen Zahlen ν_i dieser Reaktionsgleichung miteinander verknüpft. Für die Änderungen dn_i der Stoffmengen bei der Wasserbildung gilt

$$\frac{dn_{H_2O}}{\nu_{H_2O}} = \frac{dn_{H_2}}{\nu_{H_2}} = \frac{dn_{O_2}}{\nu_{O_2}} \quad \text{oder} \quad \frac{dn_{H_2O}}{+1} = \frac{dn_{H_2}}{-1} = \frac{dn_{O_2}}{-1/2} \, .$$

Allgemein ist das Verhältnis dn_i / ν_i für alle Reaktionsteilnehmer gleich. Man definiert daher durch

$$dz := \frac{dn_i}{\nu_i} \tag{5.130}$$

das Differenzial einer neuen Variable z, die als Umsatz der Reaktion oder kürzer als *Reaktionsumsatz* bezeichnet wird. Der Reaktionsumsatz ist keine dimensionslose Größe; er hat vielmehr die Dimension einer Stoffmenge und damit die Einheit mol. Die in der Chemie häufig gebrauchte Bezeichnung Reaktionslauf*zahl* wird vermieden, da eine Zahl keine Einheit führt.

Integration der aus Gl.(5.130) folgenden Gleichung $dn_i = \nu_i \, dz$ ergibt die Beziehung

$$n_i = n_i^0 + \nu_i \, z, \quad i = 1, 2, \dots N \, , \tag{5.131}$$

für die Stoffmengen der chemischen Verbindungen des reagierenden Gemisches. Dies schließt auch inerte Stoffe ein, deren Stoffmengen konstant und deren stöchiometrische Zahlen gleich null sind. In Gl.(5.131) bedeuten die n_i^0 die Stoffmengen der Komponenten in einem bestimmten Zustand 0 des reagierenden Gemisches. Wie Gl.(5.131) zeigt, hängen die Stoffmengen nur von *einer* Variablen ab, dem Reaktionsumsatz. Addiert man alle Stoffmengen n_i, so erhält man die Stoffmenge n des reagierenden Gemisches zu

$$n = \sum_{i=1}^{N} n_i = \sum_{i=1}^{N} n_i^0 + \sum_{i=1}^{N} \nu_i \, z = n_0 + \sum_{i=1}^{N} \nu_i \, z \,,$$

wobei n_0 die Stoffmenge des Gemisches im Zustand 0 bedeutet, in dem $z = 0$ ist. Die Stoffmenge n eines reagierenden Gemisches ist nicht konstant. Sie ändert sich mit dem Reaktionsumsatz z. Nur wenn $\sum \nu_i = 0$ ist, bleibt n konstant. Dies sind die so genannten äquimolaren Reaktionen; hierzu gehört die schon genannte Wassergas-Reaktion.

Eine Reaktion kann nur so lange ablaufen, wie alle Reaktionsteilnehmer vorhanden sind. Der Reaktionsumsatz

$$z = \frac{n_i - n_i^0}{\nu_i} \tag{5.132}$$

erreicht daher einen Höchstwert z_{max}, wenn erstmals einer der Ausgangsstoffe ($\nu_i < 0$) erschöpft ist, und einen Kleinstwert z_{min}, wenn erstmals eines der Produkte ($\nu_i > 0$) verschwindet. Es sei j dieser Ausgangsstoff; mit $i = j$ und $n_j = 0$ folgt dann aus Gl.(5.132)

$$z_{max} = -n_j^0/\nu_j = n_j^0/|\nu_j| \,.$$

Ist m das Produkt, dessen Stoffmenge bei einem größeren Wert von z gleich null wird als die der anderen Produkte, so folgt mit $i = m$ aus Gl.(5.132)

$$z_{min} = -n_m^0/\nu_m \,.$$

Falls für dieses Produkt nicht $n_m^0 = 0$ ist, wird z_{min} negativ.

Das begrenzte Intervall des Reaktionsumsatzes legt es nahe, eine dimensionslose Größe zu definieren, die nur Werte zwischen 0 und 1 annehmen kann. Man führt anstelle von z den *Umsatzgrad*

$$\varepsilon := \frac{z - z_{min}}{z_{max} - z_{min}}, \quad 0 \leq \varepsilon \leq 1 \,, \tag{5.133}$$

ein. Damit lassen sich die Stoffmengen n_i und die Stoffmengenanteile $x_i := n_i/n$ als Funktionen von ε darstellen. Insbesondere bedeutet $\varepsilon = 0$: Der Zustand des reagierenden Gemisches liegt so weit wie möglich bei den Ausgangsstoffen. $\varepsilon = 1$ bedeutet, dass der Zustand so weit wie möglich bei den Produkten liegt. Ob diese Grenzzustände erreicht werden können, hängt von den Reaktionsbedingungen ab. Wenn sich das Reaktionsgleichgewicht einstellt, nimmt das reagierende Gemisch einen Zustand ein, der durch einen bestimmten Reaktionsgrad ε_{Gl} gekennzeichnet ist. Die Berechnung dieses Zustands ist eine wichtige Aufgabe der Thermodynamik, sie wird in Abschnitt 5.6 behandelt.

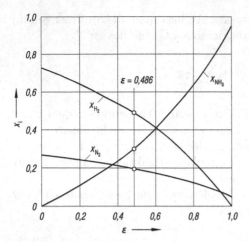

Abbildung 5.38. Stoffmengenanteile x_{N_2}, x_{H_2} und x_{NH_3} als Funktionen des Umsatzgrades ε

Beispiel 5.14. Die Analyse eines bei der Ammoniaksynthese entstandenen Gasgemisches ergab die Stoffmengenanteile $x_{NH_3} = 0{,}310$, $x_{N_2} = 0{,}198$ und $x_{H_2} = 0{,}492$. Man stelle die drei Stoffmengenanteile als Funktionen des Umsatzgrads ε dar und bestimme den Umsatzgrad, der dem analysierten Gemisch entspricht.

Die Ammoniaksynthese wird durch die Reaktionsgleichung

$$2\,NH_3 - N_2 - 3\,H_2 = 0$$

beschrieben. Aus den gemessenen Stoffmengenanteilen ergeben sich die Stoffmengen der drei Reaktionsteilnehmer in der Probe zu $n_i^0 = x_i\,n_0$, wobei n_0 die unbekannte Stoffmenge der analysierten Probe bedeutet. Man erhält damit aus Gl.(5.131) die Stoffmengen

$$n_{NH_3} = 0{,}310\,n_0 + 2\,z; \quad n_{N_2} = 0{,}198\,n_0 - z; \quad n_{H_2} = 0{,}492\,n_0 - 3\,z$$

der Reaktionsteilnehmer und $n = n_0 - 2\,z$ als Stoffmenge des reagierenden Gemisches in Abhängigkeit vom Reaktionsumsatz z.

Um den Umsatzgrad ε nach seiner Definitionsgleichung (5.133) zu bestimmen, wird der Reaktionsumsatz z_{min} aus der Bedingung $n_{NH_3} = 0$ zu $z_{min} = -0{,}155\,n_0$ berechnet. Der Reaktionsumsatz z_{max} ist der Reaktionsumsatz, bei dem zuerst einer der Ausgangsstoffe aufgebraucht ist. Dies ist der Wasserstoff, und aus $n_{H_2} = 0$ ergibt sich $z_{max} = 0{,}164\,n_0$. Damit erhält man

$$\varepsilon := \frac{z - z_{min}}{z_{max} - z_{min}} = \frac{z + 0{,}155\,n_0}{0{,}319\,n_0} = \frac{z/n_0 + 0{,}155}{0{,}319}$$

und

$$z/n_0 = 0{,}319\,\varepsilon - 0{,}155\ .$$

Für die Stoffmengenanteile $x_i = n_i/n$ ergibt sich nun

$$x_{NH_3} = \frac{0{,}310\,n_0 + 2\,z}{n_0 - 2\,z} = \frac{2\,(z/n_0) + 0{,}310}{1 - 2\,(z/n_0)} = \frac{0{,}638\,\varepsilon}{1{,}310 - 0{,}638\,\varepsilon}$$

und in der gleichen Weise

$$x_{N_2} = \frac{0{,}353 - 0{,}319\,\varepsilon}{1{,}310 - 0{,}638\,\varepsilon} \quad \text{und} \quad x_{H_2} = \frac{0{,}957\,(1 - \varepsilon)}{1{,}310 - 0{,}638\,\varepsilon}\,.$$

Abbildung 5.38 zeigt den Verlauf der drei Stoffmengenanteile als Funktionen von ε. Die Stoffmengen der beiden Ausgangsstoffe N_2 und H_2 stehen nicht ganz im stöchiometrisch richtigen Verhältnis 1:3. Es ist ein kleiner Überschuss an N_2 vorhanden, so dass für $\varepsilon \to 1$ zuerst H_2 aufgebraucht wird.

Der Umsatzgrad ε, der zu der analysierten Gemischprobe gehört, lässt sich aus der Bedingung $z = 0$ berechnen. Aus der bereits hergeleiteten Beziehung $z/n_0 = 0{,}319\,\varepsilon - 0{,}155$ erhält man $\varepsilon = 0{,}486$.

5.5.2 Stöchiometrie

Bei den im letzten Abschnitt behandelten Gemischen genügte eine Reaktionsgleichung, um die Erhaltung der Elemente auszudrücken. Die Stoffmengen der Komponenten dieser Gemische hängen von einer einzigen Variable ab, dem Reaktionsumsatz z oder seinem dimensionslosen Gegenstück, dem Umsatzgrad ε. Es soll nun diese Betrachtung auf Gemische aus beliebig vielen reagierenden Komponenten mit dem Ziel einer allgemeinen Berechnung der Stoffmengen n_i in Abhängigkeit von Variablen erweitert werden, die sich als Umsätze oder Umsatzgrade noch zu bestimmender Reaktionen ergeben werden. Hierbei geht man von den Elementbilanzen aus; sie führen zur Aufstellung und Lösung eines inhomogenen linearen Gleichungssystems für die gesuchten Stoffmengen n_i.

Es wird ein geschlossenes System betrachtet, in dem chemische Reaktionen ablaufen. Es besteht aus N Verbindungen mit den chemischen Symbolen A_i, $(i = 1, 2, \ldots N)$. Diese Verbindungen setzen sich aus M Elementen E_k, $(k = 1, 2, \ldots M)$ zusammen. Für die Anordnung der A_i und E_k werde eine willkürlich wählbare, aber feste Reihenfolge vereinbart, so dass durch

$$[(A_1, A_2, \ldots A_i, \ldots A_N), (E_1, E_2, \ldots E_k, \ldots E_M)]$$

ein so genanntes *chemisches System* festgelegt ist. Beispielsweise kann man der stöchiometrischen Untersuchung der Wasserdampf-Reformierung von Methan, bei der aus Methan und Wasserdampf ein wasserstoffreiches Gasgemisch erzeugt werden soll, das folgende chemische System zugrunde legen:

$$[(H_2, H_2O, CO, CO_2, CH_4), (H, O, C)]\,. \tag{5.134}$$

Es enthält $N = 5$ Verbindungen, bestehend aus $M = 3$ Elementen. Dabei ist die angezeigte Reihenfolge zu beachten. So bedeutet beispielsweise n_3 die Stoffmenge von CO, während O das Element E_2 ist.

Nach den Ausführungen des letzten Abschnitts wird jede chemische Verbindung durch ihren Formelvektor $\boldsymbol{a}_i := (a_{1i}, a_{2i}, \ldots a_{ki}, \ldots a_{Mi})^T$ gekennzeichnet. Dabei bedeutet a_{ki} die Anzahl der Atome des Elements k in der Verbindung i. Man fasst nun alle Formelvektoren eines chemischen Systems zu seiner *Formelmatrix* $\boldsymbol{A}$ zusammen. Die Formelvektoren bilden die Spalten der Formelmatrix, so dass sich die M,N-Matrix

$$\boldsymbol{A} = (a_{ki}) = (\boldsymbol{a}_1, \boldsymbol{a}_2, \ldots \boldsymbol{a}_i, \ldots \boldsymbol{a}_N)$$

ergibt. Sie kennzeichnet den Elementaufbau aller Verbindungen des chemischen Systems. Für das vorliegende Beispiel erhält man die Formelmatrix

$$\boldsymbol{A} = \begin{pmatrix} 2 & 2 & 0 & 0 & 4 \\ 0 & 1 & 1 & 2 & 0 \\ 0 & 0 & 1 & 1 & 1 \end{pmatrix}.$$

Zur Berechnung der Stoffmengen n_i der Verbindungen werden die Element-Bilanzgleichungen aufgestellt. Die Verbindung i mit der Stoffmenge n_i trägt zur gesamten Stoffmenge des Elements k den Anteil $a_{ki} n_i$ bei. Für jedes Element k gilt daher die Bilanzgleichung

$$a_{k1} n_1 + a_{k2} n_2 + \ldots + a_{kN} n_N = b_k .$$

Darin bedeutet b_k die Stoffmenge des Elements k, die insgesamt im chemischen System enthalten ist. Es wird vorausgesetzt, dass diese Größe für alle Elemente bekannt ist oder sich, wie gleich gezeigt wird, aus *einer* bekannten Zusammensetzung des chemischen Systems berechnen lässt. Man erhält dann die M Elementbilanzgleichungen

$$\sum_{i=1}^{N} a_{ki} n_i = b_k, \quad k = 1, 2, \ldots M . \tag{5.135}$$

Sie bilden ein System von M inhomogenen linearen Gleichungen zur Bestimmung der N unbekannten Stoffmengen n_i. Da stets $N > M$ ist, reichen die Elementbilanzgleichungen nicht aus, um die Zusammensetzung vollständig zu berechnen. Sind die M Elementbilanzgleichungen linear unabhängig, so kann man mit ihnen M Stoffmengen in Abhängigkeit von den übrigen $N - M$ Stoffmengen darstellen. Diese $N - M$ Stoffmengen sind freie Variablen; sie werden stöchiometrisch nur dadurch eingeschränkt, dass für alle Stoffmengen die Bedingung

$$n_i \geq 0, \quad i = 1, 2, \ldots N ,$$

erfüllt sein muss. Erst zusätzliche andere Bedingungen, etwa dass sich das chemische Gleichgewicht einstellen soll, legen die Werte der $N - M$ „freien" Stoffmengen fest.

Die Lösungen der Elementbilanzgleichungen lassen sich auch in anderer Form darstellen, indem man als freie Variable die Umsätze von chemischen

Reaktionen einführt. Die Elementerhaltungssätze werden dann nicht mehr durch die Bilanzgleichungen (5.135), sondern durch eine Reihe chemischer Reaktionsgleichungen formuliert. Man erhält damit eine Verallgemeinerung der Ausführungen in Abschnitt 5.5.1, wo die Elementerhaltung durch *eine* chemische Reaktionsgleichung beschrieben wurde.

Die allgemeine Lösung des inhomogenen Gleichungssystems (5.135) setzt sich, wie in der Linearen Algebra gezeigt wird, aus einer partikulären Lösung des inhomogenen Systems sowie aus der Summe der R linear unabhängigen Lösungen des homogenen Gleichungssystems zusammen, wobei diese Lösungen mit beliebigen Faktoren multipliziert werden können:

$$n_i = n_i^0 + \sum_{j=1}^{R} \nu_{ij}\, z_j \, , \quad i = 1, 2, \ldots N. \tag{5.136}$$

Die Stoffmengen n_i^0 bilden die partikuläre Lösung des inhomogenen Gleichungssystems und müssen daher die M Elementbilanzgleichungen

$$\sum_{i=1}^{N} a_{ki}\, n_i^0 = b_k \, , \quad k = 1, 2, \ldots M \, , \tag{5.137}$$

erfüllen. In der Praxis berechnet man meistens umgekehrt mit diesen Gleichungen die Elementmengen b_k aus einer bekannten Zusammensetzung $n_1^0, n_2^0,$ $\ldots n_N^0$ des chemischen Systems, oft aus der Zusammensetzung vor dem Beginn der Reaktionen.

Die Anzahl R der linear unabhängigen Lösungen des homogenen Systems ist gleich der Zahl N der Unbekannten vermindert um den Rang der Matrix[14] des Gleichungssystems (5.135). Diese Matrix stimmt mit der Formelmatrix $\boldsymbol{A}$ überein. Somit gilt

$$R = N - \text{Rang}(\boldsymbol{A}) \, .$$

Meistens gilt $\text{Rang}(\boldsymbol{A}) = M$. Nur wenn zwei oder mehrere Elementbilanzgleichungen linear abhängig sind, ist der Rang der Formelmatrix kleiner als die Anzahl M der Elemente im chemischen System.

Die Größen ν_{ij} in Gl.(5.136) sind die linear unabhängigen Lösungen des homogenen Gleichungssystems

$$\sum_{i=1}^{N} a_{ki}\, \nu_{ij} = 0 \, , \quad \text{für} \quad k = 1, 2, \ldots M \quad \text{und} \quad j = 1, 2, \ldots R \, . \tag{5.138}$$

Mit z_j werden die frei wählbaren Multiplikatoren dieser Lösungen bezeichnet. Entsprechend einer chemischen Interpretation der Lösungen des homogenen

---

[14] In einer Matrix ist die größte Anzahl der linear unabhängigen Spaltenvektoren stets gleich der größten Anzahl der linear unabhängigen Zeilenvektoren. Diese Zahl heißt Rang der Matrix.

Systems (5.138) wurden in Anlehnung an Gl.(5.131) die ν_{ij} als stöchiometrische Zahlen einer Reaktionsgleichung j mit dem Reaktionsumsatz z_j geschrieben. Für jedes j lassen sich nämlich die M Gleichungen (5.138) zur Vektorgleichung

$$\sum_{i=1}^{N} a_i\, \nu_{ij} = 0, \quad j = 1, 2, \ldots R\,,$$

zusammenfassen. Der Vektor a_i ist aber der Formelvektor der Verbindung i mit dem chemischen Symbol A_i, und damit entspricht Gl.(5.138) den R *Reaktionsgleichungen*

$$\sum_{i=1}^{N} A_i\, \nu_{ij} = 0, \quad j = 1, 2, \ldots R\,,$$

in denen ν_{ij} die stöchiometrische Zahl der Verbindung i in der Reaktionsgleichung j ist. Damit wurde die Lösung des homogenen Gleichungssystems (5.138) auf eine anschaulichere Aufgabe zurückgeführt: Man finde R linear unabhängige chemische Reaktionen zwischen den Komponenten des chemischen Systems und bestimme ihre Reaktionsgleichungen mit den zugehörigen stöchiometrischen Zahlen ν_{ij}. Die freien Variablen z_j bedeuten dann die Reaktionsumsätze dieser Reaktionen.

W.R. Smith und R.W. Missen [5.51] haben einen besonderen Algorithmus entwickelt, um die Anzahl R der linear unabhängigen Reaktionsgleichungen zu finden und die Reaktionsgleichungen aufzustellen, also die stöchiometrischen Zahlen ν_{ij} zu bestimmen. In den meisten Fällen empfiehlt sich das folgende einfachere Vorgehen. Man wähle M Verbindungen so aus, dass keine dieser Verbindungen aus den anderen $M-1$ Verbindungen gebildet werden kann. Dann ist $R = N - M$. Sollte dies in Ausnahmefällen nicht möglich sein, so sind die M Elementbilanzen nicht linear unabhängig, und der Rang der Formelmatix ist (in der Regel um 1) kleiner als M. Man muss dann $M-1$ Verbindungen finden, so dass keine von ihnen aus den anderen $M-2$ gebildet werden kann. In diesem Fall ist $R = N - M + 1$. Die so ausgewählten Verbindungen haben dann linear unabhängige Formelvektoren a_i. Man erreicht dies am einfachsten, wenn jede dieser Verbindungen ein chemisches Element enthält, das in den anderen Verbindungen möglichst nicht vorkommt. Die so ausgewählten Verbindungen werden *Basisverbindungen* genannt. Die restlichen $R = N - M$ (gegebenenfalls $R = N - M + 1$) Verbindungen sind die *abgeleiteten Verbindungen*. Sie lassen sich aus den Basisverbindungen nach Reaktionsgleichungen der Form

$$A_{M+j} + \sum_{i=1}^{M} \nu_{ij}\, A_i = 0, \quad j = 1, 2, \ldots R = N - M\,,$$

„herstellen". Diese Reaktionsgleichungen sind bereits die gesuchten R Reaktionsgleichungen. Sie sind linear unabhängig, weil in jeder Gleichung eine andere abgeleitete Verbindung A_j steht, die in den jeweils restlichen Reaktionsgleichungen nicht vorkommt.

Beispiel 5.15. Man bestimme die Stoffmengen n_i der Reaktionsteilnehmer der schon im Text behandelten Methanreformierung, der das chemische System nach Gl.(5.134) zugrunde liegt. Das Ausgangsgemisch bestehe aus Methan mit $n_5^0 = n_0$ und Wasserdampf mit $n_2^0 = 2{,}5\,n_0$.

Es werden H_2, H_2O und CO als Basisverbindungen gewählt. Wie man leicht erkennt, lässt sich keine dieser drei Verbindungen aus den beiden anderen herstellen. CO_2 und CH_4 sind dann die $R = N - M = 2$ abgeleiteten Verbindungen. Sie entstehen aus den drei Basisverbindungen nach den Reaktionsgleichungen

$$j = 1: \quad CO_2 + H_2 - H_2O - CO = 0$$

und

$$j = 2: \quad CH_4 + H_2O - 3\,H_2 - CO = 0\,.$$

Die erste Reaktion ist die bekannte homogene Wassergas-Reaktion, die zweite beschreibt die Gewinnung von Methan aus einem „Synthesegas", das aus Wasserstoff und CO besteht (Methanisierungsreaktion). Dabei fällt Wasser als Nebenprodukt an. Die stöchiometrischen Zahlen ν_{ij} der beiden Reaktionsgleichungen sind

$$j = 1: \quad \nu_{11} = 1, \; \nu_{21} = -1, \; \nu_{31} = -1, \; \nu_{41} = 1, \; \nu_{51} = 0$$
$$j = 2: \quad \nu_{12} = -3, \; \nu_{22} = 1, \; \nu_{32} = -1, \; \nu_{42} = 0, \; \nu_{52} = 1\,.$$

Mit den ν_{ij} erhält man nach Gl.(5.136) die folgenden Gleichungen für die fünf Stoffmengen:

$$n_1 = n_{H_2} = z_1 - 3\,z_2, \quad n_2 = n_{H_2O} = 2{,}5\,n_0 - z_1 + z_2,$$
$$n_3 = n_{CO} = -z_1 - z_2, \quad n_4 = n_{CO_2} = z_1, \quad n_5 = n_{CH_4} = n_0 + z_2\,,$$

wobei z_1 den Reaktionsumsatz der homogenen Wassergasreaktion und z_2 den Reaktionsumsatz der Methanisierungsreaktion bedeuten. Da alle $n_i \geq 0$ sein müssen, können z_1 und z_2 nur in dem Dreieck liegen, das in der z_1,z_2-Ebene von Abb. 5.39 von den drei Geraden $n_{CO} = 0$, $n_{CO_2} = 0$ und $n_{CH_4} = 0$ eingeschlossen wird. Man erhält damit die Bedingungen

$$0 \leq z_1 \leq n_0, \quad -n_0 \leq z_2 \leq 0 \quad \text{und} \quad z_2 \leq -z_1\,.$$

In diesem Dreiecksbereich liegen alle Zustände des reagierenden Gemisches, die stöchiometrisch möglich sind, also den Bedingungen der Elementerhaltung genügen. Das Ausgangsgemisch entspricht dabei $z_1 = z_2 = 0$.

Die Methanreformierung soll ein Gemisch reich an Wasserstoff liefern, der durch die Spaltung von CH_4 und H_2O entsteht. In Abb. 5.39 sind Linien $n_{H_2} = $ konst. eingezeichnet. Die größte Wasserstoffmenge, die stöchiometrisch zulässig ist, ergibt sich für $z_1 = n_0$ und $z_2 = -n_0$. Dieses Gemisch besteht aus H_2 ($n_{H_2} = 4\,n_0$), CO_2 ($n_{CO_2} = n_0$) und H_2O ($n_{H_2O} = 0{,}5\,n_0$). Es würde aus Methan und Wasserdampf nach der Reaktionsgleichung

$$CH_4 + 2\,H_2O \rightarrow 4\,H_2 + CO_2$$

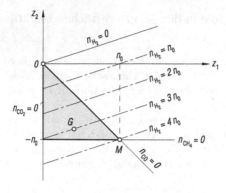

Abbildung 5.39. Stöchiometrisch zulässiger Bereich der Reaktionsumsätze z_1 und z_2 sowie Linien $n_{H_2} = $ konst.

entstehen. Zusätzlich tritt noch $0{,}5\,H_2O$ auf, weil das Ausgangsgemisch Wasserdampf im Überschuß, nämlich $n_{H_2O}^0 = 2{,}5\,n_{CH_4} = 2{,}5\,n_0$ enthält. Dieses Gemisch mit der größten Wasserstoffmenge kann nicht hergestellt werden, weil die Reaktionen zu einem Gleichgewichtszustand führen, der im Inneren des in Abb. 5.39 gezeigten Dreiecks liegt. Der Punkt G stellt einen solchen Zustand dar; seine Berechnung wird in Beispiel 5.20 gezeigt.

5.5.3 Reaktionsenthalpien und Standard-Bildungsenthalpien

Bei der Anwendung des 1. Hauptsatzes wurden bisher nur *Differenzen* der Enthalpie oder der inneren Energie ein und desselben Stoffes in unterschiedlichen Zuständen gebildet. Durch die Subtraktion entfiel die unbestimmte Enthalpie- bzw. Energiekonstante, deren Wert somit ohne Bedeutung war. Dies trifft auf chemisch reagierende Gemische nicht zu. Hier sind bei der Anwendung des 1. Hauptsatzes Differenzen der Enthalpien verschiedener Stoffe zu bilden. Die unbekannten Enthalpiekonstanten fallen nicht heraus; die Enthalpien müssen vielmehr so aufeinander abgestimmt werden, dass die Energie- und Leistungsbilanzgleichungen Resultate liefern, die mit den experimentellen Befunden übereinstimmen.

Die Problemstellung und ihre Lösung soll an dem in Abb. 5.40 schematisch dargestellten stationären Fließprozess erläutert werden. Einzelne Stoffe

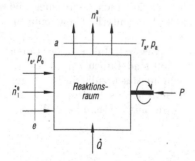

Abbildung 5.40. Reaktionsraum, der von einem reagierenden Gemisch stationär durchströmt wird

oder ein reaktionsfähiges Gemisch strömen mit der Temperatur T_e unter dem Druck p_e in den Reaktionsraum ein, in dem eine Reaktion mit der Reaktionsgleichung

$$\sum_{i=1}^{N} \nu_i A_i = 0 \tag{5.139}$$

stattfindet. Das Gemisch strömt mit T_a und p_a ab; Änderungen der kinetischen und potenziellen Energie werden vernachlässigt. Der 1. Hauptsatz liefert die Leistungsbilanzgleichung

$$\dot{Q} + P = \sum_{i=1}^{N} \dot{n}_i^a \, H_{m,0i}(T_a, p_a) - \sum_{i=1}^{N} \dot{n}_i^e \, H_{m,0i}(T_e, p_e) \tag{5.140}$$

mit $\dot{n}_i$ als dem Stoffmengenstrom des Stoffes i. Gleichung (5.140) enthält keine Mischungsenthalpien; reale Mischungseffekte wurden vernachlässigt: Die ein- und austretenden Stoffe sollen entweder ideale Gemische bilden oder getrennt als reine Stoffe einzeln zu- und abströmen.

Für die Stoffmengenströme gilt nach Abschnitt 5.5.1

$$\dot{n}_i = \dot{n}_i^0 + \nu_i \, \dot{z} \,,$$

wobei $\dot{z}$ den auf die Zeit bezogenen Reaktionsumsatz mit der SI-Einheit mol/s bedeutet. Die Größe $\dot{z}$ wird *Umsatzrate der Reaktion* nach Gl.(5.139) genannt. Als Zustand 0 vor dem Einsetzen der Reaktion ($\dot{z} = 0$) wird der Eintrittszustand e gewählt; mit $\dot{n}_i^0 = \dot{n}_i^e$ gilt dann

$$\dot{n}_i^a = \dot{n}_i^e + \nu_i \, \dot{z}_a \,.$$

Diese Gleichung gilt für alle Stoffströme, auch für solche, die nicht an der Reaktion teilnehmen. Für diese ist $\nu_i = 0$, woraus $\dot{n}_i^a = \dot{n}_i^e$ folgt. Damit sind alle Stoffmengenströme am Austritt des Reaktionsraums mit ihren Werten am Eintritt über die am Austritt erreichte Umsatzrate $\dot{z}_a$ verknüpft. Diese Größe erreicht ihre obere Grenze $\dot{z}_a \le \dot{z}_{max}$ dann, wenn (mindestens) einer der eintretenden Stoffströme durch die Reaktion vollständig aufgezehrt wird, so dass für ihn $\dot{n}_i^a = 0$ gilt. Häufig stellt sich aber am Ende der Reaktion im austretenden Gemisch ein Gleichgewicht bei einer Umsatzrate $\dot{z}_{Gl}$ ein, so dass $\dot{z}_a = \dot{z}_{Gl}$ wird. Auf die Berechnung dieses Reaktionsgleichgewichts wird in Abschnitt 5.6 eingegangen.

Um die rechte Seite der Leistungsbilanzgleichung (5.140) auszuwerten, wird ein Bezugs- oder Referenzzustand T_0, p_0 eingeführt und die Enthalpiedifferenzen gegenüber diesem Zustand gebildet:

$$\dot{Q} + P = \sum_{i=1}^{N} \dot{n}_i^a \left[H_{m,0i}(T_a, p_a) - H_{m,0i}(T_0, p_0) \right]$$

$$- \sum_{i=1}^{N} \dot{n}_i^e \left[H_{m,0i}(T_e, p_e) - H_{m,0i}(T_0, p_0) \right]$$

$$+ \sum_{i=1}^{N} (\dot{n}_i^a - \dot{n}_i^e) \, H_{m,0i}(T_0, p_0) \, . \tag{5.141}$$

Die Enthalpiedifferenzen in den ersten beiden Summen können mit Hilfe von kalorischen Zustandsgleichungen oder von Tabellen der molaren Enthalpie berechnet werden. Für die letzte Summe erhält man

$$\sum_{i=1}^{N} (\dot{n}_i^a - \dot{n}_i^e) \, H_{m,0i}(T_0, p_0) = \dot{z}_a \sum_{i=1}^{N} \nu_i \, H_{m,0i}(T_0, p_0) = \dot{z}_a \, \Delta^R H_m(T_0, p_0)$$

mit der *molaren Reaktionsenthalpie*

$$\Delta^R H_m(T_0, p_0) := \sum_{i=1}^{N} \nu_i \, H_{m,0i}(T_0, p_0) \tag{5.142}$$

bei der Temperatur T_0 und dem Druck p_0. Sie entspricht der Enthalpieänderung der bei T_0 und p_0 isotherm und isobar ablaufenden Reaktion nach Gl.(5.139), wobei ein vollständiger Umsatz der Ausgangsstoffe in die Produkte oder – in der Sprache der Chemiker – ein Formelumsatz stattfindet. Die Reaktionsenthalpie ist eine messbare Eigenschaft des reagierenden Gemisches, die kalorimetrisch bestimmt wird; über die Messverfahren berichtet z.B. H. Klinge [5.52]. Ist der Messwert der Reaktionsenthalpie $\Delta^R H_m(T_0, p_0)$ bekannt, so kann die rechte Seite der Leistungsbilanzgleichung (5.141) berechnet werden.

Zu jeder Reaktion mit einer Reaktionsgleichung (5.139) gehört eine molare Reaktionsenthalpie $\Delta^R H_{m,0i}(T, p)$ nach Gl.(5.142). Sie hängt nur schwach von der Temperatur ab. Ihre Druckabhängigkeit kann im Allgemeinen unberücksichtigt bleiben; denn die molaren Enthalpien idealer Gase sind reine Temperaturfunktionen, und bei kondensierten Stoffen ist die Druckabhängigkeit vernachlässigbar klein. Reaktionen mit positiver Reaktionsenthalpie $\Delta^R H_m$ nennt man *endotherme Reaktionen*. Die Enthalpie der Produkte ist größer als die Enthalpie der Ausgangsstoffe; bei der isotherm-isobaren Reaktion muss Wärme zugeführt werden. *Exotherme Reaktionen* haben negative Reaktionsenthalpien. Bei ihrer isotherm-isobaren Ausführung wird Wärme abgegeben, weil die Produkte eine kleinere Enthalpie als die Ausgangsstoffe haben. Alle Verbrennungsreaktionen, die ausführlich in Kapitel 7 behandelt werden, sind exotherm; sie liefern Energie als Wärme und bei geeigneter Reaktionsführung auch als Arbeit, vgl. Abschnitt 5.5.5.

Die molare Reaktionsenthalpie $\Delta^R H_m$ nach Gl.(5.142) verknüpft die molaren Enthalpien der Reaktionsteilnehmer im Bezugszustand (T_0, p_0). Der gemessene Wert $\Delta^R H_m(T_0, p_0)$ bestimmt dabei eine der N Enthalpien $H_{m,0i}(T_0, p_0)$, nachdem die Werte für die anderen $N-1$ Reaktionsteilnehmer willkürlich festgelegt worden sind. Da es eine sehr große Zahl von Reaktionen gibt, wird man eine systematische Abstimmung vornehmen mit dem Ziel, die Zahl der zu messenden Reaktionsenthalpien möglichst klein zu halten und jedem Stoff in einem festgelegten Referenzzustand nur einen stoffspezifischen Wert $H_{m,0i}(T_0, p_0)$ zuzuordnen, der für alle Reaktionen gleich ist. Da die chemischen Elemente bei allen Reaktionen erhalten bleiben, liegt es nahe, die Enthalpie einer chemischen Verbindung mit den Enthalpien der Elemente zu verknüpfen, aus denen sie besteht.

Hierzu wird die isotherm-isobare Reaktion betrachtet, durch die eine Verbindung A_i aus den Elementen E_k entsteht. Die Reaktionsgleichung dieser *Bildungsreaktion* lautet

$$A_i - \sum_{k=1}^{M} |\nu_{ki}| E_k = A_i - \sum_{k=1}^{M} a_{ki} E_k = 0 \,.$$

Ihre Reaktionsenthalpie wird als molare *Bildungsenthalpie*

$$H_{m,i}^f(T,p) = H_{m,0i}(T,p) - \sum_{k=1}^{M} |\nu_{ki}| H_{m,0k}(T,p)$$

der Verbindung i bezeichnet, wobei der hochgestellte Index f auf das englische Wort formation (= Bildung) hinweist. Für die molare Reaktionsenthalpie einer beliebigen isotherm-isobaren Reaktion gilt dann

$$\Delta^R H_m(T,p) = \sum_{i=1}^{N} \nu_i\, H_{m,0i}(T,p)$$

$$= \sum_{i=1}^{N} \nu_i\, H_{m,i}^f(T,p) + \sum_{i=1}^{N} \nu_i \sum_{k=1}^{M} |\nu_{ki}| H_{m,0k}(T,p) \,.$$

Wenn man die Reihenfolge der Summationen im letzten Term vertauscht erkennt man, dass

$$\sum_{k=1}^{M} \left(\sum_{i=1}^{N} \nu_i |\nu_{ki}| \right) H_{m,0k}(T,p) = \sum_{k=1}^{M} \left(\sum_{i=1}^{N} \nu_i\, a_{ki} \right) H_{m,0k}(T,p) = 0$$

ist, weil die in den Klammern stehende Summe wegen der Erhaltung des Elements E_k verschwindet. Damit lautet das Ergebnis

$$\Delta^R H_m(T,p) = \sum_{i=1}^{N} \nu_i\, H_{m,i}^f(T,p) \,. \tag{5.143}$$

Unabhängig von den Werten der Enthalpien $H_{m,0k}$ der Elemente ergibt sich jede Reaktionsenthalpie aus den Bildungsenthalpien $H_{m,i}^f$ der an ihr beteiligten Verbindungen. Es genügt also, allein die Bildungsenthalpien experimentell zu bestimmen; Messungen weiterer Reaktionsenthalpien sind im Prinzip nicht erforderlich.

Diese Ergebnisse werden nun zur Festlegung der Enthalpien in einem Referenzzustand angewendet. Hierfür wählt man den *thermochemischen Standardzustand*, der durch $T = T_0 = 298{,}15$ K ($\vartheta_0 = 25\,^\circ$C) und $p = p_0 = 100$ kPa festgelegt ist. Außerdem vereinbart man, alle in diesem Zustand gasförmigen Stoffe als *ideale Gase* zu behandeln, insbesondere die gasförmigen Elemente

H_2, O_2, He, Ne, Ar, Kr, Xe, F_2, Cl_2 und N_2.

Hierbei sieht man nicht H, O, F, Cl und N als Elemente an, sondern die zweiatomigen Moleküle, weil nur diese im Standardzustand existieren können. Für die anderen Elemente und Verbindungen ist die im Standardzustand stabile Phase maßgebend. So ist beispielsweise Graphit (und nicht Diamant) der Vertreter des Elements C.

Da es bei der Berechnung der Reaktionsenthalpien nach Gl.(5.143) auf die Werte der Enthalpien der Elemente nicht ankommt, setzt man ihre Enthalpie im Standardzustand gleich null: $H_{m,0k}(T_0, p_0) = 0$. Die Bildungsenthalpie einer Verbindung i im Standardzustand wird als ihre *Standard-Bildungsenthalpie* bezeichnet. Sie wird durch das Formelzeichen $H_i^{f\square} :=$ $H_{m,i}^f(T_0, p_0)$ gekennzeichnet. Die Standard-Bildungsenthalpie ist eine messbare Eigenschaft der Verbindung i und wird entweder als Reaktionsenthalpie ihrer Bildungsreaktion direkt gemessen oder aus anderen Reaktionsenthalpien berechnet, falls die Bildungsreaktion schwierig auszuführen ist.

Damit erhält man für die Abstimmung der molaren Enthalpien das folgende Ergebnis. Die molare Enthalpie reiner Stoffe hat im Standardzustand die Werte

$$H_{m,0i}(T_0, p_0) = \begin{cases} 0, \text{falls } i \text{ ein Element ist,} \\ H_i^{f\square}, \text{ falls } i \text{ eine chemische Verbindung ist.} \end{cases}$$

Für die molare Enthalpie eines reinen Stoffes erhält man

$$H_{m,0i}^*(T, p) = H_i^{f\square} + [H_{m,0i}(T, p) - H_{m,0i}(T_0, p_0)]. \tag{5.144}$$

In der eckigen Klammer steht die Enthalpiedifferenz des Stoffes i zwischen dem Zustand (T, p) und dem Standardzustand. Diese Differenz lässt sich aus der kalorischen Zustandsgleichung berechnen und ist häufig, besonders für ideale Gase, Tabellen zu entnehmen. Die über die Standard-Bildungsenthalpien aufeinander abgestimmten Enthalpien werden auch als *konventionelle Enthalpien* bezeichnet. Sie sind durch den Stern besonders gekennzeichnet. Gleichung (5.144) erfasst auch die Elemente mit $H_i^{f\square} = 0$.

Mit den konventionellen Enthalpien lassen sich die Bilanzgleichungen des 1. Hauptsatzes auch für chemische Reaktionen auswerten, ohne dass es einer weiteren Abstimmung bedarf. Die Bestimmung von Reaktionsenthalpien entfällt, und die Leistungsbilanzgleichung (5.141) nimmt die einfache Form

$$\dot{Q} + P = \sum_{i=1}^{N} \dot{n}_i^a \, H^*_{m,0i}(T_a, p_a) - \sum_{i=1}^{N} \dot{n}_i^e \, H^*_{m,0i}(T_e, p_e) \qquad (5.145)$$

an. Für die Anwendung bequem sind Tabellen wie z.B. [4.42], die bereits konventionelle Enthalpien enthalten. Viele Tafeln verzeichnen jedoch Enthalpien mit einem willkürlich gewählten Nullpunkt. Man muss dann Gl.(5.144) anwenden und mit den Tafelwerten die in der eckigen Klammer stehende Differenz berechnen. Außerdem benötigt man eine Tafel der Standard-Bildungsenthalpien $H_i^{f\square}$. Tabelle 10.6 des Anhangs enthält diese Werte für eine Reihe von Stoffen. Umfangreiche Zusammenstellungen findet man in [5.53] sowie in [4.41] und [4.42].

Beispiel 5.16. Zur Methanreformierung werden einem beheizten Röhrenofen Methan mit dem Stoffmengenstrom $\dot{n}_{CH_4}^e = \dot{n}_0$ und Wasserdampf mit $\dot{n}_{H_2O}^e = 2,5\,\dot{n}_0$ bei $T_e = 500$ K zugeführt. Das mit $T_a = 1100$ K austretende Gasgemisch hat die Zusammensetzung $x_{H_2} = 0,4651$, $x_{H_2O} = 0,3270$, $x_{CO} = 0,0798$, $x_{CO_2} = 0,0564$ und $x_{CH_4} = 0,0716$. Sie ist die in Beispiel 5.21 von Abschnitt 5.6.3 berechnete Zusammensetzung im Reaktionsgleichgewicht. Alle Stoffe sollen als ideale Gase behandelt werden. Man berechne den auf $\dot{n}_0$ bezogenen Wärmestrom $\dot{Q}$, der dem reagierenden Gemisch zugeführt werden muss.

Der gesuchte Wärmestrom ergibt sich aus Gl.(5.145) zu

$$\dot{Q} = \sum_{i=1}^{5} \dot{n}_i^a \, H^*_{m,0i}(T_a) - [\dot{n}_{CH_4}^e H^*_{m,CH_4}(T_e) + \dot{n}_{H_2O}^e \, H^*_{m,H_2O}(T_e)] \, ,$$

woraus mit $\dot{n}_a$ als dem Stoffmengenstrom des austretenden Gemisches

$$\dot{Q}/\dot{n}_0 = (\dot{n}_a/\dot{n}_0) \sum_{i=1}^{5} x_i \, H^*_{m,0i}(T_a) - H^*_{m,CH_4}(T_e) - 2,5\, H^*_{m,H_2O}(T_e) \qquad (5.146)$$

folgt. Der Stoffmengenstrom $\dot{n}_a$ wird aus einer Elementbilanz, z.B. aus der H_2-Bilanz

$$\dot{n}_a \, (x_{H_2} + x_{H_2O} + 2\,x_{CH_4}) = 2\,\dot{n}_{CH_4}^e + \dot{n}_{H_2O}^e = 4,5\,\dot{n}_0 \, ,$$

zu

$$\frac{\dot{n}_a}{\dot{n}_0} = \frac{4,5}{x_{H_2} + x_{H_2O} + 2\,x_{CH_4}} = 4,821 \, .$$

berechnet. Die molaren Enthalpien werden [4.42] entnommen, wo konventionelle Enthalpien $H^*_{m,0i}$ im idealen Gaszustand verzeichnet sind. Wie Tabelle 5.7 zeigt, sind die konventionellen Enthalpien der vier Verbindungen negativ, weil ihre Bildungsreaktionen *exotherm* sind und sie daher negative Standard-Bildungsenthalpien $H_i^{f\square}$ haben. In den Tabellen [4.42] und in mehreren anderen

Tafelwerken werden Werte der Enthalpie und anderer thermodynamischer Größen mit ein oder zwei Dezimalstellen mehr angegeben, als es der tatsächlichen Genauigkeit entspricht. Dies soll Rundungsfehler verhindern.

Mit den Enthalpien nach Tabelle 5.7 erhält man aus Gl.(5.146) für den auf $\dot{n}_0$ bezogenen Wärmestrom

$$\dot{Q}/\dot{n}_0 = (-417{,}3 + 653{,}8)\,\text{kJ/mol} = 236{,}5\,\text{kJ/mol}\,.$$

Bezieht man $\dot{Q}$ auf den Stoffmengenstrom $\dot{n}^{\mathrm{a}}_{\mathrm{H_2}}$ des erzeugten Wasserstoffs, so ergibt sich

$$\frac{\dot{Q}}{\dot{n}^{\mathrm{a}}_{\mathrm{H_2}}} = \frac{\dot{Q}}{\dot{n}_0}\,\frac{\dot{n}_0}{x_{\mathrm{H_2}}\,\dot{n}_{\mathrm{a}}} = 105{,}7\,\frac{\text{kJ}}{\text{mol}}\,.$$

5.5.4 Der 3. Hauptsatz der Thermodynamik

Bei der Anwendung des 2. Hauptsatzes auf chemisch reagierende Gemische tritt das gleiche Problem der Abstimmung der molaren Entropien der Reaktionsteilnehmer auf, das im letzten Abschnitt für die molaren Enthalpien erörtert wurde. Auch die Entropie eines Stoffes ist nur bis auf eine additive Konstante bestimmt, die sich nur beim Bilden von Entropiedifferenzen zwischen verschiedenen Zuständen des selben Stoffes heraushebt. Bildet man für eine isotherm-isobare Reaktion die molare *Reaktionsentropie*

$$\Delta^{\mathrm{R}} S_{\mathrm{m}}(T,p) := \sum_{i=1}^{N} \nu_i\, S_{\mathrm{m},0i}(T,p)\,,$$

so ist dies nicht mehr der Fall, und eine Abstimmung der Entropien verschiedener Stoffe wird erforderlich. Dies trifft auch auf die molare *Reaktions-Gibbs-Funktion*

$$\Delta^{\mathrm{R}} G_{\mathrm{m}}(T,p) := \sum_{i=1}^{N} \nu_i\, G_{\mathrm{m},0i}(T,p) = \Delta^{\mathrm{R}} H_{\mathrm{m}}(T,p) - T\,\Delta^{\mathrm{R}} S_{\mathrm{m}}(T,p) \quad (5.147)$$

zu, die bei der in Abschnitt 5.6 behandelten Berechnung von Reaktionsgleichgewichten benötigt wird.

Die Abstimmung der Entropien der an einer Reaktion teilnehmenden Stoffe lässt sich – anders als bei der Enthalpie – nicht durch eine kalorimetrische

Tabelle 5.7. Molare konventionelle Enthalpien $H^*_{\mathrm{m},0i}(T)$ in kJ/mol

T/K	H_2	H_2O	CO	CO_2	CH_4
500	5,856	−234,857	−104,462	−384,838	−66,621
1100	23,821	−210,929	−85,020	−353,666	−29,438

Messung erreichen. Es war daher lange Zeit nicht möglich, Reaktionsgleichgewichte allein aufgrund thermischer und kalorischer Messungen vorauszuberechnen. Erst 1906 fand W. Nernst [5.54] eine Lösung dieses Problems, die er
als „Neuen Wärmesatz" bezeichnete. Er postulierte, dass für alle Reaktionen
zwischen festen Körpern

$$\lim_{T \to 0} \frac{d\Delta^R G_m}{dT} = 0$$

gelten soll. Nach Gl.(5.21) bedeutet dies, dass am Nullpunkt der thermodynamischen Temperatur die Reaktionsentropien aller Reaktionen zwischen
Festkörpern verschwinden:

$$\lim_{T \to 0} \Delta^R S_m(T, p) = 0 \ . \tag{5.148}$$

Damit lassen sich Reaktionsentropien und Reaktions-Gibbs-Funktionen bei
anderen Temperaturen berechnen, wenn die molaren Wärmekapazitäten $C_{m,p}$
der an der Reaktion beteiligten Stoffe bekannt sind.

Der Nernst'sche Wärmesatz war längere Zeit umstritten, vgl. hierzu F. Simon [5.55], [5.56]. Heute ist er als ein allgemeingültiges Gesetz über das Verhalten der Entropie am (absoluten) Nullpunkt der thermodynamischen Temperatur anerkannt, weswegen er auch als *3. Hauptsatz der Thermodynamik*
bezeichnet wird. Wie beim 2. Hauptsatz gibt es für ihn verschiedene Formulierungen, vgl. z.B. [5.56], [5.57] und [0.4]. Zur Abstimmung der Entropien
verschiedener Stoffe ist die 1911 von M. Planck [5.58] angegebene, über die
ursprüngliche Nernst'sche Fassung hinausgehende Formulierung von besonderer Bedeutung. In Anlehnung hieran wird das Postulat zur Normierung der
Entropie in folgender Weise formuliert:

> Die Entropie eines jeden reinen kondensierten Stoffes, der sich im
> inneren Gleichgewicht befindet, nimmt bei $T = 0$ ihren kleinsten
> Wert an, der von den übrigen intensiven Zustandsgrößen unabhängig
> ist und gleich null gesetzt werden kann.

Wie man sofort erkennt, ist Gl.(5.148) und damit auch die Nernst'sche Formulierung des Postulates erfüllt. Bei der Berechnung der Entropie tritt keine
unbestimmte Konstante auf, und man erhält die molare Entropie bei konstantem Druck p durch Integration des Entropiedifferenzials, beginnend bei
$T = 0$:

$$S_{m,0i}(T, p) = \int_0^T \frac{C_{m,p,0i}(T, p)}{T} \, dT, \quad p = \text{konst.} \ . \tag{5.149}$$

Die so bestimmten Entropien mit dem Nullpunkt bei $T = 0$ werden als *konventionelle Entropien* bezeichnet, während früher auch die Bezeichnung absolute Entropie verwendet wurde. Damit sich endliche Entropiewerte ergeben,

muss auch die molare Wärmekapazität $C_{m,p}$ bei $T = 0$ verschwinden. Als Folge des Nernst'schen Postulates ergibt sich somit

$$\lim_{T \to 0} C_{m,p}(T,p) = 0 \,,$$

und ebenso wird auch $C_{m,v} = 0$, wenn $T \to 0$ geht.

Eine wesentliche Stütze erhielt das Nernst'sche Postulat durch die Quantentheorie und die statistische Thermodynamik. So fand P. Debeye [5.59] 1912, dass die molare Wärmekapazität und die Entropie von Festkörpern proportional zu T^3 gegen null gehen, was das Postulat bestätigt. Die Entropie idealer Gase lässt sich mit Hilfe der Quantentheorie und der statistischen Thermodynamik aus Naturkonstanten und spektroskopischen Messungen berechnen, ohne dass unbestimmte Größen auftreten. Die so berechneten Entropien können mit den Ergebnissen der Integration nach Gl.(5.149) verglichen werden, wodurch sich das Postulat überprüfen lässt. Die auf dieser Basis bestimmten Entropien stimmen mit den unabhängig davon mittels der Quantentheorie statistisch berechneten Entropien im Rahmen der Messunsicherheit überein.

Die Ergebnisse dieser Entropieberechnungen werden als molare *Standardentropien* $S_{m,0i}^{\square} := S_{m,0i}(T_0, p_0)$ angegeben und vertafelt. Mit den Entropien im Standardzustand lassen sich Entropien in davon abweichenden Zuständen durch Anwenden der bekannten Beziehungen als Entropiedifferenzen gegenüber dem Standardzustand berechnen. Standardentropien der idealen Gase werden am genauesten mit der statistischen Thermodynamik berechnet, während die Standardentropien der Festkörper und Flüssigkeiten nach Gl.(5.149) bestimmt werden. Tabelle 10.6 enthält diese Werte für eine Reihe von Stoffen. Durch die molare Standardentropie $S_{m,0i}^{\square}$ und die molare Standard-Bildungsenthalpie $H_{m,0i}^{f\square}$ des Stoffes i liegt auch seine molare Gibbs-Funktion $G_{m,0i}^{\square} = H_{m,0i}^{f\square} - T_0 S_{m,0i}^{\square}$ im Standardzustand fest, so dass keine weitere Abstimmung bei der Bildung der molaren Reaktions-Gibbs-Funktion $\Delta^R G_m(T_0, p_0)$ erforderlich ist.

Aus dem Nernst'schen Postulat folgt der *Satz von der Unerreichbarkeit des (absoluten) Nullpunkts der thermodynamischen Temperatur*:

Es ist unmöglich, den Nullpunkt der thermodynamischen Temperatur ($T = 0$) in einer endlichen Zahl von Prozessschritten zu erreichen.

Auch dieser Satz wurde zuerst von W. Nernst [5.60] 1912 ausgesprochen. Er leitete ihn als Folge des 2. Hauptsatzes aus dem Verschwinden der molaren Wärmekapazitäten $C_{m,v}$ und $C_{m,p}$ bei $T = 0$ her. Diese Herleitung haben jedoch verschiedene Forscher angezweifelt. Nach D. Chandler und I. Oppenheim [5.61] folgt dieser Satz aus dem Nernst'schen Postulat und auch umgekehrt das Nernst'sche Postulat aus dem Prinzip der Unerreichbarkeit des absoluten Nullpunkts. Eine indirekte Bestätigung dieses Prinzips liefern die zahlreichen Versuche, sehr tiefe Temperaturen zu erreichen. So hat man thermodynamische Temperaturen bis herab zu etwa 0,0005 µK realisiert, jedoch niemals $T = 0$ erreicht.

5.5.5 Die Anwendung des 2. Hauptsatzes auf chemische Reaktionen

Nach der Normierung der Entropien durch das Nernst'sche Postulat kann der 2. Hauptsatz auf chemisch reagierende Systeme angewendet werden. Es wird ein stationärer Fließprozess untersucht, bei dem im Inneren des in Abb. 5.41 gezeigten Reaktionsraums eine isotherm-isobare Reaktion mit der Reaktionsgleichung

$$\sum_{i=1}^{N} \nu_i \, A_i = 0$$

abläuft. Um Mischungseffekte auszuschließen, soll jeder Reaktionsteilnehmer dem Reaktionsraum *getrennt* mit T und p zuströmen und ihn getrennt mit T und p verlassen. Dabei sind seine Stoffmengenströme $\dot{n}_i^e$ beim Eintritt und $\dot{n}_i^a$ beim Austritt als Folge der Elementerhaltung durch

$$\dot{n}_i^a = \dot{n}_i^e + \nu_i \, \dot{z}_a \tag{5.150}$$

mit der am Austritt erreichten Umsatzrate $\dot{z}_a$ der Reaktion verknüpft, vgl. Abschnitt 5.5.3.

Der 1. Hauptsatz liefert bei Vernachlässigung der Änderungen von kinetischer und potenzieller Energie die Leistungsbilanzgleichung

$$P + \dot{Q} = \sum_{i=1}^{N} (\dot{n}_i^a - \dot{n}_i^e) \, H_{m,0i}(T,p) = \dot{z}_a \sum_{i=1}^{N} \nu_i \, H_{m,0i}(T,p)$$

$$= \dot{z}_a \, \Delta^R H_m(T,p) \; .$$

Den Wärmestrom erhält man aus einer Entropiebilanz zu

$$\dot{Q} = T \sum_{i=1}^{N} (\dot{n}_i^a - \dot{n}_i^e) \, S_{m,0i}(T,p) - T \dot{S}_{irr} = \dot{z}_a \, T \sum_{i=1}^{N} \nu_i \, S_{m,0i}(T,p) - T \dot{S}_{irr}$$

$$= \dot{z}_a \, T \, \Delta^R S_m(T,p) - T \dot{S}_{irr} \; , \tag{5.151}$$

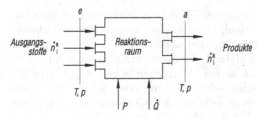

Abbildung 5.41. Isotherm-isobare Reaktion mit getrennter Zu- und Abfuhr der einzelnen Reaktionsteilnehmer

wobei $\Delta^R S_m(T,p)$ die molare Reaktionsentropie und $\dot{S}_{irr} \geq 0$ den Entropie-produktionsstrom bedeuten. Dieser wird durch die im Reaktionsraum irreversibel ablaufende Reaktion hervorgerufen. Aus den beiden Bilanzgleichungen wird $\dot{Q}$ eliminiert und man erhält für die Leistung

$$P = \dot{z}_a \, \Delta^R G_m(T,p) + T \, \dot{S}_{irr} \, . \tag{5.152}$$

Hierin ist $\Delta^R G_m(T,p)$ die molare Reaktions-Gibbs-Funktion nach Gl.(5.147) der isotherm-isobaren Reaktion. Ist diese Größe negativ, lässt sich aus der Reaktion nicht nur Wärme, sondern auch Energie als Arbeit gewinnen. Reaktionen mit $\Delta^R G_m(T,p) > 0$ verlangen dagegen zu ihrer Ausführung die Zufuhr von Arbeit.

Für den Grenzfall der reversiblen Reaktion erhält man mit $\dot{S}_{irr} = 0$ aus Gl.(5.152) die molare *reversible Reaktionsarbeit*

$$W_{tm}^{rev} := P^{rev}/\dot{z}_a = \Delta^R G_m(T,p) \, . \tag{5.153}$$

Sie ist eine Eigenschaft der isotherm-isobaren Reaktion und ergibt die molare Arbeit, die bei einem Formelumsatz mindestens aufzuwenden bzw. maximal zu gewinnen ist. Im nächsten Abschnitt wird diese Größe bei der Berechnung der chemischen Exergie verwendet.

In vielen Fällen verläuft eine Reaktion ohne Zu- oder Abfuhr mechanischer oder elektrischer Leistung. Mit $P = 0$ ergibt sich aus Gl.(5.152) der Entropieprodukti-onsstrom

$$\dot{S}_{irr} = -\frac{\dot{z}_a}{T} \, \Delta^R G_m(T,p) \geq 0 \, .$$

Über die Richtung des Reaktionsablaufs entscheidet damit das Vorzeichen der molaren Reaktions-Gibbs-Funktion: Ist

$$\Delta^R G_m(T,p) < 0, \quad \text{so gilt} \quad \dot{z}_a > 0 \, .$$

Die isotherm-isobare Reaktion schreitet in der Richtung fort, die beim Anschreiben der Reaktionsgleichung angenommen wurde. Ist dagegen

$$\Delta^R G_m(T,p) > 0, \quad \text{so gilt} \quad \dot{z}_a < 0 \, .$$

Die Reaktion läuft in die entgegengesetzte Richtung. Eine isotherm-isobare Reaktion mit positiver Reaktions-Gibbs-Funktion kann bei $P = 0$ in der „angeschriebenen" Richtung nicht ablaufen.

Gl. (5.152) legt die Möglichkeit nahe, durch Zufuhr von mechanischer oder elektrischer Leistung die gewünschte Reaktionsrichtung zu erzwingen, obwohl $\Delta^R G_m(T,p) > 0$ ist. Dabei muss jedoch gewährleistet sein, dass die zugeführte Leistung nicht nur als ohmscher Widerstand dissipiert wird, sondern zu einem Fortschreiten der Reaktion führt. Dies ist bei elektrochemischen Reaktionen der Fall, nicht jedoch bei der Zufuhr mechanischer Leistung oder bei elektrothermi-schen Verfahren, bei denen die elektrische Leistung dissipiert wird, um sehr hohe Reaktionstemperaturen zu erreichen. Bei den elektrochemischen Reaktionen wird die Reaktion durch elektrische Ladungsträger (Elektronen, Ionen) vermittelt. Ein

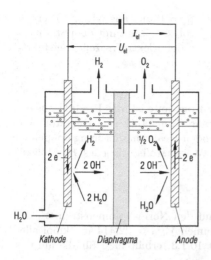

Abbildung 5.42. Schematische Darstellung einer Zelle zur Wasserelektrolyse

bekanntes Beispiel ist die elektrolytische Zersetzung von Wasser nach der Reaktionsgleichung

$$H_2^g + \frac{1}{2}O_2^g - H_2O^{fl} = 0 \tag{5.154}$$

mit $\Delta^R G_m = +237{,}15$ kJ/mol unter Standardbedingungen, die im folgenden Beispiel behandelt wird.

Elektrochemische Reaktionen mit negativer Reaktions-Gibbs-Funktion können bei geeigneter Reaktionsführung nicht nur Wärme, sondern auch Energie als Arbeit liefern. Der Höchstbetrag der gewinnbaren Arbeit ist die reversible Reaktionsarbeit $|W_{t,m}^{rev}|$ nach Gl.(5.153). Hierauf wird in Abschnitt 7.4 bei der Behandlung der Brennstoffzelle zurückgegriffen.

Beispiel 5.17. Zur Herstellung von Wasserstoff dient neben anderen Verfahren die alkalische Wasserelektrolyse. Sie wird bei etwa 80 °C und meistens unter Umgebungsdruck ausgeführt. Das Prinzip einer Elektrolyse-Zelle zeigt Abb. 5.42. Zwei Elektroden tauchen in den Elektrolyten, eine wässerige KOH-Lösung mit $\xi_{KOH} \approx 0{,}25$. Ein Diaphragma verhindert die Vermischung der an den Elektroden entstehenden Gase H_2 und O_2, lässt aber die wässerige Lösung einschließlich der Ionen hindurch. Unter Stromzufuhr finden die folgenden Reaktionen statt:

Kathode: $2\,H_2O + 2\,e^- \rightarrow H_2 + 2\,OH^-$,

Anode: $2\,OH^- \rightarrow \frac{1}{2}\,O_2 + H_2O + 2\,e^-$.

Ihre Summe ergibt die schon angeschriebene Reaktionsgleichung (5.154).

Für eine bei $\vartheta = 80\,°C$ und $p = 100$ kPa mit der Zellenspannung $U_{el} = 1{,}96$ V betriebene Elektrolysezelle berechne man die auf die Stoffmenge des erzeugten H_2 bezogenen Größen $W_{tm} = P/\dot{n}_{H_2}$ und $Q_m = \dot{Q}/\dot{n}_{H_2}$. Gegeben sind $\Delta^R G_m(T, p) = 228{,}3$ kJ/mol und $\Delta^R S_m(T, p) = 157{,}5$ J/(mol K).

Da der Zelle nur Wasser zugeführt wird, ist $\dot{n}^{e}_{H_2} = 0$ und aus Gl.(5.150) ergibt sich $\dot{n}^{a}_{H_2} = \dot{z}_a$: Die Umsatzrate $\dot{z}_a$ der Wasserelektrolyse stimmt mit dem Stoffmengenstrom des erzeugten Wasserstoffs überein. Die der Elektrolysezelle zugeführte elektrische Leistung ergibt sich zu

$$P = U_{el}I_{el} = U_{el}\,\dot{n}_{El}\,F\;,$$

wobei $F = e\,N_A = 96485{,}3$ As/mol die Faraday-Konstante ist, das Produkt aus der elektrischen Elementarladung e und der Avogadro-Konstante N_A. Der Stoffmengenstrom $\dot{n}_{El}$ der Elektronen ist nach der Kathoden-Reaktionsgleichung doppelt so groß wie der Stoffmengenstrom des erzeugten Wasserstoffs, da jedes H_2-Molekül zwei Elektronen beisteuert. Somit erhält man

$$P/\dot{n}_{H_2} = W_{t,m} = 2\,F\,U_{el} = 378{,}2\,\text{kJ/mol}\;.$$

Häufig bezieht man die elektrische Leistung auf den Norm-Volumenstrom $\dot{V}_n$ des erzeugten Wasserstoffs. Mit dem molaren Volumen $V_{m,0} = 22{,}414$ m^3/kmol aller idealen Gase im Normzustand, vgl. Abschnitt 10.1.3, erhält man für die auf das Normvolumen bezogene Reaktionsarbeit

$$W_{t,n} := \frac{P}{\dot{V}_n} = \frac{P}{\dot{n}_{H_2}}\frac{\dot{n}_{H_2}}{\dot{V}_n} = \frac{W_{t,m}}{V_{m,0}} = 4{,}687\,\frac{\text{kWh}}{\text{m}^3}\;.$$

Die Reaktionsarbeit ist wegen der Irreversibilitäten in der Zelle größer als die reversible molare Reaktionsarbeit

$$W^{rev}_{t,m} = \Delta^R G_m(T,p) = 228{,}3\,\text{kJ/mol}\;.$$

Nach Gl.(5.152) ist die Differenz $W_{t,m} - W^{rev}_{t,m}$ gleich der dissipierten elektrischen Energie:

$$T\,(\dot{S}_{irr}/\dot{n}_{H_2}) = W_{t,m} - W^{rev}_{t,m} = W_{t,m} - \Delta^R G_m(T,p) = 149{,}9\,\text{kJ/mol}\;.$$

Hieraus ergibt sich für den molaren Entropieproduktionsstrom $\dot{S}_{irr}/\dot{n}_{H_2} = 424{,}5$ J/(mol K). Nach Gl.(5.151) wird die dissipierte Energie

$$T\,(\dot{S}_{irr}/\dot{n}_{H_2}) = T\,\Delta^R S_m(T,p) - Q_m$$

zum Teil für die Reaktion benötigt und zum Teil als Abwärme an die Umgebung abgegeben, weil $\dot{S}_{irr}/\dot{n}_{H_2} > \Delta^R S_m(T,p)$ ist. Damit erhält man schließlich für die Abwärme

$$Q_m = T\,[\Delta^R S_m(T,p) - (\dot{S}_{irr}/\dot{n}_{H_2})] = -94{,}3\,\text{kJ/mol}\;.$$

Die reversibel arbeitende Zelle würde dagegen Wärme aus der Umgebung aufnehmen, $Q^{rev}_m = T\,\Delta^R S_m(T,p) = 55{,}6$ kJ/mol, und mit $W^{rev}_{t,m}$ erheblich weniger elektrische Energie benötigen. Ihre Spannung U^{rev}_{el}, die als reversible Zellenspannung oder als Gleichgewichtsspannung bezeichnet wird, ist kleiner als U_{el}; sie beträgt nur $U^{rev}_{el} = \Delta^R G_m(T,p)/2\,F = 1{,}1831$ V. Man definiert einen *Wirkungsgrad der Elektrolysezelle* durch

$$\eta_{ELZ} := \frac{P^{rev}}{P} = \frac{U^{rev}_{el}}{U_{el}} = \frac{\dot{n}_{H_2}\,\Delta^R G_m(T,p)}{P} = 1 - \frac{T\,\dot{S}_{irr}}{P}\;.$$

Er erreicht im Beispiel den Wert $\eta_{ELZ} = 0{,}604$, was etwa dem Stand der Technik entspricht.

5.5.6 Chemische Exergien

Ein Stoff oder Stoffstrom, der sich im thermischen und mechanischen Gleichgewicht mit der Umgebung befindet, ist erst dann exergielos, wenn er auch das
stoffliche (chemische) Gleichgewicht mit der Umgebung erreicht hat. Die bei
diesem Übergang (bei $T = T_u$ und $p = p_u$) maximal gewinnbare Arbeit wurde in Abschnitt 3.3.2 als die *chemische Exergie* des Stoffstroms bezeichnet,
ihre Berechnung aber bis zur Festlegung der chemischen Zusammensetzung
der Umgebung zurückgestellt. Diese Zusammensetzung kann nicht willkürlich
gewählt werden. Nach J. Ahrendts [3.30] muss die thermodynamische Umgebung eine *Gleichgewichtsumgebung* sein, damit die Exergiebilanzen nicht zu
Widersprüchen mit den Aussagen der beiden Hauptsätze führen. Die Umgebungskomponenten müssen sich bei $T = T_u$ und $p = p_u$ im vollständigen
thermodynamischen Gleichgewicht befinden, so dass zwischen ihnen weder
Mischungs- noch Entmischungsprozesse noch chemische Reaktionen ablaufen.

Die mit der Exergie zu bewertenden technischen Stoff- und Energieumwandlungen finden unter irdischen Bedingungen statt. Daher erwartet der
Anwender des Exergiebegriffs eine Gleichgewichtsumgebung, deren Zusammensetzung den auf der Erde anzutreffenden Verhältnissen nahekommt. Da
sich die irdische Umwelt jedoch aufgrund kinetischer Hemmnisse nicht im
thermodynamischen Gleichgewicht befindet, wird man einen Kompromiss
eingehen müssen: Die thermodynamische Umgebung muss notwendigerweise
eine Gleichgewichtsumgebung sein; sie sollte aber in ihrer stofflichen Zusammensetzung der irdischen Atmosphäre, dem Meerwasser und der Erdkruste
ähnlich sein.

Um dieser Erdähnlichkeit Rechnung zu tragen, haben erstmals J. Ahrendts [3.30]
1974 und danach Ch. Diederichsen [3.31] 1990 den Stoffvorrat der thermodynamischen Umgebung aus der Materie der irdischen Atmosphäre, der Hydrosphäre
(Meere, Flüsse, Seen) und der Erdkruste bestimmt und die Masse eines jeden in
der Gleichgewichtsumgebung auftretenden chemischen Elements aus den geoche-
mischen Daten berechnet. Dabei treten zwei Parameter auf, die Dicke z_E der Erdschicht und die Tiefe z_M der Meeresschicht, deren Stoffvorräte der Gleichgewichtsumgebung zugrunde gelegt werden. Bei der Berechnung der Zusammensetzung
der Gleichgewichtsumgebung wird die Umgebungstemperatur T_u vorgegeben; der
Umgebungsdruck p_u ergibt sich aus der Rechnung als Druck, den die Gasphase
der Gleichgewichtsumgebung auf ihre flüssige Phase und die festen Phasen ausübt. Um bekannte und tabellierte thermodynamische Daten der in der Gleichgewichtsberechnung berücksichtigten Verbindungen verwenden zu können, haben
J. Ahrendts und Ch. Diederichsen T_u gleich der thermochemischen Standardtemperatur $T_0 = 298{,}15$ K gesetzt.

Bei der mathematisch sehr aufwendigen Gleichgewichtsberechnung wird die
Gibbs-Funktion eines aus sehr vielen chemischen Verbindungen bestehenden Stoff-
systems minimiert, vgl. Abschnitt 5.6.1. Als Ergebnis dieser Rechnung werden jene
Verbindungen gefunden, aus denen die Gleichgewichtsumgebung besteht; außerdem
ergeben sich die Phasen, in denen diese Verbindungen in bestimmten Stoffmengen-

oder Massenanteilen im Gleichgewicht vorliegen. Durch die Zulassung unterschiedlicher Elemente sowie durch Verändern der Parameter z_E und z_m werden die Randbedingungen variiert. Hierdurch erhält man eine Reihe von Modellumgebungen, die jeweils aus einer Gasphase („Atmosphäre"), einer flüssigen Phase („Meer") mit zahlreichen in Wasser gelösten Substanzen sowie aus mehreren festen Phasen bestehen. Schon die ersten von J. Ahrendts [3.30] berechneten Gleichgewichtsumgebungen enthielten in der Gasphase bei Berücksichtigung des Stoffvorrats von Erdschichten mit $z_E > 1$ m fast keinen freien Sauerstoff, weil dieser zur Oxidation fester Substanzen der Erdkruste verbraucht war. Dadurch nahm die chemische Exergie von Sauerstoff einen sehr großen Wert an, der sogar die chemische Exergie von Brennstoffen übertraf. Bei der exergetischen Analyse von Verbrennungsprozessen schien dadurch die zur Verbrennung benötigte Luft wertvoller zu sein als der Brennstoff. Diesen praktischen Nachteil der thermodynamisch korrekt ermittelten Gleichgewichtsumgebungen hat Ch. Diederichsen [3.31] durch Einführen eines Erdähnlichkeits-Kriteriums weitgehend behoben. Danach wird aus den thermodynamisch gleichberechtigten Modellumgebungen jene Gleichgewichtsumgebung ausgesucht, für deren Gasphase der Gleichgewichtsdruck p_u nahe dem irdischen Atmosphärendruck von etwa 100 kPa liegt und deren Sauerstoff- und Stickstoffanteile sich nahe den irdischen Werten $\xi_{O_2} = 0{,}23$ und $\xi_{N_2} = 0{,}75$ ergeben. Ch. Diederichsen hat mehrere Gleichgewichtsumgebungen nach diesem Kriterium ausgewählt. Sie haben relativ kleine Werte von z_E und z_M und unterscheiden sich in der Anzahl der berücksichtigten Elemente: „kleine" Umgebungen mit vier oder fünf Elementen, „mittlere" mit den 17 häufigsten Elementen der Erde und eine „große" Umgebung mit 82 Elementen.

Für die folgende Betrachtung wird eine der von Ch. Diederichsen [3.31] angegebenen Gleichgewichtsumgebungen ausgewählt. Sie basiert auf dem irdischen Stoffvorrat der Erdatmosphäre, einer Erdschicht mit der Dicke $z_E = 0{,}1$ m und dem Stoffvorrat der Meere mit einer Tiefe von $z_M = 100$ m. Berücksichtigt wurden die 17 auf der Erde am häufigsten vorkommenden Elemente. Die Gleichgewichtsberechnung mit der vorgegebenen Umgebungstemperatur $T_u = T_0 = 298{,}15$ K geht von 971 chemischen Verbindungen aus und führt zu einer Gleichgewichtsumgebung mit einer Gasphase aus acht Komponenten, die 5,820 % der Gesamtmasse enthält und den Umgebungsdruck $p_u = 91{,}771$ kPa auf die kondensierten Phasen ausübt. In der flüssigen Phase mit 94,176 % der Gesamtmasse sind 24 Stoffe in Wasser gelöst; vier reine feste Phasen enthalten zusammen nur 0,004 % der Gesamtmasse der Gleichgewichtsumgebung. Die (ideale) Gasphase besteht wie die irdische Atmosphäre aus N_2, O_2, H_2O, Ar, CO_2 sowie aus Spuren von Cl_2, HCl und HNO_3. Dabei ist der Massenanteil $\xi_{O_2} = 0{,}1655$ des Sauerstoffs etwas kleiner und der Massenanteil des Stickstoffs mit $\xi_{N_2} = 0{,}7964$ etwas größer als in der irdischen Atmosphäre.

Zur einfachen Berechnung der chemischen Exergie hat Ch. Diederichsen die molaren Exergien $Ex_{m,0k}^{\square} = Ex_{m,0k}(T_0, p_0)$ der 17 Elemente ($k = 1, 2, \ldots 17$) im Standardzustand angegeben. Mit diesen Werten lassen sich die molaren chemischen Standard-Exergien aller Stoffe berechnen, die aus den 17 Elementen bestehen und deren molare Gibbs-Funktionen im Standardzu-

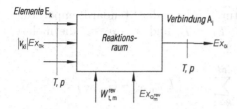

Abbildung 5.43. Zur Exergiebilanz der reversiblen, isotherm-isobaren Bildungsreaktion der Verbindung i mit der Reaktionsgleichung (5.155)

stand bekannt sind. Hierzu wird von der isotherm-isobaren Bildungsreaktion ausgegangen, mit der die Verbindung A_i aus den Elementen E_k nach der Reaktionsgleichung

$$A_i - \sum_{k=1}^{M} |\nu_{ki}|\, E_k = 0 \tag{5.155}$$

gebildet wird.

Wenn die isotherm-isobare Bildungsreaktion *reversibel* verläuft, gilt die Exergiebilanz, vgl. Abb. 5.43,

$$Ex_{m,0i}(T,p) - \sum_{k=1}^{M} |\nu_{ki}|\, Ex_{m,0k}(T,p) = W_{t,m}^{rev} + Ex_{m,Q^{rev}} \,.$$

Die molare reversible Reaktionsarbeit stimmt nach Gl.(5.153) mit der molaren Reaktions-Gibbs-Funktion überein:

$$W_{t,m}^{rev}(T,p) = \Delta^R G_m(T,p) = G_{m,0i}(T,p) - \sum_{k=1}^{M} |\nu_{ki}|\, G_{m,0k}(T,p) \,.$$

Die molare Exergie der zu- oder abgeführten Reaktionswärme ist

$$Ex_{m,Q^{rev}} = (1 - T_u/T)\, Q_m^{rev} = (1 - T_u/T)\, T\, \Delta^R S_m(T,p) = (T - T_u)\, \Delta^R S_m(T,p) \,,$$

wobei die molare Reaktionsentropie der Bildungsreaktion durch

$$\Delta^R S_m(T,p) = S_{m,0i}(T,p) - \sum_{k=1}^{M} |\nu_{ki}|\, S_{m,0k}(T,p)$$

gegeben ist. Damit erhält man für die molare Exergie der Verbindung A_i

$$Ex_{m,0i}(T,p) = G_{m,0i}(T,p) + \sum_{k=1}^{M} |\nu_{ki}|\, [Ex_{m,0k}(T,p) - G_{m,0k}(T,p)]$$

$$+ \quad (T - T_u)\, \Delta^R S_m(T,p) \,. \tag{5.156}$$

Setzt man die Umgebungstemperatur T_u gleich der Standardtemperatur, so erhält man aus Gl.(5.156) mit $T = T_0 = T_u$ und $p = p_0$ für die molare Standard-Exergie der Verbindung A_i

$$Ex_{m,0i}^{\square} = Ex_{m,0i}(T_0, p_0) = G_{m,0i}^{\square} + \sum_{k=1}^{M} |\nu_{ki}| \left(Ex_{m,0k}^{\square} - G_{m,0k}^{\square} \right) . \quad (5.157)$$

Tabelle 5.8 enthält die zur Auswertung dieser Gleichung benötigten molaren Standard-Exergien $Ex_{m,0k}^{\square}$ und molaren Standard-Gibbs-Funktionen $G_{m,0k}^{\square}$ der 17 Elemente. Die molaren Gibbs-Funktionen $G_{m,0i}^{\square}$ im Standardzustand können Tabelle 10.6 und den schon genannten Zusammenstellungen [4.41], [4.42] und [5.53] entnommen werden.

Das Vorgehen wird beispielhaft anhand der Berechnung der molaren Standard-Exergie von SO_2 mit der Bildungsreaktion

$$SO_2 - S - O_2 = 0$$

gezeigt. Nach Gl.(5.157) gilt

$$Ex_{m,SO_2}^{\square} = G_{m,SO_2}^{\square} + \left(Ex_{m,S}^{\square} - G_{m,S}^{\square} \right) + \left(Ex_{m,O_2}^{\square} - G_{m,O_2}^{\square} \right) .$$

Mit $G_{m,SO_2}^{\square} = -370{,}8$ kJ/mol nach Tabelle 10.6 und den aus Tabelle 5.8 zu entnehmenden Differenzen ergibt sich $Ex_{m,SO_2}^{\square} = 236{,}4$ kJ/mol als molare Exergie im Standardzustand.

Beispiel 5.18. Man berechne die chemische Exergie von trockener und gesättigter feuchter Luft im Standardzustand.

Tabelle 5.8. Molare Standard-Exergien $Ex_{m,0k}^{\square}$ und molare Standard-Gibbs-Funktionen $G_{m,0k}^{\square}$ sowie Differenzen $Ex_{m,0k}^{\square} - G_{m,0k}^{\square}$ in kJ/mol der 17 häufigsten Elemente der Erde für die von Ch. Diederichsen [3.31] unter Berücksichtigung von 971 Verbindungen berechnete Gleichgewichtsumgebung. El.: Element

El.		$Ex_{m,0k}^{\square}$	$-G_{m,0k}^{\square}$	$Ex_{m,0k}^{\square} - G_{m,0k}^{\square}$	El.		$Ex_{m,0k}^{\square}$	$-G_{m,0k}^{\square}$	$Ex_{m,0k}^{\square} - G_{m,0k}^{\square}$
O_2	g	4,967	61,166	66,133	Al	fe	844,53	8,44	852,97
H_2	g	234,683	38,962	273,645	Fe	fe	367,49	8,13	375,62
Ar	g	11,642	46,167	57,809	Mn	fe	482,91	9,54	492,45
Cl_2	g	50,235	60,512	110,747	Ti	fe	884,45	9,16	893,61
S	fe	531,524	9,559	541,081	Mg	fe	688,18	9,74	697,92
N_2	g	0,743	57,128	57,871	Ca	fe	790,94	12,40	803,34
P	fe	864,97	12,25	877,22	Na	fe	376,47	15,29	391,76
C	fe	405,552	1,711	407,263	K	fe	407,24	19,28	426,52
Si	fe	853,19	5,61	858,80					

Die Unsicherheit der vertafelten Werte beträgt mehrere Einheiten der letzten angegebenen Ziffer.

Die Luft wird als ideales Gasgemisch behandelt. Zuerst soll allgemein geklärt werden, wie die Exergie eines Gemisches mit den Exergien seiner Bestandteile zusammenhängt. Hierzu wird eine Exergiebilanz für den als reversibel angenommenen isotherm-isobaren Mischungsprozess nach Abb. 5.44 aufgestellt. Da die Exergie erhalten bleibt, gilt für die molare Exergie des Gemisches

$$Ex_m(T, p) = \sum_{i=1}^{N} x_i Ex_{m,0i}(T, p) + W_{m,t}^{M,rev} + Ex_{m,Q^{rev}} \ .$$

Die molare Arbeit $W_{m,t}^{M,rev} < 0$, die bei der reversiblen Herstellung des Gemisches gewonnen werden kann, ist das Negative der in Abschnitt 5.1.2 bestimmten reversiblen molaren Entmischungsarbeit:

$$W_{m,t}^{M,rev} = -W_{m,t}^{rev,entm} = \Delta^M G_m(T, p) = \Delta^M H_m(T, p) - T \Delta^M S_m(T, p) \ .$$

Die molare Exergie der beim Mischungsprozess übergehenden Wärme $Q_m^{M,rev}$ ist

$$Ex_{m,Q^{rev}} = (1 - T_u/T) \, Q_m^{M,rev} = (1 - T_u/T) \, T \, \Delta^M S_m(T, p)$$
$$= (T - T_u) \, \Delta^M S_m(T, p) \ .$$

Damit erhält man für die molare Exergie eines beliebigen Gemisches

$$Ex_m(T, p) = \sum_{i=1}^{N} x_i \, Ex_{m,0i}(T, p) + \Delta^M H_m(T, p) - T_u \, \Delta^M S_m(T, p) \ .$$

Für ein ideales Gasgemisch oder eine ideale Lösung gilt $\Delta^M H_m(T, p) \equiv 0$, und mit der molaren Mischungsentropie nach Gl.(5.40) erhält man für die molare Exergie dieser Gemische

$$Ex_m(T, p) = \sum_{i=1}^{N} x_i \, Ex_{m,0i}(T, p) + R_m T_u \sum_{i=1}^{N} x_i \ln x_i \ . \tag{5.158}$$

Ihre molare Exergie ist stets kleiner als die Summe der mit den Stoffmengenanteilen gewichteten Exergien der Komponenten; der Unterschied ist die bei der Umgebungstemperatur T_u zu berechnende (negative) Arbeit $W_{m,t}^{M,rev}$.

Um die letzte Gleichung für Luft auszuwerten, werden die Zusammensetzung der trockenen und der gesättigten feuchten Luft sowie die molaren Standard-Exergien

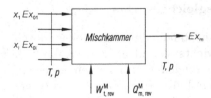

Abbildung 5.44. Zur Exergiebilanz eines reversiblen, isotherm-isobaren Mischungsprozesses

Tabelle 5.9. Stoffmengenanteile trockener und gesättigter feuchter Luft sowie molare Exergien ihrer reinen Komponenten im Standardzustand ($T_0 = T_\mathrm{u} = 298{,}15$ K, $p_0 = 100$ kPa)

Stoff	N_2	O_2	Ar	CO_2	H_2O
x_i^tr	0,78081	0,20942	0,00936	0,00041	0,00000
x_i^s	0,75606	0,20278	0,00906	0,00040	0,03170
$Ex_\mathrm{m,0i}^\square/(\mathrm{kJ/mol})$	0,743	4,967	11,642	16,15	8,58

ihrer Komponenten benötigt. Die Stoffmengenanteile x_i^tr der Komponenten der trockenen Luft werden Tabelle 5.2 entnommen, für die Stoffmengenanteile x_i^s in der gesättigten feuchten Luft erhält man

$$x_\mathrm{i}^\mathrm{s} = x_\mathrm{i}^\mathrm{tr} \left(1 - x_{\mathrm{H_2O}}^\mathrm{s}\right)$$

mit $x_{\mathrm{H_2O}}^\mathrm{s} = p_{\mathrm{H_2O}}^\mathrm{s}(25\,^\circ\mathrm{C})/p_0 = 0{,}03170$. Diese Werte zeigt Tabelle 5.9. Sie enthält auch die Standard-Exergien von N_2, O_2 und Ar nach Tabelle 5.8 und die für CO_2 und H_2O mit Gl.(5.157) berechneten Werte. Die molare *Standardexergie von flüssigem Wasser* ist kleiner als der für Wasserdampf geltende Wert von Tabelle 5.9. Für flüssiges Wasser erhält man mit Gl.(5.157) und Tabelle 10.6 $Ex_{\mathrm{m,H_2O}}^{\square,\mathrm{fl}} = 0{,}022$ kJ/mol.

Mit den Werten von Tabelle 5.9 erhält man aus Gl.(5.158) die molaren Standard-Exergien $Ex_\mathrm{m,L}^\square = 0{,}329$ kJ/mol der trockenen Luft und $Ex_\mathrm{m,L,s}^\square = 0{,}513$ kJ/mol der gesättigten feuchten Luft. Luft im Standardzustand ist nicht exergielos, sondern hat eine, wenn auch kleine, chemische Exergie. Dies hat zwei Ursachen: Die Luft unterscheidet sich von der exergielosen Gasphase der Gleichgewichtsumgebung durch den etwas höheren Druck $p_0 > p_\mathrm{u} = 91{,}7709$ kPa; und sie hat eine andere Zusammensetzung als die Gasphase der Gleichgewichtsumgebung, wenn auch beide die gleichen Hauptkomponenten N_2, O_2, Ar und CO_2 haben.

5.6 Reaktionsgleichgewichte

In den folgenden Abschnitten werden aus dem 2. Hauptsatz die technisch wichtigen Bedingungen für ein Reaktionsgleichgewicht abgeleitet, und es werden einige einfache Verfahren zur Berechnung der Zusammensetzung reagierender Gemische im Reaktionsgleichgewicht erörtert.

5.6.1 Die Bedingungen des Reaktionsgleichgewichts

Jedes System strebt, bei konstant gehaltenen Randbedingungen, einen durch den 2. Hauptsatz vorgegebenen Gleichgewichtszustand an, vgl. Kapitel 3. Sind für ein Gemisch mit chemisch reagierenden Komponenten in einem geschlossenen System z.B. der Druck p und die Temperatur T vorgegeben, ist das zugehörige thermodynamische Potenzial die Gibbs-Funktion

$G = G(T, p, \{n_i\})$, vgl. Abschnitt 3.3. Die Zusammensetzung des Gemisches verändert sich durch chemische Reaktionen so lange, bis die Gibbs-Funktion des Gemisches ein Minimum annimmt. Sind eine oder mehrere Komponenten nicht in ausreichender Menge verfügbar, oder liegen kinetische Hemmnisse vor, so kann sich dieser Zustand nicht frei einstellen. Nach hinreichend langer Zeit kommt die Reaktion zum Stillstand. Dies ist der Gleichgewichtszustand des reagierenden Gemisches, der als *Reaktionsgleichgewicht* bezeichnet wird; er wird auch chemisches Gleichgewicht genannt. Im Reaktionsgleichgewicht hat das Gemisch eine bestimmte Zusammensetzung; die Berechnung dieser Gleichgewichtszusammensetzung ist eine wichtige Aufgabe der Thermodynamik. Die Lage des Reaktionsgleichgewichts bestimmt die Richtung, in der eine Reaktion abläuft. Das Reaktionsgleichgewicht begrenzt auch die Ausbeute einer chemischen Reaktion, denn unter gegebenen äußeren Bedingungen kann keines der Produkte einen höheren Stoffmengenanteil als im Gleichgewicht erreichen.

Treten in einem reagierenden Gemisch reaktionskinetische Hemmungen auf, so dauert es sehr lange, bis sich das Reaktionsgleichgewicht einstellt. Das Gemisch aus Wasserstoff und Sauerstoff ist hierfür ein bekanntes Beispiel. Bei Umgebungsbedingungen liegt das Reaktionsgleichgewicht der Reaktion

$$H_2 + \frac{1}{2} O_2 \rightarrow H_2O$$

bei einem fast vollständigen Umsatz zu H_2O. Trotzdem kann man das H_2-O_2-Gemisch jahrelang aufbewahren, ohne dass es zu einer merklichen H_2O-Bildung kommt (gehemmtes Gleichgewicht). Ein Funke genügt jedoch, um die Reaktionshemmung zu beseitigen und die Reaktion auszulösen: explosionsartig stellt sich das Gleichgewicht ein. Im Folgenden werden reaktionskinetische Hemmungen der Gleichgewichtseinstellung ausgeschlossen, es wird der thermodynamische Gleichgewichtszustand berechnet.

Es wird ein reagierendes Gemisch betrachtet, dessen Elementerhaltung durch *eine* Reaktionsgleichung,

$$\sum_{i=1}^{N} \nu_i A_i = 0 \,,$$

beschrieben wird. Es gelten hierbei als äußere Bedingungen $T = $ konst. und $p = $ konst.. Die Reaktion verläuft dann nach dem 2. Hauptsatz stets so, dass die Gibbs-Funktion G des reagierenden Gemisches abnimmt. Der Gleichgewichtszustand wird durch das Minimum der Gibbs-Funktion bestimmt. In ihr Differenzial

$$dG = -S\,dT + V\,dp + \sum_{i=1}^{N} \mu_i\,dn_i \tag{5.159}$$

wird die stöchiometrische Bedingung $dn_i = \nu_i\,dz$ eingesetzt, man erhält

$$dG = -S\,dT + V\,dp + \sum_{i=1}^{N} \nu_i\,\mu_i\,dz\;.$$

(5.160)

Die Gibbs-Funktion hängt von drei unabhängigen Variablen ab, von T, p und dem Reaktionsumsatz z: $G = G(T,p,z)$.

Die in Gl.(5.160) auftretende Summe ist eine partielle molare Größe des Gemisches, nämlich

$$\overline{G}_{m,z}(T,p,z) := \left(\frac{\partial G}{\partial z}\right)_{T,p} = \sum_{i=1}^{N} \nu_i\,\mu_i\;.$$

Sie wird im Folgenden als *partielle molare Reaktions-Gibbs-Funktion* bezeichnet. Da $dT = 0$ und $dp = 0$ sind, erhält man aus Gl.(5.160)

$$dG = \sum_{i=1}^{N} \nu_i\,\mu_i\,dz = \overline{G}_{m,z}(T,p,z)\,dz \leq 0$$

für die Änderung der Gibbs-Funktion beim Fortschreiten der Reaktion. Soll $dz > 0$ sein, die Reaktion also in der beim Anschreiben der Reaktionsgleichung angenommenen Richtung ablaufen, so muss nach dem 2. Hauptsatz $\overline{G}_{m,z} < 0$ sein. Ist dagegen $\overline{G}_{m,z} > 0$, so läuft die Reaktion entgegen der in der Reaktionsgleichung angenommenen Richtung. Das Vorzeichen der Reaktions-Gibbs-Funktion bestimmt die Richtung des Reaktionsablaufs.

Th. de Donder [5.62] hat den in der Chemie gebräuchlichen Ausdruck *Affinität* quantifiziert und mit ihm die *negative* Reaktions-Gibbs-Funktion

$$A = A(T,p,z) := -\sum_{i=1}^{N} \nu_i\,\mu_i = -\overline{G}_{m,z}(T,p,z)$$

bezeichnet. Damit erhält man aus Gl.(5.160)

$$dG = -S(T,p,z)\,dT + V(T,p,z)\,dp - A(T,p,z)\,dz\;.$$

Das *Reaktionsgleichgewicht* bei festen Werten von T und p wird schließlich durch das Minimum der Gibbs-Funktion bestimmt, also durch die notwendige Bedingung $dG = 0$. Man erhält

$$A(T,p,z) = -\sum_{i=1}^{N} \nu_i\,\mu_i = 0$$

(5.161)

als Gleichgewichtsbedingung. Abbildung 5.45 veranschaulicht den Verlauf der Gibbs-Funktion des reagierenden Gemisches über dem Reaktionsumsatz z für $T,p =$ konst.. Zum Minimum von G gehört der Reaktionsumsatz $z_{Gl} = z_{Gl}(T,p)$ des Reaktionsgleichgewichts, der sich aus dem Verschwinden der Affinität A nach Gl.(5.161) berechnen lässt. Für $z < z_{Gl}$ ist die Affinität

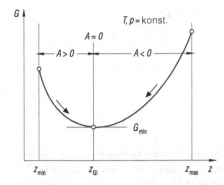

Abbildung 5.45. Gibbs-Funktion G eines reagierenden Gemisches als Funktion des Reaktionsumsatzes z

positiv, für $z > z_{Gl}$ dagegen negativ. In beiden Fällen kann die Reaktion nur auf den Gleichgewichtszustand, das Minimum von G zulaufen.

Um die *Gleichgewichtszusammensetzung* aus dem Verschwinden der Affinität zu berechnen, benötigt man ein Stoffmodell zur Bestimmung der in Gl.(5.161) auftretenden chemischen Potenziale μ_i. Hierauf und auf die mathematischen Verfahren zur Lösung der Gleichung $A = 0$ wird im nächsten Abschnitt eingegangen. Im Folgenden werden Beziehungen hergeleitet, mit denen die *Verschiebung des Reaktionsgleichgewichts bei einer Änderung von Temperatur und Druck* bestimmt werden kann.

Die Verschiebung des Reaktionsgleichgewichts könnte man durch eine Neuberechnung des Reaktionsumsatzes z_{Gl} für die geänderten Werte von T und p bestimmen. Vorteilhafter ist es, über einfache Regeln zu verfügen, mit denen die Richtung der Gleichgewichtsverschiebung auch ohne Neuberechnung gefunden werden kann. Hierzu wird das Vorzeichen der Ableitungen $(\partial z_{Gl}/\partial T)_p$ und $(\partial z_{Gl}/\partial p)_T$ untersucht, das angibt, ob sich das Gleichgewicht bei einer Temperatur- bzw. Druckänderung zu den Produkten oder zu den Ausgangsstoffen verschiebt. Auf diese Weise kann man beispielsweise für eine Synthesereaktion feststellen, ob höhere Drücke zu einer größeren Produktmenge führen.

Da durch $A(T,p,z) = 0$ die Funktion $z_{Gl} = z_{Gl}(T,p)$ implizit definiert wird, erhält man nach den Regeln der Differenzialrechnung

$$\left(\frac{\partial z_{Gl}}{\partial T}\right)_p = -\frac{\partial A/\partial T}{\partial A/\partial z} \quad \text{und} \quad \left(\frac{\partial z_{Gl}}{\partial p}\right)_T = -\frac{\partial A/\partial p}{\partial A/\partial z} \, .$$

Aus Stabilitätsgründen (*Minimum* von G) ist $\partial A/\partial z < 0$. Für die anderen Ableitungen erhält man

$$\frac{\partial A}{\partial T} = -\sum_{i=1}^{N} \nu_i \frac{\partial \mu_i}{\partial T} = \frac{A}{T} + \frac{1}{T} \sum_{i=1}^{N} \nu_i \overline{H}_{m,i} = \frac{\Delta^R \overline{H}_m}{T}$$

und

$$\frac{\partial A}{\partial p} = -\sum_{i=1}^{N} \nu_i \frac{\partial \mu_i}{\partial p} = -\sum_{i=1}^{N} \nu_i \overline{V}_{m,i} = -\Delta^R \overline{V}_m \, .$$

Hierbei wurden die (partielle molare) *Reaktionsenthalpie*

$$\Delta^R \overline{H}_m := \sum_{i=1}^{N} \nu_i \, \overline{H}_{m,i} = (\partial H / \partial z)_{T,p}$$

und das (partielle molare) *Reaktionsvolumen*

$$\Delta^R \overline{V}_m := \sum_{i=1}^{N} \nu_i \, \overline{V}_{m,i} = (\partial V / \partial z)_{T,p}$$

eingeführt, die sich in der angegebenen Weise aus den partiellen molaren Größen der reagierenden Komponenten zusammensetzen. Verhält sich das reagierende Gemisch ideal, stimmen die partiellen molaren Größen $\overline{H}_{m,i}$ und $\overline{V}_{m,i}$ mit den molaren Größen $H_{m,0i}(T,p)$ bzw. $V_{m,0i}(T,p)$ der reinen Komponenten überein.

Für die gesuchten Vorzeichen der beiden Ableitungen des Reaktionsumsatzes im Gleichgewicht erhält man

$$\text{sgn}(\partial z_{Gl} / \partial T)_p = \text{sgn}(\Delta^R \overline{H}_m) \quad \text{und} \quad \text{sgn}(\partial z_{Gl} / \partial p)_T = -\text{sgn}(\Delta^R \overline{V}_m) \, .$$

Das Vorzeichen der Reaktionsenthalpie bestimmt die Richtung, in die sich das Reaktionsgleichgewicht bei einer Temperaturänderung verschiebt. Ist $\Delta^R \overline{H}_m > 0$, so liegt eine *endotherme Reaktion* vor, und das Gleichgewicht verschiebt sich bei Temperaturerhöhung zu den Produkten. Ist dagegen $\Delta^R \overline{H}_m < 0$, so liegt eine *exotherme Reaktion* vor; Temperaturerhöhung verschiebt das Gleichgewicht zu den Ausgangsstoffen. Dissoziationsreaktionen wie $2\,H - H_2 = 0$ zum Beispiel sind endotherme Reaktionen. Bei hohen Temperaturen sind daher mehr Moleküle zu Atomen dissoziiert als bei niedrigen Temperaturen.

Bei einer Druckänderung bestimmt das Vorzeichen des Reaktionsvolumens die Richtung, in die sich das Reaktionsgleichgewicht verschiebt. Hat das Gemisch ein positives Reaktionsvolumen $\Delta^R \overline{V}_m$, so verschiebt eine Druckerhöhung das Gleichgewicht zu den Ausgangsstoffen, bei $\Delta^R \overline{V}_m < 0$ dagegen zu den Produkten. Modelliert man das reagierende Gemisch durch ein ideales Gasgemisch, so gilt

$$\Delta^R \overline{V}_m^{iG} = \Delta^R V_m^{iG}(T,p) = \sum_{i=1}^{N} \nu_i \, V_{m,0i}^{iG}(T,p) = \frac{R_m T}{p} \sum_{i=1}^{N} \nu_i \, .$$

Hier bestimmt bereits das Vorzeichen der Summe aller stöchiometrischen Zahlen die Richtung, in die sich das Gleichgewicht bei Druckänderung verschiebt. Ein bekanntes Beispiel liefert die Ammoniaksynthese nach der Reaktionsgleichung

$$2\,NH_3 - N_2 - 3\,H_2 = 0$$

mit $\sum \nu_i = -2$. Steigender Druck lässt eine größere Ausbeute an Ammoniak erwarten, weil sich das Reaktionsgleichgewicht zu größeren Werten von z_{Gl} verschiebt. Diese Erkenntnis bildete die Grundlage des 1913 erstmals industriell verwirklichten Haber-Bosch-Verfahrens, bei dem der damals als sehr hoch geltende Druck von 20 MPa angewendet wurde. Heute führt man die Ammoniaksynthese bei Drücken von 15 bis 35 MPa aus. Der für die Ammoniaksynthese ermittelte Druckeinfluss gilt für alle Synthesen, bei denen das Volumen abnimmt, also ein größeres Molekül aus mehreren kleineren entsteht: Hoher Druck ergibt eine größere Produktausbeute.

Liegt ein beliebiges chemisches System vor, so hängen die Stoffmengen seiner Komponenten von den Reaktionsumsätzen z_j der R linear unabhängigen Reaktionen

$$\sum_{i=1}^{N} \nu_{ij}\, A_i = 0, \quad j = 1, 2, \ldots R\,,$$

ab, vgl. Abschnitt 5.5.2. Aus der dort hergeleiteten Gl.(5.136) erhält man

$$\mathrm{d}n_i = \sum_{i=1}^{R} \nu_{ij}\, \mathrm{d}z_j$$

und damit aus Gl.(5.159)

$$\mathrm{d}G = -S\,\mathrm{d}T + V\,\mathrm{d}p + \sum_{j=1}^{R} \left(\sum_{i=1}^{N} \nu_{ij}\, \mu_i \right) \mathrm{d}z_j = -S\,\mathrm{d}T + V\,\mathrm{d}p - \sum_{j=1}^{R} A_j\, \mathrm{d}z_j\,.$$

Hierbei ist

$$A_j := - \sum_{i=1}^{N} \nu_{ij}\, \mu_i, \quad j = 1, 2, \ldots R\,,$$

die Affinität der Reaktion j. Im Gleichgewicht bei festen Werten von T und p müssen die Affinitäten der R unabhängigen Reaktionen verschwinden:

$$A_j = - \sum_{i=1}^{N} \nu_{ij}\, \mu_i = 0, \quad j = 1, 2, \ldots R\,. \tag{5.162}$$

Es gilt somit das für $R = 1$ hergeleitete Gleichgewichtskriterium für jede der R Reaktionen. Dies liefert R Gleichungen zur Berechnung der zugehörigen Reaktionsumsätze z_1 bis z_R im Gleichgewicht.

Gleichung (5.162) ist die klassische stöchiometrische Form der Bedingungen für das Reaktionsgleichgewicht. Hierzu gleichwertig ist die Forderung, das Minimum der Gibbs-Funktion direkt zu suchen. Für gegebene Werte von T und p gilt die Gleichgewichtsbedingung

$$\min G(n_1, n_2, \ldots n_N) = \min \sum_{i=1}^{N} \mu_i\, n_i$$

mit den Nebenbedingungen

$$\sum_{i=1}^{N} a_{ki}\, n_i = b_k, \quad k = 1, 2, \ldots M\,,$$

der Elementerhaltung und

$$n_i \geq 0, \quad i = 1, 2, \ldots N\,.$$

Die Bedeutung der Größen a_{ki} und b_k ist in den Abschnitten 5.5.1 und 5.5.2 erläutert worden. Die Lösung dieses Minimum-Problems mit Nebenbedingungen liefert die Stoffmengen $n_1, n_2, \ldots n_N$ im Gleichgewicht. Die Verfahren zur Berechnung des Reaktionsgleichgewichts gehen von beiden Formen der Gleichgewichtsbedingung aus, vgl. die ausführliche Darstellung von W.R. Smith und R.W. Missen [5.51].

Beispiel 5.19. Festes Kalziumkarbonat ($CaCO_3$) zersetzt sich unter Bildung von festem Kalziumoxid (CaO) und gasförmigem CO_2:

$$CaO + CO_2 - CaCO_3 = 0 \,.$$

In einem geschlossenen System befinden sich $CaCO_3$ und Luft beim Standarddruck $p_0 = 100$ kPa. Man prüfe zunächst, ob sich das $CaCO_3$ bei 25 °C zersetzt. Für die Temperaturen $T = 600$ K, 800 K, 1000 und 1200 K berechne man das Reaktionsgleichgewicht.

Die Richtung der Zersetzungsreaktion wird durch die Affinität

$$A = -\sum_{i=1}^{3} \nu_i\, \mu_i = -[\mu_{CaO}(T, p_0) + \mu_{CO_2}(T, p_0, x_{CO_2}) - \mu_{CaCO_3}(T, p_0)]$$

bestimmt. Da die beiden festen Stoffe jeweils reine Phasen bilden, stimmen ihre chemischen Potenziale mit den vertafelten molaren Gibbs-Funktionen beim Standarddruck überein. Unter der zutreffenden Annahme, dass die Luft und das CO_2 ein ideales Gasgemisch bilden, ergibt sich das chemische Potenzial von CO_2 zu

$$\mu_{CO_2}(T, p_0, x_{CO_2}) = G^0_{m,CO_2}(T) + R_m T \ln x_{CO_2} \,.$$

Damit erhält man für die Affinität

$$A = -[G^0_{m,CaO}(T) + G^0_{m,CO_2}(T) - G^0_{m,CaCO_3}(T) + R_m T \ln x_{CO_2}] \,.$$

Mit der molaren Reaktions-Gibbs-Funktion beim Standarddruck p_0

$$\Delta^R G^0_m(T) := \sum_{i=1}^{N} \nu_i\, G^0_{m,0i}(T) = G^0_{m,CaO}(T) + G^0_{m,CO_2}(T) - G^0_{m,CaCO_3}(T) \,,$$

ergibt sich

$$A = -[\Delta^R G^0_m(T) + R_m T \ln x_{CO_2}] = -[\Delta^R G^0_m(T) + R_m T \ln(p_{CO_2}/p_0)] \,, \tag{5.163}$$

wobei p_{CO_2} den Partialdruck des CO_2 in der Gasphase bedeutet.

Wertet man diese Gleichung für $T = 298{,}15$ K und mit $x_{CO_2} = 0{,}00041$, dem Stoffmengenanteil des CO_2 in der Luft aus, so erhält man $A = -112{,}6$ kJ/mol. Der negative Wert der Affinität bedeutet, dass die Zersetzungsreaktion nicht ablaufen kann. Kalziumkarbonat, das sich bei 25 °C in der atmosphärischen Luft befindet, ist gegenüber einem Zerfall in CaO und CO_2 stabil.

Bei höheren Temperaturen tritt jedoch ein Zerfall ein. Man erhält unter Berücksichtigung der Gleichgewichtsbedingung $A = 0$ aus Gl.(5.163) für den Gleichgewichtspartialdruck des CO_2 in der Luft

Tabelle 5.10. Molare Gibbs-Funktionen $G^0_{m,0i}(T)$ in kJ/mol beim Standarddruck $p_0 = 100$ kPa nach [5.63] und daraus berechnete Reaktions-Gibbs-Funktion $\Delta^R G^0_m(T)$

T/K	298,15	600	800	1000	1200
$G^0_{m,CaO}$	$-646,3$	$-663,2$	$-679,0$	$-697,4$	$-718,0$
G^0_{m,CO_2}	$-457,3$	$-526,6$	$-576,7$	$-629,4$	$-684,3$
$G^0_{m,CaCO_3}$	$-1234,9$	$-1273,7$	$-1309,2$	$-1350,6$	$-1397,6$
$\Delta^R G^0_m$	$131,4$	$184,0$	$53,6$	$23,6$	$-4,6$
$p^{Gl}_{CO_2}/kPa$	$1 \cdot 10^{-21}$	$4,9 \cdot 10^{-6}$	$0,032$	$5,69$	159

$$\ln(p^{Gl}_{CO_2}/p_0) = -\Delta^R G^0_m(T)/R_m T .$$

Die daraus berechneten Werte enthält die letzte Zeile von Tabelle 5.10. Nur wenn $p_{CO_2} < p^{Gl}_{CO_2}$ ist, ist $A > 0$, und $CaCO_3$ reagiert zu CaO und CO_2. Erst bei Temperaturen über 800 K steigt $p^{Gl}_{CO_2}$ über den normalen CO_2-Partialdruck in der Luft von 0,041 kPa. Dann kann so viel Kalziumkarbonat zersetzt werden, bis das CO_2 den Gleichgewichtspartialdruck erreicht. Bei Temperaturen über etwa 1170 K wird $p^{Gl}_{CO_2} > p_0$; das $CaCO_3$ zerfällt vollständig.

5.6.2 Das Reaktionsgleichgewicht in einfachen Fällen. Gleichgewichtskonstanten

Dieser Abschnitt beschränkt sich auf einfache Fälle, in denen sich die Gleichgewichtszusammensetzung ohne aufwendige mathematische Verfahren berechnen lässt. Hierzu wird eine Reaktion in der Gasphase oder in der Flüssigphase betrachtet, wobei die Elementerhaltung durch *eine* Reaktionsgleichung beschrieben wird. In die Gleichgewichtsbedingung

$$A = -\sum_{i=1}^{N} \nu_i \mu_i = 0$$

wird für das chemische Potenzial der Komponente i den in Abschnitt 5.4.1 hergeleiteten Ausdruck

$$\mu_i(T, p, \{x_i\}) = G^0_{m,0i}(T) + R_m T \left[\ln(p/p_0) + \ln x_i + \ln \varphi_i(T, p, \{x_i\}) \right]$$

eingesetzt und man erhält

$$\sum_{i=1}^{N} \nu_i G^0_{m,0i}(T) + R_m T \left[\ln \frac{p}{p_0} \sum_{i=1}^{N} \nu_i + \sum_{i=1}^{N} \nu_i \ln x_i \right.$$
$$\left. + \sum_{i=1}^{N} \nu_i \ln \varphi_i(T, p, \{x_i\}) \right] = 0 . \tag{5.164}$$

Zur Abkürzung wird die molare *Reaktions-Gibbs-Funktion der idealen Gase* beim Standarddruck p_0 definiert,

$$\Delta^{\mathrm{R}} G_{\mathrm{m}}^0 (T) := \sum_{i=1}^{N} \nu_i \, G_{\mathrm{m},0i}^0 (T) \, .$$

Sie ist aus den meistens vertafelten molaren Gibbs-Funktionen $G_{\mathrm{m},0i}^0 (T)$ der reinen idealen Gase zu berechnen, wobei deren in Abschnitt 5.5.4 behandelte Abstimmung zu beachten ist. Neben der Abkürzung

$$\Delta \nu := \sum_{i=1}^{N} \nu_i$$

für die Summe der stöchiometrischen Zahlen wird noch die *Gleichgewichtskonstante der Reaktion*,

$$K(\varepsilon) := \prod_{i=1}^{N} x_i^{\nu_i} = x_1^{\nu_1} \cdot x_2^{\nu_2} \ldots x_N^{\nu_N} \, , \tag{5.165}$$

definiert. Da die Stoffmengenanteile x_i nach Abschnitt 5.5.1 nur vom Umsatzgrad ε abhängen, hängt auch K nur von ε ab. Man erhält dann aus Gl.(5.164)

$$\ln K(\varepsilon) = \ln \prod_{i=1}^{N} x_i^{\nu_i} = -\frac{\Delta^{\mathrm{R}} G_{\mathrm{m}}^0 (T)}{R_{\mathrm{m}} T} - \Delta \nu \ln \frac{p}{p_0} - \sum_{i=1}^{N} \nu_i \ln \varphi_i (T, p, \{x_i\})$$
$$\tag{5.166}$$

als Bedingung des Reaktionsgleichgewichts. Sind T und p gegeben, so bestimmt diese Gleichung den Wert $\varepsilon_{\mathrm{Gl}} = \varepsilon_{\mathrm{Gl}}(T, p)$ des Umsatzgrads ε im Gleichgewicht, von dem die Stoffmengenanteile $x_1, x_2, \ldots x_N$ im Gleichgewicht, also die gesuchte *Gleichgewichtszusammensetzung* des reagierenden Gemisches abhängen. Bei einem realen Gemisch mit Fugazitätskoeffizienten $\varphi_i \neq 1$ ist der letzte Term nicht gleich null. Die Auflösung von Gl.(5.166) ist dann nur in einem aufwendigen Iterationsprozess möglich, wobei die thermische Zustandsgleichung des vollständigen Gemisches zur Berechnung der φ_i bekannt sein muss.

Zur Vereinfachung wird das reagierende Gemisch durch ein *ideales Gasgemisch* ersetzt, für das $\varphi_i = 1$ gilt. In der Gleichgewichtsbedingung

$$\ln K(\varepsilon) = -\frac{\Delta^{\mathrm{R}} G_{\mathrm{m}}^0 (T)}{R_{\mathrm{m}} T} - \Delta \nu \ln \frac{p}{p_0} \tag{5.167}$$

sind die Variablen T, p und ε getrennt: Für gegebene Werte von T und p ist die rechte Seite dieser Gleichung eine feste Zahl. Gesucht wird jener Umsatzgrad $\varepsilon_{\mathrm{Gl}}$, für den $\ln K$ gleich dieser Konstanten ist. Aus diesem Gleichgewichtswert $\varepsilon_{\mathrm{Gl}} = \varepsilon_{\mathrm{Gl}}(T, p)$ erhält man schließlich die Gleichgewichtszusammensetzung, nämlich die Stoffmengenanteile $x_i(\varepsilon_{\mathrm{Gl}}) = x_i^{\mathrm{Gl}}(T, p)$, die linear gebrochene Funktionen von ε sind, vgl. Beispiel 5.14 in Abschnitt 5.5.1.

Man erhält eine andere Formulierung der für ideale Gasgemische geltenden Gleichgewichtsbedingung (5.167), wenn man eine mit den Partialdrücken p_i der Reaktionsteilnehmer gebildete Gleichgewichtskonstante K_p definiert:

$$K_p := \prod_{i=1}^{N} (p_i/p_0)^{\nu_i} = \prod_{i=1}^{N} (p\, x_i/p_0)^{\nu_i} = (p/p_0)^{\Delta \nu} \prod_{i=1}^{N} x_i^{\nu_i} \ .$$

Um eine *dimensionslose* Gleichgewichtskonstante zu erhalten, ist jeder Partialdruck p_i durch den Standarddruck p_0 dividiert worden. Da das letzte Produkt die mit den Stoffmengenanteilen gebildete Gleichgewichtskonstante K nach Gl.(5.165) ist, erhält man den einfachen Zusammenhang

$$K_p(p, \varepsilon) = (p/p_0)^{\Delta \nu} K(\varepsilon) \ .$$

Die Bedingung des Reaktionsgleichgewichts lautet nun

$$\ln K_p(p, \varepsilon) = -\Delta^R G_m^0(T)/R_m T \ .$$

Die Gleichgewichtsbedingung für *reale flüssige Gemische* erhält man mit

$$\mu_i(T, p, \{x_i\}) = G_{m,0i}(T, p) + R_m T \ln x_i + R_m T \ln \gamma_i(T, p, \{x_i\})$$

nach Abschnitt 5.4.4 zu

$$\ln K(\varepsilon) = -\frac{\Delta^R G_m(T, p)}{R_m T} - \sum_{i=1}^{N} \nu_i \ln \gamma_i(T, p, \{x_i\}) \ . \tag{5.168}$$

Hierin ist

$$\Delta^R G_m(T, p) := \sum_{i=1}^{N} \nu_i G_{m,0i}(T, p)$$

die molare *Reaktions-Gibbs-Funktion* der reinen (realen) Flüssigkeiten. Die Aktivitätskoeffizienten $\gamma_i(T, p, \{x_i\})$ sind aus dem Zusatzpotenzial G_m^E zu berechnen, vgl. Abschnitt 5.4.4. Auch hier ist nur dann eine einfache Gleichgewichtsberechnung möglich, wenn man eine ideale Lösung annimmt. Dann gilt $\gamma_i = 1$, und der letzte Term in Gl.(5.168) entfällt.

Die Gleichgewichtskonstante $K(\varepsilon)$ kann Werte zwischen 0 und $+\infty$ annehmen. $K = 0$ entspricht dem Umsatzgrad $\varepsilon = 0$, weil in Gl.(5.165) der Stoffmengenanteil mindestens eines Produkts verschwindet. Die obere Grenze von K gehört zu $\varepsilon = 1$, denn es verschwindet der Stoffmengenanteil x_A von mindestens einem Ausgangsstoff. Da seine stöchiometrische Zahl negativ ist, $\nu_A < 0$, geht $K \sim x_A^{-|\nu_A|}$ mit $x_A \to 0$ gegen $+\infty$. Große Werte von K bedeuten, dass das Gleichgewicht bei größeren Umsatzgraden, also näher bei den Produkten liegt.

Die *Berechnung der Gleichgewichtszusammensetzung* lässt sich für ideale Gemische in der Regel in den folgenden Schritten ausführen. Aus den gegebenen Stoffmengen der Komponenten vor der Reaktion bestimmt man die

Abhängigkeit der Stoffmengen n_i und der Stoffmengenanteile x_i vom Umsatzgrad ε nach den Gl.(5.131) und (5.133) in Abschnitt 5.5.1. Dann berechnet man die Gleichgewichtskonstante K nach Gl.(5.165) und stellt sie als Funktion von ε dar. Dieser Zusammenhang ist nach ε aufzulösen, so dass man die Beziehung $\varepsilon = \varepsilon(K)$ erhält. Dies führt auf die Lösung einer algebraischen Gleichung. Man berechnet dann für die gegebenen Werte von T und p die rechte Seite der Gl.(5.167) (bzw. der Gl.(5.168) ohne den letzten Term), woraus sich der Gleichgewichtswert von K ergibt, mit dem man durch Lösen der algebraischen Gleichung den Umsatzgrad $\varepsilon_{Gl}(T, p)$ erhält. Mit $\varepsilon = \varepsilon_{Gl}(T, p)$ lassen sich schließlich die Stoffmengenanteile x_i^{Gl} im Reaktionsgleichgewicht bestimmen.

Beispiel 5.20. Bei der Herstellung von Schwefelsäure besteht ein Verfahrensschritt in der Oxidation von SO_2 zu SO_3 nach der Reaktionsgleichung

$$SO_3 - SO_2 - \frac{1}{2} O_2 = 0 \; .$$

Man berechne die Gleichgewichtszusammensetzung eines Gemisches aus SO_2 und (trockener) Luft bei $p = p_0 = 100$ kPa und Temperaturen zwischen 600 K und 1100 K. Die Luftmenge wird so gewählt, dass sie gerade den zur vollständigen Oxidation des SO_2 erforderlichen Sauerstoff enthält.

Die Stoffmengen vor der Reaktion sind $n_{SO_3}^0 = 0$, $n_{SO_2}^0 = n_0$ und $n_{O_2}^0 = n_0/2$. Um diese Sauerstoffmenge bereitzustellen, wird die Luftmenge

$$n_L^0 = \frac{n_{O_2}^0}{x_{O_2}^L} = \frac{n_0}{2\, x_{O_2}^L} = \beta\, \frac{n_0}{2}$$

benötigt, wobei $\beta := 1/x_{O_2}^L = 4{,}7740$ das Reziproke des Stoffmengenanteils des Sauerstoffs in der Luft ist, vgl. Tabelle 5.2. Die übrigen Luftbestandteile werden zu einem Gas „Luftstickstoff" N_2^* zusammengefasst, vgl. auch Abschnitt 7.1.1, welcher als chemisch inert angenommen wird. Seine Stoffmenge ist

$$n_{N_2^*}^0 = (1 - x_{O_2}^L)\, n_L^0 = \frac{1 - x_{O_2}^L}{x_{O_2}^L} \frac{n_0}{2} = (\beta - 1)\, \frac{n_0}{2} \; .$$

Mit z als dem Umsatz der Oxidationsreaktion erhält man für die Stoffmengen der Komponenten des reagierenden Gemisches nach Gl.(5.131)

$$n_{SO_3} = z, \quad n_{SO_2} = n_0 - z, \quad n_{O_2} = (n_0 - z)/2, \quad n_{N_2^*} = (\beta - 1)(n_0/2) \; .$$

Die Stoffmenge n des reagierenden Gemisches ergibt sich als Summe der Stoffmengen der vier Komponenten zu

$$n = (2 + \beta)\, \frac{n_0}{2} - \frac{z}{2} \; .$$

Wie man aus diesen Gleichungen abliest, ist $z_{min} = 0$ und $z_{max} = n_0$, so dass sich der Umsatzgrad nach Gl.(5.133) zu $\varepsilon = z/n_0$ ergibt. Die Stoffmengenanteile $x_i = n_i/n$ der vier Komponenten werden als Funktionen des Umsatzgrads dargestellt:

$$x_{SO_3} = \frac{2\,\varepsilon}{2 + \beta - \varepsilon}, \quad x_{SO_2} = \frac{2\,(1 - \varepsilon)}{2 + \beta - \varepsilon}, \quad x_{O_2} = \frac{1}{2}\,x_{SO_2}, \quad x_{N_2^*} = \frac{\beta - 1}{2 + \beta - \varepsilon}\,.$$

Die Gleichgewichtskonstante $K(\varepsilon)$ der Oxidationsreaktion ergibt sich nach Gl.(5.165) zu

$$K(\varepsilon) = x_{SO_3} \cdot x_{SO_2}^{-1} \cdot x_{O_2}^{-1/2} = \frac{x_{SO_3}}{x_{SO_2}\sqrt{x_{O_2}}}\,.$$

Setzt man hierin die drei Stoffmengenanteile als Funktionen des Umsatzgrades ε ein, so erhält man die kubische Gleichung

$$\varepsilon^2(2 + \beta - \varepsilon) = K^2(1 - \varepsilon)^3. \tag{5.169}$$

Sie ist grundsätzlich nach ε auflösbar (Formel von G. Cardano, 1501–1576), so dass sich der gesuchte Zusammenhang $\varepsilon_{GL} = \varepsilon(K)$ explizit angeben lässt. Hierauf wird verzichtet, denn es ist einfacher, die kubische Gleichung für gegebene Werte der Gleichgewichtskonstante K numerisch zu lösen.

Um den Gleichgewichtswert der Gleichgewichtskonstante K für die gegebenen Werte von T und p nach Gl.(5.167) zu erhalten, berechnet man die molare Reaktions-Gibbs-Funktion

$$\Delta^R G_m^0(T) = G_{m,SO_3}^0(T) - G_{m,SO_2}^0(T) - \frac{1}{2}\,G_{m,O_2}^0(T)\,.$$

Die molaren Gibbs-Funktionen der drei Reaktionsteilnehmer werden [4.42] entnommen; sie sind in Tabelle 5.11 verzeichnet. Für $p = p_0$ entfällt der letzte Term in Gl.(5.167), und man erhält die Gleichgewichtskonstanten $K^0(T)$ beim Standarddruck. Setzt man diese Werte in die kubische Gleichung (5.169) ein, so ergeben sich die Werte ε_{Gl} des Umsatzgrades im Reaktionsgleichgewicht und daraus mit den Gleichungen für die Stoffmengenanteile die Gleichgewichtszusammensetzung.

Da die Oxidationsreaktion exotherm ist, verschiebt sich das Gleichgewicht mit steigender Temperatur zu den Ausgangsstoffen, der Umsatzgrad ε_{Gl} sinkt. Um eine große SO_3-Ausbeute zu erhalten, möchte man die Reaktion bei möglichst niedriger Temperatur ablaufen lassen. Dann ist jedoch die Reaktionsgeschwindigkeit sehr klein, die auch beim Einsatz von Katalysatoren erst über 700 K akzeptable Werte erreicht. Man muss daher bei der Wahl der Reaktionsbedingungen einen Kompromiss zwischen der Gleichgewichtslage und der Reaktionskinetik eingehen. Da die Summe der stöchiometrischen Zahlen $\Delta\nu = -1/2$ ist, verschiebt eine Drucksteigerung das Reaktionsgleichgewicht zum Produkt SO_3, vgl. Abschnitt 5.6.1. Dies folgt auch unmittelbar aus Gl.(5.167), aus der sich mit höherem Druck p größere Gleichgewichtskonstanten K ergeben.

5.6.3 Gasgleichgewichte

Es wird nun ein chemisches System mit beliebig vielen Verbindungen und dementsprechend zahlreichen Elementen behandelt, so dass die in Abschnitt 5.6.1 hergeleiteten Bedingungen (5.162) für das Reaktionsgleichgewicht gelten: Es müssen die Affinitäten von R unabhängigen Reaktionen verschwinden. Hierbei soll nur der häufig vorkommende Fall betrachtet werden, dass das reagierende Gemisch *gasförmig* ist, es wird als *ideales Gasgemisch* modelliert.

Für das chemische Potenzial einer Komponente eines idealen Gasgemisches gilt nach Abschnitt 5.2.1

$$\mu_i^{iGM}(T, p, x_i) = G_{m,0i}^0(T) + R_m T \ln(p/p_0) + R_m T \ln x_i \ . \tag{5.170}$$

Eingesetzt in die Gleichgewichtsbedingungen (5.162) ergibt sich

$$A_j = -\sum_{i=1}^N \nu_{ij}\, \mu_i = 0, \quad j = 1, 2, \dots R \ ,$$

und man erhält in einfacher Erweiterung des für eine Reaktionsgleichung geltenden Ergebnisses

$$\ln K_j = -\frac{\Delta^R G_{m,j}^0(T)}{R_m T} - \Delta\nu_j \ln \frac{p}{p_0}, \quad j = 1, 2, \dots R \ . \tag{5.171}$$

Hierbei bedeuten

$$K_j := \prod_{i=1}^N x_i^{\nu_{ij}} \qquad \text{die Gleichgewichtskonstante,}$$

$$\Delta^R G_{m,j}^0(T) := \sum_{i=1}^N \nu_{ij}\, G_{m,0i}^0(T) \ \text{die molare Reaktions-Gibbs-Funktion}$$

$$\text{bei } p = p_0 \ ,$$

$$\Delta\nu_j := \sum_{i=1}^N \nu_{ij} \qquad \text{die Summe der stöchiometrischen Zahlen}$$

Tabelle 5.11. Molare Gibbs-Funktionen der Reaktionsteilnehmer und molare Reaktions-Gibbs-Funktionen beim Standarddruck in kJ/mol, Gleichgewichtskonstante K^0 sowie Umsatzgrad ε_{Gl} und daraus berechnete Gleichgewichtszusammensetzung

T	600 K	700 K	800 K	900 K	1000 K	1100 K
G_{m,SO_3}^0	−556,878	−587,411	−618,956	−651,406	−684,675	−718,691
G_{m,SO_2}^0	−450,894	−479,294	−508,427	−538,212	−568,586	−599,498
G_{m,O_2}^0	−126,639	−148,552	−172,936	−196,737	−220,916	−245,440
$\Delta^R G_m^0$	−42,665	−33,341	−24,061	−14,826	−5,631	−3,527
$\ln K^0$	8,552	5,729	3,617	1,9812	0,6773	−0,3856
K^0	5179	307,5	37,24	7,252	1,9685	0,6800
ε_{Gl}	0,9940	0,9616	0,8540	0,6379	0,3800	0,1924
$x_{SO_3}^{Gl}$	0,3440	0,3309	0,2885	0,2079	0,1189	0,0585
$x_{SO_2}^{Gl}$	0,0021	0,0132	0,0493	0,1180	0,1939	0,2454
$x_{O_2}^{Gl}$	0,0010	0,0066	0,0247	0,0590	0,0970	0,1227
$x_{N_2^*}^{Gl}$	0,6529	0,6493	0,6375	0,6175	0,5902	0,5734

der Reaktion j. Für gegebene Werte von T und p erhält man aus Gl.(5.171) die Gleichgewichtswerte der R Gleichgewichtskonstanten K_j. Aus diesen Werten lassen sich die R Reaktionsumsätze z_j berechnen, mit denen sich die Stoffmengenanteile x_i der N Komponenten im Reaktionsgleichgewicht ergeben.

Versucht man, auf diesem Wege die Gleichgewichtszusammensetzung zu berechnen, so stößt man auf erhebliche Schwierigkeiten. Die Stoffmengenanteile x_i sind nämlich linear gebrochene Funktionen aller Reaktionsumsätze z_j. Damit erhält man die Gleichgewichtskonstanten K_j als Quotienten zweier algebraischer Funktionen höheren Grades in jeweils allen z_j. Zur Bestimmung der Gleichgewichtswerte der z_j muss man ein System aus R algebraischen Gleichungen höheren Grades lösen. Schon die Aufstellung dieses Gleichungssystems ist umständlich und bietet zahlreiche Fehlerquellen; seine numerische Lösung ist schwierig und aufwendig. Somit führt die Formulierung der Elementerhaltung durch Reaktionsgleichungen und die Gleichgewichtsberechnung über die Bestimmung von Reaktionsumsätzen oder Umsatzgraden zu keinem sinnvollen Lösungsverfahren.

In der Literatur sind zahlreiche andere Verfahren zur Berechnung von Gasgleichgewichten beschrieben worden, man vgl. hierzu die zusammenfassenden Darstellungen von W.R. Smith und R.W. Missen [5.51] sowie von F. van Zeggeren und H.S. Storey [5.64]. Im Folgenden wird ein relativ einfaches Verfahren nach S.R. Brinkley [5.65] behandelt, vgl. auch [5.66] und [5.67], das für ideale Gasgemische gut geeignet ist. Dabei benutzt man die Elementbilanzgleichungen zur Formulierung der Elementerhaltung und verwendet Gleichgewichtskonstanten, um die Gleichgewichtsbedingungen zu berücksichtigen.

Gegeben sei ein chemisches System aus N Verbindungen, das M Elemente enthält:

$$[(A_1, A_2, \ldots A_N), (E_1, E_2, \ldots E_M)] \ .$$

Seine Formelmatrix (a_{ik}) habe den Rang M. Neben T und p sei eine bestimmte Zusammensetzung des chemischen Systems bekannt, so dass daraus die Elementmengen $b_1, b_2 \ldots b_M$ berechnet werden können. Zur Bestimmung der Gleichgewichtszusammensetzung werden N Gleichungen zwischen den Stoffmengenanteilen $x_1, x_2, \ldots x_N$ im Gleichgewicht gesucht.

Die Anordnung der Verbindungen A_i werde so getroffen, dass die ersten M Verbindungen unabhängige oder *Basisverbindungen* sind. Wie in Abschnitt 5.5.2 erläutert, lässt sich keine der M Basisverbindungen aus den übrigen $M - 1$ Basisverbindungen durch chemische Reaktionen herstellen. Außerdem ist es für die spätere Rechnung vorteilhaft, wenn die Stoffmengenanteile der Basisverbindungen möglichst groß sind. Die $R = N - M$ verbleibenden Verbindungen mit den Indizes $M + 1, M + 2, \ldots N$ sind die *abgeleiteten Verbindungen*.

Es werden nun für jede der abgeleiteten Verbindungen die Reaktionsgleichung aufgestellt, die ihre Bildung aus den Basisverbindungen beschreibt:

$$A_{M+j} + \sum_{i=1}^{M} \nu_{ij} A_i = 0, \quad j = 1, 2, \ldots R = N - M \ . \tag{5.172}$$

Zu jeder dieser Gleichungen gehört eine Gleichgewichtskonstante

$$K_{\mathrm{j}} = x_{\mathrm{M}+\mathrm{j}} \prod_{i=1}^{M} x_{\mathrm{i}}^{\nu_{\mathrm{ij}}} ,$$

bei deren Kenntnis der Stoffmengenanteil $x_{\mathrm{M}+\mathrm{j}}$ aus den Stoffmengenanteilen der Basisverbindungen nach

$$x_{\mathrm{M}+\mathrm{j}} = K_{\mathrm{j}} \prod_{i=1}^{M} x_{\mathrm{i}}^{-\nu_{\mathrm{ij}}}, \quad j = 1, 2, \ldots N - M , \tag{5.173}$$

berechnet werden kann. Dies sind $N - M$ nichtlineare Gleichungen zwischen den Stoffmengenanteilen, die so genannten *chemischen Gleichungen*. Die R voneinander unabhängigen Reaktionsgleichungen (5.172) gehören zu den Reaktionen, deren Affinitäten im Reaktionsgleichgewicht verschwinden müssen. Die Gleichgewichtsbedingungen werden dadurch berücksichtigt, dass die Gleichgewichtskonstanten K_{j} für die gegebenen Werte von T und p nach den Gl.(5.171) berechnet werden. Die Gleichgewichtskonstanten $K_{\mathrm{j}} = K_{\mathrm{j}}(T, p)$ in Gl.(5.173) sind damit bekannte Größen.

Neben den $N - M$ chemischen Gleichungen (5.173) benötigt man weitere M Gleichungen zwischen den Stoffmengenanteilen x_{i}. Sie werden aus den Elementbilanzgleichungen

$$\sum_{i=1}^{N} a_{\mathrm{ki}} n_{\mathrm{i}} = b_{\mathrm{k}}, \quad k = 1, 2, \ldots M$$

hergeleitet. Um die Stoffmengenanteile x_{i} einzuführen, darf man diese Gleichungen nicht durch n dividieren, weil die Stoffmenge des reagierenden Gemisches von der noch unbekannten Zusammensetzung abhängt und im Term b_{k}/n stehen bleibt. Man wählt daher aus den M Elementen ein *Referenzelement*, dem der Index $k = r$ gegeben wird, und es werden die $M - 1$ *Elementmengenverhältnisse*

$$B_{\mathrm{k}} := \frac{b_{\mathrm{k}}}{b_{\mathrm{r}}} = \frac{\sum_{i=1}^{N} a_{\mathrm{ki}} n_{\mathrm{i}}}{\sum_{i=1}^{N} a_{\mathrm{ri}} n_{\mathrm{i}}} = \frac{\sum_{i=1}^{N} a_{\mathrm{ki}} x_{\mathrm{i}}}{\sum_{i=1}^{N} a_{\mathrm{ri}} x_{\mathrm{i}}}, \quad k = 1, 2, \ldots M, \quad k \neq r$$

gebildet. Die $M - 1$ Zahlen B_{k} sind aus der Aufgabenstellung bekannt, und man erhält die $M - 1$ homogenen linearen Gleichungen

$$\sum_{i=1}^{N} (a_{\mathrm{ki}} - B_{\mathrm{k}} a_{\mathrm{ri}}) x_{\mathrm{i}} = 0, \quad k = 1, 2, \ldots M, \quad k \neq r . \tag{5.174}$$

Die letzte noch fehlende Gleichung ist

$$\sum_{i=1}^{N} x_{\mathrm{i}} = 1 . \tag{5.175}$$

Mit dieser Gleichung, den chemischen Gleichungen (5.173) und den homogenen Gleichungen (5.174) stehen M lineare und $N - M$ nichtlineare Gleichungen zur Verfügung, deren numerische Lösung leicht gefunden werden kann.

Beispiel 5.21. Um ein wasserstoffreiches Synthesegas zu erhalten, wird Erdgas – hier zur Vereinfachung durch Methan ersetzt – mit Wasserdampf gemischt und in einem Röhrenofen bei $p = 3{,}0$ MPa auf $T = 1100$ K erhitzt. Der Stoffmengenstrom des in den Reaktor eintretenden Wasserdampfes ist 2,5-mal so groß wie der Stoffmengenstrom des Methans: $\dot{n}_{H_2O}^0 = 2{,}5\,\dot{n}_{CH_4}^0 = 2{,}5\,\dot{n}_0$. Man berechne die Zusammensetzung des austretenden Gasgemisches unter der Annahme, dass sich das Reaktionsgleichgewicht einstellt.

Der Rechnung wird das in Abschnitt 5.5.2 und in Beispiel 5.15 verwendete chemische System

$$[(H_2, H_2O, CO, CO_2, CH_4), (H, O, C)]$$

zugrunde gelegt. Wie in Beispiel 5.15 werden H_2, H_2O und CO als Basisverbindungen gewählt; CO_2 und CH_4 sind die abgeleiteten Verbindungen, die sich nach den Gleichungen

$$CO_2 + H_2 - H_2O - CO = 0 \quad \text{und} \quad CH_4 - 3\,H_2 + H_2O - CO = 0$$

aus den Basisverbindungen herstellen lassen.

Für diese beiden Reaktionen wird die Gleichgewichtskonstanten $K_1 = K_1(T, p)$ und $K_2 = K_2(T, p)$ berechnet. Dazu werden den Tafeln [4.42] die folgenden Werte der molaren Gibbs-Funktionen beim Standarddruck $p = 0{,}1$ MPa für $T = 1100$ K entnommen:

$$G_{m,1}^0 = -162{,}291 \,\text{kJ/mol}; \ G_{m,2}^0 = -472{,}494 \,\text{kJ/mol}; \ G_{m,3}^0 = -347{,}438 \,\text{kJ/mol};$$
$$G_{m,4}^0 = -657{,}695 \,\text{kJ/mol}; \ G_{m,5}^0 = -309{,}398 \,\text{kJ/mol} \,.$$

Aus Gl.(5.171) man erhält mit $\Delta\nu_1 = 0$ und $\Delta\nu_2 = -2$ die Gleichgewichtskonstanten $K_1 = 1{,}0059$ und $K_2 = 2{,}9183$. Damit ergeben sich die beiden chemischen Gleichungen

$$x_4 = 1{,}0059 \, x_1^{-1} x_2 \, x_3 \quad \text{und} \quad x_5 = 2{,}9183 \, x_1^3 \, x_2^{-1} x_3 \,. \tag{5.176}$$

Zur Aufstellung der linearen homogenen Gleichungen (5.174) wird Kohlenstoff als Bezugselement $r = 3$ gewählt. Die drei Elementmengen sind

$$b_1 = b_H = 2\,n_2^0 + 4\,n_5^0 = 9\,n_0; \quad b_2 = b_O = n_2^0 = 2{,}5\,n_0; \quad b_3 = b_C = n_5^0 = n_0 \,.$$

Daraus ergeben sich die Verhältnisse $B_1 = 9$ und $B_2 = 2{,}5$; sie geben das H:C und das O:C-Verhältnis an. Unter Benutzung der schon in Abschnitt 5.5.2 aufgestellten Formelmatrix

$$A = \begin{pmatrix} 2 & 2 & 0 & 0 & 4 \\ 0 & 1 & 1 & 2 & 0 \\ 0 & 0 & 1 & 1 & 1 \end{pmatrix}$$

berechnet man die Koeffizienten der beiden homogenen linearen Gleichungen (5.174) mit dem Ergebnis

$$2\,x_1 + 2\,x_2 - 9\,x_3 - 9\,x_4 - 5\,x_5 = 0$$
$$x_2 - 1{,}5\,x_3 - 0{,}5\,x_4 - 2{,}5\,x_5 = 0 \tag{5.177}$$
$$x_1 + x_2 + x_3 + x_4 + x_5 = 1 \,,$$

wobei die lineare Gl.(5.175) hinzugefügt wurde.

Die Lösung des Systems aus den zwei nichtlinearen Gl.(5.176) und den drei linearen Gl.(5.177) ist eine rein mathematische Aufgabe. Unter Benutzung eines Mathematik-Programms erhält man

$$x_1 = x_{H_2} = 0{,}4651; \quad x_2 = x_{H_2O} = 0{,}3270; \quad x_3 = x_{CO} = 0{,}0798;$$

$$x_4 = x_{CO_2} = 0{,}0564; \quad x_5 = x_{CH_4} = 0{,}0716 \ .$$

Die hier berechnete Gleichgewichtszusammensetzung wurde in Beispiel 5.16 der Bestimmung der zugeführten Wärme zugrunde gelegt.

5.6.4 Heterogene Reaktionsgleichgewichte

Das bisher behandelte Reaktionsgleichgewicht in einem idealen Gasgemisch gehört zu den *homogenen* Reaktionsgleichgewichten, weil das reagierende Gemisch eine einzige Mischphase bildet. Befinden sich die Reaktionsteilnehmer in zwei oder mehreren Phasen, so tritt ein *heterogenes* Reaktionsgleichgewicht auf. Ein häufiger Fall ist eine Gas-Feststoff-Reaktion, z.B. die Oxidation von festem Schwefel,

$$SO_2 - O_2 - S^{fe} = 0$$

oder die Boudouard-Reaktion [5.68]

$$2\,CO - CO_2 - C^{fe} = 0 \ .$$

Der hochgestellte Index fe weist darauf hin, dass fester Schwefel bzw. fester Kohlenstoff vorliegt, während die Reaktionsteilnehmer ohne hochgestellten Index gasförmig sind.

Heterogene Reaktionsgleichgewichte lassen sich durch eine einfache Erweiterung der bisher angestellten Überlegungen berechnen, wenn man annimmt, dass ein ideales Gasgemisch mit einem reinen kondensierten Stoff im Gleichgewicht steht oder mit mehreren getrennten Kondensatphasen, die jeweils aus nur einem Stoff bestehen. Im Folgenden soll nur der Fall betrachtet werden, dass lediglich eine Kondensatphase, also nur ein einziger kondensierter Stoff wie der feste Kohlenstoff bei der Boudouard-Reaktion vorliegt.

Das ideale Gasgemisch bestehe aus den Komponenten $i = 1, 2, \ldots N - 1$; die Kondensatphase werde von der Komponente N gebildet. Die Reaktionsgleichung

$$\sum_{i=1}^{N} \nu_i A_i = 0$$

enthält die gasförmigen Reaktionsteilnehmer und den kondensierten Stoff N. In die Gleichgewichtsbedingung $\sum_{i=1}^{N} \nu_i \mu_i = 0$ werden die chemischen Potenziale der $N - 1$ gasförmigen Komponenten nach Gl.(5.170) eingesetzt. Für den kondensierten Stoff gilt

$$\mu_N = G_{m,0N}(T,p) \approx G_{m,0N}(T,p_0) = G_{m,0N}^0(T) \,,$$

wenn die geringe Druckabhängigkeit seiner molaren Gibbs-Funktion vernachlässigt wird und $G_{m,0N}$ beim Standarddruck p_0 berechnet wird. Damit ergibt sich

$$\sum_{i=1}^{N} \nu_i \, G_{m,0i}^0(T) + \sum_{i=1}^{N-1} \nu_i \, R_m T \ln \frac{p}{p_0} + R_m T \sum_{i=1}^{N-1} \nu_i \ln x_i = 0 \,. \qquad (5.178)$$

Die erste Summe ist die molare Reaktions-Gibbs-Funktion $\Delta^R G_m^0(T)$ beim Standarddruck, welche die molaren Gibbs-Funktionen aller Reaktionsteilnehmer, auch die des kondensierten Stoffes N, enthält. Die zweite Summe

$$\Delta\nu' := \sum_{i=1}^{N-1} \nu_i$$

erstreckt sich nur über die gasförmigen Reaktionsteilnehmer. Für diese wird die modifizierte Gleichgewichtskonstante definiert

$$K'(\varepsilon) := \prod_{i=1}^{N-1} x_i^{\nu_i} = x_1^{\nu_1} \cdot x_2^{\nu_2} \ldots x_{N-1}^{\nu_{N-1}} \,,$$

man erhält aus Gl.(5.178) die Gleichgewichtsbedingung

$$\ln K' = -\frac{\Delta^R G_m^0(T)}{R_m T} - \Delta\nu' \ln \frac{p}{p_0}. \qquad (5.179)$$

Für gegebene Werte von T und p nimmt K' einen festen Wert an, aus dem der Umsatzgrad ε_{GL} und die Gleichgewichtszusammensetzung der Gasphase berechnet werden können.

Beispiel 5.22. Bei der Kohlevergasung reagiert ein Gemisch aus Sauerstoff und Wasserdampf mit Kohle in einem Gasgenerator (Reaktor). Das Produktgas besteht hauptsächlich aus H_2 und CO und enthält H_2O, CO_2 und CH_4 in kleineren Anteilen, vgl. [5.69], wo auch weitere Literaturhinweise zu finden sind. Um die Zusammensetzung des Produktgases beispielhaft zu berechnen, soll die Kohlevergasung stark vereinfachend modelliert werden: Fester Kohlenstoff reagiert mit O_2 und H_2O, wobei $\dot{n}_{O_2} = \dot{n}_0$ und $\dot{n}_{H_2O} = 1{,}5\,\dot{n}_0$ sein soll. Das mit $T = 1100$ K bei $p = p_0 = 100$ kPa abströmende Gas, das nur aus H_2, CO, H_2O und CO_2 bestehen soll, erreiche das Reaktionsgleichgewicht, Abb. 5.46.

Es werden zuerst die drei Elementbilanzen, die Kohlenstoff-, Sauerstoff- und die Wasserstoffbilanz aufgestellt:

C-Bilanz: $\dot{n}_G\,(x_{CO} + x_{CO_2}) = \dot{n}_C,$

O-Bilanz: $\dot{n}_G\,(x_{CO} + 2\,x_{CO_2} + x_{H_2O}) = \dot{n}_{H_2O} + 2\,\dot{n}_{O_2} = 3{,}5\,\dot{n}_0,$

H_2-Bilanz: $\dot{n}_G\,(x_{H_2} + x_{H_2O}) = \dot{n}_{H_2O} = 1{,}5\,\dot{n}_0.$

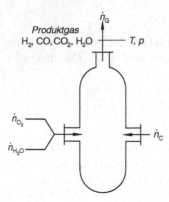

Abbildung 5.46. Schema eines Gasgenerators zur Vergasung von Kohlenstoff

Aus der C-Bilanz erhält man den Stoffmengenstrom $\dot{n}_G$ des Produktgases, bezogen auf den Stoffmengenstrom des eingesetzten Kohlenstoffs, die so genannte Gasausbeute

$$\dot{n}_G/\dot{n}_C = (x_{CO} + x_{CO_2})^{-1}\,.$$

Die O-Bilanz liefert den Sauerstoffverbrauch

$$\dot{n}_{O_2}/\dot{n}_G = \dot{n}_0/\dot{n}_G = \frac{1}{3{,}5}\,(x_{CO} + 2\,x_{CO_2} + x_{H_2O})\,.$$

Aus der H_2- und der O-Bilanz ergibt sich

$$\dot{n}_0/\dot{n}_G = \frac{1}{1{,}5}\,(x_{H_2} + x_{H_2O}) = \frac{1}{3{,}5}\,(x_{CO} + 2\,x_{CO_2} + x_{H_2O})\,,$$

also die lineare homogene Gleichung

$$3{,}5\,x_{H_2} - 1{,}5\,x_{CO} - 3{,}0\,x_{CO_2} + 2{,}0\,x_{H_2O} = 0$$

zur Berechnung der Stoffmengenanteile des Produktgases. Hierfür gilt auch

$$x_{H_2} + x_{CO} + x_{CO_2} + x_{H_2O} = 1\,.$$

Diese beiden linearen Gleichungen werden durch zwei nichtlineare „chemische" Gleichungen ergänzt, wenn man annimmt, dass sich im austretenden Produktgas das Reaktionsgleichgewicht einstellt. Die Gleichgewichtskonstanten der beiden linear unabhängigen Reaktionsgleichungen

$$H_2 + CO - H_2O - C^{fe} = 0 \quad \text{(heterogene Wassergasreaktion)},$$

$$2\,CO - CO_2 - C^{fe} = 0 \quad \text{(Boudouard-Reaktion)}$$

liefern zwei Beziehungen zwischen den Stoffmengenanteilen:

$$K_1'(T,p) = x_{H_2} \cdot x_{CO} \cdot x_{H_2O}^{-1} \quad \text{und} \quad K_2'(T,p) = x_{CO}^2 \cdot x_{CO_2}^{-1}\,.$$

Damit stehen vier Gleichungen zur Berechnung der vier Stoffmengenanteile zur Verfügung.

Man erhält die beiden Gleichgewichtskonstanten K_1' und K_2' aus Gl.(5.179) mit

$$\Delta^R G_{m,1}^0 = G_{m,H_2}^0 + G_{m,CO}^0 - G_{m,H_2O}^0 - G_{m,C}^{0,fe} \quad \text{und}$$

$$\Delta^R G_{m,2}^0 = 2\, G_{m,CO}^0 - G_{m,CO_2}^0 - G_{m,C}^{0,fe}$$

sowie $\Delta\nu_1' = 1$ und $\Delta\nu_2' = 1$. Die Werte der molaren Gibbs-Funktionen der Gase bei $T = 1100$ K und $p = p_0 = 100$ kPa wurden schon in Beispiel 5.20 benutzt. Für den festen Kohlenstoff gilt, ebenfalls nach [4.42], $G_{m,C}^{0,fe} = -15{,}260$ kJ/mol. Mit diesen Werten ergeben sich $K_1' = 11{,}054$ und $K_2' = 10{,}988$. Die Lösung des Gleichungssystems ist

$$x_{H_2} = 0{,}2991, \quad x_{CO} = 0{,}6455, \quad x_{CO_2} = 0{,}0379, \quad x_{H_2O} = 0{,}0175 \ .$$

Damit errechnet man die Gasausbeute $\dot{n}_G/\dot{n}_C = 1{,}463$ und den Sauerstoffverbrauch $\dot{n}_O/\dot{n}_G = 0{,}211$ bzw. $\dot{n}_O/\dot{n}_C = 0{,}309$. Bezogen auf 1 mol C^{fe} entstehen durch die Vergasung 0,944 mol CO und 0,426 mol H_2, weil dabei der zugeführte Wasserdampf gespalten wird. Der Wasserstoffanteil des Produktgases lässt sich auf Kosten des CO-Anteils steigern, wenn man das Gas einer zusätzlichen katalytischen CO-Konvertierung mit der Reaktionsgleichung

$$H_2 + CO_2 - CO - H_2O = 0$$

unterzieht. Durch Zugabe von Wasserdampf kann dabei der CO-Gehalt bis auf etwa 0,5 % verringert und der H_2-Anteil dementsprechend vergrößert werden. Das gereinigte Produktgas wird als Synthesegas, vorwiegend zur NH_3-Synthese, oder als Brenngas verwendet, [5.69].

6 Stationäre Fließprozesse

„Ach, Luise, laß ... das ist ein *zu* weites Feld".
Theodor Fontane (1819–1898)

Die Anlagen zur Energie- und Stoffumwandlung in der Energie- und Verfahrenstechnik bestehen aus einzelnen, untereinander durch Fluidströme verbundenen Apparaten. Bei der thermodynamischen Analyse zur Berechnung der zur Wandlung notwendigen Energie- und/oder Stoffströme wird sowohl die Anlage als Ganzes, aber auch der einzelne Apparat bilanziert. In der Regel werden hierbei im ersten Schritt einer Berechnung stationäre Prozesse betrachtet, sodass die einzelnen Apparate als offenes System im stationären Zustand in einem Kontrollraum eingeschlossen werden. In diesem Kapitel werden die allgemein gültigen Energie- und Entropiebilanzgleichungen zusammen mit geeigneten Stoffdatenmodellen auf einige spezielle Anwendungen wie Strömungs- und Arbeitsprozesse fokussiert und auf häufig vorkommende Apparate wie z.B. Wärmeübertrager angewendet. Die in Kapitel 5 gelegten Grundlagen zur thermodynamischen Beschreibung von fluiden Gemischen erlauben die nähere Betrachtung von Apparaten der thermischen Verfahrenstechnik wie z.B. die Rektifikationskolonne. Diese Apparate werden im Abschnitt 6.4 diskutiert.

6.1 Technische Arbeit, Dissipationsenergie und die Zustandsänderung des strömenden Fluids

Ausgangspunkt aller thermodynamischen Analysen einer Anlage oder eines Apparates ist der 1. Hauptsatz, vgl. Kapitel 2;

$$\frac{dE}{dt} = \sum \dot{Q} + \sum P + \sum_{\text{ein}} \dot{m}_e \left[h_e(T, p, \{x\}) + w_e^2/2 + g\, z_e \right]$$

$$- \sum_{\text{aus}} \dot{m}_a \left[h_a(T, p, \{x\}) + w_a^2/2 + g\, z_a \right] ,$$

Im stationären Fall ($dE/dt = 0$) vereinfacht sich die Bilanzgleichung zu

$$q_{12} + w_{t12} = h_2 - h_1 + \frac{1}{2}\left(w_2^2 - w_1^2\right) + g\left(z_2 - z_1\right) \tag{6.1}$$

wenn weiterhin angenommen wird, dass der Kontrollraum von nur einem Fluid stationär durchflossen wird. Die netto übertragenen Prozessgrößen Wärmestrom und Leistung werden auf den Massenstrom $\dot{m}$ bezogen, sie sind mit den Änderungen der Zustandsgrößen des Fluids zwischen Eintrittsquerschnitt 1 und Austrittsquerschnitt 2 verknüpft. Alle in Gl.(6.1) auftretenden Größen sind an den Grenzen des Kontrollraums bestimmbar; die Zustandsänderung des Fluids und die Verluste infolge von Reibung und anderen irreversiblen Vorgängen im Inneren des Kontrollraums treten nicht explizit in Erscheinung. In den folgenden Abschnitten werden die Zusammenhänge zwischen dem Verlauf der Zustandsänderung, den Verlusten und der technischen Arbeit geklärt. Hierzu wird die Dissipationsenergie eingeführt; sie hängt mit der Entropie zusammen, die in einem strömenden Fluid u.a. durch Reibung erzeugt wird.

6.1.1 Dissipationsenergie und technische Arbeit

Zur Ableitung allgemeiner Aussagen über einen stationären Fließprozess mit reibungsbehafteter Strömung wird die eindimensionale Betrachtungsweise herangezogen. Über jeden Querschnitt des kanalartigen Kontrollraums werden *Mittelwerte* der Zustandsgrößen gebildet und deren Änderung nur in Strömungsrichtung des Fluids berücksichtigt. Die genaue Vorschrift über die Art der Mittelwertbildung spielt für die folgenden Überlegungen keine Rolle, ist jedoch in einer genaueren Theorie der Strömungsmaschinen von Bedeutung, [6.1] bis [6.3]. Die eindimensionale Betrachtungsweise ermöglicht es, das Konzept der Phase auf strömende Fluide anzuwenden. In jedem Kanalquerschnitt wird das Fluid als dünne Phase aufgefasst, deren intensive Zustandsgrößen die Querschnittsmittelwerte sind.

In Abschnitt 3.1.7 wurde für einen kleinen Abschnitt eines kanalartigen Kontrollraums eine Entropiebilanzgleichung hergeleitet. Sie verknüpft die Änderung ds der über den Strömungsquerschnitt gemittelten spezifischen Entropie mit der (massebezogenen) Wärme dq, die dem Fluid zugeführt oder entzogen wird, und mit der durch Reibung im Fluid erzeugten Entropie:

$$\mathrm{d}s = \frac{\mathrm{d}q}{T} + \mathrm{d}s_{\mathrm{irr}}^{\mathrm{R}} \ . \tag{6.2}$$

Hierin bedeutet T den Querschnittsmittelwert der Fluidtemperatur. Die durch den irreversiblen Wärmeübergang zwischen der Wandtemperatur und der Querschnittsmitteltemperatur T erzeugte Entropie ist im Term dq/T enthalten, vgl. Abschnitt 3.1.7. Multipliziert man Gl.(6.2) mit T, so erhält man

$$T\,\mathrm{d}s = \mathrm{d}q + T\,\mathrm{d}s_{\mathrm{irr}}^{\mathrm{R}} \ .$$

Das Produkt $T\,\mathrm{d}s_{\mathrm{irr}}^{\mathrm{R}}$ wird als spezifische *Dissipationsenergie*

$$\mathrm{d}j := T\,\mathrm{d}s^{\mathrm{R}}_{\mathrm{irr}} \geq 0$$

bezeichnet. Sie ist die Summe der Gestaltänderungsarbeiten, die von den Reibungsspannungen bei der irreversiblen Verformung der Fluidelemente in dem kleinen Kanalabschnitt verrichtet werden. Die Dissipationsenergie wird daher auch als Reibungsarbeit bezeichnet. Man trifft aber auch die Bezeichnung Reibungswärme an; denn, wie die Gleichung

$$T\,\mathrm{d}s = \mathrm{d}q + \mathrm{d}j \tag{6.3}$$

zeigt, wirkt die Dissipationsenergie $\mathrm{d}j$ ebenso auf die Entropieänderung $\mathrm{d}s$ wie eine von außen zugeführte Wärme. Nach ihrer Definitionsgleichung ist die Dissipationsenergie positiv; sie verschwindet nur für den Idealfall der reversiblen (reibungsfreien) Strömung.

Gl.(6.3) wird zwischen dem Eintrittsquerschnitt 1 und dem Austrittsquerschnitt 2 des Kontrollraums integriert, man erhält

$$\int_1^2 T\,\mathrm{d}s = q_{12} + j_{12}\,. \tag{6.4}$$

Im Integral bedeutet T die über die einzelnen Querschnitte gemittelte Temperatur des Fluids, die sich längs des Strömungswegs in ganz bestimmter, von der Prozessführung abhängiger Weise ändert. Zur Berechnung der insgesamt übertragenen Wärme q_{12} und der im ganzen Kontrollraum dissipierten Energie

$$j_{12} = \int_1^2 T\,\mathrm{d}s^{\mathrm{R}}_{\mathrm{irr}} \geq 0$$

muss der Verlauf der Zustandsänderung des Fluids zwischen Eintritts- und Austrittsquerschnitt bekannt sein. Gleichung (6.4) lässt sich im T, s-Diagramm des Fluids veranschaulichen. Die Fläche unter der Zustandslinie 12 bedeutet die Summe aus der (massebezogenen) Wärme q_{12} und der spezifischen Dissipationsenergie j_{12}, Abb. 6.1 a. Eine Trennung dieser Anteile ist jedoch ohne zusätzliche Informationen über den Prozess nicht möglich. Abbildung 6.1 b zeigt die beiden Grenzfälle: Beim adiabaten Prozess ist $q_{12} = 0$, und die Fläche unter der Zustandslinie bedeutet die Dissipationsenergie j_{12}; beim reversiblen Prozess ist $j_{12} = 0$, die Fläche stellt die Wärme q^{rev}_{12} dar.

Es wird angenommen, dass die Querschnittsmittelwerte der Zustandsgrößen p, T, v, h und s der für eine fluide Phase geltenden Beziehung

$$\int_1^2 T\,\mathrm{d}s = h_2 - h_1 - \int_1^2 v\,\mathrm{d}p$$

genügen. Man erhält dann aus Gl.(6.4)

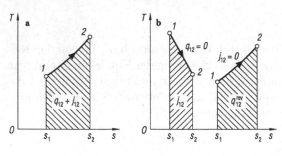

Abbildung 6.1. a Die Summe $q_{12} + j_{12}$ aus Wärme und Dissipationsenergie als Fläche im T,s-Diagramm. **b** Bedeutung der Fläche unter der Zustandslinie beim adiabaten Prozess (links) und beim reversiblen Prozess (rechts)

$$q_{12} + j_{12} = h_2 - h_1 - \int_1^2 v \, dp \,. \tag{6.5}$$

Auch dieses Integral ist für die quasistatische Zustandsänderung des Fluids beim Durchströmen des Kontrollraums zu berechnen; für jeden Querschnitt muss der Mittelwert des spezifischen Volumens als Funktion des Drucks bekannt sein.

Gl.(6.5) wird von der Energiebilanzgleichung (6.1) subtrahiert, man erhält

$$w_{t12} = \int_1^2 v \, dp + \frac{1}{2} \left(w_2^2 - w_1^2 \right) + g \left(z_2 - z_1 \right) + j_{12} \,. \tag{6.6}$$

Diese Beziehung verknüpft technische Arbeit und Dissipationsenergie mit den Querschnittsmittelwerten des spezifischen Volumens und des Drucks längs des Strömungswegs. Bemerkenswerterweise enthält Gl.(6.6) keine „kalorischen" Größen, weder die Wärme q_{12} noch die Enthalpie des Fluids. Gleichung (6.6), die auch als Arbeitsgleichung bezeichnet wird, verknüpft rein mechanische Größen mit Ausnahme der Dissipationsenergie $j_{12} \geqq 0$, in deren Auftreten der 2. Hauptsatz zum Ausdruck kommt.

Das vom Verlauf der Zustandsänderung abhängige Integral

$$y_{12} := \int_1^2 v \, dp$$

ist wie w_{t12} und j_{12} eine Prozessgröße. Es wird spezifische Strömungsarbeit [6.4] oder spezifische Druckänderungsarbeit [6.5] genannt. Diese Prozessgröße lässt sich im p,v-Diagramm als Fläche zwischen der p-Achse und der vom Eintrittszustand 1 zum Austrittszustand 2 führenden Zustandslinie des strömenden Fluids darstellen. Erfährt das Fluid beim Durchströmen des Kontrollraums eine Drucksteigerung ($dp > 0$), so bedeutet die Fläche wegen

$$y_{12} = w_{t12} - j_{12} - \frac{1}{2} \left(w_2^2 - w_1^2 \right) - g \left(z_2 - z_1 \right) \tag{6.7a}$$

die zugeführte technische Arbeit, vermindert um die Dissipationsenergie und die Änderungen von kinetischer und potenzieller Energie, Abb. 6.2 a. Nimmt dagegen der Druck des Fluids ab ($dp < 0$), so stellt die Fläche die Summe aus der abgegebenen technischen Arbeit, der Dissipationsenergie und den Änderungen von kinetischer und potenzieller Energie dar, Abb. 6.2 b; denn es gilt

$$-y_{12} = \int_1^2 v\,(-dp) = (-w_{t12}) + \frac{1}{2}\left(w_2^2 - w_1^2\right) + g\left(z_2 - z_1\right) + j_{12} \ . \quad (6.7b)$$

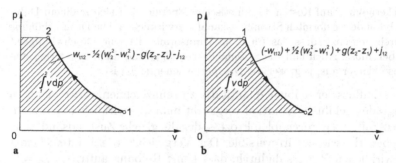

Abbildung 6.2. Veranschaulichung von Gl.(6.7) im p, v-Diagramm. **a** Druckerhöhung; **b** Druckabnahme bei der Zustandsänderung

Zur Berechnung der spezifischen Strömungsarbeit y_{12} muss man in der Regel die wirkliche, meist komplizierte Zustandsänderung $v = v(p)$ durch eine Näherungsfunktion ersetzen. Hierauf soll in Abschnitt 6.1.2 eingegangen werden. Die drei Prozessgrößen eines stationären Fließprozesses, Wärme, Strömungsarbeit und Dissipationsenergie, hängen in einfacher Weise mit der Enthalpieänderung des Fluids zusammen. Nach Gl.(6.5) gilt für ihre Summe

$$q_{12} + y_{12} + j_{12} = h_2 - h_1 \ ,$$

eine Beziehung, in der kinetische und potenzielle Energien nicht auftreten. Wärmezufuhr, Druckerhöhung und Reibung vergrößern die Enthalpie des Fluids.

Als Beispiel für die Anwendung von Gl.(6.7a) soll die Aufgabe betrachtet werden, den Druck eines Fluids von p_1 auf $p_2 > p_1$ zu erhöhen. In diesem Fall ist die spezifische Strömungsarbeit $y_{12} > 0$. Das Fluid wird von einem Verdichter oder Kompressor beim Druck p_1 angesaugt und unter Zufuhr von technischer Arbeit auf den höheren Druck p_2 gebracht. Bei diesem Prozess sind die Änderungen von kinetischer und potenzieller Energie in der Regel zu vernachlässigen, sodass sich aus Gl.(6.7a)

$$w_{t12} = y_{12} + j_{12} = \int\limits_1^2 v \, dp + j_{12} \geq y_{12}$$

ergibt. Der Mindestaufwand an technischer Arbeit ist durch die Strömungsarbeit y_{12} gegeben. Der tatsächliche Arbeitsaufwand ist um die Dissipationsenergie größer.

Eine andere Möglichkeit der Druckerhöhung besteht dann, wenn das Fluid eine hohe Geschwindigkeit w_1 hat. Ohne Zufuhr von technischer Arbeit ($w_{t12} = 0$) erhält man eine positive Strömungsarbeit durch den Abbau der kinetischen Energie des Fluids. Hierfür folgt aus Gl.(6.7a) unter Vernachlässigung der potenziellen Energie

$$\frac{1}{2}\left(w_1^2 - w_2^2\right) = y_{12} + j_{12} = \int\limits_1^2 v \, dp + j_{12} \geq y_{12} \; .$$

Diese Druckerhöhung auf Kosten der kinetischen Energie lässt sich in einem Diffusor, einem besonders geformten Strömungskanal, verwirklichen. Die Druckerhöhung wird dadurch begrenzt, dass das Fluid im Diffusoraustritt eine Geschwindigkeit $w_2 \geq 0$ haben muss. Auch fällt die Strömungsarbeit y_{12} und damit die Drucksteigerung umso kleiner aus, je größer die Dissipationsenergie j_{12} ist.

Um den Einfluss der Reibung quantitativ zu kennzeichnen, verwendet man Wirkungsgrade. Bei ihrer Definition vergleicht man den wirklichen, irreversiblen Prozess mit einem reversiblen Prozess, der die gleiche Zustandsänderung $v = v(p)$ bewirkt wie der irreversible. Der Vergleichsprozess unterscheidet sich vom wirklichen Prozess dadurch, dass keine Reibung auftritt: $j_{12} = 0$. Daher weichen die Prozessgrößen w_{t12}^{rev} und q_{12}^{rev} von den entsprechenden Größen w_{t12} und q_{12} ab, und auch die Änderung $(1/2)(w_2^2 - w_1^2)_{\text{rev}}$ der kinetischen Energie hat einen anderen Wert als beim wirklichen Prozess. Man definiert für Kompressionsprozesse ($dp > 0$, $y_{12} > 0$) den Wirkungsgrad

$$\eta_{\text{ko}} := \frac{y_{12}}{y_{12} + j_{12}} = \frac{w_{t12}^{\text{rev}} - \frac{1}{2}\left(w_2^2 - w_1^2\right)_{\text{rev}}}{w_{t12} - \frac{1}{2}\left(w_2^2 - w_1^2\right)} \tag{6.8a}$$

und für Expansionsprozesse ($dp < 0$, $y_{12} < 0$)

$$\eta_{\text{ex}} := \frac{y_{12} + j_{12}}{y_{12}} = \frac{w_{t12} - \frac{1}{2}\left(w_2^2 - w_1^2\right)}{w_{t12}^{\text{rev}} - \frac{1}{2}\left(w_2^2 - w_1^2\right)_{\text{rev}}} = \frac{|w_{t12}| + \frac{1}{2}\left(w_2^2 - w_1^2\right)}{|w_{t12}^{\text{rev}}| + \frac{1}{2}\left(w_2^2 - w_1^2\right)_{\text{rev}}} \,, \tag{6.8b}$$

wobei die Änderung der potenziellen Energie vernachlässigt wurde. Diese Größen werden als *statische* oder *hydraulische Wirkungsgrade* bezeichnet.

Man unterscheidet nun *Strömungsprozesse* mit $w_{t12} = 0$ und *Arbeitsprozesse* mit $w_{t12} \neq 0$. Bei den Strömungsprozessen sind keine Vorrichtungen vorhanden, um technische Arbeit zu- oder abzuführen. Die hydraulischen Wirkungsgrade vergleichen hier die Änderung der kinetischen Energie beim wirklichen Prozess mit der Änderung beim reversiblen Vergleichsprozess, der die gleiche Zustandsänderung $v = v(p)$ hat. Bei den Arbeitsprozessen kann man meistens die Änderung der kinetischen Energie vernachlässigen. Die Wirkungsgrade bedeuten dann das Verhältnis der technischen Arbeit beim wirklichen Prozess zur technischen Arbeit des reversiblen Vergleichsprozesses mit gleicher Zustandsänderung.

In der Strömungsmechanik macht man gern von der Vereinfachung Gebrauch, das strömende Fluid als *inkompressibel* anzusehen, also mit $v =$ konst. zu rechnen. Dies trifft auf Flüssigkeiten recht gut zu, vgl. Abschnitt 4.3.4, und ist selbst für Gase eine brauchbare Näherung, wenn die Druckunterschiede klein sind. Setzt man in Gl.(6.6) $v =$ konst., so wird

$$w_{t12} = v\,(p_2 - p_1) + \frac{1}{2}\left(w_2^2 - w_1^2\right) + g\,(z_2 - z_1) + j_{12} \,. \tag{6.9}$$

Betrachtet man außerdem Strömungsprozesse, so erhält man mit $w_{t12} = 0$ und $v = 1/\varrho$

$$\left(p + \frac{\varrho}{2}\,w^2 + g\varrho\,z\right)_2 - \left(p + \frac{\varrho}{2}\,w^2 + g\varrho\,z\right)_1 = -\varrho\,j_{12} \,.$$

Diese Gleichung bzw. die nur für reibungsfreie Strömungen geltende Beziehung, bei der $j_{12} = 0$ ist, wird *Bernoullische Gleichung* genannt. Die in den Klammern stehende Summe bezeichnet man auch als *Gesamtdruck*, $p^{\text{ges}} := p + (\varrho/2)\,w^2 + g\varrho\,z$. Da $j_{12} \geq 0$ ist, sinkt der Gesamtdruck des inkompressiblen Fluids in Strömungsrichtung: $p_2^{\text{ges}} \leq p_1^{\text{ges}}$.

Aus Gl.(6.5) folgt mit $v =$ konst.

$$q_{12} + j_{12} = h_2 - h_1 - v\,(p_2 - p_1) = u_2 - u_1 = u(T_2) - u(T_1) \,.$$

Wie in Abschnitt 4.3.4 gezeigt wurde, hängt die innere Energie eines inkompressiblen Fluids nur von der Temperatur ab. Erwärmt sich ein solches Fluid bei einem stationären Fließprozess, so ist dies nur auf eine Wärmezufuhr oder auf Energiedissipation zurückzuführen. Bei einem adiabaten Prozess ist allein die Reibung für die Erwärmung verantwortlich, dagegen nicht die Druckerhöhung wie bei einem kompressiblen Fluid, z.B. einem Gas. Da $j_{12} > 0$ ist, kann sich ein inkompressibles Fluid bei einem adiabaten Strömungsprozess niemals abkühlen.

Beispiel 6.1. Ein Ventilator mit der Antriebsleistung $P_{12} = 1{,}60\,\text{kW}$ fördert Luft, Volumenstrom $\dot{V} = 1{,}25\,\text{m}^3/\text{s}$, aus einem großen Raum, in dem der Druck $p_1 = 99{,}0\,\text{kPa}$ und die Temperatur $\vartheta_1 = 25\,^\circ\text{C}$ herrschen, Abb. 6.3. Im Abluftkanal (Querschnittsfläche $A_2 = 0{,}175\,\text{m}^2$) hinter dem Ventilator ist der Druck um $\Delta p = 0{,}85\,\text{kPa}$ höher als p_1. Man bestimme die durch Reibung dissipierte Leistung und den statischen Wirkungsgrad η_{ko}.

Angesichts des geringen Druckunterschieds $\Delta p = p_2 - p_1 = 0{,}85\,\text{kPa}$ ist es zulässig, die Luft als inkompressibel anzusehen. Es wird also mit der konstanten Dichte

$$\varrho = \frac{p_1}{R\,T_1} = \frac{99{,}0\,\text{kPa}}{0{,}2871\,\text{kJ/(kg K)}\,298{,}15\,\text{K}} = 1{,}157\,\frac{\text{kg}}{\text{m}^3}$$

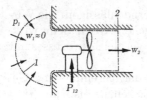

Abbildung 6.3. Kontrollraum um einen Ventilator

gerechnet. Damit erhält man für die spezifische technische Arbeit des Ventilators

$$w_{t12} = \frac{P_{12}}{\dot{m}} = \frac{P_{12}}{\dot{V}\varrho} = \frac{1,60\,\text{kW}}{1,25\,(\text{m}^3/\text{s})\,1,157\,(\text{kg/m}^3)} = 1106\,\frac{\text{J}}{\text{kg}} \ .$$

Für die spezifische Dissipationsenergie ergibt sich aus Gl.(6.9)

$$j_{12} = w_{t12} - \left[v\,(p_2 - p_1) + \frac{1}{2}\,(w_2^2 - w_1^2) + g\,(z_2 - z_1) \right] \ .$$

Der Eintrittsquerschnitt 1 des um den Ventilator gelegten Kontrollraums liege so weit im Raum vor dem Ventilator, dass $w_1 \approx 0$ gesetzt werden kann. Die Austrittsgeschwindigkeit ist

$$w_2 = \dot{V}/A_2 = 1,25\,(\text{m}^3/\text{s})/0,175\,\text{m}^2 = 7,14\,\text{m/s} \ .$$

Die Änderung der potenziellen Energie ist gleich null, daher wird

$$j_{12} = w_{t12} - \left(\frac{\Delta p}{\varrho} + \frac{1}{2}\,w_2^2 \right) = 346\,\frac{\text{J}}{\text{kg}} \ .$$

Damit erhält man für die durch Reibung dissipierte Leistung $P_{\text{diss}} = \dot{m}\,j_{12} = 500\,\text{W}$. Ihr Anteil an der Antriebsleistung ist

$$P_{\text{diss}}/P_{12} = j_{12}/w_{t12} = 500\,\text{W}/1600\,\text{W} = 0,313 \ .$$

Mit der spezifischen Strömungsarbeit $y_{12} = \Delta p/\varrho = 735\,\text{J/kg}$ ergibt sich der statische Wirkungsgrad zu

$$\eta_{\text{ko}} := \frac{y_{12}}{y_{12} + j_{12}} = \frac{735\,\text{J/kg}}{1081\,\text{J/kg}} = 0,680 \ .$$

Da die kinetische Energie der austretenden Luft, $w_2^2/2 = (w_2^2)_{\text{rev}}/2 = 25\,\text{J/kg}$, nicht vernachlässigt wurde, enthält der statische Wirkungsgrad entsprechend seiner Definition nach Gl.(6.8a) die kinetische Energie $w_2^2/2$. Er unterscheidet sich jedoch nur geringfügig vom Verhältnis

$$\frac{w_{t12}^{\text{rev}}}{w_{t12}} = \frac{y_{12} + w_2^2/2}{w_{t12}} = \frac{735 + 25}{1106} = 0,687 \ .$$

6.1.2 Polytropen. Polytrope Wirkungsgrade

Um die Strömungsarbeit y_{12} berechnen zu können, muss man die Zustandsänderung $v = v(p)$ des strömenden Fluids kennen. Sie hängt in meist komplizierter Weise von der Energieaufnahme oder Energieabgabe des Fluids sowie

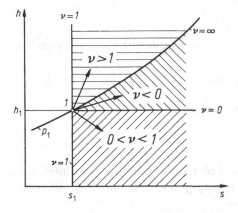

Abbildung 6.4. Polytropenverhältnisse adiabater Expansions- und Kompressionsprozesse, die vom Zustand 1 (h_1, s_1, p_1) ausgehen

von der in der Strömung dissipierten Energie ab. In der Regel kennt man nur den Eintritts- und Austrittszustand des Fluids, und es liegt nahe, die wirkliche Zustandsänderung durch eine einfachere zu ersetzen. Hierfür wählt man eine *Polytrope*; sie ist nach A. Stodola [6.6] dadurch definiert, dass das *Polytropenverhältnis*

$$\nu := \frac{\mathrm{d}h}{v\,\mathrm{d}p} = \frac{\mathrm{d}h}{\mathrm{d}y}$$

für alle Abschnitte der Zustandsänderung konstant ist. Es gilt also nicht nur

$$\nu = \frac{\mathrm{d}h}{v\,\mathrm{d}p} = 1 + \frac{T\,\mathrm{d}s}{v\,\mathrm{d}p} = 1 + \frac{(\mathrm{d}q + \mathrm{d}j)}{\mathrm{d}y}\,,$$

sondern auch für den ganzen Prozess

$$\nu = \frac{h_2 - h_1}{y_{12}} = 1 + \frac{q_{12} + j_{12}}{y_{12}} \tag{6.10}$$

und

$$q_{12} + j_{12} = (\nu - 1)\,y_{12} = \int_1^2 T\,\mathrm{d}s\,. \tag{6.11}$$

Sonderfälle von Polytropen sind die Isentrope ($\nu = 1$), die Isenthalpe ($\nu = 0$) und die Isobare ($\nu \to \infty$). Die polytropen Zustandsänderungen adiabater Kompressionsprozesse ($q_{12} = 0$, $y_{12} > 0$) werden durch Polytropenverhältnisse $\nu \geqq 1$ gekennzeichnet; adiabate Expansionsprozesse ($y_{12} < 0$) haben Polytropenverhältnisse $\nu \leqq 1$, wobei auch negative Polytropenverhältnisse möglich sind, vgl. Abb. 6.4.

Für adiabate Prozesse ist die dissipierte Energie ein fester, durch das Polytropenverhältnis ν gegebener Teil der spezifischen Strömungsarbeit und der Enthalpieänderung, falls man eine polytrope Zustandsänderung annimmt. Aus den Gln.(6.10) und (6.11) folgt hierfür mit $q_{12} = 0$

$$j_{12} = (\nu - 1)\, y_{12} = \frac{\nu - 1}{\nu}\,(h_2 - h_1)\,.$$

Man erhält für die statischen Wirkungsgrade adiabater Expansionsprozesse

$$\eta_{\mathrm{ex}} = \frac{y_{12} + j_{12}}{y_{12}} = \frac{h_2 - h_1}{y_{12}} = \nu = \eta_{\nu\mathrm{ex}}$$

und analog für adiabate Kompressionsprozesse

$$\eta_{\mathrm{ko}} = \frac{y_{12}}{y_{12} + j_{12}} = \frac{y_{12}}{h_2 - h_1} = \frac{1}{\nu} = \eta_{\nu\mathrm{ko}}\,.$$

Diese Wirkungsgrade werden durch das Polytropenverhältnis bestimmt; man bezeichnet sie daher als *polytrope Wirkungsgrade* $\eta_{\nu\mathrm{ex}}$ und $\eta_{\nu\mathrm{ko}}$ adiabater Expansions- und Kompressionsprozesse.

Polytrope Zustandsänderungen nimmt man vorzugsweise bei Prozessen idealer Gase an, weil sich für dieses Modellfluid einfache Beziehungen ergeben. Im Folgenden wird der Verlauf von Polytropen idealer Gase untersucht, also den Zusammenhang zwischen T und p für eine Zustandsänderung $\nu = $ konst.. Dazu werden

$$\mathrm{d}h = c_p^{\mathrm{iG}}(T)\,\mathrm{d}T$$

und

$$v = RT/p$$

in die Definitionsgleichung

$$\mathrm{d}h = \nu\, v\, \mathrm{d}p$$

des Polytropenverhältnisses ν eingesetzt, man erhält den Zusammenhang

$$c_{\mathrm{p}}^{\mathrm{iG}}(T)\,\frac{\mathrm{d}T}{T} = \nu\,\frac{R}{p}\,\mathrm{d}p\,,$$

dessen Integration bei $\nu = $ konst.

$$\int_{T_0}^{T} c_{\mathrm{p}}^{\mathrm{iG}}(T)\,\frac{\mathrm{d}T}{T} = \nu\,R\,\ln(p/p_0) \tag{6.12}$$

ergibt. Die linke Seite dieser Gleichung bedeutet nach Abschnitt 4.3.3 die Entropiedifferenz $s^{\mathrm{T}}(T) - s^{\mathrm{T}}(T_0)$ bei einem beliebigen Bezugsdruck p_0. Man erhält also

$$s^{\mathrm{T}}(T) = s^{\mathrm{T}}(T_0) + \nu\,R\,\ln(p/p_0) \tag{6.13}$$

als implizite Polytropengleichung eines idealen Gases. Sie kann mit Hilfe einer Tabelle der Entropiefunktion $s^{\mathrm{T}}(T)$, z.B. Tabelle 10.11, ausgewertet werden.

Die Entropieänderung auf einer Polytrope ergibt sich aus

$$s = s_0 + \int\limits_{T_0}^{T} c_{\mathrm{p}}^{\mathrm{iG}}(T) \, \frac{\mathrm{d}T}{T} - R \, \ln(p/p_0)$$

mit Gl.(6.12) zu

$$s = s_0 + (\nu - 1)\, R \, \ln(p/p_0) \; . \tag{6.14}$$

Für die spezifische Strömungsarbeit erhält man

$$y_{12} = \frac{1}{\nu}\,(h_2 - h_1) = \frac{1}{\nu}\left[\bar{c}_{\mathrm{p}}^{\mathrm{iG}}(\vartheta_2)\cdot\vartheta_2 - \bar{c}_{\mathrm{p}}^{\mathrm{iG}}(\vartheta_1)\cdot\vartheta_1\right] \; .$$

Mit den vertafelten Werten der mittleren spezifischen Wärmekapazität $\bar{c}_{\mathrm{p}}^{\mathrm{iG}}$ nach Tabelle 10.9 lässt sich y_{12} leicht berechnen. Ist die Endtemperatur ϑ_2 der polytropen Zustandsänderung noch unbekannt und sind ϑ_1 und das Druckverhältnis gegeben, so erhält man ϑ_2 durch Anwenden von Gl.(6.13).

Bei der Herleitung der vorstehenden Beziehungen wurde das Polytropenverhältnis ν als gegeben vorausgesetzt. Oft kennt man Anfangs- und Endzustand und möchte das Polytropenverhältnis der Polytrope bestimmen, die diese beiden Zustände verbindet. Hierfür erhält man aus Gl.(6.13)

$$\nu = \frac{s^{\mathrm{T}}(T_2) - s^{\mathrm{T}}(T_1)}{R \, \ln(p_2/p_1)} \; .$$

Die für die Polytropen idealer Gase hergeleiteten Beziehungen vereinfachen sich erheblich, wenn man die spezifische Wärmekapazität $c_{\mathrm{p}}^{\mathrm{iG}}$ als konstant annimmt. Aus Gl.(6.12) folgt

$$c_{\mathrm{p}}^{\mathrm{iG}} \, \ln(T/T_0) = \nu \, R \, \ln(p/p_0)$$

oder

$$T/T_0 = (p/p_0)^{\nu R/c_{\mathrm{p}}^{\mathrm{iG}}}$$

als Gleichung der Polytrope eines idealen Gases mit konstantem $c_{\mathrm{p}}^{\mathrm{iG}}$. Man setzt nun

$$\nu\,\frac{R}{c_{\mathrm{p}}^{\mathrm{iG}}} = \nu\,\frac{\kappa - 1}{\kappa} = \frac{n-1}{n}$$

mit $\kappa = c_{\mathrm{p}}^{\mathrm{iG}}/c_{\mathrm{v}}^{\mathrm{iG}}$ und definiert dadurch den *Polytropenexponenten*

$$n = \frac{\kappa}{\kappa - \nu\,(\kappa - 1)} \; .$$

Wie man leicht zeigen kann, folgt aus

$$T/T_0 = (p/p_0)^{(n-1)/n} \tag{6.15}$$

die Polytropengleichung

$$p\,v^n = p_0\,v_0^n \; . \tag{6.16}$$

Durch diese Gleichung definierte G. Zeuner [6.7] eine Polytrope. Die beiden unterschiedlichen Polytropendefinitionen nach A. Stodola und G. Zeuner stimmen für das ideale Gas mit konstantem c_p^{iG} und nur für dieses Modellfluid überein.

Verwendet man Gl.(6.16) zur Berechnung der spezifischen Strömungsarbeit, so erhält man

$$y_{12} = \frac{n}{n-1}\,p_1\,v_1 \left[(p_2/p_1)^{(n-1)/n} - 1\right] \tag{6.17}$$

oder

$$y_{12} = \frac{c_p^{iG}\,T_1}{\nu} \left[(p_2/p_1)^{\nu R/c_p^{iG}} - 1\right] \tag{6.18}$$

als Ausdruck für y_{12}, der das Polytropenverhältnis ν anstelle des Polytropenexponenten n enthält. Die Entropieänderung auf einer Polytrope ergibt sich aus Gl.(6.14), die unverändert bleibt.

Will man das Polytropenverhältnis ν aus den Daten zweier bekannter Zustände auf einer Polytrope bestimmen, so gilt für $c_p^{iG} = $ konst. die einfache Beziehung

$$\nu = \frac{c_p^{iG}}{R}\,\frac{\ln(T_2/T_1)}{\ln(p_2/p_1)} = \frac{\kappa}{\kappa - 1}\,\frac{\ln(T_2/T_1)}{\ln(p_2/p_1)} \; .$$

Den Polytropenexponenten n erhält man dann aus Gl.(6.15) zu

$$n = \frac{\ln(p_2/p_1)}{\ln(p_2/p_1) - \ln(T_2/T_1)} \; .$$

Für reale Fluide kann man den Verlauf einer Polytrope $\nu = $ konst. nicht explizit angeben, weil dies der komplizierte Aufbau der thermischen und kalorischen Zustandsgleichung nicht zulässt.

Beispiel 6.2. Der adiabate Verdichter einer Gasturbinenanlage saugt Luft vom Zustand $p_1 = 0{,}0996\,\mathrm{MPa}$, $\vartheta_1 = 20{,}0\,°\mathrm{C}$ an und verdichtet sie auf $p_2 = 1{,}605\,\mathrm{MPa}$. Der polytrope Wirkungsgrad der Kompression ist $\eta_{\nu ko} = 1/\nu = 0{,}900$. Man bestimme die Luftaustrittstemperatur ϑ_2, die spezifische technische Arbeit w_{t12} und die Dissipationsenergie j_{12}. Die Änderung der kinetischen Energie ist zu vernachlässigen.

Die Austrittstemperatur berechnet sich aus der Polytropengleichung (6.13),

$$s^{\mathrm{T}}(\vartheta_2) = s^{\mathrm{T}}(\vartheta_1) + \nu\,R\,\ln(p_2/p_1) \; .$$

Mit $s^{\mathrm{T}}(\vartheta_1) = 6{,}8474\,\mathrm{kJ/kg\,K}$ nach Tabelle 10.11 erhält man $s^{\mathrm{T}}(\vartheta_2) = 7{,}7340\,\mathrm{kJ/kg\,K}$ und durch inverse Interpolation in Tabelle 10.11 die Austrittstemperatur $\vartheta_2 = $

421,8 °C. Für diese Temperatur bestimmt man aus Tabelle 10.9 die mittlere spezifische Wärmekapazität der Luft zu $\bar{c}_p(\vartheta_2) = 1{,}0307$ kJ/kg K, um die spezifische technische Arbeit

$$w_{t12} = h_2 - h_1 = \bar{c}_p^{iG}(\vartheta_2) \cdot \vartheta_2 - \bar{c}_p^{iG}(\vartheta_1) \cdot \vartheta_1 = 414{,}7\,\text{kJ/kg}$$

zu erhalten. Die Dissipationsenergie ergibt sich aus Gl.(6.11) mit $q_{12} = 0$ zu

$$j_{12} = \frac{\nu - 1}{\nu}\,(h_2 - h_1) = (1 - \eta_{\nu\text{ko}})\,(h_2 - h_1) = 41{,}5\,\text{kJ/kg}\,.$$

6.2 Strömungs- und Arbeitsprozesse

Stationäre Fließprozesse, deren technische Arbeit $w_{t12} = 0$ ist, wurden als Strömungsprozesse bezeichnet. Sie laufen in kanalartigen Kontrollräumen ab, die keine Einrichtungen zur Zufuhr oder Entnahme technischer Arbeit enthalten, z.B. in Rohren, Düsen, Wärmeübertragern und anderen Apparaten. Wie in Abschnitt 6.1.1 wird im Folgenden die Änderung $g\,(z_2 - z_1)$ der potenziellen Energie in den Gleichungen fortgelassen.

Strömungsprozesse mit kompressiblen Medien, also Prozesse, bei denen erhebliche Dichteänderungen des Fluids auftreten, werden in der *Gasdynamik* behandelt. Die drei folgenden Abschnitte können auch als eine Einführung in die Gasdynamik dienen, wobei die grundlegenden thermodynamischen Zusammenhänge im Vordergrund stehen und die Betrachtungen auf die in den Abschnitten 1.3.4 und 6.1.1 erläuterte eindimensionale Behandlung der Strömung beschränkt bleiben. Ausführliche Darstellungen der Gasdynamik geben K. Oswatitsch [6.8], D. Rist [6.9] und J. Zierep [6.10].

Stationäre Fließprozesse, bei denen ein Fluid technische Arbeit aufnimmt oder abgibt ($w_{t12} \neq 0$), werden als Arbeitsprozesse bezeichnet. Sie laufen in Maschinen, wie z.B. in Turbinen, Verdichtern und Pumpen ab. Es werden die Maschinen als Ganzes betrachtet, ohne auf die Energieumwandlungen in den einzelnen Stufen einzugehen. Diese für die Berechnung und Konstruktion der Maschinen wichtigen Einzelheiten findet man in der Literatur, z.B. in [6.2] bis [6.4].

6.2.1 Strömungsprozesse

Für Strömungsprozesse, die in kanalartigen Kontrollräumen ablaufen, erhält man aus Gl.(6.6) mit $w_{t12} = 0$ die Beziehung

$$\frac{1}{2}\,(w_2^2 - w_1^2) + \int_1^2 v\,\mathrm{d}p + \int_1^2 T\,\mathrm{d}s_{\text{irr}}^{\text{R}} = \frac{1}{2}\,(w_2^2 - w_1^2) + y_{12} + j_{12} = 0\,. \quad (6.19)$$

Sie verknüpft die Änderung der kinetischen Energie des Fluids mit den Prozessgrößen Strömungsarbeit y_{12} und Dissipationsenergie $j_{12} \geq 0$. Aus dieser

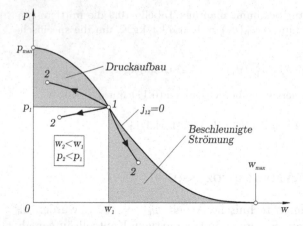

Abbildung 6.5. p, w - Diagramm für Strömungsprozesse, die vom Zustand 1 aus möglich sind

Gleichung wird nun der Zusammenhang zwischen der Geschwindigkeit des Fluids und seiner Zustandsänderung hergeleitet.

Hierzu sei zunächst der Idealfall der *reibungsfreien Strömung* betrachtet, für den $j_{12} = 0$ gilt. Aus Gl.(6.19) folgt dann

$$d(w^2/2) = w \, dw = -v(p) \, dp \,, \tag{6.20}$$

wobei $v = v(p)$ angibt, wie sich das über den jeweiligen Querschnitt gemittelte spezifische Volumen längs des Strömungsweges mit dem Druck ändert. Ist diese Funktion bekannt, so erhält man durch Integration der Differentialbeziehung (6.20) die Abhängigkeit der Geschwindigkeit w vom Druck p bei reibungsfreier Strömung. Dieser Zusammenhang ist im p, w-Diagramm von Abb. 6.5 als Kurve dargestellt. Ausgehend vom Eintrittszustand 1 erreicht man durch Drucksenkung ($p < p_1$) höhere Geschwindigkeiten bis zum Höchstwert w_{max}, der sich bei der reibungsfreien Expansion des Fluids ins Vakuum ($p \to 0$) ergeben würde. Will man dagegen den Druck des Fluids über den Eintrittsdruck p_1 hinaus erhöhen, so ist dies nur bei verzögerter Strömung möglich ($w < w_1$). Für $w \to 0$ baut sich der höchste Druck p_{max} auf, den das Fluid durch vollständigen Abbau seiner kinetischen Energie $w_1^2/2$ erreicht.

Die aus Gl.(6.20) berechenbare Zustandsänderung $p = p(w)$ der reibungsfreien Strömung trennt im p, w-Diagramm die vom Zustand 1 aus erreichbaren Zustände von denen, die nach dem 2. Hauptsatz nicht erreichbar sind. Nur Austrittszustände 2, die *unter* dieser Kurve liegen, lassen sich durch irreversible (reibungsbehaftete) Prozesse erreichen, denn nur in diesem Gebiet ist die Bedingung $j_{12} > 0$ erfüllt. Es lassen sich hier drei Bereiche unterscheiden:

1. Beschleunigte Strömung ($w_2 > w_1$) ist nur möglich, wenn der Druck in Strömungsrichtung sinkt, sodass in Gl.(6.19) $y_{12} < 0$ wird. Diese Expansionsprozesse finden in *Düsen* statt, worauf im nächsten Abschnitt eingegangen wird.

2. Druckaufbau ($p_2 > p_1$) findet nur bei verzögerter Strömung ($w_2 < w_1$) statt. Die Abnahme der kinetischen Energie führt zu einer positiven Strömungsarbeit y_{12} in Gl.(6.19). Derartige Prozesse laufen in *Diffusoren* ab, vgl. Abschnitt 6.2.2.

3. Verzögerte Strömung mit Druckabfall ($w_2 < w_1$, $p_2 < p_1$). In diesem Bereich sind die Reibungswiderstände in der Strömung so groß, dass trotz einer Abnahme der kinetischen Energie kein Druckaufbau zustande kommt. Es ist $y_{12} < 0$, weil $j_{12} > \frac{1}{2}(w_1^2 - w_2^2)$ ist.

Die drei Bereiche werden durch zwei Zustandslinien getrennt, die Isobare $p = p_1$ und die Linie $w = w_1$. Bei isobarer Zustandsänderung nehmen die Geschwindigkeit und damit die kinetische Energie ab, weil die Reibungswiderstände zu überwinden sind; denn wegen $y_{12} = 0$ gilt nach Gl.(6.19)

$$\frac{1}{2}\left(w_2^2 - w_1^2\right) = -j_{12} < 0 \,.$$

Ist dagegen die Änderung der kinetischen Energie zu vernachlässigen, so muss der Druck in Strömungsrichtung sinken, weil nun nach Gl.(6.19)

$$y_{12} = \int_1^2 v\,\mathrm{d}p = -j_{12} < 0 \,, \tag{6.21}$$

also $\mathrm{d}p < 0$ gilt. Strömungsprozesse mit vernachlässigbarer Änderung der kinetischen Energie laufen in vielen Apparaten ab, vor allem in den Wärmeübertragern, vgl. Abschnitt 6.3. Der in diesen Apparaten auftretende Druckabfall bewirkt keine nennenswerte Beschleunigung des Fluids, sondern dient zur Überwindung der Reibungswiderstände. Wie Gl.(6.21) zeigt, wird die Strömungsarbeit vollständig dissipiert.

Ein Sonderfall ist die *reibungsfreie* Strömung mit vernachlässigbar kleiner Änderung der kinetischen Energie. Mit $\mathrm{d}w = 0$ folgt aus Gl.(6.20) $\mathrm{d}p = 0$ oder $p = $ konst.. *Reibungsfreie Strömung mit vernachlässigbar kleiner Änderung der kinetischen Energie führt zu einer isobaren Zustandsänderung des strömenden Fluids.* In Abb. 6.5 fallen alle Punkte dieser Zustandsänderung mit dem eingezeichneten Eintrittszustand 1 zusammen.

Der *Exergieverlust* eines reibungsbehafteten Strömungsprozesses hängt mit der Dissipationsenergie zusammen. Nach Abschnitt 6.1.1 ist die Dissipationsenergie der durch Reibung erzeugten Entropie proportional. Somit ergibt sich für den Exergieverlust durch Reibung

$$\mathrm{d}ex_v^{\mathrm{R}} = T_{\mathrm{u}}\,\mathrm{d}s_{\mathrm{irr}}^{\mathrm{R}} = (T_{\mathrm{u}}/T)\,\mathrm{d}j \,.$$

Die Dissipation führt zu einem um so größeren Exergieverlust, je niedriger die Temperatur T des mit Reibung strömenden Fluids ist. Bei einem Strömungsprozess mit vernachlässigbar kleiner Änderung der kinetischen Energie erhält man aus Gl.(6.21)

$$\mathrm{d}j = -v\,\mathrm{d}p$$

und daraus für den Exergieverlust

$$\mathrm{d}e_\mathrm{v}^\mathrm{R} = T_\mathrm{u}\left(-\frac{v}{T}\right)\mathrm{d}p = T_\mathrm{u}\,\frac{v}{T}\,(-\mathrm{d}p)\ .$$

Der mit dem Druckabfall $(-\mathrm{d}p)$ zusammenhängende Exergieverlust ist um so größer, je größer das spezifische Volumen des Fluids und je niedriger seine Temperatur ist. Bei gleichen Temperaturen verursacht ein gleichgroßer Druckabfall bei einem strömenden Gas einen weitaus größeren Exergieverlust als bei einer strömenden Flüssigkeit.

Nun wird der 1. Hauptsatz angewendet, um die *Wärme* zu bestimmen, die dem Fluid bei einem stationären Strömungsprozess zugeführt oder entzogen wird. Hierfür folgt aus Gl.(6.1) mit $w_{\mathrm{t}12} = 0$

$$q_{12} = h_2 - h_1 + \frac{1}{2}\left(w_2^2 - w_1^2\right)\ . \tag{6.22}$$

Man fasst häufig Enthalpie und kinetische Energie des Fluids zur (spezifischen) *Totalenthalpie*

$$h^+ := h + w^2/2$$

zusammen. Aus Gl.(6.22) erhält man dann

$$q_{12} = h_2^+ - h_1^+\ .$$

Die bei einem Strömungsprozess zu- oder abgeführte Wärme ist gleich der Änderung der Totalenthalpie des strömenden Fluids.

In der Technik treten häufig *adiabate Strömungsprozesse* auf. Durchströmte Rohre, Düsen, Diffusoren und Drosselorgane können oft als adiabate Systeme angesehen werden. Die trotz Isolierung auftretenden Wärmeströme sind im Allgemeinen vernachlässigbar klein. Mit $q_{12} = 0$ ergibt sich aus Gl.(6.22)

$$h_2 - h_1 + \frac{1}{2}\left(w_2^2 - w_1^2\right) = 0 \tag{6.23}$$

oder

$$h_2^+ = h_2 + \frac{1}{2}\,w_2^2 = h_1 + \frac{1}{2}\,w_1^2 = h_1^+\ .$$

Bei adiabaten Strömungsprozessen bleibt die Totalenthalpie h^+ konstant; die Zunahme der kinetischen Energie ist gleich der Abnahme der Enthalpie des Fluids. Für die Austrittsgeschwindigkeit w_2 erhält man aus Gl.(6.23)

$$w_2 = \sqrt{2\left(h_1 - h_2\right) + w_1^2}\ .$$

Diese Gleichungen gelten für reversible und irreversible Prozesse, also auch für Strömungen mit Reibung, denn sie drücken nur den Energieerhaltungssatz aus.

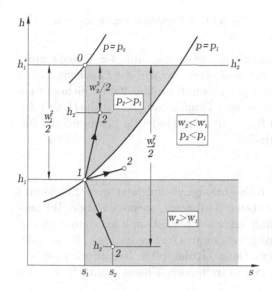

Abbildung 6.6. h, s-Diagramm für adiabate Strömungsprozesse, die vom Zustand 1 aus möglich sind

Einen anschaulichen Überblick über die adiabaten Strömungsprozesse, die von einem gegebenen Eintrittszustand 1 aus möglich sind, erhält man mit dem h, s-Diagramm von Abb. 6.6. Nach dem 2. Hauptsatz sind nur solche adiabaten Prozesse möglich, für die $s_2 \geq s_1$ gilt. Die Zustandsänderung des strömenden Fluids verläuft also rechts von der Senkrechten $s = s_1$. Da die Geschwindigkeit des austretenden Fluids $w_2 \geq 0$ sein muss, ergibt sich für seine spezifische Enthalpie die obere Grenze

$$h_2 \leq h_2^+ = h_1^+ = h_1 + w_1^2/2 \ .$$

Der Austrittszustand 2 kann nur unterhalb der Waagerechten $h = h_1^+$ liegen.

Auch im h, s-Diagramm findet man die drei Bereiche unterschiedlicher Strömungsprozesse, die schon anhand des p, w-Diagramms, Abb. 6.5, diskutiert wurden:

1. Beschleunigte Strömung ($w_2 > w_1$) führt nach Gl. (6.23) zu einer Abnahme der Enthalpie. Im h, s-Diagramm, Abb. 6.6, liegen die Endzustände dieser in adiabaten Düsen anzutreffenden Strömungsprozesse zwischen der Isentrope $s = s_1$ und der Isenthalpe $h = h_1$.
2. Druckaufbau ($p_2 > p_1$) erhält man durch Abbau der kinetischen Energie, sodass die Enthalpie des Fluids nach Gl. (6.23) zunimmt. Die Austrittszustände dieser in adiabaten Diffusoren anzutreffenden Prozesse liegen im h, s-Diagramm oberhalb der Isobare $p = p_1$ und rechts der Isentrope $s = s_1$.
3. Verzögerte Strömung mit Druckabfall ($w_2 < w_1$, $p_2 < p_1$); hier nimmt zwar die Enthalpie zu, aber nicht der Druck, weil die Dissipationsenergie j_{12} größer als die Abnahme der kinetischen Energie ist. Die Endzu-

stände dieser technisch nicht erwünschten Prozesse liegen zwischen der Isobare $p = p_1$ und der Isenthalpe $h = h_1$.

Man erreicht den höchsten Druck p_0, wenn ein mit der Geschwindigkeit w_1 einströmendes Fluid *adiabat und reversibel* auf die Geschwindigkeit $w_2 = w_0 = 0$ abgebremst wird. Diesen Zustand 0 in Abb. 6.6 bezeichnet man als *Stagnationszustand, Ruhezustand oder Totalzustand*. Er ist durch den Zustand 1 mit den Zustandsgrößen h_1, s_1 und w_1 eindeutig bestimmt. Er hat die Entropie $s_0 = s_1$ und die Enthalpie

$$h_0 = h_1 + w_1^2/2 = h_1^+ \ ,$$

die als Stagnationsenthalpie oder Ruheenthalpie bezeichnet wird. Sie stimmt mit der Totalenthalpie h_1^+ des Zustands 1 überein, weswegen man Totalenthalpien auch als Stagnationsenthalpien bezeichnet. Durch h_0, s_0 und $w_0 = 0$ ist der Stagnationszustand eindeutig festgelegt. Die Stagnations-, Ruhe- oder Totaltemperatur T_0 und den Stagnations-, Ruhe- oder Totaldruck p_0 erhält man aus der Zustandsgleichung des betreffenden Fluids, nämlich aus den Bedingungen

$$h_0 = h(T_0, p_0) \quad \text{und} \quad s_0 = s(T_0, p_0) \ .$$

Die Zustandsgrößen des Stagnationszustands dienen bei gasdynamischen Untersuchungen häufig als Bezugsgrößen und zur Vereinfachung der Schreibweise von Gleichungen.

Als ein wichtiges Beispiel eines adiabaten Strömungsprozesses wird nun die *reibungsbehaftete Strömung in einem adiabaten Rohr mit konstantem Querschnitt* behandelt. In allen Querschnitten eines solchen Rohres sind die Massenstromdichte

$$\dot{m}/A = w/v = w \varrho = w_1 \varrho_1$$

und die Totalenthalpie

$$h^+ = h + \frac{1}{2} w^2 = h_1 + \frac{1}{2} w_1^2 = h_1^+$$

konstant. Daraus folgt, dass alle Zustände des strömenden Fluids auf der so genannten Fanno-Kurve[1]

$$h + \frac{v^2}{2} \left(\frac{w_1}{v_1} \right)^2 = h + \frac{v^2}{2} \left(\frac{\dot{m}}{A} \right)^2 = h_1^+$$

liegen. Nimmt man bei gegebenem h_1^+ einen Wert von v an, so liefert diese Gleichung eine bestimmte Enthalpie h, zu der man über die Zustandsgleichung des Fluids auch die zugehörige Entropie s erhält. Damit lässt sich die Fanno-Kurve im h, s-Diagramm punktweise konstruieren, Abb. 6.7. Zu jedem (statischen) Anfangszustand (h_1, s_1) bzw. (h_1, v_1) gehören mehrere Fanno-Kurven, die verschiedenen Werten der Anfangsgeschwindigkeit w_1 bzw. der Massenstromdichte $\dot{m}/A$ entsprechen.

---

[1] Nach G. Fanno, der diese Kurven erstmals 1904 in seiner Diplomarbeit an der ETH Zürich angegeben hat.

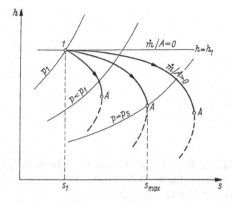

Abbildung 6.7. Fanno-Kurven für verschiedene konstante Massenstromdichten $\dot{m}/A$ (Unterschallströmungen)

Bei den in Abb. 6.7 gezeigten Fanno-Kurven nimmt die Geschwindigkeit des im Rohr strömenden Fluids zu, bis in den durch A gekennzeichneten Zuständen mit senkrechter Tangente die Schallgeschwindigkeit als maximal mögliche Geschwindigkeit erreicht wird. An dieser Stelle gilt nämlich

$$T\,\mathrm{d}s = \mathrm{d}h - v\,\mathrm{d}p = 0$$

und außerdem

$$\mathrm{d}h + w\,\mathrm{d}w = 0\,,$$

weil auf der Fanno-Kurve die Totalenthalpie konstant ist, sowie

$$\mathrm{d}\left(\frac{w}{v}\right) = \frac{\mathrm{d}w}{v} - \frac{w}{v^2}\,\mathrm{d}v = 0$$

als Kontinuitätsgleichung. Aus diesen drei Gleichungen werden $\mathrm{d}h$ und $\mathrm{d}w$ eliminiert und man erhält für die an der Stelle A auftretende Geschwindigkeit

$$w^2 = -v^2\,(\partial p/\partial v)_s = (\partial p/\partial \varrho)_s = a^2\,.$$

Hier wird also die Schallgeschwindigkeit erreicht. Eine weitere Geschwindigkeitssteigerung und eine damit verbundene Druckabnahme sind nicht möglich, denn es müsste dann die Entropie des adiabat strömenden Fluids abnehmen, was dem 2. Hauptsatz widerspricht. Als Schalldruck p_s bezeichnet man jenen Druck im Austrittsquerschnitt eines adiabaten Rohres, der gerade auf die Schallgeschwindigkeit als Austrittsgeschwindigkeit führt. Sinkt der Druck im Raum außerhalb des Rohres unter den Schalldruck p_s, so ändert sich der Strömungszustand im Rohr nicht. Im Austrittsquerschnitt bleiben der Schalldruck und die Schallgeschwindigkeit unverändert erhalten, und das Fluid expandiert außerhalb des Rohres irreversibel unter Wirbelbildung auf den niedrigeren Druck.

Die Zustände vor und hinter einer *Drosselstelle*, vgl. Abschnitt 2.3.5, liegen ebenfalls auf einer Fanno-Kurve, wenn die Kanalquerschnitte gleich groß sind. Wie der Verlauf der Fanno-Kurven im h, s-Diagramm zeigt, bleibt nur für $\dot{m}/A = 0$ die Enthalpie konstant, Abb. 6.7. Die Beziehung $h_2 = h_1$ gilt also nur näherungsweise, doch hinreichend genau, solange die Massenstromdichte nicht sehr groß ist.

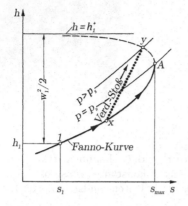

Abbildung 6.8. Fanno-Kurve für Überschall-
strömung im adiabaten Rohr konstanten Querschnitts mit Verdichtungsstoß

Strömt das Fluid mit Überschallgeschwindigkeit $w_1 > a$ in das adiabate Rohr,
so liegt der Eintrittszustand 1 auf dem unteren Ast der Fanno-Kurve im h, s-
Diagramm, Abb. 6.8. Längs des Rohrs nimmt nun die Geschwindigkeit ab, während sich Enthalpie und Druck vergrößern. Im Punkt A, wo die Fanno-Kurve eine senkrechte Tangente hat, erreicht das Fluid die Schallgeschwindigkeit und den
Schalldruck $p_s > p_1$. Höhere Austrittsdrücke $p_2 > p_s$ und damit Geschwindigkeiten
unterhalb der Schallgeschwindigkeit werden durch einen geraden Verdichtungsstoß
erreicht, der im Rohr auftritt. Dabei „springt" der Zustand des Fluids vom unteren
Teil der Fanno-Kurve unter Entropiezunahme zum oberen Teil, wodurch sich Enthalpie und Druck unstetig erhöhen und die Geschwindigkeit vom Überschallbereich
in den Unterschallbereich abfällt, vgl. hierzu z.B. [6.11].

6.2.2 Adiabate Düsen und Diffusoren

Eine Düse ist ein geeignet geformter Strömungskanal, in dem ein Fluid beschleunigt werden soll. Nach Gl. (6.19) muss dabei der Druck in Strömungsrichtung sinken. Das Fluid strömt durch die Düse als Folge der treibenden
Druckdifferenz $p_1 - p_2$ zwischen Eintritts- und Austrittsquerschnitt. Ein Diffusor ist ein Strömungskanal, in dem ein sehr schnell strömendes Fluid so verzögert werden soll, dass sein Druck in Strömungsrichtung zunimmt, $p_2 > p_1$.
Düsen und Diffusoren werden in der Regel als adiabate Systeme behandelt.
Die Energie, die als Wärme über die Mantelfläche des Strömungskanals an
die Umgebung übergeht, ist gegenüber der Änderung der kinetischen Energie
oder der Enthalpie des Fluids so klein, dass $q_{12} = 0$ gesetzt werden kann.
    Es werden nun verschiedene adiabate Strömungsprozesse betrachtet, die
zwischen den gegebenen Druckgrenzen p_1 und p_2 verlaufen, Abb. 6.9 und 6.10.
In der adiabaten Düse expandiert das Fluid vom Eintrittszustand 1 (p_1, h_1,
s_1, w_1) auf den *niedrigeren* Druck p_2. Im adiabaten Diffusor gelangt das Fluid
vom Eintrittszustand 1 aus auf den *höheren* Druck p_2. In beiden Fällen hat
das Fluid nach dem 2. Hauptsatz im Austrittszustand eine Entropie $s_2 \geq s_1$.
Da die Totalenthalpie konstant bleibt, gilt

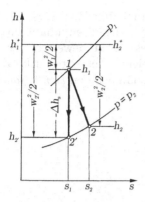

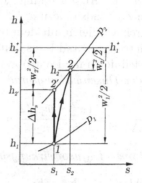

Abbildung 6.9. Adiabate Düsenströmung mit gegebenen Drücken p_1 und $p_2 < p_1$

Abbildung 6.10. Adiabate Diffusorströmung mit gegebenen Drücken p_1 und $p_2 > p_1$

$$h_2 - h_1 + \frac{1}{2}\left(w_2^2 - w_1^2\right) = 0 \;;$$

in der Düse nimmt die kinetische Energie auf Kosten der Enthalpie zu, im Diffusor wächst die Enthalpie (und damit der Druck) unter Abbau der kinetischen Energie.

Unter den adiabaten Prozessen, die das Fluid von einem gegebenen Eintrittszustand 1 aus auf den gleichen Austrittsdruck p_2 führen, ist der reversible (reibungsfreie) Prozess 12′ ausgezeichnet. Bei diesem Prozess gilt für die Änderung der kinetischen Energie des Fluids

$$\frac{1}{2}\left(w_{2'}^2 - w_1^2\right) = h_1 - h_{2'} = -\Delta h_{\mathrm{s}} \;,$$

wobei

$$\Delta h_{\mathrm{s}} := h(p_2, s_1) - h(p_1, s_1) = \int\limits_1^{2'} v(p, s_1)\,\mathrm{d}p$$

die isentrope Enthalpiedifferenz bedeutet, deren Berechnung in den Abschnitten 4.3.3 und 4.4.3 erläutert wurde. Für die isentrope Expansion in der Düse ist $p_2 < p_1$ und $\Delta h_{\mathrm{s}} < 0$; die Enthalpieabnahme $h_1 - h_2$ bei der irreversiblen Expansion ist kleiner als $-\Delta h_{\mathrm{s}} = h_1 - h_{2'}$. Daher erreicht das Fluid bei der reversiblen Expansion auf einen vorgegebenen Druck die größte Zunahme seiner kinetischen Energie und die höchste Austrittsgeschwindigkeit $w_{2'} > w_2$. Bei der isentropen Druckerhöhung im Diffusor ist $\Delta h_{\mathrm{s}} > 0$, und diese Enthalpieerhöhung ist kleiner als die Enthalpieänderung $h_2 - h_1$ bei der irreversiblen Durchströmung des Diffusors. Für eine gegebene Drucksteigerung $p_2 - p_1$ ist daher die Abnahme der kinetischen Energie des Fluids am kleinsten beim reibungsfreien (reversiblen) Prozess.

Die energetische Auszeichnung des reversiblen adiabaten Prozesses mit der isentropen Zustandsänderung 12' legt es nahe, den wirklichen adiabaten Prozess 12 durch Vergleich mit dem reversiblen Prozess 12' zu bewerten, der vom selben Eintrittszustand 1 aus isentrop auf den gleichen Austrittsdruck p_2 führt. Hierzu definiert man isentrope Wirkungsgrade, nämlich den *isentropen Strömungs-* oder *Düsenwirkungsgrad*

$$\eta_{sS} := \frac{h_1 - h_2}{-\Delta h_s} = \frac{(w_2^2 - w_1^2)/2}{h_1 - h_{2'}} = \frac{(w_2^2 - w_1^2)/2}{(w_{2'}^2 - w_1^2)/2}$$

und den *isentropen Diffusorwirkungsgrad*

$$\eta_{sD} := \frac{\Delta h_s}{h_2 - h_1} = \frac{h_{2'} - h_1}{(w_1^2 - w_2^2)/2} = \frac{(w_1^2 - w_{2'}^2)/2}{(w_1^2 - w_2^2)/2} .$$

Gut entworfene Düsen erreichen isentrope Wirkungsgrade $\eta_{sS} > 0{,}95$, während die isentropen Diffusorwirkungsgrade merklich niedriger liegen. Neben η_{sD} gibt es weitere sinnvolle Definitionen eines Wirkungsgrades für verzögerte Strömungen. W. Traupel [6.12] hat sie zusammengestellt und verglichen.

Beispiel 6.3. Ein Flugzeug fliegt in 10 km Höhe mit der Mach-Zahl $Ma = 0{,}825$. Luft strömt mit $\vartheta_1 = -50{,}0\,°C$ und $p_1 = 26{,}5\,kPa$ in den adiabaten Diffusor seines Strahltriebwerks. Man berechne die Temperatur ϑ_2 und den Druck p_2 der Luft beim Austritt aus dem Diffusor unter der Annahme, dass die Austrittsgeschwindigkeit sehr klein ist ($w_2 \approx 0$) und der isentrope Diffusorwirkungsgrad den Wert $\eta_{sD} = 0{,}785$ hat. Man vergleiche ϑ_2 und p_2 mit der Stagnationstemperatur ϑ_0 und dem Stagnationsdruck p_0 der eintretenden Luft. Diese kann als ideales Gas mit konstantem $\kappa = 1{,}400$ behandelt werden.

Die Eintrittsgeschwindigkeit w_1 der Luft in den Diffusor ist gleich der Fluggeschwindigkeit, sodass $w_1 = a_1 Ma$ gilt, wobei a_1 die Schallgeschwindigkeit der eintretenden Luft bezeichnet. Aus dem 1. Hauptsatz ergibt sich für die Enthalpiezunahme der Luft

$$h_2 - h_1 = c_p^{iG}(T_2 - T_1) = \frac{1}{2}(w_1^2 - w_2^2) = \frac{1}{2}w_1^2 = \frac{1}{2}a_1^2 Ma^2 = \frac{1}{2}\kappa R T_1 Ma^2 ,$$

woraus für die Austrittstemperatur

$$T_2 = T_1 + \frac{w_1^2}{2 c_p^{iG}} = T_1\left(1 + \frac{\kappa R}{2 c_p^{iG}} Ma^2\right) = T_1\left(1 + \frac{\kappa - 1}{2} Ma^2\right) = 253{,}5\,K$$

oder $\vartheta_2 = -19{,}6\,°C$ berechnet wird.

Um den Austrittsdruck zu bestimmen, wird von der Definitionsgleichung des isentropen Düsenwirkungsgrads ausgegangen:

$$\eta_{sD} = \frac{\Delta h_s}{h_2 - h_1} = \frac{\Delta h_s}{w_1^2/2} = \frac{\frac{\kappa}{\kappa-1} R T_1 \left[(p_2/p_1)^{(\kappa-1)/\kappa} - 1\right]}{\kappa R T_1 Ma^2/2} .$$

Hierin wurde die isentrope Enthalpiedifferenz Δh_s, die den gesuchten Druck p_2 enthält, nach Gl.(4.32) von Abschnitt 4.3.3 eingesetzt. Auflösen nach dem Druckverhältnis ergibt

$$\frac{p_2}{p_1} = \left(1 + \eta_\mathrm{sD} \, \frac{\kappa - 1}{2} \, Ma^2\right)^{\kappa/(\kappa-1)} = 1{,}4267 \; , \qquad (6.24)$$

also $p_2 = 37{,}8\,\mathrm{kPa}$.

Die Austrittstemperatur ϑ_2 stimmt mit der Stagnationstemperatur ϑ_0 überein, weil $w_2 = 0$ gesetzt wurde. Der Stagnationsdruck p_0 ist jedoch größer als p_2; denn er ergibt sich als Enddruck eines *reversiblen* adiabaten Aufstaus auf $w_2 = 0$ und nicht als Ergebnis des irreversiblen Prozesses im adiabaten Diffusor. Man erhält p_0 entweder aus der Isentropengleichung

$$p_0/p_1 = (T_0/T_1)^{\kappa/(\kappa-1)} = (T_2/T_1)^{\kappa/(\kappa-1)}$$

oder aus Gl.(6.24) mit $\eta_\mathrm{sD} = 1$ zu $p_0 = 41{,}4\,\mathrm{kPa}$. Der Stagnationsdruck p_0 ist der Austrittsdruck, der in einem adiabaten Diffusor durch Abbau der kinetischen Energie $w_1^2/2$ *bestenfalls* erreicht werden kann. Man kann daher die wirklich erreichte Drucksteigerung $p_2 - p_1$ mit der größtmöglichen, nämlich mit $p_0 - p_1$ vergleichen und das Verhältnis

$$\eta_\mathrm{P} := \frac{p_2 - p_1}{p_0 - p_1} = \frac{37{,}8 - 26{,}5}{41{,}4 - 26{,}5} = 0{,}757$$

als einen Gütegrad des Druckaufbaus im Diffusor bilden.

6.2.3 Querschnittsflächen adiabater Düsen und Diffusoren

Nachdem im letzten Abschnitt die Energiewandlung bei der Strömung in Düsen und Diffusoren behandelt wurde, wird nun untersucht, welche Querschnittsflächen diese Kanäle haben müssen, damit sie für gegebene Drücke am Ein- und Austritt einen bestimmten Massenstrom $\dot{m}$ des Fluids hindurchlassen. Massenstrom $\dot{m}$ und Querschnittsfläche A sind durch die Kontinuitätsgleichung

$$\dot{m} = w \varrho A$$

verknüpft, die auf jeden Querschnitt anzuwenden ist. Da $\dot{m}$ konstant ist, wird die Querschnittsfläche A um so größer, je kleiner die Massenstromdichte $w\varrho$ ist. Durch Differenzieren der Kontinuitätsgleichung erhält man

$$\frac{\mathrm{d}A}{A} = -\frac{\mathrm{d}(w\varrho)}{w\varrho} = -\frac{\mathrm{d}\varrho}{\varrho} - \frac{w\,\mathrm{d}w}{w^2} \; .$$

Danach hat die Querschnittsfläche in jenem Querschnitt ein Minimum, in dem die Massenstromdichte $w\varrho$ ein Maximum erreicht. Die Zustandsgrößen in diesem engsten Querschnitt werden durch einen Stern hervorgehoben.

Die Massenstromdichte ergibt sich aus der Zustandsänderung des Fluids. Es wird hier vom Grenzfall der reibungsfreien Strömung ausgegangen und die Zustandsänderung als *isentrop* vorausgesetzt. Nach Gl.(6.20) ist $w\,dw = -v\,dp$, sodass man

$$\frac{dA}{A} = -\frac{d\varrho}{\varrho} + \frac{v\,dp}{w^2}$$

erhält. Die Dichteänderung $d\varrho$ auf der Isentrope ist über die Schallgeschwindigkeit a mit der Druckänderung dp verknüpft:

$$dp = \left(\frac{\partial p}{\partial \varrho}\right)_s d\varrho = a^2\,d\varrho\,.$$

Damit ergibt sich für die Querschnittsfläche

$$\frac{dA}{A} = \left(\frac{1}{w^2} - \frac{1}{a^2}\right) v\,dp\,. \tag{6.25}$$

Bei der isentropen *Düsenströmung* sinkt der Druck in Strömungsrichtung, $dp < 0$. Solange $w < a$ ist (Unterschallströmung), muss nach Gl.(6.25) $dA < 0$ sein, der Querschnitt der Düse verengt sich. Man erhält die *konvergente* oder *nicht erweiterte Düse*, vgl. Abb. 6.11. Will man Überschallgeschwindigkeiten ($w > a$) erreichen, so muss sich der Düsenquerschnitt wieder erweitern ($dA > 0$). Eine Düse mit zuerst abnehmendem und danach wieder zunehmendem Querschnitt wurde zuerst von E. Körting (1878) für Dampfstrahlapparate und von P. de Laval[2] (1883) für Dampfturbinen verwendet; sie wird als

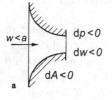

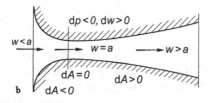

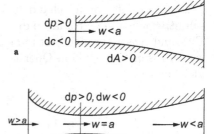

Abbildung 6.11. a Konvergente (nicht erweiterte) Düse für Unterschallgeschwindigkeit; b erweiterte (Laval-)Düse für die Beschleunigung der Strömung auf Überschallgeschwindigkeit

Abbildung 6.12. a Diffusor für Eintrittsgeschwindigkeiten unterhalb der Schallgeschwindigkeit; b Diffusor für Eintrittsgeschwindigkeiten über der Schallgeschwindigkeit

---

[2] Carl Gustav Patrik de Laval (1845–1913), schwedischer Ingenieur, wurde bekannt als Erfinder der Milchzentrifuge und der nach ihm benannten Laval-Turbine.

Laval-Düse bezeichnet. In ihr kann eine Unterschallströmung auf Überschallgeschwindigkeit beschleunigt werden. In einer nicht erweiterten (konvergenten) Düse lässt sich keine höhere Geschwindigkeit als die Schallgeschwindigkeit erreichen. Sie tritt nach Gl.(6.25) bei reibungsfreier (isentroper) Expansion im engsten Querschnitt ($dA = 0$) auf: $w^* = a$.

Bei der isentropen *Diffusorströmung* steigt der Druck mit abnehmender Geschwindigkeit. Tritt das Fluid mit Unterschallgeschwindigkeit $w < a$ in den Diffusor ein, so muss die Querschnittsfläche nach Gl.(6.25) in Strömungsrichtung zunehmen, Abb. 6.12. Dagegen muss sich der Diffusorquerschnitt bei einem Einströmen mit Überschallgeschwindigkeit verengen, bis die Schallgeschwindigkeit im engsten Querschnitt erreicht wird. Der weitere Aufstau des Fluids erfordert eine Querschnittserweiterung. Ein Diffusor, den das Strömungsmedium mit Überschallgeschwindigkeit betritt und den es mit Unterschallgeschwindigkeit verlässt, ist also die Umkehrung einer (erweiterten) Laval-Düse.

Bei bekannter Isentropengleichung kann man zu jedem Druck die Dichte und die Geschwindigkeit des Fluids berechnen und daraus für einen gegebenen Massenstrom auch die Querschnittsfläche als Funktion des Druckes festlegen. Den Verlauf dieser Größen zeigt Abb. 6.13. Der Druck ist hierbei von rechts ($p = 0$) nach links ansteigend angenommen worden. Als größtmöglicher Druck tritt der Stagnationsdruck p_0 auf, bei dem $w = 0$ wird, was $A \to \infty$ verlangt. Der Druck p^* im engsten Querschnitt wird als Laval-Druck bezeichnet. Bei einer Düse (Expansionsströmung) werden die in Abb. 6.13 dargestellten Zustände von links nach rechts, bei einem Diffusor (Kompressionsströmung) werden dieselben Zustände von rechts nach links durchlaufen, falls reibungsfreie Strömung vorliegt. Über die Baulänge einer Düse oder eines Diffusors, etwa über den Abstand des engsten Querschnitts vom Ein-

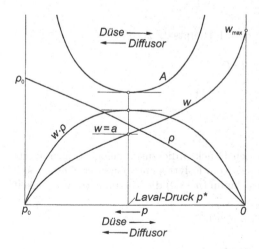

Abbildung 6.13. Geschwindigkeit w, Dichte ϱ, Massenstromdichte $w \varrho$ und Querschnittsfläche A als Funktion des Drucks bei isentroper Strömung

trittsquerschnitt, kann die Thermodynamik keine Aussagen machen. Dies ist Aufgabe der Strömungsmechanik.

Bei reibungsbehafteter, also nicht isentroper Düsen- oder Diffusorströmung tritt das Maximum $w^* \varrho^*$ der Massenstromdichte $w \varrho$ im engsten Querschnitt auf; es fällt aber nicht mit dem Auftreten der Schallgeschwindigkeit zusammen. In einer Laval-Düse erreicht das Fluid unter dem Einfluss der Reibung im engsten Querschnitt eine Geschwindigkeit $w^* < a$. Die Schallgeschwindigkeit tritt erst dahinter in einem Querschnitt des erweiterten Teils auf. In einer nicht erweiterten Düse bleibt die Austrittsgeschwindigkeit unter der Schallgeschwindigkeit. Man kann die Zustandsänderung bei reibungsbehafteter Strömung durch eine Polytrope annähern, was im folgenden Beispiel gezeigt wird.

Beispiel 6.4. In einer Versuchsanlage strömt Argon ($R = 208{,}1$ J/kg K aus einem großen Behälter durch eine adiabate Düse. Im Behälter herrscht der Stagnationszustand $p_0 = 850$ kPa, $T_0 = 525$ K; am Düsenaustritt erreicht das Argon den Druck $p_2 = 110$ kPa. Um die Reibung zu berücksichtigen, wird die Zustandsänderung des Argons durch eine Polytrope mit dem Exponenten $n = 1{,}600$ approximiert. Man bestimme die Zustandsgrößen im engsten Querschnitt und im Austrittsquerschnitt sowie die Flächen dieser Querschnitte für den Massenstrom $\dot{m} = 0{,}376$ kg/s. Bei welcher Temperatur und welchem Druck erreicht das Argon die Schallgeschwindigkeit?

Argon wird als ideales Gas behandelt. Da es einatomig ist, hat es die konstante spezifische Wärmekapazität $c_{\mathrm{p}}^{\mathrm{iG}} = R\kappa/(\kappa - 1) = (5/2)R$. Bei polytroper Zustandsänderung ergeben sich Temperatur und Dichte in jedem Querschnitt zu

$$T = T_0 \, (p/p_0)^{(n-1)/n} \tag{6.26}$$

bzw.

$$\varrho = \varrho_0 \, (p/p_0)^{1/n} = \frac{p_0}{R T_0} \, (p/p_0)^{1/n} \ .$$

Die Geschwindigkeit erhält man nach dem 1. Hauptsatz zu

$$w = \sqrt{2 \, (h_0 - h)} = \sqrt{2 \, c_{\mathrm{p}}^{\mathrm{iG}} \, T_0} \, (1 - T/T_0)^{1/2} \ .$$

Mit Gl.(6.26) ergibt dies

$$w = \sqrt{2 \, c_{\mathrm{p}}^{\mathrm{iG}} \, T_0} \left[1 - (p/p_0)^{(n-1)/n} \right]^{1/2} \ .$$

Diese Gleichungen erlauben es, für jeden Druck p die zusammengehörigen Werte von T, ϱ und w zu berechnen. Unabhängig vom Polytropenexponenten n ergibt sich für die (hypothetische) Expansion ins Vakuum ($p \to 0$) die Maximalgeschwindigkeit

$$w_{\mathrm{max}} = \sqrt{2 \, c_{\mathrm{p}}^{\mathrm{iG}} \, T_0} = \sqrt{\frac{2\kappa}{\kappa - 1} \, R T_0} = 739{,}1 \, \frac{\mathrm{m}}{\mathrm{s}} \ .$$

Sie hängt nur von der Stagnationstemperatur T_0 ab.

Um den im *engsten Querschnitt* auftretenden Laval-Druck p^* zu bestimmen wird jenes Druckverhältnis p^*/p_0 gesucht, bei dem das Maximum der Massenstromdichte $w\,\varrho$ auftritt. Hierzu wird die Ableitung von

$$w\,\varrho = w_{\mathrm{max}}\,\varrho_0 \left[(p/p_0)^{2/n} - (p/p_0)^{(n+1)/n}\right]^{1/2}$$

nach (p/p_0) gleich null gesetzt und aus dieser Bedingung

$$\frac{p^*}{p_0} = \left(\frac{2}{n+1}\right)^{n/(n-1)} = 0{,}4968 \ ,$$

also $p^* = 422{,}25\,\mathrm{kPa}$ und nach Gl.(6.26) $T^* = 403{,}8\,\mathrm{K}$ berechnet. Für die Geschwindigkeit ergibt sich

$$w^* = w_{\mathrm{max}}\left(\frac{n-1}{n+1}\right)^{1/2} = 355{,}1\,\mathrm{m/s} \ .$$

Damit wird der Maximalwert der Massenstromdichte $w^*\varrho^* = 355{,}1\,(\mathrm{m/s}) \cdot 5{,}0240$ $(\mathrm{kg/m^3}) = 1784\,\mathrm{kg/(m^2\,s)}$, und man erhält für die Fläche des engsten Düsenquerschnitts $A^* = \dot{m}/(w^*\varrho^*) = 210{,}8\,\mathrm{mm^2}$, was bei einem kreisförmigen Querschnitt dem Durchmesser $d^* = 16{,}4\,\mathrm{mm}$ entspricht.

Für den *Austrittsquerschnitt* erhält man mit $p = p_2 = 110\,\mathrm{kPa}$ die folgenden Werte: $T_2 = 243{,}9\,\mathrm{K}$, $\varrho_2 = 2{,}1676\,\mathrm{kg/m^3}$ und $w_2 = 540{,}9\,\mathrm{m/s}$. Daraus ergeben sich die Massenstromdichte $w_2\varrho_2 = 1172\,\mathrm{kg/(m^2\,s)}$ und die Querschnittsfläche $A_2 = 320{,}7\,\mathrm{mm^2}$, entsprechend einem Durchmesser $d_2 = 20{,}2\,\mathrm{mm}$. Das Erweiterungsverhältnis der Laval-Düse beträgt $A_2/A^* = 1{,}521$.

Das strömende Argon erreicht seine örtliche Schallgeschwindigkeit in einem Querschnitt des erweiterten Teils der Düse. Die hier auftretende Temperatur wird mit T_a und der Druck mit p_a bezeichnet. Man findet T_a aus der Bedingung $w(T_\mathrm{a}) = a(T_\mathrm{a})$ zu

$$T_\mathrm{a} = \frac{2}{\kappa+1}\,T_0 = 393{,}75\,\mathrm{K}$$

und mit Gl.(6.26)

$$p_\mathrm{a} = (T_\mathrm{a}/T_0)^{n/(n-1)}p_0 = 394{,}7\,\mathrm{kPa} \ .$$

Die Schallgeschwindigkeit hat hier den Wert $a(T_\mathrm{a}) = \sqrt{\kappa\,R\,T_\mathrm{a}} = 369{,}5\,\mathrm{m/s}$. Sie ist größer als die Geschwindigkeit w^* im engsten Querschnitt, aber kleiner als die Austrittsgeschwindigkeit w_2: Der Querschnitt mit $w = a$ liegt im erweiterten Teil der Düse.

Da die Polytrope für $n = \kappa$ mit der Isentrope übereinstimmt, gelten alle Gleichungen dieses Beispiels für die isentrope Strömung, wenn man $n = \kappa = 5/3$ setzt. Man kann daher mit diesen Gleichungen die Zustandsgrößen des Argons und die Querschnittsflächen der Düse auch für die reibungsfreie Strömung berechnen und den isentropen Strömungswirkungsgrad η_{sS} bestimmen.

6.2.4 Adiabate Turbinen und Verdichter

Turbinen und (Turbo-)Verdichter sind Strömungsmaschinen, in denen ein Fluid Energie als Wellenarbeit abgibt oder aufnimmt. Für die Wellenarbeit gilt nach Abschnitt 6.1.1

$$w_{t12} = \int_1^2 v\,dp + \frac{1}{2}\left(w_2^2 - w_1^2\right) + j_{12} = y_{12} + \frac{1}{2}\left(w_2^2 - w_1^2\right) + j_{12}\,.$$

Turbinen sollen Energie als Wellenarbeit (= technische Arbeit) abgeben, $w_{t12} < 0$. Da die Änderung der kinetischen Energie von untergeordneter Bedeutung ist, muss die Strömungsarbeit $y_{12} < 0$ sein. Daher sinkt der Druck des Fluids, das eine Turbine durchströmt. Verdichter haben dagegen die Aufgabe, den Druck des Fluids zu erhöhen; deswegen ist die Strömungsarbeit $y_{12} > 0$, und es muss Wellenarbeit zugeführt werden, $w_{t12} > 0$.

Turbinen und Turboverdichter werden in der Regel als *adiabate* Maschinen behandelt, weil die Wärme, die über das Gehäuse in die Umgebung fließt, gegenüber der technischen Arbeit so klein ist, dass $q_{12} = 0$ gesetzt werden kann, Abb. 6.14 und 6.15. Das Fluid strömt im Eintrittszustand 1 (p_1, h_1, s_1) mit der Geschwindigkeit w_1 zu und hat nach dem 2. Hauptsatz im Austrittszustand 2 (p_2, h_2, s_2, w_2) eine Entropie $s_2 \geq s_1$. Nach dem 1. Hauptsatz für stationäre Fließprozesse erhält man mit $q_{12} = 0$ für die spezifische technische Arbeit

$$w_{t12} = h_2 - h_1 + \frac{1}{2}\left(w_2^2 - w_1^2\right) = h_2^+ - h_1^+\,.$$

Sie ist gleich der Änderung der Totalenthalpie des Fluids und zwar unabhängig davon, ob der Prozess reversibel oder irreversibel verläuft. Mit dem Massenstrom $\dot{m}$ ergibt sich die Turbinen- oder Verdichterleistung

$$P_{12} = \dot{m}\,w_{t12}\,.$$

Dies ist die Leistung, die zwischen Fluid und Rotor übertragen wird, die so genannte innere Leistung. Die an der Welle verfügbare Turbinenleistung

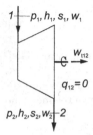

Abbildung 6.14. Adiabate Turbine

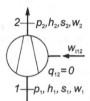

Abbildung 6.15. Adiabater Verdichter

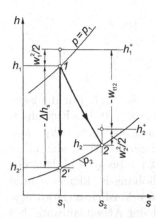

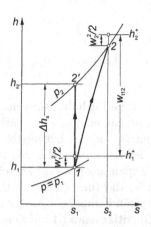

Abbildung 6.16. Irreversible adibate Expansion 12 und reversible, isentrope Expansion 12′ im h, s-Diagramm

Abbildung 6.17. Irreversible adiabate Verdichtung 12 und isentrope Verdichtung 12′ im h, s-Diagramm

verringert sich durch die Lagerreibung und ist kleiner als $|P_{12}|$. Die dem Verdichter über die Welle zuzuführende Antriebsleistung ist wegen der mechanischen Reibung größer als P_{12}. Die Reibungsleistungen berücksichtigt man durch den mechanischen Wirkungsgrad η_{m}, worauf hier nicht eingegangen wird.

In den h, s-Diagrammen von Abb. 6.16 und 6.17 sind die Zustände 1 und 2 des Fluids eingezeichnet; die Änderung der Totalenthalpie ist als Strecke dargestellt. Die kinetischen Energien sind gegenüber der Änderung der spezifischen Enthalpie von untergeordneter Bedeutung. In einem Verdichter erhöht sich die Enthalpie typischerweise um 150 bis 300 kJ/kg; in Turbinen sinkt sie um 300 bis 800 kJ/kg. Die kinetische Energie $w_1^2/2$ des in die Strömungsmaschine eintretenden Fluids ist dagegen zu vernachlässigen; bei der schon recht großen Eintrittsgeschwindigkeit $w_1 = 30\,\mathrm{m/s}$ beträgt sie nur 0,45 kJ/kg. Die kinetische Energie $w_2^2/2$ des austretenden Fluids muss nur bei genaueren Rechnungen berücksichtigt werden, etwa bei großen Dampfturbinen, wo w_2 Werte zwischen 100 und 200 m/s erreicht, was einer kinetischen Energie von 5 bis 20 kJ/kg entspricht. Bei vielen Untersuchungen, besonders bei der Berechnung von Kreisprozessen der Wärmekraftmaschinen, werden die kinetischen Energien vernachlässigt.

Es werden nun verschiedene adiabate Prozesse betrachtet, die das Fluid von einem gegebenen Eintrittszustand 1 aus auf den gleichen Enddruck p_2 führen. Unter diesen Prozessen ist der reversible Prozess mit der isentropen Zustandsänderung 12′ ausgezeichnet, vgl. Abb. 6.16 und 6.17. Seine technische Arbeit ist bei Vernachlässigung der kinetischen Energie

$$w_{\mathrm{t}12'}^{\mathrm{rev}} = h_{2'} - h_1 = \Delta h_{\mathrm{s}} ,$$

wobei

$$\Delta h_{\mathrm{s}} := h(p_2, s_1) - h(p_1, s_1) = \int_1^{2'} v(p, s_1)\,\mathrm{d}p$$

die isentrope Enthalpiedifferenz bedeutet, Abb. 6.16 und 6.17. Für die isentrope Entspannung in einer Turbine ist $p_2 < p_1$ und $\Delta h_{\mathrm{s}} < 0$. Die Enthalpieabnahme $h_1 - h_2$ der irreversiblen Expansion ist kleiner als $-\Delta h_{\mathrm{s}} = h_1 - h_{2'}$. Daher liefert die reversible Expansion die größte technische Arbeit aller adiabaten Expansionsprozesse zwischen p_1 und p_2: $|w_{\mathrm{t}12'}^{\mathrm{rev}}| \geq |w_{\mathrm{t}12}|$. Bei der isentropen Verdichtung ist $\Delta h_{\mathrm{s}} > 0$. Diese Enthalpieerhöhung ist kleiner als die Enthalpieänderung $h_2 - h_1$ der irreversiblen adiabaten Verdichtungsprozesse vom Eintrittszustand 1 auf den Druck p_2. Somit ist der Arbeitsaufwand bei der reversiblen Verdichtung 12' am kleinsten: $w_{\mathrm{t}12'}^{\mathrm{rev}} \leq w_{\mathrm{t}12}$.

Die energetische Auszeichnung des reversiblen adiabaten Prozesses mit der isentropen Zustandsänderung 12' legt es nahe, den wirklichen adiabaten Expansions- oder Kompressionsprozess 12 durch Vergleich mit dem reversiblen Prozess zu bewerten, der vom selben Eintrittszustand 1 aus isentrop auf den gleichen Enddruck p_2 führt. Hierzu definiert man isentrope Wirkungsgrade, nämlich den *isentropen Turbinenwirkungsgrad*

$$\eta_{\mathrm{sT}} := \frac{h_1 - h_2}{h_1 - h_{2'}} = \frac{h_1 - h_2}{-\Delta h_{\mathrm{s}}} \approx \frac{|w_{\mathrm{t}12}|}{|w_{\mathrm{t}12'}^{\mathrm{rev}}|}$$

und den *isentropen Verdichterwirkungsgrad*

$$\eta_{\mathrm{sV}} := \frac{h_{2'} - h_1}{h_2 - h_1} = \frac{\Delta h_{\mathrm{s}}}{h_2 - h_1} \approx \frac{w_{\mathrm{t}12'}^{\mathrm{rev}}}{w_{\mathrm{t}12}} .$$

Mit Dampfturbinen erreicht man isentrope Wirkungsgrade zwischen 0,88 und 0,94. Mit Gasturbinen hat man isentrope Wirkungsgrade zwischen 0,90 und 0,95 erzielt; allerdings erreichen nur gut konstruierte größere Maschinen die höheren Werte. Turboverdichter haben isentrope Wirkungsgrade, die meistens über 0,85 liegen und bei großen, gut konstruierten Maschinen an 0,9 heranreichen.

Die strömungstechnische Qualität einer Turbomaschine wird durch den polytropen Wirkungsgrad nach Abschnitt 6.1.2 gekennzeichnet. Bei einer infinitesimalen Druckänderung $\mathrm{d}p$ ändert sich die spezifische Enthalpie des Fluids beim verlustbehafteten Prozess um $\mathrm{d}h$, bei isentroper Druckänderung jedoch um $\mathrm{d}h_{\mathrm{s}} = v\,\mathrm{d}p$. Der polytrope Wirkungsgrad einer kleinen adiabaten Entspannung ist dann

$$\eta_{\nu\mathrm{ex}} = \frac{\mathrm{d}h}{v\,\mathrm{d}p} = \frac{\mathrm{d}h}{\mathrm{d}h_{\mathrm{s}}} ;$$

er stimmt mit dem isentropen Wirkungsgrad dh/dh_s dieses Prozesses überein. Dies gilt in guter Näherung auch für die kleine, aber endliche Entspannung in einer Stufe einer vielstufigen Turbine: $\eta_{\nu ex} \approx \eta_{sT}^{Stufe}$. Bei einem adiabaten Verdichter stimmt

$$\eta_{\nu ko} = \frac{v\,dp}{dh} = \frac{dh_s}{dh} \approx \eta_{sV}^{Stufe}$$

ebenfalls in guter Näherung mit dem isentropen Stufenwirkungsgrad überein.

Da die isentropen Stufenwirkungsgrade η_{sT}^{Stufe} und η_{sV}^{Stufe} für alle Stufen einer mehrstufigen Turbine bzw. eines mehrstufigen Verdichters etwa den gleichen Wert haben, ist die Polytrope eine gute Approximation der ganzen Expansions- bzw. Kompressionslinie. Der *polytrope Turbinenwirkungsgrad*

$$\eta_{\nu T} := \frac{h_2 - h_1}{y_{12}} = \frac{h_1 - h_2}{-y_{12}} = \nu_T$$

und der *polytrope Verdichterwirkungsgrad*

$$\eta_{\nu V} := \frac{y_{12}}{h_2 - h_1} = \frac{1}{\nu_V}$$

der mehrstufigen Maschinen stimmen daher in guter Näherung mit den jeweiligen isentropen Stufenwirkungsgraden überein. Im Gegensatz zu den isentropen Wirkungsgraden η_{sT} und η_{sV} hängen sie nicht merklich vom Druckverhältnis p_2/p_1 ab.

Um den Zusammenhang zwischen den polytropen und den isentropen Wirkungsgraden zu klären, wird zunächst eine Turbine betrachtet. Für das Verhältnis ihrer Wirkungsgrade gilt

$$\frac{\eta_{sT}}{\eta_{\nu T}} = \frac{h_1 - h_2}{h_1 - h_{2'}}\frac{-y_{12}}{h_1 - h_2} = \frac{y_{12}}{y_{12'}}\ ,$$

weil die isentrope Enthalpiedifferenz

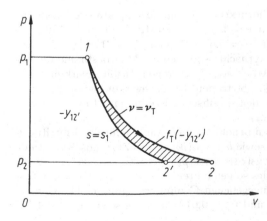

Abbildung 6.18. Spezifische Strömungsarbeit $(-y_{12'})$ der isentropen Expansion $12'$ und spezifische Strömungsarbeit $(-y_{12}) = (1 + f_T)(-y_{12'})$ der polytropen Expansion 12 auf denselben Enddruck p_2

$$\Delta h_{\mathrm{s}} = h_{2'} - h_1 = \int\limits_{1}^{2'} v(p, s_1)\,\mathrm{d}p = y_{12'}$$

mit der Strömungsarbeit der Isentrope $12'$ übereinstimmt. Wie Abb. 6.18 zeigt, ist $|y_{12}| > |y_{12'}|$, und der Unterschied zwischen diesen beiden Größen nimmt mit sinkendem Druckverhältnis p_2/p_1 zu. Es gilt daher $\eta_{\mathrm{sT}} > \eta_{\nu\mathrm{T}}$; man setzt

$$\eta_{\mathrm{sT}}/\eta_{\nu\mathrm{T}} = 1 + f_{\mathrm{T}}$$

und bezeichnet f_{T} als Erhitzungsfaktor. Er wird mit sinkendem Druckverhältnis p_2/p_1 größer.

Für das Verhältnis der beiden Verdichterwirkungsgrade gilt entsprechend

$$\frac{\eta_{\mathrm{sV}}}{\eta_{\nu\mathrm{V}}} = \frac{y_{12'}}{y_{12}} = \frac{1}{1 + f_{\mathrm{V}}}\,.$$

Der isentrope Verdichterwirkungsgrad η_{sV} ist kleiner als der polytrope Verdichterwirkungsgrad $\eta_{\nu\mathrm{V}}$. Der Erhitzungsfaktor f_{V} wächst mit steigendem Druckverhältnis p_2/p_1.

Der Erhitzungsfaktor lässt sich für ideale Gase mit konstantem $c_{\mathrm{p}}^{\mathrm{iG}}$ explizit berechnen. Mit der Abkürzung

$$\lambda := (p_2/p_1)^{R/c_{\mathrm{p}}^{\mathrm{iG}}}$$

ergibt sich

$$f = \frac{\lambda^{\nu} - 1}{\nu(\lambda - 1)} - 1\,.$$

Man erhält für die Turbine $f = f_{\mathrm{T}}$, wenn man $\nu = \nu_{\mathrm{T}} = \eta_{\nu\mathrm{T}}$ setzt. Für den Verdichter wird $f = f_{\mathrm{V}}$, wenn man $\nu = \nu_{\mathrm{V}} = 1/\eta_{\nu\mathrm{V}}$ setzt. Tabelle 6.1 zeigt Werte von f_{T}, f_{V}, η_{sT} und η_{sV} in Abhängigkeit vom Druckverhältnis p_2/p_1. Sie wurden berechnet für $R/c_{\mathrm{p}}^{\mathrm{iG}} = 2/7$, entsprechend $\kappa = 1{,}400$, mit dem polytropen Wirkungsgrad $\eta_{\nu\mathrm{T}} = \eta_{\nu\mathrm{V}} = 0{,}900$. Dieser Wert ist typisch für den isentropen Stufenwirkungsgrad einer strömungstechnisch gut konstruierten Maschine.

Beispiel 6.5. In die adiabate Hochdruckturbine eines Dampfkraftwerks strömt Frischdampf mit dem überkritischen Druck $p_1 = 25{,}0\,\mathrm{MPa}$ und $\vartheta_1 = 540{,}0\,^{\circ}\mathrm{C}$. Der Dampf verlässt die Turbine mit $p_2 = 5{,}60\,\mathrm{MPa}$ und $\vartheta_2 = 312{,}0\,^{\circ}\mathrm{C}$. Die Änderung der kinetischen Energie soll vernachlässigt werden. Man bestimme die folgenden Prozessgrößen: technische Arbeit $w_{\mathrm{t}12}$, isentropen Turbinenwirkungsgrad η_{sT}, spezifische Strömungsarbeit y_{12}, polytropen Turbinenwirkungsgrad $\eta_{\nu\mathrm{T}}$, spezifische Dissipationsenergie j_{12} sowie den spezifischen Exergieverlust $ex_{\mathrm{v}12}$ für eine Umgebungstemperatur $\vartheta_{\mathrm{u}} = 15{,}0\,^{\circ}\mathrm{C}$.

Zur Berechnung der Prozessgrößen benötigt man h, s und v für den Eintrittszustand 1 und den Austrittszustand 2 sowie $h_{2'} = h(p_2, s_1)$ des Zustands $2'$ am Ende der *isentropen* Expansion auf den Austrittsdruck p_2. Diese Zustandsgrößen erhält man mit den Zustandsgleichungen des so genannten Industrie-Standards IAPWS-IF 97 unter Verwendung des dort angegebenen Computerprogramms [4.45]: $h_1 = 3306{,}55\,\mathrm{kJ/kg}$, $s_1 = 6{,}1416\,\mathrm{kJ/kg\,K}$ und $v_1 = 0{,}012435\,\mathrm{m^3/kg}$ sowie $h_2 = 2941{,}87$

Tabelle 6.1. Erhitzungsfaktoren f_T und f_V, isentrope Wirkungsgrade η_{sT} und η_{sV} für ideale Gase mit $\kappa = 1{,}400$ in Abhängigkeit vom Druckverhältnis, berechnet für $\eta_{\nu T} = \eta_{\nu V} = 0{,}900$

p_2/p_1	1,00	0,50	0,30	0,20	0,15	0,10	0,07	0,05
f_T	0,0000	0,0096	0,0164	0,0216	0,0251	0,0299	0,0340	0,0378
η_{sT}	0,9000	0,9087	0,9148	0,9194	0,9226	0,9269	0,9306	0,9340

p_2/p_1	1,00	2,00	3,00	5,00	7,00	10,0	15,0	20,0
f_V	0,0000	0,0115	0,0186	0,0280	0,0358	0,0416	0,0500	0,0561
η_{sV}	0,9000	0,8898	0,8836	0,8755	0,8689	0,8641	0,8572	0,8522

kJ/kg, $s_2 = 6{,}1948\,\text{kJ/kg K}$ und $v_2 = 0{,}0412\,\text{m}^3/\text{kg}$. Für $h_{2'} = h(p_2, s_1)$ findet man $h_{2'} = 2911{,}17\,\text{kJ/kg}$.

Nach der Bestimmung der Zustandsgrößen lassen sich die Prozessgrößen einfach und rasch berechnen. Die technische Arbeit der adiabaten Turbine ist

$$w_{t12} = h_2 - h_1 = (2941{,}87 - 3306{,}55)\,\text{kJ/kg} = -364{,}7\,\text{kJ/kg}\;.$$

Die isentrope Enthalpiedifferenz $\Delta h_s = w_{t12'}^{rev}$ wird

$$w_{t12'}^{rev} = \Delta h_s = h_{2'} - h_1 = (2911{,}17 - 3306{,}55)\,\text{kJ/kg} = -395{,}4\,\text{kJ/kg}\;.$$

Gegenüber der reversiblen (isentropen) Expansion $1 \to 2'$ tritt der *Arbeitsverlust*

$$w_{v12} := |w_{t12'}^{rev}| - |w_{t12}| = h_2 - h_{2'} = (2941{,}87 - 2911{,}17)\,\text{kJ/kg} = 30{,}7\,\text{kJ/kg}$$

auf, und der isentrope Turbinenwirkungsgrad wird

$$\eta_{sT} := \frac{w_{t12}}{\Delta h_s} = \frac{-364{,}7\,\text{kJ/kg}}{-395{,}4\,\text{kJ/kg}} = 0{,}922\;.$$

Im T, s-Diagramm der Abb. 6.19 ist die Zustandsänderung 12 eingezeichnet. Der Arbeitsverlust w_{v12} erscheint als die getönte Fläche unter der Isobare $p = p_2$, weil diese Fläche nach Abschnitt 3.2.3 die Enthalpiedifferenz $h_2 - h_{2'}$ darstellt.

Um den polytropen Turbinenwirkungsgrad $\eta_{\nu T} = (h_2 - h_1)/y_{12}$ zu bestimmen, muss die Strömungsarbeit y_{12} berechnet werden. Da der Verlauf der Zustandsänderung $1 \to 2$ nicht bekannt ist, wird er durch eine Polytrope nach der Definition $p\,v^n = p_1\,v_1^n$ von G. Zeuner ersetzt. Für ihren Exponenten gilt nach Abschnitt 6.1.2

$$n = -\frac{\ln(p_2/p_1)}{\ln(v_2/v_1)} = -\frac{\ln(5{,}60/25{,}0)}{\ln(0{,}0412/0{,}012435)} = 1{,}249\;.$$

Aus Gl.(6.17) erhält man $y_{12} = -402{,}1\,\text{kJ/kg}$ und damit $\eta_{\nu T} = w_{t12}/y_{12} = 0{,}907$. Wie bei allen adiabaten Expansionen ist $\eta_{\nu T}$ kleiner als η_{sT}, hat aber einen für gut konstruierte Turbomaschinen typischen Wert nahe 0,9.

Schließlich soll die spezifische Dissipationsenergie j_{12} berechnet werden, welche die Reibungsverluste in der Turbine kennzeichnet. Aus Gl.(6.7) erhält man bei Vernachlässigung der kinetischen und potenziellen Energie

$$j_{12} = w_{t12} - y_{12} = -364{,}7\,\text{kJ/kg} + 402{,}1\,\text{kJ/kg} = 37{,}4\,\text{kJ/kg} \ .$$

Die Dissipationsenergie wird im T,s-Diagramm, Abb. 6.19, durch die Fläche unter der Zustandslinie 12 dargestellt, vgl. Abschnitt 6.1.1. Wie man erkennt, ist der Arbeitsverlust w_{v12} kleiner als die durch Reibung dissipierte Energie j_{12}. Man bezeichnet daher

$$j_{12} - w_{v12} = (37{,}4 - 30{,}7)\,\text{kJ/kg} = 6{,}7\,\text{kJ/kg}$$

als den *Rückgewinn der adiabaten Expansion*. Er kommt dadurch zustande, dass ein Teil der zu Beginn des Prozesses dissipierten Energie in den folgenden Prozessabschnitten in Arbeit umgewandelt wird. Die Reibung erhöht die Enthalpie des Dampfes im Vergleich zur isentropen Entspannung auf denselben Druck, und diese „zusätzliche" Enthalpie kann bei der weiteren Expansion genutzt werden.

Eine dritte Prozessgröße zur Kennzeichnung der Verluste der irreversiblen adiabaten Expansion ist der spezifische Exergieverlust

$$\begin{aligned}
ex_{v12} &= T_u\,s_{\text{irr},12} = T_u\,(s_2 - s_1) \\
&= 288{,}15\,\text{K}\,(6{,}1948 - 6{,}1416)\,\text{kJ/kg\,K} = 15{,}3\,\text{kJ/kg} \ .
\end{aligned}$$

Er wird in Abb. 6.19 durch die stark umrandete Rechteckfläche unter der Isotherme $T = T_u$ dargestellt und ist kleiner als die Dissipationsenergie und der Arbeitsverlust w_{v12}. Der Exergieverlust kennzeichnet nämlich – anders als w_{v12} – nicht die Abweichung von einem bestimmten Idealprozess, sondern sagt nur aus: Die gewonnene technische Arbeit w_{t12} und die Exergie ex_2 des aus der Turbine strömenden Dampfes sind um 15,3 kJ/kg kleiner als die Exergie ex_1 des einströmenden Frischdampfes. Man verwendet den Exergieverlust, wenn man die Turbine als Teil des ganzen Dampfkraftwerks betrachtet und die Verluste der einzelnen Anlagenteile vergleichen will. In einer größeren Anlage beeinflussen sich die in den Anlagenteilen ablaufenden Teilprozesse gegenseitig. Um die Anlagenteile thermodynamisch gerecht zu beurteilen, legt man jeden Teilprozess nur den durch ihn verursachten Exergieverlust zur Last.

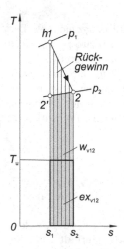

Abbildung 6.19. Adiabate Expansion 12 im T,s-Diagramm. Senkrecht schraffierte Fläche unter der Zustandslinie 12: Dissipationsenergie j_{12}, getönte Fläche unter der Isobare $p = p_2$: Arbeitsverlust w_{v12}, stark umrandete Fläche unter der Isotherme $T = T_u$: Exergieverlust ex_{v12}

6.2.5 Nichtadiabate Verdichtung

Die technische Arbeit, die zur Verdichtung eines Fluids mindestens aufgewendet werden muss, ist

$$w_{t12}^{rev} = \int_1^2 v\,dp = y_{12}\,,\qquad(6.27)$$

wenn man die kinetischen Energien vernachlässigt. Für einen gegebenen Anfangszustand 1 und einen bestimmten Enddruck $p_2 > p_1$ wird die aufzuwendende Arbeit um so kleiner, je kleiner in Gl.(6.27) der Integrand, also das spezifische Volumen des Fluids bei der Verdichtung ist. Die isentrope Verdichtung, die in Abschnitt 6.2.4 als günstigster Prozess eines *adiabaten* Verdichters behandelt wurde, liefert daher nicht die kleinstmögliche Verdichterarbeit. Kühlt man nämlich das Fluid während der Verdichtung, so nimmt v stärker ab als bei isentroper Verdichtung; man kann also durch Kühlung des Verdichters den Arbeitsaufwand verringern.

Der günstigste Prozess ist damit die reversible *isotherme* Verdichtung, $T = T_1 = T_{2*}$. Die hierbei aufzuwendende technische Arbeit wird

$$w_{t12*}^{rev} = \int_{p_1}^{p_2} v(p,T_1)\,dp = h_{2*} - h_1 - T_1(s_{2*} - s_1)\,,$$

und es ist dabei die Wärme

$$q_{12*}^{rev} = T_1(s_{2*} - s_1)$$

abzuführen ($s_{2*} < s_1$!). Der Endzustand 2* wird durch die Bedingungen $T_{2*} = T_1$ und $p_{2*} = p_2$ gekennzeichnet, Abb. 6.20. Ist das zu verdichtende Fluid ein ideales Gas, so gilt $h_{2*} = h_1$, und es wird

$$w_{t12*}^{rev} = R\,T_1\ln(p_2/p_1) = -q_{12*}^{rev}\,.$$

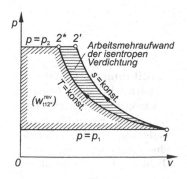

Abbildung 6.20. Verdichterarbeit bei reversibler isothermer Verdichtung und reversibler adiabater Verdichtunng

Für die technische Arbeit eines irreversibel arbeitenden, gekühlten Verdichters erhält man aus dem 1. Hauptsatz

$$w_{t12} = h_2 - h_1 - q_{12} = h_2 - h_1 + |q_{12}| \ .$$

Dieser Arbeitsaufwand wird mit der Arbeit der reversiblen isothermen Verdichtung verglichen; es wird ein *isothermer Wirkungsgrad* des Verdichters definiert:

$$\eta_{tV} := w_{t12*}^{rev} / w_{t12} \ .$$

Dieses Verhältnis ist kein unmittelbares Maß für die Güte der strömungstechnischen Konstruktion des gekühlten Verdichters, denn w_{t12} und η_{tV} werden auch durch die Wirksamkeit der Kühlung bestimmt.

Der isotherme Wirkungsgrad wird vor allem zur Beurteilung von gekühlten *Kolbenverdichtern* herangezogen, vgl. hierzu [6.13]. Die Prozesse, die in Kolbenverdichtern ablaufen, lassen sich in guter Näherung als stationäre Fließprozesse behandeln, womit die Beziehungen dieses Abschnitts und der vorangehenden Abschnitte anwendbar sind. Man muss hierzu den für die Gleichungen maßgebenden Eintrittszustand 1 und den Austrittszustand 2 so weit von der Maschine entfernt annehmen, dass die periodischen Druck- und Mengenschwankungen infolge der Kolbenbewegung weitgehend abgeklungen sind. Saugt der Verdichter z.B. Luft aus der Atmosphäre an, so wird man den Kontrollraum so verlegen, dass der Eintrittsquerschnitt nicht im Ansaugstutzen, sondern davor in der Atmosphäre liegt.

Bei mehrstufigen Kolbenverdichtern kühlt man das Fluid nach jeder Stufe in einem besonderen *Zwischenkühler* möglichst weit ab und verdichtet es erst dann mit

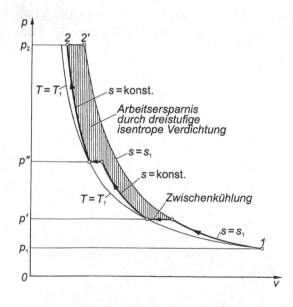

Abbildung 6.21. Arbeitsersparnis bei dreistufiger isentroper Verdichtung mit Zwischenkühlung (Zustandsänderung 12) gegenüber der einstufigen isentropen Verdichtung 12′, dargestellt im p,v-Diagramm

niedrigerer Anfangstemperatur und einem entsprechend kleineren spezifischen Volumen in der nächsten Stufe. Hierdurch nähert man sich dem Ideal der isothermen Verdichtung und verringert den Arbeitsaufwand. In Turboverdichtern lässt sich die direkte Kühlung des Fluids in der Maschine praktisch nicht verwirklichen. Hier ist die abschnittsweise adiabate Verdichtung mit Zwischenkühlung ein wichtiges Verfahren zur Senkung des Arbeitsaufwandes. Abbildung 6.21 zeigt die Ersparnis an Verdichterarbeit gegenüber der isentropen Verdichtung, wenn man eine mehrstufige, reversible adiabate Verdichtung mit isobarer Zwischenkühlung auf die Anfangstemperatur T_1 annimmt. Ein wirklicher Verdichter arbeitet natürlich nicht reversibel; bei der Zwischenkühlung tritt ein Druckabfall in jedem Zwischenkühler auf, und bei der Abkühlung wird auch die Anfangstemperatur T_1 nicht ganz erreicht werden. Diese Irreversibilitäten verringern die unter idealen Bedingungen erzielbare Arbeitsersparnis von Abb. 6.21.

Bei der mehrstufigen Verdichtung mit Zwischenkühlung kann man die Zahl der Stufen und der Zwischenkühler sowie die Zwischendrücke prinzipiell frei wählen. Mit Erhöhung der Stufenzahl steigt der bauliche Aufwand, während die Arbeitsersparnis, die eine zusätzliche Stufe bringt, um so geringer ausfällt, je größer die Zahl der vorhandenen Stufen bereits ist. Man sieht daher selten mehr als vier oder fünf Stufen vor. Die Zwischendrücke wird man so wählen, dass die technische Arbeit des ganzen Verdichters möglichst klein wird. Bei idealen Gasen führt dies auf die Vorschrift, das Druckverhältnis in jeder Stufe gleich groß zu wählen.

6.3 Wärmeübertrager

Soll Energie als Wärme von einem Fluidstrom auf einen anderen übertragen werden, so führt man die beiden Fluide durch einen Apparat, der Wärmeübertrager, früher auch Wärmetauscher, genannt wird. Die Fluidströme sind dabei durch eine materielle Wand (Rohrwand, Kanalwand) getrennt, durch die Wärme vom Fluid mit der höheren Temperatur auf das kältere Fluid übertragen wird. Die thermodynamische Behandlung eines Wärmeübertragers beschränkt sich darauf, den übertragenen Wärmestrom mit den Zustandsgrößen der beiden Fluidströme in den Ein- und Austrittsquerschnitten zu verknüpfen, allgemeine Aussagen über die Temperaturänderungen der Fluide zu machen und die Exergieverluste zu berechnen. Dagegen kann man mit allein thermodynamischen Methoden nicht die Größe der für einen gegebenen Wärmestrom erforderlichen Übertragungsfläche bestimmen. Dies ist Aufgabe der Lehre von der Wärmeübertragung, vgl. [6.14] bis [6.16].

6.3.1 Die Anwendung des 1. Hauptsatzes

Als Beispiel eines Wärmeübertragers wird der in Abb. 6.22 dargestellte Doppelrohr-Wärmeübertrager betrachtet. Im inneren Rohr strömt das Fluid A, das sich von der Eintrittstemperatur ϑ_{A1} auf die Austrittstemperatur ϑ_{A2} abkühlt. Das Fluid B strömt in dem Ringraum, der von den beiden konzentrischen Rohren gebildet wird. Es erwärmt sich von ϑ_{B1} auf die Austrittstemperatur ϑ_{B2}. In Abb. 6.22 ist auch der Verlauf der Temperaturen ϑ_A und ϑ_B über

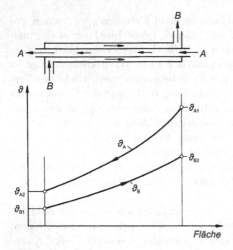

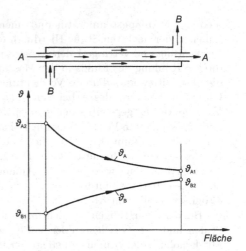

Abbildung 6.22. Gegenstrom-Wärmeübertrager und Temperaturverlauf der beiden Fluide A und B

Abbildung 6.23. Gleichstrom-Wärmeübertrager und Temperaturverlauf der beiden Fluide A und B

der Rohrlänge oder der dazu proportionalen Wärmeübertragungsfläche – das ist die Mantelfläche des inneren Rohrs – dargestellt. In jedem Querschnitt des Wärmeübertragers muss die Bedingung $\vartheta_A > \vartheta_B$ erfüllt sein, denn zum Übertragen von Wärme muss ein Temperaturunterschied vorhanden sein.

Die in Abb. 6.22 dargestellte gegensinnige Führung der beiden Stoffströme A und B nennt man Gegenstromführung. Ein derart durchströmter Wärmeübertrager heißt dementsprechend Gegenstrom-Wärmeübertrager oder kurz Gegenströmer. Wie der in Abb. 6.22 dargestellte Temperaturverlauf zeigt, kann bei einem Gegenströmer die Austrittstemperatur ϑ_{B2} des kalten Fluidstroms höher sein als die Austrittstemperatur ϑ_{A2} des warmen Fluidstroms, denn diese Temperaturen treten in verschiedenen Querschnitten, nämlich am „warmen Ende" und am „kalten Ende" des Gegenströmers auf. Es ist also die Bedingung $\vartheta_A > \vartheta_B$, die sich auf Fluidtemperaturen im selben Querschnitt bezieht, nicht verletzt.

Führt man dagegen die beiden Fluide im Gleichstrom, wie es in Abb. 6.23 gezeigt ist, so muss die Austrittstemperatur ϑ_{B2} des kalten Stromes unter der des warmen Stromes liegen: $\vartheta_{B2} < \vartheta_{A2}$. Gleichstromführung ist ungünstiger als die Ge-

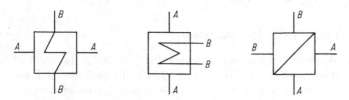

Abbildung 6.24. Symbole für Wärmeübertrager nach DIN 2481 in Schaltbildern wärmetechnischer Anlagen

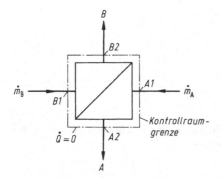

Abbildung 6.25. Zur Leistungsbilanz eines Wärmeübertragers

genstromführung, denn das kältere Fluid kann nicht über die Austrittstemperatur des wärmeren Fluids hinaus erwärmt werden. Außerdem weist bei gleich großem übertragenem Wärmestrom ein Gleichstrom-Wärmeübertrager eine erheblich größere Fläche auf als ein Gegenstrom-Wärmeübertrager. Aus diesen Gründen wird die Gleichstromführung in der Praxis nur in Sonderfällen gewählt. Es gibt noch weitere Möglichkeiten, die beiden Fluidströme zu führen, z.B. im Kreuzstrom oder im Kreuz-Gegenstrom. Hierzu wird auf die Literatur verwiesen, [6.14] bis [6.16].

Beim Zeichnen von Schaltbildern wärmetechnischer Anlagen benutzt man die in Abb. 6.24 dargestellten Symbole für Wärmeübertrager. Sie sind in DIN 2481 genormt. Dabei stellt der gezackte Linienzug stets das wärmeaufnehmende Fluid dar.

Der Wärmeübertrager wird in den in Abb. 6.25 dargestellten Kontrollraum eingeschlossen. Dieser wird von zwei Fluidströmen durchflossen, und es gilt die Leistungsbilanzgleichung, vgl. Abschnitt 2.3.4,

$$\dot{Q} + P = \sum_{\text{aus}} \dot{m}_{\text{a}} \left(h + \frac{w^2}{2} + g\,z \right)_{\text{a}} - \sum_{\text{ein}} \dot{m}_{\text{e}} \left(h + \frac{w^2}{2} + g\,z \right)_{\text{e}}.$$

Da es sich um einen Strömungsprozess handelt, ist die mechanische Leistung $P = 0$. In guter Näherung lässt sich der Wärmeübertrager als ein nach außen adiabates System ansehen. Über die Grenze des Kontrollraums wird dann keine Wärme übertragen: $\dot{Q} = 0$. Im Allgemeinen können die Änderungen der potenziellen Energie vernachlässigt werden. Unter Einführung der Totalenthalpie $h^+ = h + w^2/2$, vgl. Abschnitt 6.2.1, erhält man aus der Leistungsbilanzgleichung im stationären Fall

$$\dot{m}_{\text{A}} \left(h_{\text{A2}}^+ - h_{\text{A1}}^+ \right) + \dot{m}_{\text{B}} \left(h_{\text{B2}}^+ - h_{\text{B1}}^+ \right) = 0\,.$$

Wird nun Wärme von Fluid A auf das Fluid B übertragen, so wächst die Totalenthalpie h_{B}^+, während h_{A}^+ abnimmt. Somit stehen auf beiden Seiten der Gleichung

$$\dot{m}_{\text{B}} \left(h_{\text{B2}}^+ - h_{\text{B1}}^+ \right) = \dot{m}_{\text{A}} \left(h_{\text{A1}}^+ - h_{\text{A2}}^+ \right) \tag{6.28}$$

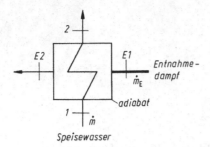

Abbildung 6.26. Hochdruck-Speisewasser-vorwärmer

positive Ausdrücke. Die Zunahme des Totalenthalpiestroms des wärmeaufnehmenden Fluids ist gleich der Abnahme des Totalenthalpiestroms des wärmeabgebenden Fluids. Kann man die Änderungen der kinetischen Energien vernachlässigen, so gilt Gl.(6.28) für die (statischen) Enthalpien von A und B; man braucht nur die Kreuze fortzulassen.

Um den zwischen den beiden Fluiden übertragenen Wärmestrom zu bestimmen, schließt man *eines* der beiden Fluide in einen Kontrollraum ein. Für den Fluidstrom B gilt die stationär vereinfachte Leistungsbilanz

$$\dot{Q}_{\mathrm{B}} + P_{\mathrm{B}} = \dot{m}_{\mathrm{B}} \left(h_{\mathrm{B2}}^{+} - h_{\mathrm{B1}}^{+} \right) .$$

Mit $P_{\mathrm{B}} = 0$ erhält man für den von B aufgenommenen und mit $\dot{Q}$ bezeichneten Wärmestrom die Doppelgleichung

$$\dot{Q} = \dot{m}_{\mathrm{B}} \left(h_{\mathrm{B2}}^{+} - h_{\mathrm{B1}}^{+} \right) = \dot{m}_{\mathrm{A}} \left(h_{\mathrm{A1}}^{+} - h_{\mathrm{A2}}^{+} \right) . \tag{6.29}$$

Sie verknüpft die Totalenthalpie der beiden Fluide am Eintritt und Austritt mit ihren Massenströmen und der übertragenen Wärmeleistung $\dot{Q}$. Zwei der sieben Größen in Gl.(6.29) können berechnet werden, wenn die restlichen fünf gegeben sind.

Beispiel 6.6. Im adiabaten Hochdruck-Speisewasservorwärmer eines Dampfkraftwerks wird Speisewasser (Massenstrom $\dot{m} = 520\,\mathrm{kg/s}$) bei $p = 24{,}0\,\mathrm{MPa}$ von $\vartheta_1 = 220\,°\mathrm{C}$ auf $\vartheta_2 = 250\,°\mathrm{C}$ durch Entnahmedampf erwärmt. Der Entnahmedampf strömt in den Vorwärmer mit $p_{\mathrm{E}} = 4{,}1\,\mathrm{MPa}$, $\vartheta_{\mathrm{E1}} = 320\,°\mathrm{C}$; sein Massenstrom ist $\dot{m}_{\mathrm{E}} = 35{,}1\,\mathrm{kg/s}$. Man bestimme den übertragenen Wärmestrom $\dot{Q}$ und die Austrittstemperatur ϑ_{E2} des kondensierten Entnahmedampfes, Abb. 6.26. Die Änderungen der kinetischen Energie und die Druckabfälle der beiden Fluidströme sind zu vernachlässigen.

Der auf das Speisewasser übertragene Wärmestrom ergibt sich zu

$$\dot{Q} = \dot{m} \left(h_2 - h_1 \right) = 520\,\frac{\mathrm{kg}}{\mathrm{s}} \left(1087{,}2 - 950{,}7 \right) \frac{\mathrm{kJ}}{\mathrm{kg}} = 70\,980\,\mathrm{kW} ,$$

wobei die spezifischen Enthalpien des Speisewassers der Dampftafel [4.45] entnommen wurden. Aus der Leistungsbilanzgleichung

$$\dot{Q} = \dot{m}_{\mathrm{E}} \left(h_{\mathrm{E1}} - h_{\mathrm{E2}} \right)$$

für den Entnahmedampf erhält man die spezifische Enthalpie

$$h_{E2} = h_{E1} - \dot{Q}/\dot{m}_E = 3013,3\,\frac{kJ}{kg} - \frac{70\,980\,kW}{35,1\,kg/s} = 991,1\,kJ/kg\,.$$

Interpolation in der Dampftafel bei $p = 4,1\,MPa$ ergibt $\vartheta_{E2} = 230,1\,°C$ als Austrittstemperatur des Kondensats.

6.3.2 Die Temperaturen der beiden Fluidströme

Der 1. Hauptsatz verknüpft die spezifischen Enthalpien h_A und h_B der beiden Fluidströme, die in einem bestimmten Querschnitt des Wärmeübertragers auftreten. Damit erhält man über die kalorischen Zustandsgleichungen der beiden Fluide eine Beziehung zwischen den Temperaturen ϑ_A und ϑ_B in diesem Querschnitt. Es wird der Kontrollraum von Abb. 6.27 betrachtet, der sich vom „linken" Ende des Gegenstrom-Wärmeübertragers bis zu einem beliebigen Querschnitt erstreckt. Hier habe das Fluid A die spezifische Enthalpie h_A und das Fluid B die spezifische Enthalpie h_B. Es gilt die Leistungsbilanz

$$\dot{m}_B(h_B - h_{B1}) = \dot{m}_A(h_A - h_{A2})\,. \tag{6.30}$$

Sie verknüpft die spezifischen Enthalpien h_A und h_B, die im selben Querschnitt auftreten. Eine von ihnen, etwa h_B, kann als unabhängige Variable dienen, und es stellt sich die Aufgabe, die Temperaturen $\vartheta_A = \vartheta_A(h_B)$ und $\vartheta_B = \vartheta_B(h_B)$ in Abhängigkeit von h_B darzustellen.

Der meist geringe Druckabfall wird vernachlässigt, den die beiden Fluide beim Durchströmen des Wärmeübertragers erfahren, und es werden konstante spezifische Wärmekapazitäten c_{pA} und c_{pB} angenommen. Da nun h und ϑ linear voneinander abhängen, gilt

$$\vartheta_B = \vartheta_{B1} + \frac{1}{c_{pB}}\,(h_B - h_{B1})$$

und mit Gl.(6.30)

$$\vartheta_A = \vartheta_{A2} + \frac{1}{c_{pA}}\,(h_A - h_{A2}) = \vartheta_{A2} + \frac{1}{c_{pA}}\,\frac{\dot{m}_B}{\dot{m}_A}\,(h_B - h_{B1})\,.$$

Trägt man ϑ_A und ϑ_B über h_B auf, so ergeben sich zwei Geraden, Abb. 6.28. Jeder Querschnitt des Gegenstrom-Wärmeübertragers ist durch einen Wert der spezifischen Enthalpie h_B gekennzeichnet, für den die beiden in diesem

Abbildung 6.27. Kontrollraum für den Abschnitt eines Gegenströmers

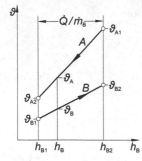

Abbildung 6.28. Temperaturverlauf der Fluide A und B als Funktion der spezifischen Enthalpie h_B des Fluids B

Querschnitt auftretenden Temperaturen ϑ_A und ϑ_B aus Abb. 6.28 ablesbar sind. Am kalten Ende des Gegenströmers gilt $h_B = h_{B1}$ mit $\vartheta_A = \vartheta_{A2}$ und $\vartheta_B = \vartheta_{B1}$. Am warmen Ende mit $h_B = h_{B2}$ treten die Temperaturen ϑ_{A1} und ϑ_{B2} auf.

Die Annahme konstanter spezifischer Wärmekapazitäten ist hinreichend genau, sofern das Fluid einphasig strömt, also gasförmig oder flüssig ist. Beim Verdampfen oder Kondensieren ergeben sich andere Verhältnisse: Die Temperatur bleibt bei der Enthalpieänderung konstant, was $c_p \to \infty$ entspricht. Abbildung 6.29 zeigt das Temperatur-Enthalpie-Diagramm für einen Dampferzeuger. Die Flüssigkeit B erwärmt sich vom Eintritt (ϑ_{B1}, h_{B1}) bis zur Siedetemperatur ϑ_{Bs}, die während des Verdampfens zwischen h'_B und h''_B konstant bleibt. Erst bei weiterer Wärmeaufnahme und dem entsprechender Enthalpiezunahme steigt ϑ_B bis auf ϑ_{B2}; mit dieser Temperatur verlässt der überhitzte Dampf den Wärmeübertrager. Der Temperaturverlauf des Wärme abgebenden Fluids A, etwa eines heißen Verbrennungsgases, wird durch die von ϑ_{A1} auf ϑ_{A2} abfallende Gerade dargestellt. Die kleinste Temperaturdifferenz $\Delta\vartheta_{min}$ zwischen den beiden Fluidströmen tritt nun nicht wie in Abb. 6.28 an einem Ende des Wärmeübertragers auf, sondern in dem Querschnitt, in dem die Verdampfung des Fluids B einsetzt.

Zur Berechnung von $\Delta\vartheta_{min} = \vartheta_{Ax} - \vartheta_{Bs}$ wird der 1. Hauptsatz angewendet, um zunächst die unbekannte Enthalpie $h_{Ax} = h_A(\vartheta_{Ax})$ zu bestimmen:

$$h_{Ax} = h_{A2} + \frac{\dot{m}_B}{\dot{m}_A}\,(h'_B - h_{B1}) = h_{A1} - \frac{\dot{m}_B}{\dot{m}_A}\,(h_{B2} - h'_B)\,.$$

Aus h_{Ax} erhält man ϑ_{Ax} über die kalorische Zustandsgleichung des Fluids A. Ist die Annahme $c_{pA} =$ konst. hinreichend genau, so ergibt sich

$$\vartheta_{Ax} = \vartheta_{A2} + \frac{1}{c_{pA}}\,(h_{Ax} - h_{A2}) = \vartheta_{A1} - \frac{1}{c_{pA}}\,(h_{A1} - h_{Ax})\,.$$

Die kleinste Temperaturdifferenz $\Delta\vartheta_{min}$ muss stets positiv sein, weil sonst die aus dem 2. Hauptsatz folgende Bedingung $\vartheta_A > \vartheta_B$ verletzt würde. Sie muss sogar einen bestimmten positiven Mindestwert erreichen, damit der Bauaufwand für den Dampferzeuger nicht zu groß wird. Wie man leicht erkennt,

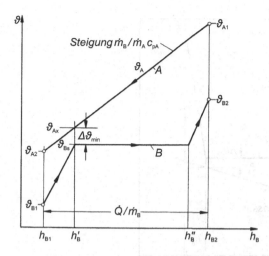

Abbildung 6.29. Temperatur, Enthalpie-Diagramm für einen Dampferzeuger

besteht die Gefahr, einen bestimmten Wert von $\Delta\vartheta_{min}$ zu unterschreiten, dann, wenn die „Abkühlungsgerade" des Fluids A zu steil verläuft. Dies tritt bei zu großem Massenstromverhältnis $\dot{m}_B/\dot{m}_A$ ein, wenn man nämlich einen großen Dampfmassenstrom mit einem zu kleinen Massenstrom des heißen Fluids A erzeugen möchte.

Beispiel 6.7. Man bestimme die kleinste Temperaturdifferenz zwischen den beiden Fluidströmen des in Beispiel 6.6 behandelten Speisewasservorwärmers.

Es wird die spezifische Enthalpie des Entnahmedampfes als Abszisse des ϑ,h-Diagramms gewählt und der Temperaturverlauf des Entnahmedampfes und des Speisewassers konstruiert. Außer den in Beispiel 6.6 bestimmten Enthalpien h_{E1} und h_{E2} werden die Kondensationstemperatur $\vartheta_{sE} = 251{,}8\,°C$ und die beiden Enthalpien $h'_E = 1094{,}6\,kJ/kg$ und $h''_E = 2800{,}9\,kJ/kg$ benötigt, die der Dampftafel [4.45] entnommen werden. Damit kann man den Temperaturverlauf durch die drei Geradenstücke für die Abkühlung des überhitzten Dampfes, die Kondensation und die Abkühlung des Kondensats in Abb. 6.30 wiedergeben. Die spezifischen Wärmekapazitäten c_{PE} des überhitzten Dampfes und des Kondensats ändern sich etwas mit der Temperatur, doch ist diese Änderung so gering, dass die Abweichungen von einem geradlinigen Temperaturverlauf in Abb. 6.30 ohne Belang sind.

Auch für das Speisewasser wird $c_p = $ konst. angenommen und man erhält für den Temperaturverlauf eine gerade Linie, die ohne weitere Rechnung in das ϑ,h_E-Diagramm eingezeichnet werden kann. Der gegebene Eintrittszustand mit $\vartheta_1 = 220\,°C$ gehört zur spezifischen Enthalpie h_{E2} und der Austrittszustand mit $\vartheta_2 = 250\,°C$ zur Enthalpie h_{E1}. Wie man aus Abb. 6.30 erkennt, ist die Temperatur des Entnahmedampfes stets höher als die Temperatur des Speisewassers.

Die in der technischen Literatur oft als „Grädigkeit" bezeichnete kleinste Temperaturdifferenz $\Delta\vartheta_{min}$ tritt im Querschnitt des Kondensationsbeginns auf ($h_E = h''_E$). Hier erreicht die spezifische Enthalpie des Speisewassers den Wert

$$h(\vartheta_x) = h_2 - (\dot{m}_E/\dot{m})(h_{E1} - h''_E) = 1072{,}8\,kJ/kg \ .$$

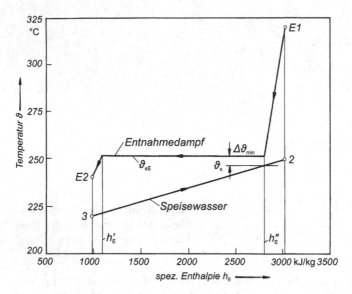

Abbildung 6.30. Temperatur, Enthalpie-Diagramm für einen Speisewasservorwärmer

Dieser Wert liegt zwischen den in [4.45] für $p = 24{,}0$ MPa verzeichneten spezifischen Enthalpien $h\,(240\,^\circ\mathrm{C}) = 1041{,}1\,\mathrm{kJ/kg}$ und $h\,(250\,^\circ\mathrm{C}) = 1087{,}2\,\mathrm{kJ/kg}$. Durch inverse Interpolation findet man $\vartheta_\mathrm{x} = 246{,}9\,^\circ\mathrm{C}$. Damit wird die kleinste Temperaturdifferenz

$$\Delta\vartheta_\mathrm{min} = \vartheta_\mathrm{sE} - \vartheta_\mathrm{x} = 251{,}8\,^\circ\mathrm{C} - 246{,}9\,^\circ\mathrm{C} = 4{,}9\,^\circ\mathrm{C}\;.$$

6.3.3 Der Exergieverlust eines Wärmeübertragers

Da der Wärmeübergang ein irreversibler Prozess ist, treten in jedem Wärmeübertrager Exergieverluste auf. Sie führen zu einem zusätzlichen Aufwand an Primärenergie, vgl. Abschnitt 3.3.3, und damit zu erhöhten Energiekosten. Die Exergieverluste nehmen umso mehr zu, je größer die Temperaturdifferenzen zwischen den Stoffströmen in einem Wärmeübertrager sind. Andererseits bedeuten größere Temperaturdifferenzen kleinere Übertragungsflächen, also einen verringerten Bauaufwand für den Wärmeübertrager.

Nach Gl.(3.54) von Abschnitt 3.3.4 ist der in einem Kontrollraum entstehende Exergieverluststrom (Leistungsverlust) durch

$$\dot{E}x_\mathrm{v} = T_\mathrm{u}\,\dot{S}_\mathrm{irr}$$

mit dem Entropieproduktionsstrom $\dot{S}_\mathrm{irr}$ verknüpft. Ist der Wärmeübertrager, wie bisher angenommen, ein adiabates System, ergibt sich $\dot{S}_\mathrm{irr}$ aus der Entropiebilanzgleichung

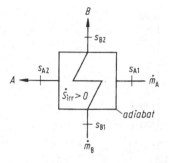

Abbildung 6.31. Entropiebilanz eines adiabaten Wärmeübertragers

$$\dot{S}_{irr} = \dot{m}_A(s_{A2} - s_{A1}) + \dot{m}_B(s_{B2} - s_{B1}) \,,$$

vgl. Abb. 6.31. Diese Gleichung erfasst zwei unterschiedliche Irreversibilitäten: den irreversiblen Wärmeübergang bei endlichen Temperaturdifferenzen und die durch Reibung in den beiden strömenden Fluiden auftretende Dissipation. Diese macht sich in einem Druckabfall des Fluids beim Durchströmen des Wärmeübertragers bemerkbar, vgl. Abschnitt 6.2.1.

Für das Folgende soll einschränkend nur der Exergieverlust der Wärmeübertragung mit den Temperaturen der beiden Fluidströme in Verbindung gebracht werden. In einem Abschnitt des Wärmeübertragers, in dem der Wärmestrom $d\dot{Q}$ vom Fluid A mit der Temperatur T_A an das Fluid B mit der Temperatur $T_B < T_A$ übergeht, tritt der Exergieverluststrom

$$dEx_v = T_u \, d\dot{S}_{irr} = T_u \, \frac{T_A - T_B}{T_A \, T_B} \, d\dot{Q}$$

auf, vgl. Abschnitt 3.1.4. Der Exergieverluststrom wächst mit größer werdender Temperaturdifferenz; aber auch das Temperaturniveau ist von Bedeutung. Bei niedrigen Temperaturen verursacht eine gleich große Temperaturdifferenz einen weit größeren Exergieverlust als bei höheren Temperaturen.

Wie schon in Abschnitt 3.3.5 gezeigt wurde, lässt sich der mit einem Wärmestrom übertragene Exergiestrom in einem $\eta_C, \dot{Q}$-Diagramm als Fläche darstellen. Da $\dot{Q}$ der Enthalpieänderung des Stoffstroms B proportional ist, kann als Abszisse dieses Diagramms auch die spezifische Enthalpie h_B genutzt werden. Es werden die zusammengehörenden Temperaturen T_A und T_B der beiden Fluide nach den Beziehungen des letzten Abschnitts bestimmt, die zugehörigen Carnot-Faktoren $\eta_C(T_u/T_A)$ und $\eta_C(T_u/T_B)$ berechnet und ihr Verlauf über h_B aufgetragen. In diesem η_C, h_B-Diagramm der Wärmeübertragung, Abb. 6.32, bedeutet die Fläche unter der $\eta_C(T_u/T_A)$-Kurve den vom Fluid A abgegebenen Exergiestrom und dementsprechend die Fläche unter der $\eta_C(T_u/T_B)$-Kurve den vom Fluid B aufgenommenen Exergiestrom, jeweils dividiert durch den Massenstrom $\dot{m}_B$. Die Fläche zwischen den beiden Kurven entspricht dann dem Exergieverluststrom $\dot{E}x_v/\dot{m}_B$.

In einem solchen Diagramm wird die Verteilung des Exergieverluststroms auf die einzelnen Abschnitte des Wärmeübertragers deutlich. Dies zeigt

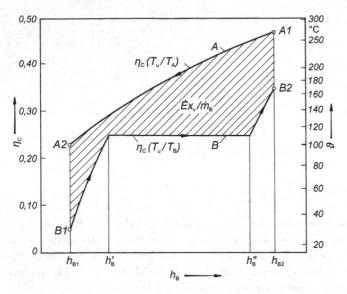

Abbildung 6.32. Carnot-Faktor, Enthalpie-Diagramm eines Dampferzeugers und Darstellung des Exergieverlustes als schraffierte Fläche

Abb. 6.32, wo außerdem am rechten Rand die zu den Carnot-Faktoren η_C gehörigen Celsius-Temperaturen eingezeichnet sind. Die große Temperaturdifferenz $\vartheta_{A1} - \vartheta_{B2} = 100\,\mathrm{K}$ am warmen Ende des Dampferzeugers hat einen kleineren örtlichen Exergieverlust zur Folge als die kleinere Temperaturdifferenz von $70\,\mathrm{K}$ am kalten Ende des Apparates.

6.4 Thermische Stofftrennprozesse

Zu den Grundaufgaben der Verfahrenstechnik gehört die Trennung von Gemischen in Reinstoffe oder Fraktionen des Gemisches. Nach den Stoffumwandlungen, die durch eine chemische Reaktion herbeigeführt wird, muss das Reaktionsprodukt in der Regel von Nebenprodukten gereinigt werden. Den thermischen Trennverfahren liegen die Phasengleichgewichte zugrunde, wie sie im Kapitel 5 behandelt wurden. Das Gemisch wird, z.B. durch Wärmezufuhr oder -abfuhr, in einen zweiphasigen Zustand gebracht, in welchem die entstehenden Phasen im thermodynamischen Gleichgewicht in der Regel eine unterschiedliche Zusammensetzung haben. Die treibende Kraft für diesen Stofftransport ist ein Gradient im chemischen Potenzial μ_i der jeweiligen Komponente, vgl. Abschnitt 5.2, was in der thermischen Verfahrenstechnik zur Trennung der Komponenten ausgenutzt wird. In diesem Abschnitt werden die Trennverfahren Trocknung, Eindampfung, Destillation, Rektifikation und Absorption, jeweils exemplarisch für Zweistoffgemische, behandelt.

Auf eine Darstellung der Berechnungsmethoden zur Dimensionierung der zugehörigen Apparate wird verzichtet, weil hierzu neben den thermodynamischen Bilanzgleichungen auch Beziehungen der Fluiddynamik und der Wärme- und Stoffübertragung benötigt werden. Es wird auf weiterführende Darstellungen der thermischen Verfahrenstechnik hingewiesen,vgl. [6.17] bis [6.20].

6.4.1 Trocknen

Beim Trocknen soll eine als Feuchtigkeit bezeichnete Komponente – in den meisten Fällen Wasser – von einem in der Regel festen Trägerstoff getrennt werden. Bei der Konvektionstrocknung strömt ein Gas höherer Temperatur über das feuchte Gut, an dessen Oberfläche die Feuchtigkeit verdampft (Verdunstung). Dadurch nimmt die Wasserdampfbeladung des heißen Gases zu, während seine Temperatur sinkt, weil das Gas die zur Verdampfung des Wassers erforderliche Energie liefern muss. In dem so genannten ersten Trocknungsabschnitt, findet Oberflächenverdampfung statt, da durch die Kapillarwirkung der Poren genügend Wasser an die Gutsoberfläche transportiert wird, sodass diese feucht gehalten wird. Im zweiten und dritten Trocknungsabschnitt ist die Gutsfeuchte so weit gesunken, dass eine feuchte Oberfläche nicht mehr gewährleistet ist und die Transportvorgänge in den Gutsporen die Feuchtigkeitsübertragung an das Trocknungsmittel bestimmen. Ausführliche Darstellungen des Trocknungsprozesses, der verschiedenen Trocknungsverfahren und der Trocknerbauarten findet man bei O. Krischer und W. Kast [6.21], in [6.22] und bei F. Kneule [6.23].

Das Trocknungsmittel der Konvektionstrocknung ist meistens feuchte Luft. Ihre Zustandsänderung bei der Feuchtigkeitsaufnahme wird durch den *Verdunstungsvorgang* bestimmt. Mit Wasser- und Energiebilanzen und den Gleichungen für den gekoppelten Wärme- und Stoffübergang zwischen Luft und Gutsoberfläche, vgl. [6.24], erhält man eine Beziehung zwischen dem Luftzustand (ϑ, X) und dem Zustand der feuchten Luft an der Gutsoberfläche. Für die auf die Masse m_L der trockenen Luft bezogene Enthalpie $h^* = h^*(\vartheta, X)$ der feuchten Luft, vgl. Abschnitt 5.3.5, ergibt sich

$$h^*(\vartheta, X) = h^*(\vartheta_G, X_G) + c_W \, \vartheta_G \, (X - X_G) \, . \tag{6.31}$$

Hierbei ist ϑ_G die Celsiustemperatur der Luft an der Gutsoberfläche und X_G ihre dort herrschende Wasserdampfbeladung; mit c_W wird die spezifische Wärmekapazität von flüssigem Wasser bezeichnet. Die Herleitung dieser Gleichung findet man bei F. Bošnjaković [6.25]. Ihre Gültigkeit ist an zwei Voraussetzungen geknüpft: Der Verdunstungsprozess ist adiabat, wobei Wärme auch nicht von der Oberfläche in das Gutsinnere übertragen wird; für die dimensionslose Größe $Le := \beta c_p/\alpha$, die mit dem Stoffübergangskoeffizienten β und dem Wärmeübergangskoeffizienten α gebildete Lewis-Zahl, soll $Le = 1$ gelten, was für feuchte Luft in guter Näherung zutrifft, vgl. [6.24], [6.25].

Die lineare Gl.(6.31) verknüpft den Zustand (ϑ, X) der strömenden Luft mit dem Luftzustand (ϑ_G, X_G) an der Gutsoberfläche. Für gegebene Werte von ϑ_G und X_G erhält man für jedes X die Enthalpie h^* und daraus die Temperatur ϑ der über das Gut strömenden Luft. Umgekehrt kann man zu einem Luftzustand (ϑ, X) die Temperatur ϑ_G und den Wert X_G berechnen, wenn man berücksichtigt, dass an der Gutsoberfläche Sättigung herrscht, dort also

$$X_G = X_{Gs}(\vartheta_G, p) = 0{,}622 \, \frac{p_W^s(\vartheta_G)}{p - p_W^s(\vartheta_G)} \tag{6.32}$$

gilt. Gleichung (6.31) bedeutet geometrisch im h^*, X-Diagramm von Abb. 6.33: Alle Luftzustandspunkte L liegen auf einer Geraden, die mit der Steigung $h_W(\vartheta_G) = c_W\,\vartheta_G$ durch den Zustandspunkt G mit $X_G = X_{Gs}$ und $h^*(\vartheta_G, X_{Gs})$ verläuft. Diese Gerade ist die in das Gebiet der ungesättigten feuchten Luft verlängerte Nebelisotherme $\vartheta = \vartheta_G$ durch den Punkt G, vgl. Abschnitt 5.3.6. Sie unterscheidet sich nur wenig von der Isenthalpe $h^* = h^*(\vartheta_G, X_{Gs})$. Durchläuft der Luftzustandspunkt das Geradenstück L₁G, so steigt die Wasserbeladung der Luft von $X = X_1$ bis zum Sättigungswert X_{Gs}. Die Lufttemperatur nimmt dabei von ϑ_1 auf ϑ_G ab. Diesen Grenzwert, die so genannte *Kühlgrenztemperatur* ϑ_G, kann die Luft nur asymptotisch nach dem Überströmen einer (unendlich) langen Strecke der Gutsoberfläche erreichen. Die Gutsoberfläche nimmt in jedem Querschnitt dieselbe Temperatur ϑ_G an, vgl. Abb. 6.34. Dies trifft jedoch nur dann genau zu, wenn die eingangs gemachten Annahmen, adiabate Verdunstung und Lewis-Zahl Le = 1, zutreffen. Eine graphische Methode zur Bestimmung der Luftzustandsänderung im h^*, X-Diagramm ohne diese einschränkenden Annahmen findet man bei F. Bošnjaković [6.25].

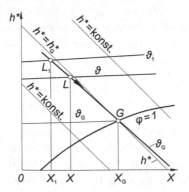

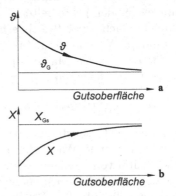

Abbildung 6.33. h^*, X-Diagramm mit der Luftzustandsänderung L₁G bei der adiabaten Verdunstung mit Le = 1. ϑ_G Kühlgrenztemperatur

Abbildung 6.34. Verlauf von **a** Temperatur ϑ und **b** Wasserdampfbeladung X der Luft beim Überströmen einer feuchten Gutsoberfläche mit der Kühlgrenztemperatur ϑ_G

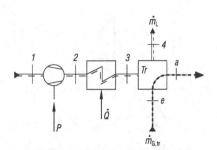

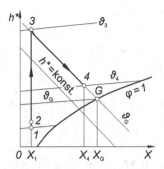

Abbildung 6.35. Einstufige Trocknungsanlage. Tr Trockner

Abbildung 6.36. h^*, X-Diagramm mit den Zustandsänderungen der feuchten Luft in der Trocknungsanlage von Abb. 6.35

Eine einfache *einstufige Trocknungsanlage* ist in Abb. 6.35 schematisch dargestellt. Die angesaugte feuchte Frischluft (Zustand 1) wird auf die Temperatur ϑ_3 erwärmt und strömt dann durch den Trockner, wo sie Feuchtigkeit aus dem zu trocknenden Gut aufnimmt. Ihre Temperatur sinkt, weil die Luft die für die Verdunstung des Wassers erforderliche Energie abgibt. Das Gut erwärmt sich von der Eintrittstemperatur ϑ_e^G auf die Kühlgrenztemperatur ϑ_G. Diese Temperatur behält das Gut, solange es sich im ersten Trocknungsabschnitt befindet. Ist dieser noch nicht abgeschlossen, stimmt die Austrittstemperatur ϑ_a^G mit ϑ_G überein. Die Zustandsänderung der feuchten Luft ist im h^*, X-Diagramm, Abb. 6.36, dargestellt. Der Luftaustrittszustand 4 liegt auf der verlängerten Nebelisotherme $\vartheta = \vartheta_G$. Der Eintrittszustand 3 liegt etwas oberhalb dieser Linie, weil das Gut noch nicht die Kühlgrenztemperatur erreicht hat und die Luft aus ihrer Enthalpie Wärme nicht nur zur Verdunstung der Gutsfeuchte, sondern auch zur Erwärmung des Guts von ϑ_e^G auf ϑ_G abgeben muss.

Die Frischlufttrocknung nach Abb. 6.35 ist häufig unwirtschaftlich und führt bei kleinen Luft-Massenströmen zu einer ungleichmäßigen Trocknung des Guts, weil die Temperatur der Luft im Trockner stark absinkt und ihre Wasserdampfbeladung erheblich zunimmt. Man mildert diese Nachteile durch Anwenden des *Umluftverfahrens* nach Abb. 6.37. Hierdurch erreicht man eine größere Freiheit in der Wahl der Trocknungsbedingungen. Die Frischluft wird nun mit dem Teilstrom $\dot{m}_{L,U} - \dot{m}_L$ der aus dem Trockner im Zustand 4 abströmenden Umluft gemischt, sodass sich feuchte Luft im Zustand 2 ergibt. Das Gebläse fördert sie in den Erhitzer. Das h^*, X-Diagramm von Abb. 6.38 zeigt die Zustandsänderungen der Luftströme. Im folgenden Beispiel wird gezeigt, dass der Zustand 2 der Mischluft auf der Geraden liegt, welche die Zustände 1 der Frischluft und 4 der aus dem Trockner abströmenden Umluft verbindet. Dabei liegt der Punkt 2 um so näher am Punkt 4, je größer das Verhältnis $\dot{m}_{L,U}/\dot{m}_L$ ist.

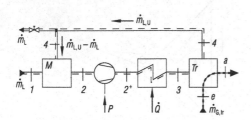

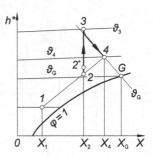

Abbildung 6.37. Einstufige Trocknungsanlage mit Umluftführung. M Mischkammer, Tr Trockner

Abbildung 6.38. Zustandsänderungen der Luft beim Trocknen mit Umluft nach Abb. 6.37

Zur thermodynamischen Untersuchung des Trockners werden die Wasser- und die Energiebilanz der Anlage aufgestellt. Für die Frischlufttrocknung nach Abb. 6.35 und die Umlufttrocknung nach Abb. 6.37 ergeben sich die gleichen Bilanzgleichungen. Der Massenstrom $\Delta \dot{m}_\mathrm{W}$ der verdunsteten Gutsfeuchte wird

$$\Delta \dot{m}_\mathrm{W} = \dot{m}_\mathrm{G,tr} \left(X_\mathrm{e}^\mathrm{G} - X_\mathrm{a}^\mathrm{G} \right) = \dot{m}_\mathrm{L} \left(X_4 - X_1 \right) , \tag{6.33}$$

weil sich die Feuchtebeladung $X^\mathrm{G} := m_\mathrm{W}^\mathrm{G}/m_\mathrm{tr}^\mathrm{G}$ des eintretenden Guts von X_e^G auf X_a^G am Austritt verringert. Dabei bezeichnet m_tr^G die Masse und $\dot{m}_\mathrm{G,tr}$ den Massenstrom des (absolut) trockenen Guts. Durch die Aufnahme der Gutsfeuchte wächst die Wasserdampfbeladung der Luft von X_1 auf X_4.

Mit dem zugeführten Wärmestrom $\dot{Q}$ und der Gebläseleistung P erhält man die Energiebilanz der ganzen Anlage:

$$\dot{Q} + P = \dot{m}_\mathrm{L} \left(h_4^* - h_1^* \right) + \dot{m}_\mathrm{G,tr} \left(h_\mathrm{a}^\mathrm{G} - h_\mathrm{e}^\mathrm{G} \right) . \tag{6.34}$$

Für die spezifischen Enthalpien h^* der feuchten Luft und h^G des feuchten Gutes werden die folgenden einfachen Stoffmodelle benutzt. Nach Abschnitt 5.3.5 gilt

$$h^* = h^*(\vartheta, X) = c_\mathrm{pL}^\mathrm{iG}\, \vartheta + X \left[\Delta h_\mathrm{v}(\vartheta_\mathrm{tr}) + c_\mathrm{pW}^\mathrm{iG}\, \vartheta \right] . \tag{6.35}$$

Für das feuchte Gut setzt man

$$h^\mathrm{G} = h^\mathrm{G}(\vartheta, X^\mathrm{G}) = h_0^\mathrm{G} + \left(c_\mathrm{tr}^\mathrm{G} + X^\mathrm{G}\, c_\mathrm{W} \right) (\vartheta - \vartheta_0) ,$$

wobei c_tr^G die spezifische Wärmekapazität des (absolut) trockenen Guts und h_0^G die willkürlich wählbare Enthalpie bei der Bezugstemperatur ϑ_0 bedeuten. Damit lässt sich die Energiebilanzgleichung (6.34) so umformen, dass sie erkennen lässt, wozu $\dot{Q}$ und P aufgewendet werden. Mit $\Delta h_\mathrm{v}(\vartheta_\mathrm{G}) = \Delta h_\mathrm{v}(\vartheta_\mathrm{tr}) + (c_\mathrm{pW}^\mathrm{iG} - c_\mathrm{W})\, \vartheta_\mathrm{G}$ als der spezifischen Verdampfungsenthalpie von

Wasser bei der Temperatur ϑ_G der Gutsoberfläche (= Kühlgrenztemperatur)
erhält man

$$\dot{Q} + P = \dot{m}_{G,tr}\left(c_{tr}^G + X_e^G c_W\right)\left(\vartheta_G - \vartheta_e^G\right) + \dot{m}_L\left(c_{pL}^{iG} + X_1 c_{pW}^{iG}\right)(\vartheta_4 - \vartheta_1)$$
$$+ \Delta\dot{m}_W\left[\Delta h_v(\vartheta_G) + c_{pW}^{iG}(\vartheta_4 - \vartheta_G)\right]. \tag{6.36}$$

Von den drei Termen auf der rechten Seite bedeutet der erste die Wärmeleistung, die zur Erwärmung der feuchten Guts auf die Kühlgrenztemperatur ϑ_G erforderlich ist, der zweite Term den Energiestrom für die Erwärmung
der eingeströmten Frischluft auf die Austrittstemperatur ϑ_4. Der dritte und
größte Term ist die Wärmeleistung, die zur Verdampfung der Gutsfeuchte bei
der Oberflächentemperatur ϑ_G des Guts und zur Erwärmung des entstandenen Dampfes auf die Austrittstemperatur ϑ_4 benötigt wird. Es muss stets
mehr Wärme zugeführt werden, als allein zur Verdunstung der Gutsfeuchte erforderlich ist. Dieser Mehrverbrauch lässt sich nach Gl.(6.36) dadurch
verringern, dass man die Austrittstemperatur ϑ_4 möglichst niedrig, also nur
wenig über der Kühlgrenztemperatur ϑ_G wählt. Dann rückt der Zustand 4 im
h^*, X-Diagramm näher an den Zustand G, und es besteht die Gefahr, dass der
Trockner unwirtschaftlich groß wird; für $\vartheta_4 = \vartheta_G$ ergäbe sich ein unendlich
langer Trockner. Zur energetischen Bewertung eines Trockners definiert man
den *spezifischen Wärmeverbrauch*

$$q := \dot{Q}/\Delta\dot{m}_W.$$

Beispiel 6.8. In der in Abb. 6.37 dargestellten Trocknungsanlage mit Umluftbe-
trieb wird feuchtes Gut ($\dot{m}_{G,tr} = 0{,}166\,\mathrm{kg/s}$) im ersten Trocknungsabschnitt so
getrocknet, dass seine Wasserbeladung von $X_e^G = 0{,}40$ auf $X_a^G = 0{,}15$ sinkt. Das
Gut ($c_{tr}^G = 1{,}75\,\mathrm{kJ/kg\,K}$) gelangt mit $\vartheta_e^G = 15{,}0\,°\mathrm{C}$ in den Trockner und verlässt ihn mit der Kühlgrenztemperatur $\vartheta_G = \vartheta_a^G = 30{,}0\,°\mathrm{C}$. Frischluft wird mit
$\vartheta_1 = 15{,}0\,°\mathrm{C}$, $p_1 = 100\,\mathrm{kPa}$ und $\varphi_1 = 0{,}60$ angesaugt. Das adiabate Gebläse nimmt
die Leistung $P = 7{,}5\,\mathrm{kW}$ auf. Um das Gut zu schonen, wird die Luft im Erhitzer
nur auf $\vartheta_3 = 55{,}0\,°\mathrm{C}$ erwärmt; sie verläßt den Trockner mit $\vartheta_4 = 40{,}0\,°\mathrm{C}$. Man bestimme die Massenströme $\dot{m}_L$ der Frischluft und $\dot{m}_{L,U}$ der Umluft, den zugeführten
Wärmestrom $\dot{Q}$ und den spezifischen Wärmeverbrauch q.

Zuerst werden die Bilanzgleichungen (6.33) und (6.34) für die ganze Anlage ausgewertet. Hierzu benötigt man X und h^* in den Zuständen 1 und 4. Mit
$p_W^s(\vartheta_1) = p_W^s(15{,}0\,°\mathrm{C}) = 1{,}706\,\mathrm{kPa}$ erhält man aus Gl.(5.65) $X_1 = 0{,}00643$ sowie
$h_1^* = h^*(\vartheta_1, X_1) = 31{,}33\,\mathrm{kJ/kg}$ aus Gl.(6.35). Der Austrittszustand 4 liegt im h^*, X-
Diagramm von Abb. 6.38 auf der verlängerten Nebelisotherme der Kühlgrenztem-
peratur $\vartheta_G = 30{,}0\,°\mathrm{C}$. Somit gilt Gl.(6.31), und es ist

$$h^*(\vartheta_4, X_4) = h^*(\vartheta_G, X_G) - c_W\,\vartheta_G\,(X_G - X_4). \tag{6.37}$$

$X_G = X_{Gs}$ berechnet sich nach Gl.(6.32) mit $p_W^s(30{,}0\,°\mathrm{C}) = 4{,}247\,\mathrm{kPa}$ nach Tabelle
5.4 und $p = 100{,}0\,\mathrm{kPa}$ zu $X_G = 0{,}02759$, woraus sich $h_G^* = 100{,}68\,\mathrm{kJ/kg}$ ergibt.
Setzt man den sich aus Gl.(6.35) ergebenden Ausdruck für h_4^* in Gl.(6.37) ein, so
lässt sich diese Gleichung nach X_4 auflösen. Es wird

$$X_4 = \frac{h_G^* - c_{pL}^{iG}\,\vartheta_4 - c_W\,\vartheta_G\,X_G}{\Delta h_v(\vartheta_{tr}) + c_{pW}^{iG}\,\vartheta_4 - c_W\,\vartheta_G} = 0{,}02328\;,$$

womit man $h_4^* = h^*(\vartheta_4, X_4) = 100{,}14\,\text{kJ/kg}$ erhält.

Die Wasserbilanzgleichung (6.33) der ganzen Anlage liefert mit dem Massenstrom des verdunstenden Wassers,

$$\Delta \dot{m}_W = \dot{m}_{G,tr}\left(X_e^G - X_a^G\right) = 0{,}0415\,\text{kg/s}\;,$$

den Massenstrom

$$\dot{m}_L = \Delta \dot{m}_W/(X_4 - X_1) = 2{,}4629\,\text{kg/s}$$

der Frischluft. Aus der Energiebilanzgleichung (6.34) folgt dann mit

$$h_a^G - h_e^G = \left(c_{tr}^G + X_a^G\,c_W\right)\vartheta_G - \left(c_{tr}^G + X_e^G\,c_W\right)\vartheta_e^G = 19{,}96\,\text{kJ/kg}$$

für die Summe aus Wärme- und Gebläseleistung

$$\dot{Q} + P = 172{,}8\,\text{kW}\;.$$

Da die Gebläseleistung mit $P = 7{,}5\,\text{kW}$ gegeben ist, wird der Wärmestrom $\dot{Q} = 165{,}3\,\text{kW}$, woraus sich der spezifische Wärmeverbrauch

$$q = \dot{Q}/\Delta \dot{m}_W = 3983\,\text{kJ/kg}$$

ergibt. Er ist, wie zu erwarten, erheblich größer als die spezifische Verdampfungsenthalpie $\Delta h_v(\vartheta_G) = 2431\,\text{kJ/kg}$. In der Praxis tritt ein noch größerer spezifischer Wärmeverbrauch auf, weil im Beispiel die Wärmeverluste des Trockners und der Mischkammer nicht berücksichtigt wurden, sondern diese Anlagenteile als adiabat angenommen wurden.

Um den Massentsrom $\dot{m}_{L,U}$ der Umluft zu bestimmen, werden die Wasser- und Energiebilanz der adiabaten Mischkammer aufgestellt:

$$\dot{m}_{L,U}\,X_2 = \dot{m}_L\,X_1 + (\dot{m}_{L,U} - \dot{m}_L)\,X_4 \tag{6.38}$$

und

$$\dot{m}_{L,U}\,h_2^* = \dot{m}_L\,h_1^* + (\dot{m}_{L,U} - \dot{m}_L)\,h_4^*\;. \tag{6.39}$$

Da diese Bilanzgleichungen linear in den Enthalpien h^* und den Wasserbeladungen X sind, liegen die drei Zustandspunkte 1, 2 und 4 im h^*,X-Diagramm auf einer geraden Linie. Aus der Wasserbilanz folgt für den Massenstrom der Umluft

$$\dot{m}_{L,U} = \frac{X_4 - X_1}{X_4 - X_2}\,\dot{m}_L = \frac{\Delta \dot{m}_W}{X_4 - X_2}\;. \tag{6.40}$$

Der „Mischpunkt" 2 liegt um so näher am Punkt 4, je größer das Verhältnis der Massenströme $\dot{m}_{L,U}/\dot{m}_L$ ist. Um aus Gl. (6.40) den Massenstrom $\dot{m}_{L,U}$ der Umluft zu erhalten, benötigt man die Wasserbeladung X_2 der Umluft. Da bei der Verdichtung und der Erwärmung der Umluft ihre Wasserbeladung konstant bleibt, gilt $X_2 = X_3$. Um X_3 zu bestimmen, wird die Energiebilanz des adiabaten Trockners aufgestellt:

$$\dot{m}_{\mathrm{L,U}}\left(h_4^* - h_3^*\right) = \dot{m}_{\mathrm{G,tr}}\left(h_{\mathrm{e}}^{\mathrm{G}} - h_{\mathrm{a}}^{\mathrm{G}}\right) .$$

Mit dem Massenstrom der Umluft nach Gl.(6.40) und $X_2 = X_3$ erhält man daraus

$$h_3^* = h_4^* + (X_4 - X_3)\,\frac{\dot{m}_{\mathrm{G,tr}}}{\Delta\dot{m}_{\mathrm{W}}}\left(h_{\mathrm{e}}^{\mathrm{G}} - h_{\mathrm{a}}^{\mathrm{G}}\right) = h_4^* + B\,(X_4 - X_3)\,,$$

wobei sich die hier eingeführte Zwischengröße B aus den schon berechneten Größen zu $B = 79{,}85\,\mathrm{kJ/kg}$ ergibt. Für $h_3^* = h^*(t_3, X_3)$ gilt auch die Gl.(6.35) des Stoffmodells „feuchte Luft", sodass man

$$X_3 = X_2 = \frac{h_4^* - c_{\mathrm{pL}}^{\mathrm{iG}}\,\vartheta_3 + X_4\,B}{\Delta h_{\mathrm{v}}(\vartheta_{\mathrm{tr}}) + c_{\mathrm{pW}}^{\mathrm{iG}}\,\vartheta_3 + B} = 0{,}01742$$

erhält. Damit ergibt sich aus Gl. (6.40) der gesuchte Massenstrom der Umluft zu $\dot{m}_{\mathrm{L,U}} = 7{,}082\,\mathrm{kg/s}$; er ist fast dreimal so groß wie der Massenstrom $\dot{m}_{\mathrm{L}}$ der Frischluft.

6.4.2 Verdampfen und Eindampfen

Besteht der aus einer siedenden Lösung aufsteigende Dampf nur aus dem leichter siedenden Lösungsmittel, so lässt sich eine Trennung des Lösungsmittels vom gelösten Stoff bereits durch Ausdampfen erreichen, vgl. Abschnitt 5.4.5. Man spricht vom *Verdampfen*, wenn das ausgetriebene Lösungsmittel der zu gewinnende Stoff ist. Dies ist beispielsweise bei der Trinkwassererzeugung durch Verdampfen von Meerwasser der Fall. Beim *Eindampfen* einer Lösung ist man am gelösten Stoff interessiert, z.B. bei der Gewinnung von Zucker oder Salz aus ihren wässrigen Lösungen.

Beim Verdampfen und Eindampfen ist Wärme zuzuführen. Wärmequellen sind vor allem kondensierender Wasserdampf (Heizdampf), seltener Verbrennungsgase. Die zum Verdampfen und Eindampfen eingesetzten Apparate, die *Verdampfer*, kommen in unterschiedlichen Bauarten vor, [6.26]. Das Verdampfen und Eindampfen wird am Beispiel der in der Praxis am häufigsten vorkommenden wässrigen Lösungen behandelt. Die Übertragung der Ergebnisse auf andere Lösungsmittel ist ohne Schwierigkeiten möglich, sofern die Voraussetzung zutrifft, dass der ausgetriebene Dampf nur aus dem Lösungsmittel besteht.

Dem in Abb. 6.39 schematisch dargestellten Verdampfer wird eine Lösung mit dem Massenstrom $\dot{m}_{\mathrm{L}}$ im Zustand L zugeführt. Der Massenanteil ξ des gelösten Stoffes hat hier den Wert ξ_{L}. Der beim Verdampfen entstehende (Wasser-)Dampf wird als *Brüdendampf* oder kurz als Brüden bezeichnet. Sein Massenstrom ist $\dot{m}_{\mathrm{B}}$, und es gilt $\xi_{\mathrm{B}} = 0$. Die aus dem Verdampfer mit $\xi_{\mathrm{K}} > \xi_{\mathrm{L}}$ abströmende Lösung ist das *Konzentrat* mit dem Massenstrom $\dot{m}_{\mathrm{K}} = \dot{m}_{\mathrm{L}} - \dot{m}_{\mathrm{B}}$. Die Zustände L,K,B der drei ein- bzw. austretenden Stoffströme kann man sich im ϑ,ξ-Diagramm der Lösung (Siedediagramm) veranschaulichen, Abb. 6.40. Die Siedelinie SL begrenzt das Flüssigkeitsgebiet; die Taulinie TL enthält die Zustände des reinen Lösungsmitteldampfs und fällt

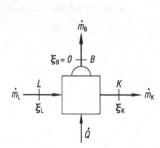

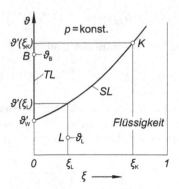

Abbildung 6.39. Schema eines einstufigen Verdampfers. L Zustand der einströmenden Lösung, K Zustand der abströmenden konzentrierten Lösung, B Zustand des Brüdendampfes

Abbildung 6.40. Siedediagramm (ϑ, ξ- Diagramm) einer wässerigen Lösung mit Siedelinie SL und Taulinie TL. L Zustand der einströmenden Lösung, K Zustand des Konzentrats, B Zustand des Brüdendampfes

mit der Ordinate $\xi = 0$ zusammen. Der Zustand L der eintretenden Lösung liegt im Flüssigkeitsgebiet unterhalb der Siedelinie. Das Konzentrat verlässt den Verdampfer im Zustand K auf der Siedelinie als siedende Flüssigkeit. Der Brüdenzustand B liegt auf der Taulinie zwischen den Siedetemperaturen $\vartheta'(p, \xi_L)$ der eintretenden Lösung und $\vartheta'(p, \xi_K)$ des Konzentrats. Seine Lage und die Zustandsänderung der Lösung im Verdampfer hängen von der Verdampferbauart und der Prozessführung ab. Bei den häufig verwendeten Umlaufverdampfern strömt der Brüdendampf mit einer Temperatur ϑ_B ab, die nur wenig unter der Siedetemperatur des Konzentrats liegt, sodass man $\vartheta_B = \vartheta'(p, \xi_K)$ setzt.

Für den Verdampfer gelten die Stoffbilanzen

$$\dot{m}_L = \dot{m}_B + \dot{m}_K \quad \text{und} \quad \xi_L\,\dot{m}_L = \xi_K\,\dot{m}_K$$

sowie die Leistungsbilanzgleichung für den zuzuführenden Wärmestrom

$$\dot{Q} = \dot{m}_B\,h_B + \dot{m}_K\,h_K - \dot{m}_L\,h_L + |\dot{Q}_v|$$

$$= \dot{m}_B\,(h_B - h_L) + \dot{m}_K\,(h_K - h_L) + |\dot{Q}_v|\,,$$

wobei $\dot{Q}_v$ den Verlustwärmestrom infolge unzureichender Isolierung bedeutet. Beim Verdampfen bezieht man $\dot{Q}$ auf den Massenstrom $\dot{m}_B$ des gewünschten Produkts, des Brüdendampfs, und definiert den spezifischen Wärmeverbrauch

$$q_B := \frac{\dot{Q}}{\dot{m}_B} = h_B - h_L + \frac{\xi_L}{\xi_K - \xi_L}\,(h_K - h_L) + \frac{|\dot{Q}_v|}{\dot{m}_B}\,.$$

Beim Eindampfen ist das Konzentrat das gewünschte Produkt, und man verwendet

$$q_{\mathrm{K}} := \frac{\dot{Q}}{\dot{m}_{\mathrm{K}}} = \frac{\xi_{\mathrm{K}}}{\xi_{\mathrm{L}}}\left(h_{\mathrm{B}} - h_{\mathrm{L}}\right) - \left(h_{\mathrm{B}} - h_{\mathrm{K}}\right) + \frac{|\dot{Q}_{\mathrm{v}}|}{\dot{m}_{\mathrm{K}}}$$

als spezifischen Wärmeverbrauch. Die spezifischen Enthalpien h_{L} und h_{K} sind mit der kalorischen Zustandsgleichung der Lösung zu berechnen oder können einem h,ξ-Diagramm entnommen werden. Derartige Diagramme wässriger Lösungen findet man in [6.26] (H_2O–NaOH) und in [6.27] (H_2O–$MgSO_4$, H_2O–NaCl, H_2O–Rohrzucker). Die spezifische Enthalpie des Brüdendampfes lässt sich mit der Wasserdampftafel [4.45] bestimmen, sofern seine Temperatur ϑ_{B} bekannt ist.

Wegen der großen spezifischen Verdampfungsenthalpie Δh_{v} des Wassers ist die Enthalpie h_{B} des Brüdendampfes sehr viel größer als die Enthalpien h_{L} und h_{K} der Lösung. Bei der einstufigen Verdampfung nach Abb. 6.39 bleibt der hohe Energiegehalt des Brüdendampfes ungenutzt. Um den Wärmebedarf zu verringern, verwendet man den Brüdendampf zur Vorwärmung der dünnen Lösung, doch wirksamer ist seine Nutzung als Heizdampf bei der häufig angewendeten mehrstufigen Verdampfung auf stufenweise abgesenkten Druckniveaus oder der einstufigen Verdampfung mit Kompression des Brüdendampfs zur Erhöhung seiner Kondensationstemperatur.

Bei der *mehrstufigen Verdampfung* wird am häufigsten die in Abb. 6.41 dargestellte Gleichstromführung gewählt. In der ersten Verdampferstufe wird die zuströmende Lösung beim Druck p_1 von ξ_{L} nur auf $\xi_{\mathrm{K}1} < \xi_{\mathrm{K}}$ aufkonzentriert. Den hierzu erforderlichen Wärmestrom $\dot{Q}_1$ gibt der kondensierende Heizdampf D ab. Der im Zustand B_1 abströmende Brüdendampf liefert in der zweiten Verdampferstufe den Wärmestrom $\dot{Q}_2$, sodass kein Heizdampf mehr erforderlich ist. Die auf den Druck $p_2 < p_1$ gedrosselte Lösung hat so niedrige Verdampfungstemperaturen, dass $\dot{Q}_2$ von dem bei $\vartheta'(p_1, \xi = 0)$ kondensierenden Brüdendampf B_1 an die Lösung übertragen werden kann. Die Lösung erreicht den Massenanteil $\xi_{\mathrm{K}2} > \xi_{\mathrm{K}1}$ und wird dann auf $p_3 < p_2$ gedrosselt. Bei diesem Druck ist ihre Temperatur so niedrig, dass der kondensierende Brüdendampf der zweiten Stufe den Wärmestrom $\dot{Q}_3$ an die Lösung abgeben kann.

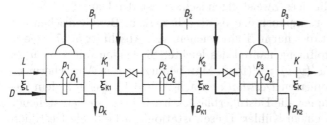

Abbildung 6.41. Dreistufige Verdampfungsanlage in Gleichstromschaltung. D Heizdampf, D_{K} Heizdampfkondensat, $B_{\mathrm{K}1}$, $B_{\mathrm{K}2}$ Kondensat des Brüdendampfes aus der 1. bzw. 2. Stufe

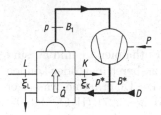

Abbildung 6.42. Schema eines einstufigen Verdampfers mit Brüdenverdichtung (Thermokompression). D zusätzlicher Heizdampf

Die Erhöhung $\xi_{K1} - \xi_L$ des Massenanteils ξ, die in der ersten Stufe erreicht werden muss, wird mit steigender Stufenzahl kleiner. Da Heizdampf nur für die erste Stufe benötigt wird, verringert sich der Heizdampfverbrauch mit größer werdender Stufenzahl. Da der Bauaufwand der Verdampferanlage mit zunehmender Zahl der Stufen wächst, gibt es eine wirtschaftlich optimale Stufenzahl, bei der die Summe aus Investitionskosten und Betriebskosten (hauptsächlich für den Wärmeverbrauch) ein Minimum annimmt. So findet man in der Praxis selten mehr als vier Verdampferstufen. Eine Ausnahme machen Verdampferanlagen zur Gewinnung von Trinkwasser aus Meerwasser, die aus 20 bis 30 Stufen bestehen.

Das Schema der einstufigen *Verdampfung mit Brüdenverdichtung*, die so genannte Thermokompression, zeigt Abb. 6.42. Der beim Verdampferdruck p abströmende Brüdendampf wird mit einem Turbo- oder Strahlverdichter auf den höheren Druck p^* gebracht. Die zu diesem Druck gehörende Kondensationstemperatur $\vartheta'(p^*, \xi = 0)$ ist so hoch, dass eine für den Wärmeübergang an die siedende Lösung ausreichende Temperaturdifferenz von 10 bis 20 K besteht. Da der komprimierte Brüdendampf nicht ganz ausreicht, um den Wärmebedarf zu decken, muss zusätzlicher Heizdampf in geringer Menge zugeführt werden. Z. Rant [6.26] hat die Bedingungen erörtert, unter denen die einstufige Verdampfung mit Thermokompression ein günstig einzusetzendes Verfahren ist.

6.4.3 Destillieren und Rektifizieren

Verdampft man ein flüssiges Zweistoffgemisch, so ist der Dampf reicher an der leichter siedenden Komponente 1 als die Flüssigkeit. Bei Gemischen mit azeotropem Punkt gilt dies nur in Teilbereichen, vgl. Abschnitt 5.1.7. Wie in Kapitel 5 wird der Stoffmengenanteil des leichter Siedenden mit $x := n_1/n$ bezeichnet, somit gilt $x''(\vartheta, p) > x'(\vartheta, p)$. Man benutzt diesen Anreicherungsprozess bei der fraktionierten *Destillation* nach Abb. 6.43. Der mit dem Gemisch gefüllte Verdampfer, die Destillierblase, wird beheizt; der entstehende Dampf kondensiert in einem Kühler. Diese instationär arbeitende Destilliereinrichtung liefert ein Destillat, das zuerst den höchsten Anteil $x_{D_A} = x''_{V_A}$ an der leichter siedenden Komponente hat. Da die Stoffmengenanteile x' und x'' mit der Zeit abnehmen, weisen die weiteren Fraktionen einen immer geringeren Gehalt an leichter Siedendem auf, Abb. 6.44.

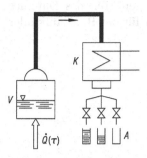

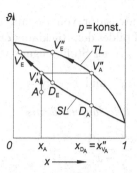

Abbildung 6.43. Schema der instationären fraktionierten Destillation. V Verdampfer, K Kühler (Kondensator), A Auffanggefäße für die Destillatfraktionen

Abbildung 6.44. Instationäre Destillation im ϑ, x-Diagramm des Gemisches. SL Siedelinie, TL Taulinie, A $\to$ V$'_A$ Erwärmung des Gemisches, D$_A$ Zustand des ersten Destillats, D$_E$ Zustand des letzten Destillats

Man kann die instationäre Destillation in ein stationäres Verfahren umwandeln und die Qualität des Destillats verbessern, nämlich seinen Stoffmengenanteil x_D vergrößern. Hierzu ergänzt man die Anlage durch einen *Rücklaufkondensator* oder Dephlegmator, in dem ein Teilstrom des Dampfes kondensiert und als *Rücklauf* in den Verdampfer zurückströmt, Abb. 6.45. Hierdurch wird auch der aus dem Rücklaufkondensator abströmende Dampf weiter angereichert. In einem zweiten Kondensator wird er verflüssigt.

Die Gemischzustände sind im Siedediagramm (ϑ,x-Diagramm), Abb. 6.46, eingezeichnet, wobei für das ganze System ein konstanter Druck angenommen wurde. Der im Zustand V$''$ aus dem Verdampfer kommende Dampf wird

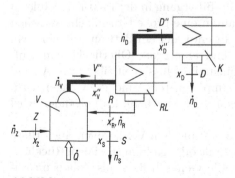

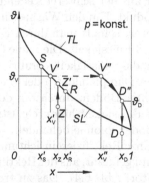

Abbildung 6.45. Stationäre Destillation mit Rücklaufkondensator, V Verdampfer, RL Rücklaufkondensator, K Destillatkondensator

Abbildung 6.46. ϑ, x-Diagramm mit Zuständen des Gemisches: Z Zulauf, V$''$ Dampf vom Verdampfer, D$''$ Destillat-Dampf, R Rücklauf, S Sumpfprodukt

im Rücklaufkondensator von ϑ_V auf ϑ_D abgekühlt; ein Teil des Dampfes kondensiert und bildet den Rücklauf (Zustand R). Die für den Rücklaufkühler geltenden Bilanzen der Stoffmengenströme,

$$\dot{n}_V = \dot{n}_D + \dot{n}_R \quad \text{und} \quad x_V'' \dot{n}_V = x_D'' \dot{n}_D + x_R' \dot{n}_R \, ,$$

ergeben für das *Rücklaufverhältnis*

$$u := \frac{\dot{n}_R}{\dot{n}_D} = \frac{x_D'' - x_V''}{x_V'' - x_R'} \, .$$

Die Lage des Zustands R auf der Siedelinie hängt von der Führung der Stoffströme und den Stoffübertragungsverhältnissen im Rücklaufkondensator ab. Bei vollkommenem Stoffaustausch zwischen dem abfließendem Rücklauf und dem eintretendem Dampf könnte $x_R' = x_V'$ werden, und dies ergibt das kleinstmögliche Rücklaufverhältnis

$$u_{\min} = (x_D'' - x_V'')/(x_V'' - x_V') \, .$$

Die stationäre Destillation mit Rücklaufkondensator liefert in manchen Fällen ein bereits brauchbares Destillat. In der Regel genügt jedoch die durch Destillation erreichbare Anreicherung nicht, und man muss zum aufwendigeren *Rektifizieren* übergehen. Bei diesem Verfahren werden in einer Säule oder Kolonne aufsteigender Dampf und herabfließende Flüssigkeit so im Gegenstrom geführt, dass ein intensiver Wärme- und Stoffübergang zwischen den beiden Stoffströmen stattfindet. Dadurch reichert sich die leichter siedende Komponente im Dampf an, während die Flüssigkeit an leichter Siedendem verarmt. Im Idealfall erhält man den (fast) reinen Dampf der leichter siedenden Komponente als Kopfprodukt oder Destillat und die Flüssigkeit, die (fast) nur aus der schwerer siedenden Komponente besteht, als so genanntes Sumpfprodukt. Um den Wärme- und Stoffübergang in der Rektifiziersäule zu intensivieren, schafft man durch Einbauten eine große Grenzfläche zwischen Dampf und Flüssigkeit. Die Säule enthält entweder ein Bett aus Füllkörpern, an denen die Flüssigkeit herabrieselt und eine große Oberfläche zum aufsteigenden Dampf bildet, oder man führt die Flüssigkeit über eine Anzahl waagerechter Böden, durch die der Dampf aufsteigt und gezwungen wird, durch die Flüssigkeit hindurchzuströmen, vgl. Abb. 6.49. Im Folgenden wird nur die Bodenkolonne behandelt.

Die ganze Rektifiziereinrichtung besteht aus dem Verdampfer, auch Blase oder Sumpf genannt, aus der Rektifiziersäule oder Kolonne und dem Rücklaufkondensator, Abb. 6.47. Das zu trennende Gemisch fließt als Zulauf im Zustand Z mit ϑ_Z, p_Z, x_Z auf den Zulaufboden der Säule. Der als *Verstärkungssäule* bezeichnete Teil der Bodenkolonne liegt über dem Zulaufboden; in ihr soll der vom Zulaufboden aufsteigende Dampf so weit mit der leichter siedenden Komponente angereichert (verstärkt) werden, dass der aus dem Rücklaufkondensator abströmende Destillat-Dampf den gewünschten Stoff-

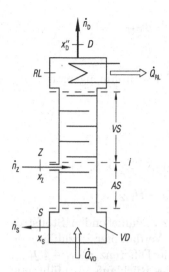

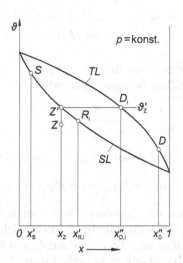

Abbildung 6.47. Schema einer Rektifiziereinrichtung mit Bodenkolonne. RL Rücklaufkondensator, VS Verstärkungssäule, AS Abtriebssäule, VD Verdampfer; D Destillat (Kopfprodukt), S Sumpfprodukt, Z Zulauf des zu trennenden Gemisches

Abbildung 6.48. ϑ, x-Diagramm mit Zuständen des Gemisches: Z Zulauf, S abströmendes Sumpfprodukt, D Destillat-Dampf, D_i angenommener Zustand des im Querschnitt i aufsteigenden Dampfes, R_i angenommener Zustand des im Querschnitt i herabfließenden Rücklaufs

mengenanteil x_D'' erreicht, Abb. 6.48. Durch Teilkondensation des Dampfes entsteht im Rücklaufkondensator der flüssige Rücklauf, dessen Stoffmengenanteil x_R' beim Herabströmen abnimmt. Der auf dem Zulaufboden ankommende Rücklauf mischt sich mit dem Zulauf, und das Gemisch fließt als Rücklauf der *Abtriebssäule* zum Verdampfer. Durch den Stoffübergang zwischen dem Rücklauf und dem durch die Abtriebssäule aufsteigenden Dampf nimmt der Stoffmengenanteil x_R' des leichter Siedenden im Rücklauf weiter ab. Aus dem beheizten Verdampfer fließt das siedende Sumpfprodukt im Zustand S mit ϑ_S, p_S und x_S' ab, während der Dampf mit $x_S'' \approx x''(\vartheta_S, p_S)$ in die Abtriebssäule aufsteigt und sich von Boden zu Boden mit der leichter siedenden Komponente anreichert.

Für die Stoff- und Energieströme gelten die folgenden Bilanzgleichungen, wobei die Rektifiziersäule als adiabat angenommen wird:

$$\dot{n}_Z = \dot{n}_D + \dot{n}_S, \quad x_Z \dot{n}_Z = x_D'' \dot{n}_D + x_S' \dot{n}_S$$

und

$$\dot{Q}_{\mathrm{VD}} - |\dot{Q}_{\mathrm{RL}}| = \dot{n}_{\mathrm{D}}\,H_{\mathrm{m}}(\vartheta_{\mathrm{D}}, p_{\mathrm{D}}, x''_{\mathrm{D}}) + \dot{n}_{\mathrm{S}}\,H_{\mathrm{m}}(\vartheta_{\mathrm{S}}, p_{\mathrm{S}}, x'_{\mathrm{S}})$$
$$- \dot{n}_{\mathrm{Z}}\,H_{\mathrm{m}}(\vartheta_{\mathrm{Z}}, p_{\mathrm{Z}}, x_{\mathrm{Z}})\ .$$

Die Stoffmengen- und Energieströme werden auf den Stoffmengenstrom $\dot{n}_{\mathrm{D}}$ des Destillats bezogen, man erhält

$$f := \frac{\dot{n}_{\mathrm{Z}}}{\dot{n}_{\mathrm{D}}} = \frac{x''_{\mathrm{D}} - x'_{\mathrm{S}}}{x_{\mathrm{Z}} - x'_{\mathrm{S}}}$$

sowie mit der Abkürzung $H_{\mathrm{mX}} := H_{\mathrm{m}}(\vartheta_{\mathrm{X}}, p_{\mathrm{X}}, x_{\mathrm{X}})$, $\mathrm{X} = \{\mathrm{D, S, Z}\}$,

$$\dot{Q}_{\mathrm{VD}}/\dot{n}_{\mathrm{D}} - |\dot{Q}_{\mathrm{RL}}|/\dot{n}_{\mathrm{D}} = H_{\mathrm{mD}} - H_{\mathrm{mS}} + f\,(H_{\mathrm{mS}} - H_{\mathrm{mZ}})\ .$$

Gibt man die Zustände D, S und Z der ab- bzw. zufließenden Stoffströme vor, so wird hierdurch noch nicht der im Verdampfer zuzuführende Heizwärmestrom $\dot{Q}_{\mathrm{VD}}$ bestimmt, sondern nur die Differenz $\dot{Q}_{\mathrm{VD}} - |\dot{Q}_{\mathrm{RL}}|$. Der im Rücklaufkondensator für die Erzeugung des Rücklaufs abzuführende Wärmestrom $\dot{Q}_{\mathrm{RL}}$ vergrößert den zuzuführenden Heizwärmestrom, er hängt von der erzeugten Rücklaufmenge und der Gestaltung der Kolonne ab.

Um diesen Zusammenhang zu klären, wird eine Bilanzhülle um den Rücklaufkondensator und die Verstärkungssäule gelegt, die im Querschnitt i unmittelbar über dem Zulaufboden endet, Abb. 6.47. Die Stoffbilanzen lauten

$$\dot{n}_{\mathrm{D,i}} - \dot{n}_{\mathrm{R,i}} = \dot{n}_{\mathrm{D}} \quad \text{und} \quad x''_{\mathrm{D,i}}\,\dot{n}_{\mathrm{D,i}} - x'_{\mathrm{R,i}}\,\dot{n}_{\mathrm{R,i}} = x''_{\mathrm{D}}\,\dot{n}_{\mathrm{D}}\ .$$

Daraus erhält man für das Rücklaufverhältnis im Endquerschnitt i der Verstärkungssäule

$$u_{\mathrm{i}} := \frac{\dot{n}_{\mathrm{R,i}}}{\dot{n}_{\mathrm{D}}} = \frac{x''_{\mathrm{D}} - x''_{\mathrm{D,i}}}{x''_{\mathrm{D,i}} - x'_{\mathrm{R,i}}}\ .$$

Die Energiebilanz liefert den im Rücklaufkondensator abzuführenden Wärmestrom

$$|\dot{Q}_{\mathrm{RL}}|/\dot{n}_{\mathrm{D}} = H_{\mathrm{mR,i}} - H_{\mathrm{mD}} + u_{\mathrm{i}}\,(H_{\mathrm{mD,i}} - H_{\mathrm{mR,i}})\ .$$

Dabei wurden die molaren Enthalpien des Rücklaufs und des aufsteigenden Dampfes im Querschnitt i mit $H_{\mathrm{mR,i}}$ bzw. $H_{\mathrm{mD,i}}$ bezeichnet. Es wird nun als *Näherung* angenommen, dass der vom Zulaufboden in die Verstärkungssäule aufsteigende Dampf im Gleichgewicht mit dem auf dem Zulaufboden siedenden Zulauf steht. Er hat dann die Siedetemperatur $\vartheta'(x_{\mathrm{Z}}, p_{\mathrm{Z}}) = \vartheta'_{\mathrm{Z}}$, und es ist $x''_{\mathrm{D,i}} = x''(\vartheta'_{\mathrm{Z}}, p_{\mathrm{Z}})$, Abb. 6.48. Der Zustand $\mathrm{R_i}$ des aus der Verstärkungssäule austretenden Rücklaufs liegt auf der Siedelinie bei einem Stoffmengenanteil $x'_{\mathrm{R,i}}$, der größer als x'_{Z} ist. Für $x'_{\mathrm{R,i}} = x'_{\mathrm{Z}}$ erhält man das kleinstmögliche Rücklaufverhältnis

$$u_{\mathrm{i,min}} = (x''_{\mathrm{D}} - x''_{\mathrm{D,i}})/(x''_{\mathrm{D,i}} - x'_{\mathrm{Z}})\ .$$

Wählt man ein bestimmtes Verhältnis $\varrho_i := u_i/u_{i,\min} > 1$, kann man daraus

$$x'_{R,i} = x''_{D,i} - \varrho_i\,(x''_{D,i} - x_Z) \approx x''(\vartheta'_Z, p_Z) - \varrho_i\,[x''(\vartheta'_Z, p_Z) - x'_Z]$$

und damit auch $\vartheta_{R,i} = \vartheta'(x'_{R,i}, p_Z)$ bestimmen, sodass sich u_i und die molaren Enthalpien $H_{mR,i}$ und $H_{mD,i}$ mit einer Zustandsgleichung des Gemisches berechnen lassen. Damit erhält man Näherungswerte für den im Rücklaufkondensator abzuführenden Wärmestrom $|\dot{Q}_{RL}|$ und den Heizwärmestrom $\dot{Q}_{VD}$, die mit steigendem Rücklaufverhältnis ϱ_i anwachsen. Bei größerem Rücklaufverhältnis benötigt man eine kleinere Zahl von Böden; das kleinste Rücklaufverhältnis $u_{i,\min}$ müsste mit unendlich vielen Böden erkauft werden.

Zur Berechnung der Anzahl N der Böden gibt es verschiedene Verfahren. Sie gehen von den Stoff- und Energiebilanzen für einen Boden aus, der durch die Querschnitte k und $k + 1$ von seinen Nachbarn getrennt ist, Abb. 6.49. Der von unten einströmende Dampf im Zustand D_k steht nicht im Phasengleichgewicht mit dem von oben kommenden Rücklauf (Zustand R_{k+1}). Auf dem Boden streben die beiden Phasen durch Wärme- und Stoffübergang einem Gleichgewichtszustand zu, in dem der nach oben abströmende Dampf im Zustand D^{th}_{k+1} mit dem herabfließenden Rücklauf im Zustand R_k im Phasengleichgewicht stehen würde, Abb. 6.50. Für diesen *theoretischen Boden* gelten die Bedingungen

$$\vartheta^{th}_{D,k+1} = \vartheta_{R,k} \quad \text{sowie} \quad x_{R,k} = x'(\vartheta_{R,k}) \quad \text{und} \quad x^{th}_{D,k+1} = x''(\vartheta_{R,k})\,. \qquad (6.41)$$

Die Abweichungen von diesem Idealzustand beschreibt man durch das *Verstärkungsverhältnis* oder auch *Bodenwirkungsgrad*

$$\varphi_k := (x''_{D,k+1} - x''_{D,k})/(x''(\vartheta_{R,k}) - x''_{D,k})\,,$$

das in der Praxis Werte zwischen 0,6 und 0,8 erreicht.

Mit thermodynamischen Methoden allein kann man nur die Zahl N_{th} der theoretischen Böden bestimmen. Daraus erhält man die tatsächlich erforderliche Bodenzahl $N > N_{th}$ durch einen empirischen Korrekturfaktor. Bei dem von W.L. McCabe

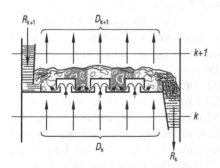

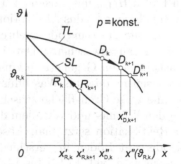

Abbildung 6.49. Schema eines Glockenbodens. Durch die Glocken strömt der aufsteigende Dampf in den auf dem Boden aufgestauten flüssigen Rücklauf

Abbildung 6.50. t, x-Diagramm mit den Zuständen von Dampf und Rücklauf in den Querschnitten k unter und $k + 1$ über einem Boden

und E.W. Thiele [6.28] angegebenen Verfahren werden keine Enthalpie-Daten des Gemisches benötigt, sondern nur die Gleichgewichtskurve $x'' = f(x')$, vgl. das Gleichgewichtsdiagramm, Abb. 5.15 in Abschnitt 5.1.7. Dies beruht auf starken Vereinfachungen, insbesondere auf der Annahme, dass die Verdampfungsenthalpien der beiden Komponenten gleich groß sind. Ohne derartige Annahmen arbeiten die Verfahren, die auf dem System der Stoff- und Energiebilanzgleichungen für die einzelnen Böden beruhen. Dabei kann man nicht nur die Zahl der theoretischen Böden unter Annahme der Gleichgewichtsbedingungen (6.41) bestimmen, sondern auch den unvollkommenen Wärme- und Stoffübergang durch die Einführung von Verstärkungsverhältnissen für die Stoffmengenanteile und die Temperaturen berücksichtigen und damit eine realitätsnahe Modellierung des Rektifikationsprozesses erreichen.

6.4.4 Absorption

Bringt man ein Gasgemisch mit einem flüssigen Lösungsmittel in Kontakt, so absorbiert dieses die einzelnen Komponenten des Gasgemisches in unterschiedlichen Mengen, bis sich das Absorptionsgleichgewicht einstellt, vgl. Abschnitt 5.4.6. Bei nicht zu großen Stoffmengenanteilen x_i' der absorbierten Stoffe gilt für das Gleichgewicht das Gesetz von Henry, Gl.(5.120):

$$x_i' = \frac{p_i}{H_{i,\mathrm{Lm}}} = \frac{x_i'' p}{H_{i,\mathrm{Lm}}} \ . \tag{6.42}$$

Danach wächst die absorbierte Stoffmenge der Komponente i mit ihren Partialdruck p_i im Gasgemisch; sie ist umso größer, je kleiner der Henry-Koeffizient $H_{i,\mathrm{Lm}}$ ist. Soll die Komponente i bevorzugt aus dem Gasgemisch absorbiert werden, so ist ein Lösungsmittel mit kleinem Henry-Koeffizienten $H_{i,\mathrm{Lm}}$ zu wählen, während die Henry-Koeffizienten der anderen Komponenten möglichst groß sein sollen. Erhöhter Druck p vergrößert die absorbierte Stoffmenge; außerdem sind niedrige Temperaturen günstig, weil in den meisten Fällen $H_{i,\mathrm{Lm}}$ mit sinkender Temperatur abnimmt.

Die Annäherung an das Absorptionsgleichgewicht wird bei der *Gaswäsche* technisch genutzt, um eine oder mehrere Komponenten aus einem Gasgemisch zu entfernen („auszuwaschen"). Dabei strömt das Gasgemisch durch eine Absorptionskolonne im Gegenstrom zum flüssigen Lösungsmittel, das auch als Absorptionsmittel oder als Waschflüssigkeit bezeichnet wird. Durch Einbauten soll eine große Grenzfläche zwischen Gas und Flüssigkeit geschaffen werden, um den Wärme- und vor allem den Stoffübergang zu intensivieren. Wie bei der Rektifikation setzt man Absorptionskolonnen mit Füllkörperschüttungen oder mit Böden in verschiedenen Bauarten ein, worauf hier nicht eingegangen wird, vgl. [6.17] bis [6.20]. Neben der physikalischen Absorption, bei der das Streben zum Phasengleichgewicht maßgebend ist, gibt es die chemische Absorption, bei der die zu absorbierende Komponente mit der Waschflüssigkeit chemisch reagiert. Ein Beispiel ist die Absorption von CO_2

durch eine wässerige Na_2CO_3-Lösung, bei der sich nach der Reaktionsgleichung

$$Na_2CO_3 + H_2O + CO_2 \rightarrow 2\,NaHCO_3$$

$NaHCO_3$ bildet. Im Folgenden wird nur die physikalische Absorption betrachtet.

Abbildung 6.51 zeigt das Schema einer Gaswäsche durch Absorption. In die Absorptionskolonne strömt das zu reinigende Gasgemisch (Rohgas). Das Lösungsmittel durchläuft die Kolonne von oben nach unten und belädt sich mit den auszuwaschenden Komponenten, den Absorptiven. Das beladene Lösungsmittel wird in den meisten Fällen regeneriert, indem die absorbierten Stoffe in einem Desorber an einen Gasstrom abgegeben werden. Wirkungsvoll ist eine Drucksenkung des beladenen Lösungsmittels, weil die Löslichkeit mit sinkendem Druck abnimmt. Das regenerierte Lösungsmittel, das nicht ganz frei von den absorbierten Stoffen ist, wird der Absorptionskolonne wieder zugeführt, sodass ein Kreislauf entsteht.

Die Berechnung des Absorptionsprozesses wird an einem vereinfachten Modell gezeigt. An der Absorption sind mindestens drei Stoffe beteiligt: der absorbierte Stoff (das Absorptiv), das Trägergas, das aus den schwer löslichen Komponenten des Gasgemisches besteht, und das flüssige Absorptionsmittel. Vereinfachend wird angenommen: Das Trägergas werde gar nicht oder nur in vernachlässigbar kleiner Menge absorbiert, und das Absorptionsmittel habe einen so niedrigen Dampfdruck, dass sein Stoffmengenanteil in der Gasphase vernachlässigt werden kann. Außerdem sollen die Enthalpieänderungen bei der Absorption so klein und die Menge des Lösungsmittels so groß sein, dass die Temperaturänderungen in der Absorptionskolonne gering sind und eine *isotherme* Absorption angenommen werden kann. Es genügen dann Stoffbilanzen, um den Prozess quantitativ zu erfassen.

Auf Grund dieser Annahmen sind die Stoffmengenströme $\dot{n}_G$ des Trägergases und $\dot{n}_L$ des Lösungsmittels konstant. Nur die Stoffmengenströme $\dot{n}_A$ des Absorptivs im Gas und in der Flüssigkeit ändern sich in der Kolonne. Der Absorptionsprozess lässt sich daher mit den Absorptiv-Beladungen

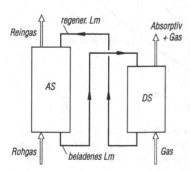

Abbildung 6.51. Schema einer Gaswäsche mit Regeneration des Lösungsmittels. AS Absorptionskolonne, DS Desorber, Lm Lösungsmittel

$$\tilde{X} := n_{\mathrm{A}}^{\mathrm{fl}}/n_{\mathrm{L}} \quad \text{und} \quad \tilde{Y} := n_{\mathrm{A}}^{\mathrm{g}}/n_{\mathrm{G}}$$

des Lösungsmittels bzw. des Trägergases beschreiben. Die Beladung $\tilde{X}$ des Lösungsmittels mit dem Absorptiv nimmt zu, während die Beladung $\tilde{Y}$ des Trägergases abnimmt.

Die Stoffmengenbilanz für die ganze Kolonne nach Abb. 6.52 ergibt für den absorbierten Stoffmengenstrom

$$\Delta \dot{n}_{\mathrm{A}} = \left(\tilde{X}_{\mathrm{a}} - \tilde{X}_{\mathrm{e}}\right) \dot{n}_{\mathrm{L}} = \left(\tilde{Y}_{\mathrm{e}} - \tilde{Y}_{\mathrm{a}}\right) \dot{n}_{\mathrm{G}} .$$

Stellt man die Absorptivbilanz für ein Gebiet auf, das vom oberen Kolonnenquerschnitt und einem beliebigen Querschnitt begrenzt wird, so erhält man

$$\tilde{Y}_{\mathrm{a}} \dot{n}_{\mathrm{G}} + \tilde{X} \dot{n}_{\mathrm{L}} - \tilde{X}_{\mathrm{e}} \dot{n}_{\mathrm{L}} - \tilde{Y} \dot{n}_{\mathrm{G}} = 0 ,$$

woraus sich der lineare Zusammenhang

$$\tilde{Y} = (\dot{n}_{\mathrm{L}}/\dot{n}_{\mathrm{G}}) \tilde{X} + \tilde{Y}_{\mathrm{a}} - (\dot{n}_{\mathrm{L}}/\dot{n}_{\mathrm{G}}) \tilde{X}_{\mathrm{e}} \tag{6.43}$$

zwischen den Beladungen $\tilde{X}$ und $\tilde{Y}$ ergibt, die in einem Kolonnenquerschnitt auftreten. Im Beladungsdiagramm Abb. 6.53 ergibt dies eine Gerade, die als *Bilanzgerade* oder *Arbeitsgerade* bezeichnet wird. Ihr Anstieg wird durch das Verhältnis der Stoffmengenströme von Lösungsmittel und Trägergas bestimmt.

Im *Absorptionsgleichgewicht* bei gegebenem Druck und gegebener Temperatur gibt es einen bestimmten Zusammenhang zwischen den Beladungen $\tilde{X}$ und $\tilde{Y}$. Diese *Gleichgewichtskurve* $\tilde{Y}'' = f_{\mathrm{Gl}}(\tilde{X}')$ ist ebenfalls in Abb. 6.53 eingezeichnet. Bei kleinen Beladungen kann man für die Stoffmengenanteile im Phasengleichgewicht

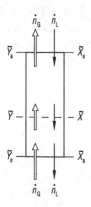

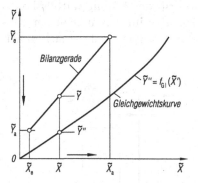

Abbildung 6.52. Zur Bilanz der Stoffmengenströme einer Absorptionskolonne

Abbildung 6.53. Beladungsdiagramm mit der Bilanzgeraden nach Gl.(6.43) und der Gleichgewichtskurve $\tilde{Y}'' = f_{\mathrm{Gl}}(\tilde{X}')$

$$x'_A = \tilde{X}'/(1 + \tilde{X}') \approx \tilde{X}' \quad \text{und} \quad x''_A = \tilde{Y}''/(1 + \tilde{Y}'') \approx \tilde{Y}''$$

setzen und das Gesetz von Henry, Gl.(6.42), anwenden:

$$\tilde{Y}'' = (H_{A,Lm}/p)\, \tilde{X}' \quad \text{für} \quad \tilde{X}' \to 0 .$$

Die Gleichgewichtskurve beginnt im Nullpunkt des Beladungsdiagramms; ihre Tangente ist dort durch das Verhältnis des Henry-Koeffizienten zum Druck gegeben. Absorption ist nur möglich, wenn der Partialdruck des Absorptivs in der Gasphase größer als im Phasengleichgewicht ist. Daher muss $\tilde{Y} > \tilde{Y}''$ gelten: Die Bilanzgerade verläuft im Beladungsdiagramm stets oberhalb der Gleichgewichtskurve. Beim Desorptionsprozess gilt dagegen $\tilde{Y} < \tilde{Y}''$, die Bilanzgerade muss unterhalb der Gleichgewichtskurve verlaufen.

Mit der Bilanzgeraden nach Gl.(6.43) und der Gleichgewichtskurve lässt sich in einfacher Weise die Zahl der theoretischen Böden ermitteln und damit ein Maß für die Schwierigkeit der Trennaufgabe finden. Wie in Abschnitt 6.4.3 ist ein theoretischer Boden dadurch definiert, dass der vom Boden aufsteigende Gasstrom im Phasengleichgewicht mit der nach unten abströmenden Flüssigkeit steht. Der in Abb. 6.54 a vom Boden B_i durch den Querschnitt i aufsteigende Gasstrom hat daher die Beladung $\tilde{Y}_i = \tilde{Y}''_{B,i} = f_{Gl}(\tilde{X}'_{B,i})$. Das durch den Querschnitt $i + 1$ nach unten abfließende Lösungsmittel hat die Beladung $\tilde{X}_{i+1} = \tilde{X}'_{B,i} = f^*_{Gl}(\tilde{Y}''_i) = f^*_{Gl}(\tilde{Y}_i)$, wobei $\tilde{X}' = f^*_{Gl}(\tilde{Y}'')$ die Umkehrfunktion der Funktion $\tilde{Y}'' = f_{Gl}(\tilde{X}')$ ist, die die Gleichgewichtskurve im Beladungsdiagramm wiedergibt. Die Zustände in den Querschnitten i und $i + 1$ auf der Bilanzgeraden sind mit dem Zustand B_i auf der Gleichgewichtskurve gekoppelt, Abb. 6.54 b. Diese Kopplung führt, ausgehend vom bekannten Zustand 1 mit $\tilde{X}_1 = \tilde{X}_e$ und $\tilde{Y}_1 = \tilde{Y}_a$ im obersten Querschnitt der Kolonne, zu einer Stufenkonstruktion nach Abb. 6.55, die im folgenden Beispiel erläutert wird. Diese Stufenkonstruktion ergibt die Zahl N_{th} der theoretischen Böden. Sie muss mit einem empirischen Faktor multipliziert werden, um die weitaus größere Zahl N der tatsächlich benötigten Böden zu erhalten.

Beispiel 6.9. Der Stoffmengenanteil des CO_2 eines Gemisches aus H_2 und CO_2 soll von $x_e = 0,138$ auf $x_a = 0,015$ durch Gaswäsche mit Methanol bei $\vartheta = -45,0\,°C$

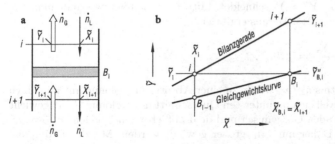

Abbildung 6.54. **a** Querschnitte i über und $i + 1$ unter dem theoretischen Boden B_i einer Absorptionskolonne. **b** Ausschnitt aus dem Beladungsdiagramm mit den Zuständen i und $i + 1$ auf der Bilanzgeraden sowie Zustand B_i auf der Gleichgewichtskurve

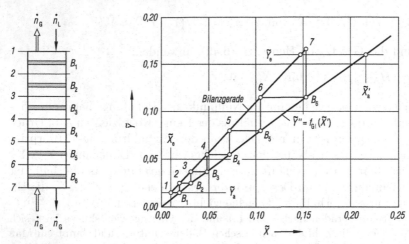

Abbildung 6.55. a Schema der Querschnitte und der theoretischen Böden der Absorptionskolonne. **b** Stufenkonstruktion im Beladungsdiagramm zur Bestimmung der Zahl N_{th} der theoretischen Böden

und $p = 3,0\,\text{MPa}$ verringert werden. Das mit CO_2 beladene Methanol wird durch Desorption bei niedrigem Druck so regeneriert, dass es mit der CO_2-Beladung $\tilde{X}_e = 0,010$ in den Absorber eintritt. Das Absorptionsgleichgewicht lässt sich auf Grund der Angaben in [5.47], S. 192, bei $\vartheta = -45\,°\text{C}$ und $p = 3,0\,\text{MPa}$ durch

$$\tilde{Y}'' = (0,782 - 0,171\tilde{X})\,\tilde{X}\,, \quad \tilde{X} < 0,3\,, \tag{6.44}$$

darstellen. – Man bestimme das kleinste Verhältnis $(\dot{n}_L/\dot{n}_G)_{\text{min}}$ und die Zahl der theoretischen Böden für $\dot{n}_L/\dot{n}_G = 1,5 \cdot (\dot{n}_L/\dot{n}_G)_{\text{min}}$.

Die CO_2-Beladungen des Trägergases H_2 am Eintritt und Austritt des Absorbers ergeben sich aus den gegebenen Stoffmengenanteilen zu

$$\tilde{Y}_e = x_e/(1 - x_e) = 0,160 \quad \text{und} \quad \tilde{Y}_a = x_a/(1 - x_a) = 0,015\,.$$

Das gesuchte Verhältnis $\dot{n}_L/(\dot{n}_G)_{\text{min}}$ ist der Anstieg jener Bilanzgeraden, die die Gleichgewichtskurve bei $\tilde{Y}'' = \tilde{Y}_e$ schneidet. Mit dieser Bedingung erhält man aus Gl.(6.44) $\tilde{X}_{a,\text{th}} = \tilde{X}'_a = 0,215$. Daraus ergibt sich

$$\left(\frac{\dot{n}_L}{\dot{n}_G}\right)_{\text{min}} = \frac{\tilde{Y}_e - \tilde{Y}_a}{\tilde{X}'_a - \tilde{X}_e} = 0,7073\,.$$

Dieses kleinste Verhältnis $\dot{n}_L/\dot{n}_G$ würde zu einer Absorptionskolonne mit unendlich vielen Böden führen, weil sich im untersten Querschnitt der Kolonne Gleichgewicht zwischen dem eintretenden Gasgemisch und dem abfließenden beladenen Lösungsmittel einstellen soll. Daher muss $\dot{n}_L$ größer gewählt werden. Mit der Bedingung $\dot{n}_L/\dot{n}_G = 1,5 \cdot (\dot{n}_L/\dot{n}_G)_{\text{min}}$ ergibt sich aus Gl.(6.43)

$$\tilde{Y} = 1,061\,\tilde{X} + 0,004$$

als Gleichung der Bilanzgeraden.

Die Zahl der theoretischen Böden erhält man durch die in Abb. 6.55 gezeigte Stufenkonstruktion, die der Anfangsbedingung $\tilde{Y}_a = \tilde{Y}_1 = \tilde{Y}_{B,1}''$ und den Gleichungen

$$\tilde{X}_{B,i}' = f_{Gl}^*(\tilde{Y}_{B,i}'') = f_{Gl}^*(\tilde{Y}_i) \quad \text{und} \quad \tilde{Y}_{i+1} = 1{,}061\,\tilde{X}_{B,i}' + 0{,}004 \,, \quad i = 1, 2 \ldots \,,$$

genügt. Dabei ist $\tilde{X}' = f_{Gl}^*(\tilde{Y}'')$ die Umkehrfunktion der Gleichgewichtskurve, die sich aus Gl.(6.44) explizit als Lösung einer quadratischen Gleichung ergibt. Die Ergebnisse zeigen Abb. 6.55 b und Tabelle 6.2. Die Beladung $\tilde{Y}_7$ ist etwas größer als die Beladung $\tilde{Y}_e = 0{,}160$ des eintretenden Trägergases. Es werden damit etwas weniger als 6 theoretische Böden benötigt.

Es wird noch geprüft, wie weit die Annahmen zutreffen, dass das Trägergas H_2 nicht absorbiert wird und die Gasphase Methanol nur in vernachlässigbar kleiner Menge enthält. Die im Methanol maximal gelöste Wasserstoffmenge ergibt sich beim Absorptionsgleichgewicht. Aus [5.47] entnimmt man hierfür den technischen Löslichkeitskoeffizienten $\lambda_{H_2} = 0{,}0075\,\mathrm{m}_N^3/(\vartheta \cdot \mathrm{at})$. Zwischen λ_{H_2} und der Gleichgewichtsbeladung $\tilde{X}_{H_2}'$ besteht der Zusammenhang

$$\tilde{X}_{H_2}' = \lambda_{H_2}\, x_{H_2}''\, p\, M_{Lm}/V_0 \,,$$

vgl. Beispiel 5.12. Mit $M_{Lm} = M(\mathrm{CH_3OH}) = 32{,}042\,\mathrm{kg/kmol}$, $V_0 = 22{,}414\,\mathrm{m}_N^3/\mathrm{kmol}$ und $p = 3{,}0\,\mathrm{MPa}$ ergibt sich, da $x_{H_2}'' < 1$ ist, die obere Grenze $\tilde{X}_{H_2}' < 0{,}0033$. Die im Methanol gelöste Wasserstoffmenge kann vernachlässigt werden.

Der Stoffmengenanteil x_{Lm} des Methanols in der Gasphase erreicht höchstens den Wert

$$x_{Lm}'' = p_{Lm}^s(\vartheta)\, \pi_{Lm}(\vartheta, p)/p \,,$$

wobei $p_{Lm}^s(\vartheta) = 0{,}13\,\mathrm{kPa}$ der Dampfdruck des Methanols bei $\vartheta = -45\,°\mathrm{C}$ und $\pi_{Lm}(\vartheta, p)$ die Poynting-Korrektur ist. Man erhält $x_{Lm}'' = 4{,}3 \cdot 10^{-5}\,\pi_{Lm}(\vartheta, p)$. Selbst wenn die Poynting-Korrektur und das hier nicht berücksichtigte Realverhalten der Gasphase zu einer Vergrößerung des Dampfdrucks um den Faktor 2 oder 3 führen sollten, ist der Methanolanteil in der Gasphase zu vernachlässigen. Die Voraussetzungen für die Gültigkeit des einfachen Berechnungsverfahrens sind in diesem Beispiel recht gut erfüllt.

Tabelle 6.2. Beladungen in den Querschnitten 1 bis 7 von Abb. 6.55 a bei der Absorption von CO_2 durch Methanol

i	1	2	3	4	5	6	7
$\tilde{X}_i$	0,0100	0,0193	0,0315	0,0483	0,0718	0,1049	0,1526
$\tilde{Y}_i$	0,0150	0,0244	0,0374	0,0553	0,0802	0,1153	0,1659

7 Verbrennungsprozesse und Verbrennungs-kraftmaschinen

> Ich glaube, dass Wasser eines Tages als Brennstoff benutzt wird,
> dass Wasserstoff und Sauerstoff, aus denen es besteht,
> einzeln oder zusammen,
> eine unerschöpfliche Quelle von Hitze und Licht sein werden.
> *Jules Verne* (1828–1905)

Die Verbrennung spielt bei der Bereitstellung von Nutzenergie aus den zur Verfügung stehenden Primärenergien eine zentrale Rolle. In Kapitel 2 wurde deutlich, dass im Rahmen des 1. Hauptsatzes Energie nicht erzeugt und nicht vernichtet werden kann. Es ist lediglich möglich, nach Maßgabe des 2. Hauptsatzes die Erscheinungsform von Energie durch Energiewandlung zu verändern. In Kapitel 8 wird deutlich, dass der Primärenergiebedarf in Deutschland immer noch zum weitaus größten Teil mit der inneren chemischen Energie von fossilen Kohlenwasserstoffen gedeckt wird. Diese chemisch gebundene innere Energie wird durch Verbrennung des *Brenn*stoffs in Wärmeenergie umgewandelt. Verbrennungsprozesse sind stark exotherme Oxidationsreaktionen, somit Sonderfälle der in den Abschnitten 5.5 und 5.6 behandelten chemischen Reaktionen. Wegen ihrer großen technischen Bedeutung werden die Verbrennungsreaktionen mit ihrer eigenen Begrifflichkeit, der formalisierten Stöchiometrie, der Energetik und den Exergieverlusten beim Verbrennungsprozess in diesem Kapitel genauer betrachtet. Die große technische Relevanz ist zum einen auf die sehr hohe spezifische Energiedichte fossiler Energieträger zurückzuführen, zum anderen auf den einfachen Ablauf dieses Energiewandlungsschrittes. Durch die allgegenwärtige Verfügbarkeit des Luftsauerstoffes kann eine Verbrennung, anders als z.B. eine elektrochemische Energiewandlung, auch ohne großen technischen Aufwand realisiert werden.

Neben den Verbrennungsprozessen behandelt dieses Kapitel auch die Verbrennungskraftmaschinen, in denen die Verbrennung mit einem weiteren Energiewandlungsschritt, der Umwandlung von Wärme in Arbeit, kombiniert wird. Hierzu gehören u.a. die offene Gasturbinenanlage und der Verbrennungsmotor. Eine besondere Betrachtung erfährt die direkte Umwandlung von chemischer innerer Energie in elektrische Energie durch die elektrochemische Energiewandlung in Brennstoffzellen. Diese zukunftsträchtigen, thermodynamisch eleganten Energiewandler werden in Abschnitt 7.4 dargestellt.

7.1 Mengenberechnung bei vollständiger Verbrennung

Verbrennungsprozesse sind Reaktionen von verschiedenen, in aller Regel organischen Stoffen (Kohlenwasserstoffen) mit Sauerstoff. In den meisten Fällen wird als Sauerstoffträger die atmosphärische Luft benutzt, deren molarer Sauerstoffgehalt $x_{O_2} = 0{,}21$ ist. Das zugrundeliegende Schema einer technischen Feuerung zeigt Abb. 7.1. Die Reaktionsteilnehmer sind der Brennstoff und die Verbrennungsluft; die Reaktionsprodukte werden als Abgas oder Verbrennungsgas bezeichnet. Hinzu kommt gegebenenfalls die Asche, die aus unverbrannten oder nicht brennbaren Bestandteilen eines festen Brennstoffs besteht. Ohne Luftzufuhr verbrennen Sprengstoffe und Treibmittel, die den zur Reaktion benötigten Sauerstoff chemisch gebunden oder in reiner Form (z.B. flüssiger Sauerstoff in Raketen) mit sich führen.

Die Verbrennung heißt *vollständig*, wenn alle brennbaren Bestandteile des Brennstoffs völlig zu CO_2, H_2O, SO_2 usw. oxidieren. Bei *unvollständiger* Verbrennung enthalten die Verbrennungsprodukte noch brennbare Stoffe, z.B. CO, das noch zu CO_2 oxidieren kann, oder Kohlenwasserstoffe. Unvollständige Verbrennung tritt bei Luftmangel ein oder in den Teilen der Feuerung, zu denen die Luft nicht genügend Zutritt hat. Die unvollständige Verbrennung versucht man zu vermeiden, weil die im unverbrannten Brennstoff und in den noch brennbaren Bestandteilen des Abgases enthaltene chemische Energie ungenutzt bleibt.

Mengenberechnungen werden ausgeführt, um die zur Verbrennung benötigten Sauerstoff- und Luftmengen zu bestimmen, vgl. hierzu auch die ausführliche Darstellung von F. Brandt [7.1]. Von Interesse sind ferner Menge und Zusammensetzung des Verbrennungsgases. Diese Größen werden benötigt, um Enthalpie und Entropie des Verbrennungsgases zu berechnen. Aus der Abgaszusammensetzung kann man auch auf die sonst schwer messbare Luftmenge und auf den Ablauf der Verbrennung schließen. Eine Analyse der Abgase dient somit der Feuerungskontrolle, insbesondere um zu prüfen, ob die Verbrennung vollständig ist.

7.1.1 Brennstoffe und Verbrennungsgleichungen

Zur Berechnung der Mengen von Luft und Verbrennungsgas werden die Brennstoffe in zwei Gruppen mit unterschiedlichem Rechengang eingeteilt. Zur ersten Gruppe gehören Brennstoffe, deren chemische Verbindungen bekannt sind, wie Wasserstoff (H_2), Methan (CH_4) oder Methanol (CH_3OH) und deren Zusammensetzung aus den Elementen durch die chemische Formel gegeben ist. Hierzu

Abbildung 7.1. Schema einer technischen Feuerung

werden auch Gemische aus einer kleineren Zahl bekannter chemischer Verbindungen gerechnet, deren Zusammensetzung durch die Stoffmengenanteile x_i^B der einzelnen reinen Stoffe bestimmt wird. Wichtige Beispiele sind die häufig verwendeten Erdgase, deren Hauptbestandteil Methan ist.

Zur anderen Brennstoffgruppe gehören die meisten festen und flüssigen Brennstoffe wie Holz, Kohle oder Öl. Sie bestehen aus sehr vielen, zum Teil nicht einmal bekannten chemischen Verbindungen, deren Stoffmengen- oder Massenanteile im Brennstoff praktisch nicht zu ermitteln sind. Durch gezielte Analysen kann man aber die Massenanteile der brennbaren Elemente C, H_2 sowie S und weiterer Stoffe wie O_2, N_2, Wasser und Asche bestimmen, vgl. DIN 51 700 [7.2]. Für die Verbrennungsrechnung muss dann das Ergebnis dieser Analysen, die so genannte *Elementaranalyse* vorliegen. Sie kennzeichnet die Zusammensetzung des Brennstoffs durch Angabe der Massenanteile von C, H_2, S, O_2, N_2, Wasser und Asche, wozu die Formelzeichen γ_C, γ_{H_2}, γ_S, γ_{O_2}, γ_{N_2}, γ_W und γ_A benutzt werden. Durch die Auswertung zahlreicher Brennstoffanalysen hat F. Brandt [7.1] gefunden, dass für die Brennstoffgruppen Kohle, Heizöl und Erdgas ein einfacher linearer Zusammenhang zwischen den Massenanteilen γ_i und dem Heizwert (vgl. Abschnitt 7.2.6) des Brennstoffs besteht. Diese empirisch gefundenen, im Mittel in recht guter Näherung gültigen Beziehungen erlauben es, Mengenberechnungen zu vereinfachen und zu verallgemeinern.

Vollständige Verbrennung eines Brennstoffs bedeutet die Oxidation aller seiner brennbaren Bestandteile zu CO_2, H_2O und SO_2. Hierfür gelten die drei Reaktionsgleichungen

$$C + O_2 \rightarrow CO_2 , \quad H_2 + \frac{1}{2} O_2 \rightarrow H_2O \quad \text{und} \quad S + O_2 \rightarrow SO_2 ,$$

die als *Verbrennungsgleichungen* bezeichnet werden. In ihnen kommt die Erhaltung der chemischen Elemente, die Stöchiometrie, zum Ausdruck, vgl. Abschnitt 5.5.1. Da die Stoffmenge n einer Substanz proportional zur Zahl ihrer Teilchen ist, bedeutet die erste Reaktionsgleichung, dass die Stoffmenge $n_{O_2}^C$ des Sauerstoffs, die zur Oxidation von Kohlenstoff benötigt wird, genauso groß ist wie die Kohlenstoffmenge n_C. Es gilt also

$$\nu_{O_2}^C := n_{O_2}^C / n_C = 1$$

und analog hierzu folgt aus der zweiten und dritten Reaktionsgleichung

$$\nu_{O_2}^{H_2} := n_{O_2}^{H_2} / n_{H_2} = 1/2 \quad \text{und} \quad \nu_{O_2}^S := n_{O_2}^S / n_S = 1 .$$

Die hiermit eingeführten Stoffmengenverhältnisse $\nu_{O_2}^K$ ($K = C, H_2, S$) sind die stöchiometrischen Zahlen vor dem Sauerstoffsymbol in den drei Reaktionsgleichungen. In gleicher Weise ergeben die stöchiometrischen Zahlen vor den Reaktionsprodukten die Stoffmengenverhältnisse

$$\nu_{CO_2}^C := n_{CO_2}/n_C = 1\,, \quad \nu_{H_2O}^{H_2} := n_{H_2O}/n_{H_2} = 1\,,$$
$$\nu_{SO_2}^S := n_{SO_2}/n_S = 1\,.$$

Jede der drei Reaktionsgleichungen enthält also zwei Gleichungen für die Stoffmengenverhältnisse der an der Reaktion beteiligten Substanzen, wobei die Stoffmenge der brennbaren Komponente des Brennstoffs die im Nenner stehende Bezugsgröße ist. Aus diesen Stoffmengenverhältnissen erhält man die für weitere Rechnungen benötigten Massenverhältnisse. Für die zur Oxidation von Kohlenstoff benötigte Sauerstoffmasse $m_{O_2}^C$ gilt

$$\mu_{O_2}^C := \frac{m_{O_2}^C}{m_C} = \frac{M_{O_2} \cdot n_{O_2}^C}{M_C \cdot n_C} = \frac{31{,}9988\,\text{kg/kmol}}{12{,}0107\,\text{kg/kmol}} \cdot \nu_{O_2}^C = 2{,}6642\,.$$

In analoger Weise erhält man

$$\mu_{O_2}^{H_2} := \frac{m_{O_2}^{H_2}}{m_{H_2}} = \frac{M_{O_2}}{M_{H_2}}\,\nu_{O_2}^{H_2} = 7{,}9366$$

und

$$\mu_{O_2}^S := \frac{m_{O_2}^S}{m_S} = \frac{M_{O_2}}{M_S}\,\nu_{O_2}^S = 0{,}9979\,.$$

Auch hier wurde stets die Masse der brennbaren Komponente als im Nenner stehende Bezugsgröße verwendet. Die Angabe $\mu_{O_2}^C = 2{,}6642$ bedeutet: zur vollständigen Oxidation von 1 kg Kohlenstoff wird 2,6642 kg Sauerstoff benötigt.

Analog hierzu werden noch die Massenverhältnisse der Reaktionsprodukte bestimmt, wobei wieder die Masse der brennbaren Komponente im Brennstoff als Bezugsgröße dient. Für das CO_2 erhält man

$$\mu_{CO_2}^C := \frac{m_{CO_2}^C}{m_C} = \frac{m_C + m_{O_2}^C}{m_C} = 1 + \mu_{O_2}^C = 3{,}6642$$

und ebenso

$$\mu_{H_2O}^{H_2} := m_{H_2O}^{H_2}/m_{H_2} = 8{,}9366\,, \quad \mu_{SO_2}^S := m_{SO_2}^S/m_S = 1{,}9979\,.$$

Mit den hier abgeleiteten Werten für die Stoffmengen- und Massenverhältnisse der drei zugrunde liegenden Verbrennungsreaktionen können die Mengenberechnungen für beliebige Brennstoffe ausgeführt werden. Dazu muss nur die chemische Zusammensetzung des Brennstoffs bekannt sein; also entweder seine Elementaranalyse oder seine chemische Formel bzw. die Stoffmengenanteile der bekannten chemischen Verbindungen des Brennstoffgemisches.

7.1.2 Mindestluftmenge, Luftverhältnis und Verbrennungsgas

Der zur Oxidation der brennbaren Bestandteile eines Brennstoffs benötigte Sauerstoff wird in der Regel mit der Verbrennungsluft zugeführt. Feuchte Verbrennungsluft besteht aus trockener Luft mit der Masse m_L und aus Wasserdampf mit der Masse m_W, vgl. Abschnitt 5.3.1. Damit gilt für die Masse der feuchten Verbrennungsluft

$$m_L^f = m_L + m_W = m_L\,(1 + X)$$

mit der Wasserdampfbeladung $X := m_W/m_L$ der zugeführten Luft nach Abschnitt 5.3.3. Der zur Verbrennung benötigte Sauerstoff ist in der trockenen Luft enthalten, vgl. Tabelle 5.2. Die restlichen Bestandteile der trockenen Luft, die Gase N_2, Ar, Ne und CO_2, fasst man unter der Bezeichnung *Luftstickstoff* zusammen und behandelt die trockene Verbrennungsluft wie ein Zweikomponentensystem aus Sauerstoff (O_2) und Luftstickstoff (N_2^*) mit

$$x_{O_2}^L = 0{,}20947, \quad \xi_{O_2}^L = 0{,}23141 \quad \text{und} \quad x_{N_2^*}^L = 0{,}79053, \quad \xi_{N_2^*}^L = 0{,}76859\,.$$

Der Luftstickstoff nimmt an der Reaktion nicht teil. Hierbei werden die geringen Mengen an Stickstoffoxiden (reaktive Oxide des Stickstoffs, die oft als Stickoxide bzw. NO_x bezeichnet werden) vernachlässigt, da sie für die Energetik des Verbrennungsprozesses ohne Bedeutung sind. Sie spielen aber neben dem SO_2 eine zentrale Rolle als umweltbelastende Stoffe. Einige Eigenschaften des Luftstickstoffs sind in Tabelle 7.1 zusammengestellt.

Tabelle 7.1. Zusammensetzung von Luftstickstoff (N_2^*) in Stoffmengenanteilen x_i und Massenanteilen ξ_i

Komponente i	N_2	Ar	Ne	CO_2
x_i	0,98770	0,01181	0,000 03	0,000 46
ξ_i	0,98251	0,01676	0,000 02	0,000 71

Molare Masse: $M_{N_2^*} = 28{,}1615\,\text{kg/kmol}$; Gaskonstante: $R_{N_2^*} = 0{,}29524\,\text{kJ/kg K}$.

Bei allen Verbrennungsrechnungen bestimmt man zuerst die stöchiometrisch erforderliche Mindestluftmenge. Diese wird wie folgt definiert:

Die *Mindestluftmenge* ist jene Menge *trockener* Luft, die gerade so viel Sauerstoff enthält, wie zur vollständigen Oxidation des vorgegebenen Brennstoffs erforderlich ist.

Die Zufuhr der Mindestluftmenge gewährleistet noch nicht, dass der Brennstoff vollständig verbrennt. Durch ungleichmäßige Verteilung von Luft und Brennstoff innerhalb der Feuerung kommt es örtlich zu Bezirken mit Luftmangel und Bezirken mit Luftüberschuss. Man betreibt daher eine technische Feuerung nicht mit der Mindestluftmenge, sondern wählt nach Möglichkeit einen bestimmten Luftüberschuss. Damit soll die vollständige Verbrennung sichergestellt und das Auftreten von Ruß oder unverbrannten Kohlenwasserstoffen im Verbrennungsgas vermieden werden. Andererseits wird man die zugeführte Luftmenge nicht unnötig groß wählen, um nicht Energieverluste als Folge zu großer Abgasmengen hervorzurufen, worauf in Abschnitt 7.2.3 eingegangen wird.

Zur Wahl der Verbrennungsluftmenge gibt man das *Luftverhältnis* λ vor. Es ist definiert als das Verhältnis der tatsächlich zugeführten Luftmenge zur stöchiometrisch erforderlichen Mindestluftmenge (hochgestellter Index min):

$$\lambda := \frac{m_L}{m_L^{min}} = \frac{m_L^f}{(m_L^f)^{min}} = \frac{n_L}{n_L^{min}} = \frac{V_{n,L}}{V_{n,L}^{min}} \,. \tag{7.1}$$

Dabei verwendet man für Brennstoffe mit gegebener Elementaranalyse meistens die Masse m als Mengenmaß; für Brennstoffe mit bekannter chemischer Zusammensetzung bevorzugt man die Stoffmenge n, bei Gasen auch das Normvolumen V_n.

Das Luftverhältnis ist ein wichtiger Betriebsparameter der Feuerung. Mit ihm können der Ablauf und das Ergebnis der Verbrennung beeinflusst werden, nämlich Menge, Zusammensetzung und Temperatur des entstehenden Verbrennungsgases. Bei $\lambda = 1$ wird der Feuerung gerade die stöchiometrisch erforderliche Mindestluftmenge zugeführt. In den meisten technischen Feuerungen liegt das Luftverhältnis im Bereich $1{,}1 \leq \lambda \leq 1{,}4$. Die nahezu adiabaten Brennkammern von Gasturbinenanlagen werden mit größeren Luftverhältnissen zwischen $\lambda = 2{,}5$ und $3{,}0$ betrieben, damit das in die Turbine strömende Verbrennungsgas nicht unzulässig hohe Temperaturen erreicht. Bei der Verbrennung in Ottomotoren, vgl. Abschnitt 7.3.5, liegt das Luftverhältnis nahe bei $\lambda = 1$. Dieselmotoren arbeiten je nach Last mit höheren Luftverhältnissen von $\lambda > 1{,}2$.

Für das Verständnis und die Ausführung der Verbrennungsrechnung ist es vorteilhaft, die feuchte Verbrennungsluft gedanklich in drei Teile zu zerlegen: die trockene Mindestluftmenge mit der Masse m_L^{min}, den ebenfalls trockenen Luftüberschuss mit der Masse $m_L - m_L^{min}$ und die insgesamt eingebrachte Luftfeuchte mit der Masse m_W, vgl. Abb. 7.2. Für die Masse der feuchten Verbrennungsluft gilt dann mit dem Luftverhältnis λ und der Wasserdampfbeladung X

$$m_L^f = m_L^{min} + (\lambda - 1)\, m_L^{min} + \lambda\, m_L^{min}\, X = \lambda\, m_L^{min} \,(1 + X)\,. \tag{7.2}$$

Durch die Verbrennung wird der in der trockenen Mindestluftmenge enthaltene Sauerstoff vollständig verbraucht, und es entsteht ein Gasgemisch, das die Reaktionsprodukte CO_2, H_2O und SO_2 sowie den übriggebliebenen Luftstickstoff N_2^* enthält. Dieses Gemisch, das keinen freien Sauerstoff enthält, wird *stöchiometrisches Verbrennungsgas* genannt. Seine Masse wird mit m_V^+ bezeichnet. Aus Abb. 7.2 kann man die Massenbilanz

$$m_V^+ = (1 - \gamma_A)\, m_B + m_L^{min} \tag{7.3}$$

ablesen.

Das stöchiometrische Verbrennungsgas ist nur ein Teil des aus der Feuerung abströmenden Verbrennungsgases (Abgases). Das *Verbrennungsgas* enthält auch den Luftüberschuss und die Luftfeuchte. Diese beiden Anteile der

zugeführten Verbrennungsluft haben an der Oxidationsreaktion nicht teilge-
nommen und finden sich chemisch unverändert im Verbrennungsgas wieder,
Abb. 7.2. Auch für die Berechnung von Menge und Zusammensetzung des abströmenden Verbrennungsgases ist die gedankliche Dreiteilung in stöchiometrisches Verbrennungsgas, Luftüberschuss und Luftfeuchte vorteilhaft. Danach erhält man für die Masse m_V des Verbrennungsgases

$$m_V = m_V^+ + (\lambda - 1)\, m_L^{\min} + \lambda\, m_L^{\min}\, X\,. \tag{7.4}$$

Mit Gl.(7.3) ergibt sich daraus

$$m_V = (1 - \gamma_A)\, m_B + \lambda\, m_L^{\min}\, (1 + X) = (1 - \gamma_A)\, m_B + m_L^{f}\,, \tag{7.5}$$

eine Massenbilanz für die ganze Feuerung, die man auch aus Abb. 7.2 ablesen
kann. Wenn vereinfachend mit trockener Luft gerechnet werden soll, kann die
Wasserdampfbeladung X zu Null gesetzt werden. Durch Oxidation von Wasserstoff im Brennstoff kann im stöchiometrischen Verbrennungsgas dann trotzdem
Wasserdampf enthalten sein.

7.1.3 Brennstoffe mit bekannter Elementaranalyse

Bei der Verbrennungsrechnung für Brennstoffe mit bekannter Elementaranaly-
se (γ_C, γ_{H_2}, γ_S, γ_{N_2}, γ_{O_2}, γ_W, γ_A) verwendet man die Masse als Mengenmaß,

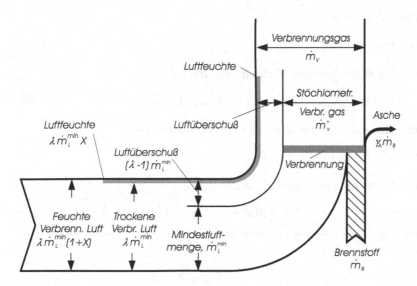

Abbildung 7.2. Stoffströme einer technischen Feuerung mit Teilung der
Verbrennungsluft in Mindestluftmenge, Luftüberschuss und Luftfeuchte sowie
Veranschaulichung der Massenbilanzen

weil bereits die Elementaranalyse in Massenanteilen angegeben ist. Die bei allen Verbrennungsrechnungen bevorzugten dimensionslosen Verhältnisgrößen werden durch Division mit der Brennstoffmasse m_B gebildet. Die so enstehenden dimensionslosen Massenverhältnisse bezeichnet man auch als spezifische, d.h. auf die Brennstoffmasse m_B bezogene, Massen. Ein Beispiel ist die spezifische Mindestluftmasse $l_{min} := m_L^{min}/m_B$. Die dimensionslosen Arbeitsgleichungen der Verbrennungsrechnung sind in Tabelle 7.2 zusammengestellt. Sie basieren auf den in Abschnitt 7.1.2 eingeführten Begriffen, so dass hier und im folgenden Abschnitt 7.1.4 nur noch einige ergänzende Erläuterungen gegeben werden.

Tabelle 7.2. Dimensionslose Arbeitsgleichungen der Verbrennungsrechnung für Brennstoffe mit bekannter Elementaranalyse

---

Spezifischer Sauerstoffbedarf:

$$o_{min} := m_{O_2}^{min}/m_B = 2{,}6642\,\gamma_C + 7{,}9366\,\gamma_{H_2} + 0{,}9979\,\gamma_S - \gamma_{O_2} \tag{7.6}$$

Spezifische Mindestluftmasse:

$$l_{min} := m_L^{min}/m_B = o_{min}/\xi_{O_2}^L = o_{min}/0{,}23141 \tag{7.7}$$

Spezifischer Luftüberschuss:

$$\mu_{Lü} := (m_L - m_L^{min})/m_B = (\lambda - 1)\,l_{min} \tag{7.8}$$

Spezifische Luftfeuchte:

$$\mu_{LF} := m_W/m_B = \lambda\,l_{min}\,X \tag{7.9}$$

Spezifische Masse der feuchten Verbrennungsluft:

$$\mu_L := m_L^f/m_B = l_{min} + \mu_{Lü} + \mu_{LF} = \lambda\,l_{min}\,(1 + X) \tag{7.10}$$

Spezifische Masse des stöchiometrischen Verbrennungsgases:

$$\mu_V^+ := m_V^+/m_B = 1 - \gamma_A + l_{min} \tag{7.11}$$

Spezifische Verbrennungsgasmasse (Abgasmasse):

$$\mu_V := m_V/m_B = \mu_V^+ + \mu_{Lü} + \mu_{LF} = 1 - \gamma_A + \lambda\,l_{min}\,(1 + X) \tag{7.12}$$

Tabelle 7.2. Fortsetzung

Zusammensetzung des stöchiometrischen Verbrennungsgases:

$$\mu^+_{CO_2} := m^+_{CO_2}/m_B = 3{,}6642\,\gamma_C \tag{7.13a}$$

$$\mu^+_{H_2O} \equiv \mu^+_W := m^+_{H_2O}/m_B = 8{,}9366\,\gamma_{H_2} + \gamma_W \tag{7.13b}$$

$$\mu^+_{SO_2} := m^+_{SO_2}/m_B = 1{,}9979\,\gamma_S \tag{7.13c}$$

$$\mu^+_{N^*_2} := m^+_{N^*_2}/m_B = \gamma_{N_2} + 0{,}76859\,l_{min} \tag{7.13d}$$

$$\mu^+_V := m^+_V/m_B = \sum_K \mu^+_K, \qquad K = \{CO_2, H_2O, SO_2, N^*_2\} \tag{7.14}$$

$$\xi^+_K := m^+_K/m^+_V = \mu^+_K/\mu^+_V, \qquad K = \{CO_2, H_2O, SO_2, N^*_2\} \tag{7.15}$$

Zusammensetzung des Verbrennungsgases:

$$\mu_{CO_2} := m_{CO_2}/m_B = \mu^+_{CO_2} \tag{7.16a}$$

$$\mu_{H_2O} \equiv \mu_W := m_{H_2O}/m_B = \mu^+_{H_2O} + \mu_{LF} = \mu^+_{H_2O} + \lambda\,l_{min}\,X \tag{7.16b}$$

$$\mu_{SO_2} := m_{SO_2}/m_B = \mu^+_{SO_2} \tag{7.16c}$$

$$\mu_{N^*_2} := m_{N^*_2}/m_B = \mu^+_{N^*_2} + 0{,}76859\,(\lambda - 1)\,l_{min} \tag{7.16d}$$

$$\mu_{O_2} := m_{O_2}/m_B = 0{,}23141\,(\lambda - 1)\,l_{min} = (\lambda - 1)\,o_{min} \tag{7.16e}$$

$$\mu_V := m_V/m_B = \sum_K \mu_K, \qquad K = \{CO_2, H_2O, SO_2, N^*_2, O_2\} \tag{7.17}$$

$$\xi_K := m_K/m_V = \mu_K/\mu_V, \qquad K = \{CO_2, H_2O, SO_2, N^*_2, O_2\} \tag{7.18}$$

Die Mindestluftmenge enthält die Mindestsauerstoffmenge mit der Masse $m^{min}_{O_2}$, die zur vollständigen Oxidation des Brennstoffs gerade ausreicht. Durch Bezug auf m_B erhält man den *spezifischen Sauerstoffbedarf* des Brennstoffs:

$$o_{min} := m^{min}_{O_2}/m_B = \mu^C_{O_2}\,\gamma_C + \mu^{H_2}_{O_2}\,\gamma_{H_2} + \mu^S_{O_2}\,\gamma_S - \gamma_{O_2}\,.$$

Die hier auftretenden Massenverhältnisse $\mu^C_{O_2}$, $\mu^{H_2}_{O_2}$, und $\mu^S_{O_2}$ wurden in Abschnitt 7.1.1 bestimmt. Mit dem letzten Term γ_{O_2} wird berücksichtigt, dass der Brennstoff gegebenenfalls einen Teil des benötigten Sauerstoffs selbst mitbringt. Tabelle 7.2 enthält die Gleichungen zur Berechnung von o_{min} und l_{min}. Beide Größen ergeben sich aus der Elementaranalyse des Brennstoffs und sind damit Brennstoffeigenschaften.

Dies trifft auch auf das stöchiometrische Verbrennungsgas zu. Seine Eigenschaften sind durch ein Kreuz gekennzechnet. Für seine spezifische Masse $\mu_V^+ :=$ m_V^+/m_B gilt Gl.(7.11), die sich aus der Massenbilanzgleichung (7.3) ergibt. Gleichung (7.13d) in Tabelle 7.2 für den Luftstickstoffanteil $\mu_{N_2^*}^+$ enthält eine für die Praxis unerhebliche Inkonsistenz, weil der meistens kleine, aus dem Brennstoff stammende Stickstoffanteil γ_{N_2} als Luftstickstoff N_2^* behandelt und diesem zugerechnet wird. Nach Tabelle 7.1 besteht Luftstickstoff zu mehr als 98 % aus reinem Stickstoff (N_2), und außerdem überwiegt in Gl.(7.13d) der Term $0,76859\,l_{min}$ den Term γ_{N_2} bei weitem. Die spezifische Masse μ_V^+ des stöchiometrischen Verbrennungsgases lässt sich auch durch Summieren der Anteile seiner vier Komponenten berechnen, Gl.(7.14) in Tabelle 7.2. Dadurch ist mit Gl.(7.11) eine Rechenkontrolle gegeben.

Das gesamte aus der Feuerung abströmende Verbrennungsgas ist ein Gemisch aus fünf Komponenten, weil als Folge des Luftüberschusses Sauerstoff auftritt. Auch der Anteil des Luftstickstoffs (N_2^*) vergrößert sich gegenüber dem stöchiometrischen Verbrennungsgas durch den Luftüberschuss, während der Wasserdampfanteil $\mu_W \equiv \mu_{H_2O}$ um die mit der Verbrennungsluft eingebrachte spezifische Luftfeuchte $\lambda\,l_{min}\,X$ zunimmt. Zur Bezeichnung von Größen, die dem Wasserdampf (H_2O) zugeordnet sind, wird zur Vereinfachung der Schreibweise anstelle des Index H_2O der Index W verwendet, ohne dadurch einen Bedeutungsunterschied auszudrücken. Die spezifische Verbrennungsgasmasse μ_V erhält man entweder durch Summieren der Anteile ihrer fünf Komponenten, Gl.(7.17), oder aus der Massenbilanz der Feuerung, Gl.(7.5), die zu Gl.(7.12) führt (Rechnungskontrolle!).

Als *trockenes Verbrennungsgas* bezeichnet man ein Verbrennungsgas, das kein H_2O enthält; ihm ist der Wasserdampf z.B. durch Abkühlen und Auskondensieren vollständig entzogen worden. Für seine auf m_B bezogene Masse gilt daher

$$\mu_V^{tr} := m_V^{tr}/m_B = \mu_V - \mu_{H_2O} = \mu_V^+ - \mu_{H_2O}^+ + (\lambda - 1)\,l_{min}\,. \qquad (7.19)$$

Beispiel 7.1. Für Kohle mit der Elementaranalyse $\gamma_C = 0,7907$, $\gamma_{H_2} = 0,0435$, $\gamma_S = 0,0080$, $\gamma_{N_2} = 0,0131$, $\gamma_{O_2} = 0,0536$, $\gamma_W = 0,0140$ und $\gamma_A = 0,0771$ berechne man zunächst die Zusammensetzung des stöchiometrischen Verbrennungsgases. Die Kohle wird mit feuchter Luft ($\varphi = 0,625$ bei $\vartheta = 20,0\,°C$ und $p = 100$ kPa) und dem Luftverhältnis $\lambda = 1,30$ verbrannt. Man berechne die Zusammensetzung des Verbrennungsgases sowie die auf das Normvolumen des trockenen Verbrennungsgases bezogene Masse des SO_2. Man vergleiche diesen Wert mit dem gesetzlich zulässigen Wert von 400 mg/m³ [1].

---

[1] Die Emissionsgrenzwerte für Feuerungsanlagen sind in der Verordnung zur Durchführung des Bundes-Immissionsschutzgesetzes (BImSchV) festgelegt.

Die Berechnung beginnt mit der spezifischen Mindestluftmasse l_{min}. Aus der Elementaranalyse erhält man mit Gl.(7.6) $o_{min} = 2{,}4062$ und daraus mit Gl.(7.7) $l_{min} = 10{,}3980$. Die Gl.(7.13a) bis (7.13d) liefern dann die auf m_B bezogenen Massen der vier Komponenten des stöchiometrischen Verbrennungsgases:

$$\mu^+_{CO_2} = 2{,}8973, \quad \mu^+_{H_2O} = 0{,}4027, \quad \mu^+_{SO_2} = 0{,}0160, \quad \mu^+_{N_2^*} = 8{,}0049.$$

Summieren der vier Anteile ergibt die spezifische Masse $\mu^+_V = 11{,}3209$ des stöchiometrischen Verbrennungsgases; sie stimmt mit dem Wert aus der Bilanzgleichung (7.11) überein. Damit erhält man nach Gl.(7.15) die vier Massenanteile

$$\xi^+_{CO_2} = 0{,}2559, \quad \xi^+_{H_2O} = 0{,}0356, \quad \xi^+_{SO_2} = 0{,}0014, \quad \xi^+_{N_2^*} = 0{,}7071.$$

Um die Zusammensetzung des Verbrennunsgases zu bestimmen, wird die spezifische Luftfeuchte nach Gl.(7.9) berechnet. Mit dem Sättigungsdruck des Wasserdampfes $p^s_W(20{,}0\,°C) = 2{,}3392$ kPa nach Tabelle 5.4 erhält man aus Gl.(5.65) für die Wasserdampfbeladung der Verbrennungsluft $X = 0{,}00923$ und damit nach Gl.(7.9) $\mu_{LF} = 0{,}1247$. Die spezifischen Massen der fünf Komponenten des Verbrennungsgases lassen sich nun mit den Gl.(7.16a) bis (7.16e) berechnen;

$$\mu_{CO_2} = 2{,}8973, \quad \mu_{H_2O} = 0{,}5275, \quad \mu_{SO_2} = 0{,}0160, \quad \mu_{N_2^*} = 10{,}4025, \quad \mu_{O_2} = 0{,}7219.$$

Ihre Summe ist $\mu_V = 14{,}5652$. Die Bilanzgleichung (7.12) liefert den Wert $\mu_V = 14{,}5651$. Mit Gl.(7.18) erhält man die Massenanteile

$$\xi_{CO_2} = 0{,}1989, \quad \xi_{H_2O} = 0{,}0362, \quad \xi_{SO_2} = 0{,}0011, \quad \xi_{N_2^*} = 0{,}7142, \quad \xi_{O_2} = 0{,}0496.$$

Der hohe Massenanteil des Luftstickstoffs von mehr als 71 % ist typisch für Verbrennungsgase, die bei der Verbrennung mit dem Sauerstoffträger Luft entstehen.

Für die gesuchte Massenkonzentration des SO_2 erhält man zunächst

$$w_{SO_2} := \frac{m_{SO_2}}{V_{n,tr}} = \frac{m_{SO_2}}{m_B}\,\frac{m_B}{m^{tr}_V\,v_n} = \frac{\mu_{SO_2}\,p_n}{\mu^{tr}_V\,R^{tr}_V\,\vartheta_n}$$

mit v_n als dem spezifischen Volumen des trockenen Verbrennungsgases im Normzustand, vgl. Abschnitt 10.3.1. Das Produkt $\mu^{tr}_V R^{tr}_V$ ergibt sich aus den Anteilen der vier Komponenten des trockenen Verbrennungsgases zu

$$\mu^{tr}_V R^{tr}_V = \mu_{CO_2} R_{CO_2} + \mu_{SO_2} R_{SO_2} + \mu_{N_2^*} R_{N_2^*} + \mu_{O_2} R_{O_2} = 3{,}8082 \text{ kJ/kg K}.$$

Damit erhält man $w_{SO_2} = 1559$ mg/m^3. Dieser Wert ist sehr viel größer als der zulässige Grenzwert. Beim Betrieb der Feuerung ist deswegen eine Anlage zur Entschwefelung des Verbrennungsgases erforderlich.

7.1.4 Brennstoffe mit bekannter chemischer Zusammensetzung

Im Folgenden wird angenommen, dass der Brennstoff ein Gemisch aus bekannten chemischen Verbindungen mit gegebenen Stoffmengenanteilen x^B_i ist. Jede

Verbindung i hat das chemische Symbol A_i, aus dem man ihre Zusammensetzung aus den Elementen E_k ablesen kann, vgl. Abschnitt 5.5.1. Die dort eingeführten Zahlen a_{ki} erscheinen im chemischen Symbol A_i als Indizes der Elementsymbole und bedeuten die Zahl der Atome des Elements k in der Verbindung i. Bei den Brennstoffen kommen als Elemente C, H, S, N und O in Frage; somit charakterisieren die Zahlen a_{Ci}, a_{Hi}, a_{Si}, a_{Ni} und a_{Oi} die Elementzusammensetzung der Verbindung i.

Da die Zahl der Atome bzw. Moleküle der Stoffmenge n proportional ist, bietet sich die Stoffmenge als Mengenmaß an. Die dimensionslosen Stoffmengenverhältnisse der Verbrennungsrechnung enthalten im Nenner die Stoffmenge n_B des Brennstoffs; sie werden als molare, d.h. auf die Stoffmenge des Brennstoffs bezogene, Stoffmengen bezeichnet. Die in Tabelle 7.3 aufgeführten Berechnungsgleichungen enthalten diese Stoffmengenverhältnisse; sie entsprechen den Massenverhältnissen von Tabelle 7.2.

Am Beginn der Verbrennungsrechnung steht die Bestimmung der Mindestluftmenge aus dem Sauerstoffbedarf des Brennstoffs, der von den Zahlen $a_{Ci}, a_{Hi}, \ldots$ der Atome in den einzelnen Verbindungen i und den Stoffmengenanteilen x_i^B der Verbindungen abhängt. Bei der Verbrennung mit feuchter Luft tritt an die Stelle der Wasserdampfbeladung $X := m_W/m_L$ die *molare Wasserdampfbeladung* der feuchten Luft

$$\tilde{X} := \frac{n_W}{n_L} = \frac{p_W^s(\vartheta)}{(p/\varphi) - p_W^s(\vartheta)} = \frac{M_L}{M_W} X = 1{,}6078\, X\,. \tag{7.20}$$

Da die Stoffmenge (im Gegensatz zur Masse) bei chemischen Reaktionen nicht erhalten bleibt, gibt es für die Stoffmenge n_V^+ des stöchiometrischen Verbrennungsgases keine zu Gl.(7.3) oder (7.11) analoge Bilanzgleichung. Die molare Stoffmenge ν_V^+ kann nur durch Addition der molaren Stoffmengen ν_K^+ der vier Komponenten erhalten werden, was zu Gl.(7.29) führt. Gleichung (7.27d) enthält die praktisch bedeutungslose Inkonsistenz, die schon in Abschnitt 7.1.3 in Verbindung mit Gl.(7.13d) diskutiert wurde: Der durch die Summe gegebene, meist sehr kleine Stickstoffanteil des Brennstoffs wird als Luftstickstoff N_2^* behandelt und diesem zugerechnet.

Tabelle 7.3. Dimensionslose Arbeitsgleichungen der Verbrennungsrechnung für Brennstoffe mit bekannter chemischer Zusammensetzung

---

Molarer Sauerstoffbedarf der Verbindung i:

$$O_{\text{min},i} := n_{O_2,i}^{\text{min}}/n_i = a_{Ci} + \frac{1}{4}\, a_{Hi} + a_{Si} - \frac{1}{2}\, a_{Oi} \tag{7.21}$$

Molarer Sauerstoffbedarf des Brennstoffs:

$$O_{\text{min}} := n_{O_2}^{\text{min}}/n_B = \sum_i n_{O_2,i}^{\text{min}}/n_B = \sum_i x_i^B\, O_{\text{min},i} \tag{7.22}$$

Tabelle 7.3. Fortsetzung

Molare Mindestluftmenge:

$$L_{\min} := n_{L}^{\min}/n_{B} = O_{\min}/x_{O_2}^{L} = O_{\min}/0{,}20947 \qquad (7.23)$$

Molarer Luftüberschuss:

$$\nu_{\text{Lü}} := (n_{L} - n_{L}^{\min})/n_{B} = (\lambda - 1)\,L_{\min} \qquad (7.24)$$

Molare Luftfeuchte:

$$\nu_{\text{LF}} := n_{W}/n_{B} = \lambda\,L_{\min}\,\tilde{X} \qquad (7.25)$$

Molare Verbrennungsluftmenge:

$$\nu_{L} := n_{L}^{f}/n_{B} = L_{\min} + \nu_{\text{Lü}} + \nu_{\text{LF}} = \lambda\,L_{\min}\,(1 + \tilde{X}) \qquad (7.26)$$

Zusammensetzung und molare Stoffmenge des stöchiometrischen Verbrennungs-gases:

$$\nu_{CO_2}^{+} := n_{CO_2}^{+}/n_{B} = \sum_{i} x_{i}^{B}\,a_{Ci} \qquad (7.27a)$$

$$\nu_{H_2O}^{+} := n_{H_2O}^{+}/n_{B} = \frac{1}{2}\sum_{i} x_{i}^{B}\,a_{Hi} \qquad (7.27b)$$

$$\nu_{SO_2}^{+} := n_{SO_2}^{+}/n_{B} = \sum_{i} x_{i}^{B}\,a_{Si} \qquad (7.27c)$$

$$\nu_{N_2^*}^{+} := n_{N_2^*}^{+}/n_{B} = \frac{1}{2}\sum_{i} x_{i}^{B}\,a_{Ni} + 0{,}79053\,L_{\min} \qquad (7.27d)$$

$$\nu_{V}^{+} := n_{V}^{+}/n_{B} = \sum_{i} x_{i}^{B}\left(a_{Ci} + \frac{1}{2}a_{Hi} + a_{Si} + \frac{1}{2}a_{Ni}\right) + 0{,}79053\,L_{\min} \qquad (7.28)$$

$$x_{K}^{+} := n_{K}^{+}/n_{V}^{+} = \nu_{K}^{+}/\nu_{V}^{+}, \qquad K = \{CO_2, H_2O, SO_2, N_2^*\} \qquad (7.29)$$

Molare Stoffmenge und Zusammensetzung des Verbrennungsgases:

$$\nu_{V} := n_{V}/n_{B} = \nu_{V}^{+} + \nu_{\text{Lü}} + \nu_{\text{LF}} = \nu_{V}^{+} + (\lambda - 1)\,L_{\min} + \lambda\,L_{\min}\,\tilde{X} \qquad (7.30)$$

$$\nu_{CO_2} := n_{CO_2}/n_{B} = \nu_{CO_2}^{+} \qquad (7.31a)$$

$$\nu_{H_2O} := n_{H_2O}/n_{B} = \nu_{H_2O}^{+} + \lambda\,L_{\min}\,\tilde{X} \qquad (7.31b)$$

$$\nu_{SO_2} := n_{SO_2}/n_{B} = \nu_{SO_2}^{+} \qquad (7.31c)$$

$$\nu_{N_2^*} := n_{N_2^*}/n_{B} = \nu_{N_2^*}^{+} + 0{,}79053\,(\lambda - 1)\,L_{\min} \qquad (7.31d)$$

$$\nu_{O_2} := n_{O_2}/n_{B} = 0{,}20947\,(\lambda - 1)\,L_{\min} = (\lambda - 1)\,O_{\min} \qquad (7.31e)$$

$$x_{K} := n_{K}/n_{V} = \nu_{K}/\nu_{V}, \qquad K = \{CO_2, H_2O, SO_2, N_2^*, O_2\} \qquad (7.32)$$

Beispiel 7.2. Erdgas mit der Zusammensetzung von Tabelle 7.4 wird mit trockener Luft ($\tilde{X} = 0$) verbrannt. Im Abgas (Verbrennungsgas) wird der Stoffmengenanteil $x_{O_2} = 0{,}0312$ gemessen. Man berechne das Luftverhältnis λ. Für die molare Sauerstoffmenge im Abgas erhält man nach Gl.(7.31e) in Tabelle 7.3

$$\nu_{O_2} = x_{O_2}^L \, (\lambda - 1) \, L_{min}$$

mit dem Sauerstoffgehalt $x_{O_2}^L = 0{,}20947$ der trockenen Verbrennungsluft. Außerdem gilt

$$\nu_{O_2} = x_{O_2} \, \nu_V$$

mit x_{O_2} als dem gemessenen Sauerstoffgehalt des Verbrennungsgases. Die molare Stoffmenge ν_V des Verbrennungsgases ergibt sich aus Gl.(7.30) mit $\tilde{X} = 0$ zu

$$\nu_V = \nu_V^+ + (\lambda - 1) \, L_{min} \, .$$

Aus diesen Gleichungen erhält man

$$\lambda = 1 + \frac{x_{O_2}}{x_{O_2}^L - x_{O_2}} \frac{\nu_V^+}{L_{min}} \, . \tag{7.33}$$

Danach nimmt $\lambda - 1$ mit steigendem Sauerstoffgehalt x_{O_2} des Abgases stärker als proportional zu. Für $x_{O_2} \to x_{O_2}^L$ würde $\lambda \to \infty$ gehen.

Zur Berechnung von λ müssen die molare Mindestluftmenge L_{min} und die molare Stoffmenge ν_V^+ des stöchiometrischen Verbrennungsgases bestimmt werden. Diese Größen sind Brennstoffeigenschaften. Die Mindestluftmenge ergibt sich mit Gl.(7.23) aus dem molaren Sauerstoffbedarf $O_{min} = 1{,}864$ nach Tabelle 7.4 zu

$$L_{min} = 1{,}864/0{,}20947 = 8{,}899 \, .$$

Aus Gl.(7.28) folgt für ν_V^+ als molare Stoffmenge des stöchiometrischen Verbrennungsgases

$$\nu_V^+ := \frac{n_V^+}{n_B} = \sum_i x_i^B \, B_i + 0{,}79053 \, L_{min}$$

mit ($a_{Si} = 0$)

Tabelle 7.4. Zusammensetzung eines Erdgases und Bestimmung des molaren Sauerstoffbedarfs O_{min} nach Gl.(7.22) sowie Größen B_i nach Gl.(7.34)

A_i	a_{Ci}	a_{Hi}	a_{Ni}	a_{Oi}	x_i^B	$O_{min,i}$	$x_i^B O_{min,i}$	B_i	$x_i^B B_i$
CH_4	1	4	0	0	0,896	2,0	1,792	3,0	2,688
C_2H_6	2	6	0	0	0,012	3,5	0,042	5,0	0,060
C_3H_8	3	8	0	0	0,006	5,0	0,030	7,0	0,042
N_2	0	0	2	0	0,058	0,0	0,000	1,0	0,058
CO_2	1	0	0	2	0,028	0,0	0,000	1,0	0,028
Summen					1,000		1,864		2,876

$$B_i = a_{Ci} + \frac{1}{2} a_{Hi} + \frac{1}{2} a_{Ni} \,. \tag{7.34}$$

Nach Tabelle 7.4 erhält man

$$\nu_V^+ = 2{,}876 + 0{,}79053 \cdot 8{,}899 = 9{,}911$$

und damit aus Gl.(7.33) $\lambda = 1{,}195$.

7.2 Energetik der Verbrennungsprozesse

Wegen der großen Bedeutung der Verbrennung innerhalb der Energiewandlung soll die Anwendung des 1. Hauptsatzes auf Verbrennungsprozesse ausführlich behandelt werden. Durch die ablaufenden chemischen Reaktionen müssen die Enthalpien von Brennstoff, Luft und Verbrennungsgas aufeinander abgestimmt werden. Dies kann durch die im Abschnitt 5.5.3 eingeführten Standard-Bildungsenthalpien geschehen. Etabliert haben sich aber der Heizwert und der Brennwert – zwei Brennstoffeigenschaften, die auch ein Maß für die aus dem Brennstoff *gewinnbare Wärmeenergie* sind. Die Verluste eines Verbrennungsprozesses erfasst man durch den Abgasverlust und, unter Berücksichtigung des 2. Hauptsatzes, durch den Exergieverlust. Der Prozessbewertung dient auch die Brennstoff-Exergie, deren Bedeutung und Berechnung in Abschnitt 7.2.6 erläutert werden.

7.2.1 Die Anwendung des 1. Hauptsatzes

Der 1. Hauptsatz soll auf den Verbrennungsprozess in einer technischen Feuerung angewendet werden, Abb. 7.3. Dabei sollen folgende Annahmen zutreffen: Es liegt ein stationärer Fließprozess vor, bei dem kinetische und potenzielle Energien der Stoffströme vernachlässigt werden können; technische Arbeit wird (im Gegensatz zu den Verbrennungskraftmaschinen, siehe Abschnitt 7.3) nicht verrichtet; die Verbrennung ist vollständig; der Energieinhalt etwa auftretender Asche wird vernachlässigt. Der Brennstoff wird der Feuerung mit der Temperatur ϑ_B, die feuchte Verbrennungsluft mit ϑ_L zugeführt. Das Verbrennungsgas verlässt die Feuerung mit der Temperatur ϑ_V. Nach dem 1. Hauptsatz für stationäre Fließprozesse gilt dann die Leistungsbilanzgleichung

$$\dot{Q} = \dot{m}_V \, h_V(\vartheta_V) - \dot{m}_B \, h_B(\vartheta_B) - \dot{m}_L \, h^*(\vartheta_L, X) \,. \tag{7.35}$$

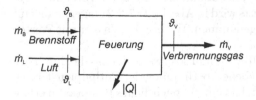

Abbildung 7.3. Schema einer technischen Feuerung

Dabei ist $h^*(\vartheta_L, X)$ die auf die Masse m_L der trockenen Luft bezogene und in Abschnitt 5.3.5 eingeführte Enthalpie der feuchten Luft, die mit Gl.(5.74) berechnet werden kann. Die Druckabhängigkeit von h_V (Verbrennungsgas), h_B (Brennstoff) und h^* braucht nicht berücksichtigt werden, weil alle gasförmigen Stoffe als ideale Gase behandelt werden; die Enthalpie von festem oder flüssigem Brennstoff hängt ohnehin nicht merklich vom Druck ab.

Alle Energieströme werden auf den Massenstrom $\dot{m}_B$ des Brennstoffs bezogen. Mit

$$q := \dot{Q}/\dot{m}_B$$

und den in Abschnitt 7.1.3 eingeführten Massenverhältnissen μ_V und l_{min}, die mit den entsprechenden Massenstromverhältnissen übereinstimmen, erhält man aus Gl.(7.35) die Energiebilanzgleichung

$$q = \mu_V \, h_V(\vartheta_V) - h_B(\vartheta_B) - \lambda \, l_{min} \, h^*(\vartheta_L, X) \,. \tag{7.36}$$

Versucht man, die Wärme q mit dieser Beziehung zu berechnen, stößt man auf eine besondere Schwierigkeit: Da die spezifischen Enthalpien des Verbrennungsgases, des Brennstoffs und der feuchten Luft Eigenschaften verschiedener Stoffe sind, heben sich die Enthalpiekonstanten nicht heraus. Die bei der Verbrennung frei werdende Wärme lässt sich so nicht berechnen; es müssen zuerst die Enthalpien der an der Reaktion beteiligten Stoffe aufeinander abgestimmt werden. Dieses Problem wurde allgemein für chemisch reagierende Stoffe in Abschnit 5.5.3 behandelt und dort durch die Einführung der messbaren Reaktionsenthalpie gelöst.

Zunächst wird eine Bezugstemperatur ϑ_0 gewählt, meistens die thermochemische Standardtemperatur $\vartheta_0 = 25,00\,°C$ ($T_0 = 298,15\,K$). Oft setzt man auch ϑ_0 gleich der Temperatur ϑ_B, mit der der Brennstoff zugeführt wird. Dann definiert man eine (auf die Masse des Brennstoffs bezogene) spezifische Reaktionsenthalpie durch

$$-\Delta^R h(\vartheta_0) := h_B(\vartheta_0) + l_{min} \, h_L(\vartheta_0) - \mu_V^+ \, h_V^+(\vartheta_0) = H_u(\vartheta_0) \,. \tag{7.37}$$

Sie ist die bei $\vartheta = \vartheta_0$ gebildete Enthalpiedifferenz zwischen den an der Verbrennungsreaktion beteiligten Stoffen: dem Brennstoff und der Mindestluftmenge, aus denen das stöchiometrische Verbrennungsgas entsteht, vgl. Abb. 7.2. $\Delta^R h(\vartheta_0)$ ist negativ, weil alle Verbrennungsreaktionen exotherm sind; daher ist die in Gl.(7.37) stehende Enthalpiedifferenz positiv. Sie wird als *spezifischer Heizwert* H_u bezeichnet und ist eine Brennstoffeigenschaft, denn der Brennstoff bestimmt l_{min} und alle Eigenschaften des stöchiometrischen Verbrennungsgases. Auf die Bestimmung des Heizwerts wird in Abschnitt 7.2.2 eingegangen; für das Folgende wird er als bekannt angenommen. Wichtig ist, dass er mit Werten zwischen 8 und 50 MJ/kg sehr groß ist.

Die Energiebilanzgleichung (7.36) wird nun so erweitert, dass die durch den Heizwert $H_u(\vartheta_0)$ nach Gl.(7.37) gegebene Abstimmung der Enthalpien der reagierenden Stoffe berücksichtigt wird. Um ein übersichtliches Resultat zu erhalten und darüber hinaus die Temperaturabhängigkeit der Enthalpien von Brennstoff, Luft und Verbrennungsgas allgemein zu erfassen, werden zwei Temperaturfunktionen $h'(\vartheta, \lambda)$ und $h''(\vartheta, \lambda)$ eingeführt. Dabei bedeutet $h'(\vartheta, \lambda)$ die auf m_B bezogene Summe der Enthalpien der eintretenden Stoffe Brennstoff und feuchte Luft. $h''(\vartheta, \lambda)$ ist die ebenfalls auf m_B bezogene Enthalpie des abströmenden Verbrennungsgases. Mit Hilfe des Heizwertes können nun Enthalpiedifferenzen geschrieben werden, sodass für die bezogene Enthalpie der zugehenden Stoffströme

$$h'(\vartheta, \lambda) := H_u(\vartheta_0) + [\, h_B(\vartheta_B) - h_B(\vartheta_0) \,]$$

$$+ \lambda\, l_{min}\, [\, h^*(\vartheta, X) - h^*(\vartheta_0, X) \,]\,. \tag{7.38}$$

definiert wird. Die Enthalpiedifferenz $h_B(\vartheta_B) - h_B(\vartheta_0)$ ist gegenüber dem Heizwert $H_u(\vartheta_0)$ vernachlässigbar klein, wenn sich ϑ_B und ϑ_0 nur wenig unterscheiden. Diese Differenz der Brennstoffenthalpie wird meistens weggelassen. Oft wählt man auch $\vartheta_0 = \vartheta_B$, so dass dieser Term entfällt.

Die auf m_B bezogene Enthalpie des idealen Gasgemisches „Verbrennungsgas" setzt sich additiv aus den Enthalpien seiner fünf Komponenten zusammen:

$$h''(\vartheta, \lambda) := \mu_V(\lambda)\, [h_V(\vartheta) - h_V(\vartheta_0)] = \sum_K \mu_K(\lambda)\, [h_K(\vartheta) - h_K(\vartheta_0)]\,,$$

$$K = \{CO_2, H_2O, SO_2, N_2^*, O_2\} \tag{7.39a}$$

mit $\mu_K(\lambda)$ nach Gl.(7.16). Nach Abb. 7.2 ergibt sich $h''(\vartheta, \lambda)$ auch als Summe der Enthalpien des stöchiometrischen Verbrennungsgases, des (trockenen) Luftüberschusses und der eingebrachten Luftfeuchte, sodass auch

$$h''(\vartheta, \lambda) = \mu_V^+\, [h_V^+(\vartheta) - h_V^+(\vartheta_0)] + (\lambda - 1)\, l_{min}\, [h_L(\vartheta) - h_L(\vartheta_0)]$$

$$+ \lambda\, l_{min}\, X\, [h_W(\vartheta) - h_W(\vartheta_0)] \tag{7.39b}$$

gilt. Hierbei wurde $h''(\vartheta, \lambda)$ so definiert, dass $h''(\vartheta_0, \lambda) = 0$ ist. Die Abstimmung der Enthalpien äußert sich darin, dass $h'(\vartheta_0, \lambda) = H_u(\vartheta_0)$ wird.

Mit den Funktionen $h'(\vartheta, \lambda)$ und $h''(\vartheta, \lambda)$ nimmt die Energiebilanzgleichung (7.36) der Feuerung eine einfache Gestalt an. Für die *abgegebene* Wärme erhält man

$$- q = h'(\vartheta_L, \lambda) - h''(\vartheta_V, \lambda)\,. \tag{7.40}$$

Es bietet sich an, diese Energiebilanz in einem h, ϑ-*Diagramm der Verbrennung* zu veranschaulichen. Dieses Diagramm enthält für gegebenes λ die beiden Kurven $h'(\vartheta, \lambda)$ nach Gl.(7.38), wobei der Term $h_B(\vartheta_B) - h_B(\vartheta_0)$ fortgelassen wurde, und $h''(\vartheta, \lambda)$ nach Gl.(7.39b). Die der Feuerung entzogene Wärme $(-q)$ entnimmt man dem h, ϑ-Diagramm als senkrechte Strecke, Abb. 7.4. Die spezifische Enthalpie h ist hierbei wieder auf m_B bezogen.

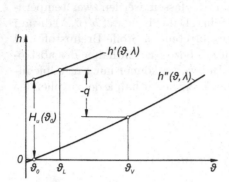 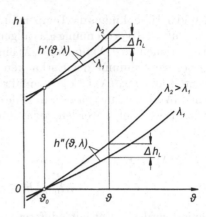

Abbildung 7.4. h, ϑ-Diagramm der Verbrennung für festes λ

Abbildung 7.5. h, ϑ-Diagramm der Verbrennung für verschiedene Luftverhältnisse

Vergrößert man das Luftverhältnis λ von λ_1 auf λ_2, so nehmen bei einer festen Temperatur die beiden Enthalpien h' und h'' um denselben Betrag

$$\Delta h_{\mathrm{L}} = (\lambda_1 - \lambda_2)\, l_{\min} \left[\, h^*(\vartheta, X) - h^*(\vartheta_0, X)\,\right]$$

zu; er stellt die Enthalpie der zusätzlich zugeführten feuchten Verbrennungsluft dar. Damit lassen sich Enthalpiekurven für verschiedene Luftverhältnisse konstruieren, Abb. 7.5. Ein h, ϑ-Diagramm gilt quantitativ richtig nur für einen bestimmten Brennstoff; bei einem Brennstoffwechsel müsste es neu entworfen werden. Daher wird das h, ϑ-Diagramm nur zur Veranschaulichung der Energiebilanzen verschiedener Verbrennungsprozesse verwendet.

Zur Berechnung der in den Gl.(7.38) bis (7.39a) auftretenden Enthalpiedifferenzen gibt es zwei Möglichkeiten. Unter Verwendung eines PC kann man die Enthalpien mit der in Abschnitt 10.3.2 angegebenen Gl.(10.4) und den dort aufgeführten Koeffizienten der Tabellen 10.7 und 10.8 berechnen. Die andere Möglichkeit besteht darin, die in Tabelle 10.9 von Abschnitt 10.3.3 vertafelten mittleren spezifischen Wärmekapazitäten zu verwenden. Dabei gilt nach Abschnitt 4.3.2

$$h_{\mathrm{K}}(\vartheta) = \bar{c}_{\mathrm{pK}}^{\mathrm{iG}}(\vartheta) \cdot \vartheta, \quad \mathrm{K} = \{\mathrm{CO_2, H_2O \equiv W, SO_2, N_2^*, O_2, L}\}\,,$$

wobei der Index L die trockene Luft bedeutet.

Tabelle 10.10 enthält für drei Brennstoffe, die in Tabelle 7.5 mit ihren charakteristischen Eigenschaften aufgeführt sind, Werte der mittleren spezifischen Wärmekapazität ihres stöchiometrischen Verbrennungsgases. Bei Benutzung von Gl.(7.39a) kann man damit

$$\mu_{\mathrm{V}}^+ h_{\mathrm{V}}^+(\vartheta) = \mu_{\mathrm{V}}^+ \bar{c}_{\mathrm{pV}}^{\mathrm{iG}+}(\vartheta) \cdot \vartheta$$

berechnen. Entspricht die Zusammensetzung des Brennstoffs nicht genau den in Tabelle 7.5 genannten Werten, kann man die in Tabelle 10.10 vertafelten Werte als bequem zu handhabende Näherung verwenden.

Tabelle 7.5. Eigenschaften ausgewählter Brennstoffe und der aus ihnen entstehenden stöchiometrischen Verbrennungsgase

Massenanteile in der Elementaranalyse	Steinkohle		Braunkohle Rheinland	Benzin[a]	Gasöl (Heizöl EL, Dieselkraftst.)	Stoffmengenanteil	Erdgas[b]	
	Fettkohle Ruhrgebiet	Flammkohle Saargebiet					L-Gas Deutschland	H-Gas Nordsee
γ_C	0,813	0,729	0,280	0,837	0,859	x_{CH_4}	0,8349	0,8334
γ_{H_2}	0,045	0,047	0,020	0,143	0,137	$x_{C_2H_6}$	0,0225	0,0989
γ_S	0,007	0,016	0,003	–	0,002	$x_{C_3H_8}$	0,0028	0,0294
γ_{O_2}	0,040	0,088	0,101	0,020	0,002	$x_{C_4H_{10}}$	0,0007	0,0073
γ_{N_2}	0,015	0,015	0,003	–	–	$x_{C_5H_{12}}$	0,0004	0,0023
γ_W	0,035	0,040	0,555	–	–	x_{N_2}	0,1310	0,0085
γ_A	0,045	0,065	0,038	–	–	x_{CO_2}	0,0077	0,0202
H_u in MJ/kg	32,1	28,4	8,06	42,6	42,97		38,90[c]	46,33[c]
H_o in MJ/kg	33,2	29,5	9,85	45,7	45,96		43,13[c]	51,18[c]
l_{min}	10,7599	9,6936	3,4858	14,4533	14,588		13,397	15,900
μ_V^+	11,7149	10,6286	4,4478	15,4533	15,588		14,397	16,900
R_V^+ in kJ/kg K	0,27422	0,27522	0,29793	0,28790	0,28679		0,29920	0,29788
$\xi_{CO_2}^+$	0,2543	0,2513	0,2307	0,1985	0,2019		0,1507	0,1588
$\xi_{H_2O}^+$	0,0373	0,0433	0,1650	0,0827	0,0785		0,1201	0,1174
$\xi_{SO_2}^+$	0,0012	0,0030	0,0013	–	0,0003		–	–
$\xi_{N_2^*}^+$	0,7072	0,7024	0,6030	0,7188	0,7193		0,7292	0,7238

[a] Zusammensetzung berechnet als Gemisch aus $(CH_2)_n$, CH_3OH und $(CH_3)_3COH$ mit den Volumenanteilen 95%, 3% und 2%.

[b] Die Zusammensetzung von Erdgasen unterscheidet sich erheblich von Quelle zu Quelle. Die angeführten Gase sind Beispiele für Erdgase mit niedrigem (L-Gas) und höherem (H-Gas) Brennwert.

[c] In der Gastechnik werden Heizwert und Brennwert auf das Normvolumen bezogen und vorzugsweise in der Einheit kWh/m³ (!) angegeben. Für das L-Gas ist $H_{uv} = 31,71\,\mathrm{MJ/m^3} = 8,806\,\mathrm{kWh/m^3}$ und $H_{ov} = 35,16\,\mathrm{MJ/m^3} = 9,766\,\mathrm{kWh/m^3}$; für das H-Gas gilt $H_{uv} = 40,01\,\mathrm{MJ/m^3} = 11,114\,\mathrm{kWh/m^3}$ und $H_{ov} = 44,20\,\mathrm{MJ/m^3} = 12,277\,\mathrm{kWh/m^3}$.

Die durch $h''(\vartheta, \lambda)$ erfasste Temperaturabhängigkeit der Enthalpie des Verbrennungsgases zeigt zwei Besonderheiten, die gegebenenfalls zu einer Änderung von Gl.(7.39) führen. Bei hinreichend niedrigen Verbrennungsgastemperaturen kann eine Teilkondensation des im Verbrennungsgas enthaltenen Wasserdampfes auftreten; bei sehr hohen Temperaturen, etwa ab 1800 °C, enthält das Verbrennungsgas weitere, noch nicht berücksichtigte Gase wie CO, OH, H, O und NO. Dies wird häufig als Dissoziation des Verbrennungsgases bezeichnet.

Ein Verbrennungsgas, das H_2O enthält, ist wie die in Abschnitt 5.3 behandelte feuchte Luft ein Gas-Dampf-Gemisch. Bei seiner Abkühlung kann der Taupunkt, vgl. Abschnitt 5.3.1, unterschritten werden, sodass ein Teil des Wasserdampfs kondensiert. Die auf m_B bezogene Masse des Kondensats wird mit $\mu_W^{kond} \equiv \mu_{H_2O}^{kond}$ bezeichnet; dann hat der in der Gasphase verbleibende Wasserdampf die auf m_B bezogene Masse $\mu_W - \mu_W^{kond}$. Der in $h''(\vartheta, \lambda)$ nach Gl.(7.39a) enthaltene Term $\mu_W(\lambda)\,[\,h_W(\vartheta) - h_W(\vartheta_0)\,]$ für den als ideales Gas behandelten Wasserdampf ist nun durch

$$[\,\mu_W(\lambda) - \mu_W^{kond}\,]\,[\,h_W(\vartheta) - h_W(\vartheta_0)\,] + \mu_W^{kond}\,[\,h_W^{fl}(\vartheta_K, p) - h_W(\vartheta_0)\,]$$

$$= \mu_W(\lambda)\,[\,h_W(\vartheta) - h_W(\vartheta_0)\,] - \mu_W^{kond}\,[\,h_W(\vartheta) - h_W^{fl}(\vartheta_K, p)\,]$$

zu ersetzen. Dabei bedeutet $h_W^{fl}(\vartheta_K, p)$ die spezifische Enthalpie des Kondensats, das mit der Temperatur ϑ_K und unter dem Druck p aus der Feuerung abfließt. Die Druckabhängigkeit von h_W^{fl} ist gering und kann in der Regel vernachlässigt werden. Zur Abkürzung wird

$$\Delta h_W(\vartheta, \vartheta_K) := h_W(\vartheta) - h_W^{fl}(\vartheta_K, p)\,. \tag{7.41}$$

gesetzt. Wenn der Teil μ_W^{kond} des im Verbrennungsgas enthaltenen Wasserdampfs als Kondensat anfällt, ist $h''(\vartheta, \lambda)$ durch

$$h_{TK}''(\vartheta, \lambda) = h''(\vartheta, \lambda) - \mu_W^{kond}\,\Delta h_W(\vartheta, \vartheta_K) \tag{7.42}$$

zu ersetzen, um die Enthalpieabnahme bei der Kondensation zu erfassen. Die Teilkondensation des Wasserdampfs muss auch in der Energiebilanzgleichung der Feuerung berücksichtigt werden. Anstelle von Gl.(7.40) gilt nun

$$-q = h'(\vartheta_L, \lambda) - h_{TK}''(\vartheta_V, \lambda)$$

$$= h'(\vartheta_L, \lambda) - h''(\vartheta_V, \lambda) + \mu_W^{kond}\,\Delta h_W(\vartheta_V, \vartheta_K)\,, \tag{7.43}$$

wobei $h''(\vartheta_V, \lambda)$ nach Gl.(7.39) zu berechnen ist. Auf die Bestimmung der Kondensatmenge μ_W^{kond} und der Temperatur ϑ_K wird in den Abschnitten 7.2.2 und 7.2.4 eingegangen. Wie Gl.(7.43) zeigt, vergrößert die Teilkondensation die von der Feuerung abgegebene Wärme. Diesen Effekt nutzt man in den sogenannten Brennwertkesseln, die in Abschnitt 7.2.4 behandelt werden.

Bei Temperaturen über etwa 1800 °C treten in Verbrennungsgasen neben den bisher berücksichtigten Verbrennungsprodukten CO_2, H_2O und SO_2 weitere Gase wie

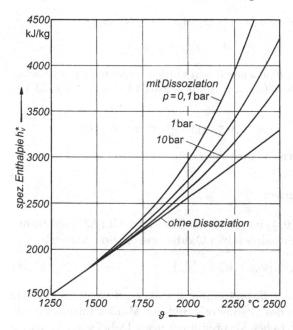

Abbildung 7.6. Enthalpie h_V^+ des stöchiometrischen Verbrennungsgases, das durch Verbrennung von $(CH_2)_n$ entsteht. Berechnet von S. Gordon [7.3] als dissoziiertes Verbrennungsgas

CO, OH, H, O und NO auf. Sie sind Zwischenprodukte der Hochtemperaturverbrennung, diese Erscheinung ist unter der Bezeichnung *Dissoziation des Verbrennungsgases* bekannt. Die Enthalpie eines „dissoziierten Verbrennungsgases" ist bei gleicher Temperatur größer als die Enthalpie, die sich nach den bisher angegebenen Beziehungen ergibt; sie wächst mit sinkendem Druck. Abb. 7.6 zeigt als Beispiel die spezifische Enthalpie $h^+(\vartheta, p)$ des stöchiometrischen Verbrennungsgases, das bei der Verbrennung von $(CH_2)_n$ entsteht. Sie wurde unter der Annahme berechnet, dass sich das Reaktionsgleichgewicht bei den gegebenen Werten von ϑ und p eingestellt hat.

Beispiel 7.3. Die in Beispiel 7.1 behandelte Kohle und die Verbrennungsluft werden einer Feuerung mit $\vartheta_B = \vartheta_L = \vartheta_0 = 25{,}0\ °C$ zugeführt. Das Verbrennungsgas, dessen Zusammensetzung im Beispiel 7.1 berechnet wurde, verlässt die Feuerung mit $\vartheta_V = 175{,}0\ °C$. Im Übrigen gelten die in Beispiel 7.1 genannten Bedingungen. Man berechne die abgegebene Wärme $(-q)$ und vergleiche sie mit dem Heizwert der Kohle, $H_u(25{,}0\ °C) = 31{,}78\ \text{MJ/kg}$.

Die abgegebene Wärme erhält man aus Gl.(7.40), so dass $h'(\vartheta_L, \lambda)$ sowie $h''(\vartheta_V, \lambda)$ berechnet werden müssen. Aus Gl.(7.38) ergibt sich wegen $\vartheta_B = \vartheta_L = \vartheta_0$ unabhängig von λ

$$h'(\vartheta_0, \lambda) = H_u(\vartheta_0) = 31{,}78\ \text{MJ/kg}\,.$$

Die Enthalpie $h''(\vartheta_V, \lambda = 1{,}30)$ des Verbrennungsgases erhält man nach Gl.(7.39a) mit den in Beispiel 7.1 bestimmten spezifischen Massen der fünf Komponenten:

$$h''(\vartheta_V, \lambda = 1{,}30) = 2{,}8973\ \Delta h_{CO_2} + 0{,}5275\ \Delta h_{H_2O} + 0{,}0160\ \Delta h_{SO_2}$$

$$+ 10{,}4025\ \Delta h_{N_2^*} + 0{,}7219\ \Delta h_{O_2}\,.$$

Die spezifischen Enthalpiedifferenzen $(K = \{CO_2, H_2O, SO_2, N_2^*, O_2\})$

$$\Delta h_K = h_K(\vartheta_V) - h_K(\vartheta_0) = \bar{c}_{pK}^{iG}(\vartheta_V) \cdot \vartheta_V - \bar{c}_{pK}^{iG}(\vartheta_0) \cdot \vartheta_0$$

werden mit Hilfe der in Tabelle 10.9 angegebenen mittleren spezifischen Wärmekapazitäten berechnet, man erhält $h''(\vartheta_V, \lambda = 1{,}30) = 2263{,}4 \text{ kJ/kg} = 2{,}263 \text{ MJ/kg}$. Damit ergibt sich

$$-q = H_u(\vartheta_0) - h''(\vartheta_V, \lambda = 1{,}30) = 29{,}52 \text{ MJ/kg} = 0{,}929 \cdot H_u(\vartheta_0) \,.$$

Fast 93 % des Heizwerts werden als Wärme abgegeben.

7.2.2 Heizwert und Brennwert

Der *spezifische Heizwert* $H_u(\vartheta_0)$ eines Brennstoffs ist nach Gl.(7.37) als die negative spezifische Reaktionsenthalpie seiner Oxidationsreaktion definiert:

$$H_u(\vartheta_0) := h_B(\vartheta_0) + l_{min} h_L(\vartheta_0) - \mu_V^+ h_V^+(\vartheta_0) \,. \tag{7.44}$$

Der Heizwert verknüpft bei der Bezugstemperatur ϑ_0 – oft wird $\vartheta_0 = 25{,}00$ °C gewählt – die Enthalpien des Brennstoffs und der Mindestluftmenge mit der Enthalpie des stöchiometrischen Verbrennungsgases. Dabei wird das ganze im stöchiometrischen Verbrennungsgas enthaltene H_2O als *gasförmig*, also als Wasser*dampf* angesehen.

Die Bezugstemperatur ϑ_0 liegt im Allgemeinen so niedrig, dass im feuchten Verbrennungsgas der Taupunkt unterschritten wird. Damit ist ein Teil des Wasserdampfs bei ϑ_0 kondensiert, sodass der Heizwert nicht direkt gemessen werden kann. Eine Ausnahme machen Brennstoffe, deren stöchiometrisches Verbrennungsgas kein H_2O enthält, z.B. reiner Kohlenstoff (C), Schwefel (S) und das Gas CO. Bei den anderen Brennstoffen misst man den *spezifischen Brennwert* $H_o(\vartheta_0)$. Er ist definiert als der auf die Brennstoffmasse bezogene und bei der Bezugstemperatur ϑ_0 gebildete Enthalpieunterschied zwischen Brennstoff und Mindestluftmenge und den Verbrennungsprodukten, die aus dem trockenen stöchiometrischen Verbrennungsgas und dem *vollständig kondensierten (flüssigen)* H_2O bestehen:

$$H_o(\vartheta_0) := h_B(\vartheta_0) + l_{min} h_L(\vartheta_0) - [\, \mu_V^+(\vartheta_0) \, h_V^+(\vartheta_0) - \mu_W^+ \, h_W(\vartheta_0) \,]$$
$$- \mu_W^+ \, h_W^{fl}(\vartheta_0, p) \,. \tag{7.45}$$

Hierbei bedeutet $h_W(\vartheta_0)$ die spezifische Enthalpie des idealen Gases Wasserdampf; die Druckabhängigkeit der spezifischen Enthalpie h_W^{fl} des Kondensats kann in der Regel vernachlässigt werden. Auch der Brennwert ist eine Brennstoffeigenschaft [2].

---

[2] Früher wurden die Bezeichnungen unterer Heizwert für H_u und oberer Heizwert für H_o verwendet. Die Indizes u und o weisen noch auf diese seit etwa 1965 aufgegebene Bezeichnungsweise hin.

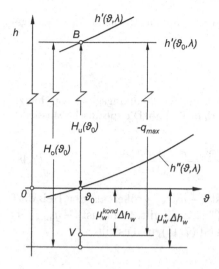

Abbildung 7.7. Größte bei $\vartheta = \vartheta_0$ abgegebene Wärme $(-q_{max})$ unter Berücksichtigung der Teilkondensation des im Verbrennungsgas enthaltenen Wasserdampfs im Vergleich zum Heizwert $H_u(\vartheta_0)$ und Brennwert $H_o(\vartheta_0)$; $\Delta h_W = \Delta h_W(\vartheta_0, \vartheta_0)$ nach Gl.(7.41)

Die Messverfahren für den Brennwert sind weitgehend genormt, [7.4] bis [7.6]. Aus dem gemessenen Brennwert wird der Heizwert mit der Gleichung

$$H_u(\vartheta_0) = H_o(\vartheta_0) - \mu_W^+ \left[h_W(\vartheta_0) - h_W^{fl}(\vartheta_0, p) \right] \tag{7.46}$$

berechnet. Diese Beziehung ergibt sich aus den beiden Definitionsgleichungen (7.44) und (7.45). Für $\vartheta_0 = 25,00\,°C$ und $p = 100\,kPa$ ist $h_W - h_W^{fl} = 2443,1$ kJ/kg und nur wenig größer als die Verdampfungsenthalpie $\Delta h_v = 2441,7\,kJ/kg$ des Wassers. Der Heizwert eines Brennstoffs ist stets kleiner als sein Brennwert. Nur für Brennstoffe, deren stöchiometrisches Verbrennungsgas kein H_2O enthält $(\mu_W^+ = 0)$, stimmen Heizwert und Brennwert überein.

Brennwert und Heizwert dienen nicht nur der Abstimmung der Enthalpien der Verbrennungsteilnehmer; sie sind auch ein Maß für die aus dem Brennstoff gewinnbare Wärmeenergie, worauf schon ihre Bezeichnung Brenn*wert* und Heiz*wert* hinweist. Führt man einer Feuerung Brennstoff und Luft bei der Bezugstemperatur, $\vartheta_B = \vartheta_L = \vartheta_0$ und Zustand B in Abb. 7.7 zu, so erhält man die *größte abgegebene Wärme* $(-q_{max})$, wenn es gelingt, die Verbrennungsprodukte auf eben diese Temperatur abzukühlen: $\vartheta_V = \vartheta_K = \vartheta_0$ und Zustand V in Abb. 7.7. Aus Gl.(7.43) erhält man

$$-q_{max}(\vartheta_0) = h'(\vartheta_0, \lambda) - h''(\vartheta_0, \lambda) + \mu_W^{kond}\,\Delta h_W(\vartheta_0, \vartheta_0)$$

$$= H_u(\vartheta_0) + \mu_W^{kond} \left[h_W(\vartheta_0) - h_W^{fl}(\vartheta_0, p) \right]. \tag{7.47}$$

Die auf m_B bezogene Kondensatmasse μ_W^{kond} lässt sich unter der hier zutreffenden Annahme berechnen, dass sich im Zustand V von Abb. 7.7 das Phasengleichgewicht zwischen dem mit Wasserdampf gesättigten Verbrennungsgas und dem Kondensat einstellt. Die Kondensatmasse $\mu_W^{kond} = \mu_W - \mu_W^s$ erhält man als Differenz aus μ_W nach Gl.(7.16b) und der spezifischen Masse μ_W^s des Wasserdampfs im gesättigten Verbrennungsgas. Analog zu Gl.(5.67), die für gesättigte feuchte Luft gilt, erhält man für den

Sättigungswert der Wasserdampfbeladung in Bezug auf das trockene Verbrennungsgas

$$\frac{m_W^s}{m_V^{tr}} = \frac{\mu_W^s}{\mu_V^{tr}} = \frac{R_V^{tr}}{R_W} \frac{p_W^s(\vartheta_0)}{p - p_W^s(\vartheta_0)} \, .$$

Hierin bedeutet R_V^{tr} die Gaskonstante des trockenen Verbrennungsgases, vgl. hierzu
auch Beispiel 7.1; sie hängt wie μ_V^{tr} vom Luftverhältnis λ ab. Die spezifische Masse der
kondensierten Wassermenge wird dann

$$\mu_W^{kond}(\vartheta_0, p, \lambda) = \mu_W - \mu_W^s = \mu_W - \frac{\mu_V^{tr} R_V^{tr}}{R_W} \frac{p_W^s(\vartheta_0)}{p - p_W^s(\vartheta_0)} \, . \tag{7.48}$$

Wie Gl.(7.47) und Abb. 7.7 zeigen, ist $(-q_{max})$ größer als der Heizwert
$H_u(\vartheta_0)$. Man kann beweisen, dass stets $\mu_W^{kond} \leq \mu_W^+$ gilt. Daher ist $(-q_{max})$ etwas kleiner als der Brennwert $H_o(\vartheta_0)$ nach Gl.(7.45), und es gilt

$$H_u(\vartheta_0) \leq - q_{max}(\vartheta_0, p, \lambda) \leq H_o(\vartheta_0) \, .$$

Tabelle 7.6 zeigt Werte von μ_W^{kond}/μ_W^+ und $(-q_{max})$ für einige Brennstoffe, wobei zur Vereinfachung Verbrennung mit trockener Verbrennungsluft $(X = 0)$
angenommen wurde. Die maximal abgegebene Wärme hängt auch vom Luftverhältnis λ ab; sie liegt näher am Brennwert als am Heizwert.

Neben den auf die Brennstoffmasse bezogenen Größen spezifischer Heizwert
und spezifischer Brennwert verwendet man bei Brennstoffen, die bekannte chemische Verbindungen sind, die auf die Stoffmenge des Brennstoffs bezogenen
Größen *molarer Heizwert* H_{um} und *molarer Brennwert* H_{om}. Der molare Brennwert stimmt mit der negativen molaren Reaktionsenthalpie der Oxidationsreaktion des Brennstoffs überein, vgl. Abschnitt 5.5.3:

$$H_{om}(T_0) = -\Delta^R H_m(T_0) \, .$$

Die molare Reaktionsenthalpie kann aus den molaren Standard-Bildungsenthalpien $H_i^{f\square}$ der an der Oxidationsreaktion beteiligten Stoffe berechnet werden, wobei der Wert von $H_{H_2O}^{f\square}(T_0)$ für flüssiges Wasser zu verwenden ist. Setzt
man den Wert für gasförmiges H_2O im (fiktiven) idealen Gaszustand ein, vgl.
Tabelle 10.6, so erhält man den molaren Heizwert $H_{um}(T_0)$. Zwischen den molaren Heiz- und Brennwerten und den spezifischen Heiz- und Brennwerten bestehen die einfachen Beziehungen

$$H_{um}(T_0) = M_B H_u(T_0) \quad \text{und} \quad H_{om}(T_0) = M_B H_o(T_0) \, ,$$

wobei M_B die molare Masse des Brennstoffs ist.

Für *gasförmige Brennstoffe* verwendet man auch ihr Normvolumen als anschauliches Mengenmaß und Bezugsgröße, vgl. Abschnitt 10.1.3. Für den auf
das Normvolumen bezogenen Heizwert H_{uv} gilt

$$H_{uv}(T_0) = H_{um}(T_0)/V_{Bm}(T_n, p_n)$$

Tabelle 7.6. Verhältnis $\mu_{H_2O}^{kond}/\mu_{H_2O}^{+}$ sowie abgegebene Wärme $(-q_{max})$ nach Gl.(7.47) und Gl.(7.48) einiger Brennstoffe mit den Eigenschaften von Tabelle 7.5 für $\vartheta_0 = 25{,}00\,°C$ und $p = 100\,kPa$ in Abhängigkeit vom Luftverhältnis λ

	λ	Fettkohle Ruhrgebiet	Braunkohle Rheinland	Gasöl (Heizöl EL)	Erdgas H
$\mu_{H_2O}^{kond}/\mu_{H_2O}^{+}$	1,00	0,5119	0,9047	0,7948	0,8528
	1,15	0,4368	0,8902	0,7352	0,8283
	1,30	0,3617	0,8757	0,6988	0,8038
$H_o(\vartheta_0)/(MJ/kg)$		33,17	9,84	45,96	51,18
$(-q_{max})/(MJ/kg)$	1,00	32,65	9,68	45,35	50,46
	1,15	32,57	9,66	45,17	50,34
	1,30	32,49	9,63	45,06	50,23
$H_u(\vartheta_0)/(MJ/kg)$		32,10	8,06	42,97	46,33

mit $V_{Bm}(T_n, p_n)$ als dem molaren Volumen des Brennstoffs im Normzustand, wofür bei idealen Gasen und idealen Gasgemischen bekanntlich $V_0 = 22{,}414\,m^3/kmol$ gesetzt werden kann. Der gleiche Zusammenhang besteht zwischen dem molaren Brennwert H_{om} und dem auf das Normvolumen bezogenen Brennwert H_{ov}.

Heizwerte hängen nur sehr schwach von der Temperatur ab. Ihre Temperaturabhängigkeit kann man für Temperaturen zwischen 0 und 50 °C im Rahmen der Unsicherheit vernachlässigen, mit der Brennwerte experimentell bestimmt und Heizwerte sinnvoll angegeben werden können. In den Tabellen 10.13 bis 10.15 sind Heizwerte und Brennwerte verzeichnet. Diese Werte können für alle Temperaturen zwischen 0 und 50 °C verwendet werden.

Beispiel 7.4. Man bestimme den molaren Heizwert und den molaren Brennwert des im Beispiel 7.2 behandelten Erdgases mit der Zusammensetzung nach Tabelle 7.4 unter Verwendung der molaren Bildungsenthalpien von Tabelle 10.6.

Wenn Erdgas als ideales Gasgemisch aufgefasst wird, ergibt sich sein Heizwert als Summe der Heizwerte seiner brennbaren Bestandteile. Dieser Wert kann am einfachsten als negative molare Reaktionsenthalpie der Summen-Reaktionsgleichung

$$x_{CH_4}^{B}\,CH_4 + x_{C_2H_6}^{B}\,C_2H_6 + x_{C_3H_8}^{B}\,C_3H_8 + O_{min}O_2 \rightarrow$$

$$\left(x_{CH_4}^{B} + 2\,x_{C_2H_6}^{B} + 3\,x_{C_3H_8}^{B}\right)CO_2 + \left(2\,x_{CH_4}^{B} + 3\,x_{C_3H_6}^{B} + 4\,x_{C_3H_8}^{B}\right)H_2O$$

berechnet werden, die mit den Stoffmengenanteilen nach Tabelle 7.4 die Gestalt

$$0{,}896\,CH_4 + 0{,}012\,C_2H_6 + 0{,}006\,C_3H_8 + 1{,}864\,O_2 \rightarrow 0{,}938\,CO_2 + 1{,}852\,H_2O$$

erhält. Der molare Heizwert wird dann

$$H_{\mathrm{um}} = -\Delta^{\mathrm{R}} H_{\mathrm{m}} = 0{,}896\, H_{\mathrm{CH_4}}^{\mathrm{f}\square} + 0{,}012\, H_{\mathrm{C_2H_6}}^{\mathrm{f}\square} + 0{,}006\, H_{\mathrm{C_3H_8}}^{\mathrm{f}\square}$$
$$+ 1{,}864\, H_{\mathrm{O_2}}^{\mathrm{f}\square} - 0{,}938\, H_{\mathrm{CO_2}}^{\mathrm{f}\square} - 1{,}852\, H_{\mathrm{H_2O}}^{\mathrm{f}\square}\,.$$

Mit den Werten der molaren Bildungsenthalpien im Standardzustand nach Tabelle 10.6 erhält man $H_{\mathrm{um}} = 748{,}3\,\mathrm{kJ/mol}$. Dabei wurde die Bildungsenthalpie von gasförmigem H_2O eingesetzt, um den molaren Heizwert zu erhalten. Der molare Brennwert ergibt sich, wenn die Standard-Bildungsenthalpie von flüssigem Wasser eingesetzt wird, zu $H_{\mathrm{om}} = 829{,}8\,\mathrm{kJ/mol}$.

7.2.3 Abgasverlust und Kesselwirkungsgrad

Eine Feuerung soll ein Verbrennungsgas hoher Temperatur liefern oder einen möglichst großen Wärmestrom abgeben. Im ersten Fall ist die Feuerung, z.B. die Brennkammer einer Gasturbinenanlage, nahezu adiabat; die bei der Verbrennung frei werdende Energie findet sich als Enthalpie des heißen Verbrennungsgases wieder. Die Berechnung dieser Temperatur, der so genannten adiabaten Verbrennungstemperatur, wird in Abschnitt 7.2.5 vorgestellt. Im Dampferzeuger eines Kraftwerks oder dem Kessel einer Heizungsanlage wird dagegen das Verbrennungsgas möglichst weit abgekühlt, um einen großen Wärmestrom zu gewinnen.

Da in einem Kessel Verluste auftreten ist es nicht möglich, den mit dem Brennstoff und der Luft eingebrachten Energiestrom vollständig als nutzbaren Wärmestrom zu erhalten. Verluste entstehen als Folge unvollständiger Verbrennung, wobei im Abgas geringe Mengen unverbrannter Gase (CO, H_2 und Kohlenwasserstoffe) auftreten. Bei festen Brennstoffen kann außerdem unverbrannter Kohlenstoff in der Asche zurückbleiben. Diese Verluste machen in der Regel zusammen nur etwa 1 % des Heizwerts aus. Man kann sie global berücksichtigen, indem man für den Massenstrom $\dot{m}_{\mathrm{B}}$ des vollständig verbrannten Brennstoffs

$$\dot{m}_{\mathrm{B}} = \eta_{\mathrm{B}}\, \dot{m}_{\mathrm{B}}^{\mathrm{zu}}$$

setzt, wobei $\eta_{\mathrm{B}} \approx 0{,}98$ bis $0{,}99$ gilt und als Umsatzgrad oder Ausbrandgrad bezeichnet werden kann. Eine Berechnung des Verlustes durch Unverbranntes findet man bei R. Doležal [7.7]. Weitere geringe Verluste entstehen durch den Energieinhalt der abgeführten Asche und den Wärmeübergang an den Aufstellungsraum. Der bei weitem größte Verlust mit etwa 5 bis 15 % des Heizwerts ist jedoch der Abgasverlust.

Der *Abgasverlust* entsteht dadurch, dass das (in diesem Zusammenhang meist als Abgas bezeichnete) Verbrennungsgas nicht bis zur Bezugstemperatur ϑ_0, die nahe der Umgebungstemperatur liegt, abgekühlt werden kann. Es verlässt den Kessel mit einer erheblich höheren Temperatur ϑ_{A}, die bei älteren Ölheizungskesseln zwischen 150 und 250 °C, bei Großfeuerungen meist zwischen 120 und 160 °C liegt. Bei niedrigeren Temperaturen wird der Säuretaupunkt unterschritten. Das bei hohen Temperaturen in geringer Menge entstandene und im

Abgas enthaltene SO_3 bildet bei niedrigen Temperaturen mit dem auskondensierten H_2O des Abgases Schwefelsäure, was zu Korrosion und Materialschäden an Schornstein und Kessel führt. Wenn man die Kondensation vermeiden möchte, muss ein gewisser Abgasverlust in Kauf genommen werden. Nur bei Heizkesseln, die mit Erdgas (oder einem anderen schwefelfreien Brennstoff) betrieben werden, ist es möglich, die Abgastemperatur sehr weit zu senken, ohne Schäden durch Korrosion befürchten zu müssen. Hierauf soll im nächsten Abschnitt eingegangen werden.

Es wird die *Berechnung des Abgasverlustes* für eine Feuerung erörtert, der Brennstoff und Luft bei $\vartheta_B = \vartheta_L = \vartheta_0$ zugeführt werden; dies entspricht dem Zustand B im h,ϑ-Diagramm von Abb. 7.8. Das Abgas soll die Feuerung mit einer Temperatur ϑ_A verlassen, die so hoch liegt, dass keine Teilkondensation des im Verbrennungsgas enthaltenen Wasserdampfs eintritt. Dies sei der Zustand A in Abb. 7.8. Die abgegebene Wärme ergibt sich aus der Energiebilanzgleichung (7.40) mit $\vartheta_V = \vartheta_A$ zu

$$-q = h'(\vartheta_0, \lambda) - h''(\vartheta_A, \lambda) = H_u(\vartheta_0) - h''(\vartheta_A, \lambda) \; ;$$

sie ist als senkrechte Strecke im h,ϑ-Diagramm eingezeichnet. Man kann nun $(-q)$ mit den drei in Abschnitt 7.2.2 eingeführten Größen vergleichen, die ein Maß für die aus dem Brennstoff gewinnbare Energie sind: mit dem Heizwert $H_u(\vartheta_0)$, der größten abgegebenen Wärme $-q_{max}(\vartheta_0, p, \lambda)$ nach Gl.(7.47) und dem Brennwert $H_o(\vartheta_0)$. Der Abgasverlust ist als Differenz zwischen einer dieser Größen und der abgegebenen Wärme $(-q)$ zu definieren.

Leider hängt $(-q_{max})$ nicht nur vom Brennstoff, sondern auch vom gewählten Luftverhältnis, also von den Betriebsbedingungen der Feuerung ab. Man vermeidet diese Abhängigkeit und die umständliche Berechnung der Kondensatmasse μ_W^{kond} nach Gl.(7.48), wenn man die maximal gewinnbare Wärme ent-

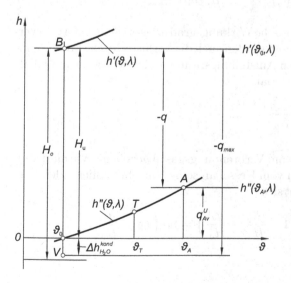

Abbildung 7.8. h, ϑ-Diagramm zur Erläuterung des Abgasverlustes.
$\Delta h_{H_2O}^{kond} = \mu_W^{kond} \Delta h_W(\vartheta_0, \vartheta_0)$
nach Gl.(7.41) und (7.47)

weder durch den kleineren Heizwert $H_u(\vartheta_0)$ oder den etwas größeren Brennwert $H_o(\vartheta_0)$ ersetzt, die reine Brennstoffeigenschaften sind. In Deutschland verwendet man den Heizwert, während z.B. in den USA der Brennwert verwendet wird. Die Wahl des Heizwerts hat den „Vorteil", dass der Abgasverlust kleiner berechnet wird als bei der Verwendung von $H_o(\vartheta_0)$. Solange keine Teilkondensation des im Verbrennungsgas enthaltenen Wasserdampfs eintritt, ist gegen die Verwendung des Heizwerts, bei dessen Definition der Wasserdampf als gasförmig angesehen wird, nichts einzuwenden. Tritt jedoch bei der Abkühlung des Verbrennungsgases Teilkondensation des Wasserdampfs auf, so kann sich bei Verwendung des Heizwerts ein negativer Abgasverlust ergeben. Um dieses widersinnige Ergebnis zu vermeiden, verwendet man nun besser den Brennwert als Maß für die aus dem Brennstoff gewinnbare Energie.

Da die Abgastemperatur ϑ_A so hoch angenommen wurde, dass eine Teilkondensation des Wasserdampfs ausgeschlossen ist, wird der Abgasverlust als der nicht genutzte Teil des Heizwerts definiert:

$$q_{Av}^u := H_u(\vartheta_0) - (-q) = h''(\vartheta_A, \lambda).\tag{7.49}$$

Mit Gl.(7.39b) ergibt sich hieraus

$$q_{Av}^u = \mu_V^+ [h_V^+(\vartheta_A) - h_V^+(\vartheta_0)] + (\lambda - 1)\,l_{min}\,[h_L(\vartheta_A) - h_L(\vartheta_0)]$$

$$+ \lambda\,l_{min}\,X\,[h_W(\vartheta_A) - h_W(\vartheta_0)].\tag{7.50}$$

Der Abgasverlust wächst mit steigendem Luftverhältnis, weswegen man λ nicht unnötig groß wählen sollte. Als feuerungstechnischer Wirkungsgrad wird das Verhältnis

$$\eta_F^u := \frac{-q}{H_u(\vartheta_0)} = 1 - \frac{q_{Av}^u}{H_u(\vartheta_0)} = 1 - \frac{h''(\vartheta_A, \lambda)}{H_u(\vartheta_0)}\tag{7.51}$$

bezeichnet. Der feuerungstechnische Wirkungsgrad erfasst allein den Abgasverlust. Mit dem *Kesselwirkungsgrad* werden auch die Verluste durch Unverbranntes und die Abstrahlung an den Aufstellungsraum berücksichtigt. Mit $|\dot{Q}_n|$ als dem Nutzwärmestrom definiert man

$$\eta_K := \frac{|\dot{Q}_n|}{\dot{m}_B^{zu} H_u} = \eta_B\,\frac{|\dot{Q}| - |\dot{Q}_v|}{\dot{m}_B H_u}.$$

Hierin ist $|\dot{Q}| = \dot{m}_B(-q)$ der vom Verbrennungsgas abgegebene Wärmestrom; $|\dot{Q}_v| = \dot{m}_B|q_v|$ bezeichnet den vom Kessel an seine Umgebung fließenden Verlustwärmestrom. Damit ergibt sich

$$\eta_K = \eta_B\,\frac{|q| - |q_v|}{H_u} = \eta_B\left(1 - \frac{q_{Av}^u}{H_u} - \frac{|q_v|}{H_u}\right) = \eta_B\left(\eta_F^u - \frac{|q_v|}{H_u}\right).$$

Beispiel 7.5. Einem Heizungskessel werden Heizöl EL (mit den Eigenschaften von Tabelle 7.5) und trockene Luft bei $\vartheta_B = \vartheta_L = \vartheta_0 = 20\,°C$ zugeführt. Das Luftverhältnis ist $\lambda = 1{,}15$. Das Abgas verlässt den Kessel mit $\vartheta_A = 200\,°C$. Man berechne den Abgasverlust und den feuerungstechnischen Wirkungsgrad.

Bei der recht hohen Abgastemperatur ist eine Kondensation des im Abgas enthaltenen Wasserdampfs nicht zu erwarten. Es wird daher der Abgasverlust nach Gl.(7.50) berechnet, man erhält mit $X = 0$

$$q_{Av}^u = \mu_V^+\,[\,\overline{c}_{pV}^{+iG}(\vartheta_A)\cdot\vartheta_A - \overline{c}_{pV}^{+iG}(\vartheta_0)\cdot\vartheta_0\,]$$
$$+ (\lambda - 1)\,l_{min}\,[\,\overline{c}_{pL}^{iG}(\vartheta_A)\cdot\vartheta_A - \overline{c}_{pL}^{iG}(\vartheta_0)\cdot\vartheta_0\,]\,.$$

Nach Tabelle 7.5 ist $l_{min} = 14{,}588$; die spezifische Masse des stöchiometrischen Verbrennungsgases ist $\mu_V^+ = 15{,}588$. Die mittleren spezifischen Wärmekapazitäten der trockenen Luft werden Tabelle 10.9 entnommen, die des stöchiometrischen Verbrennungsgases Tabelle 10.10. Damit erhält man

$$q_{Av}^u = (3029{,}75 + 398{,}77)\ kJ/kg = 3428{,}5\ kJ/kg = 3{,}4285\ MJ/kg\,.$$

Mit diesem Wert und dem Heizwert $H_u = 42{,}97\ MJ/kg$ nach Tabelle 7.5 ergibt sich der feuerungstechnische Wirkungsgrad zu $\eta_F^u = 0{,}920$.

7.2.4 Die Nutzung der Wasserdampf-Teilkondensation in Brennwertkesseln

In Abschnitt 7.2.1 wurde auf die Möglichkeit hingewiesen, durch starke Abkühlung des Verbrennungsgases eine Teilkondensation des in ihm enthaltenen Wasserdampfs zu erreichen. Hierdurch sinkt die Enthalpie der Verbrennungsprodukte, und es vergrößert sich die von der Feuerung abgegebene Wärme, durch die bei der Kondensation frei werdende Verdampfungsenthalpie. Um den Vorteil der Wasserdampfkondensation zu nutzen, setzt man so genannte *Brennwertkessel* ein, die vorzugsweise mit Erdgas betrieben werden, Abb. 7.9; denn niedrige Abgastemperaturen lassen sich vorteilhaft mit schwefelfreien Brennstoffen realisieren, weil anderenfalls Korrosionsschäden durch Schwefelsäurebildung auftreten.

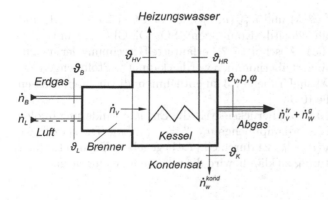

Abbildung 7.9. Schema eines Brennwertkessels mit den Temperaturen und Stoffmengenströmen der Verbrennungsteilnehmer

Ein Heizungskessel ist ein Wärmeübertrager, vgl. Abschnitt 6.3, in dem sich das mit der Rücklauftemperatur ϑ_{HR} zuströmende Heizungswasser auf die Vorlauftemperatur ϑ_{HV} erwärmt, weil Wärme von dem sich abkühlenden Verbrennungsgas durch die Heizfläche an das Heizungswasser übergeht. Brennwertkessel müssen mit möglichst niedrigen Rücklauftemperaturen betrieben werden, da nur dann an den kälteren Teilen der Heizfläche die Taupunkttemperatur des Gas-Dampf-Gemisches „Verbrennungsgas" erreicht wird. Dort bildet sich Kondensat, das den Brennwertkessel mit der Temperatur ϑ_K verlässt. Gegenüber „normalen" Heizungskesseln haben Brennwertkessel vergrößerte Heizflächen, um niedrige Abgastemperaturen ϑ_A zu erreichen.

Erdgase sind Brennstoffe mit bekannter chemischer Zusammensetzung. Bei der Verbrennungsrechnung verwendet man die Stoffmenge n_B als Bezugsgröße und damit die Größen und Gleichungen der Tabelle 7.3. Auch für die Anwendung des 1. Hauptsatzes empfiehlt es sich, Wärme und Enthalpien auf n_B zu beziehen, also mit molaren Größen zu rechnen. Die Energiebilanzgleichung (7.43), in der die Wasserdampfkondensation berücksichtigt ist, erhält dann mit $\vartheta_V = \vartheta_A$ als Abgastemperatur die Gestalt

$$
\begin{aligned}
- Q_m &= H'_m(\vartheta_L, \lambda) - H''_{TK,m}(\vartheta_A, \lambda) \\
&= H'_m(\vartheta_L, \lambda) - H''_m(\vartheta_A, \lambda) + \nu_W^{kond} M_W \, \Delta h_W(\vartheta_A, \vartheta_K) \,.
\end{aligned} \tag{7.52}
$$

Dabei ist $Q_m := Q/n_B = \dot{Q}/\dot{n}_B$, wobei $(-\dot{Q})$ den Wärmestrom bezeichnet, der im Brennwertkessel von den Verbrennungsprodukten an das Heizungswasser übergeht. Die molaren Enthalpiefunktionen

$$
H'_m(\vartheta, \lambda) := H_{um}(\vartheta_0) + \lambda \, L_{min} M_L \left[h^*(\vartheta, X) - h^*(\vartheta_0, X) \right], \tag{7.53}
$$

$$
H''_{TK,m}(\vartheta, \lambda) := H''_m(\vartheta, \lambda) - \nu_W^{kond} M_W \, \Delta h_W(\vartheta, \vartheta_K) \tag{7.54}
$$

mit

$$
H''_m(\vartheta, \lambda) = \sum_K \nu_K(\lambda) \, M_K \left[h_K(\vartheta) - h_K(\vartheta_0) \right],
$$

$$
K = \{ CO_2, H_2O, N_2^*, O_2 \} \tag{7.55}
$$

entsprechen $h'(\vartheta, \lambda)$, $h''(\vartheta, \lambda)$ und $h''_{TK}(\vartheta, \lambda)$ nach den Gl.(7.38), (7.39) und (7.42); in Gl.(7.55) entfällt jedoch die Komponente SO_2. Die Gl.(7.53) und (7.55) sind so formuliert, dass die in Abschnitt 7.2.1 erläuterte Berechnung der spezifischen Enthalpien unverändert übernommen werden kann. Die Stoffmengenverhältnisse L_{min} und $\nu_K(\lambda)$ sind Tabelle 7.3 zu entnehmen; die molaren Massen M_K findet man in Tabelle 10.6.

Der letzte Term in Gl.(7.52) berücksichtigt die Enthalpieänderung infolge der Kondensation der Wasserdampfmenge $n_W^{kond} = \nu_W^{kond} n_B$. Die spezifische Enthalpiedifferenz $\Delta h_W(\vartheta_A, \vartheta_K)$ ist durch Gl.(7.41) gegeben. Um den Einfluss der Kondensattemperatur ϑ_K zu klären, wird diese Beziehung umgeformt:

$$\Delta h_W(\vartheta_A, \vartheta_K) = h_W(\vartheta_A) - h_W^{fl}(\vartheta_K, p_A)$$
$$= h_W(\vartheta_A) - h_W^{fl}(\vartheta_A, p_A) + w_W(\vartheta_A - \vartheta_K). \tag{7.56}$$

Die erste Differenz überwiegt den zweiten Term mit $w_W = 4{,}19$ (kJ/kg K), der spezifischen Wärmekapazität von (flüssigem) Wasser, bei weitem. Die genaue Kenntnis der Temperatur ϑ_K ist daher von untergeordneter Bedeutung; wichtiger ist es, die Kondensatmenge ν_W^{kond} möglichst genau zu bestimmen.

Hierzu muss man den Abgaszustand A, also den Zustand des abströmenden feuchten Verbrennungsgases kennen. Wie Berechnungen des Wärme- und Stoffübergangs bei der Abkühlung und Teilkondensation von Gas-Dampf-Gemischen zeigen [7.8], ist das Abgas nicht mit Wasserdampf gesättigt, so dass neben ϑ_A und p_A auch die relative Feuchte φ_A des Abgases bekannt sein muss. Sie gibt Aufschluss über den Wasserdampfgehalt des Abgases und sollte gemessen werden, was schon H.-H. Vogel [7.9] empfohlen hat. Aus der Verbrennungsrechnung kennt man die Wasserdampfmenge $\nu_W(\lambda)$ vor dem Einsetzen der Kondensation, Gl.(7.31b) in Tabelle 7.3. Die kondensierte Wassermenge ist

$$\nu_W^{kond} = \nu_W(\lambda) - \nu_W^g(\vartheta, p, \varphi),$$

wobei ν_W^g die im feuchten Verbrennungsgas gasförmig verbliebene Wasserdampfmenge ist. Sie lässt sich aus der Wasserdampfbeladung in Bezug auf das trockene Verbrennungsgas berechnen. Hierfür erhält man, in Analogie zu Gl.(7.20), für feuchte Luft, nach dem Gesetz von Dalton

$$\tilde{X}^\circ(\vartheta, p, \varphi) := \frac{n_W^g}{n_V^{tr}} = \frac{\nu_W^g(\vartheta, p, \varphi)}{\nu_V^{tr}(\lambda)} = \frac{p_W^s(\vartheta)}{(p/\varphi) - p_W^s(\vartheta)}. \tag{7.57}$$

Für die molare Stoffmenge ν_V^{tr} des trockenen Verbrennungsgases ergibt sich nach Tabelle 7.3

$$\nu_V^{tr}(\lambda) = \nu_V - \nu_W = \nu_V^+ - \nu_W^+ + (\lambda - 1) L_{min}. \tag{7.58}$$

Mit $\vartheta = \vartheta_A$, $p = p_A$ und $\varphi = \varphi_A$ erhält man für die Kondensatmenge am Austritt aus dem Brennwertkessel

$$\nu_W^{kond}(\vartheta_A, p_A, \varphi_A, \lambda) = \nu_W(\lambda) - \nu_V^{tr}(\lambda) \frac{p_W^s(\vartheta_A)}{(p_A/\varphi_A) - p_W^s(\vartheta_A)}. \tag{7.59}$$

Sollte die Messung der relativen Feuchte φ_A nicht möglich sein, kann man wenigstens eine untere Grenze für die Kondensatmenge dadurch erhalten, dass man in Gl.(7.59) $\varphi_A = 1$ setzt. Dies entspricht der unrealistischen Annahme, zwischen Verbrennungsgas und Kondensat bestehe Phasengleichgewicht, so dass $\vartheta_K = \vartheta_A$ gilt und das Verbrennungsgas mit Wasserdampf gesättigt ist. Dass die Annahme des Phasengleichgewichts nicht zutrifft, zeigt Abb. 7.10 mit dem Temperaturverlauf in einem Strömungsquerschnitt, in dem Wasserdampf an der vom Heizungswasser gekühlten Wand kondensiert und einen dünnen Wasserfilm gebildet hat. Das Verbrennungsgas hat *zwei* charakteristische Temperaturen: Die über den Querschnitt gemittelte Temperatur $\bar{\vartheta}_V$, die nur wenig unter den Temperaturen in der Kernströmung liegt, und

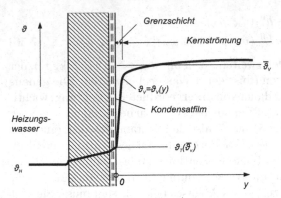

Abbildung 7.10. Temperaturverlauf im Strömungsquerschnitt eines Brennwertkessels bei Wasserdampfkondensation. $\bar{\vartheta}_\mathrm{V}$ Querschnittsmittelwert der Temperatur $\vartheta_\mathrm{V}(y)$ des Verbrennungsgases, y Abstand von der Kondensatoberfläche, $\vartheta_\mathrm{T}(\bar{\vartheta}_\mathrm{V})$ Taupunkttemperatur

die zugehörige Taupunkttemperatur ϑ_T, die merklich kleiner als $\bar{\vartheta}_\mathrm{V}$ ist. Die Temperaturdifferenz $\bar{\vartheta}_\mathrm{V} - \vartheta_\mathrm{T}$ hängt von den Wärmeübergangsverhältnissen ab und kann mit thermodynamischen Überlegungen allein nicht bestimmt werden.

Diese Temperaturdifferenz ist in jenem Querschnitt am größten, in dem die Wasserdampfkondensation einsetzt. Hier ist die *Wandtemperatur* erstmals auf die Taupunkttemperatur ϑ_T^0 des Gas-Dampf-Gemisches vor dem Einsetzen der Kondensation gesunken. Man erhält ϑ_T^0 mit $\vartheta_\mathrm{A} = \vartheta_\mathrm{T}^0$, $p_\mathrm{A} = p^0$ und $\varphi_\mathrm{A} = 1$ aus Gl.(7.59) durch die Bedingung $\nu_\mathrm{W}^{\mathrm{kond}} = 0$ zu

$$p_\mathrm{W}^{\mathrm{s}}(\vartheta_\mathrm{T}^0) = \frac{\nu_\mathrm{W}}{\nu_\mathrm{V}^{\mathrm{tr}} + \nu_\mathrm{W}}\, p^0\,, \tag{7.60}$$

wobei p^0 den Druck des Verbrennungsgases in dem hier betrachteten Querschnitt bezeichnet. Mit einer Dampftafel oder der Dampfdruckgleichung (5.61) lässt sich daraus ϑ_T^0 berechnen. Damit in einem Brennwertkessel überhaupt Wasserdampfkondensation stattfindet, muss die Rücklauftemperatur ϑ_HR des Heizungswassers unter der Taupunkttemperatur ϑ_T^0 nach Gl.(7.60) liegen. Die zu ϑ_T^0 gehörige mittlere Temperatur $\bar{\vartheta}_\mathrm{V}^0$ des Verbrennungsgases wird durch die Wärmeübergangsverhältnisse bestimmt; denn thermodynamisch können zur Taupunkttemperatur ϑ_T^0 beliebig viele Temperaturen $\bar{\vartheta}_\mathrm{V}^0$ gehören. Da jedoch $\bar{\vartheta}_\mathrm{V}^0 \geq \vartheta_\mathrm{T}^0$ ist, kann man ein Kondensat auch bei Abgastemperaturen ϑ_A erhalten, die über der Taupunkttemperatur ϑ_T^0 des Verbrennungsgases liegen.

Im weiteren Verlauf der Abkühlung des Verbrennungsgases sinken seine mittlere Temptur $\bar{\vartheta}_\mathrm{V}$ und die zugehörige Taupunkttemperatur. Dabei ist das Verbrennungsgas ungesättigt und steht nicht im Gleichgewicht mit dem Kondensat. Nur für den theoretischen Grenzfall einer unendlich großen Heizfläche trifft die Annahme des Phasengleichgewichts auf den Austrittsquerschnitt zu. Dann würden nämlich am „kalten Ende" des Brennwertkessels alle Temperaturdifferenzen verschwinden: Das Kondensat und das mit Wasserdampf gesättigte Verbrennungsgas hätten dieselbe Temperatur wie das mit der Rücklauftemperatur ϑ_HR einströmende Heizungswasser. Dies ergibt die größte theoretisch mögliche Kondensatmenge

$$(\nu_W^{\text{kond}})_{\text{max}} = \nu_W(\lambda) - \nu_V^{\text{tr}}(\lambda) \, \frac{p_W^s(\vartheta_{\text{HR}})}{p_A - p_W^s(\vartheta_{\text{HR}})} \, . \tag{7.61}$$

Zur Definition und Berechnung des *Abgasverlustes* wird ein Brennwertkessel betrachtet, dem das Erdgas und die Verbrennungsluft bei der gleichen Temperatur $\vartheta_B = \vartheta_L = \vartheta_0$ zugeführt werden. Sieht man wie in Abschnitt 7.2.3 den Heizwert als Maß für die maximal gewinnbare Wärme an, so ist der molare Abgasverlust als die Differenz

$$Q_{\text{Av,m}}^u := H_{\text{um}}(\vartheta_0) - (-Q_m)$$

zu definieren. Mit Gl.(7.52) und (7.53) ergibt sich

$$Q_{\text{Av,m}}^u = H_m''(\vartheta_A, \lambda) - \nu_W^{\text{kond}} \, M_W \, \Delta h_W(\vartheta_A, \vartheta_K) \, . \tag{7.62}$$

Die Teilkondensation des Wasserdampfs verringert den Abgasverlust, der mit steigender Kondensatmenge ν_W^{kond} auch negativ werden kann. Dies zeigt, dass die Wahl des Heizwerts als Maß für die maximal gewinnbare Wärme beim Auftreten von Wasserdampfkondensation nicht sinnvoll ist. Ein negativer Abgasverlust lässt sich vermeiden, wenn man stattdessen den Brennwert verwendet. Der Abgasverlust wird dann als der nicht genutzte Teil des Brennwerts definiert, man erhält:

$$Q_{\text{Av,m}}^o := H_{\text{om}}(\vartheta_0) - (-Q_m)$$

$$= H_{\text{om}}(\vartheta_0) - H_{\text{um}}(\vartheta_0) + H_m''(\vartheta_A, \lambda) - \nu_W^{\text{kond}} \, M_W \, \Delta h_W(\vartheta_A, \vartheta_K)$$

$$= H_{\text{om}}(\vartheta_0) - H_{\text{um}}(\vartheta_0) + Q_{\text{Av,m}}^u \, . \tag{7.63}$$

Die durch die Gl.(7.62) und (7.63) erfassten Zusammenhänge sind im H_m, ϑ-*Diagramm der Verbrennung* veranschaulicht, Abb. 7.11. Es enthält die Funktion $H_m''(\vartheta, \lambda)$ und die mit a bezeichnete Kurve; sie stellt die Enthalpiefunktion

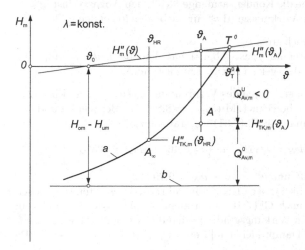

Abbildung 7.11. H_m, ϑ-Diagramm der Verbrennung bei niedrigen Temperaturen zur Erläuterung des Abgasverlustes bei Teilkondensation des Wasserdampfs

$H''_{\text{TK,m}}(\vartheta, \lambda)$ dar unter der nicht zutreffenden Annahme, dass sich das Phasengleichgewicht zwischen dem *mit Wasserdampf gesättigten* Verbrennungsgas und dem Kondensat einstellt. Da das abströmende Verbrennungsgas nicht gesättigt ist ($\varphi_A \leq 1$), wird bei Annahme des Phasengleichgewichts ν_W^{kond} nach Gl.(7.59) zu klein berechnet. Der tatsächlich erreichte Austrittszustand A des ungesättigten Abgases liegt daher in Abb. 7.11 bei $\vartheta = \vartheta_A$ *unter* der Kurve a. Nur im Grenzfall der unendlich großen Heizfläche verhalten sich Abgas und Kondensat bei ihrem Abströmen wie Phasen im Gleichgewicht: Der Zustand A_∞, der die größte theoretisch mögliche Kondensatmenge nach Gl.(7.61) liefert, liegt bei $\vartheta = \vartheta_{\text{HR}}$ auf der Kurve a.

Die Differenz zwischen molarem Brennwert und molarem Heizwert ist, vgl. Gl.(7.46), durch

$$H_{\text{om}}(\vartheta_0) - H_{\text{um}}(\vartheta_0) = \nu_W^+ \, M_W \, \Delta h_W(\vartheta_0, \vartheta_0)$$
$$= \nu_W^+ \, M_W \, [\, h_W(\vartheta_0) - h_W^{\text{fl}}(\vartheta_0) \,]$$

gegeben. Da sich beweisen lässt, dass stets $\nu_W^{\text{kond}} \leq \nu_W^+$ ist, kann der Abgaszustand A in Abb. 7.11 nicht unter der mit b bezeichneten horizontalen Linie liegen: $Q_{\text{Av,m}}^{\text{o}}$ ist (im Gegensatz zu $Q_{\text{Av,m}}^{\text{u}}$) stets positiv. Deshalb definiert man den *feuerungstechnischen Wirkungsgrad* eines Brennwertkessels durch Bezug auf den Brennwert:

$$\eta_F^{\text{o}} := \frac{-Q_{\text{m}}}{H_{\text{om}}(\vartheta_0)} = 1 - \frac{Q_{\text{Av,m}}^{\text{o}}}{H_{\text{om}}(\vartheta_0)} \,. \tag{7.64}$$

Er ist immer kleiner als eins, während der mit H_{um} definierte feuerungstechnische Wirkungsgrad meistens Werte über eins annimmt.

Beispiel 7.6. In einem Brennwertkessel wird das in den Beispielen 7.2 und 7.4 behandelte Erdgas mit trockener Luft ($\tilde{X} = 0$) beim Luftverhältnis $\lambda = 1{,}195$ verbrannt. Es gelte $\vartheta_B = \vartheta_L = \vartheta_0 = 20{,}0\ °C$. Die Rücklauftemperatur des Heizungswassers ist $\vartheta_{\text{HR}} = 35{,}0\ °C$. Man berechne die Kondensatmenge ν_W^{kond}, den Abgasverlust $Q_{\text{Av,m}}^{\text{o}}$ und den feuerungstechnischen Wirkungsgrad η_F^{o} für die beiden folgenden Fälle:

- Die Heizfläche ist unendlich groß.
- Das abströmende Verbrennungsgas (Abgas) hat den durch $\vartheta_A = 48{,}0\ °C$, $p_A = 100\ \text{kPa}$ und $\varphi_A = 0{,}81$ gekennzeichneten Zustand A.

Es wird zuerst die Zusammensetzung des Verbrennungsgases vor dem Einsetzen der Wasserdampfkondensation berechnet. Mit $L_{\min} = 8{,}899$ aus Beispiel 7.2 und den Daten von Tabelle 7.4 erhält man mit Gl.(7.31) von Tabelle 7.3

$$\nu_{\text{CO}_2} = 0{,}966, \quad \nu_{\text{H}_2\text{O}} = \nu_W = 1{,}852, \quad \nu_{\text{N}_2^*} = 8{,}465, \quad \nu_{\text{O}_2} = 0{,}363 \,.$$

Ihre Summe ergibt $\nu_V = 11{,}646$ und $\nu_V^{\text{tr}} = \nu_V - \nu_W = 9{,}794$.

Die Annahme einer unendlich großen Heizfläche führt zu der größten theoretisch möglichen Kondensatmenge nach Gl.(7.61), dem kleinsten Abgasverlust und dem höchsten feuerungstechnischen Wirkungsgrad. Der in Gl.(7.61) auftretende Dampfdruck $p_W^{\text{s}}(\vartheta_{\text{HR}})$ hat nach der Dampftafel [4.45] den Wert $p_W^{\text{s}}(35{,}0\ °C) = 5{,}629\ \text{kPa}$

und ergibt die maximale Kondensatmenge $(\nu_W^{kond})_{max} = 1{,}268 = 0{,}685 \cdot \nu_W$. Somit wären dann 68,5 % des im Verbrennungsgas enthaltenen Wasserdampfs kondensiert.

Um den Abgasverlust $Q^o_{Av,m}$ nach Gl.(7.63) zu erhalten, muss neben den aus Beispiel 7.4 bekannten Größen $H_{um} = 748{,}3$ kJ/mol und $H_{om} = 829{,}8$ kJ/mol die Enthalpiefunktion $H''_m(\vartheta_{HR}, \lambda)$ nach Gl.(7.55) bestimmt werden. Da sich die Temperaturen ϑ_{HR} und ϑ_A nur wenig von ϑ_0 unterscheiden, ersetzt man die in Gl.(7.55) auftretenden molaren Enthalpiedifferenzen durch

$$H''_m(\vartheta, \lambda) = \sum_K \nu_K(\lambda)\, C^{iG}_{pK}(\vartheta - \vartheta_0), \quad K = \{CO_2, H_2O, N_2^*, O_2\}, \tag{7.65}$$

mit konstant angenommenen molaren Wärmekapazitäten, für die die folgenden Werte (bei 25,0 °C) verwendet werden:

K	CO_2	H_2O	N_2^*	O_2
$C^{iG}_{pK}/(\text{kJ/kmol K})$	37,12	33,59	29,03	29,37

Für $\vartheta = \vartheta_{HR} = 35{,}0\,°C$ erhält man $H''_m = 5317$ kJ/kmol $= 5{,}32$ kJ/mol. Mit

$$\Delta h_W(\vartheta_{HR}, \vartheta_{HR}) = h_W(\vartheta_{HR}) - h_W^{fl}(\vartheta_{HR}, p_A)$$
$$= (2566{,}6 - 146{,}7)\ \text{kJ/kg} = 2419{,}9\ \text{kJ/kg}$$

nach [4.45] ergibt sich der molare Abgasverlust aus Gl.(7.64) zu

$$Q^o_{Av,m}(\vartheta_{HR}) = (829{,}8 - 748{,}3 + 5{,}32)\ \text{kJ/mol}$$
$$- 1{,}268 \cdot 18{,}015\ (\text{kg/kmol}) \cdot 2419{,}9\ \text{kJ/kg} = 31{,}54\ \text{kJ/mol} .$$

Der feuerungstechnische Wirkungsgrad wird dann nach Gl.(7.64) $\eta^o_F = 0{,}962$. Dies ist der theoretisch mögliche Höchstwert für eine unendlich große Heizfläche.

Für den in der Aufgabenstellung genannten realen Abgaszustand A erhält man mit $p^s_W(\vartheta_A) = p^s_W(48{,}0\ °C) = 11{,}176$ kPa aus Gl.(7.59) $\nu_W^{kond} = 0{,}877$. Es sind $0{,}877/1{,}852 = 47{,}4\ \%$ der im Verbrennungsgas enthaltenen Wasserdampfmenge kondensiert. Zur Berechnung des Abgasverlustes wird zunächst $\vartheta_K = \vartheta_A$ gesetzt. Dann wird nach Gl.(7.56) mit den Enthalpien aus [4.45]

$$\Delta h_W(\vartheta_A, \vartheta_A) = h_W(\vartheta_A) - h_W^{fl}(\vartheta_A, p_A) = 2389{,}9\ \text{kJ/kg} .$$

Für die molare Enthalpiefunktion $H''_m(\vartheta_A, \lambda)$ erhält man mit Gl.(7.65) $H''_m = 9{,}926$ kJ/mol. Damit wird der Abgasverlust

$$Q^o_{Av,m}(\vartheta_A) = (829{,}8 - 748{,}3 + 9{,}93)\ \text{kJ/mol}$$
$$- 0{,}877 \cdot 18{,}0153\ (\text{kg/kmol}) \cdot 2389{,}9\ \text{kJ/kg} = 53{,}67\ \text{kJ/mol} .$$

Der feuerungstechnische Wirkungsgrad ist nun $\eta^o_F = 0{,}935$.

Für die unbekannte Kondensattemperatur ϑ_K lassen sich eine untere und eine obere Grenze angeben. Die untere Grenze ist die Taupunkttemperatur des Abgases im Zustand A. Sie ergibt sich aus der Bedingung

$$p^s_W(\vartheta_{T,A}) = p_W = \varphi_A\, p^s_W(\vartheta_A) = 9{,}053\ \text{kPa}$$

zu $\vartheta_{T,A} = 43{,}9\ °C$. Die obere Grenze ist die Taupunkttemperatur ϑ_T^0, die in dem Strömungsquerschnitt auftritt, in dem die Wasserdampfkondensation einsetzt. Aus

Gl.(7.60) erhält man hierfür 55,1 °C. Verwendet man das arithmetische Mittel der beiden Grenztemperaturen als Näherungswert, so ergibt sich $\vartheta_K = 49{,}5$ °C. Dieser Wert unterscheidet sich so wenig von $\vartheta_A = 48{,}0$ °C, dass die Ergebnisse für den Abgasverlust und den feuerungstechnischen Wirkungsgrad nicht beeinflusst werden.

Verwendet man den Heizwert anstelle des Brennwerts zur Definition des Abgasverlustes, so erhält man aus Gl.(7.62) den negativen Abgasverlust $Q^{u}_{\mathrm{Av,m}} = -27{,}83$ kJ/mol. Damit ergibt sich

$$\eta^{u}_{\mathrm{F}} := Q_{\mathrm{m}}/H_{\mathrm{um}}(\vartheta_0) = 1 - Q^{u}_{\mathrm{Av,m}}/H_{\mathrm{um}}(\vartheta_0) = 1{,}037\,,$$

also ein feuerungstechnischer Wirkungsgrad, der größer als eins ist.

7.2.5 Die adiabate Verbrennungstemperatur

In diesem Abschnitt wird eine adiabate Feuerung betrachtet, beispielsweise die nahezu adiabate Brennkammer einer Gasturbinenanlage. Das Verbrennungsgas verlässt eine solche Feuerung mit einer hohen Temperatur $\vartheta_V = \vartheta_{\mathrm{ad}}$, die *adiabate Verbrennungstemperatur* genannt wird. Mit $q = 0$ folgt aus der Bilanzgleichung des 1. Hauptsatzes, Gl.(7.40),

$$h''(\vartheta_{\mathrm{ad}}, \lambda) = h'(\vartheta_{\mathrm{L}}, \lambda)\,. \tag{7.66}$$

Danach findet man ϑ_{ad}, indem man im h, ϑ-Diagramm von $h'(\vartheta_{\mathrm{L}}, \lambda)$ aus waagerecht zur Enthalpiekurve $h''(\vartheta, \lambda)$ des Verbrennungsgases hinübergeht und an der Abszisse ϑ_{ad} abliest, Abb. 7.12. Wie man aus dem h, ϑ-Diagramm erkennt, nimmt ϑ_{ad} mit steigender Lufttemperatur ϑ_{L} zu; adiabate Verbrennung mit vorgewärmter Luft führt zu höheren Temperaturen des Verbrennungsgases. Ein zunehmendes Luftverhältnis λ lässt dagegen nach Abb. 7.13 die adiabate Verbrennungstemperatur sinken. Die bei der Verbrennung frei werdende chemische innere Energie muss sich auf eine mit steigendem λ größer werdende Gasmenge „verteilen".

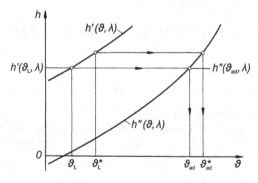

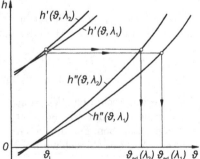

Abbildung 7.12. Bestimmung der adiabaten Verbrennungstemperatur ϑ_{ad} im h, ϑ-Diagramm

Abbildung 7.13. Einfluss des Luftverhältnisses auf die adiabate Verbrennungstemperatur; $\lambda_2 > \lambda_1$

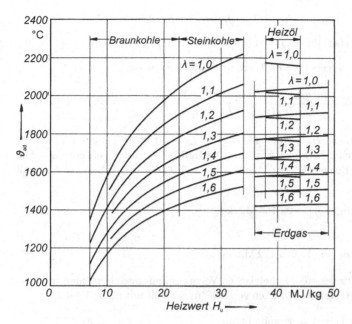

Abbildung 7.14. Adiabate Verbrennungstemperatur ϑ_{ad} von Braunkohle, Steinkohle, Heizöl und Erdgas in Abhängigkeit vom Heizwert H_u und vom Luftverhältnis λ für $\vartheta_B = \vartheta_L = 15\,°C$. Es wurden die von F. Brandt [7.1] angegebenen Beziehungen für die Abhängigkeit der Brennstoffzusammensetzung vom Heizwert benutzt

Auch die Berechnung von ϑ_{ad} geht von Gl.(7.66) aus; man setzt die in Abschnitt 7.2.1 hergeleiteten Ausdrücke für h' und h'' nach Gl.(7.38) bzw. (7.39) ein. Als Ergebnis einer solchen Rechnung zeigt Abb. 7.14 die adiabate Verbrennungstemperatur von Braun- und Steinkohle, von Heizöl und von Erdgas als Funktion des Heizwerts und des Luftverhältnisses. Die so ermittelten Werte von $\vartheta_{ad} > 1800\,°C$ werden jedoch nicht ganz erreicht, weil die in Abschnitt 7.2.1 erwähnten Gase CO, OH, H, O und NO, die Dissoziationsprodukte oder Zwischenprodukte der Hochtemperaturverbrennung sind, nicht berücksichtig wurden. Da die Enthalpie des „dissoziierten Verbrennungsgases" größer ist als die des hier angenommenen nichtdissoziierten, vgl. Abb. 7.6, ergeben sich zu hohe adiabate Verbrennungstemperaturen. Dieser Fehler ist jedoch erst ab 2000 °C erheblich.

Beispiel 7.7. In der adiabaten Brennkammer einer Gasturbinenanlage wird Erdgas H mit den Eigenschaften von Tabelle 7.4 verbrannt. Die Luft wird mit $\vartheta_L = 421,8\,°C$, der Brennstoff mit $\vartheta_B = 20\,°C$ zugeführt. Das Luftverhältnis ist so zu wählen, dass die adiabate Verbrennungstemperatur den Wert $\vartheta_{ad} = 1300\,°C$ erreicht.

Es wird $\vartheta_0 = \vartheta_B = 20\,°C$ gewählt; man erhält aus den Gl.(7.66), (7.38) und (7.39a) mit $X = 0$ (trockene Luft) die in λ lineare Beziehung

$$\mu_V^+ \left[h_V^+(\vartheta_{ad}) - h_V^+(\vartheta_0) \right] + (\lambda - 1)\, l_{min} \left[h_L(\vartheta_{ad}) - h_L(\vartheta_0) \right]$$
$$= H_u(\vartheta_0) + \lambda\, l_{min} \left[h_L(\vartheta_L) - h_L(\vartheta_0) \right] \ .$$

Sie lässt sich nach dem gesuchten Luftverhältnis auflösen, woraus

$$\lambda = \frac{H_u(\vartheta_0) + l_{min} \left[h_L(\vartheta_{ad}) - h_L(\vartheta_0) \right] - \mu_V^+ \left[h_V^+(\vartheta_{ad}) - h_V^+(\vartheta_0) \right]}{l_{min} \left[h_L(\vartheta_{ad}) - h_L(\vartheta_L) \right]}$$

folgt. Nach Tabelle 7.5 ist $H_u = 46{,}33\,\mathrm{MJ/kg}$ und $l_{min} = 15{,}900$. Tabelle 10.9 werden die mittleren spezifischen Wärmekapazitäten der Luft bei ϑ_0 und ϑ_{ad} entnommen. Der Wert für ϑ_L wurde in Beispiel 6.2 zu $\bar{c}_{pL}^{iG}(421{,}8\,^\circ\mathrm{C}) = 1{,}0307\,\mathrm{kJ/kg\,K}$ bestimmt. Damit erhält man

$$l_{min} \left[h_L(\vartheta_{ad}) - h_L(\vartheta_0) \right] = 22{,}765\,\mathrm{MJ/kg}$$

und

$$l_{min} \left[h_L(\vartheta_{ad}) - h_L(\vartheta_L) \right] = 16{,}172\,\mathrm{MJ/kg} \ .$$

Die Enthalpiedifferenz des stöchiometrischen Verbrennungsgases berechnet man mit den in Tabelle 10.10 vertafelten Werten von $\bar{c}_{pV}^{iG+}$ und erhält mit $\mu_V^+ = 1 + l_{min}$

$$\mu_V^+ \left[h_V^+(\vartheta_{ad}) - h_V^+(\vartheta_0) \right] = 27{,}529\,\mathrm{MJ/kg} \ .$$

Damit ergibt sich schließlich $\lambda = 2{,}57$. Der relativ große Luftüberschuss ist erforderlich, um die vorgegebene Temperatur $\vartheta_{ad} = 1300\,^\circ\mathrm{C}$, die zugleich die Austrittstemperatur des Verbrennungsgases ist, nicht zu überschreiten.

7.2.6 Die Exergie der Brennstoffe

In jeder Feuerung wird die durch die Verbrennung freigesetzte chemische Bindungsenergie als Wärme oder als Enthalpie heißer Verbrennungsgase genutzt. Die Gewinnung von technischer Arbeit bei der Verbrennung wurde hierbei noch nicht in Betracht gezogen. Durch Anwenden des 2. Hauptsatzes soll im Folgenden klären, welche Irreversibilitäten bei einem Verbrennungsprozess auftreten und welche Nutzarbeit aus der chemischen Bindungsenergie günstigstenfalls gewonnen werden kann. Das Ziel wird also die Berechnung der Exergie sein, die in einem Brennstoff enthalten ist und die durch den Verbrennungsprozess in die Exergie anderer Energieformen (Wärme, Enthalpie der Verbrennungsgase) umgewandelt wird. Die Irreversibilität des Verbrennungsprozesses wird durch seinen Exergieverlust quantitativ erfasst.

Ein Brennstoff steht bei $T = T_u$ und $p = p_u$ nur im thermischen und mechanischen Gleichgewicht mit der (thermodynamischen) Umgebung; seine physikalische Exergie ist null, er hat aber eine große chemische Exergie. Sie lässt sich als Nutzarbeit gewinnen, wenn man den Brennstoff durch reversible chemische Reaktionen in Umgebungskomponenten überführt und diese durch reversible Mischungsprozesse in den exergielosen Zustand bringt, den sie in der thermodynamischen Umgebung einnehmen, vgl. Abschnitt 5.5.6. Mit dem in jenem Abschnitt behandelten Umgebungsmodell kann die Exergie chemisch definierter Brennstoffe, z.B. die Exergie von Methan, nach dem dort geschilderten Verfahren aus den molaren Standardexergien der Elemente berechnet werden, die in Tabelle 5.8 verzeichnet sind. Da der Brennstoff Kohlenstoff ein Element ist, kann seine Exergie dieser Tabelle sogar direkt entnommen werden: $Ex_C(T_u, p_u) = 405{,}55\,\mathrm{kJ/mol}$. Das Gleiche gilt für H_2 und S. Dabei wurde angenommen, dass $T_u = T_0 = 298{,}15\,\mathrm{K}$ und $p_u = p_0 = 100\,\mathrm{kPa}$ sind, der Umgebungszustand mit dem Standardzustand übereinstimmt. Dies soll auch bei den folgenden Überlegungen vorausgesetzt werden, um die in Abschnitt 5.5.6 verwendete thermodynamische Umgebung und die damit berechneten chemischen Exergien für die Berechnung der Brennstoffexergie nutzbar zu machen.

Um die thermodynamische Bedeutung der Brennstoffexergie zu veranschaulichen und um Berechnungsverfahren für die Exergie chemisch nicht definierter Brennstoffe wie Heizöl oder Kohle zu entwickeln, wird ein anderer Weg zur Bestimmung der Exergie chemisch definierter Brennstoffe gewählt. Hierzu wird die reversible isotherm-isobare Oxidation des Brennstoffs betrachtet, der – wie der Sauerstoff – dem Reaktionsraum von Abb. 7.15 bei $p = p_u$ mit $T = T_u$ zugeführt wird. Die Reaktionsprodukte (Abgase) verlassen den Reaktionsraum unvermischt, und zwar wird jeder Stoff bei der Umgebungstemperatur T_u unter dem vollen Umgebungsdruck p_u abgeführt, Abb. 7.15. Eine Wärmeübertragung findet nur in die oder aus der Umgebung bei der Temperatur T_u statt. Da bei der reversiblen Reaktion die Exergie erhalten bleibt, gilt die Exergiebilanz

$$Ex_{m,B}(T_u, p_u) + O_{min}Ex_{m,O_2}(T_u, p_u) + W_{tm}^{rev} = \sum_i \nu_i\, Ex_{m,i}(T_u, p_u)\,.$$

Die als Wärme Q_m^{rev} an die Umgebung übertragene Energie ist reine Anergie; sie tritt in der Exergiebilanz nicht auf. In ihr bedeuten $Ex_{m,B}$, Ex_{m,O_2} und $Ex_{m,i}$ die molaren Exergien des Brennstoffs, des Sauerstoffs und der Reaktionsprodukte CO_2, H_2O, SO_2; die ν_i sind ihre stöchiometrischen Zahlen in der Reaktionsgleichung. Die auf die Stoffmenge des Brennstoffs bezogene Arbeit W_{tm}^{rev} ist die in Abschnitt 5.5.5 eingeführte molare *reversible Reaktionsarbeit*

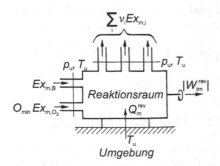

Umgebung

Abbildung 7.15. Zur Bestimmung der Brennstoffexergie

$$W_{\text{tm}}^{\text{rev}} = \Delta^R G_{\text{m}}(T_{\text{u}}, p_{\text{u}}) = \Delta^R H_{\text{m}}(T_{\text{u}}, p_{\text{u}}) - T_{\text{u}} \Delta^R S_{\text{m}}(T_{\text{u}}, p_{\text{u}})$$
$$= -H_{\text{om}}(T_{\text{u}}) - T_{\text{u}} \Delta^R S_{\text{m}}(T_{\text{u}}, p_{\text{u}})$$

der isotherm-isobaren Oxidationsreaktion, die bei allen Oxidationsreaktionen negativ ist. Damit erhält man für die molare Brennstoffexergie

$$Ex_{\text{m,B}}(T_{\text{u}}, p_{\text{u}}) = -W_{\text{tm}}^{\text{rev}}(T_{\text{u}}, p_{\text{u}}) + \Delta Ex_{\text{m}}(T_{\text{u}}, p_{\text{u}})$$
$$= H_{\text{om}}(T_{\text{u}}) + T_{\text{u}} \Delta^R S_{\text{m}}(T_{\text{u}}, p_{\text{u}}) + \Delta Ex_{\text{m}}(T_{\text{u}}, p_{\text{u}}) \,, \qquad (7.67)$$

wobei zur Abkürzung

$$\Delta Ex_{\text{m}}(T_{\text{u}}, p_{\text{u}}) := \sum_i \nu_i \, Ex_{\text{m,i}}(T_{\text{u}}, p_{\text{u}}) - O_{\min} \, Ex_{\text{m,O}_2}(T_{\text{u}}, p_{\text{u}}) \qquad (7.68)$$

gesetzt wurde. Dieser Term ist nicht gleich null, weil auch der Sauerstoff und die Reaktionsprodukte bei T_{u} und p_{u} eine chemische Exergie besitzen; er trägt jedoch nur wenige Prozent zur Brennstoffexergie bei.

Die Brennstoffexergie wird im Wesentlichen durch den Betrag der reversiblen Reaktionsarbeit ihrer Oxidationsreaktion bestimmt. Diese unterscheidet sich nicht allzu viel vom molaren Brennwert H_{om}, weil auch der Term mit der molaren Reaktionsentropie $\Delta^R S_{\text{m}}(T_{\text{u}}, p_{\text{u}})$ relativ klein ist. Dies zeigen die Beispiele Kohlenstoff C und Wasserstoff H_2. Nach Tabelle 10.6 erhält man für Kohlenstoff mit $H_{\text{om}} = H_{\text{um}} = 393{,}51 \,\text{kJ/mol}$

$$-W_{\text{tm}}^{\text{rev}} = H_{\text{om}} + T_{\text{u}} \left(S_{\text{CO}_2}^{\square} - S_{\text{O}_2}^{\square} - S_{\text{C}}^{\square} \right)$$
$$= 393{,}51 \,\text{kJ/mol} + 298{,}15 \,\text{K} \, (213{,}785 - 205{,}152 - 5{,}74) \,\text{J/(mol K)}$$
$$= (393{,}51 + 0{,}863) \,\text{kJ/mol} = 394{,}37 \,\text{kJ/mol} \,.$$

Hier könnte sogar noch etwas mehr Arbeit gewonnen werden, als der Heizwert angibt, weil die Reaktionsentropie positiv ist. Es wird in diesem Fall Wärme aus der Umgebung aufgenommen, die zur reversiblen Reaktionsarbeit beiträgt. Bei der reversiblen Oxidation von Wasserstoff tritt der von allen Brennstoffen größte Unterschied zwischen Brennwert und reversibler Reaktionsarbeit auf, da zwei entropiereiche Gase als Edukte zuströmen und das Reaktionsprodukt Wasser als entropieärmere Flüssigkeit den Reaktionsraum verlässt. Man erhält

$$-W_{\text{tm}}^{\text{rev}} = H_{\text{om}} + T_{\text{u}} \left(S_{\text{H}_2\text{O}}^{\text{fl}\square} - S_{\text{H}_2}^{\square} - (1/2) S_{\text{O}_2}^{\square} \right)$$
$$= 285{,}84 \,\text{kJ/mol} + 298{,}15 \,\text{K} \, (69{,}93 - 130{,}680$$
$$- 0{,}5 \cdot 205{,}152) \,\text{J/(mol K)}$$
$$= (285{,}84 - 48{,}696) \,\text{kJ/mol} = 237{,}14 \,\text{kJ/mol} = 0{,}8296 \, H_{\text{om}} \,.$$

In ähnlicher Weise lassen sich die reversiblen Reaktionsarbeiten anderer Verbrennungsreaktionen berechnen. Wie die in Tabelle 10.13 aufgeführten Werte zeigen, unterscheiden sich $W_{\text{tm}}^{\text{rev}}$ und H_{om} nur wenig. Die im Brennwert erfasste chemische Energie ist demnach weitgehend als umwandelbare Energie anzusehen. Alle technischen Verbrennungsprozesse, die chemische Energie in Wärme oder innere Energie umwandeln, sind irreversibel und mit großen Verlusten im Sinne des 2. Hauptsatzes, also mit einer Energieentwertung verbunden. Sie äußert sich quantitativ im Exergieverlust der Verbrennung, der im nächsten Abschnitt behandelt wird.

Die reversible Reaktionsarbeit $W_{tm}^{rev} = \Delta^R G_m(T_u, p_u)$ als Hauptbestandteil der molaren Exergie $Ex_{m,B}$ ist eine Brennstoffeigenschaft und hängt daher nicht von den Eigenschaften der Umgebung ab. Die Wahl der thermodynamischen Umgebung wirkt sich nur in dem relativ kleinen Term $\Delta Ex_m(T_u, p_u)$ nach Gl.(7.68) aus. Seiner Berechnung wird das in Abschnitt 5.5.6 verwendete Umgebungsmodell von Ch. Diederichsen [7.10] zugrunde gelegt. Es ist eine Gleichgewichtsumgebung mit großer Erdähnlichkeit, die sich aus Verbindungen der 17 häufigsten Elemente der Erde zusammensetzt. Die in Gl.(7.68) auftretenden molaren Exergien der Verbrennungsprodukte und des Sauerstoffs wurden schon in Abschnitt 5.5.6 berechnet, vgl. Beispiel 5.18. Für den Standardzustand als Umgebungszustand resultieren die molaren chemischen Exergien

$$Ex_{m,CO_2} = 16{,}15\,\text{kJ/mol}\,, \quad Ex_{m,H_2O}^{fl} = 0{,}022\,\text{kJ/mol}\,,$$

$$Ex_{m,SO_2} = 236{,}4\,\text{kJ/mol}\,, \quad Ex_{m,O_2} = 4{,}967\,\text{kJ/mol}\,.$$

Die damit berechneten Werte von $\Delta Ex_m(T_u, p_u)$ sind für alle Kohlenwasserstoffe kleiner als $0{,}016\,H_{om}$; Kohlenstoff hat den Wert $0{,}0284\,H_{om}$, während Wasserstoff ein negatives $\Delta Ex_m = -0{,}00857\,H_{om}$ hat. Wegen der großen Standardexergie von SO_2 sind die Werte für Schwefel und die Schwefelverbindungen erheblich größer.

Die damit nach Gl.(7.67) berechneten molaren Exergien chemisch einheitlicher Brennstoffe enthält Tabelle 10.13. Die Exergien gasförmiger Brennstoffe erreichen etwa 95% des Brennwerts mit der bemerkenswerten Ausnahme von Wasserstoff mit $Ex_{m,H_2} = 0{,}8211\,H_{om}$. Die Exergien der flüssigen Verbindungen liegen etwa 2% unter ihrem Brennwert. Dagegen haben die Schwefelverbindungen Exergien, die den Brennwert weit übertreffen.

Mit den Angaben von Tabelle 10.13 lassen sich auch die *Exergien von Erdgasen* berechnen, wenn die Zusammensetzung des Gasgemisches in Stoffmengenanteilen x_i bekannt ist. Es gilt die in Beispiel 5.18 hergeleitete Gl.(5.158) für die Exergie idealer Gasgemische. Wie Rechnungen für Erdgase unterschiedlicher Zusammensetzung zeigen, besteht in sehr guter Näherung ein linearer Zusammenhang zwischen $Ex_{m,B}$ und dem molaren Heizwert bzw. dem molaren Brennwert. Diese Beziehungen lauten:

$$Ex_{m,B}/H_{um} = 1{,}0313 - 3{,}3968\,(\text{kJ/mol})/H_{um}\,,$$
$$600\,\text{kJ/mol} < H_{um} < 875\,\text{kJ/mol}\,,$$

$$Ex_{m,B}/H_{om} = 0{,}9389 - 10{,}4465\,(\text{kJ/mol})/H_{om}\,,$$
$$660\,\text{kJ/mol} < H_{om} < 970\,\text{kJ/mol}\,.$$

Im Mittel gilt in guter Näherung $Ex_{m,B}/H_{um} = 1{,}027$.

Die Exergie chemisch nicht definierter Brennstoffe, insbesondere die von Kohle und Heizöl, lässt sich nach Gl.(7.67) nicht ohne weiteres bestimmen, weil die zur Berechnung der Reaktionsentropie $\Delta^R S_m$ benötigte konventionelle Entropie des Brennstoffs nicht bekannt ist. Diese Größe hat H.D. Baehr [7.11] abgeschätzt und ein Verfahren angegeben, mit dem man die spezifische Exergie chemisch nicht definierter Brennstoffe aus ihrer Elementaranalyse mit einer Unsicherheit von etwa 1% berechnen kann. Dieses Verfahren lässt sich mit den linearen Gleichungen kombinieren, die F. Brandt [7.1] als empirisch ermittelten Zusammenhang zwischen den Massenanteilen γ_i der Elementaranalyse und dem Heizwert oder Brennwert von Kohle und Heizöl gefunden hat. Es ergeben sich lineare Beziehungen zwischen ex_B und H_u bzw. ex_B und H_o [7.12].

Mit dem hier benutzten Umgebungsmodell erhält man für die Verhältnisse ex_B/H_u und ex_B/H_o die folgenden Gleichungen:

Kohle:

$$ex_B/H_u = 0{,}967 + 2{,}389\,(\mathrm{MJ/kg})/H_u\,, \quad H_u < 33\,\mathrm{MJ/kg}\,,$$
$$ex_B/H_o = 1{,}007 + 0{,}155\,(\mathrm{MJ/kg})/H_o\,, \quad H_o < 34\,\mathrm{MJ/kg}\,.$$

Heizöl:

$$ex_B/H_u = 1{,}075 - 1{,}150\,(\mathrm{MJ/kg})/H_u\,, \quad 38\,\mathrm{MJ/kg} < H_u < 44\,\mathrm{MJ/kg}\,,$$
$$ex_B/H_o = 0{,}911 + 3{,}307\,(\mathrm{MJ/kg})/H_o\,, \quad 40\,\mathrm{MJ/kg} < H_o < 47\,\mathrm{MJ/kg}\,.$$

Das Verhältnis ex_B/H_o weicht nur wenig von eins ab; in grober Näherung kann die Exergie chemisch nicht definierter Brennstoffe gleich dem Brennwert gesetzt werden.

7.2.7 Der Exergieverlust der adiabaten Verbrennung

Der in einer Feuerung auftretende Exergieverlust setzt sich aus zwei Teilen zusammen: aus dem Exergieverlust eines als adiabat angenommenen Verbrennungsprozesses und aus dem Exergieverlust bei der Abkühlung des Verbrennungsgases. Der Exergieverlust bei der Wärmeübertragung lässt sich nach Abschnitt 6.3.3 bestimmen. Es wird daher nur die Berechnung des Exergieverlustes der adiabaten Verbrennung diskutiert.

Für einen adiabaten Prozess erhält man den Exergieverlust aus der Entropieänderung aller am Prozess beteiligten Stoffströme. Diese Entropiebilanz ist

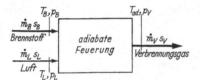

Abbildung 7.16. Schema der Entropieströme bei einer adiabaten Feuerung

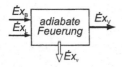

Abbildung 7.17. Exergieströme in einer adiabaten Feuerung

in Abb. 7.16 veranschaulicht. Bezieht man alle Größen auf die Masse bzw. den Massenstrom des Brennstoffs, so erhält man für den spezifischen Exergieverlust

$$ex_\mathrm{v} = T_\mathrm{u}\, s_\mathrm{irr} = T_\mathrm{u}\left[\mu_\mathrm{V}\, s_\mathrm{V}(T_\mathrm{ad}, p_\mathrm{V}) - s_\mathrm{B}(T_\mathrm{B}, p_\mathrm{B}) - \lambda\, l_\mathrm{min}\, s^*(T_\mathrm{L}, p_\mathrm{L})\right]. \tag{7.69}$$

In diese Gleichung sind nur konventionelle Entropien im Sinne des 3. Hauptsatzes einzusetzen, vgl. Abschnitt 5.5.4.

Für die auf m_B bezogene Entropie des Verbrennungsgases erhält man unter Berücksichtigung der Mischungsentropie

$$\mu_\mathrm{V}\, s_\mathrm{V}(T, p) = \sum_\mathrm{K} \mu_\mathrm{K}\{\, s_\mathrm{K}^\mathrm{T}(T) - R_\mathrm{K}[\ln(p/p_0) + \ln(\mu_\mathrm{K}\, R_\mathrm{K}/\mu_\mathrm{V}\, R_\mathrm{V})]\,\},$$

$$\mathrm{K} = \{CO_2, H_2O, N_2^*, O_2\},$$

mit $\mu_\mathrm{V}\, R_\mathrm{V} = \sum_\mathrm{K} \mu_\mathrm{K}\, R_\mathrm{K}$. Die Massenverhältnisse $\mu_\mathrm{K} = \mu_\mathrm{K}(\lambda)$ sind durch Gl.(7.16) gegeben. Die spezifischen Entropien $s_\mathrm{K}^\mathrm{T}(T)$ bei Standarddruck p_0 lassen sich mit Gl.(10.6) und den Koeffizienten der Tabelle 10.7 – für N_2^* der Tabelle 10.8 – berechnen. Die spezifische Entropie $s^*(T, p, X)$ der feuchten Verbrennungsluft ergibt sich aus Gl.(5.78). Um auch hier Entropien unter Berücksichtigung des 3. Hauptsatzes zu erhalten, sind die spezifische Entropie

$$s_\mathrm{L}(T, p) = s_\mathrm{L}^\mathrm{T}(T) - R_\mathrm{L}\, \ln(p/p_0)$$

der trockenen Luft mit $s_\mathrm{L}^\mathrm{T}(T)$ nach Gl.(10.6) und den Koeffizienten der Tabelle 10.8 sowie die spezifische Entropie

$$s_\mathrm{W}(T, p) = s_\mathrm{W}^\mathrm{T}(T) - R_\mathrm{W}\, \ln(p/p_0)$$

des Wasserdampfs mit $s_\mathrm{W}^\mathrm{T}(T)$ nach Gl.(10.6) und den Koeffizienten der Tabelle 10.7 zu berechnen. Die in Gl.(5.78) auftretende Mischungsentropie $\Delta^\mathrm{M} s^*(X)$ der feuchten Luft ergibt sich aus der Beziehung, die in Abschnitt 5.3.7 unmittelbar vor der Gl.(5.81) steht.

Die spezifische Entropie s_B des Brennstoffs lässt sich nur für chemisch einheitliche Stoffe oder für Gemische aus bekannten Komponenten angeben, dagegen nicht für Brennstoffe wie Kohle oder Öl, bei denen man nur die Elementaranalyse kennt. Die hier benötigte Standardentropie hat H.D. Baehr [7.12] zu $s_\mathrm{B} = (3{,}5 \pm 1{,}0)\,\mathrm{kJ/kg\,K}$ für Heizöl und andere flüssige Brennstoffe abgeschätzt. Sieht man einen festen Brennstoff als Gemenge aus der brennbaren Substanz, dem Wasser und der Asche an, so gilt

$$s_\mathrm{B} = (1 - \gamma_\mathrm{W} - \gamma_\mathrm{A})s_\mathrm{B}' + \gamma_\mathrm{W}\, s_\mathrm{W} + \gamma_\mathrm{A}\, s_\mathrm{A}.$$

Eine Abschätzung der Standardentropie des brennbaren Anteils liefert $s_\mathrm{B}' = (1{,}7 \pm 1{,}0)\,\mathrm{kJ/kg\,K}$, während für Wasser $s_\mathrm{W} = 3{,}881\,\mathrm{kJ/kg\,K}$ gilt. Den Ascheanteil wird man

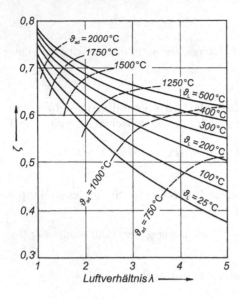

Abbildung 7.18. Exergetischer Wirkungsgrad der adiabaten Verbrennung von Gasöl (Heizöl EL, Dieselkraftstoff) in Abhängigkeit vom Luftverhältnis λ und der Temperatur ϑ_L der vorgewärmten Luft

weglassen, weil auch bei der Berechnung von s_{irr} mit Gl.(7.69) die Asche unberücksichtigt blieb. Im Allgemeinen liefert von den drei Termen in Gl.(7.69) s_B den kleinsten Beitrag, so dass die hier angegebenen Abschätzungen keinen allzu großen Fehler verursachen dürften.

Der Exergieverlust ex_v der adiabaten Verbrennung wird durch zwei Parameter beeinflusst: durch das Luftverhältnis λ und die Temperatur ϑ_L der Luft. Mit zunehmendem Luftverhältnis vergrößert sich der Exergieverlust, während er mit wachsendem ϑ_L, also bei Verbrennung mit vorgewärmter Luft, kleiner wird. Es kann ein *exergetischer Wirkungsgrad der Verbrennung* durch

$$\zeta := \frac{\dot{E}x_V - \dot{E}x_L}{\dot{E}x_B} = 1 - \frac{\dot{E}x_v}{\dot{E}x_B} = 1 - \frac{ex_v}{ex_B} ,$$

definiert werden, vgl. Abb. 7.17, wo die Exergieströme veranschaulicht sind. Abbildung 7.18 zeigt am Beispiel der adiabaten Verbrennung von Heizöl EL, vgl. Tabelle 7.5, wie sich der exergetische Wirkungsgrad ζ mit dem Luftverhältnis λ und der Temperatur ϑ_L der vorgewärmten Luft ändert. Ohne Luftvorwärmung ($\vartheta_L = 25\,°\text{C}$) tritt bei $\lambda \approx 1$ ein Exergieverlust von etwa 30% der Brennstoffexergie auf, der sich mit zunehmendem Luftverhältnis auf 50 bis 60% vergrößert. Luftvorwärmung verbessert den exergetischen Wirkungsgrad besonders bei hohen Werten von λ. In Abb. 7.18 sind außerdem Kurven konstanter adiabater Verbrennungstemperatur eingezeichnet.

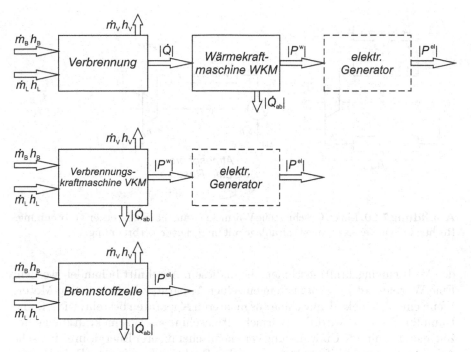

Abbildung 7.19. Energiewandlungspfade zur Bereitstellung der Nutzenergieform P^{el}

7.3 Verbrennungskraftanlagen

Der bisher behandelte, grundlegende Verbrennungsprozess wandelt chemische innere Energie des Brennstoffs U_{chem} in Wärmeenergie Q um. In vielen technischen Anwendungen wird aber Wellenarbeit W^{W} oder elektrische Energie W^{el} als Nutzenergieform benötigt. Um auch diese Nutzenergieformen aus der (bislang üppig in der Natur) zur Verfügung stehenden chemischen Energie fossiler Brennstoffe bereitstellen zu können, müssen dem Energiewandlungsschritt ,Verbrennung' noch weitere Wandlungsschritte nachgeschaltet werden. Diese wichtigen Energiewandler sind zum einen die Wärmekraftmaschine, in welcher Wärmeenergie Q nach Maßgabe des 1. und des 2. Hauptsatzes in Wellenarbeit W^{W} umgewandelt wird[3], sowie der elektrische Generator, der die Umwandlung von Wellenarbeit W^{W} in elektrische Arbeit W^{el} ermöglicht, vgl. Abb. 7.19. Die Wärmekraftmaschine, die in den meisten Fällen durch einen Kreisprozess realisiert ist, wird ausführlich im nachfolgenden Kapitel 8 behandelt.

Eine unter besonderen Umständen mögliche und sinnvolle Integration des Energiewandlungsschrittes ,Verbrennung' in die Wärmekraftmaschine führt zu

---

[3] Formal müsste dieser Energiewandler als Wärmearbeitsmaschine bezeichnet werden. Der Begriff Wärmekraftmaschine wurde zu einer Zeit geprägt, als der Energiebegriff noch nicht sauber definiert war.

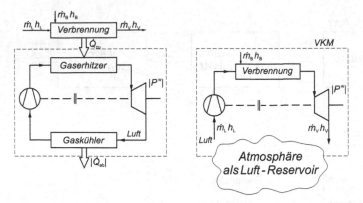

Abbildung 7.20. Links: Geschlossene Wärmekraftanlage mit externer Verbrennung. Rechts: Offene Verbrennungskraftanlage mit integrierter Verbrennung.

den Verbrennungskraftmaschinen, die in diesem Abschnitt behandelt werden. Eine Wärmekraft*maschine* ist ein einzelner Apparat, z.B. ein Stirling-Motor. Wenn eine Wärmekraftmaschine aus mehreren Apparaten besteht, wie z.B. die Dampfkraftanlage, wird die Wärmekraftmaschine als Wärmekraftanlage bezeichnet. Die direkte Umwandlung von chemischer innerer Energie in elektrische Arbeit gelingt mit Hilfe elektrochemischer Reaktionen, wie sie z.B. in Brennstoffzellen realisiert werden. Diese Energiewandler werden in Abschnitt 7.4 behandelt.

Den Verbrennungskraftmaschinen liegt ein besonderer Kreisprozess zugrunde. Ein Kreisprozess ist, vgl. Abschnitt 8.1, ein geschlossener, sich kontinuierlich wiederholender Prozess eines Arbeitsfluids, das als Energieträger die notwendigen Prozessschritte verknüpft. Wenn speziell Luft als Arbeitsfluid gewählt wird, kann man den Kreisprozess aufschneiden und als offenen Prozess gestalten. Dazu wird auf die notwendige Abkühlung des Arbeitsfluids in einem Wärmeübertrager zur Entropie-Abfuhr verzichtet und das warme, entropiereiche Arbeitsfluid direkt in die Atmosphäre entlassen. Da in der Atmosphäre praktisch umbegrenzt frisches Arbeitsfluid bei Umgebungstemperatur zur Verfügung steht, kann anstelle des geschlossenen Prozesses immer frisches Arbeitsfluid angesaugt werden. Gleichzeitig kann die Verbrennung als Wärmezufuhr in den Prozess integriert werden, da nun kontinuierlich Luftsauerstoff zur Verfügung steht und das Verbrennungsgas als chemisch verändertes Arbeitsfluid kontinuierlich abgelassen wird, vgl. Abb. 7.20. Durch diese Integration vereinfacht sich der apparative Aufwand, sodass sich Verbrennungskraftanlagen in großem Stil durchgesetzt haben. Die wichtigste Ausführung von Verbrennungskraftanlagen ist die offene Gasturbinenanlage, vgl. Abschnitt 7.3.2, und von Verbrennungskraftmaschinen der Verbrennungsmotor, vgl. Abschnitt 7.3.5.

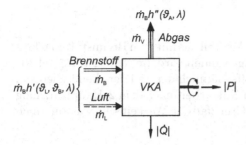

Abbildung 7.21. Leistungsbilanz einer Verbrennungskraftanlage

7.3.1 Leistungsbilanz und Wirkungsgrad

Eine Verbrennungskraftanlage ist ein offenes System, dem Brennstoff und Luft zugeführt werden; das Verbrennungsgas verlässt das System als Abgas. Neben der gewünschten Nutzleistung P wird ein Wärmestrom $\dot{Q}$ abgegeben, sofern die Verbrennungskraftanlage nach außen nicht adiabat ist. Die Leistungsbilanz für den stationären Fall

$$\dot{Q} + P = \dot{m}_B \left[h''(\vartheta_V, \lambda) - h'(\vartheta_L, \lambda) \right]$$

ist in Abb. 7.21 veranschaulicht, wobei vollständige Verbrennung vorausgesetzt wird. In der Regel werden Luft und Brennstoff mit gleicher Temperatur zugeführt, so dass $\vartheta_B = \vartheta_L = \vartheta_0$, mit ϑ_0 als willkürlich wählbare Bezugstemperatur gesetzt werden kann. Die auf die Masse des Brennstoffs bezogene Enthalpie h' von Luft und Brennstoff ist durch Gl.(7.38), die Enthalpie h'' des Verbrennungsgases durch Gl.(7.39) gegeben. Mit dem spezifischen Abgasverlust q_{Av}^u nach Gl.(7.49) ergibt sich die abgegebene Nutzleistung, die im Folgenden ohne Index geschrieben wird, zu

$$-P = \dot{m}_B \left[H_u(\vartheta_0) - q_{Av}^u(\vartheta_V) \right] - |\dot{Q}|,$$

wobei $\dot{Q} < 0$ angenommen wurde. $(-P)$ wird durch die Brennstoffleistung $\dot{m}_B H_u$ bestimmt. Leistungsmindernd wirken sich der Abgasverlust $\dot{m}_B q_{Av}^u$ und der abgeführte Wärmestrom aus. Dieser lässt sich bei den Verbrennungsmotoren bisher nicht vermeiden, weil die Zylinderwände gekühlt werden müssen, um ihre thermische Überbeanspruchung und ein Verbrennen des Schmieröls zu verhindern.

Zur Bewertung der Energieumwandlung definiert man den (Gesamt-) Wirkungsgrad

$$\eta := \frac{-P}{\dot{m}_B H_u} = 1 - \frac{q_{Av}^u}{H_u} - \frac{|\dot{Q}|}{\dot{m}_B H_u}.$$

Er ist auf der Basis der Leistungsbilanz des 1. Hauptsatzes gebildet und berücksichtigt nicht die Aussagen des 2. Hauptsatzes. Dagegen gibt der exergetische (Gesamt-)Wirkungsgrad

$$\zeta := (-P)/\dot{m}_B \, ex_B$$

der Verbrennungskraftanlage an, welcher Teil des mit dem Brennstoff zugeführten Exergiestroms in Nutzleistung umgewandelt wird. Im Nenner von ζ steht die spezifische Exergie ex_B des Brennstoffs, nämlich der Teil der chemischen Bindungsenergie, dessen Umwandlung in Nutzarbeit nach dem 2. Hauptsatz möglich ist. Daher nimmt ζ im reversiblen Grenzfall den Wert eins an, was auf η nicht zutrifft. Es gilt vielmehr

$$\eta = (ex_B/H_u)\,\zeta \leqq ex_B/H_u \ .$$

Das Verhältnis ex_B/H_u hat für flüssige Brennstoffe in guter Näherung den Wert 1,05 und für Erdgas 1,027. Eine Verbrennungskraftanlage könnte danach Wirkungsgrade über eins erreichen. Das ist jedoch deswegen grundsätzlich nicht möglich, weil man sich mit der Wahl einer Verbrennungskraftanlage entschieden hat, die irreversible Verbrennung mit ihrem hohen Exergieverlust hinzunehmen. Somit bildet der in Abschnitt 7.2.7 bestimmte exergetische Wirkungsgrad der adiabaten Verbrennung die Obergrenze für ζ. Praktisch werden erheblich niedrigere exergetische Wirkungsgrade erreicht, da weitere Exergieverluste auftreten. So bleiben die (Gesamt-)Wirkungsgrade η auch moderner Gasturbinenanlagen unter 42%. Dieselmotoren haben effektive Wirkungsgrade von etwa 43%; große aufgeladene, langsam laufende Motoren erreichen sogar Wirkungsgrade bis 52%. Die effektiven Wirkungsgrade von Ottomotoren liegen dagegen nur zwischen 25 und 36%.

7.3.2 Die einfache Gasturbinenanlage

Die einfache Gasturbinenanlage besteht aus nur drei Komponenten, dem Luftverdichter, der Brennkammer und der Gasturbine, vgl. Abb. 7.22. Sie bietet den Vorteil einer kompakten Bauweise. Kompliziertere Anlagen mit mehreren Verdichtern und Zwischenkühlung der Luft oder mit einem zusätzlichen Wärmeübertrager zur Luftvorwärmung durch das Turbinenabgas haben sich aus wirtschaftlichen Gründen bisher nur in Ausnahmefällen durchsetzen können. Zur Reduzierung der Stickoxid-Emission und auch zur Leistungssteigerung wird bei einigen Maschinen Wasserdampf in den Verdichter eingespritzt [7.13].

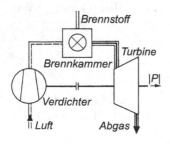

Abbildung 7.22. Schaltbild einer offenen Gasturbinenanlage als Beispiel einer Verbrennungskraftanlage

Gasturbinen dienen als schnell in Betrieb zu setzende Anlagen kleiner und mittlerer Leistung der Deckung von Spitzenlasten, als Stromerzeuger in Industriebetrieben und zur Notstromerzeugung. Gasturbinen großer Leistung werden in Kombination mit einer nachgeschalteten Dampfturbine in Gas-Dampf-Kraftwerken eingesetzt, worauf in Abschnitt 8.2.5 eingegangen wird. Ein weiteres Einsatzgebiet der Gasturbine ist der Flugzeugantrieb, vgl. hierzu Abschnitt 7.3.4; sie dient auch zum Antrieb von Schiffen.

Die Berechnung des Gasturbinenprozesses unter Berücksichtigung der Verbrennung, der thermodynamischen Eigenschaften des Verbrennungsgases und der Schaufelkühlung ist relativ aufwendig. Um die wichtigsten Zusammenhänge einfacher und klarer darzustellen, soll die thermodynamisch ausführliche Behandlung auf den nächsten Abschnitt verschoben werden; hier wird der Berechnung zunächst ein stark vereinfachtes Modell zugrunde gelegt. Hierbei wird die in der Brennkammer stattfindende Verbrennung durch eine äußere Wärmezufuhr ersetzt. Das Arbeitsgas ist in allen Teilen des Prozesses Luft. Die unter diesen Vereinfachungen ausgeführten Rechnungen ergeben noch keine quantitativ richtigen Resultate, sie zeigen aber die Zusammenhänge zwischen den charakteristischen Prozessgrößen in zutreffender Weise.

Unter den genannten Vereinfachungen lassen sich die Zustandsänderungen der Luft in einem h, s-Diagramm, Abb. 7.23, darstellen. Die Verdichtung $0 \to 1$ ist ein irreversibler adiabater Prozess, der durch den isentropen Wirkungsgrad η_{sV} oder den polytropen Wirkungsgrad $\eta_{\nu V}$ des Verdichters gekennzeichnet wird, vgl. Abschnitt 6.2.4. Der Druckabfall in der Brennkammer wird vernachlässigt, es gilt $p_2 = p_1 = p$. Die irreversible Expansion in der adiabaten Turbine mit dem isentropen Turbinenwirkungsgrad η_{sT} bzw. dem polytropen Wirkungsgrad $\eta_{\nu T}$ soll wieder auf den Ansaugdruck der Luft führen: $p_3 = p_0$. Der reversible Prozess $01'23'$ wird als Joule-Prozess bezeichnet. Die von der Turbine abgegebene Leistung $(-P_{23})$ dient zum Antrieb des Verdichters, der die Leistung P_{01} benötigt, und liefert die Nutzleistung $(-P)$. Bei der Leistungsabgabe der Turbine treten mechanische Reibungsverluste auf; diese werden durch den mechanischen Wirkungsgrad

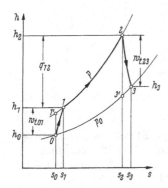

Abbildung 7.23. Zustandsänderungen der Luft beim Modellprozess der einfachen Gasturbinenanlage

$$\eta_\mathrm{m} := (-P + P_{01})/(-P_{23}) \tag{7.70}$$

berücksichtigt. Für die Nutzleistung gilt also

$$-P = \eta_\mathrm{m}(-P_{23}) - P_{01} = \dot{m}\,(-w_\mathrm{t}) = \dot{m}\,[\eta_\mathrm{m}(-w_{\mathrm{t}23}) - w_{\mathrm{t}01}]\;.$$

Da Verdichter und Turbine adiabat sind, folgt aus dem 1. Hauptsatz unter Vernachlässigung kinetischer und potenzieller Energien der Stoffströme für die spezifische Nutzarbeit

$$-w_\mathrm{t} = \eta_\mathrm{m}(h_2 - h_3) - (h_1 - h_0)\;.$$

Es wird eine weitere Vereinfachung eingeführt, indem die Luft als ideales Gas mit *konstantem* c_p^iG angenommen wird. Die Zustandsänderungen $0 \to 1$ und $2 \to 3$ werden durch Polytropen angenähert, für deren Polytropenverhältnisse $\nu_\mathrm{V} = 1/\eta_{\nu\mathrm{V}}$ und $\nu_\mathrm{T} = \eta_{\nu\mathrm{T}}$ gilt. Die zur Zeit erreichbaren polytropen Wirkungsgrade der beiden Strömungsmaschinen lassen sich durch die Annahme $\eta_{\nu\mathrm{V}} \approx \eta_{\nu\mathrm{T}} \approx 0{,}90$ gut erfassen. Nach Abschnitt 6.1.2 erhält man

$$-w_\mathrm{t} = c_\mathrm{p}^\mathrm{iG}\,T_0 \left[\eta_\mathrm{m} \frac{T_2}{T_0} \left(1 - \Lambda^{-\eta_{\nu\mathrm{T}}}\right) - \left(\Lambda^{1/\eta_{\nu\mathrm{V}}} - 1\right)\right]\;,$$

wobei

$$\Lambda := (p/p_0)^{R/c_\mathrm{p}^\mathrm{iG}} = (p/p_0)^{(\kappa-1)/\kappa}$$

gesetzt wurde. Da die Annahme konstanter, d.h. vom Druckverhältnis unabhängiger, polytroper Wirkungsgrade gut zutrifft, lässt sich mit dieser Gleichung die Abhängigkeit der Nutzarbeit vom Druckverhältnis verfolgen.

Mit wachsendem p/p_0 bzw. Λ werden die Turbinenarbeit und die davon abzuziehende Arbeit des Verdichters größer. Es wächst aber die Verdichterarbeit stärker als die Turbinenarbeit, so dass es ein optimales Druckverhältnis gibt, bei

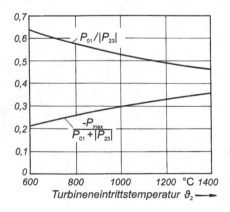

Abbildung 7.24. Leistungsverhältnisse $P_{01}/|P_{23}|$ (Verdichter/Turbine) und $|P_\mathrm{max}|/(P_{01} + |P_{23}|)$ (Nutzleistung / installierte Maschinenleistung) für optimales Druckverhältnis

dem die Nutzarbeit ein Maximum erreicht. Optimales Druckverhältnis und maximale Nutzarbeit wachsen mit der höchstzulässigen Temperatur T_2 bzw. mit dem Temperaturverhältnis T_2/T_0. Um große spezifische Nutzleistungen und, wie gleich gezeigt wird, hohe Wirkungsgrade zu erreichen, muss man hohe Turbineneintrittstemperaturen T_2 anstreben.

Ein erheblicher Teil der Turbinenarbeit muss zum Antrieb des Verdichters aufgewendet werden. Die Nutzleistung ist daher nur ein recht kleiner Teil der insgesamt installierten Turbinen- und Verdichterleistung. In Abb. 7.24 sind die Leistungsverhältnisse $(P_{01}/|P_{23}|)$ und $|P_{max}|/(P_{01} + |P_{23}|)$ für das jeweils optimale Druckverhältnis als Funktion von ϑ_2 dargestellt. Auch hier ergeben sich um so günstigere Werte, je höher die Temperatur am Turbineneintritt gewählt werden kann.

Ersetzt man im Rahmen dieses vereinfachten Modells die Verbrennung gedanklich durch eine äußere Wärmezufuhr, gilt für den eingebrachten Wärmestrom

$$\dot m_B H_u = \dot Q_{12} = \dot m\, q_{12} = \dot m\,(h_2 - h_1) = \dot m\, c_p^{iG}(T_2 - T_1)\,. \tag{7.71}$$

Nach Abschnitt 6.1.2 erhält man für die Endtemperatur der polytropen Verdichtung

$$T_1 = T_0\,(p/p_0)^{\nu_V R/c_p^{iG}} = T_0\, \Lambda^{1/\eta_{\nu V}}\,.$$

Der Wirkungsgrad der einfachen Gasturbinenanlage wird dann

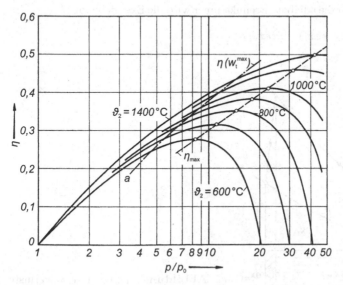

Abbildung 7.25. Wirkungsgrad η der einfachen Gasturbinenanlage (Luftprozess) als Funktion des Druckverhältnisses p/p_0 und der Turbineneintrittstemperatur ϑ_2 für $\vartheta_0 = 15\,^{\circ}\mathrm{C}$. Kurve a: Wirkungsgrad bei maximaler Nutzarbeit

$$\eta := \frac{-w_t}{q_{12}} = \frac{\eta_m\,(T_2/T_0)(1 - \Lambda^{-\eta_{\nu T}}) - (\Lambda^{1/\eta_{\nu V}} - 1)}{(T_2/T_0) - \Lambda^{1/\eta_{\nu V}}}\,.$$

Er hängt vom Druckverhältnis, vom Temperaturverhältnis T_2/T_0 und von den polytropen Wirkungsgraden ab.

Wie Abb. 7.25 zeigt, wächst η mit steigendem Druckverhältnis, erreicht ein Maximum und sinkt wieder ab. Das Druckverhältnis, bei dem η seinen Maximalwert erreicht, ist erheblich größer als das Druckverhältnis, bei dem die maximale spezifische Nutzleistung auftritt. Bei der Auslegung einer Gasturbinenanlage muss man einen Kompromiss eingehen; man wählt entweder das (kleinere) optimale Druckverhältnis für die größte Nutzarbeit oder einen etwas höheren Wert, um eine noch merkliche Wirkungsgradsteigerung zu erzielen. Hohe Wirkungsgrade lassen sich nur bei hohen Gastemperaturen ϑ_2 am Turbineneintritt erreichen. Es war daher stets Ziel der Gasturbinenentwicklung, die höchste Prozesstemperatur zu steigern. Man erreicht dies durch Verwendung warmfester Materialien sowie durch Beschichtung und vor allem durch Kühlung der Turbinenschaufeln. Die Gastemperaturen am Turbineneintritt moderner Anlagen liegen bei 1400 °C und darüber.

Im Folgenden werden die *Exergieverluste*, die in den Komponenten der einfachen Gasturbinenanlage auftreten, bestimmt und in einem T, s-Diagramm veranschaulicht. Der spezifische Exergieverlust des adiabaten Verdichters ist

$$ex_{v01} = T_u\,(s_1 - s_0) = T_u\,R\,\frac{1 - \eta_{\nu V}}{\eta_{\nu V}}\,\ln(p/p_0)\,,$$

wobei $s_0 = s_u$ ist. Für die adiabate Brennkammer wird die Exergiebilanz

$$\dot{m}_B\,ex_B = \dot{m}\,(ex_2 - ex_1) + \dot{m}\,ex_{v12}$$

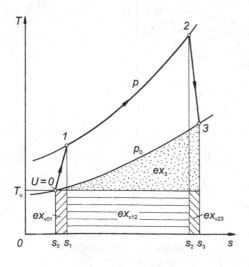

Abbildung 7.26. Exergieverluste der einfachen Gasturbinenanlage (Luftprozess) im T, s-Diagramm

aufgestellt, aus der mit $\dot{m}_\mathrm{B}$ nach Gl.(7.71)

$$ex_{\mathrm{v}12} = (h_2 - h_1)\,\frac{ex_\mathrm{B}}{H_\mathrm{u}} - (ex_2 - ex_1) = (h_2 - h_1)\left(\frac{ex_\mathrm{B}}{H_\mathrm{u}} - 1\right) + T_\mathrm{u}\,(s_2 - s_1)$$

folgt. Da ex_B nur um wenige Prozent größer als der Heizwert ist, überwiegt in dieser Gleichung der letzte Term. Für die adiabate Turbine ergibt sich schließlich

$$ex_{\mathrm{v}23} = T_\mathrm{u}(s_3 - s_2) = R\,T_\mathrm{u}\,(1 - \eta_{\nu\mathrm{T}})\ln(p/p_0)\,.$$

Die spezifischen Exergieverluste der drei Komponenten der Gasturbinenanlage lassen sich als Rechteckflächen im T,s-Diagramm veranschaulichen, wenn man bei $ex_{\mathrm{v}12}$ nur den Anteil $T_\mathrm{u}(s_2 - s_1)$ berücksichtigt, vgl. Abb. 7.26. Infolge der guten strömungstechnischen Gestaltung von Verdichter und Turbine (hohe Werte von $\eta_{\nu\mathrm{V}}$ und $\eta_{\nu\mathrm{T}}$) bleiben die Exergieverluste dieser Maschinen relativ klein gegenüber dem Exergieverlust $ex_{\mathrm{v}12}$ bei der Verbrennung.

Neben den eben genannten Exergieverlusten muss aber in dieser einfachen Gasturbinenanlage auch die Exergie ex_3 des Turbinenabgases als verloren gelten. Das aus der Turbine abströmende Gas hat eine noch hohe Temperatur T_3 und damit eine hohe spezifische Exergie

$$ex_3 = h_3 - h_\mathrm{u} - T_\mathrm{u}(s_3 - s_\mathrm{u})\,,$$

die nicht zur Gewinnung von Nutzarbeit herangezogen wird, Abb. 7.26. Die Abgasexergie kann in Form von Heizwärme oder Prozesswärme bei der so genannten Kraft-Wärme-Kopplung genutzt werden, worauf in Abschnitt 9.2.4 eingegangen wird. Eine sehr vorteilhafte Nutzung des Gasturbinenabgases ist in den kombinierten Gas-Dampf-Wärmekraftwerken möglich, wo das Abgas als Wärmequelle des nachgeschalteten Dampfkraftprozesses dient, vgl. Abschnitt 8.2.5.

7.3.3 Die genauere Berechnung des Gasturbinenprozesses

Die thermodynamisch genauere Berechnung des Gasturbinenprozesses muss die Verbrennung, den Druckabfall in der Brennkammer, die Eigenschaften des Verbrennungsgases, die Kühlung der Turbinenschaufeln mit Sekundärluft, sowie, nach Festlegung der Strömungsquerschnitte, die kinetischen Energien berücksichtigen. Wie in Abschnitt 7.3.2 soll die spezifische Nutzarbeit und der Wirkungsgrad einer in Abb. 7.27 a dargestellten stationären Anlage bestimmt werden. In Abb. 7.27 a sind Sekundärluftströme eingezeichnet, wie sie in einer realen Anlage zur Kühlung der Brennkammerwandung und der Schaufeln der 1. und 2. Turbinenstufen notwendig sind. Die Kühlluft für die Laufschaufeln trägt erst in den nachfolgenden Turbinenstufen zur Wellenleistung der Turbine bei, wie auch die Leckageluft, die durch die Labyrinthdichtungen der Laufräder hindurchströmt. Die Kühlung der Brennkammerwandung ist thermodynamisch nicht von Bedeutung, sie ist aber ein wichtiges Regulativ für die Emissionswerte der Anlage. Die Kühlluft wird dem Verdichter auf dem jeweils notwendigen Druckniveau entnommen, sie kann bis zu 20 % des angesaugten Luftmassenstroms ausmachen [7.14]. In Abb. 7.28 ist eine stationäre Gasturbine als Schnittbild dargestellt.

Die bei Schaufelkühlung erforderliche stufenweise Berechnung der Turbinenleistung mit jeweils unterschiedlichen Massenströmen und sich ändernder Zusammensetzung des expandierenden Gasgemisches ist sehr aufwendig; sie lässt sich erst dann ausführen, wenn Verteilung und Führung der Kühlluft und die konstruktive Gestaltung der Turbine bekannt sind. Deren Erörterung würde den Rahmen der thermodynamischen Untersuchung des Gasturbinenprozesses sprengen. Es wird daher der Berechnung von Leistung und Wirkungsgrad ein erheblich vereinfachter Modellprozess zugrunde gelegt, durch den der Einfluss der Schaufelkühlung in brauchbarer Näherung erfasst wird, vgl. [7.14].

Diesem Modellprozess, der auch in der ISO-Norm 2314 [7.15] verwendet wird, liegt die in Abb. 7.27 b dargestellte einfache Anlage zugrunde. Sie unterscheidet sich von der realen Anlage mit Schaufelkühlung durch die Annahme, dass die gesamte vom Verdichter angesaugte Luft mit dem Massenstrom $\dot{m}_L$ ohne Entnahme verdichtet und in die Brennkammer gefördert wird. Dabei enthält der in die Brennkammer gelangende Massenstrom $\dot{m}_L$ die Summe aller Kühlluft-Massenströme der realen Anlage; diese Summe ist die einzige Eigenschaft der Kühlluft, die im Modellprozess berücksichtigt wird und für die Berechnung bekannt sein muss.

Im Vergleich zum realen Prozess wird der Brennkammer beim Modellprozess ein vergrößerter Luftmassenstrom $\dot{m}_L$, aber der gleiche Brennstoffmassenstrom $\dot{m}_B$ zugeführt. Deshalb vergrößert sich das Luftverhältnis

$$\lambda^* = \frac{\dot{m}_L}{\dot{m}_B \, l_{min}} \tag{7.72}$$

gegenüber dem Luftverhältnis λ der realen Anlage, denn in $\dot{m}_L$ ist der gesamte Massenstrom der Kühlluft enthalten. Daraus ergibt sich als charakteristische (und anschauliche) Größe des Modellprozesses eine Temperatur ϑ_2^* des aus der Brennkammer abströmenden Verbrennungsgases, die niedriger ist als die Aus-

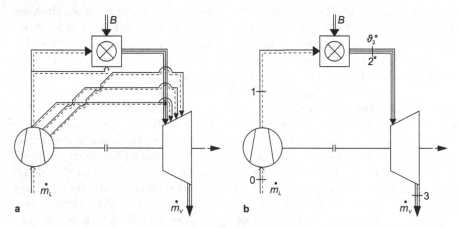

Abbildung 7.27. a Schaltbild einer offenen Gasturbinenanlage **b** Schaltbild der Anlage für das Berechnungsmodell mit der fiktiven Tempertur ϑ_2^*

trittstemperatur ϑ_2 beim realen Prozess. Im Folgenden wird ϑ_2^* als Referenztemperatur bezeichnet.

Man erhält die für den Modellprozess charakteristische Temperatur ϑ_2^* aus einer Leistungsbilanz der Brennkammer:

$$\dot{m}_{\mathrm{L}}\left[h_{\mathrm{L}}(\vartheta_1) - h_{\mathrm{L}}(\vartheta_0)\right] + \dot{m}_{\mathrm{B}}\,\eta_{\mathrm{BK}}\,H_{\mathrm{u}}(\vartheta_0) = \dot{m}_{\mathrm{V}}\left[h_{\mathrm{V}}(\vartheta_2^*) - h_{\mathrm{V}}(\vartheta_0)\right]. \qquad (7.73)$$

Hierin ist $\eta_{\mathrm{BK}} \leqq 1$ der Brennkammerwirkungsgrad; mit ihm kann man den Wärmeverlust einer nicht adiabaten Brennkammer und den in Abschnitt 7.2.3 erwähnten Verlust durch unvollständige Verbrennung berücksichtigen. Das Verbrennungsgas wird gedanklich in das stöchiometrische Verbrennungsgas und die überschüssige Luft unterteilt, vgl. Abschnitt 7.1.2 und Gl.(7.39a). Nach Division durch $\dot{m}_{\mathrm{B}}$ erhält man dann aus Gl.(7.73)

$$\lambda^*\,l_{\min}\left[h_{\mathrm{L}}(\vartheta_1) - h_{\mathrm{L}}(\vartheta_0)\right] + \eta_{\mathrm{BK}}\,H_{\mathrm{u}}(\vartheta_0) = (1 + \lambda^*\,l_{\min})\left[h_{\mathrm{V}}(\vartheta_2^*) - h_{\mathrm{V}}(\vartheta_0)\right]$$
$$= (1 + l_{\min})\left[h_{\mathrm{V}}^+(\vartheta_2^*) - h_{\mathrm{V}}^+(\vartheta_0)\right] + (\lambda^* - 1)\,l_{\min}\left[h_{\mathrm{L}}(\vartheta_2^*) - h_{\mathrm{L}}(\vartheta_0)\right]. \qquad (7.74)$$

Mit dieser Gleichung lässt sich ϑ_2^* berechnen, denn es sind bekannt: λ^* nach Gl.(7.72) und alle Eigenschaften der Luft und des Brennstoffs, wozu auch die spezifische Enthalpie h_{V}^+ seines stöchiometrischen Verbrennungsgases gehört.

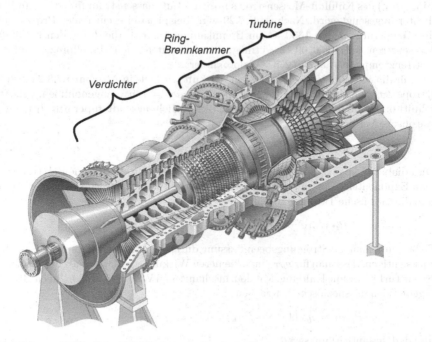

Abbildung 7.28. Schnittbild einer stationären Gasturbine mit einer Wellenleistung von $|P| = 276\,\mathrm{MW}$ (SGT5-4000F der Fa. Siemens Power Generation)

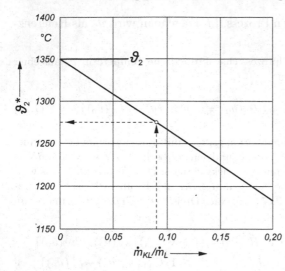

Abbildung 7.29.
Aus Gl.(7.75) berechnete Referenztemperatur ϑ_2^* als Funktion des Anteils $(\dot{m}_{\mathrm{KL}}/\dot{m}_{\mathrm{L}})$ der Kühlluft am Luftmassenstrom $\dot{m}_{\mathrm{L}}$, der vom Verdichter angesaugt wird. Brennstoff: Erdgas H (Nordsee) nach Tabelle 7.5; $\eta_{\mathrm{BK}} = 1,0$; $\vartheta_0 = 15\,^\circ\mathrm{C}$, $\vartheta_1 = 400\,^\circ\mathrm{C}$.

Abbildung 7.29 zeigt das Ergebnis einer Berechnung von ϑ_2^* für den Brennstoff Erdgas H (Nordsee) mit $\eta_{\mathrm{BK}} = 1$. Ausgehend von der adiabaten Verbrennungstemperatur $\vartheta_{\mathrm{ad}} = \vartheta_2 = 1350\,^\circ\mathrm{C}$ eines Prozesses ohne Kühlluft, sinkt die nach Gl.(7.74) berechnete Austrittstemperatur ϑ_2^* des Modellprozesses bei Erhöhung des Anteils $(\dot{m}_{\mathrm{KL}}/\dot{m}_{\mathrm{L}})$ des Kühlluft-Massenstroms $\dot{m}_{\mathrm{KL}}$ am Luftmassenstrom $\dot{m}_{\mathrm{L}}$, der vom Verdichter angesaugt wird. Nach Abb. 7.29 wird beispielsweise ein realer Prozess mit der Temperatur $\vartheta_2 = 1350\,^\circ\mathrm{C}$ am Brennkammeraustritt, die durch den Kühlluft-Massenstrom $\dot{m}_{\mathrm{KL}} = 0,09 \cdot \dot{m}_{\mathrm{L}}$ ermöglicht wird, durch einen Modellprozess mit der Referenztemperatur $\vartheta_2^* = 1275\,^\circ\mathrm{C}$ approximiert.

Für die adiabate Verdichtung $0 \to 1$ der Luft wird wie in Abschnitt 7.3.2 eine polytrope Zustandsänderung mit dem Exponenten $\nu_{\mathrm{V}} = 1/\eta_{\nu\mathrm{V}}$ angenommen, vgl. Abschnitt 6.1.2 und 6.2.4. Damit erhält man die Verdichungsendtemperatur ϑ_1 und die spezifische Verdichterarbeit

$$w_{t01} = P_{01}/\dot{m}_{\mathrm{L}} = h_{\mathrm{L}}(\vartheta_1) - h_{\mathrm{L}}(\vartheta_0)\,.$$

Die adiabate Expansion $2^* \to 3$ des Verbrennungsgases wird durch eine Polytrope mit dem Exponenten $\nu_{\mathrm{T}} = \eta_{\nu\mathrm{T}}$ beschrieben; man erhält ϑ_3 aus der Polytropengleichung und die spezifische Turbinenarbeit

$$-w_{t2^*3} = -P_{2^*3}/\dot{m}_{\mathrm{V}} = h_{\mathrm{V}}(\vartheta_2^*) - h_{\mathrm{V}}(\vartheta_3)\,.$$

Dabei kann man die Strömungsbeeinflussung durch die Schaufelkühlung dadurch berücksichtigen, dass man für $\eta_{\nu\mathrm{T}}$ einen kleineren Wirkungsgrad wählt als bei vergleichbaren Turbinen ohne Kühlung. Mit dem mechanischen Wirkungsgrad η_{m} nach Gl.(7.70) ergeben sich die spezifische Nutzarbeit

$$-w_{\mathrm{t}} = -P/\dot{m}_{\mathrm{L}} = \eta_{\mathrm{m}}\,(1 + \dot{m}_{\mathrm{B}}/\dot{m}_{\mathrm{L}})\,(-w_{t2^*3}) - w_{t01}$$

und der Gesamtwirkungsgrad

$$\eta := \frac{-P}{\dot{m}_{\mathrm{B}}\,H_{\mathrm{u}}(\vartheta_0)} = \frac{1}{H_{\mathrm{u}}(\vartheta_0)}\,\left[\eta_{\mathrm{m}}\,(1 + \lambda^*\,l_{\min})\,(-w_{t2^*3}) - \lambda^*\,l_{\min}\,w_{t01}\right]$$

des Modellprozesses als Näherungen für die entsprechenden Größen des Prozesses mit Schaufelkühlung.

Beispiel 7.8. In einer Gasturbinenanlage wird Erdgas H mit den in Tabelle 7.5 aufgeführten Eigenschaften verbrannt. Der adiabate Verdichter saugt Luft mit $\vartheta_0 = 20{,}0\,°C$ bei $p_0 = 0{,}0996\,MPa$ an und verdichtet sie auf $p_1 = 1{,}605\,MPa$. Der Brennstoff wird mit $\vartheta_B = 20{,}0\,°C$ zugeführt. Die Turbineneintrittstemperatur des Modellprozesses ist die Referenztemperatur $\vartheta_2^* = 1300\,°C$, der Druck $p_2 = 1{,}573\,MPa$. Die Expansion endet beim Druck $p_3 = 0{,}1010\,MPa$. Die polytropen Wirkungsgrade sind $\eta_{\nu V} = 0{,}90$ und, unter Berücksichtigung der Strömungsbeeinflussung der Schaufelkühlung in der Turbine, $\eta_{\nu T} = 0{,}89$; der mechanische Wirkungsgrad nach Gl.(7.71) ist $\eta_m = 0{,}985$. Man berechne die Austrittstemperatur ϑ_3 des Abgases, den Wirkungsgrad η der Anlage und die Leistungen von Turbine und Verdichter für eine Nettoleistung $|P| = 250\,MW$. Wie groß sind die Norm-Volumenströme der angesaugten Luft und des Erdgases?

Der Luftverdichter wurde bereits in Beispiel 6.2 berechnet; seine technische Arbeit ist $w_{t01} = 414{,}7\,kJ/kg$. Die Brennkammer wurde in Beispiel 7.7 behandelt und das zur Einhaltung der vorgegebenen Turbineneintrittstemperatur notwendige Luftverhältnis $\lambda = \lambda^* = 2{,}5702$ gefunden. Im Folgenden wird die adiabate Expansion des Verbrennungsgases in der Turbine berechnet, wobei zunächst die Bestimmung seiner thermodynamischen Eigenschaften behandelt wird.

Das Verbrennungsgas ist ein ideales Gasgemisch aus den beiden Komponenten stöchiometrisches Verbrennungsgas und überschüssige Luft. Ihre Massenanteile ergeben sich mit $l_{min} = 15{,}900$ nach Tabelle 7.5 zu

$$\xi_V^+ = \frac{1 + l_{min}}{1 + \lambda l_{min}} = 0{,}4037 \quad \text{und} \quad \xi_L = 1 - \xi_V^+ = 0{,}5963 \ .$$

Die Gaskonstante des Verbrennungsgases ist

$$R_V = \xi_V^+ R_V^+ + \xi_L R_L = 0{,}29142\,kJ/kg\,K \ .$$

Seine mittlere spezifische Wärmekapazität erhält man aus

$$\bar{c}_{pV}^{iG}(\vartheta) = \xi_V^+ \bar{c}_{pV}^{iG+}(\vartheta) + \xi_L \bar{c}_L^{iG}(\vartheta) \ ,$$

wobei die mittleren spezifischen Wärmekapazitäten der beiden Komponenten Tabelle 10.9 bzw. 10.10 zu entnehmen sind. Die spezifische Entropie beim Standarddruck ergibt sich aus

$$s_V^T(\vartheta) = \xi_V^+ s_V^T(\vartheta) + \xi_L s_L^T(\vartheta) + \Delta^M s_V$$

unter Benutzung der Tabelle 10.11. Die Mischungsentropie wird im Folgenden fortgelassen, weil nur Entropiedifferenzen auftreten.

Die gesuchte Austrittstemperatur ϑ_3 erhält man aus der Polytropengleichung

$$s_V^T(\vartheta_3) = s_V^T(\vartheta_2^*) + \eta_{\nu T} R_V \ln(p_3/p_2) \ ,$$

die mit $s_V^T(\vartheta_2^*) = 8{,}8907\,kJ/kg\,K$ den Wert $s_V^T(\vartheta_3) = 8{,}1786\,kJ/kg\,K$ liefert. Durch Interpolation folgt daraus $\vartheta_3 = 613{,}4\,°C$. Das aus der Turbine strömende Verbrennungsgas hat eine relativ hohe Temperatur und damit eine noch hohe Exergie. Man nutzt es als Wärmequelle eines nachgeschalteten Dampfkraftprozesses, worauf in Abschnitt 8.2.5 eingegangen wird.

Die technische Arbeit der adiabaten Gasturbine ist

$$w_{t23} = h_{VG}(\vartheta_3) - h_{VG}(\vartheta_2^*) = \bar{c}_{pV}^{iG}(\vartheta_3) \cdot \vartheta_3 - \bar{c}_{pV}^{iG}(\vartheta_2^*) \cdot \vartheta_2^* = -856{,}5\,\text{kJ/kg}\ ,$$

Für die Nutzarbeit w_t der Gasturbinenanlage erhält man dann mit Gl.(7.72) $(-w_t) = -P/\dot{m}_L = 449{,}6\,\text{kJ/kg}$. Daraus ergibt sich der Wirkungsgrad

$$\eta = -P/(\dot{m}_B H_u) = \lambda\, l_{\min}(-w_t)/H_u = 0{,}397\ .$$

Aus der Forderung $(-P) = 250\,\text{MW}$ erhält man den Massenstrom der Luft zu $\dot{m}_L = P/w_t = 556{,}05\,\text{kg/s}$. Daraus ergibt sich der Massenstrom des Erdgases zu $\dot{m}_B = \dot{m}_L/(\lambda l_{\min}) = 13{,}61\,\text{kg/s}$. Die Leistungen des Luftverdichters und der Gasturbine sind dann

$$P_{01} = \dot{m}_L w_{t01} = 230{,}6\,\text{MW} \quad \text{und} \quad -P_{23} = (\dot{m}_L + \dot{m}_B)(-w_{t23}) = 487{,}9\,\text{MW}\ .$$

Die gesamte installierte Maschinenleistung ist damit das 2,87-fache der abgegebenen Nutzleistung, was für stationäre Gasturbinenanlagen typisch ist.

Aus den Massenströmen erhält man die gesuchten Volumenströme im Normzustand mit Hilfe der Beziehung $\dot{V}_n = \dot{m}V_0/M$, wobei M die molare Masse und $V_0 = 22{,}414\,\text{m}^3/\text{kmol}$ das molare Volumen eines idealen Gasgemisches im Normzustand bedeuten, vgl. Abschnitt 10.1.3. Mit $M_L = 28{,}9653\,\text{kg/kmol}$ nach Beispiel 5.4 ergibt sich für die Luft $\dot{V}_{L,n} = 430{,}3\,\text{m}^3/\text{s}$. Mit der in Tabelle 7.5 angegebenen Zusammensetzung des Erdgases berechnet man seine molare Masse zu $M_B = 19{,}357\,\text{kg/kmol}$ und erhält den Norm-Volumenstrom $\dot{V}_{B,n} = 15{,}76\,\text{m}^3/\text{s}$.

7.3.4 Die Gasturbine als Flugzeugantrieb

Der Flugzeugantrieb ist ein wichtiges Einsatzgebiet der Gasturbine, vgl. die einführende Darstellung [7.16] sowie die Bücher [7.17] bis [7.19]. Bei hohen Fluggeschwindigkeiten, etwa für Mach-Zahlen $Ma > 0{,}75$, nimmt der Wirkungsgrad des Propellerantriebs rasch ab, so dass er durch den Strahlantrieb ersetzt wurde. Im Turbinen-Luftstrahl-Triebwerk (TL-Triebwerk) wird die bei der Verbrennung frei werdende Energie nicht nur in Wellenarbeit der Gasturbine umgewandelt, sondern überwiegend in kinetische Energie des Verbrennungsgases. Es strömt als Strahl hoher Geschwindigkeit aus einer Düse, die hinter der Turbine angeordnet ist. Die Turbinenarbeit dient nur zum Antrieb des Verdichters. Der Vortrieb des Flugzeugs kommt dadurch zustande, dass der Impulsstrom $(\dot{m}_L + \dot{m}_B)w_a$ des austretenden Strahls größer ist als der Impulsstrom $\dot{m}_L w_e$ der eintretenden Luft; dabei sind w_a die Austrittsgeschwindigkeit des Strahls und w_e die Eintrittsgeschwindigkeit der Luft, jeweils relativ zum Triebwerk gerechnet.

Zur Berechnung der Vortriebsleistung wird um das Triebwerk der in Abb. 7.30 eingezeichnete Kontrollraum gelegt und der Standpunkt eines mit der Fluggeschwindigkeit w_0 auf dem Kontrollraum mitfliegenden Beobachters eingenommen. Die obere Kontrollraumgrenze schneidet die Befestigung des Triebwerks am Flugzeug. Hier wirkt der *Schub* F_S als äußere Kraft, die das weggeschnittene Flugzeug auf das Triebwerk (den Kontrollraum) ausübt. Es wird angenommen, dass die Resultierende der an den Ein- und Austrittsquerschnitten wirkenden Druckkräfte vernachlässigbar klein ist. Damit ist der Schub F_S die einzige äußere Kraft, die am Kontrollraum angreift. Nach dem Impulssatz erhält man den Schub als Differenz zwischen dem austretenden und dem eintretenden Impulsstrom,

$$F_S = (\dot{m}_L + \dot{m}_B)w_a - \dot{m}_L w_e = (\dot{m}_L + \dot{m}_B)w_a - \dot{m}_L w_0 \,,$$

wobei die Eintrittsgeschwindigkeit w_e der Luft mit der Fluggeschwindigkeit w_0 im Betrag übereinstimmt.

Wird das Triebwerk von einem ruhenden Beobachter aus beobachtet, bewegt sich der in Abb. 7.31 dargestellte Kontrollraum mit der Fluggeschwindigkeit w_0 von rechts nach links. Da sich der Angriffspunkt der Schubkraft mit der Fluggeschwindigkeit bewegt, wird nach Abschnitt 2.2.1 die mechanische Leistung

$$P_V = -F_S\, w_0 = -\left[(\dot{m}_L + \dot{m}_B)\, w_a\, w_0 - \dot{m}_L\, w_0^2\right]$$

vom Triebwerk abgegeben. Dies ist die gesuchte *Vortriebsleistung* des Strahltriebwerks. Um sie zu erzeugen, wird dem Triebwerk Brennstoff mit dem Massenstrom $\dot{m}_B$ zugeführt und verbrannt. Die Brennstoffleistung $\dot{m}_B H_u$ ist die aufgewendete Leistung, mit der der *Gesamtwirkungsgrad*

$$\eta := \frac{-P_V}{\dot{m}_B H_u} = \frac{w_0^2}{H_u}\left[\left(1 + \frac{\dot{m}_L}{\dot{m}_B}\right)\frac{w_a}{w_0} - \frac{\dot{m}_L}{\dot{m}_B}\right]$$

$$= \frac{w_0^2}{H_u}\left[(1 + \lambda\, l_{min})\frac{w_a}{w_0} - \lambda\, l_{min}\right]$$

des Strahltriebwerks definiert wird. Er wächst mit zunehmender Fluggeschwindigkeit und hängt vom Geschwindigkeitsverhältnis $w_a/w_e = w_a/w_0$ ab.

Der austretende Strahl hat eine höhere Temperatur ϑ_a und eine höhere Geschwindigkeit als die ruhende Luft. Somit treten ein Abgasverlust und ein Verlust an kinetischer Energie auf. Die abgegebene Vortriebsleistung $|P_V|$ ist erheblich kleiner als die

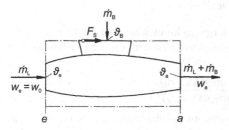
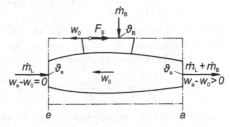

Abbildung 7.30. Strahltriebwerk mit Kontrollraum, der relativ zum (mitfliegenden) Beobachter ruht

Abbildung 7.31. Strahltriebwerk im Flug mit der Geschwindigkeit w_0. Die Luft ruht

zugeführte Brennstoffleistung $\dot{m}_B H_u$. Um die Verlustleistungen zu bestimmen, wird der 1. Hauptsatz auf den bewegten Kontrollraum von Abb. 7.31 angewendet:

$$\dot{Q} + P_V = (\dot{m}_L + \dot{m}_B) \left[h_V(\vartheta_a) + \frac{1}{2}(w_a - w_0)^2 \right]$$
$$- \dot{m}_B h_B(\vartheta_B) - \dot{m}_L h_L(\vartheta_e) + \dot{m}_B \left(w_0^2/2 \right)$$

Nach der Definition des Heizwerts gilt

$$\dot{m}_B H_u(\vartheta_0) = \dot{m}_B h_B(\vartheta_0) + \dot{m}_L h_L(\vartheta_0) - (\dot{m}_L + \dot{m}_B) h_V(\vartheta_0) \ .$$

Wenn, wie bisher, $\vartheta_B = \vartheta_0$ gilt, erhält man aus den beiden Gleichungen mit $\dot{Q} = 0$

$$\dot{m}_B H_u(\vartheta_0) = - P_V + \frac{1}{2}(\dot{m}_L + \dot{m}_B)(w_a - w_0)^2 + (\dot{m}_L + \dot{m}_B) \left[h_V(\vartheta_a) - h_V(\vartheta_0) \right]$$
$$+ \dot{m}_L \left[h_L(\vartheta_0) - h_L(\vartheta_e) \right] + \dot{m}_B \left(w_0^2/2 \right) \ .$$

Diese Leistungsbilanz sagt aus: Die zugeführte Brennstoffleistung liefert die gewünschte Vortriebsleistung $(-P_V)$, die *Strahlverlustleistung*

$$P_{Stv} := \frac{1}{2}(\dot{m}_B + \dot{m}_L)(w_a - w_0)^2 \ ,$$

die hinter dem Triebwerk vollständig dissipiert wird, und die *Abgasverlustleistung*

$$\dot{m}_B q_{Av}^u(\vartheta_a, \lambda) = (\dot{m}_L + \dot{m}_B) \left[h_V(\vartheta_a) - h_V(\vartheta_0) \right] \ .$$

Die Brennstoffleistung muss außerdem die relativ kleine Leistung zur Erwärmung des eintretenden Luftstroms von ϑ_e auf ϑ_0 erbringen, weil die Luft in größeren Höhen eine niedrige Temperatur $\vartheta_e < \vartheta_0 = \vartheta_B$ hat.

Die Summe aus der abgegebenen Vortriebsleistung $(-P_V)$ und der Strahlverlustleistung P_{Stv} ergibt die *innere kinetische Leistung*

$$P_i := -P_V + P_{Stv} = (\dot{m}_L + \dot{m}_B) \left(w_a^2/2 \right) - \dot{m}_L \left(w_0^2/2 \right) \ .$$

Diese auf die Zeit bezogene Erhöhung der kinetischen Energie des austretenden Abgasstrahls gegenüber der einströmenden Luft wird durch die Prozesse innerhalb des Triebwerks bewirkt. Man teilt daher den Gesamtwirkungsgrad η in zwei Faktoren η_i und η_V. Der *innere Wirkungsgrad*

$$\eta_i := \frac{P_i}{\dot{m}_B H_u} = \frac{w_0^2}{2 H_u} \left[(1 + \lambda\, l_{min})(w_a/w_0)^2 - \lambda\, l_{min} \right]$$

bewertet die Umwandlung der Brennstoffenergie in kinetische Energie. Er erfasst die Abgasverlustleistung $\dot{m}_B q_{Av}^u$ und die Leistung zur Erwärmung der einströmenden Luft. Der *Vortriebswirkungsgrad*

$$\eta_V := \frac{|P_V|}{P_i} = 1 - \frac{P_{Stv}}{P_i} = 2 \frac{(1 + \dot{m}_B/\dot{m}_L)(w_a/w_0) - 1}{(1 + \dot{m}_B/\dot{m}_L)(w_a/w_0)^2 - 1}$$

erfasst die Strahlverlustleistung P_{Stv}. Er hängt vom Geschwindigkeitsverhältnis w_a/w_0 ab und nimmt für $\dot{m}_B/\dot{m}_L \to 0$ die einfache Gestalt

$$\eta_V = \frac{2}{1 + w_a/w_0}$$

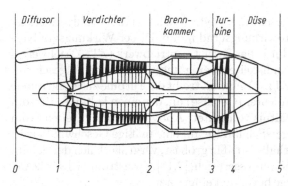

Abbildung 7.32. Turbinen-Luftstrahl-Triebwerk (TL-Triebwerk), schematisch

an. Der Vortriebswirkungsgrad wird umso größer, je weniger sich w_a und w_0 unterscheiden. Dann sind jedoch Schub und Vortriebsleistung klein, die mit $w_a \to w_0$ (und mit $\dot{m}_B/\dot{m}_L \to 0$) zu null werden. In der Regel führt der kleine Vortriebswirkungsgrad dazu, dass sich trotz hoher innerer Wirkungsgrade, die größer als die Wirkungsgrade stationärer Gasturbinenanlagen sind, nur relativ bescheidene Gesamtwirkungsgrade ergeben.

Um den im Triebwerk ablaufenden Prozess zu erläutern, soll das in Abb. 7.32 schematisch dargestellte Turbinen-Luftstrahl-Triebwerk betrachtet werden. Es besteht aus dem Einlaufdiffusor, in dem die Luft unter Druckanstieg verzögert wird, dem Verdichter, der Brennkammer, der Turbine und der Schubdüse zur Beschleunigung des austretenden Verbrennungsgases. Wie schon erwähnt, dient die Turbine nur zum Antrieb des Verdichters und weiterer Hilfsaggregate; sie liefert ein heißes Gas unter höherem Druck, weswegen die eigentliche Gasturbinenanlage (Verdichter, Brennkammer, Gasturbine) auch als Gaserzeuger bezeichnet wird. Für die Prozessberechnung des Gaserzeugers kann auf die in den Abschnitten 7.3.2 und 7.3.3 behandelten Methoden und Ergebnisse zurückgegriffen werden. Die im Einlaufdiffusor und in der Schubdüse ablaufenden Strömungsprozesse lassen sich nach Abschnitt 6.2.2 berechnen. Obwohl in der Düse Überschallgeschwindigkeiten erreicht werden können, verzichtet man bei den Triebwerken der Verkehrsluftfahrt darauf, die Düse zu erweitern. Die dadurch verursachte Schubverringerung beträgt nur wenige Prozent, vgl. [7.18].

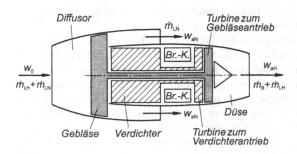

Abbildung 7.33. Zweistromtriebwerk (ZTL-Triebwerk), schematisch

Mit wachsender Austrittsgeschwindigkeit w_a nehmen die Strahlverlustleistung P_{Stv} zu und der Vortriebswirkungsgrad η_V ab. Dieser Wirkungsgradverschlechterung begegnet man durch das Zweistromtriebwerk (ZTL-Triebwerk), das besonders für Fluggeschwindigkeiten wenig unterhalb der Schallgeschwindigkeit eingesetzt wird. Beim ZTL-Triebwerk treibt die Turbine zusätzlich einen zweiten, meist einstufigen Verdichter (Gebläse) an, der einen kalten Luftstrom mit einem kleinen Druckverhältnis verdichtet, Abb. 7.33. Dieser Nebenstrom expandiert in einer ringförmigen Schubdüse auf eine mäßige Geschwindigkeit. Da aber sein Massenstrom verhältnismäßig groß ist, vergrößert sich der Schub, und der Vortriebswirkungsgrad verbessert sich, [7.18]. Zweistromtriebwerke werden für große Verkehrsflugzeuge bevorzugt eingesetzt.

7.3.5 Verbrennungsmotoren

Die am weitesten verbreitete Verbrennungskraftmaschine ist der Verbrennungsmotor, eine Kolbenmaschine. Die Entstehungsgeschichte des Verbrennungsmotors hat F. Sass [7.20] eingehend und ausführlich geschildert. Man unterscheidet Ottomotoren[4] und Dieselmotoren[5] sowie Viertakt- und Zweitaktmotoren, vgl. [7.21]. *Ottomotoren* saugen ein (gasförmiges) Brennstoff-Luft-Gemisch an und verdichten es; die Verbrennung wird durch eine zeitlich gesteuerte Fremdzündung eingeleitet. Das Luftverhältnis liegt bei $\lambda \approx 1$. Die größte Leistung erhält man bei Luftmangel ($\lambda \approx 0{,}9$), der höchste Wirkungsgrad ergibt sich bei $\lambda \approx 1{,}1$. Der zur Emissionskontrolle eingesetzte Abgas-Katalysator erfordert jedoch einen Betrieb bei $\lambda = 1$, was durch die Lambda-Sonde im Abgasstrang gemessen und über die Kraftstoffeinspritzung geregelt wird. Im *Dieselmotor* entzündet sich der eingespritzte (flüssige) Brennstoff von selbst in der verdichteten Luft, die eine zur Einleitung der Zündung hinreichend hohe Temperatur erreicht hat. Dieselmotoren arbeiten stets mit Luftüberschuss; in der Regel liegt λ oberhalb von 1,5. Verbrennungsmotoren liefern typischerweise relativ kleine Leistungen zwischen 0,3 kW und einigen MW, wobei Dieselmotoren auch für größere Leistungen (bis 40 MW) gebaut werden.

---

[4] Nicolaus August Otto (1832–1891) war zuerst Kaufmann. Seit 1861 experimentierte er mit den damals bekannten Zweitaktmotoren nach J. Lenoir. Er gab den Kaufmannsberuf auf und gründete 1864 mit Eugen Langen (1833–1895) in Deutz bei Köln eine Fabrik zum Bau atmosphärischer Gasmotoren. 1876 erfand N.A. Otto den Viertaktmotor, der seitdem in Deutz gebaut wurde. Ein unglücklicher Patentstreit überschattete die letzten Lebensjahre Ottos.

[5] Rudolf Diesel (1858–1913) studierte an der Technischen Hochschule München. Die Thermodynamikvorlesung von Carl Linde regte ihn an, den Carnot-Prozess (vgl. hierzu Abschnitt 8.1.4) in einem Verbrennungsmotor zu verwirklichen. 1892 glaubte er, ein geeignetes Verfahren gefunden zu haben und erhielt darauf ein Patent. Weder Diesel noch das Patentamt erkannten, dass die isotherme Verbrennung nach dem Carnot-Prozess in einem Motor nicht zu verwirklichen war. Nach erheblichen Schwierigkeiten wurde mit Hilfe der Maschinenfabrik Augsburg–Nürnberg (MAN) 1897 der erste Dieselmotor gebaut, der nach einem von dem ersten Patent völlig abweichenden Prozess arbeitete.

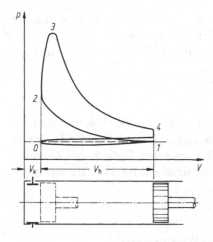

Abbildung 7.34. Indikatordiagramm eines Viertaktmotors

Bei *Viertaktmotoren* besteht das sich periodisch wiederholende Arbeitsspiel aus vier aufeinanderfolgenden Hüben des Kolbens, entsprechend zwei Umdrehungen der Kurbelwelle. Das Arbeitsspiel des *Zweitaktmotors* umfasst dagegen nur zwei Kolbenhübe, es läuft bei einer Umdrehung der Kurbelwelle ab. In Abb. 7.34 ist der Druckverlauf über dem Kolbenweg bzw. über dem dazu proportionalen Zylindervolumen für einen Viertaktmotor schematisch dargestellt. Dieses Indikatordiagramm erhält man durch Messung des Drucks an einer geeigneten Stelle des Verbrennungsraums. Man interpretiert es unter der Annahme, dass der Druck zu jedem Zeitpunkt im ganzen Volumen (nahezu) denselben Wert hat. Im 1. Takt $(0 \to 1)$ wird das brennbare Gemisch (beim Dieselmotor nur Luft) angesaugt; im 2. Takt $(1 \to 2)$ wird das Gemisch bzw. die Luft verdichtet. Die Verbrennung $(2 \to 3)$ und die Expansion $(3 \to 4)$ gehören zum 3. Takt, während beim 4. Takt das Verbrennungsgas bei geöffnetem Auslassventil ausgeschoben wird $(4 \to 0)$. Diese vier Takte wiederholen sich periodisch. Eine Abb. 7.34 entsprechende Darstellung für Zweitaktmotoren findet man in der Literatur, z.B. [7.22].

Vernachlässigt man die periodischen Schwankungen der Zustandsgrößen an den Grenzen eines um den ganzen Motor gelegten Kontrollraums, so gilt die in Abschnitt 7.3.1 hergeleitete Leistungsbilanzgleichung

$$-P_{\text{eff}} = \dot{m}_{\text{B}} H_{\text{u}} - \dot{m}_{\text{B}}\, q_{\text{Av}} - |\dot{Q}|$$

für die effektive, an der Kurbelwelle verfügbare Leistung des Motors. Sie ist um den Abgasverlust und den Abwärmestrom $\dot{Q}$, der mit Kühlwasser oder Luft abgeführt wird, kleiner als die zugeführte Brennstoffleistung. Das Verhältnis

$$\eta_{\text{eff}} := -P_{\text{eff}}/\dot{m}_{\text{B}} H_{\text{u}}$$

wird effektiver Wirkungsgrad genannt. Verbrennungsmotoren haben hohe Abgastemperaturen (Ottomotoren $\vartheta_{\text{A}} = 750$ bis $950\,^\circ\text{C}$, Dieselmotoren $\vartheta_{\text{A}} = 600$

bis 950 °C, jeweils unmittelbar hinter dem Auslassßventil). Der Abgasverlust ist daher erheblich und liegt bei etwa einem Drittel der Brennstoffleistung.

Die effektive Leistung ergibt sich als Differenz aus der inneren oder indizierten Leistung P_i und der Reibungsleistung P_r:

$$|P_{\mathrm{eff}}| = |P_i| - |P_r| \ .$$

Dabei ist P_i die Leistung, die von der Zylinderfüllung über den Gasdruck an den bewegten Kolben übertragen wird. Die Reibungsleistung wird bei der Überwindung der mechanischen Reibung, insbesondere zwischen Kolben und Zylinder, vollständig dissipiert. Der die Reibung erfassende mechanische Wirkungsgrad

$$\eta_{\mathrm{m}} := \frac{|P_{\mathrm{eff}}|}{|P_i|} = 1 - \frac{|P_r|}{|P_i|}$$

hat Werte zwischen 0,7 und 0,9. Der effektive Wirkungsgrad

$$\eta_{\mathrm{eff}} = \eta_{\mathrm{m}}\, \eta_i$$

erscheint als Produkt zweier Faktoren, des mechanischen Wirkungsgrades und des inneren oder indizierten Wirkungsgrades

$$\eta_i = |P_i|/\dot{m}_{\mathrm{B}} H_{\mathrm{u}} \ .$$

Dieser bewertet die im Zylinder stattfindende irreversible Umwandlung der Brennstoffleistung in die indizierte, an die Kolbenfläche übergehende Leistung P_i.

Die innere Leistung P_i ist der Volumenänderungsarbeit W_i^{V} eines Arbeitsspiels proportional. Mit n_{d} als Drehzahl gilt

$$P_i = (n_{\mathrm{d}}/a_{\mathrm{T}}) W_i^{\mathrm{V}} \ ,$$

wobei a_{T} die Zahl der Arbeitstakte, bezogen auf die Zahl der Umdrehungen der Kurbelwelle bedeutet ($a_{\mathrm{T}} = 1$ für Zweitakt- und $a_{\mathrm{T}} = 2$ für Viertaktmotoren). Nach Abschnitt 2.2.2 erhält man

$$W_i^{\mathrm{V}} = - \oint p\, \mathrm{d}V = -p_i V_{\mathrm{h}} \ ,$$

wenn sich die Zylinderfüllung stets wie eine Phase verhält. Die von den Linien des Indikatordiagramms eingeschlossene Fläche entspricht dann W_i^{V}. Der mittlere indizierte Kolbendruck p_i ist bei gegebenem Hubvolumen V_{h} ein anschauliches Maß für die bei einem Arbeitsspiel gewonnene Arbeit.

Analog zu p_i definiert man den effektiven mittleren Kolbendruck durch

$$p_{\mathrm{eff}} := \frac{-P_{\mathrm{eff}}}{V_{\mathrm{h}} n_{\mathrm{d}}}\, a_{\mathrm{T}} = \eta_{\mathrm{eff}} \frac{m_{\mathrm{B}} H_{\mathrm{u}}}{V_{\mathrm{h}}} = \eta_{\mathrm{m}}\, p_i \ .$$

Hierin ist

$$m_B = \dot{m}_B \, a_T / n_d$$

die je Arbeitsspiel verbrauchte Brennstoffmasse. Da außerdem nach Abschnitt 2.2.3

$$-P_{eff} = 2\,\pi M_d\, n_d$$

gilt, erhält man für das Drehmoment

$$M_d = \frac{p_{eff} V_h}{2\,\pi\, a_T} \, .$$

Diese für Auslegung und Betrieb des Motors wichtige Größe lässt sich durch Vergrößern des Hubvolumens V_h und des effektiven mittleren Kolbendrucks p_{eff} steigern. Ein hoher mittlerer Kolbendruck ist auch für einen hohen Wirkungsgrad η_{eff} bzw. für einen niedrigen spezifischen Kraftstoffverbrauch

$$b_{eff} := \frac{\dot{m}_B}{(-P_{eff})} = \frac{1}{\eta_{eff} H_u} = \frac{m_B}{p_{eff} V_h}$$

günstig. Große Dieselmotoren erreichen $\eta_{eff} = 0{,}50$, entsprechend $b_{eff} = 170\,\mathrm{g/kWh}$.

Die Volumenänderungsarbeit W_i^V je Arbeitsspiel und der mittlere indizierte Kolbendruck p_i lassen sich durch Modellierung der im Motor ablaufenden Prozesse berechnen. Im Gegensatz zur Gasturbinenanlage ergeben nur aufwendige Modelle, siehe z.B. [7.23] und [7.24], realitätsnahe Ergebnisse. Sie führen auf ein System von Differenzialgleichungen für die Abhängigkeit der Zustandsgrößen von der Zeit bzw. vom Kurbelwinkel, das nur numerisch gelöst werden kann. Einfache Modellprozesse mit Luft als Arbeitsmedium und Ersatz der Verbrennung durch eine äußere Wärmezufuhr, die bei Gasturbinen durchaus befriedigende Ergebnisse zeigen, vgl. Abschnitt 7.3.2, liefern bei Verbrennungsmotoren zu hohe Werte für p_i bzw. W_i^V.

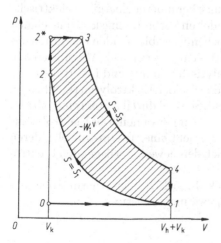

Abbildung 7.35. Zustandsänderungen des Seiliger-Prozesses

Ein einfacher Modellprozess ist der *Seiliger-Prozess*, [7.25]. Bei ihm ersetzt man den Linienzug des Indikatordiagramms durch eine Isentrope 1 $\to$ 2, eine Isochore 2 $\to$ 2*, eine Isobare 2* $\to$ 3 und eine Isentrope 3 $\to$ 4, Abb. 7.35. Die Verbrennung wird durch eine äußere Wärmezufuhr (2 $\to$ 2* $\to$ 3) ersetzt. Der Ladungswechsel wird dadurch idealisiert, dass das Ansaugen 0 $\to$ 1 bei konstantem Druck erfolgt und das Ausschieben beim gleichen Druck, nachdem der Druck des Abgases nach Öffnen des Auslassventils schlagartig von p_4 auf p_1 gefallen ist. Unter diesen Annahmen ist beim Ladungswechsel insgesamt keine Arbeit aufzuwenden. Da die isentropen Zustandsänderungen 1 $\to$ 2 und 3 $\to$ 4 in einem reversiblen Prozess durchlaufen werden sollen, findet bei diesen Teilprozessen keine Wärmeübertragung zwischen Gas und Zylinderwand statt. Es wird ein adiabater Motor modelliert, obwohl jeder Verbrennungsmotor gekühlt werden muss, damit die Materialbeanspruchung nicht zu groß wird. Der Seiliger-Prozess enthält als Sonderfälle den sogenannten Otto-Prozess mit allein isochorer Wärmeaufnahme und den Diesel-Prozess mit nur isobarer Wärmezufuhr als Ersatz für die Verbrennung.

Wegen der wenig realistischen Modellbildung soll auf eine eingehende Behandlung des Seiliger-Prozesses verzichtet werden, vgl. hierzu z.B. [7.23]. Er liefert jedoch ein qualitativ richtiges Ergebnis: Der mit ihm berechnete indizierte Wirkungsgrad η_i wächst mit zunehmendem Verdichtungsverhältnis

$$\varepsilon := (V_h + V_k)/V_k \, .$$

Man versucht daher, ein möglichst hohes ε zu realisieren. Ab etwa $\varepsilon = 10$ tritt jedoch bei Ottomotoren das „Klopfen" auf, eine unkontrollierte Selbstzündung des Gemisches nach der Fremdzündung mit sich rasch ausbreitenden Druckwellen. Der daraus resultierende steile Druckanstieg und die hohen Spitzendrücke führen zur Überlastung von Triebwerk, Kolben und Zylinder. Dieselmotoren können mit höheren Verdichtungsverhältnissen zwischen $\varepsilon = 14$ und 21 betrieben werden.

7.4 Die Brennstoffzelle

Die Brennstoffzelle ist ein seit dem Ende des 19. Jahrhunderts bekannter Energiewandler zur direkten Umwandlung chemischer innerer Energie in elektrische Energie. Im Gegensatz zu den bisher behandelten Verbrennungskraftmaschinen wird dabei die Reaktionsarbeit der elektrochemisch ablaufenden Oxidation des fluiden Brennstoffs direkt als elektrische Arbeit abgegeben, vgl. Abschnitt 5.5.5. Hierzu wird ein Reaktionsteilnehmer katalytisch in Ionen und Elektronen aufgespalten. Die geladenen Teilchen werden durch einen Elektrolyten räumlich getrennt und durchlaufen ein elektrisches Feld. So wird durch Abbau eines Gradienten im chemischen Potenzial elektrische Arbeit gewonnen. Der Elektrolyt zur Trennung der Ladungen ist ein zentrales Element einer Brennstoffzelle, deren unterschiedliche Ausführungen werden nach dem jeweils vorliegenden Elektrolyten benannt, vgl. Tabelle 7.7.

Auch für eine Brennstoffzelle gilt gemäß Gl. (5.152) bei isotherm-isobar ablaufenden chemischen Reaktionen für die gewonnene Leistung

$$P_{BZ} = \dot{z}_a \, \Delta^R G_m \, (T, p) + T \, \dot{S}_{irr} \, ,$$

wobei $\dot{z}_a$ die Umsatzrate der zugrundeliegenden Brutto-Reaktion ist, vgl. Abschnitt 5.5.3. Somit wird auch bei den Brennstoffzellen die bereitgestellte Nutzleistung durch die grundlegenden Gleichungen der Thermodynamik gesteuert.

In vielen bekannten Typen von Brennstoffzellen reagiert Wasserstoff mit Sauerstoff elektrochemisch zu Wasser[6]. Die elektrischen Gleichstrom liefernde Gesamtreaktion ist die Umkehrung der in Beispiel 5.17 behandelten Wasser-Elektrolyse, bei der elektrische Energie zugeführt werden muss

$$H_2 + \frac{1}{2}O_2 \rightarrow H_2O . \tag{7.75}$$

Abbildung 7.36 zeigt als Beispiel das Schema einer Brennstoffzelle mit protonenleitendem Elektrolyten. Der an der Anode zugeführte Wasserstoff spaltet sich unter Mitwirkung eines Platin-Katalysators in Protonen (H^+) und Elektronen (e^-). Den Elektronen ist der Weg durch den Elektrolyten versperrt, die Protonen diffundieren durch den Elektrolyten zur Kathode. Dort reagieren sie – ebenfalls unter Katalysatoreinwirkung – mit dem zugeführten Sauerstoff und den über den äußeren Teil des Stromkreises fließenden Elektronen zu H_2O. Zwischen den beiden Elektroden besteht eine elektrische Spannung, die *Zellspannung* U, und es fließt ein elektrischer Strom mit der Stromstärke[7]

$$I = e\,N_A\,\dot{n}_{El} = F\,\dot{n}_{El} . \tag{7.76}$$

Hierin bezeichnet $\dot{n}_{El}$ den Stoffmengenstrom der durch die Spaltung des Wasserstoffs zur Verfügung stehenden Elektronen. Die Faraday-Konstante F = 96 485,3 A s/mol ist das Produkt aus der elektrischen Elementarladung e und der Avogadro-Konstante N_A, der Teilchenzahl in einem Mol, vgl. Tabelle 10.5. Sie gibt die elektrische Stromstärke in Ampere an, wenn 1 mol einwertige Ladungsträger wie z.B. Elektronen pro Sekunde fließen.

Die Zellspannung der hier beschriebenen einzelnen Brennstoffzelle liegt, wie im nächsten Abschnitt dargelegt, in der Größenordnung von nur einem Volt. Daher werden in der technischen Anwendung mehrere Zellen zu einem Brennstoffzellen-Stapel zusammengeschaltet. Hierfür hat sich der englische Begriff ‚Stack' etabliert. Die einzelnen Zellen werden hierbei durch Bipolarplatten verbunden, die neben der elektrischen Kopplung auch die Gasverteilung auf der Anoden- und Kathodenseite sowie oft auch die Kühlung des Stacks übernehmen, vgl. Abb. 7.36. Die technische Anwendung von Brennstoffzellen-Systemen wird dadurch erleichtert, dass Brennstoffzellen nicht unbedingt reinen Wasserstoff und reinen Sauerstoff benötigen. Unter Inkaufnahme einer relativ geringen Wirkungsgradminderung, vgl. Abschnitt 7.4.2, kann an der Kathode Luft statt O_2 zugeführt werden und an der Anode ein wasserstoffreiches Gemisch, das z.B.

---

[6] Eine Ausnahme macht zum Beispiel die Direkt-Methanol-Brennstoffzelle, in der CH_3OH elektrochemisch zu H_2O und CO_2 oxidiert wird.

[7] In diesem Abschnitt wird zur Vereinfachung der Schreibweise der Index „el" am Formelzeichen I der elektrischen Stromstärke und am Formelzeichen U der elektrischen Spannung fortgelassen.

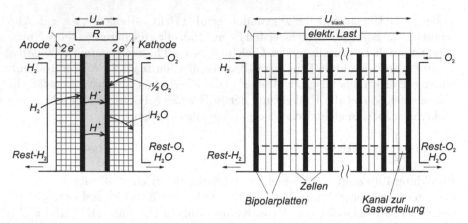

Abbildung 7.36. Links: Vereinfachtes Schema einer H_2-O_2-Brennstoffzelle mit protonenleitendem Elektrolyten
Rechts: Schematische Darstellung eines Brennstoffzellenstapels

Tabelle 7.7.   Fünf Typen von Brennstoffzellen

Bezeichnung	Abkür-zung	Englische Be-zeichnung	Elektrolyt	Betriebs-temperatur
Alkalische Brenn-stoffzelle	AFC	**A**lkaline **F**uel **C**ell	KOH-Lösung	60–80 °C
Polymerelektrolyt-Membran-BZ	PEMFC	**P**olymer **E**lektrolyte **M**embrane **F**uel **C**ell	Spezielle Kunst-stoffmembran	70–85 °C / 140–160 °C
Phosphorsaure Brennstoffzelle	PAFC	**P**hosphoric **A**cid **F**uel **C**ell	Konzentrierte Phosphorsäure	160–220 °C
Schmelzkarbonat-Brennstoffzelle	MCFC	**M**olten **C**arbonate **F**uel **C**ell	Kalium- und Lithium-Karbonat	600–650 °C
Festoxid-Brenn-stoffzelle	SOFC	**S**olid **O**xide **F**uel **C**ell	keramische Elektrolyte	750–950 °C

durch Wasserdampf-Reformierung von Kohlenwasserstoffen (Erdgas) entsteht, vgl. die Beispiele 5.15, 5.16 und 5.21. Ein solches Gemisch wird auch als Reformat bezeichnet.

Es gibt mehrere Arten oder Typen von Brennstoffzellen; man unterscheidet und bezeichnet sie nach dem verwendeten Elektrolyten, vgl. Tabelle 7.7. Der Elektrolyt bestimmt auch die Reaktionen, die an den beiden Elektroden ablaufen, vgl. Tabelle 7.8. Die *alkalische Brennstoffzelle* (AFC) hat an Bedeutung verloren, weil sie im Gegensatz zu den anderen Brennstoffzellen von Tabelle 7.7 nur mit sehr reinem H_2 und O_2 betrieben werden kann. Die *protonenleitende Membran-Brennstoffzelle* (PEMFC) arbei-

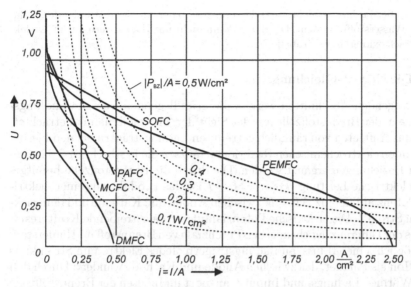

Abbildung 7.37. Typische Strom - Spannungs- Kennlinien von Brennstoffzellen sowie Kurven konstanter Leistungsdichte $|P_{BZ}|/A = U \cdot i$. Die Kreise kennzeichnen die Zustände maximaler Leistungsdichte

tet mit einem Reformat, dessen CO-Gehalt unter 50 ppm liegen muss, um die Vergiftung des Platin-Katalysators der Anode zu verhindern. Wegen ihrer günstigen Strom-Spannungs-Kennlinie und ihren schnellen Laständerungsverhalten eignet sie sich zum Antrieb von Kraftfahrzeugen und Schiffen (U-Booten). Die *phosphorsaure Brennstoffzelle* (PAFC) ist robuster als die PEMFC und toleriert ein Reformat mit höherem CO-Gehalt (bis etwa 1,5%); ihre Leistungsdichte ist jedoch geringer, vgl. Abb. 7.37.

Die beiden Hochtemperatur-Brennstoffzellen von Tabelle 7.7, die *Schmelzkarbonat-Brennstoffzelle* (MCFC) und die *Festoxid-Brennstoffzelle* (SOFC) erlauben den Einsatz von Erdgas als Brennstoff. Bei den hohen Betriebstemperaturen findet die Wasserdampfreformierung des Erdgases zum großen Teil innerhalb der Brennstoffzel-

Tabelle 7.8. Reaktionsgleichungen der Elektrodenreaktionen in Brennstoffzellen. Die Ladungsträger im Elektrolyten sind durch Fettdruck hervorgehoben

Brennstoffzelle	Anoden-Reaktion	Kathoden-Reaktion
AFC	$H_2 + 2\mathbf{OH}^- \to 2H_2O + 2e^-$	$\frac{1}{2}O_2 + H_2O + 2e^- \to 2\mathbf{OH}^-$
PAFC u. PEMFC	$H_2 \to 2\mathbf{H}^+ + 2e^-$	$\frac{1}{2}O_2 + 2\mathbf{H}^+ + 2e^- \to H_2O$
MCFC	$H_2 + \mathbf{CO_3^{2-}} \to H_2O + CO_2 + 2e^-$	$\frac{1}{2}O_2 + CO_2 + 2e^- \to \mathbf{CO_3^{2-}}$
SOFC	$H_2 + \mathbf{O^{2-}} \to H_2O + 2e^-$	$\frac{1}{2}O_2 + 2e^- \to \mathbf{O^{2-}}$
	$CO + \mathbf{O^{2-}} \to CO_2 + 2e^-$	

le statt, wobei das hierzu benötigte H_2O durch die an der Anode stattfindende Oxidation des Wasserstoffs entsteht. Die SOFC kann nicht nur H_2, sondern auch CO elektrochemisch oxidieren, vgl. Tabelle 7.8.

7.4.1 Die Nernst-Gleichung

In den folgenden Abschnitten werden die grundlegenden Energiewandlungsvorgänge in der Brennstoffzelle aus der Sicht der Thermodynamik betrachtet. Durch das Auftreten von räumlich getrennten Ladungsträgern bei den hierbei ablaufenden elektrochemischen Reaktionen müssen die in Abschnitt 5.5 hergeleiteten Beziehungen ergänzt werden. Die durch die Brennstoffzelle bereitgestellte elektrische Leistung $|P_{BZ}| = U \cdot I$ ist das Produkt aus einer elektrischen Potenzialdifferenz $\Delta\Phi = U$ zwischen Anode und Kathode und dem elektrischen Strom I. Die elektrische Potenzialdifferenz als ,treibende Kraft' resultiert aus der Differenz der chemischen Potenziale von Brennstoff und Sauerstoff, sie ermöglicht einen ,Fluss' an Ladungsträgern. Jedes Elektron im Stromkreis hat ein Ion als Partner, das zwischen Anode und Kathode wandert. Durch den Stoff-, Wärme-, Ladungs- und Impulstransport im Inneren der Brennstoffzelle ergeben sich Widerstände, die das im jeweiligen Betriebspunkt zur Verfügung stehende treibende elektrische Potenzial beeinflussen. Daher ergibt sich für jede Brennstoffzelle eine charakteristische Strom-Spannungs-Kennlinie, die U, I-Kennlinie. Zur Berechnung dieser Kennlinie müssen die Spannungsverluste, die durch die Transportmechanismen und die Reaktionskinetiken verursacht werden, modelliert werden, siehe [7.27]. Wenn diese Kennlinie bekannt ist, können die eleketrische Leistung $|P_{BZ}|$, die auftretenden Wärmeströme und die notwendigen Stoffströme sowie die Wirkungsgrade einer Zelle oder eines ganzen Stacks für jeden Betriebspunkt berechnet werden. Im Folgenden wird angeommen, dass die U, I-Kennlinie bekannt ist.

Die Nernst-Gleichung ermöglicht die Umrechnung der chemischen Potenzialdifferenzen der stofflichen Teilnehmer einer elektrochemischen Reaktion in das elektrische Potenzial der elektrischen Energie. Die Gleichung gilt nur für den Fall $I = 0$, da jeder Ladungstransport durch die oben genannten Transportwiderstände zu einer Minderung des elektrischen Potenzials führt. Diese ,Leerlaufspannung' (Ruheklemmspannung) ist ein charakteristischer Punkt einer jeden $U, I-$Kennlinie, der sich aus rein thermodynamischen Überlegungen ergibt. Der Grenzfall $I \to 0$ wird durch einen unendlich großen Widerstand, z.B. einer unterbrochenen Leitung für den Elektronenfluss zwischen Anode und Kathode realisiert, dadurch diffundieren auch keine Ionen durch den Elektrolyten[8]. Es liegt ein lokales Reaktionsgleichgewicht sowohl auf der Anodenseite wie auch auf der Kathodenseite vor. Berechnungsgrundlage für ein Reaktionsgleichgewicht ist die in Abschnitt 5.6.1 hergeleitete Beziehung, Gl. (5.161),

---

[8] Dies setzt allerdings einen idealen Elektrolyten voraus, der einen Durchtritt von Elektronen und Edukten vollständig ausschließt. Bei realen Elektrolyten führen auch kleine Leckageströme zu einer merklichen Abweichung von der theoretischen Leerlaufspannung.

$$\sum_{i=1}^{N} \nu_i\, \mu_i(T, p, \{x_i\}) = 0 \; . \tag{7.77}$$

Diese Gleichgewichtsbedingung wird für die Anoden- und Kathodenreaktion, vgl. Tabelle 7.8, getrennt aufgestellt, wobei vereinfachend jeweils eine homogene Zusammensetzung über der aktiven Fläche der Zelle angenommen wird. Da bei den hier betrachteten elektrochemischen Systemen, anders als bei den bisher betrachteten chemischen Reaktionen, elektrisch geladene Teilchen als Komponenten auftreten können, empfiehlt sich die Einführung eines elektrochemischen Potenzials als

$$\tilde{\mu}_i(T, p, \{x_i\}, z_i) = \mu_i(T, p, \{x_i\}) + z_i \cdot F \cdot \Phi \; , \tag{7.78}$$

mit welchem das chemische Potenzial der ungeladenen Komponente i um die molare elektrische Feldenergie $z_i \cdot F \cdot \Phi$ erweitert wird. z_i ist die Ladungszahl des geladenen Teilchens, die Faraday-Konstante F gibt die elektrische Ladung eines Mols an Elementarladungen an, und Φ ist das elektrische Potenzial im lokalen Umfeld des geladenen Teilchens.

Um das weitere Vorgehen zur Ableitung der Nernst-Gleichung zu veranschaulichen, wird zunächst eine Zelle mit protonenleitendem Elektrolyten betrachtet. Die Anoden-Teilreaktion lautet in diesem Fall, vgl. Tabelle 7.8,

$$H_2 \rightarrow 2H^+ + 2e^- \; ,$$

die entsprechende Teilreaktion an der Kathode

$$\frac{1}{2}O_2 + 2H^+ + 2e^- \rightarrow H_2O \; .$$

Aus der Bedingung für das elektrochemische Gleichgewicht, Gl. (7.77), und dem elektrochemischen Potenzial nach Gl. (7.78) ergibt sich für die Anode

$$\Delta\Phi_{A,0} = \frac{-\mu_{H_2} + 2 \cdot \mu_{H^+} + 2 \cdot \mu_{e^-}}{2 \cdot F} \; ,$$

und für die Kathode

$$\Delta\Phi_{K,0} = \frac{-\mu_{H_2O} + 2 \cdot \mu_{H^+} + \frac{1}{2} \cdot \mu_{O_2} + 2 \cdot \mu_{e^-}}{2 \cdot F} \; .$$

Die Ladungszahl der Elektronen z_{e^-} ist -1, die Ladungszahl des Protons z_{H^+} ist $+1$. In Abb. 7.38 ist schematisch zu erkennen, dass sich die Anoden- und die Kathodenreaktion über eine Reaktionszone erstrecken, die auf der einen Seite durch die Elektrode begrenzt ist, auf der anderen Seite durch den Elektrolyten. Die bei der Reaktion gebildeten Protonen sind im Elektrolyt gelöst, die frei werdenden Elektronen sammeln sich auf den Elektroden. Daher bildet sich sowohl auf der Anodenseite wie auf der Kathodenseite eine Reaktionszone aus, an der sich die Potenzialdifferenz $\Delta\Phi_{A,0}$ bzw. $\Delta\Phi_{K,0}$ ausbildet, vgl. Abb. 7.38. Im

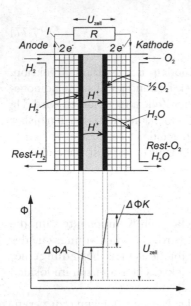

Abbildung 7.38. Oben: Schematische Darstellung einer Brennstoffzelle und dem zugehörigen Potenzialverlauf für $I = 0$.

stromfreien Ruhezustand ist die Differenz dieser Potenzialdifferenzen die Leerlaufspannung $U_{\text{zell},0}$ der Zelle, wie es in Abb. 7.38 deutlich wird. Die chemischen Potenziale der Ionen H^+ und der Elektronen e^- kürzen sich heraus, für die ungeladenen Komponenten H_2, O_2 und H_2O wird das chemische Potenzial durch die Summe aus dem chemischen Potenzial $\mu_{0,i}^{\text{iG},\Theta}(T, p^\Theta) = G_{\text{m},0i}^{\text{iG},\Theta}(T, p^\Theta)$ der Komponente im idealen Gaszustand bei dem Standarddruck p^Θ und der Fugazität $f_i(T, p, \{x_i\})$ dieser Komponente bei dem aktuellen Druck p ausgedrückt, vgl. Gl. (5.90):

$$\mu_i(T, p, \{x_i\}) = G_{\text{m},0i}^{\text{iG}}(T, p^\Theta) + R_m\, T \ln \frac{f_i(T, p, \{x_i\})}{p^\Theta}\,.$$

Zur weiteren Vereinfachung wird angenommen, dass die Temperatur T auf der Anoden- und der Kathodenseite gleich ist. Durch diesen additiven Aufbau des chemischen Potenzials können, wie schon bei der Einführung chemischer Gleichgewichtskonstanten in Abschnitt 5.6.2, die Idealteile und Realteile zusammengeführt werden:

$$U_{\text{zell},0} = \Delta\Phi_{\text{K},0} - \Delta\Phi_{\text{A},0} = \frac{-\mu_{0,H_2O}^{\text{iG},\Theta}(T) + \mu_{0,H_2}^{\text{iG},\Theta}(T) + \frac{1}{2}\mu_{0,O_2}^{\text{iG},\Theta}(T)}{2 \cdot F} +$$

$$+ \frac{R_m \cdot T}{2 \cdot F} \ln \frac{(f_{H_2}(T, p^{\text{A}}, \{x_i^{\text{A}}\})/p^\Theta) \cdot (f_{O_2}(T, p^{\text{K}}, \{x_i^{\text{K}}\})/p^\Theta)^{\frac{1}{2}}}{(f_{H_2O}(T, p^{\text{K}}, \{x_i^{\text{K}}\})/p^\Theta)}\,.$$

$$(7.79)$$

Diese Gleichung gibt die Nernst-Gleichung für den Fall der einfachen Bruttoreaktionsgleichung $H_2 + \frac{1}{2}O_2 \to H_2O$ an, bei der die Komponente H_2 als Brennstoff auf der Anodenseite, die Komponente O_2 als Oxidant auf der Kathodenseite und das Reaktionsprodukt auf der Kathodenseite abgeführt wird.

Im allgemeinen Fall lautet die Reaktionsgleichung

$$\nu_A^j \cdot A + \nu_B^j \cdot B \rightarrow \nu_{AB}^j \cdot AB \ , \qquad j = A, K$$

oder noch allgemeiner

$$\sum_{i=1} \nu_i^j \cdot A_i = 0 \ ,$$

wobei der Index j die Anode *oder* die Kathode bezeichnet. Die Anode ist der Ort der Elektronen*ab*spaltung, die Kathode der Ort der Elektronen*zu*führung. In dieser Verallgemeinerung kann die Nernst-Gleichung wie folgt formuliert werden:

$$U_{\text{zell},0}(T,p) = \frac{-\Delta^R G_m^{\text{iG},\Theta}(T,p^\Theta)}{\nu_{e^-} \cdot F} + \frac{R_m \cdot T}{\nu_{e^-} \cdot F} \ln \prod^i \left(\frac{f_i(T,p^j,\{x_i^j\})}{p^\Theta} \right)^{\nu_i} \ ,$$

$$(7.80)$$

mit

$$U_{\text{zell},0}^\Theta = \frac{-\Delta^R G_m^{\text{iG},\Theta}(T,p^\Theta)}{\nu_{e^-} \cdot F} \ .$$

Der Zähler des ersten Summanden ist die negative freie molare Reaktionsenthalpie der Bruttoreaktion im idealen Gaszustand beim Standarddruck p^Θ. Der erste Term wird als Leerlaufspannung der Zelle im Standardzustand $U_{\text{zell},0}^\Theta$ bezeichnet. Sind die Stoffströme an der Anode und der Kathode gasförmig und ist der aktuelle Druck p^A bzw. p^K in den Reaktionszonen niedrig, kann die Fugazität f_i^j durch den Partialdruck p_i^j ersetzt werden.

Die Nernst-Gleichung (7.80) ermöglicht die Berechnung der Gleichgewichtsspannung bei $I = 0$ an einer elektrochemischen Zelle bei gegebener Bruttoreaktion. Wenn die zugeführten Stoffströme in ihrer Zusammensetzung oder auch die Temperatur und/oder der Druck auf der Anodenseite ($j = A$) und der Kathodenseite ($j = K$) verändert werden, führt dies zu einer Änderung der Leerlaufspannung der Brennstoffzelle, was durch die Nernst-Gleichung (7.80) vorausberechnet werden kann.

7.4.2 Die Strom-Spannungskennlinie

Abbildung 7.37 zeigt die Zellspannungen der vier aktuellen Typen von Brennstoffzellen als Funktionen der Stromdichte $i := I/A$. Hierbei wird die Stromstärke I auf die aktive Fläche A des Elektrolyten bezogen, die senkrecht zur Bewegung der Ladungsträger steht. Mit steigender Stromdichte sinkt die Zellspannung, weil die Irreversibilitäten durch Reaktionskinetiken und Stofftransportwiderstände innerhalb der Zelle mit steigender Belastung zunehmen. Vorteilhaft sind flach verlaufende Kennlinien; sie führen bei gleicher Spannung zu höheren Leistungsdichten $|P_{BZ}|/A = U \cdot i$.

Wenn die Kennlinie einer Brennstoffzelle bekannt ist, kann die elektrische Leistung $P_{el} = P_{BZ}$ und der Wärmestrom $\dot{Q}$ der Zelle oder des Stacks aus den Gesamtbilanzen berechnet werden. Dazu wird die Brennstoffzelle als ein thermodynamisches System als Ganzes modelliert, in dem die Wasserstoffoxidation nach Gl.(7.75) als isotherm-isobare Reaktion abläuft, sodass auf die in Abschnitt 5.5.5 hergeleiteten Beziehungen zurückgegriffen werden kann. Die elektrische Leistung der Brennstoffzelle P_{BZ} ist aus dem Verlauf der Kennlinie unmittelbar zu berechnen; sie ergibt sich

$$P_{BZ} = -U \cdot I = -U(I) \cdot I \ .$$

Da U abnimmt, wenn I steigt, erreicht die abgegebene Leistung $-P_{BZ} = |P_{BZ}|$ ein Maximum bei einer bestimmten Stromstärke I_P. Die Zustände maximaler Leistung sind auf den Kennlinien von Abb. 7.37 markiert. Abbildung 7.39 zeigt das Verhältnis $|P_{BZ}|/|P_{BZ}^{max}|$ als Funktion von I/I_P.

Zur Berechnung des Wärmestroms $\dot{Q}$ wird von der in Abschnitt 5.5.5 hergeleiteten Leistungsbilanzgleichung

$$\dot{Q} + P_{BZ} = \dot{z}\,\Delta^R H_m(T) = \dot{n}_{H_2}\Delta^R H_m(T) = -\dot{n}_{H_2}H_{um}(T) \tag{7.81}$$

ausgegangen, in der $\Delta^R H_m$ die molare Reaktionsenthalpie der Wasserstoffoxidation bezeichnet. Sind H_2, O_2 und das entstehende H_2O (ideale) Gase, hängt $\Delta^R H_m$ nur von der Temperatur ab und ist gleich dem negativen molaren Heizwert H_{um} des H_2, der mit wachsender Temperatur etwas ansteigt. Die Umsatzrate $\dot{z}$ stimmt mit dem Stoffmengenstrom $\dot{n}_{H_2}$ des *umgesetzten* Wasserstoffs

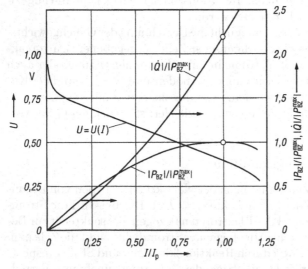

Abbildung 7.39. Verhältnisse $|P_{BZ}|/|P_{BZ}^{max}|$ und $|\dot{Q}|/|P_{BZ}^{max}|$ als Funktionen von I/I_P, berechnet aus der Kennlinie $U = U(I)$ einer PEM-Brennstoffzelle

überein. Zwischen $\dot{n}_{H_2}$ und der Stromstärke besteht nach Gl.(7.76) die Beziehung

$$I = F\,\dot{n}_{El} = 2\,F\dot{n}_{H_2}\;, \tag{7.82}$$

weil der Stoffmengenstrom $\dot{n}_{El}$ der Elektronen gemäß den Anoden-Reaktionsgleichungen von Tabelle 7.8 doppelt so groß wie $\dot{n}_{H_2}$ ist. Aus den Gl.(7.81) und (7.82) ergibt sich nun

$$\dot{Q} = -\frac{H_{um}}{2\,F}\,I - P_{BZ} = -[U_H - U(I)]\,I\;. \tag{7.83}$$

Auch der von der Brennstoffzelle abgegebene Wärmestrom lässt sich aus dem Verlauf der Strom-Spannungs-Kennlinie berechnen. U_H wird durch Gl.(7.84) eingeführt.

In Abb. 7.39 ist das Verhältnis $|\dot{Q}|/|P_{BZ}^{max}|$ dargestellt. Es steigt mit I stark an und erreicht bei der Stromstärke I_P des Leistungsmaximums Werte über 2. Eine Brennstoffzelle gibt also elektrische Energie und in nicht geringem Maße Wärme auf dem Niveau der Betriebstemperatur (Reaktionstemperatur) ab. Damit ist sie ein Beispiel für die sogenannte Kraft-Wärme-Kopplung, nämlich die gleichzeitige Erzeugung elektrischer Energie und von Wärme auf höherem Temperaturniveau, die zum Heizen oder zur Arbeitsleistung in einer nachgeschalteten Wärmekraftmaschine genutzt werden kann. Die Kraft-Wärme-Kopplung, auf die bereits in Abschnitt 3.3.7 hingewiesen wurde, wird ausführlicher in Abschnitt 9.2.4 behandelt.

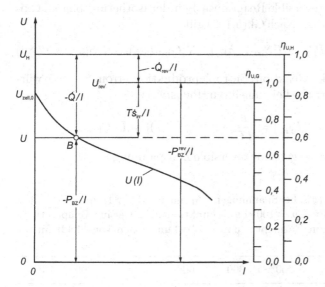

Abbildung 7.40. U, I-Diagramm mit der Strom-Spannungs-Kennlinie einer Brennstoffzelle; Veranschaulichung der beiden Hauptsätze, Gl.(7.85) und (7.86), sowie Spannungswirkungsgrade $\eta_{U,G} = U/U_{rev}$ und $\eta_{U,H} = U/U_H$

Der Quotient $H_{um}/2\,F$ ist eine für die Oxidationsreaktion charakteristische elektrische Spannung, die mit

$$U_H(T) := \frac{H_{um}(T)}{2\,F} = \frac{-\Delta^R H_m(T)}{2\,F} \tag{7.84}$$

bezeichnet wird. Sie wächst wie der Heizwert mit steigender Temperatur. Tabelle 7.9 zeigt Werte von U_H für die Bereiche der Celsius-Temperatur ϑ, in denen die fünf Brennstoffzellentypen von Tabelle 7.7 betrieben werden. U_H liegt in der Größenordnung der mit der Nernst-Gleichung berechneten Zellspannung; wobei der Unterschied zwischen diesen beiden Spannungen durch das Produkt aus Temperatur T und der Reaktionsentropie $\Delta^R S_m$ gegeben ist. In einem U, I-Diagramm, Abb. 7.40, lässt sich die Bilanzgleichung des 1. Hauptsatzes veranschaulichen: Jeder Betriebspunkt B der Strom-Spannungs-Kennlinie $U = U(I)$ teilt die Spannung U_H in die Anteile $U(I) = -P_{BZ}/I$ sowie $U_H - U(I) = -\dot{Q}/I$; es gilt die durch I dividierte Leistungsbilanzgleichung (7.81)

$$\frac{-\dot{Q}}{I} + \frac{-P_{BZ}}{I} = \frac{H_{um}}{2F} = U_H \;. \tag{7.85}$$

Um die Aussagen des 2. Hauptsatzes anschaulich einzubringen, wird vereinfachend die isotherm-isobare Oxidation des Wasserstoffs betrachtet. Hierbei sollen, anders als bisher, die Reaktionsteilnehmer wie in Abschnitt 5.5.5 getrennt unter dem vollen Druck p zu- bzw. abströmen. Nach dem 2. Hauptsatz existiert eine obere Grenze für die gewinnbare elektrische Leistung der Brennstoffzelle, die durch die reversible Reaktionsarbeit der isotherm-isobaren Oxidationsreaktion gegeben ist. Nach Gl.(5.152) gilt

$$-P_{BZ} = |P_{BZ}| = -P_{BZ}^{rev} - T\,\dot{S}_{irr} = \dot{n}_{H_2}[-\Delta^R G_m(T,p)] - T\,\dot{S}_{irr} \;. \tag{7.86}$$

Im Idealfall der reversiblen Reaktion (Entropieproduktionsstrom $\dot{S}_{irr} = 0$) würde die abgegebene elektrische Leistung ihren Höchstwert

$$-P_{BZ}^{rev} = \dot{n}_{H_2}[-\Delta^R G_m(T,p)] = \frac{I}{2\,F}[-\Delta^R G_m(T,p)] = I \cdot U_{rev}$$

erreichen. Die sich hieraus ergebende reversible Zellspannung

Tabelle 7.9. Charakteristische Spannungen U_H nach Gl.(7.84) und U_{rev} nach Gl.(7.87) beim Standarddruck $p_0 = 100$ kPa als Funktionen der Celsius-Temperatur ϑ, berechnet mit den molaren Enthalpien und Gibbs-Funktionen von [4.42] für die Wasserstoff-Oxidation

$\vartheta/^\circ C$	25	100	200	300	600	700	900	1000
U_H/V	1,2533	1,2574	1,2621	1,2662	1,2771	1,2803	1,2863	1,2891
U_{rev}/V	1,1847	1,1668	1,1420	1,1162	1,0352	1,0073	0,9507	0,9219

$$U_{\text{rev}}(T, p) := -\Delta^R G_m(T, p)/2\,F = -P_{\text{BZ}}^{\text{rev}}/I \tag{7.87}$$

ist eine Eigenschaft der Reaktion und hängt wie die molare Reaktions-Gibbs-Funktion $\Delta^R G_m(T, p)$ von Temperatur und Druck ab. Für den Standarddruck $p = 100\,\text{kPa}$ enthält Tabelle 7.9 Werte von $U_{\text{rev}}(\vartheta)$. Bei gleicher Temperatur sind sie in der Regel kleiner als die Werte von $U_H(\vartheta)$, weil die molare Reaktionsentropie $\Delta^R S_m(T, p)$ typischerweise negativ ist. Ebenso unterscheidet sich U_{rev} etwas von der Leerlaufspannung $U_{\text{zell},0}$ gemäß Gl.(7.80). Der reversiblen Zellspannung U_{rev} liegt ein stationärer Fließprozess zugrunde, der durch den 1. und des 2. Hauptsatz mit der willkürlichen Festlegung $\dot{S}_{\text{irr}} = 0$ beschrieben wird. Die Leerlaufspannung gemäß Gl. (7.80) resultiert aus einer Reaktionsgleichgewichtsbedingung, die auf der Bedingung $S(U, V) \to max$ aufbaut. U_{rev} setzt eine Obergrenze für die Zellspannung U: Die Strom-Spannungs-Kennlinie kann nur unterhalb der Horizontalen $U = U_{\text{rev}}$ verlaufen, da für die Entropieerzeugungsrate $\dot{S}_{\text{irr}} > 0$ gilt. Gl. (7.87) gilt auch für andere Brennstoffe, wenn das durch die katalytische Aufspaltung vorgegebene Verhältnis von Brennstoff-Stoffmengenstrom $\dot{n}_B$ zum Stoffmengenstrom der Elektronen $\dot{n}_{\text{El}}$ berücksichtigt wird:

$$U_{\text{rev}}(T, p) = \frac{-\Delta^R G_m(T, p)}{(\dot{n}_B / \dot{n}_{\text{El}}) \cdot F} \tag{7.88}$$

Im U, I-Diagramm, Abb. 7.40, teilt die Strom-Spannungs-Kennlinie die reversible Zellspannung U_{rev} in den Leistungsteil $U(I) = -P_{\text{BZ}}/I$ und den dissipierten Teil $U_{\text{rev}} - U(I) = T\,\dot{S}_{\text{irr}}/I$, der als Teil des Wärmestroms $\dot{Q}$ abgegeben wird. Aus Gl.(5.151) erhält man mit den Gl.(7.82), (7.84) und (7.86)

$$\dot{Q} = \dot{n}_{H_2} T\,\Delta^R S_m(T, p) - T\,\dot{S}_{\text{irr}} = -(U_H - U_{\text{rev}})\,I - T\,\dot{S}_{\text{irr}} = \dot{Q}_{\text{rev}} - T\,\dot{S}_{\text{irr}} \;.$$

Auch im Idealfall der reversiblen Reaktion muss aufgrund der hier negativen Reaktionsentropie ein Wärmestrom $\dot{Q}_{\text{rev}} = -(U_H - U_{\text{rev}})I < 0$ abgegeben werden.

Die Irreversibilitäten der Reaktion und der Transportvorgänge in der Brennstoffzelle erfasst man durch den Spannungswirkungsgrad

$$\eta_{U,G} := \frac{-P_{\text{BZ}}}{-P_{\text{BZ}}^{\text{rev}}} = \frac{U(I) \cdot I}{\dot{n}_{H_2}[-\Delta^R G_m(T, p)]} = \frac{U(I)}{-\Delta^R G_m/2F} = \frac{U(I)}{U_{\text{rev}}} = 1 - \frac{T\,\dot{S}_{\text{irr}}}{-P_{\text{BZ}}^{\text{rev}}}, \tag{7.89}$$

dessen Verlauf wiederum durch die Strom-Spannungs-Kennlinie unmittelbar bestimmt wird, vgl. Abb. 7.40. Im Teillastbereich ($|P_{\text{BZ}}| < |P_{\text{BZ}}^{\text{max}}|$ und $I < I_P$) ist der Spannungswirkungsgrad größer als bei der maximalen Leistung. Man legt daher Brennstoffzellen nicht für die maximale Leistung $P_{\text{BZ}}^{\text{max}}$, sondern für eine kleinere Leistung aus.

Der Berechnung der reversiblen Zellspannung U_{rev} nach Gl.(7.87) liegt die Annahme zugrunde, dass die drei Reaktionsteilnehmer H_2, O_2 und H_2O getrennt und unter dem vollen Druck p zu- bzw. abströmen. Diese Annahme trifft auf Brennstoffzellen, die mit einem Reformat und mit Luft betrieben werden, nicht zu. Durch die Berücksichtigung des Mischungseffekts bei der Entropieberechnung ergibt sich eine etwas kleinere Reaktions-Gibbs-Funktion und damit ein um einige mV geringerer Wert von U_{rev}.

Um diese Komplikation bei der Wirkungsgradberechnung zu vermeiden, wird zur Definition des Wirkungsgrads der Heizwert von Wasserstoff verwendet, der nur von der Reaktionstemperatur, jedoch nicht vom Druck und nicht von der Zusammensetzung des Reformats abhängt.

In Analogie zu den anderen Verbrennungskraftanlagen wird der Wirkungsgrad der Brennstoffzelle mit dem molaren *Heizwert* H_{um}, hier von H_2, definiert:

$$\eta_{BZ} := \frac{-P_{BZ}}{\dot{n}_{H_2}^* H_{um}(T)} . \tag{7.90}$$

Dabei bedeutet $\dot{n}_{H_2}^*$ den Stoffmengenstrom des Wasserstoffs, welcher der Brennstoffzelle *zugeführt* wird. Mit den Gl.(7.82) und (7.84) ergibt sich

$$\eta_{BZ} := \frac{I/2F}{\dot{n}_{H_2}^*} \frac{U(I)}{H_{um}(T)/2F} = \frac{\dot{n}_{H_2}}{\dot{n}_{H_2}^*} \frac{U(I)}{U_H(T)} = \eta_I \cdot \eta_{U,H} . \tag{7.91}$$

Der erste Faktor η_I gibt an, welcher Teil des zugeführten Wasserstoffs in der Brennstoffzelle umgesetzt wird. Man nennt ihn Umsatzwirkungsgrad, er hat typischerweise Werte $\eta_I = 0,8 \ldots 0,9$. Der mit U_H gebildete Spannungswirkungsgrad $\eta_{U,H}$, vgl. auch Abb. 7.40, ist (im Gegensatz zu $\eta_{U,G}$) in der Praxis einfach und eindeutig zu bestimmen. Er wächst mit der Zellspannung $U(I)$ und kann wegen des Bezugs auf H_{um} den Wert 1 selbst im reversiblen Grenzfall nicht erreichen. Um günstige Wirkungsgrade zu erzielen, betreibt man Brennstoffzellen im Spannungsbereich zwischen 0,6 und 0,8 V. Hier ist jedoch die Leistung $|P_{BZ}|$ merklich kleiner als die maximal erreichbare Leistung $|P_{BZ}^{max}|$, die bei der größeren Stromstärke I_P, aber einer erheblich kleineren Zellspannung $U(I_P)$ und damit einem kleineren Wirkungsgrad auftritt.

Beispiel 7.9. Ein Brennstoffzellen-Stapel besteht aus $m = 64$ in Reihe geschalteten Einzelzellen; er liefert bei $\vartheta = 80\,°C$ und $U_{St} = 48,0\,V$ Gleichstrom mit $I_{St} = 116,7\,A$. Der Umsatzwirkungsgrad sei $\eta_I = 0,86$. Man bestimme den Wasserstoffverbrauch, bezogen auf die erzeugte elektrische Energie in m_n^3/kWh, die abgegebene elektrische Leistung und den abzuführenden Wärmestrom des Zellenstapels sowie den Wirkungsgrad η_{BZ} nach Gl.(7.91). Zur Leistungssteigerung wird die Stromstärke verdoppelt; dabei sinkt die Spannung auf $U_{St} = 37,1\,V$. Welche Werte nehmen nun die vorher berechneten Größen an?

Bei der Reihenschaltung der $m = 64$ Einzelzellen fließt durch jede Zelle der Strom $I = I_{St}$, während sich die Zellspannungen U zur Spannung $U_{St} = 48,0\,V$ des Stapels addieren. Somit gilt für jede der Einzelzellen $U = U_{St}/m = 0,750\,V$ und $I = I_{St} = 116,7\,A$. Man erhält den energiebezogenen Wasserstoffverbrauch, indem für die Einzelzelle der Normvolumenstrom $\dot{V}_n(H_2)$ des umgesetzten Wasserstoffs auf die abgegebene elektrische Leistung $(-P_{BZ})$ bezogen wird. Mit $V_0 = 22,414\,m^3/kmol$ als dem molaren Volumen idealer Gase im Normzustand, vgl. Abschnitt 10.1.3, erhält man

$$\frac{\dot{V}_n(H_2)}{-P_{BZ}} = \frac{V_0 \, \dot{n}_{H_2}}{U \cdot I} = \frac{V_0}{2\,F} \frac{1}{U(I)} = \frac{0,41815\,m_n^3/kWh}{U(I)/Volt} = 0,558\,\frac{m_n^3}{kWh} .$$

Die vom Brennstoffzellen-Stapel abgegebene elektrische Leistung ist

$$-(P_{\mathrm{BZ}})_{\mathrm{St}} = U_{\mathrm{St}}I_{\mathrm{St}} = m\,U\,I = 48{,}0\,\mathrm{V} \cdot 116{,}7\,\mathrm{A} = 5{,}60\,\mathrm{kW}\ .$$

Der abzuführende Wärmestrom wird nach Gl.(7.83)

$$-\dot{Q}_{\mathrm{St}} = m\,[U_{\mathrm{H}}(\vartheta) - U]\cdot I = 64\,(1{,}2563 - 0{,}750)\,\mathrm{V} \cdot 116{,}7\,\mathrm{A} = 3{,}78\,\mathrm{kW}\ .$$

Dabei wurde $U_{\mathrm{H}}(\vartheta = 80\,^\circ\mathrm{C})$ durch Interpolation aus Tabelle 7.9 bestimmt. Der Wirkungsgrad ergibt sich nach Gl.(7.91) zu

$$\eta_{\mathrm{BZ}} = \eta_{\mathrm{I}}\cdot\eta_{\mathrm{U,H}} = \eta_{\mathrm{I}}\,\frac{U}{U_{\mathrm{H}}} = 0{,}86\,\frac{0{,}750\,\mathrm{V}}{1{,}2563\,\mathrm{V}} = 0{,}86\cdot 0{,}597 = 0{,}513\ .$$

Für die doppelte Stromstärke $I_{\mathrm{St}} = I = 233{,}4\,\mathrm{A}$ ergibt sich die kleinere Zellspannung $U = U_{\mathrm{St}}/m = 37{,}1\,\mathrm{V}/64 = 0{,}580\,\mathrm{V}$. Damit erhält man für den Wasserstoffverbrauch $\dot{V}_{\mathrm{n}}(\mathrm{H_2})/(-P_{\mathrm{BZ}}) = 0{,}721\,\mathrm{m_n^3/kWh}$, für die Leistung des Zellenstapels $-(P_{\mathrm{BZ}})_{\mathrm{St}} = 8{,}66\,\mathrm{kW}$, für den Wärmestrom $-\dot{Q}_{\mathrm{St}} = 10{,}11\,\mathrm{kW}$ und für den Wirkungsgrad $\eta_{\mathrm{BZ}} = 0{,}397$. Durch die höhere Strombelastung des Zellenstapels vergrößert sich zwar die abgegebene elektrische Leistung um 54,6 %, der Wirkungsgrad fällt jedoch um 22,6 %, und dementsprechend steigt der Wasserstoffverbrauch je kWh um 22,9 %. Diese Verschlechterung ist auf die Zunahme der Irreversibilitäten im Zellenstapel zurückzuführen. Hierauf weist auch die überaus starke Vergrößerung des abgegebenen Wärmestroms hin, mit dem der gestiegene Entropieproduktionsstrom $\dot{S}_{\mathrm{irr}}$ abgeführt wird.

7.4.3 Brennstoffzellen-Systeme und Wasserstoff-Erzeugung

Ein Brennstoffzellen-Stapel als Energiewandler im technischen Einsatz muss in Versorgungssysteme eingebettet werden, vgl. Abb. 7.41. Die Luftversorgung stellt gefilterte und temperierte Luft für die Kathode zur Verfügung, wobei gegebenenfalls auch eine Druckerhöhung auf ca. 2-3 bar und eine Luftbefeuchtung vorgesehen wird. Das Thermalsystem stellt zum einen die Kühlung des Stapels sicher, zum anderen die Bereitstellung der Betriebstemperatur beim Anfahren des Brennstoffzellen-Stapels. Die Kühlung kann entweder, z.B. bei

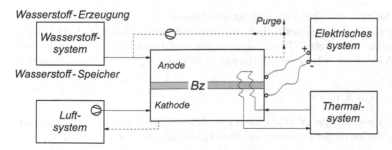

Abbildung 7.41. Schematische Darstellung eines Brennstoffzellen-Systems

den PEM-Brennstoffzellen über eine Kühlung der Bipolarplatten erfolgen, oder durch überschüssige Kathodenluft. Das elektrische System enthält neben der Steuerung und Regelung die Wandler bzw. Inverter, welche zur Ankopplung des Brennstoffzellen-Systems an das elektrische Netz notwendig sind, vgl. [7.28]. Das Brennstoff-Versorgungssystem konditioniert den Brennstoff, welcher der Anode zugeführt wird. Dieses ist entweder Erdgas, Biogas oder Wasserstoff. Der Wasserstoff ist kein Primärenergieträger, er muss unter Einsatz von Primär-energie erzeugt werden. Das derzeit noch wichtigste und am häufigsten einge-setzte Verfahren zur Wasserstoffgewinnung ist die Wasserdampfreformierung von Erdgas. Fast die Hälfte des industriell verbrauchten Wasserstoffs wird auf diese Weise erzeugt, wobei das Erdgas als Primärenergieträger und neben dem zugeführten H_2O als Wasserstofflieferant dient. Mittelfristig wird die Bereit-stellung von Wasserstoff aus Biogasen [7.26] sowie aus der mit erneuerbarer elektrischer Energie betriebenen Elektrolyse angestrebt. Aus dem Erd- oder Biogas wird in besonderen Anlagenteilen durch Wasserdampfreformierung das für die Niedertemperatur-Brennstoffzellen PEMFC und PAFC benötigte was-serstoffreiche Gasgemisch, das Reformat, erzeugt. Bei den Hochtemperatur-Brennstoffzellen MCFC und SOFC wird Erdgas nur zum Teil vorreformiert, weil dessen Wasserdampfreformierung bei den hohen Betriebstemperaturen weitge-hend in den Brennstoffzellen selbst stattfindet und durch die endotherme Refor-mierung zur Kühlung beiträgt.

Im Folgenden wird die Wasserstofferzeugung aus dem Primärenergieträger Erdgas heraus betrachtet und das Gesamtsystem energetisch mit anderen Ver-brennungskraftanlagen verglichen, indem ihre Wirkungsgrade der Stromerzeu-gung bestimmt werden. Da Brennstoffzellen elektrische Energie sowie Wärme auf dem Niveau ihrer Betriebstemperatur abgeben, werden sie als stationäre Anlagen   für   die Kraft-Wärme-Kopplung im Bereich kleinerer elektrischer Leistungen, etwa zwi-schen 1 kW und 1 MW, projektiert. Sie konkurrieren dabei mit Blockheizkraft-werken und kleinen industriellen Anlagen der Kraft-Wärme-Kopplung, vgl. Ab-schnitt 9.2.4. Sogar in Einfamilienhäusern sollen Brennstoffzellen kleiner Leis-tung (ca. 1 bis 3 kW) nicht nur Heizwärme, sondern auch elektische aus Erd-gas erzeugen. Ein weiteres Anwendungsgebiet ist der Antrieb von Kraftfahrzeu-gen [7.33].

Um das Reformat für die Niedertemperatur-Brennstoffzellen PEMFC und PAFC zu gewinnen, wird entschwefeltes Erdgas mit Wasserdampf gemischt und bei Tempe-raturen zwischen 700 und 800 °C zur Reaktion gebracht. Diese Wasserdampfreformie-rung lässt sich idealisierend und mit Methan anstelle von Erdgas durch die endotherme Reaktion

$$CH_4 + H_2O \rightarrow 3\,H_2 + CO$$

mit der Reaktionsenthalpie $\Delta^R H_m(1000\,K) = 225{,}8\,kJ/mol$ beschreiben. Durch an-schließende CO-Konvertierung nach der Wassergas-Shift-Reaktion

$$CO + H_2O \rightarrow H_2 + CO_2$$

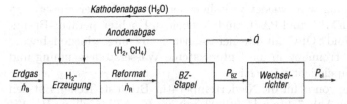

Abbildung 7.42. Schema eines stationären Niedertemperatur-Brennstoffzellen-Systems zur gekoppelten Erzeugung der elektrischen Wechselstromleistung P_{el} und des Heizwärmestroms $\dot{Q}$ aus Erdgas

erhält man ein wasserstoffreiches Reformat, dessen CO-Gehalt kleiner als 0,5% ist und das in PAFC-Zellen eingesetzt werden kann, ohne den Anoden-Katalysator zu vergiften. Bei der PEMFC muss der CO-Gehalt durch eine zusätzliche selektive katalytische Oxidation auf 10 bis 20 ppm gesenkt werden, um die Katalysatorvergiftung zu vermeiden. Zur Verdampfung und Überhitzung des H_2O auf mehr als 700 °C und bei der endothermen Reformierungsreaktion selbst ist Wärme zuzuführen. Man erhält sie durch Verbrennen des Anoden-Abgases. Es enthält nämlich den Wasserstoff, der in der Brennstoffzelle nicht umgesetzt wurde, und das bei der Reformierung des Erdgases nicht abreagierte Methan. Das für die Reformierung und CO-Konvertierung benötigte Wasser wird aus dem Kathodenabgas gewonnen oder muss gegebenenfalls von außen zugeführt werden. Es besteht damit eine stoffliche und energetische Rückkopplung zwischen dem Brennstoffzellenstapel und dem System der Wasserstofferzeugung, vgl. Abb. 7.42.

Um Brennstoffzellen-Systeme mit anderen Verbrennungskraftanlagen energetisch zu vergleichen, wird ihr Wirkungsgrad wie in Abschnitt 7.3.1 durch

$$\eta := \frac{-P}{\dot{n}_{\text{B}}\, H_{\text{um}}^{\text{B}}(T_{\text{B}})} = \frac{-P_{\text{BZ}}}{\dot{n}_{\text{B}}\, H_{\text{um}}^{\text{B}}(T_{\text{B}})}\, \frac{P}{P_{\text{BZ}}} \tag{7.92}$$

definiert. Dabei ist der zugeführte Brennstoff (Index B) Erdgas. Für die abgegebene Nutzleistung $(-P)$ gilt bei stationären Anlagen $P = P_{\text{el}}$ mit P_{el} als der ins Netz eingespeisten elektrischen Wechselstromleistung. Bei Fahrzeugantrieben bedeutet $P = P_{\text{W}}$ die Wellenleistung, die ein Gleichstrommotor abgibt. Mit P_{BZ} bezeichnet man die elektrische Gleichstromleistung, die der Brennstoffzellenstapel abgibt. Der zweite Quotient in Gl.(7.92) entspricht somit entweder dem Wirkungsgrad des elektrischen Wechselrichters (einschließlich eines Transformators) oder dem Wirkungsgrad eines Gleichstrommotors. Diese Wirkungsgrade haben typischerweise Werte zwischen 0,90 und 0,95.

Der erste Quotient in Gl.(7.92) bewertet die Energieumwandlung des „eigentlichen" Brennstoffzellen-Systems, nämlich vom zugeführten Brennstoff Erdgas zur Ausgangsleistung P_{BZ} des Brennstoffzellenstapels:

$$\eta' := \frac{-P_{\text{BZ}}}{\dot{n}_{\text{B}}\, H_{\text{um}}^{\text{B}}(T_{\text{B}})}\,. \tag{7.93}$$

Zu seiner Berechnung wird wieder zwischen den beiden Niedertemperatur-Brennstoffzellen PEMFC und PAFC und den beiden Hochtemperatur-Brennstoffzellen MCFC und SOFC mit interner Reformierung unterschieden, bei denen eine sinnvolle Trennung in die Untersysteme Wasserstofferzeugung und Brennstoffzellenstapel nicht möglich ist.

Zur Berechnung von η' für die Niedertemperatur-Brennstoffzellen mit den Untersystemen nach Abb. 7.42 wird Gl. (7.93) mit $\dot{n}^*_{H_2} H_{um}(T) = x^R_{H_2} \dot{n}_R H_{um}(T)$ erweitert. Dies ist der Energiestrom, der mit dem im Reformat enthaltenen Wasserstoff zum Brennstoffzellenstapel fließt. Man erhält

$$\eta' = \frac{\dot{n}^*_{H_2} H_{um}(T)}{\dot{n}_B H^B_{um}(T_B)} \frac{-P_{BZ}}{\dot{n}^*_{H_2} H_{um}(T)} = \eta_{HE} \cdot \eta_{BZ} \, ,$$

wobei η_{BZ} der in Abschnitt 7.4.2 mit Gl. (7.90) eingeführte Brennstoffzellen-Wirkungsgrad ist. Der Wirkungsgrad η_{HE} der Wasserstofferzeugung vergleicht den Heizwert der Wasserstoffmenge, die im Reformat zum Brennstoffzellenstapel strömt, mit dem Heizwert der zugeführten Erdgasmenge.

Der Wirkungsgrad der Wasserstofferzeugung erreicht Werte um $\eta_{HE} = 0{,}82$. Der Wirkungsgrad der Brennstoffzelle besteht nach Gl. (7.91) aus den Faktoren η_I und $\eta_{U,H}$. Der Umsatzwirkungsgrad liegt z.B. bei $\eta_I = 0{,}85$; der Spannungswirkungsgrad $\eta_{U,H} = U(I)/U_H(T)$ hat bei der Betriebstemperatur $\vartheta = 80\,°C$ der PEMFC Werte von

$$\eta_{U,H} = \frac{(0{,}65 \ldots 0{,}80)\,V}{1{,}2563\,V} = 0{,}517 \ldots 0{,}637 \, .$$

Damit erhält man den Bereich $\eta' = 0{,}36 \ldots 0{,}44$ für ein Brennstoffzellen-System mit Zellen des Typs PEMFC. Nimmt man den Wirkungsgrad des Wechselrichters zu $P_{el}/P_{BZ} = 0{,}93$ an, so erhält man $\eta = 0{,}34 \ldots 0{,}41$ für den Systemwirkungsgrad. Hierbei ist zu berücksichtigen, dass der Betrieb von Brennstoffzellen-Systemen mit dem fossilen Energieträger Erdgas nur als eine Zwischenlösung zur Markteinführung betrachtet wird. Mittelfristig wird eine Versorgung mit regenerativ bereitgestelltem Wasserstoff angestrebt.

Bei den beiden *Hochtemperatur-Brennstoffzellen* mit innerer Reformierung ist die Trennung in die Teilsysteme Wasserstofferzeugung und Brennstoffzellenstapel nicht möglich. Außerdem kann in der SOFC auch CO elektrochemisch oxidiert werden, vgl. Tabelle 7.8, sodass für die Stromstärke

$$I = 2\,F(\dot{n}_{H_2} + \dot{n}_{CO})$$

gilt, wobei $\dot{n}_{H_2}$ und $\dot{n}_{CO}$ die *umgesetzten* Stoffmengenströme bezeichnen. Für die Bewertung des Brennstoffzellen-Systems kommt es nun darauf an, welcher Teil der durch interne Reformierung erzeugten H_2- und CO-Menge tatsächlich umgesetzt wird und wieviel H_2 und CO aus dem Erdgas überhaupt erzeugt werden kann. Diese durch Wasserdampfreformierung *maximal* erzeugbare H_2- und CO-Menge ist stöchiometrisch bedingt und eine Eigenschaft des Erdgases, die sich aus seiner Zusammensetzung berechnen lässt.

Die brennbaren Bestandteile des Erdgases sind in der Regel aliphatische Kohlenwasserstoffe C_iH_{2i+2} mit $i = 1$ (Methan), 2 (Ethan), 3 (Propan), ... Für die Wasserdampfreformierung gelten die „idealen" Reaktionsgleichungen

$$C_iH_{2i+2} + i\,H_2O \to (2i+1)\,H_2 + i\,CO$$

oder unter Einschluss einer vollständigen CO-Konvertierung

$$C_iH_{2i+2} + 2\,i\,H_2O \to (3i+1)\,H_2 + i\,CO_2 \ .$$

Da hierbei Nebenreaktionen ausgeschlossen wurden, liefern sie die gesuchten maximal erreichbaren Stoffmengen von H_2 und CO: Aus 1 mol C_iH_{2i+2} ergeben sich unabhängig von der erreichten Oxidationstufe des Kohlenstoffs $(3\,i+1)$ mol H_2 und CO. Es wird nun der Stöchiometriefaktor

$$\gamma := (\dot{n}^*_{H_2} + \dot{n}^*_{CO})_{\max}/\dot{n}_B$$

definiert, indem der durch Wasserdampfreformierung maximal erzeugbare Stoffmengenstrom von H_2 und CO auf den Stoffmengenstrom des Erdgases bezogen wird. Für den Stöchiometriefaktor der aliphatischen Kohlenwasserstoffe erhält man das einfache Ergebnis $\gamma_i = 3\,i + 1$. Ein Erdgas mit den Stoffmengenanteilen x_i^B an Kohlenwasserstoffen mit der chemischen Formel C_iH_{2i+2} hat damit den Stöchiometriefaktor

$$\gamma = \sum_{i=1}^{N}(3\,i+1)\,x_i^B = 4\,x_1^B + 7\,x_2^B + 10\,x_3^B \ldots$$

Die Definitionsgleichung (7.93) des Wirkungsgrades η' wird so umgeformt, dass sie sinnvolle Quotienten enthält, die aus mess- bzw. berechenbaren Größen gebildet werden:

$$\eta' = \frac{U(I)\cdot I}{\dot{n}_B H_{\text{üm}}^B(T_B)} = \frac{I/(2\,F)}{\gamma\,\dot{n}_B}\,\frac{U(I)}{H_{\text{üm}}^B(T_B)/(2\,F\,\gamma)}\ . \tag{7.94}$$

Der erste Quotient wird als Ausbeutegrad bezeichnet

$$\eta_A = \frac{I/(2\,F)}{\gamma\,\dot{n}_B} = \frac{\dot{n}_{H_2} + \dot{n}_{CO}}{\left(\dot{n}^*_{H_2} + \dot{n}^*_{CO}\right)_{\max}}\ ;$$

denn er gibt an, welcher Teil der maximal durch Reformierung aus dem Erdgas erzeugbaren H_2- und CO-Menge in der Brennstoffzelle elektrochemisch umgesetzt wird. Der Ausbeutegrad kann noch weiter aufgeteilt werden, indem man den Stoffmengenstrom $\dot{n}^*_{H_2} + \dot{n}^*_{CO}$ des tatsächlich erzeugten H_2 und CO einführt. Man erhält dann

$$\eta_A = \frac{\dot{n}^*_{H_2} + \dot{n}^*_{CO}}{\left(\dot{n}^*_{H_2} + \dot{n}^*_{CO}\right)_{\max}}\,\frac{\dot{n}_{H_2} + \dot{n}_{CO}}{\dot{n}^*_{H_2} + \dot{n}^*_{CO}} = \eta_{\text{Ref}} \cdot \eta_I\ .$$

Der Reformierungsgrad η_{Ref} gibt an, welcher Teil der maximal möglichen H_2- und CO-Menge tatsächlich durch Wasserdampf-Reformierung erzeugt wird, während der Umsatzwirkungsgrad η_I angibt, wie viel von dieser Stoffmenge in der Brennstoffzelle zu H_2O bzw. CO_2 abreagiert.

Der zweite Quotient in Gl.(7.94) kann als Spannungsverhältnis geschrieben werden, wenn man die für den Brennstoff charakteristische Spannung

$$U_B(T_B) := \frac{H_{um}^B(T_B)}{2\,F\,\gamma} = \frac{H_{um}^B(T_B)}{2\,F} \; \frac{\dot{n}_B}{\left(\dot{n}_{H_2}^* + \dot{n}_{CO}^*\right)_{max}}$$

einführt. Für Erdgas L mit der Zusammensetzung nach Tabelle 7.4 und $H_{um}^B(25\,°C) = 710{,}8\,\mathrm{kJ/mol}$ erhält man $\gamma = 3{,}5406$ und $U_B(25\,°C) = 1{,}0403\,\mathrm{V}$; für Erdgas H ergeben sich $\gamma = 4{,}4516$ und mit $H_{um}^B(25\,°C) = 896{,}8\,\mathrm{kJ/mol}$ die Spannung $U_B(25\,°C) = 1{,}0440\,\mathrm{V}$. Damit erhält man für den Wirkungsgrad

$$\eta' = \eta_A \cdot U(I)/U_B(T_B) = \eta_{Ref} \cdot \eta_I \cdot U(I)/U_B(T_B) \;.$$

Da die praktisch erreichbaren Zellspannungen $U(I)$ in der Regel unter $1\,\mathrm{V}$ liegen, bleibt das Verhältnis $U(I)/U_B(T_B)$ unter 1 und könnte daher als Spannungswirkungsgrad bezeichnet werden.

Mit den Hochtemperatur-Brennstoffzellen-Systemen versucht man, Wirkungsgrade $\eta' > 0{,}5$ zu erzielen. Bei einer Zellspannung $U = 0{,}8\,\mathrm{V}$ müsste dann der Ausbeutegrad mindestens den Wert $\eta_A = 0{,}65$ erreichen. Da der Umsatzgrad bei $\eta_I \approx 0{,}85$ liegt, ist hierzu ein Reformierungsgrad $\eta_{Ref} > 0{,}76$ erforderlich.

8 Thermodynamik der Wärmekraftanlagen

Überhaupt hat der Fortschritt das an sich,
dass er viel größer ausschaut, als er wirklich ist.
Johann Nepomuk Nestroy (1801–1862)

Elektrische Energie ist eine zunehmend wichtige Form von Nutzenergie. Der Bedarf an elektrischer Energie in Deutschland erfährt in den letzten Jahren eine leichte, aber wichtige Zunahme um ca. 1% pro Jahr, im Jahr 2015 wurden $651 \cdot 10^9$ kWh dieser Energieform erzeugt [8.1]. Bei der Stromerzeugung, wie die Bereitstellung elektrischer Energie umgangssprachlich genannt wird, spielen große thermische Kraftwerke nach wie vor die Hauptrolle, obwohl die dezentrale Erzeugung durch photovoltaische Anlagen, Windenergieanlagen und auch Gasmotoren im Kontext von Biogasanlagen deutlich steigende Anteile einnehmen, vgl. Abschnitt 8.1. Thermische Kraftwerke sind Energiewandler, deren zentrales Element eine Wärmekraftanlage zur Wandlung von Wärmeenergie in Wellenarbeit ist. Die Wellenarbeit wird dann mittels eines Generators in elektrische Energie überführt. Die wichtigste Wärmekraftanlage ist die Dampfkraftanlage, die den Clausius-Rankine Kreisprozess realisiert. Von der einfachen Dampfkraftanlage ausgehend werden in diesem Kapitel die Verbesserungen untersucht, die zum modernen Dampfkraftwerk führen. Darauf aufbauend wird die mögliche Wirkungsgradsteigerung durch Kombination einer Gasturbinenanlage mit einem nachgeschalteten Dampfkraftwerk behandelt. Wegen der großen Relevanz für das globale Klima werden abschließend die CO_2-Emissionen der verschiedenen Verfahren zur Stromerzeugung verglichen.

8.1 Die Umwandlung von Primärenergie in Nutzenergie

Gemäß dem 1. Hauptsatz der Thermodynamik kann Energie weder erzeugt noch vernichtet werden, sie kann lediglich ihre Erscheinungsform ändern, vgl. Abschnitt 2.2. Da die in der Natur vorhandenen Energieformen, die Primärenergien, sich nur zu einem geringen Teil direkt für den technischen Bedarf nutzen lassen, müssen die Primärenergieformen in Nutzenergieformen umgewandelt werden, vgl. Abschnitt 8.1. Primärenergieformen sind die chemische innere Energie von fossilen Brennstoffen wie Kohle, Erdöl, Erdgas und Biomasse, die nukleare innere Energie von nuklearen Brennstoffen wie Uran sowie die elektromagnetische Strahlungsenergie der Sonne in ihrer direkten Form (Solarstrahlung am Erdboden) und indirekten Form (kinetische Energie des Windes, potenzielle Energie des Wassers). Weitere Primärenergieformen sind die geothermische Energie und die durch Ebbe und Flut bedingte kinetische und potenzielle Energie der Meere. Die geothermische Energie setzt sich aus einem Wärmestrom vom heißen Erdinneren zur kälteren Erdoberfläche von ca. $70\,\mathrm{kW/km^2}$ sowie aus dem radioaktiven Zerfall der in der Erdkruste vorhandenen Spurenelemente wie Uran und Thorium (ca. $1\,\mathrm{kW/km^3}$) zusammen [8.2].

Der Primärenergiebedarf der Bundesrepublik Deutschland belief sich im Jahr 2015 auf 13.239 PJ. Die wichtigsten Primärenergieträger im Jahr 2015 und, zum Vergleich, 2008 sowie 1995 sind in Tabelle 8.1 zusammengestellt [8.1][1].

Tabelle 8.1. Anteile der Primärenergieträger in Deutschland 1995, 2008 und 2015, berechnet nach der Wirkungsgradmethode [8.1]

Energieträger	Primärenergie in PJ			Anteile in %		
	1995	2008	2015	1995	2008	2015
Erdöl	5.689	4.904	4.472	39,9	34,1	33,6
Erdgas	2.799	3.222	2.800	19,6	22,3	21,1
Steinkohle	2.060	1.800	1.718	14,4	12,5	12,9
Braunkohle	1.734	1.554	1.565	12,2	10,8	11,8
Uran	1.682	1.623	1.001	11,8	11,3	7,5
Wasser	77	74	68	0,55	0,65	0,5
Wind	6	146	317	0,05	1,05	2,4
Sonstige EE*	205	1.138	1.525	1,4	7,9	11,5
Austauschsaldo Strom**	17	−81	−173	0,1	−0,6	−1,3
Summe	14.269	14.380	13.293	100,0	100,0	100,0

*) Sonstige Erneuerbare Energieträger (EE) sind Brennholz, Biomasse, Müll, Klärschlamm, Gruben- und Deponiegase sowie die Photovoltaik
**) Der Stromaustauschsaldo ist die Differenz des physikalischen Stromflusses zwischen dem Ausland und Deutschland. Ein negativer Wert bedeutet, dass ein Netto-Export stattgefunden hat.

---

[1] Beim Vergleich der aktuellen Daten mit Primärenergiedaten aus der Vergangenheit ist ein neuer Bewertungsansatz ab 1995 zu beachten. Bei Primärenergieträgern, denen kein Heizwert beigemessen werden kann (z.B. Uran, Wind, Wasser), wurde früher die Substitutionsmethode angewandt. Die entsprechenden Versorgungsbeiträge zur elektrischen Energie wurden so bewertet, als ob diese Endenergie durch ein konventionelles Wärmekraftwerk mit vorgegebenem Wirkungsgrad bereitgestellt worden wäre. Bei der ab 1995 gültigen Wirkungsgradmethode, die auch in internationalen statistischen Gremien üblich ist, werden der Bewertung repräsentative Wirkungsgrade unterstellt. Hierzu werden beim Uran 33%, bei Wind und Wasser 100% angenommen.

Während der Primärenergiebedarf im Zeitraum 1995 bis 2015 näherungsweise konstant geblieben ist, hat der Primärenergiebedarf, bezogen auf das Bruttoinlandsprodukt, im selben Zeitraum von 6,8 auf 4,38 GJ/1000 € abgenommen [8.3].

Die wichtigsten Nutzenergieformen sind die mechanische Energie, die elektrische Energie, sowie die thermische innere Energie unterschiedlicher Wärmeträger (Raumwärme, Warmwasser und sonstige Prozesswärmeträger). Die Verteilung dieser Nutzenergieformen auf die Sektoren Industrie, Verkehr, Haushalte sowie Gewerbe und Handel ist in Tabelle 8.2 zusammengestellt. Da die elektrische Energie größtenteils zur Bereitstellung von mechanischer Energie, Prozesswärme, Warmwasser und auch Raumwärme weiter umgewandelt wird, ist in Tabelle 8.2 nur die Beleuchtung als Nutzform der elektrischen Energie ausgewiesen. Die deutliche Differenz zwischen dem Gesamtbedarf an Primärenergie und Nutzenergie ist im Wesentlichen auf die Abwärmeströme der Wärmekraftanlagen zum Erzeugen der elektrischen Energie zurückzuführen. Dieses wird in Abb. 8.1 deutlich, in welcher ein Energieflussbild für die Bundesrepublik Deutschland dargestellt ist [8.5]. Die Umwandlungsverluste vom jeweiligen Endenergieträger zur Nutzenergie sind in Abb. 8.1 nicht enthalten. Dieses betrifft z.B. die Verluste in den Verbrennungsmotoren zur Bereitstellung der mechanischen Energie sowie in den Heizkesselanlagen zur Bereitstellung der Raumwärme und des Warmwassers. Dem Verkehr werden ca. 30% des Nutzenergiebedarfs zugeordnet, der Energieversorgung privater Haushalte gut 26%.

Tabelle 8.2. Aufteilung der Nutzenergieformen auf die Verbrauchssektoren 2014 in PJ [8.4]. Da die elektrische Energie größtenteils weiter in die anderen Nutzenergien fließt, ist hier nur die Beleuchtung einschließlich Fernseher/Radio/PC als Nutzform der elektrischen Energie aufgeführt.

Nutzenergie	Verkehr	Haushalt	Industrie	Gewerbe	Gesamt
Raumwärme	13	1.478	219	616	2326
Warmwasser	–	362	23	74	458
Prozesswärme	–	135	1.616	102	1.853
Prozesskälte	3	99	35	45	181
mech. Energie	2.592	12	546	203	3.352
Informationstk.	10	84	32	70	196
Beleuchtung	12	43	38	189	282
Gesamt	2.629	2.213	2.508	1.298	8.648

Eine wichtige Aufgabe der Energietechnik ist es, den leicht steigenden Bedarf an elektrischer Energie zu decken. Die im Jahr 2014 insgesamt in Deutschland erzeugte elektrische Energie von $628 \cdot 10^9$ kWh $= 2260$ PJ wurde mit einem Primärenergieaufwand von insgesamt 4974 PJ erzeugt, woraus sich ein mitt-

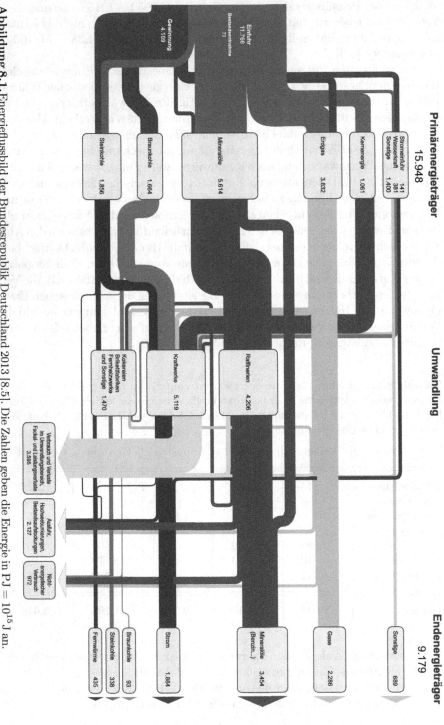

Abbildung 8.1. Energieflussbild der Bundesrepublik Deutschland 2013 [8.5]. Die Zahlen geben die Energie in PJ = 10^{15} J an.

lerer energetischer Umwandlungswirkungsgrad der Stromerzeugung von $\eta^{el} =$ $W^{el}/E^{el}_{Prim} = 2260$ PJ $/$ 4974 PJ $= 0{,}454$ ergibt. 1990 betrug dieser mittlere Wirkungsgrad $\eta^{el} - 1980$ PJ $/$ 5329 PJ $= 0{,}372$, wobei jeweils die Wirkungsgradmethode angewandt wurde. An der Bereitstellung der elektrischen Energie in Deutschland waren im Jahr 2015 die Primärenergieträger Braunkohle mit 23,8%, Steinkohle mit 18,1%, Uran mit 14,1%, Erdgas mit 9,1%, Windenergie mit 13,5%, Biomasse mit 6,8%, Photovoltaik mit 5,9% und Wasser mit 3,9% beteiligt [8.4].

8.1.1 Übersicht über die Umwandlungsverfahren

Abbildung 8.2 gibt einen Überblick über heute bekannte und genutzte Verfahren zur Umwandlung chemischer, nuklearer und solarer Energie (Primärenergien) in elektrische Energie. Gemäß Abschnitt 7.2.6 besteht die chemische Energie der Brennstoffe weitgehend aus Exergie. Nach R. Pruschek [8.6] trifft dies auch auf die bei der Kernspaltung frei werdende nukleare Energie zu. Ebenso hat die solare Strahlungsenergie nach einer Untersuchung von S. Kabelac [8.7] einen hohen Exergiegehalt, der je nach Atmosphärenzustand zwischen 50 und 90% liegt. Daraus ergibt sich die Forderung, die Umwandlungsprozesse, die von diesen Primärenergien zur elektrischen Energie führen, möglichst verlustarm zu gestalten, um den hohen Exergiegehalt der Primärenergien zu bewahren.

Die chemische Bindungsenergie der fossilen Primärenergieträger Kohle, Öl und Erdgas sowie der Biomasse wird durch die Verbrennung in die innere Energie heißer Verbrennungsgase umgewandelt. Wie in Abschnitt 7.2 gezeigt wurde, gehen dabei etwa 30% der Brennstoffexergie verloren. Soweit die Biomasse – überwiegend Holz – nicht direkt verbrannt wird, muss sie durch eine thermochemische Pyrolyse oder durch einen Vergärungsprozess in ein methanhaltiges Brenngas überführt werden [8.8].

Die thermische innere Energie der Verbrennungsgase lässt sich auf zwei Wegen in Wellenarbeit umwandeln: Mit den in Abschnitt 7.3 behandelten Verbrennungskraftanlagen und mit den Wärmekraftanlagen. Die Verbrennungskraftanlagen stellen überwiegend Wellenarbeit als Endenergie für mobile Anwendungen bereit, während die nachfolgend behandelten Wärmekraftanlagen nahezu ausschließlich zur Bereitstellung elektrischer Energie genutzt werden.

Die Brennstoffzelle wandelt chemische Energie von Wasserstoff direkt in elektrische Energie um. Wasserstoff ist aber kein Primärenergieträger, so dass ein zusätzlicher Verfahrensschritt erforderlich ist, nämlich die Herstellung von Wasserstoff oder eines wasserstoffreichen Gasgemisches aus einem der oben genannten Primärenergieträger. Dieser Nachteil, dazu das Problem der Wasserstoffspeicherung und die hohen Anlagenkosten haben dazu geführt, dass sich die thermodynamisch eleganten Brennstoffzellen gegenüber anderen Stromerzeugern noch nicht im größeren Maßstab durchsetzen konnten.

Die Gewinnung elektrischer Energie aus nuklearer Energie geht den Weg über die thermische innere Energie eines „Wärmeträgers"; dieser ist das Fluid,

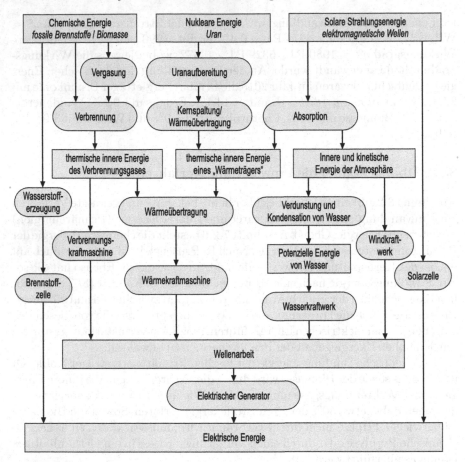

Abbildung 8.2. Verfahren zur Umwandlung von Primärenergie in elektrische Energie

welches im Primärkreislauf die durch die Kernspaltung erhitzten Spaltstoffelemente eines Kernreaktors kühlt und Wärme an eine Wärmekraftanlage abgibt. In ähnlicher Weise wird solare Strahlungsenergie in thermischen Solarkraftwerken genutzt. Über Spiegelfelder konzentrierte Solarstrahlung heizt durch Absorption ein umlaufendes Fluid auf, das Wärme an eine Wärmekraftanlage überträgt. Um die hierbei auftretenden Exergieverluste zu begrenzen, muss
der „Wärmeträger" ein möglichst hohes Temperaturniveau erreichen, damit der Exergiegehalt der von der Wärmekraftanlage aufgenommenen Wärme möglichst groß wird.

Solare Strahlungsenergie wird auch in den Wind- und Wasserkraftwerken genutzt, nachdem die Natur selbst einige Umwandlungsschritte vorgenommen hat. Die solare Energie findet sich in der inneren und kinetischen Energie der Atmosphäre wieder. Durch die Verdunstung von Wasser, den Transport des Wasserdampfes in größere Höhen und die dort stattfindende Kondensation wird die potenzielle Energie des Wassers so erhöht, dass sie in Wasserkraftwerken in Wellenarbeit umgewandelt werden kann. Druck- und Temperaturunterschiede in der Atmosphäre rufen Strömungen (Wind) hervor, deren kinetische Energie in Windkraftwerken genutzt werden kann.

Die direkte Umwandlung solarer Strahlungsenergie in elektrische Energie ist mit Solarzellen möglich, die auf dem von A.C. Bequerel 1839 entdeckten photovoltaischen Effekt beruhen, vgl. [8.9]. Ihr energetischer Wirkungsgrad von derzeit 15 bis 20% ist vergleichsweise gering, und ihre Herstellung ist nicht nur mit hohen Kosten, sondern auch mit einem hohen Energieaufwand verbunden. Sie müssen mehrere Jahre in Betrieb sein, um so viel elektrische Energie zu erzeugen, wie zu ihrer Herstellung verbraucht wurde. Laufende Forschungs- und Entwicklungsarbeiten lassen höhere Wirkungsgrade über 20% sowie die weitere Senkung der Herstellungskosten erwarten.

Die in Abb. 8.2 schematisch dargestellte Umwandlung der drei Primärenergien in elektrische Energie ist leider nicht unproblematisch und ohne Risiko. Dabei zeigt jede der drei Primärenergien spezifische Vor- und Nachteile. Die Verbrennung gehört zu den technisch leicht beherrschbaren Prozessen; fossile Brennstoffe (Stein- und Braunkohle, Öl und Erdgas) sind daher bevorzugte, einfach zu handhabende Primärenergieträger mit hoher Energiedichte, die noch ca. 79,4% des Primärenergiebedarfs von Deutschland abdecken. Ihre Vorkommen sind begrenzt und in der Welt ungleichmäßig verteilt, gerade die europäischen Industrienationen verfügen (abgesehen von Braunkohle und z.T. schwer abbaubarer Steinkohle) über nur geringe Lagerstätten. Die auf molekularer Ebene unkontrollierte Verbrennungsreaktion führt, wie in Kap. 7 dargelegt, zu einer hohen Entropieproduktion und zur entropiereichen thermischen inneren Energie eines Verbrennungsgases als Zwischenenergieform. Die hier enthaltene Entropie muss im nachfolgenden Umwandlungsschritt, z.B. in einer Wärmekraftmaschine, unter hohen Verlusten wieder 'abgetrennt' werden. Dieser thermodynamisch unglückliche Zwischenschritt über die thermische Energieform wird in einer Brennstoffzelle vermieden. Ein weiterer Nachteil ist die erhebliche Umweltbelastung durch die Verbrennungsprodukte Schwefeldioxid, Stickstoffoxide und Staub. Nur durch aufwendige Maßnahmen (Rauchgasentschwefelung und Entstickung, Filter) kann die Emission dieser umweltschädigenden Stoffe in noch erträglichen Grenzen gehalten werden. Das bei der Verbrennung entstehende CO_2 führt zu einem stetig steigenden CO_2-Gehalt der Atmosphäre. Hierdurch wird die Wärmeabstrahlung der Erde in den Weltraum behindert, worauf die Erde mit einer höheren Temperatur reagiert, um die Stahlungsbilanz im Gleichgewicht zu halten, der sog. Treibhauseffekt. Hieraus können globale Klimaänderungen eintreten, deren nachteilige Folgen noch nicht abzusehen sind, vgl. [8.10] und [8.11]. Die Verminderung der CO_2-Emission ist daher eine wichtige Zukunftsaufgabe der Energietechnik, sie wird in Abschnitt 8.3 behandelt.

Der Vorteil der nuklearen Energie besteht in der hohen Energiedichte des Kern-„brennstoffs", welche die der fossilen Brennstoffe um mehrere Zehnerpotenzen übertrifft. Man rechnet bei den Leichtwasserreaktoren, vgl. Abschnitt 8.2.6, mit einer auf die Masse des angereicherten Urans bezogenen Energieabgabe von etwa 35 MW d/kg $= 3,0 \cdot 10^6$ MJ/kg. Im Vergleich zur spezifischen Energieabgabe von Steinkohle, nämlich ihrem Heizwert von etwa 30 MJ/kg, liegt dieser Wert um den Faktor 10^5 höher. Somit enthalten schon vergleichsweise geringe Mengen Kernbrennstoff große innere

Energien. Der wesentliche Nachteil der Nutzung nuklearer Energie ist die Gefährdung durch radioaktive Strahlung. Sie muss durch aufwendige Sicherheitsmaßnahmen soweit reduziert werden, dass auch bei einem Unfall keine radioaktiven Substanzen in gefährlicher Menge aus der Reaktorumhüllung (containment) in die Umgebung gelangen können. Im Normalbetrieb gibt dagegen ein Kernkraftwerk weitaus weniger Radioaktivität ab als ein Kohlekraftwerk, denn Kohle enthält natürliche radioaktive Stoffe, die bei der Verbrennung vornehmlich mit der Flugasche in die Umgebung gelangen [8.12]. Außerdem emittiert ein Kernkraftwerk weder CO_2 noch SO_2 oder Stickstoffoxide. Die Weiterverarbeitung abgebrannter Spaltstoffelemente und die Endlagerung hoch radioaktiven Materials mit großer Halbwertzeit stellen dagegen ein Gefahrenpotenzial dar, das eine aufwendige Sicherheitstechnik erfordert. Die Kernfusion zur Umwandlung nuklearer Energie in thermische Energie wurde in Abb. 8.2 nicht berücksichtigt, da das Ziel einer technischen Nutzung in den nächsten Jahrzehnten nicht erreicht werden wird.

Die Solarenergie ist eine von unmittelbaren Umweltrisiken freie Primärenergie, die in unerschöpflicher Menge zur Verfügung steht. Die Leistungsdichte der Solarstrahlung erreicht jedoch (bei Tage) höchstens $1\,\mathrm{kW/m^2}$; sie liegt im Jahresmittel in Deutschland bei ca. $130\,\mathrm{W/m^2}$. Solare Strahlungsenergie muss daher auf großen Flächen gesammelt werden; sie eignet sich z.B. zur dezentralen Versorgung bei kleiner Leistung. Der Nachteil der geringen Leistungsdichte wird noch dadurch verstärkt, dass die Solarstrahlung maximal nur etwa 8 h je Tag genutzt werden kann. Es müssen zusätzliche konventionelle Kraftwerke zur Sicherung einer kontinuierlichen Stromerzeugung vorgehalten werden oder es sind erhebliche Aufwendungen für die Energiespeicherung erforderlich [8.13].

8.1.2 Thermische Kraftwerke

Ein Kraftwerk hat die Aufgabe, Primärenergie in Wellenarbeit oder elektrische Energie umzuwandeln. Dabei wird von einem thermischen Kraftwerk, Wärmekraftwerk oder von einer Wärmekraftanlage gesprochen, wenn die zugeführte Primärenergie zunächst in thermische (innere) Energie eines Energieträgers verwandelt und dann als Wärme an eine Wärmekraftmaschine übertragen wird, vgl. auch [8.14] und [8.15]. Somit unterscheidet es sich von einer Verbrennungskraftmaschine wie z.B. dem Gasmotor oder einer offenen Gasturbinenanlage, vgl. Abschnitt 7.3, in denen diese Energiewandlungsschritte integriert stattfinden. Jedes thermische Kraftwerk besteht aus zwei Teilsystemen, dem Wärmeerzeuger und der Wärmekraftmaschine. Im Wärmeerzeuger wird die Primärenergie in die Wärme umgewandelt, die an die Wärmekraftmaschine übergeht. Diese wandelt die Wärme nur zum Teil in Nutzarbeit um; der Rest muss nach dem 2. Hauptsatz als Abwärme an die Umgebung abgeführt werden, vgl. Abschnitt 3.1.5.

Es werden drei Typen von Wärmekraftwerken unterschieden, die den drei Primärenergieformen von Abb. 8.2 entsprechen: Wärmekraftwerke, welche die chemische Bindungsenergie der fossilen Brennstoffe oder von aufbereiteter Biomasse nutzen, Kernkraftwerke und thermische Solarkraftwerke. Bei den mit

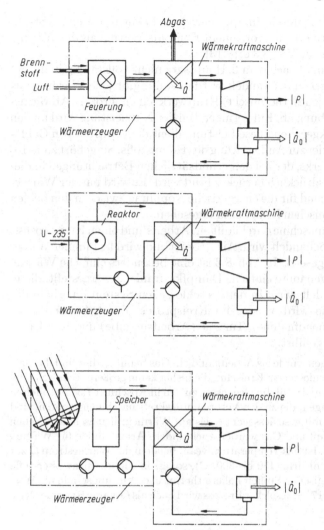

Abbildung 8.3.
Thermisches Kraftwerk als Kombination der Teilsysteme Wärmeerzeuger und Wärmekraftmaschine, die durch den Dampferzeuger gekoppelt sind.
a Wärmekraftwerk mit fossilem Brennstoff; **b** Kernkraftwerk; **c** Solarthermisches Kraftwerk

Kohle, Öl oder Erdgas beschickten Kraftwerken wird die Primärenergie (Brennstoffenergie) in einer Feuerung in die thermische Energie des Verbrennungsgases verwandelt. Dieses gibt im Dampferzeuger Wärme an die Wärmekraftmaschine ab, Abb. 8.3 a. Im Kernreaktor eines Kernkraftwerks wandelt sich nukleare Energie durch Kernspaltung und Abbau der kinetischen Energie der Spaltprodukte in thermische Energie der Spaltstoffstäbe (Brennelemente) um. Das Fluid des so genannten Primärkreislaufs kühlt die Brennelemente und transportiert die thermische Energie aus dem Reaktor zum Dampferzeuger, wo der Wärmeübergang an die Wärmekraftmaschine stattfindet, Abb. 8.3 b. In einem solarthermischen Kraftwerk wird die Strahlungsenergie der Sonne in einem Kollektor oder, nach der Bündelung durch ein Spiegelsystem, in einem Receiver (Strahlungsempfänger) absorbiert und von einem Fluid als Wärme an die Wärmekraftmaschine übertragen, Abb. 8.3 c, [8.13].

Da der Wärmestrom $\dot{Q}$ nach dem 2. Hauptsatz nicht vollständig in die gewünschte Nutzleistung P umgewandelt werden kann, gibt jede Wärmekraftmaschine und damit jedes thermische Kraftwerk einen großen Abwärmestrom $\dot{Q}_0$ an die Umgebung ab. Ein geringer Teil der Nutzleistung wird an den Wärmeerzeuger zurückgegeben; diese Leistung dient dem Antrieb von Gebläsen, Umwälzpumpen oder zur Aufbereitung des Brennstoffs. Sie gehört zum „Eigenbedarf" des Kraftwerks, der bei den grundsätzlichen Betrachtungen in diesen Abschnitt nicht ausdrücklich berücksichtigt wird. Es wird nur der Wärmestrom $\dot{Q}$ als kennzeichnend für die energetische Kopplung zwischen den beiden Teilsystemen des thermischen Kraftwerks angesehen.

In der Wärmekraftmaschine durchläuft ein Arbeitsfluid einen Kreisprozess, der in Abschnitt 8.1.4 behandelt wird. Als Arbeitsfluid wird fast immer Wasser bzw. Wasserdampf eingesetzt. In Abb. 8.3 ist eine besonders einfache Wärmekraftmaschine, die so genannte einfache Dampfkraftanlage, dargestellt, die in Abschnitt 8.2.1 behandelt wird. In dem geschlossenen System innerhalb der strichpunktierten Linie wird Wasser im Kreisprozess durch Speisepumpe, Dampferzeuger (Wärmeaufnahme), Turbine (Arbeitsabgabe) und Kondensator (Abwärmeabgabe) geführt.

In nur wenigen Anlagen wurde als Arbeitsfluid ein Gas benutzt; dies sind die Gasturbinenanlagen mit geschlossenem Kreislauf, die bisher keine größere technische Bedeutung erlangt haben, vgl. [8.16]. Im Gegensatz zu den in Abschnitt 7.3 behandelten offenen Gasturbinenanlagen, die zu den Verbrennungskraftmaschinen gehören, sind die Gasturbinenanlagen mit geschlossenem Kreislauf Wärmekraftmaschinen. Neben Wasser bzw. Wasserdampf und Gas wurden auch andere Arbeitsfluide für Wärmekraftmaschinen erwogen. Ist das Temperaturniveau, bei dem der Wärmestrom $\dot{Q}$ zur Verfügung steht, relativ niedrig (150 bis 300 °C), so lassen Fluorkohlenwasserstoffe oder Gemische aus organischen Stoffen höhere thermische Wirkungsgrade als Wasser erwarten, vgl. z.B. [8.17]. Ein solcher Prozess wird auch als Organic Rankine Cycle (ORC) bezeichnet.

8.1.3 Kraftwerkswirkungsgrade

Die folgenden Überlegungen beschränken sich auf Wärmekraftwerke, die mit fossilen oder nuklearen Brennstoffen als Primärenergieträgern beschickt werden. Man bewertet die in ihnen stattfindende Energieumwandlung durch den Gesamtwirkungsgrad

$$\eta := \frac{-P}{\dot{m}_B H_u} ,$$

der die Nutzleistung P des Kraftwerks mit der zugeführten Brennstoffleistung $\dot{m}_B H_u$ vergleicht. Bei Kernkraftwerken ist $\dot{m}_B$, der Massenstrom des gespaltenen Materials, nicht direkt messbar. Daher tritt an die Stelle der Brennstoffleistung die Reaktorwärmeleistung $\dot{Q}_R$, nämlich der von den Spaltstoffelementen an das Fluid des Primärkreislaufs abgegebene Wärmestrom. Versteht man unter $(-P)$ die *elektrische* Leistung P_{el} des Kraftwerks, abzüglich aller als Eigenverbrauch bezeichneter Leistungen (z.B. für den Antrieb von Pumpen, Gebläsen etc.), so wird η als Netto-Wirkungsgrad bezeichnet. Sein Kehrwert $\dot{m}_{\mathrm{B}}H_{\mathrm{u}}/(-P)$ wird Netto-Wärmeverbrauch genannt und häufig in der Einheit kJ/kWh angegeben, obwohl Wärmeverbrauch und Wirkungsgrad dimensionslose Verhältnisgrößen sind. Einem Wirkungsgrad $\eta = 0{,}40$ entspricht der Wärmeverbrauch von 9000 kJ/kWh.

Der Gesamtwirkungsgrad η einer Wärmekraftanlage lässt sich durch Erweitern mit dem Wärmestrom $\dot{Q}$, den das Arbeitsfluid der Wärmekraftmaschine empfängt, in zwei bekannte Faktoren zerlegen:

$$\eta = \frac{\dot{Q}}{\dot{m}_{\mathrm{B}}H_{\mathrm{u}}} \, \frac{-P}{\dot{Q}} = \eta_{\mathrm{K}}\,\eta_{\mathrm{th}} \;.$$

Der Dampferzeuger- oder Kesselwirkungsgrad η_{K} wurde schon in Abschnitt 7.2.3 behandelt; er liegt bei großen Kohlekraftwerken über 0,92. Bei Kernkraftwerken ist

$$\eta_{\mathrm{K}} = \dot{Q}/\dot{Q}_{\mathrm{R}} \approx 1 \;,$$

weil sich $\dot{Q}$ von der Reaktorwärmeleistung $\dot{Q}_{\mathrm{R}}$ nur um die geringen Wärmeverluste des Primärkreislaufs unterscheidet. Der thermische Wirkungsgrad η_{th} der Wärmekraftmaschine wird durch den 2. Hauptsatz begrenzt; nach Abschnitt 3.1.5 gilt

$$\eta_{\mathrm{th}} = \eta_{\mathrm{C}}(T_0, T_{\mathrm{m}}) - T_0\,\dot{S}_{\mathrm{irr}}/\dot{Q} \;.$$

Selbst die reversibel arbeitende Wärmekraftmaschine, deren Entropieproduktionsstrom $\dot{S}_{\mathrm{irr}} = 0$ ist, kann höchstens den Carnot-Faktor

$$\eta_{\mathrm{C}}(T_0, T_{\mathrm{m}}) = 1 - T_0/T_{\mathrm{m}}$$

als thermischen Wirkungsgrad erreichen, da die mit $\dot{Q}$ zugeführte Entropie über den Abwärmestrom wieder aus dem System herausgeführt werden muss. Er hängt von der thermodynamischen Mitteltemperatur T_{m} der Wärmeaufnahme durch das Arbeitsfluid der Wärmekraftmaschine ab und von der Temperatur T_0, bei der es die Abwärme abgibt.

Im Carnot-Faktor $\eta_{\mathrm{C}} < 1$ kommt zum Ausdruck, dass der von der Wärmekraftmaschine aufgenommene Wärmestrom nur zum Teil aus Exergie besteht und daher niemals, auch nicht von einer reversibel arbeitenden Wärmekraftmaschine, vollständig in Nutzleistung umwandelbar ist. Dies ist darauf zurückzuführen, dass Verbrennung und Kernspaltung stark irreversible Prozesse sind, bei denen ein großer Teil der in der Primärenergie enthaltenen Exergie in Anergie verwandelt wird. Diese Anergie ist im Wärmestrom $\dot{Q}$ enthalten und steht für die Gewinnung von Nutzleistung nicht mehr zur Verfügung.

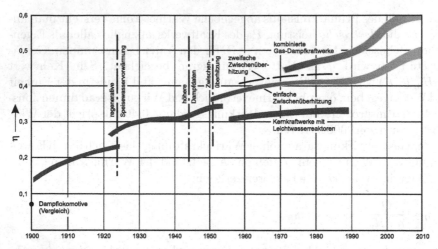

Abbildung 8.4. Anstieg des Wirkungsgrads η von Dampfkraftwerken im 20. Jahrhundert

Da bei der Definition von η_K und η_{th} der 2. Hauptsatz nicht berücksichtigt wurde, erscheinen die thermodynamischen Verluste der irreversiblen Umwandlung von Primärenergie in thermische Energie irreführenderweise im thermischen Wirkungsgrad der Wärmekraftmaschine, obwohl sie im Wärmeerzeuger entstehen. Eine klarere Verlustbewertung ermöglichen exergetische Wirkungsgrade. Es wird der *exergetische Gesamtwirkungsgrad*

$$\zeta := (-P)/(\dot{m}_B \, ex_B) = \eta \cdot (H_u/ex_B)$$

mit der spezifischen Exergie ex_B des Brennstoffs definiert, vgl. Abschnitt 7.2.6. Da das Verhältnis ex_B/H_u nur wenig größer als eins ist, unterscheiden sich ζ und η numerisch nur wenig. Ihre unterschiedliche Bedeutung wird klarer, wenn man ζ durch Einführen des Exergiestroms

$$\dot{Ex}_Q = \eta_C(T_u, T_m) \, \dot{Q} = (1 - T_u/T_m) \, \dot{Q} \,,$$

den die Wärmekraftmaschine mit dem Wärmestrom $\dot{Q}$ bei der thermodynamischen Mitteltemperatur T_m aufnimmt, in zwei Faktoren aufteilt:

$$\zeta = \frac{\dot{Ex}_Q}{\dot{m}_B \, ex_B} \frac{-P}{\dot{Ex}_Q} = \zeta_{WE} \cdot \zeta_{WKM} \,.$$

Dabei berücksichtigt der *exergetische Wirkungsgrad des Wärmeerzeugers,*

$$\zeta_{WE} := \frac{\dot{Ex}_Q}{\dot{m}_B \, ex_B} = \frac{\eta_C(T_u, T_m) \, \dot{Q}}{\dot{m}_B H_u} \frac{H_u}{ex_B} = \eta_K \, \eta_C(T_u, T_m) \frac{H_u}{ex_B} \,,$$

die Exergieverluste bei der Verbrennung und beim Wärmeübergang vom Verbrennungsgas an das Arbeitsfluid der Wärmekraftmaschine sowie die nichtgenutzte Exergie des abströmenden Abgases. Bei einem Kernkraftwerk sind in ζ_{WE} die Exergieverluste der Kernspaltung und des Wärmeübergangs von den heißen Spaltstoffelementen an das Fluid des Primärkreislaufs sowie des Wärmeübergangs vom Primärkreislauf an die Wärmekraftmaschine enthalten. Da der Carnot-Faktor $\eta_C(T_u, T_m) < 1$ ist, fällt ζ_{WE} sehr viel kleiner als η_K aus, was auf die genannten recht großen Exergieverluste bei der Erzeugung des Wärmestroms $\dot{Q}$ aus Primärenergie hinweist. Der *exergetische Wirkungsgrad der Wärmekraftmaschine*,

$$\zeta_{WKM} := \frac{-P}{\dot{Ex}_Q} = \frac{-P}{\eta_C(T_u, T_m)\,\dot{Q}} = \frac{\eta_{th}}{\eta_C(T_u, T_m)}\,,$$

wurde bereits in Abschnitt 3.3.7 eingeführt und diskutiert. Er berücksichtigt die Exergieverluste, die innerhalb der Wärmekraftmaschine entstehen, sowie die Exergie der bei $T_0 > T_u$ abgegebenen Abwärme, die nicht genutzt werden kann und daher als Exergieverlust zu betrachten ist.

Ein Ziel der technischen Entwicklung thermischer Kraftwerke war und ist die Steigerung des Gesamtwirkungsgrades $\eta = \zeta\, ex_B / H_u$ durch das Verringern von Exergieverlusten. Ein höherer Wirkungsgrad η vermindert außerdem die CO_2-Emission der mit Kohle, Gas und Heizöl als Brennstoff betriebenen Kraftwerke. Dies hat seit 1990 die Anstrengungen zur Wirkungsgradsteigerung vor allem von Kohlekraftwerken verstärkt, vgl. Abschnitte 8.2.4 und 8.3.2. Abbildung 8.4 zeigt, welche Wirkungsgraderhöhungen seit 1900 durch verschiedene Prozessverbesserungen erreicht werden konnten, auf die in Abschnitt 8.2 eingegangen wird.

8.1.4 Kreisprozesse für Wärmekraftmaschinen

Um den stationären Betrieb der Wärmekraftmaschine zu ermöglichen, muss ihr Arbeitsfluid einen Kreisprozess ausführen. Dabei durchläuft das Fluid eine stetige Folge von Zuständen und gelangt wieder in den Anfangszustand zurück. *Ein Prozess, der ein System wieder in seinen Anfangszustand zurückbringt, heißt Kreisprozess.* Nach Durchlaufen des Kreisprozesses nehmen alle Zustandsgrößen des Systems die Werte an, die sie im Anfangszustand hatten.

Bei den Kreisprozessen der Wärmekraftmaschinen läuft in der Regel ein stationär strömendes Fluid um, so dass sich seine Zustandsgrößen an jedem Ort mit der Zeit nicht ändern. Das stationär umlaufende Fluid strömt durch hintereinander geschaltete offene Systeme, welche jeweils die Enthalpie dieses Fluids gemäß seiner Fundamentalgleichung

$$dh = T\,ds + v\,dp$$

verändern. Das Fluid ist ein Energieträger, welcher die einzelnen Apparate verknüpft. Bei der einfachen Dampfkraftanlage nach Abb. 8.5 sind dies der Dampf-

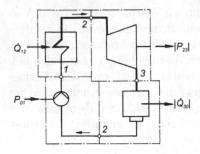

Abbildung 8.5. Einfache Dampfkraftanlage, aufgeteilt in vier hintereinander geschaltete Kontrollräume: Speisepumpe $0 \to 1$, Dampferzeuger $1 \to 2$, Dampfturbine $2 \to 3$, Kondensator $3 \to 0$

erzeuger, die Turbine, der Kondensator und die Speisepumpe. Vereinfacht ausgedrückt ist dabei der Term $T\mathrm{d}s$ in der Fundamentalgleichung für die Wärmeübertrager relevant, der Term $v\mathrm{d}p$ für die Arbeitsmaschinen. Die offenen Systeme bilden insgesamt ein geschlossenes System, über dessen Grenzen keine Materie, sondern nur Energie als Arbeit oder Wärme transportiert wird. Nach Abschnitt 2.3.1 gilt für den Kreisprozess die Leistungsbilanz

$$\sum \dot{Q}_{\mathrm{ik}} + \sum P_{\mathrm{ik}} = 0 \,.$$

Dabei bedeuten $\dot{Q}_{\mathrm{ik}}$ den Wärmestrom und P_{ik} die Leistung des Teilprozesses, der das Fluid vom Zustand i in den Zustand k führt.

Wärmekraftmaschinen, deren Arbeitsfluid keine stationären Fließprozesse, sondern instationäre Teilprozesse durchläuft, sind die Kolben-Wärmekraftmaschinen. Der Kreisprozess dieser Kolbenmaschinen besteht aus einer Folge zeitlich hintereinander ablaufender Teilprozesse. Anders als bei den Verbrennungsmotoren wird dem Arbeitsgas, welches stets ein geschlossenes System bildet, Wärme von außen über die Zylinderwandung zugeführt, und es gibt Abwärme an Kühlwasser oder Kühlluft ab. Zu den Kolben-Wärmekraftmaschinen gehört insbesondere der Stirling-Motor[2]. Auf eine Darstellung des Stirling-Prozesses und anderer Kreisprozesse für Kolbenmaschinen wird hier verzichtet; es sei auf [8.18] hingewiesen.

Die Nutzleistung eines Kreisprozesses (bzw. einer Wärmekraftmaschine) wird durch

$$P := \sum P_{\mathrm{ik}}$$

definiert, man erhält aus dem 1. Hauptsatz

---

[2] Robert Stirling (1790–1878), schottischer Geistlicher, erfand den nach ihm benannten Motor 1816. Mit seinem Bruder James arbeitete er viele Jahre an der Entwicklung und dem Bau von Stirling-Motoren, die sich durch einen Regenerator, einem thermischen Feststoffspeicher, auszeichnen, durch den eine zeitlich versetzte Wärmeübertragung zwischen heißem und kaltem Arbeitsgas innerhalb der Maschine möglich wurde.

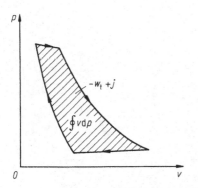

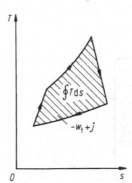

Abbildung 8.6. Rechtsläufiger Kreisprozess im p, v-Diagramm

Abbildung 8.7. Rechtsläufiger Kreisprozess im T, s-Diagramm

$$-P = \sum \dot{Q}_{ik} = \dot{Q}_{zu} - |\dot{Q}_{ab}| \, .$$

Die abgegebene Nutzleistung $(-P)$ eines Kreisprozesses ist gleich dem Überschuss der zugeführten Wärmeströme über den Betrag der abgeführten Wärmeströme.

Bezieht man die Nutzleistung auf den Massenstrom $\dot{m}$ des Fluids, das den Kreisprozess ausführt, so erhält man die spezifische (technische) Nutzarbeit

$$-w_t := (-P)/\dot{m} = -\sum w_{tik} = \sum q_{ik}$$

des Kreisprozesses. Nach Abschnitt 6.1.1 gilt die Arbeitsgleichung

$$w_{tik} = y_{ik} + \frac{1}{2}\left(w_k^2 - w_i^2\right) + g(z_k - z_i) + j_{ik} \, .$$

Hierin sind

$$y_{ik} = \int_i^k v \, \mathrm{d}p$$

die spezifische Strömungsarbeit und j_{ik} die beim Teilprozess $i \to k$ dissipierte Energie. Für die Nutzarbeit erhält man

$$w_t = \sum w_{tik} = \sum y_{ik} + \sum j_{ik} \, ,$$

weil sich die Differenzen von kinetischer und potenzieller Energie aufheben. Die Summe aller spezifischen Strömungsarbeiten,

$$\sum y_{ik} = \int_0^1 v \, \mathrm{d}p + \int_1^2 v \, \mathrm{d}p + \ldots + \int_n^0 v \, \mathrm{d}p = \oint v \, \mathrm{d}p \, ,$$

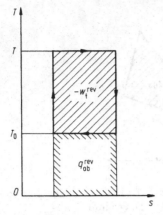

Abbildung 8.8. Reversibler Carnot-Prozess im T, s-Diagramm

wird im p, v-Diagramm durch die Fläche dargestellt, welche die Zustandslinien des Kreisprozesses einschließen. Diese Fläche bedeutet die Differenz aus der spezifischen Nutzarbeit w_t und der beim Kreisprozess im Fluid insgesamt dissipierten Energie

$$ j = \sum j_{ik} \ . $$

Wie man aus Abb. 8.6 erkennt, muss der Kreisprozess rechtsherum durchlaufen werden, damit das Rundintegral und w_t negativ sind. Der Betrag des Flächeninhalts,

$$ - \oint v \, \mathrm{d}p = (-w_t) + j \ , $$

ist stets größer als die gewonnene Nutzarbeit, weil er auch die dissipierte Energie enthält. Nur für den reversiblen Kreisprozess ($j = 0$) bedeutet die umschlossene Fläche die Nutzarbeit allein.

Eine ähnliche Darstellung von Nutzarbeit und dissipierter Energie eines Kreisprozesses erhält man im T, s-Diagramm des Arbeitsfluids. Nach Abschnitt 6.1.1 gilt für jeden Teilprozess des stationär umlaufenden Fluids

$$ \int_i^k T \, \mathrm{d}s = q_{ik} + j_{ik} \ . $$

Daraus folgt

$$ \oint T \, \mathrm{d}s = \sum q_{ik} + \sum j_{ik} = (-w_t) + j \ . $$

Die beiden Terme $v \, \mathrm{d}p$ und $T \, \mathrm{d}s$ sind, wie schon erwähnt, durch die Fundamentalgleichung des Arbeitsfluids, $\mathrm{d}h = T \, \mathrm{d}s + v \, \mathrm{d}p$, miteinander verknüpft. Bei einem rechtsläufigen Kreisprozess, vgl. Abb. 8.7, sind das Rundintegral und die von den Zustandslinien umschlossene Fläche positiv. Sie bedeutet wie im p, v-Diagramm die Summe aus der gewonnenen Nutzarbeit und der dissipierten Energie, ist also mit Ausnahme des reversiblen Kreisprozesses stets größer als $(-w_t)$.

N.L.S. Carnot hat 1824 einen Kreisprozess für eine Wärmekraftmaschine vorgeschlagen, der seitdem als Carnot-Prozess bezeichnet wird. Dieser reversible Kreisprozess besteht aus zwei isothermen und zwei isentropen Zustandsänderungen des Arbeitsfluids und lässt sich im T, s-Diagramm einfach als Rechteck darstellen, Abb. 8.8. Bei der oberen Temperatur T nimmt das Arbeitsfluid Wärme auf, bei der unteren Temperatur T_0 gibt es die Abwärme ab. In der historischen Entwicklung und in älteren Darstellungen der Thermodynamik hat der Carnot-Prozess eine bedeutende Rolle gespielt, weil sein thermischer Wirkungsgrad

$$\eta_{th}^{rev} = \frac{-w_t^{rev}}{q_{zu}} = \frac{q_{zu} - |q_{ab}^{rev}|}{q_{zu}} = \frac{T - T_0}{T} = \eta_C(T_0, T)$$

bei reversibler Prozessführung unabhängig von der Art des Arbeitsfluids mit dem in Abschnitt 3.1.5 hergeleiteten Carnot-Faktor $\eta_C(T_0, T)$ übereinstimmt. Dies gilt nicht für jeden reversiblen Kreisprozess einer Wärmekraftmaschine, doch gibt es eine Reihe anderer Kreisprozesse – unter ihnen der schon erwähnte Stirling-Prozess –, deren Wirkungsgrad mit dem Carnot-Faktor übereinstimmt.

Der Carnot-Prozess wäre, abgesehen von den Schwierigkeiten seiner technischen Realisierung und seiner Empfindlichkeit gegenüber schon geringen Irreversibilitäten, nur dann ein günstiger Kreisprozess, wenn der Wärmekraftmaschine Wärme bei *konstanter* Temperatur angeboten würde. Die bei der Abkühlung eines Verbrennungsgases frei werdende Wärme $\dot{Q}_V$ fällt jedoch bei gleitender Temperatur an, wegen der geringen Wärmekapazität des Verbrennungsgases typischerweise in dem großen Intervall zwischen etwa 1600 und 120 °C. Abbildung 8.9 a zeigt den Temperaturverlauf des Verbrennungsgases im η_C, $\dot{Q}$-Diagramm; die Fläche unter dieser Kurve stellt den Exergiestrom $\dot{Ex}_Q$ dar, welcher der Wärmekraftmaschine angeboten wird. Würde diese nach dem Carnot-Prozess betrieben, so entstünden große Exergieverluste, weil beim Wärmeübergang große Temperaturdifferenzen auftreten und ein erheblicher Teil des angebotenen Wärme- und Exergiestroms wegen zu niedriger Temperaturen von der Wärmekraftmaschine nicht aufgenommen werden kann. Will man den Exergieverlust bei der Wärmeübertragung durch Erhöhen der oberen Temperatur des Carnot-Prozesses verkleinern, so wächst der Anteil der nicht genutzten Exergie. Vergrößert man dagegen die aufgenommene Exergie durch Senken der oberen Temperatur, so vermehrt man den Exergieverlust bei der Wärmeübertragung.

Für eine Wärmekraftmaschine geeigneter als der Carnot-Prozess ist ein Kreisprozess, der sich bei der Wärmeaufnahme dem Temperaturverlauf des Verbrennungsgases besser anpasst, jedoch die beim Carnot-Prozess gegebene Wärmeabfuhr bei konstanter Temperatur T_0, möglichst nahe T_u, beibehält. Die Wärmeaufnahme bei gleitender Temperatur, z.B. die leicht zu verwirklichende isobare Erwärmung des Arbeitsfluids, und die isotherme Abwärmeabgabe sollten bei einem günstigen Kreisprozess kombiniert werden. Diese beiden Zustandsänderungen können wie beim Carnot-Prozess durch zwei Isentropen verbunden

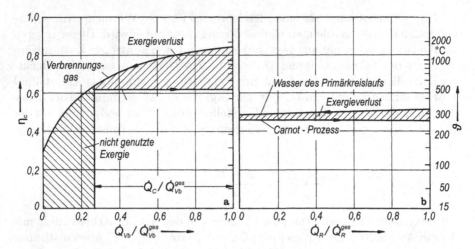

Abbildung 8.9. Exergieaufnahme und Exergieverlust bei einem Carnot-Prozess für die Wärmekraftmaschine, dargestellt im $\eta_{\mathrm{C}}, \dot{Q}$-Diagramm. **a** Exergieangebot durch das Verbrennungsgas z. B. eines Kohlekraftwerks; **b** Exergieangebot durch das Wasser des Primärkreislaufs eines Kernkraftwerks

werden. Eine isotherme Wärmeabfuhr lässt sich nur im Nassdampfgebiet einfach verwirklichen, wo die Isotherme mit der Isobare zusammenfällt. Die Wärmeaufnahme sollte auf einer überkritischen Isobare bei stets ansteigender Temperatur erfolgen. Für Wasser als Arbeitsfluid erhält man damit den in Abb. 8.10 dargestellten reversiblen Kreisprozess, bestehend aus vier Zustandsänderungen: isentrope Verdichtung $0 \to 1$ von siedendem Wasser auf einen überkritischen Druck, isobare Wärmeaufnahme $1 \to 2$ bis zu einer möglichst hohen Temperatur T_2 (Werkstoffgrenze), isentrope Expansion $2 \to 3$, die in das Nassdampfgebiet führt, und isotherm-isobare Wärmeabgabe (Kondensation) $3 \to 0$ bei einer möglichst niedrigen Temperatur T_0 nahe T_{u}.

Dieser reversible Prozess ist der *Clausius-Rankine-Prozess*, der in der einfachen Dampfkraftanlage realisiert wird. Auch er zeigt Mängel und setzt seiner Verwirklichung bei den hier angestrebten sehr hohen Drücken und Temperaturen erhebliche Hindernisse entgegen, weswegen in der Kraftwerkstechnik verschiedene Änderungen und Verbesserungen des Clausius-Rankine-Prozesses vorgenommen werden, auf die in den Abschnitten 8.2.2 bis 8.2.4 eingegangen wird.

8.2 Dampfkraftwerke

In der Regel ist Wasserdampf das Arbeitsfluid der Wärmekraftmaschine eines Wärmekraftwerks, im Gegensatz zu den ORC (Organic Rankine Cycle) Prozessen mit organischen Arbeitsfluiden. Ein solches wird als Dampfkraftwerk bezeichnet, sie bilden das Rückgrad der bisherigen zentralisierten Versorgung mit

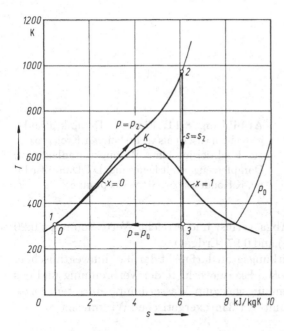

Abbildung 8.10. Reversibler Clausius-Rankine-Prozess mit Wärmeaufnahme $1 \to 2$ beim überkritischen Druck $p_1 = p_2 = 60\,\mathrm{MPa}$ von Wasser. Die Endpunkte der Isentrope 01 sind in diesem T, s-Diagramm nicht zu unterscheiden ($T_1 - T_0 = 1{,}6\,\mathrm{K}$)

elektrischer Energie, vgl. hierzu [8.15], [8.19], [8.20]. Um die thermodynamische Untersuchung übersichtlich zu gestalten, soll zunächst die „einfache" Dampfkraftanlage betrachtet werden. Wesentliche Verbesserungen (Zwischenüberhitzung, regenerative Speisewasservorwärmung), die zum modernen Dampfkraftwerk führen, werden anschließend diskutiert. Besondere Bedingungen gelten für Kernkraftwerke, deren Wirkungsgrad durch das niedrige Temperaturniveau wassergekühlter Kernreaktoren begrenzt ist. Dagegen lassen sich mit einer Kombination aus Gasturbinenanlage und Dampfkraftwerk die bisher höchsten Wirkungsgrade von Wärmekraftanlagen erreichen.

8.2.1 Die einfache Dampfkraftanlage

Die einfache Dampfkraftanlage nach Abb. 8.11 ist ein aus vier Apparaten bestehender Kreisprozess: der Dampferzeuger, die Dampfturbine, der Kondensator und die Speisepumpe. An den Dampferzeuger ist die Feuerung gekoppelt, es findet hier der Wärmeübergang vom Verbrennungsgas an das Arbeitsfluid statt. Der Dampferzeuger entspricht damit dem in Abschnitt 8.1.2 eingeführten Teilsystem „Wärmeerzeuger"; er wird energetisch durch den Kesselwirkungsgrad

$$\eta_\mathrm{K} := \frac{\dot{Q}}{\dot{m}_\mathrm{B} H_\mathrm{u}} = \frac{\dot{m}\,(h_2 - h_1)}{\dot{m}_\mathrm{B} H_\mathrm{u}}$$

nach Abschnitt 7.2.4 gekennzeichnet, der im Folgenden als *Dampferzeugerwirkungsgrad* bezeichnet wird, vgl. auch [8.21]. Der Dampferzeugerwirkungsgrad

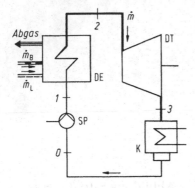

Abbildung 8.11. Einfache Dampfkraftanlage (schematisch) als rechtsläufiger Kreisprozess zur Realisierung einer Wärmekraftanlage. DE Dampferzeuger mit Feuerung, DT Dampfturbine, K Kondensator, SP Speisepumpe

erfasst im Wesentlichen den Abgasverlust und erreicht Werte von etwa 0,90 (Braunkohle), 0,94 (Steinkohle) und 0,97 (Erdgas).

Der hohe Dampferzeugerwirkungsgrad darf nicht darüber hinwegtäuschen, dass im Dampferzeuger die großen Exergieverluste der Verbrennung und des Wärmeübergangs vom Verbrennungsgas zum Wasserdampf auftreten. Diese Verluste erscheinen nach Abschnitt 8.1.3 im exergetischen Wirkungsgrad

$$\zeta_{WE} = \eta_C(T_u, T_m) \cdot \eta_K \cdot (H_u/ex_B)$$

des Wärmeerzeugers. Um den hier auftretenden Carnot-Faktor der Wärmeaufnahme durch das Wasser zu berechnen, wird der Druckabfall beim Durchströmen des Dampferzeugers vernachlässigt; es wird also $p_1 = p_2 = p$ gesetzt und p als Dampferzeuger- oder Frischdampfdruck bezeichnet. Die Zustandsänderung des Wassers ist dann die in Abb. 8.12 eingezeichnete Isobare. Das mit $T = T_1$ eintretende Wasser wird bis zur Siedetemperatur $T = T(p)$ erwärmt, dann verdampft und auf die Frischdampftemperatur T_2 überhitzt. Die Fläche unterhalb der Isobaren des Frischdampfdrucks stellt die Enthalpiezunahme

$$\int_1^2 T(s, p = \text{konst.}) \, ds = h_2 - h_1 = q_{12}$$

des Wassers dar; sie ist gleich der auf den Massenstrom des Wassers bezogenen Wärme q_{12}, die das Wasser im Dampferzeuger aufnimmt. Die Fläche zwischen der Isobaren p und der Isothermen $T = T_u$ der Umgebungstemperatur bedeutet die Exergiezunahme $ex_2 - ex_1$ des Wassers. Nach Beispiel 3.6 in Abschnitt 3.1.7 erhält man für die thermodynamische Mitteltemperatur

$$T_m = \frac{q_{12}}{s_2 - s_1} = \frac{h_2 - h_1}{s_2 - s_1} \, .$$

Somit wird

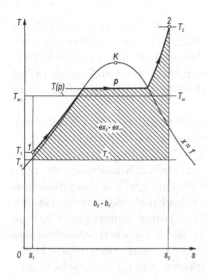

Abbildung 8.12. Isobare Zustandsänderung des Wassers im Dampferzeuger. Exergiezunahme $ex_2 - ex_1$ und Anergiezunahme $b_2 - b_1$

$$\zeta_{\mathrm{WE}} = \left(1 - \frac{T_u}{T_m}\right) \eta_K \frac{H_u}{ex_B} = \frac{ex_2 - ex_1}{h_2 - h_1} \eta_K \frac{H_u}{ex_B} .$$

Um hohe exergetische Wirkungsgrade zu erzielen, muss T_m möglichst groß werden. Da die Speisewassertemperatur T_1 festliegt, sie ist nur wenig größer als die Kondensationstemperatur $T_0 \approx T_u$, gibt es zwei Maßnahmen, um T_m zu vergrößern: Steigerung der Frischdampftemperatur T_2 und Anheben des Temperaturniveaus durch Erhöhen des Frischdampfdrucks p.

Die Frischdampftemperatur T_2 wird durch die im Dampferzeuger verwendeten Werkstoffe begrenzt. Man trifft heute Frischdampftemperaturen zwischen 550 und 650 °C an. Bei festen Werten von T_1 und T_2 lässt sich T_m durch Erhöhen des Dampferzeugerdrucks p steigern, Abb. 8.13. Für jede Frischdampftemperatur T_2 findet man einen Maximalwert von T_m bei einem optimalen Dampferzeugerdruck p_{opt}, der mit größer werdendem T_2 rasch ansteigt.

Selbst bei diesen hohen Frischdampfdrücken nehmen der Carnot-Faktor und damit ζ_{WE} überraschend niedrige Werte an. Bei $\vartheta_2 = 600$ °C erreicht man das maximale $T_m = 572$ K bei $p_{\mathrm{opt}} = 451$ bar. Mit $\eta_K = 0{,}95$ und $H_u/ex_B = 0{,}95$ ergibt sich daraus für $\vartheta_u = 15$ °C

$$\zeta_{\mathrm{WE}} = \eta_K \, (H_u/ex_B) \, \eta_C = 0{,}95 \cdot 0{,}95 \cdot 0{,}496 = 0{,}45 .$$

In diesem niedrigen exergetischen Wirkungsgrad kommen die hohen *Exergieverluste des Dampferzeugers und der Feuerung* zum Ausdruck:

1. der Exergieverlust der Verbrennung (etwa 30%),
2. der Exergieverlust der Wärmeübertragung (etwa 21%),
3. der Exergieverlust durch das Abgas und die Abstrahlung (etwa 4%).

Der Dampferzeuger erweist sich somit als Quelle großer Exergieverluste. Nicht die in η_K erfassten „fehlgeleiteten" Energien machen den wesentlichen Verlust aus, sondern die irreversiblen Prozesse der Verbrennung und der Wärmeübertragung verwandeln etwa die Hälfte der eingebrachten Brennstoffexergie in Anergie, die zur Gewinnung von technischer Arbeit in der Wärmekraftmaschine nicht mehr herangezogen werden kann.

In der Wärmekraftmaschine durchläuft das Wasser bzw. der Wasserdampf einen Kreisprozess, dessen Zustandsänderungen im h, s-Diagramm von Abb. 8.14 dargestellt sind. Der Frischdampf tritt im Zustand 2 in die als adiabat angenommene Dampfturbine ein, expandiert auf den Kondensatordruck p_0 (Zustand 3) und wird dann isobar verflüssigt bis zum Erreichen der Siedelinie (Zustand 0). Die adiabate Speisepumpe bringt das Kondensat auf den Dampferzeugerdruck p (Zustand 1). Der Druckabfall im Dampferzeuger ($p_2 = p_1 = p$) und im Kondensator ($p_3 = p_0$) wird jeweils vernachlässigt, die Irreversibilitäten der Turbine und der Speisepumpe werden jedoch durch den isentropen Turbinenwirkungsgrad η_{sT} und den isentropen Wirkungsgrad η_{sV} der Speisepumpe berücksichtigt. Der reversible Kreisprozess 01'23'0, dessen Zustandlinien zwei durch das Nassdampfgebiet verlaufende Isobaren und zwei Isentropen sind, ist der schon in Abschnitt 8.1.4 behandelte Clausius-Rankine-Prozess.

Auf den Kreisprozess des stationär umlaufenden Wassers wird der 1. Hauptsatz angewendet. Für die abgegebene Nutzarbeit gilt

$$-w_t = |w_{t23}| - w_{t01} = q_{12} - |q_{30}| \; ;$$

sie ergibt sich als Differenz aus der Turbinenarbeit und der (zuzuführenden) Arbeit der Speisepumpe bzw. als Überschuss der im Dampferzeuger zugeführten Wärme q_{12} über die im Kondensator abgeführte Wärme q_{30}. Diese Prozessgrößen sind jeweils auf den Massenstrom des umlaufenden Wassers bezogen. Mit den isentropen Wirkungsgraden erhält man für die gewonnene *Nutzarbeit* des Kreisprozesses

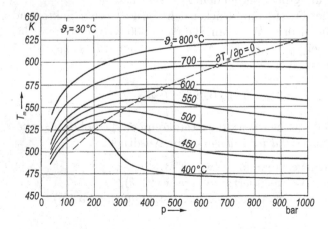

Abbildung 8.13.
Thermodynamische Mitteltemperatur T_m der Wärmeaufnahme für $\vartheta_1 = 30\,°C$ und verschiedene Frischdampftemperaturen ϑ_2 als Funktion des Frischdampfdrucks p

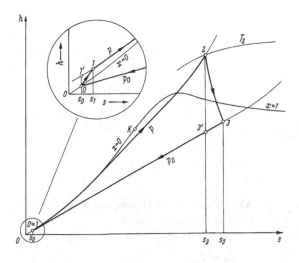

Abbildung 8.14. Zustandsänderungen des Wasserdampfes beim Kreisprozess der einfachen Dampfkraftanlage

$$-w_{\mathrm{t}} = \eta_{\mathrm{sT}} (h_2 - h_{3'}) - (h_{1'} - h_0)/\eta_{\mathrm{sV}} \ .$$

Sie ist nur wenig kleiner als die Turbinenarbeit. Der *thermische Wirkungsgrad* des Kreisprozesses wird dann

$$\eta_{\mathrm{th}} = \frac{-w_{\mathrm{t}}}{q_{12}} = \frac{-w_{\mathrm{t}}}{h_2 - h_1} \ .$$

Für den *exergetischen Wirkungsgrad* der Wärmekraftmaschine gilt nach Abschnitt 8.1.3

$$\zeta_{\mathrm{WKM}} = \frac{-P}{\dot{E}x_{\mathrm{Q}}} = \frac{-P}{\dot{m}\,(ex_2 - ex_1)} = \frac{-w_{\mathrm{t}}}{ex_2 - ex_1} \ .$$

Um die Exergieverluste aufzuschlüsseln, wird die Nutzarbeit aus der *Exergiebilanz der Wärmekraftmaschine* berechnet. Die gewonnene Nutzarbeit ist die im Dampferzeuger aufgenommene Exergie $(ex_2 - ex_1)$, vermindert um die im Kondensator abgegebene Exergie $(ex_3 - ex_0)$ und vermindert um die getrennt aufgeführten Exergieverluste der Turbine und der Speisepumpe, vgl. Abb. 8.15. Somit gilt

$$-w_{\mathrm{t}} = (ex_2 - ex_1) - (ex_3 - ex_0) - ex_{\mathrm{v}23} - ex_{\mathrm{v}01} \ ,$$

und man erhält für den exergetischen Wirkungsgrad der Wärmekraftmaschine

$$\zeta_{\mathrm{WKM}} = 1 - \frac{ex_3 - ex_0}{ex_2 - ex_1} - \frac{ex_{\mathrm{v}01} + ex_{\mathrm{v}23}}{ex_2 - ex_1} \ .$$

Wie Abb. 8.15 zeigt, ist der Exergieverlust $ex_{\mathrm{v}01} = T_{\mathrm{u}}\,(s_1 - s_0)$ der Speisepumpe bedeutungslos gegenüber dem Exergieverlust $ex_{\mathrm{v}23} = T_{\mathrm{u}}\,(s_3 - s_2)$ der Dampfturbine. Die im Kondensator vom kondensierenden Nassdampf abgegebene Exergie

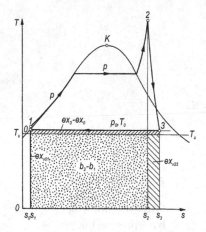

Abbildung 8.15. Exergieverluste der einfachen Dampfkraftanlage

$$ex_3 - ex_0 = (T_0 - T_\mathrm{u})(s_3 - s_0) = \frac{T_0 - T_\mathrm{u}}{T_0}\,|q_{30}| \tag{8.1}$$

wird zum Teil an das Kühlwasser übertragen, zum Teil verwandelt sie sich bei dieser irreversiblen Wärmeübertragung in Anergie. Da nun das wenig erwärmte Kühlwasser in die Umgebung fließt, ohne dass seine (sehr kleine) Exergie ausgenutzt wird, muss die ganze im Kondensator abgegebene Exergie ($ex_3 - ex_0$) als Exergieverlust angesehen werden. Nach Gl.(8.1) lässt sich dieser Exergieverlust dadurch verringern, dass man die Kondensationstemperatur T_0 der Umgebungstemperatur T_u so weit wie möglich annähert.

Um den großen Exergieverlust bei der Wärmeübertragung im Dampferzeuger zu vermindern, muss man die thermodynamische Mitteltemperatur T_m des Wasserdampfes steigern. Bei gegebenem T_2 lässt sich T_m nur durch Erhöhen des Frischdampfdrucks p steigern, vgl. Abb. 8.13. Wie das T, s-Diagramm in Abb. 8.16 zeigt, rückt dabei der Frischdampfzustand 2 zu kleineren Entropien, und dementsprechend wandert auch der Abdampfzustand 3 nach links zu kleineren Dampfgehalten x_3. Hier gibt es nun eine Grenze, die aus technischen Gründen nicht unterschritten werden darf: Die Dampfnässe am Ende der Expansion, die so genannte *Endnässe* $(1 - x_3)$, darf Werte von $(1 - x_3) = 0{,}10$ bis 0,12 nicht überschreiten. Bei zu hoher Endnässe tritt in den Endstufen der Turbine Tropfenschlag auf, der zu einem strömungstechnisch ungünstigen Verhalten des Dampfes und zu einem dadurch kleineren η_sT führt, vor allem die Erosionen der Turbinenbeschaufelung beschleunigt.

Der Frischdampfdruck p ist also keine frei wählbare Variable, er wird vielmehr durch die Endnässe derart begrenzt, dass er weit unterhalb der aus Abb. 8.13 zu entnehmenden Optimalwerte für ein maximales T_m liegt. Mit der einfachen Dampfkraftanlage lassen sich daher nur Gesamtwirkungsgrade erreichen, die zwischen 30 und 35 % liegen. Eine Modifikation des Clausius-Rankine-Prozesses kann zu besseren Resultaten führen.

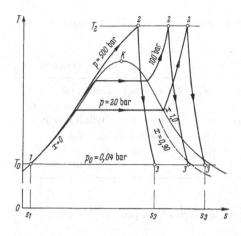

Abbildung 8.16. Verschiebung des Abdampfzustands 3 durch Erhöhen des Frischdampfdrucks p

Beispiel 8.1. Im Dampferzeuger einer einfachen Dampfkraftanlage wird Steinkohle mit $H_u = 28,8\,\mathrm{MJ/kg}$ verbrannt; der Dampferzeugerwirkungsgrad ist $\eta_K = 0,93$. Für den Kreisprozess des Wassers sind gegeben: $p = 7,00\,\mathrm{MPa}$, $p_0 = 0,0055\,\mathrm{MPa}$, $\vartheta_2 = 540,0\,^\circ\mathrm{C}$. Die isentropen Wirkungsgrade haben die Werte $\eta_{sT} = 0,90$ und $\eta_{sV} = 0,84$. Man berechne die Prozessgrößen, insbesondere die Wirkungsgrade η_{th} und η sowie die exergetischen Wirkungsgrade ζ_{WE}, ζ_{WKM} und ζ für die Umgebungstemperatur $\vartheta_u = 20,0\,^\circ\mathrm{C}$.

Begonnen wird mit der Bestimmung der Zustandsgrößen des Wassers in den Endpunkten der vier Teilprozesse. Diese Werte enthält Tabelle 8.3. Dabei konnten alle steil gedruckten Zahlen der Dampftafel [4.45] entnommen werden bzw. mit dem ihr zugrundeliegenden Satz von Zustandsgleichungen aus den gegebenen Daten (fett gedruckt) berechnet werden. Die kursiv gedruckten Zahlenwerte wurden mit den in Tabelle 8.4 zusammengestellten Beziehungen berechnet.

Mit den spezifischen Enthalpien von Tabelle 8.3 erhält man die folgenden auf den Massenstrom des Wassers bezogene Prozessgrößen:

Turbinenarbeit $-w_{t23} = h_2 - h_3 = 1247,9\,\mathrm{kJ/kg}$,

Speisepumpenarbeit $w_{t01} = h_1 - h_0 = 8,4\,\mathrm{kJ/kg}$,

Nutzarbeit $-w_t = -w_{t23} - w_{t01} = 1239,5\,\mathrm{kJ/kg}$,

Aufgenommene Wärme $q_{12} = h_2 - h_1 = 3354,3\,\mathrm{kJ/kg}$,

Abwärme $-q_{30} = h_3 - h_0 = 2114,8\,\mathrm{kJ/kg}$.

Tabelle 8.3. Zustandsgrößen des Kreisprozesses einer einfachen Dampfkraftanlage

	ϑ $^\circ$C	p MPa	h kJ/kg	s kJ/kg K		ϑ $^\circ$C	p MPa	h kJ/kg	s kJ/kg K
0	34,58	**0,0055**	144,90	0,4995	2	**540,00**	**7,00**	3507,61	6,9212
1'	*34,77*	**7,00**	*151,94*	0,4995	3'	34,58	**0,0055**	*2121,05*	6,9212
1	*35,09*	**7,00**	*153,28*	*0,5039*	3	34,58	**0,0055**	*2259,71*	*7,3717*

Tabelle 8.4. Beziehungen zur Berechnung der Zustandsgrößen des Kreisprozesses einer einfachen Dampfkraftanlage

Beziehung	Bemerkungen	Beziehung	Bemerkungen
$h_{1'} = h(p, s_0)$	Isentrope $0 \to 1'$	$h_{3'} = h_0' + T_0(s_2 - s_0')$	Isentrope $2 \to 3'$
$t_{1'} = t(p, h_{1'})$			$h_0' = h_0, s_0' = s_0$
$h_1 = h_0 +$	Definition von η_{sV}	$h_3 = h_2 - \eta_{sT}(h_2 - h_3')$	Definition von η_{sT}
$\quad (h_{1'} - h_0)/\eta_{sV}$		$x_3 = (h_3 - h_0')/\Delta h_v(t_0)$	$h_0' = h_0$
$s_1 = s(p, h_1)$		$s_3 = s_0' + x_3(s_0'' - s_0')$	$s_0' = s_0, s_0''$ aus
$t_1 = t(p, h_1)$			der Dampftafel

Daraus erhält man den thermischen Wirkungsgrad des Kreisprozesses,

$$\eta_{th} = -w_t/q_{12} = 0{,}370 \ ,$$

und den Gesamtwirkungsgrad der einfachen Dampfkraftanlage

$$\eta = \eta_K \cdot \eta_{th} = 0{,}344 \ .$$

Der Dampfgehalt am Austritt der Turbine ist $x_3 = 0{,}8743$. Die Endnässe $1 - x_3 = 12{,}6\%$ hat einen gerade noch zulässigen Wert, obwohl der Frischdampfdruck $p = 7{,}00\,\text{MPa} = 70{,}0\,\text{bar}$ weit unter dem Druck liegt, der das maximale T_m ergibt.

Zur Bestimmung der exergetischen Wirkungsgrade wird die thermodynamische Mitteltemperatur der Wärmeaufnahme berechnet:

$$T_m = (h_2 - h_1)/(s_2 - s_1) = 522{,}70\,\text{K} \ .$$

Daraus ergeben sich der Carnot-Faktor

$$\eta_C = 1 - T_u/T_m = 0{,}4392 \ ,$$

die exergetischen Teilwirkungsgrade

$$\zeta_{WE} = \eta_K \cdot \eta_C \cdot (H_u/ex_B) = 0{,}389 \quad \text{und} \quad \zeta_{WKM} = \eta_{th}/\eta_C = 0{,}842$$

sowie der exergetische Gesamtwirkungsgrad $\zeta = 0{,}327$. Das hier benötigte Verhältnis $ex_B/H_u = 1{,}051$ wurde aus der in Abschnitt 7.2.6 angegebenen Beziehung berechnet.

8.2.2 Zwischenüberhitzung

Wie im letzten Abschnitt gezeigt wurde, begrenzt der am Ende der Expansion einzuhaltende Mindest-Dampfgehalt x_3 den Frischdampfdruck p so, dass er erheblich unter dem optimalen Frischdampfdruck liegt, welcher zu einem Maximum von T_m führt. Von dieser Begrenzung kann man sich durch Anwenden der Zwischenüberhitzung befreien. Hierbei expandiert der aus dem Dampferzeuger kommende Dampf in einer Hochdruckturbine bis auf einen Zwischendruck $p_3 = p_Z$; er wird dann erneut in den Dampferzeuger geleitet und auf die Temperatur T_4 überhitzt, die meistens mit der Temperatur T_2 übereinstimmt oder geringfügig darüber liegt. Nun erst expandiert der Dampf in einer zweiten

(Niederdruck)-Turbine auf den Kondensatordruck p_0, vgl. Abb. 8.17 und 8.18. Im Zustand 5 am Ende der Expansion hat jetzt der Dampf eine größere Entropie s_5 und dementsprechend einen hohen Dampfgehalt x_5, so dass die Gefahr eines Tropfenschlags und einer Schaufelerosion in den Endstufen der Niederdruckturbine deutlich geringer ist.

Bei Anwendung der Zwischenüberhitzung kann der Dampferzeugerdruck p ohne Rücksicht auf die Endnässe erhöht werden. Dadurch wird das Temperaturniveau des Dampfes im Dampferzeuger angehoben, und es verringert sich der Exergieverlust bei der Wärmeübertragung vom Verbrennungsgas auf den Dampf. Diese Verbesserung äußert sich in einem höheren Wert der thermodynamischen Mitteltemperatur T_{m}.

Bei Dampfkraftanlagen mit Zwischenüberhitzung lässt man häufig nur noch Endnässen $(1 - x_5)$ von etwa 5% zu, um jede Gefahr von Schaufelerosionen in den Endstufen der Niederdruckturbine auszuschließen. Bei einer genaueren Rechnung muss man den Druckabfall des Dampfes berücksichtigen; zur Vereinfachung der grundsätzlichen Überlegungen wurde dieser hier vernachlässigt und die Zustandsänderungen $1 \rightarrow 2$ und $3 \rightarrow 4$ als isobar angenommen. Die Zwischenüberhitzung vergrößert den Gesamtwirkungsgrad um etwa 10% des Wirkungsgrades der einfachen Dampfkraftanlage; statt z.B. $\eta = 0{,}34$ erreicht man $\eta \approx 0{,}37$.

8.2.3 Regenerative Speisewasser- und Luftvorwärmung

Eine weitere Erhöhung der thermodynamischen Mitteltemperatur T_{m} über den durch Zwischenüberhitzung erreichten Wert hinaus lässt sich nur noch durch Anheben der Speisewassertemperatur T_1 erreichen. Das Speisewasser muss vor dem Eintritt in den Dampferzeuger vorgewärmt werden. Die hierzu erforderliche Wärme gibt ein Dampfstrom ab, der der Turbine entnommen wird. Um diese *regenerative Speisewasservorwärmung* durch Entnahmedampf zu erläutern, wird das Modell einer Dampfkraftanlage nach Abb. 8.19 betrachtet. In die Turbine tritt der Frischdampf mit dem Massenstrom $\dot{m}$ ein, der vom Frischdampf-

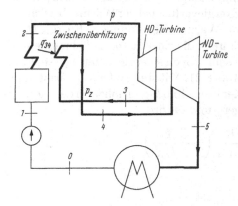

Abbildung 8.17. Schaltbild einer Dampfkraftanlage mit Zwischenüberhitzung

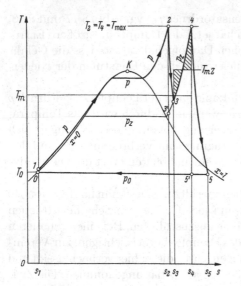

Abbildung 8.18. Zustandsänderungen des Wasserdampfes beim Prozess mit Zwischenüberhitzung. T_m thermodynamische Mitteltemperatur der gesamten Wärmeaufnahme, T_{mZ} thermodynamische Mitteltemperatur der Wärmeaufnahme im Zwischenüberhitzer

druck p auf einen Zwischendruck, den so genannten Entnahmedruck p_E, expandiert. Nun wird ein Teil des Dampfstroms, nämlich der Massenstrom $\mu\,\dot{m}$, der Turbine entnommen und dem Speisewasservorwärmer zugeführt, während der verbleibende Dampfstrom $(1 - \mu)\,\dot{m}$ auf den Kondensatordruck p_0 expandiert. Der Entnahmedampf tritt mit dem Zustand E in den Speisewasservorwärmer ein und gibt dort einen Teil seines Energieinhalts als Wärme an das Speisewasser ab, das dadurch von der Temperatur ϑ_1 auf die Vorwärmtemperatur ϑ_V erwärmt wird. Der Entnahmedampf kondensiert im Vorwärmer und kühlt sich bis auf die Temperatur ϑ_F ab, die nur wenig über ϑ_1 liegt. Das Kondensat wird gedrosselt und dem Speisewasserstrom zugemischt, der aus dem Kondensator kommt. Abbildung 8.20 zeigt den Temperaturverlauf des Entnahmedampfes und des Speisewassers im Vorwärmer, aufgetragen über der spezifischen Enthalpie des Speisewassers, vgl. auch Beispiel 6.6 und 6.7.

Durch die Speisewasservorwärmung erhöht sich das Temperaturniveau des Arbeitsfluids im Dampferzeuger, der Exergieverlust bei der Wärmeübertragung wird kleiner. Die vom Wasserdampf als Wärme aufgenommene Energie $(h_2 - h_V)$ hat einen hohen Exergiegehalt, während die Energie $(h_V - h_1)$ mit dem geringen Exergiegehalt $(ex_V - ex_1)$ und dem großen Anergiegehalt $(b_V - b_1)$ vom Entnahmedampf geliefert wird, vgl. Abb. 8.21. Mit steigender Vorwärmtemperatur ϑ_V (und entsprechend wachsender Enthalpie h_V) erhöht sich der exergetische Wirkungsgrad des Wärmeerzeugers, und es wird

$$\zeta_{WE} = \eta_K\,\frac{H_u}{ex_B}\,\frac{ex_2 - ex_V}{h_2 - h_V} = \eta_K\,\frac{H_u}{ex_B}\left(1 - \frac{T_u}{T_{mV}}\right)$$

mit

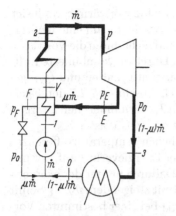

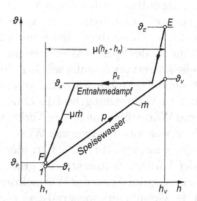

Abbildung 8.19. Modell einer Dampfkraftanlage mit einem Speisewasservorwärmer

Abbildung 8.20. Temperaturverlauf des Entnahmedampfes und des Speisewassers im Vorwärmer

$$T_{\mathrm{mV}} = \frac{h_2 - h_{\mathrm{V}}}{s_2 - s_{\mathrm{V}}} > \frac{h_2 - h_1}{s_2 - s_1} = T_{\mathrm{m}} \ .$$

Diese Erhöhung von ζ_{WE} tritt aber nur dann ein, wenn sich der Dampferzeugerwirkungsgrad η_{K} durch die regenerative Speisewasservorwärmung nicht verschlechtert. Dies geschieht jedoch, denn das Abgas kann nicht mehr bis in die Nähe von ϑ_1 abgekühlt werden; seine Austrittstemperatur ϑ_{A} muss ja über der Vorwärmtemperatur ϑ_{V} liegen, die bei einem modernen Dampfkraftwerk etwa 300 °C beträgt. Um diesen erhöhten Abgasverlust zu vermeiden, kombiniert man die regenerative Speisewasservorwärmung mit der Vorwärmung der

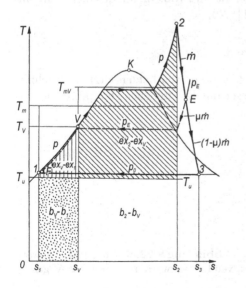

Abbildung 8.21.
Zustandsänderungen des Wassers und des Entnahmedampfes (gestrichelt) sowie Exergieerhöhung ($ex_{\mathrm{V}} - ex_1$) des Speisewassers im Vorwärmer und Exergieaufnahme ($ex_2 - ex_{\mathrm{V}}$) im Dampferzeuger

Verbrennungsluft durch das Abgas, vgl. Abb. 8.22. Im Luftvorwärmer kühlt sich das Abgas auch bei Anwenden der Speisewasservorwärmung auf eine niedrige Temperatur ϑ_A ab, die durch den Säuretaupunkt und nicht durch die Vorwärmtemperatur ϑ_V des Speisewassers bestimmt wird. Durch die kombinierte Luft- und Speisewasservorwärmung werden also η_K konstant gehalten und ζ_{WE} gesteigert; denn die Luftvorwärmung verringert nach Abschnitt 7.2.7 den Exergieverlust der Verbrennung, und die Erhöhung von T_m vermindert den Exergieverlust des Wärmeübergangs vom Verbrennungsgas an das Wasser.

Da im Speisewasservorwärmer Wärme bei endlichen Temperaturdifferenzen übertragen wird, vgl. Abb. 8.20, tritt hier ein neuer Exergieverlust auf, der mit steigender Vorwärmtemperatur ϑ_V größer wird. Dadurch nimmt der exergetische Wirkungsgrad ζ_{WKM} der Wärmekraftanlage mit steigendem ϑ_V ab. Somit erreicht der Gesamtwirkungsgrad $\zeta = \zeta_{WE} \cdot \zeta_{WKM}$ bei einer bestimmten Vorwärmtemperatur ein Maximum, vgl. Abb. 8.23. Ein Überschreiten dieser *optimalen Vorwärmtemperatur* ist sinnlos, denn die Verringerung des Exergieverlustes im Dampferzeuger wird dann durch die Zunahme des Exergieverlustes bei der Wärmeübertragung im Vorwärmer wieder aufgezehrt.

Der Exergieverlust der Wärmeübertragung im Vorwärmer lässt sich dadurch verringern, dass man nicht einen Vorwärmer, sondern mehrere Vorwärmer mit entsprechend vielen Entnahmen in der Turbine vorsieht. Dadurch lässt sich der Temperaturverlauf der verschiedenen Entnahme-Dampfströme dem Temperaturverlauf des vorzuwärmenden Speisewassers besser anpassen. Mit wachsender Zahl der Vorwärmstufen steigen die optimale Vorwärmtemperatur und auch der exergetische Gesamtwirkungsgrad; dieses geschieht jedoch immer langsamer, je größer die Zahl der bereits vorhandenen Vorwärmer ist. Es gibt eine Höchstzahl von Vorwärmern und Entnahmen, deren Überschreitung aus wirtschaftlichen Gründen nicht gerechtfertigt ist. Die Wahl der einzelnen Entnahmedrücke und die optimale Abstufung der Vorwärmer ist ein Problem, auf das hier nicht eingegangen werden kann, vgl. [8.19] und [8.20].

8.2.4 Das moderne Dampfkraftwerk

In modernen Dampfkraftwerken werden die in den beiden letzten Abschnitten erörterten Maßnahmen zur Verbesserung des einfachen Dampfkreisprozes-

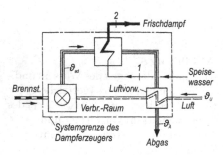

Abbildung 8.22. Schema der regenerativen Luftvorwärmung durch das Abgas

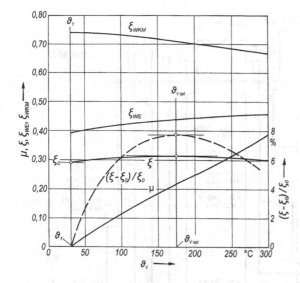

Abbildung 8.23. Exergetische Wirkungsgrade ζ, ζ_{WE} und ζ_{WKM} sowie Anteil μ des Entnahmedampfes in Abhängigkeit von der Vorwärmtemperatur bei einem Speisewasservorwärmer. Gestrichelt: relative Vergrößerung $(\zeta - \zeta_0)/\zeta_0$ des exergetischen Gesamtwirkungsgrades durch die Speisewasservorwärmung

ses gleichzeitig angewendet. Bei kohlebefeuerten Kraftwerken gibt es neben den bisher genannten Anlagenkomponenten noch eine aufwendige Abgasreinigung zur weitgehenden Reduzierung des Staubes, der Stickoxide sowie des Schwefeldioxids entsprechend den Vorgaben der Bundes-Immissionsschutzverordnung. Die aus einem elektrostatischen Staubfilter, einer Rauchgasentschwefelungsanlage (REA) und einer Entstickungsanlage zusammengesetzte Abgasreinigung trägt zusammen mit den Pumpen, Kohlemühlen, Ventilatoren etc. zum Eigenbedarf eines Kraftwerkes bei, der ca. 3 Prozentpunkte der Generatorleistung ausmacht. Die in Zukunft möglicherweise zusätzlich angestrebte Abscheidung von CO_2 aus dem Verbrennungsgas wird in Abschnitt 8.3 diskutiert, sie würde den Gesamtwirkungsgrad weiter reduzieren.

Abbildung 8.24 zeigt das Wärmeschaltbild eines modernen Braunkohlekraftwerkblocks mit 1100 MW elektrischer Leisung. Das Konzept dieses Kraftwerkblocks entspricht der BoA-Technik (Braunkohlekraftwerk mit optimierter Anlagentechnik) und ist auf einen Netto-Gesamtwirkungsgrad $\eta > 43\%$ ausgelegt. Die Dampfturbine besteht aus der Hochdruckturbine HDT, nach deren Durchströmen der Dampf bei 55 bar im Dampferhitzer DE zwischenüberhitzt wird, der zweiflutigen Mitteldruckturbine MDT und einer doppelt ausgeführten Niederdruckturbine NDT. Diese erlaubt ein vierflutiges Abströmen des Abdampfes in den Kondensator K. Bei niedrigen Kondensatordrücken und großen Turbinenleistungen ist der Volumenstrom des Abdampfes sehr groß. Andererseits steht dem Abdampf nur ein begrenzter Turbinenaustrittsquerschnitt zur Verfügung, weil die noch ausführbare Länge der Endschaufeln (Fliehkräfte!) den Querschnitt begrenzt. Um hohe Dampfgeschwindigkeiten zu vermeiden – die kinetische Energie des ausströmenden Dampfes vermindert die Turbinenleistung, vgl. Abschnitt 6.2.4 –, muss der Abdampfstrom auf mehrere „Fluten" verteilt werden. Wegen der Endnässe von 10% und der dadurch möglichen Tropfenerosion sowie zur

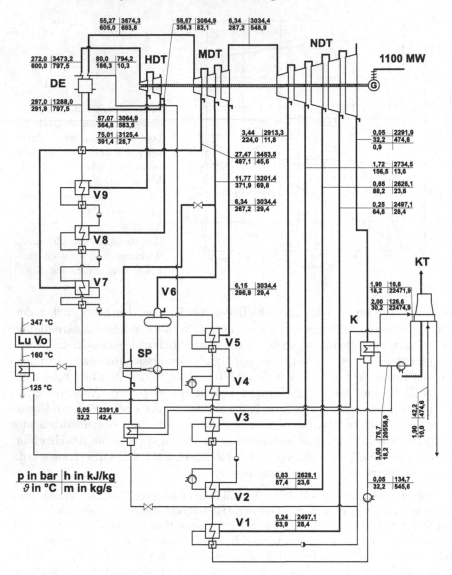

Abbildung 8.24. Wärmeschaltbild des 1100 MW-Braunkohlekraftwerkblocks Neurath (vereinfacht). Bezeichnungen siehe Text. [RWE Power AG]

Gewährleistung der notwendigen mechanischen Stabilität bestehen die Schaufeln der NDT-Endstufe aus Titan.

Das aus dem Kondensator K kommende Speisewasser erwärmt sich zunächst in fünf Niederdruckvorwärmern V1 bis V5. Dabei wird der kondensierte Entnahmedampf entweder durch Kondensatpumpen (Vorwärmer 2 und 4) auf den Druck des Speisewassers gebracht und dem Hauptspeisewasserstrom zugemischt oder gedrosselt und dem Kondensator zugeführt (Vorwärmer 1, 3 und 5). Der Speisewasserbehälter

V 6 oder Entgaser ist ein Mischvorwärmer, in dem das Speisewasser durch direktes Einleiten von Entnahmedampf erhitzt und zugleich von gelösten Gasen befreit wird; deren Löslichkeit nimmt mit steigender Temperatur ab. Außerdem dient der Speisewasserbehälter zur Speicherung für den Fall einer Störung. Die nach dem Entgaser vorgesehene Speisewasserpumpe SP wird von einer besonderen Turbine direkt angetrieben, was bei der großen Leistung der Speisepumpe von ca. 35 MW in Bezug auf den Regelaufwand vorteilhafter als ein Antrieb durch Elektromotoren ist. Die drei Hochdruckvorwärmer V7 bis V9 werden mit Entnahmedampf aus der Hochdruckturbine (V9), bzw. der Mitteldruckturbine (V7) bzw. mit einem Teilstrom des Dampfes beheizt, der aus der Hochdruckturbine zur Zwischenüberhitzung strömt. Insgesamt fließt nur 60% des vom Dampferzeuger kommenden Massenstroms von 797 kg/s durch alle Turbinenstufen. Der Rest wird an verschiedenen Stellen des Expansionsverlaufs entnommen und den Vorwärmern sowie der Turbine zugeführt, welche die Hauptspeisepumpe antreibt. Das Verbrennungsgas verlässt den Kessel mit einer Temperatur von 367°C. In den Wärmeübertragern zur Vorwärmung der Verbrennungsluft (LuVo) wird das Verbrennungsgas auf 160°C sowie durch einen weiteren Wärmeübertrager zur Vorwärmung des Speisewassers auf 125°C abgekühlt.

Mit Zwischenüberhitzung und mehrstufiger Speisewasservorwärmung erreicht die thermodynamische Mitteltemperatur T_m der Wärmeaufnahme im Dampferzeuger Werte um 720 K. Der zugehörige Carnot-Faktor liegt dann bei $\eta_C = 0{,}60$. Für ein Braunkohlekraftwerk mit $\eta_K = 0{,}90$ und $ex_B/H_u = 1{,}20$ erhält man $\zeta_{WE} = 0{,}45$ als Wirkungsgrad des Wärmeerzeugers. Nicht einmal die Hälfte der mit dem Brennstoff eingebrachten Exergie erreicht den Wasserdampfkreislauf. Rechnet man mit $\zeta_{WKM} = 0{,}85$ für den exergetischen Wirkungsgrad dieses Kraftwerkteils, so erhält man $\zeta = \zeta_{WE} \cdot \zeta_{WKM} = 0{,}39$ als exergetischen Wirkungsgrad eines modernen Braunkohlekraftwerks. Dies entspricht dem energetischen Gesamtwirkungsgrad $\eta = \zeta \cdot (ex_B/H_u) = 0{,}46$. Von diesem Wert müssen noch etwa 3 Prozentpunkte abgezogen werden, weil der energetische Aufwand für den Eigenbedarf nicht berücksichtigt wurde.

Moderne Steinkohlekraftwerke erreichen zur Zeit höhere Netto-Gesamtwirkungsgrade, die jetzt schon bei etwa 46% liegen, unter anderem weil die bei Braunkohlekraftwerken erforderliche Trocknung des Brennstoffes entfällt.

8.2.5 Kombinierte Gas-Dampf-Kraftwerke

Das Verbrennungsgas eines Dampfkraftwerks stellt einen Wärmestrom bei hohen Temperaturen zur Verfügung, dessen Exergiegehalt nur unvollkommen genutzt wird, weil der Wasserdampf trotz Zwischenüberhitzung und regenerativer Speisewasservorwärmung ein sehr viel niedrigeres Temperaturniveau hat. Um Wasserdampf von 600 °C bereit zu stellen, braucht man nicht Verbrennungsgas mit höchsten Temperaturen über 1600 °C. Will man den großen Exergieverlust bei der Wärmeübertragung im Dampferzeuger verringern, muss man die vom Verbrennungsgas bei hohen Temperaturen angebotene Exergie anders nutzen, denn eine merkliche Erhöhung der Dampfparameter ist aus Gründen der Werkstoffwahl wirtschaftlich nicht möglich.

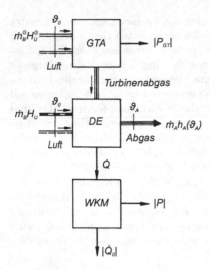

Abbildung 8.25. Schema des Energie-flusses in einem Gas-Dampf-Kraftwerk mit Zusatzfeuerung. GTA Gasturbinenanlage, DE Dampferzeuger, WKM Wärmekraft-maschine (Dampfkraftprozess)

Es liegt nun nahe, die Verbrennung in einer Gasturbinenanlage auszuführen, das Verbrennungsgas in der Gasturbine unter Arbeitsgewinn zu entspannen und den Dampf einer Wärmekraftanlage durch Abkühlen des Turbinenabgases zu erzeugen. Die hohe Abgasexergie der Gasturbinenanlage wird dem Dampfkraftwerk zugeführt und dort in Nutzarbeit verwandelt. Diese Kombination einer Verbrennungskraftanlage (Gasturbinenanlage) mit einer Wärmekraftanlage (Dampfkreislauf) kann in zwei Varianten realisiert werden. Man geht einmal von der Gasturbinenanlage aus und betrachtet die Wärmekraftanlage als nachgeschalteten Prozess zur Abgas- oder Abwärmeverwertung (bottoming-cycle). Man kann aber auch ein Dampfkraftwerk als Kernstück der kombinierten Anlage betrachten und die Gasturbinenanlage als Lieferanten des zur Verbrennung benötigten Sauerstoffs ansehen, der dem Dampferzeuger mit dem Gasturbinenabgas zugeführt wird. Man spricht dann von einem Gas-Dampf-Kraftwerk mit Zusatzfeuerung. Derartige Anlagen wurden bisher selten gebaut; meistens trifft man eine Gasturbinenanlage an, deren Abgasenergie in einem Dampferzeuger als Wärme an einen Dampfkraftprozess übertragen wird.

Abbildung 8.25 zeigt das Schema eines Gas-Dampf-Kraftwerks mit Zusatzfeuerung. Charakteristisch ist das Verhältnis

$$\beta := \dot{m}_B H_u / \dot{m}_B^G H_u^G$$

der Brennstoffleistungen im Dampferzeuger (Zusatzfeuerung) und in der Gasturbinenanlage. Für $\beta = 0$ erhält man die Gasturbinenanlage mit Abwärmeverwertung durch den nachgeschalteten Dampfkraftprozess. Der Dampferzeuger wird in diesem Fall als *Abhitzekessel* bezeichnet. Der Grenzfall $\beta \to \infty$ entspricht der reinen Dampfkraftanlage [8.22].

Es soll nun der Gesamtwirkungsgrad des Gas-Dampf-Kraftwerks bestimmt werden, der durch

$$\eta := \frac{|P_{GT}| + |P|}{\dot{m}_B^G H_u^G + \dot{m}_B H_u}$$

definiert ist. Er hängt vom Wirkungsgrad

$$\eta_{GT} := |P_{GT}|/\dot{m}_B^G H_u^G$$

der Gasturbinenanlage, vom thermischen Wirkungsgrad

$$\eta_{th} := |P|/\dot{Q}$$

der Wärmekraftanlage (Dampfprozess) sowie vom Verhältnis

$$\eta_A := \frac{\dot{Q}}{\dot{Q} + \dot{m}_A[h_A(\vartheta_A) - h_A(\vartheta_0)]}$$

ab, das als *Ausnutzungsgrad* des Abhitzekessels bzw. Dampferzeugers bezeichnet wird. Zur Vermeidung von Korrosionen liegt die Abgastemperatur ϑ_A über der Bezugstemperatur ϑ_0, bei der Brennstoff und Luft zugeführt werden. Eine Leistungsbilanz für das aus Gasturbinenanlage und Dampferzeuger bestehende System liefert die Beziehung

$$\dot{m}_B^G H_u^G + \dot{m}_B H_u = |P_{GT}| + \dot{Q} + \dot{m}_A[h_A(\vartheta_A) - h_A(\vartheta_0)] ,$$

woraus für den Wirkungsgrad des Gas-Dampf-Kraftwerks

$$\eta = \eta_A \eta_{th} + \frac{\eta_{GT}}{1 + \beta} (1 - \eta_A \eta_{th}) \tag{8.2}$$

folgt. Im Grenzfall $\beta \to \infty$ erhält man $\eta = \eta_A \eta_{th}$, also den Wirkungsgrad eines Dampfkraftwerks, wenn man beachtet, dass dann η_A mit dem Dampf-erzeuger-wirkungsgrad η_K übereinstimmt.

Im Folgenden wird das Gas-Dampf-Kraftwerk ohne Zusatzfeuerung betrachtet, $\beta = 0$. Abbildung 8.26 zeigt als einfaches Beispiel eine Anlage, in deren Abhitzekessel Wasser auf nur einem Druckniveau erwärmt, verdampft und überhitzt wird. Diese einfache Schaltung lässt sich durch Verdampfen auf zwei oder drei Druckstufen und durch Zwischenüberhitzung verbessern. Wie man aus Gl.(8.2) erkennt, erhöht sich der Wirkungsgrad η des Gas-Dampf-Kraftwerks gegenüber η_{GT} in jedem Fall, auch bei einem einfachen nachgeschalteten Dampfkreislauf mit niedrigem η_{th}. Da die Temperatur des aus der Gasturbine strömenden Abgases in modernen Anlagen bei etwa 600 °C liegt, lassen sich Dampfprozesse mit günstigen Parametern (Frischdampfdruck zwischen 15 und 17 MPa, höchste Dampftemperatur bei 560 °C) verwirklichen. Ihre thermischen Wirkungsgrade liegen bei $\eta_{th} = 0{,}36$ bis 0,38. So erreicht man mit $\eta_{GT} = 0{,}38$, $\eta_A = 0{,}85$ und $\eta_{th} = 0{,}37$ nach Gl.(8.2) den Wirkungsgrad $\eta = 0{,}575$ für das Gas-Dampf-Kraftwerk. Wegen

$$\eta = (|P_{GT}| + |P|)/(\dot{m}_B^G H_u^G) = \eta_{GT}(1 + |P|/|P_{GT}|)$$

bedeutet dies, dass der nachgeschaltete Dampfkraft-Prozess eine zusätzliche Leistung $|P|$ liefert, die etwas größer als die Hälfte der Leistung $|P_{GT}|$ der Gasturbinenanlage ist.

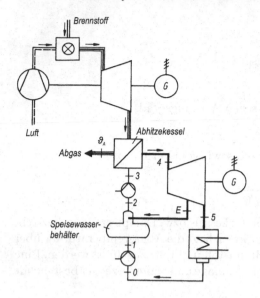

Abbildung 8.26. Gasturbinenanlage mit Abhitzekessel und nachgeschalteter Dampfkraftanlage

8.2.6 Kernkraftwerke

Die derzeit noch in Deutschland operierenden Kernkraftwerke werden innerhalb der nächsten 6 Jahre außer Betrieb genommen und rückgebaut. Im Folgenden soll kurz auf die Unterschiede in der thermodynamischen Kreisprozess-Führung im Vergleich zu den fossil befeuerten Dampfkraftwerken eingegangen werden. Da das Arbeitsfluid der Wärmekraftanlage in einem Kernkraftwerk nicht überhitzt werden kann, ist eine Prozessführung im Nassdampfgebiet notwendig, die gegebenenfalls auch für ORC-Anlagen von Interesse ist. Von den verschiedenen Kernreaktortypen haben bisher die mit (leichtem) Wasser (H_2O) moderierten und gekühlten Reaktoren wirtschaftliche Bedeutung erlangt, vgl. [8.23]. Leichtwasserreaktoren werden als Siedewasser- und als Druckwasserreaktoren gebaut.

Bei den *Siedewasserreaktoren* dient das Wasser gleichzeitig als Moderator, als Kühlmittel des Reaktorkerns und als Arbeitsfluid der Wärmekraftmaschine. Die in Abb. 8.3 b vorgenommene Unterscheidung zwischen dem Primärkreislauf, der den Reaktor mit dem separaten Dampferzeuger verbindet, und dem Sekundärkreislauf der Wärmekraftmaschine trifft hier nicht zu. Der Siedewasserreaktor selbst ist der Dampferzeuger; der Wärmeübergang vom Wärmeerzeuger zur Wärmekraftmaschine, vgl. Abschnitt 8.1.2, findet direkt an den Spaltstoffelementen im Reaktor statt.

Ein Kernkraftwerk mit *Druckwasserreaktor* entspricht dagegen der in Abb. 8.3 b dargestellten Situation. Das durch den Reaktor strömende, dort wegen des hohen Drucks von etwa 155 bar an keiner Stelle verdampfende Wasser dient neutronenphysikalisch als Moderator und transportiert die durch Kernspaltung freigesetzte Energie zum Dampferzeuger (Primärkreislauf). Im Dampferzeuger kühlt sich das Wasser des Primärkreislaufs um etwa 30 bis 35 K ab und überträgt den Wärmestrom $\dot{Q}$ an den Sekundärkreislauf, nämlich an das Arbeitsfluid Wasser der Wärmekraftmaschine. Beide Kreisläufe sind jedoch stets getrennt.

Die folgende Darstellung ist auf Kernkraftwerke mit Druckwasserreaktoren beschränkt. Im Primärkreislauf erreicht man nur relativ niedrige Temperaturen. Der Druck im Reaktor kann mit Rücksicht auf die zulässige Wandstärke des Druckgefäßes nicht beliebig hoch gewählt werden; andererseits muss er so groß sein, dass ein aus neutronenphysikalischen Gründen unzulässiges Sieden des Wassers im Reaktor mit Sicherheit verhindert wird. Die Temperatur im Primärkreislauf liegt somit unterhalb der zum Reaktordruck gehörenden Siedetemperatur. Zu dem beherrschbaren Reaktordruck von 155 bar gehört die Siedetemperatur $\vartheta_s = 345\,°C$. Das Wasser wird jedoch im Reaktor nur von 290 °C auf etwa 325 °C erwärmt.

Der Kreisprozess der Wärmekraftmaschine muss diesem niedrigen Temperaturniveau der Wärmeanbietung angepasst werden. Hohe Frischdampfdrücke und hohe Dampftemperaturen sind nicht möglich. Während es bei einem Kohlekraftwerk mit seinen hohen Verbrennungsgastemperaturen vor allem darauf ankommt, die Exergieverluste bei der Wärmeübertragung im Dampferzeuger durch Steigern von T_m zu verringern, müssen beim Kernkraftwerk die Nachteile der niedrigen Frischdampfdaten durch geeignete Prozessführung begrenzt werden. Da eine Überhitzung des Dampfes nicht oder nur in unbedeutendem Maße möglich ist, verläuft die Turbinenexpansion fast vollständig im Nassdampfgebiet. Durch besondere Maßnahmen muss eine zu große Endnässe vermieden werden, vgl. z.B. [8.24].

8.3 Die CO$_2$-Emissionen der Stromerzeugung

Durch die Verbrennung kohlenstoffhaltiger Brennstoffe entsteht CO$_2$, das zu einer globalen Erwärmung beiträgt, dem atmosphärischen Treibhauseffekt [8.10], [8.11]. Minderung der CO$_2$-Emission ist daher eine wichtige Aufgabe der Energietechnik. In Deutschland wird mehr als 30% der insgesamt emittierten CO$_2$-Menge durch die Erzeugung elektrischer Energie verursacht. Im Folgenden soll gezeigt werden, wie die bei der Stromerzeugung auftretenden CO$_2$-Emissionen zu berechnen sind. Die Emissionen der verschiedenen Kraftwerksarten werden verglichen und Möglichkeiten zur Minderung des CO$_2$-Ausstoßes diskutiert.

8.3.1 Die Berechnung der CO$_2$-Emission

Ziel der folgenden Untersuchung ist die Berechnung der CO$_2$-Masse m_{CO_2}, die bei der Erzeugung der elektrischen Energie W_{el} direkt entsteht oder ihr zuzurechnen ist. Diese Berechnung ist beispielhaft auch für die anderen beiden großen CO$_2$-Emittenten: die Wärmeerzeuger in den Gebäuden und die Verbrennungsmotoren. Die charakteristische Größe ist die *CO$_2$-Belastung der elektrischen Energie*,

$$\varGamma_{\text{el}} := m_{CO_2}/W_{\text{el}} ;$$

sie ist für jedes Kraftwerk typisch und hängt vor allem von der Art des verwendeten Brennstoffs ab. Durch Vergleich der $\varGamma_{\text{el}}$-Werte verschiedener Kraftwerkstypen kann man diese hinsichtlich ihrer CO_2-Emission beurteilen und Wege zur CO_2-Minderung durch eine Strukturänderung der Stromerzeugung finden.

CO_2 wird nicht nur beim Betrieb eines Kraftwerks emittiert, sondern fällt bereits bei seiner Herstellung an, weil auch hierzu Energie eingesetzt wird, die mit einer CO_2-Emission verbunden ist. Daher wird

$$\varGamma_{\text{el}} = \varGamma_{\text{el}}^{\text{B}} + \varGamma_{\text{el}}^{\text{H}} = \frac{m_{CO_2}^{\text{B}}}{W_{\text{el}}} + \frac{m_{CO_2}^{\text{H}}}{W_{\text{el}}} ,$$

gesetzt, wobei $m_{CO_2}^{\text{B}}$ die Masse des während des gesamten Betriebes emittierten CO_2 bedeutet und $m_{CO_2}^{\text{H}}$ die CO_2-Masse, die vor Betriebsbeginn infolge der Herstellung der Anlage entsteht. Mit W_{el} wird die gesamte vom Kraftwerk erzeugte elektrische Energie bezeichnet.

Die Masse $m_{CO_2}^{\text{B}}$ ist der Masse m_{B} des verbrauchten Brennstoffs und damit der Brennstoffenergie $m_{\text{B}}H_{\text{u}}$ proportional. Der Quotient

$$\varGamma_{\text{BE}} := m_{CO_2}^{\text{B}}/(m_{\text{B}}H_{\text{u}})$$

ist die *CO_2-Belastung der Brennstoffenergie* (oder verkürzt: des Brennstoffs). Bei ihrer Berechnung berücksichtigt man, dass CO_2 nicht nur durch die Verbrennung entsteht. Auch bei der Aufbereitung des Brennstoffs und seinem Transport zur Verwendungsstelle wird Energie eingesetzt und zusätzliches CO_2 emittiert. Außerdem kann dabei das klimawirksame Gas Methan freigesetzt werden, z.B. beim Abbau von Steinkohle und beim Transport von Erdgas. Es wird daher von der Beziehung

$$\varGamma_{\text{BE}} = \frac{m_{CO_2}^{\text{B}}}{m_{\text{B}}H_{\text{u}}} = \frac{m_{CO_2}^{\text{Ver}} + m_{CO_2}^{\text{Ber}} + m_{CO_2}^{\text{Meth}}}{m_{\text{B}}H_{\text{u}}} = \varGamma_{\text{BE}}^{\text{Ver}} + \varGamma_{\text{BE}}^{\text{Ber}} + \varGamma_{\text{BE}}^{\text{Meth}}$$

ausgegangen. Die hochgestellten Indizes „Ver" und „Ber" weisen auf die Verbrennung bzw. auf die Bereitstellung des Brennstoffs hin. Der klimawirksame Einfluss des Methans wird durch die äquivalente CO_2-Masse $m_{CO_2}^{\text{Meth}}$ erfasst, [8.25].

Kennzeichnend für die CO_2-Emission der Verbrennung ist der Quotient $\varGamma_{\text{BE}}^{\text{Ver}} := m_{CO_2}^{\text{Ver}}/(m_{\text{B}}H_{\text{u}})$, eine Brennstoffeigenschaft, die nach Abschnitt 7.1.3 und 7.1.4 aus seiner chemischen Zusammensetzung oder seiner Elementaranalyse berechnet werden kann. Wie in [8.26] ausführlich dargestellt wurde, ergibt sich aus Gl.(7.13a)

$$\varGamma_{\text{BE}}^{\text{Ver}} = 3{,}6642 \, \gamma_C/H_{\text{u}}$$

mit dem Kohlenstoffgehalt γ_C aus der Elementaranalyse. Aus Gl.(7.27a) folgt für ein Brennstoffgemisch aus bekannten chemischen Verbindungen mit den Stoffmengenanteilen x_i^{B}, z.B. für Erdgas,

$$\varGamma_{\text{BE}}^{\text{Ver}} = M_{CO_2} \sum_i x_i^{\text{B}} a_{Ci}/H_{\text{um}} .$$

Dabei bedeuten a_{Ci} die Zahl der Kohlenstoffatome in der chemischen Verbindung i, $M_{CO_2} = 44{,}010\,\text{kg/kmol}$ die molare Masse des CO$_2$ und H_{um} den molaren Heizwert des Brennstoffgemisches. Tabelle 8.5 enthält Γ_{BE}^{Ver}-Werte für Brennstoffe, die zur Stromerzeugung eingesetzt werden. Ausführlichere Tabellen findet man in [8.25], [8.26] und [8.27].

Die mit der Brennstoffbereitstellung verbundene CO$_2$-Emission berücksichtigt man näherungsweise, indem

$$\Gamma_{BE}^{Ver} + \Gamma_{BE}^{Ber} = \frac{m_{CO_2}^{Ver} + m_{CO_2}^{Ber}}{m_B H_u} = \frac{\Gamma_{BE}^{Ver}}{\pi_B} \quad \text{bzw.} \quad \Gamma_{BE}^{Ber} = \Gamma_{BE}^{Ver}\left(\frac{1}{\pi_B} - 1\right)$$

gesetzt wird. Hierbei ist $\pi_B < 1$ der Bereitstellungsfaktor, der den Verbrauch von Primärenergie für die Brennstoffbereitstellung erfasst und der von W. Jensch [8.31] abgeschätzt wurde. Außerdem soll diese Energie durch die Verbrennung des gleichen Brennstoffs gedeckt werden, was häufig in guter Näherung zutrifft.

Die Methanemissionen bei der Bereitstellung von Brennstoffen hat H. Selzer [8.28] untersucht. Aus seinen Angaben kann man die Masse m_{Meth} des frei werdenden Methans berechnen und sie in eine äquivalente klimawirksame CO$_2$-Masse umrechnen, vgl. [8.29]. Auf diese Weise ergeben sich die in Tabelle 8.5 verzeichneten Werte von $\Gamma_{BE}^{Meth} := m_{CO_2}^{Meth}/(m_B H_u)$, die allerdings mit größeren Unsicherheiten behaftet sind.

Fasst man die drei Teilbeträge zusammen, so erhält man für die CO$_2$-Belastung der Brennstoffenergie

$$\Gamma_{BE} = \Gamma_{BE}^{Ver}/\pi_B + \Gamma_{BE}^{Meth} . \tag{8.3}$$

Tabelle 8.5 enthält Werte von Γ_{BE}, die wegen der Abschätzungen und vereinfachenden Annahmen eine Unsicherheit von etwa 5\% aufweisen. Dies zeigt auch der Vergleich mit den Werten von U. Fritsche u.a. [8.27], die in der letzten Spalte aufgeführt sind. Das für die Nutzung der Kernenergie eingesetzte angereicherte Uran lässt sich nicht durch Gl.(8.3) erfassen. Bei der Kernspaltung entsteht kein CO$_2$, $\Gamma_{BE}^{Ver} = 0$; es muss nur die bei der Gewinnung und Anreicherung des Natururans anfallende CO$_2$-Masse $m_{CO_2}^{Ber}$ berücksichtigt werden. Sie wurde in [8.30] zu 197 kg CO$_2$ je kg eingesetzten Natururans abgeschätzt. Daraus erhält man für das in Leichtwasserreaktoren verwendete, auf 3,2\% des Isotops ^{235}U angereicherte Uran 1260 kg CO$_2$ je kg angereichertes Uran und damit $\Gamma_{BE}^{Ber} = 0{,}42\,\text{kg/GJ}$.

Aus der CO$_2$-Belastung Γ_{BE} der Brennstoffenergie erhält man den Teil der CO$_2$-Belastung der elektrischen Energie, der durch den Betrieb des Kraftwerks, also durch den Verbrauch des Brennstoffs verursacht wird:

$$\Gamma_{el}^{B} := \frac{m_{CO_2}^{B}}{W_{el}} = \frac{m_{CO_2}^{B}}{m_B H_u}\frac{m_B H_u}{W_{el}} = \frac{\Gamma_{BE}}{\bar{\eta}} . \tag{8.4}$$

Hierzu muss der mittlere Wirkungsgrad $\bar{\eta} := W_{el}/(m_B H_u)$ bekannt sein, der etwas kleiner als der Wirkungsgrad η_N bei Nennlast ist, weil der Wirkungsgrad im Teillastbereich absinkt.

Tabelle 8.5. CO_2-Belastung Γ_{BE} der Brennstoffenergie einiger Brennstoffe, berechnet nach Gl.(8.3) mit π_B nach [8.31] und Γ_{BE}^{Meth} nach [8.29]

Brennstoff	H_u MJ/kg	π_B	Γ_{BE}^{Ver} kg/GJ	Γ_{BE}^{Ber} kg/GJ	Γ_{BE}^{Meth} kg/GJ	Γ_{BE} kg/GJ	Γ_{BE} nach[8.30]
Steinkohle (Ruhr)	29,2	0,966	93,3	3,3	11,1	107,7	112,7
Braunkohle, roh	8,2	0,961	111,3	4,5	0,0	115,8	114,6
Heizöl S	41,0	0,85	78,6	13,9	2,3	94,8	88,7
Heizöl EL	42,7	0,88	73,7	10,1	2,3	86,1	83,9
Erdgas	41,9	0,90	55,4	6,2	3,2	64,8	65,7
Uran, angereichert	$3,0 \cdot 10^6$	–	0,0	0,42	0,0	0,42	2,1

Für den „Heizwert" von angereichertem Uran wurde die in Leichtwasserreaktoren erreichbare Energieausbeute („Abbrand") von $35\,\mathrm{MW\,d/kg} = 3,0 \cdot 10^6\,\mathrm{MJ/kg}$ eingesetzt.

Um den von der Herstellung des Kraftwerks herrührenden Teil der CO_2-Belastung der elektrischen Energie, $\Gamma_{el}^H := m_{CO_2}^H / W_{el}$, zu berechnen, wird die vom Kraftwerk insgesamt abgegebene elektrische Energie berechnet:

$$W_{el} = P_{el,N}\, t_V = P_{el,N}(t_V/t^*)\, t^* \approx P_{el,N}\, b_V\, t^* \; .$$

Hierin bedeuten $P_{el,N}$ die Nennleistung des Kraftwerks und t_V seine Vollastbetriebsdauer, nämlich jene gedachte Zeitspanne, die erforderlich ist, um die gesamte elektrische Energie W_{el} bei einem Betrieb mit der Nennleistung zu erzeugen. Die Vollastbetriebsdauer t_V ist kleiner als die wirkliche Betriebsdauer (Laufzeit) t^* des Kraftwerks; das Verhältnis (t_V/t^*) kann gleich der jährlichen Vollastbetriebsdauer b_V gesetzt werden. Diese Verhältnisgröße hängt vom Einsatzplan des Kraftwerks ab und beträgt etwa 6500 h/a bis 7200 h/a bei Grundlastkraftwerken und etwa 4000 h/a bei Mittellastkraftwerken. Damit ergibt sich

$$\Gamma_{el}^H = \frac{m_{CO_2}^H / P_{el,N}}{b_V\, t^*} \; .$$

F. Drake [8.25] hat den schwierig zu bestimmenden Quotienten $m_{CO_2}^H / P_{el,N}$ für die einzelnen Kraftwerksarten abgeschätzt. Diese Werte sind mit größeren Unsicherheiten behaftet, was sich jedoch nur wenig auf die CO_2-Belastung Γ_{el} der elektrischen Energie auswirkt. Bei allen konventionellen Kraftwerken ist nämlich $\Gamma_{el}^H \ll \Gamma_{el}^B$. Der verwendete Brennstoff und der Kraftwerkswirkungsgrad bestimmen maßgeblich die CO_2-Belastung der elektrischen Energie.

8.3.2 Ergebnisse

Mit den im letzten Abschnitt hergeleiteten Beziehungen lässt sich die CO_2-Belastung Γ_{el} der in verschiedenen Kraftwerken erzeugten elektrischen Energie berechnen; Tabelle 8.6 enthält die Ergebnisse. Für die mit den Brennstoffen Braunkohle, Steinkohle und Erdgas betriebenen Kraftwerke ist der vom Betrieb, also der vom Brennstoff herrührende Anteil Γ_{el}^B nach Gl.(8.4) maßgebend.

Er wurde mit den CO_2-Belastungen Γ_{BE} der Brennstoffenergie nach Tabelle 8.5 und den in Tabelle 8.6 aufgeführten mittleren Kraftwerkswirkungsgraden $\bar{\eta}$ berechnet. Die von der Errichtung dieser konventionellen Kraftwerke stammende CO_2-Belastung Γ_{el}^H ist gegenüber Γ_{el}^B sehr klein, so dass die relativ großen Unsicherheiten der von F.-D. Drake [8.25] ermittelten Werte von $m_{CO_2}^H/P_{el,N}$ das Gesamtergebnis kaum beeinflussen.

Hinsichtlich der CO_2-Belastung schneiden die Wasser- und Kern-Kraftwerke am besten ab. Leider lässt sich der geringe Anteil der Wasserkraftwerke von 4 bis 5% der deutschen Stromerzeugung kaum steigern, weil nennenswerte Zubauten kaum noch möglich sind. Die geringe CO_2-Belastung der in Kernkraftwerken erzeugten elektrischen Energie würde sich auf $\Gamma_{el} = 0{,}031$ kg/kW h erhöhen, wenn man den größeren Wert $\Gamma_{BE} = 2{,}1$ kg/kWh nach [8.27] für die CO_2-Belastung durch die Gewinnung und Anreicherung des Urans verwendet. Doch selbst dann bleibt die CO_2-Belastung des in Kernkraftwerken erzeugten Stroms weit unter den Werten, die für Kohlekraftwerke gelten.

Will man die CO_2-Belastung der in Deutschland erzeugten elektrischen Energie verringern, so gibt es neben dem kaum noch möglichen Zubau von Wasserkraftwerken nur die folgenden Möglichkeiten:

– Wechsel von Kohlekraftwerken zu gasgefeuerten Gas-Dampf-Kraftwerken,
– Steigerung des Wirkungsgrads $\bar{\eta}$ insbesondere der Kohlekraftwerke,
– Übergang zur Stromerzeugung in Wind- und Solar-Kraftwerken.
– Kraft-Wärme Kopplung
– Abtrennen und Speicherung des CO_2

Alle genannten Wege sind mit spezifischen Schwierigkeiten verbunden. Die Versorgung großer Gaskraftwerke wirft Probleme der Beschaffung, des Transports und der Versorgungssicherheit riesiger Mengen von Erdgas auf. Schon *ein* Gas-Dampf-Kraftwerk mit den Daten von Tabelle 8.6 und einer elektrischen Leistung von 750 MW verbraucht im Jahr etwa $0{,}8 \cdot 10^9$ m^3 Erdgas im Normzustand. Wirkungsgradsteigerungen von Kohlekraftwerken sind technisch noch möglich;

Tabelle 8.6. CO_2-Belastung Γ_{el} der in verschiedenen Kraftwerken erzeugten elektrischen Energie. Werte von $m_{CO_2}^H/P_{el,N}$ nach [8.25]

Anlage	$\bar{\eta}$	b_V h/a	t^* a	$m_{CO_2}^H/P_{el,N}$ kg/kW	Γ_{el} kg/kWh	Γ_{el}^B kg/kWh	Γ_{el}^H kg/kWh
Braunkohle-KW	0,36	6000	30	970	1,163	1,158	0,005
Steinkohle-KW	0,39	4200	30	825	1,001	0,994	0,007
Gas-Dampf-KW	0,52	5700	30	500	0,454	0,451	0,003
Kern-KW	0,33	7000	30	1600	0,013	0,005	0,008
Wasser-KW		6000	60	3800	0,011	0	0,011
Wind-KW		1600	20	1060	0,033	0	0,033
Photovoltaik-KW		900	20	5530	0,307	0	0,307

ihre Auswirkung auf die CO_2-Belastung Γ_{el} ist in Abb. 8.27 dargestellt. Die sehr aufwendige Steigerung von $\bar\eta$ um 0,05 würde die CO_2-Emission um etwa 12% verringern.

Da *Windkraftanlagen* nicht nur bei zu geringen, sondern auch bei zu hohen Windgeschwindigkeiten (Sturm) ausfallen, müssen zusätzliche konventionelle Kraftwerke in Bereitschaft gehalten werden, um die Stabilität des Stromnetzes zu gewährleisten. Die in Windkraftwerken installierte Leistung führt daher nicht zu einer gleich großen Verringerung der Leistung konventioneller Kraftwerke, und die theoretisch mögliche Minderung des CO_2-Ausstoßes wird nur zum Teil erreicht, weil die im energetisch ungünstigen Teillastbetrieb in Bereitschaft gehaltenen, brennstoffbefeuerten Kraftwerke relativ viel CO_2 produzieren.

Photovoltaik-Kraftwerke sind keineswegs CO_2-emissionsfrei. Sie sind vielmehr die einzigen Stromerzeuger, deren CO_2-Belastung Γ_{el}^{H} durch die Herstellung der Anlage nennenswert ins Gewicht fällt. Dies liegt an dem hohen Energieverbrauch bei der Herstellung der Solarzellen und der relativ geringen Stromausbeute beim Betrieb. Insgesamt ist die Erzeugung von elektrischer Energie in Deutschland durch politische und gesellschaftliche Vorgaben derzeit einem starken Wandel unterzogen. Wie auch in Abschnitt 8.1 deutlich wird, ist eine merkliche Entwicklung von der zentralisierten, durch Großkraftwerke dominierten Erzeugung hin zu einen dezentralen, durch erneuerbare Energien dominierten Erzeugung zu erwarten, vgl. [8.32].

Die gekoppelte Erzeugung von elektrischer Energie und Heizwärme in Heizkraftwerken, die so genannte *Kraft-Wärme-Kopplung*, führt zu einer Minderung der CO_2-Emission von 20 bis 30% gegenüber der getrennten Erzeugung von Strom in Kraftwerken und von Wärme in Heizungskesseln [8.29]. Dies ist vor allem darauf zurückzuführen, dass in Heizkraftwerken Erdgas eingesetzt und damit Kohle als Primärenergieträger der Stromerzeugung verdrängt wird. Welcher Anteil der CO_2-Emissionsminderung der Stromerzeugung und welcher An-

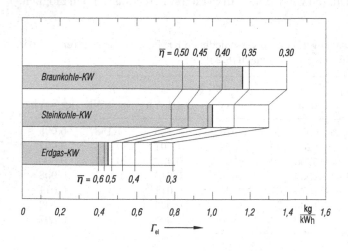

Abbildung 8.27. Beeinflussung der CO_2-Belastung Γ_{el} der elektrischen Energie durch Änderung des mittleren Kraftwerkswirkungsgrads $\bar\eta$. Die getönten Balkenlängen entsprechen den Γ_{el}-Werten von Tabelle 8.6

teil der Heizwärmeerzeugung zuzurechnen ist, lässt sich ohne willkürliche Annahmen nicht entscheiden, vgl. Abschnitt 9.2.4.

Die Abtrennung und Speicherung des CO_2 aus einem Kraftwerksprozess wird in letzter Zeit intensiv untersucht [8.33] bis [8.34]. Dieser Vorgang, der neben Kraftwerken auch andere industrielle Anwendungen wie Zementwerke, Stahlwerke und petrochemische Anlagen betreffen kann, wird als CCS (carbon capture and storage) Technologie bezeichnet. Da insgesamt zumindest weltweit der Bedarf an elektrischer Energie voraussichtlich auch weiterhin schneller steigt als dass Erzeugungskapazität aus erneuerbaren Energien aufgebaut werden kann, ist in einigen Ländern ein steigender Bedarf an fossilen Primärenergieträgern, insbesondere Kohle, zu erwarten. Somit stehen bei der Reduktion von CO_2 Emissionen durch CCS Techniken vor allem Kohlekraftwerke im Mittelpunkt des Interesses, wobei hierbei drei Optionen diskutiert werden, siehe Abb. 8.28.

Aus der chemischen Industrie ist, im kleineren Maßstab, die Abtrennung von CO_2 nach der Verbrennung mittels einer chemischen Rauchgaswäsche bekannt (post-combustion decarbonisation). Das entstaubte, entschwefelte und entstickte Rauchgas wird auf ca. 45 °C heruntergekühlt und zur Gaswäsche in einen Absorber geleitet. Das mit CO_2 beladene Lösungsmittel wird anschließend in einen Desorber geführt, wo das CO_2 bei ca. 100 °C durch Entnahmedampf aus der Turbine ausgetrieben wird. Ein für diese Gaswäsche geeignetes Lösungsmittel muss bei den Prozessbedingungen im Absorber einen hohen Dampfdruck haben, um bei der Gaswäsche nicht selber zu verdampfen. Es darf zudem nicht mit den im Rauchgas enthaltenen Spurenelementen reagieren, es muss biologisch abbaubar sein und es muss mit möglichst wenig Energieaufwand regeneriert werden können. Als Lösungsmittel kommen derzeit Mono-, Di- oder Triethanolamine (MEA, DEA oder TEA) zum Einsatz, neben dem notwendigen Hochskalieren der Anlagen zur Bewältigung der sehr großen Rauchgasvolumenströme ist die Suche nach weiteren geeigneten Waschsubstanzen ein zentrales Forschungsthema [8.34]. Dieses energieintensive CCS-Verfahren würde den Gesamtwirkungsgrad eines Kohlekraftwerks um ca. 15% verringern, das Verfahren kann bei bereits vorhandenen Kraftwerken nachgerüstet werden.

Eine zweite Option besteht in der Dekarbonisierung des Brennstoffes (precombustion decarbonisation). Hierbei wird die Kohle analog zur Reformierung von Erdgas unter Zugabe von Wasserdampf und Sauerstoff bei hohem Druck vergast. Der CO-Anteil des entstehenden wasserstoffreichen Kohlegases wird nach einer Gasreinigung durch eine CO_2 - Shiftreaktion mit Wasserdampf in CO_2 und H_2 überführt. Das CO_2 wird vom Wasserstoff durch eine Gaswäsche oder durch ein Membranverfahren getrennt, verdichtet und gespeichert, der Wasserstoff wird als Brennstoff in einem kombinierten Gas- und Dampfkraftwerk verbrannt. Diese Verfahrensvariante ist als IGCC (Integrated gasification combined cycle) -Kraftwerk bekannt und bereits in einigen Versuchsanlagen in Erprobung, so in Puertollano, Spanien und in Buggenum, Niederlanden [8.35]. Die ursprüngliche Intention hinter den IGCC-Kraftwerken war zunächst nicht

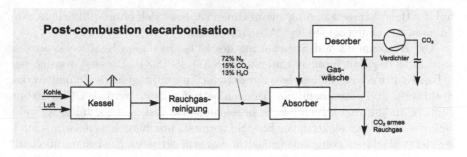

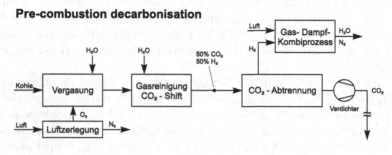

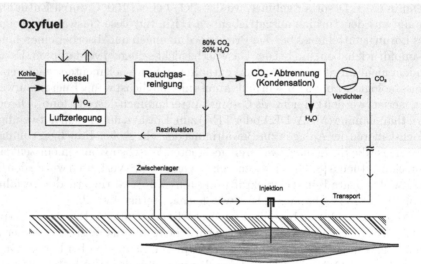

Abbildung 8.28. Drei mögliche Verfahren zur Abtrennung von CO_2 aus dem Kohlekraftwerksprozess [8.37]. Die angegebenen Zusammensetzungen sind grobe Richtwerte.

die Kohlendioxid-Abscheidung, sondern die Nutzung von Kohle als Brennstoff in den hocheffizienten kombinierten Gas- und Dampfkraftwerken. Neben Kohle können im IGCC Kraftwerksprozess bei der Vergasung auch Biomasse und Sonderbrennstoffe zur Anwendung kommen. Da auch bei dieser Option der Ge-

samtwirkungsgrad des Kraftwerks durch die Vergasung, die Hochtemperatur-
Gasreinigung und die zusätzliche CO_2 - Abscheidung deutlich absinkt, muss bei
allen CCS-Verfahren zwischen der abgeschiedenen Menge CO_2 und der vermie-
denen Menge CO_2 unterschieden werden. Bei einem IGCC-Kohlekraftwerk mit
90% CO_2-Abscheidung und 41% Gesamtwirkungsgrad wird 0,75 kg CO_2/kWh$_{el}$
abgeschieden, aber wegen des reduzierten Wirkungsgrades nur 0,62 kg CO_2/
kWh$_{el}$ tatsächlich vermieden.

Die derzeit untersuchte dritte Option besteht in der Verbrennung der Kohle mit reinem Sauerstoff, so dass das entstehende CO_2 - H_2O Verbrennungsgas
durch „einfaches" Auskondensieren von H_2O vom CO_2 getrennt werden kann.
Für dieses auch „Oxyfuel" genannte Verfahren ist eine Luftzerlegungsanlage sowie eine erhebliche Rauchgaszirkulation zur Beherrschung der Verbrennung mit
reinem Sauerstoff erforderlich [8.36].

Das im Kraftwerk abgetrennte CO_2 muss langfristig gespeichert werden, da
für die industriemäßige Verwertung nur ein Bruchteil des dann verfügbaren CO_2
benötigt wird. Die Speicherung in geologischen Formationen wie z. B. in leeren
Öl- und Gasfeldern, in salinen Aquiferen oder auch in tiefliegenden Kohleflözen
wird gegenüber der Bindung von CO_2 an Silikaten (Mineralisierung) oder der
Bindung im marinen Umfeld (Einlagerung in der Tiefsee) aus ökologischen und
ökonomischen Gründen bevorzugt diskutiert [8.33]. Für eine CCS-Technologie
in großtechnischem, klimawirksamen Maßstab müssen auch die Transportinfra-
struktur sowie eventuelle Zwischenspeicher für das CO_2 entwickelt und etabliert
werden.

9 Thermodynamik des Heizens und Kühlens

> In einem Staat gibt es um so mehr Räuber und Diebe,
> je mehr Gesetze und Vorschriften es in ihm gibt.
> *Laotse* (ca. 6-5 Jahrhundert v. Chr.)

Heizen und Kühlen sind Prozesse, die einem System Energie als Wärme zuführen oder entziehen, um seine von der Umgebungstemperatur abweichende Temperatur zu erhöhen, zu verringern oder auf einem konstanten Wert zu halten. In diesem Kapitel werden zuerst die thermodynamischen Grundlagen des Heizens und Kühlens behandelt, um dann auf die Heizsysteme und einige Verfahren zur Kälteerzeugung einzugehen.

9.1 Thermodynamische Grundlagen des Heizens und des Kühlens

Beim Heizen wird die innere Energie eines Systems, in der Regel ein beheizter Raum, durch Zufuhr von Wärme erhöht, was einen Anstieg der Temperatur des Systems zur Folge hat. Beim Kühlen wird umgekehrt die innere Energie durch Wärmeentzug verringert, so dass sich eine Temperatur des gekühlten Raumes unterhalb der Umgebungstemperatur einstellt. Die betrachteten Räume haben diatherme Wände, so dass aufgrund der Temperaturdifferenz zur Umgebung Wärme zwischen dem System und der Umgebung übertragen wird. Dazu kommen weitere Einflüsse zum Beispiel durch das Öffnen von Türen oder durch innere Wärmequellen. Ohne fortlaufendes Heizen oder Kühlen würde sich die Raumtemperatur im Laufe der Zeit wieder der Umgebungstemperatur annähern. Die thermodynamische Analyse dieser Vorgänge lässt sich mit den in Abschnitt 3.3 eingeführten Größen Exergie und Anergie besonders klar formulieren, vgl. hierzu auch [9.1] bis [9.4].

9.1.1 Die Grundaufgabe der Heiztechnik und der Kältetechnik

Zur Darstellung des Grundgedankens soll nur ein Sonderfall betrachtet werden: Ein System soll auf einer *konstanten* Temperatur gehalten werden, die sich von der Umgebungstemperatur T_u unterscheidet. Seine Temperatur soll durch Wärmezufuhr (Heizen) oder Wärmeentzug (Kühlen) konstant gehalten werden.

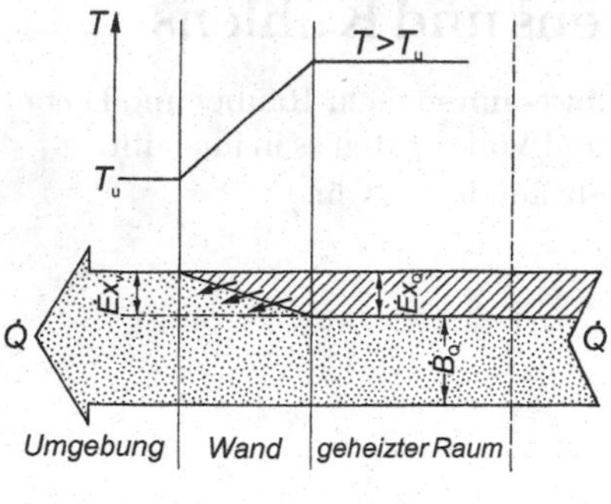

Abbildung 9.1. Der Heizwärmestrom $\dot{Q}$, bestehend aus dem Exergiestrom $\dot{Ex}_Q$ und dem Anergiestrom $\dot{B}_Q$, muss dem geheizten Raum zugeführt werden, um den Wärmeverlust an die Umgebung, verbunden mit dem Exergieverluststrom $\dot{Ex}_v$, zu kompensieren

Beim *Heizen* ist die Systemtemperatur $T > T_u$. Ein Wärmestrom verlässt das System als „Wärmeverlust" durch die Wand und muss als Heizleistung $\dot{Q}$ kontinuierlich ersetzt werden, Abb. 9.1. Beim irreversiblen Wärmeübergang in der Wand verwandelt sich Exergie in Anergie. Der dabei auftretende Exergieverluststrom

$$\dot{Ex}_v = T_u \, \dot{S}_{irr} = T_u \, \frac{T - T_u}{T \cdot T_u} \, \dot{Q} = \left(1 - \frac{T_u}{T} \right) \dot{Q}$$

muss durch den mit der Heizleistung $\dot{Q}$ zuzuführenden Exergiestrom

$$\dot{Ex}_Q = \eta_C(T_u/T) \, \dot{Q} = \left(1 - \frac{T_u}{T} \right) \dot{Q}$$

ersetzt werden. Beim Heizen wird also Exergie benötigt, weil sich als Folge des irreversiblen Wärmeübergangs Exergie in Anergie verwandelt. Da außerdem Anergie an die Umgebung abfließt, wird zur Heizung neben dem Exergiestrom auch der Anergiestrom

$$\dot{B}_Q = \frac{T_u}{T} \, \dot{Q}$$

verlangt. Die dem geheizten Raum zuzuführende Heizleistung $\dot{Q}$ muss sich also in bestimmter Weise aus Exergie und Anergie zusammensetzen. Dieses „Mischungsverhältnis" ist durch das Verhältnis von Umgebungstemperatur und Raumtemperatur eindeutig festgelegt.

Beim *Kühlen* ist die Temperatur T_0 des gekühlten Raumes kleiner als die Umgebungstemperatur T_u. Durch die nicht adiabate Wand dringt auf Grund des Temperaturgefälles $T_u - T_0$ ein Wärmestrom $\dot{Q}_0$ in den Kühlraum ein; er muss kontinuierlich entfernt werden, damit die Temperatur T_0 konstant bleibt, Abb. 9.2. Man bezeichnet diesen abzuführenden Wärmestrom $\dot{Q}_0$ als *Kälteleistung* in Analogie zur zuzuführenden Heizleistung $\dot{Q}$. Für den gekühlten Raum als System ist $\dot{Q}_0$ als abgeführter Wärmestrom negativ zu rechnen. Der aus der Umgebung in die Wand des Kühlraums eindringende Wärmestrom besteht bei $T = T_u$ nur aus Anergie. Dieser Anergiestrom wird durch den Exergieverluststrom

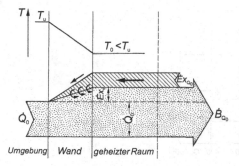

Abbildung 9.2. Die Kälteleistung $\dot{Q}_0$ bestehend aus dem abzuführenden Anergiestrom $\dot{B}_{Q_0}$ und dem *zuzuführenden* Exergiestrom $\dot{E}x_{Q_0}$, muss dem gekühlten Raum entzogen werden. Beim Wärmeübergang in der Wand tritt der Exergieverluststrom $\dot{E}x_v$ auf

$$\dot{E}x_v = T_u\,\dot{S}_{\mathrm{irr}} = T_u\,\frac{T_u - T_0}{T_u \cdot T_0}\,|\dot{Q}_0| = \left(\frac{T_u}{T_0} - 1\right)|\dot{Q}_0|$$

vergrößert, der in der Wand als Folge des irreversiblen Wärmeübergangs entsteht. In den Kühlraum dringt also der Anergiestrom

$$|\dot{Q}_0| + \dot{E}x_v = \frac{T_u}{T_0}\,|\dot{Q}_0|$$

ein, der kontinuierlich entfernt werden muss. Obwohl der Kühlraum bei der Temperatur T_0 den Wärmestrom $\dot{Q}_0$ empfängt, *verliert* er den Exergiestrom

$$\dot{E}x_v = -\left(\frac{T_u}{T_0} - 1\right)\dot{Q}_0 = \eta_C(T_u, T_0)\,\dot{Q}_0 = \dot{E}x_{Q_0}\,.$$

Bei Temperaturen unter der Umgebungstemperatur wird der Carnot-Faktor negativ: Wärmestrom und Exergiestrom fließen in entgegengesetzter Richtung. *Wärmezufuhr bei Temperaturen unter T_u bedeutet Exergieentzug.* Der aus dem Kühlraum in die Wand abfließende Exergiestrom verwandelt sich dort in Anergie; er ist gleich dem Exergieverluststrom $\dot{E}x_v$, der durch den irreversiblen Wärmeübergang von T_u auf T_0 entsteht. Dieser Exergiestrom muss dem Kühlraum mit einer Kälteanlage zugeführt werden, um seine Temperatur T_0 aufrechtzuerhalten.

Die bei der Kühlung *abzuführende* Kälteleistung $\dot{Q}_0 < 0$ besteht also aus einem *zuzuführenden* Exergiestrom

$$\dot{E}x_{Q_0} = \left(\frac{T_u}{T_0} - 1\right)|\dot{Q}_0| = \left(1 - \frac{T_u}{T_0}\right)\dot{Q}_0$$

und aus einem *abzuführenden* Anergiestrom

$$\dot{B}_{Q_0} = \frac{T_u}{T_0}\,\dot{Q}_0\,.$$

Obwohl dem Kühlraum Energie entzogen wird, muss ihm Exergie zugeführt werden, vgl. Abschnitt 3.3.5. Der bei der Kälteerzeugung zuzuführende Exergiestrom dient genauso wie der Exergiestrom beim Heizen dazu, den Exergieverlust der Wärmeübertragung durch die Wand zu decken.

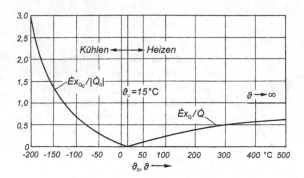

Abbildung 9.3. Der beim Heizen und Kühlen zuzuführende Exergiestrom in Abhängigkeit von der Temperatur T des geheizten Raumes bzw. von der Temperatur T_0 des Kühlraums

Dieser Exergiebedarf hängt von der Temperatur des geheizten bzw. gekühlten Systems ab und ist um so größer, je mehr sich diese Temperatur von der Umgebungstemperatur unterscheidet. Der zuzuführende Exergiestrom ist in Abb. 9.3 dargestellt. Der zum Heizen benötigte Exergiestrom $\dot{E}x_Q$ ist stets kleiner als der Heizwärmestrom $\dot{Q}$. Der Exergiebedarf der Kälteerzeugung wächst sehr rasch mit sinkender Temperatur T_0 des Kühlraums; er wird bei tiefen Temperaturen größer als der Betrag der Kälteleistung $\dot{Q}_0$.

Zur Heizung wird aber auch ein bestimmter Anergiestrom verlangt. Diese Anergie ist für die Ausführung von Heizprozessen ebenso notwendig wie die zuzuführende Heizexergie. Beim Kühlen muss ein durch die Temperatur des Kühlraums vorgeschriebener Anergiestrom aus dem Kühlraum entfernt und an die Umgebung abgeführt werden. Die hierzu benötigten Apparate und Anlagen werden nachfolgend vorgestellt.

9.1.2 Wärmepumpe und Kältemaschine

Zur Lösung der im letzten Abschnitt behandelten Heizaufgabe gibt es verschiedene Möglichkeiten, auf die in Abschnitt 9.2 eingegangen wird. Zu ihnen gehört der Einsatz der Wärmepumpe. Auch zur Lösung der Kühlaufgabe setzt man die Wärmepumpe ein; sie wird dabei als Kältemaschine bezeichnet, weil sie eine etwas andere Aufgabe hat, der sie angepasst werden muss. Da die Kältemaschine wie eine Wärmepumpe arbeitet, ist deren gemeinsame Behandlung sinnvoll.

Um das zum *Heizen* benötigte „Gemisch" aus Exergie und Anergie bereitzustellen, kann man den Heizwärmestrom durch „Mischen" der vorgeschriebenen Anteile herstellen: Man fügt zur Anergie, die der Umgebung als Wärme entnommen wird, die zugehörige Exergie als mechanische oder elektrische Energie hinzu. Diese Möglichkeit der prinzipiell sogar reversiblen Heizung lässt sich durch die Wärmepumpe verwirklichen, deren Konzept schon auf W. Thomson (Lord Kelvin) [9.5] zurückgeht. Der Wärmepumpe wird Exergie mit der An-

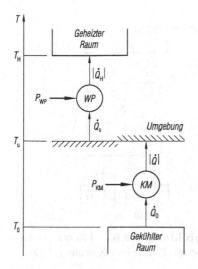

Abbildung 9.4. Schema der Energieflüsse einer Wärmepumpe und einer Kältemaschine

triebsleistung P_{WP} zugeführt, Abb. 9.4. Sie nimmt aus der Umgebung den Wärmestrom $\dot{Q}_u$ (Anergie) auf und vereinigt die beiden Energieströme zur Heizleistung $\dot{Q}_H$. Die Wärmepumpe „pumpt" also einen Wärmestrom von der Umgebungstemperatur auf das höhere Temperaturniveau $T = T_H$.

Aus dem 1. Hauptsatz folgt die Leistungsbilanzgleichung

$$|\dot{Q}_H| = P_{WP} + \dot{Q}_u \,.$$

Der 2. Hauptsatz liefert die Exergiebilanzgleichung

$$P_{WP} = |\dot{Ex}_H| + \dot{Ex}_v = \eta_C(T_u, T_H)\,|\dot{Q}_H| + \dot{Ex}_v \,,$$

denn die mit der Antriebsleistung zugeführte Exergie muss auch den in der Wärmepumpe auftretenden Exergieverluststrom $\dot{Ex}_v \geq 0$ decken. Der aus der Umgebung aufgenommene Wärmestrom

$$\dot{Q}_u = [1 - \eta_C(T_u, T_H)]\,|\dot{Q}_H| - \dot{Ex}_v = \frac{T_u}{\vartheta_H}\,|\dot{Q}_H| - \dot{Ex}_v$$

ist am größten für die reversibel arbeitende Wärmepumpe ($\dot{Ex}_v = 0$). In diesem Idealfall kommt die ganze zum Heizen benötigte Anergie aus der Umgebung, und die Antriebsleistung liefert gerade die zum Heizen benötigte Exergie $\dot{Ex}_H$. Durch den Exergieverlust vergrößert sich P_{WP}, und in gleichem Maße wird $\dot{Q}_u$ kleiner, Abb. 9.5.

Man bewertet die Wärmepumpe durch zwei Kenngrößen, die Leistungszahl ε_{WP} und den exergetischen Wirkungsgrad ζ_{WP}. Die *Leistungszahl*, im Englischen als *COP* (coefficient of performance) bezeichnet, ist durch

$$\varepsilon_{WP} := |\dot{Q}_H|/P_{WP} = 1 + \dot{Q}_u/P_{WP}$$

definiert; sie ist stets größer als eins. Ihr Höchstwert wird durch den 2. Hauptsatz bestimmt. Mit dem exergetischen Wirkungsgrad

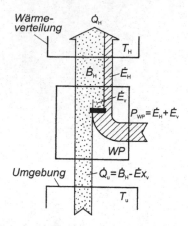

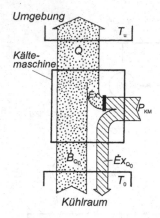

Abbildung 9.5. Exergie- und Anergie-Fluss einer Wärmepumpe

Abbildung 9.6. Exergie- und Anergie-Fluss einer Kältemaschine

$$\zeta_{\text{WP}} := |\dot{E}x_{\text{H}}|/P_{\text{WP}} = 1 - \dot{E}x_{\text{v}}/P_{\text{WP}}$$

erhält man

$$\varepsilon_{\text{WP}} = \frac{|\dot{Q}_{\text{H}}|}{|\dot{E}x_{\text{H}}|}\,\zeta_{\text{WP}} = \frac{T_{\text{H}}}{T_{\text{H}} - T_{\text{u}}}\,\zeta_{\text{WP}} \qquad (9.1)$$

und für die reversible Wärmepumpe ($\zeta_{\text{WP}} = 1$) die nur von den Temperaturen der Heizaufgabe abhängige Leistungszahl

$$\varepsilon_{\text{WP}}^{\text{rev}} = \frac{T_{\text{H}}}{T_{\text{H}} - T_{\text{u}}}\ .$$

Praktisch ausgeführte Wärmepumpen erreichen etwa $\zeta_{\text{WP}} \approx 0{,}5$, so dass die Leistungs-
zahl ε_{WP} erheblich kleiner als $\varepsilon_{\text{WP}}^{\text{rev}}$ ausfällt. Die Leistungszahl ε_{WP} wächst nach Gl.(9.1) mit kleiner werdendem „Temperaturhub" $T_{\text{H}} - T_{\text{u}}$. Eine Wärmepumpe arbeitet also energetisch umso günstiger, je kleiner die Temperaturdifferenz zwischen Wärmeabgabe und Wärmequelle – hier die Umgebung – ist.

Auch die Grundaufgabe der *Kältetechnik* wird durch die Wärmepumpe gelöst. Sie arbeitet nun zwischen der Temperatur T_0 des Kühlraums und der Tem-
peratur T_{u} der Umgebung. Eine derart eingesetzte Kühlungs-Wärmepumpe wird Kältemaschine genannt, Abb. 9.4. Sie unterscheidet sich von der Heizungs-
Wärmepumpe durch das niedrigere Temperaturniveau sowie dadurch, dass die bei der tiefen Temperatur T_0 aufgenommene *Kälteleistung* $\dot{Q}_0 > 0$ den gewünschten Effekt darstellt und nicht der bei der höheren Temperatur abgege-
bene Wärmestrom. Für diesen Wärmestrom erhält man durch Anwenden des 1. Hauptsatzes auf die Kältemaschine

$$|\dot{Q}| = \dot{Q}_0 + P_{\text{KM}}\ .$$

Abbildung 9.6 zeigt den Exergie- und Anergiefluss einer Kältemaschine. Der in den Kühlraum zu liefernde Exergiestrom $\dot{E}x_{Q_0}$ und der aus dem Kühlraum abzuführende Anergiestrom $\dot{B}_{Q_0}$ ergeben die Kälteleistung

$$\dot{Q}_0 = \dot{E}x_{Q_0} + \dot{B}_{Q_0} = \dot{B}_{Q_0} - |\dot{E}x_{Q_0}| \,.$$

Der reversibel arbeitenden Kältemaschine wird die Antriebsleistung

$$P_{KM}^{rev} = |\dot{E}x_{Q_0}| = \left(\frac{T_u}{T_0} - 1\right) \dot{Q}_0$$

zugeführt, die gerade den Exergiebedarf des Kühlraums deckt. Der irreversibel arbeitenden Kältemaschine muss jedoch die größere Antriebsleistung

$$P_{KM} = |\dot{E}x_{Q_0}| + \dot{E}x_v = P_{KM}^{rev} + \dot{E}x_v$$

zugeführt werden, um auch den Leistungsverlust $\dot{E}x_v$ infolge der Irreversibilitäten zu bestreiten. Die zusätzlich zugeführte Leistung $P_{KM} - P_{KM}^{rev}$ verwandelt sich in Anergie und vergrößert den an die Umgebung als Wärme abzuführenden Anergiestrom

$$|\dot{Q}| = \dot{B}_{Q_0} + \dot{E}x_v = |\dot{Q}_{rev}| + \dot{E}x_v \,.$$

Die Irreversibilitäten der Kältemaschine wirken sich in zweifacher Hinsicht ungünstig aus: Der Leistungsbedarf gegenüber dem reversiblen Idealfall wird erhöht, und außerdem vergrößert sich der abzuführende Anergiestrom, was höhere Anlagekosten verursacht, weil z.B. die Wärmeübertrager größer bemessen werden müssen.

Zur Bewertung der Kältemaschine benutzt man die Leistungszahl

$$\varepsilon_{KM} := \dot{Q}_0/P_{KM} \,.$$

Sie kann Werte annehmen, die größer und kleiner als eins sind. Der exergetische Wirkungsgrad

$$\zeta_{KM} := |\dot{E}x_{Q_0}|/P_{KM} = 1 - \dot{E}x_v/P_{KM}$$

erreicht im reversiblen Grenzfall seinen Höchstwert eins. Zwischen ε_{KM} und ζ_{KM} besteht der Zusammenhang

$$\varepsilon_{KM} = \frac{\dot{Q}_0}{|\dot{E}x_{Q_0}|} \, \zeta_{KM} = \frac{T_0}{T_u - T_0} \, \zeta_{KM} = \varepsilon_{KM}^{rev} \, \zeta_{KM} \,.$$

Die Leistungszahl ε_{KM} sinkt umso mehr, je tiefer die Temperatur T_0 der Kälteerzeugung unter der Umgebungstemperatur T_u liegt: Sie hängt von der Schwierigkeit der Kühlaufgabe ab. So erreicht die Leistungszahl der reversibel arbeitenden Kältemaschine für $\vartheta_u = 20\,°C$ den Wert $\varepsilon_{KM}^{rev} = 6{,}33$, wenn Kälte bei $\vartheta_0 = -20\,°C$ erzeugt werden soll, jedoch nur $0{,}0146$ für $\vartheta_0 = -268{,}94\,°C$, die Temperatur des unter dem Druck von $100\,kPa$ siedenden Heliums.

9.1.3 Wärmetransformation

Bei der Einführung von Wärmepumpe und Kältemaschine wurde angenommen, sie erhielten die zu ihrem Antrieb erforderliche Exergie in „reiner" Form, nämlich als mechanische oder elektrische Leistung. Es ist aber auch möglich, Wärmepumpen und Kältemaschinen durch einen *Wärmestrom* $\dot{Q}_A$ anzutreiben, der bei einer Temperatur $T_A > T_u$ zur Verfügung steht und somit den Exergiestrom

$$\dot{Ex}_A = \eta_C(T_u, T_A)\, \dot{Q}_A = (1 - T_u/T_A)\, \dot{Q}_A$$

enthält. Ein solcher Antriebswärmestrom, der auch als Abwärme eines industriellen Prozesses anfallen kann, lässt sich durch Wärmetransformation in den zum Heizen benötigten Wärmestrom $\dot{Q}_H$ umwandeln oder zum Antrieb einer Kältemaschine heranziehen. Dabei sind drei Fälle möglich, die als thermisch angetriebene Wärmepumpe, als Wärmetransformator im engeren Sinne und als thermisch angetriebene Kältemaschine bezeichnet werden. Um das Wesentliche klar herauszustellen, werden im Folgenden *reversible* Prozesse angenommen, ohne darauf stets durch entsprechende Indizes hinzuweisen.

Der Wärmestrom $\dot{Q}_A$ stehe bei der Temperatur $T_A > T_u$ zur Verfügung und werde einem System zur Wärmetransformation nach Abb. 9.7 zugeführt. Dieses gibt den Heizwärmestrom $\dot{Q}_H$ bei T_H ab; außerdem kann ein Wärmestrom $\dot{Q}_u$ mit der Umgebung ausgetauscht werden. Die Leistungsbilanzgleichung ergibt für den abgegebenen Heizwärmestrom

$$-\dot{Q}_H = \dot{Q}_A + \dot{Q}_u \ .$$

Da der Prozess reversibel sein soll, bleibt die Exergie nach dem 2. Hauptsatz erhalten, und es gilt

$$-\dot{Ex}_H = \eta_C(T_u, T_H)\,(-\dot{Q}_H) = \eta_C(T_u, T_A)\, \dot{Q}_A = \dot{Ex}_A \ . \tag{9.2}$$

Diese beiden Bilanzen sind in Abb. 9.8 veranschaulicht, wobei drei Fälle unterschieden werden:

1. $T_H < T_A$. Es wird Wärme aus der Umgebung aufgenommen ($\dot{Q}_u > 0$); der abgegebene Wärmestrom $(-\dot{Q}_H)$ ist größer als $\dot{Q}_A$: Die Anlage arbeitet als *thermisch angetriebene Wärmepumpe*. Die Exergie des Antriebswärmestroms erlaubt es, Wärme (Anergie) aus der Umgebung auf die zum Heizen benötigte Temperatur T_H anzuheben.

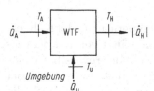

Abbildung 9.7. System zur Wärmetransformation (schematisch)

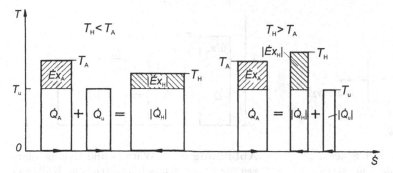

Abbildung 9.8. Veranschaulichung der Wärme- und Exergiebilanzen bei der reversiblen Wärmetransformation im $T, \dot{S}$-Diagramm. Die stark umrandeten Rechteckflächen entsprechen den angegebenen Wärmeströmen

2. $T_H = T_A$. In diesem trivialen Fall findet keine Wärmetransformation statt, und es ist $\dot{Q}_u = 0$.

3. $T_H > T_A$. Obwohl Wärme bei einer höheren Temperatur verlangt wird als sie zur Verfügung steht, lässt sich *ein Teil* des Antriebswärmestroms $\dot{Q}_A$ in einen Wärmestrom $\dot{Q}_H$ höherer Temperatur transformieren. Dabei muss die überschüssige Anergie als Abwärmestrom an die Umgebung abgeführt werden, $\dot{Q}_u < 0$. Diese Anlage bezeichnet man als *Wärmetransformator* im engeren Sinne.

Zur Bewertung der Wärmetransformation benutzt man das *Wärmeverhältnis*

$$\beta := -\dot{Q}_H/\dot{Q}_A .$$

Für thermisch angetriebene Wärmepumpen wird $\beta \geq 1$, für Wärmetransformatoren gilt $\beta \leq 1$. Das Wärmeverhältnis erreicht seinen Höchstwert bei den hier behandelten reversiblen Prozessen. Aus Gl.(9.2) folgt

$$\beta_{rev} = \frac{\eta_C(T_u, T_A)}{\eta_C(T_u, T_H)} = \frac{1/T_u - 1/T_A}{1/T_u - 1/T_H} .$$

Die *thermisch angetriebene Kältemaschine* nach Abb. 9.9 nimmt die Kälteleistung $\dot{Q}_0$ aus dem Kühlraum mit der Temperatur $T_0 < T_u$ auf und gibt einen Wärmestrom $\dot{Q}_u$ an die Umgebung ab:

$$\dot{Q}_0 + \dot{Q}_A = |\dot{Q}_u| .$$

Der zur Kühlung benötigte Exergiestrom $\dot{E}x_0$ fließt (entgegen der Richtung von $\dot{Q}_0$) in den Kühlraum; er ist ebenso groß wie der mit $\dot{Q}_A$ aufgenommene Exergiestrom $\dot{E}x_A$, Abb. 9.10. Aus der Exergiebilanz

$$-\dot{E}x_0 = -\eta_C(T_u, T_0)\,\dot{Q}_0 = \eta_C(T_u, T_A)\,\dot{Q}_A = \dot{E}x_A$$

erhält man für das Wärmeverhältnis der reversibel arbeitenden, thermisch angetriebenen Kältemaschine

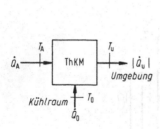

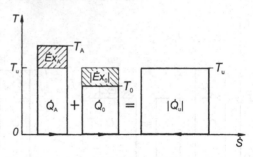

Abbildung 9.9. Schema einer thermisch angetriebenen Kältemaschine

Abbildung 9.10. Wärme- und Exergiebilanzen für eine thermisch angetriebene Kältemaschine im $T, \dot{S}$-Diagramm

$$\beta_{\mathrm{K}}^{\mathrm{rev}} := \frac{\dot{Q}_0}{\dot{Q}_{\mathrm{A}}} = \frac{\eta_{\mathrm{C}}(T_{\mathrm{u}}, T_{\mathrm{A}})}{|\eta_{\mathrm{C}}(T_{\mathrm{u}}, T_0)|} = \frac{1/T_{\mathrm{u}} - 1/T_{\mathrm{A}}}{1/T_0 - 1/T_{\mathrm{u}}} ,$$

worauf bei der Behandlung der Absorptionskältemaschine in Abschnitt 9.3.2 zurückgekommen wird.

Die Prozesse der Wärmetransformation lassen sich technisch in Absorptionsanlagen verwirklichen. Sie werden mit einem Zweistoffgemisch betrieben. Dabei spielt die Absorption der leichter siedenden gasförmigen Komponente durch das flüssige Gemisch eine wichtige Rolle, woraus sich die Bezeichnung dieser Anlagen herleitet. *Absorptionskältemaschinen* werden seit langem zur Kälteerzeugung besonders dann eingesetzt, wenn ein Abwärmestrom geeigneter Temperatur ($\vartheta_{\mathrm{A}} \approx 100$ bis $150\,^\circ$C) zur Verfügung steht, vgl. [9.6] und Abschnitt 9.3.2. Die *Absorptionswärmepumpe* wurde zur Gebäudeheizung noch nicht in größerem Umfang eingesetzt, vgl. [9.7]. Sie wäre ein auch wirtschaftlich günstiger Heizwärmeerzeuger, wenn $\dot{Q}_{\mathrm{A}}$ als Abwärmestrom oder aus der Absorption solarer Einstrahlung bei etwa 100 bis $150\,^\circ$C verlässlich zur Verfügung stünde. Da dies bei der Gebäudeheizung in der Regel nicht der Fall ist, muss $\dot{Q}_{\mathrm{A}}$ durch Verbrennen von Gas oder Heizöl erzeugt werden. Der gesamte Anergieanteil von $\dot{Q}_{\mathrm{A}}$ entsteht somit durch irreversible Prozesse aus Brennstoffexergie. Dieser schwerwiegende thermodynamische Nachteil mindert die mögliche Primärenergieeinsparung und steht einem wirtschaftlichen Betrieb von Absorptionswärmepumpen im Wege. *Wärmetransformatoren* wurden in geringen Stückzahlen zur industriellen Abwärmeverwertung gebaut. Sie können z.B. einen bei $\vartheta_{\mathrm{A}} = 60$ bis $70\,^\circ$C zur Verfügung stehenden Abwärmestrom in Nutzwärme (Heizwärme) bei $\vartheta_{\mathrm{H}} = 110$ bis $125\,^\circ$C transformieren, die meist der Erzeugung von Niederdruckdampf dient [9.8]. In allen ausgeführten Anlagen zur Wärmetransformation treten Exergieverluste auf, die die oben angegebenen Wärmeverhältnisse der reversiblen Anlagen merklich vermindern.

9.2 Heizsysteme

Es gibt mehrere unterschiedliche Heizsysteme, um die in Abschnitt 9.1.1 behandelte Heizaufgabe zu lösen. Eine umfassende Darstellung der Heiztechnik und ihrer praktischen Aspekte findet man in [9.9]. Im Folgenden wird nur die Beheizung von Gebäuden behandelt und die Heizzahl zur energetischen Bewertung der verschiedenen Heizsysteme eingeführt. In Abschnitt 9.2.2 werden die konventionellen Heizsysteme erörtert, nämlich die brenstoffgefeuerte Zentralheizung und die elektrische Widerstandsheizung. Nachfolgend wird auf die Wärmepumpenheizung eingegangen und schließlich auf die Heizung durch Heizkraftwerke, die sogenannte Kraft-Wärme-Kopplung. Der rechtliche Rahmen für die effiziente Beheizung von Wohn- und Bürogebäuden wird durch die Energieeinsparverordnung (EnEV) auf der Grundlage des Energieeinsparungsgesetzes (EnEG) vorgegeben [9.10]. Die zentrale Bewertungsgröße in der EnEV ist der Jahresprimärenergiebedarf des zu bewertenden Gebäudes im Vergleich zu einem Referenzgebäude gleicher Geometrie und Abmessung. Diese übergeordnete Bewertungsgröße ermöglicht es, bei der Bilanzierung eines Gebäudes die Anlagentechnik und den baulichen Wärmeschutz gemeinsam zu bewerten. Daher kann in einem gewissen Rahmen eine schlechte Wärmedämmung mit einer effizienten Heizanlage ausgeglichen werden oder umgekehrt. Der Primärenergiebedarf berücksichtigt hierbei neben dem Endenergiebedarf für Heizung und Warmwasser auch Verluste, die durch die Gewinnung des Energieträgers aus seiner Quelle, durch die Aufbereitung und den Transport des Energieträgers bis zum Gebäude sowie durch die Verteilung und gegebenenfalls durch die Speicherung im Gebäude anfallen. Durch eine schrittweise Verschärfung der EnEV in den Jahren 2009 und 2012 wurde der Endenergiebedarf zur Deckung des Heizwärme- und des Warmwasserbedarfs von (neuen) Gebäuden deutlich gesenkt [9.11].

9.2.1 Heizzahl und exergetischer Wirkungsgrad

Die zum Heizen benötigte Exergie muss durch Zufuhr von Primärenergie bereitgestellt werden, um die in die Umgebung abfließende Exergie zu ersetzen. Als *Heizsystem* wird die Gesamtheit aller Einrichtungen bezeichnet, die zur Umwandlung der Primärenergie in die Nutzwärme dienen, die in die geheizten Räume gelangt. Ein Heizsystem arbeitet energetisch umso günstiger, je weniger Primärenergie es zur Lösung der Heizaufgabe verbraucht. Um dies zu beurteilen, soll die Heizperiode eines Jahres betrachtet werden und für diesen Zeitraum die Energie- und Exergiebilanz des Heizsystems aufgestellt werden, Abb. 9.11. Das Heizsystem liefert die Wärme Q in die geheizten Räume; hierzu muss ihm Primärenergie zugeführt werden, die durch die Masse m_B des verbrauchten Brennstoffs und seinen Heizwert H_u gekennzeichnet wird[1]. Außerdem kann das Heiz-

---

[1] Mit dieser Festlegung wird hier der Primärenergieaufwand für die Bereitstellung (Gewinnung, Aufbereitung und Transport) des Brennstoffs vernachlässigt. Wie in Abschnitt 8.3.1 und in der EnEV kann man diesen Primärenergieaufwand durch den Bereitstellungsfaktor π_B berücksichtigen. Hier wird davon abgesehen, weil es beim Vergleich von Heizsystem und ihrer Bewertung mit der Heizzahl allgemein üblich ist, den Brennstoff-Bereitstellungsaufwand zu vernachlässigen.

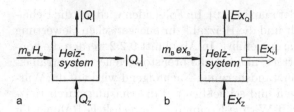

Abbildung 9.11. a Energiebilanz und **b** Exergiebilanz eines Heizsystems

system zusätzlich die Wärme Q_Z aufnehmen, z.B. bei einer Wärmepumpenanlage die Wärme aus der Umgebung oder einer anderen Wärmequelle. Mit $Q_v < 0$ als der Verlustwärme gilt die Bilanzgleichung

$$|Q| = m_B H_u + Q_Z - |Q_v| \,. \tag{9.3}$$

Die Nutzung der eingesetzten Primärenergie bewertet die *Heizzahl*

$$\xi := \frac{|Q|}{m_B H_u} = 1 + \frac{Q_Z}{m_B H_u} - \frac{|Q_v|}{m_B H_u} \,, \tag{9.4}$$

vgl. [9.2]. Sie wird oft als *Jahresheizzahl* bezeichnet, weil sie die Wärme und die Primärenergie vergleicht, die während der Heizperiode eines Jahres abgegeben bzw. aufgenommen wird. Ein energetisch günstiges Heizsystem hat eine hohe Heizzahl. Sofern $Q_Z > |Q_v|$ ist, lassen sich Heizzahlen $\xi > 1$ erreichen. Die Heizzahl hat also nicht den Charakter eines Wirkungsgrades, dessen Höchstwert in der Regel eins ist. Der Höchstwert von ξ wird durch den 2. Hauptsatz bestimmt.

Um den Höchstwert der Heizzahl zu finden, wird von der Exergiebilanz nach Abb. 9.11 b ausgegangen:

$$m_B\, ex_B + Ex_Z = |Ex_Q| + Ex_v \,.$$

Die mit der Primärenergie zugeführte Exergie $m_B\, ex_B$ und die mit der Wärme Q_Z aufgenommene Exergie Ex_Z decken den Exergiebedarf $|Ex_Q|$ der geheizten Räume und die Exergieverluste $Ex_v \geq 0$ des Heizsystems. Es wird der *exergetische Wirkungsgrad des Heizsystems* durch

$$\zeta := \frac{|Ex_Q| - Ex_Z}{m_B\, ex_B} = 1 - \frac{Ex_v}{m_B\, ex_B}$$

definiert. Die mit der Primärenergie zugeführte Exergie $m_B\, ex_B$ wird als Exergieaufwand angesehen, durch den die Exergie Ex_Z soweit erhöht wird, dass der Exergiebedarf $|Ex_Q|$ der geheizten Räume gedeckt wird. Wird die Wärme Q_Z der Umgebung entnommen, so ist ihre Exergie $Ex_Z = 0$, und der exergetische Wirkungsgrad gibt an, welcher Teil des Exergieaufwands $m_B\, ex_B$ in die geheizten Räume gelangt.

Die Definitionsgl. (9.4) der Heizzahl wird umgeformt,

$$\xi = \frac{|Q|}{m_B H_u} = \frac{ex_B}{H_u}\, \frac{|Q|}{|Ex_Q|}\, \frac{|Ex_Q|}{|Ex_Q| - Ex_Z}\, \frac{|Ex_Q| - Ex_Z}{m_B\, ex_B} \,,$$

und man erhält für den Zusammenhang zwischen ξ und ζ

$$\xi = \frac{ex_{\mathrm{B}}}{H_{\mathrm{u}}} \frac{|Q|}{|Ex_{\mathrm{Q}}|} \frac{|Ex_{\mathrm{Q}}|}{|Ex_{\mathrm{Q}}| - Ex_{\mathrm{Z}}} \zeta = \frac{ex_{\mathrm{B}}}{H_{\mathrm{u}}} \frac{1}{\bar{\eta}_{\mathrm{C}}} \gamma \zeta \,. \tag{9.5}$$

Das Verhältnis von Exergiebedarf $|Ex_{\mathrm{Q}}|$ und Wärmebedarf $|Q|$ wird nach [9.2] als der (mittlere) *Carnot-Faktor der Heizaufgabe* bezeichnet:

$$\bar{\eta}_{\mathrm{C}} := \frac{|Ex_{\mathrm{Q}}|}{|Q|} = \frac{T_{\mathrm{R}} - T_{\mathrm{u}}^{\mathrm{C}}}{T_{\mathrm{R}}} \,. \tag{9.6}$$

Dabei ist T_{R} die Temperatur der geheizten Räume, die für die ganze Heizperiode konstant gesetzt werden kann; $T_{\mathrm{u}}^{\mathrm{C}}$ ist ein Mittelwert der Umgebungstemperatur. Dieser Mittelwert ist durch Gl.(9.6) definiert; er hängt von den klimatischen Verhältnissen am Ort der geheizten Räume ab und wird durch den gewünschten Heizkomfort bestimmt, also durch die verlangte Raumtemperatur T_{R} und die Heizgrenztemperatur T_{G}. Dies ist jene Umgebungstemperatur ($=$ Außenlufttemperatur), bei deren Überschreiten nach oben die Heizung außer Betrieb genommen wird. H.D. Baehr [9.2] hat für drei Orte aus meteorologischen Durchschnittswerten für die Häufigkeit der Außenlufttemperaturen ϑ_{u} den Wärmebedarf, den Exergiebedarf und daraus $\bar{\eta}_{\mathrm{C}}$ und $\vartheta_{\mathrm{u}}^{\mathrm{C}}$ berechnet. Das Ergebnis zeigt Tabelle 9.1. Wie die niedrigen Werte von $\bar{\eta}_{\mathrm{C}}$ zeigen, ist der Exergiebedarf geheizter Räume sehr klein. Heizen ist, thermodynamisch gesehen, eine leichte Aufgabe: Zum Heizen wird viel Anergie und wenig Exergie benötigt.

Die Heizzahl ξ wird, abgesehen von der Brennstoffeigenschaft $ex_{\mathrm{B}}/H_{\mathrm{u}}$, von drei Faktoren bestimmt: durch $\bar{\eta}_{\mathrm{C}}$ von der Heizaufgabe, durch den exergetischen Wirkungsgrad ζ von der energetischen Güte des Heizsystems und durch

$$\gamma := |Ex_{\mathrm{Q}}|/(|Ex_{\mathrm{Q}}| - Ex_{\mathrm{Z}}) \geq 1$$

von der Möglichkeit, eine auch Exergie liefernde externe Wärmequelle zum Heizen zu nutzen.

Die nach den Naturgesetzen höchstens erreichbare Heizzahl $\xi_{\max}$ ergibt sich für das reversibel arbeitende Heizsystem ohne Exergieverluste: $Ex_{\mathrm{v}} = 0$, also $\zeta = 1$. Es soll nur der Fall $Ex_{\mathrm{Z}} = 0$ betrachtet werden, man erhält mit $\gamma = 1$ aus Gl.(9.5) für Erdgas ($ex_{\mathrm{B}}/H_{\mathrm{u}} = 1{,}027$) die in Tabelle 9.1 aufgeführten Werte von $\xi_{\max}$. Für Heizöl EL ergeben sich mit $ex_{\mathrm{B}}/H_{\mathrm{u}} = 1{,}048$ ge-

Tabelle 9.1. Carnot-Faktor $\bar{\eta}_{\mathrm{C}}$ der Heizaufgabe und Temperatur $\vartheta_{\mathrm{u}}^{\mathrm{C}}$ für $\vartheta_{\mathrm{R}} = 20\,^{\circ}\mathrm{C}$ und $\vartheta_{\mathrm{G}} = 15\,^{\circ}\mathrm{C}$ sowie maximale Heizzahl $\xi_{\max}$

Ort	Münster	Hamburg	München
$\bar{\eta}_{\mathrm{C}}$	0,0529	0,0559	0,0604
$\vartheta_{\mathrm{u}}^{\mathrm{C}}$	4,49 $^{\circ}$C	3,61 $^{\circ}$C	2,28 $^{\circ}$C
$\xi_{\max}$	19,4	18,4	17,0

ringfügig höhere Werte. Jedes wirkliche, irreversibel arbeitende Heizsystem hat einen viel höheren Exergie- und Primärenergieverbrauch als das ideale Heizsystem, weil die großen Exergieverluste bei der Umwandlung der Primärenergie in Heizwärme gedeckt werden müssen. Sein exergetischer Wirkungsgrad ζ liegt weit unter dem Höchstwert eins, so dass seine Heizzahl viel kleiner als ξ_{max} ist. In den nächsten Abschnitten werden ξ und ζ für einige Heizsysteme bestimmt.

9.2.2 Konventionelle Heizsysteme

Konventionelle Heizsysteme, nämlich die Kesselheizung mit Öl-, Gas- oder Pelletheizkesseln und die elektrische Widerstandsheizung, gewinnen die gesamte Heizwärme aus der zugeführten Primärenergie. Dabei wird die zum Heizen benötigte Anergie durch irreversible Prozesse aus der Primärenergie erzeugt. In der Energiebilanzgl. (9.3) ist $Q_Z = 0$ zu setzen, und die Heizzahl kann systembedingt nicht größer als eins werden:

$$\xi := |Q|/(m_B H_u) = 1 - |Q_v|/(m_B H_u) \leq 1 \ .$$

Eine Ausnahme machen die Brennwertkessel, vgl. Abschnitt 7.2.4. Wegen der Teilkondensation des im Verbrennungsgas enthaltenen Wasserdampfes lässt sich ein Teil des Enthalpieunterschieds $H_o - H_u$ zur Wärmeabgabe nutzen, so dass der Heizwert H_u den Primärenergieverbrauch nicht korrekt erfasst. Es wird trotzdem die mit dem Heizwert gebildete Definitionsgl. (9.4) der Heizzahl als allgemein akzeptierte gemeinsame Vergleichsbasis für alle Heizsysteme beibehalten.

Das Heizsystem der *Kesselheizung* besteht aus einem öl-, holz- oder gasgefeuerten Heizungskessel als Wärmeerzeuger und der Wärmeverteilung. Sie wird von den Heizkörpern in den geheizten Räumen und den Rohrleitungen gebildet, die den Heizungskessel mit den Heizkörpern als Vorlauf- und Rücklauf-Leitungen verbinden. Die vom Heizungskessel abgegebene Wärme Q_H ist wegen der Verluste der Wärmeverteilung etwas größer als die Wärme $|Q|$, die in die geheizten Räume gelangt. Man berücksichtigt dies durch den Verteilungswirkungsgrad $\eta_{VW} := |Q|/Q_H$ der Wärmeverteilung, für den im Folgenden $\eta_{VW} = 0{,}98$ angesetzt wird.

Die Heizzahl ergibt sich dann zu

$$\xi = \frac{|Q|}{Q_H} \frac{Q_H}{m_B H_u} = \eta_{VW} \cdot \eta_N \ .$$

Hierin ist η_N der in DIN 4702, Teil 8, [9.12], eingeführte Norm-Nutzungsgrad für den Heizbetrieb. Zur Bestimmung von η_N wurde ein in [9.12] beschriebenes Messverfahren entwickelt; es simuliert das Teillast-Verhalten des Heizungskessels und berücksichtigt dabei auch seine Betriebsbereitschafts- und Abstrahlungsverluste. Moderne Öl-Heizkessel erreichen Norm-Nutzungsgrade $\eta_N =$

0,93...0,96; Gas-Heizkessel haben etwas kleinere Nutzungsgrade zwischen $\eta_N = 0,91$ und 0,94. Mit Brennwertkesseln lassen sich Norm-Nutzungsgrade $\eta_N = 1,02...1,05$ erreichen. Damit ergeben sich Heizzahlen, die zwischen 0,90 und 0,95 liegen und bei Anwendung der Brennwerttechnik auch $\xi = 1,0$ überschreiten.

Bei der *elektrischen Widerstandsheizung* wird elektrische Energie über Widerstände, die in den geheizten Räumen installiert sind, vollständig dissipiert und als Wärme an den Raum abgegeben. Für die Heizzahl dieses Heizsystems, das auch das Energie liefernde Kraftwerk umfasst, gilt

$$\xi = \frac{|Q|}{m_B H_u} = \frac{|Q|}{W_{el}^*} \frac{W_{el}^*}{W_{el}} \frac{W_{el}}{m_B H_u} ,$$

wobei W_{el} die von den Kraftwerken abgegebene elektrische Energie und W_{el}^* die in den geheizten Räumen ankommende elektrische Energie bedeuten. Da keine Wärmeverteilung vorhanden ist, kann $|Q| = W_{el}^*$ gesetzt werden. Das Verhältnis

$$\eta_{V,el} := W_{el}^*/W_{el} \approx 0,95 \tag{9.7}$$

ist der Wirkungsgrad der Stromverteilung, durch den die Leitungsverluste berücksichtigt werden, die in Deutschland bei etwa 5% liegen. Der mittlere (jährliche) Wirkungsgrad der Stromerzeugung,

$$\bar{\eta}_{KW} := W_{el}/(m_B H_u) , \tag{9.8}$$

setzt sich aus den mittleren Wirkungsgraden $\bar{\eta}_{KW,i}$ der einzelnen Kraftwerke zusammen, die mit den Anteilen $\delta_i := W_{el,i}/W_{el}$ an der Erzeugung der elektrischen Energie beteiligt sind:

$$\bar{\eta}_{KW} = \left[\sum_i \left(\frac{\delta_i}{\bar{\eta}_{KW,i}}\right)\right]^{-1} .$$

Die genaue Berechnung von $\bar{\eta}_{KW}$ erfordert detaillierte Kenntnisse der mittleren Wirkungsgrade $\bar{\eta}_{KW,i}$ und damit des jährlichen Lastverhaltens der einzelnen Kraftwerke. Für eine vereinfachte Berechnung kann man alle Kraftwerke mit dem gleichen Brennstoff zusammenfassen und für diese Gruppen einen mittleren Wirkungsgrad bestimmen oder notfalls schätzen. Als Ergebnis ist für den deutschen Kraftwerkspark ein Wert von $\bar{\eta}_{KW}$ zwischen 0,36 und 0,40 zu erwarten. Damit erhält man für die Heizzahl der elektrischen Widerstandsheizung

$$\xi = \eta_{V,el} \cdot \bar{\eta}_{KW} = 0,34...0,38 .$$

Wie dieser niedrige Wert zeigt, arbeitet dieses Heizsystem energetisch äußerst ungünstig.

Obwohl die Heizsysteme mit modernen öl- oder gasgefeuerten Heizkesseln Norm-Nutzungsgrade nahe der technisch überhaupt realisierbaren Obergrenze haben, zeigen ihre systembedingt niedrigen exergetischen Wirkungsgrade, dass auch sie – wie die elektrische Widerstandsheizung – keine thermodynamisch akzeptable Lösung der Heizaufgabe bieten. Für ihren exergetischen Wirkungsgrad erhält man aus Gl.(9.5) mit $\gamma = 1$

$$\zeta = (H_u/ex_B)\,\bar{\eta}_C\,\xi\;.$$

Für den Standort München ($\bar{\eta}_C \approx 0{,}060$) ergibt sich mit $\xi = 0{,}93$ für Öl-Heizkessel und mit $\xi = 0{,}90$ für Gas-Heizkessel der exergetische Wirkungsgrad $\zeta = 0{,}053$, während mit einem Gas-Brennwertkessel ($\xi = 1{,}02$) $\zeta = 0{,}060$ erreicht wird. Diese niedrigen Wirkungsgrade werden nur noch von der elektrischen Widerstandsheizung unterboten, die mit $\xi = 0{,}36$ und $ex_B/H_u = 1{,}05$ zu $\zeta = 0{,}021$ führt. Obwohl diese Heizsysteme die Primärenergie schlecht ausnutzen, sind sie wegen ihrer Zuverlässigkeit und ihren im Vergleich zu Wärmepumpen- und Fernwärme-Heizsystemen niedrigen Investitionskosten verbreitet und in vielen Fällen wirtschaftlich am günstigsten. Dieses gilt besonders für sehr gut wärmeisolierte Gebäude, die nur einen geringen Bedarf an zusätzlicher Heizenergie haben.

9.2.3 Wärmepumpen-Heizsysteme

Das Prinzip der Wärmepumpenheizung wurde bereits in Abschnitt 9.1.2 erläutert. Eine ausführlichere Darstellung der Wärmepumpentechnik findet man z.B. bei J. Bonin [9.13]. Angesichts der Möglichkeit, den großen Anergiebedarf des Heizens durch Umgebungswärme zu decken, erscheint diese Art zu heizen sehr attraktiv im Vergleich zu den konventionellen Heizsystemen mit $\xi < 1$ und ihren niedrigen exergetischen Wirkungsgraden.

Das Schaltbild einer Wärmepumpe zeigt Abb. 9.12. Sie enthält einen Kompressor, weswegen sie auch als *Kompressionswärmepumpe* im Gegensatz zu den in Abschnitt 9.1.3 erwähnten Absorptionswärmepumpen bezeichnet wird. Im Verdampfer nimmt die Wärmepumpe einen Wärmestrom aus einer Wärmequelle niedriger Temperatur auf. In der Regel ist dies die Umgebung, deren Luft von der Umgebungstemperatur ϑ_u auf $\vartheta_u - \Delta\vartheta_u$ abgekühlt wird. Die Verdampfungstemperatur ϑ_V und der zugehörige Verdampferdruck p_V müssen so niedrig

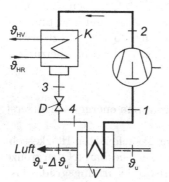

Abbildung 9.12. Schaltbild einer Kompressionswärmepumpe. K Kondensator, V Verdampfer, D Drosselventil

liegen, dass der Wärmeübergang von der Luft an das verdampfende Arbeitsfluid der Wärmepumpe möglich ist. Der Druck im Kondensator ist so hoch zu wählen, dass die Kondensationstemperatur des umlaufenden Fluids über dem Temperaturniveau des Heizungswassers der Wärmeverteilung liegt, das sich im Kondensator von der Rücklauftemperatur ϑ_{HR} auf die Vorlauftemperatur ϑ_{HV} erwärmt. Je niedriger die durch die Wärmeverteilung bestimmten Vor- und Rücklauftemperaturen sind, desto niedriger kann der Kondensatordruck eingestellt werden. Der Kreisprozess des in der Wärmepumpe umlaufenden Arbeitsfluids stimmt mit dem Kreisprozess des Kältemittels einer Kompressionskältemaschine überein. Dieser Prozess wird in Abschnitt 9.3.1 behandelt.

Der Kompressor der Kompressionswärmepumpe wird in der Regel von einem Elektromotor angetrieben. Dieses Heizsystem mit elektrisch angetriebener Wärmepumpe ist in Abb. 9.13 schematisch dargestellt. Seine Heizzahl läßt sich in der Form

$$\xi = \frac{|Q|}{m_B H_u} = \frac{|Q|}{Q_H} \frac{Q_H}{W_{WP}} \frac{W_{WP}}{W_{el}^*} \frac{W_{el}^*}{W_{el}} \frac{W_{el}}{m_B H_u} = \eta_{VW}\, \bar{\varepsilon}_{WP}\, \eta_{EM}\, \eta_{V,el}\, \bar{\eta}_{KW}$$

schreiben und auf bereits bekannte Kenngrößen der Komponenten zurückführen: den Verteilungswirkungsgrad η_{VW} der Wärmeverteilung nach Abschnitt 9.2.2, die mittlere Leistungszahl oder Jahres-Arbeitszahl

$$\bar{\varepsilon}_{WP} := \frac{Q_H}{W_{WP}} = \frac{\int_a \dot{Q}_H(t)\,\mathrm{d}t}{\int_a P_{WP}(t)\,\mathrm{d}t}$$

der Wärmepumpe, den Wirkungsgrad η_{EM} des Elektromotors, den Wirkungsgrad $\eta_{V,el}$ der Stromverteilung nach Gl.(9.7) und den mittleren Wirkungsgrad $\bar{\eta}_{KW}$ der Stromerzeugung nach Gl.(9.8). Für $\eta_{VW} = 0{,}98$, $\eta_{EM} = 0{,}92$ und $\eta_{V,el} = 0{,}95$ erhält man für die Heizzahl

$$\xi = 0{,}86 \cdot \bar{\varepsilon}_{WP} \cdot \bar{\eta}_{KW}\ ; \tag{9.9}$$

dieser Zusammenhang ist in Abb. 9.14 dargestellt.

Soll das Heizsystem Heizzahlen $\xi > 1$ erreichen, muss die Jahresarbeitszahl $\bar{\varepsilon}_{WP}$ der Wärmepumpe größer als $3{,}0$ werden. Eine merkliche Primärenergieeinsparung von z.B. 40% gegenüber einer Kesselheizung mit $\xi_{KH} = 0{,}90$, womit sich die höheren Investitionskosten des Wärmepumpen-Heizsystems rechfertigen ließen, erfordert eine Heizzahl von mindestens $\xi = 1{,}5$. Hierzu müsste nach Abb. 9.14 eine Jahresarbeitszahl $\bar{\varepsilon}_{WP} \approx 4{,}5$ erreicht werden. Dieser Wert wird aber selbst unter günstigen Bedingungen – z.B. bei Nutzung von Grundwasser oder Erdreich statt Außenluft als Wärmequelle, also $\gamma > 1$ in Gl. (9.5), bei sehr niedrigen Vorlauftemperaturen des Heizungswassers unter 45 °C sowie bei guter Auslegung und Installation des Heizsystems – selten realisiert. Über zukünftige Entwicklungsziele und über die Perspektiven von Wärmepumpen berichtet [9.14].

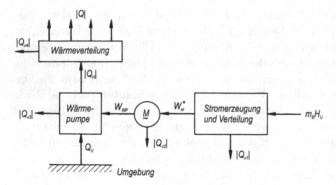

Abbildung 9.13. Heizsystem mit elektrisch angetriebener Wärmepumpe. Q_{v1} bis Q_{v4} sind die Wärmeverluste der Systemkomponenten

9.2.4 Kraft-Wärme-Kopplung. Heizkraftwerke

Bei der Erzeugung elektrischer Energie in thermischen Kraftwerken fällt ein großer Abwärmestrom an, der weitgehend aus Anergie besteht, vgl. Abschnitt 8.2. Es liegt nahe, diese Anergie zum Heizen zu nutzen. Dabei ist es jedoch nicht möglich, einfach die im Kondensator des Kraftwerks anfallende Abwärme als Heizwärme zu verwenden. Ihre Temperatur von ca. 30 °C ist zu niedrig, sie enthält zu wenig Exergie. Man muss die Heizwärme bei höherer Temperatur aus dem Kraftwerk „auskoppeln". Dies geschieht in einem Heizkondensator; hier kondensiert Dampf, welcher der Turbine entnommen wird, wodurch sich das Heizungswasser erwärmt, Abb. 9.15. Der Heizkondensator ähnelt einem Speisewasservorwärmer, der ja ebenfalls durch Entnahmedampf beheizt wird. Die im Speisewasservorwärmer übertragene Wärme kommt dem Dampfkraftprozess zugute, während die im Heizkondensator abgegebene Wärme mit der in ihr enthaltenen Exergie dem Dampfkraftprozess entzogen wird. Die Heizwärmeab-

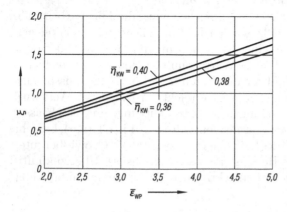

Abbildung 9.14. Heizzahl ξ nach Gl.(9.9) eines Heizsystems mit elektrisch angetriebener Wärmepumpe

gabe mindert somit die elektrische Leistung und den Wirkungsgrad des Kraftwerks.

Ein Kraftwerk, das gleichzeitig elektrische Energie und Heizwärme erzeugt, nennt man *Heizkraftwerk*. Die gleichzeitige Erzeugung von elektrischer Energie und Heizwärme wird *Kraft-Wärme-Kopplung* genannt, vgl. hierzu [9.15]. Heizkraftwerke geben einen großen Wärmestrom ab, der für die Beheizung zahlreicher Gebäude ausreicht. Man benötigt daher ein weit verzweigtes Leitungsnetz (Fernwärmenetz), um die Heizwärme auf die einzelnen Gebäude zu verteilen. Da im Fernwärmenetz beträchtliche Wärmeverluste auftreten, erreicht der Verteilungswirkungsgrad $\eta_{\mathrm{VW}} = Q/Q_{\mathrm{H}}$ nur Werte zwischen 0,85 und 0,95.

Neben dem Entnahmedampf eines Dampfkraftwerks bietet sich das Abgas von Verbrennungskraftanlagen als Wärmequelle an. Es gibt daher auch Gasturbinen-Heizkraftwerke und Verbrennungsmotoren-Heizkraftwerke. Letztere bezeichnet man als *Blockheizkraftwerke*, vgl. [9.16]. Sie enthalten eine Motorenanlage mit einem oder mehreren Erdgas- oder Dieselmotoren, deren Abgas und Kühlwasser die Heizwärme liefert. Blockheizkraftwerke sind kleinere Anlagen mit Wärmeleistungen zwischen 100 kW und 15 MW. Auch der Einsatz von *Brennstoffzellen* zur gekoppelten Erzeugung von Strom und Wärme wird erwogen, vgl. Abschnitt 7.4.3.

Im Vergleich zur getrennten Erzeugung von elektrischer Energie und Heizwärme wird durch die Kraft-Wärme-Kopplung Primärenergie gespart. Die Primärenergieersparnis beträgt etwa 20 bis 25% der zur getrennten Erzeugung eingesetzten Primärenergie. Die Kraft-Wärme-Kopplung ist angesichts der hohen Investitionskosten für das Fernwärmenetz nur bei genügend großer Versorgungsdichte auch eine wirtschaftliche Lösung der Heizaufgabe. Außerdem kann

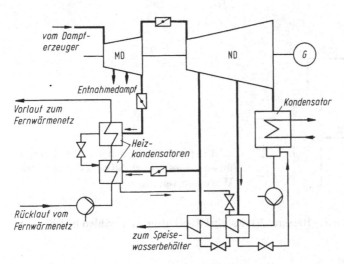

Abbildung 9.15. Schema der Heizwärmeauskopplung aus einem Dampfkraftwerk mittels zweier Heizkondensatoren

ein Heizkraftwerk nur dann betrieben werden, wenn eine Nachfrage nach Heizwärme besteht. Die dabei als Koppelprodukt erzeugte elektrische Energie lässt
sich nur bei Vorhandensein eines großen Verbundnetzes verwerten; im „Insel-
betrieb" stimmt das Verhältnis der beiden von einem Heizkraftwerk erzeugten
Koppelprodukte nur in Ausnahmefällen mit dem vom Verbraucher geforderten
Verhältnis von elektrischer und thermischer Energie überein. Man findet daher
Heizkraftwerke in Industriebetrieben, wo sie auf den Wärme- und Strombedarf
der Produktion abgestimmt sind, häufiger als in der öffentlichen Strom- und
Wärmeversorgung.

Im Folgenden soll auf die Berechnung der Primärenergieersparnis eingegangen werden, die durch die Kraft-Wärme-Kopplung erzielt werden kann. Die Berechnung der Heizzahl wird nicht behandelt; denn hierzu ist eine Aufteilung
der in einem Heizkraftwerk verbrauchten Primärenergie auf die beiden Koppelprodukte erforderlich. Hierfür gibt es keine thermodynamisch begründete Methode, aber verschiedene, zum Teil durchaus plausible Vorschläge, vgl. [9.17]
bis [9.20].

Um die Methodik für die Berechnung der Einsparung von Primärenergie zu erläutern, wird das Heizkraftwerk von Abb. 9.16 betrachtet. Es soll keinen zusätzlichen
Kessel zur Abdeckung der Heizwärme-Spitzenlast haben; der Strombedarf für den Antrieb der Umwälzpumpen des Fernwärmenetzes und für weitere Hilfsaggregate soll jedoch berücksichtigt werden. In einer bestimmten Zeitspanne, meistens ein Jahr, wird
dem Heizkraftwerk die Primärenergie $m_\mathrm{B} H_\mathrm{u}$ zugeführt; es gibt die Heizwärme Q_H an
die Wärmeverteilung ab, die die Wärme $Q = \eta_\mathrm{VW}\, Q_\mathrm{H}$ in die beheizten Räume liefert.
Die erzeugte elektrische Energie W_el wird in das Verbundnetz $(W_\mathrm{el}^\mathrm{n})$ gegeben und zum
Antrieb der Umwälzpumpen $(W_\mathrm{el}^\mathrm{UP})$ eingesetzt.

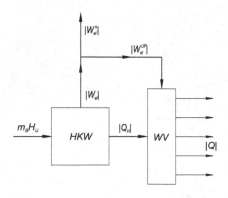

Abbildung 9.16. Schema der Energieflüsse eines Heizkraftwerks mit seiner
Wärmeverteilung

Die Wirkungsweise des Heizkraftwerks wird durch drei Kennzahlen beschrieben:
den *Nutzungsfaktor*

$$\omega := \frac{|W_\mathrm{el}| + |Q_\mathrm{H}|}{m_\mathrm{B} H_\mathrm{u}} \leq 1\,,$$

die *Stromkennzahl*

$$\sigma := W_{\text{el}}/Q_{\text{H}}$$

und die *Stromausbeute*

$$\beta := |W_{\text{el}}|/(m_{\text{B}} H_{\text{u}}) \ .$$

Die drei Größen sind nicht unabhängig voneinander, es besteht der Zusammenhang

$$\omega = \beta \, (1 + \sigma)/\sigma \ . \tag{9.10}$$

Die durch die Kraft-Wärme-Kopplung bewirkte Primärenergieersparnis ΔE_{pr} wird als der Unterschied zwischen der Primärenergie, die zur getrennten Erzeugung der elektrischen Energie W_{el}^{n} und der Wärme Q eingesetzt werden muss, gegenüber dem Primärenergieverbrauch des Heizkraftwerks, das die gleich große elektrische Energie in das Stromnetz und die gleich große Wärme über das Fernwärmenetz in die geheizten Räume liefert, definiert. Es gilt dann mit dem hochgestellten Index 0 für die Größen der getrennten Erzeugung

$$\Delta E_{\text{pr}} = (m_{\text{B}} H_{\text{u}})^0 - m_{\text{B}} H_{\text{u}} = \frac{|W_{\text{el}}^{\text{n}}|}{\bar{\eta}_{\text{KW}}^0} + \frac{|Q|}{\xi^0} - \frac{|W_{\text{el}}| + |Q_{\text{H}}|}{\omega} \ .$$

Dabei ist $\bar{\eta}_{\text{KW}}^0$ der (mittlere) Kraftwerkswirkungsgrad der Stromerzeugung und ξ^0 die Heizzahl des Heizsystems, das die Wärme Q (getrennt von W_{el}^{n}) erzeugt. Mit

$$|W_{\text{el}}^{\text{n}}| = |W_{\text{el}}| - |W_{\text{el}}^{\text{UP}}| = (\sigma - \alpha) \, |Q_{\text{H}}| \quad \text{und} \quad Q = \eta_{\text{VW}} \, Q_{\text{H}}$$

erhält man

$$\Delta E_{\text{pr}} = \left(\frac{\sigma - \alpha}{\bar{\eta}_{\text{KW}}^0} + \frac{\eta_{\text{VW}}}{\xi^0} - \frac{1 + \sigma}{\omega} \right) |Q_{\text{H}}| \ .$$

Dabei ist η_{VW} der Verteilungswirkungsgrad des Fernwärmenetzes (einschließlich der gebäudeinternen Verteilungsleitungen).

Wenn ΔE_{pr} auf die Primärenergie E_{pr}^0 bezogen wird, die bei getrennter Erzeugung von W_{el}^{n} und Q eingesetzt werden muss, erhält man

$$\frac{\Delta E_{\text{pr}}}{E_{\text{pr}}^0} = 1 - \frac{1 + \sigma}{\omega} \, \frac{\xi^0}{\eta_{\text{VW}} + (\xi^0/\bar{\eta}_{\text{KW}}^0)(\sigma - \alpha)} \tag{9.11}$$

als relative Primärenergieersparnis. Dieses Verhältnis hängt von den Kenngrößen ω, σ, α und η_{VW} der Kraft-Wärme-Kopplung sowie von der Heizzahl ξ^0 des Referenzheizsystems und dem Wirkungsgrad $\bar{\eta}_{\text{KW}}^0$ des Referenzkraftwerks ab. Die Wahl von ξ^0 und $\bar{\eta}_{\text{KW}}^0$ richtet sich nach der Fragestellung bei der Bewertung der Kraft-Wärme-Kopplung. Hierfür werden zwei Beispiele gegeben, denen jeweils das gleiche Blockheizkraftwerk mit $\omega = 0{,}86$, $\sigma = 0{,}58$, $\alpha := W_{\text{el}}^{\text{UP}}/Q_{\text{H}} = 0{,}02$ und $\eta_{\text{VW}} = 0{,}90$ zugrunde liegt.

Es soll die Primärenergieersparnis gegenüber der Stromerzeugung des deutschen Verbundnetzes berechnet werden, für das $\bar{\eta}_{\text{KW}}^0 = 0{,}38$ angenommen wird, und einem Heizsystem aus vielen Einzelheizungen mit modernen, aber auch in Teilen älteren Heizungskesseln. Hierfür soll die Heizzahl zu $\xi^0 = 0{,}82$ geschätzt werden. Aus Gl.(9.11) folgt mit diesen Daten $\Delta E_{\text{pr}}/E_{\text{pr}}^0 = 0{,}285$. Die Strom- und Heizwärmelieferung des Blockheizkraftwerks erfordert also 28,5% weniger Primärenergie als zur Erzeugung

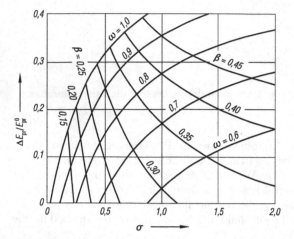

Abbildung 9.17. Relative Primärenergieeinsparnis $\Delta E_{\mathrm{pr}}/E_{\mathrm{pr}}^{0}$ nach Gl.(9.11) für $\eta_{\mathrm{VW}} = 0{,}90$, $\xi^{0} = 0{,}90$ und $\bar{\eta}_{\mathrm{KW}}^{0} = 0{,}40$ als Funktion der Stromkennzahl σ mit ω oder β als Parametern

von $W_{\mathrm{el}}^{\mathrm{n}}$ in den Kraftwerken des bestehenden Verbundnetzes und von Q in den Einzelheizungen verbraucht wird. Geht man jedoch davon aus, dass das geplante oder neu zu errichtende Blockheizkraftwerk Strom aus einem modernen Steinkohlekraftwerk mit $\bar{\eta}_{\mathrm{KW}}^{0} = 0{,}42$ verdrängt und mit der Wärmeerzeugung durch moderne Gas- oder Ölheizungskessel mit $\xi^{0} = 0{,}92$ konkurriert, so erhält man aus Gl.(9.11) den kleineren Wert $\Delta E_{\mathrm{pr}}/E_{\mathrm{pr}}^{0} = 0{,}205$.

Ohne die klare Festlegung und Nennung des Vergleichssystems lässt sich keine sinnvolle Aussage über die Primärenergieeinsparnis durch Kraft-Wärme-Kopplung machen. Um die durch Gl.(9.11) erfassten Zusammenhänge zu verdeutlichen, ist die relative Primärenergieeinsparnis in Abb. 9.17 für $\bar{\eta}_{\mathrm{KW}}^{0} = 0{,}40$, $\xi^{0} = 0{,}90$, $\eta_{\mathrm{VW}} = 0{,}90$ und $\alpha = 0{,}02$ dargestellt. Neben den Linien $\omega = $ konst. enthält das Diagramm auch Kurven $\beta = $ konst., vgl. Gl.(9.10). Das Feld möglicher Betriebszustände von Heizkraftwerken ist durch die Linien $\omega = 1$ und einen Höchstwert der Stromausbeute β begrenzt, der bei etwa $\beta = 0{,}4$ liegen dürfte.

9.3 Einige Verfahren zur Kälteerzeugung

Das kontinuierliche Kühlen eines Raumes ist im Allgemeinen technisch aufwendiger als dessen Beheizung. Der dem Kühlraum zu entziehende Wärmestrom $\dot{Q}_{0}$ steht auf einem Temperaturniveau unterhalb der Umgebungstemperatur an, er muss unter Einsatz eines Exergiestroms von T_{0} auf T_{u} „hochgepumpt" werden, vgl. Abb. 9.4. Für diese häufig anzutreffende Kühlaufgabe sind verschiedene Verfahren mit den zugehörigen Anlagen entwickelt worden.

Der Kaltdampf-Kompressionskreisprozess ist das am weitaus häufigsten anzutreffende Verfahren zur Kälteerzeugung, die zugehörige *Kompressionskälte-*

maschine wird im nachfolgenden Abschnitt 9.3.1 behandelt. Die Ausführung des Kaltdampf-Kreisprozesses mit einem *thermischen* Verdichter anstelle eines mechanischen Kompressors wird als *Absorptionskältemaschine* bezeichnet, sie gehört zu den Wärmetransformatoren und wird in Abschnitt 9.3.2 behandelt. Ein für die Kompressions- und Absorptionskälteanlagen entscheidendes Auslegungsmerkmal ist das für den Kreisprozess ausgewählte Arbeitsfluid, das so genannte Kältemittel, auf das im Abschnitt 9.3.3 eingegangen wird.

Bei den *Adsorptionskältemaschinen* wird die Kondensation des Kältemitteldampfes durch eine Adsorption an einer Feststoffoberfläche unter Abgabe von Wärme und die Verdampfung durch eine Desorption unter Aufnahme von Wärmeenergie ersetzt [9.21]. Das hierbei zusätzlich zum zirkulierenden Kältemittel notwendige Sorptionsmittel, z.B. Zeolithe, Silikagel oder Aktivkohle, ist ortsfest in einem Behälter untergebracht, so dass es sich hier um eine diskontinuierlich arbeitende Kältemaschine handelt, welche sich auch zur Kältespeicherung eignet. Durch das Parallelschalten von zwei oder mehreren Behältern mit Sorptionsmittel kann ein quasi-kontinuierlicher Betrieb der Kältemaschine erreicht werden.

Eine weitere Variante des Kompressionskälteprozesses ist die *Dampfstrahl-Kälteanlage*, bei welcher die notwendige Kompression des Kältemitteldampfes durch eine Lavaldüse, vgl. Abschnitt 6.2, erfolgt [9.22]. Dem Prozess muss wie bei dem Absorptionskälteprozess Wärme mit hinreichendem Exergiegehalt zugeführt werden, mit welchem in der Regel Wasser als Treibdampf für die Strahldüse verdampft wird. Somit ist Wasser sowohl das Treibmittel als auch das Kältemittel, der Anwendungsbereich ist daher auf Kühlraumtemperaturen $\vartheta_0 > 0°C$ beschränkt.

Bei *Gaskältemaschinen* verbleibt das umlaufende Kältemittel durchgehend gasförmig. Technisch bedeutsam ist die Ausführung als Philips-Stirling Kältemaschine. In Umkehrung des Stirling-Prozesses zur Realisierung einer Wärmekraftmaschine wird ein Gas durch den mechanisch angetriebenen Arbeitskolben periodisch verdichtet und mit Hilfe eines Verdrängerkolbens zwischen dem warmen und dem kalten Bereich des Gaskreislaufes verschoben [9.23]. Das *Wirbelrohr* ist eine Kältemaschine ohne bewegliche Teile, in welchem ein Gas durch sehr schnelle Rotation in einer Wirbelkammer in einen warmen und einen kalten Gasstrom aufgeteilt wird [9.24]. Das 1933 von dem französischen Physiker R. Ranque erfundene und vom deutschen Physiker R. Hilsch weiterentwickelte Wirbelrohr wird für Temperaturhübe $\Delta T < 30\,K$ bei kleinen Kälteleistungen eingesetzt, vgl. auch [9.25].

Die Bereitstellung von Kälte bei sehr tiefen Temperaturen unterhalb von ca. 150 K ist Aufgabe der Kryotechnik. Hier kommen u.a. mehrstufige Kompressions-Kälteanlagen, die Joule-Thomson Gasverflüssigung, vgl. Abschnitt 9.3.4, sowie die adiabate Entmagnetisierung [9.26] zum Einsatz. Über weitere Verfahren der Tieftemperatur- oder Kryotechnik berichten H. Hausen und H. Linde [9.27] sowie K. Timmerhaus und R. Reed[9.28].

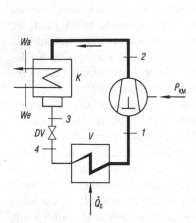

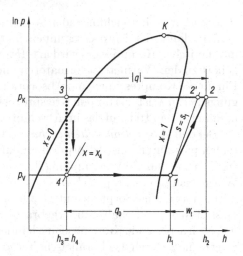

Abbildung 9.18. Schaltbild einer Kompressionskältemaschine. V Verdampfer, K Kondensator, DV Drosselventil

Abbildung 9.19. Zustandsänderung des Kältemittels einer Kompressionskältemaschine im $\ln p, h$-Diagramm. Der Druck ist logarithmisch aufgetragen

9.3.1 Kompressionskältemaschinen

Das Schaltbild einer einfachen Kompressionskältemaschine zeigt Abb. 9.18. Es ist in der Kältetechnik üblich, die Zustandsänderungen des Kältemittels in einem $\ln p, h$-Diagramm darzustellen, Abb. 9.19, vgl. auch Abschnitt 4.4.5. Der Kreisprozess des Kältemittels verläuft zwischen zwei Drücken, dem niedrigen Verdampferdruck p_V und dem höheren Kondensatordruck p_K. Diese Drücke sind so zu wählen, dass die zu p_V gehörende Siedetemperatur $T_V = T^s(p_V)$ etwas niedriger als die Kühlraumtemperatur ϑ_0 ist und die zu p_K gehörende Kondensationstemperatur $T_K = T^s(p_K)$ etwas über der Umgebungstemperatur T_u liegt. Für den Wärmeübergang im Verdampfer und im Kondensator müssen genügend große treibende Temperaturdifferenzen, so genannte Grädigkeiten, zwischen dem Kältemittel und dem Kühlraum $(T_V - T_0)$ bzw. der Umgebung $(T_K - T_U)$ vorhanden sein. Gut ausgelegte Wärmeübertrager ermöglichen, gegebenenfalls mit Hilfe von Ventilatoren, eine geringe Grädigkeit von wenigen Kelvin und reduzieren den notwendigen Temperaturhub $(T_K - T_V)$ der Kältemaschine. Dieses hat eine bessere Leistungszahl zur Folge. Bei der in Abb. 9.18 angenommenen Wärmeabfuhr durch Kühlwasser kann ein merklich niedrigerer Kondensatordruck p_K gewählt werden als bei der Luftkühlung des Kondensators, wie sie in Haushaltskühlgeräten üblich ist und wo eine große treibende Temperaturdifferenz notwendig ist.

Der Verdichter – ein Hubkolben-, Schrauben- oder Drehkolbenverdichter und nur bei großen Kälteleistungen ein Turboverdichter – saugt aus dem Verdampfer Kältemitteldampf an, Zustand 1. Dieser Ansaugzustand ist zur Schonung des Verdichters meistens etwas überhitzt, durch den niedrigen Druck ist

das spezifische Volumen v des Kältemittels hoch und die Abmessungen des Saug-
rohres sind entsprechend groß. Der Endzustand 2 der als adiabat angenommenen Verdichtung auf den Druck p_K liegt bei einer höheren Enthalpie h_2 als der
Endzustand $2'$ der isentropen Verdichtung. Im Kondensator kühlt sich der überhitzte Dampf ab, bis er auf der Taulinie $x = 1$ die Kondensationstemperatur T_K
erreicht. Nach der vollständigen Kondensation kühlt man das Kondensat um etwa 5 bis 10 K ab, Zustand 3. Im Drosselventil wird das flüssige Kältemittel auf
den Verdampferdruck p_V gedrosselt, wobei es den Zustand 4 im Nassdampfgebiet erreicht. Das Drosselventil ist meistens thermostatisch geregelt; es lässt nur
so viel Kältemittel in den Verdampfer gelangen, dass der Dampf am Verdamp-
feraustritt (Zustand 1) um etwa 3 bis 8 K überhitzt ist. Zur Vereinfachung sollen die Druckabfälle im Kondensator und Verdampfer vernachlässigt werden. Es
gelte $p_2 = p_3 = p_K$ und $p_4 = p_1 = p_V$.

Für den aus dem Kühlraum aufgenommenen Wärmestrom, die *Kälteleistung*
$\dot{Q}_0$, erhält man mit $\dot{m}$ als den Massenstrom des umlaufenden Kältemittels

$$\dot{Q}_0 = \dot{m}\, q_0 = \dot{m}\,(h_1 - h_4) = \dot{m}\,(h_1 - h_3)\,,$$

weil für die adiabate Drosselung $h_4 = h_3$ gilt. Die Antriebsleistung des adiabaten Verdichters wird

$$P_{KM} = \dot{m}\, w_t = \dot{m}\,(h_2 - h_1) = \frac{\dot{m}}{\eta_{sV}}\,(h_{2'} - h_1)\,,$$

wobei η_{sV} sein isentroper Wirkungsgrad ist. Damit ergibt sich die *Leistungszahl*
zu

$$\varepsilon_{KM} := \frac{\dot{Q}_0}{P_{KM}} = \eta_{sV}\,\frac{h_1 - h_3}{h_{2'} - h_1}\,.$$

Man erhält sie aus den spezifischen Enthalpien des Kältemittels, die man mit
dessen Zustandsgleichung berechnen oder Tafeln entnehmen kann. Um eine gro-
ße Kälteleistung und eine große Leistungszahl ε_{KM} zu erhalten, sollte die Enthalpiedifferenz $h_1 - h_3$ möglichst groß sein. Dabei lässt sich h_3 durch stärkeres Un-
terkühlen des Kältemittels unter seine Kondensationstemperatur verringern.
Es kann bei den gegebenen Kühlwasserverhältnissen aber auch günstiger sein,
den Kondensatordruck p_K zu senken, um die Verdichterarbeit zu verringern.
Eine größere Überhitzung des Kältemittels am Verdichtereintritt führt zwar
zu größerem h_1, doch steigt dadurch auch das Volumen im Ansaugzustand 1,
was eine größere Verdichterarbeit zur Folge hat. Hinweise zum energieeffizien-
ten Auslegen und Betrieb von kältetechnischen Anlagen gibt das VDMA Ein-
heitsblatt 24247 [9.29]

Mit sinkender Temperatur ϑ_0 der Kälteerzeugung vergrößert sich das Druckverhältnis p_K/p_V, wodurch die Verdichterarbeit und die Exergieverluste bei der
Verdichtung, der Wärmeabfuhr und der Drosselung steigen. Hier empfiehlt es
sich, die Verdichtung in zwei oder drei Stufen auszuführen, wofür es besondere Schaltungen des Kältemittelkreislaufs gibt. Manchmal geht man zur Kaska-
denschaltung über, bei der zwei Kreisläufe mit unterschiedlichen Kältemitteln

energetisch gekoppelt sind. Zur Kälteerzeugung bei sehr tiefen Temperaturen werden Kaltgasmaschinen mit Luft oder einem anderen Gas als Kältemittel eingesetzt, vgl. [9.25]. Es findet kein Phasenwechsel des gasförmigen Arbeitsfluids statt, der Verdampfer wird zu einem Gaserhitzer, der Kondensator zu einem Gaskühler.

Beispiel 9.1. Um die Temperatur eines Kühlraums auf $\vartheta_0 = -15{,}0\,°\mathrm{C}$ zu halten, sei die Kälteleistung $\dot{Q}_0 = 35{,}0\,\mathrm{kW}$ erforderlich. Im Kondensator der Kältemaschine soll die Temperaturdifferenz zwischen dem Kältemittel R 134 a und dem Kühlwasser, das mit der Umgebungstemperatur $\vartheta_\mathrm{u} = \vartheta_\mathrm{We} = 18{,}0\,°\mathrm{C}$ zur Verfügung steht, den Wert $\Delta\vartheta_\mathrm{min} = 6{,}0\,\mathrm{K}$ nicht unterschreiten. Der isentrope Verdichterwirkungsgrad sei $\eta_\mathrm{sV} = 0{,}78$. Man berechne die Antriebsleistung P_KM des Verdichters, den Massenstrom $\dot{m}_\mathrm{W}$ und die Austrittstemperatur ϑ_Wa des Kühlwassers. Man bestimme die Exergieverluste der Anlagenteile und den exergetischen Wirkungsgrad ζ_KM.

Der Verdampferdruck wird zu $p_\mathrm{V} = 115\,\mathrm{kPa}$ (Verdampfungstemperatur $\vartheta_\mathrm{V} = -23{,}27\,°\mathrm{C}$) gewählt, die Temperatur des überhitzten R 134 a am Verdichtereintritt wird zu $\vartheta_1 = -20{,}0\,°\mathrm{C}$ angenommen. Als Kondensatordruck wird $p_\mathrm{K} = 750\,\mathrm{kPa}$ (Kondensationstemperatur $\vartheta_\mathrm{K} = 29{,}08\,°\mathrm{C}$) gewählt. Das flüssige R 134 a kann dann auf $\vartheta_3 = \vartheta_\mathrm{We} + \Delta\vartheta_\mathrm{min} = 24{,}0\,°\mathrm{C}$ am Kondensatoraustritt abgekühlt werden. Zuerst werden die in Tabelle 9.2 zusammengestellten Zustandsgrößen in den Eckpunkten der vier Teilprozesse bestimmt. Die steil gedruckten Zahlen können der Dampftafel [9.30] entnommen bzw. mit der ihr zugrunde liegenden Fundamentalgleichung aus den gegebenen Daten (fett gedruckt) berechnet werden. Die kursiv gedruckten Werte sind mit den im Folgenden genannten Beziehungen zu berechnen bzw. durch Interpolation aus der Dampftafel zu erhalten.

Für die Isentrope 12′ ist $h_{2'} = h(p_\mathrm{K}, s_1)$; daraus ergibt sich $h_2 = h_1 + (h_{2'} - h_1)/h_\mathrm{sV}$. Die spezifische Entropie s_4 im Nassdampfgebiet erhält man aus $s_4 = s'(p_\mathrm{V}) + [h_4 - h'(p_\mathrm{V})]/T_4$. Alle (spezifischen) physikalischen Exergien $ex = h - h_\mathrm{u} - T_\mathrm{u}(s - s_\mathrm{u})$ werden mit $T_\mathrm{u} = 291{,}15\,\mathrm{K}$ und $p_\mathrm{u} = 100\,\mathrm{kPa}$ berechnet, wobei $h_\mathrm{u} = 418{,}63\,\mathrm{kJ/kg}$ und $s_\mathrm{u} = 1{,}8816\,\mathrm{kJ/kg\,K}$ nach [9.30] sind.

Um die Antriebsleistung des Verdichters zu erhalten, berechnet man zunächst den Massenstrom des umlaufenden Kältemittels zu

$$\dot{m} = \frac{\dot{Q}_0}{q_0} = \frac{\dot{Q}_0}{h_1 - h_4} = 0{,}22724\,\mathrm{kg/s}\;.$$

Damit wird

Tabelle 9.2. Zustandsgrößen von R 134 a beim Kreisprozess einer Kompressionskältemaschine

	p kPa	ϑ °C	h kJ/kg	s kJ/kg K	ex kJ/kg
1	**115**	**−20,00**	387,15	1,7547	*5,48*
2′	**750**	*40,99*	*426,68*	1,7547	*45,01*
2	**750**	*52,06*	*437,82*	*1,7896*	*45,99*
3	**750**	**24,00**	233,13	1,1149	*37,74*
4	**115**	−23,37	233,13	*1,1385*	*30,87*

$$P_{\mathrm{KM}} = \dot{m}\, w_{\mathrm{t}} = \dot{m}\, (h_2 - h_1) = 11{,}514\,\mathrm{kW}\,.$$

Die Leistungszahl ergibt sich daraus zu $\varepsilon_{\mathrm{KM}} = 3{,}040$.

Den Massenstrom $\dot{m}_{\mathrm{W}}$ des Kühlwassers findet man aus der Bedingung, dass $\Delta\vartheta_{\mathrm{min}}$ nicht nur am kalten Ende des Kondensators, sondern auch im Querschnitt des Kondensationsbeginns erreicht wird, vgl. Abb. 9.20, oberer Teil. Hier hat das Kühlwasser die Temperatur $\vartheta_{\mathrm{Wx}} = \vartheta_{\mathrm{K}} - \Delta\vartheta_{\mathrm{min}} = 23{,}08\,^{\circ}\mathrm{C}$, die über die Leistungsbilanzgleichung

$$\dot{m}_{\mathrm{W}}\, c_{\mathrm{W}}\, (\vartheta_{\mathrm{Wx}} - \vartheta_{\mathrm{We}}) = \dot{m}\, [h''(p_{\mathrm{K}}) - h_3]$$

mit dem Massenstrom $\dot{m}_{\mathrm{W}}$ verknüpft wird. Mit $c_{\mathrm{W}} = 4{,}185\,\mathrm{kJ/kg\,K}$ und $h''(p_{\mathrm{K}}) = 414{,}37\,\mathrm{kJ/kg}$ erhält man $\dot{m}_{\mathrm{W}} = 1{,}937\,\mathrm{kg/s}$. Die Austrittstemperatur ϑ_{Wa} des Kühlwassers ergibt sich aus dem Abwärmestrom

$$|\dot{Q}| = \dot{m}\, |q| = \dot{m}\, (h_2 - h_3) = \dot{m}_{\mathrm{W}}\, c_{\mathrm{W}}\, (\vartheta_{\mathrm{Wa}} - \vartheta_{\mathrm{We}}) = 46{,}51\,\mathrm{kW}$$

zu $\vartheta_{\mathrm{Wa}} = 23{,}74\,^{\circ}\mathrm{C}$.

Die Exergiebilanzgleichung für die Kältemaschine liefert den gesamten Exergieverluststrom oder Leistungsverlust

$$\dot{E}x_{\mathrm{v}} = P_{\mathrm{KM}} - \dot{E}x_{Q_0} - \dot{E}x_{\mathrm{Wa}}$$

als Überschuss des einzigen zugeführten Exergiestroms P_{KM} über den in den Kühlraum gelieferten Exergiestrom

$$\dot{E}x_{Q_0} = \frac{T_{\mathrm{u}} - \vartheta_0}{\vartheta_0}\, \dot{Q}_0 = 0{,}1278\, \dot{Q}_0 = 4{,}474\,\mathrm{kW}$$

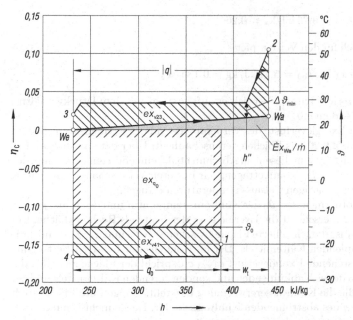

Abbildung 9.20. η_{C}, h-Diagramm mit den Temperaturverläufen des Kältemittels und des Kühlwassers im Verdampfer und Kondensator

und den mit dem erwärmten Kühlwasser nutzlos abfließenden Exergiestrom

$$\dot{E}x_{\text{Wa}} = \dot{m}_{\text{W}}\, c_{\text{W}}\, [T_{\text{Wa}} - T_{\text{u}} - T_{\text{u}} \ln(T_{\text{Wa}}/T_{\text{u}})] = 0{,}453\,\text{kW} \ .$$

Dieser nicht genutzte Exergiestrom ist als weiterer Exergieverluststrom zu werten, so dass

$$\dot{E}x_{\text{v}}^{*} = \dot{E}x_{\text{v}} + \dot{E}x_{\text{Wa}} = P_{\text{KM}} - \dot{E}x_{\text{Q}_0} = 7{,}040\,\text{kW}$$

als Leistungsverlust angesehen werden muss. Für den exergetischen Wirkungsgrad ergibt sich dann

$$\zeta_{\text{KM}} := \frac{\dot{E}x_{\text{Q}_0}}{P_{\text{KM}}} = 1 - \frac{\dot{E}x_{\text{v}}^{*}}{P_{\text{KM}}} = 0{,}389 \ .$$

Es soll noch untersucht werden, wie sich der gesamte spezifische Exergieverlust $ex_{\text{v}}^{*} = \dot{E}x_{\text{v}}^{*}/\dot{m} = 30{,}99\,\text{kJ/kg}$ auf die vier Anlagenteile verteilt. Für die adiabate Verdichtung erhält man

$$ex_{\text{v}12} = T_{\text{u}}(s_2 - s_1) = 10{,}16\,\text{kJ/kg} = 0{,}328\,ex_{\text{v}}^{*}$$

und ähnlich für die adiabate Drosselung

$$ex_{\text{v}34} = T_{\text{u}}(s_4 - s_3) = 6{,}87\,\text{kJ/kg} = 0{,}222\,ex_{\text{v}}^{*} \ .$$

Da die Exergiezunahme des Kühlwassers als nicht nutzbar anzusehen ist, gilt für den Kondensator

$$ex_{\text{v}23}^{*} = ex_2 - ex_3 = 8{,}25\,\text{kJ/kg} = 0{,}266\,ex_{\text{v}}^{*} \ .$$

Schließlich ergibt sich für den Verdampfer

$$ex_{\text{v}41} = ex_4 - ex_1 - ex_{\text{q}0} = 5{,}71\,\text{kJ/kg} = 0{,}184\,ex_{\text{v}}^{*} \ .$$

Der größte Exergieverlust tritt im Verdichter auf; er steigt mit dem Druckverhältnis $p_{\text{K}}/p_{\text{V}}$ und mit sinkendem η_{sV}.

Die spezifischen Exergieverluste des Verdampfers und des Kondensators sind im η_{C}, h-Diagramm, Abb. 9.20, als Flächen veranschaulicht. Über der spezifischen Enthalpie h des Kältemittels ist in diesem, in Abschnitt 6.3.3 eingeführten Diagramm der Carnot-Faktor $\eta_{\text{C}} = 1 - T_{\text{u}}/T$ aufgetragen. Zur besseren Veranschaulichung wurde die rechte Skala der zugehörigen Celsius-Temperaturen ϑ zugefügt.

Zwischen der Isothermen $\vartheta = \vartheta_0$ der Kühlraumtemperatur und der Linie $\eta_{\text{C}} = 0$, entsprechend $T = T_{\text{u}}$, erscheint die Exergie $ex_{\text{q}0}$ der Kälte als Rechteckfläche. Der Exergieverlust $ex_{\text{v}41}$ ist die schraffierte Fläche zwischen $\vartheta = \vartheta_0$ und der Zustandslinie $4 \to 1$ des verdampfenden Kältemittels. Der im Kondensator bei der Übertragung der Abwärme q entstehende Exergieverlust $ex_{\text{v}23}$ entspricht der Fläche zwischen der Zustandslinie $2 \to 3$ des sich abkühlenden und kondensierenden Kältemittels und der Kurve We $\to$ Wa, die die Kühlwassererwärmung darstellt. Die getönte Fläche stellt die Exergie $\dot{E}x_{\text{Wa}}/\dot{m}$ des abströmenden Kühlwassers dar. Da sie nicht genutzt wird, ergibt sie zusammen mit $ex_{\text{v}23}$ den Exergieverlust $ex_{\text{v}23}^{*}$ des Kondensators.

9.3.2 Absorptionskältemaschinen

Absorptionskältemaschinen erhalten als thermisch angetriebene Kältemaschinen die zu ihrem Antrieb erforderliche Exergie mit einem Wärmestrom, der ihnen bei höherer Temperatur zugeführt wird, vgl. Abschnitt 9.1.3. Absorptionskältemaschinen lassen sich nur dann thermodynamisch und ökonomisch günstig einsetzen, wenn zum Antrieb Wärme zwischen etwa 100 °C und 150 °C, vorzugsweise Abwärme, zur Verfügung steht.

Im Schaltbild der einstufigen Absorptionskältemaschine von Abb. 9.21 a unterscheidet man zwei Teile, die durch die strichpunktierte Linie getrennt sind: den Kälteteil und den Lösungskreislauf, der auch als Antriebsteil bezeichnet wird. Wie die Kompressionskältemaschine arbeitet auch die Absorptionskältemaschine auf zwei Druckebenen: Beim Kondensatordruck p_K befinden sich der Kondensator K und der (Dampf-)Generator G, der auch Austreiber oder Kocher genannt wird. Unter dem niedrigen Verdampferdruck p_V stehen der Verdampfer V und der Absorber A. Im Generator wird die einströmende reiche Lösung durch die Zufuhr des Antriebswärmestroms $\dot{Q}_G$ verdampft. Dabei verringert sich ihr Kältemittel-Massenanteil ξ von ξ_r auf den Wert ξ_a der abströmenden armen Lösung. Der Dampf soll nur aus dem reinen Kältemittel bestehen, $\xi_d = 1$. Dies ist bei der Verdampfung einer Salzlösung „von selbst" der Fall, trifft also auf das Stoffpaar Wasser-Lithiumbromid zu, vgl. Abschnitt 5.4.5. Beim Gemisch aus Ammoniak und Wasser erreicht man die Erzeugung von (fast) reinem Ammoniakdampf erst durch Rektifikation. Der Generator G in Abb. 9.21 a wird durch eine Rektifiziereinrichtung R nach Abb. 9.21 b ersetzt, die aus dem beheizten Sumpf, der Rektifiziersäule und dem Rücklaufkondensator besteht, vgl. Abschnitt 6.4.3.

Zur Veranschaulichung der in einer Absorptionskältemaschine auftretenden Temperaturen und Drücke benutzt man ein Dampfdruckdiagramm, in dem für konstante Werte des Massenanteils ξ' der siedenden Lösung ihr Dampfdruck logarithmisch über $(-1/T)$ aufgetragen ist. Dabei steigt $1/T$ von rechts nach links, so dass die Temperatur wie gewohnt nach rechts hin zunimmt, Abb. 9.22. Da sich der Zusammenhang $p = p(T, \xi')$ bei nicht zu hohen Drücken durch

$$\ln(p/p_0) = A(\xi') - B(\xi')/T$$

in guter Näherung wiedergeben lässt, erscheinen die Dampfdruckkurven $\xi' = $ konst. wie eine Schar fast gerader Linien, die das *Lösungsfeld* des Gemisches bilden. In Abb. 9.22 stellt K den Zustand des bei p_K kondensierenden reinen Kältemittels ($\xi = 1$) dar; das bei p_V verdampfende Kältemittel ist durch den Punkt V gekennzeichnet. Die Zustandsänderung $1 \to 2$ entspricht der Verarmung der siedenden Lösung im Generator, wo der Kältemitteldampf ausgetrieben wird, dessen Zustandsänderung durch die gestrichelte Linie angedeutet wird.

Im Kälteteil durchläuft das reine Kältemittel die gleichen Prozesse und Zustandsänderungen wie bei einer Kompressionskältemaschine. Nach Abkühlung und Kondensation im Kondensator K wird das meist etwas unterkühlte Kondensat auf den Verdampferdruck p_V gedrosselt. Im Verdampfer V nimmt das

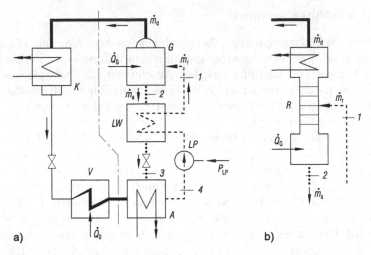

a)   b)

Abbildung 9.21. a Schaltbild der einstufigen Absorptionskältemaschine mit Kälte-teil (links von der strichpunktierten Linie) und Antriebsteil (rechts von dieser Linie). K Kondensator, V Verdampfer, A Absorber, G Generator (Austreiber), LW Lösungs-wärmeübertrager, LP Lösungspumpe, ▬▬ Kältemitteldampf, ── flüssiges Kälte-mittel, ─ ─ ─ ─ reiche Lösung, ······ arme Lösung, ⟶▶ Kühlwasser. **b** Ersatz des Generators durch eine Rektifiziereinrichtung R

verdampfende Kältemittel die Kälteleistung $\dot{Q}_0$ bei der Temperatur T_V auf. In einigen Anlagen strömt der aus dem Verdampfer kommende kalte Kältemit-teldampf durch einen in Abb. 9.21 a nicht eingezeichneten Nachkühler, in dem sich das Kondensat vor der Drosselung weiter abkühlt, wodurch sich die Kälte-leistung etwas vergrößert.

Bei einer Kompressionskältemaschine wird der aus dem Verdampfer V strö-mende Dampf durch einen Verdichter auf den Kondensatordruck p_K gebracht. Bei der Absorptionskältemaschine besorgt dies der Lösungskreislauf. Die hei-ße arme Lösung kommt im Zustand 2 aus dem Generator und kühlt sich im Lösungswärmeübertrager LW ab, bevor sie auf den Absorberdruck p_V gedros-selt wird. Im Absorber A trifft der kalte Kältemitteldampf auf die arme Lö-sung vom Zustand 3, und es stellt sich ein neues Phasengleichgewicht ein. Da-bei absorbiert die arme Lösung den Kältemitteldampf, und ihr Kältemittel-Massenanteil wächst von ξ_a auf ξ_r. Der dabei u.a. durch die Kondensation abge-gebene Wärmestrom geht an Kühlwasser über, das den Absorber durchströmt. Die Lösungspumpe LP fördert die reiche Lösung vom Zustand 4 auf den Druck p_K. Da hierbei eine Flüssigkeit verdichtet wird ist die Verdichterleistung (Pumpe) sehr viel geringer als bei der Kompression des gasförmigen Kältemit-tels bei der Kompressionskältemaschine. Die reiche Lösung erwärmt sich im Lö-sungswärmeübertrager LW, der auch als Temperaturwechsler bezeichnet wird, und gelangt in den Generator G bzw. in die Rektifiziersäule. Einzelheiten der Zustandsänderungen des Kältemittels, der armen und der reichen Lösung lassen

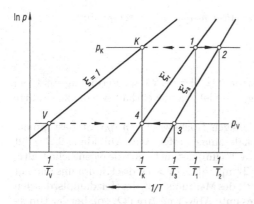

Abbildung 9.22. Dampfdruckdiagramm mit Lösungsfeld. Der Druck ist logarithmisch aufgetragen

sich im Dampfdruckdiagramm, Abb. 9.22, nicht darstellen. Es dient nur der Veranschaulichung der Temperaturen, Drücke und der Zusammensetzung in wichtigen Zuständen der Lösung und des Kältemittels.

Die genaue Berechnung der Zustandsänderungen und der dabei umgesetzten Energien werden z.B. bei W. Niebergall [9.6] dargestellt. Zur theoretischen Untersuchung von *Absorptionswärmepumpen* wurden Modelle entwickelt, in denen die Irreversibilitäten (Druckabfälle, Temperaturdifferenzen, unvollkommene Absorption und Rektifikation) und Besonderheiten der Prozessführung berücksichtigt sowie eine Optimierung des Prozesses vorgenommen wurden, vgl. z.B. [9.31], [9.32]. Diese Ansätze lassen sich ohne größere Änderungen auf die Auslegung von Absorptionskältemaschinen übertragen.

Zur energetischen Bewertung der Absorptionskältemaschine wurde in Abschnitt 9.1.3 das Wärmeverhältnis $\beta_K = \dot{Q}_0/\dot{Q}_A$ eingeführt, wobei der Antriebswärmestrom $\dot{Q}_A$ mit dem Wärmestrom $\dot{Q}_G$ übereinstimmt, der im Generator (Austreiber) der Absorptionskältemaschine aufgenommen wird. Dies ist nicht der einzige aufgewendete Energiestrom; es wird noch die kleine Leistung P_{LP} zum Antrieb der Lösungspumpe benötigt[2]. Daher hat man das Wärmeverhältnis häufig durch

$$\beta'_K := \dot{Q}_0/(\dot{Q}_A + P_{LP}) < \beta_K$$

definiert. Zum Wärmestrom $\dot{Q}_A$, der nur zum Teil aus Exergie besteht, wird mit P_{LP} ein Strom reiner Exergie addiert. Nach F. Bošnjaković [9.33] ist es thermodynamisch sinnvoller, P_{LP} durch den nach dem 2. Hauptsatz äquivalenten Wärmestrom

$$\dot{Q}_{LP} = \frac{P_{LP}}{\eta_C(T_u, T_A)} = \frac{T_A}{T_A - T_u} P_{LP}$$

---

[2] Durch Zufügen eines druckausgleichenden inerten Gases lässt sich die Lösungspumpe vermeiden, wie es in dem von B. von Platen und C.G. Munters 1922 entwickelten Ammoniak-Wasser System mit Wasserstoff als Hilfsgas verwirklicht wurde, vgl. [9.6], S. 105–114 u. S. 285–312. Da sich dabei das Wärmeverhältnis verringert, eignet sich dieses System nur für kleine Kühlschränke, bei denen es auf lautloses Arbeiten und weniger auf geringen Energieverbrauch ankommt, vgl. auch [9.34]

zu ersetzen und das *Wärmeverhältnis der Absorptionskältemaschine* durch

$$\beta_{AK} := \frac{\dot{Q}_0}{\dot{Q}_A + \dot{Q}_{LP}}$$

zu definieren. Damit wird zum Wärmestrom $\dot{Q}_A$, der bei T_A zur Verfügung steht, ein Wärmestrom $\dot{Q}_{LP}$ addiert, der bei T_A gleich viel Exergie enthält wie die zugeführte Leistung P_{LP}.

Um den nach dem 2. Hauptsatz zulässigen Höchstwert von β_{AK} zu bestimmen, wird die Exergiebilanz der Absorptionskälteanlage aufgestellt. Abbildung 9.23 zeigt das Bilanzgebiet mit den Energieströmen. Es umfasst nicht nur die eigentliche Kältemaschine, sondern erstreckt sich bis zur Temperatur $T_0 > T_V$ des Kühlraums und zur thermodynamischen Mitteltemperatur T_A des Mediums, z.B. des Heizdampfs, das den Antriebswärmestrom $\dot{Q}_A$ abgibt. Der gesamte Abwärmestrom $\dot{Q}_u$ soll bei der Umgebungstemperatur T_u anfallen, also exergielos sein. Die Exergie des ablaufenden Kühlwassers wird wie in Beispiel 9.1 als nicht nutzbar angesehen und ist im Exergieverluststrom $\dot{Ex}_v$ enthalten. Die Bilanz der Exergieströme lautet dann

$$\dot{Ex}_{Q_A} + P_{LP} = |\dot{Ex}_{Q_0}| + \dot{Ex}_v .$$

Die zugeführten Exergieströme liefern den Nutz-Exergiestrom $\dot{Ex}_{Q_0}$, den der Kühlraum empfängt, und decken die Exergieverluste. Der exergetische Wirkungsgrad der Absorptionskälteanlage wird durch

$$\zeta_{AK} := \frac{|\dot{Ex}_{Q_0}|}{\dot{Ex}_{Q_A} + P_{LP}} = 1 - \frac{\dot{Ex}_v}{\dot{Ex}_{Q_A} + P_{LP}}$$

definiert. Daraus erhält man

$$\zeta_{AK} = \frac{(T_u/T_0 - 1)\dot{Q}_0}{(1 - T_u/T_A)\dot{Q}_A + P_{LP}} = \frac{T_u/T_0 - 1}{1 - T_u/T_A} \frac{\dot{Q}_0}{\dot{Q}_A + \dot{Q}_{LP}} = \frac{T_u/T_0 - 1}{1 - T_u/T_A} \beta_{AK}$$

und für den Zusammenhang zwischen Wärmeverhältnis und dem exergetischen Wirkungsgrad

$$\beta_{AK} = \frac{1/T_u - 1/T_A}{1/T_0 - 1/T_u} \zeta_{AK} = \beta_{AK}^{rev} \zeta_{AK} .$$

Mit $\zeta_{AK} = 1$ ergibt sich der nur von den drei Temperaturen T_0, T_A und T_u abhängige Höchstwert β_{AK}^{rev}, der schon in Abschnitt 9.1.3 bestimmt wurde.

Soll die einstufige Absorptionskältemaschine reversibel arbeiten, müssen die Wärmeströme $\dot{Q}_0$, $\dot{Q}_A = \dot{Q}_G$ und der an die Umgebung (Kühlwasser) abgeführte Abwärmestrom bei verschwindend kleinen Temperaturdifferenzen übertragen werden. Damit gilt für die Verdampfertemperatur $T_V = T_0$, für die Generatortemperatur $T_G = T_A$ und für die Kondensationstemperatur $T_K = T_u$. Auch die Endtemperatur T_4 der Absorption muss mit T_u übereinstimmen, so dass sich der in Abb. 9.24 dargestellte Prozess ergibt. Der Verlauf der Dampfdruckkurve des Kältemittels ($\xi = 1$) legt für gegebene Temperaturen T_0 und T_u die Drücke p_V und p_K fest. Die Bedingung $\xi_r' = \xi(T_u, p_V)$ bestimmt die Zusammensetzung der reichen Lösung und damit auch die Temperatur $T_1 = T(\xi_r', p_K)$. Somit ergibt sich aus dem Lösungsfeld auch die Temperatur $T_G \geq T_1$, bei der der Kältemitteldampf ausgetrieben wird.

W. Niebergall [9.6] hat für das Gemisch NH_3–H_2O die Celsius-Temperatur ϑ_1 in Abhängigkeit von $\vartheta_V = \vartheta_0$ und $\vartheta_K = \vartheta_u$ berechnet. Diese Werte liegen zwischen

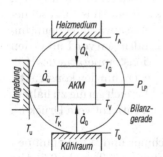

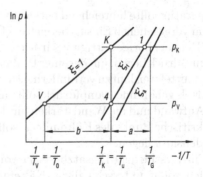

Abbildung 9.23. Bilanzgebiet einer Absorptionskälteanlage

Abbildung 9.24. $\ln p, 1/T$-Diagramm mit dem Prozess der reversibel arbeitenden einstufigen Absorptionskältemaschine

$\vartheta_1 = 60\,°\text{C}$ und $130\,°\text{C}$, wenn sich ϑ_V von $-15\,°\text{C}$ bis $-40\,°\text{C}$ ändert und ϑ_K zwischen $20\,°\text{C}$ und $35\,°\text{C}$ variiert. Berücksichtigt man im realen (irreversiblen) Betrieb den Temperaturanstieg während der Austreibung und den Wärmeübergang zum Heizmedium auf die siedende Lösung durch einen Zuschlag von 20 bis $30\,°\text{C}$, so wird die am Beginn des Abschnitts stehende Aussage bestätigt, dass für den Antrieb der Absorptionskältemaschine Abwärme ausreicht, die bei Temperaturen ϑ_A zwischen etwa $100\,°\text{C}$ und $150\,°\text{C}$ zur Verfügung steht. Das größere Exergieangebot von Wärme mit höheren Temperaturen ϑ_A lässt sich in einstufigen Anlagen nicht nutzen; es führt nur zu einem größeren Exergieverlust beim Wärmeübergang von ϑ_A auf ϑ_G.

Für das Wärmeverhältnis der einstufigen Absorptionskältemaschine erhält man

$$\beta_\text{AK} \leq \beta_\text{AK}^\text{rev} = \frac{1/T_\text{K} - 1/T_\text{G}}{1/T_\text{V} - 1/T_\text{K}} = \frac{a}{b} < 1 \ .$$

Die Differenzen der reziproken Temperaturen erscheinen im $\ln p, 1/T$-Diagramm von Abb. 9.24 als die Strecken a und b. Da die Dampfdruckkurven aller geeigneten Arbeitsstoffpaare wie in Abb. 9.24 mit steigendem Druck zusammenlaufen, ist stets $a < b$, und $\beta_\text{AK}^\text{rev}$ nimmt einen Wert an, der unter eins liegt. Diese Begrenzung des Wärmeverhältnisses ist eine Eigenart des einstufigen Prozesses. Will man sie umgehen und eine Aufnahme des Antriebswärmestroms bei höheren Generatortemperaturen T_G ermöglichen, muss man zu zwei- oder mehrstufigen Absorptionskältemaschinen übergehen, vgl. [9.34]. Hierfür gibt es mehrere anlagentechnisch aufwendige Schaltungen, die W. Niebergall [9.6] zusammenfassend beschrieben hat.

9.3.3 Kältemittel

Die in den vorangegangenen Abschnitten beschriebenen Kompressionskältemaschinen und Absorptionskältemaschinen enthalten ein im Kreisprozess umlaufendes Fluid als Energieträger, welches *Kältemittel* genannt wird. Die thermodynamischen und thermophysikalischen Eigenschaften des eingesetzten Kältemittels sind entscheidend für die Funktion und die Konstruktion der Kältemaschine bzw. der Wärmepumpe. Eine wichtige thermodynamische Forderung richtet sich an die Dampfdruckkurve des Kältemittels: Die Verdampfungstemperatur sollte hinreichend entfernt von der Tripelpunktstemperatur liegen, um im vorgesehenen Einsatzbereich ein Gefrieren des Kältemittels auszuschließen. Der zugehörige Sättigungsdruck im Verdampfer sollte etwas über dem Umgebungsdruck liegen, um bei einer Undichtigkeit das Eindringen von Luft in den Kältemittelkreislauf zu verhindern. Der zur Kondensationstemperatur des Kältemittels gehörende Dampfdruck sollte nicht zu hoch liegen, um den konstruktiven Aufwand und die Wandstärken für den Hochdruckbereich gering zu halten. Der kritische Punkt des Kältemittels sollte hinreichend entfernt vom Druck im Kondensator liegen.

Für verschiedene Einsatzbereiche von Kältemaschinen und Wärmepumpen werden somit unterschiedliche Kältemittel eingesetzt, vgl. Tabelle 9.3. Die Dampfdruckkurven heute üblicher Kältemittel sind in Abb. 9.25 im kälte- und klimatechnisch relevanten Temperaturbereich von $-40°C \leq \vartheta \leq 50°C$ dargestellt. Trotz seines sehr hohen Dampfdruckes wird auch CO_2 (R744) als Kältemittel verwendet, wobei wegen der besonderen Lage der Dampfdruckkurve ein transkritischer Kreisprozess mit einer Wärmeabfuhr oberhalb des kritischen Punktes notwendig ist.

Das für den Kältekreisprozess ausgewählte Kältemittel soll über die genannten thermodynamischen Eigenschaften hinaus umweltverträglich, ungiftig, chemisch stabil, niedrigviskos, nicht brennbar, gut wasserlöslich und gut verfügbar sein sowie ein eindeutiges Mischungsverhalten mit Ölen aufweisen. Öl ist bei Kältekreisprozessen mit mechanischer Kompression ein notwendiger Bestandteil des Arbeitsfluides zur Schmierung des Verdichters. Bei Kältemitteln, die in hermetischen Kompressoren mit elektrischen Strom führenden Teilen in Berührung kommen, ist ein hoher elektrischer Durchschlagswiderstand erforderlich. Schließlich sollte das spezifische Volumen des Kältemittels im Ansaug-Zustand zum Verdichter möglichst klein und die spezifische Verdampfungsenthalpie möglichst groß sein, um eine hohe volumetrische Kälteleistung zu ermöglichen.

Die seit 1930 eingeführten Halogenderivate des Methans und des Ethans (Fluorchlorkohlenwasserstoffe FCKW) erfüllten eine Vielzahl der oben genannten Anforderungen und fanden als „Sicherheits-Kältemittel" weite Verbreitung. Sie zerstören aber die zur Absorption der energiereichen UV-B Solarstrahlung wichtige stratosphärische Ozonschicht. Das Ozonabbaupotenzial (ODP: Ozone Depletion Potential) wird relativ zum Methanderivat CCl_3F (Kurzbezeichnung R11) angegeben, welchem ein ODP-Wert von 1,0 zugewiesen wurde. Durch eine internationale Vereinbarung, dem 1987 unterzeichneten Montreal Protokoll, wurde zum Schutz der Ozonschicht ein gestufter weltweiter Ausstieg aus der FCKW-Produktion und Verwendung beschlossen und großteils erfolgreich umgesetzt [9.37]. Neben der Schädigung der Ozonschicht gibt es ein weiteres Gefährdungspotenzial durch den Treibhauseffekt, vgl. Abschnitt 8.3, falls Kältemittel aus der Anlage in die Atmosphäre gelangt. Dieser Einfluss wird durch den GWP (Global Warming Potential) Wert einer Substanz angegeben. Der GWP-Wert gibt die Erwärmungswirkung einer festgelegten Menge der Substanz im

Tabelle 9.3. Stoffdaten gebräuchlicher Kältemittel nach [9.35] und [9.36]. Der ODP-Wert aller aufgeführten Stoffe ist null; Ausnahme ist der ODP-Wert von R22 mit ODP(R22) = 0,04

Kurz-bezeichnung	Summenformel bzw. Massenanteile	M g/mol	ϑ_{Tr} °C	ϑ_{Ns} °C	ϑ_K °C	p_K bar	$\eta'(\vartheta_{Ns})$ Pa·s·10^{-6}	$\eta''(\vartheta_{Ns})$ Pa·s·10^{-6}	$\Delta h_v(\vartheta_{Ns})$ kJ/kg·K	GWP (100 Jahre)
Reinstoffe										
R 22	CHClF$_2$	86,47	-157,42	-40,8	96,1	49,88	345,40	9,6974	233,75	1790
R 32	CH$_2$F$_2$	52,02	-136,81	-51,7	78,1	57,83	275,91	9,2558	381,92	716
R 125	C$_2$HF$_5$	120,02	-100,63	-48,1	66,0	36,18	411,18	9,7103	164,11	3420
R 134a	C$_2$H$_2$F$_4$	102,03	-103,30	-26,1	101,0	40,56	378,84	9,7780	262,09	1370
R 152a	C$_2$H$_4$F$_2$	66,05	-118,59	-24,0	113,3	45,17	297,11	8,3409	329,89	133
R 227ea	C$_3$HF$_7$	170,03	-126,80	-16,3	101,8	29,25	423,20	9,9110	131,75	3580
R 290	C$_3$H$_8$ (Propan)	44,10	-187,53	-42,1	96,7	42,51	197,19	6,3096	425,57	~20
R 600a	C$_4$H$_{10}$ (Iso-Butan)	58,12	-159,42	-11,7	134,7	36,39	227,63	6,5803	365,06	~20
R 717	NH$_3$ (Ammoniak)	17,03	-77,70	-33,3	132,3	113,39	255,39	8,0543	1369,4	<1
R 718	H$_2$O (Wasser)	18,02	0,01	100,0	373,9	220,64	281,58	12,232	2256,4	<1
R 744	CO$_2$ (Kohlendioxid)	44,01	-56,60	-	31,0	73,77	-	-	-	1,0
R 1234yf	C$_3$H$_2$F$_4$	114,04	-53,15	-29,5	94,7	33,82	307,40	9,9626	180,26	4,0
Gemische										
R 404A	R125/R143a/R134a (44/52/4)	97,60		-46,2	72,0	37,29	336,80	9,1243	200,43	3700
R 407C	R32/R125/R134a (23/25/52)	86,20		-43,6	86,0	46,29	376,61	9,4768	244,95	1700
R 410A	R32/R125 (50/50)	72,58		-51,4	71,4	49,02	312,43	9,8851	272,89	2100
R 507A	R125/R143a (50/50)	98,86		-46,7	70,6	37,05	337,55	9,1704	196,91	3800

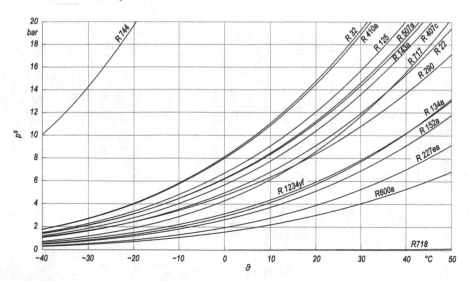

Abbildung 9.25. Dampfdruckkurven einiger in Tabelle 9.3 aufgeführten Kältemittel. Daten aus [9.35]

Vergleich zu CO_2 derselben Menge über einen bestimmten Zeitraum (in der Regel 100 Jahre) an. Dieser Wert ist für derzeit übliche Kältemittel in Tabelle 9.3 aufgeführt. Durch neuere Verordnungen wird angestrebt, die Dichtigkeit von Kälteanlagen regelmäßig zu überprüfen und eine unschädliche Entsorgung von Altanlagen und den dort enthaltenen Kältemitteln sicherzustellen [9.38]. Das Kraftwerk, das die elektrische Energie zum Antrieb der Kälteanlage erzeugt, emittiert während der Lebensdauer der Kälteanlage als Folge der Verbrennung CO_2 in großer Menge, was mehr zum Treibhauseffekt beiträgt als die Kältemittelfüllung, die möglicherweise in die Atmosphäre entweicht. Man erfasst dies durch den Begriff des „Total Equivalent Warming Impact" (TEWI), vgl. [9.39]. Es kommt also ebenso auf die Energieeffizienz eines Kältemittels an wie auf den unmittelbaren Beitrag zum Treibhauseffekt bei seinem Entweichen aus der Anlage.

Anstelle der neu entwickelten Kältemittel werden seit einiger Zeit auch so genannte natürliche Kältemittel verwendet [9.40]. Hierzu gehören das bewährte Ammoniak und CO_2, das trotz seines hohen Dampfdrucks und der Wärmeabgabe auf einer überkritischen Isobaren in Fahrzeug-Klimaanlagen eingesetzt wird. Auch Wasser findet in begrenztem Maße Beachtung, obwohl es bei 0 °C erstarrt und Wasserdampf wegen seines großen spezifischen Volumens zu großen Volumenströmen am Verdichtereintritt führt. Trotz ihrer Brennbarkeit werden auch einfache Kohlenwasserstoffe eingesetzt, vor allem Propan und iso-Butan im Bereich der Haushaltskältegeräte.

Absorptionskältemaschinen werden mit Zweistoffgemischen betrieben. Das wichtigste Kältemittel ist hier Ammoniak, das von einem Gemisch aus Ammoniak und Wasser absorbiert wird. Für dieses Gemisch existieren h, ξ-Diagramme [9.33] und eine genaue Fundamentalgleichung [5.29]. In Klimaanlagen, in denen in der Regel keine Temperaturen unter 0 °C auftreten, wird Wasser als Kältemittel verwendet, das von einer wässerigen Lithiumbromid-Lösung absorbiert wird. Die thermodynamischen Eigenschaften dieses Stoffpaares hat Y. Kaita [9.41] zusammengefasst. Um für *Absorptionswärmepumpen* geeignete Arbeitsfluide zu finden, wurden verschiedene andere Gemische vorgeschlagen und untersucht, vgl. die in [9.42] enthaltenen Übersichtsartikel.

9.3.4 Das Linde-Verfahren zur Luftverflüssigung

Alle *realen* Gase kühlen sich in der Nähe ihres Zweiphasengebietes bei der Drosselung ab, und zwar um so stärker, je tiefer die Temperatur bei Beginn der Drosselung liegt (Joule-Thomson-Effekt). Geht man zu höheren Drücken über, so erhält man eine merkliche Abkühlung bei der Drosselung auf den Atmosphärendruck. Diese Eigenschaft realer Gase hat zuerst C. Linde[3] bei seinem Verfahren zur Luftverflüssigung ausgenutzt. Das Schaltbild einer solchen Luftverflüssigungsanlage zeigt Abb. 9.26. Es handelt sich dabei um ein offenes System: Aus der Umgebung wird Luft angesaugt, ein Teil wird als flüssige Luft entnommen, der nicht verflüssigte Anteil wird wieder in die Umgebung entlassen. Die Zustandsänderungen der Luft zeigt das h, T-Diagramm, Abb. 9.27.

Der Verdichter saugt aus der Umgebung Luft an und verdichtet sie auf einen hohen Druck p_2. Dies geschieht in mehreren Stufen mit Zwischenkühlung, vgl. Abschnitt 6.2.5, so dass eine *isotherme* Verdichtung als Idealfall angenommen werden kann. Die verdichtete Luft kühlt sich im Gegenströmer ab und wird dann gedrosselt. Bei der Abkühlung im Gegenströmer muss die Hochdruckluft eine Endtemperatur T_3 erreichen, die so tief liegt, dass die Drosselung 3 → 4 im Nassdampfgebiet endet. Nach der Drosselung wird der verflüssigte Anteil der Anlage entnommen, während sich die nicht verflüssigte Luft im Gegenströmer erwärmt. Eine Energiebilanz für den Gegenströmer und den Verflüssiger ergibt, vgl. den in Abb. 9.26 gezeichneten Bilanzkreis,

$$\dot{m}\, h_2 = (1 - y)\, \dot{m}\, h_1 + y\, \dot{m}\, h_0 \, .$$

Hierbei ist $\dot{m}$ der Massenstrom der vom Verdichter geförderten Luft und y der Anteil, der verflüssigt wird. Aus der Bilanzgleichung erhält man

---

[3] Carl Linde (1842–1934) studierte von 1861–1864 am Eidgenössischen Polytechnikum Zürich, der heutigen ETH. Er besuchte die Vorlesungen von R. Clausius und A. Zeuner. Nach einer Industrietätigkeit wurde er 1868 Professor für theoretische Maschinenlehre an der neu errichteten Technischen Hochschule München. 1879 schied er aus dem Staatsdienst aus und übernahm die Leitung der von ihm gegründeten Gesellschaft für Lindes Eismaschinen. Durch seine theoretischen und praktischen Untersuchungen förderte er den Bau von Kältemaschinen. Berühmt wurde er durch sein Verfahren zur Luftverflüssigung, mit dem um 1895 erstmals größere Mengen flüssiger Luft gewonnen wurden.

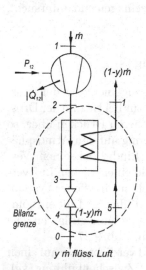

Abbildung 9.26. Schaltbild der Linde-Anlage zur Erzeugung flüssiger Luft

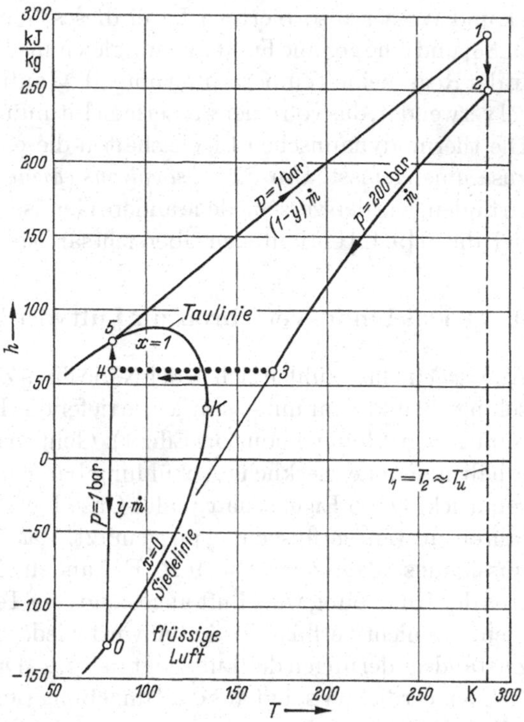

Abbildung 9.27. Linde-Prozess zur Luftverflüssigung

$$y = (h_1 - h_2)/(h_1 - h_0) \, .$$

Zur isothermen Verdichtung der Luft ist im reversiblen Idealfall die spezifische technische Arbeit

$$w_{t12}^{rev} = h_2 - h_1 - q_{12}^{rev} = h_2 - h_1 - T_1(s_2 - s_1)$$

aufzuwenden. Da der Zustand 1 mit dem Umgebungszustand übereinstimmt, wird

$$w_{t12}^{rev} = h_2 - h_u - T_u(s_2 - s_u) = ex_2 \, ,$$

also gleich der physikalischen Exergie der verdichteten Luft. Für die wirkliche Verdichtung erhält man

$$w_{t12} = w_{t12}^{rev}/\eta_{tV} = ex_2/\eta_{tV}$$

mit η_{tV} als dem isothermen Verdichterwirkungsgrad, vgl. Abschnitt 6.2.5. Bezieht man die Verdichterarbeit auf die Masse der verflüssigten Luft, so wird

$$w_t' = \frac{w_{t12}}{y} = \frac{ex_2}{\eta_{tV}} \frac{h_1 - h_0}{h_1 - h_2} \ .$$

Dieser Wert des Arbeitsaufwands zur Erzeugung flüssiger Luft wird mit dem nach dem 2. Hauptsatz mindestens erforderlichen Arbeitsaufwand verglichen. Dieser ist durch die Exergie ex_0 der verflüssigten Luft gegeben:

$$(w_t')_{min} = ex_0 = h_0 - h_u - T_u(s_0 - s_u) \ .$$

Damit erhält man für den exergetischen Wirkungsgrad des Linde-Prozesses

$$\zeta = \frac{(w_t')_{min}}{w_t'} = \eta_{tV} \frac{ex_0}{ex_2} \frac{h_1 - h_2}{h_1 - h_0} \ .$$

Er hängt von η_{tV}, von $T_u = T_1$ und den beiden Drücken $p_1 = p_0 = p_u$ und $p_2 = p$ ab. Da große Exergieverluste im Verdichter, Gegenströmer und vor allem bei der Drosselung auftreten, erreicht der exergetische Wirkungsgrad nur bescheidene Werte, die meistens kleiner als 10% sind. Linde hat zwei wirksame Mittel gefunden, um den Arbeitsaufwand des Verfahrens zu verringern: den zusätzlichen Hochdruckkreislauf und die Vorkühlung der Luft. Weitere Verfahren zur Luft- und Gasverflüssigung werden in [9.27] und [9.43] dargestellt.

Beispiel 9.2. Für einen Linde-Prozess zur Luftverflüssigung sind die folgenden Daten gegeben. Umgebungszustand der Luft: $\vartheta_u = \vartheta_1 = 15\,^\circ C$, $p_u = p_1 = 0,1\,MPa$, Verdichterenddruck $p_2 = 20,0\,MPa$, isothermer Verdichterwirkungsgrad $\eta_{tV} = 0,625$. Man bestimme den Arbeitsaufwand w_t' und den exergetischen Wirkungsgrad ζ des Prozesses.

Die für die folgenden Rechnungen benötigten Zustandsgrößen der Luft werden den Tafeln von Baehr und Schwier [2.8] entnommen; hier findet man auch Werte der spezifischen Exergie ex für den in unserem Beispiel gewählten Umgebungszustand. Der Anteil der verflüssigten Luft ergibt sich zu

$$y = \frac{h_1 - h_2}{h_1 - h_0} = \frac{288,5 - 250,6}{288,5 + 127,0} = 0,0912 \ .$$

Damit erhält man für die Verdichterarbeit, bezogen auf die Masse der *verflüssigten* Luft,

$$w_t' = \frac{ex_2}{\eta_{tV} y} = \frac{435,9\,kJ/kg}{0,625 \cdot 0,0912} = 7647\,kJ/kg \ .$$

Die Exergie der flüssigen Luft hat den Wert $ex_0 = 693,3\,kJ/kg$, so dass sich für den exergetischen Wirkungsgrad der niedrige Wert

$$\zeta = ex_0/w_t' = 693,3/7647 = 0,0907$$

ergibt.

Abbildung 9.28 zeigt ein Exergieflussbild des Prozesses. Hier sind alle Exergien auf die technische Arbeit w_t' bezogen. Neben dem großen Exergieverlust des Verdichters ist besonders der Exergieverlust bei der Drosselung bemerkenswert. Dieser Exergieverlust ist deswegen so groß, weil ein Gas mit relativ großem spezifischem Volumen bei tiefen Temperaturen gedrosselt wird, vgl. Abschnitt 6.2.1. Der Exergieverlust im

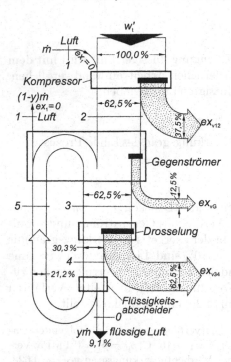

Abbildung 9.28. Exergieflussbild eines einfachen Linde-Prozesses zur Luftverflüssigung mit den Daten von Beispiel 9.2. Die im Zustand 1 aus der Umgebung angesaugte Luft ist exergielos

Gegenströmer ist in Wirklichkeit noch größer als in Abb. 9.28, denn auch am „warmen Ende" bei $\vartheta = \vartheta_u$ muss eine Temperaturdifferenz zur Wärmeübertragung vorhanden sein, die hier zu null angenommen wurde. Außerdem wurden alle „Kälteverluste" vernachlässigt, da der Gegenströmer, das Drosselventil und der Flüssigkeitsabscheider als adiabate Systeme angenommen wurden.

10 Mengenmaße, Einheiten, Stoffdaten

Der einzige Mensch, der sich vernünftig benimmt, ist mein Schneider.
Er nimmt jedes Mal neu Maß, wenn er mich trifft,
während alle anderen immer die alten Maßstäbe anlegen
in der Meinung, sie passten auch heute noch.
George Bernard Shaw (1856–1950)

Allgemeingültige Aussagen werden in der Thermodynamik in der Regel unabhängig von der Größe des betrachteten Systems getroffen, also vorzugsweise mit intensiven Zustandsgrößen formuliert. Bei konkreten Rechnungen ist natürlich auch die jeweilige Größe des Systems von Bedeutung, so dass im Folgenden in Ergänzung zu Abschnitt 1.2.3 die quantitative Erfassung von Materie behandelt werden soll. Daran anschließend werden die in der Thermodynamik gebräuchlichen Einheiten zusammengestellt und schließlich Gleichungen und Tabellen für die thermodynamischen Eigenschaften einiger wichtiger Stoffe aufgeführt.

10.1 Mengenmaße

Eine bestimmte Materiemenge, z.B. eine bestimmte Brennstoffmenge, ist ein System oder Objekt, dessen Eigenschaften durch physikalische Größen beschrieben werden. Die Eigenschaften, welche die Größe der Materiemenge quantitativ erfassen; werden Mengenmaße genannt.

10.1.1 Masse und Gewicht

Im täglichen Leben, in Handel und Wirtschaft werden Materiemengen oft durch ihr Gewicht quantitativ gekennzeichnet. Man bezeichnet mit diesem Wort das Ergebnis einer Wägung. Durch sie wird mit der Waage, einem der am häufigsten benutzten Messinstrumente, eine Eigenschaft der gewogenen Materiemenge bestimmt, nämlich ihre Masse m. *Gewicht als Ergebnis der Wägung ist die Masse der gewogenen Materiemenge*, vgl. z.B. [10.1].

Die Masse m ist eine als Mengenmaß besonders geeignete Größe. Sie ist von Zeit und Ort der Messung sowie vom intensiven Zustand der Materiemenge unabhängig. Die Masse lässt sich mit einer (Hebel-)Waage einfach und sehr genau messen [10.2]. Die Masse dient auch in der Thermodynamik als bevorzugtes

Mengenmaß, häufig als Bezugsgröße zur Bildung der spezifischen Größen, vgl. Abschnitt 1.2.3.

10.1.2 Teilchenzahl und Stoffmenge

Das begrifflich einfachste Mengenmaß ist die Zahl der Teilchen (Moleküle, Atome, Ionen usw.), aus denen die Materiemenge besteht. Die Teilchenzahl N tritt immer dann auf, wenn man den Aufbau der Materie aus diskreten Teilchen berücksichtigt; sie ist daher in der statistischen Thermodynamik eine bevorzugte Variable. Materiemengen makroskopischer Abmessungen haben stets sehr große Teilchenzahlen ($N \approx 10^{23}$), so dass sich N direkt, nämlich durch Abzählen nicht messen lässt.

Man hat daher eine neue Größenart eingeführt, die der Zahl der Teilchen proportional ist, sich aber aus makroskopischen Messungen bestimmen lässt, die *Stoffmenge n*. Mit dieser Basisgröße wird die Menge (Quantität) einer bestimmten Materiemenge auf der Grundlage der Anzahl der in ihr enthaltenen Teilchen bestimmter Art angegeben, vgl. hierzu [10.1] und die ausführliche Darstellung von U. Stille [10.3]. Bei der Angabe von Stoffmengen soll stets die Art der Teilchen genannt werden, z.B. Moleküle, Atome, Ionen oder Atomgruppen, die der Stoffmengenangabe zugrunde liegt.

Die englische Bezeichnung der Größe n lautet „amount of substance". Bedauerlicherweise hat ihre genaue deutsche Übersetzung „Substanzmenge", die in früheren Auflagen dieses Buches verwendet wurde, keinen Eingang in die Einheitengesetze [10.4] gefunden.

Die Stoffmenge n wird der Teilchenzahl N streng proportional gesetzt; gleich große Stoffmengen enthalten gleich viele Teilchen. Es gilt daher

$$n = N/N_A$$

mit N_A als einer *universellen* Konstante, der Avogadro-Konstante. Einheit und Zahlenwert der Avogadro-Konstante werden durch die Einheit der Stoffmenge bestimmt. Diese kann man als Basiseinheit (= Einheit einer Basisgröße) willkürlich festlegen. Die Einheit der Stoffmenge ist das Mol mit dem Einheitenzeichen mol; sie wurde von der 14. Generalkonferenz für Maß und Gewicht 1971 definiert, vgl. Tabelle 10.1. Bezeichnet man mit N^* die Zahl der Teilchen, die sich in einem System mit der Stoffmenge $n = [n] = 1$ mol befinden, so gilt

$$N_A = N/n = N^*/[n] = N^*/\text{mol} .$$

Zur experimentellen Bestimmung der Avogadro-Konstante muss man feststellen, aus wieviel Teilchen ein System von der Größe der Stoffmengeneinheit Mol besteht. Im Rahmen eines großen internationalen Verbundprojekts der nationalen metrologischen Institute wurde 2015 die Avogadro-Konstante neu bestimmt, vgl. [10.6]. Hierzu wurden die Atome in einer nahezu perfekten Kugel aus ^{28}Si-Kristall gezählt. Der in [10.6] angegebene Wert ist

$$N_A = (6{,}022\,140\,76 \pm 0{,}000\,000\,12) \cdot 10^{23}\,\text{mol}^{-1}$$

Der bisherige Bestwert von N_A war $N_A = 6{,}022141 \cdot 10^{23}\,\text{mol}^{-1}$.

Zwischen den Mengenmaßen Stoffmenge n und Masse m eines reinen Stoffes besteht eine Proportionalität. Ist m_T die Masse eines Teilchens dieses Stoffes, so gilt

$$m = m_T\,N = m_T\,N_A\,n \ .$$

Man bezeichnet nun

$$M := m/n = m_T\,N_A$$

als *molare Masse* oder *Molmasse* des Stoffes. Sie ist eine stoffspezifische Eigenschaft, denn die Teilchen verschiedener Stoffe haben auch unterschiedlich große Massen. Werte der molaren Massen wichtiger Stoffe findet man in Tabelle 10.6. Die molare Masse wurde früher als Molekulargewicht bezeichnet. Für die molare Masse eines chemischen Elements war die Bezeichnung Atomgewicht üblich; es wird auch heute noch vielfach verwendet. Die molare Masse dient dazu, die Stoffmenge n in die Masse m oder umgekehrt m in n umzurechnen. Es wird empfohlen, bei der Angabe von molaren Massen auch die Teilchenart zu nennen, also beispielsweise $M(O_2) = 31{,}9988\,\text{kg/kmol}$ für die molare Masse von Sauerstoffmolekülen zu schreiben.

Beispiel 10.1. Wie groß sind Stoffmenge n und Teilchenzahl N einer Stickstoffmenge (N_2) mit der Masse $m = 1{,}000\,\text{g}$? Wie groß ist die Masse eines Stickstoffmoleküls? Mit der molaren Masse $M(N_2)$ nach Tabelle 10.6 ergibt sich für die Stoffmenge

$$n = m/M(N_2) = 1{,}000\,\text{g}/28{,}0134\,(\text{g/mol}) = 0{,}035\,697\,\text{mol} \ .$$

Die Zahl der Teilchen wird

$$N = n \cdot N_A = 0{,}035\,697\,\text{mol} \cdot 6{,}022\,14 \cdot 10^{23}\,\text{mol}^{-1} = 2{,}1497 \cdot 10^{22} \ .$$

Damit erhält man für die Masse eines Stickstoffmoleküls

$$m_T = m/N = 4{,}6517 \cdot 10^{-23}\,\text{g} \ .$$

10.1.3 Das Normvolumen

Neben den schon behandelten Mengenmaßen Masse (Gewicht), Teilchenzahl und Stoffmenge gibt es eine weitere Größe, die besonders bei Gasen als Mengenmaß verwendet wird: das Normvolumen. Das Volumen einer fluiden Phase hängt von Druck und Temperatur ab und ist als extensive Größe der Masse und der Stoffmenge des Systems proportional. Es gilt

$$V = m \cdot v(T,p) = n \cdot V_m(T,p)$$

mit v als dem spezifischen Volumen und V_m als dem molaren Volumen der Phase. In einem Standardzustand mit vereinbarten Werten von T und p haben v

und V_m feste Werte, die nur von Stoff zu Stoff verschieden sind. Das Volumen der Phase im Standardzustand ist damit für jeden Stoff durch einen *festen*, stoffspezifischen Faktor mit seiner Masse und seiner Stoffmenge verknüpft und kann als Mengenmaß dienen.

Ein solches als Mengenmaß brauchbares Standardvolumen ist das *Normvolumen* V_n nach DIN 1343, [10.7]. Es ist das Volumen

$$V_n = m \cdot v(T_n, p_n) = n \cdot V_m(T_n, p_n)$$

im Normzustand mit der Normtemperatur $T_n = 273{,}15\,\mathrm{K}$ ($\vartheta_n = 0\,°\mathrm{C}$) und dem Normdruck $p_n = 101{,}325\,\mathrm{kPa} = 1{,}01325\,\mathrm{bar} = 1\,\mathrm{atm}$. Das Normvolumen dient als anschauliches Mengenmaß für die Angabe von Gasmengen, denn man kann sich unter 1 kg oder unter 1 mol Gas nur schwer etwas vorstellen. Die Einheit des Normvolumens ist der Kubikmeter (m^3); denn V_n gehört zur Größenart Volumen. In der technischen Praxis wird die Einheit des Normvolumens häufig als Normkubikmeter mit dem Kurzzeichen m_n^3 bezeichnet, um schon durch die Einheit die besondere Größe V_n zu kennzeichnen. Statt von einem Normvolumen von $3{,}5\,\mathrm{m}^3$ spricht man nicht korrekt, aber kürzer von $3{,}5\,\mathrm{m}_n^3$, also von 3,5 Normkubikmeter.

Besonders einfache Beziehungen zwischen den Mengenmaßen V_n, m und n bestehen für *ideale Gase*. Nach Abschnitt 4.3.1 hat das molare Normvolumen

$$V_{mn} = V_n/n = V_m(T_n, p_n)$$

aller idealen Gase und idealen Gasgemische denselben Wert

$$V_{mn} = V_0 = R_m T_n/p_n = (22{,}41399 \pm 0{,}00004)\,\mathrm{m}^3/\mathrm{kmol}\ .$$

Unabhängig von der Gasart enthält ein bestimmtes Normvolumen V_n dieselbe Stoffmenge $n = V_n/V_0$. Das spezifische Volumen idealer Gase im Normzustand ist

$$v_n = v(T_n, p_n) = R\,T_n/p_n = 2{,}695\,781\,(\mathrm{m}^3\mathrm{K}/\mathrm{kJ})\,R\ ;$$

es hängt von der Gaskonstante R bzw. von der molaren Masse M des idealen Gases ab. Ein bestimmtes Normvolumen V_n enthält die Masse $m = V_n/v_n$, die über R oder M von der Art des idealen Gases abhängt.

Um das *Normvolumen realer Gase* (und Flüssigkeiten) mit ihrer Masse und ihrer Stoffmenge zu verknüpfen, muss man das molare Volumen V_{mn} oder das spezifische Volumen v_n dieser Stoffe im Normzustand kennen. Beschränkt man sich auf Fluide, die im Normzustand gasförmig sind, so kann man in erster Näherung den für ideale Gase gültigen Wert von V_{mn} benutzen. Da der Normdruck $p_n = 1\,\mathrm{bar}$ relativ niedrig ist, verhalten sich reale Gase im Normzustand noch annähernd wie ideale Gase.

Beispiel 10.2. Wie groß ist das Normvolumen einer Sauerstoffmenge, deren Masse $m = 1{,}0000\,\mathrm{kg}$ ist?

Es wird zunächst angenommen, Sauerstoff verhielte sich im Normzustand wie ein ideales Gas. Dann gilt für das Normvolumen

$$V_n = m \cdot V_0/M = 1{,}0000 \, \text{kg} \, \frac{22{,}414 \, \text{m}^3/\text{kmol}}{31{,}9988 \, \text{kg}/\text{kmol}} = 0{,}7005 \, \text{m}^3$$

mit M als der molaren Masse von O_2 nach Tabelle 10.6. Das reale Gas Sauerstoff hat nach Präzisionsmessungen im Normzustand die Dichte $\varrho_n = 1{,}4290 \, \text{kg}/\text{m}^3$. Damit ergibt sich der richtige Wert des Normvolumens zu

$$V_n = m \cdot v_n = \frac{m}{\varrho_n} = \frac{1{,}0000 \, \text{kg}}{1{,}4290 \, \text{kg}/\text{m}^3} = 0{,}6998 \, \text{m}^3 \; .$$

10.2 Einheiten

Zur numerischen Auswertung von Größengleichungen und zur Angabe von Größenwerten wurden in diesem Buch die Einheiten des Internationalen Einheitensystems (SI-Einheiten, SI-units) und ihre dezimalen Vielfache benutzt. Diese Einheiten sind in der Bundesrepublik Deutschland außerdem die gesetzlich vorgeschriebenen Einheiten „im geschäftlichen und amtlichen Verkehr", vgl. [10.4, 10.5]. In den folgenden Abschnitten werden die Definitionen dieser Einheiten zusammengestellt und eine Übersicht über die Umrechnungsfaktoren zwischen älteren, aber noch häufig benutzten Einheiten und den Einheiten des Internationalen Einheitensystems gegeben.

10.2.1 Die Einheiten des Internationalen Einheitensystems

Das Internationale Einheitensystem umfasst sieben *Basiseinheiten* für sieben Basisgrößenarten, auf deren Grundlage sich alle Gebiete der Naturwissenschaften und der Technik durch Größen und Größengleichungen beschreiben lassen. Eine Einführung in die Größenlehre und das Rechnen mit Größengleichungen findet man in [10.1, 10.3] und DIN 1313 [10.8]. Tabelle 10.1 enthält die Basisgrößenarten, die Basiseinheiten mit ihren Kurzzeichen (Einheitenzeichen) und ihren Definitionen, die auf Beschlüsse des hierfür zuständigen höchsten internationalen Gremiums, der Generalkonferenz für Maß und Gewicht, zurückgehen.

Tabelle 10.1. Die Basiseinheiten des Internationalen Einheitensystems

Größenart	Einheit	Definition nach [10.4], vgl. auch [10.5, 10.6]
Länge	Meter m	1 m ist die Länge der Strecke, die Licht im Vakuum während der Dauer von (1/299 792 458) Sekunden durchläuft. (17. Generalkonferenz für Maß und Gewicht, 1983.)
Masse	Kilogramm kg	1 kg ist die Masse des Internationalen Kilogramm- prototyps. (1. und 3. Generalkonferenz für Maß und Gewicht, 1889 und 1901.)[1]
Zeit	Sekunde s	1 s ist das 9 192 631 770fache der Periodendauer der dem Übergang zwischen den beiden Hyperfeinstruktur- niveaus des Grundzustands von Atomen des Nuklids ^{133}Cs entsprechenden Strahlung. (13. Generalkonferenz für Maß und Gewicht, 1967.)
Stoffmenge	Mol mol	1 mol ist die Stoffmenge eines Systems bestimmter Zu- sammensetzung, das aus ebenso vielen Teilchen besteht, wie Atome in (12/1000) kg des Nuklids ^{12}C enthalten sind. (14. Generalkonferenz für Maß und Gewicht, 1971.)[1]
Temperatur	Kelvin K	1 K ist der 273,16te Teil der thermodynamischen Tem- peratur des Tripelpunktes des Wassers. (13. General- konferenz für Maß und Gewicht, 1967.)[1]
elektrische Stromstärke	Ampere A	1 A ist die Stärke eines zeitlich unveränderlichen elek- trischen Stromes, der, durch zwei im Vakuum parallel im Abstand 1 m voneinander angeordnete, geradlinige, unendlich lange Leiter von vernachlässigbar kleinem, kreisförmigem Querschnitt fließend, zwischen diesen Leitern je 1 m Leiterlänge elektrodynamisch die Kraft $2 \cdot 10^{-7}$ kg m s^{-2} hervorrufen würde. (9. General- konferenz für Maß und Gewicht, 1948.)[1]
Lichtstärke	Candela cd	1 cd ist die Lichtstärke in einer bestimmten Richtung einer Strahlungsquelle, welche monochromatische Strahlung der Frequenz $540 \cdot 10^{12}$ Hertz aussendet und deren Strahlstärke in dieser Richtung (1/683) Watt durch Steradiant beträgt. (16. Generalkonferenz für Maß und Gewicht, 1979.)

[1]Im Rahmen des in [10.6] beschriebenen Projekts zur Neubestimmung der Avogadro-Konstante werden diese Basiseinheiten wahrscheinlich 2018 neu definiert.

Tabelle 10.2. Einige abgeleitete Einheiten des Internationalen Einheitensystems mit besonderer Benennung

Größenart	Einheit		Definitionsgleichung
Kraft	Newton	N	$1\,\text{N} = 1\,\text{kg}\,\text{m}\,\text{s}^{-2}$
Druck	Pascal	Pa	$1\,\text{Pa} = 1\,\text{N}\,\text{m}^{-2} = 1\,\text{kg}\,\text{m}^{-1}\,\text{s}^{-2}$
Energie	Joule	J	$1\,\text{J} = 1\,\text{N}\,\text{m} = 1\,\text{kg}\,\text{m}^{2}\,\text{s}^{-2}$
Leistung	Watt	W	$1\,\text{W} = 1\,\text{J}\,\text{s}^{-1} = 1\,\text{kg}\,\text{m}^{2}\,\text{s}^{-3}$
el. Spannung	Volt	V	$1\,\text{V} = 1\,\text{W}\,\text{A}^{-1} = 1\,\text{J}\,\text{A}^{-1}\,\text{s}^{-1}$
el. Widerstand	Ohm	Ω	$1\,\Omega = 1\,\text{V}\,\text{A}^{-1}$
el. Ladung	Coulomb	C	$1\,\text{C} = 1\,\text{A}\,\text{s}$

In der Thermodynamik ist die Basisgrößenart elektrische Stromstärke nur von untergeordneter Bedeutung; die Basisgrößenart der Lichttechnik, die Lichtstärke, kommt in der Thermodynamik praktisch nicht vor.

Aus den Basiseinheiten lassen sich durch Produkt- oder Quotientenbildung weitere Einheiten, die *abgeleiteten Einheiten* bilden. Kommt bei der Bildung abgeleiteter Einheiten nur der Zahlenfaktor eins vor, z.B.

$$1\,\text{Newton} = 1\,\text{N} = \frac{1\,\text{kg} \cdot 1\,\text{m}}{1\,\text{s}^2} = 1\frac{\text{kg}\,\text{m}}{\text{s}^2},$$

so hat man ein *kohärentes* Einheitensystem. Die abgeleiteten Einheiten des Internationalen Einheitensystems bilden mit den sieben Basiseinheiten ein durchgehend kohärentes Einheitensystem, in dem es also keine (von eins verschiedenen) Umrechnungsfaktoren gibt. Zahlreiche abgeleitete Einheiten haben einen eigenen Namen und ein eigenes Einheitenzeichen. Tabelle 10.2 gibt eine Übersicht über derartige Einheiten, soweit sie für die Thermodynamik von Bedeutung sind.

Ein kohärentes Einheitensystem hat meistens den Nachteil, dass abgeleitete Einheiten sich bei ihrer Anwendung als unpraktisch groß oder klein erweisen. Als typisches Beispiel sei die Druckeinheit Pascal (Pa) genannt; 1 Pa ist etwa das 10^{-5}fache des atmosphärischen Luftdrucks, also eine für die Vakuumtechnik sehr geeignete Einheit, die jedoch für die meisten Anwendungen unpraktisch klein ist. Es ist dann zweckmäßig, *dezimale* Vielfache der ursprünglichen kohärenten Einheiten zu benutzen. Man bezeichnet dezimale Teile und Vielfache von Einheiten durch Vorsetzen von Vorsilben vor den Namen der Einheit und entsprechend durch Vorsetzen von Kurzzeichen vor die Einheitenzeichen. So bezeichnet man 10^{-3} Meter als Millimeter, und entsprechend gilt

$$10^{-3}\,\text{m} = 1\,\text{mm}\,.$$

Die international vereinbarten und gesetzlich vorgeschriebenen Vorsilben mit ihren Kurzzeichen enthält Tabelle 10.3. Bei der Anwendung der Vorsilben und Kurzzeichen ist zu beachten, dass Einheit und Vorsilbe ein Ganzes bilden. Es ist also

Tabelle 10.3. Vorsilben und Kurzzeichen für dezimale Vielfache und Teile von Einheiten

Vorsilbe	Kurz-zeichen	Zehner-potenz	Vorsilbe	Kurz-zeichen	Zehner-potenz
Exa-	E	10^{18}	Dezi-	d	10^{-1}
Peta-	P	10^{15}	Zenti-	c	10^{-2}
Tera-	T	10^{12}	Milli-	m	10^{-3}
Giga-	G	10^{9}	Mikro-	μ	10^{-6}
Mega-	M	10^{6}	Nano-	n	10^{-9}
Kilo-	k	10^{3}	Piko	p	10^{-12}
Hekto-	h	10^{2}	Femto-	f	10^{-15}
Deka-	da	10^{1}	Atto-	a	10^{-18}

$$1\,\text{cm}^2 = (1\,\text{cm})(1\,\text{cm}) = 10^{-4}\,\text{m}^2$$

und *nicht* $10^{-2}\,\text{m}^2$.

Einige häufig verwendete dezimale Vielfache von SI-Einheiten führen besondere Namen mit besonderen Einheitenzeichen. Dies sind die Volumeneinheit Liter mit dem Einheitenzeichen l, für die

$$1\,\text{l} = 10^{-3}\,\text{m}^3 = 1\,\text{dm}^3$$

gilt, die Masseneinheit Tonne (t), für die

$$1\,\text{t} = 10^{3}\,\text{kg} = 1\,\text{Mg}$$

gilt, sowie schließlich die Druckeinheit Bar (bar), für die

$$1\,\text{bar} = 10^{5}\,\text{Pa} = 10^{5}\,\text{N/m}^2$$

gilt. Da 1 bar etwa die Größe des atmosphärischen Luftdrucks hat, ist diese Einheit sehr anschaulich. Sie wird deswegen in Deutschland als Druckeinheit gegenüber dem Pascal bevorzugt, was im Ausland jedoch nicht der Fall ist. Wahrscheinlich wird das Bar keine internationale Anerkennung finden. Zur Veranschaulichung des Pascal merke man sich, dass der atmosphärische Luftdruck etwa 100 kPa beträgt.

Beispiel 10.3. Das in der Thermodynamik häufig vorkommende Produkt aus einem Volumen und einem Druck ergibt eine Energie. Als Energieeinheit tritt daher bei zahlreichen Rechnungen das Produkt aus einer Volumen- und einer Druckeinheit auf. Für die gern benutzten Einheiten Liter und bar ergeben sich daher die folgenden Zusammenhänge:

$$1\,\text{m}^3 \cdot \text{bar} = 10^{5}\,\text{m}^3\,\text{Pa} = 10^{5}\,\text{J} = 100\,\text{kJ}\,,$$
$$1\,\text{dm}^3 \cdot \text{bar} = 1\,\text{l} \cdot \text{bar} = 10^{-3}\,\text{m}^3 \cdot 10^{5}\,\text{Pa} = 100\,\text{J} = 0{,}1\,\text{kJ}\,.$$

10.2.2 Einheiten anderer Einheitensysteme. Umrechnungsfaktoren

Das kohärente System der SI-Einheiten hat sich erst im Verlauf der letzten Jahrzehnte in größerem Umfang durchgesetzt, obwohl in Deutschland einige seiner Einheiten schon seit 100 Jahren gesetzlich vorgeschrieben sind. Es werden daher noch zahlreiche Einheiten benutzt, die zu den Einheiten des Internationalen Einheitensystems nicht kohärent sind. Um die Benutzung älteren Schrifttums zu erleichtern, geben wir im Folgenden eine Zusammenstellung solcher Einheiten mit ihren Umrechnungsfaktoren an, soweit die Einheiten für die Thermodynamik von Bedeutung sind.

Zeiteinheiten:

$$1 \, \text{Minute} = 1 \, \text{min} = 60 \, \text{s}$$
$$1 \, \text{Stunde} = 1 \, \text{h} = 60 \, \text{min} = 3600 \, \text{s}$$

Krafteinheiten:

$$1 \, \text{Dyn} = 1 \, \text{dyn} = 10^{-5} \, \text{N} = 1 \, \text{g} \, \text{cm/s}^2$$
$$1 \, \text{Kilopond} = 1 \, \text{kp} = 10^3 \, \text{p} = 9{,}80665 \, \text{N}$$

Druckeinheiten:

$$1 \, \text{techn. Atmosphäre} = 1 \, \text{at} = 1 \, \text{kp/cm}^2 = 98066{,}5 \, \text{Pa} = 0{,}98665 \, \text{bar}$$
$$1 \, \text{phys. Atmosphäre} = 1 \, \text{atm} = 101325 \, \text{Pa} = 1{,}01325 \, \text{bar}$$
$$1 \, \text{Torr} = \frac{1}{760} \, \text{atm} \approx 133{,}3224 \, \text{Pa} = 1{,}333 \, 224 \, \text{mbar}$$
$$1 \, \text{(konventionelle) Meter-Wassersäule} = 1 \, \text{m WS} = 0{,}1 \, \text{at} = 9806{,}65 \, \text{Pa}$$
$$1 \, \text{(konventionelle) Millimeter-Quecksilbersäule} = 1 \, \text{mm Hg} = 133{,}322 \, \text{Pa}$$

Energieeinheiten:

$$1 \, \text{Erg} = 1 \, \text{erg} = 10^{-7} \, \text{J}$$
$$1 \, \text{m kp} = 9{,}80665 \, \text{J}$$
$$1 \, \text{kWh} = 3{,}6 \cdot 10^6 \, \text{J} = 3{,}6 \, \text{MJ}$$
$$1 \, \text{Kalorie}[1] = 1 \, \text{cal} = 4{,}1855 \, \text{J}$$

Leistungseinheiten:

$$1 \, \text{Pferdestärke} = 1 \, \text{PS} = 75 \, \text{m kp/s} = 735{,}498 \, 75 \, \text{W}$$
$$1 \, \text{kcal/h} = 1{,}16264 \, \text{W} \, .$$

---

[1] Für die Energieeinheit Kalorie (cal) wurden im Laufe der Zeit mehrere unterschiedliche Definitionen gegeben, die sich numerisch nur wenig unterscheiden, (vgl. hierzu U. Stille [10.3], S. 107–115 u. 357–358). Bei der Benutzung älterer, sehr genauer Zahlenwerte vergewissere man sich, um welche Definition der Kalorie es sich jeweils handelt.

Tabelle 10.4. Umrechnung wichtiger angelsächsischer Einheiten

Größenart	Angelsächsische Einheit	Umrechnung		
Länge	inch	1 inch	=	25,400 mm
	foot	1 ft	=	0,30480 m
	yard	1 yd	=	0,91440 m
Fläche	square inch	1 sq. in.	=	6,4516 cm^2
	square foot	1 sq. ft.	=	0,09290 m^2
Volumen	cubic foot	1 cu. ft.	=	28,317 dm^3
Masse	ounce	1 ounce	=	28,35 g
	pound (mass)	1 lb	=	0,45359 kg
	short ton	1 sh ton	=	907,18 kg
	long ton	1 lg ton	=	1016,05 kg
Kraft	pound (force)	1 Lb	=	4,4482 N
spez. Volumen	cubic foot/pound	1 cft./lb	=	0,062429 m^3/kg
Druck	pound/square inch	1 Lb/sq. in.	=	6,8948 kPa
Energie	British thermal unit	1 B. th. u.	=	1,05506 kJ
Leistung	horse-power	1 h. p.	=	0,74567 kW

Angelsächsische Einheiten. Tabelle 10.4 enthält die Beziehungen, die zwischen den wichtigsten in England und in den USA gebrauchten Einheiten und den Einheiten des Internationalen Einheitensystems bestehen. Genauere und ausführliche Angaben über diese Zusammenhänge findet man in [10.3]. Die Temperatureinheiten Rankine und Grad Fahrenheit wurden in Abschnitt 1.3.4 behandelt.

10.3 Stoffdaten

10.3.1 Allgemeine Daten

Tabelle 10.5. Werte fundamentaler Naturkonstanten nach [10.6] und [10.9]

Avogadro-Konstante	N_A	$= (6{,}022\,140\,76 \pm 0{,}000\,000\,12) \cdot 10^{23}\,\mathrm{mol}^{-1}$
Universelle (molare) Gaskonstante	R_m	$= (8{,}314\,459\,8 \pm 0{,}000\,004\,8)\,\mathrm{J/(mol\,K)}$
Boltzmann-Konstante R_m/N_A	k	$= (1{,}380\,648\,52 \pm 0{,}000\,000\,79) \cdot 10^{-23}\,\mathrm{J/K}$
elektrische Elementarladung	e	$= (1{,}602\,176\,620\,8 \pm 0{,}000\,000\,009\,8) \cdot 10^{-19}\,\mathrm{C}$
Faraday-Konstante eN_A	F	$= (96\,485{,}332\,89 \pm 0{,}000\,59)\,\mathrm{C/mol}$
Planck-Konstante	h	$= (6{,}626\,070\,040 \pm 0{,}000\,000\,081) \cdot 10^{-34}\,\mathrm{J\,s}$
Lichtgeschwindigkeit	c	$= 299\,792\,458\,\mathrm{m/s}\ \text{(exakt)}$

Die hier mitgeteilten, 2015 von CODATA [10.9] empfohlenen Werte sind das Ergebnis einer umfangreichen Ausgleichsrechnung. Die Unsicherheitsgrenzen entsprechen der einfachen Standardabweichung.

Tabelle 10.6. Molare Masse M, Gaskonstante R, spezifische isobare Wärmekapazität c_p^{iG} bzw. c_p, molare Bildungsenthalpie $H^{f\Box}$, molare Standard-Entropie $S^\Box$ und molare Gibbs-Funktion $G^\Box$ im thermochemischen Standardzustand ($T_0 = 298{,}15\,\text{K}$, $p_0 = 100\,\text{kPa}$). Molare Massen nach [10.10], andere Werte nach [10.11] und [4.42]

Stoff	Form-art	M g/mol	R kJ/kg K	c_p^{iG} bzw. c_p kJ/kg K	$H^{f\Box}$ kJ/mol	$S^\Box$ J/mol K	$G^\Box$ kJ/mol
O	g	15,9994	0,51967	1,3696	249,18	161,059	201,16
O_2	g	31,9988	0,25984	0,9181	0	205,152	− 61,166
H	g	1,00794	8,24897	20,622	217,998	114,717	183,795
H_2	g	2,01588	4,12449	14,304	0	130,680	− 38,962
OH	g	17,0073	0,48888	1,7576	47,52	189,395	− 8,95
H_2O	fl	18,0153	0,46152	4,1819	− 285,84	69,93	− 306,69
H_2O	g	18,0153	0,46152	1,8646	− 241,83	188,835	− 298,13
He	g	4,002602	2,07727	5,1932	0	126,153	− 37,613
Ne	g	20,1797	0,41202	1,0300	0	146,328	− 43,628
Ar	g	39,948	0,20813	0,5203	0	154,846	− 46,167
Kr	g	83,80	0,09922	0,2480	0	164,085	− 48,922
Xe	g	131,293	0,06333	0,1583	0	169,685	− 50,592
F_2	g	37,99680	0,21882	0,8239	0	202,791	− 60,462
HF	g	20,00634	0,41559	1,4564	− 273,3	173,779	− 325,1
Cl_2	g	70,906	0,11726	0,4788	0	223,081	− 66,512
HCl	g	36,461	0,22804	0,7991	− 92,31	186,902	− 148,03
S	fe	32,065	0,25930	0,7095	0	32,054	− 9,557
S	g	32,065	0,25930	0,7383	277,17	167,829	227,13
S_2	g	64,130	0,12965	0,5068	128,6	228,17	60,57
SO_2	g	64,064	0,12978	0,6219	− 296,8	248,22	− 370,8
H_2S	g	34,081	0,24396	1,0049	− 20,6	205,81	− 81,96
N	g	14,0067	0,59361	1,4840	472,7	153,301	427,0
N_2	g	28,0134	0,29681	1,0396	0	191,609	− 57,128
NO	g	30,0061	0,27709	0,9965	90,25	210,76	27,41
NO_2	g	46,0055	0,18073	0,7938	33,10	240,04	− 38,47
N_2O	g	44,0128	0,18891	0,8700	82,05	219,96	16,47
NH_3	g	17,0305	0,48821	2,0921	− 45,94	192,77	− 103,41
C	fe	12,0107	0,69226	0,7091	0	5,74	− 1,711
C	g	12,0107	0,69226	1,7350	716,7	158,10	669,5
CO	g	28,0101	0,29684	1,0404	− 110,53	197,660	− 169,46
CO_2	g	44,010	0,18892	0,8438	− 393,51	213,785	− 457,25
CH_4	g	16,042	0,51829	2,185	− 74,87	186,25	− 130,40
C_2H_6	g	30,069	0,27651	1,730	− 84,73	229,60	− 153,18
C_3H_8	g	44,096	0,18855	1,667	− 103,85	270,02	− 184,36
C_4H_{10}	g	58,122	0,14305	1,690	− 124,73	310,14	− 217,20
C_5H_{12}	fl	72,149	0,11524	2,297	− 173,83	259,86	− 251,31
C_6H_{14}	fl	86,175	0,09648	2,263	− 198,8	292,5	− 286,0
C_7H_{16}	fl	100,20	0,08298	2,242	− 224,4	328,0	− 322,2
C_8H_{18}	fl	114,23	0,07279	2,224	− 250,0	361,2	− 357,7

Tabelle 10.6. (Fortsetzung)

Stoff	Form-art	M g/mol	R kJ/kg K	c_p^{iG} bzw. c_p kJ/kg K	$H^{f\square}$ kJ/mol	$S^{\square}$ J/mol K	$G^{\square}$ kJ/mol
C_2H_2	g	26,037	0,31933	1,693	226,77	200,94	166,86
C_2H_4	g	28,053	0,29638	1,488	52,47	219,33	$-12,92$
C_6H_6	fl	78,112	0,10644	1,7425	49,04	171,54	$-2,10$
CH_3OH	fl	32,042	0,25949	2,546	$-239,45$	126,61	$-277,20$
C_2H_5OH	fl	46,068	0,18048	2,434	$-276,98$	161,00	$-324,98$
HCOOH	fl	46,025	0,18065	2,154	$-424,7$	129,0	$-463,2$
CH_2O	g	30,026	0,27691	1,167	$-115,90$	218,95	$-181,18$
COS	g	60,076	0,13840	0,672	$-138,40$	231,58	$-207,52$
HCN	g	27,025	0,30765	1,293	135,14	201,83	74,96
Ca	fe	40,078	0,20746	0,647	0	41,59	$-12,40$
CaO	fe	56,077	0,14827	0,751	$-634,9$	38,1	$-646,3$
$Ca(OH)_2$	fe	74,093	0,11222	1,183	$-986,1$	83,4	$-1011,0$
$CaSO_4$	fe	136,14	0,06107	0,732	$-1434,1$	106,7	$-1465,9$
CaC_2	fe	64,099	0,12971	0,974	$-59,4$	70,3	$-80,4$
$CaCO_3$	fe	100,09	0,08307	0,818	$-1208,4$	93,1	$-1236,2$
Luft, trocken		28,9654	0,28705	1,0047	$-0,142$	198,827	$-59,42$

10.3.2 Berechnungsgleichungen für Enthalpie und Entropie von Luft und Verbrennungsgasen

Zur Auswertung der Energie-, Entropie- und Exergiebilanzen von Verbrennungsprozessen benötigt man spezifische Enthalpien und Entropien von Luft und Verbrennungsgasen. Diese in der Regel als ideal angenommenen Gasgemische bestehen aus den Komponenten N_2, O_2, Ar, Ne, CO_2, H_2O und SO_2. Für die genannten Gase muss man die Temperaturabhängigkeit ihrer spezifischen Wärmekapazität $c_p^{iG}(T)$ kennen, um durch Integration die spezifische Enthalpie $h(T)$ und die spezifische Entropie $s^T(T)$ beim Standarddruck $p_0 = 100\,\text{kPa}$ zu erhalten, vgl. die Abschnitte 4.3.2 und 4.3.3. Im Folgenden werden genaue Berechnungsgleichungen für $c_p^{iG}(T)$, $\bar{c}_p^{iG}(T)$, $h(T)$ und $s^T(T)$ mit ihren Koeffizienten zusammengestellt. Damit können Werte dieser Temperaturfunktionen im Bereich $200\,\text{K} \leq T \leq 2500\,\text{K}$ berechnet werden, und zwar nicht nur für die sieben genannten Gase, sondern in einfacher Weise auch für alle idealen Gasgemische, die aus diesen Stoffen bestehen.

S. Kabelac u.a. [10.15] haben $c_p^{iG}(T)$ in dimensionsloser Form durch die Gleichung

$$c_p^{iG}(T)/R = C_{p0}^{iG}(T)/R_m = \sum_{k=1}^{12} C_k\, x^{k-8} \quad \text{mit} \quad x = T/T^* \tag{10.1}$$

dargestellt, wobei $T^* = 1000\,\mathrm{K}$ gesetzt wurde. Für die fünf schon genannten zwei- und dreiatomigen Gase und vier weitere Gase (H_2, CO, CH_4 und H_2S) haben sie optimale Werte der Koeffizienten C_k bestimmt. Multipliziert man die Koeffizienten eines bestimmten Gases mit seiner Gaskonstante R, so erhält man mit

$$c_k := R\,C_k \tag{10.2}$$

die Berechnungsgleichung für die spezifische Wärmekapazität des Gases zu

$$c_p^{iG}(T) = \sum_{k=1}^{12} c_k\, x^{k-8} = \sum_{k=1}^{12} c_k\, (T/T^*)^{k-8} \ . \tag{10.3}$$

Tabelle 10.7 zeigt die Werte der in Gl.(10.2) verwendeten Gaskonstante R und die Koeffizienten c_k der zwei- und dreiatomigen Gase. Für die Edelgase ist $c_8 = (5/2)R$; die anderen 11 Koeffizienten sind gleich null. Tabelle 10.7a enthält die Werte von R und c_8 für Argon und Neon.

Durch Integration von $c_p^{iG}(T)$, vgl. Tabelle 4.4 in Abschnitt 4.3.1, erhält man mit Gl.(10.3) die spezifische Enthalpie

$$h(T) = T^* \left(c_0 + c_7 \ln x + \sum_{k=1,k\neq 7}^{12} \frac{c_k}{k-7}\, x^{k-7} \right) . \tag{10.4}$$

Tabelle 10.7. Gaskonstante R, spezifische konventionelle (absolute) Entropie $s^\square$ im Standardzustand, Koeffizienten c_0 bis c_{12} der Gl.(10.2) bis (10.6) sowie d_0 in Gl.(10.6) für fünf ideale Gase. Alle Angaben in kJ/kg K

	N_2	O_2	CO_2	H_2O	SO_2
R	0,296803	0,259837	0,188922	0,461523	0,129784
$s^\square$	6,83991	6,41124	4,9258	10,48192	3,8746
c_0	$-1,376336638$	$-1,097473175$	$-1,120840650$	3,759590061	$-0,405923627$
c_1	$-0,0000797270$	0,0000152385	$-0,0000481280$	0,0000685451	0,0000175647
c_2	0,0023227098	$-0,0003952036$	0,0013119490	$-0,0024292033$	$-0,0005402488$
c_3	$-0,029183817$	0,004000136	$-0,015483339$	0,035937090	0,007034166
c_4	0,20640159	$-0,01804445$	0,10362701	$-0,29186010$	$-0,04999412$
c_5	$-0,89792462$	0,01378745	$-0,43314776$	1,43739067	0,20696568
c_6	2,4588600	0,2108220	1,1831570	$-4,4771600$	$-0,4831549$
c_7	$-4,149474$	$-0,908682$	$-2,186309$	8,965501	0,520733
c_8	5,082928	2,389091	3,292046	$-9,730609$	0,456699
c_9	$-2,102458$	$-0,909577$	$-0,963963$	9,294361	0,264787
c_{10}	0,722736	0,375736	0,300080	$-3,621326$	$-0,092136$
c_{11}	$-0,1381195$	$-0,0721146$	$-0,0506986$	0,7448079	0,0185465
c_{12}	0,01126722	0,00535447	0,00361903	$-0,06278425$	$-0,00156171$
d_0	6,756153	7,554335	5,301110	12,342754	4,883438

Tabelle 10.7 a. Gaskonstante R, spezifische konventionelle (absolute) Entropie $s^\square$ im Standardzustand, Koeffizienten c_0, c_8 und d_0 der Edelgase Argon und Neon. Alle Angaben in kJ/kg K

	R	$s^\square$	c_0	c_8	d_0
Ar	0,208132	3,876189	$-0{,}142128140$	0,520330	4,505871
Ne	0,412022	7,251248	$-0{,}281359523$	1,030055	8,497777

Die Integrationskonstante c_0 wird so bestimmt, dass die spezifische Enthalpie $h(T)$ für $T = 273{,}15\,\mathrm{K}$ ($\vartheta = 0\,^\circ\mathrm{C}$) gleich null wird. Werte von c_0 findet man in Tabelle 10.7 und 10.7 a.

Durch die Festlegung $h(273{,}15\,\mathrm{K}) = h(0\,^\circ\mathrm{C}) = 0$ lässt sich die mittlere spezifische Wärmekapazität $\bar{c}_{\mathrm{p}}^{\mathrm{iG}}(T)$ nach ihrer Definitionsgleichung (4.24) in Abschnitt 4.3.2 aus der einfachen Beziehung

$$\bar{c}_{\mathrm{p}}^{\mathrm{iG}}(T) = \frac{h(T) - h(273{,}15\,\mathrm{K})}{T - 273{,}15\,\mathrm{K}} = \frac{h(T)}{\vartheta} \tag{10.5}$$

berechnen, die mit Gl.(10.4) unmittelbar auszuwerten ist. Tabelle 10.9 in Abschnitt 10.3.3 zeigt diese Werte.

Für die durch Gl.(4.26) definierte Funktion $s^{\mathrm{T}}(T)$ erhält man durch Integration von Gl.(10.3)

$$s^{\mathrm{T}}(T) = d_0 + c_8 \ln x + \sum_{k=1, k \neq 8}^{12} \frac{c_k}{k-8} x^{k-8} . \tag{10.6}$$

Die Integrationskonstante d_0 wird so bestimmt, dass $s^{\mathrm{T}}(T)$ bei der thermochemischen Standardtemperatur $T_0 = 298{,}15\,\mathrm{K}$ den Wert der spezifischen Standardentropie $s^\square = S^\square/M$ annimmt. Für die einzelnen Gase wurde $s^\square$ aus der in Tabelle 10.6 vertafelten molaren Standardentropie $S^\square$ berechnet und in Tabelle 10.7 bzw. 10.7 a aufgenommen.

Durch die Festlegung der Entropiekonstante d_0 mittels der Standardentropie $s^\square$ erhält man mit Gl.(10.6) spezifische Entropien, die dem 3. Hauptsatz genügen. Sie können daher als konventionelle (absolute) Entropien direkt in die Entropiebilanzen von Verbrennungsprozessen oder anderen chemischen Reaktionen eingesetzt werden.

Die kalorischen Zustandsgrößen $c_{\mathrm{p}}^{\mathrm{iG}}$, h und s^{T} eines *idealen Gasgemisches* erhält man nach Abschnitt 5.2.2 aus den entsprechenden Zustandsgrößen der Komponenten, wenn man die Gemischzusammensetzung in Massenanteilen ξ_i kennt. Wie die Beziehungen von Abschnitt 5.2.2 zeigen, gelten die Gl.(10.3) bis (10.6) auch für Gemische; man hat nur die Koeffizienten c_k nach

$$c_k = \sum_{i=1}^{N} \xi_i\,(c_k)_i , \quad k = 0, 1, \ldots 12 \tag{10.7}$$

aus den in Tabelle 10.7 bzw. 10.7 a verzeichneten Koeffizienten $(c_k)_i$ der Komponenten i zu berechnen. Zu der so nach Gl.(10.6) berechneten spezifischen Entropie s^T ist noch die spezifische Mischungsentropie $\Delta^M s$ zu addieren. Durch Umformen der Gl.(5.41) ergibt sich

$$\Delta^M s = - \sum_{i=1}^{N} \xi_i\, R_i \ln(\xi_i R_i / R)\,, \tag{10.8}$$

worin

$$R = \sum_{i=1}^{N} \xi_i\, R_i \tag{10.9}$$

die spezifische Gaskonstante des Gemisches bedeutet. Damit erhält man für den Koeffizienten d_0 in Gl.(10.6)

$$d_0 = \sum_{i=1}^{N} \xi_i\,(d_0)_i + \Delta^M s\,. \tag{10.10}$$

Tabelle 10.8. Gaskonstante R, spezifische Mischungsentropie $\Delta^M s$, Koeffizienten c_0 bis c_{12} nach Gl.(10.7) sowie d_0 nach Gl.(10.10) für die idealen Gasgemische trockene Luft nach Tabelle 5.2, Luftstickstoff (N_2^*) nach Tabelle 7.1 sowie stöchiometrische Verbrennungsgase aus Gasöl (Heizöl EL, Dieselkraftstoff) und aus Erdgas (H-Gas Nordsee) nach Tabelle 7.4. Alle Angaben in kJ/kg K

	Luft	N_2^*	Stöchiometr. Verbrennungsgas aus	
			Gasöl	H-Gas Nordsee
R	0,287049	0,295242	0,286791	0,297877
$\Delta^M s$	0,162857	0,020204	0,216036	0,232164
c_0	$-1,295752422$	$-1,355449337$	$-0,906095704$	$-0,717824385$
c_1	$-0,0000567059$	$-0,0000783668$	$-0,0000606976$	$-0,0000563217$
c_2	0,0016632587	0,0022830197	0,0017161091	0,0015757358
c_3	$-0,021120966$	$-0,028684415$	$-0,020934194$	$-0,019003398$
c_4	0,15174522	0,20286540	0,14390570	0,129039923
c_5	$-0,67511420$	$-0,88252829$	$-0,60929968$	$-0,53887524$
c_6	1,90624126	2,4166969	1,62542307	1,4116697
c_7	$-3,3449475$	$-4,078456$	$-2,670726$	$-2,246990$
c_8	4,3997455	5,005111	3,500683	3,0035116
c_9	$-1,798682$	$-2,066372$	$-0,950896$	$-0,5578713$
c_{10}	0,632887	0,710309	0,287060	0,1367496
c_{11}	$-0,1210166$	$-0,1357399$	$-0,0493700$	$-0,0188832$
c_{12}	0,00974949	0,01107273	0,00376367	0,00122030
d_0	7,073958	6,737638	7,102084	7,399598

Für einige der für Verbrennungsprozesse wichtigen Gasgemische sind in Tabelle 10.8 die nach Gl.(10.7) berechneten Koeffizienten c_0 bis c_{12} und d_0 nach Gl.(10.10) sowie die Gaskonstante R des Gemisches und seine spezifische Mischungsentropie $\Delta^M s$ angegeben. Die Werte gelten für trockene Luft mit der Zusammensetzung nach Tabelle 5.2, für Luftstickstoff nach Tabelle 7.1 und für zwei stöchiometrische Verbrennungsgase mit den in Tabelle 7.4 angegebenen Zusammensetzungen.

10.3.3 Tabellen der mittleren spezifischen Wärmekapazität und der spezifischen Entropie beim Standarddruck

Tabelle 10.9. Mittlere spezifische Wärmekapazität $\bar{c}_p^{iG}$ idealer Gase in kJ/kg K als Funktion der Celsius-Temperatur, berechnet nach Gl.(10.5). Zusammensetzung der (trockenen) Luft nach Tabelle 5.2 und des Luftstickstoffs (N_2^*) nach Tabelle 7.1

ϑ in °C	Luft	N_2^*	N_2	O_2	CO_2	H_2O	SO_2
− 75	1,0029	1,0303	1,0392	0,9119	0,7754	1,8536	0,5873
− 50	1,0031	1,0303	1,0392	0,9126	0,7895	1,8548	0,5941
− 25	1,0034	1,0304	1,0393	0,9135	0,8035	1,8567	0,6010
0	1,0037	1,0305	1,0394	0,9147	0,8173	1,8589	0,6079
25	1,0042	1,0306	1,0395	0,9163	0,8307	1,8615	0,6149
50	1,0048	1,0309	1,0397	0,9182	0,8437	1,8646	0,6219
75	1,0055	1,0312	1,0400	0,9204	0,8563	1,8682	0,6289
100	1,0064	1,0316	1,0404	0,9229	0,8684	1,8724	0,6359
125	1,0075	1,0321	1,0410	0,9257	0,8801	1,8770	0,6427
150	1,0087	1,0328	1,0416	0,9288	0,8914	1,8820	0,6495
175	1,0101	1,0336	1,0425	0,9320	0,9023	1,8874	0,6561
200	1,0116	1,0346	1,0435	0,9354	0,9128	1,8931	0,6626
225	1,0133	1,0357	1,0446	0,9389	0,9230	1,8991	0,6689
250	1,0152	1,0370	1,0459	0,9425	0,9328	1,9054	0,6751
275	1,0171	1,0385	1,0474	0,9462	0,9423	1,9119	0,6810
300	1,0192	1,0400	1,0490	0,9500	0,9515	1,9185	0,6867
350	1,0237	1,0436	1,0526	0,9574	0,9691	1,9323	0,6977
400	1,0285	1,0477	1,0567	0,9649	0,9856	1,9466	0,7078
450	1,0336	1,0522	1,0613	0,9721	1,0011	1,9615	0,7173
500	1,0389	1,0569	1,0661	0,9792	1,0157	1,9767	0,7261
550	1,0443	1,0619	1,0711	0,9860	1,0296	1,9923	0,7342
600	1,0498	1,0670	1,0763	0,9925	1,0427	2,0083	0,7418
650	1,0552	1,0722	1,0816	0,9987	1,0551	2,0245	0,7488
700	1,0606	1,0775	1,0870	1,0047	1,0668	2,0409	0,7554
750	1,0660	1,0827	1,0923	1,0104	1,0779	2,0576	0,7615
800	1,0712	1,0879	1,0976	1,0158	1,0885	2,0744	0,7672
900	1,0814	1,0981	1,1079	1,0258	1,1080	2,1082	0,7776
1000	1,0910	1,1079	1,1179	1,0350	1,1257	2,1421	0,7867
1100	1,1001	1,1172	1,1274	1,0434	1,1417	2,1757	0,7949
1200	1,1087	1,1261	1,1364	1,0511	1,1563	2,2089	0,8021

Tabelle 10.9. (Fortsetzung)

ϑ in °C	Luft	N_2^*	N_2	O_2	CO_2	H_2O	SO_2
1300	1,1168	1,1344	1,1448	1,0583	1,1697	2,2414	0,8087
1400	1,1243	1,1422	1,1528	1,0650	1,1819	2,2731	0,8146
1500	1,1315	1,1495	1,1602	1,0714	1,1931	2,3039	0,8199
1600	1,1381	1,1564	1,1673	1,0774	1,2035	2,3337	0,8249
1700	1,1445	1,1629	1,1738	1,0832	1,2130	2,3624	0,8294
1800	1,1504	1,1690	1,1800	1,0887	1,2219	2,3901	0,8335
1900	1,1561	1,1747	1,1859	1,0940	1,2302	2,4168	0,8374
2000	1,1614	1,1801	1,1914	1,0991	1,2378	2,4425	0,8410
2100	1,1665	1,1852	1,1965	1,1041	1,2450	2,4672	0,8443
2200	1,1713	1,1901	1,2014	1,1090	1,2518	2,4910	0,8474

Tabelle 10.10. Mittlere spezifische Wärmekapazität $\bar{c}_p^{iG}$ in kJ/kg K als Funktion der Celsiustemperatur für die stöchiometrischen Verbrennungsgase der Brennstoffe Flammkohle, Gasöl (Heizöl EL, Dieselkraftstoff) und Erdgas (H-Gas, Nordsee) mit den Eigenschaften von Tabelle 7.4

ϑ °C	Stöchiom. Verbrennungsgas aus			ϑ °C	Stöchiom. Verbrennungsgas aus		
	Flamm-kohle	Gasöl Heizöl	Erdgas H		Flamm-kohle	Gasöl Heizöl	Erdgas H
− 75	1,0005	1,0434	1,0864	550	1,0930	1,1284	1,1660
− 50	1,0042	1,0463	1,0889	600	1,1006	1,1359	1,1736
− 25	1,0078	1,0494	1,0914	650	1,1081	1,1435	1,1813
0	1,0115	1,0524	1,0939	700	1,1155	1,1509	1,1889
25	1,0151	1,0554	1,0964	750	1,1227	1,1582	1,1964
50	1,0187	1,0584	1,0990	800	1,1298	1,1654	1,2038
75	1,0222	1,0615	1,1017	900	1,1433	1,1793	1,2182
100	1,0258	1,0646	1,1044	1000	1,1562	1,1926	1,2321
125	1,0293	1,0677	1,1072	1100	1,1682	1,2052	1,2454
150	1,0329	1,0708	1,1100	1200	1,1796	1,2171	1,2580
175	1,0364	1,0741	1,1130	1300	1,1902	1,2284	1,2699
200	1,0400	1,0773	1,1160	1400	1,2001	1,2389	1,2812
225	1,0437	1,0807	1,1192	1500	1,2095	1,2489	1,2919
250	1,0473	1,0841	1,1224	1600	1,2182	1,2583	1,3021
275	1,0510	1,0875	1,1257	1700	1,2264	1,2672	1,3117
300	1,0548	1,0911	1,1291	1800	1,2341	1,2755	1,3207
350	1,0623	1,0983	1,1361	1900	1,2414	1,2834	1,3293
400	1,0700	1,1057	1,1433	2000	1,2483	1,2909	1,3375
450	1,0777	1,1132	1,1508	2100	1,2547	1,2979	1,3452
500	1,0854	1,1208	1,1583	2200	1,2608	1,3046	1,3526

Tabelle 10.11. Spezifische konventionelle Entropie $s^T(\vartheta)$ in kJ/kg K beim Standarddruck $p_0 = 100$ kPa als Funktion der Celsiustemperatur, berechnet nach Gl.(10.6) für trockene Luft mit der Zusammensetzung nach Tabelle 5.2 und das stöchiometrische Verbrennungsgas aus Erdgas (H-Gas, Nordsee) nach Tabelle 7.4. Die Mischungsentropie ist berücksichtigt

ϑ °C	Luft	Erdgas H	ϑ °C	Luft	Erdgas H	ϑ °C	Luft	Erdgas H
− 50	6,5736	6,8572	300	7,5299	7,9107	900	8,3213	8,8076
− 40	6,6176	6,9047	310	7,5480	7,9309	920	8,3411	8,8304
− 30	6,6597	6,9504	320	7,5659	7,9509	940	8,3607	8,8529
− 20	6,7001	6,9943	330	7,5834	7,9706	960	8,3799	8,8751
− 10	6,7390	7,0365	340	7,6007	7,9900	980	8,3989	8,8970
0	6,7764	7,0773	350	7,6178	8,0092	1000	8,4177	8,9186
10	6,8125	7,1167	360	7,6346	8,0281	1020	8,4361	8,9400
20	6,8474	7,1547	370	7,6513	8,0468	1040	8,4544	8,9610
30	6,8811	7,1916	380	7,6677	8,0652	1060	8,4724	8,9819
40	6,9137	7,2273	390	7,6838	8,0834	1080	8,4902	9,0025
50	6,9453	7,2620	400	7,6998	8,1014	1100	8,5077	9,0228
60	6,9760	7,2957	420	7,7312	8,1366	1120	8,5251	9,0429
70	7,0058	7,3284	440	7,7618	8,1711	1140	8,5422	9,0627
80	7,0347	7,3603	460	7,7916	8,2048	1160	8,5591	9,0824
90	7,0629	7,3914	480	7,8209	8,2378	1180	8,5758	9,1018
100	7,0903	7,4216	500	7,8494	8,2700	1200	8,5923	9,1209
110	7,1171	7,4512	520	7,8774	8,3016	1250	8,6327	9,1680
120	7,1431	7,4800	540	7,9048	8,3326	1300	8,6720	9,2138
130	7,1686	7,5082	560	7,9316	8,3630	1350	8,7102	9,2583
140	7,1934	7,5357	580	7,9579	8,3928	1400	8,7473	9,3018
150	7,2177	7,5626	600	7,9837	8,4221	1450	8,7835	9,3442
160	7,2415	7,5890	620	8,0090	8,4508	1500	8,8188	9,3855
170	7,2647	7,6148	640	8,0338	8,4790	1550	8,8532	9,4258
180	7,2875	7,6401	660	8,0582	8,5067	1600	8,8867	9,4653
190	7,3098	7,6649	680	8,0822	8,5340	1650	8,9195	9,5038
200	7,3317	7,6893	700	8,1057	8,5608	1700	8,9515	9,5415
210	7,3531	7,7132	720	8,1289	8,5872	1750	8,9828	9,5783
220	7,3742	7,7366	740	8,1516	8,6132	1800	9,0134	9,6144
230	7,3948	7,7597	760	8,1740	8,6388	1850	9,0433	9,6497
240	7,4151	7,7823	780	8,1960	8,6640	1900	9,0726	9,6843
250	7,4351	7,8046	800	8,2177	8,6888	1950	9,1013	9,7182
260	7,4547	7,8265	820	8,2391	8,7132	2000	9,1295	9,7514
270	7,4739	7,8480	840	8,2601	8,7373	2050	9,1570	9,7840
280	7,4929	7,8692	860	8,2808	8,7611	2100	9,1840	9,8160
290	7,5116	7,8901	880	8,3012	8,7845	2150	9,2106	9,8474

10.3.4 Aus der Dampftafel für Wasser

Tabelle 10.12. Dampftafel für das Nassdampfgebiet von H_2O, berechnet mit der Fundamentalgleichung von A. Pruß und W. Wagner [4.49]; $\vartheta_k = 373{,}946\,°C$

ϑ °C	p kPa	v' dm³/kg	v'' m³/kg	h' kJ/kg	h'' kJ/kg	Δh_v kJ/kg	s' kJ/kg K	s'' kJ/kg K
0,01	0,6117	1,0002	205,99	0,00	2500,9	2500,9	0,0000	9,1555
5	0,8726	1,0001	147,01	21,02	2510,1	2489,1	0,0763	9,0249
10	1,2282	1,0003	106,30	42,02	2519,2	2477,2	0,1511	8,8999
15	1,7058	1,0009	77,875	62,98	2528,4	2465,4	0,2245	8,7804
20	2,3393	1,0018	57,757	83,92	2537,5	2453,6	0,2965	8,6661
25	3,1700	1,0030	43,337	104,84	2546,5	2441,7	0,3672	8,5568
30	4,2470	1,0044	32,878	125,74	2555,6	2429,8	0,4368	8,4521
35	5,6291	1,0060	25,205	146,64	2564,6	2417,9	0,5051	8,3518
40	7,3850	1,0079	19,515	167,54	2573,5	2406,0	0,5724	8,2557
45	9,5951	1,0099	15,252	188,44	2582,5	2394,0	0,6386	8,1634
50	12,352	1,0121	12,027	209,34	2591,3	2382,0	0,7038	8,0749
55	15,762	1,0146	9,564	230,26	2600,1	2369,9	0,7680	7,9899
60	19,947	1,0171	7,667	251,18	2608,9	2357,7	0,8313	7,9082
65	25,042	1,0199	6,194	272,12	2617,5	2345,4	0,8937	7,8297
70	31,201	1,0228	5,040	293,07	2626,1	2333,1	0,9551	7,7541
80	47,415	1,0291	3,4052	335,0	2643,0	2308,0	1,0756	7,6112
90	70,183	1,0360	2,3591	377,0	2659,6	2282,6	1,1929	7,4782
100	101,419	1,0435	1,6718	419,2	2675,6	2256,4	1,3072	7,3542
110	143,38	1,0516	1,2093	461,4	2691,1	2229,7	1,4188	7,2382
120	198,68	1,0603	0,8912	503,8	2706,0	2202,1	1,5279	7,1292
130	270,28	1,0697	0,6680	546,4	2720,1	2173,7	1,6347	7,0265
140	361,54	1,0798	0,5085	589,2	2733,5	2144,3	1,7392	6,9294
150	476,17	1,0905	0,3925	632,2	2746,0	2113,8	1,8418	6,8372
160	618,24	1,1020	0,3068	675,5	2757,5	2082,0	1,9426	6,7492
170	792,20	1,1143	0,2426	719,1	2767,9	2048,8	2,0417	6,6650
180	1002,8	1,1274	0,19384	763,1	2777,3	2014,2	2,1393	6,5841
190	1255,3	1,1415	0,15636	807,4	2785,3	1977,9	2,2355	6,5060
200	1554,9	1,1565	0,12721	852,3	2792,0	1939,8	2,3306	6,4302
210	1907,7	1,1727	0,10429	897,6	2797,3	1899,7	2,4246	6,3564
220	2319,6	1,1902	0,08609	943,6	2801,0	1857,4	2,5177	6,2841
230	2797,1	1,2090	0,07150	990,2	2802,9	1812,7	2,6101	6,2129
240	3347,0	1,2295	0,05970	1037,6	2803,0	1765,4	2,7020	6,1424
250	3976,2	1,2517	0,05008	1085,8	2801,0	1715,2	2,7936	6,0721
260	4692,3	1,2761	0,04217	1135,0	2796,6	1661,7	2,8850	6,0017
270	5503,1	1,3030	0,03562	1185,3	2789,7	1604,4	2,9765	5,9305
280	6416,7	1,3328	0,03015	1236,9	2779,9	1543,0	3,0685	5,8580
290	7441,9	1,3663	0,02555	1290,0	2766,7	1476,7	3,1612	5,7834
300	8588,0	1,4042	0,02166	1345,0	2749,7	1404,6	3,2552	5,7060

Tabelle 10.12. (Fortsetzung)

ϑ °C	p kPa	v' dm³/kg	v'' m³/kg	h' kJ/kg	h'' kJ/kg	Δh_v kJ/kg	s' kJ/kg K	s'' kJ/kg K
310	9865,2	1,4479	0,01833	1402,2	2728,0	1325,7	3,3510	5,6244
320	11284,4	1,4990	0,01547	1462,2	2700,6	1238,4	3,4495	5,5373
330	12858	1,561	0,012979	1525,9	2666,1	1140,2	3,5518	5,4422
340	14601	1,638	0,010781	1594,5	2621,9	1027,3	3,6602	5,3357
350	16530	1,740	0,008802	1670,9	2563,7	892,8	3,7784	5,2111
360	18666	1,895	0,006949	1761,7	2481,5	719,8	3,9167	5,0536
370	21044	2,215	0,004954	1890,7	2334,5	443,8	4,1112	4,8013
t_k	22064	3,106	0,003106	2084,3	2084,3	0,0	4,407	4,407

10.3.5 Heizwerte, Brennwerte und Brennstoff-Exergien

Tabelle 10.13. Molarer Heizwert H_{um}, molarer Brennwert H_{om}, reversible Reaktionsarbeit W_{tm}^{rev} und molare chemische Exergie Ex_B chemisch einheitlicher Brennstoffe in kJ/mol für $\vartheta = 25\,°C, p = 100\,kPa$. Ex_B wurde nach dem Umgebungsmodell von Abschnitt 5.5.6 berechnet

Brennstoff	H_{um}	H_{om}	$-W_{tm}^{rev}$	Ex_B	Ex_B/H_{om}	$Ex_B/(-W_{tm}^{rev})$
Feste und gasförmige Brennstoffe						
C	393,51	393,51	394,37	405,55	1,0306	1,0283
S	296,8	296,8	300,1	531,5	1,791	1,772
H_2	241,83	285,84	237,15	234,68	0,8210	0,9896
H_2S	518,0	562,0	503,8	732,8	1,304	1,455
COS	551,9	551,9	620,6	865,6	1,568	1,395
CO	282,98	282,98	257,21	270,88	0,9572	1,0535
CH_4	802,30	890,32	817,90	824,16	0,9257	1,0077
C_2H_6	1427,8	1559,8	1467,3	1482,3	0,9503	1,0102
C_3H_8	2044,0	2220,0	2108,3	2132,0	0,9604	1,0112
C_4H_{10}	2658,5	2878,5	2747,7	2780,1	0,9658	1,0118
C_2H_2	1255,6	1299,6	1235,1	1255,0	0,9657	1,0161
C_2H_4	1323,2	1411,2	1331,5	1348,9	0,9559	1,0131
Flüssige Brennstoffe						
C_5H_{12}	3245	3509	3386	3427	0,9766	1,0121
C_6H_{14}	3855	4163	4023	4073	0,9784	1,0124
C_7H_{16}	4465	4817	4659	4718	0,9794	1,0127
C_8H_{18}	5075	5471	5296	5363	0,9803	1,0127
C_6H_6	3135,6	3267,6	3202,7	3262,4	0,9984	1,0186
CH_3OH	637,7	725,7	701,7	710,4	0,9789	1,0124
C_2H_5OH	1235,5	1367,6	1326,6	1343,6	0,9825	1,0132

Tabelle 10.14. Zusammensetzung, Brennwert H_o und Heizwert H_u fester Brennstoffe[a]

Brennstoff	Zusammensetzung der wasser- und aschefreien Substanz in Massenanteilen[b]					Heizwert der wasser- und aschefreien Substanz[c]		Wasser- und Aschegehalt im Verwendungszustand		Mittlerer Heizwert im Verwendungszustand	
	C	H_2	O_2	N_2	S	H_o^* MJ/kg	H_u^* MJ/kg	γ_W	γ_A	H_o MJ/kg	H_u MJ/kg
Holz (lufttrocken)	0,50	0,06	0,44	<0,01	0	20,2	18,8	0,12–0,25	0,002–0,008	16,9	15,3
Torf (lufttrocken)	0,56	0,06	0,34	0,04	<0,01	23,2	22,0	0,25–0,50	0,01–0,04	13	10
Braunkohle (Rheinland)	0,688	0,050	0,247	0,010	0,005	26,8	25,6	0,52–0,62	0,02–0,22	9,9	8,1
Braunkohlenbrikett								0,12–0,18	0,04–0,10	20,6	19,3
Steinkohle (Ruhr)											
Gasflammkohle	0,831	0,054	0,090	0,017	0,009	34,4	33,2				
Fettkohle	0,887	0,049	0,041	0,016	0,007	36,1	35,1				
Esskohle	0,909	0,044	0,025	0,016	0,006	36,4	35,4	0,00–0,05	0,02–0,10	30–34	28–32
Magerkohle	0,912	0,041	0,024	0,016	0,008	36,2	35,3				
Anthrazit	0,918	0,036	0,026	0,014	0,007	35,9	35,1				
Steinkohle (Saar)											
Flammkohle	0,824	0,053	0,098	0,011	0,014	33,5	32,4				
Fettkohle A	0,863	0,055	0,058	0,014	0,010	35,6	34,4				
Steinkohlenkoks	0,975	0,003	0,003	0,010	0,009	33,4	33,2	0,02–0,16	0,08–0,10	30	29

[a] Weitere Angaben in [10.12], [10.13] und [7.1].
[b] Umrechnung auf die Zusammensetzung im Verwendungszustand durch Multiplikation der Bestandteile mit $(1 - \gamma_W - \gamma_A)$.
[c] Umrechnung auf den Heizwert im Verwendungszustand: $H_o = H_o^*(1 - \gamma_W - \gamma_A)$ und $H_u = H_u^*(1 - \gamma_W - \gamma_A) - 2{,}5\,(MJ/kg)\,\gamma_W$.

Tabelle 10.15. Zusammensetzung, Brennwert H_o und Heizwert H_u flüssiger Brennstoffe[a]

| Brennstoff | Dichte bei 15 °C kg/dm³ | Zusammensetzung in Massenanteilen | | | | Heizwert | |
		γ_C	γ_{H_2}	$\gamma_{O_2} + \gamma_{N_2}$	γ_S	H_o MJ/kg	H_u MJ/kg
Benzin	0,726	0,855	0,1445	–	0,0005	46,5	43,5
Dieselkraftstoff	0,840	0,860	0,132	0,002	0,006	45,4	42,7
Motorenbenzol	0,875	0,918	0,082	–	< 0,0003	42,3	40,4
Heizöl EL	0,850	0,857	0,131	0,002	0,010	45,4	42,7
Heizöl M	0,920	0,853	0,116	0,006	0,025	43,3	40,8
Heizöl S	0,980	0,849	0,106	0,010	0,035	42,3	40,0
Steinkohlenteer-Heizöl	1,10	0,898	0,065	0,029	0,008	38,9	37,7

[a] Nach W. Gumz, [10.12], – Umfassende Übersichten über die Eigenschaften von festen, flüssigen und gasförmigen Brennstoffen findet man in Landolt-Börnstein [10.13] sowie bei F. Brandt [7.1].

Literatur

Wenn Du ein Garten hast und eine Bibliothek
so wird Dir nichts fehlen.
Marcus Tulius Cicero (106 v. Chr.–43 v. Chr.)

Ausgewählte Lehrbücher der Thermodynamik

0.1 Bošnjaković, F.: Technische Thermodynamik, 1. Teil, 6. Aufl., 2. Teil, 5. Aufl. Dresden: Th. Steinkopff 1972 und 1971

0.2 Bošnjaković, F.; Knoche, K.F.: Technische Thermodynamik, Teil 1. 8. Aufl. Darmstadt: D. Steinkopff 1998. Teil 2, 6. Aufl. Darmstadt: D. Steinkopff 1997

0.3 Elsner, N.; Dittmann, A.: Grundlagen der Technischen Thermodynamik, Bd. 1: Energielehre und Stoffverhalten. 8. Aufl. Berlin: Akademie-Verlag 1993

0.4 Falk, G.; Ruppel, W.: Energie und Entropie. Eine Einführung in die Thermodynamik. Berlin: Springer 1976

0.5 Lucas, K.: Thermodynamik. 7. Aufl. Berlin: Springer 2008

0.6 Müller, I.: Grundzüge der Thermodynamik mit historischen Anmerkungen. 3. Aufl. Berlin: Springer 2001

0.7 Stephan, P.; Schaber, K.; Stephan, K.; Mayinger, F.: Thermodynamik, Bd.1: Einstoffsysteme. 19. Aufl. Berlin: Springer 2013

0.8 Stephan, P.; Schaber, K.; Stephan, K.; Mayinger, F.: Thermodynamik. Bd. 2: Mehrstoffsysteme und chemische Reaktionen. 15. Aufl. Berlin: Springer 2010

0.9 van Wylen, G.J.; Sonntag, R.E.; Borgnakke, K.: Fundamentals of classical thermodynamics. 4. ed. New York: Wiley & Sons 1994

0.10 Zemansky, M.W.; Dittmann, R.H.: Heat and thermodynamics. 7. ed. New York: McGraw-Hill 1997

0.11 Zemansky, M.W.; Abbott, M.M.; van Ness, H.C.: Basic engineering thermodynamics. 2nd ed. New York: McGraw-Hill 1984

Literatur zu Kapitel 1

1.1 Truesdell, C.: The tragicomical history of thermodynamics 1822–1854. New York: Springer 1980

1.2 Cardwell, D.S.L.: From Watt to Clausius. The rise of thermodynamics in the early industrial age. Ithaca, New York: Cornell University Press 1971

1.3 Plank, R.: Geschichte der Kälteerzeugung und Kälteanwendung. In: Plank, R. (Hrsg.): Handbuch der Kältetechnik, Bd. 1. Berlin: Springer 1954, S. 5–42

1.4 Gillispie, C.C. (Editor): Dictionary of scientific biography. Vol. I–XIX. New York: C. Scriber's Sons 1970 ... 1990

1.5 Knowles Middelton, W.E.: A History of the Thermometer and Its Use in Meteorology. Baltimore: Johns Hopkins Press 1966

1.6 Carnot, S.: Réflexions sur la puissance motrice de feu et sur les machines propres à développer cette puissance. Paris: Bachelier 1824. – Deutsche Übersetzung von W. Ostwald: Betrachtungen über die bewegende Kraft des Feuers und die zur Entwicklung dieser Kraft geeigneten Maschinen. Ostwalds Klassiker d. exakten Wissensch. Nr. 37. Leipzig: Engelmann 1892

1.7 Baehr, H.D.: Der Begriff der Wärme im historischen Wandel und im axiomatischen Aufbau der Thermodynamik. Brennst.-Wärme-Kraft 15 (1963) 1–7

1.8 Planck, M.: Vorlesungen über Thermodynamik. 1. Aufl. Leipzig 1897; 11. Aufl. Berlin: W. de Gruyter 1964

1.9 Bryan, H.G.: Thermodynamics, an introductory treatise dealing mainly with first principles and their direct applications. Leipzig: Teubner 1907

1.10 Carathéodory, C.: Untersuchungen über die Grundlagen der Thermodynamik. Math. Ann. 67 (1909) 355–386

1.11 Clausius, R.: Über die Anwendung der mechanischen Wärmetheorie auf die Dampfmaschine. Ann. Phys. Chem. 173 (1854) 441–476, 513–558

1.12 Zeuner, G.A.: Grundzüge der mechanischen Wärmetheorie. Freiberg: Engelhardt 1860; 5. Aufl. unter dem Titel: Technische Thermodynamik. 2 Bde. Leipzig: Felix 1905

1.13 Keenan, J.H.: Thermodynamics. 1st ed. New York: Wiley 1941, 13. Neudruck 1966

1.14 Mayer, J.E.; Mayer-Goeppert, M.: Statistical Mechanics. New York: Wiley 1940

1.15 Callen, H.B.: Thermodynamics and an Introduction to Thermostatistics. 2nd ed. New York: J. Wiley 1985

1.16 Landsberg, P.T.: Thermodynamics and Statistical Mechanics (Dover Books on Physics). Mineola, New York: Dover Publications 2014

1.17 Muschik, W.: Why so many „schools" of thermodynamics? Forsch. Ingenieurwesen 71 (2007) S.149-161

1.18 Mazur, P.; De Groot; Physics: Non-Equilibrium Thermodynamics (Dover Books on Physics). Mineola, New York: Dover Publications 2011

1.19 Kjelstrup, S.; Bedeaux, D.; Johanness, E.: Elements of Irreversible Thermodynamics for Engineers. 2nd revised ed. Bergen: Fagbokforlaget 2006

1.20 Gibbs, J.W.: On the equilibrium of heterogeneous substances. Trans. Connecticut Acad. 3 (1875/76) 108–248. Sowie in: The scientific papers of J.W. Gibbs. Vol. I, Thermodynamics, S. 96, New York: Dover Publ. 1961

1.21 Tisza, L.: Generalized thermodynamics. Cambridge, Mass.: The MIT Press 1977

1.22 Owen, D.R.: A first course in the mathematical foundations of thermodynamics. New York: Springer 1984

1.23 Giles, R.: Mathematical foundations of thermodynamics. Oxford: Pergamon Press 1964

1.24 Lieb, E.H., Yngvason J.: The physics and mathematics of the second law of thermodynamics. Physics Reports 310 (1999) 1–96

1.25 Bernhard, F. (Hrsg.): Technische Temperaturmessung. Physikalische und meßtechnische Grundlagen, Sensoren und Meßverfahren, Meßfehler und Kalibrierung. Berlin: Springer 2004

1.26   Michalski, L.: Temperature measurement. 2nd ed. Chichester: Wiley 2001

1.27   Blanke, W.: Temperatur. In F. Kohlrausch: Praktische Physik. Bd. 1, 24. Aufl. S. 305–362. Stuttgart: Teubner 1996

1.28   Thomson, W.: On an absolute thermometric scale founded on Carnot's theory of the motive power of heat, and calculated from Regnault's observations. Philos. Magazine 33 (1848) 313–317

1.29   Joule, J.P.; Thomson, W.: On the thermal effects of fluids in motion, Part II. Philos. Transact. Royal Soc. London 144 (1854) 321–364

1.30   Guildner, L.A.; Edsinger, R.E.: Deviations of international practical temperatures from thermodynamic temperatures in the temperature range from 273.16 K to 730 K. J. Res. Nat. Bur. Stand. 80 A (1976) 703–758

1.31   Quinn, T.J.; Martin, J.E.: A radiometric determination of the Stefan–Boltzmann constant and thermodynamic temperatures between −40 °C and +100 °C. Philos. Transact. Royal Soc. London Ser. A 316 (1985) 85–189

1.32   Moldover, M.R.; Trusler, J.P.M.; Edwards, T.J.; Mehl, J.B.; Davies, R.S.: Measurement of the universal gas constant R using a spherical acoustic resonator. J. Res. Nat. Bur. Stand. 93 (1988) 85–144

1.33   Blanke, W.: Eine neue Temperaturskala – Die Internationale Temperaturskala von 1990 (ITS-90). PTB-Mitt. 99 (1989) 409–418

1.34   Preston-Thomas, H.: The International Temperature Scale of 1990 (ITS-90). Metrologia 27 (1990) 3–10

1.35   Fahrenheit, D.G.: Experimenta et Observationes De Congelatione Aquae in Vacuo Factae. Philosophical Transactions Royal Soc. London 33 (1724) 78–84

1.36   Traupel, W.: Thermische Turbomaschinen. Bd. 1, 4. Aufl. Berlin: Springer 2001

Literatur zu Kapitel 2

2.1   Neugebauer, G.: Relativistische Thermodynamik. Berlin: Vieweg 1980

2.2   Popper, K.: Logik der Forschung. 4. Aufl. Berlin: De Gruyter 2013

2.3   Atkins, P. W.; de Paula, J.: Physikalische Chemie. 5. Aufl. Weinheim: Wiley-VCH Verlag GmbH & Co. KGaA 2013

2.4   Reines, F.; Cowan, C.L.: Neutrino physics. Physics today 10 (1957) 12–18

2.5   Joule, J.P.: On the changes of temperature produced by the rarefication and condensation of air. Phil. Magazine 26 (1845) 369–383

2.6   Baehr, H.D.; Stephan, K.: Wärme- und Stoffübertragung. 9. Aufl. Berlin: Springer 2016

2.7   Baehr, H.D.; Schomäcker, H.; Schulz, S.: Die experimentelle Bestimmung der inneren Energie von Wasser in der Umgebung seines kritischen Zustands. Forsch. Ingenieurwes. 40 (1974) 15–24

2.8   Baehr, H.D.: Kalorimetrie und Thermodynamik. In F. Kohlrausch: Praktische Physik, Bd. I, 23. Aufl. S. 406–409, Stuttgart: Teubner 1985

2.9   Baehr, H.D.; Tillner-Roth, R.: Thermodynamische Eigenschaften umweltverträglicher Kältemittel, insbes. S. 108, 116 u. 122. Berlin: Springer 1995

2.10   Baehr, H.D.; Schwier, K.: Die thermodynamischen Eigenschaften der Luft im Temperaturbereich zwischen −210 °C und +1250 °C bis zu Drücken von 4500 bar, insbes. S. 98. Berlin: Springer 1961

2.11   Dalton, J.P.: Researches on the Joule–Kelvin effect, especially at low temperatures. I. Calculations for hydrogen. Comm. Phys. Lab. Leiden, Nr. 109a (1909), Fußnote 2 auf S. 3

Literatur zu Kapitel 3

3.1 Planck, M.: Vorlesungen über Thermodynamik. 1. Aufl. Leipzig 1897, S. 80

3.2 Thomson, W.: On the dynamical theory of heat, with numerical results deduced from Mr. Joule's equivalent of a thermal unit, and M. Regnault's observations on steam. Part I–III. Trans. Roy. Soc. Edinburgh 20 (1850/53) 261–268, 289–298, sowie Philos. Mag. 4 (1852) 8–21, 105–117, 168–176

3.3 Clausius, R.: Über verschiedene für die Anwendungen bequeme Formen der Hauptgleichungen der mechanischen Wärmetheorie. Pogg. Ann. Phys. Chem. 125 (1865) 353–400

3.4 Baehr, H.D.: Thermodynamik. 5. Aufl. S. 91–103, Berlin: Springer 1981

3.5 Gibbs, J.W.: Graphical methods in the thermodynamics of fluids. Trans. Connecticut Acad. 2 (1873) 309–342. Sowie: The scientific papers of J.W. Gibbs, Vol. I, Thermodynamics, S. 3. New York: Dover Publ. 1961

3.6 Baehr, H.D.; Stephan, K.: Wärme- und Stoffübertragung, 9. Aufl. Berlin: Springer 2016

3.7 Rankine, W.J.: On the economy of heat in expansive machines. Trans. Roy. Soc. Edinburgh 20 (1850/53) 205–210

3.8 Planck, M.: Über die kanonische Zustandsgleichung einatomiger Gase. Sitzungsber. Preussische Akad. Wissensch. Berlin 1908, S. 633–647

3.9 In der vierten Fußnote von [3.5]: „ ... or more generally any finite equation between u, s and v for a definite quantity of any fluid, may be considered as the fundamental thermodynamic equation of that fluid." – Sowie allgemeiner in J.W. Gibbs: On the equilibrium of heterogeneous substances. Trans. Connecticut Acad. 3 (1876) 108–248 sowie: The scientific papers of J.W. Gibbs, Vol. I, Thermodynamics, S. 85–92. New York: Dover Publ. 1961

3.10 Hutter, K.: Fluid- und Thermodynamik, 2. Aufl. Berlin: Springer 2002

3.11 Müller, I.: Grundzüge der Thermodynamik mit historischen Anmerkungen. 3. Aufl. Berlin: Springer 2001

3.12 De Groot, S.R.; Mazur, P.: Non-equilibrium thermodynamics, 2nd ed. Amsterdam: North-Holland 1969

3.13 Haase, R.: Thermodynamik der irreversiblen Prozesse. Darmstadt: Steinkopff 1963, sowie: Thermodynamics of irreversible processes. New York: Dover Publ. 1969

3.14 Blanke, W.: Die thermodynamische Temperatur. In F. Kohlrausch: Praktische Physik, 24. Aufl. Bd. 1, S. 305–308. Stuttgart: B.G. Teubner 1996

3.15 Henning, F.: Temperaturmessung. 3. Aufl. Hrsg. H. Moser, S. 123–266. Berlin: Springer 1977

3.16 Jung, H.J.: Strahlungsthermometrie. In F. Kohlrausch: Praktische Physik, 24. Aufl. Bd. 1, S. 330–349. Stuttgart: B.G. Teubner 1996

3.17 Baehr, H.D.: Thermodynamische Fundamentalgleichungen und charakteristische Funktionen. Forschung Ingenieurwes. 64 (1998) 35–43

3.18 Callen, H.B.: Thermodynamics. 2nd ed. S. 137–145. New York: Wiley & Sons 1985

3.19 Helmholtz, H.: Die Thermodynamik chemischer Vorgänge. Sitzungsber. Preussische Akad. Wissensch. Berlin 1882, S. 22–39

3.20 Massieu, F.: Sur les fonctions caractéristiques des divers fluides. C.R. Acad. Sci. Paris 69 (1869) 858–862, 1057–1061

3.21 Maxwell, J.C.: Theory of heat. 1st ed. London: Longmans, Green and Co. 1871; 10th ed. with corrections and additions by Lord Rayleigh, London: 1891

3.22 Falk, G.: Theoretische Physik, Bd. II: Allgemeine Dynamik. Thermodynamik. Berlin: Springer 1968

3.23 Guildner, L.A.: Johnson, D.P.; Jones, F.E.: Vapor pressure of water at its triple point. J. Res. Natl. Bur. Standards 80A (1975) 505–521

3.24 Wagner, W.; Saul, A.; Pruß, A.: International equations for the pressure along the melting and along the sublimation curve of ordinary water substance. J. Phys. Chem. Ref. Data 23 (1994) 515–527

3.25 Fratzscher, W.; Brodjanskij, V.M.; Michalek, K.: Exergie. Theorie und Anwendung. Leipzig: Deutscher Verlag f. Grundstoffindustrie 1986

3.26 Szargut, J.; Morris, D.R.; Steward, F.R.: Exergy analysis of thermal, chemical and metallurgical processes. New York: Hemisphere Publ. Corp. 1988

3.27 Kotas, T.J.: The exergy method of thermal plant analysis. Malabar, Fl.: Krieger Publ. Comp. 1995

3.28 Kabelac, S.: Thermodynamik der Strahlung (Grundlagen und Fortschritte der Ingenieurwissenschaften). Vieweg+Teubner Verlag, Softcover reprint of the original 1st ed. 1994, Neudruck: 31. Dezember 2013

3.29 Kabelac, S.; Conrad, R.: Entropy Generation During the Interaction of Thermal Radiation with a Surface, Entropy 14 (2012) 717-735

3.30 Rant, Z.: Exergie, ein neues Wort für technische Arbeitsfähigkeit. Forsch. Ingenieurwes. 22 (1956) 36–37

3.31 Rant, Z.: Die Thermodynamik von Heizprozessen (slowenisch). Strojniski vestnik 8 (1962) 1–2. Sowie: Die Heiztechnik und der zweite Hauptsatz der Thermodynamik. Gas Wärme 12 (1963) 297–304

3.32 Ahrendts, J.: Die Exergie chemisch reaktionsfähiger Systeme. VDI-Forschungsheft 579. Düsseldorf: VDI-Verlag 1977. Sowie: Reference states. Energy 5 (1980) 667–677

3.33 Diederichsen, Ch.: Referenzumgebungen zur Berechnung der chemischen Exergie. Fortschritt-Ber. VDI. Reihe 19, Nr. 50. Düsseldorf: VDI-Verlag 1991

3.34 Rant, Z.: Bewertung und praktische Verrechnung von Energien. Allg. Wärmetechnik 8 (1957) 25–32

3.35 Szargut, J.: Grenzen für die Anwendungsmöglichkeiten des Exergiebegriffs. Brennst.-Wärme-Kraft 19 (1967) 309–313

3.36 Kiefer, P.J.; Stuart, M.C.: Principles of engineering thermodynamics, 2nd ed. New York: J. Wiley & Sons 1954

3.37 Grassmann, P.: Die Exergie und das Flußbild der technisch nutzbaren Leistung. Allg. Wärmetechnik 9 (1959) 79–86

3.38 Rant, Z.: Thermodynamische Bewertung der Verluste bei technischen Energieumwandlungen. Brennst.-Wärme-Kraft 16 (1964) 453–457

3.39 Baehr, H.D.: Zur Definition exergetischer Wirkungsgrade. Brennst.-Wärme-Kraft 20 (1968) 197–200

3.40 Baehr, H.D.: Probleme mit der Exergie? Zur Definition von Wirkungsgraden unter Berücksichtigung des 2. Hauptsatzes der Thermodynamik. Brennst.-Wärme-Kraft 40 (1988) 450–457

Literatur zu Kapitel 4

4.1 Allen, M. P.; Tildesley, D. J.: Computer Simulation of Liquids. New York: Oxford University Press 1991

4.2 VDI-Wärmeatlas, 11. Aufl. D3.1 Tabelle 1. Berlin: Springer 2013

4.3 Clapeyron, E.: Mémoire sur la puissance motrice de la chaleur, J. École polytechnique 14 (1834) 153–190. Deutsche Übersetzung in: Poggend. Ann. Phys. Chem. 59 (1843) 446–451, 566–586

4.4 Clausius, R.: Über die bewegende Kraft der Wärme und die Gesetze, die sich daraus für die Wärmelehre selbst ableiten lassen. Poggend. Ann. Phys. Chem. 79 (1850) 368–397, 500–524

4.5 Kamerlingh Onnes, H.: Expression of the equation of state of gases and liquids by means of series. Comm. phys. Lab. Leiden, Nr. 71, (1901). Sowie: Über die Reihenentwicklung für die Zustandsgleichung der Gase und Flüssigkeiten. Comm. phys. Lab. Leiden, Nr. 74 (1901)

4.6 Mason, E.A.; Spurling, T.H.: The virial equation of state. Oxford: Pergamon Press 1969

4.7 Münster, A.: Statistical Thermodynamics. Vol. I, insbes. S. 537–569. Berlin: Springer 1969

4.8 Dymond, J.H.; Smith, E.B.: The virial coefficients of pure gases and mixtures – a critical compilation. Oxford: Pergamon Press 1980

4.9 Benedict, M.; Webb, G.B.; Rubin, L.C.: An empirical equation for thermodynamic properties of light hydrocarbons and their mixtures. J. Chem. Phys. 8 (1940) 334–345

4.10 Wagner, W.: Eine mathematisch-statistische Methode zum Aufstellen thermodynamischer Gleichungen – gezeigt am Beispiel der Dampfdruckkurve reiner fluider Stoffe. Fortschr.-Ber. VDI, Reihe 3, Nr. 39. Düsseldorf: VDI-Verlag 1974. Sowie: U. Setzmann u. W. Wagner: A new method for optimizing the structure of correlation equations. Int. J. Thermophys. 10 (1989) 1103–1126

4.11 Maxwell, J.C.: On the dynamical evidence of the molecular constitution of bodies. J. Chem. Soc. 13 (1875) 493–505. Sowie: Nature 11 (1875) 357–359

4.12 Bender, E.: Equations of state exactly representing the phase behavior of pure substances. In: Proc. fifth Sympos. Thermophys. Properties, S. 227–235. New York: Amer. Soc. Mech. Eng. 1970. Sowie: Zur Aufstellung von Zustandsgleichungen, aus denen sich die Sättigungsgrößen exakt berechnen lassen, gezeigt am Beispiel des Methans. Kältetechnik – Klimatisierung 23 (1971) 258–264

4.13 Wagner, W.: A method to establish equations of state representing all saturated state variables – applied to nitrogen. Cryogenics 12 (1972) 214–221. Sowie: Eine thermische Zustandsgleichung zur Berechnung der Phasengleichgewichte flüssig-gasförmig für Stickstoff. Dissertation TU Braunschweig 1970

4.14 Ahrendts, J.; Baehr, H.D.: Die direkte Verwendung von Meßwerten beliebiger thermodynamischer Zustandsgrößen zur Bestimmung kanonischer Zustandsgleichungen. Forsch. Ing.-Wes. 45 (1979) 1–11

4.15 Landolt-Börnstein: Zahlenwerte und Funktionen. 6. Aufl. Bd. IV, Tab. 2112. Berlin: Springer 1971

4.16 van der Waals, J.D.: On the continuity of the gaseous and liquid states. Edited by J.S. Rowlinson. Amsterdam: Elsevier Science Publ. 1988

4.17 Pitzer, K.S.: The volumetric and thermodynamic properties of fluids I. J. Amer. Chem. Soc. 77 (1955) 2427–2433. Sowie: Pitzer, K.S.; Lippmann, D.Z.; Curl,

R.F.; Huggins, C.M.; Peterson, D.E.: The volumetric and thermodynamic properties of fluids II. J. Amer. Chem. Soc. 77 (1955) 2433–2440

4.18 Baehr, H.D.: Der kritische Zustand und seine Darstellung durch die Zustandsgleichung. Abh. Akad. Wissensch. Literatur Mainz, Mathem.-Naturwiss. Klasse 1953, S. 235–333

4.19 Redlich, O.; Kwong, J.S.N.: On the thermodynamics of solutions V. Chem. Rev. 44 (1949) 233–244

4.20 Peng, D.-Y.; Robinson, D.B.: A new two-constant equation of state. Ind. Eng. Chem. Fundam. 15 (1976) 59–64

4.21 Schmidt, G.; Wenzel, H.: A modified van der Waals type equation of state. Chem. Engng. Sci. 35 (1980) 1503–1512

4.22 Iwai, Y.; Margerum, M.R.; Lu, B.C.-Y.: A new three-parameter cubic equation of state for polar fluids and fluid mixtures. Fluid Phase Equilibria 42 (1988) 21–41

4.23 Guo, T.-M.; Du, L.: A three-parameter cubic equation of state for reservoir fluids. Fluid Phase Equilibria 52 (1989) 47–57

4.24 Adachi, Y.; Lu, B.C.-Y.; Sugie, H.: A four parameter equation of state. Fluid Phase Equilibria 11 (1983) 29–48

4.25 Schreiner, K.: Beschreibung des thermischen Verhaltens reiner Fluide mit druckexpliziten kubischen Zustandsgleichungen. Fortschr.-Ber. VDI, Reihe 3, Nr. 125. Düsseldorf: VDI-Verlag 1986

4.26 Trebble, M.A.; Bishnoi, P.R.: Development of a new four-parameter cubic equation of state. Fluid Phase Equilibria 35 (1987) 1–18

4.27 Soave, G.: Equilibrium constants from a modified Redlich–Kwong equation of state. Chem. Eng. Sci. 27 (1972) 1197–1203

4.28 Köbe, A.: Neue kubische Zustandsgleichungen für reine Fluide. Fortschr.-Ber. VDI, Reihe 3, Nr. 462. Düsseldorf: VDI-Verlag 1997

4.29 Mathias, P.M.: A versatile phase equilibrium equation of state. Ind. Eng. Chem. Process Des. Dev. 22 (1983) 385–391

4.30 Setzmann, U.; Wagner, W.: A new equation of state and tables of thermodynamic properties for methane covering the range from the melting line to 625 K at pressures up to 1000 MPa. J. Phys. Chem. Ref. Data 20 (1991) 1061–1155

4.31 Antoine, Ch.: Thermodynamique – Tensions des vapeurs: Nouvelle relation entre les tensions et les températures. C.R. Acad. Sci. Paris 107 (1888) 681–684

4.32 Boublik, T.; Fried, V.; Hála, E.: The vapor pressure of pure substances. 2nd ed. Amsterdam: Elsevier 1984

4.33 Wagner, W.: New vapour pressure measurements of Argon and Nitrogen and a new method for establishing rational vapour pressure equations. Cryogenics 13 (1973) 470–482

4.34 Lemmon, E. W.; McLinden, M. O.; Wagner, W.: Thermodynamic Properties of Propane. III. A Reference Equation of State for Temperatures from the Melting Line to 650 K and Pressures up to 1000 MPa. J. Chem. Eng. Data 54 (2009) 3141–3180

4.35 Wagner, W.; Pruß, A.: International equations for the saturation properties of ordinary water substance. Revised according to the international temperature scale of 1990. J. Phys. Chem. Ref. Data 22 (1993) 783–787

4.36 Mc Garry, J.: Correlation and prediction of the vapor pressure of pure liquids over large pressure ranges. Ind. Eng. Chem. Process. Des. Dev. 22 (1983) 313–322

4.37 Baehr, H.D.; Stephan, K.: Wärme- und Stoffübertragung. 9. Aufl. Berlin: Springer 2016

4.38 DIN 1343: Referenzzustand. Normzustand. Normvolumen. Ausg. Jan. 1990. Berlin: Beuth-Verlag

4.39 Avogadro, A.: Essai d'une manière de déterminer les masses relatives des molécules élémentaires des corps, et les proportions selon lesquelles elles entrent dans ces combinaisons. J. de physique 73 (1811) 58–76

4.40 Chase, M.W.; Davies, J.R.; Downey, J.R.; Frurip, D.J.; McDonald, R.A.; Syverud, A.N.: JANAF thermochemical tables. 3rd ed. J. Phys. Chem. Ref. Data 14 (1985) Suppl. 1

4.41 Cox, J.D.; Wagman, D.D.; Medvedev, V.A. (Eds.): CODATA Key values for thermodynamics. New York: Hemisphere Publ. Corp. 1989

4.42 Knacke, O.; Kubaschewski, O.; Hesselmann, K.: Thermochemical properties of inorganic substances. 2nd ed. Berlin: Springer und Düsseldorf: Verlag Stahleisen 1991

4.43 Gurvich, L.V.; Veyts, I.V.; Alcock, C.B.: Thermodynamic properties of individual substances, 4th Ed. Vol. 1 and 2, Washington: Hemisphere Publ. 1989 and 1991

4.44 Poisson, S.-D.: Sur la chaleur des gaz et des vapeurs. Ann. chimie phys. (2) 23 (1823) 337–352

4.45 Wagner, W.; Kruse, A.: Properties of water and steam – Zustandsgrößen von Wasser und Wasserdampf. Der Industrie-Standard IAPWS-IF 97 für die thermodynamischen Zustandsgrößen und ergänzende Gleichungen für andere Eigenschaften. Tafeln auf der Grundlage dieser Gleichungen. Berlin: Springer 1998. – Wagner, W.; Span, R.; Bonsen, C.: Wasser und Wasserdampf. Interaktive Software zur Berechnung der thermodynamischen Zustandsgrößen auf der Basis des Industriestandards IAPWS-IF-97. Berlin: Springer 1999

4.46 Pollak, R.: Eine neue Fundamentalgleichung zur konsistenten Darstellung der thermodynamischen Eigenschaften von Wasser. Brennst.-Wärme-Kraft 27 (1975) 210–215. Sowie: Die thermodynamischen Eigenschaften von Wasser. Dissertation Ruhr-Univ. Bochum 1974

4.47 Tillner-Roth, R.: Fundamental equations of state. Aachen: Shaker Verlag 1998 und Habilitationsschrift Univ. Hannover 1998

4.48 Span, R.: Multiparameter equations of state. An accurate source of thermodynamic property data. Berlin: Springer 2000

4.49 Pruß, A.; Wagner, W.: Eine neue Fundamentalgleichung für das fluide Zustandsgebiet von Wasser für Temperaturen von der Schmelzlinie bis zu 1273 K bei Drücken bis zu 1000 MPa. Fortschr.-Ber. VDI, Reihe 6, Nr. 320. Düsseldorf: VDI-Verlag 1995. Sowie: The IAPWS formulation 1995 for the thermodynamic properties of ordinary water substance for general and scientific use. J. Phys. Chem. Ref. Data 31 (2002) 387–535

4.50 Wagner, W.; Rukes, B.: IAPWS-IF 97: Die neue Industrie-Formulation. Brennst.- Wärme-Kraft 50 (1998) 42–47. Sowie ausführlich: Wagner, W.; Cooper, J.R.; u.a.: The IAPWS industrial formulation 1997 for the thermodynamic properties of water and steam. J. Engg. Gas Turb. Power – Transact. ASME 122 (2000) 150–182

4.51 Baehr, H.D.: Thermodynamische Fundamentalgleichungen und charakteristische Funktionen. Forschung Ingenieurwes. 64 (1998) 35–43

4.52   Kabelac, S.: Die Schallgeschwindigkeit als thermodynamische Zustandsgröße. Forsch. Ingenieurwes. 64 (1998) 47–54

4.53   Baehr, H.D.; Tillner-Roth, R.: Thermodynamische Eigenschaften umweltverträglicher Kältemittel. Zustandsgleichungen und Tafeln für Ammoniak, R 22, R 134a, R 152a and R 123. Berlin. Springer 1995

4.54   Haar, L.; Gallagher, J.S.; Kell, G.S.: NBS/NRC Wasserdampftafeln. Berlin: Springer 1988

4.55   Mollier, R.: Neue Diagramme zur technischen Wärmelehre. VDI – Z. 48 (1904) 271–274

4.56   Landolt-Börnstein: Numerical Data and Functional Relationships in Science and Technology. New Series, Group IV: Physical Chemistry, Vol. 21A: Virial coefficients of pure gases. Berlin: Springer 2002

4.57   Bücker, D.; Span, R.; Wagner, W.: Thermodynamic properties models for moist air and combustion gases. J. Engg. Gas Turb. Power, Transact. ASME 125 (2003) 374–384. Siehe auch: VDI-Richtlinie 4670, Bl.1, Febr. 2003: Thermodynamische Stoffwerte von feuchter Luft und Verbrennungsgasen

Literatur zu Kapitel 5

5.1   Göpel, W.; Ziegler, C.: Einführung in die Materialwissenschaften: Physikalisch-chemische Grundlagen und Anwendungen. 1. Aufl. Stuttgart: Vieweg+Teubner Verlag 1996

5.2   Krumbeck, M.: Experimentelle Bestimmung sowie Überprüfung und Entwicklung geeigneter Modellansätze von Exzeßenthalpien binärer polarer Gemische. Fortschr.-Ber. VDI, Reihe 3, Nr. 199, Düsseldorf: VDI-Verlag 1990

5.3   Sievers, U.; Schulz, S.: Mischungsenthalpien. In: F. Kohlrausch: Praktische Physik, Bd. 1, 23. Aufl. S. 422–424. Stuttgart: B.G. Teubner 1985

5.4   Lewis, G.N.: Outlines of a new system of thermodynamic chemistry. Proc. Amer. Acad. Arts Sciences 43 (1907) 259–293. Deutsche Übersetzung: Umriß eines neuen Systems der chemischen Thermodynamik. Z. Phys. Chemie 61 (1907) 129–165

5.5   Stephan, P.; Schaber, K.; Stephan, K.; Mayinger, F.: Thermodynamik. Bd. 2: Mehrstoffsysteme und chemische Reaktionen. 15. Aufl. Berlin: Springer 2010

5.6   Harms-Watzenberg, F.: Messung und Korrelation der thermodynamischen Eigenschaften von Wasser-Ammoniak-Gemischen. Fortschr.-Ber. VDI. Reihe 3, Nr. 380, Düsseldorf: VDI-Verlag 1995

5.7   Gibbs, J.W.: On the equilibrium of heterogeneous substances. Trans. Connecticut Acad. 3 (1875/76) 108–248 u. 343–524. Sowie: The scientific papers of J. Willard Gibbs, Vol. I: Thermodynamics, 55–349. New York: Dover Publ. 1961

5.8   Rautenbach, R.; Albrecht, R.: Membrantrennverfahren: Ultrafiltration und Umkehrosmose. Frankfurt/M.: Salle 1981

5.9   Staude, E.: Membranen und Membranprozesse. Weinheim: VCH Verlagsges. 1992

5.10   Spiegler, K.S.: Salt-water purification. 2nd ed. New York: Plenum Press 1977

5.11   Dresner, L.; Johnson, J.S.: Hyperfiltration (reverse osmosis). In: Spiegler, K.S.; Laird, A.D.K. (eds.): Principles of desalination. 2nd ed. New York: Academic Press 1980

5.12 Siehe [5.5], S. 68–75

5.13 Francis, W.: Liquid–liquid equilibrium. New York: J. Wiley & Sons 1963

5.14 Sørensen, J.M.; Arlt, W.: Liquid–liquid equilibrium data collection. DECHE-MA Chemistry data series, Vol. V, 3. Bd. Frankfurt/M.: DECHEMA 1979, 1980

5.15 Lüdecke, C.; Lüdecke, D.: Thermodynamik. Physikalisch-chemische Grundlagen der Verfahrenstechnik. Berlin: Springer 2000

5.16 Raoult, F.-M.: Sur les tensions de vapeur des dissolutions faites dans l'éther. C. R. Acad. Sci. Paris 103 (1886) 1125–1127. Sowie: Loi générale des tensions de vapeurs des dissolvents. C. R. Acad. Sci. Paris 104 (1887) 1430–1433

5.17 Humphrey, J.L.; van Winkle, M.: Vapor-liquid equilibria at 60 °C for n-hexane – alkyl amines and 1-hexene – alkyl amines. J. Chem. Eng. Data 12 (1967) 526–530

5.18 Smith, J.M.; van Ness, H.C.: Introduction to chemical engineering thermodynamics. 7. ed. New York: McGraw-Hill 2005

5.19 Wagner, W.; Pruss, A.: International equations for the saturation properties of ordinary water substance. Revised according to the International Temperature Scale of 1990. J. Phys. Chem. Ref. Data 22 (1993) 783–787

5.20 DIN 1310: Zusammensetzung von Mischphasen (Gasgemische, Lösungen, Mischkristalle). Ausg. Feb. 1984. Berlin: Beuth-Verlag

5.21 Scheibe, W.: Feuchtemessung. In F. Kohlrausch: Praktische Physik, Bd. 1, 23. Aufl. S. 397–401. Stuttgart: B.G. Teubner 1985

5.22 Berliner, P.: Kühltürme. Berlin: Springer 1975

5.23 Mollier, R.: Ein neues Diagramm für Dampf-Luft-Gemische, VDI Z. 67 (1923) 869–872. Sowie: Das i,x-Diagramm für Dampfluftgemische. VDI Z. 73 (1929) 1009–1013

5.24 Carrier, W.H.: Rational psychrometric formulae. Trans. Amer. Soc. Mech. Eng. 1911, S. 1005–1053

5.25 Lewis, G.N.: Das Gesetz physiko-chemischer Vorgänge. Z. Phys. Chemie 38 (1901) 205–226. Sowie: The law of physico-chemical change. Proc. Amer. Acad. 37 (1901) 49

5.26 Lewis, G.N.; Randall, M.: Thermodynamics and the free energy of chemical substances. New York: McGraw Hill 1923. Deutsche Übersetzung durch O. Redlich: Thermodynamik und die freie Energie chemischer Substanzen. Wien: J. Springer 1927. – Von K.S. Pitzer u. L. Brewer bearbeitete Neuauflage New York: McGraw Hill 1961

5.27 Mason, E.A.; Spurling, T.H.: The virial equation of state. Oxford: Pergamon Press 1969

5.28 Tillner-Roth, R.; Li, J.; Yokozeki, A.; Sato, H.; Watanabe, K.: Thermodynamic properties of pure and blended hydrofluorocarbon (HFC) refrigerants. Tokio: Japan Soc. Refrig. Air Cond. Eng. 1998

5.29 Tillner-Roth, R.; Friend, D.G.: A Helmholtz free energy formulation of the thermodynamic properties of the mixture (water + ammonia). J. Phys. Chem. Ref. Data 27 (1998) 63–96

5.30 Gmehling, J.; Onken, U.; Arlt, W.; Grenzheuser, P. u.a.: DECHEMA Chemistry Data Series Vol. 1: Vapor-liquid equilibrium data collection. Mehrere Teilbände Frankfurt: Dechema 1977–1984

5.31 Knapp, H.; Döring, L.; Oellrich, L.R.; Plöcker, U.J.; Prausnitz, J.M. u.a.: Vapor-liquid equilibria for mixtures of low boiling substances. DECHEMA Chemistry Data Series Vol. 6. Frankfurt: Dechema 1979–1980

5.32 Prausnitz, J.; Lichtenthaler, R.; Azevedo, E.: Molecular Thermodynamics of Fluid-Phase Equilibria, 3rd Edition, Upper Saddle River, N.J: Prentice Hall PTR. 1999

5.33 Redlich, O.; Kister, A.T.: Algebraic representation of thermodynamic properties and the classification of solutions. Ind. Eng. Chem. 40 (1948) 345–348

5.34 Porter, A.W.: On the vapour-pressure of mixtures. Trans. Faraday Soc. 16 (1920) 336–345

5.35 Margules, M.: Über die Zusammensetzung der gesättigten Dämpfe von Mischungen. Sitzungsber. Akad. Wiss. Wien, math.-naturwiss. Klasse, 104 Abt. IIa (1895) 1243–1278

5.36 Gmehling, J.: Phasengleichgewichtsmodelle zur Synthese und Auslegung von Trennprozessen. Chem.-Ing.-Tech. 66 (1994) 792–808

5.37 Gmehling, J.; Tiegs, D.; Medina, A. u.a.: DECHEMA Chemistry Data Series Vol. 9: Activity coefficients at infinite dilution. Frankfurt: Dechema 1986

5.38 Wilson, G.M.: Vapor-liquid equilibrium XI. A new expression for the excess free energy of mixing. J. Amer. Chem. Soc. 86 (1964) 127–130

5.39 Abrams, D.S.; Prausnitz, J.M.: Statistical thermodynamics of liquid mixtures: A new expression for the excess Gibbs energy of partly or completely miscible systems. AIChE J. 21 (1975) 116–128

5.40 Fredenslund, A.; Jones, R.L.; Prausnitz, J.M.: Group-contribution estimation of activity coefficients in nonideal liquid mixtures. AIChE J. 21 (1975) 1086–1099

5.41 Fredenslund, A.; Gmehling, J.; Rasmussen, P.: Vapor-liquid equilibria using UNIFAC, a group contribution method. Amsterdam: Elsevier 1977

5.42 Prausnitz, J.M.; Lichtenthaler, R.N.; Gomes de Azevedo, G.: Molecular thermodynamics of fluid-phase equilibria. 3rd ed. Englewood Cliffs: Prentice-Hall Inc. 1999

5.43 Siehe [5.5], S. 154–169

5.44 Bender, E.; Steiner, D.: Dampf-Flüssigkeit-Gleichgewichte. S. Dfa 1–Dfa 35, in: VDI-Wärmeatlas, 9. Aufl. Berlin: Springer 2002

5.45 Sprow, F.B.; Prausnitz, J.M.: Vapor-liquid equilibria for five cryogenic mixtures. AIChE J. 12 (1966) 780–784

5.46 Henry, W.: Experiments on the quantity of gases absorbed by water at different temperatures under different pressures. Phil. Trans. Roy. Soc. London 93 (1803) 29–42 u. 274–276. Sowie: Versuche über die Gasmengen, welche das Wasser nach Verschiedenheit der Temperatur und nach Verschiedenheit des Drucks absorbiert. Ann. Phys. 20 (1805) 147–167

5.47 Landolt-Börnstein: Zahlenwerte und Funktionen. 6. Aufl. IV. Band: Technik, Teilband 4c: Gleichgewicht der Absorption von Gasen in Flüssigkeiten. Berlin: Springer 1976

5.48 siehe [5.5], S. 182–187

5.49 Tokunaga, J.: Solubilities of oxygen, nitrogen, and carbon dioxide in aqueous alcohol solutions. J. Chem. Eng. Data 20 (1975) 41–46

5.50 Brinkley, S.R.: Note on the conditions of equilibrium for systems of many constituents. J. Chem. Phys. 14 (1946) 563–564 u. 686

5.51 Smith, W.R.; Missen, R.W.: Chemical reaction equilibrium analysis. Theory and algorithmus. New York: J. Wiley & Sons 1982

5.52 Klinge, H.: Reaktionsenergie und Reaktionsenthalpie. In F. Kohlrausch: Praktische Physik, 24. Aufl. Bd. 1, S. 425–429. Stuttgart: B.G. Teubner 1996

5.53 Wagman, D.D.; Evans, W.H.; Parker, V.B.; Schumm, R.H.; Halow, I.; Bailey, S.M.; Churney, K.L.; Nuttal, R.L.: The NBS tables of chemical thermodynamic properties. J. Phys. Chem. Ref. Data 11 (1982), Suppl. 2

5.54 Nernst, W.: Über die Berechnung chemischer Gleichgewichte aus thermischen Messungen. Nachr. Kgl. Ges. Wissensch. Göttingen. Math.-phys. Klasse (1906) 1–40. Vgl. auch: W. Nernst: Die theoretischen und experimentellen Grundlagen des neuen Wärmesatzes. Halle: W. Knapp 1918

5.55 Simon, F.: Fünfundzwanzig Jahre Nernstscher Wärmesatz. Erg. d. exakten Naturwiss. 9 (1930) 222–274

5.56 Simon, F.: The third law of thermodynamics. An historical survey. Yearbook of the Physical Society London 1956, S. 1–22

5.57 Beatttie, J.A.; Oppenheim, I.: Principles of thermodynamics. Insbes. S. 232–274. Amsterdam: Elsevier Sci. Publ. Comp. 1979

5.58 Planck, M.: Vorlesungen über Thermodynamik. 3. Aufl. S. 269. Leipzig: Veith & Co. 1911; vgl. auch 11. Aufl. S. 281. Berlin: W. de Gruyter 1964

5.59 Debeye, P.: Zur Theorie der spezifischen Wärmen. Ann. Physik 39 (1912) 789–839

5.60 Nernst, W.: Thermodynamik und spezifische Wärme. Sitzungsber. Preussische Akad. Wiss. Berlin 1912, S. 134–140

5.61 Chandler, D.; Oppenheim, I.: Some comments on the third law of thermodynamics. J. Chem. Education 43 (1966) 525–527

5.62 de Donder, Th.: L'Affinitè. Paris 1920; Neuauflage, bearbeitet von P. van Rysselberghe, Paris: Gauthier-Villars 1936

5.63 Garvin, D.; Parker, V.B.; White, H.J. (Eds.): CODATA thermodynamic tables. Selection for some compounds of calcium and related mixtures. Washington: Hemisphere Publ. Corp. 1987

5.64 van Zeggeren, F.; Storey, S.H.: The computation of chemical equilibria. Cambridge: University Press 1970

5.65 Brinkley, S.R.: Calculation of the equilibrium composition of systems of many constituents. J. Chem. Phys. 15 (1947) 107–110

5.66 Krieger, F.J.; White, W.B.: A simplified method for computing the equilibrium composition of gaseous systems. J. Chem. Phys. 16 (1948) 358–360

5.67 Neumann, K.K.: Berechnung simultaner Gleichgewichte mit einer Iterationsmethode in Matrix-Schreibweise. Brennstoff-Chemie 47 (1966) 146–149

5.68 Boudouard, O.: Recherches sur les équilibres chimiques. Ann. chim. phys. 24 (1901) 1–85

5.69 Franck, H.-G.; Knop, A.: Kohleveredlung. Chemie und Technologie. Berlin: Springer 1979

5.70 Landolt-Börnstein: Numerical Data and Functional Relationships in Science and Technology. New Series, Group IV, Vol. 21B: Virial coefficients of mixtures. Berlin: Springer 2003

Literatur zu Kapitel 6

6.1 Dzung, L.S.: Konsistente Mittelwerte in der Theorie der Turbomaschinen für kompressible Medien. Brown Boveri Mitt. 58 (1971) 485–492

6.2 Traupel, W.: Thermische Turbomaschinen. Bd. 1. 4. Aufl. Berlin: Springer 2001, S. 178–185

6.3 Fister, W.: Fluidenergiemaschinen. Bd. 1. Berlin: Springer 1984, S. 346–356

6.4 Dibelius, G.; Stoff, H.: Strömungsmaschinen. Gemeinsame Grundlagen. In: Grote, H.-H. (Hrsg.): Dubbel – Taschenbuch für den Maschinenbau. 24. Aufl. Berlin: 2014, S. R5

6.5 Fister, W.: Fluidenergiemaschinen. Bd. 1. Berlin: Springer 1984, S. 61

6.6 Stodola, A.: Dampf- und Gasturbinen. 5. Aufl. Berlin: Springer 1922 und Reprint Düsseldorf: VDI-Verlag 1986, S. 41

6.7 Zeuner, G.: Grundzüge der mechanischen Wärmetheorie. 2. Aufl. Freiberg: Engelhardt 1866

6.8 Oswatitsch, K.: Grundlagen der Gasdynamik. Wien: Springer 1976

6.9 Rist, D.: Dynamik realer Gase. Berlin: Springer 1996

6.10 Zierep, J.: Theoretische Gasdynamik. 4. Aufl. Karlsruhe: Braun 1991

6.11 Stephan, P.; Schaber, K.; Stephan, K.; Mayinger, F.: Thermodynamik, Bd.1: Einstoffsysteme. 19. Aufl. Berlin: Springer 2013, S. 369–377

6.12 Traupel, W.: Thermische Turbomaschinen. Bd. 1, 4. Aufl. Berlin: Springer 2001, S. 185–188

6.13 Küttner, K.-H.: Kolbenverdichter, Berlin: Springer 1992

6.14 Hausen, H.: Wärmeübertragung im Gegenstrom, Gleichstrom und Kreuzstrom. 2. Aufl. Berlin: Springer 1976

6.15 Baehr, H.D.; Stephan, K.: Wärme- und Stoffübertragung. 9. Aufl. Berlin: Springer 2016, S. 45–72

6.16 Roetzel, W.; Spang, B.: Berechnung von Wärmeübertragern. In: VDI-Wärmeatlas, 11. Aufl. Berlin: Springer 2013, S. C1–C2

6.17 Grassmann, P.; Widmer, F.; Sinn, H.: Einführung in die thermische Verfahrenstechnik, 3. Aufl. Berlin: W. de Gruyter 2005

6.18 Sattler, K.: Thermische Trennverfahren – Grundlagen, Auslegung, Apparate. 3. erw. Aufl. Weinheim: Wiley-VCH 2007

6.19 Ruthven, D.M. (ed.): Encyclopedia of Separation Technology, Vol. 1 and 2. New York: J. Wiley & Sons 1997

6.20 Weiß, S.; Militzer, K.-E.; Gramlich, K.: Thermische Verfahrenstechnik. Leipzig: Deutscher Verlag f. Grundstoffindustrie 1993

6.21 Krischer, O.; Kast, W.: Die wissenschaftlichen Grundlagen der Trocknungstechnik. 3. Aufl. Berlin: Springer 1978, Nachdruck 1997

6.22 Tsotsas, E.; Mujumdar, A. (eds.): Modern drying technology, Weinheim: Wiley-VCH 2012

6.23 Kneule, F.: Das Trocknen. 3. Aufl. Aarau: Sauerländer 1975

6.24 Siehe [6.15], S. 97–101

6.25 Bošnjaković, F.; Knoche, K.: Technische Thermodynamik, Teil 2. 6. Aufl. Dresden: Th. Steinkopff 1977

6.26 Rant, Z.: Verdampfen in Theorie und Praxis. 2. Aufl. Aarau: Sauerländer 1977 u. Dresden: Th. Steinkopff 1977

6.27 Bošnjaković, F.: Diagramm-Mappe der Zweistoff-Gemische. 3. Aufl. Dresden: Th. Steinkopff 1965

6.28 McCabe, W.L.; Thiele, E.W.: Graphical design of fractionating columns. Ind. Eng. Chem. 17 (1925) 605–611

6.29 Siehe [6.25], S. 131–181

Literatur zu Kapitel 7

7.1 Brandt, F.: Brennstoffe und Verbrennungsrechnung. 3. Aufl. Essen: Vulkan-Verlag 1999

7.2 DIN 51700: Prüfung fester Brennstoffe. Ausg. Juni 1996. Berlin: Beuth. – Auf weitere DIN-Normen, DIN 51718 bis DIN 51721, DIN 51724 und DIN 51727 sei hingewiesen.

7.3 Gordon, S.: Thermodynamic and transport combustion properties of hydrocarbon with air. Vol. I. NASA Techn. Paper 1902 (1982)

7.4 DIN 5499: Brennwert und Heizwert. Begriffe. Ausg. Jan. 1972. Berlin: Beuth

7.5 DIN 51900: Bestimmung des Brennwertes mit dem Bombenkalorimeter und Berechnung des Heizwertes. Ausg. Nov. 1989. Berlin: Beuth

7.6 Siehe [5.52]

7.7 Doleẑal, R.: Dampferzeugung, Verbrennung, Feuerung, Dampferzeuger. S. 169–172. Berlin: Springer 1985, Nachdruck 1990

7.8 Hofmann, E.: Wärmeübergang und Kondensation bei der Kühlung von Gas-Dampf-Gemischen. In Plank, R.(Hrsg.): Handbuch der Kältetechnik, Bd. 3, S. 334-344, Berlin: Springer 1959

7.9 Vogel, H.-H.: Feuerungstechnischer Wirkungsgrad und Abgasverlust von Gasbrennwertkesseln. Brennst.-Wärme-Kraft 48 (1996) 70–78

7.10 Diederichsen, Ch.: Referenzumgebungen zur Berechnung der chemischen Exergie. Fortschritt-Ber. VDI, Reihe 19, Nr. 50. Düsseldorf: VDI-Verlag 1991

7.11 Baehr, H.D.: Die Exergie der Brennstoffe. Brennst.-Wärme-Kraft 31 (1979) 292–297

7.12 Baehr, H.D.: Die Exergie von Kohle und Heizöl. Brennst.-Wärme-Kraft 39 (1987) 42–45

7.13 Joos, F.; Ladwig, M.; Therkorn, D.; Waltke, U.; Beeck, A.; Pross, J.: Fortschrittliche Gasturbinentechnologien. Brennst.-Wärme-Kraft 51 (1999) Nr. 5/6, S. 56–59

7.14 Gas Turbine World - 2005 Performance Specs - (R. Farmer, ed.) 34(2005)6

7.15 ISO 2314: Gasturbines - Acceptance tests. Edition 3 Ausgabe 2009. Berlin: Beuth Verlag

7.16 Lechner, Ch,; Seume, J. (Hrsg.): Stationäre Gasturbinen, 2. Aufl. Berlin: Springer 2010

7.17 Traupel, W.: Thermische Turbomaschinen, Bd. 1. 4. Aufl. Berlin: Springer 2001; S. 66–78

7.18 Grieb, H.: Projektierung von Turboflugtriebwerken. Basel: Birkhäuser 2004

7.19 Müller, R.: Luftstrahltriebwerke. Braunschweig: F. Vieweg 1997

7.20 Sass, F.: Geschichte des deutschen Verbrennungsmotorenbaus von 1860 bis 1918. Berlin: Springer 1962

7.21 DIN 1940: Hubkolbenmotoren. Begriffe, Formelzeichen, Einheiten. Ausg. Dez. 1976. Berlin: Beuth

7.22 Küttner, K.-H.: Kolbenmaschinen. 7. Aufl. Wiesbaden: Vieweg und Teubner 2009

7.23 Urlaub, A.: Verbrennungsmotoren, 2. Aufl. Berlin: Springer 1995

7.24 Pischinger, R.; Klell, M.; Sams, T.: Thermodynamik der Verbrennungskraftmaschine, 3. Aufl. Berlin: Springer 2009

7.25 Seiliger, M.: Thermodynamische Untersuchungen schnellaufender Dieselmotoren. Z.-VDI 55 (1911) 587–592 u. 625–628

7.26 Martin, S.; Lucka, K.; Wörner, A.; Vetter, A.: Reforming of biofuels as a promising option for a sustainable future hydrogen economy. Chem.-Ing.-Tech. 83 (2011) 11, 1965–1973

7.27 O´Hayre, R.; Colella, W.; Cha, S.; Prinz, F.: Fuel Cell Fundamentals. 2nd ed. Chichester: Wiley 2009

7.28 Hellmann, M.; Wallaschek, J.; Robust Auslegung von mobilen Brennstoffzellensystemen. 1. Aufl. Hannover: TEWISS 2014

7.29 Wendt, H.; Kreysa, G.: Electrochemical engineering. Kap. 12: Fuel cells, S. 371–394. Berlin: Springer 1999

7.30 Kurzweil, P.: Brennstoffzellentechnik. Grundlagen, Komponenten, Systeme, Anwendungen. 2.Aufl. Wiesbaden: Vieweg 2013

7.31 Sundmacher, K. (Hrsg.): Molten Carbonate Fuel Cells. Weinheim: Wiley-VCH 2007

7.32 Vielstich, W.; Lamm, A.; Gasteiger, H. (eds.): Handbook of fuel cells. Fundamentals, technology, applications. Chichester: Wiley 2003

7.33 Naunin, D.: Hybrid-, Batterie- und Brennstoffzellen-Elektrofahrzeuge. 4. Aufl. Renningen-Malmsheim: expert-Verlag 2007

7.34 Singhal, S.C.; Kendall, K.: High-temperature solid oxide fuel cells. Amsterdam: Elsevier 2003

Literatur zu Kapitel 8

8.1   Arbeitsgemeinschaft Energiebilanzen:
http://www.ag-energiebilanzen.de/10-0-Auswertungstabellen.html   Tabelle 2.1 und Tabelle 3.1 (Stand 31.08.2016)

8.2   Zhao, Ch.: Convective and advective heat transfer in geological systems. Berlin: Springer 2008

8.3   Statistisches Bundesamt Deutschland: www.destatis.de; Konjunkturindikatoren, Stand August. 2016

8.4   Energiestatistik des Bundesministeriums für Wirtschaft und Technologie:
http://www.bmwi.de/DE/Themen/Energie/Energiedaten-und-analysen/Energiedaten/gesamtausgabe,did=476134.html,   Tabelle   7,7a.
sowie Tabelle 22 und Tabelle 23

8.5   Bundesministerium   für   Wirtschaft   und   Technologie
http://www.bmwi.de/BMWi/Redaktion/PDF/E/energiestatistiken-grafiken,property=pdf,bereich=bmwi2012,sprache=de,rwb=true.pdf (Stand 31.08.2016)

8.6   Pruschek, R.: Die Exergie der Kernbrennstoffe. Brennst.-Wärme-Kraft 22 (1970) 429–434

8.7   Kabelac, S.: Thermodynamik der Strahlung. Braunschweig, Wiesbaden: F. Vieweg & Sohn 1994

8.8   Kaltschmitt, M.; Hartmann, M. (Hrsg.): Energie aus Biomasse. 3. Aufl. Berlin: Springer, 2016

8.9   Goetzberger, A.; Hoffmann, V.: Photovoltaic Solar Energy Generation. Berlin: Springer 2005

8.10 Buchal, Ch.; Schönwiese, Ch.-D.: Klima: Die Erde und ihre Atmosphäre im Wandel der Zeiten. Berlin: Helmholtz 2010

8.11 Solomon, S. (Hrsg.): Climate Change 2007: The physical science basis. Working Group I Contribution to the 4th Assessment Report of the Intergovernmental Panel on Climate Change IPCC. Cambridge University Press, 2007

8.12 Kiefer, J.; Kiefer, I.: Allgemeine Radiologie. Berlin: Parey-Verl. 2003

8.13 DeVos, A.: Thermodynamics of solar energy conversion. Weinheim: Wiley-VCH, 2008

8.14 Thomas, H.-J.: Thermische Kraftanlagen. Grundlagen, Technik, Probleme. 2. Aufl. Berlin: Springer 1985

8.15 Strauß, K.: Kraftwerkstechnik zur Nutzung fossiler, regenerativer und nuklearer Energiequellen. 6. Aufl. Berlin: Springer 2009

8.16 Frutschi, H.-U.: Closed-cycle gas turbines. New York: ASME Press, 2005.

8.17 Drescher, U.: Optimierungspotenzial des ORC-Prozess für biomassebefeuerte und geothermische Wärmequellen. Berlin: Logos-Verlag, 2008.

8.18 Organ, A.J.: Thermodynamics and gas dynamics of the Stirling maschine. Cambridge: Cambridge University Press 1992

8.19 Schüller, K.H.: Auslegungsdaten fossil beheizter Kraftwerke. In: Bohn, Th. (Hrsg.): Konzeption und Aufbau von Dampfkraftwerken. Handbuchreihe Energie, Bd. 5. Gräfelfing: Resch Verlag; Köln: Verlag TÜV Rheinland 1985, S. 375–450

8.20 Traupel, W.: Thermische Turbomaschinen Bd. 1, 4. Aufl. Berlin: Springer 2000, S. 51–66

8.21 DIN EN 12952-15: Wasserrohrkessel und Anlagenkomponenten - Teil 15: Abnahmeversuche. Ausgabe Jan. 2004. Berlin: Beuth Verlag

8.22 Dolezal, R.: Kombinierte Gas- und Dampfkraftwerke. Aufbau und Betrieb. Berlin: Springer 2001

8.23 Ziegler, A.: Lehrbuch der Reaktortechnik. Bd. 1: Reaktortheorie 1983, Bd. 2: Reaktortechnik 1984, Bd. 3: Kernkraftwerkstechnik 1985. Berlin: Springer

8.24 Baehr, H. D.: Thermodynamik: Eine Einführung in die Grundlagen und ihre technischen Anwendungen. 8. Aufl. Berlin: Springer 1992

8.25 Drake, F.-D.: Kumulierte Treibhausgasemissionen zukünftiger Energiesysteme. Berlin: Springer 1996

8.26 Baehr, H.D.: Die energiebezogene CO_2-Erzeugung der Brennstoffe. Brennst.-Wärme-Kraft 44 (1992) 337–339

8.27 Fritsche, U.; Leuchtner, J.; Mathes, F.C.; Rausch, L.; Simon,K.B.: Gesamt-Emissions-Modell Integrierter Systeme (GEMIS) Version 2.0. Endbericht im Auftr. d. Hessischen Ministeriums f. Umwelt, Energie u. Bundesangel. Darmstadt/Kassel 1992. Siehe auch: http://www.gemis.de

8.28 Selzer, H.: Die Rolle des Methans in einer Strategie zur Begrenzung der Klimaveränderung. In: VDI-Ber. 1016: Klimabeeinflussung durch den Menschen. S. 125–144. Düsseldorf: VDI-Verlag 1992

8.29 Baehr, H.D.; Drake, F.-D.: Die Berechnung der CO_2-Emissionsminderung durch Kraft-Wärme-Kopplung. Brennst.-Wärme-Kraft 47 (1995) 465–469

8.30 Weis, M.; Kienle, F.; Hortmann, W.: Kernenergie und CO_2: Energieaufwand und CO_2-Emissionen bei der Brennstoffgewinnung. Elektrizitätswirtschaft 89 (1990) 28–31

8.31 Jensch, W.: Vergleich von Energieversorgungssystemen unterschiedlicher Zentralisierung. München: Resch KG 1988

8.32 Ekardt, F.: Jahrhundertaufgabe Energiewende: ein Handbuch. 1. Aufl. Berlin: Ch. Links Verlag 2015

8.33 Fischedick, M.; Esken, A.; Luhmann, H.-J.; Schüwer, D. und Supersberger, N.:
Geologische CO_2-Speicherung als klimapolitische Handlungsoption. Wupper-
tal Institut für Klima, Umwelt, Energie GmbH. Bericht Spezial 35, 2008

8.34 Ewers, J.: Bestandsaufnahme und Einordnung der verschiedenen Technologien
zur CO_2-Minderung. RWE Power, VGB Kongress „Kraftwerke 2004", 2004

8.35 Ogriseck, K.: Untersuchung von IGCC-Kraftwerkskonzepten mit Polygenera-
tion und CO_2-Abtrennung. Fortschritts-Ber. VDI, Reihe 6, Nr. 544. Düsseldorf,
VDI-Verlag 2006

8.36 Kather, A.; Hermsdorf, C.; Klostermann, M.: The Oxyfuel Process - Boiler Design Considerations and Possibilities for the Minimisation of CO_2-Impurities.
VGB Power Tech 87 (2007) 84-91

8.37 Radgen, P.; Cremer, C.; Warkentin, S.; Gerling, P.; May, F. und Knopf, S.: Bewertung von Verfahren zur CO_2-Abscheidung und -Deponierung. Frauenho-
fer Institut für Systemtechnik und Innovationsforschung (ISI), Karlsruhe und
Bundesanstalt für Geowissenschaften und Rohstoffe, Hannover, Februar 2005.

Literatur zu Kapitel 9

9.1 Auracher, H.: Exergie: Anwendung in der Kältetechnik. Karlsruhe: Müller 1980

9.2 Baehr, H.D.: Zur Thermodynamik des Heizens I. Der zweite Hauptsatz und die
konventionellen Heizsysteme. Brennst.-Wärme-Kraft 32 (1980) 9–15

9.3 Baehr, H.D.: Zur Thermodynamik des Heizens II. Primärenergieeinsparung
durch Anergienutzung. Brennst.-Wärme-Kraft 32 (1980) 47–57

9.4 Baehr, H.D.: Exergie und Anergie und ihre Anwendung in der Kältetechnik.
Kältetechnik 17 (1965) 14–22

9.5 Thomson, W.: On the economy of the heating and cooling of buildings by means
of currents of air. Proc. Phil. Soc. (Glasgow) 3 (1852) 268–272

9.6 Niebergall, W.: Sorptionskältemaschinen. In Plank, R. (Hrsg.): Handbuch der
Kältetechnik. Bd. 7, Berlin: Springer 1959, Reprint 1981

9.7 Loewer, H. (Hrsg.): Absorptionswärmepumpen. Karlsruhe: C.F. Müller 1987

9.8 Stephan, K.; Seher, D.: Wärmetransformatoren. In [9.7], 133–149

9.9 Schramek, E.-R.; Recknagel, H.; Sprenger, E.: Taschenbuch für Heizung und
Klimatechnik. 75. Aufl. München: Oldenbourg-Industrieverl. 2011

9.10 EnEV, derzeit gültige Fassung des Verordnungstextes: http://www.gesetze-
im-internet.de/bundesrecht/enev_2007/

9.11 Maßong, F.: EnEV 2009 kompakt. 2. Aufl. Köln: R. Müller 2011

9.12 DIN 4702, Teil 8. Heizkessel, Ermittlung des Norm-Nutzungsgrades und des
Norm-Emissionsfaktors. Ausg. März 1990. Berlin: Beuth

9.13 Bonin, J.: Handbuch Wärmepumpen. 2. Aufl. Berlin: Beuth 2012

9.14 Int. Energy Agency: Advances and prospects in technology, applications and
markets. 9th IEA Heat Pump Conference Zürich, Schweiz, 20-22. Mai 2008

9.15 Schaumann, G.; Schmitz, K.: Kraft-Wärme-Kopplung. 4. Aufl. Berlin: Springer
2010

9.16 Suttor, W.: Blockheizkraftwerke. 7. Aufl. Berlin: Solarpraxis, 2009

9.17 Baehr, H.D.: Wirkungsgrad und Heizzahl zur energetischen Bewertung der
Kraft-Wärme-Kopplung. VGB-Kongreß „Kraftwerke 1985", 332-337. Essen:
VGB-Kraftwerkstechnik 1986

9.18 Zschernig, J.; Sander, T.: Bewertung von Anlagen zur Kraft-Wärme Kopplung. Wissenschaftliche Zeitschrift der TU Dresden 56 (2007) 3-4, 89–94

9.19 Roon, S. von:Energiepolitik – Bewertung des Klimaschutzeffektes durch Kraft-Wärme Kopplung. Energiewirtsch. Tagesfragen 55 (2005) 11, 774-777

9.20 Drake, F.-D.: Kumulierte Treibhausgasemissionen zukünftiger Energiesysteme. 121–130. Berlin: Springer 1996

9.21 Gassel, A.: Die Adsorptionskälteanlage. KI–Luft- und Kältetechnik 34 (2005) 8, 380–384

9.22 Noeres, P.: Thermische Kälteerzeugung mit Dampfstrahlkältemaschinen. KI–Luft- und Kältetechnik 42 (2006) 11, 478–483

9.23 Steimle, F.; Lamprichs, J.; Beck, P.: Stirling-Maschinen-Technik. 2. Aufl. Karlsruhe: Müller 2007

9.24 Ahlborn, B.; Gordon, J.: The vortex tube as a classic thermodynamic refrigeration cycle. J. Appl. Phys. 88 (2000) 6, 3645–3653

9.25 IKET (Hrsg.): Pohlmann-Taschenbuch der Kältetechnik. 21. Aufl. Berlin: VDE-Verlag 2013

9.26 Gschneider, K.; Pecharsky, V.: Thirty years of near room temperature magnetic cooling – a review. Int. J. Refrigeration 31 (2008), 945–961

9.27 Hausen, H.; Linde, H.: Tieftemperaturtechnik. Erzeugung sehr tiefer Temperaturen, Gasverflüssigung und Zerlegung von Gasgemischen. 2. Aufl. Berlin: Springer 1985

9.28 Timmerhaus, K.; Reed, R.: Cryogenic engineering. New York: Springer 2006

9.29 VDMA-Einheitsblatt 24247 „Energieeffizienz von Kälteanlagen" Verband Deutscher Maschinen- und Anlagenbau. Juli 2011. Berlin: Beuth, 2011

9.30 Baehr, H.D.; Tillner-Roth, R.: Thermodynamische Eigenschaften umweltverträglicher Kältemittel. Zustandsgleichungen und Tafeln. Berlin: Springer 1995

9.31 Summerer, F.: Optimierung von Absorptionswärmepumpen. München: Univ. Diss. 1996

9.32 Fritsch, H.: Absorptionswärmepumpen. 4. erw. Aufl. Stuttgart: IRB-Verl. 1998

9.33 Bošnjaković, F.; Knoche, K.-F.: Technische Thermodynamik, Teil 2. 6. Aufl. Darmstadt: Steinkopff 1997

9.34 Schmidt, D.: Lexikon Kältetechnik. 3. erw. Aufl. Berlin: VDE-Verl. 2014

9.35 Lemmon, E.; Huber, M.; McLinden, M.: REFPROP Vers. 9.0. Reference Fluid Thermodynamics and Transport Properties, NIST Standard Reference Data Base, 2010

9.36 UNEP 2010 Report of the Refrigeration, Air Conditioning and Heat Pumps Technical Options Committee (L. Kuijpers, Ed.) Nairobi Ozone Secr., 2011

9.37 Parson, E.: Protecting the ozone layer. Science and Strategy. Oxford: Oxford Univ. Press 2010

9.38 Verordnung (EG) Nr. 842/2006 des Europäischen Parlaments und des Rates vom 17. Mai 2006 (F-Gase Verordnung)

9.39 TEWI-Bewertung von Kälteanlagen. Frankfurt: Forschungsrat Kältetechnik 2005

9.40 Lorentzen, G.: Application of „natural" refrigerants. A solution of a pressing problem. In: Energy efficiency in refrigeration and global warming impact, S. 55–64. Paris: Intern. Inst. of Refrigeration 1993

9.41 Kaita, Y.: Thermodynamic properties of lithium bromide-water solutions at high temperatures. Int. J. Refrig. 24 (2001) 5, 374–390

9.42 Raldow, W. (Ed.): New working pairs for absorption processes. Stockholm: Swedish Council for Building Research 1982

9.43 Castle, W.: Air separation and liquefaction: recent developments and prospects for the beginning of the new millenium. Int. J. Refrig. 25 (2005) 1, S. 158

Literatur zu Kapitel 10

10.1 Baehr, H.D.: Physikalische Größen und ihre Einheiten. Düsseldorf: Bertelsmann Universitätsverlag 1974

10.2 DIN 1305: Masse, Wägewert, Kraft, Gewichtskraft, Gewicht, Last. Ausg. Jan. 1988. Berlin: Beuth Verlag

10.3 Stille, U.: Messen und Rechnen in der Physik. 2. Aufl. S. 364–373. Braunschweig: Vieweg 1961

10.4 Gesetz über Einheiten im Meßwesen vom 22. Februar 1985 (BGBl. I, S. 408) und Gesetz zur Änderung des Gesetzes über Einheiten im Meßwesen vom 18. Juli 2016 (BGBl. I, S. 1666)

10.5 DIN 1301: Einheiten. Teil 1, Ausg. Oktober 2010, Teil 2, Ausg. Feb. 1978, Teil 3, Ausg. Okt. 1979. Berlin: Beuth

10.6 Azuma, Y. et al.: Improved measurement results for the Avogadro constant using a ^{28}Si-enriched crystal. Bristol: Metrologia, v52 n2 (20150401): 360-375

10.7 DIN 1343: Referenzzustand, Normzustand, Normvolumen. Ausg. Jan. 1990. Berlin: Beuth

10.8 DIN 1313: Physikalische Größen und Größengleichungen. Ausg. Dez. 1998. Berlin: Beuth

10.9 Mohr, P.J.; Taylor, B.N.m Newell, D.: The 2014 CODATA recommended values of the fundamental physical constants. National Institute of Standards and Technology (NIST), Gaithersburg, MD, USA 2015

10.10 Coplen, T.B.: Atomic weights of the elements 1999. J. Phys. Chem. Ref. Data 30 (2001) 701–712

10.11 Cox, J.D.; Wagman, D.D.; Medvedev, V.A.: CODATA key values for thermodynamics. New York: Hemisphere Publ. Corp. 1989

10.12 Landolt-Börnstein: Zahlenwerte und Funktionen. 6. Aufl. Bd. II/4, Tab. 2413. Berlin: Springer 1961

10.13 Gumz, W.: Brennstoffe und Verbrennung. In: Sass, F.; Bouché, Ch.; Leitner, A. (Hrsg.): Dubbel Taschenbuch für den Maschinenbau. 12. Aufl. S. 458–490. Berlin: Springer 1961

10.14 Landolt-Börnstein: Zahlenwerte und Funktionen. IV. Band, Technik, Teil 4b. Tab. 4911, S. 225–332. Berlin: Springer 1972

10.15 Kabelac, S.; Siemer, M.; Ahrendts, J.: Thermodynamische Stoffdaten für Biogase. Forschung Ingenieurwes. 70 (2005) 46-55

Index

I was made for another planet altogether.
I mistook the way.
Simone de Beauvoir (1908–1986)